Bergbau und Hüttenwesen

Für weitere Kreise dargestellt

von

Prof. E. Treptow, Prof. Dr. F. Wüst und Prof. Dr. W. Borchers

Mit 608 Text-Abbildungen, sowie 12 Beilagen

Springer-Verlag Berlin Heidelberg GmbH

Additional material to this book can be downloaded from http://extras.springer.com.

ISBN 978-3-662-30301-6   ISBN 978-3-662-30334-4 (eBook)
DOI 10.1007/978-3-662-30334-4

Softcover reprint of the hardcover 1st edition 1900

Inhaltsverzeichnis.

Bergbau.

Von Professor E. Treptow.

Einleitung.

Seite

Der Steinbruchbetrieb.

Hüttenwesen.

Einleitung. Allgemeine Grundlagen der Hüttenkunde.
Von Dr. F. Wüst.

Die Eisenhüttenkunde.
Von Dr. F. Wüst.

Beilagen.

Bergbau

Die Salzgewinnung.

Wandgemälde von Klein=Chevalier im Sitzungssaale des Königl. Preuß. Oberbergamts Halle.
Nach Photographie von Fritz Möller in Halle a. S.

Einleitung.

Ein ungeahnt schneller Fortschritt auf allen Gebieten kennzeichnet die zweite Hälfte des 19. Jahrhunderts. Wohin wir auch blicken mögen, überall tritt der gewaltige Einfluß hervor, den die immer eingehendere Erkenntnis der Naturwissenschaften und deren Anwendung auf dem weiten Felde des Gewerbes, der Industrie und Technik auf alle Zweige menschlicher Thätigkeit ausübt. So bedeutend ist die stete Zunahme der Hilfsmittel, so überraschend die schnelle Aufeinanderfolge wichtiger Erfindungen, daß man den Wendepunkt des Jahrhunderts, welches man noch bis vor etwa 10 Jahren mit Recht und Stolz dasjenige des Dampfes nannte, nunmehr als den Beginn eines neuen Zeitabschnittes betrachten möchte, dem die Elektrizität bisher unbekannte Wege weist.

Wenn wir nun die heutigen Verkehrsmittel mustern, die Schnelldampfer, welche die Weltmeere durchfurchen, die Eilzüge, die uns auf stählerner Bahn mit Windeseile durch die Länder führen, die ungeahnt rasche und vereinfachte Verständigung über weite Strecken durch Telegraph und Telephon; wenn wir die verbesserten Maschinen, Geräte und Werkzeuge für die mannigfachsten Zwecke, wenn wir die Waffen vom drehbaren Panzerturm mit seinen Riesengeschützen, vom Torpedoboot bis zum Magazingewehr, oder endlich die Herstellung aller der unendlich verschiedenen Bedürfnisse für das alltägliche Leben, für Kunst und Wissenschaft genauerer Prüfung unterwerfen, so erkennen wir unschwer, daß es vorwiegend die Rohstoffe aus dem Steinreiche sind, deren wir immer und immer wieder bedürfen, mit denen all unsere Lebensgewohnheiten auf das innigste verknüpft sind.

Denn was bliebe von der eigenartigen, sich stetig vervollkommnenden und vielseitiger gestaltenden Kultur des 19. Jahrhunderts übrig, wenn wir keine Kohlen (allgemeiner gesagt, keine fossilen Brennstoffe) und keine Metalle hätten?

1*

Und was heute gilt, das hat auch für die Anfänge aller Kultur Geltung, denn wenn auch der Gebrauch des Werkzeugs an und für sich den Beginn menschlichen Lebens kennzeichnet, so konnte doch der Urmensch, so wichtig das Tier= und Pflanzenreich für ihn war, erst durch die Benutzung der Rohstoffe des Mineralreiches im Kampfe ums Dasein zur Beherrschung der umgebenden Natur gelangen, und die heutige hohe Entwickelung unserer Kultur ist nur bei stetig gesteigerter Verwendung der mineralischen Rohstoffe denkbar. Daß unter diesen Umständen diejenigen Industrien, welche diese Roh= stoffe beschaffen und weiter verarbeiten, in der Volkswirtschaft eine hervorragende Rolle spielen und unser Interesse in hohem Grade wach rufen, ist selbstverständlich.

Der Bergmann ringt der Erde die Güter des Mineralreiches ab, Kohlen, Erze, Salze und vieles andere mehr, und Hütten und chemische Fabriken arbeiten durch Her= stellung der Metalle und Chemikalien den verschiedensten Zweigen des Gewerbes und der Technik vor, welche die fertigen Erzeugnisse in den Verkehr bringen.

Es ist jedoch nicht nur die volkswirtschaftliche Bedeutung des Bergbaues, der Wert, die Menge und Mannigfaltigkeit seiner Erzeugnisse, die Großartigkeit seiner Anlagen, die gewaltige Zahl der durch ihn beschäftigten Arbeitskräfte, welche unser Interesse weckt, nein auch die Eigenartigkeit des bergmännischen Berufes, die Arbeit in der dunklen Tiefe mit ihren reizvollen Bildern aber auch mannigfachen Gefahren ist es, die den Wunsch in uns rege macht, dieses Arbeitsfeld so vieler Tausende unserer Mitmenschen kennen zu lernen.

Wer erinnert sich nicht an die prächtigen Farben, den schimmernden Glanz, die herrlichen Krystallformen der Mineralien, die uns in den Sammlungen entzücken, ja mancher der Leser wird schon hinabgestiegen sein in das unterirdische Reich des Bergbaues und wird der Erze glitzernde Pracht in den Gängen und Klüften des Gesteins, oder das Blinken des schneeigen Salzes mit eigenen Augen geschaut haben. Selbst die schwarze Kohle ist in der Grube nicht rußig und unansehnlich, am Arbeitsort des Bergmannes glänzt auch sie und strahlt das Licht schwarzen Diamanten vergleichbar tausend= fältig zurück.

Leider werden wir aber auch oft schmerzlich berührt, wenn trotz aller Vorsicht die Mächte der Unterwelt aus der Reihe der Knappen ihre Opfer fordern. Bald ist es die heiße Flamme der schlagenden Wetter, welche züngelnd und Verderben verbreitend durch die Baue fährt, bald erfüllt der Grubenbrand die Schächte und Strecken mit todbringenden Gasen, die jeden Bergmann, den sie erreichen, dem sicheren Tode weihen, dann wiederum dringen von ihren unterirdischen Wegen abgelenkt brausend wilde Wasser in die Gruben ein und überschwemmen in kurzer Zeit das Arbeitsfeld der Menschen, oder die Last des Gesteins bricht hernieder und bedroht nicht nur die Knappen, sondern zu= weilen auch die menschlichen Siedelungen an der Oberfläche, da der feste Grund zu wanken beginnt. —

Wir wollen versuchen, den Leser einzuführen in das Arbeitsgebiet des Bergbaues. Ehe wir jedoch auf die großartigen Hilfsmittel eingehen, die dem Bergmann jetzt zur Verfügung stehen, und die Stätten schildern, an denen heute vorwiegend die Güter der Berge gewonnen werden, müssen wir einen, wenn auch nur kurzen, Blick auf die Ent= wickelungsgeschichte des Bergbaues werfen. Denn ebenso wie die Benutzung des Steinreiches nach Menge des Verbrauches und Mannigfaltigkeit der nutzbar gemachten Rohstoffe von unscheinbaren Anfängen ganz allmählich zu der heutigen Bedeutung gelangt ist, ebenso haben sich die Hilfsmittel zu ihrer Gewinnung Schritt für Schritt entwickelt und vervollkommnet. Auch ist es nicht ohne Interesse, die geographische Ausbreitung des Bergbaubetriebes über immer weitere Gebiete, wenigstens in großen Zügen zu verfolgen und den häufigen Wechsel der Bedeutung einzelner Länder und Völker für die Produktion an mineralischen Rohstoffen kennen zu lernen.

*   *   *

Geſchichte des Bergbaues.

Die vorgeſchichtliche Zeit.

Während die Geſchichte auch der älteſten Kulturvölker kaum 5—6 Jahrtauſende zählt, müſſen wir die vorgeſchichtliche Zeit des Menſchengeſchlechtes auf einen erheblich längeren Zeitraum, vielleicht auf mehr als hunderttauſend Jahre bemeſſen. Die Forſchung über die Vorgeſchichte der Menſchheit, die Prähiſtorie, und über die Entwickelung der Anfänge der Kultur, die Archäologie, in Verbindung mit dem wiſſenſchaftlichen Studium der noch lebenden Naturvölker, wie der Auſtralneger, der Patagonier, der Indianerſtämme des Amazonasgebietes, der Eskimos und vieler anderer mehr, die Ethnologie, lehren uns an der Hand der zahlreichen Funde, welche in Höhlen und Torfmooren, in den Pfahlbauten und an ſonſtigen Stätten früher menſchlicher Siedelungen, endlich auch in den Gräbern gemacht wurden, daß zuerſt außer dem Holz, den Knochen, Geweihen, Hörnern und Zähnen der Tiere nur der unbearbeitete Stein, wie die Natur ſelbſt ihn darbietet, ſei es als gerundetes Geſchiebe oder als kantiges Bruchſtück dem Menſchen zum rohen Werkzeug diente.

Ein weiterer Schritt, nämlich die Bearbeitung der rohen Steine durch Schlagen, Schleifen und Polieren, ſpäter auch durch Bohren, führt uns zu den erſten nachweislichen, wenn auch ſehr einfachen bergmänniſchen Betrieben, in denen mineraliſche Rohſtoffe in größeren Mengen gewonnen, kunſtgerecht bearbeitet und dann durch den Tauſchhandel über weite Gebiete verbreitet wurden. Bald nämlich hoben ſich aus der großen Zahl der Steine ſolche heraus, die ſich beſonders für derartige Benutzung eigneten, ſo namentlich der Feuerſtein und an manchen Orten auch der Obſidian, das iſt glaſig erſtarrte Lava; im Orient hat außerdem der grüne Nephrit und eine Abart, der graue Jadait, ein durch ſeine Zähigkeit ausgezeichnetes Mineral, eine ähnliche Rolle geſpielt, er heißt auch Beil= ſtein, da aus ihm neben anderen Werkzeugen vielfach Beile gefertigt werden. Die Maori auf Neuſeeland benutzen noch heute den Nephrit zu Werkzeugen, indem ſie ihn mittels Kieſelſchiefer in ſehr mühevoller Weiſe bearbeiten. Beim Zurechtſchlagen der Steine dürfte auch die leichte Feuererzeugung auf dieſem Wege bekannt geworden ſein, welche bei vielen Völkern diejenige durch Aneinanderreiben von Hölzern erſetzte. Manche Volksſtämme verwendeten übrigens zum Feuerſchlagen auch den Schwefelkies.

Wo derartige Mineralien in größeren Mengen und beſonders geeigneter Beſchaffenheit vorkamen, entſtanden förmliche Werkſtätten für die Herſtellung von Steinwerkzeugen; ſo z. B. auf der Inſel Rügen, woſelbſt die in der weißen Kreide häufigen Feuerſteine zu Hämmern, Meißeln, Äxten, Meſſern, Pfeilſpitzen und anderen Gegenſtänden mehr ge= ſchlagen wurden, um als Handelsartikel zu dienen. Auch in der Neuen Welt ſind ſolche Stätten der Gewinnung von Feuerſtein und der Maſſenherſtellung ſteinerner Werkzeuge, z. B. im Staate Miſſouri (Nordamerika) gefunden worden. Der dortige Feuerſtein eignet ſich ſo vortrefflich dazu, durch Schlagen geformt zu werden, daß meſſerſcharfe Splitter von 15, ja von 25 cm Länge nicht ungewöhnlich ſind. Auch die Gewinnung des am Oberen See (Lake superior) ſo häufigen gediegenen Kupfers durch die Ureinwohner Nordamerikas dürfte ebenfalls zur Erzeugung gehämmerter Werkzeuge als Handelsware ſchon ſehr frühzeitig erfolgt ſein.

Zeitig lernte der vorgeſchichtliche Menſch ferner, den knetbaren Thon zu Gefäßen und Bauſteinen zu formen und zu brennen, auch die Kunſt des Glasſchmelzens entwickelte ſich frühzeitig, denn wir finden nicht ſelten in den Gräbern der früheſten Perioden Glasperlen als Schmuck. Von den Metallen waren in älteſter Zeit nur die gediegen vorkommenden bekannt; unter dieſen iſt das Gold außerordentlich verbreitet und wenn es auch meiſtens nur in geringen Mengen gefunden wird, ſo iſt ſeine Gewinnung aus den Seifen dafür ſehr einfach. Neben dem gelben Metalle, welches wegen ſeiner Weich= heit wohl nur zum Schmuck Verwendung fand, wurden das leicht hämmerbare, vielfach gediegen vorkommende Kupfer und in ſeltenen Fällen das nur ſehr ſpärlich in der Natur vorhandene, übrigens nicht immer gut ſchmiedbare meteoriſche Eiſen benutzt (vergl.

Abb. 9 S. 9). Auch das Salz, aus dem Meerwaſſer und aus Salzquellen gewonnen, dürfte als Würze der Speiſen eines der erſten Mineralien geweſen ſein, die der Menſch ſtändig gebrauchte, und das als geſchätzte Handelsware weithin befördert wurde.

Um in der Aufzählung der vom Menſchen in früheſter Zeit verwendeten mineraliſchen Rohſtoffe möglichſt vollſtändig zu ſein, möge hier noch kurz erwähnt werden, daß bei den älteſten Kulturvölkern vielfach Farberden zum Bemalen der Gefäße, auch des Körpers benutzt wurden, ſo namentlich Kreide, weißer und gelblicher Thon, Eiſenocker, ſeltener Zinnober. Auch wurden neben Federn, getrockneten Früchten, Muſcheln, Zähnen erlegter Raubtiere mancherlei farbige Mineralien zu Anhängſeln verſchiedenſter Form verwendet, zu Perlen geſchliffen und als Schmuck getragen, bei den Indianern Nordamerikas z. B. der ſilberweiß glänzende Glimmer, in Mexiko die grünen Mineralien, die wir heute Amazonenſtein (Feldſpat) und Chryſopras (eine Opalart) nennen, ja ſogar buntfarbige Kupfererze finden ſich als Schmuck. In Mitteleuropa iſt Bernſtein, der ſpäter noch mehrfach zu erwähnen ſein wird, der älteſte Schmuckſtein, wozu er ſich durch die Leichtigkeit der Bearbeitung, die lebhafte gelbe Farbe und die Politurfähigkeit ganz beſonders eignete.

Übrigens iſt gerade in bergmänniſch=techniſcher Beziehung die Art und Weiſe, wie zuweilen zur Steinzeit die Stiellöcher der Steinwerkzeuge gebohrt wurden, von hohem Intereſſe. Wir finden als archäologiſche Seltenheit (vgl. Abb. 1) Stücke, bei denen dieſe Bohrung begonnen, jedoch nicht vollendet wurde, und da zeigt ſich dann zuweilen, daß die Kernbohrung angewendet wurde, d. h. es iſt ein ringförmiger Raum, deſſen äußerer Durchmeſſer dem des her=zuſtellenden kreisrunden Loches entſpricht, ausge=bohrt, innerhalb deſſelben jedoch blieb das Geſtein als Cylinder (Bohrkern) ſtehen. Wahrſcheinlich ſind dieſe Bohrungen mittels Röhrenknochen ausgeführt worden, unter die hartes Geſtein=

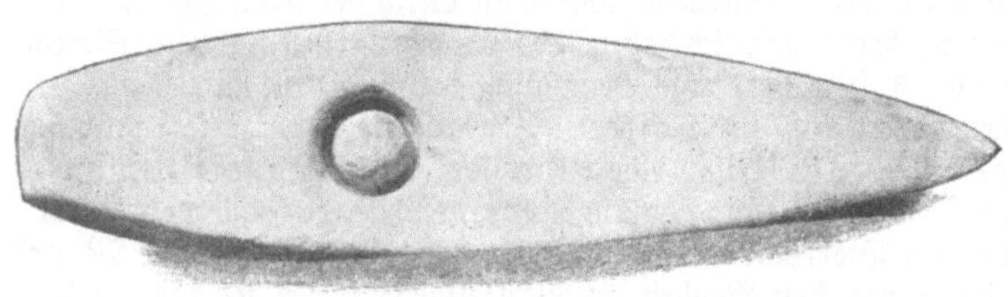

1. Angefangene Kernbohrung in einem Steinhammer.
(Original im Weſtpreußiſchen Provinzialmuſeum zu Danzig.)

pulver, mit Waſſer angerührt, gebracht wurde. Derartige Bohrkerne, die ſogenannten „nuclei“, ſind aus der Steinzeit ebenfalls bekannt. Dieſes Verfahren der Bohrung iſt dann im Laufe der Jahrtauſende — wohl deshalb, weil durch das Gießen und Schmieden der Metalle ſeine Anwendung entbehrlich wurde — in Vergeſſenheit geraten. Erſt im Jahre 1846 brachte der Genfer Ingenieur Leſchot die Kernbohrung und zwar mit Hilfe der Diamanten wieder in Vorſchlag. Wir danken dieſem Bohrſyſteme die großen Erfolge, namentlich die Schnelligkeit und Sicherheit, mit der heute Tiefbohrungen bis zu ſehr erheblichen Tiefen (2000 m) ausgeführt werden, aber nur ſelten wird daran gedacht, daß dieſes Verfahren in ſeinen Grundzügen bereits vor ungezählten Jahrtauſenden aus=geführt wurde. Es wäre wohl möglich, daß Leſchot durch Fundſtücke in den Schweizer Pfahlbauten zur Wiederentdeckung dieſes Bohrverfahrens angeregt wurde.

Schon die Benutzung ſteinerner Werkzeuge geſtattete dem Menſchen der Vorzeit und ermöglicht den auf niedriger Kulturſtufe ſtehenden Völkern der Gegenwart die Bearbeitung weicher Geſteine. Ja wir haben thatſächlich Belege, daß die bergmänniſche Gewinnung von Mineralien mittels ſteinerner Werkzeuge erfolgt iſt. Abb. 2 zeigt einen ſteinernen Schrämſpieß, einer kurzen Brechſtange ähnlich. Derartige Werkzeuge wurden noch in der erſten Hälfte dieſes Jahrhunderts in dem Hinterlande der Goldküſte, weſtlich von der Mündung des Niger, von den Eingeborenen gebraucht, um das goldführende Schwemm=land durchzuarbeiten. Das abgebildete ſelten ſchöne Stück hat 48 cm Länge und 3 cm mittlere Stärke, in ſeinem Hauptteile iſt es eckig geſchliffen, an dem einen Ende meißelartig geſchärft; das Geſtein iſt ein Thonſchiefer (Wetzſchiefer). Ein anderes Beiſpiel und zwar eines ausgedehnten Kupferbergbaues mit Hilfe ſteinerner Werkzeuge iſt uns in den Ge=birgen Nordſpaniens auf dem Höhenzuge El Aramo erhalten geblieben. (Dory, A., „Les

mines préhistoriques de l'Aramo, Asturies", in „Revue universelle des mines" 1894).
Es ist dies ein besonderer Glückszufall, denn alte bergmännische Arbeiten sind sehr häufig
in frühgeschichtlicher Zeit wieder in Betrieb genommen und dabei die Spuren der ur=
sprünglichen Bearbeitung verwischt worden. In den Gruben des Bergzuges Aramo sind
eine große Zahl noch sehr roher Steinwerkzeuge gefunden worden, welche zur Bearbeitung
des Kalksteins dienten, in dem die Kupfererze vorkommen, während Hirschgeweihe bei der
Gewinnung thoniger Massen verwendet wurden. Unsere Abb. 3 zeigt einen von dort
stammenden 1,9 kg schweren steinernen Hammer aus einem Geschiebe von Süßwasserquarz
bestehend, ringsum ist eine vertiefte Rinne eingehauen, die wohl zur Befestigung eines
Riemens gedient hat, dessen anderes Ende um das Handgelenk geschlungen wurde. Solche
Hämmer sind übrigens auch in alten Tagebauen auf den Kiesstöcken von Rio Tinto im
südlichen Spanien, ferner im russischen Quecksilberbergwerke Nikitowka im Donez=Revier

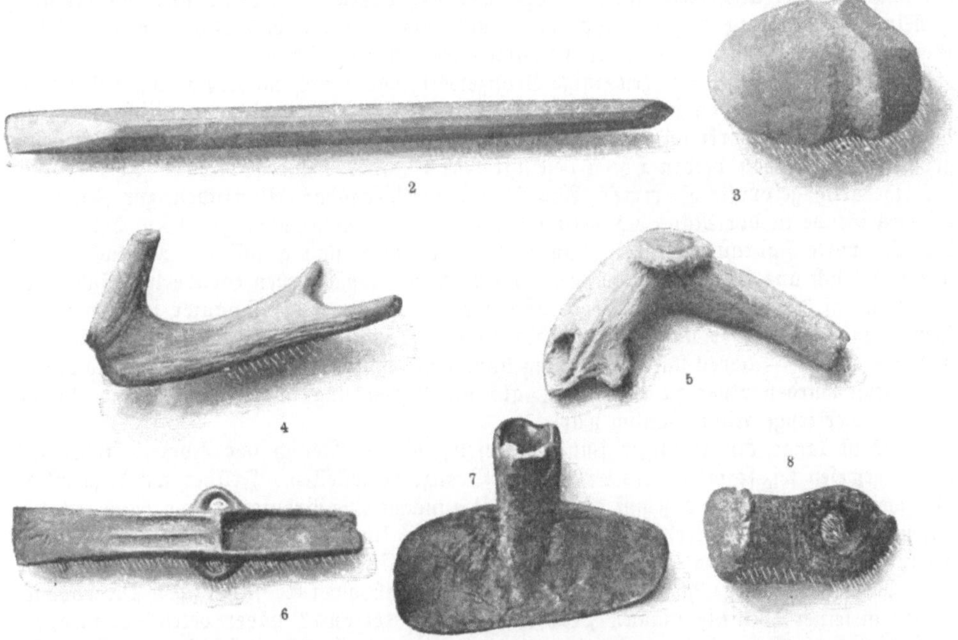

2—8. **Bergmännische Werkzeuge aus Stein, Hirschgeweihen und Bronze.** (¹⁄₅ natürl. Größe.)
2 Steinerner Schrämspieß, 3 Steinerner Hammer, 4 u. 5 Stücke von Hirschgeweihen, 6 Bronzekelt, 7 Schaufelblatt,
8 Hammer aus Bronze. Nach Originalen der Bergakademie zu Freiberg.

gefunden worden, und die Indianer des inneren Bolivia handhaben heute noch derartige
Steinhämmer in der beschriebenen Weise. Auch kommen Steine vor, welche, in die halb=
geschlossene Hand genommen, als Hämmer gebraucht worden sind und diese Bestimmung
deutlich an den Spuren der Benutzung erkennen lassen. Andere Steine haben als Keile,
wieder andere als Mahlsteine bei der Zerkleinerung der Erze gedient. Abb. 4 u. 5 zeigen
zwei Geweihstücke, welche an demselben Fundorte zurückgelassen worden sind. Dieses
Beispiel beweist deutlich, daß schon mittels steinerner Werkzeuge unterirdischer Bergbau=
betrieb stattfand.

Die bergmännische Gewinnung von Erzen setzt als weiteren gewichtigen Fortschritt
die Herstellung von Metallen aus denselben durch zuerst natürlich sehr einfache Schmelz=
verfahren voraus. Bald wird außer der hüttenmännischen Darstellung des Eisens und
Kupfers auch diejenige der Bronze, später die Härtung des Eisens zu Stahl allgemein
bekannt. Es gelangt hierdurch der Mensch in den Besitz von Werkzeugen, welche die
wenngleich mühevolle Bearbeitung auch harter Gesteine mittels Hammer und Keil oder
Meißel ermöglichen. Die Völkerschaften, welche diese Höhe der Kultur erreicht hatten,

hinterließen in Bauwerken dauernde, bis in unſere Zeit erhaltene Spuren ihres Daſeins, und ſomit treten wir in die geſchichtliche Zeit ein. Es mag an dieſer Stelle auch darauf hingewieſen werden, daß viele der älteſten Bauwerke Aſiens und Ägyptens mit Gips= mörtel hergeſtellt ſind, deſſen Zubereitung durch Brennen und darauf folgendes Mahlen des rohen Gipſes vor dem Anrühren mit Waſſer bekannt war.

Die häufige Verwendung des Feuers zu hüttenmänniſchen Arbeiten und zum Brennen der Thonwaren ließ aber auch über deſſen Einwirkung auf die Geſteine vielfache Er= fahrungen ſammeln. Hierdurch wurde der Menſchheit ein zweites und kräftigeres Hilfs= mittel zugänglich, um auch ſehr harte Geſteine aus ihrem Zuſammenhange zu löſen, es iſt dies das Feuerſetzen; denn die Hitze des Feuerbrandes und die darauf folgende Ab= kühlung zerklüften das Geſtein, es erhält Sprünge und Riſſe, bricht durch ſein Eigen= gewicht herein oder läßt ſich dann leicht in größeren Stücken löſen. Dieſe beiden Mittel, Hammer, Meißel und Keil einerſeits und das Feuerſetzen anderſeits, ſind bis zur all= gemeinen Anwendung des Sprengpulvers, alſo bis etwa um das Jahr 1690 n. Chr. Geburt, die einzigen für die Arbeit in harten Geſteinen geblieben.

Die Abb. 6, 7 u. 8 zeigen einige Bronzewerkzeuge, welche nachweislich zur Gruben= arbeit verwendet worden ſind. Der Kelt (Abb. 6) ſtammt aus einer ſpaniſchen Grube, das meißelartige Werkzeug wurde an einen geſpaltenen Stiel durch Lederriemen feſt= gebunden, die in den beiden Öhren befeſtigt waren. Das Schaufelblatt (Abb. 7) und der eigenartig geformte Hammer (Abb. 8) ſind in einer ſüdamerikaniſchen, zur Zeit ver= laſſenen Grube in der Nähe des berühmten Bergortes Guantajaja (180 km öſtlich von dem Hafenorte Jquique gelegen) gefunden worden, beide ſind gegoſſen. Merkwürdiger= weiſe läßt ſich aus der ganzen Bauweiſe der noch jetzt zugänglichen Grube mit Sicherheit ſchließen, daß dieſelbe nach der Eroberung der Gegend durch die Spanier und zwar zur Gewinnung von Silber und Kupfer betrieben wurde, und es muß vermutet werden, daß dieſe Werkzeuge — deren ſtarke Abnutzung übrigens deutlich erſichtlich iſt — als Notbehelf angefertigt wurden etwa zu einer Zeit, als die Verbindung mit der Küſte zum Bezug eiſerner Werkzeuge nicht thunlich war.

Es iſt lange ein ſtreitiger Punkt geweſen, ob der Menſch der Vorzeit früher im ſtande geweſen ſei, ſchmiedbares Eiſen oder Bronze herzuſtellen. Früher wurde ziemlich allgemein angenommen, daß auf die Steinzeit zunächſt eine Bronzezeit und dann erſt ein Eiſenzeitalter folgte. Hierfür ſcheint namentlich der Umſtand zu ſprechen, daß uns aus älteſter Zeit ſehr viel mehr Bronzegegenſtände als Eiſengeräte erhalten geblieben ſind.

Wenn dieſe Frage hier an der Hand der verdienſtvollen Ausführungen Dr. Ludwig Becks in ſeiner hochintereſſanten „Geſchichte des Eiſens“ näher beleuchtet wird, ſo muß dies deshalb geſchehen, weil der Gegenſtand auch für die Geſchichte der Kenntnis und Gewinnung der Erze wichtig iſt und außer Gründen der Ethnographie namentlich ſolche der Metallurgie (Lehre von der Herſtellung der Metalle) bei der Beurteilung maßgebend ſind. Dieſe machen es nämlich wahrſcheinlich, daß die Kenntnis des ſchmied= baren Eiſens im allgemeinen älter als diejenige der Bronzedarſtellung iſt. Hierbei muß jedoch berückſichtigt werden, daß das natürliche Vorkommen geeigneter Erze an einem Orte die Eiſendarſtellung, am anderen die Erzeugung der Bronze erleichtert haben wird und daß der Entwickelungsgang nicht überall auf der Erde der gleiche geweſen iſt. Ferner iſt zu betonen, daß die künſtliche Darſtellung ſchmiedbarer Metalle bei den verſchiedenen Völkern nicht gleichzeitig ſtattgefunden hat. Die Kenntnis der Eiſen= und Bronze= darſtellung dürfte zu verſchiedener Zeit von einzelnen Kulturmittelpunkten ausgegangen ſein und hat ſich von hier aus weiter und weiter verbreitet. Daher finden wir auch Gegenden, in denen, wie z. B. in Norddeutſchland, während eines längeren Zeitabſchnittes im Lande gefertigte Steinwerkzeuge und eingeführte Bronzewaren nebeneinander in Be= nutzung ſtanden, denn anders läßt es ſich nicht erklären, daß wir geſchliffene, ſehr ſauber bearbeitete Steinwerkzeuge finden, welche in auffälligſter Weiſe die Formen des Bronze= guſſes bis in die Einzelheiten, ſogar einſchließlich der Gußnaht nachahmen.

Die beſten Beiſpiele für ſelbſtändige Kulturentwickelung bieten die Urvölker Amerikas, Afrikas und Auſtraliens. Die Indianer Nordamerikas kannten zwar vor dem Eindringen der Europäer das am Oberen See häufig vorkommende metallische Kupfer, jedoch formten sie es lediglich durch Hämmern in kaltem Zustande und durch Schleifen. Die Herstellung von Metallen aus Erzen, auch das Formen durch Gießen war in Nordamerika unbekannt. Dagegen waren die hochentwickelten Azteken im heutigen Mexiko und die Bewohner des Inkareiches, welches sich vom nördlichen Chile durch Bolivia und Peru bis nach Ecuador erstreckte, im Besitze der Kunst des Erzschmelzens und zwar wahrscheinlich jedes Volk durch selbständige Erfindung. Außer dem Golde und Silber benutzten sie das Kupfer und die Bronze und verstanden das Gießen derselben, das Blei fand Verwendung, auch das Eisen war ihnen wahrscheinlich bekannt. Damit stimmt recht gut das natürliche Vorkommen der Erze in beiden Ländern überein, denn leicht verarbeitbare Eisenerze sind nicht selten, Kupfererze finden sich häufig, und Zinnerze kommen an mehreren Örtlichkeiten vor. Der Bergbaubetrieb war sowohl im heutigen Mexiko als auch in Peru zur Zeit der spanischen Eroberung sehr verbreitet und die Gewinnung und sorgfältige Bearbeitung der Bausteine, auch solcher von großen Abmessungen und bedeutender Härte, zu sehr hoher Vollkommenheit entwickelt, wie die großartigen, bis auf die Gegenwart erhaltenen Bauwerke uns lehren.

Von den im übrigen auf niedriger Kulturstufe stehenden Negervölkern Innerafrikas haben viele schon vor der Berührung mit Europäern schmiedbares Eisen dargestellt, während die Bronze im allgemeinen unbekannt war. Als ein Beispiel außerordentlich zurückgebliebener Entwickelung sind die Australneger anzuführen, die heute noch im Holz- und Steinzeitalter leben, denen die bei anderen Völkern schon zeitig entwickelte Töpferei und jede Metallverwendung unbekannt ist.

Die Gründe, auf die sich Beck bei der Beantwortung der Frage, ob im allgemeinen das Eisen oder die Bronze frühzeitiger hergestellt wurde, stützt, sind namentlich die folgenden: Leicht verarbeitbare oxydische Eisenerze sind häufig und kommen in großen Mengen vor, sie lenken die Aufmerksamkeit durch braunrote Farbe (Braun- und Roteisenerz) z. T. auch durch starken Glanz (Glanzeisenerz) in gleichem Maße auf

9. Meteoreisen von Toluca (Mexiko), angeschliffen und geätzt mit Widmanstädtschen Figuren.

sich, wie die grün und blau gefärbten oxydischen Kupferverbindungen. Die geschwefelten Kupfererze dürften für die frühesten Zeiten der Kupferdarstellung nicht in Frage kommen, da das Ausschmelzen von Kupfer aus denselben schwierig ist. Schmiedbares Eisen wird schon bei der verhältnismäßig niedrigen Temperatur von 700° C. erhalten, das Kupfer dagegen erst bei der schon schwerer zu erreichenden Temperatur von 1100° C., so daß die Darstellung des ersteren sehr viel leichter war. Bei weitem die meisten alten Bronzen bestehen aus Kupfer und Zinn in bestimmtem Verhältnis, nämlich aus 90% Kupfer und 10% Zinn. Das einzige in größeren Mengen vorkommende Erz des letzteren Metalles, das Zinnerz, wird nur an wenigen Punkten der Erde gefunden. Den Alten sind wahrscheinlich die spanischen, englischen und ostindischen Zinnerzvorkommen bekannt gewesen, die des sächsischen Erzgebirges dagegen nicht. An allen diesen Orten kommen übrigens die Zinnerze außer auf primärer Lagerstätte auch in Seifen vor, ihre Gewinnung war daher einfach. Aus hüttenmännischen Gründen muß angenommen werden, daß die Bronzedarstellung durch Zusammenschmelzen von metallischem Kupfer und metallischem Zinn stattfand, nicht durch gleichzeitiges Verschmelzen gemischter Kupfer- und Zinnerze, wie das wohl früher angenommen worden ist; die Bronzedarstellung setzt also ein viel umständlicheres und durchgebildeteres Verfahren voraus als die Eisendarstellung, nämlich zunächst das Ausschmelzen der beiden Metalle Kupfer und Zinn und dann das Zusammenschmelzen derselben. Dafür, daß metallisches Zinn in der früh=geschichtlichen Zeit bekannt war, haben wir in Gräberfunden Belege, es finden sich als Beigaben, wenngleich als Seltenheit, kleine Zinnbarren, und zerbrochene Bronzegegenstände sind mittels Zinn gelötet, auch ist das Ausschmelzen des metallischen Zinnes aus dem Zinnerze eine sehr einfache hütten=männische Arbeit. Ferner ergibt sich aus der örtlichen Beschränktheit des Vorkommens des Zinnerzes, daß das Zinn oder die Zinnbronze selbst in die meisten Länder nur durch den Handelsverkehr gelangt sein kann.

Das Kupfer mußte bekannt sein, ehe an die Bronzedarstellung gegangen werden konnte; daher ist es nicht unwahrscheinlich, daß der Bronzezeit eine Kupferzeit vorherging. Auch archäologische Funde geben hierfür die Bestätigung, wenngleich es nahe liegt, an=zunehmen, daß die vorhandenen Kupfergeräte nach Erfindung der Bronzedarstellung zu Bronze umgearbeitet wurden, sind doch Werkzeuge aus letzterer durch die goldähnliche Farbe schöner als das leicht oxydierbare Kupfer und wegen der größeren Härte auch zweckmäßiger.

Wenn nun trotzdem Funde von Eisenwerkzeugen erheblich seltener sind als Bronze=funde, so erklärt sich dies zur Genüge dadurch, daß die Erhaltung des Eisens viel günstigere Bedingungen erfordert, als diejenige des Kupfers und der Bronze. Während Eisen bei Zutritt von Luft und Feuchtigkeit durch Rost leicht völlig zerstört wird, leisten Kupfer und Bronze diesen Einwirkungen viel besser Widerstand.

Es mögen hier kurz die ältesten bekannten Funde von Eisen und Eisengeräten an=geführt werden. Beim Lossprengen einiger Steinlagen von der großen Pyramide des Cheops wurde in einer inneren Mörtelfuge im Jahre 1837 das Bruchstück eines Eisen=werkzeuges gefunden, das jedenfalls beim Bau der Pyramide um 3000 v. Chr. dort zurückgelassen worden war. Ferner finden sich in den ausgedehnten Trümmerstätten Assyriens vielerlei eiserne Waffen z. B. Schwerter, Lanzenspitzen, Sturmhauben, Schuppen von Panzerhemden u. s. w. Die ganze Form dieser Gegenstände läßt auf eine vollständige Beherrschung der Schmiedekunst schließen. Besonders bemerkenswert dürfte es erscheinen, daß im Jahre 1867 bei Ausgrabungen in den Ruinen von Ninive (gegründet 1250 v. Chr., zerstört 606 v. Ch.) große Vorräte von Eisen in Form roher, an einem Ende durchlochter Eisenklumpen und zwar jeder im Gewicht von 4—20 kg gefunden worden sind, an einer Stelle im ganzen etwa 160 000 kg. Es dürfte dieses ein Vorrat für Bau= und Kriegszwecke gewesen sein. Die Durchlochung der Stücke scheint darauf hinzuweisen, daß dieselben wohl auf Lasttieren aus großer Entfernung herbeigeschafft worden waren.

Was übrigens die ältesten uns bekannten Erwähnungen des Eisens in der Litteratur betrifft, so ist daran zu erinnern, daß im ersten Buch Moses Tubalkain genannt wird, ein Meister in allerlei Erz und Eisenwaren. Nach der jüdischen Zeitrechnung dürfte dieser sagenhafte erste Schmied um das Jahr 3000 v. Chr. gelebt haben. Auch die Überlieferungen der Chinesen, jenes alten ostasiatischen Kulturvolkes, berichten, daß die Her=stellung des Eisens etwa um das Jahr 3000 v. Chr. stattgefunden hat. Es dürfte hieraus hervorgehen, daß die Kenntnis der Eisendarstellung viel weiter zurückreicht, als im all=gemeinen angenommen wird. Von den Ägyptern wissen wir beispielsweise, daß uralte Eisenerzgruben im östlichen Teile des Landes zwischen dem Nil und dem Roten Meer, andere auf der Sinaihalbinsel gelegen haben und daß auch in Äthiopien das Eisen häufig war.

Die weite Verbreitung und mannigfaltige Verwendung der Bronze erklärt sich noch daraus, daß im Altertum das Gießen des Eisens und Kupfers nicht bekannt war, da=gegen wurde — und hierin liegt ein weiterer wesentlicher Kulturfortschritt — Bronze vielfach in Formen aus Stein, die uns an vielen Orten erhalten geblieben sind, gegossen. Der Zinnzusatz macht das Kupfer nicht nur leichtflüssiger, sondern, was für die Ver=wendung zu Werkzeugen wichtig ist, auch härter. Bronze mit geringem Zinnzusatz ist in kaltem Zustande leicht zu bearbeiten, während die üblichste Mischung von 90 % Kupfer und 10 % Zinn sich erst in der Rotglut schmieden läßt. Für feinere Gußstücke, an denen durch Nacharbeit mittels Feilen, Schleifen und Gravieren die Form veredelt werden sollte, finden wir nicht selten eine Bronzemischung mit 15—25 % Zinn und einigen Prozenten

10. **Bearbeitung des Granits in altägyptischer Zeit.**
Granitblock mit Steinlöchern in einem Steinbruche bei Affuan.

11. **Bearbeitung des Sandsteins in altägyptischer Zeit.**
Steinbrüche von Selfiléh.

Abb. 10 u. 11 nach Originalaufnahmen des Dr. A. Stübel.

2*

Blei in Anwendung, letzteres macht die Legierung leichtflüſſiger und weicher. Übrigens darf die Bedeutung des Handels ſchon lange vor Begründung der römiſchen Welt=herrſchaft nicht unterſchätzt werden, und nur daraus, daß die Bronze ein vielbegehrter Gegenſtand des Tauſchverkehrs war, läßt ſich die gleichmäßige Zuſammenſetzung der meiſten antiken Bronzen, die wir von England durch ganz Europa und Vorderaſien bis nach Perſien hinein vorfinden, zufriedenſtellend erklären. Auf einen regen Verkehr bei Beginn der geſchichtlichen Zeit weiſt auch die weite Verbreitung des baltiſchen Bernſteins (von den Griechen Elektron genannt) hin, der jedenfalls am Oſtſeeſtrande aufgeleſen und gegen Bronzeſchmuck, Glasperlen u. dgl. eingetauſcht wurde.

Wenn wir aus der älteſten Zeit ſtammende Bronzen finden, in denen außer Kupfer, Zinn und Blei noch andere Stoffe und zwar Zink, Arſen und Antimon zuweilen in größeren Mengen und Eiſen, Nickel und Silber in untergeordnetem Maße enthalten ſind, ſo dürfte wohl anzunehmen ſein, daß dieſe Stoffe nicht abſichtlich zugeſetzt wurden, ſondern durch Unreinheit der Erze und Unvollkommenheit des Schmelzverfahrens in das Kupfer gelangten, wie denn auch heute noch das beim Rohſchmelzen erhaltene Kupfer in der Regel durch die Beimiſchung anderer Metalle verunreinigt iſt. Auch hat ſicher das wieder=holte Ein= und Umſchmelzen von Bronzegegenſtänden zu der Mannigfaltigkeit dieſer Zu=ſammenſetzung in vielen Fällen beigetragen. Bronzen, welche außer Kupfer nur Zink enthalten, alſo unſerem heutigen Meſſing entſprechen, ſind (wie die römiſchen Münzen des zweiten Jahrhunderts n. Ch. Geburt) erheblich jünger als die Zinnbronzen. Da metalliſches Zink im Altertum nur in äußerſt ſeltenen Fällen nachgewieſen iſt, ſo dürfte die Herſtellung dieſer Bronzen durch gemeinſames Erhitzen von Kupfer und Galmei (kohlenſaures Zinkoxyd) unter Beifügung von Holzkohle als Reduktionsmittel erfolgt ſein. Die Zinkblendelagerſtätten ſind häufig an der Oberfläche in Galmei umgewandelt, ſo finden ſich z. B. in Aſturien, auf Sardinien, in den Alpenländern (Raiöl und Bleiberg in Kärnten) und am Niederrhein an mehreren Orten ausgedehnte Ablagerungen dieſes Zinkerzes.

Der Bergbau im Altertum.

Fragen wir nun nach dem Umfange des Bergbaues in der erſten geſchicht=lichen Zeit, ſo ſind die Nachrichten, die auf uns gekommen ſind, äußerſt ſpärliche. In der Hauptſache ſind es römiſche Schriftſteller, die einzelne Bergbaubetriebe gelegentlich beſchreiben. Denn wenn auch dem Bergbau von den Staatsregierungen wegen des hohen Wertes der erzeugten Metalle beſondere Beachtung geſchenkt wurde, ſo kann es uns nicht wunder nehmen, daß ihm von der Allgemeinheit kein großes Intereſſe entgegengebracht wurde, denn die Technik war ja das Stiefkind des Altertums, die Arbeit in den Berg=werken wurde von den unterjochten Völkern als Sklaven betrieben, ſie war des freien Mannes unwürdig. Auch war die techniſche Seite nur wenig entwickelt, es war nicht viel Bemerkenswertes zu erzählen; zudem waren die Berichterſtatter nicht Sachverſtändige, ſondern gebildete Laien und ſchilderten das Geſehene von dieſem Standpunkte aus.

Verbinden wir mit dem aus der römiſchen Litteratur Geſchöpften dasjenige, was uns die archäologiſche Forſchung lehrt, ſo können wir über den Bergbau, den Steinbruch=betrieb und damit zuſammenhängend über größere Geſteinsarbeiten zur Zeit der alten Kulturvölker etwa das Folgende berichten. Die alten Ägypter waren ſchon frühzeitig in der Geſteinsbearbeitung geübt, wie uns die großen Bauten, die auf uns gekommen ſind, vor allem die Pyramiden lehren, auch die Herſtellung der Obelisken, jener Steinſäulen von ungewöhnlich großen Abmeſſungen, konnte nur durch eine hoch entwickelte Technik des Steinbruchbetriebes erfolgen. Die eigenartigen klimatiſchen Verhältniſſe Ägyptens haben uns Steinbrüche aus der älteſten Zeit in ſo vorzüglicher Weiſe erhalten, daß wir jetzt noch die Art der Arbeit ja die Einzelheiten der Werkzeugführung zu erkennen ver=mögen. Die beiden hier beigefügten Abb. 10 u. 11 geben ausgezeichnete Beiſpiele. Die Trennung größerer Werkſtücke aus dem ganzen Geſtein erfolgte durch Einhauen ſchlitz=artiger Vertiefungen an der Rückſeite und den Enden des Blocks, worauf derſelbe dann durch Eintreiben von Keilen an der Unterſeite losgelöſt wurde. Größere Quader wurden durch Reihen von Keilen in kleine Stücke zerlegt, genau in derselben Weise, wie unsere Steinbrecher heute noch verfahren.

Auch in anderen Gesteinsarbeiten waren die alten Ägypter Meister, wie uns z. B. der heute noch erhaltene ganz im festen Felsen bis zu einer Tiefe von 90 m gearbeitete Josephsbrunnen in Kairo lehrt. Er zerfällt in zwei Schächte, von denen der obere 50 m, der untere 40 m Tiefe hat, zwischen beiden liegt eine Göpelkammer und ein Wasser= behälter, bis hierher führt ein geneigter den Brunnenschacht spiralförmig umgebender Gang abwärts, durch welchen die Tiere für den Göpelbetrieb in die Kammer und wieder hinaus gelangten. Mittels eines Becherwerkes, das aus Stricken und thönernen Gefäßen bestand, wurde das Wasser zunächst durch den ersten Schacht in den Behälter und dann durch ein zweites Becherwerk bis zur Oberfläche gehoben. Die Archäologen sind der An= sicht, daß dieser Brunnen etwa 3500 Jahre alt sei.

12. **Die Römer-Abbaue zu Verespatak.** (Zu S. 15.)

Aus diesen Gesteinsarbeiten dürfen wir mit voller Sicherheit entnehmen, daß den alten Ägyptern das Eindringen in den festen Felsen zum Zweck der Gewinnung von Metallen recht wohl möglich war, und es fehlt auch nicht an Belegen, die dies bestätigen. In Nubien (Nub bedeutet so viel wie Gold) trieben die Ägypter Goldbergbau, der uns von Diodor ausführlich beschrieben wird, ja es ist sogar ein Plan dieser alten Arbeiten bis auf unsere Zeit erhalten geblieben; auch der altägyptische Kupferbergbau im Thale Meghara auf der Sinaihalbinsel gibt uns von der damaligen Bergbauthätigkeit Kunde.

Der sagenhafte Zug des Thessaliers Jason mit den Argonauten in das Land Kolchis am fernen Gestade des Schwarzen Meeres und die Erwerbung des goldenen Vliesses aus dem Besitz des Königs Aëtes läßt uns schließen, daß schon zu den Griechen der vorhomerischen Zeit die Kunde von der Bearbeitung reicher Goldseifen in jenen Gegenden gelangt war. Die Einwohner bedienten sich hierbei wolliger Schaffelle, in denen sich bei dem einfachen Waschprozesse die schweren Goldteilchen fingen, während die gerundeten Sandkörnchen vom Wasser darüber hinweg geführt wurden. Im alten geschichtlichen Griechenland sind namentlich die Bergwerke der Athener zu Laurium be= kannt, aus denen silberhaltiges Blei gewonnen wurde. Übrigens ist es nicht unwahr=

ſcheinlich, daß die Kriegszüge der in der Metallbearbeitung geübten Perſer die Ent=
wickelung des Bergbaues auf der Balkanhalbinſel beförderten.

Über den Bergbau Aſiens in der Zeit v. Chr. Geburt haben wir ſo gut wie keine
Nachrichten, ſind uns doch auch heute noch viele ſeiner ausgedehnten Ländergebiete faſt

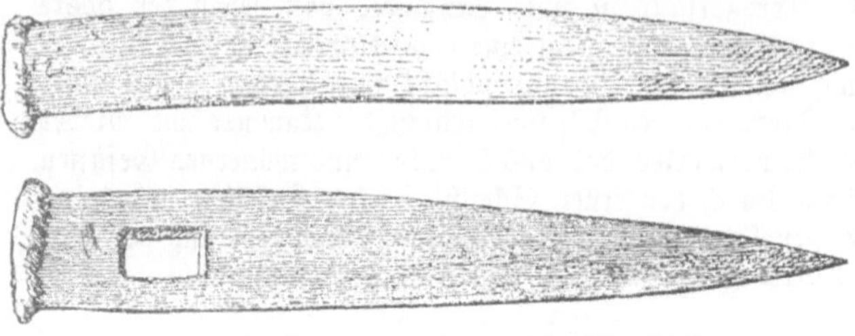

13 u. 14. Eiſerne Keilhaue, gefunden zu Villefranche.

unbekannt. Nur aus einzelnen
Funden können wir ſchließen,
daß die hüttenmänniſche Dar=
ſtellung der Metalle dort ſchon
in früheſter Zeit auf ſehr hoher
Stufe ſtand, ja einzelne Denk=
mäler erregen unſer Erſtaunen
in ſo hohem Maße, daß wir
uns deren Herſtellung kaum
zu erklären vermögen. So
befindet ſich in Delhi, welches
im Wandel der Jahrtauſende die Hauptſtadt vieler indiſcher Reiche geweſen iſt, eine aus
einem einzigen Schmiedeſtück beſtehende maſſive eiſerne Säule. Sie iſt mit Sanskrit=
Inſchriften bedeckt und hat eine Länge von 16 m, bei einem Durchmeſſer von etwa 0,4 m,
das Gewicht dürfte etwa 17 000 kg betragen.
Eiſerne Träger von mehr als 6 m Länge
finden ſich in mehreren alten Tempeln. Und
wenn auch die Anſichten über das Alter dieſer
Stücke weit auseinander gehen und neben
1000 Jahren v. Chr. Geburt auch die erſten
Jahrhunderte der chriſtlichen Zeitrechnung
als mutmaßliche Zeit der Herſtellung an=
gegeben werden, immer bleibt es uns ein
ungelöſtes Rätſel, wie dieſe Eiſenmaſſen mit
den damaligen Mitteln in einem Stücke her=
geſtellt werden konnten. — Auch die An=
fertigung von Waffen aus Stahl reicht bei
den Indern, Phöniciern und Arabern bis
in das zweite Jahrtauſend v. Chr. zurück.

Während die Karthager in Spanien
Bergbau trieben, dürften die handeltreiben=
den Phönicier auf ihren ſagenhaften Fahrten
bis nach Großbritannien gelangt ſein.

Ein Hauptſitz keltiſcher Kultur war das
heutige Hallſtatt, woſelbſt bereits mehrere
Jahrhunderte v. Chr. Geburt das Salz berg=
männiſch gewonnen wurde. Die zahlreichen
Funde, welche den Gräbern zu Hallſtatt
entnommen wurden, geben uns ein deutliches
Bild über den Kulturzuſtand jener weit zurück=
liegenden Zeit. Das Schmieden der Bronze
und die Herſtellung getriebener Gefäße aus
Bronzeblech wurde zuerſt in künſtleriſch
vollendeter Ausführung an den umfänglichen
Funden in Hallſtatt beobachtet und dieſer

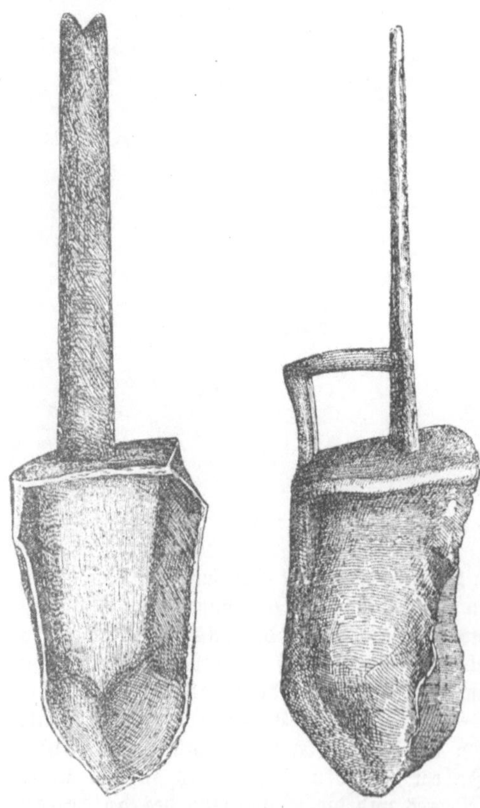

15 u. 16. Grubenlampe aus Blei,
gefunden bei Villefranche.

Entwickelungsſtufe daher der Name der Hallſtätter Zeit beigelegt. Die Spuren der
älteſten bergmänniſchen Arbeiten ſind längſt verwiſcht durch die jahrtauſendelang fort=
geſetzte Ausbeutung der Salzlagerſtätte, die auch heute noch betrieben wird.

Das Erbe des größten Teiles dieſer Völker traten nach und nach mit der Aus=
dehnung ihrer Weltherrſchaft die Römer an, und überall da, wo ſie für längere Zeit feſten

Fuß faßten, finden wir die Spuren der römischen Provinzialkultur. Den Betrieb des Goldbergbaues im nordwestlichen Spanien schildert uns in einer für die damaligen Verhältnisse recht ausführlichen Weise Plinius; zur Zeit des Kaisers Augustus waren die Quecksilbergruben von Almaden in Spanien bereits in Betrieb, auch war den Römern bekannt, daß Quecksilber die Edelmetalle Gold und Silber löst und daß dieselben durch Glühen und Verflüchtigen des Quecksilbers wieder abgeschieden werden können. Das Eisen aus Noricum (heute Steiermark und Kärnten) hatte schon im Altertume Ruf; es ist auf das bestimmteste erwiesen, z. B. durch Münzfunde, die in verbrochenen Bauen zu Hüttenberg gemacht wurden, daß die Römer im 2. Jahrhundert unserer Zeitrechnung hier Bergbau betrieben, das Gleiche gilt von den Goldgruben zu Verespatak in der römischen Provinz Dacien, dem heutigen Ungarn. Noch heute werden große Weitungsbaue dieser Gegend für Römerbaue erklärt (Abb. 12). Es sind dort mehrere Wachstafeln (Holztafeln mit Wachsüberzug) gefunden worden, deren Inschriften auf die Mitte des 2. Jahrhunderts n. Chr. Geburt hinweisen. Auch am Rhein und in Gallien sind die Spuren ausgedehnten römischen Bergbaubetriebes an vielen Orten erhalten. Die Gunst des Zufalles hat gerade dort manche Fundstücke vor der Zerstörung bewahrt. Auch eiserne Werkzeuge haben (Abb. 13 u. 14) dem Zahne der Zeit fast zwei Jahrtausende lang getrotzt. Abb. 15. u. 16 zeigt ein interessantes Gefäß aus Blei, das wahrscheinlich als Lampe gedient hat und Abb. 17—19 eine thönerne Lampe, auf der oberen Seite durch eine Eule verziert, auf der unteren mit abgekürzter lateinischer Inschrift, die mutmaßlich auf den Verfertiger hinweist. (M. Danbrée,

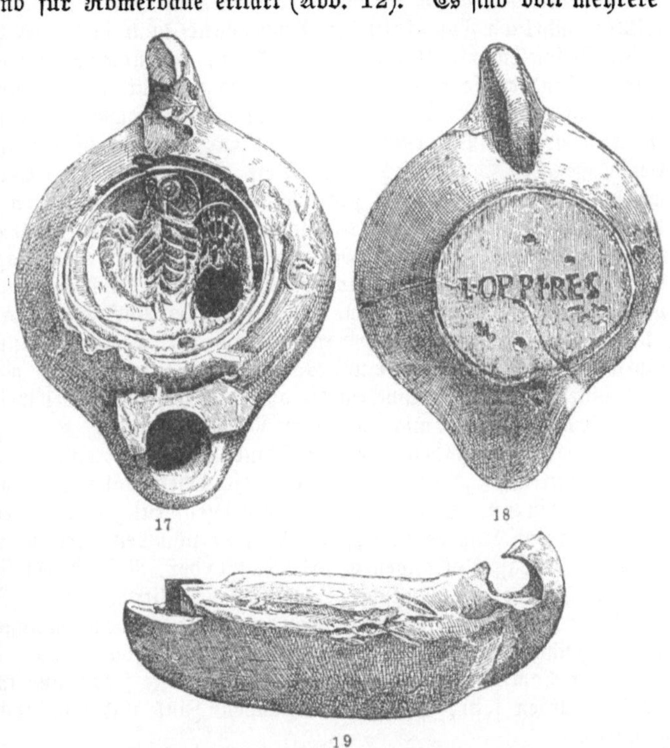

17—19. Römische thönerne Grubenlampe, gefunden bei Villefranche.
17 Ansicht von oben, 18 von unten, 19 von der Seite.

Aperçu historique sur l'exploitation des mines métalliques dans la Gaule. Paris 1881.)

Daß auch die Römer sehr umfängliche Gesteinsarbeiten nicht scheuten und mit den verfügbaren technischen Mitteln ausführen konnten, zeigt wohl am besten die Anlage des 6000 m langen Entwässerungsstollens vom Thal des Flusses Liri, eines Zuflusses des Garigliano, bis zum Fuciner See, welcher in der Zeit des Kaisers Claudius, der 41—54 n. Chr. Geburt regierte, hergestellt wurde.

Der Fuciner See, östlich von der Stadt Rom in den Abruzzen gelegen, bedeckte eine Fläche von 15000 ha, war also erheblich größer als der Starnberger See. Da er keinen unmittelbaren Abfluß hatte, so wurden in nassen Jahren seine fruchtbaren Ufer weithin überflutet und die dort gelegenen Ortschaften vernichtet. Diesem oft gefühlten Übelstande sollte der Entwässerungsstollen abhelfen, zugleich den Seespiegel tiefer legen und dadurch die anbaufähige Landfläche vergrößern. Der römische Schriftsteller Suetonius berichtet uns über die Ausführung des Werkes: Es waren 11 Jahre lang 30000 Arbeiter daran beschäftigt; um die Anzahl der Arbeitspunkte zu vermehren, wurden in der Richtung des Stollens 40 senkrechte Schächte von 80—120 m größter Tiefe und eine noch größere Anzahl flacher Schächte von 16—20° Neigung bis auf die Stollensohle niedergebracht und von jedem derselben aus die Herstellung des Stollens in Angriff genommen. Zwar war die Regelmäßigkeit des Baues, der mit 3 m lichter Höhe und 1,8 m Weite ausgeführt wurde, keine sehr große, aber das Werk gelang und die Anwohner des Sees waren jahrhundertelang vor Überschwemmungen geschützt. Dann aber verfiel der großartige Bau, da die Sicherung desselben gegen Einstürze des Gesteins nicht genügend gewesen war; erst in den Jahren 1862—75 wurde der Stollen in großartiger Weise wiederhergestellt, wobei die alten römischen Arbeiten zum Teil freigelegt wurden.

Es ist aus den angeführten Beispielen zur Genüge ersichtlich, daß die Bearbeitung der Gesteine den alten Kulturvölkern keine unüberwindlichen Schwierigkeiten bot, der mittlere jährliche Fortschritt der Grubenbaue kann in harten Gesteinen, wie aus mehrfachen Beispielen ersichtlich ist, zu 8—10 m angenommen werden. Wenn dem Bergbaubetriebe Hindernisse erwuchsen, so war es namentlich das beim Tieferwerden der Baue zufließende Wasser, dessen Beseitigung mit den damaligen einfachen Mitteln (Schöpfen in Gefäßen und Paternosterwerke) oft zur Unmöglichkeit wurde und so dem weiteren Eindringen des Bergbaues in die Tiefe ein Ziel setzte. — Über die Anfänge der Erzaufbereitung finden wir zwar bei römischen Schriftstellern kurze Andeutungen, aus denen hervorgeht, daß außer dem schon seit den ältesten Zeiten geübten Auslesen der Erze und dem Trennen derselben von dem Gestein durch Ausschlagen, auch zuweilen arme Erze in Mörsern zerstoßen, dann auf steinernen Handmühlen gemahlen und durch Schlämmen mit Wasser angereichert wurden. In allgemeiner Anwendung stand jedoch dieses Verfahren nicht, und als weiterer Behinderungsgrund für die Entwickelung eines nach Regeln geführten Bergbaubetriebes muß es angesehen werden, daß mit den damals bekannten Hilfsmitteln für das Schmelzen die armen Erze, welche bei weitem die größte Masse der Erzvorkommen bilden, nicht verwertet werden konnten.

Auch war nach dem heutigen Stande unserer Kenntnis nur eine kleine Anzahl von Metallen in häufigerer Verwendung: die Edelmetalle Gold und Silber, dann Kupfer, Schmiedeeisen und Stahl, Zinn, Bronze (Legierung von Kupfer und Zinn) und Messing (Legierung von Kupfer und Zink). Blei ist von den Römern in bedeutenden Mengen zu Rohren für Wasserleitungen verarbeitet worden, Reste finden sich z. B. in Pompeji, auch berichten hierüber die römischen Schriftsteller: Vitruv etwa im Jahre 30 v. Chr. in seinen 10 Büchern über die Architektur und Frontin in seinem umfangreichen um das Jahr 100 n. Chr. geschriebenen Werke „De aquaeductibus urbis Romae" (Über die Wasserleitungen der Stadt Rom). Quecksilber war bekannt, dürfte jedoch nur in beschränktem Maße verwendet worden sein, noch seltener haben Zink und Antimon als Metalle Benutzung gefunden.

Der Bergbau im Mittelalter.

Waren die ersten beiden Jahrhunderte unserer Zeitrechnung im allgemeinen für die Provinzen des römischen Weltreiches eine Zeit ruhiger Entwickelung, so konnte der Verfall der römischen Weltherrschaft, der sich im 3. und 4. Jahrhundert vorbereitete und durch die Völkerwanderung besiegelt wurde, nur hemmend einwirken. So zerstörte die Eroberung Spaniens zuerst durch die Goten und später durch die neu erstandene Macht des Mohammedanismus zunächst die unter römischer Herrschaft erblühte Kultur.

Erst als im Laufe der Jahrhunderte die Reiche des Nordens sich innerlich festigten und durch das Erstarken des deutschen Kaisertums ein neuer weltgeschichtlicher Schwerpunkt entsteht, wird die hohe Bedeutung des Bergbaubetriebes wieder voll gewürdigt. Zahlreiche Urkunden, enthaltend Gewährung von Rechten, Belehnungen und Verordnungen, die den Bergbau betreffen, geben Zeugnis davon. War doch der Bergbau außer dem Handel eines der beachtenswertesten Mittel, um Reichtum und dadurch Macht zu erringen.

Dem Rahmen, den wir uns gesteckt haben, vor allem den deutschen Bergbau dem Leser vorzuführen, entspricht es, wenn wir im folgenden namentlich Deutschland im

Auge behalten und die von außerhalb einwirkenden Einflüsse nur insofern berücksichtigen, als sie auf den deutschen Bergbau von tiefer greifendem Einflusse waren.

Von den Thälern der nördlichen Alpen und von Ungarn und Siebenbürgen (den römischen Provinzen Transsylvanien und Dacien) aus verbreitete sich der Bergbaubetrieb zunächst nach dem an Edelmetallen reichen Böhmen. Es gab Zeiten, in denen sich hier die gesamte Bevölkerung in solchem Maße dem Edelmetallbergbau zuwendete, daß die Feldbestellung unterblieb und Hungersnot ausbrach; durch Maßnahmen der Obrigkeit mußten die Ackerbauer gezwungen werden, wieder zum Pfluge zurückzukehren. Am Rhein und seinen Nebenflüssen dürften die von den Römern begonnenen Bergbaue auf Blei, Kupfer, Eisen und Galmei, wenn auch mit Unterbrechungen, weiter betrieben worden sein. Einzelne von diesen uralten Gruben haben bis in die Neuzeit Ruf und Namen behalten, so der Bleibergbau in der Gegend von Commern und Mechernich, der Galmeibergbau am Altenberge bei Aachen (mons calaminaris der Römer) und andere mehr. Von den ältesten Stätten der Kultur im Süden und Westen aus hat ein allmähliches Vor= rücken nach Norden und Osten zu stattgefunden. So wird z. B. (v. Festenberg=Packisch, Der deutsche Bergbau, Berlin 1886) im Jahre 833 die Verleihung des Rechtes der Salzgewinnung durch Kaiser Ludwig den Frommen an das Kloster Corvey — beim heutigen Höxter an der Weser — ausdrücklich erwähnt, um das Jahr 800 dürfte die Salzgewinnung in Halle an der Saale begonnen haben, 893 wird die Salzgewinnung zu Dieuze in Lothringen erwähnt, 908 ist der schon durch die Kelten in vorrömischer Zeit begonnene Salzbergbau im heutigen österreichischen Salzkammergute und der Goldbergbau in den Tauern in Betrieb. Etwa um 930 wird die Erzlagerstätte am Rammelsberg bei Goslar entdeckt und in Betrieb genommen; der Beginn des Ober= harzer Bergbaues wird von einigen Geschichtschreibern in dieselbe Zeit gelegt, sicher ist, daß derselbe erst gegen Ende des 12. Jahrhunderts zu größerer Bedeutung gelangte. Im 11. Jahrhundert blühte der Silberbergbau im Schwarzwalde; der Zinnbergbau am Südabhange des sächsischen Erzgebirges bei Graupen war seit der Mitte des 12. Jahrhunderts in Betrieb, der Beginn des Freiberger Silberbergbaues wird gewöhnlich um das Jahr 1170 angenommen, zu welcher Zeit auch die schlesische Goldausbeute beachtlich war. Außerdem wurde in einer größeren Zahl deutscher Flüsse, in der Donau, im Rhein, in der Schwarza in Thüringen umfängliche Goldwäscherei betrieben. Über die Anfänge des Mansfelder Kupferschieferbergbaues haben wir bestimmte Nachrichten am Beginn des 13. Jahrhunderts. Der früheste Stein= kohlenbergbau dürfte mindestens bis zum Anfange des 12. Jahrhunderts zurückreichen; so wird der Steinkohlenabbau der ehemaligen Abtei Klosterrath im jetzigen Wurm=Revier bereits 1113 erwähnt, und bei Lüttich hat der Steinkohlenbergbau im Jahre 1198 begonnen.

Im Vergleich zu dieser ganz wesentlichen geographischen Ausbreitung des Bergbaues ist die Vervollkommnung der Betriebsmittel sehr unbedeutend. Wenn der Bergbaubetrieb einerseits durch den im Vergleich zu den Lebensmitteln und sonstigen Bedürfnissen hohen Wert der Metalle begünstigt wurde, so hemmten anderseits viele Umstände die Ent= wickelung: die oft eintretende Unsicherheit aller Verhältnisse, die Schwerfälligkeit des Verkehrs auf weitere Entfernungen, die schon im Altertume empfundene Schwierigkeit der Wasserhebung, die Seltenheit edler Erzmittel in Verbindung mit der Unmöglichkeit der technischen Verwendung armer Erze. Auch der langsame Fortschritt der Gesteins= arbeiten, für die während des ganzen Mittelalters, ja noch bis ins 17. Jahrhundert immer nur die Schlegel= und Eisenarbeit (das ist die bergmännische Ausführung der Arbeit mit Hammer und Steinmeißel) und das Feuersetzen in Anwendung standen, blieb derselbe wie im Altertume. Ferner ist zu beachten, daß ein Austausch der Erfahrungen sowohl auf berg= als auch auf hüttenmännischem Gebiete zwischen den einzelnen Revieren naturgemäß nur selten stattfand und auch hierdurch die Fortentwickelung eine lang= same war.

Wenn auch die große Bedeutung der Gußeisendarstellung erst in späterer Zeit deutlich hervortritt, so reicht doch der Eisenguß bis in die Mitte des 15. Jahrhunderts zurück, und zwar werden als die ersten Erzeugnisse genannt Kugeln für Kriegszwecke und große Ofenplatten zum Teil mit bildlichen Darstellungen.

Die Sammlung bergrechtlicher Grundsätze auf deutsch=österreichischem Gebiete reicht bis in das 13. Jahrhundert zurück. Damals entstanden die Schemnitzer Berg= ordnung, das Bergrecht von Iglau in Mähren, die Kuttenberger Bergordnung, das Freiberger Bergrecht. Aus diesen Rechtsgewohnheiten von nur örtlicher Bedeutung, auf denen der Spruch der alten Bergschöppen fußte, hat sich allmählich das Bergrecht der Gegenwart entwickelt.

Der Übergang zur Neuzeit.

Von den großen Umwälzungen, welche alle Gebiete in der zweiten Hälfte und gegen das Ende des 15. Jahrhunderts betrafen, wurden naturgemäß auch Bergbau und Hütten= wesen berührt.

Die Entdeckung Amerikas 1493 durch Christoph Kolumbus und des Seeweges nach Ostindien 1498 durch Vasco de Gama ließ sehr bedeutende Mengen von Edelmetallen nach Europa strömen, infolgedessen sank ihr Wert im Vergleich zu den sonstigen Preisen erheblich, und es brach namentlich für den europäischen Silberbergbau eine schwierige Zeit an.

Es sei hier daran erinnert, daß in Mitteleuropa außer den schon S. 17 genannten Bergbauen infolge des damals sehr regen Unternehmungsgeistes viele andere jetzt ver= lassene in hoher Blüte standen. So wissen wir, daß der Bergbau bei Sterzing am Schneeberg in Tirol im Jahre 1486 1000 Mann Belegschaft hatte, die prächtigen Grab= denkmäler der alten Bergherren in der Sterzinger Kirche geben noch heute einen Beweis für den damaligen Wohlstand. Der Bergbau zu Markirch im Elsaß hatte in den Jahren 1528—1550 eine Produktion von 8 Millionen Reichsmark Silber. Die Gruben der Fugger am Röhrerbühl bei Kitzbühl in Tirol erreichten in den 57 Jahren von 1540—1597 eine Teufe von 880 m. Zu Kuttenberg in Böhmen ist der Bergbau im Anfange des 16. Jahrhunderts bis zu 600 m Tiefe eingedrungen.

Das Sinken der Silberpreise brachte diesen Bergbauen schwere Schädigung, auf der anderen Seite ist aber das 16. Jahrhundert eine Zeit erheblicher technischer Fort= schritte. 1570 wurden die Naßpochwerke und das Anreichern der armen Erze durch Schlämmen erfunden, bald darauf die Setzarbeit eingeführt und dadurch die Aufbereitung und die sehr wichtige Nutzbarmachung armer Erze um einen sehr wesentlichen Schritt ge= fördert. Die Einführung des Pferdegöpels statt des Handhaspels für die Schacht= förderung und der Bau der Kunstgezeuge (1560) zur Hebung der Grubenwasser erleichterten den Betrieb ganz erheblich, denn sie ersetzten zum Teil die schon teuer werdende menschliche Arbeitskraft. Auch die in Amerika um das Jahr 1550 ausgebildete Amalgamation — d. h. das Ausziehen des Silbers aus Erzen mittels Quecksilber — trug viel dazu bei, um den bergmännischen Abbau armer Erze lohnend zu gestalten.

Die Erfindung der Buchdruckerkunst (1436 durch Gutenberg) wirkte für die damalige Zeit verhältnismäßig schnell auch auf den Bergbau, denn nachdem bereits im Jahre 1530 des G. Agricola kleineres Werk „Bermannus sive de re metallica" zu Basel erschienen war, folgte demselben schon 1556 in lateinischer Sprache das größere und grundlegende Werk desselben Schriftstellers „De re metallica libri XII", das schon im folgenden Jahre 1557 von Th. Becchius deutsch unter dem Titel „Vom Bergwerk zwölf Bücher" herausgegeben wurde; es ist reich illustriert und umfaßt das gesamte bergmännische Wissen damaliger Zeit. Damit ist der Anfang gemacht, um die für den Bergbaubetrieb nötigen Kenntnisse, die bis dahin nur mündlich von Geschlecht zu Geschlecht überliefert wurden, zum Gemeingute zu machen. Es dauerte auch nicht lange, bis andere ähnliche Werke erschienen und dadurch der Austausch von Erfahrungen immer leb= hafter wurde.

Der Aufschwung des Bergbaues im 16. Jahrhundert wurde dann in Mitteleuropa jäh abgebrochen durch den Dreißigjährigen Krieg (1618—48), der Ordnung und Sicher= heit in Frage stellte, den Wohlstand vernichtete und dem Gewerbe schwere Wunden schlug. Da war es in der zweiten Hälfte des 17. Jahrhunderts die Einführung der Spreng=

arbeit, welche als einer der wesentlichsten Fortschritte der bergmännischen Technik über=
haupt dazu beitrug, eine neue Blütezeit anzubahnen.

Wie bereits früher erwähnt, gab es seit den ältesten Zeiten für die Bearbeitung
der harten Gesteine keine anderen Hilfsmittel als Schlegel und Eisen und das Feuer=
setzen, der Fortschritt der Arbeit konnte hierbei nur ein geringer sein. Da wurden mit
dem Schwarzpulver, welches schon in der ersten Hälfte des 14. Jahrhunderts zum
Schießen aus Geschützen gebraucht wurde, um das Jahr 1613 und zwar wahrscheinlich
in mehreren Bergrevieren (Freiberg, Oberharz, Tirol, Ungarn) angenähert um dieselbe
Zeit Versuche zum Sprengen des Gesteins gemacht; es fehlte jedoch zunächst an einem
sicheren Verschlusse der Bohrlochmündung (an einem Besatze, wie der Bergmann sagt).
Dieser wurde erst im Jahre 1687 in dem Lettenbesatze gefunden, die allgemeinere
Einführung der Sprengarbeit beim Bergbaubetriebe ermöglicht und damit eine ganz er=
hebliche Beschleunigung und Verbilligung der Gesteinsarbeit erreicht.

Mit dem 18. Jahrhundert beginnt dann in Deutschland der Steinkohlenbergbau,
welcher bis dahin wegen des Waldreichtums und des verhältnismäßig geringen Brenn=
stoffbedarfs nur eine untergeordnete Rolle gespielt hatte, sich mehr und mehr zu ent=
wickeln. Es waren außer den bereits weiter oben erwähnten und erheblich älteren
Betrieben im Wurmrevier und bei Lüttich um 1750 die Kohlenbrüche am Ausstrich der
Flöze und Stollenbetriebe, im Ruhrgebiete, in Saarbrücken und im Plauenschen Grunde,
welche die schwarzen Diamanten in größeren Mengen zu Tage förderten, um billigeren
Brennstoff für die Industrie zu beschaffen. Erheblich vermehrt wurde der Kohlenbedarf
zunächst in Großbritannien, bald jedoch auch in ganz Mitteleuropa, nachdem im Jahre 1764
Watt die Dampfmaschine vervollkommnet hatte und dieselbe dadurch bald weite Ver=
breitung fand. Aber mit ihr erstarkte auch für den technischen Betrieb dem Bergbau eine
gewaltige Hilfskraft, durch die in früher nicht geahnter Weise Menschenkraft und Wasser=
kraft ersetzt oder ergänzt wurden. Während in England bereits im Jahre 1768 die
Dampfmaschine auf Bergwerken zur Wasserhebung Anwendung fand, wurde auf deutschem
Boden die erste aus England bezogene Dampfmaschine — damals noch vielfach Feuer=
maschine genannt — im Jahre 1788 auf einer Kupferschiefergrube bei Hettstedt im
Mansfeldschen zu gleichem Zwecke aufgestellt.

Eine Folge des allgemeinen Aufschwunges des Bergbaues im Anfange der zweiten
Hälfte des 18. Jahrhunderts, die außerordentlich befruchtend auf die weitere Ausbildung
der Bergbautechnik wirkte, war die Begründung bergmännischer Lehranstalten und
zwar Bergakademien für die Ausbildung der höheren Beamten, Bergschulen für die Unter=
weisung der Unterbeamten. Die ältesten Bergakademien sind diejenigen zu Freiberg in
Sachsen (gegründet 1766), zu Schemnitz in Ungarn (gegründet 1770) und die Peters=
burger Akademie (gegründet 1773). Hierdurch werden Mittelpunkte geschaffen für die
systematische Sammlung und Ordnung des für den Berg= und Hüttenmann nötigen Wissens=
stoffes, und es ist zur Genüge bekannt, wieviel die genannten und die später gegründeten
Bergakademien (in Deutschland Clausthal, Berlin und eine Abteilung am Polytechni=
kum Aachen) zur Verbreitung und Vertiefung der bergmännischen Wissenschaften bei=
getragen haben.

Die letzten hundert Jahre haben mit ihren gewaltigen Fortschritten auf allen Ge=
bieten dem Bergbau und Hüttenwesen so viele und mannigfaltige Hilfsmittel an die Hand
gegeben, daß es nicht möglich ist, hier auch nur die wichtigsten herauszugreifen, sie sollen
in dem zweiten Abschnitte, der den Bergbaubetrieb im allgemeinen behandelt, Er=
wähnung finden. Aber schon jetzt möchte dem Leser durch einige kurze Zusammenstellungen
die derzeitige außerordentlich große Bedeutung des Bergbaues vor Augen geführt werden.
Zunächst sei daran erinnert, daß die geographische Ausbreitung des Bergbaues im letzten
halben Jahrhundert nicht nur mit der schnellen Erschließung weiter Gebiete durch geogra=
phische Entdeckung und durch die Ausnutzung der neuen Verkehrsmittel gleichen Schritt
gehalten hat, sondern daß der Bergmann in sehr vielen Fällen, so im Westen Nord=
amerikas, in Australien, in Südafrika geradezu der Pionier der Kultur geworden ist.
Auch entsprach der Bergbau immer wieder den stets wachsenden Bedürfnissen der modernen

Kultur, namentlich der Gewerbe für die Metallverarbeitung und der chemischen Industrie, er beschaffte stets gewaltigere Mengen der seit Jahrhunderten benutzten mineralischen Rohstoffe, entnahm dem Schoße der Erde neue, früher nicht gewürdigte Mineralstoffe und gab dadurch der Industrie immer wieder neue Anregungen. Es sei hier beispielsweise erinnert an die Petroleumgewinnung, an die Rohstoffe für die Aluminiumindustrie, an die mineralischen Düngstoffe, die Kalisalze und die Phosphate, an den kürzlich erst hervorgetretenen Bedarf der Beleuchtungsindustrie an Thorerde und die ihr verwandten seltenen Erden für das Glühlicht.

Die folgende zeitlich geordnete Zusammenstellung über die Erschließung neuer wichtiger Bergbaugebiete während der letzten 50 Jahre möge als weitere Erläuterung hierzu dienen. Im Jahre 1848 werden die kalifornischen Goldseifen entdeckt, und eine wahre Völkerwanderung ergießt sich in jene bis dahin nur wenig gekannten Gebiete des Westens der Vereinigten Staaten. Im Beginn der fünfziger Jahre fängt der australische Kontinent, von 1857 ab auch Neuseeland an, in der Reihe der goldproduzierenden Länder eine Rolle zu spielen. Im Jahre 1855 wird der Abbau der Kupferlagerstätten am Oberen See in den Vereinigten Staaten von Nordamerika eingeleitet, 1858 der reichste Erzgang der Welt, der Comstockgang in Nevada, in Betrieb genommen. In der kurzen Zeit bis etwa 1890 wurde auf demselben die bedeutende Tiefe von 1005 m erreicht, doch mußte dann der Betrieb zum größten Teile wegen der hohen Temperatur infolge Andringens heißer Quellen aufgegeben werden, nachdem dieser eine Gang in noch nicht 35 Jahren für mehr als 600 Mill. Mark Gold und für mehr als 800 Mill. Mark Silber geliefert hatte. Im Jahre 1859 wird bei Titusville in Pennsylvanien die erste reichlicher fließende Naphthaquelle erbohrt, und die nordamerikanische Petroleumindustrie entwickelt sich mit der Nordamerika eigenen Energie; die russische Naphthaindustrie erlangt erst von 1870 ab einige Bedeutung für den Weltmarkt und macht Baku am Kaspischen Meere zur hervorragenden Industriestadt.

Im Jahre 1861 beginnt in Deutschland und zwar auf dem königlich preußischen Steinsalzwerke zu Staßfurt der Abbau der Kalisalze, 1867 werden bei Kimberley in Südafrika die Diamantlagerstätten entdeckt, welche bis jetzt die hauptsächlichsten Produzenten dieses Edelsteins geblieben sind. Im Jahre 1870 wurden die Silbererzgänge von Caracoles in der Wüste Atacama erschlossen, die nach Domeyco in den Jahren 1871 bis 1876 jährlich rund 120 000 kg Silber lieferten. Im Anfange der siebziger Jahre beginnt die Zinnproduktion Australiens und Tasmaniens auf dem Weltmarkte fühlbar zu werden, nachdem schon seit 1852 neben dem altbekannten Banka auch Billiton (beides sind Inseln zu niederländisch Ostindien gehörig) bedeutende Mengen Zinn geliefert hatte. Im Jahre 1873 tritt der Mount Morgan in Queensland unter den Goldgruben auf, 1874 wurden die Nickel- und Kobalterzlager von Numea auf Neukaledonien in Betrieb genommen, 1876 werden die Silbergruben von Leadville in Colorado fündig, 1877 die Silber- und Kupfergruben zu Butte in Montana, Nordamerika, deren Kupfererzeugung bald diejenige der Gruben am Oberen See noch in den Schatten stellte. Das Jahr 1883 ist das erste Betriebsjahr der Silber- und Bleigruben zu Broken Hill in Neusüdwales, die zu Zeiten 3000 Arbeiter beschäftigten; 1885 wird durch den Bau der kanadischen Pacificbahn die größte bis jetzt bekannte Nickellagerstätte der Welt zu Sudbury erschlossen, 1888 beginnt der Goldbergbau zu Johannesburg in Transvaal, 1889 fängt die Welt an, sich für das neue Goldeldorado Coolgardie in Westaustralien zu begeistern, und schon im Jahre 1891 entstehen in Cripple Creek in Colorado und im Jahre 1896 am Jukonflusse im westlichen Kanada, hoch im Norden, neue Goldreviere.

Zu den genannten Namen ließe sich noch mancher andere hinzufügen, doch sie genügen, um die ungeahnt schnelle Ausbreitung des Bergbaues zu zeigen. Bald wird ein anderes fast jungfräuliches Bergbaurevier von ungeheurer Ausdehnung der Bearbeitung erschlossen werden, wenn die sibirische Bahn mit Beginn des neuen Jahrhunderts das nördliche Asien durchquert.

Die Werte, welche der Bergbau zur Zeit erzeugt, betragen auf der ganzen Erde jährlich mehrere Milliarden Mark. Welchen Beitrag hierzu die wichtigsten Rohstoffe liefern, zeigt die beigefügte Tabelle. Danach steht nicht, wie man vielleicht erwarten sollte, das Gold in erster Linie, es nimmt nach der Höhe des Wertes der Jahreserzeugung erst die dritte Stelle ein und muß der Steinkohle und dem Eisen und Stahl den Vortritt einräumen. Die außerordentliche Bedeutung der zuletzt genannten Stoffe für die gesamte Kultur wird am besten durch diese Zahlen verdeutlicht. Wenn in der Zusammenstellung statt der Erze fast überall die Metalle angeführt sind, so mußte das geschehen, da für den Preis der Erze sich ein Mittelwert kaum feststellen läßt, die Gehalte sind zu schwankend; im übrigen wurden thunlichst die Preise an den Produktionsorten eingestellt. Dennoch werden die angeführten Zahlen immer nur auf ungefähre Richtigkeit Anspruch erheben dürfen.

Erzeugung von bergmännischen Produkten auf der ganzen Erde nach Gewicht und Wert im Jahre 1895.

	Gewichtseinheit	Gewicht	Wert in Mark
Gold	kg	306 133	813 775 000
Silber	„	5 652 000	497 400 000
Rohplatin	„	4 416	1 324 000
Eisen und Stahl	t	44 900 000	2 035 000 000
Blei	„	654 000	138 975 000
Kupfer	„	352 000	302 720 000
Zink	„	416 000	121 680 000
Zinn	„	77 400	97 000 000
Nickel	„	7 000	19 000 000
Quecksilber	„	3 709	14 836 000
Manganerze	„	525 000	18 375 000
Schwefel	„	390 000	21 450 000
Steinkohlen	„	578 200 000	5 300 000 000
Braunkohlen	„	45 000 000	99 000 000
Petroleum	„	12 000 000	360 000 000
Steinsalz einschließlich Sudsalz	„	9 655 000	158 000 000
Kalisalze	„	1 543 000	20 600 000
Summa	t	693 729 071	10 019 135 000

Bezüglich der beständigen Steigerung der Bergbauproduktion, ihres Wertes und der Anzahl der durch sie beschäftigten Arbeiter möge das Gebiet des Deutschen Reiches als Beispiel angeführt werden (vgl. die nachstehende Tabelle). Es ergibt dieselbe deutlich,

Erzeugung und Wert der Bergbauprodukte, Bergarbeiterzahl und Verhältnis derselben zur gesamten Bevölkerung im Gebiete des D e u t s c h e n R e i c h e s, einschließlich L u x e m b u r g nach dem „Statistischen Jahrbuch für das Deutsche Reich".

Art des Minerales	Mengen nach 1000 t				
	1860	1870	1880	1890	1895
Steinkohlen	12 348	26 398	46 974	70 238	79 169
Braunkohlen	4 383	7 605	12 145	19 053	24 788
Steinsalz	53	113	272	557	687
Sudsalz	257	306	450	492	525
Kalisalze	(beginnt erst 1861)	292	666	1 275	1 522
Verschiedene andere Salze	4	2	194	325	332
Eisenerze	1 401	3 839	7 239	11 406	12 350
Zinkerze	310	367	633	759	706
Bleierze	149	106	160	168	162
Kupfererze	93	207	481	596	633
Silber= und Golderze	34	25	21	21	11
Andere Erzeugnisse	83	137	202	248	265
Summa aller Erzeugnisse	19 115	39 398	69 435	105 139	121 152
Wert in 1000 Mark	136 599	256 807	404 087	767 430	749 182
Bevölkerung im Reichsgebiet (Millionen)	37,7	40,8	45,2	49,4	52,0
Zahl der Bergarbeiter (Tausende)	—	225	295	402	436

daß mit einziger Ausnahme des Silberbergbaues, der wegen des niedrigen Silberpreises zurückgegangen ist, alle Bergbauprodukte in immer größeren Mengen erzeugt wurden; am auffallendsten ist dies bei den Kohlen, deren Produktion sich in den letzten 35 Jahren versechsfachte, und bei den Eisenerzen, deren Erzeugung auf mehr als das achtfache stieg.

Es verdient auch betont zu werden, daß der Jahreswert der Bergbauproduktion Deutschlands sich in dem genannten Zeitraume auf mehr als den sechsfachen Betrag erhöhte und daß die Zahl der Bergarbeiter in den letzten 25 Jahren fast auf das doppelte stieg, d. h. ganz erheblich mehr als dem Anwachsen der Bevölkerung entsprechen würde. Möge auch fernerhin Deutschlands Bergbau weiter erstarken, blühen und gedeihen!

Der Bau unserer Erdrinde.

Der Boden, auf dem wir wandeln, die feste Erdrinde der Geologen, umschließt die Güter, welche durch den Bergbau gewonnen werden. Wir wollen daher zunächst auf den inneren Bau der Erde einen, wenn auch nur kurzen Blick werfen.

Astronomie und Geologie lehren uns, daß die Erdkugel vor undenklichen Zeiten als geschmolzene, feurig-flüssige Masse durch das Weltall schwebte, damals selbst eine glutstrahlende, leuchtende, allerdings im Vergleich zu anderen Weltkörpern nur kleine Sonne. Ungezählter Jahrtausende der Abkühlung bedurfte es, ehe sich an der Oberfläche nach und nach eine schlackige Kruste bilden konnte, die nur ganz allmählich stärker wurde und sich verfestete. Wie die Vorgänge auf der Sonne, dem Mittelpunkte unseres Planetensystems, und die Beobachtungen am Bau der Erdrinde mit Sicherheit folgern lassen, wurde diese Kruste häufig durch Ausbrüche von glühenden Gasen und geschmolzener Gesteinsmasse zerrissen und zerstückelt, zum Teil auch von neu gebildeten Gesteinen überdeckt. Sie wurden von dem Hervorbrechen aus dem Erdinnern eruptive Gesteine genannt. Erst als im Verlaufe weiterer langer Zeiträume die Abkühlung erheblich fortgeschritten war und die Bildung von Wasser in der Atmosphäre und auf der Erde in der Gestalt von Flüssen und Meeren möglich wurde, begann ein zweiter für die Gestaltung der Erdoberfläche und die Bildung neuer Gesteine äußerst wichtiger Vorgang. Es wurden nämlich die an der Oberfläche vorhandenen Gesteine zersetzt, die gebildeten Schuttmassen durch das Wasser fortgeführt und an anderer Stelle als geschichtete oder sedimentäre Gesteine abgelagert; sie füllten die Unebenheiten des Untergrundes aus und bildeten im allgemeinen wagerecht auch wenig geneigt liegende Decken oder Schichten. Außer dem Wasser hat auch der Wind, wenngleich in beschränktem Maße den Transport staubförmigen Materials vermittelt.

Eine besondere Stellung nehmen unter den geschichteten Gesteinen diejenigen ein, welche, wie z. B. das Steinsalz und der Gips, als krystallinische Niederschläge der im Wasser gelösten Stoffe zu betrachten sind. Sie werden im Gegensatz zu den mechanischen als chemische Sedimente bezeichnet.

Erst nach und nach erwachte auf der Erde das organische Leben, Tiere bevölkerten die Meere, die Flüsse und das Festland, Pflanzen gediehen im Wasser und auf der Erdoberfläche; dadurch war eine neue Möglichkeit der Gesteinsbildung gegeben, indem beim Absterben der Tier- und Pflanzenkörper unter besonderen hierfür günstigen Bedingungen die Reste sich massenhaft ansammeln und zur Vermehrung des Gesteinsmaterials beitragen konnten. So entstanden z. B. die Kohlen durch Anhäufung von Pflanzenresten, die Muschelbänke und Korallenriffe aus den Kalkschalen und Kalkbauten von Seetieren, die Guanoablagerungen der regenlosen Küsten der heißen Zone aus Exkrementen, Speiseresten, zum Teil Leichen von Meeresvögeln und Seehunden.

Fügen wir zu diesen wesentlichen drei Prozessen, dem Erstarren glutflüssig aus dem Erdinneren hervorbrechender Gesteinsmassen (eruptive Gesteine), der Zerstörung bereits vorhandener Gesteine und der Ablagerung ihrer Bestandteile an anderen Orten (sedimentäre oder geschichtete Gesteine) und der Gesteinsbildung durch Lebewesen (organogene Gesteine) noch hinzu, daß viele Gesteine nach ihrer Bildung erheblich verändert wurden, und bezeichnen wir solche Gesteine, an denen dies ganz besonders deutlich hervortritt, als umgewandelte oder metamorphische Gesteine (z. B. Gneis, Glimmerschiefer), so sind die

Hauptgesichtspunkte für eine übersichtliche Einteilung der Gesteine gegeben. Als neuestes
Produkt der immer stärkeren Abkühlung des Erdkörpers muß die Bildung von Eis
bezeichnet werden, das als Gletscher in den Hochgebirgen und als weithin sich erstreckende
Decke an den Polen ganz wesentlich an der Oberflächengestaltung der Erde teilnimmt.

Im folgenden sollen die wichtigsten Gesteine kurz besprochen werden. Ihre genaue
Kenntnis verdanken wir neben der chemischen Analyse dem Mikroskope. Flache Gesteins=
splitter werden bis zur Durchsichtigkeit, etwa auf ¹⁄₁₀ mm, dünn geschliffen, so daß unter
dem Vergrößerungsglase der innere Bau bis in die Einzelheiten klar gelegt wird. Durch
derartige Untersuchungen ist in den letzten Jahrzehnten der Einblick in die Mannigfaltig=
keit der Gesteinszusammensetzung ganz erheblich erleichtert worden, und die Zahl der Ge=
steinsarten und =Unterarten hat sich in der geologischen Wissenschaft ständig vermehrt.
Für den vorliegenden Zweck dürfte es genügen, nur die häufigsten und praktisch wichtigsten
Gesteine zu nennen, die selteneren dagegen zu übergehen.

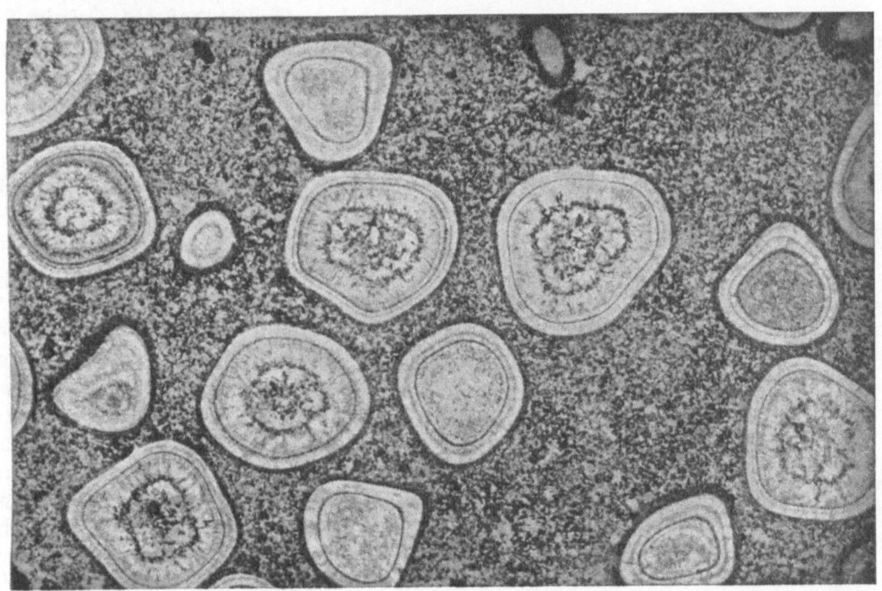

20. **Konkretionen im Kugeldiorit (Napoleonit) von Corsica.** (¹⁄₂ natürl. Größe.)

Die eruptiven Gesteine werden gewöhnlich in zwei große Gruppen geteilt: man
nennt solche Gesteine, deren Material nahezu vollständig aus krystallisierten, aber regellos
angeordneten Mineralien besteht, denen man es daher ziemlich auf den ersten Blick an=
sehen kann, aus welchen wesentlichen Gemengteilen sie bestehen, plutonische Gesteine,
ihr Gefüge (Struktur) nennt man körnig, indem man je nach der Größe der Krystalle
grob= und feinkörnige Abänderungen unterscheidet. Dicht nennt man Gesteine, bei denen
die Kryställchen der einzelnen Mineralien so klein sind, daß sie mit bloßem Auge nicht
erkennbar sind. Nicht selten beobachtet man in eruptiven Gesteinen eigenartige kugelige
Absonderungen von Mineralmasse, Konkretionen genannt, die gewöhnlich härter und
widerstandsfähiger sind, als die übrige Gesteinsmasse, und bei deren Verwitterung in
Form von rundlichen Blöcken zurückbleiben. So entstehen die Felsenmeere in unseren
Gebirgen. Ein Beispiel solcher Konkretionen im kleinen zeigt das unter dem Namen
Kugeldiorit (Abb. 20) bekannte Gestein von Corsica, das zu Ehren des großen Corsen
auch Napoleonit genannt wird. Was die Entstehung der plutonischen Gesteine betrifft,
so lehrt jener Zweig der Geologie, welcher sich mit den Gesteinen im besonderen befaßt,
die Petrographie, daß sie wahrscheinlich unter starker Bedeckung durch andere Gesteine,
daher unter bedeutendem Druck und bei langsamer Abkühlung aus dem geschmolzenen Zu=

stande in den krystallinischen übergegangen sind; hierher gehören der Granit, Syenit, Diorit, Diabas und Gabbro. Diese Gesteine treten gewöhnlich in großen, unregel= mäßig aber scharf begrenzten (stockförmigen) Massen auf, die sich bis in unerreichbare Tiefen erstrecken, zuweilen bilden sie auch die Ausfüllung von Spalten (gangförmiges Vor= kommen) und haben in diesem Falle wegen der schnelleren Erkaltung feinkörniges Gefüge.

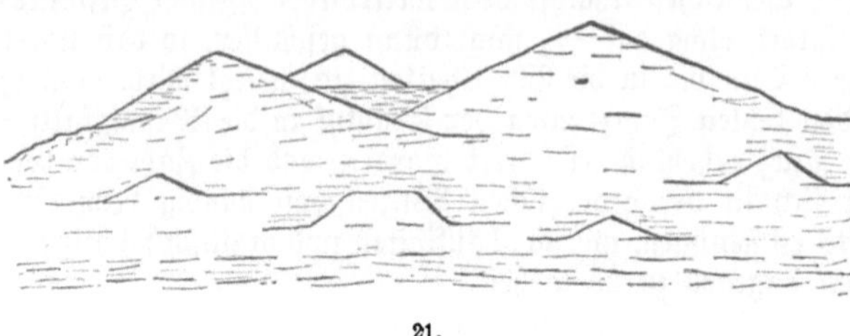

21.

Andere eruptive Gesteine zeigen in einer glasähnlich dichten Masse, deren Zusam= mensetzung das unbewaffnete Auge nicht zu enträtseln ver= mag, der Menge nach mehr oder weniger, krystallisierte Mineralien sogenannte Ein= sprenglinge; wir sind der Ansicht, daß diese Gesteine sich schneller abgekühlt haben als die der ersten Gruppe und wahrscheinlich im glutflüssigen Zustande durch Spalten oder Schlünde an die Oberfläche gelangten, sich hier zum Teil kuppenartig stauten oder deckenartig überflossen. Das böhmische Mittelgebirge mit den beiden Milleschauern, die Rhön, das Siebengebirge am rechten Ufer des Rhein, oberhalb Bonn sind ausgezeich= nete Beispiele für das massenhafte Auftreten vulkanischer Gesteine in flachkegelförmigen Kuppen. Die Skizze Abb. 21 zeigt etwa den Charakter des Böhmischen Mittelgebirges in der Gegend von Teplitz, vom Kamme des Erzgebirges aus gesehen. Wir nennen diese Gesteine vulkanische Gesteine. Derartige Entstehung setzen wir voraus bei den Porphyren, Porphyriten, den Melaphyren, Phonolithen, Andesiten, Basalten u. s. w.; ihr Gefüge heißt porphyrartig, wenn das Auftreten von Einsprenglingen in

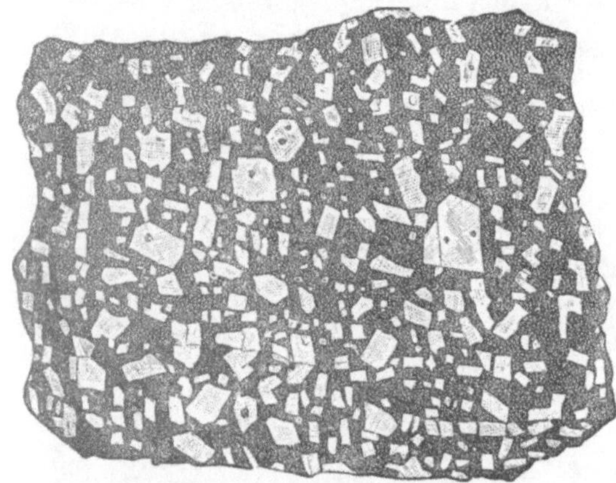

22. **Porphyr mit Einsprenglingen.**

einer Grundmasse zu beobachten ist (Abb. 22), anderenfalls dicht. Bei sehr schneller Erstarrung geschmolzener Massen scheiden sich erfahrungsgemäß gar keine mit dem bloßen Auge sichtbaren Krystalle aus, es entstehen die glasigen Gesteine, welche äußerst spröde sind und in ganz dünnen Splittern einen geringen Grad von Durchsichtigkeit erkennen lassen, wie z. B. die Pechsteine und Obsidiane. Sie zeigen oft in ausgezeichneter Weise den muscheligen Bruch (Abb. 23). Lava nennt man die von noch thätigen Vulkanen in glutflüssigem Zustande ausgestoßenen Gesteinsmassen, die aus dem Krater hervorbrechen und sich auf den Gehängen des Berges strom= oder deckenartig ausbreiten. Bei dem langsamen Abwärtsfließen der Lavaströme erstarrt die Oberfläche glasig, das darunter befindliche allmählich erkaltende Gestein pflegt durch Gasausscheidungen blasige Struktur anzunehmen. (Über Bimsstein vergl. den Abschnitt Steinbruchbetrieb.) Tritt dagegen glutflüssige Gesteinsmasse ins Wasser aus, z. B. auf den Meeresboden, so wird sie eigenartig zersetzt und zerstückelt; solche Gesteine nennt man Tuffe, sie gehen bei größerer Ausdehnung der Ablagerung zuweilen in langsamer und ohne Berührung mit dem Wasser erstarrte Massen über.

Bei der großen Mannigfaltigkeit in der äußeren Erscheinung der eruptiven Gesteine und bei ihrer weiten Verbreitung sollte man meinen, daß eine bedeutende Zahl von Mineralien an ihrer Bildung beteiligt wäre. Das ist jedoch nicht der Fall, denn von den etwa 700 verschiedenen Mineralspezies, die man kennt, nehmen nur ungefähr

20 wesentlichen Anteil an der Zusammensetzung der Eruptivgesteine, und weiter sind es merkwürdigerweise ganz wenige von den bekannt gewordenen chemischen Elementen, die in den Eruptivgesteinen vorherrschen, während die meisten anderen nur in äußerst geringen Mengen vorhanden sind.

Die gesteinbildenden Mineralien, welche in den Eruptivgesteinen auftreten, sind Quarz (d. i. reine Kieselsäure), ferner kieselsaure Verbindungen (Silikate) der Thonerde, der Oxyde des Eisens, des Kalkes, der Magnesia und der Alkalien (Natrium, Kalium) und zwar die Gruppen der Feldspäte, Augite, Hornblenden und Glimmer, außerdem schon seltener Olivin, Nephelin, Leucit. Dazu kommen in sehr geringen Mengen die Erze: Magneteisenerz (Eisenoxydoxydul) und Schwefelkies (Schwefeleisen). Quarz ist an der hohen Härte (7) kenntlich, er ritzt guten Stahl, und tritt als Gesteingemengteil farblos oder milchweiß bis grau auf, er zeigt niemals Spaltung, sondern stets muscheligen bis splitterigen Bruch mit glasartigem, zum Teil fettigem Glanze. Namentlich in den Porphyren kommen ringsum ausgebildete Quarzkrystalle vor (vergl. über die Form den Abschnitt Edelsteine).

Von den übrigen genannten Mineralien sind besonders die Feldspäte zur Einteilung der Gesteine benutzt worden. Sie haben die Härte 6, d. h. sie lassen sich mit einem Messer gerade noch ritzen, die Farbe ist vorwaltend weiß, grau, gelblich, rötlich; grün ist selten. Sie spalten gut nach mehreren Richtungen, die Krystalle sind meistens kurz säulenförmig. Die Feldspäte zerfallen in zwei große nach der Krystallform nicht schwer von einander zu unterscheidende Unterabteilungen, nämlich: Orthoklas (Kali-Thonerde-Silikat): die beiden vorhandenen Spaltrichtungen bilden genau einen rechten Winkel und zeigen keine Streifung; ferner Plagioklas (vorwiegend Silikate der Thonerde, des Natrons und des Kalkes): die ebenfalls vorhandenen Spaltrichtungen schließen einen Winkel ein, der von dem rechten um einige Grade abweicht; die vollkommensten Spaltflächen sind, oft schon dem freien Auge erkennbar, fein gestreift. Übrigens werden nach der chemischen Zusammensetzung und der be-

28. Muscheliger Bruch des Obsidians aus Ecuador.

sonderen Krystallform mehrere Arten von Plagioklas unterschieden; hierher gehören: Mikroklin (Kalifeldspat, also chemisch, nicht aber krystallographisch dem Orthoklas nahestehend), Albit oder Natronfeldspat, Anorthit oder Kalkfeldspat, ferner Oligoklas, Andesin, Labradorit, welche als Mischungen von Natron- und Kalkfeldspat angesehen werden. Danach unterscheidet man zwei große Gruppen von Gesteinen: Orthoklasgesteine, zu ihnen gehören von den bereits genannten: Granit, Syenit, die Porphyre, Trachyte und Phonolithe, und Plagioklasgesteine, zu denen gerechnet werden: Diorit, Diabas, Gabbro, die Porphyrite, Melaphyre, Andesite, Basalte u. s. w.

Augite und Hornblenden stehen sich in der chemischen Zusammensetzung nahe als Silikate des Eisens, der Magnesia und des Kalkes, beiden gemeinsam ist der Glasglanz, die Härte: etwa 6, und dunkle Farben: schwarz, grünlich- und bräunlichschwarz; bei beiden sind kurzsäulige Krystalle häufig. Außer durch die Einzelheiten in den Krystallformen, die jedoch sehr wechseln, unterscheiden sich beide Mineralien dadurch, daß bei den Augiten selten Spaltbarkeit deutlich zu beobachten ist (wenn sie vorhanden ist, so bilden die beiden Richtungen einen rechten Winkel), sondern dichter bis körniger Bruch meistens vorwaltet. Bei der Hornblende dagegen sind immer deutlich zwei Spaltrichtungen zu beobachten, die einen Winkel von 124° einschließen, außer Krystallen kommen faserige und stengelige Massen vielfach vor. Die Augite werden häufig auch Pyroxene, die Hornblenden Amphibole genannt (vergl. auch Asbest, Abschnitt Steinbruchbetrieb).

Diallag steht dem Augit in der chemischen Zusammensetzung, auch der Farbe nahe, er ist fast nur in unregelmäßigen Körnern zum Teil von faseriger Struktur im Gabbro eingewachsen, die Härte beträgt nur $4\frac{1}{2}$, er hat auf einzelnen Spaltflächen perlmutterartigen Glanz.

Die Glimmer bestehen aus Silikaten der Thonerde, des Eisens, des Kalis und der Magnesia, sie sind durch die geringe Härte $2\frac{1}{2}$, durch das häufige Vorkommen biegsamer, lebhaft glänzender Schüppchen und Blättchen gut gekennzeichnet. Die letzteren sind meistens unregelmäßig begrenzt, doch kommen sechsseitige Tafeln, sogar zuweilen große Krystalle vor, z. B. in den Riesengraniten (s. den Abschnitt Steinbruchbetrieb), dann ist immer ausgezeichnete Spaltbarkeit nach einer Richtung hin zu beobachten. Als Gemengteile der Gesteine kommen am häufigsten die folgenden Glimmerarten vor: Muscovit (Kaliglimmer) von weißer oder doch lichter Farbe, Biotit (Magnesiaglimmer) von dunkelbrauner Farbe und Chlorit (wasserhaltiger Magnesiaglimmer) von grüner Farbe.

Olivin ist ein Magnesia-Eisen-Silikat von der Härte $6\frac{3}{4}$, die Farbe ist gelblich oder grünlich, es bildet in größeren unregelmäßigen Körnern einen Gemengteil vieler Basalte. Das Mineral ist an der Farbe, der hohen Härte und der Durchsichtigkeit leicht zu erkennen. Der edle Olivin oder Chrysolith ist im Abschnitt Edelsteine erwähnt.

Nephelin und Eläolith sind Natron-Thonerde-Silikate von der Härte 6, Nephelin ist farblos, weiß oder grau und bildet einen Bestandteil gewisser Phonolithe und Basalte; Eläolith ist grau und rötlich, hat Fettglanz und kommt in manchen Syeniten z. B. im südlichen Norwegen vor.

Leucit ist ein Kali-Thonerde-Silikat von weißlich grauer Farbe und krystallisiert im Deltoid-Ikositetraeder, auch Leucitoeder genannt (vergl. die Krystallformen des Granat). Größere Krystalle kommen in Laven vor, außerdem bildet Leucit in mikroskopisch kleinen Kryställchen einen wesentlichen Gemengteil vieler Basalte.

Als Beispiele für die Zusammensetzung der Eruptivgesteine mögen hier einige solche aufgeführt werden, deren Gemengteile sich gewöhnlich mit bloßem Auge unterscheiden lassen:

Granit besteht aus Orthoklas, Quarz und Glimmer; Syenit ist aus Orthoklas und Hornblende zusammengesetzt; Diorit enthält außer Plagioklas noch Hornblende, Quarz, Glimmer; im Diabas tritt neben Plagioklas wesentlich Augit auf; Gabbro besteht aus Plagioklas und Diallag.

Während man in der Grundmasse der Porphyre außer Einsprenglingen von Quarz und Glimmer solche von Orthoklas beobachtet, treten in den Porphyriten Plagioklas und Hornblende, in den Melaphyren Plagioklas und Augit auf.

Die übrigen Eigenschaften und das Vorkommen dieser und der anderen Gesteine, welche häufiger technische Verwendung finden, sollen im Abschnitt Steinbruchbetrieb näher besprochen werden.

Die Wirkungen des glutflüssigen Erdinneren auf die Erdoberfläche sind im Vergleich zu früheren geologischen Perioden in der Gegenwart geringe, dennoch beobachten wir von Zeit zu Zeit an den noch thätigen Vulkanen außerordentliche Kraftwirkungen, es sei hier erinnert an das Auftauchen einer neuen Insel in der Gruppe der Azoren, nordwestlich der Insel S. Miquel. Die neue Insel tauchte im Juni des Jahres 1811 plötzlich aus dem Meere auf und erhob sich bis zu 100 m Höhe über den Wasserspiegel, ihr Gipfel wurde von einem kreisrunden Krater gebildet. Im Verlaufe der folgenden Jahre versank sie allmählich wieder in den Fluten. Die Thätigkeit des Inselvulkanes Krakatoa, in der Sundastraße zwischen den Inseln Sumatra und Java gelegen, im Jahre 1883 ist noch in frischer Erinnerung.

Auch einen Teil der Erdbeben, die mit der Tiefe allmählich zunehmende Wärme des Erdinneren, endlich das Hervorbrechen von heißen Quellen (Thermalquellen) in der Nähe erloschener Vulkane und in dem Gebiete jüngerer Eruptivgesteine fassen wir als Wirkungen des Vulkanismus auf.

24. Tropfsteinbildungen in der Hermannshöhle bei Rübeland am Harz.

Die geschichteten Gesteine. Die Vorgänge bei der Zersetzung der Gesteine, welche zur Neubildung jüngerer geschichteter Gesteine Veranlassung geben, können am besten im Hochgebirge, zum Teil, wenngleich in kleinerem Maßstabe, aber auch in Weg- und Eisenbahneinschnitten, die in festen Gesteinen hergestellt wurden, und in jedem Flußlaufe beobachtet werden. Auf den freien Klüften und Rissen, die in keinem Gesteine fehlen, dringt Wasser ein, dessen lösende Wirkung durch die darin enthaltenen Stoffe, namentlich Kohlensäure, verstärkt wird; Frost und Sonnenwärme erweitern die vorhandenen Spalten, die Vegetation mit ihren Wurzelfasern wirkt ebenfalls mit, und so zerfallen in kürzerer oder längerer Zeit je nach ihrer Widerstandsfähigkeit die Gesteine in Bruchstücke und Grus, einzelne Gemengteile, namentlich die Feldspäte werden in thonige Massen umgewandelt (kaolinisiert).

25. **Karrenbildung nach F. Simony.**

Aber auch in gigantischem Maßstabe arbeitet zuweilen die Natur an der Umwandlung der Gebirgsmassen. Es seien hier zwei bekanntere Beispiele erwähnt: So stürzte im Jahre 1348 am Südabhange des Dobratsch, einer bis zu 2167 m ansteigenden Erhebung der südlichen Kalkalpen, südlich von dem Bergorte Bleiberg gelegen und nach der

26. **Transport von Felsblöcken auf dem Kargletscher.** Nach einer Zeichnung von Collomb.

nahen größeren Stadt auch Villacher Alpe genannt, eine gewaltige Felsmasse in das Thal der Gail ab. Bekannt ist ferner der Bergsturz, welcher am 2. September 1806 von der westlichen Kuppe des dem Rigi nördlich gegenüber gelegenen Roßberges erfolgte, es wurden damals 4 Dörfer verschüttet, und 450 Menschen kamen ums Leben. Noch heute ist dieses wilde Trümmerfeld nahe der Station Arth-Goldau der Gotthardbahn kenntlich.

Entweder verbleiben die Zersetzungsprodukte der festen Gesteine an Ort und Stelle, es bildet sich Humus (Ackererde), oder Wasser und Wind beginnen ihre fortschaffende und weiter zerstörende Thätigkeit und lagern die Bestandteile an Gehängen, in Flußthälern oder im Meere ab. Diejenigen, welche geneigt sind, die transportierende Kraft des strömenden Wassers

27. Bruchstück eines Scheuersteines (dunkler Kalkstein) v. Grindelwaldgletscher.

zu unterschätzen, dürften an den Verheerungen des Hochwassers in den letzten Jahren seine Macht kennen gelernt haben.

28. Felsenmeer im Böhmerwalde. Nach Aufnahme von H. Eckert, Prag.

Beobachtungen, welche an unseren Flußläufen gemacht werden über die suspendierten und chemisch gelösten Stoffe, die sie dem Meere zuführen, ergeben überraschend große

Mengen. So hat man geschätzt, daß die Rhone im Laufe eines Jahres etwa 20 Mill. cbm feste Stoffe dem Mittelländischen Meere zuführt, auch glaubt man annehmen zu sollen, daß die Anschwemmungen dieses Flusses seit dem 4. Jahrhundert unserer Zeitrechnung die Küste um etwa 20 km in das Meer hinausgeschoben haben. Die Flüsse, welche dem Teutoburger Walde und dem Harze entströmen, enthalten an und für sich geringe Mengen Kalk gelöst. Wenn man jedoch zusammenrechnet, wieviel Gestein im Laufe eines Jahres auf diese Weise dem Gebirge entzogen wird, so ergibt sich die erstaunliche Masse eines Würfels von 33 m Kantenlänge. So ist es auch erklärlich, daß sich im Kalkstein jene ausgedehnten Höhlen bilden, die wir z. B. bei Rübeland im Harz und vor allem im Karst, bei Adelsberg, bei St. Canzian u. s. w. bewundern. Ein Teil des Kalkes wird vom Wasser fortgeführt, ein anderer scheidet sich als jene vielgestaltigen Tropfsteingebilde aus, die mit Recht unser Staunen erregen (Abb. 24).

Auch dort, wo der Kalkstein der Einwirkung des Wassers an der Oberfläche preisgegeben ist, findet eine zwar sehr allmähliche aber doch merkliche Zerstörung des Gesteins statt. So erklären sich die Karrenbildungen, welche z. B. in unseren

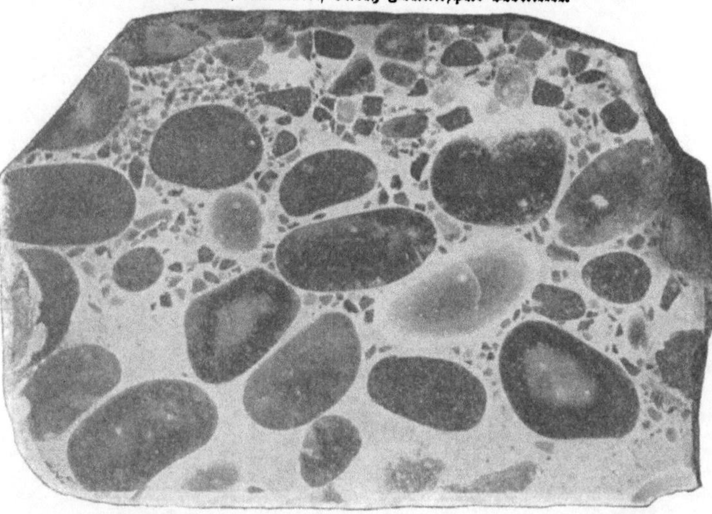

29. Kalksteinbreccie, durch Braunspat verkittet.

30. Konglomerat, angeschliffen (Puddingstein) aus Südengland.

Kalkalpen auf weite Strecken des Gebirges bemerkbar sind (Abb. 25).

Selbst das Eis des Hochgebirges arbeitet in den Gletschern mit an diesem Zerstörungswerke, an der Zerkleinerung und Beförderung des Gesteinsmateriales thalabwärts. Es gelangt nämlich der Gesteinschutt, der sich an den Steilabstürzen des Hochgebirges löst, zunächst auf die Oberfläche der Gletscher und wird dort in Gestalt einzelner Blöcke, die dann wohl Gletschertische bilden (Abb. 26), oder als langgestreckter Schuttwall (Moräne) langsam thalabwärts geführt, ein Teil dieses Gesteinsmaterials fällt aber durch Gletscherspalten auf den Grund des Gletschers und reibt dort, gedrückt und geschoben von dem Eise an dem festen Fels der Thalsohle. Der dem Gletscher entströmende Bach ist milchig getrübt von zerriebenem Gesteinsmaterial, am Ende des Gletschers sammelt sich der Gesteinschutt zu hohen Wällen (Endmoräne) an. Wie die meisten geologischen Vorgänge ist auch die Wirkung der Gletscher eine scheinbar langsame und geringe, aber im Laufe der Jahrtausende sehr beachtliche. Da wo die Ausdehnung der Gletscher abnimmt, wie z. B. zur Zeit in den Alpen, und der Fels=boden, über den sich früher der Gletscher bewegte, freigelegt wird, finden wir die Oberfläche im allgemeinen gerundet und abgeschliffen, aber mit Schrammen bedeckt, welche von den am Gletscherboden mit=geführten Scheuersteinen zurückgelassen wurden. Abb. 27 zeigt die Oberfläche eines solchen Scheuersteins vom Grindelwaldglet=scher, auf dem schwarzen Kalkstein heben sich die hellen Schrammen deutlich ab. Diese verlaufen übrigens in mehreren Richtungen, da der Stein seine Lage häufig änderte und in verschiedenen Stellungen über den Fels fortgeführt wurde.

Die geschichteten Gesteine (Sedi=mentärgesteine) werden unterschieden nach der Natur des Gesteinsmateriales, aus dem sie gebildet werden, und nach dem Grade der Zertrümmerung und Zersetzung, welche dasselbe erfuhr, man nennt sie auch Trümmergesteine, klastische Gesteine. Erlitten Gesteinsbruchstücke keinen weiten Transport, verblieben sie vielmehr an den Gehängen, wo sie sich bildeten, so behielten sie ihre kantige Form. Derartige Anhäufun=gen im großen nennt man Felsenmeere (Abb. 28). Trat dann eine gegenseitige Ver=kittung durch Ausfüllung der Hohlräume und Verfestigung des Ganzen etwa durch Absatz von Kalk ein, so entstanden die Breccien (Abb. 29). Beim weiteren Transport durch das Wasser in Flußläufen reiben sich die kantigen Bruchstücke zu gerundeten Rollstücken (Ge=röllen, Geschieben) ab, dabei werden die weicheren Bestand=teile mehr und mehr abge=schliffen, das härteste Material, namentlich der Quarz bleibt zuletzt übrig. Ablagerungen größerer und kleinerer Roll=stücke, die durch ein Binde=mittel (Zement) verbunden sind,

nennt man Konglomerate (Abb. 30), sie bilden einen erheblichen Bestandteil der ge=schichteten Gesteine und gehen durch Abnahme und Gleichmäßigerwerden der Korngröße allmählich in Sandsteine über. Alle diese Gesteine treten meistens in starken Bänken auf.

Übrigens findet sich das Material der Konglomerate und Sandsteine in den jüngsten Bildungen, wie wir sie z. B. in der norddeutschen Tiefebene, in der bayrischen Hochebene,

33. **Wandernde Dünen am Preiler Berg.** Nach Aufnahme von Gottheil & Sohn, Königsberg i. Pr.

überhaupt oft den Gebirgen vorgelagert antreffen, auch noch im lockeren Zustande als feiner und grober Sand, als Kies mit groben Geröllen, die bei zunehmender Größe Feldsteine, Findlinge, erratische Blöcke genannt werden. Letztere bilden ein wichtiges Baumaterial für diejenigen Gegenden, in denen wenig Gesteine zu Tage treten.

Das am feinsten zerkleinerte Gesteinsmaterial wird vom Wasser am weitesten, oft bis ins Meer fortgeführt und bildet schlammige Absätze, die sich zunächst zu Thon und Lehm, weiter zu Schieferthon und Thonschiefer verfestigen, die Struktur der letzteren ist, wie der Name sagt, meistens dünnschieferig. Auch die Brandung des Meeres trägt viel zur Umlagerung der Gesteine bei, an manchen Küsten nagt sie beständig, an anderen lagert sie schlammiges oder sandiges Material ab.

Außer diesen mechanischen Vorgängen spielt aber auch die Bildung von Sedimentgesteinen auf chemischem Wege eine große Rolle. Das Wasser löst aus den Gesteinen viele Stoffe und führt sie fort, in manchen Seebecken findet durch stete Verdunstung des Wassers und immer erneute Zufuhr gelöster Stoffe eine allmähliche Konzentration und endlich Auskrystallisation statt, anderseits arbeiten Pflanzen und Tiere beständig an der Ausscheidung dieser Stoffe. Auf diese Weise haben sich die Salzablagerungen, vor allem Steinsalz und Kalisalze gebildet, aber auch Gips (wasserhaltiger schwefelsaurer Kalk) und Anhy

84. **Geschichtetes Gestein aus der Wüste Atakama mit Sandschliffen.** (½ natürl. Größe.)

drit (wasserfreier schwefelsaurer Kalk) sowie viele Kalksteine (kohlensaurer Kalk) und Dolomite (Verbindungen von kohlensaurem Kalk und kohlensaurer Magnesia) sind so entstanden.

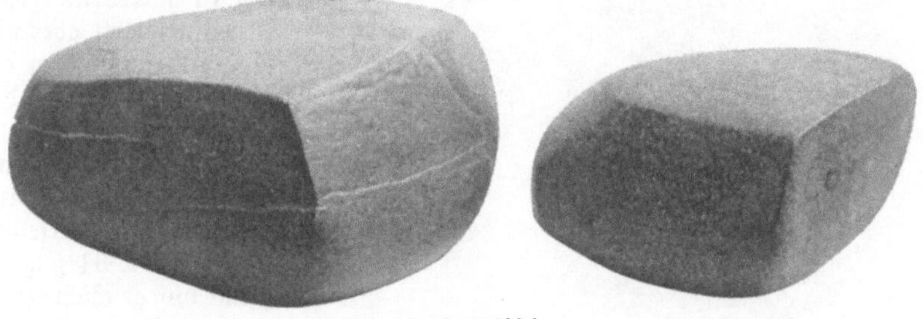

85. **Kantengeschiebe.**

Manche Kalke zeigen eine eigenartige Struktur, sie werden oolithische Kalksteine genannt; ein bekanntes Beispiel, welches die Eigentümlichkeit der Bildung besonders deutlich zeigt, gewisse Absätze der Karlsbader Thermen, sind unter dem Namen Erbsensteine bekannt, sie bestehen aus runden Körnern von konzentrisch schaliger Zusammensetzung; dabei zeigt jede Schale noch faserige Struktur. Abb. 31 stellt ein Stück Erbsenstein dar, Abb. 32 zeigt eine ausnahmsweise große Kugel, an welcher der zonale und zu gleicher Zeit faserige Bau besonders gut hervortritt. Kalksteine, welche aus kleineren, etwa stecknadelkopfgroßen Körnchen bestehen, heißen Rogensteine von der Ähnlichkeit mit dem Fischrogen.

Auch die Arbeit des Windes als geologisches Agens muß hier näher besprochen werden. Besonders in regen= und vegetationsarmen Gegenden, in Wüsten, Steppen, in der Dünenregion der Meeresküste machen sich diese Erscheinungen bemerkbar. Der Wind bringt den Staub und Sand in Bewegung, das leichteste Material wird schwebend fort= geführt, das gröbere am Boden fortgerollt, ganz erhebliche Mengen werden auf diese Weise in Bewegung gesetzt und an anderen Orten abgelagert. Die Staubstürme der Sahara sind bekannt, aber sie treten auch in vielen anderen Gebieten auf, z. B. in den nordamerika= nischen Staaten Kalifornien und Arizona, in Südaustralien, in den Ebenen der Argentinischen Republik und des inneren China. Die ausgedehnten Ablagerungen des sogenannten Lößes in den erwähnten Gegenden werden aus feinstem Quarzstaub gebildet, sie bedecken Tausende von Quadrat= meilen und bilden Schichten von mehreren hundert Metern Mäch= tigkeit. Die Ansicht von Richt= hofens, daß diese Schichten auf trockenem Wege gebildet seien, gründet sich namentlich darauf, daß im Löß viele Reste von Landpflanzen und von größeren Landsäugetieren gefunden wer= den. Die Art und Weise, wie auch an den deutschen Küsten der Sand der Dünen vom Winde in steter Bewegung erhalten wird, ist in Abb. 33 verdeutlicht. Der Wind wirkt aber nicht nur gesteinbildend sondern auch zer= störend. Wird nämlich der feine, aber äußerst harte Quarzsand von periodischen Winden bestän= dig gegen Gesteinsmassen ge= führt, so schleift er dieselben merk= lich ab. Abb. 34 zeigt ein Be= legstück von geschichtetem Gestein aus der Wüste Atakama, die weichen Lagen sind erheblich

36. Muschelkalkstein aus Thüringen, dichterfüllt von Versteinerungen (Stielglieder von Encrinus liliiformis und Schalen der Lima striata).

37. Augengneis von Dippoldiswalde.

mehr zerstört als die härteren; an eruptiven Gesteinen entstehen Erscheinungen, Sand= schliffe genannt, die dem Abrieb der Gesteine durch Gletscher sehr ähnlich sind. An runden Geschieben werden durch den bewegten Sand nahezu ebene Flächen und scharfe Kanten geschliffen, es entstehen die Kantengeschiebe (Abb. 35), die auch in den sandigen Gegenden Norddeutschlands nicht selten gefunden werden. Ähnliche, nur schneller sich vollziehende Wirkungen des bewegten Sandes benutzt die Industrie seit einigen Jahrzehnten in Gestalt des Sandstrahlgebläses, z. B. bei Herstellung matter Muster auf Glas.

Wie oben schon kurz erwähnt, begruben die geschichteten Gesteine bei ihrer allmäh= lichen Bildung die Reste von Tieren und Pflanzen in ihrer Masse, wir finden in ver=

ſchiedener Art der Erhaltung die Spuren früherer Lebeweſen und nennen ſie Ver=
ſteinerungen. Die Zahl der Arten und Geſchlechter iſt außerordentlich mannigfaltig,
ihre Kenntnis wichtig für die Altersbeſtimmung der Geſteine, es ſollen daher die Ver=
ſteinerungen in einem ſpäteren Abſchnitte etwas eingehender behandelt werden. Hier
mag nochmals darauf hingewieſen werden, daß die organiſchen Reſte oft in ſolchen
Mengen im geſchichteten Gebirge auftreten, daß einzelne, dem Schichtenſyſteme eingelagerte
Bänke faſt nur aus Pflanzenreſten, wie die ſo außerordentlich wichtigen Kohlenflöze, oder
aus Tierreſten beſtehen, wie manche Kalkſteine (Abb. 36).

Durch ihre Ausdehnung über weite Strecken und den an vielen Orten beobachteten
Reichtum an Erzlagerſtätten nehmen die metamorphiſchen Geſteine unſere ganz be=
ſondere Aufmerkſamkeit in Anſpruch. Es ſind Geſteine, welche ausgeſprochene Schichtung
zeigen, oder ſich doch durch ihre Lagerung als ſedimentäre Bildungen charakteriſieren,
deren Gemengteile jedoch nicht aus Trümmern anderer Geſteine, alſo z. B. Sand oder
Thon beſtehen, ſondern
aus Mineralien, welche
den Beſtandteilen der
eruptiven Geſteine ſehr
nahe ſtehen und die bald
mehr, bald weniger
deutliche Kryſtalliſation
zeigen. Es ſind hier als
die wichtigſten und ver=
breitetſten die Gneiſe
und Glimmerſchie=
fer zu nennen. Gneis
beſteht aus Quarz, Feld=
ſpat und Glimmer, alſo
aus denſelben Minera=
lien wie der Granit,
während aber dieſe Be=
ſtandteile im letzteren
völlig regellos angeord=
net ſind, iſt im Gneis
durch einen Paralle=
lismus der Glimmer=
ſchuppen eine ſchieferige
Struktur deutlich erkenn=
bar. Walten andere als
die genannten Minera=

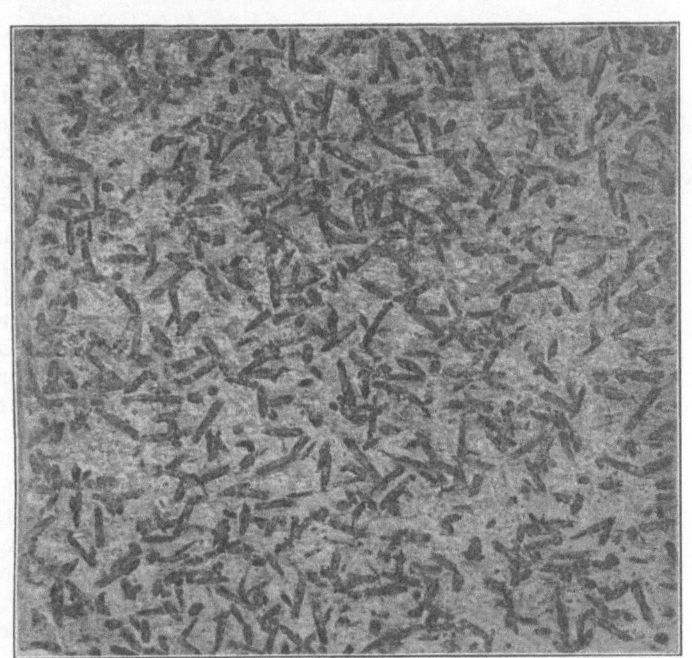

88. Fruchtſchiefer.

lien im Gneiſe vor, z. B. Hornblende, ſo wird das Geſtein hiernach als Hornblende=Gneis
bezeichnet. Auch finden ſich Verſchiedenheiten in der Struktur, neben dichtem oder fein=
körnigem Gneis gibt es ſolchen, in dem größere Körner von Feldſpat und Quarz vorhanden
ſind, man nennt ihn Augengneis (ſ. Abb. 37). Der Glimmerſchiefer iſt gewöhnlich nur
aus Quarz und Glimmer zuſammengeſetzt, dazu geſellt ſich häufig Granat. Mit den beiden
genannten Geſteinen kommen nicht ſelten körnige Kalke (Urkalke) und Quarzite vor, letztere
beſtehen nur aus ſchieferigem Quarz. Die heutige Anſicht über die Bildung dieſer Ge=
ſteine, die auch unter dem Namen kryſtalliniſche Schiefer zuſammengefaßt werden,
iſt die folgende: Man nimmt an, daß ſie urſprünglich als thonige, kalkige oder kieſelige
Sedimentgeſteine gebildet wurden, und daß ſpäter die Einwirkung des glutflüſſigen Erd=
inneren die Kryſtalliſation hervorrief. Dieſe Anſicht wird dadurch unterſtützt, daß wir
gewöhnliche Thonſchiefer dort, wo ſie auf eruptiven Geſteinen lagern, häufig in glimmer=
ſchieferähnliche Maſſen umgewandelt finden und daß dieſe ganz allmählich in den typiſchen
Thonſchiefer übergehen. In den Übergangsformen finden ſich Anfänge von Kryſtalliſation,
und man nennt dieſe Schiefer nach der Form der Ausſcheidungen Fleckſchiefer, Frucht=

schiefer (s. Abb. 38), Garbenschiefer. Die Gegend von Schneeberg im sächsischen Erzgebirge ist reich an diesen Gesteinen, deren Studium durch den Bergbaubetrieb auf Silber-, Kobalt-, Nickel- und Wismuterze sehr erleichtert wird. Da man die gegenseitige Berührungsfläche

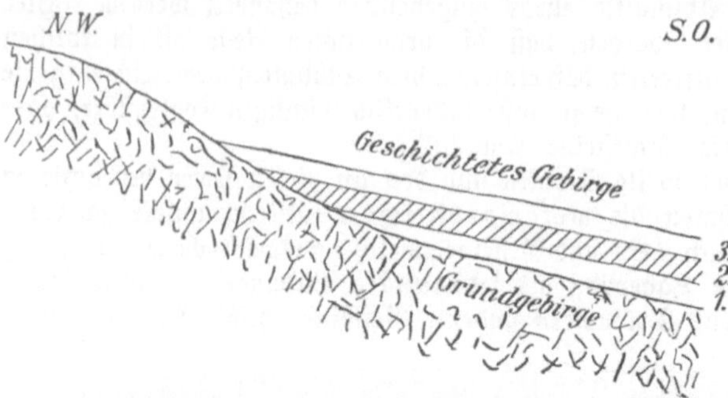

39. Geschichtetes Gebirge. Schnitt nach dem Einfallen der Schichten.

zweier verschiedenartiger Gesteine den Kontakt nennt, so heißen diese umgewandelten Schiefergesteine auch Kontaktgesteine. Kalksteine gehen am Kontakt mit Eruptivgesteinen in krystallinisch-körnigen Marmor über. Andere Umwandelungen, welche die äußere Erscheinung der Gesteine in geringerem Maße verändert haben und daher dem Laien weniger auffallen, versucht man durch starken Druck, wieder andere durch Einwirkung des in den Gesteinen sich bewegenden Wassers zu erklären.

Lagerung der geschichteten Gesteine. Alle geschichteten Gesteine, ob sie nun durch Absatz aus dem Wasser oder als Ablagerung des Windes gebildet sind, ob sie als

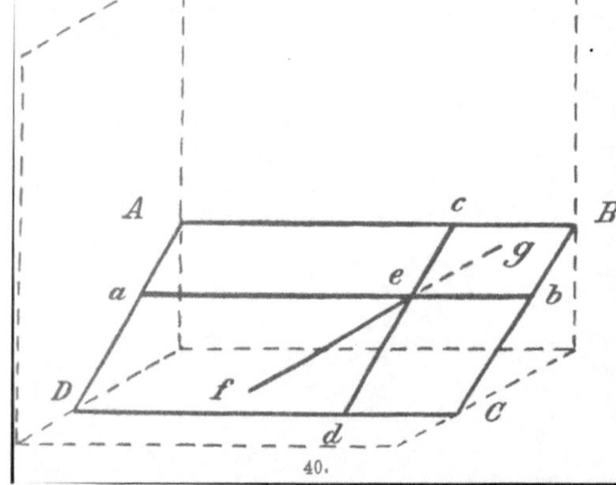

echte Trümmergesteine, als organogene Gesteine oder endlich als umgewandelte Gesteine zu bezeichnen sind, haben die Art der Ablagerung gemeinsam.

Betrachten wir an der Hand der Skizze (Abb. 39) die einfachste Form des geschichteten Gebirges: Auf dem Grundgebirge, z. B. einem Eruptivgesteine, hat sich durch Ablagerung des in den höher gelegenen Gebieten entstandenen und vom Wasser herbeigeführten Gesteinsschuttes zunächst die Schicht 1, hierüber die Schicht 2, welche durch Schraffierung hervorgehoben ist, und auf diese die Schicht 3 abgelagert. Wie das Grundgebirge älter ist, als die Schichtenfolge (Schichtensystem), so muß notwendigerweise jede untere Schicht älter sein als die obere, darauf abgelagerte. Im Verhältnis zu Schicht 2 nennt man im Bergbau und in der Geologie die ältere Schicht 1 das Liegende, dagegen die jüngere Schicht 3 das Hangende. Die Dicke einer Schicht heißt die Mächtigkeit, sie ist erheb-

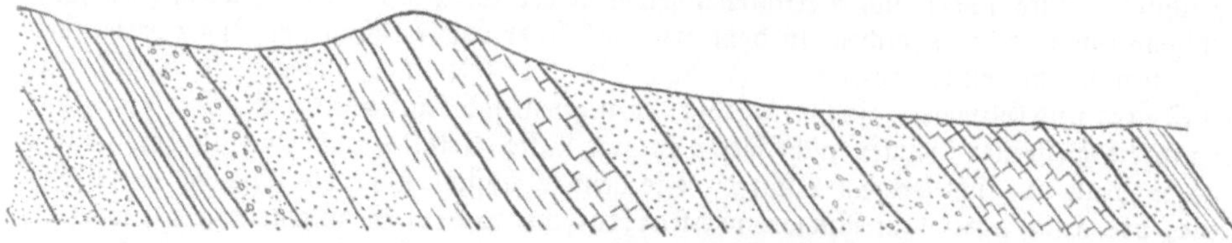

41. Steil aufgerichtetes Schichtensystem.

lich kleiner gegenüber der Ausdehnung der Schicht in wagerechter Richtung, Streichen genannt, und der Ausdehnung in der Richtung der stärksten Neigung, Fallen genannt. Abb. 40 stellt, durch drei aufeinander senkrechte Ebenen gestützt, ein Stück A B C D einer beliebigen Schicht im Raume dar. Es ist a b das Streichen, c d das Fallen. Jede andere in beliebigem Winkel zur Streich- und Fallrichtung, jedoch in der Ebene der Schicht

gezogene Linie heißt Diagonale. Zieht man da=
gegen eine Linie, z. B. feg, welche wagerecht,
aber senkrecht zum Streichen verläuft und die
Schicht im Punkte e durchdringt, so heißt diese
eine Querlinie, ihre Richtung die querschlägige;
in einem Schichtensystem durchschneidet sie der
Reihe nach sämtliche Schichten.

Macht es die geologische Beschreibung einer
Gegend oder der bergmännische Betrieb erforder=
lich, die Lage eines Schichtensystems (oder über=
haupt der Ebene eines Ganges, einer Verwerfung)
genau zu bezeichnen, so ist hierzu der folgende
Weg üblich: Zunächst bestimmt man die Lage
des Streichens zu den Himmelsrichtungen, z. B.
NO—SW; außerdem mißt man den Fallwinkel,
den die Schicht mit der wagerechten Ebene ein=
schließt, er betrage 20°. Da aber die Schichten
bei demselben Streichen nach zwei Himmelsrich=
tungen, hier nach Südost oder nach Nordwest ge=
neigt sein können, so ist jedesmal, um Zweideutig=
keit zu vermeiden, zum Fallwinkel die Himmels=
gegend hinzuzufügen, nach der die Schichten ein=
fallen. Durch die beiden Angaben: „Streichen
NO—SW, Fallen 20° in SO" ist die Lage des
Schichtensystems bestimmt. Sehen wir uns nun
die großen Schichtensysteme an, welche oft weite
Flächen von mehreren hundert Quadratkilometern,
ja selbst Quadratmeilen bedecken und zuweilen in
einer Gesamtmächtigkeit von vielen hundert Metern
beobachtet werden, und verfolgen wir den Verlauf
einzelner Schichten, wie sie durch den Bergbau
aufgeschlossen sind, z. B. das Kupferschieferflöz in
der Grafschaft Mansfeld, die Steinkohlenflöze im
Ruhrgebiete, in Saarbrücken, in Oberschlesien und
die Braunkohlenflöze der preußischen Provinz
Sachsen und des nordwestlichen Böhmen, so finden
wir zwar oft auf kleinere Erstreckung jenes Ver=
halten, d. h. die Form einer ebenen, wenig geneig=
ten Platte, wie sie soeben beschrieben wurde. Bei
der Betrachtung eines großen Gebietes jedoch er=
geben sich hiervon mancherlei Abweichungen, die
entweder schon durch die Art und Weise der Bil=
dung des Schichtensystems bedingt wurden oder
durch spätere Einflüsse entstanden.

Die ursprüngliche Form einer über weite
Flächen ausgedehnten Ablagerung geschichteter Ge=
steine ist nämlich die flache Mulde, entsprechend der
Gestaltung des Bodens unserer Binnenmeere und
Ozeane (man vgl. z. B. die Ablagerung des Kupfer=
schieferflözes westlich von Halle im Abschnitt Kupfer).
Vom Südrande der Mulde fallen die Schichten flach
nach Norden ein, der Fallwinkel wird jedoch nach der
Tiefe zu kleiner und kleiner, bis die Schichten im
Muldentiefsten wagerecht (der Bergmann sagt söh=

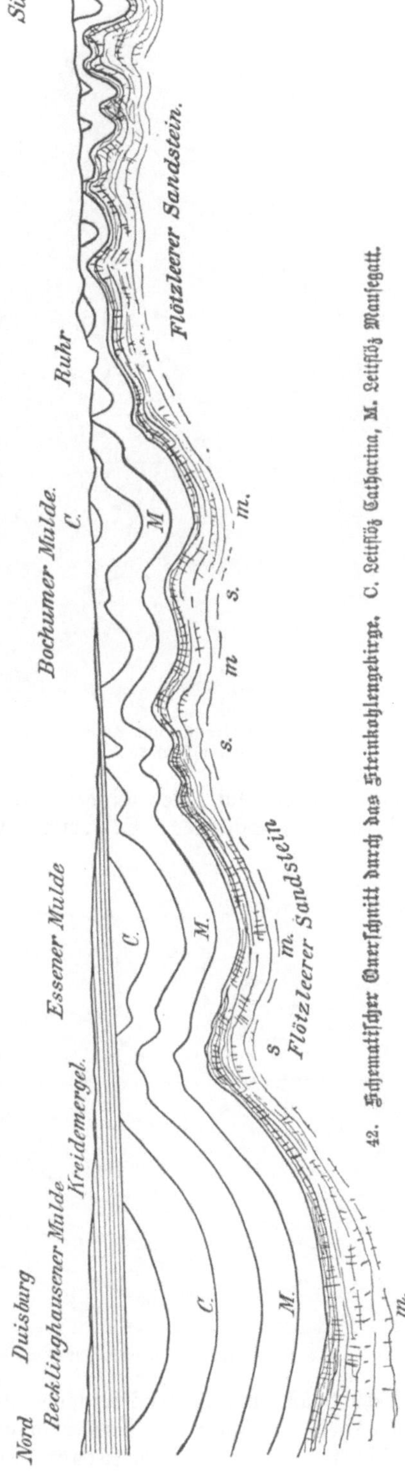

42. Schematischer Querschnitt durch das Steinkohlengebirge. C. Leitflöz Catharina, M. Leitflöz Mausegatt.

lig) liegen, und, wenn man ihren Verlauf in der einmal angefangenen Richtung weiter ver=
folgt, wieder anzusteigen beginnen. Am Nordrande fallen also die Schichten entgegengesetzt
ein, wie am Südrande. Ferner kommt es nicht selten vor, daß die Stärke einer Schicht erheb=
lich wechselt, ja daß sie allmählich ganz auf= hört (sich auskeilt). Derartige Erscheinungen laßen sich recht wohl erklären. Führt ein Fluß beispielsweise lange Zeit hindurch mit seinem Wasser sehr feine thonige Teile in ein Seebecken, so wird sich über die ganze Fläche des Grundes eine ziemlich gleichmäßige Schicht von Schlamm ablagern. Derselbe Fluß kann zeitweilig, durch plötzliche starke Regengüsse außergewöhnlich an= schwellend, auch gröberen Sand oder Gerölle mit sich führen, wird diese jedoch nahe seiner Einmündung in einer Schicht ablagern, die in kurzer Entfernung schwächer wird und sich bald ganz verliert.

43. Schichtenbiegung und Knickung des
Thonschiefers.

Auch nach der Bildung der geschichteten Gesteine sind mannigfache Änderungen in der Lagerung vor sich gegangen und zwar, wie die Geologie annimmt, infolge von Spannungen in der festen Erdrinde, durch das Hervorbrechen eruptiver Gesteinsmassen und durch zum Teil tiefgreifende Zerstörungen älterer Ablagerungen. Die Schichten, welche ursprünglich eine wenig geneigte Lage hatten, sind oft steil gestellt, man sagt aufgerichtet (Abb. 41).

Während in der Abb. 39 S. 36 die Oberfläche von einer einzigen Schicht gebildet wurde, finden wir hier bei der Untersuchung des Gebirges der Reihe nach eine große
Anzahl von Schichten. Es kommen vollständig senkrecht stehende Schichten vor. Jede

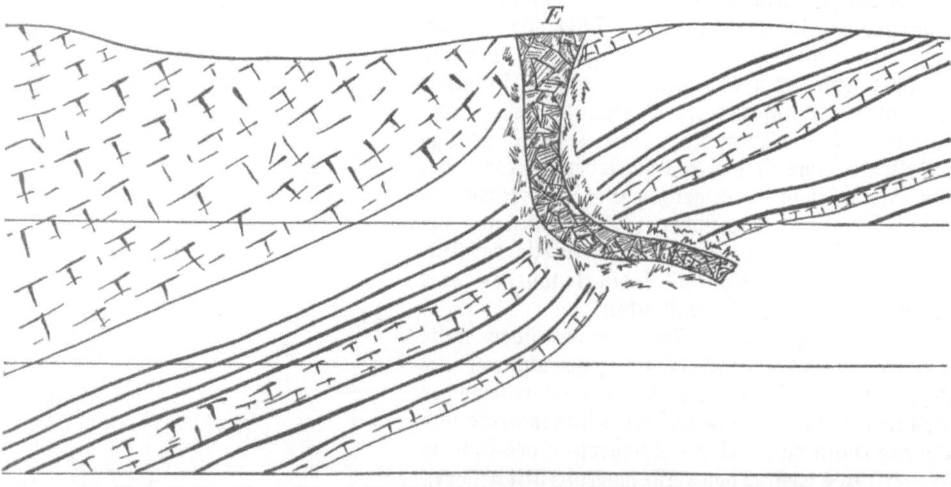

44. Melaphyrdurchbruch E durch die Steinkohlenformation Niederschlesiens. Nach A. Schütze.

Schicht läßt sich an der Oberfläche als ein schmaler Streifen verfolgen, den man das
Ausgehende oder den Ausstrich nennt, der an der Oberfläche befindliche Teil der
Schicht heißt der Schichtenkopf. Häufig läßt sich auch eine Faltung der Schichten

feftftellen. Als eines der für den Bergbaubetrieb wichtigften Beifpiele fei hier das Ruhrfteinkohlengebiet angeführt. Abb. 41 gibt einen ideellen Schnitt durch das Gebirge von Süden nach Norden; die Biegung der Schichten zu wellenähnlichen Falten ift durch den Bergbau deutlich nachgewiefen worden. Verfolgen wir hier den Verlauf einer beftimmten Schicht, z. B. des Leitflözes Maufegatt, fo wechfeln Anfteigen und Einfallen mehrfach, man unterfcheidet mehrere Mulden, zwifchen denen Sättel liegen, die erfteren, den Wellenthälern vergleichbar, find mit m, die letzteren, den Wellenbergen entfprechend, mit s bezeichnet. An diefem Profil können noch anderweite häufig vorkommende Erfcheinungen ftudiert werden, es find nämlich nur die Schichten des Kohlengebirges zu Falten gebogen, die darüber liegenden, flach nach Norden einfallenden Schichten der Kreideformation find völlig ungeftört, fie befinden fich im Verhältnis zu den gefalteten Schichten nicht in gleicher (konkordanter), fondern in abweichender (diskordanter) Lagerung. Auch ift ein Teil der Steinkohlenformation nach eingetretener Faltung zerftört, abgefchwemmt worden, ehe fich das jüngere Gebirge darüber ablagerte.

45. Erdfpalte am Steilufer des Shonai-Fluffes. Nach Dr. R. Beck.

Derartige Vorkommen laffen fich auch im kleinen beobachten, fo zeigt Abb. 43 ein Thonfchieferftück, an dem der allmähliche Übergang der Schichtenbiegung in Knickung beachtenswert ift.

Einen wefentlichen Einfluß auf die derzeitige Geftaltung unferer Erdoberfläche hat auch das Durchbrechen von Eruptivgefteinen durch die Erdkrufte gehabt. Nicht nur die fedimentären, fondern auch die älteren eruptiven Gefteine wurden von glutflüffigen Maffen durchbrochen, zuweilen breiteten fich diefe deckenartig aus. So haben Melaphyre die Steinkohlenformation (Abb. 44), auch die Schichten des Rotliegenden durchbrochen, Bafalte und Phonolithe, z. B. im nördlichen Böhmen, die Braunkohlenformation.

Das Bild der Lagerungsverhältniffe wird ein noch mannigfaltigeres dadurch, daß die Erdrinde häufig durch große Spalten zerriffen wurde und längs diefer Verfchiebungen der einzelnen gewaltigen Bruchftücke ftattfanden. Diefe Erfcheinung, welche wir Verwerfung nennen, können wir auch jetzt noch zuweilen beobachten. So entftanden bei dem großen Erdbeben, welches Japan am 28. Oktober 1891 heimfuchte, auf weite Erftreckung Riffe in der Erdoberfläche, und es konnte fowohl eine Verfchiebung der durch die Spalte getrennten Teile in wagerechtem, als auch in fenkrechtem Sinne beobachtet werden. So ftimmte z. B. nach dem Erdbeben die Ein-

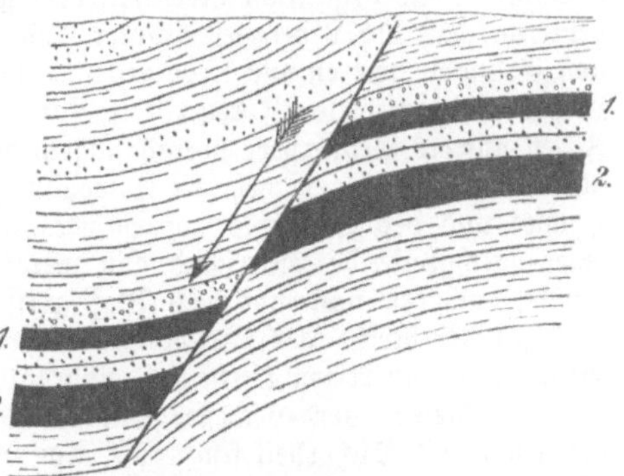

46. Senkrechter Schnitt durch eine Verwerfung im Steinkohlengebirge.

teilung der Reisfelder auf den beiden Seiten einer Spalte nicht mehr überein, es hatte eine horizontale Verschiebung der beiden Teile stattgefunden, in Abb. 45 ist das Ab= sinken eines Teiles der Oberfläche um mehrere Meter ersichtlich. Auch bei den Ver= werfungen, die der Bergbau nicht gerade selten im älteren geschichteten Gebirge antrifft, kann zuweilen an der Lage der Schichten auf beiden Seiten der Spalte das Maß der Bewegung festgestellt werden (Abb. 46).

Die Gliederung der geschichteten Gesteine.

Für die wissenschaftliche Einteilung der bis viele tausend Meter mächtigen Systeme von geschichteten Gesteinen bietet die Gesteinsbeschaffenheit selbst keine hinreichenden Unterlagen. Denn einerseits kehren dieselben Gesteine, z. B. Sandsteine, Kalksteine und Schieferthone, fast überall wieder, anderseits lehrt uns die Erfahrung, daß beispielsweise bei thonigen Gesteinen nicht immer der Grad der Verfestigung, den wir sonst zur Alters= bestimmung benutzen, maßgebend ist, denn es gibt sehr alte derartige Gesteine, die keinem größeren Drucke durch darüber lastende andere Schichten unterworfen waren und daher noch aus plastischem ungeschichteten Thone bestehen, während an anderen Orten jüngere thonige Gesteine bereits die Struktur des Schieferthones angenommen haben.

Wenn wir in der Geologie von dem Alter der Gesteine sprechen, so handelt es sich übrigens immer nur um relatives, nicht um absolutes Alter. Wir haben bis jetzt keinen Maßstab für die Dauer geologischer Perioden, nur das eine steht fest, daß sie nach menschlichen Begriffen ungemein lange gewährt haben müssen, denn alles deutet darauf hin, daß durch die immer wieder eintretende Summierung kleiner Wirkungen, nicht durch plötzliche gewaltsame Umwälzungen diejenigen Änderungen auf der Erdoberfläche ein= getreten sind, die wir durch das Studium des Baues unserer Erdrinde anzunehmen ge= nötigt sind.

In einem kleineren Gebiete haben wir manchen Anhalt für die Beurteilung des relativen Alters der Gesteine. So sind die hangenden Schichten immer jünger als die liegenden; Eruptivgesteine, welche andere oder geschichtete Gesteine durchbrechen, müssen jünger sein, als die letzteren, ebenso wie Konglomerate, welche Rollstücke anderer Gesteine enthalten, oder Eruptivgesteine, welche fremde Gesteinsbruchstücke umschließen, jünger sein müssen als letztere.

Wollen wir jedoch das Alter von Gesteinen, welche an weit entlegenen Orten, in verschiedenen Weltteilen gefunden wurden, miteinander vergleichen, so reichen diese Gesichts= punkte nicht aus. Es können dann, wie ein neuerer Zweig der Geologie, die Paläon= tologie, lehrt, nur die tierischen und pflanzlichen Reste, welche die geschichteten Gesteine umschließen, die wir Versteinerungen zu nennen pflegen, für uns maßgebend sein. Die grundlegenden Arbeiten des Engländers Darwin waren es, die vor etwa einem halben Jahrhundert Licht in die Versteinerungslehre brachten und uns außerordentlich wertvolle Einblicke in das organische Leben früherer geologischer Perioden thun ließen. Wir nehmen heute an, daß die Lebewesen unserer Erde sich aus einer verhältnismäßig kleinen Zahl von Grundformen entwickelt haben und daß eine allmähliche Umbildung von einfacher zu höher organisierten Formen stattgefunden hat. Auch wissen wir, daß in den ältesten Zeiten unseres Erdkörpers überall angenähert gleiche Verhältnisse herrschten, daß sich erst allmählich und immer mehr die Abweichungen zwischen dem Tier= und Pflanzenleben der Hochsee und des Strandes, im Süßwasser und auf dem Festlande ausbildeten, und daß jener durchgreifende Unterschied von meteorologischen Zonen, wie er jetzt auf der Erde besteht, auch erst nach und nach Platz griff.

In der Reihe der Organismen haben beständige Veränderungen stattgehabt, neue Geschlechter und Arten treten auf, während andere aussterben, und wenn auch in unserer Kenntnis dieses Werdeprozesses manche Lücken vorhanden sind, die allgemeinen Grund= lagen sind mit Sicherheit festgelegt. Am wertvollsten für die Altersbestimmung der ge= schichteten Gesteine sind für uns solche Tier= und Pflanzenformen, die nach verhältnismäßig schneller zahlreicher Entwickelung über weite Gebiete wieder verschwinden, wir nennen sie

47. Ideale Landschaft der Steinkohlenzeit.

Leitversteinerungen. Ehe wir einzelne Belege hierfür anführen, möge die heute allgemein angenommene Einteilung der geschichteten Gesteine nach Perioden, Formationen und kleineren Abschnitten hier eine Stelle finden.

Übersicht der geologischen Formationen.

Neuzeit der Erde oder Känozoische Periode	Quartärformation	Alluvium Diluvium
	Tertiärformation	Pliocän Miocän Oligocän Eocän
Mittelalter der Erde oder Mesozoische Periode	Kreideformation	Senon Turon Cenoman Gault Neocom Wealdenformation
	Juraformation	Weißer Jura Brauner Jura Schwarzer Jura oder Lias
	Triasformation	Rhät Keuper Muschelkalk Buntsandstein
Altertum der Erde oder Paläozoische Periode	Dyas- oder Permische Formation	Zechstein Rotliegendes
	Carbonformation oder Steinkohlenformation	Produktive Steinkohlenformation Kohlenkalk oder Culm
	Devonische Formation	Ober- Mittel- } Devon Unter-
	Silurformation	Ober- Unter- } Silur
	Cambrische Formation	Ober- Mittel- Unter- } Cambrium Prä-
Urzeit der Erde oder Archäische Periode	Kryftallinisches Schiefergebirge und Gneisformation	Phyllitformation Glimmerschieferformation Gneisformation

48. Pecopteris (Farnkraut) aus der Steinkohlenformation. (¹/₃ natürl. Größe.)

Hiermit ist jedoch die paläontologische Einteilung keineswegs erschöpft, vielmehr gliedert man in gut durchforschten versteinerungsreichen Gebieten bis ins einzelne, so daß oft Schichten von nur einigen Zentimetern Mächtigkeit mit ausgeprägten Leitversteinerungen ihre besondere Bezeichnung erhalten haben. Das ist, um nur ein Beispiel anzuführen, in Jura Süddeutschlands der Fall.

Im folgenden sind aus dem reichen Stoff, den die Versteinerungen bieten, einige bekanntere Beispiele herausgegriffen und durch Abbildungen erläutert, welche zum größten Teil wohlerhaltenen Originalen der Freiberger Bergakademie entlehnt sind. Vollständigkeit auch nur des Wichtigsten konnte bei dem beschränkten Raume nicht einmal angenähert angestrebt werden. In den späteren Abschnitten ist übrigens noch einigemal der Paläonto=

49. Sigillarienstämme in den Kohlengruben von St. Etienne, an der Stätte ihres ursprünglichen Wachstums noch aufrecht stehend.

logie gedacht worden, z. B. gelegentlich der Besprechung des Mansfelder Kupferschiefer= bergbaus, beim Bernstein und an anderen Orten.

In der Gneis=, Glimmerschiefer= und Phyllit=Formation finden wir erkennbare organische Reste nicht vor, jedoch erklären wir uns das Vorkommen des Graphites in dieser Gesteinreihe dadurch, daß Anhäufungen von Pflanzenresten durch spätere Einflüsse in die krystallinische Form des Kohlenstoffes, wie sie uns im Graphit entgegentritt, um= gewandelt worden sind. Wenn wir zunächst die Pflanzen in ihrer Entwickelung

6*

50. Annularia longifolia aus d. Steinkohlenformation.

weiter verfolgen, so finden sich im Cambrium und Silur ausschließlich Algen und Tange. In der Steinkohlenformation treffen wir jene gewaltigen Mengen von vorweltlichen Pflanzen an, welche zuweilen, so in Ober= schlesien, Flöze von 10 und noch mehr Meter Mächtigkeit gebildet haben. In den Flözen selbst ist uns selten Gelegenheit geboten, die Pflanzenreste deutlich zu erkennen, dagegen finden sich in den begleitenden Schieferthonen die Pflanzen ausgezeichnet erhalten. Wir wissen mit Bestimmtheit, daß die Gewächse der Steinkohlenformation einer tropischen Sumpfvegetation angehörten, die nur aus Kryptogamen bestand, und zwar wogen Farne und Baumfarne (Cycadeen), dann Sigillarien und Lepidodendren, beides dem heutigen Bärlapp ähnliche, jedoch baum= artige Pflanzen, vor. Daneben waren Schachtel= halme in großen Individuen (Calamites) häufig, deren zierliche Zweige, z. B. Annularia, besondere Namen erhalten haben, da sie nur äußerst selten noch an den Stämmen sitzend angetroffen werden. In glücklicher Weise hat man versucht, die üppige Vegetation der Stein= kohlenformation sich zu vergegenwärtigen (Abb. 47). Die übrigen Abbildungen zeigen einzelne Pflanzenteile, so Abb. 48 einen wohl erhaltenen Farnwedel, Abb. 49 Stämme von Sigillarien und zwar, was selten der Fall ist, noch aufrecht= stehend an der Stätte ihres Wachstums; solche Stämme, dann jedoch liegend, sind bis zu 30 m Länge und 2 m Dicke gefunden worden. Abb. 50 zeigt einen zu einem Schach= telhalme gehörigen Ast (Annularia). Die Stämme der Baumfarne (Psaro= nius), wegen der eigen= tümlichen Zeichnung im Querschnitte auch Starstein genannt, finden sich in großer Zahl, durch Verkiese= lung gut erhalten, im

51. Dendriten auf Kalkstein von Solnhofen. (1/2 natürl. Größe.)

Rotliegenden bei Chemnitz in Sachsen, also in der die Steinkohlenformation unmittelbar überlagernden Schichtenreihe. Untergeordnet treten übrigens schon in der Steinkohlen=

formation als erste Monokotyledonen die Palmen und bereits im Devon als erste Dikotyledonen Nadelhölzer auf; die ersten Laubhölzer dagegen finden wir erst viel später,

52. Krebse (Trilobiten, Paradoxides bohemicus) aus dem Cambrium des Prager Beckens.

nämlich in der oberen Kreideformation im Cenoman, z. B. bei Niederschöna in der Nähe von Freiberg.

Noch einmal und zwar im Tertiär folgt eine Periode besonders üppigen Pflanzenwuchses, dem wir die Bildung der Braunkohlenflöze verdanken. Die Flora der Tertiärzeit nähert sich der heutigen tropischen Vegetation in ihrem allgemeinen Charakter. Daß auch in der Gegenwart, in unseren Torfmooren, sich recht erhebliche Mengen absterbender Pflanzen, Moose und Gräser anhäufen und den jüngsten fossilen Brennstoff bilden, dürfte hinreichend bekannt sein.

53. Koralle (Halysites catenularia), Leitfossil des Silur.

Eine gewisse Ähnlichkeit mit Pflanzenabdrücken haben auf den ersten Anblick die Dendriten, welche wir auf den Kluftflächen vieler Gesteine außerordentlich häufig finden (Abb. 51), es sind Ausscheidungen von Eisen- und Manganoxyden, sie haben mit pflanzlichen Bildungen nichts gemein.

Es mögen nun auch einige Beispiele von Versteinerungen aus dem Tierreiche folgen. Schon im Cambrium tritt uns eine reich entwickelte Fauna entgegen, durch Zahl der Arten zeichnen sich die Trilo= biten aus, eigenartige Krebse (Abb. 52), welche nur der älteren paläozoischen Periode angehören und bereits in der Steinkohlen= formation aussterben. Korallen fehlen dem Cambrium noch, sind aber vom Silur ab bis in die Neuzeit vertreten, doch gehören jeder Formation besondere Ty= pen an, so Halysites, Ketten= koralle, dem Silur (Abb. 53), Cyathophyllum dem Devon, bei der letzteren sind große Kelche zu Stöcken miteinander verwachsen. Als erste Vertreter der Wirbeltiere kommen bereits im Silur einzelne Fische vor, doch erreichen dieselben erst im Devon und zwar besonders die Gattungen der Panzerfische (Abb. 54) größere Entwickelung.

Eine recht beachtliche Gruppe, den Cephalopoden angehörig, bilden die Orthoceratiten und Nautileen mit ihren jün= geren Verwandten. Die beiden genannten Gattungen erscheinen

54. **Panzerfisch** (Bothriolepis Canadensis) **aus dem Oberdevon in Kanada.**

zunächst im Silur, und zwar gehören beide Kopffüßlern an, deren Gehäuse aus einer geräumigen Wohnkammer a (Abb. 55) besteht; diese vergrößert das Tier zwar durch weiteren Ansatz von Schale in jeder Wachs= tumperiode, wie unsere Schnecken, anderseits trennt es aber von der= selben durch Einbau einer Scheidewand jedesmal eine Kammer ab. Letztere stehen durch eine Röhre (Sipho) mit der Wohnkammer in Verbindung und können von dem Tiere mehr oder minder mit Luft gefüllt werden, um das Schwimmen an der Meeresoberfläche zu er= möglichen. Die Nau= tileen waren im Silur sehr zahlreich, sie haben

55. **Nautilus**, recent, im Durchschnitt; a Wohnkammer.

sich, allerdings nur in wenigen Arten, bis auf die Gegenwart erhalten. Mit ihnen finden sich im Silur ganz ähnlich organisierte Tiere, die Orthoceratiten, bei denen ebenfalls

57. Goniatites aus dem russischen Devon im Gouvernement
Archangelsk. (Nat. Größe.)

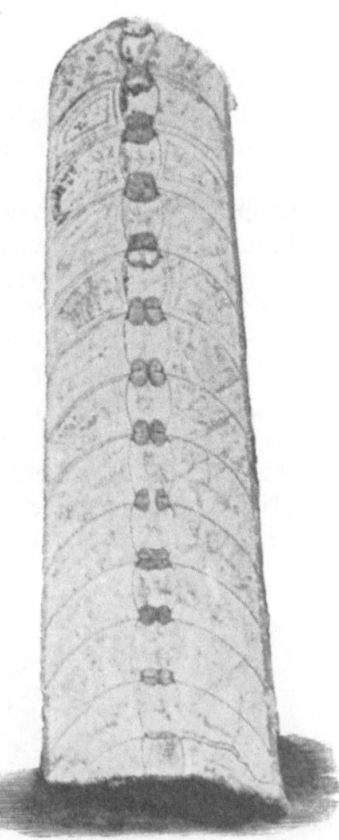

56. Orthoceratites aus dem Silur
des Prager Beckens.

58. Ceratites nodosus aus dem Muschelkalk von Weimar.
(Die Wohnkammer ist abgebrochen.)

59. Ammonites Murchisonae aus dem braunen Jura von Wasseralfingen
(Württemberg).

60. Baculites ovalatus aus der oberen
Kreide von Dakotah (Nordamerika).

eine Wohnkammer und mit dieser durch einen Sipho verbunden Luftkammern vorhanden sind, die jedoch nicht zum Schneckenhaus gewunden, sondern geradlinig (Abb. 56) angeordnet sind; bei dem abgebildeten Exemplare ist die Wohnkammer abgebrochen. Nautileen und Orthoceratiten finden sich übrigens zum Teil in gewaltigen Abmessungen, es sind Gehäuse der ersteren von mehr als 2 m Durchmesser und letztere von 2 m Länge bekannt. Früher wurden in unseren Hansestädten mehr als jetzt schwedische Kalksteinfliesen verwendet, dieselben zeigen oft Querschnitte von Orthoceratiten. Zwischen der eingerollten (Nautilus) und der geraden Form (Orthoceras) finden sich im Silur als Übergänge auch halbmondförmig gekrümmte Formen (Cyrtoceras).

Es ist nun von höchstem Interesse, zu beobachten, wie sich sowohl bei den Nautileen als auch bei den Orthoceratiten die Ausbildung der Kammerscheidewände (Lobierung) allmählich im Verlauf der geologischen Perioden ändert, die Kammern der Goniatiten (Abb. 57), die vom Devon ab auftreten, zeigen mehrfach gebogene Lobierung — in der Abbildung sind zur besseren Verdeutlichung einige Kammern weiß angelegt. Später treten dann die Ceratiten (Abb. 58) auf, bei denen zwischen den Bogen der Lobierung

61. Geschlossene Krone des Encrinus liliiformis aus dem Muschelkalk.

eine feine Zähnung bemerkbar wird. Diese zeigt sich immer mehr entwickelt bei den eigentlichen Ammoniten (Abb. 59), die zuerst im Perm und zwar Rußlands erscheinen, in der Trias- und Juraformation ihre größte Entwickelung erreichen und dann in der Kreide, wie schon früher Goniatiten und Ceratiten, aussterben. Der Baculites (Abb. 60) ist gerade, hat jedoch die eigenartige Kammerung der Ammoniten.

Zuweilen finden sich die Ammoniten des Jura und der Kreide durch Schwefelkies versteinert, sie heißen im Volksmunde Goldschnecken und nehmen durch ihre zierlichen Formen die Aufmerksamkeit des Laien in Anspruch, so daß man sie wohl zur Ausschmückung kleinerer Gebrauchsgegenstände verwendet hat.

Die Seelilien (Encrinus, Pentacrinus), jene graziösen Bewohner der Tiefsee, welche sich heute nur selten finden, waren in der mesozoischen Periode äußerst häufig. Sie bestehen aus einem langen gegliederten Stiele, auf dem sich die einer Lilie nicht unähnliche Krone wiegt. Von den runden (Encrinus) oder fünfeckigen (Pentacrinus) Stielgliedern sind manche Schichten vollständig erfüllt, die Kronen sind selten; einzelne dieser Tiere konnten die Fangarme der Krone zusammenlegen. Abb. 61 zeigt die geschlossene Krone des Encrinus liliiformis, Abb. 62 die geöffnete Krone eines Pentacrinus. (Vgl. auch Abb. 36 S. 34.)

Von zweischaligen Muscheln seien hier als Beispiele die Trigonien (Abb. 63), welche für Jura und Kreidezeit besonders charakteristisch sind, und Inoceramus erwähnt, dessen verschiedene Arten in der deutschen Kreideformation weite Verbreitung hatten. An der

abgebildeten Trigonia ist die Muschelschale vollkommen erhalten, von den Inoceramen, welche den Quadersandstein zum Teil völlig erfüllen, sind meistens nur die Steinkerne vorhanden, d. h. die durch sandige Massen erfolgte Ausfüllung der Muscheln, und die Abdrücke der äußeren Seite der Schale, diese selbst ist verschwunden, der kohlensaure Kalk ist aufgelöst worden. Aber auch aus diesen Resten können wir einzelne wichtige Schlüsse nicht nur auf die allgemeine Form, sondern auch auf den inneren Bau ziehen, da z. B. die Muskelansätze und die Schloßteile am Steinkern deutlich kenntlich sind.

Die Seeigel finden sich vereinzelt bereits im Silur und Devon, häufiger treten sie dann im Carbon und in den jüngeren Formationen auf, sie bewohnen heute noch unsere tropischen Meere.

Von Wirbeltieren waren weiter oben die Fische erwähnt. Die nächst höhere Klasse, die Reptilien, beginnen zwar bereits in der Kohlenformation, zu formenreicherer und geradezu gigantischer Entwickelung gelangen dieselben aber erst in der mesozoischen Periode. Die Saurier in ihren eigenartigen Formen bevölkerten damals die Meere, in Süddeutschland sind viele Reste derselben gefunden worden. Die Abb. 64 zeigt einen ausgezeichnet erhaltenen Ichthyosaurus, das große Auge und die vier flossenförmigen Füße sind deutlich erkennbar. Am Ende der Jurazeit treten in dem viel genannten Archäopteryx und seinen Verwandten die ersten vogelähnlichen Geschöpfe auf. Während sich die ersten Spuren von Säugetieren und zwar von Beuteltieren in der Trias finden, kommen dieselben in größerer Zahl und mannigfaltigeren Formen erst

62. Seelilie (Pentacrinus) aus dem Lias von Württemberg.

63. Leitmuschel (Trigonia navis) des oberen Lias.

im Tertiär vor. Das erste Auftreten des Menschen beobachten wir im Diluvium.

Um ein Beispiel für die geologische Gliederung eines größeren Gebietes zu geben, sei hier kurz und nur unter Hervorhebung des Wesentlichsten besprochen:

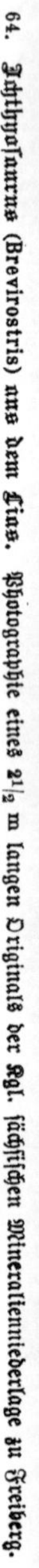
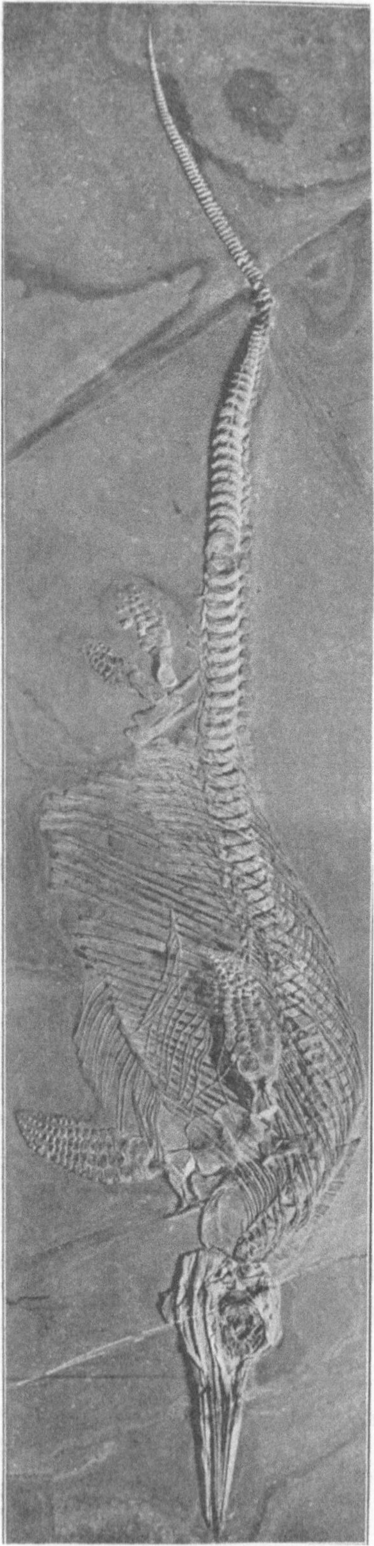

64. Ichthyosaurus (Brevirostris) aus dem Lias. Photographie eines 2½ m langen Originals der Kgl. sächsischen Mineralienniederlage zu Freiberg.

Der geologische Bau
Deutschlands und der benachbarten Gebiete.

Die Zentralkette der Alpen besteht zum größ=
ten Teil aus Eruptivgesteinen und krystallinischen
Schiefern, nördlich vorgelagert sind in großer
Ausdehnung vom Genfer See im Westen bis zu
einer Linie, die sanft nach Norden ausbiegend
den Vierwaldstätter See, das Ostende des Boden=
sees, dann Rosenheim und Salzburg berührt,
endlich sich östlich bis in die Nähe von Wien er=
streckt, sedimentäre Ablagerungen, welche zum
kleineren Teile dem Silur und der Trias, zum
größten dem Jura (nördliche Kalkalpen) und der
Ausdehnung nach wieder zurücktretend der Kreide=
formation angehören. Den westlichen Teil der
Schweiz, die bayrische Hochebene und die öster=
reichischen Gebiete bis an die Donau, östlich von
Wien immer mehr an Ausbreitung gewinnend,
und die Donau überschreitend, bedecken tertiäre
und alluviale Ablagerungen. Das Gelände fällt
auf der ganzen Linie allmählich zur Aar und
Donau ab. Weiter im Norden bilden die alten
Eruptivgesteine und krystallinischen Schiefer auf
dem linken Rheinufer in den Vogesen, rechts vom
Rhein im Schwarzwald und Odenwald größere
zusammenhängende Gebiete, dieselben erfüllen
ferner den südlichen und südöstlichen Teil Böh=
mens und umsäumen im Bayrischen= und Böhmer=
walde, dem Fichtel= und Erzgebirge, dann weiter
durch die sächsische Lausitz sich fortsetzend zum
Riesengebirge und Altvatergebirge den Böhmischen
Kessel, in dem sich von allen Seiten zusammen=
fließend sämtliche Gewässer zur Elbe vereinigen.
Ältere Eruptivgesteine finden sich in größerer Aus=
dehnung dann noch im Thüringer Walde, im
Harz, im Nahethal und an der Lahn, während
jüngere Eruptivgesteine teils in einzelnen Kuppen,
teils in zusammenhängenden Gebirgsmassen auf
einer großen Spalte emporgestiegen sind, die sich
von dem Lausitzergebirge über das böhmische
Mittelgebirge und Karlsbad, dann über die Rhön
und den Vogelsberg und weiter sich verzweigend
über den Westerwald nordwestlich zum Sieben=
gebirge und südwestlich zur Eifel verfolgen läßt.
Kleinere Gebiete jüngerer Eruptivgesteine bilden
die Kegelberge des Hegau (der Hohentwiel u. s. w.)
und der Kaiserstuhl westlich von Freiburg.

Das Zentrum von Böhmen, um Prag und
südwestlich davon wird von silurischen Schichten
bedeckt, auf die sich westlich bei Pilsen die pro=
duktive Steinkohlenformation auflagert, während
nördlich bis zum Elbsandsteingebirge (Sächsische
Schweiz) und weit östlich bis zum Altvatergebirge

hinübergreifend die Kreideformation vorwiegend durch Sandsteine vertreten ist. Den Nordwesten Böhmens, dem Fuße des Erzgebirges vorgelagert, erfüllen tertiäre Ablagerungen, welche mächtige Braunkohlenflöze umschließen.

Das ganze große Gebiet Süddeutschlands zwischen Schwarzwald und Odenwald im Westen und dem Bayrischen, dem Böhmerwald und dem Fichtelgebirge im Osten überdecken die Ablagerungen der Trias (Buntsandstein, Muschelkalk, Keuper), sie füllen auch die Senkungen zwischen Thüringer Wald, Rhön und Vogelsberg aus und erstrecken sich weit nördlich bis an den Harz und Teutoburger Wald, hier bergen sie die wertvollen Ablagerungen von Salzen, namentlich die Kalisalze, welche seit etwa 40 Jahren Veranlassung zu einer bedeutsamen Industrie gegeben haben. Auch das linke Rheinufer wird nördlich bis an die Gegend von Speier von Triasschichten gebildet. Auf dieser Unterlage baut sich in langem Zuge vom Genfer See bis an den Rhein der Schweizer, von dort, der Donau bis Regensburg folgend, der Schwäbische und nach Norden umbiegend und bis zum Main reichend der Fränkische Jura auf, auch in Lothringen bedecken Juraschichten weite Gebiete. An den Rändern des Triasgebietes, am Thüringer Walde und am Harze treten die Schichten des Perm, Rotliegendes und Zechstein als schmälerer oder breiterer Saum zu Tage. Die unterste Schicht des Zechsteins wird von dem Mansfelder Kupferschieferflöz gebildet.

Dem sächsischen Erzgebirge sind nordwestlich silurische und devonische Schichten, bei Zwickau und Lugau-Ölsnitz auch die produktive Steinkohlenformation und das Rotliegende vorgelagert. Devonische und Carbonische Schichten bilden auch die Hauptmasse des Harzes.

Zwischen Riesengebirge und Eulengebirge tritt neben älteren Eruptivgesteinen auf niederschlesischem Gebiete in der Gegend von Waldenburg, aber auch bis nach Ostrau und Karwin in Böhmen sich erstreckend die produktive Steinkohlenformation auf, dieselbe ist auch in Oberschlesien in der Gegend von Beuthen entwickelt und im nördlichen Teile von Bundsandstein und Muschelkalk überlagert, letzterer umschließt wichtige Lager von Eisen-, Zink- und Bleierzen. Die Steinkohlenformation der Gegend von Saarbrücken führt uns wieder nach Westen. Dort begleiten den Rhein von Bingen aus flußabwärts an beiden Ufern in großer Ausdehnung devonische Schichten (das niederrheinisch-westfälische Schiefergebirge), wie schon oben erwähnt im Westerwald, dem Siebengebirge und der Eifel von jüngeren vulkanischen Gesteinsmassen durchbrochen. Am Nordrande der devonischen Ablagerungen tritt westlich vom Rhein in dem Hohen Venn zunächst ein Silurgebiet zu Tage, während weiter im Nordwesten bei Aachen die Kohlenformation des Wurmrevieres vorliegt; östlich des Rheins schließt sich an das Devon das ausgedehnte Westfälische Kohlenbecken, gewöhnlich Ruhrkohlenbecken genannt, an. Die nördliche Fortsetzung des letzteren, welche durch Tiefbohrungen und neuere Schachtanlagen erschlossen wurde, ist von mächtigen Kreideschichten überlagert, die sich bis zum Teutoburger Walde fortsetzen und eine große Bucht des Meeres der Kreidezeit bilden. Im Norden bei Ibbenbüren tritt nochmals die Kohlenformation mit abbauwürdigen Flözen zu Tage; ob diese als nördliche Ausläufer des Ruhrkohlengebietes zu erachten sind, läßt sich zur Zeit nicht mit Bestimmtheit entscheiden.

Den beschriebenen Gebieten nördlich vorgelagert ist ein schmaler Gürtel sedimentärer Bildungen der verschiedensten Formationen, hierhin gehören z. B. die Wealdenschichten des Deister in der Nähe von Hannover, welche schwache, aber im Abbau befindliche Steinkohlenflöze führen.

Der gesamte Norden Deutschlands, die norddeutsche Tiefebene, ist durch tertiäre und diluviale Schichten bedeckt, die letzteren bestehen aus den Geröll- und Sandablagerungen der Eiszeit. Die nordischen Gletscher haben hier eine reiche Musterkarte skandinavischer Gesteine zum Teil in gewaltigen erratischen Blöcken abgelagert, gleichzeitig hatten die Gletscher der Alpen erheblich weitere Ausdehnung nach Norden als heute. Das Tertiär der preußischen Provinz Sachsen und der benachbarten Gebiete birgt wertvolle Braunkohlenflöze. Nur ganz vereinzelt tauchen aus dem norddeutschen Diluvium inselartige Kuppen älterer sedimentärer Bildungen auf, die bekanntesten dürften die Kreidefelsen des östlichen Teiles der Insel Rügen und die Rüdersdorfer Kalkberge nahe bei Berlin sein.

Das Vorkommen der benutzbaren Mineralien.

Schon bei der Beschreibung des allgemeinen Baues und der Entstehung unserer Erdrinde sind eine größere Anzahl von Gesteinen genannt worden, die in der Technik und im Gewerbe Verwendung finden. Aus ihrer großen Zahl wählen wir die Bausteine und das Material zur Anlage unserer Straßen. Auch wurde schon eine Anzahl nutzbarer Mineralien genannt, die in so großer Menge, wenn auch nur örtlich beschränkt, auftreten, daß wir sie zu den gesteinbildenden Mineralien rechnen: so die Steinkohlen bei Besprechung der nach ihnen genannten Steinkohlenformation, die Braunkohlen des Tertiär, Steinsalz und Gips, die z. B. in der deutschen Trias in ausgedehnten Massen vorkommen, die Kalksteine (einschließlich Marmor) und andere mehr.

Die meisten verwendbaren Mineralien treten jedoch auf der Erdoberfläche in verhältnismäßig so geringen Mengen auf, daß ihre Masse, verglichen mit derjenigen der übrigen Gesteine verschwindend klein erscheint. Trotzdem sind sie wegen ihres hohen Wertes von der größten Bedeutung und müssen hier ausführliche Erwähnung finden, da sie es sind, die in den allermeisten Fällen den Gegenstand des Bergbaues bilden. Anhäufungen verwendbarer Mineralien, deren bergmännische Bearbeitung lohnt, nennen wir Lagerstätten: Dieselben sind nach Form, mutmaßlicher Entstehung und Mineral-

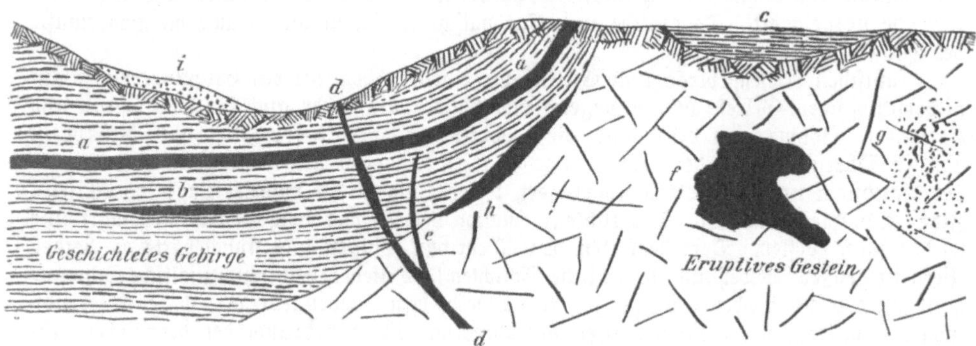

65. **Formen der Lagerstätten.**

a Flöz, b Lager, c Oberflächliches Lager, d Gang, e Gangtrum, f Stock, g Imprägnation, h Kontaktlagerstätte, i Seife.

führung von sehr großer Mannigfaltigkeit, doch können wir recht wohl einzelne charakteristische Gruppen unterscheiden. In Abb. 65 sind die wichtigsten Formen zusammengestellt, wir bezeichnen sie als Flöze und Lager, Gänge, Stöcke, Imprägnationen und Seifen. Lagerstätten, welche auf der Berührungsfläche — dem Kontakt — zweier verschiedener Gesteine vorkommen, heißen Kontaktlagerstätten, z. B. h in der Abbildung.

Solche Lagerstätten, welche als eine Schicht im geschichteten Gebirge aufzufassen sind, nennen wir Flöze, wenn sie sich über sehr große Flächen erstrecken (a in Abb. 65), wir pflegen sie Lager zu nennen, b, wenn ihre Ausdehnung in der Ebene der Schichtung kleiner ist und der Querschnitt daher die Form einer langgestreckten Linse hat. Jedoch bindet sich der Sprachgebrauch nicht immer an die Unterscheidung und braucht beide Bezeichnungen ziemlich gleichbedeutend. Die Stein= und Braunkohlenflöze, die goldführenden Konglomerate Transvaals, das Mansfelder Kupferschieferflöz, die Konglomerate des Oberen Sees in Nordamerika mit ihrer Führung von gediegenem Kupfer sind ausgezeichnete Beispiele für Ablagerungen von großer Erstreckung. Dagegen sind als eigentliche Lager von Linsenform z. B. die Anhäufungen von Schwefel= und Kupferkiesen zu betrachten, die sich im südwestlichen Spanien von Rio Tinto und Tharsis bis nach Portugal hinein erstrecken. Es liegen hier eine größere Anzahl solcher ausgedehnter Erzlinsen über einen Raum von etwa 200 km Länge und 50 km Breite verteilt, derartiges Vorkommen nennt man auch Lagerzug im Gegensatz zu einzeln auftretenden Lagern, wie z. B. das Erzlager am Rammelsberg bei Goslar. Die Mineralführung der Flöze und Lager ist

meistens eine sehr viel regelmäßigere und ihre Mächtigkeit eine mehr gleichbleibende als
diejenige der noch zu erwähnenden Gänge. Auf Lagern kommen namentlich Eisen=,
Kupfer=, Zink=, Blei= und Golderze vor; neben den Erzen wird die Hauptmasse der in
den Gneisen und Glimmerschiefern auftretenden Lager aus den gesteinbildenden Mineralien
gebildet, während in denjenigen Lagern, welche im eigentlichen geschichteten Gebirge
vorkommen, kieselige, thonige und kalkige Massen die Erze begleiten.

Als jüngste, noch in der Bildung und daher an der Oberfläche befindliche Lager sind
die Torfmoore (c in der Abb. 65) zu bezeichnen.

Gänge sind wieder ausgefüllte Spalten in der festen Erdrinde. Wir haben weiter
oben erörtert, daß solche Spalten, wie wir sie sehr häufig im Gebirge finden, durch
mannigfache Ursachen entstehen, namentlich wohl durch die Spannungen, welche sich bei der
allmählichen Abkühlung unseres Erdkörpers in
der die Oberfläche bildenden Gesteinsschale geltend
machen; auch durch Erdbeben und manche örtlichen
Ursachen werden sie veranlaßt. Viele solcher Spal=
ten sind durch feurigflüssige aufsteigende Gesteins=
masse ausgefüllt worden, wir nennen sie Gesteins=
gänge; fast alle eruptiven Gesteine: Granite,
Porphyre, Basalte u. s. w. treten auch in Gang=
form auf. Andere Spalten füllen sich bald voll=
ständig durch Sand, Gerölle oder Schlamm aus,
welche von der Oberfläche hineingelangen oder,
falls die Spalte in weicheren Gesteinen entstanden
ist, auch durch Gesteinsmassen, die sich an den
Spaltenwänden lösen. Namentlich im Kohlen=
gebirge hat der Bergbau viele solcher Spalten
nachgewiesen, sie haben verschiedene Namen z. B.
am Harz Ruschel, im Wurmrevier, wo sie bis zu
40 m mächtig sind, Gewand oder Biß. Manche
Spalten schließen sich auch wohl sofort nach der
Entstehung fast vollständig, sie heißen Klüfte.

Auf vielen Spalten, namentlich in festeren
Gesteinen, finden wir aber auch Anhäufungen
von Mineralien und Erzen, und zwar zeigen
dieselben meistens krystallinisches Gefüge; sie
heißen Erzgänge und bilden an sehr vielen
Orten den Gegenstand des Bergbaues. Aus
mancherlei Beobachtungen schließen wir, daß diese
Spalten lange Zeit hindurch in der Hauptsache
offen blieben etwa dadurch, daß einzelne feste

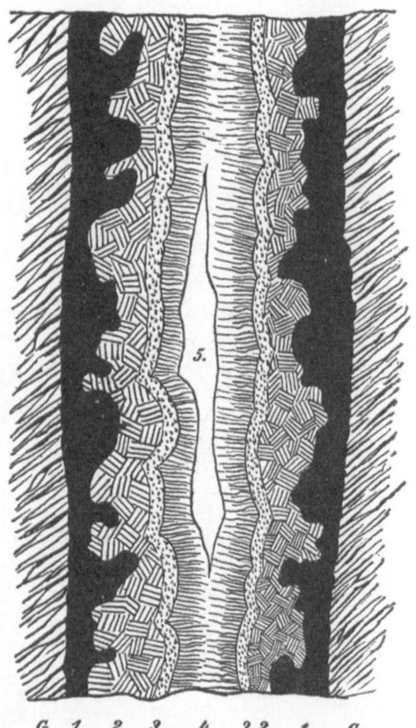

66. Lagenförmige Gangfüllung.

Gesteinsstücke in dieselben hineinstürzten und sich darin festsetzten. Sodann bildeten sich auf
ihnen Thermalquellen, welche mannigfache Mineralsubstanzen gelöst enthielten und diese
bei ihrem Aufsteigen infolge Druck= und Temperaturverminderung, auch durch chemische
Wechselwirkung zwischen dem Gestein und dem Mineralwasser in krystallinischer Form
ausschieden. Über den eigentlichen Ursprung der Mineralsubstanz herrschen verschiedene
Ansichten, von denen wahrscheinlich jede für einzelne Fälle berechtigt ist. Entweder wird
nämlich angenommen, daß die Mineralsubstanzen aus uns unzugänglichen Tiefen herauf=
gebracht werden, anderseits findet aber auch die Ansicht Anhänger, daß die Thermalwässer
dem Gestein, in dem die Gangspalten entstanden sind, die als Ausfüllung der letzteren
vorkommenden Stoffe entnehmen.

Die Gründe zu diesen Annahmen ergeben sich daraus, daß thatsächlich viele Thermal=
quellen auf Mineralgängen entspringen, daß die Entstehung von Mineralneubildungen
in der geschilderten Weise mehrfach beobachtet wird und daß die Art der Ausfüllung der
Erzgänge in parallelen, symmetrisch zu den Spaltenwänden (auch Saalbänder genannt)

angeordneten Lagen sich kaum anders als durch allmähliche Auskrystallisation aus Lösungen erklären läßt, die Krystalle sind immer auf dem Gestein aufgewachsen und ragen mit ihren Krystallflächen in den Gang hinein. Die Abb. 66 zeigt eine derartige Gangfüllung, und zwar liegt in diesem Falle auf dem Gestein G zunächst Zinkblende 1, darauf hat sich Braunspat 2, dann Schwefelkies 3 und endlich Quarz 4 abgelagert. Die Gangspalte ist hierdurch noch nicht vollkommen ausgefüllt worden, es ist vielmehr ein Hohlraum 5 verblieben, den wir Druse oder Drusenraum nennen, er ist begrenzt durch die Spitzen der Quarzkrystalle. Auch die konzentrisch lagenförmige Gangfüllung Abb. 67 deutet auf den gleichen Vorgang hin. Hier sind einige Gesteinsstücke G in die Spalte hineingestürzt, und dann haben sich die Mineralien an den Spaltenwandungen und auf den Bruchstücken abgesetzt, so daß konzentrische Lagen entstehen. Diese Erzvorkommen finden sich nicht gerade selten am Harze und heißen dort Ringelerz und wegen der Ähnlichkeit der Zeichnung auch Kokardenerz. Beispielsweise ist die Lage 1 reiner Quarz, 2 Eisenspat mit kleineren Erzpartien, 3 reiner Eisenspat, die verbliebenen Hohlräume hat Bleiglanz, 4, als jüngste Bildung ausgefüllt. Anderseits kommen allerdings auch Erzgänge mit völlig regelloser Gangausfüllung vor.

Außer vielen verschiedenen Erzen, welche im Abschnitt Erzbergbau näher beschrieben sind, finden sich auf den Gängen, der Menge nach zuweilen überwiegend, der Zahl der Spezies nach jedoch zurücktretend, andere nicht zu den Erzen gehörige Mineralien, die wir Gangarten nennen. Am häufigsten tritt der uns bereits als gesteinbildendes Mineral

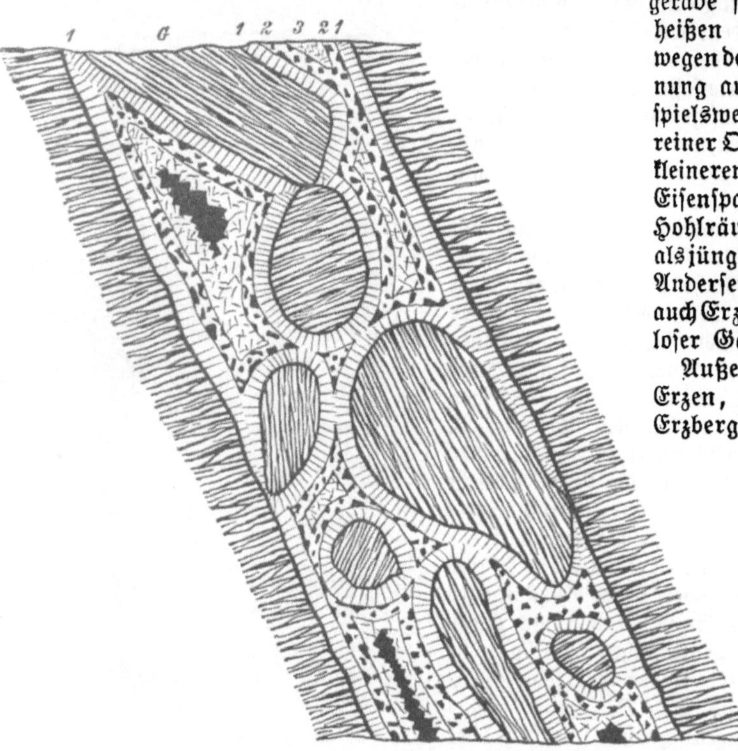

67. Konzentrisch lagenförmige Gangfüllung (Ringelerz).

bekannte Quarz auf, sodann kohlensaure Verbindungen mehrerer Metalle: kohlensaurer Kalk als Kalkspat und als Aragon, zwei Mineralien von chemisch gleicher Zusammensetzung, die sich jedoch durch die Krystallform unterscheiden, ferner kohlensaures Mangan oder Manganspat, schön rosarot gefärbt, der auch unter den Eisenerzen genannte erbsengelbe Eisenspat, kohlensaures Eisenoxydul, und der Braunspat, eine Mischung aus den genannten Verbindungen in sehr verschiedenen Mengenverhältnissen. Dazu kommt von häufigeren Gangarten nur noch Baryt oder Schwerspat, das Sulfat der Baryterde (Abb. 68 zeigt eine hübsche Gruppe garbenförmiger Krystallanhäufungen), und Flußspat, Fluorcalcium, er krystallisiert gewöhnlich in Würfeln und kommt in allen Farben vor.

Die Erze fast aller Metalle finden sich auf den Gängen, jedoch nicht wirr und unregelmäßig zusammen. Es scheint vielmehr, als ob sich bestimmte Mineral-Vergesellschaftungen immer wiederholen, so Bleiglanz, Schwefelkies, Zinkblende und Quarz. Diese

Mineralkombination ist unter dem Namen kiesige Bleiformation bekannt. Gediegen Gold findet sich meistens zusammen mit Quarz und Schwefelkies, Zinnerz kommt begleitet von Wolfram, Molybdänglanz, Arsenkies, Quarz und Flußspat vor, dazu gesellen sich als seltenere Gangarten Glimmer, Topas und Apatit, welches zuletztgenannte Mineral aus phosphorsaurer Kalkerde besteht. Die ver=
schiedenen Kupfermineralien füllen gewöhn=
lich Gänge für sich aus.

Viele Gänge bilden eine ausgesprochene Hauptspalte, und es gibt solche, die auf mehrere Kilometer im Streichen und auf mehr als 1000 m im Fallen bekannt sind. Die Mächtigkeit steigt bis zu mehreren Metern, ja, wenn auch selten, bis zu 40 m. Anderseits kommen aber auch Gänge vor, die aus einer größeren Zahl kleiner Spalten bestehen. Da man jede kleinere Spalte ein Trum nennt (die Einzahl von die Trü=
mer), so sagt man auch, ein solcher Gang besteht aus Trümern, oder er ist zer=
trümmert (Abb. 69). Während die Frei=
berger Gänge meistens aus einer Haupt=
spalte bestehen, sind die sehr mächtigen Oberharzer Gänge oft stark zertrümmert.

68. **Schwerspat in garbenförmig gruppierten Kryſtallen von Freiberg.** (¹/₃ natürl. Größe.)

Es kommt auch nicht selten vor, daß sich ein einheitlicher Gang in mehrere Zweige teilt, jeden derselben nennt man ein Gangtrum; e in der Abb. 65 S. 52 ist ein solches.

Die Erzführung der Gänge ist sehr unregelmäßig, nicht nur, daß Erze, Gang=
arten und Stücke des Nebengesteins in sehr verschiedenen Verhältnissen an der Gang=

69. **Zertrümmerter Gang.**

ausfüllung teilnehmen, es gibt viele Teile des Ganges, welche kein Erz führen, man sagt, der Gang ist taub. Auch die Mächtigkeit der Gangspalte wechselt außerordentlich; es kann vorkommen, daß bei einem Gange, der an einer Stelle 1 m mächtig ist, wenn man ihn einige Meter weiter verfolgt, die Wandungen der Spalte dicht aneinander rücken, so daß die Gangfüllung ganz verschwindet. Die Erz führenden Partien des Ganges nennt man Erzmittel, die übrigen taube Mittel. Leider gibt es keine allgemein gültigen Regeln über die Verteilung der Erzmittel auf den Gängen. Bei manchen Bergbauen ergibt allerdings die Erfahrung einen gewissen Zusammenhang mit dem Gebirgsbau, so tritt in einem Feldteile der Grube Himmelsfürst bei Freiberg im Gneis eine Glimmer=schieferzone auf, G in Abb. 70, und es scheint, daß die Erzführung der Gänge im Liegenden dieser Zone am reichsten sei. In der Abbildung sind die Schächte durch doppelte, die Strecken durch wagerechte starke Linien bezeichnet, die abgebauten Erzmittel sind schraffiert und die reichsten Stellen durch stärkere Schraffierung hervorgehoben, die weißgelassenen Flächen sind erzleer. Die Linien A B bezeichnen die Schnittlinien mit anderen Gängen; man nennt sie Kreuzlinien oder Gangkreuze. Ein anderes Beispiel über die Erzführung und zugleich die Zertrümmerung eines Ganges gibt Abb. 71 und zwar im Profil. Auch hier sind die erzleeren Gangteile weiß gelassen, die Erzführung ist durch stärkere Linien

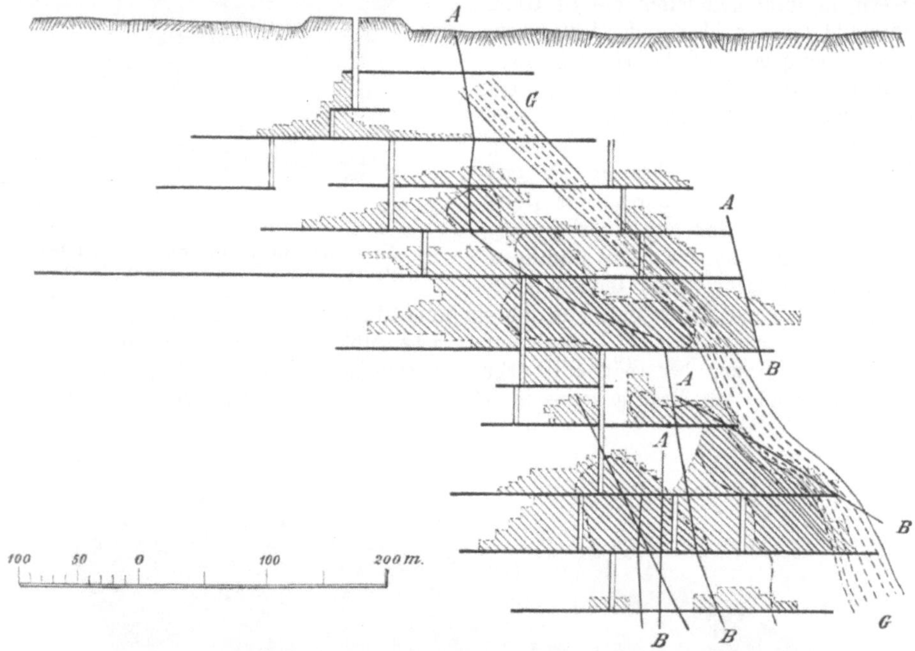

70. Verteilung der Erze auf einem Gange (Flacher Riß).

angedeutet, welche der Hauptrichtung des Ganges folgen, während die bereits abgebauten Erzmittel außerdem durch Schraffierung hervorgehoben sind.

Bei manchen Gangbergbauen pflegen die Kreuze besonders reich zu sein, so kommen auf ihnen im Freiberger Revier zuweilen reiche Silbererze in größeren Mengen vor, auch auf Kreuzen solcher Gänge, die an und für sich keine edlen Silbererze führen. Man nennt diese Erscheinung Veredelung des Ganges.

Gewöhnlich tritt eine größere Zahl von Gängen zusammen auf; folgen sie in der Hauptsache einer Richtung, so spricht man von einem Gangzuge, haben die Gänge ver=schiedene Richtung, so daß sie sich kreuzen, so nennt man sie wohl auch Netzgänge. Die Oberharzer Gänge bilden einen großen Gangzug, während die Freiberger Gänge sich mehrfach kreuzen (vgl. den Abschnitt über Silber).

Ein Wechsel in der Erzführung der Gänge findet nicht selten von der Oberfläche nach der Tiefe zu statt, und zwar haben einerseits am Ausgehenden Umwandlungen der geschwefelten Erze stattgefunden, anderseits kommt es zuweilen auch vor, daß in der Tiefe eines Ganges die Erze eines anderen Metalles vorherrschen, als nahe der Oberfläche.

Die Zone am Ausgehenden des Ganges, bis zu der die Zersetzungen eingetreten sind — diese Erscheinung kommt aber auch bei allen anderen Erzlagerstätten vor — nennt man den „Eisernen Hut", da die Gangfüllung gewöhnlich eine von den oxydischen Verbindungen des Eisens herrührende braungelbe Farbe angenommen hat; sie reicht erfahrungsgemäß bis auf den Grundwasserspiegel herab und pflegt daher im Hochgebirge ausgedehnter zu sein als im Mittelgebirge. Es wurden im eisernen Hut durch den Einfluß der Atmosphäre und des Wassers die Schwefelmetalle umgewandelt. So finden wir bei den Goldgängen am Ausgehenden Freigold, während in größerer Tiefe das Gold meistens als Schwefel= oder Tellurverbindung vorhanden ist, auf Silber=, Blei= und Kupfererzgängen finden wir im eisernen Hut Chlor=, Brom= und Jodsilber und die große Zahl der Blei= und Kupfersalze statt der geschwefelten Erze. Da sich Freigold und die genannten Silberverbindungen durch den einfachen Prozeß der Amalgamation hüttenmännisch gewinnen lassen, während die Schwefelverbindungen durch umständlichere Verfahren behandelt werden müssen, pflegt der Bergbaubetrieb in den oberen Tiefen besonders lohnend zu sein, zumal auch die Kosten für Förderung und Wasserhebung niedrig sind. Es hat daher das alte Sprichwort eine gewisse Berechtigung:

Es thut kein Gang so gut —
Er hätte denn einen eisernen Hut.

Für die Änderung der Metallführung nach der Tiefe zu seien hier die folgenden beiden Beispiele angeführt: Auf Bleierzgängen nimmt nach der Tiefe hin zuweilen der Gehalt an Zinkblende zu, welcher die Verschmelzung erschwert; auf den Zinnerzgängen von Cornwall beobachtet man in größeren Tiefen eine Abnahme der Zinnerze, und es treten mehr und mehr Kupfererze auf.

Nach dem Vorstehenden hat die oft angewendete Redensart praktischer Bergleute „in der Tiefe wird der Gang besser werden" keine Berechtigung, es wechseln sowohl in horizontalem als auch in vertikalem Sinne taube Mittel mit Erzmitteln ab, und jene Phrase dürfte daher entstanden sein, weil das Vordringen in die Tiefe für den Bergbau mit viel mehr Schwierigkeiten, namentlich wegen der Wasserhebung, verknüpft ist, als die Ausbreitung der Baue in wagerechter Richtung. Jenes Wort, welches in der schwer zugänglichen Tiefe Schätze verheißt, soll zum Vordringen trotz der erhöhten Schwierigkeiten anspornen.

Während die Mineralführung der Flöze und Gänge in der Hauptsache einer Ebene folgt und sich bei geringer Mächtigkeit im Streichen und Fallen der Lagerstätten ausdehnt, haben die Stöcke oder stockförmigen Lagerstätten (f Abb. 65 S. 52) bei scharfer Begrenzung gegen das Nebengestein nach allen Richtungen hin größere Ausdehnung, ihre Abmessungen schwanken außerordentlich, auch ihre

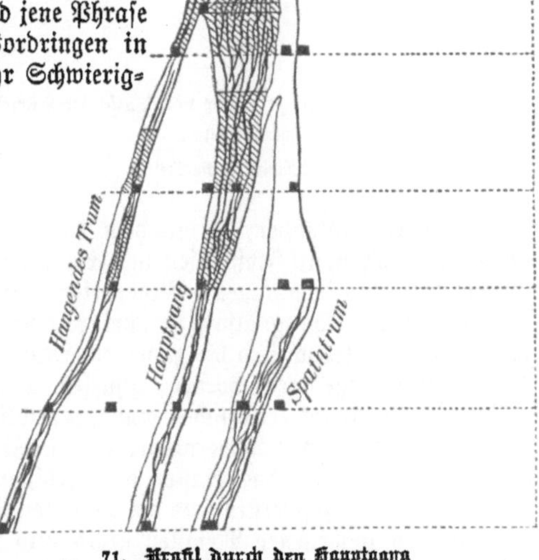

71. Profil durch den Hauptgang der Grube Bergmannstrost in Clausthal.

Entstehung ist sehr verschiedenartig. Es mögen hier einige bezeichnende Beispiele folgen: Die diamantführenden Stöcke Südafrikas (vgl. das im Abschnitt Edelsteine über den Diamanten Gesagte) sind vulkanische, tuffartige Gesteine, in denen die Diamantkrystalle eingewachsen sind. Die Blei= und Zinkerze enthaltenden Stöcke im Kalk= und Dolomit=

gebirge, z. B. der Alpen sind als Füllungen von Höhlenzügen zu betrachten, zu deren Bildung gerade in diesen leicht löslichen Gesteinen am meisten Gelegenheit gegeben ist, Abb. 72 zeigt als Beispiel einen Schnitt durch die Erzstöcke von Raibl in Kärnten. Manche Galmeilagerstätten (kohlensaures und kieselsaures Zinkoxyd) dürften dadurch entstanden sein, daß Thermalwässer, von Spalten und Rissen im Kalksteine aus, diesen allmählich auf größere Erstreckung in die entsprechende Zinkverbindung umgewandelt haben, denn es finden sich allmähliche Übergänge von kohlensaurem Zinkoxyd in kohlensauren Kalk. Endlich sind manche ursprünglich geschichteten Gebirgsmassen durch seitlichen Druck zu unregelmäßig stockförmigen Massen zusammengeschoben worden, z. B. die Salzlagerstätten der nördlichen Kalkalpen (vgl. im Abschnitt Salzbergbau den Sinkwerksbetrieb). Wie aber auch die Entstehung der Stöcke sein mag, meistens sind sie scharf umgrenzt.

Als **Imprägnationen** endlich bezeichnen wir Zonen im Gestein, in denen nutzbare, dem Gestein sonst fremde Mineralien in zahlreichen größeren und kleineren Körnern auftreten — man sagt, das Mineral ist im Gestein **eingesprengt**. Diese Zonen gehen allmählich in das gewöhnliche Gestein über, sind also nicht scharf begrenzt. In der Abb. 65 S. 52 ist beim Buchstaben g eine Imprägnation angedeutet. Je nach der ungefähren Form unterscheiden wir stock-, gang- und lagerförmige Imprägnationen. Zinnerze finden sich häufig in dieser Weise. Als lagerförmige Imprägnationen kann man diejenigen Gneise und Glimmerschiefer Skandinaviens auffassen, in denen nickelhaltige Schwefelkiese, Kobalterze und Kupferkiese eingesprengt sind. Man nennt diese Lagerstätten, welche in Mächtigkeiten von über 100 m vorkommen, **Fahlbänder**.

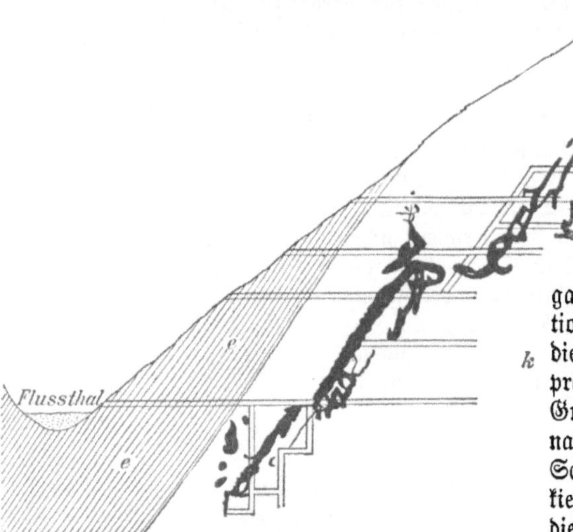

72. **Profil durch die Erzstöcke von Raibl in Kärnten.**
Nach Posepny.

e Schiefer, k Kalkstein.

Durch die Verwitterung des Ausgehenden anderer Lagerstätten sind die Ablagerungen entstanden, die mit dem Namen **Seifen** bezeichnet werden. Sie finden sich an Thalgehängen, in Flußläufen und im jüngeren geschichteten Gebirge und bestehen aus Gesteinsschutt, in dem nutzbare Mineralien enthalten sind. Zum Teil liegen die Seifen noch am Orte ihrer Bildung, also z. B. dort, wo eine goldführende Lagerstätte an die Oberfläche tritt, zum Teil jedoch sind die zersetzten Massen durch das Wasser weiter fortgeführt und dann wieder abgelagert worden, ähnlich wie das Material der sämtlichen geschichteten Gesteine. Die leicht zersetzlichen und zerreiblichen Bestandteile wurden dabei mehr zerkleinert als die harten Mineralien, und außerdem setzten die schweren Mineralien dem Fortschwemmen durch das Wasser den größten Widerstand entgegen. Wir finden daher in den Seifen die schwersten und die härtesten Bestandteile der ursprünglichen Lagerstätten, das sind von gediegenen Metallen Gold und Platin, von Erzen am häufigsten Zinnerz und Magneteisenerz, außerdem von Edelsteinen, Diamant, Korund, Spinell, Topas. Die Seifen sind an diesen Mineralien reicher als die ursprünglichen Lagerstätten, da die zersetzbaren Bestandteile vom Wasser fortgeführt wurden, auch sind sie leichter zu bearbeiten als diese, da die natürliche Verwitterung die für die bergmännische Aufbereitung gewöhnlich nötige Zerkleinerung bewirkte. Der Abbau von Seifen ist namentlich für die Gewinnung von Gold, Zinnerz und Edelsteinen von der größten Bedeutung.

73. **Bergparade in Freiberg.** (Zu S. 64.)
Nach Aufnahme von H. Müller, Freiberg.

Abbauwürdigkeit der Lagerstätten.

Die Frage, welche sofort nach dem Auffinden einer Lagerstätte gestellt zu werden pflegt, ist die, ob der Abbau rentabel sein werde, ob die Lagerstätte abbauwürdig sei. Namentlich wenn die Ausdehnung und Mineralführung der Lagerstätte genügend bekannt ist, wird zuweilen mit aller Bestimmtheit diese Frage bejahend beantwortet werden können. So unterliegt es keinem Zweifel, daß bei voraussichtlich genügendem Absatze der Abbau eines 2 m mächtigen Steinkohlenflözes gewinnbringend sein wird; oder daß eine ausgedehnte Goldseife mit mehreren Gramm Gold auf 1 t abbauwürdig ist. Wenn jedoch die Mächtigkeit einer Lagerstätte oder der Metallgehalt erheblich sinkt, so kann die Frage nach einer zu erhoffenden Rentabilität nur unter Berücksichtigung aller einschlagenden Verhältnisse beantwortet werden, und es muß hierbei mit aller Vorsicht verfahren werden, besonders deshalb, weil gerade die letzten Jahrzehnte wieder gelehrt haben, daß auch die bergmännischen Produkte jenen Preisschwankungen unterliegen, die durch Angebot und Nachfrage auf allen Gebieten industrieller Thätigkeit bedingt sind.

74. Freiberger Obersteiger in Paradeuniform.

Im allgemeinen ist hervorzuheben, daß solche Bergbaubetriebe, denen große Mengen, wenn auch minderwertiger, Mineralien zur Verfügung stehen, günstiger gestellt zu sein pflegen, als diejenigen, bei denen wertvolle Erze, jedoch in kleinen Mengen vorkommen. Es gilt dies namentlich vom Gangbergbau auf Gold und edle Silbererze, der durchaus nicht immer der ertragreichste ist.

Schließlich mögen einige Beispiele solcher Bergbaubetriebe, die trotz der Armut der Lagerstätten gute Erfolge erzielen, angeführt werden: Am Deister bei Hannover bauen einige Gruben auf einem einzigen, im Mittel nur 30 cm mächtigen Steinkohlenflöze; bei den derzeitigen hohen Kohlenpreisen, dem Mangel an Steinkohlen und der großartigen Entwickelung der Industrie in der dortigen Gegend erzielen dieselben Betriebsgewinne.

Es ist bekannt, daß die Mansfelder kupferschieferbauende Gewerkschaft auf einem im Mittel nur etwa 12 cm mächtigen Flöze baut, dessen Kupfergehalt nur 3% beträgt und dessen Silbergehalt zwischen 0,01—0,015% schwankt. Aber dieser Metallgehalt ist ein auf sehr große Flächen nahezu gleichbleibender und trotz mancher Schwierigkeiten hat der Betrieb hohe Gewinne ergeben (vgl. den Abschnitt über Kupferbergbau).

Auch der erzgebirgische Zinnerzbergbau hat trotz des geringen Zinngehaltes seiner Erze, der nur 0,3% beträgt, gute Erträge gegeben und zwar 400 Jahre lang, bis durch die Konkurrenz Ostindiens der Preis immer mehr gedrückt wurde.

Der Bergmann und sein Beruf.

Das 19. Jahrhundert, welches nun zur Reige geht, hat durch das viele Neue, das es geschaffen, nicht nur umgestaltend, sondern in gar vieler Beziehung ausgleichend gewirkt. Die verschiedenen Berufsarten sind einander näher getreten, entfernte Orte sind längst in das Getriebe der großen Welt hineingezogen worden und auch die Bergleute haben, nicht zum Nachteil ihres Standes, manche ihrer aus grauer Vorzeit stammenden Eigentümlich= keiten eingebüßt, namentlich nachdem der jüngere Bruder des Erzbergbaus, der Kohlen= bergbau in vielen Ländern immer mehr in den Vordergrund getreten ist. Dennoch ist

dem Bergmannsstande manches geblieben von altem Herkom= men; und wie könnte das anders sein, zählt doch seine Geschichte auch in unserem engeren Vaterlande weit mehr als ein halbes Jahrtausend, war doch der Bergbau lange Zeit hindurch die einzige stän= dige Großindustrie, entwickelte er doch zuerst den Maschinen= bau durch die großartigen An= lagen seiner Künste und er= wuchsen ihm doch zuerst jene Fragen, welche in der Neu= zeit überall dort brennend ge= worden sind, wo größere Men= gen von Arbeitern beschäftigt werden.

Schon vor Jahrhunder= ten kannte der Bergbau Ar= beitseinstellungen und Kämpfe um Lohn und Arbeitszeit. Schon zeitig ist in der Gewerk= schaft das gemeinsame Zusam= menwirken von Unternehmern (Gewerken) zur Verringerung des Risikos bei Beschaffung großer Betriebsmittel und die gegenseitige Unterstützung der Arbeitgeber und Arbeitnehmer gegen Krankheit und Arbeits= unfähigkeit der letzteren aus=

75. Freiberger Häuer und Schmied in Paradeuniform.

gebildet worden, also jener Gesichtspunkt, der heute einen der wichtigsten Zweige unserer Volkswirtschaft ausmacht.

Im Mittelalter war außer dem überseeischen Handel der Bergbaubetrieb das vor= nehmlichste Mittel, um in kurzer Zeit Reichtümer zu erwerben; Fürsten und Handels= herren wandten sich ihm mit großer Vorliebe zu. So konnte es denn nicht fehlen, daß Bergbeamte und Bergleute schon frühzeitig in hohem Ansehen standen, daß sich aber auch, zumal in entlegenen Gegenden, ein gewisser Kastengeist entwickelte, mit dem das Geheim= halten wertvoller Kunstfertigkeiten Hand in Hand ging; waren doch Bergbau und Hütten= betrieb bis in die zweite Hälfte des vorigen Jahrhunderts zum größten Teile auf praktische Erfahrung gegründet, die von Generation auf Generation forterbte.

Die Arbeit in den Gruben und Hütten ist nicht leicht, aber sie bietet gegenüber vielen anderen Gewerben den großen Vorteil eines gleichmäßigen Verdienstes das ganze

Jahr hindurch, unabhängig von den Jahreszeiten und Witterungsverhältnissen. Die Eigenart der Bergarbeit erfordert einen hohen Grad von Erfahrung, von Umsicht und Entschlossenheit, um die Gefahren zu vermeiden oder ihnen zweckentsprechend zu begegnen. Zielbewußt muß der Bergmann seine Arbeiten planen auf viele Jahre, ja selbst auf Jahrzehnte hinaus, und wenn er auch gehoben wird durch das Bewußtsein, daß treue und ausdauernde Arbeit zum Erfolge führt, so bleibt er doch demütig in der Erkenntnis, daß die Naturgewalten mächtiger sind als menschliches Können. Wohl wahrt sich mancher trotz angestrengter Thätigkeit ein offenes Herz für die Eindrücke des Lebens, aber die einförmige Arbeit des Bergmannes ist auch ganz dazu geschaffen, um ernste, stille, ab=

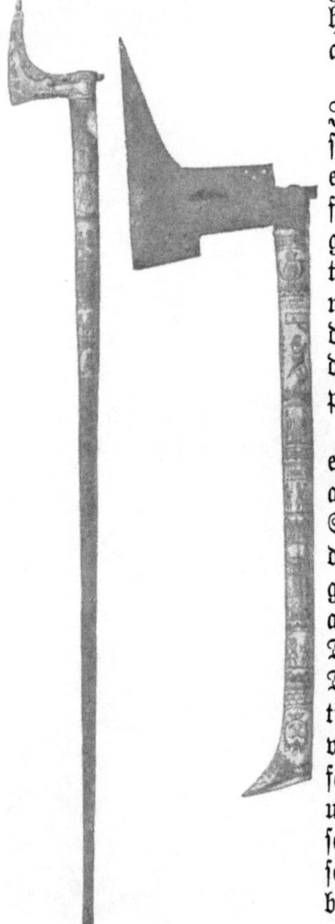

geschlossene Männer zu erziehen, die an dem Gewohnten mehr hängen und von dem Neuen weniger berührt werden als andere Stände.

Die Arbeiter einer Grube sind weit mehr als in anderen Industrien aufeinander angewiesen, daher ist dem Bergmanns=stande ein hochentwickeltes Gefühl der Zusammengehörigkeit eigentümlich, das im Falle einer Gefahr für den einzelnen oder für die Grube nie versagt. So bedauerlich die großen Un=glücksfälle sind, von denen der Bergbau von Zeit zu Zeit be=troffen wird, durch die viele Menschenleben auf einmal ver=nichtet werden, so erscheint doch die Ausdauer und Aufopferung der Beamten und Kameraden, um Verunglückten oder Be=drohten schnelle Hilfe zu bringen, als ein wohlthuender Licht=punkt inmitten des Unheils.

Es möge hier an einige der letzten größeren Unfälle erinnert werden: Es ist noch frisch in der Erinnerung, daß am 18. Juli 1898 25 Mann in dem zum oberschlesischen Steinkohlenreviere gehörigen Gotthardschachte durch Lösung des Seiles vom Fördergestelle in den Schacht stürzten und gemeinsam den Tod fanden; die vorhandene und kürzlich erst auf guten Zustand geprüfte Fangvorrichtung versagte ihren Dienst. — Am 22. Mai kamen auf der Zeche Zollern bei Dortmund in den durch einen Grubenbrand entstandenen gif=tigen Gasen 43 Arbeiter ums Leben. — Am 17. Februar verlor die Grube Vereinigt Carolinenglück bei Hamme, West=falen, 120 Mann ihrer Belegschaft infolge einer Schlagwetter= und Kohlenstaub=Explosion, es war dies eine der folgen=schwersten Explosionen beim preußischen Bergbau. — Endlich sei noch an das größte Massenunglück erinnert, das den Berg=bau je betraf: der Grubenbrand im Maria=Schachte zu Pribram am 31. Mai 1892, der 319 Bergleuten den Tod brachte.

76. Steigerhäckchen und Barte mit Schnitzerei.

(Erzgebirgische Arbeit.)

Wenn man an diese Unglücksfälle denkt, so drängt sich unwillkürlich die Frage auf, gibt es keine ausreichenden Mittel gegen diese Gefahren und werden die vorhandenen richtig angewendet? Darauf kann mit vollem Rechte geantwortet werden, daß in den letzten Jahrzehnten vom Bergbau selbst und von den beaufsichtigenden Behörden außer=ordentlich viel geschehen, auch erreicht worden ist. Die vorhandenen Sicherheits=vorkehrungen reichen auch für gewöhnlich aus, leider aber führt trotz aller Vorsicht zu=weilen ein unglückliches Zusammentreffen von Zufälligkeiten das Unglück herbei, oder es wird wohl auch die Unachtsamkeit eines Arbeiters für viele verhängnisvoll. So ist der Pribramer Grubenbrand dadurch veranlaßt worden, daß der noch brennende Rest eines Lampendochtes unvorsichtigerweise fortgeworfen wurde und die trockene Schachtzimmerung hierdurch Feuer fing.

Der deutsche Bergmann ist eine wohl bekannte Gestalt in unserem Volksleben. Er hat, namentlich in den alten Revieren des Erzbergbaues, nicht nur für die Arbeit auf der

77. Bergwerk in alten Zeiten.

Nach Paul Meyerheims Loggienbild „Das Bergwerk" für die Villa des Geh. Kommerzienrats Borsig in Berlin.

Grube sondern auch für Bergfeste und sonstige feierliche Gelegenheiten noch die althergebrachte Kleidung, bestehend aus Kittel (für die Beamten Puffjacke) und Leder nebst Schachthut, beibehalten. Unsere Abb. 74 u. 75 zeigen die Freiberger Paradetracht eines Obersteigers, eines jungen Häuers und eines Schmiedes. Der Schachthut des Obersteigers ist mit einem Federstutze geziert, außer dem Säbel wird in der rechten Hand das Steigerhäckchen getragen, um beim Salutieren an den Schachthut geführt zu werden; der junge Häuer trägt eine Bergbarte, das Breitbeil in alter Form. Diese Paradestücke (Abb. 82 u. 83) finden sich, jetzt allerdings selten, auch reich verziert mit Schnitzarbeit auf Knochen und zwar aus der Zeit bis zum Beginn des 17. Jahrhunderts zurück. Der fromme Sinn des Bergmannes hat die Barten regelmäßig mit dem Bilde des Heilandes am Kreuze geziert, daneben befinden sich anbetende Bergleute. Das abgebildete Stück vom Jahre 1720 trägt am Kruzifix die Umschrift:

> Mein Grubenlicht soll Jesus sein,
> so fahr' ich fröhlich aus und ein.

Die übrigen Darstellungen sind außer dem sächsischen Wappen und den Insignien des Bergbaues technischer Art. Zwei leichter verständliche Umschriften an den Schnitzereien mögen hier mit Richtigstellung der Rechtschreibung noch Platz finden:

> Hier findet man reich gültig Erz,
> hier bricht nur Blende, Kies und Querz.

(Querz statt Quarz) und weiter:

> Der Bergmann folgt des Steigers Wort,
> so bricht gut Erz vor diesem Ort.

Auch an Grubenlampen finden sich solche fromme Sprüche, z. B. — ebenfalls mit jetziger Rechtschreibung —

> In Frieden laßt uns fahren ein,
> Gott will uns führen in sein Reich,
> Uns helfen aus und ein
> Und schützen Weib und Kind zugleich.

Daß der Bergbau bei den mancherlei Gefahren, die er mit sich bringt, in katholischen Ländern hilfespendende Heilige verehrt, kann nicht wunder nehmen. An den meisten Orten ist die heilige Barbara die Schutzpatronin, in Böhmen wird Procop als Schutzheiliger verehrt. In der Kirche zu Dudweiler findet sich ein treffliches Altarbild des kürzlich verewigten Professors A. von Heyden, welches die heilige Barbara darstellt, wie sie einem im Schachte verunglückten Knappen tröstend das Sterbesakrament reicht. Von Heyden war Bergmann von Beruf und hat erst im vorgeschrittenen Alter die Palette mit dem Leder vertauscht.

Die bergmännischen Feste fallen meistens auf den Namenstag des Heiligen, so auf den Barbaratag am 4. Dezember; in Freiberg wird als jährlich wiederkehrender Festtag der 22. Juli (Maria Magdalena) durch Bergparade (Abb. 73 S. 59), Gottesdienst und Bergbier gefeiert. Zahlreiche Fremde, besonders aus dem nahen Dresden, pflegen dem bergmännischen Schauspiele beizuwohnen.

Bei der Romantik, die der Arbeit des Bergmannes eigen ist, hat es nicht an Künstlern und Schriftstellern gefehlt, die es versucht haben, weiteren Kreisen den Bergbau und sein Getriebe näherzurücken. Zu den ältesten Arbeiten dieser Art gehören die hübschen Federzeichnungen E. Heuchlers, des früheren Professors an der Freiberger Bergakademie „Die Bergknappen in ihrem Berufs- und Familienleben." Mehrere unserer Abbildungen sind diesem Werke entnommen. Freilich gibt in neuerer Zeit die Photographie noch treuere Bilder des Lebens in der Grube. Heinrich Börner hat unter dem Titel „Der Bergmann in seinem Berufe" 20 Bilder aus den Freiberger Gruben veröffentlicht und etwas später 30 Bilder aus Kohlenwerken (des Plauenschen Grundes bei Dresden), zu den letzteren hat M. Georgi den erläuternden Text geschrieben. Auch von diesen Aufnahmen durften einige in den späteren Kapiteln zur Illustrierung Verwendung finden.

78. **Verunglückung durch Hereinbrechen der Firste.** Nach dem Gemälde „Treue Kameraden" von A. v. Heyden im Museum zu Breslau.

Zolas bekannter Roman „Germinal" spielt in den belgischen Kohlengruben und schildert mit überraschendem Eingehen auf technische Einzelheiten das Leben daselbst; das oberschlesische Steinkohlenrevier hat sich E. Werner im Jahrgange 1873 der Gartenlaube für den Roman „Glückauf" zum Orte der Handlung ausersehen. Im 20. Jahrgange des Daheim von 1884 schildert der früher schon genannte A. von Heyden unter dem Titel „Heiße Tage" in Erinnerung an seine eigene bergmännische Thätigkeit die schwierige Bekämpfung eines Grubenbrandes. Unter den darstellenden Künstlern besitzen wir von Paul Meyerheim eine Reihe von sieben Wandgemälden, die Verarbeitung des Eisens

79. Bergmann.
Bronzefigur von Prof. Reusch.

darstellend, welche derselbe 1873—75 für das Gartenhaus des Geheimen Kommerzienrats Borsig in Berlin schuf. Unsere Abb. 77 S. 63 gibt von diesen Bildern „Das Bergwerk" wieder, nicht ein groß angelegtes Werk mit schnaubenden Dampfmaschinen, sondern eine jener kleinen Gruben, wie sie früher so viel bestanden, auf denen jedoch wahre Poesie eine Stätte hatte. Der Schacht des Eisensteinbergbaues, denn um einen solchen handelt es sich, ist nur mit einem notdürftigen Wetterschutz überdacht, die Häuer schicken sich nach der Mittagpause an wieder einzufahren. Von den zwei älteren Leuten stopft der eine bedächtig sein Pfeifchen, der andere verabschiedet sich von seiner Frau, die ihm wohl das Essen gebracht hatte. Dem jungen Knappen, der soeben auf der Fahrt zur Tiefe fährt, ist es gerade recht, daß das Erz von schmucken Weibern gehaspelt wird, da gibt es doch vor und nach der Schicht manch launiges Wort.

Der uns schon bekannte A. von Heyden hat der ernsten Seite des Bergmannslebens seinen Pinsel geliehen und eine Verunglückung beim Kohlenbergbau auf die Leinwand gezaubert, das Bild befindet sich jetzt im städtischen Museum zu Breslau (Abb. 78). Die Firste ist unvermutet unter Dröhnen und Krachen hereingebrochen, die starken Hölzer sind geknickt und das niederstürzende Gestein hat den erfahrenen Häuer schwer verletzt. Noch bröckelt loses Gebirge hernieder, jeden Augenblick können größere Stücke folgen, aber die Kameraden achten der Gefahr nicht, sie bergen den Verwundeten. Grubenbeamte sind herzugeeilt, und auf einem niedrigen, sonst für den Holztransport bestimmten Wagen soll die Beförderung zum Schacht erfolgen, in der Eile wird ein notdürftiges Lager aus Kleidungsstücken hergerichtet. Andere Arbeiter schaffen bereits neues Holz zur Stützung herbei, nur der junge Bursche im Vordergrunde ist vor Schrecken gelähmt, vielleicht tritt ihm das Unglück zum erstenmal so nahe.

Der blühende Bergbau des Oberbergamtsbezirks Halle hat Veranlassung dazu gegeben, den Sitzungssaal des Oberbergamtes in der alten Saalestadt mit Darstellungen zu zieren, welche die wichtigsten Zweige des Bergbaues und Hüttenwesens versinnbildlichen. Klein-Chevalier in Düsseldorf hat sich dieser dankbaren Aufgabe mit viel Geschick entledigt und fünf Bogenfüllungen al fresco geschaffen, welche den Braunkohlentagebau, die Salzgewinnung, den Erzbergbau, den Betrieb der Rüdersdorfer Kalksteinbrüche und das Kupferhüttenwesen im Mansfelder Revier darstellen. Der Salzbergbau (Abbildung auf S. 3) ist versinnbildlicht durch die Gestalt mit der Doppelhaue, das weiße Steinsalz in großen Blöcken hebt sich von dem rötlichen Kalisalz im Vordergrunde deutlich ab. Die Solenlettung weist auf den Salinenbetrieb hin, die sitzende Figur ist durch den Dreimaster als Hallore gekennzeichnet. In dem Gerinne fließt salzige Sole, nicht etwa süßes Wasser, denn der kleine Wicht, der die Flüssigkeit kostet, macht ein gar erstauntes, bedenkliches Gesicht. Der Hüttenbetrieb im Oberbergamtsbezirke ist durch das Mansfelder Kupferhüttenwesen zwar nur einseitig, aber desto glänzender vertreten. Die drei Gestalten, die der Maler um den Vorherd gruppiert hat, werden malerisch beleuchtet durch die Glut des Kupfersteines, im Hintergrunde links sehen wir einen durch Eisenschienen verstärkten Schmelzofen, rechts einen dampfenden Röststadel (s. Anfangsbild zur „Hüttenkunde")

Auch der Plastik verdanken wir Kunstwerke, welche ihre Vorbilder dem Bergbau und Hüttenbetrieb entlehnen. Der oben bereits genannte Professor Heuchler hat mehrere kleine Statuetten und Reliefs geschaffen (vgl. Abb. 128, 129 u. 146 S. 95 u. 108). Abb. 79 u. 80 geben Bronzefiguren wieder, welche Prof. Reusch in etwa halber Lebensgröße modelliert hat; durch einen längeren Aufenthalt im Siegerlande wurde der Künstler hierzu angeregt. Der Eisensteinbergmann betrachtet sinnend eine Erzstufe, der Eisenhüttenmann steht im Begriff eine Eisenluppe mit der mächtigen Zange zu fassen. Die beiden markigen Gestalten sind würdige Vertreter ihrer Berufsgenossen.

Kunstwerke im kleinen sind die Bergwerksmünzen, welche wichtigen Ereignissen aller Art beim Bergbau ihre Entstehung verdanken. Seit alters stehen ja der Edelmetallbergbau und das Münzwesen in enger Beziehung zu einander, und zahlreich sind die Bergbauorte, an denen zu gleicher Zeit Münzstätten bestanden. Eine wichtige Gruppe dieser Gepräge bilden die sogenannten Ausbeutemünzen, die aus dem erbauten Metall, Gold, Silber, auch Kupfer, gemünzt und zum Teil als Betriebsgewinn an die Gewerken verteilt wurden. Hierher gehören z. B. diejenigen Dukaten, die aus dem Waschgolde deutscher Flüsse geprägt worden sind, es gibt Rheingold-Dukaten pfälzischen und badischen Gepräges, bayrische Dukaten aus dem Gold der Isar, der Donau und des Inn und manche andere seltenere mehr; bekannt sind die preußischen Thaler, die auf der Rückseite die Aufschrift tragen „Segen des Mansfelder Bergbaues." Sächsische Thaler mit der Umschrift „Segen des Bergbaues" sind seit dem letzten Drittel des vorigen Jahrhunderts bis zum Jahre 1871 fast jährlich geprägt worden. Besonders geschätzt wegen

80. **Hüttenmann.**
Bronzefigur von Prof. Reusch.

der Schönheit ihres Gepräges sind die Schaumünzen, die als Merkzeichen für die Blütezeit der betreffenden Bergbaue dienen können, die Prägestempel wurden mit ganz besonderer Sorgfalt geschnitten. Aus der großen Zahl dieser Münzen zeigen uns Abb. 81 u. 82 die Ausbeutemedaille der Fundgrube St. Anna bei Freiberg, die noch dadurch erhöhten Wert besitzt, daß auf ihr die frühere Technik des Bergbaues ausgezeichnet zur Darstellung gelangt ist. Wir entnehmen die Beschreibung dieser auch durch künstlerisch vollendete Ausführung und Größe bemerkenswerten Münze in der Hauptsache der bekannten Schrift des k. k. österreichischen Oberbergrats v. Ernst über Bergwerksmünzen. Unter einer hügeligen Gegend, in der sich rechts ein Pferdegöpel mit Tagegebäuden, links ein Schacht mit Handhaspel befindet, ist die Grube im Durchschnitt sichtbar. Im Förderschacht, rechts, wird mittels Kette ein Kübel gefördert, daneben — weiter links — ist ein Kunst-

und Fahrschacht mit doppelten Pumpensätzen dargestellt, das Kunstrad hängt unmittelbar
über dem Schachte. Weiter links führt eine Feldstrecke, in der ein Fördermann Karren
läuft, zu einem weiteren Schachte, in größerer Tiefe arbeiten sechs Bergleute im Stroffen=
bau. Die Zimmerung der Grubenräume ist sehr sorgfältig gezeichnet. Über dem Ganzen
ragt eine Hand, die eine Münze hält, aus den Wolken.

Auf der anderen Seite ist die romantische Lage der Grube im bewaldeten Thale der
Freiberger Mulde dargestellt. Die Altväterbrücke (welche leider vor wenigen Jahren dem
Zahne der Zeit zum Opfer gefallen ist), damals noch nicht völlig in Stein vollendet,
führt der am rechten Muldenufer gelegenen Grube das Kraftwasser zu. Unter der Altväter=
Wasserleitung befindet sich die noch heute vorhandene steinerne Brücke, auf der die Leipziger
Straße die Mulde überschreitet. Im Vordergrunde ist eine große Radstube bemerkens=
wert, von der Stangenkünste zur Grube geführt sind. Im Hintergrunde das Dorf
Conradsdorf mit der weithin sichtbaren Kirche. Am oberen Rande die Umschrift in
zwei Zeilen: WAS MENSCHENHAND DURCH GOTT THUN KAN | DAS SIEHT
MAN HIER MIT WUNDER AN. — Im Abschnitte unten in verzierter Umrandung
zwischen Schlegel und Eisen ST. ANNA.

81 u. 82. **Ausbeutemedaille der Fundgrube St. Anna bei Freiberg.**   (³/₄ der natürl. Größe.)

Die Medaille kommt mit verschiedener Randschrift vor, es sei hier diejenige mit=
geteilt, aus deren Chronogramm — durch Zusammenzählung derjenigen Buchstaben,
welche römische Zahlzeichen sind — sich das Jahr der Prägung 1680 ergibt. Sie lautet:
GIB ZVBVS, ARBEIT; WART DER ZEIT, ES FOLGT AVSBEVT **DIE DICH**
ERFREVT. Außerdem ist nach dem Worte Zeit ein brennendes Grubenlicht und hinter
erfreut Schlegel und Eisen nebst Bohrer am Rande angebracht.

Der Bergbau ist auch heute noch reich an Poesie, und es verlohnt wohl der Mühe,
seine Stätten und Gebräuche, seine Geschichte, die Mannigfaltigkeit seiner Erzeugnisse
und deren Verwendung, denen die folgenden Blätter gewidmet sind, kennen zu lernen.
Vielleicht werden unsere Leser hierdurch angeregt, der Tiefe der Gruben ihre Aufmerk=
samkeit zu schenken, in die Schächte hinabzusteigen und mit eigenen Augen ihre Geheim=
nisse zu schauen. Wenn dann nach beschwerlicher Grubenfahrt das helle Tageslicht sie
wieder freundlich grüßt, werden sie wohl die sinnige Wahrheit jenes Bergmannsliedes
nachempfinden, das Döring in dem von Anacker in Musik gesetzten Bergmannsgruß
nach vollbrachter Schicht den ausfahrenden Bergmann singen läßt:

Glück auf! du holdes Sonnenlicht,   Wo bei des Fäustels munt'rem Schlag
Sei innig mir gegrüßt!   Kein Sonnenschein mir lacht.
Der achtet deiner Strahlen nicht,   Drum grüßt dich auch der Bergmann froh,
Der täglich sie genießt.   Steigt er zum Tag herauf;
Ich aber steige Tag für Tag   Kein andres Herz begrüßt dich so,
Hinab in tiefen Schacht,   Kein Mund ruft so: Glück auf!

Die technischen Hilfsmittel des Bergbaues.

Bevor wir an einzelnen Beispielen die Gewinnung der Rohstoffe des Mineralreiches erläutern, ist es nötig, kurz die Hilfsmittel, über die der Bergmann verfügt, zu betrachten. Entsprechend dem großartigen Fortschritte, den die letzten 50 Jahre auf allen Gebieten der Technik gezeitigt haben, vervollkommneten sich auch die Einrichtungen des Bergbaues außerordentlich, besonders hat sich ihre Mannigfaltigkeit erheblich gesteigert. In dem nachfolgenden Kapitel, welches übersichtlich die Einzelheiten des Bergbaubetriebes behandelt, sind die neuesten Errungenschaften entsprechend hervorgehoben.

Die Aufsuchung der Lagerstätten.

Ein scharfes Auge, eine gut entwickelte Beobachtungsgabe gehören neben gediegenen Kenntnissen in der Mineralogie und Geologie dazu, um die schwierige Aufgabe zu lösen, ein undurchforschtes Gebiet auf das etwaige Vorhandensein von nutzbaren Mineralien

83. **Das Schürfen.** Nach Heuchlers Werk „Die Bergknappen"

zu untersuchen, besonders, wenn es sich darum handelt, schnell und ohne zu große Kosten zum Ziele zu gelangen. Die Untersuchung der anstehenden Gesteine und ihrer Zersetzungsprodukte, der Schutthalden des Hochgebirges, der Gerölle und Sande der Flüsse, sowie der Ackererde, müssen das erste Anhalten über den Gebirgsbau gewähren. Natürlich gräbt man an Stellen, deren genauere Durchforschung wünschenswert erscheint, in die Tiefe (man schürft), wie die erzgebirgischen Knappen auf Heuchlers Bilde (Abb. 83), die auf dem Gebirgshange am Fuß einer alten Fichte wohl das Ausgehende eines Erzganges suchen.

Der geologische Bau einer Gegend kann zwar nur durch eingehende Untersuchung erkannt werden, der Kundige läßt aber manche Anzeichen nicht außer acht, die oft schon aus der Ferne ein Anhalten über den Gebirgsbau geben können. Den Verlauf der Schichtung des Gesteins vermag man häufig schon von weitem zu erkennen, ja gewisse charakteristische Gebirgsschichten verraten sogar ihre Gesteinsbeschaffenheit. Überall im Jura Süddeutschlands kann man Profile wie dasjenige in Abb. 86 beobachten, den Steilabsturz harter Schichten, daran anschließend flache Böschungen. Für ein eng begrenztes Gebiet kann man mit größter Wahrscheinlichkeit die Behauptung aufstellen, daß der

84. **Die Adersbacher Felsen bei Braunau in Böhmen.** (Beispiel von Erosionserscheinungen im Quader und Zerlegung in einzelne Teile.)
Nach Aufnahme von H. Eckert, Prag.

85. **Gneisgebirge bei Preßnitz.** (Flacher, kahler Abfall des Erzgebirges gegen Nordwesten.)
Nach Aufnahme von H. Eckert, Prag.

Steilabfall von den harten Kalksteinen des weißen Jura gebildet wird, während die flachen Böschungen dem braunen und dem schwarzen Jura mit ihren leicht ver= witternden thonigen Sandsteinen und Schieferthonen angehören. Die Schich= tengrenze läßt sich nicht selten auf größere Erstreckung verfolgen.

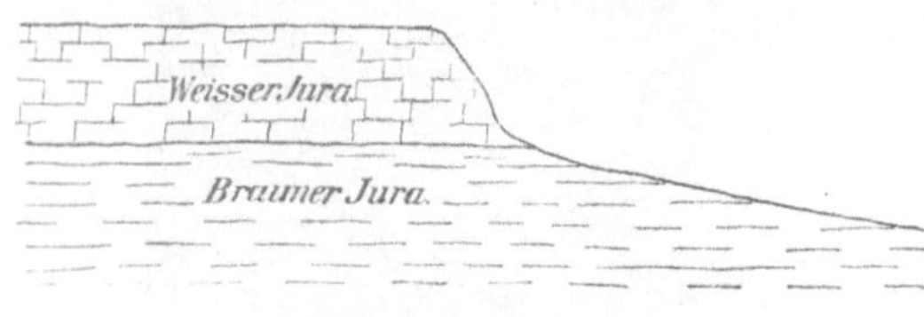

86. Profil im Jura.

Abb. 84 zeigt uns nach einer treff= lichen Photographie die eigenartige säulen= und bankartige Zerklüftung des Quadersandsteins, wie sie mit ihren tiefen Thälern und steilen Wänden darüber z. B. überall im Elbsandsteingebirge (Sächsische Schweiz) hervortritt. Abb. 85 dagegen verdeutlicht die flach kuppelförmige Gneislandschaft des oberen Erzgebirges.

Auch die säulenförmigen Absonderungen des Basaltes und Porphyres sind hierher zu rechnen, ebenso wie die Kuppen= und Kegelform junger Eruptivgesteine (Abb. 21 S. 24).

Doch mühevolle geologische Untersuchungen sind nicht jedermanns Sache, und die methodische Geologie ist erst ein Kind der Neuzeit. Da kann es wohl nicht wunder nehmen, daß im Zeitalter der Alchemie auch andere Mittel versucht wurden, um die Gegenwart von Erzen zu erforschen. Auf unserer Abb. 87 sehen wir einen Knappen etwa aus der Mitte des vorigen Jahr= hunderts, der mit einer Wünschelrute — gewöhn= lich ein zwieseliger Zweig des Haselnußstrauches — einen Erzgang zu finden hofft. Unter besonderen Be= schwörungsformeln ist die Rute um Mitternacht mit drei Schnitten „im Namen des Vaters, des Sohnes und des heiligen Geistes" vom Strauch getrennt, und wenn man mit ihr über das Feld schreitet, der aufgehenden Sonne entgegen, erfüllt von dem Glauben an die Wunderkraft der Rute, so schlägt sie (ihr vorderes Ende C neigt sich mit aller Gewalt gegen den Boden), sobald der Ruten= gänger über den Ausstrich eines Ganges hinwegschreitet. — Man sollte meinen, daß derartiger Aberglaube ab= gethan sei, und daß sich heute weder Rutengänger finden noch solche, die an ihre Angaben glauben. Weit gefehlt,

87. Rutengänger.
Nach Willen, „Beschreibung der Wünschel=
rute" (Nürnberg 1694).

nicht nur in den entlegenen Thälern unserer deutschen Gebirge ist sie noch zu finden, wenngleich schon dem Tageslichte ausweichend, auch in den Bergrevieren der Neuen Welt wird sie angetroffen. Betrüger und Betrogene, Gewitzigte und andere Leute bescheint die Sonne aller Zonen!

Doch kehren wir zum wissenschaftlichen Bergbaubetrieb zurück. Die Schürfarbeiten, bestehend im Anlegen von Gräben, Abteufen kleiner Schächte, Auffahren von kurzen Stölln, bleiben immer nahe der Oberfläche. Zeitaufwand und Kosten sind bei weiterer Aus= dehnung derselben sehr erheblich, und man kann doch nur das Ausstreichen der Lagerstätten untersuchen. Erst die Fortschritte in der Entwickelung des Tiefbohrens gestatteten ein verhältnismäßig schnelles und wohlfeiles Eindringen in größere Tiefen. Die Anfänge hierzu reichen in Europa in die zweite Hälfte des vorigen Jahrhunderts zurück, beispiels= weise waren die Erfolge, die man schon zu jener Zeit in der französischen Grafschaft Artois zur Erschließung tief gelegener Wasseransammlungen — artesische Brunnen — erzielte, sehr beachtlich, aber die Hilfsmittel entwickelten sich langsam, häufig störten Unfälle den Betrieb, und man rückte nur mühsam vor. Zum Abbohren von 500 m Tiefe brauchte man noch um 1860 mehrere Jahre. Allerdings war damit schon die Möglichkeit gegeben, den Gebirgsbau gründlich zu durchforfchen und Lagerftätten, namentlich Flöze und Lager nachzuweifen, die unter mächtiger Bedeckung von der Oberfläche aus durch Schürfen nicht zugänglich waren. Seit 25 Jahren ift nun die Tiefbohrtechnik fo weit vervoll= kommnet worden, daß man in einem Tage mit Werkzeugen, die ein einzelner Mann bequem fortzufchaffen vermag, in lofem Boden bis zu 10 m, in feftem Fels etwa 3—4 m in die Tiefe zu bohren vermag. Mit größeren Apparaten und mit Mafchinenkraft werden heute Löcher von 500 m Tiefe in wenigen Monaten fertiggeftellt, auch die Gefamttiefe, bis zu der man in das Erdinnere eingedrungen ift, hat fich beftändig vermehrt. So erreichte das Bohrloch zu Sperenberg bei Berlin, welches zur Erforfchung der Stein= falzführung des Gebirges niedergebracht wurde, im Jahre 1871 die damals größte Tiefe von 1271,6 m, 1886 wurden zu Schladebach, öftlich von Merfeburg, 1748,4 m Tiefe erreicht, und das bisher tieffte Bohrloch wurde durch den preußifchen Staat unter Leitung

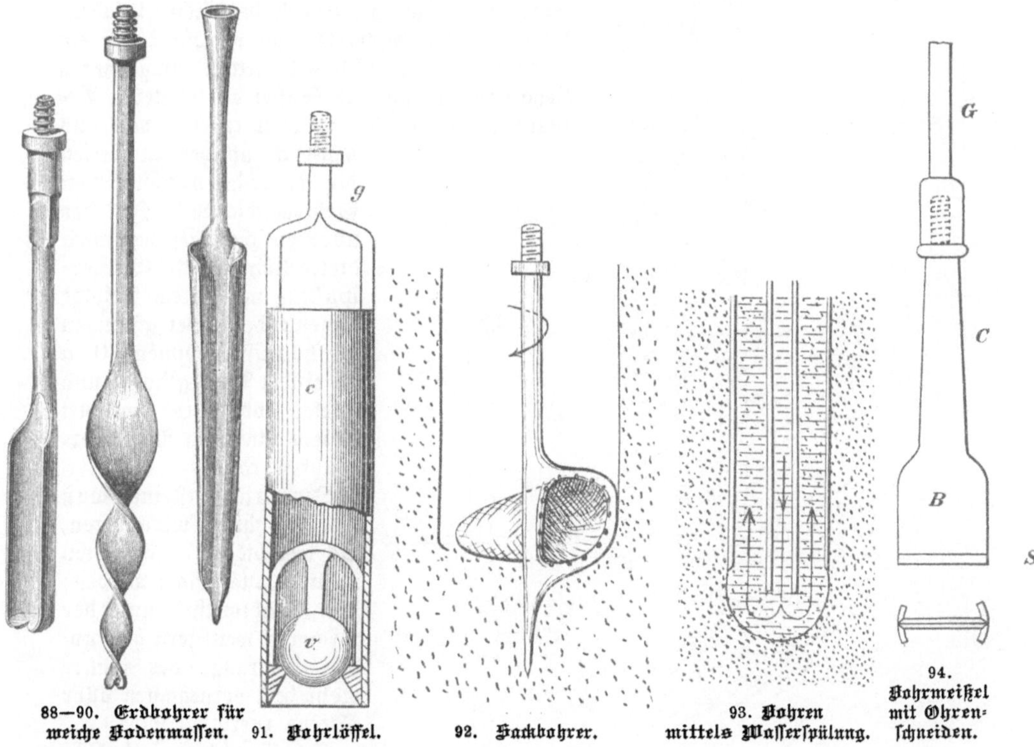

88—90. Erdbohrer für weiche Bodenmaffen.   91. Bohrlöffel.   92. Sackbohrer.   93. Bohren mittels Wafferfpülung.   94. Bohrmeißel mit Ohren= fchneiden.

des vor kurzem verewigten Bergrats Köbrich zur Erfchließung der Steinkohlenformation bei Paruchowitz in Oberfchlefien im Jahre 1893 bis zu 2003,84 m Tiefe abgebohrt, es hatte hier noch 7 cm Durchmeffer. Solche Erfolge find allerdings nur mit vorzüglich gefchulter Mannfchaft und mit mufterhaft gearbeiteten Werkzeugen möglich, denn das Bohrwerkzeug, das in 2000 m Tiefe dem Erdinneren zuftrebt, muß von der Oberfläche aus gehandhabt werden.

In lofem Gebirge, Sand, Thon und dergl., womit oft die Braunkohle bedeckt ift, kann man mittels drehend geführter Werkzeuge, welche nach Art der Holzbohrer geformt find (Abb. 88—90) und an die eiferne Stangen zur Verlängerung angefchraubt werden, leicht vordringen. Ift der Boden thonig, fo haften die losgebohrten Maffen am Bohrer und können von Zeit zu Zeit mit demfelben aus dem Loche herausgehoben werden, ift dagegen feiner Sand vorhanden, oder fammelt fich Waffer im Bohrloche, fo muß der Löffel (Abb. 91) zur Entfernung des Bohrmehles oder Bohrfchlammes angewendet werden. Er befteht aus einem ftarken Eifenblechcylinder c, an den oben zur Verbindung mit den

Bohrstange eine gegabelte Stange g, welche in eine Schraube endet, angenietet ist, unten befindet sich ein Kugelventil v, das sich beim Einführen des Löffels öffnet und die Massen eintreten läßt, während es sich beim Aufholen schließt. Über Tage wird der Löffel durch Umkippen entleert, die Bohrproben (Proben der durchbohrten Schichten) werden getrocknet, zur Untersuchung geordnet und entsprechend bezeichnet aufbewahrt.

In sandigem und ganz weichem Boden kann man auch mit dem Löffel allein bohren, oder man wendet bei weiteren Bohrlöchern den Sackbohrer an (Abb. 92), eine starke, in eine Spitze auslaufende Stange mit seitlich angeschmiedetem Bügel, an den ein Sack zur Aufnahme des gelösten Bodens befestigt ist. Auch ist es möglich, durch einen Wasser=strahl, welcher von einer Pumpe in den Boden gepreßt wird, das Bohrloch herzustellen

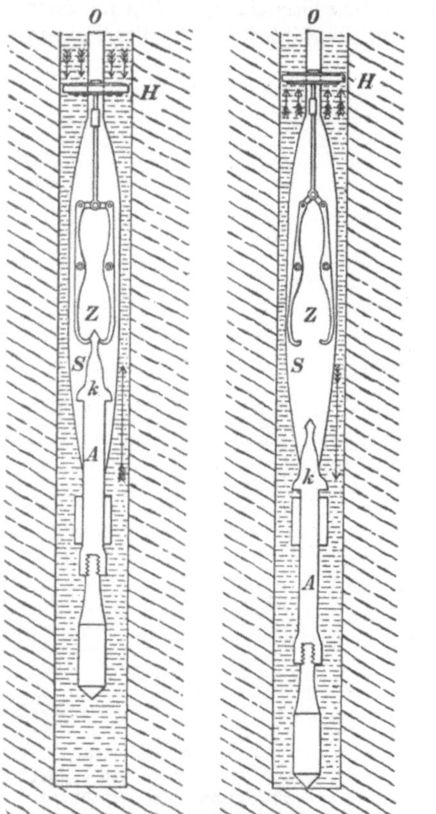

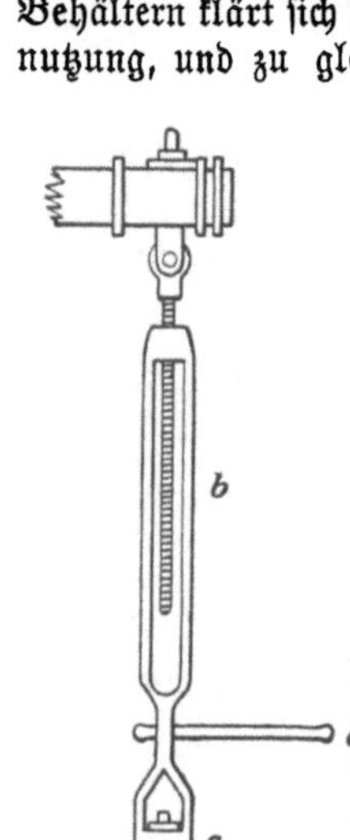

(Abb. 93). A ist das Rohr für das Spülwasser, welches den Boden aufwühlt, durch ein zweites Rohr B wird das Bohrloch verkleidet, zwischen beiden strömt das mit den Bodenteilchen beladene Wasser wieder aufwärts und verläßt durch ein aufgesetztes Mundstück das Bohrloch. In größeren Behältern klärt sich das Wasser zur weiteren Benutzung, und zu gleicher Zeit erkennt man aus den sich absetzenden Teilen die Natur der durchsunkenen Gebirgsschichten. In der norddeutschen Tiefebene wird dieses Bohren mittels Wasser=spülung mit gutem Erfolge angewendet. Bei günstigen Verhältnissen können 30 m in einem Tage gebohrt und Tiefen von 100 m mit diesem einfachen Mittel erreicht werden.

In harten Gesteinen muß die Tiefbohrung mit anderen, als den bisher besprochenen Mitteln ausgeführt werden; der Stahlmeißel und der Diamant wetteifern hier um den Vorrang, der immer mehr dem vornehmsten aller Steine zuerkannt wird.

Der Stahlmeißel (Abb. 94) besteht aus dem Blatt B

95 u. 96. **Kinds Freifallbohrer.**   97. **Stellschraube.**

mit der Schneide S und geht durch den Schaft C in einen Bund und die Schraube zum An=schluß des Gestänges G über. Er wird stoßend gehandhabt, d. h. das bis an die Oberfläche verlängerte Gestänge wird angehoben und fallen gelassen; nach erneutem Anheben erfolgt zunächst eine kleine Drehung, der Meißel wird umgesetzt, damit er im Bohrloch in etwas veränderter Stellung auftritt, nur hierdurch kann dasselbe rund erhalten werden. Bei geringen Tiefen kann das Anheben über Tage einfach dadurch erfolgen, daß ein Seil über eine Seilscheibe geführt wird, die in dem Bohrgerüste aufgehängt ist. Das eine Ende wird mittels Schraubenmutter auf dem Ende der obersten Stange befestigt, die Mannschaft greift an dem anderen Seilende an und hebt so das Gestänge. Nachdem einige Zeit gebohrt worden ist, sammelt sich auf der Bohrlochsohle Gesteinsmehl an, dieses muß von Zeit zu Zeit entfernt werden, damit der Meißel wieder besser zum Angriff gelangt. Hierzu dient der schon vorher beschriebene Löffel, es muß jedoch zuvor das Gestänge mit dem Meißel aufgeholt werden. Man hebt jedesmal um eine Stangenlänge an, hält dann das noch im Bohrloch befindliche Gestänge an einem Bund mittels der sogenannten Abfanggabel, schraubt die obere Stange ab, setzt sie zur Seite und befestigt das Seilende zum wieder= holten Aufholen aufs neue; so kommt endlich der Meißel an die Oberfläche, und nun kann gelöffelt werden. Um beim Einlassen und Aufholen des Löffels das Zusammen= schrauben und Wiederauseinanderschrauben des Gestänges zu vermeiden, befestigt man denselben gewöhnlich an einem schwachen Seil, dessen Länge der Tiefe des Bohrloches entspricht.

Eine derartige einfache Arbeitsweise ist nur bis zu geringer Bohrlochtiefe möglich, dann wird die Last des Gestänges für das Anheben zu bedeutend, auch würde dasselbe beim Niederfallen des Meißels zu starke Stauchungen erleiden. Zum Anheben des Ge= stänges benutzt man dann gewöhnlich einen zweiarmigen Hebel, an dessen kürzerem Ende

98. **Seilbohren in China; Aufholen des Gestänges.**
Nach einem chinesischen Werke über Salzgewinnung.

das Bohrgestänge hängt, während an dem längeren Arme entweder eine genügende Zahl von Arbeitern oder bei größeren Tiefen Dampfkraft angreift. Um die Stauchungen des Gestänges beim Niederfallen zu vermeiden, bedient man sich in neuester Zeit immer der Freifallbohrer, durch dieselben wird das Gestänge in einen oberen Teil, das Ober= gestänge, und in einen unteren Teil, das Untergestänge mit dem Meißel, zerlegt. Beide sind soweit unabhängig voneinander, daß die Schläge des Meißels sich nicht auf das Obergestänge übertragen. Einer der bekanntesten Freifallbohrer ist derjenige von Kind (f. Abb. 95 u. 96). Das Untergestänge endigt oben in das Abfallstück A, mit dem Kopfe k, das Obergestänge O setzt sich nach unten fort in zwei Platten S, die sogenannte Schere, innerhalb welcher der Kopf des Abfallstückes geführt wird. Eine Zange Z dient dazu, um beim Aufgang des Gestänges den Kopf des Abfallstückes zu fassen und dann wieder fallen zu lassen. Dieser Vorgang wird dadurch vermittelt, daß die Zange mittels Hebelverbindung und Zugstange mit dem Hütchen H verbunden ist. Vorausgesetzt wird, daß das Bohrloch mit Wasser angefüllt ist. Hat der Meißel aufgeschlagen, und befindet sich das Obergestänge in der höchsten Stellung (Abb. 96) so drückt beim Abwärtsgehen desselben das im Bohrloch befindliche Wasser von unten gegen das Hütchen, dieses nimmt die höchste zulässige Stellung ein, die Zange öffnet sich und schiebt sich über das Köpfchen des Abfallstückes. Wenn dann das Obergestänge angehoben wird, so drückt nunmehr das Wasser von oben auf das Hütchen, dieses sinkt nieder, die Zange schließt sich, erfaßt das Köpfchen des Abfallstückes und hebt es in die Höhe (Abb. 95), bis sich bei der Umkehr der Bewegung, wie oben beschrieben, die Zange wieder öffnet und das Abfallstück nebst Meißel niederfallen läßt.

Unter Benutzung dieses oder ähnlicher Freifallbohrer hat man mit dem stoßenden Bohren Tiefen bis zu mehreren hundert Metern anstandslos erreicht. Über Tage ist beim Fortschreiten der Bohrung auch eine dementsprechende Ver=

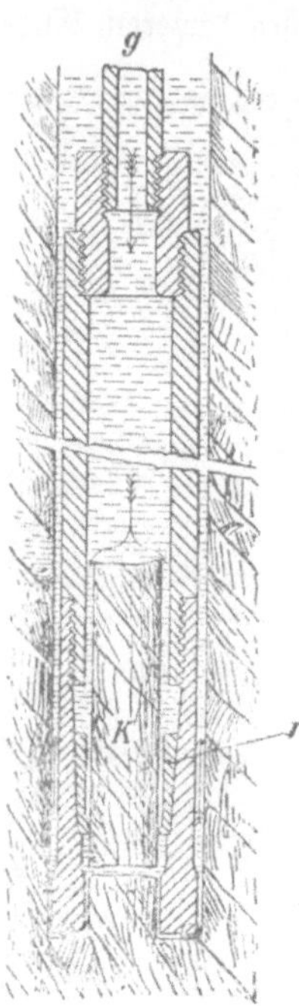

längerung des Gestänges notwendig. Da es nicht angängig ist, immer eine Bohrstange von 8 ja 10 m Länge anzusetzen, so dienen zur allmählichen Verlängerung Hilfsstangen, deren Länge die Hälfte, dann $\frac{1}{4}$, $\frac{1}{8}$, $\frac{1}{16}$ der Hauptstange beträgt. Außerdem verwendet man noch die Stellschraube (Abb. 97), welche während des Ganges der Bohrarbeit eine Verlängerung des Gestänges um das Maß der kürzesten Hilfsstangen ermöglicht.

Die Stellschraube ist zwischen dem Bohrschwengel und der obersten Bohrstange eingeschaltet; ihr unterster Teil c ist ein Wirbel, an welchem als Handhabe der Krückel d befestigt ist, er gestattet die zum Umsetzen des Bohrers nötige Drehung. Die eigentliche Stell=schraube b ist ein Schraubenbolzen, dessen Mutter sich in einer Schere befindet, die letztere kann mittels eines Hebels e entsprechend dem Fortschritte der Bohrung niedergeschraubt werden, wodurch eine Verlängerung des Gestänges eintritt. Ist die Stellschraube bis auf den äußersten Stand nachgelassen, so unterbricht man die Bohrung, schaltet die kürzeste Hilfsstange ein und dreht die Stellschraube auf den anfänglichen Stand zurück. Der Bohrschwengel (vgl. auch die Abb. 109 u. 110 S. 81) wird bei größeren Bohrungen im Bohrturme so verlagert, daß er nach dem Abnehmen des Gestänges leicht zurück=genommen werden kann, um das Bohrloch für das Aufholen und Einlassen des Gestänges und für das Löffeln freizumachen.

Das Aufholen und Einlassen des Bohrgestänges, das beim stoßenden Bohren zur Auswechselung des Meißels und zum Löffeln nötig wird, ist wegen des Abschraubens der einzelnen Längen eine zeitraubende Arbeit. Man hat daher mehrfach den Versuch gemacht, das stoßende Bohren statt am Gestänge am Seile auszuführen. Das Auf= und Abwickeln des Seiles beim Aufholen und Einlassen

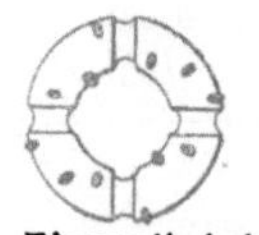

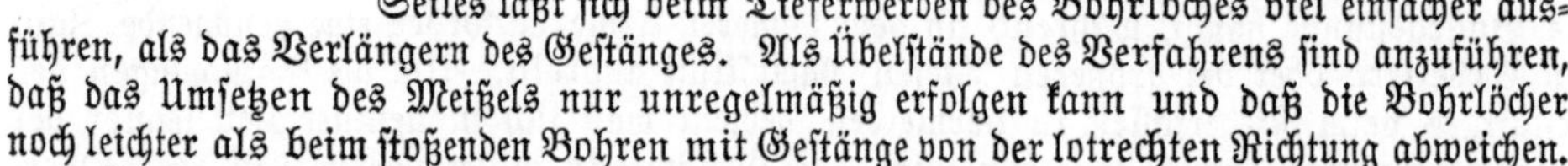

99. Diamantbohrkrone. des Meißels geht sehr schnell von statten, auch die Verlängerung des Seiles läßt sich beim Tieferwerden des Bohrloches viel einfacher aus=führen, als das Verlängern des Gestänges. Als Übelstände des Verfahrens sind anzuführen, daß das Umsetzen des Meißels nur unregelmäßig erfolgen kann und daß die Bohrlöcher noch leichter als beim stoßenden Bohren mit Gestänge von der lotrechten Richtung abweichen.

Es kann hierbei nicht unerwähnt gelassen werden, daß die in vielen Dingen so rührigen Chinesen schon seit geraumer Zeit selbständig das Seilbohren erlernt hatten und bis zu Tiefen von mehreren hundert Metern mit einfachen Mitteln ausführten, um Salzsole zu gewinnen. Unsere Abb. 98 zeigt die chinesische Bohreinrichtung; es wird gerade das Gestänge mittels Göpel am Seil aufgeholt.

Das Diamantbohren. Einen wesentlichen Fortschritt in der Tiefbohrtechnik be=zeichnet das vom Ingenieur Leschot in Genf im Jahre 1864 vorgeschlagene Diamant=bohren. Im Jahre 1867 war auf der Pariser Weltausstellung ein derartiger Apparat vorgeführt. Das Bohrwerkzeug, die Bohrkrone, besteht aus einem stählernen cylindrischen Ring (Abb. 99), dessen äußerer Durchmesser demjenigen des Bohrloches entspricht. Die untere Fläche des Ringes ist mit schwarzen Diamanten besetzt, diese letzteren, welche auch

Carbonados genannt werden, kommen aus Brasilien, sie bestehen aus einer porösen, in der Struktur dem Koks ähnlichen Masse. Das Einsetzen in die Bohrkrone ist eine schwierige Arbeit, zumal der Wert der Bohrdiamanten ein erheblicher ist. Ein Stein von Erbsengröße wiegt etwa 5 Karat, der Preis schwankt zwischen 125—400 Mark. In der Bohrkrone werden zunächst Löcher ausgestemmt, welche der Form der Steine möglichst entsprechen, hierauf setzt man diese so ein, daß ihre größte Abmessung in die Richtung des Durchmessers der Bohrkrone zu liegen kommt, auch werden die Steine so angeordnet, daß einige nach außen, andere nach innen übergreifen und die übrigen bei der Drehung der Krone die Ringfläche vollständig bestreichen. Die Krone schleift vor Ort des Bohrloches einen ringförmigen Raum aus, im mittleren Teile bleibt ein cylindrischer Bohrkern stehen, welcher mit der Zeit abbricht und als Probe für die Gesteinsbeschaffenheit aufgeholt wird. Hierbei werden die Kerne von einem federnden Ringe r am Herausgleiten gehindert. Oben schließt an die Bohrkrone ein weites Rohr, das Kernrohr an, dieses ist wiederum durch ein Verbindungsstück mit dem Rohrgestänge g verbunden, welches sich bis über Tage fortsetzt. Es wird durch eine Dampfmaschine in schnelle Umdrehung gesetzt, so daß einige hundert Umgänge in der Minute gemacht werden. Das letzte Rohr über Tage G (Abb. 100) wird in dem mit einer Längsnut versehenen Arbeitsrohre A unten durch ein Klemmfutter K, ähnlich wie dasselbe bei den Drehbänken vorhanden ist, oben durch drei Schrauben s zentrisch gefaßt. Über das Arbeitsrohr ist ein konisches Zahnrad Z geschoben, welches im Bohrturm verlagert ist und dessen Nabe mit einer entsprechenden Feder in die Nut des ersteren eingreift; dreht sich das Zahnrad, so müssen das Arbeitsrohr, das Klemmfutter, Gestänge und Bohrkrone dieser Drehung folgen, dabei kann aber mit dem Fortschreiten der Bohrarbeit das Arbeitsrohr mit Gestänge u. s. w. allmählich in dem Zahnrade tiefer und tiefer sinken. Der Ring r und die mit Ösen versehenen Bolzen o dienen zum Aufhängen des Gestänges und Entlasten der Bohrkrone bei großer Bohrlochtiefe.

Das Ende des obersten Gestängerohres, welches noch über das Arbeitsrohr emporragt, trägt den Wasserwirbel W, ein gekrümmtes Rohrstück, welches mittels Stopfbüchse gegen das Gestängerohr abgedichtet ist, im übrigen aber ruhig stehen bleibt, während sich das Gestängerohr dreht. An den Wasserwirbel schließt der Schlauch einer Pumpe an, welche beständig einen Wasserstrom zuführt, dieser geht durch das Bohrgestänge bis zur Bohrkrone abwärts, unter den Diamanten hindurch, nimmt dort das abgeschliffene Gesteinsmaterial mit fort und steigt zwischen Bohrgestänge und Bohrlochwänden wieder aufwärts. Auf diese Weise wird das entstehende Bohrmehl beständig durch Wasserspülung entfernt und man hat gegenüber dem stoßenden Bohren mit Bohrmeißel den Vorteil, daß man so lange fortbohren kann, bis die Bohrkerne die ganze

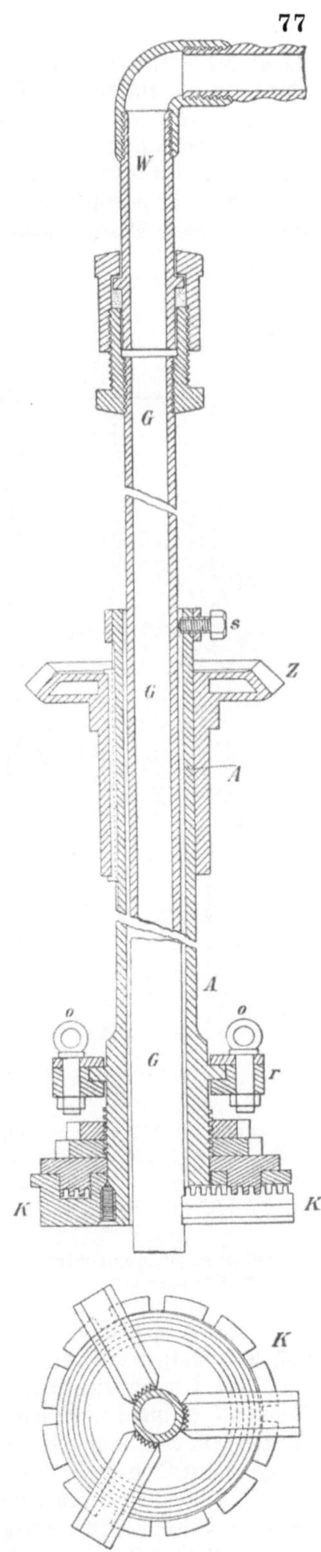

100. **Klemmfutter, Arbeitsrohr und Wasserzuführung f. d. Diamantbohren.**

Länge des Kernrohres ausfüllen, erst dann muß das Gestänge aufgeholt werden, um die Bohrkerne zu entfernen. Das Löffeln fällt also fort, ferner ist die Beanspruchung des Rohrgestänges bei der drehenden Bewegung eine erheblich geringere als diejenige des Gestänges beim stoßenden Bohren, und es treten daher bei dem Diamantbohren verhältnismäßig selten Störungen ein. Als Bohrrohre verwendet man in neuerer Zeit bei kleineren Bohrlochttiefen patentgeschweißte Rohre, bei größeren Tiefen die noch leichteren und zuverlässigeren Mannesmannrohre. Die Verbindung der einzelnen Rohrlängen erfolgt

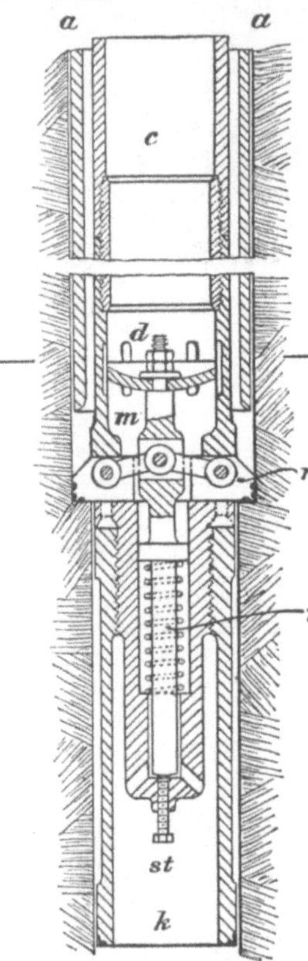

derart, daß die Rohrenden um eine Schwächung durch das eingeschnittene Schraubengewinde zu vermeiden, verstärkt sind, über die Enden wird ein starker Muff geschraubt. Diese Verbindung bietet dem Spülwasserstrom wenig Widerstand, da die Rohre innen glatt sind, außerdem schützen die Muffe die Rohre selbst vor der Abnutzung, denn bei etwaigem Schwanken des Rohrgestänges reiben sich nur die Muffe an den Gesteinswänden. Man braucht daher nur von Zeit zu Zeit die Muffe auszuwechseln, während die Rohre im Gebrauch bleiben. Beim Aufholen und Einlassen greift man mit der Fanggabel unter die verdickten Rohrenden. Je nach der Härte des Gesteins, dem Durchmesser und der Tiefe des Bohrloches beträgt die durchschnittliche tägliche Leistung beim Diamantbohren 6—15 m.

Auch beim Bohren auf Salze, was in den letzten Jahrzehnten wegen des hohen Wertes der Kalisalze außerordentlich häufig vorkommt, kann man Kerne des Salzgebirges erhalten. Man verwendet dann anstatt des Spülwassers eine gesättigte Lösung von Magnesiasalzen, diese löst den erbohrten Salzkern nicht auf, und man kann ihn wie jeden anderen Gesteinskern aufholen und zur Untersuchung benutzen.

Trotz der vorzüglichen Ausführung, in der jetzt die sämtlichen Bohrgeräte geliefert werden, und trotz der zuverlässigen Ausbildung der Mannschaft, kommen doch zuweilen Störungen beim Bohren vor, diese bestehen einmal darin, daß von den Bohrlochwänden Gestein nachfällt und dadurch die Bohrwerkzeuge festklemmen oder es treten wohl auch Brüche an den letzteren ein. Selbstverständlich wird der Fortschritt der Bohrarbeit hierdurch außerordentlich beeinträchtigt.

Zeigt sich das Gebirge brüchig, so vermeidet man den Nachfall dadurch, daß man die Bohrlochstöße durch Einbringen von Rohren verkleidet. Diese haben etwas kleineren Durchmesser als das Bohrloch und werden aus einzelnen Rohrlängen, entweder durch Verschrauben oder durch Vernieten derart zusammengesetzt, daß sie auf der Außen= und Innenseite glatt sind, da so der geringste Raum eingenommen wird. Man faßt diese Rohre mittels eines zangenartigen Instruments, des sogenannten Röhrenbündels, von außen und läßt den Röhrenstrang immer um eine Länge ein, dann wird derselbe abgefangen, eine neue

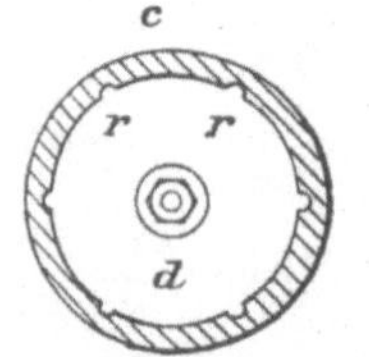

101. Köbrichs Diamantbohrer mit Nachschneiden.

Rohrlänge aufgesetzt, ein neues Röhrenbündel angelegt, hiermit der Rohrstrang angehoben, und nach Entfernung des alten Röhrenbündels wieder um eine Rohrlänge eingelassen. Unter der Verrohrung muß entweder mit einem Bohrer, dessen Durchmesser der lichten Rohrweite entspricht, weitergebohrt werden, man verliert dann beträchtlich an Bohrlochdurchmesser, oder man verwendet eigenartige Bohrer, die mit Nachschneiden versehen sind, welche während der Einführung des Bohrers durch die Rohrtour eingelegt sind, jedoch unter den Rohren heraustreten und es dadurch ermöglichen, daß das Bohrloch mit dem früheren Durchmesser weitergebohrt wird. Dann kann auch unter Umständen der eingeführte Röhrenstrang von Zeit zu Zeit der Bohrung folgend weiter eingesenkt werden.

Als Beispiel sei hier der von Köbrich angegebene Diamantbohrer mit Nach=
schneiden (Abb. 101), auch Erweiterungsbohrer genannt, kurz beschrieben.

Derselbe besteht aus einem Rohre c, in diesem befindet sich ein Mittelstück m,
welches oben den Teller d trägt, letzterer schließt im Rohre c dicht ab, doch kann das
Spülwasser durch vertiefte Rinnen r um den Teller herum strömen, nachdem der Wasser=
druck gegen die Federkraft der im unteren Teile verlagerten Feder f das Mittelstück
etwas nach unten gedrückt und dadurch die mit Diamanten besetzten Nachschneiden n
herausgeschoben hat. Diese schneiden unter der Verrohrung a den ringförmigen Ge=
steinskörper fort, welcher beim Vorbohren mit einer kleineren, durch die Verrohrung
einführbaren Bohrkrone stehen geblieben war. Gleichzeitig ist an dem Bohrer unten
ein Rohr angeschraubt, welches bei k Bohrdiamanten trägt, diese schleifen noch etwaige
Unebenheiten der Bohrlochwandungen fort und führen überdies den Erweiterungsbohrer.

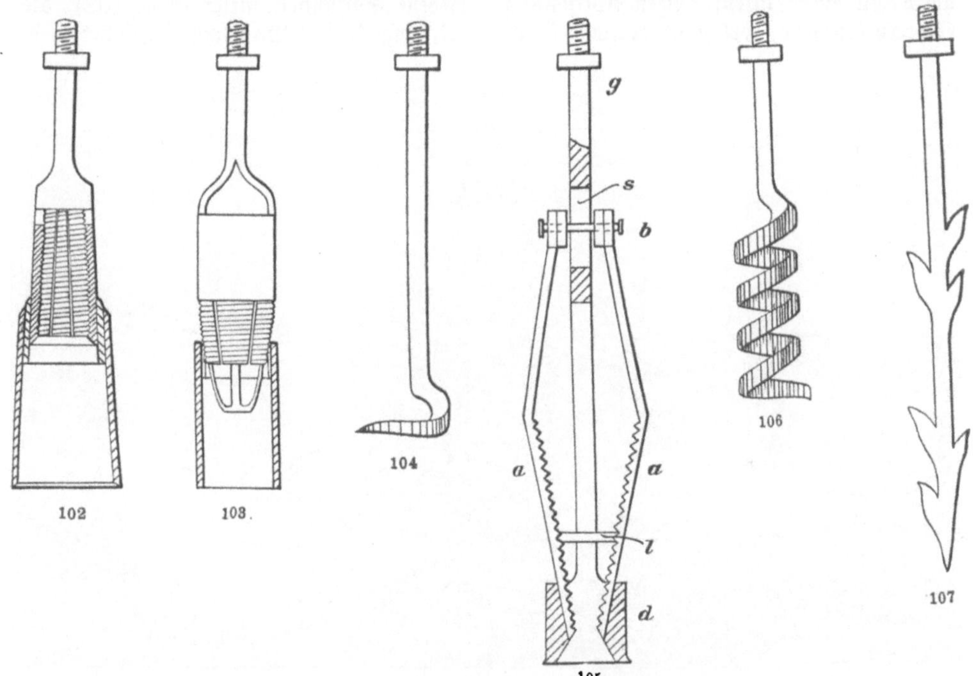

102—107. **Fangwerkzeuge für Tiefbohren.**

102 Schraubentute, 103 Schraubenspindel, 104 Stangenhaken, 105 Wolfsrachen, 106 Krätzer, 107 Löffelhaken.

Durch die Stellschraube st kann der Ausschub der Backen n begrenzt werden. Auch für
das stoßende Bohren mit Meißelbohrern gibt es entsprechende Bohrer mit Nachschneiden.

So versucht man den Rohrstrang, während das Abbohren des Bohrloches fort=
schreitet, weiter einzusenken, das ist jedoch nur eine gewisse Zeit lang möglich, dann
klemmt sich die Rohrtour fest und ist auch unter Anwendung von Preßschrauben über
Tage nicht mehr vorwärts zu bringen. Es muß dann die Arbeit mit dem Erweiterungs=
bohrer aufhören, sie wird mit einem gewöhnlichen kleineren Bohrer fortgesetzt, und falls
sich weitere Verrohrung nötig macht, wird innerhalb des ersten ein engerer Rohrstrang
eingeführt, ja es kommt vor, daß 3, 4 und noch mehr Verrohrungen angewendet werden
müssen, natürlich wird hierdurch der Bohrlochdurchmesser immer kleiner. Man beginnt
daher Bohrungen, welche eine sehr große Tiefe erreichen sollen, auch mit besonders großen
Durchmessern und zwar bis 800 mm.

Sehr bedeutender Aufenthalt bei der Tiefbohrung kann dadurch veranlaßt werden,
daß Gegenstände in das Bohrloch hineinfallen und entweder die Bohrwerkzeuge ver=
klemmen oder auf die Bohrlochsohle gelangen und die Arbeit des Bohrwerkzeuges hindern.

Hat sich das Bohrgestänge festgeklemmt, so kann man durch besondere Meißelbohrer, deren gekrümmte Schneide sich der Form der Bohrlochwände anpaßt, an der betreffenden Stelle Platz schaffen. Gegenstände, welche bis auf die Bohrlochsohle gefallen sind, sucht man mit dem Meißelbohrer zu zerstoßen. Dies ist jedoch bei sehr harten Stahlgegenständen, z. B. abgebrochenen Stücken des Bohrmeißels selbst, ausgeschlossen, diese pflegt man in neuerer Zeit mittels kräftiger Elektromagnete aufzuholen. Kleinere Gegenstände, z. B. ausgebrochene Diamanten, entfernt man aus dem Bohrloch mittels der Wachsbüchse, einer Glocke von der Größe des Bohrlochdurchmessers, welche innen mit einer weichen Wachsmasse gefüllt ist. Wird dieselbe bis auf die Bohrlochsohle niedergelassen, so drücken sich die betreffenden Gegenstände in das Wachs ein und werden so heraufgebracht. Dann kommt es wohl vor, daß sich eine Verschraubung der Bohrwerkzeuge löst, und der untere Teil im Bohrloche zurückbleibt. In diesem Falle bringt man eine entsprechende, unten mit einer tutenförmigen Fortsetzung versehene Schraubenmutter (Abb. 102), die Schraubentute, welche an einem besonderen Gestänge in das Bohrloch eingeführt wird,

108. Bohrtürme zu Los Angeles in Kalifornien.

über die betreffende Schraube und dreht sie fest. Für hohle Gestänge, wie sie beim Diamantbohren angewendet werden, dient eine konische Schraubenspindel (Abb. 103) zum Fangen. Ist eine Schraubenverbindung abgebrochen, und befindet sich am oberen Ende der Stange noch der Bund, so ist der Stangenhaken (Abb. 104) ein geeignetes Fangwerkzeug, mit dem man sich bemüht, unter den Bund zu fassen. Ist dagegen eine Stange in der Mitte gebrochen, so bedient man sich des Wolfsrachens (Abb. 105), er besteht aus zwei Teilen, an dem Gestänge g befindet sich ein Schlitz s, dann gabelt sich das Gestänge und unten ist eine Glocke d angeschmiedet. Der zweite Teil besteht aus den federharten und gezähnten Fängern a, dieselben sind oben durch den Bolzen b verbunden und führen sich mittels dieses im Schlitze s, eine kleine Holzspreize l hält beim Einführen des Werkzeuges die Fänger in der gezeichneten Stellung. Gelingt es, den Wolfsrachen über das Stangenende zu schieben, so wird hierbei die Spreize l herausgestoßen, die Fänger a rutschen etwas abwärts, legen sich an die Stange an, drücken sich beim Anheben fest und bringen das Gestänge zu Tage. Der sogenannte Krätzer (Abb. 106) dient dazu, um ein gerissenes Seil im Bohrloche zu fassen. Der Löffelhaken (Abb. 107) ist besonders geeignet, um Werkzeuge, welche oben in einer Gabel enden, an dieser zu ergreifen,

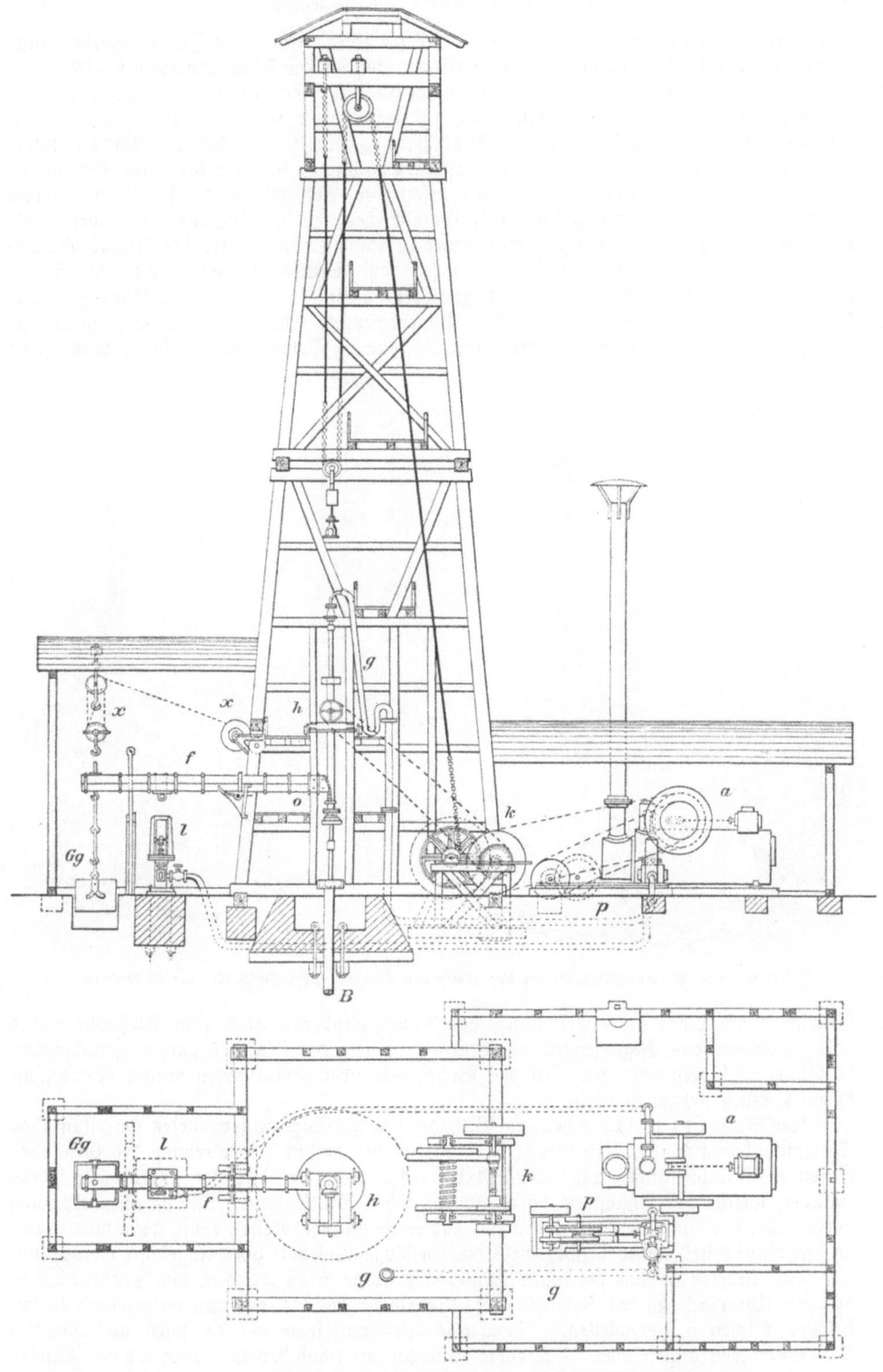

109 u. 110. **Tiefbohranlage nach Köbrich.** (Schnitt und Grundriß.)

wenn der Bund abgebrochen ist. So gibt es für jeden besonderen Fall geeignete Fang=
werkzeuge, deren Zahl durch die Findigkeit der Bohrmeister ständig vermehrt wird.

Das Wettbohren der letzten Jahre namentlich zur Erlangung der Abbaurechte auf
Kalisalze und die vielen auf Naphtha ausgeführten Bohrungen (s. Abb. 108 und vergleiche
den Abschnitt über Erdöl) haben die Sicherheit und Schnelligkeit der Tiefbohrung außer=
ordentlich erhöht. Als Beispiel einer ganzen Bohranlage sei hier die durch Köbrich für
den preußischen Staat ausgebildete näher beschrieben (Abb. 109 u. 110). Es sind hierbei
die Anlagen für stoßendes Bohren mit Stahlmeißel und für Diamantbohren vereinigt;
das letztere ist gerade im Gange. Von einer Lokomobile a aus wird die für die Wasser=
spülung benötigte Pumpe p in Betrieb gesetzt und mittels Vorgelege auch die Dreh=
vorrichtung h für das Bohrgestänge angetrieben, g ist die Spülwasserzuführung. Das
Bohrgestänge ist am rechten Ende des Bohrschwengels f bei o aufgehängt, durch das
am linken Ende angebrachte Gegengewicht Gg kann die Bohrkrone entlastet werden. Der

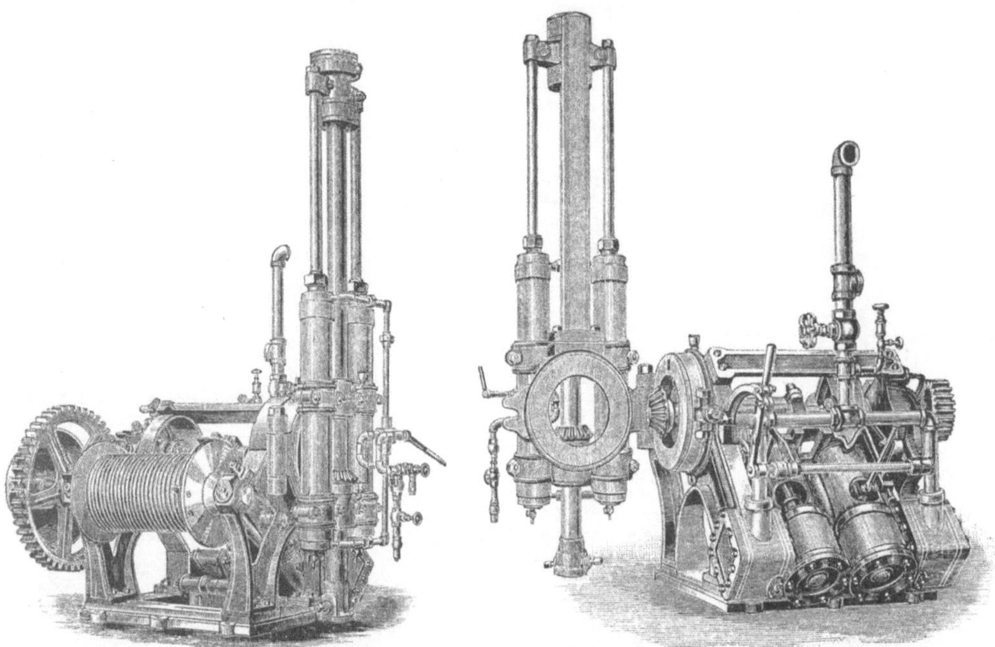

111 u. 112. **Diamantbohrmaschine der American Diamond Rock Drill Co. für Tiefbohren.**

Bohrschwengel dient unter Benutzung des Dampfcylinders l auch zum Stoßbohren und
wird, nachdem das Gegengewicht entfernt ist, mittels des Flaschenzuges x zurückgerückt,
falls zum Aufholen oder Einlassen des Bohrzeuges oder zum Löffeln mittels des Ketten=
kabels k Platz gebraucht wird.

Die Abb. 111 u. 112 geben ein Bild der sehr gedrängt angeordneten amerikanischen
Diamantbohrmaschinen. Ein Bockgestell nimmt die beiden zur Drehung des Gestänges
dienenden Dampfcylinder auf. Das Arbeitsrohr und zwei daneben angeordnete Preß=
cylinder, welche zur Entlastung durch hydraulischen Druck dienen, sind an einem Rahmen
angeordnet, der um einen starken Bolzen zur Seite gedreht werden kann, wenn mittels des
an dem Bohrgestell angebauten Haspels das Gestänge aufgeholt oder eingelassen werden soll.

Vor kurzem ist auch die lange schwebende Frage gelöst worden, von Grubenräumen
aus zur Untersuchung des Gebirges tiefe Bohrlöcher bis zu 100 und mehr Meter in be=
liebiger Richtung herzustellen. Derartige Bohrmaschinen — es wird ausschließlich
Diamantbohren angewendet — werden entweder mit Hand bedient, oder sind mit Antrieb
durch Preßluft (Abb. 113) oder mittels Elektrizität versehen. Namentlich in Norwegen
sind eine größere Anzahl solcher Suchbohrungen mit Erfolg ausgeführt worden.

Die Grubenbaue.

Während im vorstehenden die Vorbereitun=
gen für den eigentlichen Bergbaubetrieb besprochen
wurden, nämlich die Untersuchungen, ob und in
welcher Menge nutzbare Mineralien vorhanden
sind, so können wir uns nun dem Bergbau selbst
zuwenden. Dabei müssen wir zunächst eine Anzahl
von Kunstausdrücken kennen lernen, die uns auf
Schritt und Tritt entgegentreten. Die Räume,
welche der Bergmann in der festen Erdrinde durch
Entfernung des Gesteins herstellt, nennt er Tage=
baue oder Gräbereien, wenn sie unmittelbar an
der Erdoberfläche liegen und den freien Himmel
über sich haben, dagegen Grubenbaue, wenn sie
sich weiter in die Tiefe erstrecken, so daß sich auch
über den Räumen Gestein befindet, und infolge=
dessen künstliche Beleuchtung notwendig wird. Nach
ihrer Lage zur Oberfläche und zur Lagerstätte, auch
nach ihrer Bestimmung belegt man die Gruben=
baue mit verschiedenen Namen.

Ein Schacht führt von der Erdoberfläche in
die Tiefe, entweder senkrecht (der Bergmann sagt
hierfür auch seiger), dann nennt man ihn einen
seigeren Schacht auch Richtschacht, oder der
Schacht hat eine Neigung zur Horizontalen, er
folgt dann gewöhnlich der Lagerstätte und heißt
flacher Schacht, denn im Bergbau ist man ge=
wöhnt, statt geneigt häufiger „flach" zu sagen.

Auch die wichtigsten Teile eines Schachtes
haben ihre besondere Bezeichnung (Abb. 114):
Die Öffnung an der Oberfläche B nennt man die
Hängebank, man legt sie gewöhnlich einige Meter
über den gewachsenen Boden, damit man dadurch
zum Aufstürzen des wertlosen Gesteins (der Berge)
welche beim Betriebe mit gefördert werden müssen,
Platz erhält. Die aufgeschütteten Bergemassen nennt
man Halde H. Dort, wo Strecken (s. weiter unten)
in den Schacht münden, ist für die verschiedenen Ar=
beiten ein besonderer erweiterter Raum geschaffen,
F, den man Füllort nennt. Den tiefsten Teil
des Schachtes, in dem sich das Wasser sammelt,
um von den Pumpen gehoben zu werden, S nennt
der Bergmann Schachtsumpf. Im festen Gestein
steht der Schachtraum jahrzehntelang ohne weiteres,
dort aber wo das Gestein, wie nahe der Oberfläche,
brüchig ist und in den aufgeschütteten Haldenmassen
muß der Schachtraum ausgebaut werden, K in der
Abb. 114.

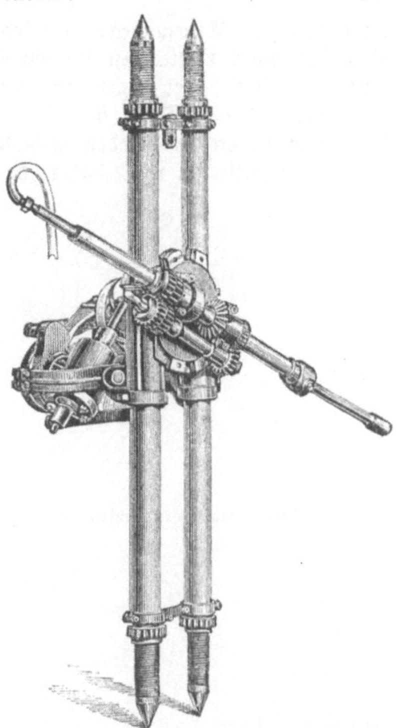

113. **Diamantbohrer der American Diamond Rock Drill Co. für Geneigtbohren.**

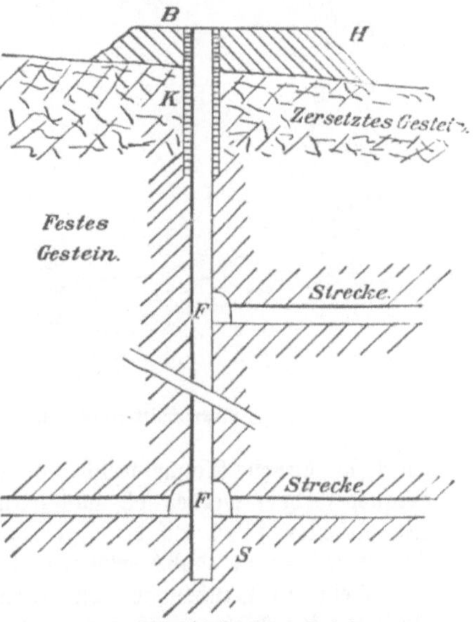

114. **Schacht im festen Gestein.**

Der Querschnitt eines Schachtes ist im festen Gestein gewöhnlich rechteckig, im lockeren
kreisrund. Um den Schacht für die verschiedenen Zwecke, die Beförderung der Mineralien,
den Verkehr (Fahrung) der Mannschaft, den Einbau von Maschinen, z. B. Wasser=
hebungsmaschinen, benutzen zu können, wird derselbe durch senkrecht übereinander ein=
gebaute Hölzer oder Schienen (Einstriche genannt) in verschiedene Abteilungen geteilt,

deren jede ein Trum genannt wird. Die Abb. 115 u. 116 geben zwei Beispiele und zwar für einen rechteckigen Schacht in festem Gestein und einen kreisrunden Schacht in lockerem Gestein, der letztere ist ausgemauert. F sind die Fördertrümer, Fa ist das Fahrtrum, W das Trum für die Wasserhaltungsmaschine, auch Kunsttrum genannt; in dem größeren kreisrunden Schachte sind vier Fördertrümer vorhanden. — Die Bezeichnung Kunsttrum rührt daher, daß die alten Bergleute die von ihnen selbst erbauten Maschinen Künste nannten.

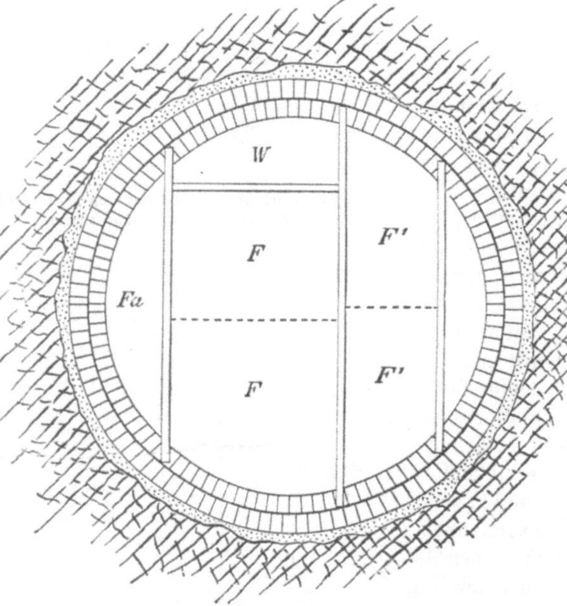

115. Querschnitt eines rechteckigen Schachtes.

116. Querschnitt eines runden Schachtes.

Das Leben und Treiben am Füllorte zeigt das Börnersche Bild Abb. 117. Es ist einer der ältesten Freiberger Schächte, der Abrahamschacht, links in dem einen Fördertrume kommt die schwere eiserne Tonne gerade herein, um beladen zu werden. Ein Arbeiter zerkleinert noch durch kräftige Schläge mit dem Fäustel einige größere Erzstücke, die dann zu Tage gefördert werden sollen, ein zweiter mehr im Hintergrunde gibt am Signaldraht dem Wärter der Fördermaschine das Zeichen zum Anhalten der Tonne. In dem rechts anstoßenden Trume für die Fahrmaschine (Fahrkunst) fährt ein Arbeiter den Schacht hinaus, noch weiter rechts sind mehrere Leute mit Haspeln beschäftigt, der Schacht wird noch weiter vertieft (abgeteuft) und die Leute fördern das durch Schießarbeit gewonnene Gestein bis auf das Füllort. Der Steiger, welcher auf dem Grubenholze Platz genommen hat, macht wohl eine Niederschrift über seine Beobachtungen bei der Grubenbefahrung.

Auch die Arbeiten im Abteufen eines anderen erst in der Anlage begriffenen Schachtes wollen wir uns ansehen (Abb. 118). Es ist ein rechteckiger Schacht, an dem einen Schachtstoße werden Sprenglöcher gebohrt, die eiserne Tonne, welche von einer kleinen über Tage aufgestellten Dampfmaschine herausgefördert werden soll, hängt am Seil in schweren Ketten und wird gerade beladen. Ein Arbeiter fährt auf der Fahrt aufwärts. Überall tropft das Wasser und sammelt sich an der Sohle, daher arbeiten die Leute in wasserdichten Anzügen.

Geht ein Grubenbau von einem Thalgehänge aus, horizontal oder mit schwachem Ansteigen ins Gebirge, so nennt man ihn einen Stollen, sein Hauptzweck ist außer der Erforschung des Gebirges die Abführung des Wassers aus den Grubenbauen. Der Punkt, wo der Stollen beginnt, heißt sein Mundloch. Unsere Abb. 119 zeigt uns nach Heuchlers bekanntem Werke „Die Bergknappen“ ein solches Stollenmundloch, an einer Felsecke des waldigen Gehänges. Dasselbe ist gemauert, bis der Stollen völlig festen Felsen erreicht, den Schlußstein schmückt das Symbol des Bergbaues Schlegel und Eisen, darüber befindet sich der Name König Johann Erbstollen, das ist ein Stollen, der mit gewissen

117. Füllort am Abrahamschachte der Grube Himmelfahrt zu Freiberg.
Nach Börner, „Der Erzbergmann in seinem Berufe". Verlag Craz u. Gerlach, Freiberg.

Vorrechten ausgestattet ist. Eine nicht unerhebliche Wassermenge entfließt dem Stollen, außerdem führt in denselben ein Schienengleis, auf dem gerade ein Wagen (von den Bergleuten Hund genannt) wohl mit Erz beladen hält. Die Arbeiter, welche zur Arbeit anfahren, halten noch kurze Zwiesprache. Das Erscheinen des Obersteigers, der sich eben von der links im Hintergrunde sichtbaren Schachtanlage her nähert, wird bald die säumenden Knappen an ihre Pflicht erinnern.

Die Stollen dienen nicht nur dazu, das der Grube zusickernde Wasser abzuleiten, sondern sie führen auch die als Betriebskraft benutzten Wasser ab. Je tiefer daher ein Stollen liegt, desto bedeutender ist das Gefälle — der Höhenunterschied zwischen dem Wasserzufluß und -abfluß — welches für eine vorhandene Wasserkraft durch ihn nutzbar gemacht werden kann. Solche Baue, welche nur den Zweck haben, die Zu- und Abführung des Kraftwassers zu ermöglichen, heißen Röschen; man unterscheidet die für die Zuführung des Wassers bestimmten als Aufschlagsröschen von den zur Abführung des Wassers bestimmten als Abzugsröschen.

Die von den Schächten und Stollen weiter sich verzweigenden Grubenbaue heißen im allgemeinen Strecken, sie verlaufen meistens angenähert horizontal, liegen jedoch oft in verschiedener Tiefe untereinander und sind dann durch Zwischenschächte oder der Neigung der Lagerstätte folgende Strecken, „flache Strecken“, miteinander verbunden.

Strecken und Stollen haben gewöhnlich annähernd rechteckigen oder elliptischen Querschnitt — vgl. die Abbildungen S. 102 u. f. w. — man nennt das oben befindliche Gestein die Firste oder das Dach, das unten befindliche die Sohle oder Strosse; die seitlichen Wandungen heißen die Stöße, indem man rechten, bezw. linken, oder nach den Himmelsrichtungen z. B. nördlichen, südlichen Stoß unterscheidet. Das Ende einer Strecke im Gestein heißt Ort (Abkürzung für Arbeitsort). Auch in den Schächten haben die Wandungen die Bezeichnung Stöße.

Das Herstellen einer Strecke nennt der Bergmann treiben oder auffahren, die Herstellung eines Schachtes, wie wir bereits wissen, wenn sie durch Arbeiten in die Tiefe erfolgt, abteufen und wenn, wie das zuweilen der Fall ist, von einer Strecke in die Höhe gearbeitet wird, über sich hauen oder überhauen, da der Arbeiter thatsächlich das Gestein, welches über ihm ist, bearbeiten muß.

Die Benennung der Strecken erfolgt einerseits nach ihrer Lage zur Lagerstätte und zum Gebirgsbau, man unterscheidet in dieser Beziehung streichende, fallende und steigende, diagonale und querschlägige Strecken (vergl. S. 36), außerdem spricht man auch nach dem hauptsächlichsten Zwecke von Förder-, Fahr-, Wasser-, Wetterstrecken u. f. w. Andere Benennungen, welche mehr der örtlichen Gewohnheit ihre Entstehung verdanken, werden bei der Beschreibung der einzelnen Bergreviere erwähnt werden.

Das Ziel aller bergmännischen Arbeiten, welches durch Anlage der Schächte, Stollen und Strecken vorbereitet wird, ist der Abbau der Lagerstätte, die verschiedenen angewendeten Methoden müssen der Natur dieser und des Nebengesteins Rechnung tragen. Da dem Bergbaue namentlich durch das Andringen des Wassers und die Zunahme der Erdwärme nach der Tiefe Grenzen gezogen sind, dieselben liegen zur Zeit bei 1000—1500 m Tiefe, so ist ein wirtschaftliches Umgehen mit der erreichbaren Mineralmenge geboten und daher thunlichst reiner Abbau anzustreben.

Eine systematische Behandlung der verschiedenen Abbaumethoden dürfte hier nicht am Platze sein, zumal dieselben bei Besprechung der wichtigsten Bergreviere geschildert worden sind, es wird daher hier genügen, auf die betreffenden Abschnitte zu verweisen. Die Abbaumethoden mit Bergeversatz, d. h. mit Ausfüllung der abgebauten Räume durch taubes Gestein sind beschrieben: der Firstenbau beim Freiberger Gangbergbau, der Strebbau beim Mansfelder Kupferschieferbergbau, der Querbau beim Quecksilberbergbau zu Idria. Von den Abbaumethoden ohne Anwendung des Bergeversatzes ist der Bruchbau bei Erwähnung des oberschlesischen Blei- und Zinkerzbergbaues berücksichtigt, der Weitungsbau beim Steinsalzbergbau zu Staßfurt und der Pfeilerbau beim Stein- und Braunkohlenbergbau. Von seltener angewendeten Abbaumethoden sind der Sinkwerksbau beim Berchtesgadener Steinsalzbergbau, der Duckelbau beim

118. **Schachtabteufen.**
Nach Börner u. Georgi, „Der Kohlenbergmann in seinem Berufe". Verlag Craz u. Gerlach, Freiberg.

Erdwachsbergbau zu Boryslaw in Galizien und der Pingenbau beim Bergbau auf Diamanten zu Kimberley in Südafrika besprochen worden.

Im Gegensatz zu den im vorstehenden erwähnten Abbaumethoden, welche als unter= irdische Betriebe zum Grubenbau gehören, nennen wir Tagebau den Abbau unter freiem Himmel, unmittelbar von der Oberfläche aus. Als Beispiel für den Etagen= tagebau ist der Betrieb zu Eisenerz in Steiermark gewählt worden, die Aufdeck= arbeit, welche mit Entfernung des überdeckenden Gebirges beginnt, ist beim Braun= kohlenbergbau geschildert, der hydraulische Abbau des Seifengebirges hat beim kalifornischen Goldbergbau Erwähnung gefunden; auch die an und für sich seltene Gewinnung von Mineralien aus dem Wasser ist beim uralischen Seifenbetriebe, beim Schöpfen der finnischen Seeerze und bei der Bernsteingewinnung im preußischen Samlande berücksichtigt worden.

119.   Ein Stollenmundloch.   Nach Heuchlers Werk „Die Bergknappen".

Sobald der Bergbaubetrieb einige Ausdehnung annimmt, ist zu seiner zweck= entsprechenden Fortführung die Vermessung der sämtlichen Grubenbaue und ihre zeichnerische Darstellung auf besonderen Plänen, welche auch die Gestaltung der Ober= fläche und die auf ihr befindlichen Baulichkeiten enthalten, unbedingt erforderlich, sie heißen Risse, Grubenrisse. Diejenigen bergmännischen Beamten, welchen die Her= stellung und Fortführung derselben obliegt, werden Markscheider genannt. Diese Bezeichnung ist davon abzuleiten, daß in älterer Zeit die Grenzen der Grubenfelder Markscheiden hießen, und daß es damals die wichtigste Aufgabe der bergmännischen Vermessungsbeamten war, die Grubengrenzen auf der Oberfläche festzustellen und ihre Lage in den Grubenbauen (unter Tag) zu bestimmen. Der Mangel natürlicher Be= leuchtung und die häufig vorhandene Beschränktheit des Raumes bringt es mit sich, daß zur Ausführung der Vermessungsarbeiten zum Teil eigenartige Methoden und Instrumente angewendet werden. Die ältesten Hilfsmittel des Markscheiders sind der Kompaß und der Gradbogen (Abb. 120 u. 121), beide sind so eingerichtet, daß sie an eine straff gespannte Schnur angehängt werden können, mittels des Hängekompasses wird die Richtung gegen den magnetischen Meridian und mittels des Gradbogens die

Neigung gegen den Horizont bestimmt. Beide Instrumente zusammen werden auch das Hängezeug genannt, und das Verfahren bei der Aufnahme besteht darin, daß zunächst durch die Grubenbaue fortlaufend an eingetriebenen Nägeln Schnuren gespannt werden,

dann an jeder derselben Richtung und Neigung, zuletzt die Länge mittels Meßkette oder Meßband gemessen werden. Die Meßbänder werden jetzt aus einem Stahlstreifen von 10 mm Breite und $\frac{1}{2}$ mm Stärke für die gewöhnlichen Zwecke bis zu 50 m Länge gefertigt und sind mit metrischer Teilung versehen, man kann mit denselben die Längen sehr genau messen; zur bequemen Handhabung sind die Bänder in starken Metallkapseln aufgewickelt. Da die Lage des magnetischen Meridians, d.h. die Richtung, in welche sich eine wagerecht schwebende

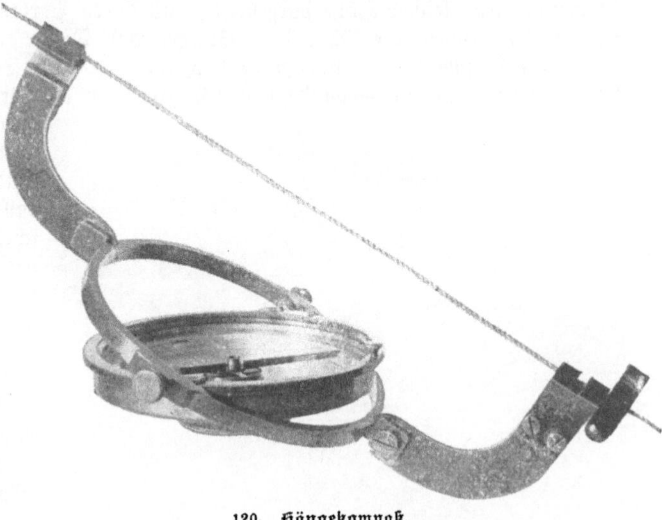

120. Hängekompaß.

Magnetnadel einstellt, gegen die wahre Nord=Südrichtung beständigen Änderungen unterworfen ist, und die Vermessungen stets auf die wahre Nord=Südrichtung bezogen werden, so ist noch die Deklination, d. h. der Winkel zwischen dem magnetischen und dem wahren Meridian zu bestimmen und in Rechnung zu setzen. Die hierzu erforderlichen Instrumente heißen Deklinatorien.

Die neueren Verfahren für Grubenmessungen schließen sich denjenigen der Feldvermessung an, das am häufigsten angewendete Instrument ist der Grubentheodolith (s. Abb. 122), auf dessen Bauart hier jedoch nicht näher eingegangen werden kann. Aber der komplizierte Bau und die vielen Schräubchen, die alle bei einer Messung zur Aufstellung des Instrumentes, zur Einstellung des Fernrohres und zur Ablesung an den feinen Teilungen sachgemäß benutzt werden müssen, lassen die Schwierigkeit der Arbeit im

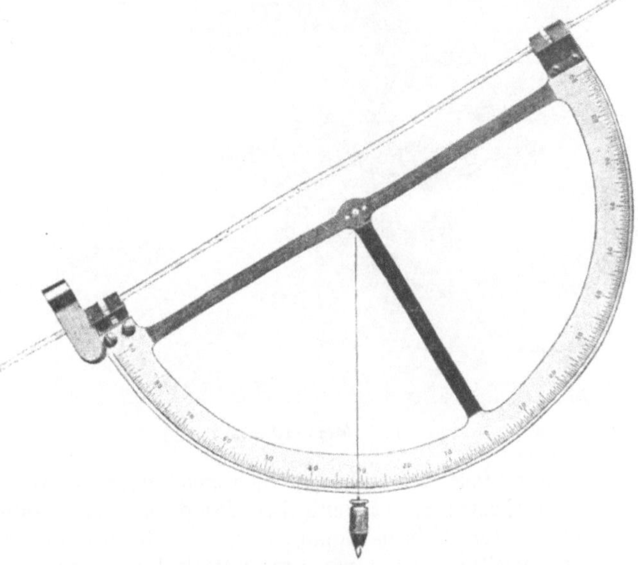

121. Gradbogen.

Düster der Grubenräume ahnen. Noch sei erwähnt, daß bei Messungen in der Grube Lichtsignale Anwendung finden, wie sie beispielsweise in Abb. 123 dargestellt sind. Zu jeder Winkelmessung gehören zwei Signale; mittels des Theodolith=Fernrohres werden die Signalscheiben angezielt, welche durch eine Kerze erhellt sind.

In nebenstehender Tafel ist ein Versuch gemacht worden, zur Erläuterung des über die Grubenbaue Gesagten, den Riß einer Erzgrube darzustellen, welche auf mehreren

Gängen Betrieb hat. Es soll hierdurch zu gleicher Zeit ein Beispiel für die Anlage solcher Risse gegeben werden; außer dem Grundrisse ist auch der Seigerriß gezeichnet, d. h. die Projektion auf eine senkrechte Ebene. Die Beschaffenheit der Oberfläche ist in Horizontal= kurven (Linien gleicher Höhe dargestellt), aus deren Verlauf sich ergibt, daß das Gelände von 310 m Höhenlage über dem Spiegel der Ostsee an dem im östlichen Teile ver= laufenden Sehma Bache bis zu 380 m im westlichen Teile ansteigt. Die Wege sind braun eingetragen, die Gebäude, soweit sie zur Grube gehören, sind in Karmin, die Privat=

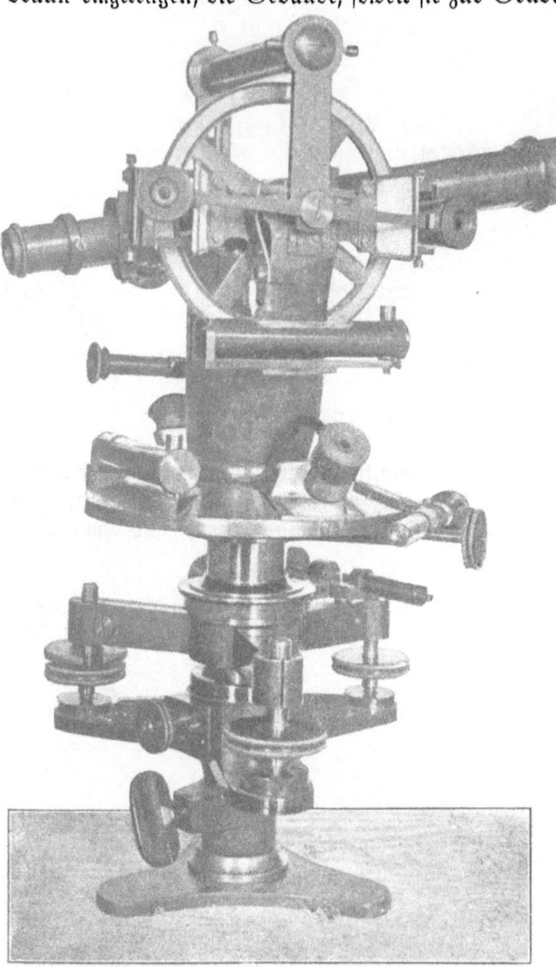

122. **Grubentheodolith.**

gebäude grau schraffiert. Das Qua= dratnetz, dessen Linien der Nord= Süd= und Ost=West=Richtung pa= rallel laufen, dient dem Mark= scheider zum Eintragen der in den verschiedenen Grubenbauen gemach= ten Vermessungen. Die Schächte sind auf dem Risse grau angelegt, während die Rösche, der Stollen und die Strecken mit verschiedenen Farben getuscht sind, und zwar liegen jedesmal die in derselben Farbe gehaltenen Baue in gleicher Höhe, sie bilden eine Sohle (einen Horizont). Wenn man die Auf= schlagrösche (blau), auf welcher das Betriebswasser für das am Friedrich Treibeschachte eingebaute Wasser= rad mit etwa 12 m Gefälle zu= fließt, nicht als eigentliche Bau= sohle betrachtet, so sind deren drei vorhanden, nämlich die Stollensohle (zinnober), auf der das Kraftwasser wieder zur Oberfläche geführt wird, um vom Stollenmundloche dem Bache zuzufließen, die etwa 38 m tiefer liegende erste Sohle (gelb) und die weitere 30 m tiefere zweite Sohle (grün). Die auf dem Risse für Sohle gewählte Bezeichnung Gezeug= strecke entspricht der Gewohnheit des Erzbergbaues, während beim Kohlenbergbau der Ausdruck Sohle allgemein üblich ist. Von den Schächten sind der Friedrich Kunst= und Treibeschacht und der Neuschacht

Hauptschächte, der erstere ist flach angelegt, er folgt dem Fallen des einen Hauptganges, Karl Spatgang, während der Neuschacht als Richtschacht lotrecht abgeteuft ist. Der erstere, der Friedrich=Schacht ist in der Stollensohle und in der zweiten Gezeugstrecke mit dem zweiten Hauptgange, dem Hilfgott Morgengange, durch senkrecht zum Streichen des= selben verlaufende Strecken — Querschläge genannt — verbunden, in gleicher Weise sind von dem ganz im Gestein stehenden Neuschachte auf der Stollensohle nach dem Hilfgott Morgengange, und auf der zweiten Gezeugstrecke nach dem Karl Spatgange Querschläge getrieben. Die übrigen Schächte verbinden nur einzelne Sohlen in der Grube, es sind Zwischen= oder Durchschnittsschächte. Außer den beiden bereits genannten Gängen sind noch im östlichen Felde der Nathan Flache Gang und im westlichen Feldteile der Ver= trauen Stehende Gang durch Strecken erschlossen. Die verschiedenen Beifügungen Spat=

Additional material from *Bergbau und Hüttenwesen,*
ISBN 978-3-662-30301-6 (978-3-662-30301-6_OSFO1),
is available at http://extras.springer.com

EXTRA
MATERIALS

gang, Morgengang, Flache= und Stehende Gang sind im Königreich Sachsen übliche Be=
zeichnungen, welche mit der Streichrichtung der Gänge in Beziehung stehen. Sowohl im
Grund= als auch im Seigerrisse sind die abgebauten Gangflächen (Abbaue) durch
Anlage hervorgehoben und zwar diejenigen auf dem Karl Spatgang in grauer Farbe und
diejenigen auf dem Hilfgott Morgengange in bräunlichem Farbentone. Die eingetragenen
Höhenzahlen sind auf eine ideelle Linie in 300 m Höhe über dem Ostseespiegel als
Nulllinie bezogen, sie tragen zur Verdeutlichung der Höhenunterschiede bei. Ein bei=
gefügter Maßstab im Verhältnisse 1 : 2000 — es sind also 10 m wirkliche Länge
auf dem Risse als 5 mm dargestellt — dient zur
Messung der horizontalen Längen mittels Zirkel.

Die Gesteinsarbeiten.

Wir müssen nun ferner der Frage näher
treten, welches die Mittel sind, mit denen der
Bergmann die Grubenbaue in den verschiedenen
Gesteinen herstellt. Diese Arbeitsmethoden werden
Gesteinsarbeiten oder Gewinnungsarbei=
ten genannt, da das Trennen der Gesteinsmassen
aus dem natürlichen Zusammenhange auch ge=
winnen heißt; die hierzu erforderlichen Werk=
zeuge heißen auch Gezähe. Der Beschaffenheit
der Gesteine, in welche der Bergmann eindringen
will, muß sich die Arbeitsweise anpassen, und
man unterscheidet in dieser Hinsicht lose Gesteine,
wie Sand und Gerölle, anderseits weiche Massen
wie Torf und Thon, von den festen Gesteinen,
die wiederum nach dem Grade des Zusammen=
hanges in weniger feste, wie z. B. Braunkohle,
feste, wie Kalkstein und Thonschiefer, und sehr
feste, wie Quarz und Schwefelkies, unterschieden
werden. Klüftige Gesteine, z. B. manche Sand=
steine und Steinkohlen, sind solche, die von vielen
natürlichen Rissen und Sprüngen durchzogen sind,
sie gestatten eine Gewinnung mittels Keil und
Fäustel; lösliche Gesteine, wie die Salze, lassen
sich durch Wasser bearbeiten, das auch in anderen
Fällen als Hilfsmittel angewendet wird. Beson=
dere Vorsicht ist bei dem Arbeiten in Schwimm=
sand (mit Wasser getränkter feiner Sand) er=
forderlich, da dieser dünnflüssig wie Wasser ist;
wir werden bei der Besprechung der Arbeiten in
wasserreichem Gebirge hierauf zurückkommen.

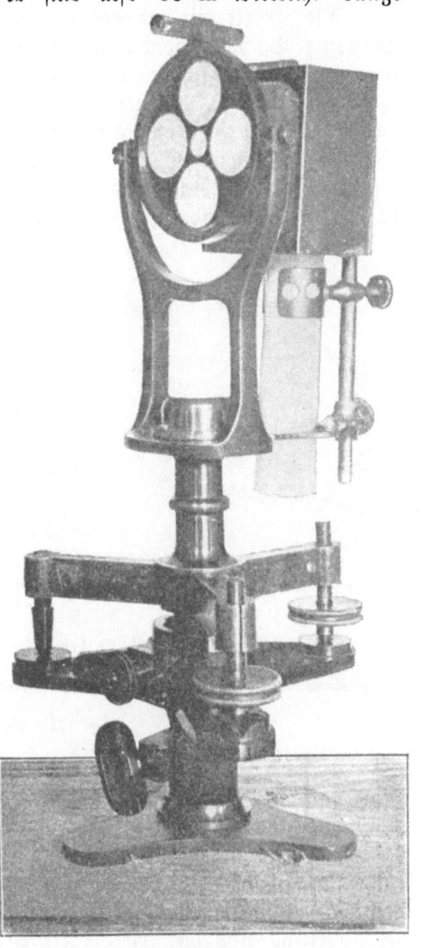

123. Lichtsignal.

Lose Gesteine und gewonnene Massen, d. h. solche, deren Zusammenhang bereits
durch andere Mittel getrennt ist, werden mittels Kratze und Trog oder mittels der
Schaufel weggefüllt, die Kratze (Abb. 124 b) dient mit ihrem rechtwinkelig zum Stiele
stehenden Blatte zum Heranziehen der losen Massen auf den mulden= oder kastenförmigen
Trog, mittels dessen sie dann gewöhnlich eine Strecke weit, etwa bis in einen Hund be=
fördert werden. Auf unserer Abb. 274 S. 224 arbeitet im Vordergrunde ein Mann
mit der Kratze. Die Schaufel (Abb. 124 a) ist ein viel gebrauchtes Werkzeug, das recht=
eckige Blatt und der Stiel bilden einen stumpfen Winkel. Weiche Gesteine werden mittels
Spaten losgestochen, dessen Blatt in der Richtung des Stieles steht.

Für weniger feste Gesteine ist die Arbeit mit der Keilhaue (Abb. 124 d) von
großer Wichtigkeit, sie ist für den Kohlenbergmann unentbehrlich. An der gewöhnlichen

Keilhaue ist das Blatt etwas gekrümmt und läuft in eine stumpfe Spitze aus, eine andere Form, die Doppelkeilhaue oder das Flügeleisen hat zwei Spitzen, auf jeder Seite des Stieles eine, sie liegt dem Arbeiter bequemer in der Hand, da das Gewicht gleichmäßig verteilt ist. Der Umstand, daß sich die Spitze leicht abnutzt und die ganze Keilhaue dann zum Schärfen in die Schmiede geschafft werden muß, ist Veranlassung geworden, Keilhauen in den Handel zu bringen, bei denen eine Anzahl passender Spitzen in das Blatt nach und nach eingesetzt werden kann, zum Schärfen werden nur die Einsatzspitzen in die Schmiede gegeben.

Die Arbeit mit der Keilhaue wird bei leichter Gewinnung so ausgeführt, daß die Massen z. B. Thon oder weichere Braunkohle in einzelnen großen Stücken gelöst werden, indem mit der Keilhaue an verschiedenen Stellen Einhiebe gemacht werden. In festeren Gesteinen, z. B. in der Steinkohle, muß namentlich beim Treiben von Strecken so gearbeitet werden (Abb. 125), daß am Kohlenstoß zunächst ein Einschnitt in der Flözebene, der Schram, bei sehr fester Kohle auch noch links und rechts je ein hierzu senkrechter Einschnitt, Schlitz, herausgehauen wird. Hierdurch wird der Zusammenhang gelockert, und es kann nun die über dem Schram befindliche Kohlenmasse, die Oberbank, und später

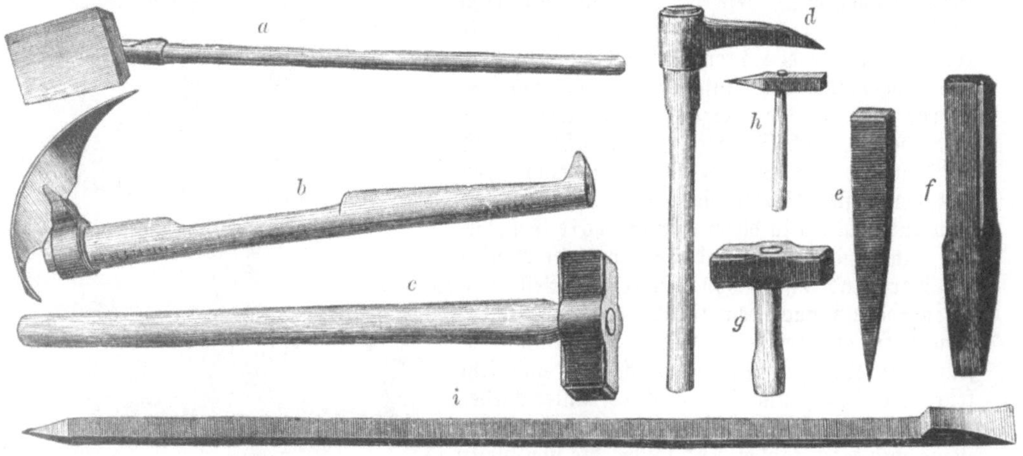

124. **Bergmännische Werkzeuge.**

die Unterbank leicht, z. B. durch das Eintreiben von Keilen gewonnen werden, die Steinkohle fällt in großen Stücken. — Auch beim Mansfelder Kupferschieferbergbau ist die Keilhauenarbeit von wesentlicher Bedeutung.

Der Teil der Keilhauenarbeit, welcher im Herstellen von Schram und Schlitz besteht, kann auch durch Maschinen — Schrämmaschinen — ausgeführt werden, ihre Anwendung ist jedoch nur unter ganz besonderen Umständen vorteilhaft, bei regelmäßiger Flözlagerung und da, wo die Arbeitslöhne sehr hohe sind. In Deutschland haben sich diese Maschinen nicht eingebürgert, dagegen werden sie z. B. in Großbritannien und in den Vereinigten Staaten von Nordamerika in mannigfacher Bauart angewendet. Das Schneidwerkzeug der gangbarsten dieser Maschinen besteht aus einer kreisrunden Scheibe, die an ihrem Umfange mit Schneidstählen besetzt ist, letztere können zum Schärfen ausgewechselt werden und sind erheblich breiter als bei dem Blatt einer Kreissäge, das im übrigen mit dem Schneidwerkzeug einer Schrämmaschine Ähnlichkeit hat; der Antrieb der Maschine erfolgt durch Preßluft oder Elektrizität.

In Verbindung mit der Keilhauenarbeit wird häufig die Keilarbeit angewendet, besonders im klüftigen Gestein und im geschichteten Gebirge, im letzteren bieten die Schichtungsfugen Gelegenheit zum Eintreiben der Keile, da auf denselben leicht ein Ablösen der einzelnen Bänke stattfindet. Die hierzu verwendeten Werkzeuge sind Keile und schwere Hämmer. Man unterscheidet Spitzkeile von quadratischem Querschnitt (Abb. 124 e) und Flachkeile von schmalem rechteckigen Querschnitt (Abb. 124 f). Der zum Eintreiben derselben dienende langgestielte schwere Hammer heißt Treibefäustel (Abb. 124 c) und hat ein Gewicht von 4—6 kg. Zuweilen kommt auch die Brech=stange (Abb. 124 i) zur Anwendung, eine etwa 5 cm starke eiserne Stange, die ent=weder mit der stumpfen Spitze oder mit der Schneide in die Spalten eingezwängt und dann zum Loswuchten benutzt wird.

Beim Steinbruchbetriebe wird das Teilen größerer Blöcke nach geraden Linien durch das langsame Eintreiben einer großen Anzahl von Keilen häufig angewendet.

Zur Bearbeitung der festen Gesteine bediente man sich früher ausschließ=lich des Schlegels und Ei=sens (g und h Abb. 124 oder des Feuersetzens, wie in der Einleitung (S. 8) des näheren ausgeführt wurde, die Anwendung der Sprengarbeit wurde erst gegen Ende des 17. Jahrhunderts allgemeiner und hat seitdem nicht nur für den Bergbaubetrieb, sondern für das ganze In=genieurwesen immer mehr an Bedeutung gewonnen. Bei Ausführung derselben muß zunächst ein Bohr=loch hergestellt werden, ein cylindrischer Hohlraum von etwa 20—25 mm Weite und bis zu 1,0 m und mehr Tiefe, in den untersten Teil desselben wird der mit der Zün=dung versehene Spreng=stoff eingeführt und der verbleibende Teil des Bohr=loches gut verschlossen, jedoch so, daß die Zündung nicht verletzt wird und zu=gänglich bleibt. Darauf wird mittels der letzteren der Sprengstoff zur Ex=plosion gebracht, derselbe

125. Schrämarbeit vor Ort.

setzt sich plötzlich in Gase von so hoher Spannung um, daß das Gestein in der Umgebung des Bohrloches zertrümmert wird.

Die Herstellung des Bohrloches, der schwierigste Teil der Arbeit, erfolgt in minder festem Gestein, z. B. im Steinsalz, in der Steinkohle und im Schieferthon, mit Hilfe des drehend gebrauchten Spiralbohrers, in festeren Gesteinen wird mittels Meißelbohrer und Fäustel (Hammer) gebohrt. Die Form des Spiralbohrers ist auf der Abb. 126 deutlich zu erkennen, auf welcher derselbe übrigens in Verbindung mit der später zu be=sprechenden Lisbethschen Handbohrmaschine benutzt wird. Der Meißelbohrer besteht aus einer stählernen, meistens achtseitigen Stange, an welche eine etwas breitere Schneide geschmiedet ist (Abb. 127), das Fäustel ist ein leichterer Hammer von etwa 1½ kg Gewicht. Beim Bohren werden mit dem Fäustel Schläge auf das Ende (die Bahn) des Bohrers ge=

führt, hierbei hält entweder derselbe Mann mit der linken Hand den Bohrer und schlägt mit dem in der rechten Hand gehaltenen Fäustel zu (Abb. 128), dieses Verfahren nennt man einmännisches Bohren, oder (Abb. 129) ein Mann führt den Bohrer und ein zweiter schlägt mit einem etwas schwereren Fäustel zu (zweimännisches Bohren); am häufigsten wird einmännisch gebohrt. Beim Bohren sind aber noch einige Nebenarbeiten zu ver= richten. Damit das Loch rund wird, muß der Bohrer wie beim stoßenden Tiefbohren nach jedem Schlage etwas um seine Achse gedreht, er muß umgesetzt werden. Ferner muß bei abwärts gerichteten Löchern mit dem Krätzer das entstehende Gesteinsmehl von Zeit zu Zeit entfernt werden, damit die Bohrschneide das Gestein besser angreift. Wird, um die Bildung des lästigen Gesteinsstaubes zu vermeiden, beim Bohren etwas Wasser in das Bohrloch gethan d. h. naß gebohrt, so bildet sich der sogenannte Bohrschmand, ein dicklicher Brei. Der Krätzer besteht aus einer schwachen runden Eisenstange, an deren einem Ende ein kleines Blatt von der Größe des Bohrlochquerschnittes rechtwinkelig

126. **Bohren mit Spiralbohrer und Lisbeth'schen Handbohrmaschinen im Kalisalz von Leopoldshall.**
Nach photographischer Aufnahme von Börner.

angeschmiedet ist, während das andere Ende mit einem länglichen Öhr versehen ist; letzteres dient zum Durchziehen eines Lappens, um nach dem nassen Bohren und vor dem Ein= bringen des Sprengstoffes das Bohrloch auszutrocknen.

Zur Herstellung eines Bohrloches braucht übrigens der Arbeiter (Häuer oder Hauer) eine ganze Anzahl Bohrer, da in festem Gestein die Schneiden bald stumpf werden. Entsprechend dem Tieferwerden des Bohrloches haben die Bohrer verschiedene Länge und auch Schneidenbreite und zwar haben die kurzen Bohrer breitere, die längeren Bohrer schmälere Schneiden. In noch höherem Maße nämlich als die Schärfe nutzen sich die über= stehenden Ecken der Schneide ab, diese wird hierdurch beim Bohren ganz allmählich etwas schmäler, und wenn dann nach Abnutzung des ersten Bohrers das Bohren mit einem zweiten fortgesetzt werden soll, so muß dessen Schneide um die Abnutzung der Ecken schmäler sein als diejenige des zuerst gebrauchten. Die Grubenschmiede, welche die Bohrer schärfen, haben im Herrichten der Bohrerschneiden große Erfahrung.

127. Schneide eines Meißelbohrers.

Wie schon bemerkt, ist die Herstellung der Bohrlöcher namentlich in sehr festen Gesteinen eine schwere Arbeit, die viel Zeit erfordert. Es war daher ein wesentlicher Fortschritt in der bergmännischen Technik, als Maschinen für diesen Zweck in Gebrauch genommen werden konnten. Seitdem im Jahre 1863 die erste Gesteinsbohrmaschine in den Bergbaubetrieb eingeführt wurde, ist die Anzahl der Konstruktionen eine sehr große geworden. Es ist hier nicht möglich, auf alle Einzelheiten des Baues dieser Maschinen einzugehen, aber es mögen die Hauptsachen wenigstens kurz erwähnt werden. Es gibt stoßend wirkende Maschinen, welche mittels Meißelbohrer arbeiten, und außerdem drehend wirkende Gesteinsbohrmaschinen, letztere sind für weichere Gesteine mit Spiralbohrer versehen, für die harten Gesteine mit Kernbohrer, dessen Ringfläche wie bei der Tiefbohrung mit Diamanten besetzt ist, seltener Stahlschneiden trägt.

Unter den mit Spiralbohrer in weichen Gesteinen arbeitenden Maschinen ist die Lisbethsche Handbohrmaschine, die weiter oben schon kurz erwähnt wurde, die bekannteste (Abb. 126). An einer leichten Spannsäule (siehe weiter unten) ist ein Lager angebracht, welches eine Schraubenmutter enthält, in diese wird die als entsprechende

128. Häuer im Abbau (Einmännisches Bohren). Relief von E. Heuchler.

129. Kohlenhäuer vor Ort (Zweimännisches Bohren). Relief von E. Heuchler.

Verlag von Robert Paeßler, Freiberg in Sachsen.

Schraubenspindel geschnittene Bohrerstange eingelegt. Mittels Kurbel dreht der Arbeiter den Spiralbohrer, und dieser rückt bei jeder Drehung um eine Gewindehöhe weiter vor, dieses Maß muß daher der Gesteinsbeschaffenheit angepaßt werden. Andere ähnlich gebaute Maschinen werden mittels Elektromotor angetrieben ebenso wie die Diamantbohrmaschinen für feste Gesteine; die Arbeit der letzteren ist jedoch wegen des hohen Kostenaufwandes an Bohrdiamanten für die Sprengarbeit zu teuer.

Die Brandtsche Bohrmaschine beansprucht ein erhöhtes Interesse wegen der Eigenartigkeit des Baues. Mittels zweier durch Preßwasser von etwa 150 Atmosphären Spannung betriebener Wassersäulenmaschinen wird der mit Stahlschneiden besetzte Ringbohrer angedrückt und gedreht. Die Maschine scheint berufen zu sein, demnächst die in Aussicht genommene Durchbohrung des Simplon zwecks Herstellung eines fast 20 km langen Eisenbahntunnels auszuführen. Nach ausgedehnten Vorversuchen ist hierbei ein jährlicher Fortschritt von 4 km in Aussicht genommen, während beim St. Gotthardtunnel nur 2 km und beim Mont-Cenis-Tunnel nur 1 km erreicht wurde.

Unter den stoßenden Bohrmaschinen gibt es keine brauchbaren Maschinen mit Handbetrieb, sondern nur mechanisch betriebene. Abgesehen von den neueren erst seit wenigen Jahren wirklich betriebsfähigen elektrischen Stoßbohrmaschinen ist die bewegende

Kraft für die sämtlichen anderen Preßluft; sie wird von Kompressoren gewöhnlich bis zu
5 Atmosphären Spannung gepreßt und dann in eisernen Rohrleitungen den Verbrauchs=
orten zugeführt. Bei allen Systemen ist der Meißelbohrer mit einem Kolben verbunden,
der mit Hilfe einer Steuerung in schnell hin= und hergehende Bewegung gesetzt wird,
dabei werden in einer Minute mehrere hundert kräftige Schläge auf das Gestein ge=
führt. Nach dem, was beim Handbohren und Tiefbohren ausgeführt wurde, muß der
Meißelbohrer vor jedem Schlage umgesetzt, etwas gedreht werden, auch diese Arbeit be=
sorgen die Bohrmaschinen selbstthätig, und zwar indem der Kolben beim Rückgange durch
eine rückwärtige Kolbenstange mit sehr steilem Schraubengewinde (etwa so verlaufend wie
die Drallzüge in den gezogenen Gewehren) in der entsprechend gestalteten Nabe eines fest=

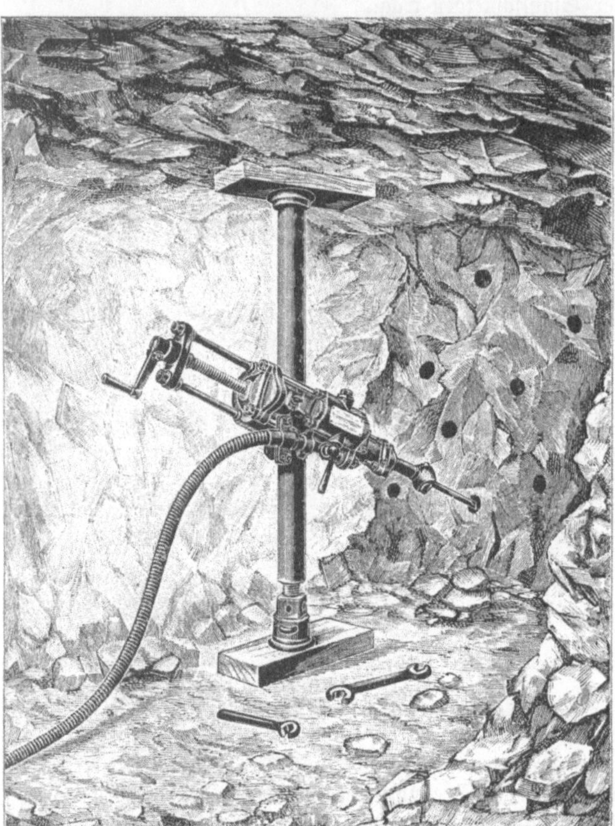

130. Schraubenspannsäule mit Meyerscher Gesteinsbohrmaschine.

gestellten Sperrrades geführt
und um einen bestimmten
Winkel gedreht wird, während
er beim Vorstoße nach jedes=
maliger Auslösung des Sperr=
rades geradeaus geht. Mit
dem Tieferwerden des Bohr=
loches muß endlich die Bohr=
maschine entsprechend vorge=
rückt werden; dies wird nach
Bedarf mit der Hand besorgt.
Eine Schraubenspindel wird
langsam an einer Kurbel ge=
dreht und dadurch die Ma=
schine, welche die entsprechende
Schraubenmutter trägt, pa=
rallel zur Achse des Bohrers
auf einem Schlitten vorge=
schoben. Der letztere ist hier=
bei an einer Spannsäule
festgestellt. Sie besteht aus
zwei als Schraubenspindel und
Schraubenmutter gegenein=
ander beweglichen Teilen und
kann daher nach Bedarf ver=
kürzt und verlängert und so=
mit in der Strecke festgestellt
werden. Abb. 130 zeigt eine
der üblichen bergmännischen
Gesteinsbohrmaschinen an der
Spannsäule und zwar System
Rudolph Meyer nach einer

Zeichnung der Fabrik in Mülheim an der Ruhr. Übrigens ist es möglich, die Bohr=
maschine an der feststehenden Spannsäule in jede beliebige Lage gegen den Arbeitsort zu
bringen, da nach Lösen der betreffenden Preßschrauben der Schlitten an der Spannsäule
aufwärts und abwärts verschoben und auch um die Spannsäule (wenn diese senkrecht steht,
in der horizontalen Ebene) gedreht werden kann. Außerdem läßt sich aber die Maschine
nebst dem Schlitten auch in einer parallel zur Spannsäule gelegenen Ebene kippen. So
können Bohrlöcher in jeder gewünschten Richtung gebohrt werden. Beim Auffahren
breiterer Strecken werden ebenso wie beim Tunnelbetrieb mehrere Bohrmaschinen (vergl.
Abb. 131) auf einem fahrbaren Gestell befestigt.

Die elektrisch angetriebenen stoßenden Gesteinsbohrmaschinen sind zum Teil Spulen=
maschinen, auch Solenoidmaschinen genannt. Bei denselben wird ein weicher Eisen=
kern, der den Bohrmeißel trägt, durch elektrische Ströme, die abwechselnd zwei Spulen

durchlaufen, hin= und hergeschleudert. Anders ist die Bauart der Maschine von Siemens & Halske in Berlin, es wird hier die Drehung eines Elektromotors auf eine Kurbel über= tragen, und diese setzt mit Hilfe eingeschalteter starker Federn die Bohrerstange in hin= und herschwingende Bewegung. In der äußeren Form sind die elektrischen Bohrmaschinen den durch Preßluft betriebenen durchaus ähnlich.

Die elektrische Kraftübertragung ergibt einen wesentlich höheren Wirkungsgrad als die Übertragung durch Preßluft, trotzdem wird die letztere im Bergbaubetriebe oft be= vorzugt, weil die verbrauchte Luft zu gleicher Zeit der Wetterversorgung zu gute kommt.

Die Arbeit mit Gesteinsbohrmaschinen ist bis in die Einzelheiten durchgebildet, so daß es heute möglich ist, in den härtesten Gesteinen durchschnittlich 100 m Strecke im Monat aufzufahren, allerdings pflegt die Maschinenarbeit etwas teurer zu sein als die Handarbeit.

Die Sprengstoffe. Fast 2 Jahrhunderte hindurch, von der Einführung der Sprengarbeit beim Bergbau bis zum Jahre 1862, als Nobel das Nitroglycerin einführte,

181. Bohrgestell für vier Meyersche Gesteinsbohrmaschinen.

war das Schwarzpulver der einzige Sprengstoff, der dem Bergmann zur Verfügung stand. In der kurzen Zeit von 35 Jahren hat sich dann die Zahl der Sprengstoffe außer= ordentlich vermehrt.

Das Schwarzpulver besteht aus einem Gemenge von etwa 70 Gewichtsteilen Kali= salpeter, 14 Gewichtsteilen Schwefel und 16 Gewichtsteilen Holzkohle. Diese drei Ge= mengteile werden möglichst fein zerkleinert und dann innig gemischt. In den Handel kommt das Sprengpulver als gekörntes und in neuerer Zeit auch als gepreßtes (kom= primiertes) Pulver, das letztere in der Form von Cylindern vom Durchmesser des Bohr= loches mit einem Kanal in der Achse. Sprengpulver kann mit Vorteil nur in trockenen Bohrlöchern und in kluftfreiem Gestein verwendet werden; die Feuchtigkeit löst den Salpeter, und vorhandene Klüfte lassen die Sprenggase entweichen, ohne daß die beabsichtigte Wirkung eintritt. Man bringt die Pulverladung gewöhnlich mittels Zündschnur zur Entzündung, letztere besteht aus einer Pulverseele und einer Hanfumwickelung, das eine Ende der Zündschnur wird in die Pulverpatrone eingeführt, das andere Ende ragt zum Bohrloche heraus (s. Abb. 132). Der von der Sprengladung nicht eingenommene Teil des Bohrloches muß beim Schwarzpulver sorgfältig mit Thon ausgefüllt (besetzt) werden, weil sonst die Sprenggase, welche sich langsam entwickeln, entweichen würden. Zum Einführen des Besatzes dient der Stampfer, am besten eine messingene Stange vom Querschnitt des Bohrloches mit vertiefter Nut, um für die Zündschnur Platz zu lassen. Das aus dem Bohrloch herausragende Ende der Zündschnur wird gewöhnlich nicht unmittelbar, sondern mittels eines daran befestigten Schwefelfadens angezündet, der Arbeiter entfernt sich schnell und der zündende Funke schreitet mit etwa 1 cm Geschwindigkeit in der Sekunde in der Zündschnur fort, bis er an die Pulverladung gelangt und diese zur Explosion bringt. Ähnlich gestaltet sich die Verwendung des gepreßten (komprimierten) Pulvers, nur können hierbei die Papierpatronen, in denen das gekörnte Pulver beim Laden eingeführt werden muß, in Fortfall kommen.

Das Nitroglycerin oder Sprengöl war vor seiner Einführung als Sprengstoff durch Nobel, bereits längere Zeit als Heilmittel bekannt, es wird hergestellt durch Behandlung von Glycerin mittels Salpetersäure und Schwefelsäure, bildet eine helle, ölige Flüssigkeit und kann nicht durch einfache Entzündung mittels Zündschnur, sondern nur durch einen starken Schlag zur Explosion gebracht werden. Hierzu dient ein Sprenghütchen, welches mit Knallquecksilber gefüllt ist, dieses wird auf das untere Ende der Zündschnur geschoben, durch eine Zange fest gedrückt und dann in das Nitroglycerin eingeführt. Wegen der schnellen Entwickelung der Sprenggase genügt hier ein lockerer Besatz, der lediglich den Zweck hat, ein Verrücken der Zündschnur zu verhindern. Der Zündfunke bringt die Knallquecksilberkapsel zur Explosion und durch den starken Schlag setzt sich das Nitroglycerin momentan in Sprenggase um, die Wirkung soll theoretisch dreizehnmal so stark sein wie diejenige eines gleichen Gewichtes Schwarzpulver. Leider ist das Nitroglycerin jedoch als Flüssigkeit ein unbequemer und außerdem ein gefährlicher Sprengstoff. Man braucht z. B. bei aufwärts gerichteten Bohrlöchern, die im Bergbaubetriebe vielfach vorkommen, eine besondere wasserdichte Patrone zur Einführung des Nitroglycerins. Auch sind dadurch viele Unglücksfälle herbeigeführt worden, daß Reste von Nitroglycerin sich in das Gestein gezogen

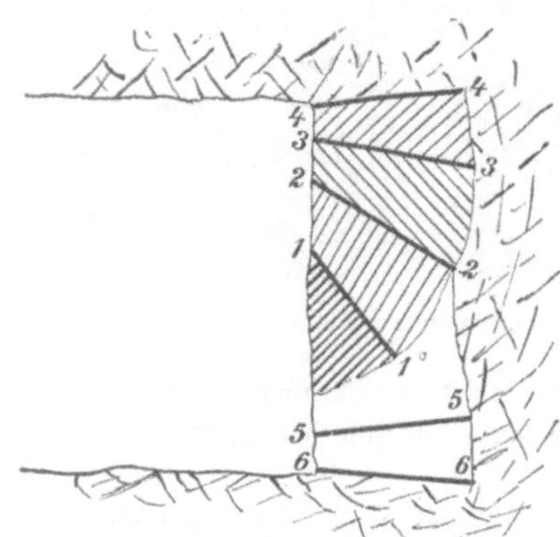

132.
Besetzen eines Sprengloches mit Pulverladung.
l Pulverladung, b Besatz, z Zündschnur, s Schwefelfaden.

133. **Ansetzen der Sprenglöcher vor einem Streckenorte.**

haben und bei späterer Gelegenheit unter der Einwirkung von Hammerschlägen zur Explosion gelangten. In den meisten Kulturstaaten wurde daher die Benutzung des Sprengöls untersagt.

Nobel machte jedoch seine Erfindung dadurch nutzbar, daß er aus einem Aufsaugestoff und zwar Kieselguhr (vergl. Abschnitt Steinbruchbetrieb) und der nötigen Menge Sprengöl einen bei gewöhnlicher Temperatur knetbaren Sprengstoff, das Guhrdynamit, herstellte. Dieses kann, allerdings unter Anwendung von Sprengkapseln, ganz ähnlich wie Schwarzpulver behandelt werden und führte sich sehr bald in die Sprengtechnik ein.

Je nach dem höheren oder niedrigeren Gehalt an Sprengöl (75—55%) unterscheidet man Guhrdynamit 1, 2 und 3. In der Praxis rechnet man, daß die Wirkung eines gleichen Gewichtes Guhrdynamit etwa dreimal so stark ist, wie diejenige des Sprengpulvers. Beim Gebrauch muß darauf Rücksicht genommen werden, daß Guhrdynamit bei Temperaturen unter + 8° C. seine Knetbarkeit verliert und hart wird, man sagt, es gefriert. Derartiges Dynamit ist äußerst gefährlich und darf nicht zu Sprengungen verwendet werden, dasselbe muß vielmehr in eigenen Vorrichtungen, z. B. dem Nobelschen Topf, welcher Ähnlichkeit mit dem Leimtopf der Tischler hat, durch Wasserwärme erweicht werden. Ferner gestattet zwar das Guhrdynamit, wenn die Zündung wasserdicht umhüllt ist, auch Sprengungen im Wasser, es zersetzt sich jedoch, wenn es längere Zeit mit dem Wasser in Berührung bleibt, unter Ausscheidung von flüssigem Sprengöl und wird hierdurch gefährlich. Endlich ist die Sprengwirkung des Guhrdynamits, verglichen mit derjenigen des Sprengöles, eine niedrige, weil der Aufsaugestoff indifferent ist. Die Bestrebungen richteten sich daher darauf, Dynamite zu erzeugen, bei denen der Aufsaugestoff selbst ein Sprengstoff ist. Als solcher diente die Schießbaumwolle, welche durch Behandlung von Baumwolle mittels Salpetersäure hergestellt wird und die Eigentümlichkeit besitzt, sich in Nitroglycerin zu lösen. Auf diese Weise wurde die Sprenggelatine hergestellt, später fügte man zu dieser Mischung der besseren Haltbarkeit wegen noch etwas Schwarzpulver hinzu und erhielt so das heute fast allgemein angewendete Gelatinedynamit.

Dieses letztere hat sich im Erzbergbau und in der sonstigen Ingenieurtechnik neben dem Guhrdynamit fast allgemein eingeführt, nur im Steinkohlenbergbau können beim Auftreten von Schlagwettern die Dynamite und die beschriebene Zündungsweise wegen der Gefahr der Schlagwetterexplosion nicht zur Verwendung gelangen. Es sind daher für diese Zwecke besondere Sicherheitssprengstoffe und eigenartige Zündmethoden, vor allem die elektrische Zündung, behördlich vorgeschrieben worden. Das Nähere hierüber vergl. unter Abschnitt Steinkohlenbergbau.

Die Benutzung der Sprengstoffe auf den Gruben ist seit Erlaß reichsgesetzlicher Bestimmungen gegen den verbrecherischen und gemeingefährlichen Gebrauch der Sprengstoffe (9. Juni 1884) sehr strengen bergpolizeilichen Vorschriften unterworfen, die sich auf die Anschaffung, die Beförderung und Aufbewahrung unter Tage, auch die Verausgabung an die Arbeiter und die Verwendung beziehen. Dieselben müssen auf das peinlichste beobachtet werden, vor allem gehört hierzu auch eine genaue Buchführung über die Bestände.

Die Ausführung der Schießarbeit kann von den Arbeitern nur durch langjährige, praktische Erfahrung gelernt werden und muß sich den Gesteinsverhältnissen anpassen. Um ein einfaches Beispiel anzuführen, sei der Betrieb eines Streckenortes im Gestein, z. B. Granit, kurz beschrieben (Abb. 133). Ist der Ortsstoß zunächst angenähert glatt, so wird über die Breite des Ortes eine erste Reihe von Bohrlöchern hergestellt (1 in der Abb.) und hierdurch die dunkel schraffierte Gesteinsmasse herausgesprengt, der Bergmann sagt, es wird Einbruch geschossen, sodann folgen nacheinander die Bohrlöcher der 2., 3. und 4. Reihe, wodurch die obere Hälfte des Ortes — in der Abbildung fein schraffiert — herausgesprengt wird. Sodann ist noch durch die Bohrlochreihen 5 und 6 der untere Teil der Gesteinsmasse zu gewinnen, wodurch dann der Ortsstoß angenähert wieder glatt ist und dasselbe Verfahren erneut zur Anwendung gelangen kann; hierbei muß auf etwaige Klüfte im Gestein Rücksicht genommen und der Sprengstoff möglichst gut ausgenutzt werden. Die Größe der Sprengladung läßt sich für jedes Gestein nur durch Erfahrung festsetzen. Da die Häuer naturgemäß die Bohrlöcher gern zu stark laden, um der Wirkung sicher zu sein, so müssen dieselben von dem Lohne für einen Meter herausgeschossene Streckenlänge die verbrauchten Sprengmittel der Grube zum Selbstkostenpreis bezahlen.

Die Gesteinsarbeit mit Zuhilfenahme des Wassers ist beim Salzbergbau, wo seine lösende Wirkung in Frage kommt, und beim Abbau der Goldseifen, wo seine mechanische Kraft ausgenutzt wird, ausführlich besprochen worden.

Der Grubenausbau.

Die Grubenräume, welche der Bergmann herstellt, müssen, solange sie ihrem Zwecke dienen sollen, auch zugänglich bleiben. In sehr festen Gesteinen wie Gneis, Kalkstein halten sich die Grubenbaue fast eine unbegrenzte Zeit lang in dem ursprünglichen Zustande, auch in manchen weniger festen Gesteinen stehen die Grubenbaue gut, wenn der Gebirgsdruck nicht groß ist, z. B. im Steinsalz, in der Stein= und Braunkohle. Ist aber das Gebirge rollig oder zerklüftet, oder zersetzt es sich unter dem Einfluß von Luft und Feuchtigkeit, wie namentlich die thonigen Gesteine, oder wird der Gebirgsdruck größer, so müssen die Grubenräume durch Ausbau unterstützt werden, weil sie sonst schon nach kürzerer Zeit ungangbar werden würden, da das Hangende hereinbricht und auch die Stöße und die Sohle hereingedrückt werden. Lediglich die Erfahrung belehrt den Bergmann, wie stark der Grubenausbau zu wählen ist. Durch bedeutenden Gebirgsdruck wird häufig, wenn große Gebirgsmassen in Bewegung kommen, auch kräftiger Ausbau zerstört.

Da der Grubenausbau bedeutende Kosten veranlaßt und viele Arbeitskräfte in Anspruch nimmt, so sucht man zunächst durch geeignete Querschnittsformen die Standfestigkeit der Baue zu erhöhen oder doch den Gebirgsdruck abzuschwächen. In festen Gesteinen gibt man den Strecken elliptische Querschnitte, während man im geschichteten Gebirge dahin strebt, feste Schichten als Dach und Sohle zu erhalten, wodurch sich rechteckige Querschnitte ergeben. Ein ferneres Mittel, den Gebirgszusammenhang zu erhalten, und zu vermeiden, daß sich Gebirgsdruck zeigt, ist das Stehenlassen von Teilen der Lagerstätte als sogenannte Pfeiler, z. B. beim Abbau von Steinsalz oder Kalkstein durch Weitungsbau. Auch die Wiederausfüllung der abgebauten Räume durch taubes Gestein (Bergeversatz) trägt wesentlich dazu bei, das Hangende zu unterstützen, während gleichzeitig die Kosten für die Förderung dieser Massen in Wegfall kommen oder doch verringert werden. Häufig befördert man auch Gebirgsmassen in die Grube nur zu dem Zwecke, um die abgebauten Räume zu versetzen, oder man gewinnt in besonderen Räumen, den Bergemühlen, die im

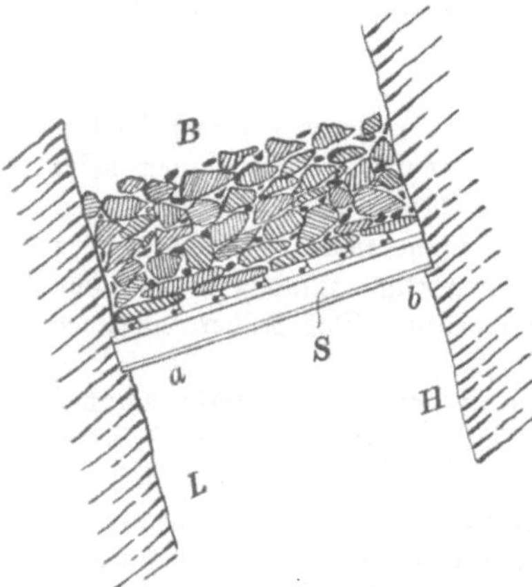

134. **Firstenverzug aus eisernen Schienen.**

festen Gestein angelegt werden, Berge zum Versatz. So werden beim Kalisalzbergbau die in den Kalisalzen hergestellten Abbaue durch Steinsalz wieder ausgefüllt.

Das Material für den Grubenausbau ist entweder Holz (Grubenzimmerung) oder Stein (Grubenmauerung), endlich auch Eisen, in neuester Zeit sogar Stahl. Außerdem unterscheidet man den wasserdichten Ausbau, der nicht nur dem Gebirgsdruck widerstehen, sondern auch das Wasser abhalten soll. Die älteste Art des Grubenausbaues ist die Zimmerung; die Grubenmauerung, welche in holzarmen Gegenden wohl schon früher angewendet wurde, hat sich im vorigen Jahrhundert allgemein eingeführt, während der Eisenausbau erst durch die Verbilligung des Preises für Walzeisen in der zweiten Hälfte dieses Jahrhunderts möglich wurde.

Der Zeitbedarf bei der Herstellung und der Raumbedarf sind beim Ausbau in Holz und Eisen erheblich kleiner als bei der Mauerung; die Haltbarkeit des Holzes wird durch die Fäulnis beeinträchtigt, Eisen wird durch saure Grubenwasser, die gar nicht so selten vorkommen, zerfressen, während Mauerung dem Zahn der Zeit am längsten, fast unbegrenzt trotzt. Aber auch diese vermag, wie jeder Ausbau, übergroßem Gebirgsdrucke nicht standzuhalten, sie bekommt Risse und zerfällt nach und nach. Ferner spielt die Schwierigkeit bei der Wiederherstellung stark zusammengedrückten Ausbaues eine Rolle, in dieser Beziehung läßt sich Zimmerung am schnellsten ausbessern, erheblich schwieriger ist die Wiederherstellung von Eisenausbau und Mauerung. Was die Form der Baue betrifft, so ist Holz geeigneter für eckige Querschnitte, Eisen und Mauerung mehr für gerundete.

Endlich muß die Wahl des Ausbaues im richtigen Verhältnis zur Benutzungsdauer des betreffenden Grubenraumes stehen. Daher wird in Abbauen und minder wichtigen Strecken, die für kurze Zeit in Betrieb bleiben, ebenso für kleinere Schächte immer Holz zum Ausbau verwendet, es genügt für diese Fälle; Hauptstrecken, unterirdische Maschinenräume und tiefe Schächte, die oft für Jahrzehnte erhalten bleiben, werden ausgemauert oder in Eisen ausgebaut. Selbstverständlich spielt auch der Preis bei der Entschließung über die Art des anzuwendenden Grubenausbaues eine wichtige Rolle.

In den Abbauen handelt es sich gewöhnlich nur darum, das Hangende kurze Zeit hindurch zu unterstützen, es werden allgemein Hölzer von entsprechender Länge, Stempel oder Bolzen genannt, in bestimmten Abständen senkrecht zwischen die Flächen des Liegenden

135. Herstellen von trockener Bruchsteinmauerung.
Nach Börner, „Der Erzbergmann in seinem Beruf". Verlag von Craz u. Gerlach, Freiberg.

und Hangenden eingetrieben. Will man die von jedem Holze unterstützte Fläche vergrößern, so legt man gegen das Hangende noch kurze Holzstücke (Anpfähle), oder man setzt mehrere Stempel unter ein längeres am Dache liegendes Holz, einen Unterzug.

Beim Ausbau von Strecken kommt es zuweilen nur in Frage, z. B. beim Bergbau auf Erzgängen im festen Gestein, die Firste oder einen der Stöße zu verwahren. Die Firste wird durch Stempel oder Eisenbahnschienen S (Abb. 134) gesichert, die senkrecht zwischen das Hangende H und das Liegende L in ausgemeißelte Vertiefungen a (Bühnloch) und gegen abgeschrägte Gesteinsflächen b (Anfall) gelegt werden, darauf kommen Bretter oder schwächere Schienen zu liegen, die man Verzug nennt. Zur Unterlage für den Bergeversatz B dienen flache Gesteinsschalen. Abb. 135 stellt den Ausbau eines Streckenstoßes auf einem flachfallenden Gange durch eine trockene Bruchsteinmauerung dar, der Mann im Vordergrunde richtet mittels Schlegels und Eisens die Steine zu.

Auf der rechten Seite der Abb. 136 ist die Firste und ein Stoß einer Strecke durch einen gemauerten Bogen ausgebaut, den man auch Stützmauer nennt, auf demselben

136. Streckenausbau in Eisen und Mauerung.
Nach Börner, „Der Erzbergmann in seinem Beruf". Verlag von Craz u. Gerlach. Freiberg.

Blatte links ist eine seltenere Art des Ausbaues verwendet, aus je drei Schienen sind sogenannte Thürstöcke gebildet, eine Schiene an der Firste (die Kappe) ist durch zwei andere (Stempel) gestützt, die Verbindung ist durch Winkellaschen erfolgt, darüber und dahinter liegen Grubenschienen als Verzug. Abb. 137 zeigt den Ausbau eines Fallortes in hölzernen Thürstöcken, den für den Kohlenbergbau charakteristischen Streckenausbau. Bei starkem Druck in der Firste werden wohl auch Bogen aus eisernen Schienen angewendet, in unserer Abb. 138 ist Verzug mit hölzernen Stangen gewählt, der an mehreren Stellen traubenähnliche Pilzwucherungen zeigt, die oft die ganze Oberfläche des Holzes überziehen. Die Pilze bestehen aus weichem Flaum und vergehen bei der leisesten Berührung. Bei noch bedeutenderem Gebirgsdruck wählt man geschlossene eiserne Streckenbogen (Abb. 139), die aus zwei Hälften bestehen und durch Laschen verbunden sind, dichter Verzug aus starken Stangen verstärkt den Bau, die Zwischenräume bis an das Gestein sind auf allen Seiten dicht ausgefüllt. In lockerem Gebirge kommt auch elliptische Streckenmauerung (Abb. 140) vor. Beim Auffahren der Strecke wird dieselbe mit so großen Thürstöcken ausgebaut, daß die Mauerung später innerhalb derselben Platz hat. Diese wird nach Lehrbogen in Ziegeln ausgeführt und später ebenfalls der Raum dahinter dicht versetzt, nachdem die Zimmerung herausgenommen ist. Die unteren wagerechten Absätze an der elliptischen Mauerung sollen als Lager für Hölzer dienen,

137. Thürstockzimmerung in einem Fallorte.
Nach Börner, „Der Kohlenbergmann in seinem Beruf."

um Schienen und Laufpfosten darauf zu nageln, der darunter befindliche Raum nimmt das fließende Wasser auf und heißt Wasserseige.

Der Ausbau der Schächte lehnt sich in seinen Einzelheiten, sofern er in Holz oder Eisen ausgeführt wird, an den der Strecken an. Im rechteckigen Schachte (Abb. 141 und 142) sind Geviere oder Jöcher J vorhanden, dieselben werden auf eingebühnte Tragstempel T gelegt; will man nicht für jedes Joch solche Tragstempel legen, so werden zur Unterstützung der einzelnen Jöcher und besseren Verbindung der ganzen Zimmerung in den Ecken Bolzen B aufgestellt und auf diese das nächste Joch verlegt. Der Verzug V besteht aus Brettern, die dicht zusammenschließen, und wird durch Keile in seiner Lage erhalten. In druckhaftem Gebirge werden, um das Verschieben

138. Förderstrecke in Eisenausbau.
Originalaufnahme von Börner.

der Jöcher in wagerechtem Sinne zu verhüten, senkrechte Hölzer, Wandruten W, ein=
gebaut und durch Einstriche E, die zugleich die Schachttrümer trennen, an die Jöcher
gedrückt und in ihrer Lage erhalten. Diese Art des Schachtausbaues heißt Bolzen=
schrotzimmerung. Befürchtet man sehr starken Gebirgsdruck, der vielleicht den Verzug
zwischen den Jöchern durchdrücken könnte, so wird Joch auf Joch gelegt, so daß der
Verzug ganz in Wegfall kommt. Diese außerordentlich starke Zimmerung nennt man
ganze Schrotzimmerung.

In runden Schächten wird in derselben Weise verfahren, nur treten an die Stelle
der Schachtjöcher hölzerne oder eiserne Ringe; die letzteren werden meistens aus
⊔=Eisen gefertigt. Neuerdings hat man Schächte vollständig in Eisen ausgebaut, ein=
schließlich der Einstriche und der Einrichtungen für die Fahrung.

Soll ein Schacht ausgemauert werden, so baut man ihn gewöhnlich zunächst wäh=
rend des Abteufens vorläufig in Holz oder Eisen aus, bis man auf eine feste, tragfähige
Gesteinsschicht kommt; auf dieser wird für den Mauerfuß F (Abb. 143) eine ebene Fläche

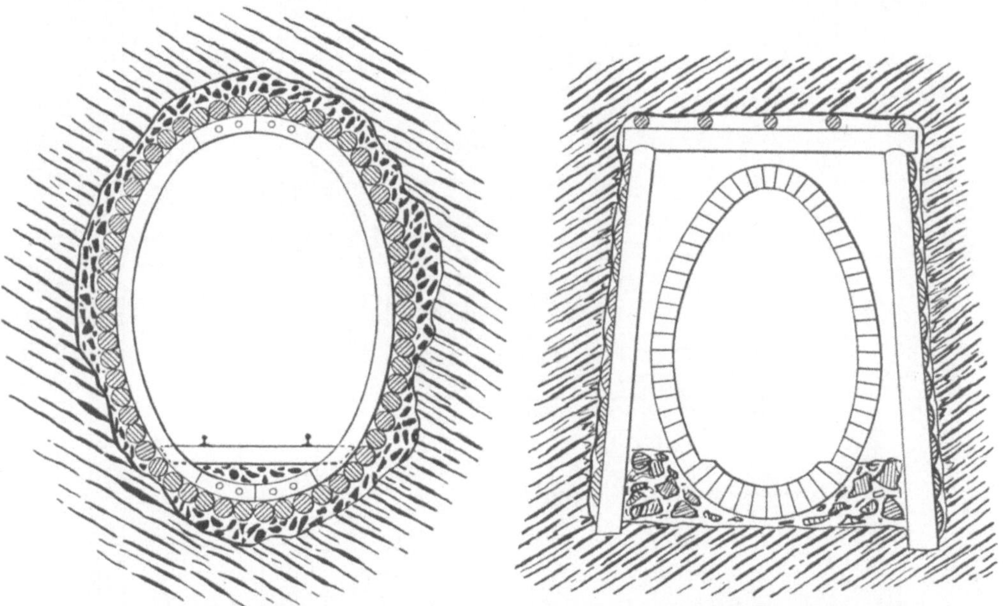

189. Streckenausbau in geschlossenen eisernen Bogen.   140. Elliptische Streckenmauerung.

hergestellt und nun unter Zurückbau (Herausnehmen) des vorläufigen Ausbaues die
Mauerung aufgeführt. Wenn man den Schacht in mehreren solchen Absätzen abteuft
und dann ausmauert, wird der Anschluß der einzelnen Mauerabsätze in der Weise erreicht,
daß man die beim Weiterteufen belassene Gesteinsmasse G unter dem Mauerfuße stückweise
herausnimmt und die Mauer nachführt.

Die bisher beschriebenen Verfahren für den Ausbau von Grubenräumen setzen voraus,
daß das Gebirge wenigstens so fest ist, daß zunächst der Raum hergestellt und in den=
selben dann der Ausbau hineingebaut werden kann. In losem Gebirge, Sand, Gerölle
u. dergl. ist das jedoch nicht thunlich, denn wenn man das Gebirge ausschachten wollte,
würde man immer Gefahr laufen, daß Massen nachstürzen, ehe der Ausbau fertig gestellt ist.

In diesen Fällen muß man anders verfahren und die Getriebezimmerung an=
wenden; nach der Ausführung sieht dieselbe, falls es sich um einen Schacht handelt, ebenso
aus, wie die in Abb. 141 u. 142 dargestellte Bolzenschrotzimmerung, die Ausführung ist
jedoch eine andere und zwar die folgende: Zuerst werden die den Verzug bildenden Pfähle
in den Boden getrieben, dieselben stützen sich rückwärts gegen die bereits vorhandene Zimme=
rung, dann wird innerhalb der Pfähle ausgeschachtet und so schrittweise weiter verfahren,

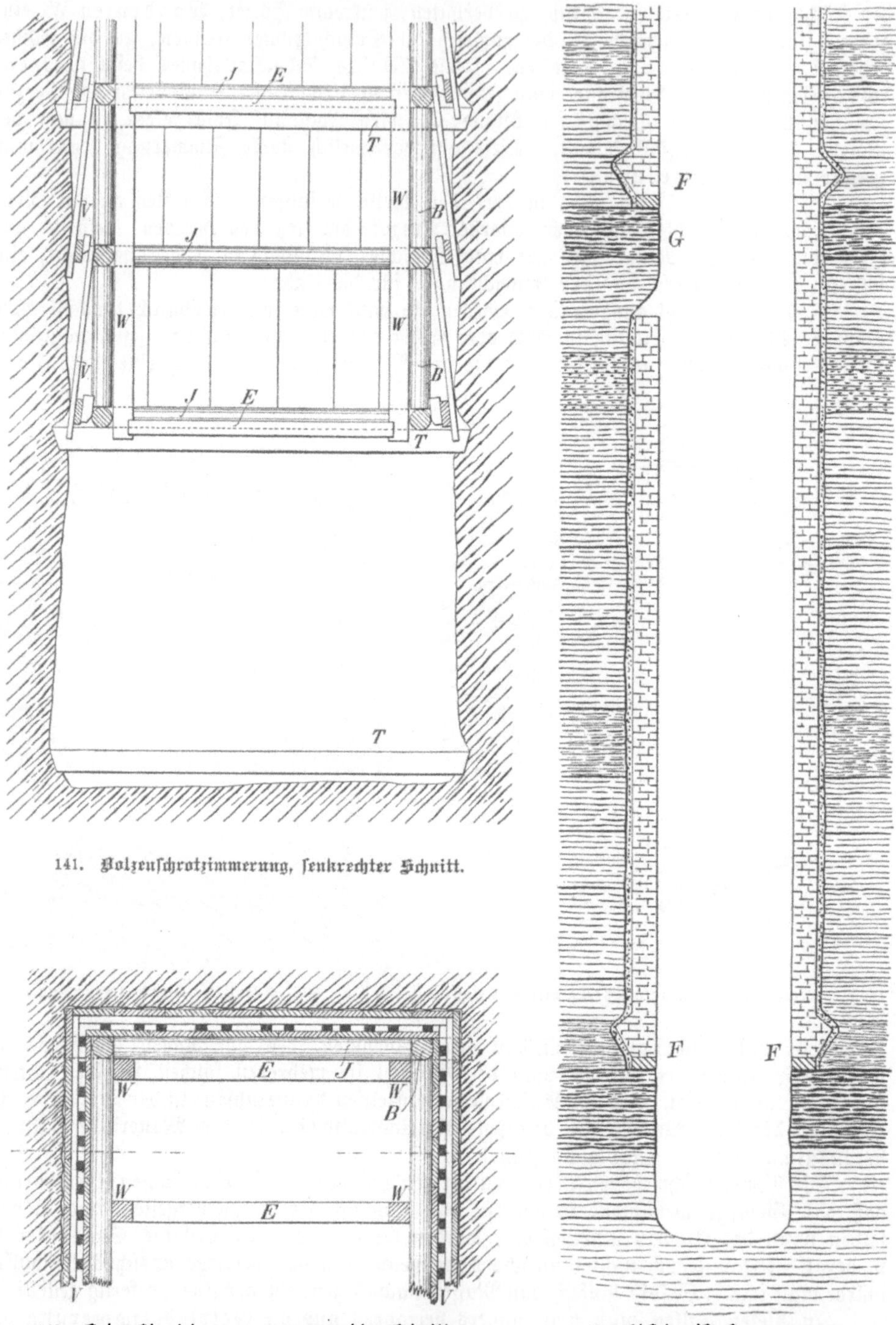

141. Bolzenschrotzimmerung, senkrechter Schnitt.

142. Bolzenschrotzimmerung, wagerechter Schnitt.   143. Absatzweise Ausmauerung.

bis so viel Platz geschaffen ist, daß die Pfahlspitzen durch Einbringen eines neuen Joches festgelegt werden. Auf diese Weise dringt man zwar sehr langsam, aber sicher vor.

Man kann auch Grubenräume wasserdicht ausbauen; die hierbei angewendeten Verfahren sind im Abschnitte Wasserhaltung beschrieben worden.

Die Förderung.

Unter Förderung versteht der Bergmann den Transport in der Grube und die dazu dienenden Einrichtungen. Die gewonnenen Mineralien werden aus den Abbauen auf die Hauptförderstrecken geschafft und dort in größeren Mengen vereinigt, um auf angenähert wagerechter Bahn bis zum Schachte befördert zu werden, in dem sie dann senkrecht aufwärts bis zur Oberfläche gelangen. Den umgekehrten Weg müssen diejenigen Materialien zurücklegen, die für den geordneten Betrieb in der Grube benötigt werden, z. B. Holz, Ziegelsteine, Schienen u. f. w. Die Einrichtungen der Förderung über Tage schließen sich an diejenigen der Grubenförderung an, doch werden bei sehr großen Mengen an Fördergut auch Lokomotivbahnen und Hochseilbahnen zu Hilfe genommen.

Von der Lage der Abbaue zu den Hauptförderstrecken hängt es ab, welche besonderen Vorkehrungen für den ersten Teil des Förderweges zu treffen sind; gewöhnlich liegen die

144. **Zweitrümiger Lufthaspel.** Originalaufnahme von Börner.

Abbaue über den Hauptstrecken, es handelt sich hier also um Abwärtsförderung. Bei steil einfallenden oder stockförmigen Lagerstätten, z. B. beim Gangbergbau, läßt man die Massen durch Schächtchen (Rollen genannt), die im Bergeversatze ausgespart werden, oder auf Rutschen bis auf die Hauptstrecken abwärts rollen und verladet sie dort in die Wagen für die Streckenförderung (Hunde genannt). Liegen Lagerstätten von mittlerer Mächtigkeit flach, wie z. B. meistens die Kohlenflöze, so können die Streckenhunde direkt bis an die Abbauörter gelangen und dort beladen werden. Die Beförderung der Hunde bis auf die Hauptstrecken geschieht bei mehr als 3° Bahnneigung abwärts durch bremsende, aufwärts, falls das nötig wird, durch haspelnde Förderung. Die Hunde werden hierbei an einem Seile befestigt, welches auf eine Trommel aufgewickelt ist; soll abwärts gefördert werden, so ist, um die Geschwindigkeit zu mäßigen, mit der Welle der Trommel eine Bremsvorrichtung verbunden, soll aufwärts gefördert werden, so greift an der Welle Maschinenkraft an und zwar meistens Preßluft. Für Menschen ist das Haspeln außerordentlich ermüdend. Derart eingerichtete geneigte Strecken heißen Brems= beziehungs=

weise Haspelberge. Bei größeren Fördermengen ist es zweckmäßig, zweitrümig zu fördern, d. h. es sind zwei Gleise und zwei Seile vorhanden, die in entgegengesetztem Sinne jedes auf eine Trommel der gemeinschaftlichen Welle gewickelt sind; beim zwei=

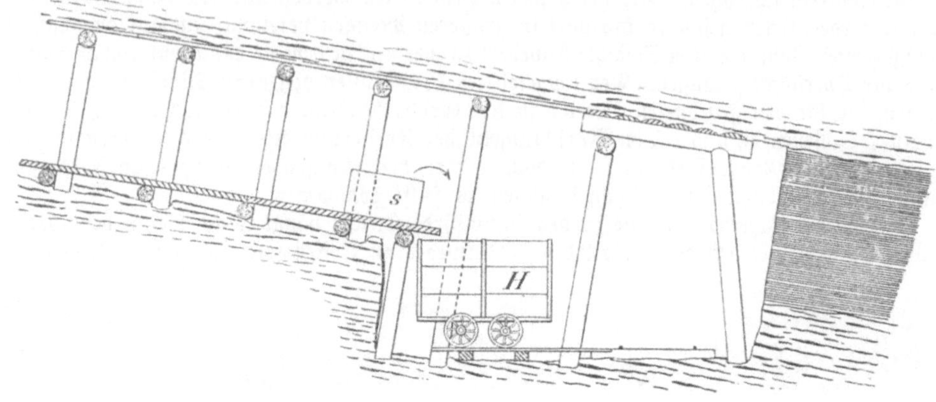

145. Umladen aus dem Schleppkasten (s) in den Hund (H).

trümigen Bremsberge läuft jedesmal der beladene Hund abwärts und zieht den am anderen Seile befestigten leeren Hund herauf. Das Umgekehrte findet auf den Haspelbergen statt; Abb. 144 gibt einen durch Preßluft betriebenen zweitrümigen Haspel vortrefflich wieder, der volle Hund langt gerade am oberen Ende (am Kopfe) des Haspelberges an.

Bei flach liegenden Lagerstätten von sehr geringer Mächtigkeit fehlt in den Abbaustrecken häufig die für die Streckenhunde nötige Höhe, man benutzt dann entweder kleinere Hunde oder wohl auch Schleppkästen — stark gebaute, eisenbeschlagene Holz= kästen, welche an kurzer Kette auf hölzernen Pfosten gezogen werden — und ladet dann auf der Haupt= strecke von hochgelegenen Bühnen aus in die Hunde um (Abb. 145). Für enge und vielfach gekrümmte Strecken, allerdings nur für kleine Leistung, ist auch der ungarische Hund (Abb. 146) ganz geeignet. Von den zwei ungleichen Räder= paaren ohne Spurkränze wird beim Fahren nur das größere benutzt, indem der Hund hinten nieder= gedrückt wird, dadurch ergibt sich eine leichte Lenkbarkeit, die Bahn besteht nur aus Pfosten.

146. Fördermann mit ungarischem Hund.
Statuette von E. Heuchler.

Bei sehr einfachen Verhältnissen, unregelmäßiger Bauweise und sehr wertvollen Erzen kommt wohl auch heute noch die tragende Förderung in Ledersäcken auf dem Rücken der Arbeiter vor, so z. B. auf den entlegenen Gruben der hohen Kordillere Süd= amerikas und Mexikos.

Auf den Hauptstrecken wird überall dort, wo es sich um große Leistungsfähigkeit handelt, mit Wagen oder deutschen Hunden gefördert, wie dieselben auf den folgenden Blättern mehrfach abgebildet sind. Der Hundekasten ruht auf zwei Paar gleichgroßen Rädern, welche mit Spurkränzen versehen sind und auf Gleisen aus Kopfschienen von

147. **Pferdestall unter Tage.** Originalaufnahme von Börner.

148. **Kettenförderung auf dem Herzoglich Anhaltischen Salzwerke Leopoldshall.**

etwa 7 cm Höhe laufen. Der Inhalt eines Hundes wird etwa zu 5 Doppelzentner bemessen, danach ergibt sich bei Kohlen ein Fassungsraum von etwa 7 hl, bei Erzen von 4—5 hl. Ein Mann schiebt (der Bergmann sagt stößt) auf guter Bahn höchstens zwei Hunde; bei großen Fördermengen und lan=gen Förderwegen wird Menschenkraft zu teuer.

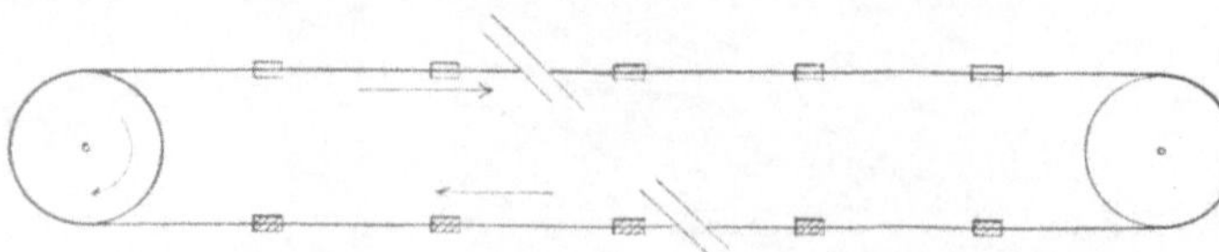

149. **Prinzip der Förderung mit Seil oder Kette ohne Ende.**

Man fördert dann Züge von etwa 10 Hunden mittels Pferden. Diese gewöhnen sich außerordentlich schnell an den Verkehr in der Grube, sie halten den Kopf tief, wo es niedrig ist, sie wissen genau, wo sie angeschirrt und abgeschirrt werden, und ziehen

150. **Pferdegöpel des Danielschachtes bei Schneeberg im Erzgebirge.**
Nach einer Skizze von Olaf Winkler.

ebensogut wie über Tage. Auf vielen Werken haben die Pferde in der Grube ihre gut eingerichteten Stallungen (Abb. 147) und bleiben so lange unter Tage, als sie arbeits=fähig sind; auf anderen Gruben fahren sie täglich mit dem Fördergestell ein und aus. Seit etwa 15 Jahren ist auch Lokomotivförderung in den Gruben eingeführt worden, und zwar sind es entweder elektrische Lokomotiven mit Stromzuführung oder solche mit Reservoir für hochgepreßte Luft, das an besonderen Stationen aus Rohrleitungen gefüllt wird. Sie fördern Züge von der gleichen Wagenzahl wie die Pferde, jedoch ist die Fördergeschwindigkeit größer, bis zu 3 m, während sie beim Pferde etwa 1 m in der Sekunde beträgt.

Die größten Leistungen kann man auf geraden Strecken bei geringen Kosten mit der Ketten= oder Seilförderung erzielen. In neuerer Zeit ist es gewöhnlich ein Seil ohne Ende (Abb. 149), welches über zwei Scheiben gelegt ist, von denen die eine durch eine stationäre Maschine angetrieben wird. Die Hunde werden einzeln mittels Seilgabeln angeschlagen, die vollen bewegen sich auf dem einen Trume zum Schachte, die leeren auf dem anderen zurück, zweckmäßig wählt man den Abstand der

Hunde so, daß das Seil freischwebend getragen wird. Hierbei wird dasselbe am meisten geschont, und die Widerstände sind am geringsten, nur für besondere Fälle sind Rollen zur Führung des Seiles an der Streckensohle eingebaut. Abb. 148 zeigt eine Kettenförderung im Kalisalzwerke Leopoldshall, die allerdings zur Zeit durch eine Seilbahn ersetzt worden ist.

Die Förderung in den Hauptschächten findet zur Zeit gewöhnlich mittels Dampfkraft und derart statt, daß die Hunde auf Schachtfördergestellen zu Tage gehoben werden, sie ist überall zweitrümig.

Hin und wieder finden sich auch wohl ältere Einrichtungen, bei denen als Schachtfördergefäße Kästen oder Tonnen benutzt werden. Dann muß zweimal, am Füllort in der Grube und an der Hängebank, über Tage umgeladen werden, wodurch bei starker Förderung viel zu viel Aufenthalt entsteht. Die alten Pferdegöpel (s. Abb. 150), die ersten größeren Fördermaschinen, sind fast ganz verschwunden. In alten Bergrevieren sieht man wohl noch als Reste aus früherer Zeit

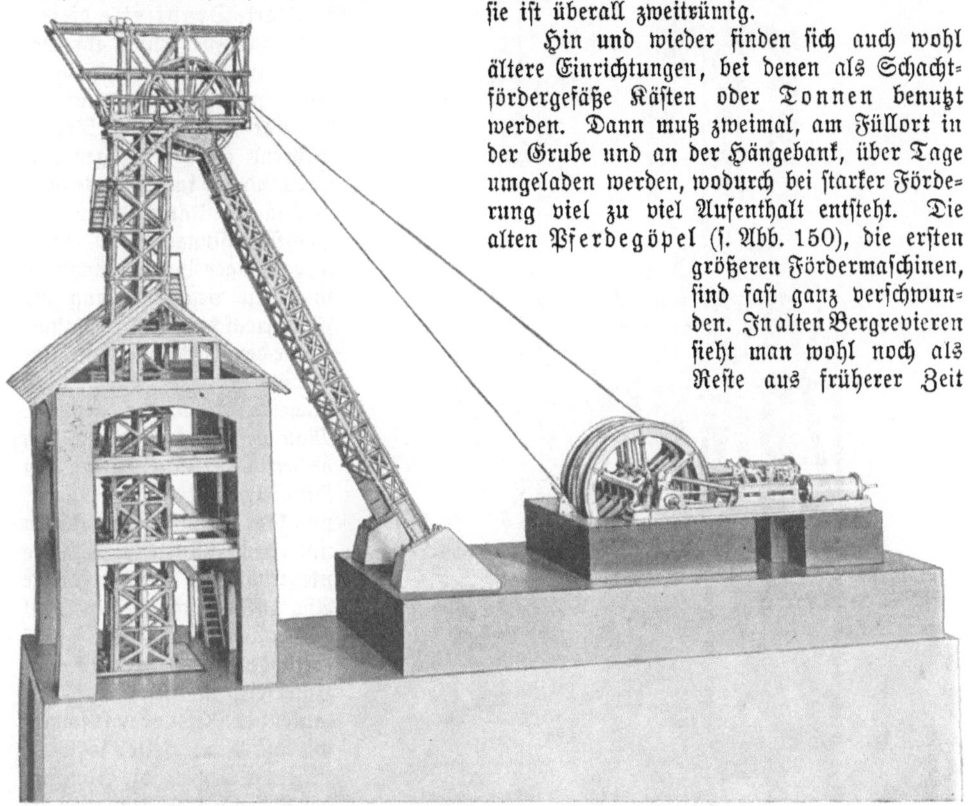

151. Eiserner Seilscheibenstuhl und Fördermaschine.
Nach einem Modell, gefertigt in der Modellwerkstatt der Königl. Sächs. Bergakademie zu Freiberg.

derartige Göpelgebäude wie gewaltige Zipfelmützen weit über das Land. Auch die Verwendung der Wasserkraft zur Förderung nimmt immer mehr ab, die Förderung ist heute so wichtig, daß man sie nicht vom etwaigen Wassermangel abhängig machen kann. Die Dampfmaschine herrscht hier fast unbeschränkt, auch haben die neuen Förderanlagen überall angenähert dieselbe Form: über dem Schachte ein hoher Seilscheibenbock in Eisenbau, nach der Fördermaschine hin in der Richtung der Hauptkraft eine mächtige Strebe (Abb. 151), so zeigen sich die Hauptförderschächte Mitteleuropas. Die Anordnung der Fördermaschine ist grundsätzlich so wie bei dem weiter oben beschriebenen Haspel, wenigstens insoweit, als zwei Seilkörbe vorhanden sind, auf denen die Seile im entgegengesetzten Sinne aufgelegt sind, die mächtigen Dampfcylinder liegen wagerecht und greifen mit der Schubstange unmittelbar an der Seilkorbwelle an, zwischen ihnen sind die Steuerungsteile angeordnet, zahlreiche Hilfs= und Sicherheitseinrichtungen sind angebaut (vergl. auch Abb. 154). Die Fördergeschwindigkeiten sind immer mehr gestiegen, 15 bis 18 m in der Sekunde sind keine Seltenheit mehr, so kann es denn nicht wunder nehmen, daß die gewaltigen Förderkörbe (Abb. 152) immer wieder nach kurzer

Frift beladen mit vollen Hunden an der Hängebank erscheinen. Kaum steht der Korb, so öffnen sich die Verschlüsse, die vollen Hunde werden abgezogen, leere von der anderen Seite aufgeschoben, schon kommt auch das Signal „fertig" aus der Grube, der Korb mit den leeren Hunden verschwindet im Schacht, im benachbarten Trum taucht bald der andere beladene auf.

Starke Drahtseile dienen heute zur Förderung, ihr Gewicht ist bei tiefen Schächten sehr bedeutend und da dasselbe in jedem Trume während eines Aufzuges entsprechend der im Schachte hängenden Seillänge von der Höchstbelastung bis zu einem sehr geringen Betrage schwankt, so ist die Beanspruchung der Fördermaschine eine ungleiche. Unter den Mitteln, welche hier Abhilfe schaffen sollen, sind namentlich zwei zu nennen: Man befestigt unten an den beiden Fördergestellen ein Hilfsseil, Unterseil genannt, und läßt es mit einem Bogen unter dem Füllorte im Schachte niederhängen. In der Skizze Abb. 153 bezeichnet S das Seil des vollen Gestelles, S¹ das Seil des leeren, U ist das Unterseil; ist dieses auf den laufenden Meter eben so schwer wie die Förderseile, so wirkt in jedem Trume, die Stellung der Gestelle mag sein, wie sie wolle, auf die Fördermaschine das gleichbleibende ganze Seilgewicht.

Ein anderer Ausweg ist der folgende: Statt der Rundseile, deren einzelne Schläge sich auf der Seiltrommel nebeneinander legen, wählt man als Förderseile Bandseile (Abb. 154), bei denen sich die Schläge aufeinander wickeln, dadurch ergibt sich, daß an der Fördermaschine das abgewickelte Seil,

153. Prinzip der Förderung mit Unterseil.

152. Schachtfördergestell für vier Hunde.

also die große Last, am kleinen Halbmesser angreift, während das aufgewickelte Seil, also die kleine Last, am großen Halbmesser wirkt. Die eigentümlichen schmalen Seilkörbe heißen Bobinen. Auch hierdurch ergibt sich, wenn auch nicht so vollkommen wie bei Anwendung des Unterseiles, der gewünschte Ausgleich in der Beanspruchung der Fördermaschine.

Die Fahrung.

Unter Fahren versteht man die Fortbewegung der Menschen in den Grubenräumen, sei es, daß dies durch die eigene Muskelkraft oder mit Hilfe maschineller Einrichtungen geschieht.

In den Abbauen und Strecken sind die Vorkehrungen hierfür unwesentlich; dort, wo der Weg steil hinanführt, sind wohl besondere Treppen gebaut. Als Eigentümlichkeit des Salzbergbaues in den Alpen mögen die Rutschen für das Abwärtsfahren erwähnt werden (Abb. 155), glatte Bäume, auf die man sich rittlings setzt, um hinabzugleiten; mit einem Lederhandschuhe ergreift man ein seitlich angebrachtes Seil und mäßigt hierdurch die Geschwindigkeit. Zum Hinauffahren sind neben den Rutschen Treppen eingebaut.

154. Fördermaschine mit Bobinen und Bandseilen.

In den Schächten müssen für die Fahrung der Mannschaft besondere Einrichtungen getroffen werden: Die steilstehenden starken Leitern F, welche im Schachte (Abb. 156) den Verkehr vermitteln und absatzweise von der Hängebank bis zur tiefsten Sohle führen, nennt der Bergmann Fahrten. Sie stehen auf Bühnen B, welche in den Schacht eingebaut sind, und haben etwa 75° Neigung, der Fahrende tritt auf der Bühne um die Fahrt herum und betritt durch eine belassene Öffnung L, das Fahrloch, die nächste Fahrt. In allen Schächten sind Fahrten eingebaut, sie werden jedoch in tiefen Gruben nicht mehr regelmäßig benutzt. An ihre Stelle sind vielmehr die Fahrkünste getreten, oder die Mannschaft fährt auf dem Fördergestell — am Seile wie der Fachausdruck heißt.

Die Fahrkünste wurden im Jahre 1833 am Harz erfunden, ihre Anwendung beschränkt sich heute fast nur auf die Gangbergbaue, bei denen gewöhnlich viele Abbausohlen vorhanden sind; für den Verkehr zwischen denselben sind die Fahrkünste recht zweckmäßig. Sie bestehen aus zwei abwechselnd auf= und niedergehenden Gestängen, an denen feste Tritte zum Darauftreten — in den Abb. 157 u. 158 mit Nummern bezeichnet — und Handgriffe r zum Anhalten im doppelten Abstande der Hubhöhe h befestigt sind. Der

155. Einfahrt auf einer Rutsche.

Antrieb der aus Walzeisen gefertigten Gestänge G und G¹ erfolgt von einer umlaufenden Maschine aus durch die Schubstange S und die Winkelhebel (Kunstkreuze) H und H¹. Ein Mann, welcher anfahren will, tritt (Abb. 157) von der Schachtbühne B auf den Tritt 1 am Gestänge G, dieses sinkt, während das andere steigt. Nach einer halben Umdrehung der Maschine (Abb. 158) stehen sich die Tritte 1 und 2 gegenüber, der Mann tritt während der Hubpause auf den Tritt 2 über und legt auf diesem während der zweiten halben Umdrehung der Maschine wieder den Weg h zurück, er tritt dann von 2 nach 3 (Abb. 157) über u. s. w., schließlich tritt er auf die Schachtbühne B¹ ab. Ein Mann, der ausfahren will, tritt immer auf den Tritt am aufgehenden Gestänge. Die Fahrkünste machen etwa 5 Spiele in der Minute; wenn die Hubhöhe 2 m beträgt, so legt ein Mann in einer Minute 20 m Weg zurück. Die Gestänge sind senkrecht geführt, Signalzüge vermitteln die Verständigung mit dem Maschinenwärter. Gewöhnlich ist neben der Fahrkunst eine Fahrt eingebaut, so daß die Fahrenden beim Stillstand der Maschine die Fahrkunst verlassen können.

Die Mannschaftsfahrung auf dem Fördergestell ist zur Zeit auf den allermeisten Gruben im Gebrauch, sie ist bei tiefen Schächten die bequemste Art der Fahrung (Abb. 159). Die wichtigste Sicherheitsvorkehrung für die Fahrenden ist die Fangvorrichtung am Gestell. Tritt durch Seilbruch oder sonstige Zufälligkeiten eine Trennung des Gestelles vom Seile ein, so soll eine gut gebaute Fangvorrichtung das Gestell so allmählich an den Leitungen fangen, daß Schädigungen der Fahrenden ausgeschlossen sind. Hängt das Gestell am Seil, so wird durch das Gewicht des ersteren eine Feder gespannt und diese zieht die Fänger von der Leitung zurück. Wenn jedoch eine Trennung des Gestelles vom Seile stattfindet, dehnt sich die Feder aus und drückt die Fänger in die Leitungen. Eine der besten, allmählich, d. h. bremsend, wirkenden Fangvorrichtungen ist diejenige von Münzner.

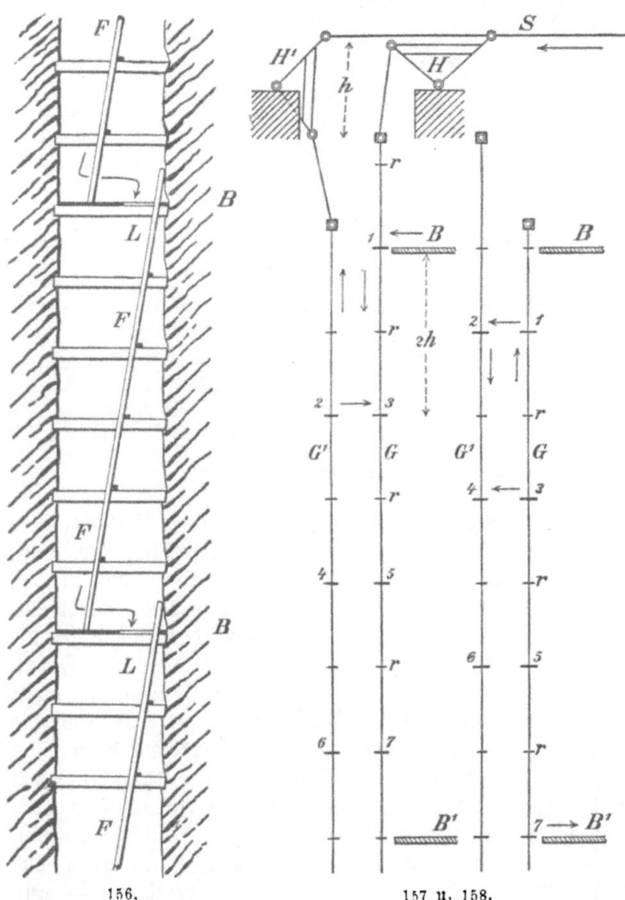

156.
Stellung der Fahrten im Schacht.

157 u. 158.
Fahrkunst.

Die Fänger bestehen aus mehreren parallelen starken Messern, die in den Leitbäumen
Furchen schneiden und durch die erzeugte Reibung das Fördergestell stoßfrei zur Ruhe bringen.

Alle Fangvorrichtungen, die das Gestell plötzlich aufhalten, sind zu verwerfen, da
sie bei etwaigem Seilbruch Verletzungen der Mannschaft veranlassen. Davon, daß eine
Fangvorrichtung zweckentsprechend arbeitet, überzeugt man sich durch Versuche, die mit
den betreffenden Gestellen an besonderen Versuchsgerüsten vorgenommen werden.

Die Wasserhaltung.

Die Wasserverhältnisse sind für den Bergbaubetrieb in mehr als einer Beziehung
von außerordentlicher Wichtigkeit. Das in die Grube eindringende Wasser muß selbst=
verständlich entfernt werden, vielen Bergbauen erwachsen hierdurch ganz erhebliche

159. **Anfahrt im Förderkorbe.**
Nach Börner und Georgi, „Der Kohlenbergmann in seinem Beruf". Verlag Craz u. Gerlach, Freiberg.

Schwierigkeiten. Anderseits ist aber auch heute noch die Versorgung mit Kraft= und
mit Waschwasser (für die Aufbereitung) eine sehr wichtige Frage namentlich für den Erz=
bergbau, während beim Kohlenbergbau der über Brennmaterial in Hülle und Fülle ver=
fügt, die Wasserkraft für den Betrieb kaum mehr in Frage kommt. Überhaupt war bis
zur Einführung der Dampfkraft außer der tierischen Kraft die Wasserkraft das einzige
Mittel, um größere Maschinen zu betreiben. Wir finden daher in den alten Revieren des
Erzbergbaues, im Erzgebirge, im Harz großartige Anlagen für die Wasserversorgung
des Bergbaues, und auch heute noch benutzt der Erzbergbau gern die vorhandenen Wasser=
kräfte, um die zur Erzeugung von Dampfkraft notwendige Beschaffung von Kohlen möglichst
zu ersparen. Erhöhte Bedeutung gewinnen aushaltende Wasserkräfte zur Zeit für die
Erzeugung von elektrischer Kraft, da diese am einfachsten und mit verhältnismäßig ge=
ringen Verlusten auf weite Entfernungen übertragen werden kann.

Leider kommt außerdem der Bergbau von Zeit zu Zeit mit den Besitzern der Ober=
fläche wegen der Zäpfung von Brunnen und Quellen in Streit, dem Bergbau fallen

dann nicht nur die Kosten der Wasserhebung aus seinen Bauen zur Last, sondern er muß auch für die sogenannten Wasserschäden aufkommen. So fließen Quellen, welche auf Erzgängen entspringen, leicht dem Bergbau in größerer Tiefe zu, auch senkt sich, falls nicht wassertragende Schichten vorhanden sind, der Grundwasserspiegel wegen der drainierenden Wirkung, welche bergmännische Baue auf die nächste Umgebung ausüben, das Versiegen der Brunnen ist manchmal die Folge.

Schon früher ist erwähnt worden, daß die Stollen hauptsächlich den Zweck haben, die den Grubenbauen oberhalb der Stollensohle zugehenden Wasser abzuleiten, und daß sie die Wasserhebung aus den tieferen Sohlen erleichtern, da diese Wasser statt bis zur Oberfläche nur bis zur Stollensohle zu heben sind (vgl. S. 84).

Als ein sehr wichtiges Mittel, das Eindringen des Wassers in die Grubenbaue zu verhüten, ist der wasserdichte Ausbau zu erwähnen, der einmal in Form von Dämmen angewendet wird, um das durch Streckenbetriebe zufließende Wasser abzuhalten, und dann in den Schächten zur Anwendung gelangt, um beim Flözbergbau das Wasser hangender Schichten fern zu halten. Bei der Herstellung des wasserdichten Ausbaues sind zwei Regeln zu

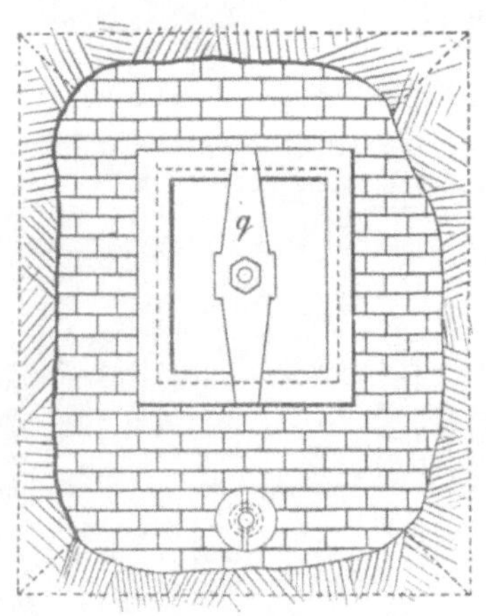
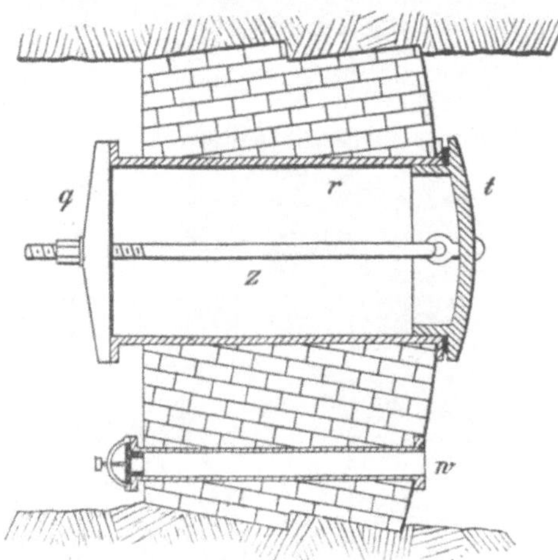

160. Ansicht.   161. Schnitt.
160 u. 161. Gemauerter Damm mit Dammthür.

beachten, einmal müssen die einzelnen Teile wasserdicht zusammenschließen, dann muß aber auch der Ausbau an seinen Enden wasserdicht an wasserundurchlässiges Gebirge anschließen.

Wasserdicht kann Grubenausbau ausgeführt werden in Holz: die einzelnen Teile werden genau zusammengearbeitet, die Hölzer thunlichst trocken eingebracht und dann die Fugen durch Verkeilen (Eintreiben von Holzkeilen, auch Pikotieren genannt) gedichtet. Hierbei werden zunächst weiche, dann harte Flachkeile und zuletzt harte Spitzkeile angewendet, während mit entsprechend geformten Eisen Platz für die Keile geschafft wird. Eiserner Ausbau wird aus cylindrischen Ringen mit abgedrehten Flantschen hergestellt, die einzelnen Teile werden durch starke Schraubenbolzen miteinander verbunden und die Fugen entweder durch Verkeilen oder durch Verstemmen von Bleieinlagen gedichtet. Der Anschluß an das feste Gestein wird durch besondere Ringe (Keilkränze oder Tragekränze) bewirkt, die ebenfalls verkeilt werden. Endlich kann man auch Mauerung dadurch wasserdicht machen, daß man sie in besten Ziegeln und in mit Kalk angemachtem Zementmörtel ausführt und wie bei der Herstellung jedes wasserdichten Ausbaues das Wasser zunächst ableitet. Ist dann die Mauer erhärtet, und wird das Wasser angestaut, so pflegt zwar zunächst etwas Wasser durchzudrücken, nach und nach aber versintert die Mauer, indem der Kalk die Poren verschließt.

Als Beispiel für einen wasserdichten Damm sei hier ein gemauerter Damm mit Durchgangsöffnung beschrieben (Abb. 160 u. 161), wie er häufig zur Sicherung unter=

irdischer Maschinenräume Anwendung gefunden hat. Im festen Gestein werden an der Firste, der Sohle und den Stößen der Strecke Widerlagsflächen gehauen, die eine abgestumpfte Pyramide bilden, sodann wird die Mauerung sorgfältig ausgeführt und in deren unteren Teil ein Wasserrohr w, in halbe Höhe die schmiedeeiserne Dammthür t mit gußeisernem Rahmen r eingebaut und sodann der Damm bis an die Firste hochgeführt. Fürchtet man das Zuströmen größerer Wassermengen, so werden das Wasserrohr und die Dammthür, das erstere durch Hahn oder Deckel, die letztere mittels Querstück q und Zugstange z geschlossen. Bei guter Ausführung wird das Wasser vollständig zurückgehalten. Derartige Dämme können für beliebig große Druckhöhen angewendet werden, in Förderstrecken können entsprechend große Thüren eingebaut werden. Findet der Wasserzugang nur zeitweise statt, so kann durch das Wasserrohr eine beliebige Menge nach und nach den Wasserhebungsmaschinen zugeführt und der Damm nach Entleerung der Grubenbaue wieder geöffnet werden.

Der wasserdichte Ausbau kommt namentlich in Schächten zur Anwendung. Der Vorgang ist verhältnismäßig einfach, wenn die zufließenden Wassermengen so gering sind, daß sie durch Pumpen gehoben werden können, die Arbeitsstelle also zugänglich bleibt.

Schwieriger ist es, einen Schacht wasserdicht auszubauen, wenn der Wasserzugang so groß ist, daß das Auspumpen unmöglich wird und der Schacht voll Wasser steht, oder wenn Schwimmsand (wasserreicher feiner Sand) zu durchteufen ist. Derartige Fälle treten gar nicht so selten ein, z. B. trifft man im nördlichen Teile des Ruhrsteinkohlenbeckens nicht selten wasserreiches Gebirge an, während beim Braunkohlenbergbau häufig wasserreiche Sande über dem Flöze liegen. Aber auch für diese Fälle gibt es Mittel, um zum Ziele zu gelangen.

In festem Gebirge mit starker Wasserführung wird das Schachtbohren angewendet, das zuerst durch den bekannten deutschen Bohrmeister Kind und den belgischen Ingenieur Chaudron etwa um 1855 ausgebildet wurde. Durch stoßendes Bohren, wie es im ersten Teile dieses Abschnittes

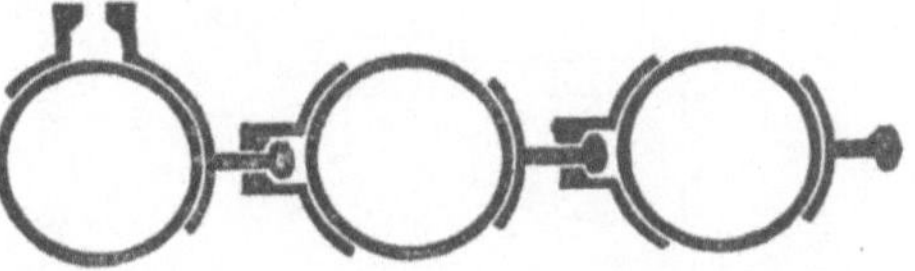

162. Haafes eiserne Rohre zum Senkrechtanstecken.

besprochen worden ist, jedoch mit mächtigen Bohrern, wird zunächst der ganze Schachtquerschnitt herausgebohrt, bis man in wasserundurchlässige Gesteinsschichten eingedrungen ist, in denen später ein wasserdichter Anschluß des Ausbaues möglich ist. Von den Verhältnissen der ganzen Anlage erhält man einen Begriff, wenn man bedenkt, daß ein Schachtbohrer von 4,3 m Durchmesser zwischen 14000 und 20000 kg wiegt. Von Vorteil ist es, wenn vorher, soweit es die Wasserzuflüsse gestatten, ein Vorschacht abgeteuft und ausgebaut wird und man mit dem Abbohren erst beginnt, sobald man sich den wasserreichen Schichten nähert. In den so geschaffenen Schachtraum wird dann der eiserne wasserdichte Schachtausbau, aus verschraubten Ringen mit Bleieinlagen bestehend (auch Cuvelage genannt), eingehängt. Dies wurde erst dadurch möglich, daß Chaudron den Gleichgewichtsboden einführte; es wird nämlich in einen der untersten Ringe vorläufig ein wasserdichter Boden eingebaut, so daß der ganze Eisenausbau als ein gewaltiges hohles Gefäß zum Schwimmen kommt. Während oben weitere Ringe aufgebaut werden, sinkt der Ausbau, der durch Einfüllen von Wasser soweit nötig belastet wird, tiefer und tiefer ein, bis er auf der Schachtsohle aufsetzt. Sodann wird der etwa zu 20 bis 25 cm bemessene ringförmige Raum zwischen dem Gebirge und dem Schachtausbau mit bestem Beton ausgefüllt, dem man Zeit zum Erhärten gibt, zuletzt kann das Wasser ausgepumpt, der Gleichgewichtsboden ausgebaut und dadurch die Schachtsohle zugänglich gemacht werden. Es wird dann vorsichtig weiter abgeteuft und der Fuß der Cuvelage zur weiteren Sicherung des Wasserabschlusses noch mit einigen eisernen Ringen, die aus zusammengeschraubten Segmenten bestehen, wasserdicht unterbaut.

Im losen Gebirge, z. B. im Sande, können bei starker Wasserführung zum Abteufen und zum gleichzeitigen, wasserdichten Ausbau die folgenden drei Verfahren angewendet werden: bei geringer Mächtigkeit der wasserführenden Schichten das Senkrechtanstecken

(d. i. das Herstellen einer Spundwand); bei größerer Mächtigkeit der Senkschacht oder das Gefrierverfahren von Poetsch.

Das Senkrechtanstecken ist für wasserreiche Schichten von 6—8 m Mächtigkeit zweckmäßig (Abb. 163). In dem Vorschachte V, der in gewöhnlicher Weise geteuft und ausgebaut wurde, werden mit Hilfe entsprechender Führungen f Pfähle p, welche mittels Nut und Feder ineinandergreifen, als Spundwand durch die wasserführende bis in eine wasserundurchlässige Schicht niedergedrückt. Hierdurch ist der Raum innerhalb des Senkrechtansteckens von dem übrigen Gebirge abgetrennt, man kann ihn — allerdings meistens bei geringem Wasserzufluß durch die Fugen der Spundwand — ausschachten, die letztere durch weiteren Ausbau verstärken und dann im wasserundurchlässigen Gebirge in gewöhnlicher Weise weiter abteufen. Dieses ursprüngliche Verfahren ist durch Haase vervollkommnet worden; er bildet die Spundwand aus schmiedeeisernen Rohren mit eigenartigen Ansätzen (Abb. 162), die wie Feder und Nut ineinanderpassen, die Schwierigkeit des Eintreibens, namentlich in die wasserundurchlässigen Schichten, kann hierbei durch Bohrwerkzeuge, mit denen man innerhalb der Rohre arbeitet, oder durch Wasserspülung verringert werden. Diese Rohrverbindung hält den Sand zurück, läßt jedoch ebenfalls Wasser durch.

Ein Senkschacht, mit dem es möglich ist, auch mächtigere wasserreiche Schichten zu durchteufen, ist gewissermaßen ein senkrechtes Anstecken aus einem Stück, derselbe wird entweder in Mauerung oder in Eisenausbau (Abb. 164) hergestellt. Man teuft auch hier einen Vorschacht U, mauert ihn aus und baut in denselben, von starken Ankerstangen gehalten, einen kräftigen Preßring R ein. Sodann wird auf der Sohle des Vorschachtes der mit Schneide versehene Senkschuh s aus Segmenten zusammengesetzt und der Eisenausbau aufgeführt, nachdem vorher im Vorschachte Führungen f für den Senkschacht eingebaut waren. Man beginnt dann auf der Sohle mit dem Ausschachten des Gebirges, und der Senkschacht sinkt, durch sein Eigengewicht, oder durch Schraubenpressen, die ihr Widerlager am Preßringe finden, belastet, tiefer ein. Kommt man auf die wasserführende Schicht, so werden die Gebirgsmassen mittels Sackbohrer oder Greifbagger von der Oberfläche aus unter Wasser gewonnen und der Schacht durch weiteren Aufbau von Ringen erhöht, bis es gelingt, ihn weit genug in wasserdichte Schichten einzupressen. — Nicht selten kommt es vor, daß bei

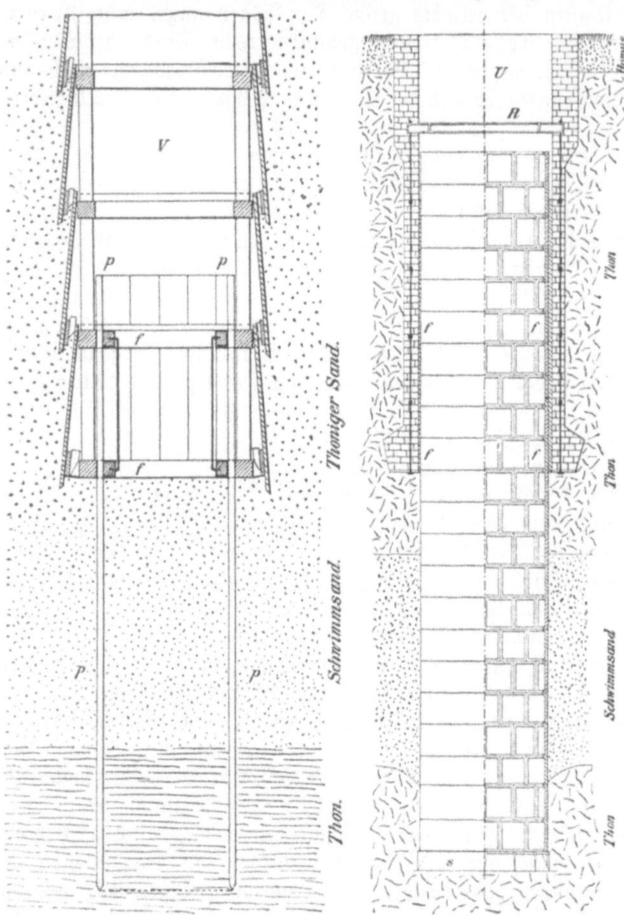

163. **Das Senkrechtanstecken.**   164. **Eiserner Senkschacht.**

großer Mächtigkeit des wasserführenden Gebirges ein Senkschacht wegen der Reibung im Gebirge nicht bis in die wasserundurchlässigen Schichten vorwärtsgebracht werden kann. Man unterbricht dann die Arbeit, schüttet den Schacht bis über den Wasserspiegel mit grobem Sande zu und beginnt einen zweiten entsprechend engeren Senkschacht innerhalb des ersten, ja in schwierigen Fällen hat man bis 5 solcher Senkschächte ineinander ver=
wendet, um große Tiefen zu erreichen. Dabei muß von vornherein mit großem Querschnitt begonnen werden, denn durch jeden weiteren Senkschacht wird der Schachtdurchmesser verkleinert.

Außerordentlich ingeniös ist das Gefrierverfahren des Markschei=ders Poetsch (Abb. 165 u. 166); es überwindet die Schwierigkeiten der starken Wasserführung dadurch, daß das Gebirge in der Umgebung des Schachtpunktes bis auf die wasser=undurchlässigen Schichten abwärts durch Kältewirkung zum Gefrieren gebracht und in dem Frostkörper völlig trocken wie im festen Gestein abgeteuft und wasserdicht ausgebaut wird. Das Verfahren hat sich bereits in vielen Fällen vortrefflich bewährt. Nach Herstellung eines geräumigen Vor=schachtes werden in etwa 1 m Ab=stand von den späteren Schachtstößen durch die wasserführenden Gebirgs=schichten und bis in das wasserundurch=lässige Gebirge die etwa 200 mm weiten eisernen Gefrierröhren mittels der Verfahren der Tiefbohr=technik eingesenkt, am Boden verschlossen (Abb. 167) und in dieselben die etwa 30 mm starken Laugenrohre ein=geführt, das obere Ende der Gefrier=rohre durch einen entsprechenden Auf=satz verschlossen und mit Abflußrohr versehen. Die sämtlichen Laugenrohre werden mit dem Verteilungsrohre, die Abflußrohre mit einem Sammel=rohre verbunden. Dann kann der Gefrierprozeß beginnen, indem von einer Kältemaschine aus tief erkaltete Lauge (Chlormagnesiumlösung von etwa — 25° C.) mittels Druckpumpe durch das Rohrsystem gedrückt und

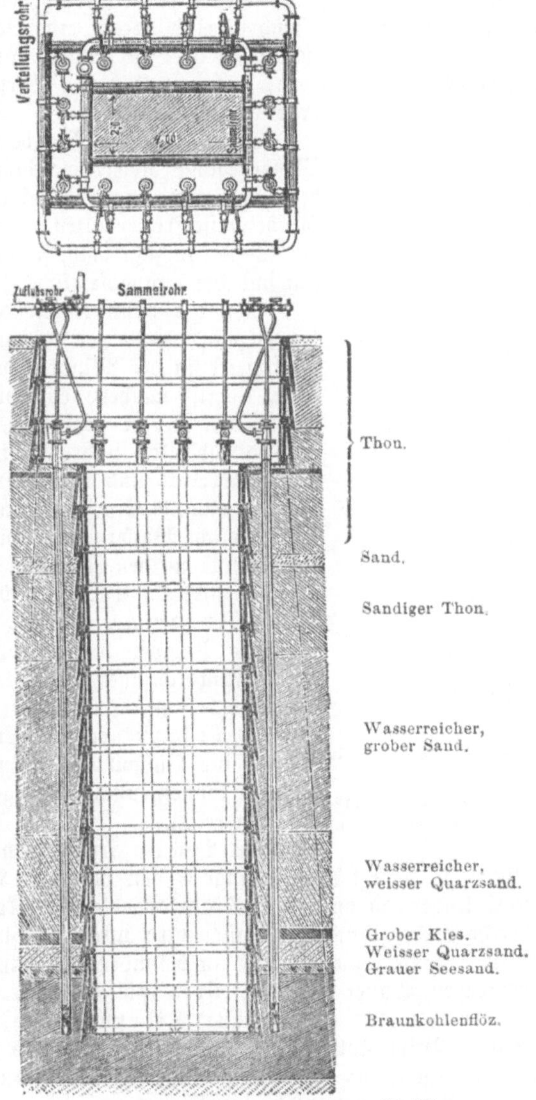

165 u. 166. **Gefrierverfahren von Poetsch.**

immer wieder aufs neue abgekühlt wird. Die hierbei stattfindende Wärmeentziehung bringt den ganzen Gebirgzylinder nach und nach zum Gefrieren. Der Schwimmsand erhält dann etwa die Beschaffenheit festen Sandsteins. Nach einigen Wochen kann mit dem Ab=teufen begonnen und nach Erreichung des wasserundurchlässigen Gebirges der wasserdichte Ausbau hergestellt werden. Erst nachdem der letztere mit Beton hinterfüllt und in allen seinen Teilen gesichert ist, hört man mit der Kälteerzeugung auf. Die Gefrierrohre können, nachdem warmes Wasser in dieselben eingeführt wurde, wieder herausgezogen werden. 1 m Schachtabteufen mittels des Poetschschen Verfahrens kostet etwa 2000 Mk., eine Summe die vielleicht hoch erscheint; es ist jedoch der Erfolg vollständig gesichert, was bei dem nicht viel billigeren Verfahren des Senkschachtes keineswegs immer der Fall ist.

Die Wasserhebung. Diejenigen Wassermengen, welche trotz der angewendeten Vorkehrungen in die Tiefbaue eindringen, müssen bis zur Stollensohle oder bis zur Tagesoberfläche gehoben werden. Während als ständige Einrichtungen hierzu überall Kolbenpumpen dienen, werden für vorübergehende Zwecke die leicht zu handhabenden Pulsometer benutzt, auch ist man darauf eingerichtet, ausnahmsweise mit der Förder=maschine, mittels Wassertonnen oder indem man auf die Fördergestelle Wasserkästen auf=schiebt, Wasser zu heben, man nennt dieses Verfahren Wasser fördern oder Wasser treiben.

Es ist für jeden Bergbau von der größten Bedeutung, für die Wasserhebung Reservemaschinen zur Verfügung zu haben, damit beim Versagen einer Maschine oder bei erhöhtem Wasserzugang die Grube wasserfrei erhalten werden kann. Füllen sich die tiefen Sohlen mit Wasser, so sagt man, sie ersaufen, langwierige Betriebsstörun=gen sind die unausbleibliche Folge.

Von der Mühseligkeit der Wasserhebung in früheren Zeiten können wir uns heute, wo wir mit einer Maschine 10 und mehr Kubikmeter in der Minute einige hundert Meter hoch heben, kaum einen Begriff machen; ebensoviel Liter Wasserzuflüsse setzten früher eine Grube in die größte Verlegenheit. Das veranschaulicht uns trefflich Agricolas Bild „Tretrad mit Heinzenkunst" (Abb. 168). Beides, Tretrad und auch Heinzenkunst, sind heute kaum noch in der Technik gekannte Einrichtungen — und wenn auch auf der Abbildung eine ziemliche Wassermenge dem Ausgusse entströmt, wie oft versagten diese Künste mit den hölzernen Röhren und den schwerfälligen Ketten. Und bei alledem war die Höhe, über welche das Wasser gehoben wurde, sehr gering.

Als Pumpen werden jetzt fast ausschließlich, wenn man von kleinen Abweichungen absieht, Hubpumpen und Plunger=Druck=pumpen benutzt; Saugpumpen stehen wegen der geringen Hubhöhe (etwa 9 m) kaum noch in Verwendung. Was den Einbau betrifft, so sind die Hubpumpen immer Gestängemaschinen, die Plunger=pumpen können auch als sogenannte unterirdische Maschinen ein=gebaut werden.

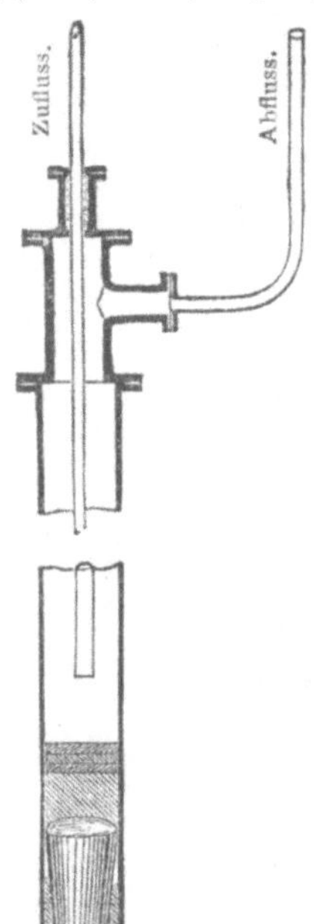

167. Gefrierrohr nach Poetsch.

Den Bau der Hubpumpe verdeutlicht Abb. 169. Im Pumpen=cylinder C bewegt das Gestänge G den mit zwei Klappenventilen versehenen und gegen die Cylinderwandung durch Stulp abgedichteten Kolben K und zwar hier aufwärts; das über demselben befindliche Wasser wird durch das Steigrohr St gehoben. Das als Klappen=ventil gebaute Saugventil S, in besonderem Ventilkasten befindlich, ist von dem durch=strömenden Wasser geöffnet. Über dem Cylinder ist der Liderkasten L eingebaut, um von Zeit zu Zeit die Dichtung (Liderung) des Kolbens nachsehen und erneuern zu können. Beim Kolbenniedergang schließt sich das Saugventil, die Kolbenventile öffnen sich und lassen das vorher angesaugte Wasser hindurchtreten. Die gesamte Hubhöhe wird zweckmäßig auf etwa 40 m bemessen.

Der Kolben K der Plunger=Druckpumpe (Abb. 170 u. 171) ist ein Vollkolben, er schließt nicht an die Cylinderwandung an, sondern ist durch Stopfbüchse P abgedichtet. Die Ventile, Saug= und Steigrohre sind seitlich angebaut; beim Kolbenniedergang wird das Wasser durch das Druckventil D hinausgedrückt, beim Kolbenaufgang Wasser durch das Saugventil S angesaugt. Das Verbindungsstück zwischen Saugventilkasten und Cylinder heißt Halsrohr. Die Rohrverbindung r mit den Hähnen h dient für den Fall von Reparaturen an den Ventilen zum Ablassen des Wassers. Die geschilderte Anordnung wird bei Gestängemaschinen angewendet; denkt man sich Cylinder und Plunger am Hals=

rohre um einen rechten Winkel, d. h. aus der Senkrechten in die wagerechte Lage gedreht, so erhält man die für unterirdisch eingebaute Pumpen am häufigsten gewählte Bauart. Die zulässige Druckhöhe bei Plungerpumpen kann mehrere hundert Meter betragen.

Für solche Gruben, in denen Wasserzugänge zum Schacht auf vielen Sohlen stattfinden und außerdem die Wahrscheinlichkeit stark schwankender Wassermengen vorliegt, wählt man Gestängemaschinen zur Wasserhebung; die Betriebsmaschine steht, wenn es eine Dampfmaschine ist, über Tage, falls es ein Wassermotor ist, kann auch die Aufstellung über der Stollensohle erfolgen. Die

Pumpensätze stehen im Schachte und sind an das Gestänge angebaut. Diese älteste Anordnung der Wasserhebungsmaschinen für den Bergbau hat den wichtigen Vorteil, daß auch beim Ersaufen der tiefsten Sohle die Wasserhebung fortgesetzt werden kann, solange die Pumpensätze unter Wasser arbeiten. Dagegen kann man Gestängemaschinen wegen der großen bewegten Lasten keine hohen Spielzahlen machen lassen, die Abmessungen der Pumpen werden verhältnismäßig große und es wird außerdem im Schachte ein geräumiges Wasserhaltungstrum gebraucht.

Unterirdische Wasserhebungsmaschinen nennt man im Bergbau liegende Plungerpumpen (häufig sind mehrere Plunger angeordnet), die mit einer Betriebsmaschine unmittelbar zusammengebaut und in besonderen Maschinenräumen in nächster Nähe des Schachtes aufgestellt sind. Als Betriebskraft wird denselben Dampf, Preßluft, Preßwasser und in neuester Zeit auch Elektrizität zugeführt. Im Schachte befinden sich

168. **Altes Tretrad mit Heinzenkunst.** Nach Agricola.

nur die Kraftzuleitungen und die Steigrohre. Für tiefe Gruben und bei Wasserzugängen in mehreren Sohlen ordnet man eine entsprechende Anzahl solcher Maschinen übereinander an.

Auch in den Fällen, wenn man genötigt ist, unter der tiefsten Sohle abzubauen, etwa in einem verworfenen Feldteile, oft weit entfernt vom Schachte, werden derartige Maschinen aufgestellt, um das diesen Abbauen zufließende Wasser bis auf die Hauptstrecke zu heben. Hier kommen als Betriebskraft nur Preßluft und Elektrizität in Frage, da Dampf wegen der nie ganz zu beseitigenden Erwärmung der Grubenbaue unbequem wird und man Preßwasserleitungen nicht gern zu weit ausdehnt. Für Betriebspunkte, welche von den Schächten weit entfernt sind, bilden diese Anordnungen die einzige Möglichkeit billiger Wasserhebung, kleinere Maschinen setzt man des leichten Transportes halber auf dazu passende Wagen.

Die unterirdisch eingebauten Maschinen haben den Nachteil, daß sie dem Ersaufen ausgesetzt sind, wogegen sie nur durch Dämme (s. weiter oben) und durch umständliche Anlage der Maschinenräume einigermaßen geschützt werden können. Sie haben aber die wesentlichen Vorteile hoher Umlaufszahlen, daher kleiner Abmessungen der arbeitenden Teile und billigen Betriebes, auch ist die ganze Anordnung sehr übersichtlich. Man wählt daher diese Bauart in allen Fällen, in denen nicht die triftigsten Gründe für die Anlagen von Gestängemaschinen sprechen.

Die Wetterwirtschaft.

Wetter nennt der Bergmann die in der Grube vorhandene Luft, sie hat zunächst die Zusammensetzung der atmosphärischen Luft, d. h. sie besteht aus 79 Raumteilen Stickstoff, 21 Raumteilen Sauerstoff und 0,04 Raumteilen Kohlensäure. Durch das Atmen der Menschen und das Brennen der Grubenlichter wird beständig Sauerstoff verzehrt und Kohlensäure gebildet, so daß, wenn die nötige Lufterneuerung nicht eintritt, die Grubenlampen trübe brennen oder wohl gar verlöschen und für die Menschen Atembeschwerden eintreten. In sehr tiefen Gruben erwärmen sich auch die Wetter dadurch, daß die Gesteinstemperatur mit der Tiefe zunimmt. Bekanntlich ist in etwa 20 m Tiefe die Gesteinstemperatur gleich der mittleren Jahrestemperatur an der Oberfläche, sie nimmt dann nach der Tiefe zu auf etwa 30 m um je 1° C. zu.

In manchen Gruben bildet sich auch noch auf anderem Wege Kohlensäure, so aus manchen Kohlen, durch die Explosion der

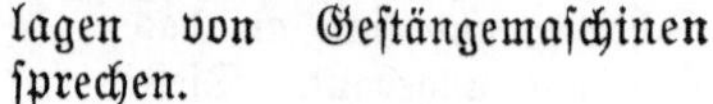

169. Hubpumpe.   170 u. 171. Plunger-Druckpumpe.

Sprengstoffe und durch Grubenbrand. Kohlensäurereiche Wetter heißen schwere Wetter oder Schwaden. Da die Kohlensäure das hohe spezifische Gewicht 1,5 hat, so sammeln sich die Schwaden an der Sohle der Baue an, man erkennt sie daran, daß das Licht in ihnen nicht brennt.

Andere Gase, welche sich in der Grube zuweilen bilden, sind: das äußerst giftige und explosible Kohlenoxydgas, es entsteht namentlich beim Grubenbrande, wenn der Luftzutritt beschränkt ist. Schon ein Gehalt der Grubenluft von 1 % Kohlenoxydgas soll für den Menschen tödlich sein; das Gas ist sehr gefährlich, da wir keine einfachen Mittel besitzen, um es leicht zu erkennen. Doch sind die Brandwetter gewöhnlich mit Rauch gemischt und durch den brenzligen Geruch kenntlich.

Seltener bildet sich in der Grube und zwar in ersoffenen Grubenbauen durch Zersetzung von Schwefelmetallen das ebenfalls giftige und explosible Schwefel-

waſſerſtoffgas, es iſt durch ſeinen eigentümlich unangenehmen Geruch leicht zu er=
kennen. Über die Bildung der Schlagwetter und ihre Bekämpfung, ſowie über den
Kohlenſtaub und Grubenbrand iſt im Abſchnitte Steinkohlenbergbau näheres mitgeteilt.

Wetter, welche ſich ſo verändert haben, daß das Licht
nicht mehr gut brennt, nennt der Bergmann matte Wetter,
und wenn noch ſchädliche Gaſe hinzutreten, böſe Wetter.
Leider ſteht uns nur ein einziges Mittel zur Verfügung,
um ſchlechte Wetter zu beſeitigen, nämlich die ausreichende
Zuführung friſcher Luft, um ſo eine Verdünnung und Er=
neuerung der Grubenluft herbeizuführen. Die Vernichtung
ſchädlicher Beſtandteile der Wetter auf chemiſchem Wege
iſt bis jetzt noch nicht gelungen.

Das Grubenlicht, deſſen ſich der Bergmann zur
Erhellung der Grubenräume bedient, nennt er auch Ge=
leucht. In den meiſten Fällen werden Kerzen oder kleinere
Lampen benutzt, deren Form nach örtlicher Gewohnheit
verſchieden iſt. So bedient man ſich im Harz und in Weſt=
deutſchland der Froſchlampen (Abb. 172), am Harz ſind
ſie gewöhnlich offen und werden mit Talg geſpeiſt, in
Weſtfalen ſind ſie geſchloſſen und für Rüböl oder Petro=
leum eingerichtet. Der Freiberger Bergmann hat eine
kleine Kugellampe in einem mit blankem Metallblech aus=
geſchlagenen Käſtchen (Abb. 173), das ganze wird Blende
genannt und an einem hinten befeſtigten Haken in der Hand
oder an einem um den Hals genommenen Riemen getragen,

172. **Froſchlampe.**

ſo daß der Mann beide Hände frei hat. Die Blende iſt auch mit einer Tülle verſehen,
zum Hineinſtecken eines Lichtes.

Um den nötigen Vorrat an Brennſtoff für die Dauer einer Schicht mitzuführen,
dienen dort, wo man Lichter gebraucht, Blechbüchſen, Öl wird an manchen Orten
in einem Stierhorn (Abb. 174) mitgenommen.
In das weite Ende iſt ein Spund feſt eingeſetzt,
die Spitze iſt durchbohrt und kann durch ein
Holzpflöckchen verſchloſſen werden, in der Grube
wird der Ring über den Leibriemen geſchoben.
Feſtſtehende Lampen werden an den Füllörtern,
in Maſchinenräumen, Pferdeſtällen, auf Quer=
ſchlägen benutzt; hierzu wird auch zuweilen elek=
triſches Licht mit Stromzuführung verwendet
und zwar ſowohl Glühlampen als auch, z. B. in
den Weitungen der Steinſalzgruben, Bogenlicht.
Tragbare elektriſche Lampen mit Accumulatoren
ſind für den gewöhnlichen Gebrauch zu ſchwer
und zu teuer, dagegen leiſten ſie beim Eindringen
in unatembare Gaſe mittels Atmungsapparate
gute Dienſte.

Hierüber und auch über die Sicherheits=
lampen werden wir bei Beſprechung des Stein=
kohlenbergbaus ausführliches mitteilen.

In jeder Grube findet infolge Verſchieden=
heit der Temperatur und daher der Schwere

173. **Freiberger Blende.**

der Luftmaſſen eine Bewegung derſelben ſtatt, die wir Wetterwechſel nennen, es ſtrömt
von der Oberfläche friſche Luft in die Grube, während die verbrauchte abſtrömt. Die
Gründe hierfür laſſen ſich beſonders deutlich verfolgen, wenn wir annehmen, daß eine
Grube (Abb. 175) mittels eines Schachtes und eines Stollens mit der Oberfläche in Ver=

binbung steht. Im Winter befindet sich über dem Stollenmundloch eine kalte, daher schwere
Luftsäule (wobei der Höhenunterschied h zwischen Stollenmundloch und Hängebank des
Schachtes in Frage kommt), während die Luft im Schachte erwärmt und leichter ist, es
ziehen daher im Winter die kalten Wetter in der Richtung der ausgezogenen Pfeile zum
Stollen ein und verlassen erwärmt den Schacht. Im heißen Sommer dagegen sind die
Verhältnisse umgekehrt, die äußere Luft ist wärmer und leichter als die in der Grube
befindliche, es fallen daher die Wetter warm zum Schachte ein und verlassen abgekühlt

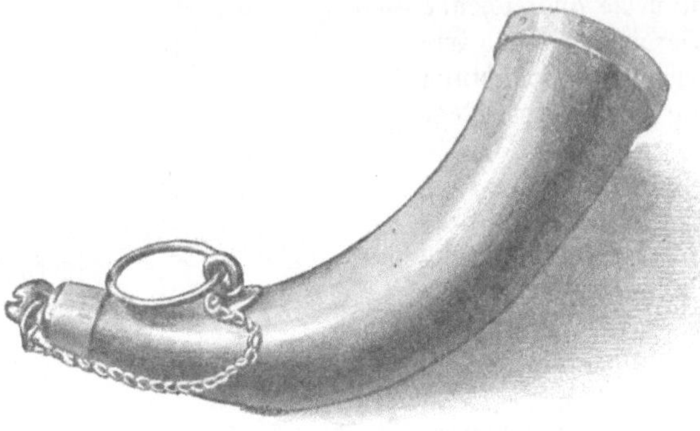

174. Ölhorn.

die Grube durch den Stollen in der Richtung der gestrichelten Pfeile. An schönen Tagen im Frühjahr und Herbst wird sich die für den Winter eigentümliche Wetterströmung in der kühlen Nacht, dagegen die den Sommerverhältnissen entsprechende am warmen Nachmittage einstellen. Es ändert also dann in 24 Stunden der Wetterstrom zweimal seine Richtung. Zunächst muß kurze Zeit ein Stillstand in der Wetterbewegung (Wetterstockung) eintreten, dann beginnt langsam und immer stärker werdend die Bewegung
in der entgegengesetzten Richtung — das Umsetzen der Wetter. Dieselben Erscheinungen treten auch, wenngleich in abgeschwächtem Maße ein, wenn die Grube durch
zwei Schächte mit der Tagesoberfläche in Verbindung steht, man kann dann die Wetterbewegung durch zweckentsprechende Auswahl der Höhenlage der Schachtpunkte auch durch
Rücksichtnahme auf die vorherrschende Windrichtung und dementsprechenden Bau der

Schachtgebäude verstärken.

175. Natürlicher Wetterwechsel.

Für Gruben, in denen sich schädliche Gase entwickeln, namentlich für Schlagwettergruben können Wetterstockungen äußerst gefährlich werden, auch reicht bei größerer Ausdehnung der Grubenbaue die infolge der natürlichen Verhältnisse die Grube durchziehende Wettermenge nicht aus, um die schädlichen Gasarten genügend zu verdünnen. Es müssen daher Vorkehrungen getroffen werden, um die Zufuhr frischer Wetter dem Bedarf entsprechend zu steigern.

Von den beiden Hilfsmitteln, welche
wir besitzen, besteht das eine darin, daß
die Temperatur des ausziehenden Schachtes durch Anlage einer Feuerung unter Tage
(Wetterofen) künstlich erhöht wird; es wird hiervon zwar zum Teil noch Gebrauch
gemacht, doch bringen die Wetteröfen für Schlagwettergruben mancherlei Gefahren
mit sich und beschränken die Benutzung des ausziehenden Schachtes für andere Zwecke
ganz wesentlich. Man greift daher gewöhnlich zu dem zweiten Mittel und verstärkt die
Wetterbewegung durch den Einbau von Wetterrädern (Ventilatoren), welche meistens
durch Dampfkraft bewegt werden; sie erteilen der ausströmenden Luft eine große Geschwindigkeit und bewirken dadurch das regelmäßige Nachströmen neuer Luftmassen. Unter
den mancherlei Systemen, welche zur Anwendung gelangen, sind die Schleuderräder (Zentrifugalventilatoren) am verbreitetsten, ihr Bau ist sehr einfach, so daß Störungen selten
vorkommen. Der Hauptteil des Ventilators ist ein Flügelrad, welches in schnelle Umdrehung — bei kleinen Rädern bis 300 und mehr in der Minute, bei großen Rädern
etwa 60 in der Minute — versetzt wird. Die innerhalb der Flügel befindliche Luft wird

infolge der Zentrifugalkraft nach dem Umfange geworfen, an der Achse des Flügelrades entsteht ein luftverdünnter Raum, der durch einen Kanal mit dem ausziehenden Schachte in Verbindung steht und Luft aus der Grube ansaugt; hierbei muß die Hängebank dieses Schachtes geschlossen gehalten werden.

Als Beispiel sei hier der vielgebrauchte Ventilator Geisler (Abb. 176 u. 177) näher beschrieben; es ist ein sogenannter einseitiger Ventilator, das Flügelrad sitzt auf der Welle W und wird durch Seiltransmission S in Umdrehung gesetzt. Auf der linken Seite ist das Rad durch eine starke Eisenscheibe M geschlossen, an diese setzen die gekrümmten Flügel F an. Die rechte gegen M etwas geneigte Wand des Rades läßt den zentralen Teil frei, durch den die Luft dem Ventilator aus dem Saugkanal Sg zuströmt. Durch den an der Achse angebauten Einströmungskegel C wird die Luft in die radiale Richtung umgelenkt, von den Flügeln erfaßt, in drehende Bewegung gesetzt und nach dem Umfange gedrängt. Die

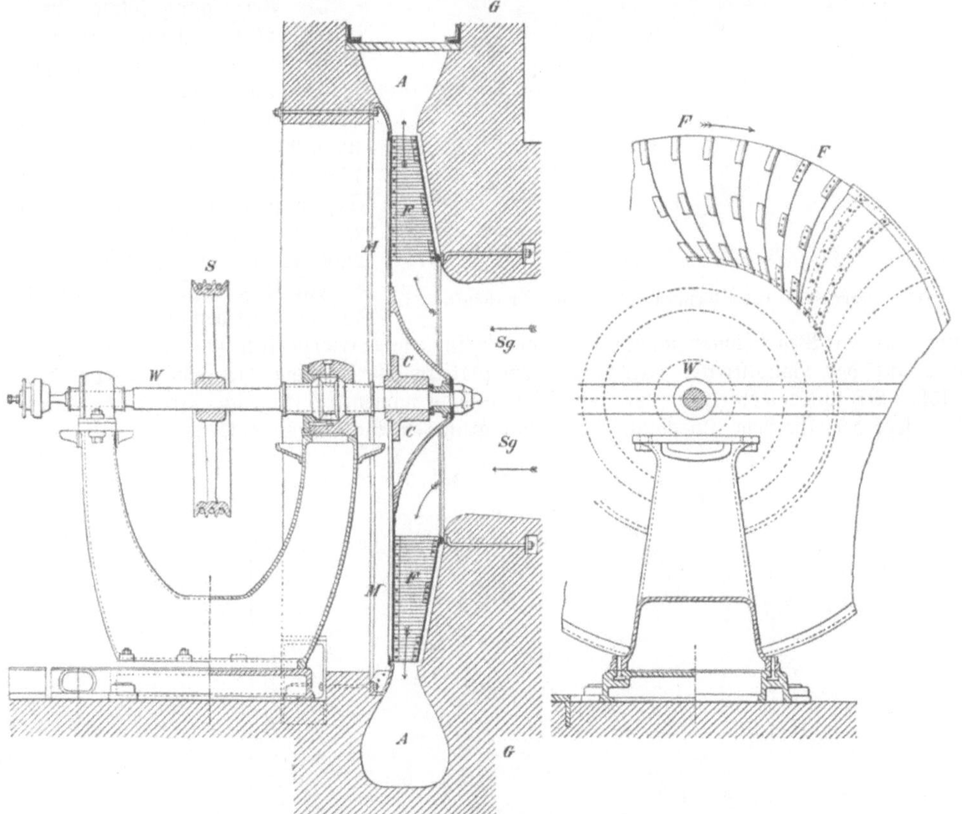

176 u. 177. Einseitiger Ventilator. System Geisler.

neueren Ventilatoren werfen die Luft nicht unmittelbar in die Umgebung aus, sondern sind mit einem spiralförmigen Auslaufraume A umgeben, der in dem Gehäuse G ausgespart ist und in einen tangential angeordneten sich erweiternden Schlot übergeht. Die schnelllaufenden Ventilatoren baut man mit 3—4 m Durchmesser, bei den langsam laufenden kommen Durchmesser bis zu 12 m und darüber vor, das ergibt Umfangsgeschwindigkeiten von etwa 30 m in der Sekunde. Die Wettermengen, welche von leistungsfähigen Ventilatoren durch eine Grube geführt werden, sind sehr erhebliche: 2500 cbm in der Minute und mehr, die Leistung ist aber wesentlich abhängig von den Widerständen, welche dem Durchgange der Luft in der Grube entgegenstehen; weite, möglichst gerade Strecken mit abgerundeten Krümmungen sind engen gekrümmten Wetterwegen vorzuziehen.

Außer den Ventilatoren, welche die Luft für die ganze Grube versorgen, wendet man nicht selten auch noch kleinere ebenso gebaute Wetterräder an, welche einzelnen abgelegenen Betrieben durch Rohre (Lutten genannt) frische Wetter zuführen. Man läßt

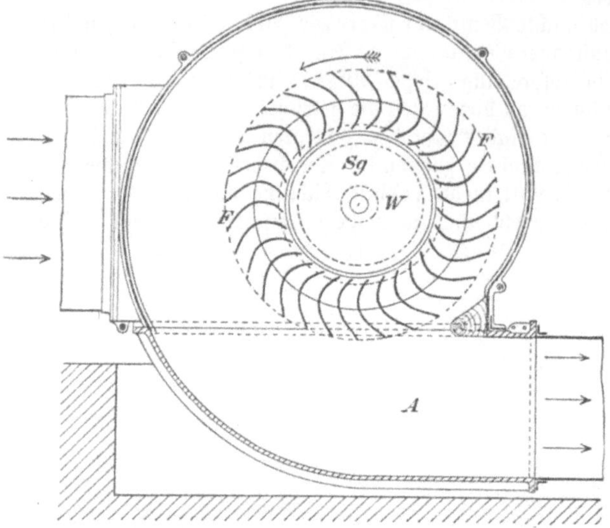

sie gewöhnlich blasend wirken, d. h. die Rohre werden an der tangentialen Öffnung des Ventilatorgehäuses angesteckt. Zum Betriebe solcher kleiner Ventilatoren (Abb. 178) sind Elektromotoren besonders geeignet. Die Buchstaben haben dieselbe Bedeutung wie in den Abb. 176 und 177.

Die Versorgung solcher weit entfernter Grubenbaue mit frischen Wettern kann aber in ausgiebiger Weise auch noch durch andere Mittel erreicht werden, z. B. durch einen Wetterscheider W (Abb. 179). Hierunter versteht man eine Scheidewand aus Segeltuch, aus Brettern gezimmert oder auch gemauert, welche die betreffende Strecke in zwei Trümer teilt, so daß die Luft den durch die Pfeile

178. Querschnitt eines Grubenventilators im Gehäuse.

angedeuteten Weg nehmen muß. Die Thür T in dem Wetterscheider vermittelt den Verkehr auf der Hauptstrecke. Ein Rohrstrang R in Verbindung mit einer Wetterthür (Abb. 180) würde denselben Zweck erreichen und ist namentlich für enge Strecken geeignet, doch setzt derselbe dem Durchgange der Luft größeren Widerstand entgegen.

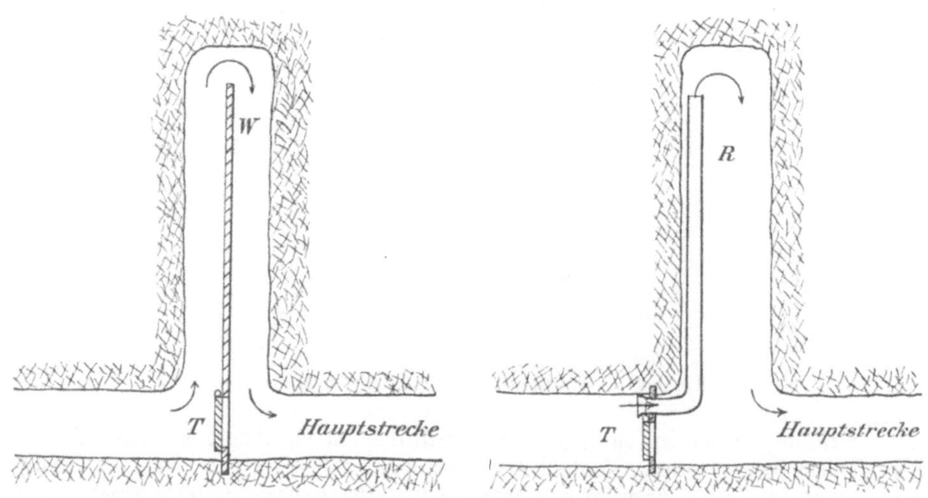

179. Bewetterung durch Wetterscheider.   180. Bewetterung durch Rohrstrang.

Den Wetterströmen, welche die Grube durchziehen, muß übrigens der Weg vorgeschrieben werden. Damit sie nicht auf dem kürzesten Wege dem ausziehenden Schachte zueilen, werden alle Strecken, durch welche die Wetter nicht hindurchziehen sollen, durch Wetterthüren (Blenden) oder durch Aufführen von Mauern abgeschlossen.

Nachdem wir im einzelnen die Hilfsmittel des bergmännischen Betriebes betrachtet haben, können wir uns den berühmtesten Stätten des Bergbaues zuwenden.

Der Bergbaubetrieb.

Der Erzbergbau.

Gold und Silber.

Gold, das gelbe Metall, beherrscht heute die Welt. Sein eigener hoher Wert macht es zum Sinnbilde des Reichtumes; wer Gold und vielleicht noch Edelsteine in Fülle besitzt, ist mächtig. Während aber die Edelsteine Waren sind, deren Preis steigt und fällt, deren Wert keineswegs allein vom absoluten Gewicht sondern weit mehr von der Farbe, dem Feuer und von der Größe jedes einzelnen Steines abhängt, Waren, die erst durch künstliche Behandlung, durch den Schliff ihren hohen ideellen Wert erhalten, und gerade aus diesen Gründen als allgemeines Zahlungsmittel nicht anerkannt sind, beruht der Wert des Goldes nur im Stoffe selbst. Gold ist der heute allgemein angenommene Wertmesser für die übrigen Dinge, sein Wert steht fest, während alle anderen schwanken, es hat denselben Preis, ob es als Waschgold, in Barren oder als Münze angeboten wird.

Früher hatte das Gold als Münzmetall einen Rivalen, das Silber, das weiße Metall. Angenähert schon seit dem Ende des 17. Jahrhunderts, von 1865 ab auf Grund des lateinischen Münzvertrages, der zwischen Frankreich, Italien, Belgien und der Schweiz abgeschlossen wurde — später traten Griechenland und Rumänien auch Spanien demselben bei — hatte ein festes Wertverhältnis zwischen beiden bestanden, das gleiche Gewicht Gold hatte $15\frac{1}{2}$ mal mehr Wert, als dasselbe Gewicht Silber. Die Vereinigten Staaten von Nordamerika, die bereits seit 1834 die Doppelwährung angenommen hatten, prägten die Münzen nach dem Wertverhältnis 1 : 16, also ganz ähnlich wie der lateinische Münz= bund, aus.

Die Zeiten des festen Wertverhältnisses zwischen Silber und Gold sind jedoch vorüber, seit ungefähr 25 Jahren ist der Silberpreis im Niedergange begriffen. Er hat bis zum Jahre 1872 etwa 179 Mark für 1 kg betragen und ist von da ab fast stetig gefallen, so daß 1 kg nur noch etwa 75 Mk. wert war (Monatsdurchschnitt August 1897). Der Goldpreis dagegen ist in demselben Zeitraume unverändert geblieben, nämlich 1 kg 2788 Mk. Dadurch stellt sich das nunmehrige Wertverhältnis von Silber zu Gold wie 1 : 37,2.

Die Gründe, welche zu dieser in der Geschichte noch nie in gleichem Maße dagewesenen Verschiebung des Wertverhältnisses beider Metalle geführt haben, sind wesentlich die beiden folgenden: Das starke Anwachsen der Silberproduktion und der Übergang einer größeren Anzahl Staaten von der Silber=, beziehungsweise Doppelwährung zur Goldwährung. Über die Änderung der Produktionsverhältnisse beider Metalle seit der Mitte des Jahrhunderts gibt die umstehende Tabelle Aufschluß.

Es ist hieraus ersichtlich, daß die Goldproduktion, welche vor 1850 stets erheblich weniger als 100000 kg betragen hatte, durch die Entdeckung der kalifornischen Goldseifen vom Jahre 1852 ab auf kurze Zeit eine erhebliche Vermehrung bis zu fast 234000 kg im Jahre 1853 erfuhr, dann jedoch allmählich wieder sank und in der ganzen Zeit von 1860 bis 1888 auf der durchschnittlichen Höhe von 150000 bis 170000 kg blieb. Erst im letzten Jahrzehnt erfuhr sie eine bis jetzt noch stetig zunehmende Steigerung, so daß sie den Jahresbetrag von 350000 kg (1897) bereits überstiegen hat; hierzu hat wesentlich die hohe Produktion der südafrikanischen Republik beigetragen (vgl. S. 143). Ganz anders verhielt sich die Silberproduktion, da sie trotz fallenden Preises eine fast ständige Zunahme zeigt, sie ist seit 50 Jahren auf den sechsfachen Betrag gestiegen. Nach den allgemeinen volkswirtschaftlichen Gesetzen würde bereits allein in dem stark erhöhten Angebote von Silber auf dem Edelmetallmarkte ein Grund für das Weichen des Silber= preises zu erblicken sein.

Durch die Zunahme der Goldproduktion im letzten Jahrzehnte dürfte die Befürchtung derjenigen Münzpolitiker entkräftet werden, welche sich gegen die allgemeine Einführung der Goldwährung deshalb ausgesprochen haben, weil nach ihrer Ansicht die vorhandenen

Die Gold- und Silberproduktion der Erde von 1830 bis auf die Gegenwart nach Soetbeer und Rothwell

Jahre	Goldproduktion kg	Silberproduktion kg	Gewichtsverhältnis der Silber- zur Goldproduktion	Wertverhältnis des Goldes zum Silber
1831—40	20 289*)	596 450*)	29,4	
1841—50	54 760*)	780 410*)	14,3	
1851	107 153	875 600	8,1	
1852	198 315		4,5	
1853	233 975	} 888 735*)	3,9	
1854	191 845		4,5	
1855	203 280		4,4	15,5
1856	222 013		4,1	
1857	200 572	} 904 270*)	4,5	
1858	187 632		4,9	
1859	187 933		4,9	
1860	164 460	} 906 490*)	5,5	
1865	180 860	1 189 152	6,6	
1870	160 848	1 378 855	8,6	15,6
1875	146 704	1 939 539	13,2	16,6
1880	160 397	2 323 000	14,5	18,0
1885	163 105	2 841 572	17,4	19,4
1886	159 509	2 896 882	18,1	20,8
1887	159 156	2 992 451	19,0	21,1
1888	165 659	3 424 771	20,6	22,0
1889	185 809	3 901 809	20,9	22,2
1890	178 825	4 180 532	23,3	19,8
1891	196 586	4 267 380	21,6	21,0
1892	220 133	4 757 955	21,6	23,7
1893	256 236	5 339 746	20,9	26,4
1894	274 708	5 554 144	20,2	32,8
1895	306 133	5 651 962	18,4	31,6
1896	316 254	5 789 674	18,3	30,7
1897	360 000	5 575 000	15,5	34,2

Goldmengen für den Bedarf nicht ausreichen. Hierzu kommt, daß sich im Geschäftsverkehr das Papiergeld steigender Beliebtheit erfreut und daß immer mehr an Stelle der Bar= zahlung der Ausgleich durch den Wechsel= und Konto-Verkehr getreten ist.

Es sei hier erwähnt, daß von der gesamten Goldproduktion schätzungsweise etwa $1/3 - 2/3$, von der Silberproduktion etwa $1/8 - 1/3$ für industrielle Zwecke verbraucht wird.

Was die Währungsfrage betrifft, so können hier nur die Hauptereignisse in den wichtigsten Staaten Berücksichtigung finden. Um das Jahr 1870 hatten England (und zwar seit 1816), von dessen Kolonien Australien, Kapland und Kanada, ferner Portugal (seit 1854) und Brasilien, außerdem von den deutschen Staaten Bremen Goldwährung. Die Staaten des lateinischen Münzbundes, die Vereinigten Staaten von Nordamerika und Japan hatten Doppelwährung; die deutschen Staaten, Österreich, Holland und Skan= dinavien, Rußland, China und Indien hatten Silberwährung. Die beiden zuletzt genannten Länder mit ihren mehr als 600 Mill. Einw. waren Abnehmer für große Mengen Silber.

Als das neu begründete Deutsche Reich an die Einführung eines einheitlichen Münzwesens ging, fiel die Wahl auf die Goldwährung, welche durch die Gesetze vom 4. Dezember 1871 und vom 9. Juli 1873 vorbereitet wurde und am 1. Januar 1876 zur Einführung gelangte. Inzwischen waren am 1. Januar 1873 auch die Vereinigten Staaten von Nordamerika zur Goldwährung übergegangen, und bald folgten auch die skandinavischen Reiche diesem Beispiele. Die Staaten des lateinischen Münzvertrages schränkten die Silberprägungen erheblich ein.

Der Minderverbrauch an Silber für die Münzstätten und außerdem die Silberver= käufe der zur Goldwährung übergehenden Staaten erhöhten mit der vermehrten Silber= produktion das Angebot auf dem Silbermarkte derart, daß der Preis zwar allmählich,

*) Durchschnittlich auf 1 Jahr.

aber doch beständig, fiel. Die Versuche der Hauptsilberproduzenten in den Weststaaten Nordamerikas, das Fallen des Silberpreises durch Vermehrung der Silberprägungen aufzuhalten, hatte nur vorübergehenden Erfolg. Zunächst wurde im Jahre 1878 ein Gesetz, die Bland-Bill, durchgebracht, nach welchem jährlich mindestens 24, höchstens 48 Millionen in Silberdollars unter Zugrundelegung des Wertverhältnisses 1 : 16 geprägt werden sollten. Im Jahre 1890 verstieg man sich sogar zur Sherman-Bill, welche bestimmte, daß jährlich 1,7 Millionen kg Silber — das war etwa die damalige Produktion der Vereinigten Staaten — in Dollars zu dem obigen Wertverhältnisse ausgeprägt werden sollte. Hiermit verließen die Vereinigten Staaten, wenn auch nicht offiziell, die Goldwährung und gingen wieder zur Doppelwährung über.

Wirklich stieg der Silberpreis, der im Jahre 1889 durchschnittlich 126 Mk. betrug, im Jahre 1890 auf durchschnittlich 140 Mk. und erreichte im August desselben Jahres sogar 154,5 Mk., er sank jedoch wieder im Jahre 1891 auf 132 Mk. und im Jahre 1892 auf 117 Mk., da die nordamerikanische Bevölkerung sich den Silberdollars gegenüber ablehnend verhielt.

Als im November 1893 der neuerwählte Präsident der Vereinigten Staaten Cleveland die Abschaffung der Sherman-Bill durchsetzte, somit die Silberprägungen aufhörten und außerdem, Mitte 1893, noch während der diesbezüglichen Verhandlungen, England die freie Ausprägung der Silbermünzen in Indien einstellte, sank der Silberpreis unaufhaltsam weiter, von 104,1 Mk. im Jahre 1893 auf 85,25 Mk. im Jahre 1894. Den damals tiefsten Stand erreichten die Silbernotierungen im März 1894, nämlich 80,21 M. Der Preis ist dann zwar manchen Schwankungen unterworfen gewesen, aber er hat sich nicht wesentlich gehoben. Er betrug im Mittel

1895 88,0 Mk.   1896 90,9 Mk.   1897 81,5 Mk.

Den tiefsten Stand erreichte das Silber im August 1897, allerdings nur für wenige Tage, mit 70,2 Mk. Zu diesem Preissturze mag wohl der Übergang Japans zur Goldwährung mit beigetragen haben. In den letzten Monaten (Herbst 1898) berechnete man 1 kg Silber mit etwa 83 Mk.

Durch das Sinken des Silberpreises sind die Länder mit Silberproduktion gegenüber denen mit Goldproduktion erheblich in Nachteil geraten, vor allem aber ist der Silberbergbau schwer geschädigt. Die beigedruckten beiden Tabellen geben nach Rothwell ein Bild über die derzeitige Verteilung der Gold- und Silberproduktion auf die einzelnen Länder. Danach nehmen in der Goldproduktion bei weitem die erste Stelle ein: Die Vereinigten Staaten von Nordamerika, Australien, Transvaal und Rußland, sie erzeugen zusammen fast genau $5/6$ der Goldproduktion der Erde, nämlich 255 000 kg. Unter den silberproduzierenden Ländern haben die größte Erzeugung: Die Vereinigten Staaten von Nordamerika, Mexiko, Bolivia, Australien und Deutschland; diese fünf Länder erzeugen zusammen fast 4 800 000 kg Silber jährlich, das sind etwa $6/7$ der Gesamtproduktion der Erde.

Deutschland produziert zur Zeit keine Golderze, die in der Tabelle ersichtliche Goldproduktion entstammt ausländischen Erzen, zum Teil auch eingeschmolzenem Altgolde; von der Silberproduktion entfallen die folgenden Mengen auf die wichtigsten Produktionsgebiete:

Gebiete	1896 kg	1897 kg
Rheinland	143 018	142 176
Harz	39 805	47 419
Schlesien	8 612	8 349
Mansfeld	100 357	95 573
Freiberg	46 576	72 861
Anhalt	9 768	8 947
Hamburg	83 208	78 050
Summa	431 344*)	453 375

*) Die kleine Differenz gegenüber der Tabelle „Silberproduktion der Erde" erklärt sich durch nachträgliche Berichtigung der statistischen Zahlen.

Die Goldproduktion der Erde auf das Jahr 1896 nach Rothwell.

Länder	kg	Wert in Mark
Europa:		
Deutschland	2 487	6 942 000
Österreich u. Ungarn	2 760	7 705 000
Rußland einschl. Sibirien	46 653	130 214 000
Die übrigen Länder	1 790	4 996 000
Asien:		
China	6 998	19 533 000
Britisch-Indien	8 760	24 451 000
Die übrigen Länder	1 867	5 209 000
Afrika:		
Transvaal	62 934	175 654 000
außerdem	3 110	8 681 000
Australien	65 912	183 915 000
Nordamerika:		
Vereinigte Staaten	79 576	222 122 000
Mexiko	9 140	25 515 000
Das übrige Nord- und Mittelamerika	4 980	13 846 000
Südamerika:		
Brasilien	3 732	10 418 000
Columbia	4 665	13 022 000
Guayana	7 856	21 927 000
Venezuela	1 225	3 419 000
Die übrigen Länder	1 809	5 062 000
Summa	316 254	882 631 000

Die Silberproduktion der Erde auf das Jahr 1896 nach Rothwell

Länder	kg	Wert in Mark
Europa:		
Deutschland	428 429	38 812 000
Österreich-Ungarn	57 250	5 187 000
Frankreich	95 750	8 673 000
Italien	56 250	5 095 000
Spanien	222 900	20 193 000
Die übrigen Länder	27 575	2 499 000
Asien:		
Japan	56 500	5 120 000
Australien	605 400	54 844 000
Nord- und Mittelamerika:		
Vereinigte Staaten	1 819 208	164 833 000
Mexiko	1 286 842	116 600 000
Das übrige Nord- und Mittelamerika	150 199	13 608 000
Südamerika:		
Bolivia	638 000	57 804 000
Chile	151 500	13 725 000
Peru	105 181	9 530 000
Die übrigen Länder	88 690	8 035 000
Summa:	5 789 674	524 559 000

Aber auch für die ganze Kulturwelt bringt der heutige Zustand unseres Münzwesens ernste Unbequemlichkeiten mit sich. Die Erfahrungen, welche mit dem goldenen 5-Mark-Stück und den ungefähr gleichwertigen Goldmünzen anderer Länder gemacht worden sind, haben zur Genüge dargethan, daß sich das Gold zur Ausprägung dieser und kleinerer Münzen nicht mehr eignet, das Goldstück wird unhandlich klein. Nimmt man nämlich das Wertverhältnis des Silbers zum Golde wie $1:15\frac{1}{2}$ an und berücksichtigt man weiter, daß Gold (spez. Gewicht 19,3) fast doppelt so schwer ist als Silber (spez. Gewicht 10,5), so ergibt sich, daß die einer bestimmten Silbermünze gleichwertige Goldmünze nur den dreißigsten Teil des Volumens der ersteren hat. Wir verwenden daher das Gold thatsächlich nur noch zur Ausprägung von Münzen bis 10 Mark Wert abwärts. Neben dem

Nickel — oder an seiner Stelle dem Kupfer beziehungsweise der Bronze — zur Herstellung der geringwertigsten Münzen bedürfen wir noch eines weiteren Münzmetalles für die im täglichen Umlaufe bei weitem am meisten gebrauchten Münzen im Werte des 50=Pfennigstückes bis einschließlich des 3=Mark=Stückes. Zu allen Zeiten und in sämtlichen Ländern hat man sich für diesen Zweck des Silbers bedient, und es ist hierzu sicher am geeignetsten, sowohl seiner natürlichen Eigenschaften als auch seines mittleren Preises wegen. Nun sind aber die im Umlaufe befindlichen Silbermünzen sämtlich ihrem Gewichte nach unter Zugrundelegung eines Silberpreises von 179 Mark für 1 kg ausge=prägt, während der Zeitwert des Silbers etwa 80 Mark beträgt. Das heißt: Das Thalerstück hat thatsächlich nur einen reellen Wert von 1,34 Mark, der Staat aber ist verpflichtet, es als 3 Mark Wert in Gold einzulösen. Solche Zustände sind auf die Dauer unhaltbar und rücken die Gefahr, daß unerlaubterweise vollgewichtige Münzen nachge=prägt werden, sehr nahe. Die Erfahrung lehrt auch, daß das Silbergeld bei den heutigen schwankenden Wertverhältnissen zwar im Inlande als vollwertige Münze gilt, daß es jedoch dem Auslande gegenüber seine Kaufkraft verliert und nicht mehr Münze ist sondern Ware.

Dringend zu wünschen ist es, daß die schon lange eingeleiteten internationalen Verhandlungen, um der Entwertung des Silbers zu steuern, endlich greifbare Ergebnisse zeitigen möchten. Dem Bergbau würde mit einer Festlegung des Silberpreises außer=ordentlich gedient sein, auch drängt alles darauf hin, daß dem Silber neben dem Golde seine Stellung als Münzmetall erhalten bleiben muß. Dann ist freilich immer noch die äußerst schwierige Frage zu lösen, wie eine Überproduktion an Silber zu verhindern sein wird.

Der Goldbergbau.

Gold findet sich gediegen meistens in kleinen Körnern und Flitterchen, nur sehr selten in größeren Klumpen (nuggets); auf den eigentlichen Goldgängen auch in Blech= oder Drahtform. Entweder kommt das Gold wie in den Gängen der Hohen Tauern und Siebenbürgens oder in den Flözen von Transvaal auf der ursprünglichen Lagerstätte eingewachsen vor, man nennt es dann Berggold, oder es wird als Seifengold im Sande der Flüsse und in sonstigen durch Verwitterung anstehender goldhaltiger Lager=stätten gebildeten Ablagerungen, z. B. am Ural, in Kalifornien, in Australien lose ge=funden. Eigentliche Golderze gibt es nur wenige, es sind sämtlich Tellurverbindungen, von denen Nagyagit oder Blättertellurerz und Sylvanit auf den Goldgängen Siebenbürgens häufiger vorkommen. Das letztere wird auch Schrifterz genannt, weil seine Krystalle zuweilen auf Gangklüften den Schriftzeichen ähnliche Zeichnungen bilden. Nicht unwesentlich ist es, daß viele Schwefelkiese, Arsenkiese, auch Antimonglanze Gold in kleinen Mengen enthalten und dadurch oft deren Abbau erst lohnend wird.

Es sind im Vergleiche zur Weltproduktion zwar geringe Mengen, welche aus diesen Erzen gewonnen werden, aber dieser Bruchteil der Produktion ist nur unbedeutenden Schwankungen unterworfen, während sowohl beim Betriebe der Goldseifen, als auch der eigentlichen Goldgänge schnelles Ansteigen, aber auch baldiges Abnehmen der Produktion die Regel bildet.

Es mögen hier einige Worte über den Begleiter des Goldes, das Tellur, eine Stelle finden. Der Hüttenmann sieht diesen in der Natur verhältnismäßig seltenen Körper nicht gern, denn er erschwert die Verarbeitung der Erze erheblich. Auch kennt man bis jetzt keine Verwendung für das Tellur, nur vorübergehend wurde es zu rein wissenschaftlichen Zwecken, z. B. an physikalischen Apparaten benutzt. Wohl hauptsächlich, um die Aufmerksamkeit weiterer Kreise auf das Tellur zu lenken, hat die königliche Hütten=verwaltung zu Schemnitz in Ungarn zur Millenniumsausstellung in Wien 1896 Denk=münzen (s. Abb. 181) daraus gießen lassen. Die Rundschrift bedeutet „Königlich=Ungarische Hütte zu Schemnitz". Es werden daselbst aus den Golderzen von Nagyag in Siebenbürgen jährlich etwa 100 kg Tellur dargestellt und an die chemischen Laboratorien abgegeben.

Das gediegene Gold hat eine schön goldgelbe Farbe, die jedoch dann, wenn der fast immer vorhandene Silbergehalt höher steigt, in ein lichteres Gelb übergeht. In neuester Zeit ist auch und zwar aus dem nördlichsten Golddistrikte Westaustraliens, Kalgoorlie, bräunliches Gold, etwa in der Farbe des französischen Senfes oder Mostrichs bekannt geworden, es entsteht durch Zersetzung von Tellurerzen und wird auch „mustard gold" genannt.

Mit Rücksicht auf die Nachhaltigkeit und Kostspieligkeit der Gewinnung müssen drei verschiedene Goldvorkommen unterschieden werden. Das im Schwemmlande enthaltene Seifengold ist leicht zugänglich, die Natur hat die Zerkleinerung der Gesteinsmassen bereits besorgt, und das meistens in feinen Flitterchen, seltener in Körnchen und nur ganz ausnahmsweise in „nuggets" (Klumpen) vorkommende Gold kann durch einen sehr einfachen Waschprozeß, bei dem zum Teil die Amalgamation zu Hilfe genommen wird, gewonnen werden. Dazu kommt, daß besonders bei Anwendung des hydraulischen Verfahrens (vergl. S. 140) die Verarbeitung sehr großer Massen möglich ist, so daß sich auch bei geringem Goldgehalte noch ein Nutzen ergibt. Diese Form der Goldgewinnung gestattet neben dem Großbetriebe auch den Kleinbetrieb, es werden bedeutende Mengen Gold gewonnen, aber die Betriebsdauer jeder einzelnen Seife ist der verhältnismäßig geringen Ausdehnung der Ablagerungen entsprechend nur eine kurze.

181. Denkmünze aus Tellur.

Auf den Gängen (goldführende Lager werden zur Zeit nur in Südafrika vergl. S. 143 bearbeitet) kommt das Gold ursprünglich fast ausnahmslos vergesellschaftet mit Schwefelkies und Quarz vor, auch hier ist es in der Regel sehr fein verteilt, das Auftreten von derbem Golde ist wie in den Seifen das der Nuggets selten. Auf allen diesen Gängen sind zwei Zonen zu unterscheiden: die am Ausstriche nahe unter der Oberfläche gelegene und die tieferen Regionen. Am Ausstriche im sogenannten Hute haben Zersetzungen stattgefunden, der Schwefelkies ist verschwunden, und an seine Stelle sind rötlich braune Eisenverbindungen getreten, das Gold ist in dem zerfressenen Quarze metallisch vorhanden. Die Gewinnung dieser Erze setzt schon etwas mehr technische Hilfsmittel voraus als der Seifenbetrieb, aber die Verarbeitung ist immer noch einfach, die Gangmasse wird mit Pochwerken oder auf Mühlen zerkleinert und das Gold (Freigold) durch Amalgamation gewonnen. Doch auch diese Goldmenge ist beschränkt, denn die Tiefe, bis zu welcher der Hut auf den Gängen herabreicht, beträgt nur selten 100 m, meistens erheblich weniger. Ganz anders verhält es sich mit den tieferen Zonen der Gänge, in denen noch die ursprüngliche Gangfüllung vorhanden ist in der Form von Schwefelverbindungen (wissenschaftlich Sulfide genannt), vorwiegend Schwefelkies, zu dem jedoch auch Bleiglanz und Zinkblende hinzutreten. Das Gold ist zum größten Teile nicht frei, sondern vererzt, und wenn auch der Goldgehalt der gleiche bleibt, wie im Hute, so ist doch dessen hüttenmännische Gewinnung erheblich erschwert, da die Goldteilchen nach der Zerkleinerung zunächst durch Röstung freigelegt werden müssen, worauf dann erst die Extraktion oder Amalgamation erfolgen kann. Zwar enthalten die tiefen Gangpartien die größte Menge von Erzen, der Betrieb kann also hier am nachhaltigsten sein, aber anderseits beginnen auch in diesen Tiefen die technischen Schwierigkeiten größere zu werden, die Förderung verlangt mehr Kraft, die Unterhaltung der Grubenbaue wird teurer und die Wasserhebung stellt oft sehr große Anforderungen. Nimmt außerdem noch die Wärme im Erdinneren schnell zu, wodurch z. B. dem Bergbaue auf dem Comstockgange (S. 163) in der Tiefe ein Ziel gesetzt wurde, so ergibt sich, daß der Goldbergbau in größeren Tiefen der Gänge nur als Großbetrieb unter Aufwendung bedeutender Kapitalien betrieben werden kann.

Ehe wir zu der Beschreibung der einzelnen Goldbergbaue übergehen, möge hier noch kurz erwähnt werden, daß das Geschäft in Goldwerten zur Zeit ein außerordentlich ausgedehntes ist; die in Anteilsscheinen an Goldbergbauen angelegten Kapitalien beziffern sich sehr hoch. Überall, wo Zeichen von dem Vorhandensein von Gold gefunden werden, stellen sich auch bald Beauftragte von Kapitalisten ein, um das Recht der Ausbeutung zu sichern. Leider pflegt sich schon bei den ersten günstigen Nachrichten über den Befund die Spekulation dieser Werte zu bemächtigen, und die Kurse schnellen, oft ohne wirklichen Grund, in die Höhe. Die Schwierigkeit für die fachmännische Beurteilung von Goldlagerstätten ist groß, sie liegt darin, daß sehr kleine Goldmengen, die mit bloßem Auge häufig nicht erkennbar sind, bereits den Abbau lohnen. Es sind nämlich bei reichlichem Auftreten der Erze 10 g Gold in 1 t selbst für Goldgänge schon ein hoher, lohnender Gehalt, trotzdem dies nur 0,001% ausmacht; Goldseifen können noch bei niedrigeren Gehalten, zuweilen unter 1 g in der Tonne Sand mit Vorteil abgebaut werden. Der Nachweis so geringer Goldmengen erfordert sorgfältigste Probenahme, für Erze mit niedrigen Gehalten ist oft das Verwaschen größerer Mengen Rohmaterial notwendig.

Bei der Spekulationssucht weiter Kreise ist es nun kein Wunder, daß der Bergmann, dem die Beurteilung eines Goldvorkommens obliegt, es recht oft mit unlauterem Gebaren zu thun hat; es ist in den Goldländern so häufig, daß Verkäufer den Goldgehalt ihrer Erze künstlich zu erhöhen suchen, daß die Technik hierfür eine eigene Bezeichnung „das Salzen" eingeführt hat. Gerade, weil das Gold so fein verteilt vorkommt, ist das Salzen eine leichte Sache. In einen Schurf, der in der angeblichen Seife aufgegraben ist, oder in die Probe, welche entnommen wurde, wird eine Prise Goldstaub gethan, selbst in das noch anstehende Ganggestein wird Gold hineingebracht. Wehe dem Bergingenieur, der sich täuschen läßt, denn die Auftraggeber haben das Nachsehen und sein Ruf als Fachmann ist untergraben. Hier hilft nur sorgfältigste Untersuchung an vielen Punkten, Erbohren von Proben mit dem Erdbohrer, eigenhändiges Schießen von Gangmasse und peinliche Aufbewahrung der Muster. Ja, es ist vorgekommen, daß in die zur chemischen Prüfung benötigten Reagentien Gold hineinpraktiziert worden war. Am zweckmäßigsten ist es, nur einen Teil der Proben an Ort und Stelle zu untersuchen, einen anderen Teil wohlverschlossen an die Auftraggeber zu senden, um an anderem Orte eine Vergleichsprobe machen zu lassen. Äußerste Vorsicht ist namentlich bei ganz neuen Funden am Platze, wenn noch keine Goldproduktion vorliegt. Die im Jahre 1897 durch die Tagesblätter gehenden Mitteilungen von reichem Goldvorkommen in einem süddeutschen Gebirge beruhte auf Salzen; freilich war man dort so ungeschickt verfahren, daß der Betrug leicht zu entdecken war. Das zum Salzen verwendete Gold war Münzgold mit 10% Kupfergehalt, der im natürlichen Golde niemals vorkommt, ja an den Goldstäubchen waren unter dem Vergrößerungsglase noch die Riefen zu erkennen, welche die Feile bei Herstellung des Goldstaubes erzeugt hatte! Viel schwerer sind die Betrüger zu entlarven, die in Goldländern mit echtem Waschgolde ihr Unwesen treiben!

Die Gewinnung des Goldes aus dem Schwemmlande, das Waschen, ist sicher das ursprünglichste Verfahren, es wurde schon von den ältesten Kulturvölkern angewendet. Ja man kann behaupten, daß das Suchen nach Waschgold überall ein so gründliches gewesen ist, daß heute in den alten Kulturländern kaum noch Goldseifen vorhanden sein dürften; die heute im Betrieb befindlichen liegen vielmehr an den Grenzen der Kultur. Auch viele Gangbergbaue auf Gold sind bereits erschöpft. So wissen wir von Plinius, daß Spanien aus den Flüssen Tajo und Duero dem römischen Kaiserreiche einen jährlichen Ertrag von 10 000 kg Gold lieferte; die böhmischen Goldseifen, welche vom 8. bis 15. Jahrhundert in Betrieb standen und namentlich in der Nähe der von Goldwäschern gegründeten Stadt Pifek im südwestlichen Teile des Landes reiche Ausbeute gaben, sind verschwunden; der Gangbergbau Böhmens liefert zur Zeit nur noch niedrige und schwankende Goldmengen, im Jahre 1896 etwa 40 kg. Auch die Zeiten, als im Rhein und in der Donau Gold gewaschen wurde, sind vorüber. Nur am mittleren Laufe der Drau in der Gegend von Nagy-Kanizsa gibt es noch gewerbsmäßige Goldwäscher unter den Kroaten. Nach Gönczi (Ethnologische Mitteilungen aus Ungarn) sollen noch etwa 400 Goldwäscher vorhanden sein, sie hängen an ihrer Beschäftigung, und diese geht vom Vater auf den Sohn über. Gewöhnlich ziehen zwei miteinander aus, sie probieren den Sand mit dem Spaten, und wenn sie einige Goldflitterchen finden, stellen sie das einfache Waschbrett — eine geneigte, mit Rand versehene Holztafel — auf; der eine legt mit einem kurzen Spaten den Flußsand auf den oberen Teil des Brettes, während der andere mit der Schöpfkelle Wasser darüber gießt. Der leichte Sand wird abgespült, während das wenige Gold mit den schwersten Bestandteilen in Kerbeinschnitten liegen bleibt. Ihr Inhalt wird von Zeit zu Zeit mit dem Reisigbesen in einen Trog entleert. Zu Hause wird der angereicherte goldhaltige Sand auf dem Sichertroge oder der Waschschüssel nochmals ausgewaschen und das Gold endlich mit Quecksilber angequickt. Letzteres wird durch ein Tuch gepreßt und das erhaltene Amalgam auf einem sauberen Ziegelstein aus=geglüht. Das Steueramt zu Nagy-Kanizsa löst die geringen Goldmengen ein, der täg=liche Verdienst eines Goldwäschers soll zwischen 50 Kreuzer und 1 Gulden 20 Kreuzer schwanken, er ist also kein hoher, zumal das Waschen im Winter unterbrochen werden muß; aber das freie, unabhängige Leben und der zeitweilig etwas höhere Verdienst üben ihren besonderen Reiz auf diese Leute.

Von den Goldbergbauen Europas haben außer den russischen, von denen später die Rede sein soll, nur noch der ungarisch-siebenbürgische und allenfalls der Bergbau in den Tauern Bedeutung. In Ungarn und Siebenbürgen sind es Erzgänge, die in jüngeren eruptiven Gesteinen auftreten und das Gold gediegen oder als Tellurverbindung führen. Als die bekanntesten Bergorte sind Schemnitz, Nagybanya, Felsöbanya, Verespatak und Nagyag zu nennen. Der Goldgehalt der Erze betrug im Jahre 1896 im Mittel 8—9 g in der Tonne Erz, abgesehen von den wenigen reichen Anbrüchen; das Goldausbringen in diesem Jahre erreichte 3172 kg.

Der Goldbergbau der Tauern, der auf Gängen im Gneis umgeht, führt uns in die Hochgebirgswelt der Alpen. Heute sind nur noch zwei Gruben in Betrieb, im Gasteiner Thal der Radhausberg (abzuleiten von Wasserrad) bei Böckstein und der Hohe Goldberg in der Rauris. Bei dem letzteren ist man im Begriff, einen tieferen Stollen herzustellen, die Produktion ruht einstweilen, bei dem ersteren wurden im Jahre 1896 an Mühlgold 27,6 kg dargestellt, außer dem Golde, welches in den Wasch=erzen, die nach Freiberg i. Sachs. verkauft werden, enthalten ist. Wenn man aber die Tauern durchstreift, vielleicht geführt von einem der alten Knappen, die gern Führer=dienste verrichten, so trifft man überall bis zu 3000 m Höhe, selbst halbverdeckt von dem ewigen Eise die Spuren eines ausgedehnten Bergbaubetriebes. Die Chroniken er=zählen, daß in der Mitte des 16. Jahrhunderts jährlich Tauerngold im Werte von mehreren Millionen Gulden gewonnen worden sei. Als reichste Familie unter den Berg=herren werden die Weitmoser genannt, sollen doch zwei Töchter dieses Hauses mit Söhnen der Fugger verheiratet gewesen sein. — Das Leben der Bergknappen in diesen rauhen Höhen um den Sonnenblick mit ihrer Urwüchsigkeit und ihrem Aberglauben hat uns treffend Amand von Schweiger=Lerchenfeld in einer Tauern=Gold betitelten „Geschichte aus dem Knappenleben in den Hochalpen" geschildert.

Auch unser Führer hängt noch mit ganzem Herzen an den alten Stollen und Bauen in den Gebirgsthälern, auch er hofft, daß der alte Adel der Goldgänge sich wieder zeigen werde. Wir folgen gern seiner Einladung, eine zwar kurze, aber beschwerliche Fahrt in einen der alten verlassenen Stollen nur wenige hundert Schritt vom Wege zu wagen. Er zieht zwei Kerzen aus seinem Wams, schnell sind sie entzündet, und auf Händen und Füßen geht es vorwärts. Doch bald fühlen wir, daß der Fels unter uns mit spiegel=blankem Eis bedeckt ist, und wie wir um uns schauen, da blinkt und glitzert es von den

Wänden, freilich ist es nicht pures Gold, aber tausend und abertausend blendend weiße Eistafeln, sechsseitig, wohlgeformt, nur millimeterdick und doch einzelne fast so groß wie die Handfläche, besetzen gleich einem Schleier das Gestein; in unbeschreiblicher Pracht leuchten sie uns im Kerzenscheine entgegen. Nur wenige Meter noch geht es so vorwärts, dann versperren uns dicke Eiszapfen die von der First bis zur Sohle niederreichen, den Weg. Nur zögernd scheiden wir von dem prächtigen Schauspiele. — (Resultate der Untersuchung des Bergbauterrains in den Hohen Tauern.)

In Europa wird in größerem Umfange Goldbergbau nur noch am Westabhange des Ural in den Gouvernements Perm und Orenburg betrieben, im Jahre 1820 begann eine stärkere Produktion (etwa 320 kg) in der Gegend von Beresowsk; seit 1830 kommen auch aus Westsibirien und seit 1838 aus Ostsibirien erhebliche Mengen von Waschgold. Die Gewinnung von Berggold tritt in Rußland auch heute

182. **Baggern der Goldseifen am Ural.** Nach Aufnahme des Bergingenieurs Nissen.

noch sehr zurück, sie ist am bedeutendsten im Gouvernement Orenburg, beträgt jedoch nur 6—7% der gesamten Goldproduktion, dagegen hat der Seifenbetrieb, dem unermeßliche Flächen zur Verfügung stehen, stetig an Bedeutung gewonnen, und die Goldproduktion Rußlands ist nach Nordamerika, Transvaal und Australien die bedeutendste. Das übrige Asien (vgl. die Tabelle S. 130) erzeugt nur etwa 16 000 kg Gold jährlich.

Die Unwirtlichkeit Sibiriens, die künstliche, von der russischen Regierung streng gehütete Abgeschlossenheit dieses Landes, das rauhe Klima und der Mangel an Verkehrs= straßen, sowie der Umstand, daß viele Seifen von jüngeren Schichten überlagert sind, haben den Kleinbetrieb in sehr engen Grenzen gehalten und den Großbetrieb begünstigt. Nach Sibirien hat sich der Strom der Goldgräber niemals auch nur entfernt in dem Maße ergossen, wie in den Westen Nordamerikas und die Golddistrikte Australiens.

Die Lagerung und die Art der Ausbeutung der Goldseifen ist außerordentlich ver= schieden ebenso wie der Goldgehalt, der im Durchschnitt zu 1,5 g in 1000 kg Sand an=

genommen wird, im Kreise Olekminsk des Gouvernements Jakutsk jedoch auf etwa 6,0 g steigt. Abb. 182 zeigt einen Kleinbetrieb uralischer Bauern, dieselben schöpfen mittels großer Schaufeln von einem Floße aus den goldführenden Flußsand, über einen einfachen Steg wird derselbe mittels Laufkarren zur Goldwäsche gebracht und auf ein grobes Sieb entleert. Der Bursche rechts auf dem Bilde hebt das nötige Wasch= wasser mittels einer einfachen Handpumpe aus dem Flusse, zwei Frauen rühren den Sand durch und entfernen das grobe Gerölle von dem Siebe, das feine goldhaltige Material fällt durch das Sieb auf einen geneigten Herd. Mit einer Art Herdkiste, einem kleinen, an langem Schaufelstiele befestigten Brettchen befördert der Mann links die völlige Auflösung des etwas lehmigen Sandes, die Goldflitterchen sammeln sich in den vorhandenen Querrillen an. Der aus denselben von Zeit zu Zeit entfernte Sand wird in einem großen eisernen Löffel rein gewaschen, bei sehr fein verteiltem Golde wohl auch die Amalgamation zu Hilfe genommen. Die Arbeit ist namentlich dann lohnend, wenn die obersten Schichten des Flußsandes goldführend sind; ist jedoch die eigentliche Seife durch jüngere Schichten überlagert und müssen diese zunächst entfernt werden, so wird die Arbeit hierdurch bedeutend teurer.

Die meisten Seifenbetriebe sind Tagebaue, es kommt jedoch auch vor, daß die Seife unter Deckgebirge liegt. In einzelnen Fällen steigt die Mächtigkeit der überlagernden tauben Schichten bis zu 40 m, trotzdem ist der Abbau noch lohnend. Dann macht sich unterirdischer Betrieb, oft unter Anwendung sehr starker Wasserhaltungen nötig.

Technisch von besonderem Interesse sind die Untersuchungsarbeiten, welche in Ost= sibirien unter Zuhilfenahme der starken, monatelang anhaltenden Kälte ausgeführt werden. Die oberen Bodenschichten sind in dem hier in Betracht kommenden südlichen gebirgigen Teile des Landes stets, oft metertief gefroren, namentlich in sandigem Boden. Sollen auf einem zu untersuchenden Gelände Schürfe auf Goldseifen angelegt werden, so sichert man sich (nach R. Helmhacker) die nötigen Arbeiter für den Winter. Mit dem üblichen Proviant und Hausrat versehen, der von Pferden auf kleinen Schlitten oft einige hundert Kilometer weit zu befördern ist, begibt sich die kleine Karawane an Ort und Stelle. Während die Punkte für die Schürfe abgesteckt und genau vermessen werden, erfolgt der Bau von Hütten und die Beschaffung trockenen Holzes, das in großen Mengen benötigt wird. Neben jedem Schurfe wird ein kleiner Schuppen errichtet, oft nur eine hohe auf der Windseite gelegene Wand, um beim Waschen der Sandproben den nötigen Schutz zu gewähren. Jede Gruppe von Arbeitern hat 3 bis 4 Schürfe herzustellen. Mit Eintritt strenger Kälte beginnt die Arbeit durch vorsichtiges Ausschachten mit der Spitzhaue im gefrorenen Boden. Die Oberfläche rings um jeden Schurf wird schneefrei gehalten, um das Eindringen der Kälte in den Boden zu erleichtern. So kann man fortfahren, bis man sich der Frostgrenze nähert, dann wird das Feuersetzen zu Hilfe genommen. Auf den Boden des Schachtes wird ein Holzstoß aus trockenem Holze aufgeschichtet und angezündet, das Abbrennen nimmt zwei Stunden Zeit in Anspruch, durch die ent= wickelte Hitze taut der durchfrorene Boden etwa 10 bis 15 cm tief auf, und man kann ihn mit der Schaufel und durch vorsichtiges Kratzen mit der Keilhaue entfernen. Darauf überläßt man den Schacht 2 bis 3 Tage der Einwirkung der Kälte und ist dann sicher, daß an der Schachtsohle der Frost tief genug eingedrungen ist, um dasselbe Verfahren von neuem anzuwenden, ohne daß man Gefahr läuft, in wasserführendes Gebirge durch= zuschlagen; tritt dieser Fall ein, so ist der Schurf meistens verloren. Geschickten Arbeitern gelingt es, die Schürfe ohne Wasserhebung, falls dies nötig ist, bis zu 24 m Tiefe in einem Winter niederzubringen, die natürliche Kälte bildet in den Schachtstößen und in der Schachtsohle eine genügend starke Frostmauer, um das Eindringen des Wassers zu hindern. Sand gestattet das schnellste Abteufen, Thon und namentlich Torf ist weniger geeignet, da die Kälte langsamer eindringt. Während dieser Arbeit sind nun beständig die herausgeschafften, durch die Feuerwirkung erweichten Bodenmassen auf Gold zu ver= waschen, was bei der sibirischen Winterkälte ein recht schwieriges Geschäft ist und nur unter ausgiebiger Verwendung von heißem Wasser gelingt, das in einem mächtigen Kessel bereit gehalten wird.

Außer dem etwa erfolgenden Eindringen des Wassers in einen Schurfschacht, stören die oft hereinbrechenden und tagelang währenden Schneestürme die Arbeit am meisten, sie bedecken die Gegend meterhoch gleichmäßig mit Schnee. Die Schürfe müssen dann mit Reisig gut bedeckt werden, da sie sich sonst sehr bald mit Schnee füllen würden, dadurch aber die Einwirkung der Kälte, weil Schnee ein schlechter Wärmeleiter ist, aufgehoben würde. Aus demselben Grunde ist der Schnee thunlichst bald unmittelbar um den Schurfschacht und aus demselben zu entfernen. Auch bereitet es Schwierigkeiten, wenn der Schurfschacht auf größere Steine stößt, da dieselben gewöhnlich ganz herausgeschafft werden müssen. — Nach dem durch die Schurfarbeiten gewonnenen Anhalten können dann die Pläne für die Einrichtung des Seifenbetriebes ausgearbeitet werden.

183 u. 184. Kalifornischer Goldsucher in voller Ausrüstung (1850).
Durch Güte des Herrn Professor W. Schulz, Aachen.

Auch die Untersuchung des Untergrundes der Flüsse auf das Vorhandensein tiefer gelegener Seifen wird auf ähnliche Weise ausgeführt, so überraschend es klingen mag, man ist im stande, mitten in einem Flusse einen Schurfschacht niederzubringen. An der ausgewählten Stelle wird das Eis von der Oberfläche aus durch Wegnehmen einer Schicht mit der Spitzhaue dünner gemacht, das herausgehackte Eis aber in einigem Abstande um die Vertiefung zu einem Walle aufgehäuft und durch Begießen mit Wasser zu einer festen Masse verbunden. Nachdem die Kälte einige Tage gewirkt hat, kann das gleiche Verfahren wiederholt werden, der Fluß friert an der gewählten Stelle allmählich bis auf den Grund aus, und der Schacht ist mit einer genügend starken Eiswand umgeben. Der auf der Oberfläche des Eises hergestellte Wall soll das zuweilen sich zeigende Oberwasser des Flusses (über der Eisdecke fließendes Wasser) von dem Schurfe fern halten. Ist man bis auf den Flußgrund gelangt, so wird das oben bereits beschriebene Verfahren des Abteufens mittels abwechselnden Ausfrierenlassens und Feuersetzens angewendet.

Bergbau

Die Vereinigten Staaten von Nordamerika nehmen unter den Gold pro=
duzierenden Ländern seit Jahrzehnten die erste Stelle ein. Viele Staaten tragen hierzu
bei, jedoch stehen Kalifornien und Colorado zur Zeit im Vordergrunde, da jeder
dieser Staaten in den letzten Jahren etwa $^1/_3$ der gesamten Erzeugung der Vereinigten
Staaten geliefert hat. Die Goldgewinnung hat sich hier erheblich anders entwickelt, als
diejenige Rußlands. Auf die ersten Nachrichten von der Entdeckung des gelben Metalles
im Frühjahr 1848 bei der Suttermühle am südlichen Arme des Americanflusses ergoß
sich ein wahrer Strom von Goldgräbern in jene damals äußerst dünn besiedelten, zum
Teil noch völlig unbetretenen Gebiete. Das Goldfieber ergriff mit bis dahin unbekannter
Gewalt weite Kreise der Bevölkerung. Nur mit der nötigsten Ausrüstung versehen

185. **Goldwaschen mit der Schüssel.**

(Abb. 183 u. 184), zogen die Goldgräber in die Wildnis hinaus. Die Waschschüssel und
die Wiege zum Waschen des goldhaltigen Sandes, eine warme Decke für die Nacht, dazu
Schaufel, Spitz= und Lettenhaue, Kochtopf, Konserven, eine Flinte, Revolver und Messer,
das war außer ein Paar kräftigen Armen ihr ganzer Besitz. Sie untersuchten den Sand
der Fluß= und Bachläufe durch Verwaschen in der Waschschüssel (Abb. 185), bis sie, vom
Glück begünstigt, das ersehnte Gold fanden. Wie viele sind den Entbehrungen zum Opfer
gefallen, wie wenige haben die erträumten Reichtümer erworben und sich eine gesicherte
Zukunft geschaffen, denn alle Bedürfnisse, namentlich Lebensmittel, waren nur für außer=
ordentliche Preise zu erlangen. Dazu kam die Unsicherheit aller Verhältnisse; unter die
ehrlichen Männer mischten sich viele, die nichts zu verlieren hatten und denen jedes Mittel,
das Gold zu erlangen, anwendbar erschien, die vor Diebstahl, Verrat und Mord nicht
zurückschreckten. — Jene Zeiten sind ja in der Novellenlitteratur oft geschildert worden.

Der Goldbergbau in Kalifornien ist ein treffliches Beispiel für die außerordentlich schnell sich entwickelnde, dann aber auch bald zurückgehende Erzeugung von Seifengold. Nachdem die Goldseifen im Jahre 1848 entdeckt worden waren, lieferte Kalifornien bereits im Jahre 1850 62 535 kg Gold und erreichte im Jahre 1852 das Maximum seiner Goldproduktion mit 124 568 kg. Die Bedeutung dieser Zahl ergibt sich am besten daraus, daß die Weltproduktion dieses Jahres auf 198 315 kg geschätzt wird, danach hat Kalifornien allein fast $^2/_3$ der Weltproduktion des Jahres 1852 geliefert. Ebenso schnell, wie sie gestiegen, sank aber auch die Jahresproduktion dieses Dorados, denn man war nur auf schnellen, leichten Gewinn bedacht, und die reichsten Funde waren bald erschöpft, namentlich dort, wo die natürlichen Verhältnisse den Kleinbetrieb gestatteten. Das Jahr 1855 lieferte noch 83 000 kg, das Jahr 1862 noch 59 000 kg, seitdem ist die

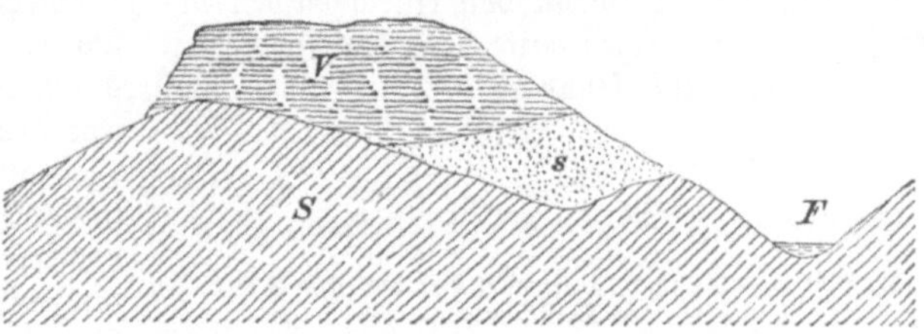

186. **Ältere kalifornische Seifenablagerung.**
S Schiefergebirge, s Seifenablagerung, V Decke von jüngerem vulkanischen Gestein, F derzeitiges Flußthal.

Produktionsziffer fast beständig gesunken und im letzten Jahrzehnt hat dieselbe jährlich 20 000 kg nur einige Male erreicht.

An vielen Orten finden sich über weite Gebiete verteilt Seifen in den derzeitigen Flußläufen, sie bildeten das erste Objekt der Gewinnung, dann wurden aber auch ältere Seifen, wahrscheinlich tertiären Alters angetroffen, sie füllen die Betten früherer Flußläufe aus und sind zum Teil durch jüngere eruptive Gesteine bedeckt (s. Abb. 186). Ebenso wie in den rezenten Seifen findet sich auch in den älteren häufig eine Anreicherung des Goldes in den untersten Schichten, die sich durch mehrfache Umlagerung des Materiales erklärt. Diese älteren Seifen müssen bereits zum größten Teile durch Grubenbetrieb gewonnen werden, der in dem lockeren Gebirge durch starken Holzverbrauch teuer wird. Erst sehr viel später suchte man in Kalifornien nach den Gängen, denen das Seifengold entstammt, es sind echte Goldquarzgänge, zum Teil sehr mächtig entwickelt. Am weitesten erstreckt sich der Muttergang, ein Kontaktgang, denn die Gangspalte liegt (Abb. 187) zum Teil auf der Grenze wechsellagernder Schichten von Diabas und Schiefer, die Hauptstreichrichtung ist Nord = Süd. Die Mächtigkeit des Ganges beträgt oft 10 m,

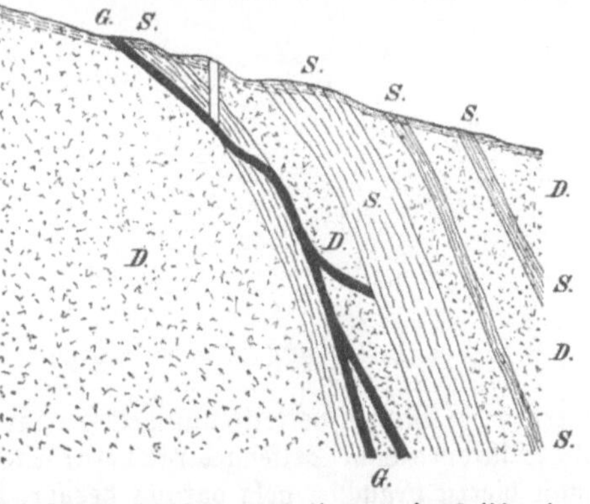

187. **Profil durch den Muttergang in Kalifornien.**
G Erzgang, D Diabas, S Schiefer.

dabei hat man denselben auf eine streichende Länge von 120 km verfolgt. Bis zur Tiefe von 40—60 m fand man Freigold mit zersetztem Schwefelkies, dann begannen die unzersetzten, geschwefelten Erze. Der Goldbergbau ist jetzt an einzelnen Stellen bis zu 600 m Tiefe vorgedrungen. Der durchschnittliche Goldgehalt der „aufbereiteten" Sulfide soll zwischen 100 und 200 g in der Tonne schwanken, doch werden auch ärmere Erze mit Vorteil verarbeitet. Auch auf diesem Gange wechseln taube Zonen und Erzmittel, ohne daß sich über die Verteilung der letzteren eine feste Regel erkennen ließe. Der Muttergang ist von einer Anzahl weniger mächtiger Parallelgänge begleitet, außerdem tritt ein zweites Gangsystem mit west=östlichem Streichen auf. Unsere Kenntnis der kalifornischen Goldgänge ist jedoch eine unvollständige, da weite Flächen des Landes und damit wahrscheinlich auch das Ausgehende vieler Goldgänge von jüngeren Eruptivgesteinen bedeckt sind.

Die Entwickelung der Technik des kalifornischen Seifenbetriebes nimmt unsere besondere Aufmerksamkeit in Anspruch. Der Kleinbetrieb mit der Waschschüssel und mit der Wiege — einem in schaukelnde Bewegung gesetzten Kasten mit einem Siebe und einer darunterliegenden geneigten Herdfläche — wobei der einzelne Mann täglich etwa 500 bis 1000 kg goldhaltigen Sand verarbeiten kann, hörte in der Hauptsache bald auf, da der Ertrag dem weißen Goldgräber zu gering wurde, nur die anspruchslosen Chinesen waschen auch heute noch in dieser ursprünglichen Weise die Flußsande: sie dürften dabei nur etwa auf einen Tagesverdienst von einem halben bis zu einem ganzen Dollar (2—4 Mark) kommen. Im übrigen hatte bald der Großbetrieb sich der Goldseifen bemächtigt und verarbeitete mit Zuhilfenahme des fließenden Wassers außerordentlich große Mengen auch sehr armer Goldseifen noch mit Nutzen — man sagt bis zu 1,0 g Goldgehalt in der Tonne abwärts. Die Kosten der Verarbeitung einer Tonne sollen sich nur auf 10—34 Pfennig stellen. Die Arbeitsweise bei diesem hydraulischen

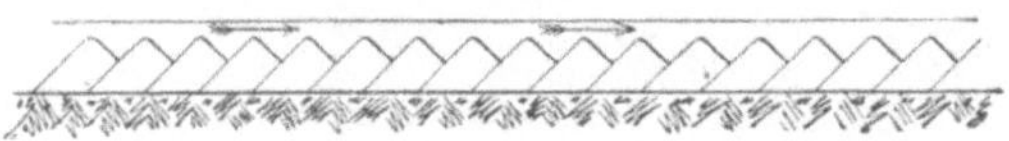

188. **Mit Steinpflaster versehenes Gerinne zum Auffangen des Seifengoldes.**

Betriebe ist die folgende: Das Seifenmaterial wird durch Arbeiter mit der Schaufel am Kopfende von Gerinnen eingetragen, in die erhebliche Wassermassen geleitet werden. Die groben Gerölle werden durch Siebe zurückgehalten und die feineren Massen durch Rühren mit Werkzeugen vollends verteilt, das Wasser führt den Sand und Schlamm mit sich fort, während das Gold zu Boden sinkt und sich vor eingelegten Querleisten ansammelt. Je länger die Gerinne sind, je weniger Gold geht verloren, man hat daher bis zu 100, ja 300 m lange Gerinne angewendet, im letzteren Falle sind es gepflasterte Kanäle, die Sohle kann in der durch Abb. 188 veranschaulichten Weise aus in Zement verlegten Steinen hergestellt werden. Oft wird auch die Amalgamation zu Hilfe genommen, indem man in die Vertiefungen der Gerinneböden etwas Quecksilber gibt.

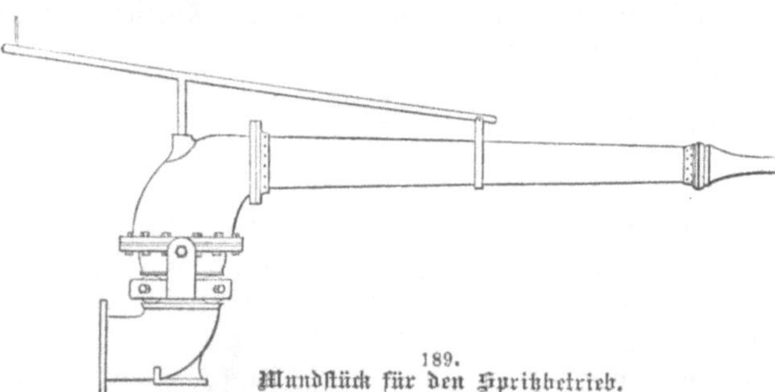

189. **Mundstück für den Spritzbetrieb.**

Aber auch die Handarbeit bei der Seifengewinnung ist erspart worden. Aus Rohrleitungen und beweglichen Mundstücken (Abb. 189) läßt man das Wasser in mächtigen Strahlen gegen das Seifengebirge ausspritzen, dieses wird hierdurch gelöst, auch werden die Massen verteilt und den Gerinnen zugeführt. Es sollen auf diese Weise täglich 30 Millionen cbm Seifengebirge verarbeitet worden sein. Welche enormen Wassermengen man hierzu brauchte, geht daraus hervor, daß je nach dem verfügbaren Wasserdrucke und dem Zusammenhange der goldhaltigen Massen mit 100 cbm Wasser 3—24 cbm Seife gelöst und gewaschen werden. Die Versorgung so großer Wassermengen machte naturgemäß besondere Anlagen notwendig. In wasserreichen Flußthälern fing man an einem oberhalb gelegenen Punkte das Wasser durch ein Wehr ab und führte es in Gräben und Gerinnen am Thalgehänge entlang bis zum Verbrauchspunkte. Wasserarmen Gebirgsthälern dagegen mußte das Wasser aus bedeutenden Entfernungen zuweilen mehr als 100 km weit unter Zuhilfenahme großer durch Thalsperren hergestellter Sammelteiche zugeführt werden. Die „Water-Companies" gaben das Wasser gegen einen bestimmten Wasserzins, etwa 2,40—3,50 Mark für 100 cbm an die Seifenbetriebe ab. An Kläreinrichtungen für diese großen Wassermassen war natürlich nicht zu denken, so kam es, daß die Flüsse versandeten, aus ihren Ufern traten und auch die benachbarten Fluren mit Sand bedeckten. Im Interesse der Landwirtschaft und Schiffahrt wurde daher im Jahre 1883 in Kalifornien der hydraulische Betrieb untersagt, da jedoch infolge dieses Verbotes die Goldproduktion erheblich zurückging, so wurde im Jahre 1889

das hydraulische Verfahren wenigstens überall dort wieder gestattet, wo Schädigungen
der Landwirtschaft und Schiffahrt nicht in Frage kommen. Ihren früheren Umfang
wird diese Betriebsweise indessen sicher nie wieder erreichen. Dagegen hat sich auch in
Kalifornien der Bergbaubetrieb in neuester Zeit erheblich mehr als früher dem Gangbergbau zugewendet. Hierzu mögen wesentlich die Erfolge beigetragen haben, welche in
dem neuesten Goldrevier der Vereinigten Staaten in Cripple Creek in Colorado seit
dem Jahre 1891 erzielt worden sind.

Nächst den Vereinigten Staaten von Nordamerika hat Australien in den letzten
50 Jahren die größten Mengen Gold geliefert; auch dort sind jüngere und ältere
Seifen sowie Goldgänge in großer Zahl auch stock- und lagerförmige Lagerstätten mit
hohem Goldgehalte vorhanden. Von den verschiedenen Kolonien wurde zuerst in Neusüdwales im Jahre 1841 Gold in größerer Menge gefunden, es folgten in den
50er Jahren Victoria, Südaustralien und Neuseeland. Seit dem Jahre 1863
werden auch in Queensland erheblichere Mengen Gold gewonnen, und erst seit wenigen
Jahren trat auch Westaustralien als Goldproduzent auf. Der heutige Stand der
Golderzeugung ist nach Rothwell aus der nachstehenden Tabelle ersichtlich:

Australiens Goldproduktion im Jahre 1896 nach Rothwell

Name der Kolonie	Kilogramm	Prozent
Victoria	23 536	35,8
Queensland	16 375	24,9
Neusüdwales	8 057	12,3
Westaustralien	7 826	11,9
Neuseeland	7 382	11,2
Tasmanien	1 718	2,6
Südaustralien	852	1,3
Summa:	67 746	100,0

Danach steht Victoria mit der größten Produktion an der Spitze, es folgt an
zweiter Stelle Queensland, das im Crocodile-Goldfelde die berühmte stockförmige Lagerstätte den Mount-Morgan besitzt; es
folgen dann mit angenähert gleicher Produktion Neusüdwales, Westaustralien und
Neuseeland, die geringsten Erträge an Gold
liefern Tasmanien und Südaustralien.

In der Kolonie Victoria liegen die
sogenannten saddle reefs (Sattellager)
von Bendigo, welche geologisch von
außerordentlichem Interesse sind. Das
Gebirge besteht aus gefalteten Schichten
des Silur, vorwiegend Schiefer und
Sandstein (vgl. Abb. 190); auf den Sät-
teln a und zum Teil auch in den Mulden b

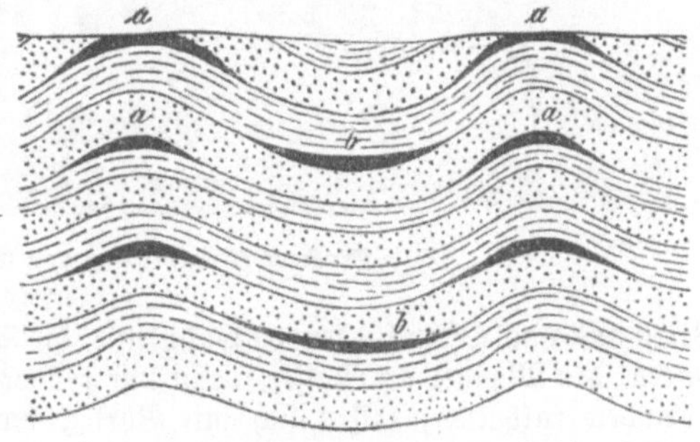

190. Die Goldlagerstätten von Bendigo.

schieben sich zwischen die Gebirgsschichten linsenförmige Einlagerungen ein, bestehend aus
Quarz und Schwefelkies mit gediegenem Gold, der Bergbau ist bis zu mehr als 600 m
Tiefe vorgerückt und hat eine größere Anzahl von saddle reefs neben- und untereinander
angetroffen.

Übrigens zeichnen sich die Goldseifen Victorias durch das verhältnismäßig häufige
Auftreten von nuggets (Goldklumpen) aus, hier wurde das größte überhaupt bekannt
gewordene Stück gediegenen Goldes im Gewicht von mehr als 70 kg gefunden, es ist
unter dem Namen Welcome Stranger bekannt geworden.

Kurze Zeit, nachdem Johannesburg in Transvaal den Strom der Goldgräber in
eine völlig neue Richtung gelenkt hatte, erstand in Coolgardie (Westaustralien), etwa
500 km östlich von der Hauptstadt Perth mit dem Hafenort Freemantle gelegen, ein

neues Dorado mitten in der wasserarmen Wüste, mitten im australischen Busch. Mit unendlichen Entbehrungen hatten die ersten Goldsucher zu kämpfen, aber auch hier that das Goldfieber Wunder, immer neue Scharen von Einwanderern kamen herbei und wie durch ein Zauberwort erstand die neue Stadt; wo zuerst nur Zelte und Hütten aufgeschlagen wurden, wuchsen bald massive Gebäude mit Verkaufsläden und Hotels aus dem Boden, noch schneller als in den fünfziger Jahren die kalifornischen Städte. Allerdings soll der Boden viel Gold bergen, aber die angelegten Kapitalien — sie betragen erheblich über 1 Milliarde Mk. — dürften wegen Überschätzung des Wertes der Gruben zu hoch bemessen sein, um eine angemessene Verzinsung zu ermöglichen. Fast überall bedecken Goldseifen, wenn auch von sehr wechselnder Goldführung, den Boden, Gänge von Goldquarz setzen in großer Zahl auf und auch in lagerartigen Konglomeraten und Sandsteinen (Zemente genannt) findet sich das edle Metall.

Sehr störend für die schnelle Entwickelung des Bergbaues bleibt, auch nachdem im April 1895 durch Eröffnung der Eisenbahnverbindung, einer Verlängerung der von

191. Trockene Verarbeitung von Goldsand in Westaustralien.

Perth aus nach Osten führenden Bahnlinie, die Schwierigkeiten des Transportes vermindert waren, der Mangel an Wasser, denn nur reichere Goldseifen, welche das Gold in gröberen Körnchen enthalten, lassen sich mit Vorteil trocken verarbeiten. Abb. 191 zeigt dieses Verfahren, es ist eine Art Windseparation, die zuweilen durch kleine Handventilatoren unterstützt wird. Allerdings kann bei dieser einfachsten Ausführung nur ein Teil des Goldes gewonnen werden. Die Verarbeitung (das Verpochen und darauf folgende Amalgamieren und Auslaugen) der Gangerze und der Zemente erfordert allerdings Wasser, und so sucht man denn in Coolgardie fast eben so eifrig nach Wasser wie nach Gold, namentlich der Granit gilt für wasserführend. Ein abschließendes Urteil über Coolgardie läßt sich noch nicht mit Sicherheit fällen, die besten Aussichten scheint nach den neuesten Nachrichten der nördlichste Bezirk Kalgoorli zu bieten. Von den verschiedenen Lagerstätten dürfte die Ausbeutung der Zemente am erfolgreichsten sein, sie sind zum Teil bis zu 6 m mächtig und enthalten zuweilen mehrere Unzen Gold in der Tonne, während unter den heutigen Verhältnissen noch 0,4 Unzen = 12 g in der Tonne mit Vorteil abbauwürdig sein dürften. (Gmehling, Privatbrief, Österreichische Zeitschrift 1897.)

Erst seit dem verhältnismäßig kurzen Zeitraume von etwa 10 Jahren nimmt unter den goldproduzierenden Ländern Transvaal in Südafrika eine der bedeutendsten Stellungen ein, die dortigen Lagerstätten sind die wichtigsten Vertreter goldführender Schichten des älteren Sedimentärgebirges. Derartige Vorkommen, jedoch mit geringeren Gehalten sind schon früher aus den Alleghanys und von den Blackhills in Dakota bekannt geworden.

Im Transvaal sind es Konglomerate von abgerollten Quarzkieseln mit kieseligem Bindemittel, ganz vorwiegend in letzterem findet sich neben Schwefelkieskryställchen das gediegene Gold in so feiner Verteilung, daß es oft erst mit bewaffnetem Auge zu erkennen ist. Die Frage, ob diese Lagerstätten als Seifen einer weit zurückliegenden geologischen

192. Tagebau am Witwatersrand.

Periode aufzufassen sind, oder ob das Gold nachträglich in diese Schichten eingedrungen ist, kann zur Zeit noch nicht entschieden werden. Solche Konglomerate, dort reefs genannt, die wir im Sinne der Lagerstättenlehre wohl am besten als goldführende Flöze bezeichnen dürften, wurden zuerst im östlichen Teile der Südafrikanischen Republik im Jahre 1870 bei Lydenburg erschürft; diesen Lagerstätten, sowie den in der dortigen Gegend vor= kommenden Goldseifen entstammen die Erträge der Jahre 1875—1877 von über 1 Million Mark jährlich. Sodann wurden im Jahre 1884 die Goldquarzgänge von De Kaap in der Nähe der heutigen Stadt Barberton entdeckt, hierdurch stiegen die Erträge Südafrikas an Gold, nachdem sie in der Zwischenzeit erheblich zurückgegangen waren, in den Jahren 1885 auf 1,4 Millionen Mark und 1886 auf 2,8 Millionen Mark.

Doch diese Goldfunde wurden erheblich in den Schatten gestellt, als Ende des Jahres 1886 am Witwatersrand Konglomerate in mächtiger Entwickelung und weiter Erstreckung entdeckt wurden. Von nun an steigt die Golderzeugung der Süd= afrikanischen Republik schnell zu so bedeutenden Erträgen, daß sie die Augen der ganzen Welt auf sich lenkte. Wie in anderen Goldländern entstand mitten in der Einöde eine Stadt, Johannesburg, sie zählte im April 1887 bereits 3000, im Januar 1890

26000 und im Juli 1896 102000 Einwohner. Unter diesen waren 50000 Europäer, 43000 eingeborene Kaffern, 5000 Asiaten und 3000 Mischlinge; wie in allen durch Einwanderung schnell emporblühenden Städten überwiegt auch in Johannesburg die Zahl der Männer (79000) erheblich diejenige der Frauen (23000).

In der dortigen Kapformation, welche vorwiegend aus Thonschiefern, Grauwacken, Sandsteinen, Quarziten, Konglomeraten, Kalksteinen und Grünsteineinlagerungen besteht, sind mehrere Gruppen goldführender Konglomerate bekannt. Die wichtigste ist zur Zeit die östlich und westlich von Johannesburg im ganzen auf 80 km streichende Länge bekannte Hauptflözgruppe (Main reef), welche zum Teil aus sechs Flözen besteht.

Da ihre Mächtigkeit und der Reichtum der Goldführung vielfachem Wechsel unterworfen ist und außerdem zahlreiche Verwerfungen auftreten, so ist die Identifizierung der einzelnen Flöze oft schwierig. Ihre Mächtigkeit steigt von mehreren Decimetern bis zu einigen Metern, ja es sind Fälle bekannt, in denen die Flözmächtigkeit zu 30 m anwuchs. Ebenso schwankend ist der Goldgehalt, der übrigens auch über die Mächtigkeit und im Streichen und Fallen desselben Flözes wechselt, er steigt von einigen Grammen bis über 100 g in der Tonne. Nach Schmeißer, dem ich bei der Schilderung des Goldbergbaues

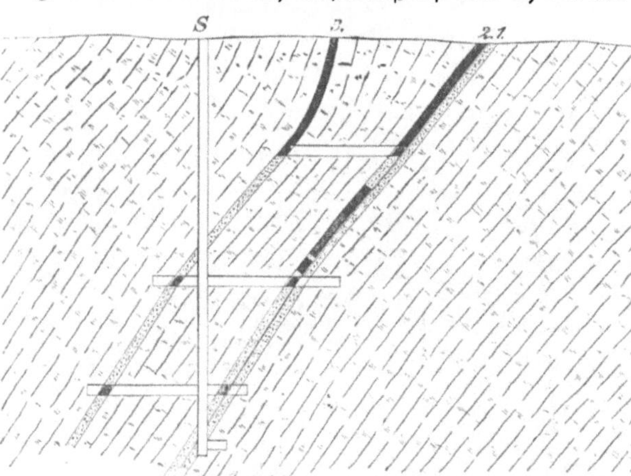

193. Profil durch die Hauptflözgruppe zu Johannesburg.

der Südafrikanischen Republik folge, betrug der mittlere Gehalt der geförderten Erze an Feingold in den Jahren 1892 und 1893 etwa 19 g, doch arbeiteten einzelne Gruben, deren Verhältnisse besonders günstige waren, noch bei einem Goldgehalte von 7,5 g mit einigem Nutzen. Die Gewinnung der Golderze erfolgte zunächst am Ausgehenden der Flöze mittels Tagebau (s. Abb. 192), dann ging man mit flachen Schächten auf den Flözen nieder, und beim Tieferwerden der Grube griff man auch hier zum System der lotrechten Schächte. Abb. 193 zeigt einen Schnitt durch die Hauptflözgruppe nach Schmeißer. Ebenso wie auf den Goldgängen waren bis zu Tiefen von 30 und 40 m die Schwefelkiese zersetzt, es war daher möglich, durch das einfache Pochen der Erze und gleichzeitige Amalgamation fast den ganzen Goldgehalt zu gewinnen. Die Pochtröge werden mit amalgamierten Kupferplatten ausgesetzt und die Trübe dann über Herde geleitet, die mit eben solchen Platten belegt sind (Abb. 194), das Amalgam wird von Zeit zu Zeit durch Abkratzen entfernt und das Gold durch Ausglühen gewonnen. Je weiter jedoch der Bergbaubetrieb in die Tiefe rückte, desto mehr fand sich das Gold an die Schwefelkiese gebunden, und die Rückstände von der Amalgamation wurden reicher und reicher. Man griff daher zu dem in Europa bereits seit 1848 bekannten Chlorinations- oder Plattnerprozeß zur Verarbeitung der Rückstände, auch erfanden im Jahre 1888 Mac Arthur und die Gebrüder Forrest die Goldextraktion mittels Cyankalium, welche inzwischen namentlich durch die deutsche Firma Siemens & Halske erheblich verbessert wurde. Beide Verfahren sind heute nebeneinander in Transvaal in Anwendung (vergl. Teil II dieses Bandes).

Von besonderer Wichtigkeit für die Weiterentwickelung des Bergbaues wurde die Eröffnung der Eisenbahnverbindung nach der Delagoabai an der Ostküste Ende des Jahres 1893 und die Weiterführung der Eisenbahn von Süden her von Port Elisabeth über Bloemfontein bis nach Johannesburg, welche im Jahre 1895 erfolgte. Auch das Vorkommen guter Steinkohlen in der Karrooformation südwestlich und namentlich auch

194. Pochwerk der May Consolidated Co. bei Johannesburg.

195. Seilscheibenstuhl des Hauptschachtes der May Consolidated Co. bei Johannesburg.

öſtlich von Johannesburg zu Bocksburg iſt bei der immer mehr zunehmenden Tiefe
der Gruben ſehr weſentlich. Im Jahre 1893 wurden bereits erheblich mehr als 200 000 t
Kohle gefördert. In demſelben Jahre betrug die größte Tiefe, bis zu der der Bergbau
vorgedrungen war, etwa 150 m, Ende 1896 betrug die größte erreichte Tiefe etwa
300 m. Abb. 195 zeigt eine der neueren Schachtanlagen, ein Fördergerüſt für einen
flachen Schacht. Was die Zukunft des Goldbergbaues in Transvaal betrifft, ſo iſt durch
Tiefbohrung bis zu etwa 1000 m das Fortſetzen der Goldführung nachgewieſen worden;
da die Wärmezunahme nach der Tiefe zu normal iſt, auf je 30 m Tiefe etwa 1⁰ C., auch
die Waſſerzugänge nicht ſtark ſind, ſo dürfte der Bergbau die Tiefe von 1200 m recht
gut erreichen können. Unter dieſer Vorausſetzung ſchätzt Schmeißer den gewinnbaren
Goldvorrat in demjenigen Teile des Witwatersrand, der bis jetzt am beſten bekannt iſt
und die größte Produktion geliefert hat — dieſer Feldteil hat eine Erſtreckung von
etwa 18 km im Streichen — auf über 3 Millionen kg Gold im Werte von mehr als
7 Milliarden Mark. Setzt man voraus, daß die Produktion weiter in angenähert dem=
ſelben Verhältniſſe ſteigt, wie bisher, ſo dürften dieſe Feldflächen in etwa 40 Jahren
abgebaut ſein.

Die bisherige Produktion der Witwatersrand betrug:

1887	719	kg	Gold	im	Werte	von	1 665 000 Mk.
1888	6 474	„	„	„	„	„	14 985 000 „
1889	11 495	„	„	„	„	„	26 608 000 „
1890	15 391	„	„	„	„	„	35 627 000 „
1891	22 683	„	„	„	„	„	52 507 000 „
1892	37 663	„	„	„	„	„	87 183 000 „
1893	45 987	„	„	„	„	„	106 450 000 „
1894	57 509	„	„	„	„	„	152 869 000 „
1895	63 589	„	„	„	„	„	171 975 000 „
1896	62 934	„	„	„	„	„	167 289 000 „
1897	87 000	„	„	„	„	„	244 860 000 „ (ſchätzungsweiſe)

Die Werte werden übrigens etwas verſchieden angegeben, da zum Teil nicht genaue
ſtatiſtiſche Angaben, ſondern nur Schätzungen vorliegen und außerdem das gewonnene
Gold aus Transvaal als Rohgold mit etwa 12 % fremden Beimengungen aus=
geführt wird.

Wir können den Abſchnitt über das Gold nicht ſchließen, ohne wenigſtens ganz kurz
auf die neuen im äußerſten Weſten gelegenen Goldfelder Kanadas am Klondike=
und Jukonfluſſe hinzuweiſen, die im Sommer 1896 entdeckt wurden. Trotz ihrer Lage
im eiſigen Norden, trotz des äußerſt beſchwerlichen Weges ſtrömten bereits im Jahre 1897
eine große Anzahl wagemutiger Leute dorthin. Wie immer ſind die Tageszeitungen voll
von Berichten über großartige Erfolge, über die vielen Enttäuſchungen gehen ſie ſchnell
hinweg. Das Gold findet ſich hier meiſtens in älteren Seifen, es müſſen ähnlich wie in
Sibirien Schächte durch das Deckgebirge geteuft werden, um zu den goldführenden
Schichten zu gelangen, dieſe ſind alſo keineswegs leicht und ohne weiteres zu erreichen.
Der Andrang von Menſchen war im Jahre 1897 ſo groß und die Vorräte im dortigen
Reviere ſo klein, daß bereits im Winter Mangel an Lebensmitteln eingetreten ſein dürfte.
Ein abſchließendes Urteil über den wahren Wert der dortigen Goldfelder läßt ſich zur
Zeit noch nicht fällen.

Abbau von Platin und verwandten Metallen.

Platin kommt nur gediegen vor, es iſt ſilberweiß; Rohplatin hat das hohe ſpezifiſche
Gewicht 17—18, während reines verarbeitetes Platin in geſchmolzenem Zuſtande 19,7
und gehämmert 20—21,3 wiegt. Selten iſt Platin in Geſteinen, ſo am Ural in Serpentin,
in Neugranada in Diorit eingewachſen, am häufigſten finden ſich die loſen Körnchen
von eigenartig rauher Oberfläche im Seifengebirge an den beiden bereits genannten
Örtlichkeiten. Die uraliſchen Platinſeifen enthalten im großen Durchſchnitt etwa 3½ g
Platin in 1 t Gebirge. Das Platin fand in Rußland von 1828 ab einige Zeit lang Ver=
wendung als Münzmetall, zur Zeit wird es wegen ſeiner hohen Widerſtandskraft gegen

Säuren in der Form von Tiegeln, Schalen, Blech und Draht für mannigfache wissen=
schaftliche und industrielle Zwecke verwendet. Die gesamte russische Produktion an Roh=
platin wird nach Deutschland ausgeführt und hier verarbeitet. Der Preis für Rohplatin
betrug in letzter Zeit 300 Mk. für 1 kg, die Preise für verarbeitetes Platin haben in den
letzten Jahren zwischen 1000 und 2000 Mk. für das Kilogramm geschwankt. Die russische
Produktion von 4—5000 kg jährlich, die zum allergrößten Teile aus den der Familie

Demidoff gehörigen Seifen von Nishnij=
Tagilsk stammt, beherrscht den Weltmarkt,
außerdem erzeugen Britisch=Kolumbien
und Neusüdwales erst in neuerer Zeit
kleinere Mengen. — Zusammen mit dem
Platin kommen die ihm verwandten Metalle
Palladium, Iridium, Rhodium, Ruthenium
und Osmium in so geringen Mengen vor,
daß sie bisher nur für rein wissenschaftliche
Zwecke verwendet wurden.

Der Silberbergbau.

Die Silbererze sind außerordent=
lich mannigfaltig. Silber kommt an vielen
Orten gediegen vor, es sind Fälle bekannt,
in denen auf den Erzgängen Klumpen von
mehreren Zentnern Gewicht gefunden wur=
den, so zu Kongsberg in Schweden, zu
Freiberg und Schneeberg im Erzgebirge.

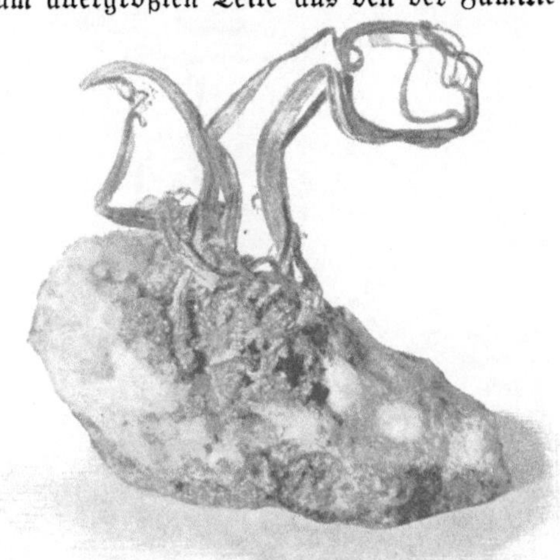

196. **Gediegen Silber, drahtförmig, von der Grube
Himmelsfürst bei Freiberg.** (¹/₂ d. natürl. Größe.)

Außerdem kommt gediegen Silber z. B. in den schon genannten Kongsberger Werken in
Gruppen von Oktaedern krystallisiert vor, auch in Blechen und in Haar= und Drahtform
tritt es häufig auf. Abb. 196 zeigt eine sehr schöne Stufe haarförmiges Silber von der
Grube Himmelsfürst südlich von Freiberg. Auch gestrickt kommt das gediegene Silber
vor, durch Aneinanderreihen von Krystallen entstehen baum= oder federähnliche Zeich=
nungen; derartige Krystallgruppen von Potosi in Bolivia werden durch Abb. 197 dar=

gestellt. Übrigens ist das ge=
diegene Silber selten rein weiß,
vielmehr meistens grau oder
gelblich angelaufen.

Das reichste Silbererz ist
das Glaserz, auch Silber=
glanz oder Argentit genannt,
mit 87% Silber und 13%
Schwefel, es kommt nicht selten
auf den Silbererzgängen vor, ist
dunkelgrau und unterscheidet sich
von den anderen Silbererzen da=
durch, daß es in sehr hohem
Grade geschmeidig ist, sich also mit
dem Messer in Späne schneiden

197. **Gediegen Silber in Federform von Potosi in Bolivia.**

läßt. Krystallgruppen, dem gestrickten Silber ähnlich, die durch ihre Form an kleine
Tannenbäumchen erinnern, sind nicht gerade selten (vergl. Abb. 198). Unstreitig die
schönsten Silbererze sind die Rotgültigerze, und zwar unterscheidet man das lichte Rot=
gültigerz, eine Schwefel=Arsenverbindung des Silbers, und das dunkle Rotgültigerz, die
entsprechende Schwefel=Antimonverbindung. Die Bezeichnung Gültigerz findet sich übrigens,
wie wir sehen werden, noch bei mehreren Erzen, das Wort hat mit Gold und gülden
nichts zu thun, ist vielmehr von gelten, Wert haben, abzuleiten. Beide Erze kommen in
prächtigen, durchsichtigen Krystallen vor; Abb. 199 gibt einen bolivianischen besonders

schönen Kryſtall von der berühmten Huanchaca=Grube in natürlicher Größe wieder. Reiche Stellen in den Silbererzgängen erſcheinen oft blutrot durch das Auftreten der Rot= gültigerze. In Deutſchland wurde der letzte große Fund an Rotgültigerz zum Teil in

198 **Silberglanz, geſtrickt, eingewachſen in Braunſpat von Freiberg.**

herrlichen Kryſtallen im Jahre 1893 in Marien= berg in Sachſen gemacht, es konnten damals die ſämtlichen größeren Sammlungen mit aus= gewählten Stücken ver= ſehen werden. Melan= glanz, auch Spröd= glaserz genannt, iſt ebenfalls ein reiches, den Rotgültigerzen ver= wandtes, jedoch ſchwar= zes Silbererz, es hat ſeinen Namen von dem griechiſchen „melas" ſchwarz erhalten. Außer den Verbindungen des Silbers mit Schwefel, Arſen und Antimon kommen namentlich in den oberen Tiefen der

Erzgänge Mineralien vor, in denen das Silber mit Chlor, Jod und Brom verbunden iſt. Das wichtigſte dieſer Erze iſt das Chlorſilber, auch Silberhornerz oder Chlorar= gyrit genannt, mit 75 % Silber und 25 % Chlor; es hat ſchönen Diamantglanz, iſt geſchmeidig und im natürlichen Zu= ſtande durchſcheinend, von weißlicher Farbe, dieſe geht jedoch im Sonnenlichte ſehr bald in Braun über, wie man dies auch an dem auf künſtlichem Wege hergeſtellten, aus wäſſeriger Löſung in weißen Flocken gefällten Chlorſilber beobachten kann. Das natürliche Chlorſilber kam häufig in den mexikaniſchen und ſüdamerikaniſchen Silbergruben vor; in Deutſchland iſt das Erz wohl in den obererzgebirgiſchen Bergrevieren zu Johanngeorgenſtadt, Annaberg, Marienberg und Schneeberg in Sachſen in den bedeutendſten Mengen vorgekommen, ſo daß es zum Silberausbringen erheblich beitrug. Unter den Fahl= erzen, welche bei den Kupfermineralien näher beſprochen ſind, finden ſich ſolche von lichtgrauer Farbe und hohem Silber= gehalt — bis 30 % — ſie werden als Weißgültigerz und Silberfahlerz unterſchieden und kommen auf vielen Silber= erzgängen, z. B. am Harz, bei Freiberg, in Ungarn vor, wie die übrigen Fahlerze kryſtalliſieren die Weißgültigerze im Tetraëder und den dieſem nahe ſtehenden Formen. In ge= ringen Mengen enthalten viele andere Erze Silber, ſo die Kupfererze, Schwefelkies, Zinkblende, Arſenkies, auch die Nickel= und Kobalterze und namentlich der Bleiglanz; das Silber=

199. **Kryſtall von lichtem Rotgültigerz.**

ausbringen aus dem zuletzt genannten Minerale ſpielt ſogar eine ſehr bedeutende Rolle, trotzdem der Silbergehalt ſelten mehr als 0,2 %, d. h. alſo 200 g im Doppelzentner Bleiglanz beträgt.

Silbererze finden ſich in der Natur ſowohl auf eigentlichen Gängen als auch auf Lagern und ſtockförmigen Lagerſtätten. Am häufigſten ſind wohl die Gangvorkommen, sie zeichnen sich durch eine außerordentliche Mannigfaltigkeit der auftretenden Mineralien aus, denn neben den genannten eigentlichen Silbererzen finden sich die sämtlichen Gang=arten: Quarz, die Karbonspäte, Schwerspat und Flußspat, ja sogar die Zeolithe, letztere z. B. besonders schön zu Andreasberg. Dann aber brechen die später aufzuführenden Mineralien des Bleies, des Zinks und Kupfers, diejenigen des Arsens und Antimons auf den Silbergängen mit ein. Und zwar sowohl die Salze, zum Teil die Oxyde, als auch die Schwefel=Arsen=Antimonverbindungen der genannten Metalle. Es sind daher gerade die Bergbaue, welche auf Silbererzgängen betrieben werden, für den Mineralogen wahre Schatzkammern an schönen Krystallen. Als Beispiele für silberhaltige Lager seien hier kurz erwähnt der Rammelsberg bei Goslar, das Mansfelder Kupferschieferflöz, Broken Hill in Neusüdwales, als stockförmige Lagerstätten Laurium bei Athen und Leadville in Colorado.

Das Silber kommt in Seifen nicht vor, auf seinen Lagerstätten findet es sich im eisernen Hute als Chlor=, Jod= und Bromverbindung, diese Erze können sofort nach der Gewinnung durch Amalgamation leicht extrahiert werden, in den tieferen Teilen der Lagerstätten finden sich neben gediegen Silber die Schwefel=, Arsen= und Antimon=verbindungen, welche entweder verschmolzen oder nach vorhergehender chlorierender Röstung amalgamiert werden.

Eigentliche Silbergruben, d. h. solche, die ausschließlich oder als Hauptprodukt Silber liefern, gibt es in Europa kaum. Es kommt wohl vor, daß auf einzelnen Gängen (Andreasberg, Freiberg und Schneeberg in Sachsen) edle Silbererze, namentlich gediegen Silber, Rotgültigerz und Glaserz, zuweilen in größeren Mengen gewonnen werden, aber der Wert dieses Silbers ist im Vergleich zur ganzen Erzproduktion der Grube gering. In Europa wird die Hauptmasse des Silbers aus silberhaltigen Blei= und Kupfererzen dargestellt, sie enthalten alle nur geringe Mengen Silber, aber die hüttenmännische Trennung ist lohnend. So enthält der Bleiglanz von Freiberg in der Regel $0{,}08$—$0{,}2\,\%$ Silber, der von Clausthal $0{,}01$—$0{,}3\,\%$, der von Pribram in Böhmen $0{,}3\,\%$; in 1 t Kupfer von Mansfeld sind 5 kg Silber enthalten; selbst die geringen Silbermengen der spanischen Kupferkiese (vergl. S. 173) werden zur Zeit nutzbar gemacht. Daher versteht man unter Silberbergbau in Europa fast immer Bergbaubetrieb auf silberhaltige Blei= oder Kupfererze.

Von den berühmten deutschen Bergbauen wollen wir hier den Freiberger und den Oberharzer Bergbau besprechen, während der Mansfelder Kupferschieferbergbau bei der Kupfergewinnung eingehend berücksichtigt werden wird. Dann werden wir einen kurzen Blick auf die Silbergewinnung der anderen Weltteile werfen. In Nordamerika und in Australien arbeiten viele Gruben auf silberhaltige Blei= und Kupfererze, es gibt jedoch, besonders in Mexiko und Südamerika (Peru und Bolivia), viele Gruben, die als Silber=gruben im eigentlichen Sinne des Wortes bezeichnet werden können, da in denselben nur Silber gewonnen wird.

Als einer der allerbedeutendsten Mittelpunkte bergmännischen Lebens und die älteste weit berühmte Pflegstätte bergmännischen Wissens ist Freiberg in Sachsen zu nennen. Der Bergbau begann daselbst, wahrscheinlich durch eingewanderte Harzer Bergleute ins Leben gerufen, um 1168 unter Markgraf Otto von Meißen, dem die Geschichte den Beinamen des Reichen gegeben hat. Vor kurzem ist ein Denkmal dieses Fürsten, des Gründers Freibergs, auf dem Marktplatze der Stadt enthüllt worden. Nach Ermisch, dem verdienstvollen Herausgeber des Urkundenbuches der Stadt Freiberg, dem gründ=lichsten Kenner der ältesten Geschichte der Grafschaft Meißen, wurde der erste Bergbau=betrieb im sächsischen Erzgebirge zu Freiberg ins Leben gerufen, und es ist unglaubhaft, daß, wie einzelne Chronisten behaupten, nördlich von Freiberg bei Roßwein, Mittweida und Frankenberg schon früher Bergbau betrieben wurde, vielmehr dürfte auch der Bergbau dieser Städte, wie später derjenige des oberen Erzgebirges von Freiberg aus ins Leben gerufen worden sein. So begann 1496 der Silberbergbau zu Annaberg, 1470 zu Schneeberg, 1521 zu Marienberg unter Heinrich dem Frommen.

Der junge Bergbau, dem bald große Mengen von Bergleuten zuströmten, gewann schnell an Bedeutung und erfreute sich des Schutzes und der Unterstützung der Landes=

fürsten. Am besten wird dies dadurch bestätigt, daß das Freiberger Bergrecht, welches sich als Gewohnheitsrecht — wohl in Anlehnung an das gleichalterige Bergrecht von Iglau in Mähren — entwickelte, mit diesem zusammen die älteste Grundlage des gemeinen deutschen Bergrechtes wurde. Mit Ende des 14. Jahrhunderts folgte eine Zeit des Verfalles, da die damaligen Hilfsmittel für die Fortsetzung des Betriebes in größeren Tiefen nicht ausreichten und außerdem die Einfälle der Hussiten und das Auftreten der Pest im Erzgebirge die Weiterentwickelung hemmten.

Regere Beachtung wurde dem Freiberger Bergbau erst wieder zu teil, als mit Beginn des 16. Jahrhunderts neuer Unternehmungsgeist die Alte Welt erfüllte und auf vielen Gebieten durchgreifende Neuerungen zeitigte; inzwischen hatten auch die technischen Hilfsmittel wichtige Verbesserungen aufzuweisen. Doch wie für ganz Deutschland brachte der Dreißigjährige Krieg auch für den Freiberger Bergbau schwere Heimsuchungen, nachdem schon vorher das Herüberströmen gewaltiger Mengen von Edelmetall aus der Neuen Welt dem gesamten Bergbau Europas empfindliche Wunden geschlagen hatte. Gruben und Hütten gerieten zum zweitenmal mehr und mehr in Verfall. Erst sehr allmählich wurde der Freiberger Bergbau dadurch wieder in den Vordergrund des Interesses gerückt, daß im südlichen Teile des Revieres, im Felde der späteren Grube Himmelsfürst südwestlich von dem heutigen Städtchen Brand bedeutende Anbrüche reicher Erze gemacht wurden. Die Gründung der Bergakademie Freiberg im Jahre 1766 und der Bergschule im Jahre 1776 waren eine Folge dieser neuen Blütezeit; die Pflege bergmännischen Wissens wirkte aber anderseits anregend auf den Bergbau- und Hüttenbetrieb zurück.

Das Eindringen des Bergbaues in immer größere Tiefen, welches die Aufwendung vieler Maschinenkräfte zum Zwecke der Wasserhebung erheischte, hatte schon frühzeitig zur Schaffung weit ausgedehnter Anlagen für die Versorgung von Kraftwasser gedrängt. Die Ausnutzung derselben wurde durch die Fertigstellung des tiefen Rothschönberger Stollens im Jahre 1877 zwar erleichtert, aber bald machten sich die Folgen des beständigen Sinkens des Silberpreises in der Höhe des Ausbringens fühlbar, und um den Fortbestand des Bergbaues zu sichern, kaufte im Jahre 1886 der sächsische Staat die wichtigsten Gruben, deren Belegschaft damals 5000 Mann betrug von den Gewerkschaften. Seitdem hat der Bergbau an mehreren Punkten die Gänge fast bis zu 700 m Tiefe erzführend angetroffen, und bedeutende maschinelle Anlagen mit Dampfbetrieb für die Förderung, die Fahrung der Mannschaft und die Wasserhebung sind ausgeführt worden. So ist denn zu hoffen, daß der Betrieb an der Wiege des sächsischen Bergbaues, von wo derselbe sich über das ganze Erzgebirge verbreitet hat, von wo in den letzten 130 Jahren wissenschaftlich gebildete Bergleute in alle Reviere der Erde ausgezogen sind, auch fernerhin mit Beihilfe des Staates weiter fortgeführt werden wird.

Das Gebirge in der Umgebung Freibergs besteht aus Gneis, jenem typischen krystallinischen Schiefergestein, dessen Gemengteile Quarz, Feldspat und Glimmer wenigstens im großen eine parallele Anordnung erkennen lassen. Nach der verschiedenen Natur des Feldspates und Glimmers werden mehrere Abarten unterschieden, unter denen der graue Gneis am verbreitetsten und für die Erzführung am wichtigsten ist. Die Erzgänge (vgl. nebenstehende Tafel) setzen in großer Zahl auf, eigentümlicherweise ist auf verhältnismäßig engem Raume die Erzführung sehr verschiedenartig, man unterscheidet danach vier eigentümliche Gangfüllungen oder Formationen, deren Hauptvertreter auf der Tafel eingetragen und durch besondere Darstellung hervorgehoben sind.

Namentlich nördlich von Freiberg tritt eine Gruppe von Gängen auf, welche nach ihrer Mineralführung den Namen der Edlen Quarzformation erhalten hat. Zur Zeit werden die wichtigsten derselben in der Nähe der Ortschaften Obergruna und Großvoigtsberg durch die Gruben Christbescherung, Alte Hoffnung Gottes und Gesegnete Bergmanns Hoffnung abgebaut. Die Gangfüllung besteht aus edlen Silbererzen, dazu Schwefelkies, Zinkblende und Bleiglanz in der Regel fein eingesprengt in Quarz, außer dem Bleiglanz (bis 1%) sind auch die Zinkblende (bis 0,5 %) und der Schwefelkies (bis 0,3 %) silberhaltig.

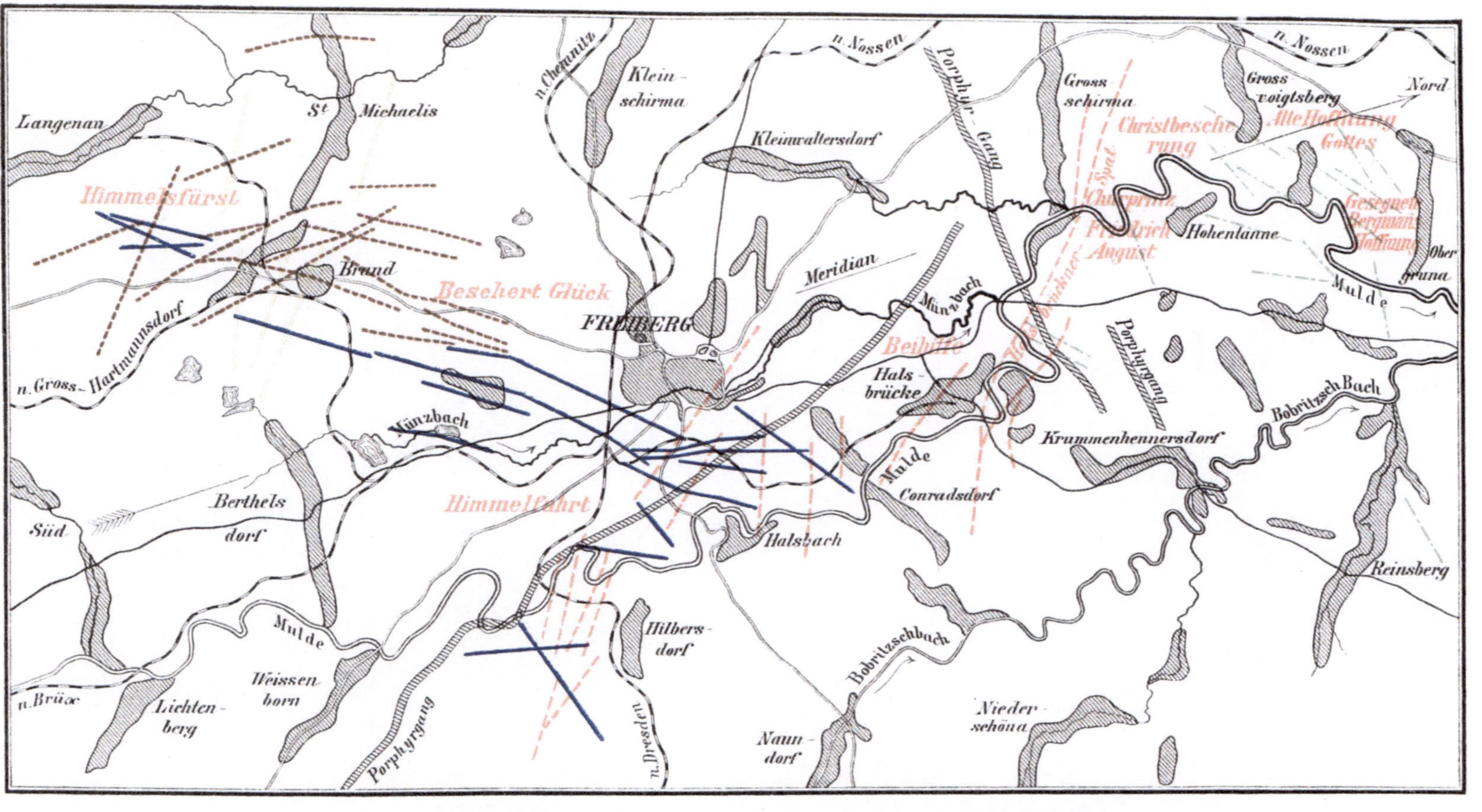

Übersichtskarte der wichtigsten Erzgänge und Gruben in der Umgebung von Freiberg.

Nach H. Müller.

Die Hauptgänge der kiesigen Bleiformation bilden einen ausgesprochenen Gangzug, welcher nordöstlich von Freiberg im Felde der Grube Himmelfahrt beginnt und sich in südwestlicher Richtung durch das Feld von Beschert Glück bis in das Grubenfeld von Himmelsfürst südlich von Brand erstreckt. Neben Quarz kommen als Erze Bleiglanz mit 0,1—0,3 % Silbergehalt, Schwefelkies und Zinkblende, zuweilen auch Kupferkies und Arsenkies vor. Der Silbergehalt der Kiese und der Blende ist sehr gering. Diesen Gängen entstammt die größte Menge silberhaltiger Bleierze, welche das Freiberger Bergrevier liefert.

Ausschließlich im Süden von Freiberg, in der unmittelbaren Umgebung des Bergstädtchens Brand setzen die Gänge der edlen Bleiformation, auch Braunspatformation genannt, auf, neben Quarz walten Braunspat und Manganspat als Gangarten vor, die Erze bestehen außer Bleiglanz namentlich aus edlen Silbererzen und silberreichen Fahlerzen; treten Zinkblende und Schwefelkies mit auf, so sind auch sie silberreich. Die großen Silberlieferungen der Gruben Beschert Glück und Himmelsfürst beruhen vorwiegend auf dem Abbau dieser Gänge, welche zuweilen Gediegen Silber in kleineren und größeren Klumpen enthalten.

Während die Gänge der drei genannten Formationen nur die geringe mittlere Mächtigkeit von etwa 0,5 m haben, sind die Gänge der barytischen Bleiformation bis zu Mächtigkeiten von 2 und 4 m entwickelt. Sie führen als Gangarten außer Quarz vollständig abweichend von den übrigen Gängen Schwerspat und Flußspat, an Erzen treten in der Hauptsache nur Bleiglanz mit verhältnismäßig niedrigem Silbergehalte (bis 0,08 %) und Schwefelkies auf. Diese Formation ist im Nordosten von Freiberg ausgebildet, die Gänge streichen NW—SO, die Ausfüllung ist meistens lagenförmig angeordnet. Ihr Hauptvertreter ist der Halsbrückner Spatgang, auf ihm bauen zur Zeit die Gruben Beihilfe und Kurprinz Friedrich August, es ist seiner Ausdehnung nach der bedeutendste Gang des ganzen Revieres, da er auf mehr als 8 km Länge bekannt ist; übrigens führt er an einigen Stellen einen quarzigen Gangteil mit silberreichem Bleiglanz. Die im Felde der Grube Himmelfahrt aufsetzenden Gänge dieser Formation enthalten selbst nur wenig Erz, dagegen sind sie dadurch berühmt geworden, daß auf ihren Kreuzen mit den Gängen der kiesigen Bleiformation zuweilen edle Silbererze in solchen Mengen angetroffen wurden, daß 1 qm der Gangfläche einige Tausend Mark Silberwert hatte.

Übrigens sind außer den beschriebenen Gangformationen noch einige andere von geringerer Bedeutung vertreten; es gibt auch sogenannte taube Gänge, die keine Erze liefern, deren Spalten nur mit Quarz oder zersetztem Gestein erfüllt sind. Die Mannigfaltigkeit der Erscheinungen wird noch dadurch vermehrt, daß auch Porphyrgänge im Freiberger Revier aufsetzen, echte Gesteinsgänge, wahrscheinlich Ausläufer jener bedeutenden Porphyrstöcke, die im benachbarten Tharandter Walde in großer Ausdehnung bekannt sind. Auf der Karte sind auch diese eingetragen.

Von der Ausdehnung der bergmännischen Baue geben die folgenden Zahlen das beste Bild: Es sind überhaupt mehr als 1000 erzführende Gänge durch den Bergbau bekannt geworden, und wenn auch zur Zeit nur die erzreichsten abgebaut und weiter untersucht werden können, so findet doch noch auf mehr als 200 Gängen Betrieb statt. Dementsprechend ist auch die Anzahl der Hauptschächte, von denen die neueren ausschließlich lotrechte Schächte sind, eine sehr erhebliche. Abb. 200 zeigt die nördlichen Schächte der Grube Himmelfahrt, im Vordergrunde einen der ältesten und tiefsten, den Abrahamschacht. Abb. 201 zeigt die neue Aufbereitung (Zentralwäsche) derselben Grube, im Hintergrunde den David-Richtschacht. Die Wäsche ist nach den neuesten Erfahrungen eingerichtet, und es können darin innerhalb 10 Stunden 120 t Erze aufbereitet werden. Nach H. Müller möge hier auch das Ausbringen einiger der wichtigsten Freiberger Gruben angegeben werden: So betrug der Wert der Erzlieferung der Grube Himmelsfürst in der Zeit von 1710—1890 in derzeitige Währung umgerechnet 66 800 000 Mark, davon wurden im ganzen erheblich über 9 Millionen Mark als Betriebsgewinn u. s. w. an die Gewerken bezahlt. Alte Hoffnung Gottes Fundgrube

200. Der Abrahamschacht der Königlichen Grube Himmelfahrt bei Freiberg von Süden aus gesehen
Nach Aufnahme von H. Müller, Freiberg.

201. Zentralwäsche und David-Richtschacht der Königlichen Grube Himmelfahrt bei Freiberg von Süden aus gesehen.
Nach Aufnahme von H. Müller, Freiberg.

zu Kleinvoigtsberg, woselbst der Betrieb im Jahre 1741 aufgenommen wurde, hat in der Zeit bis zum Jahre 1890 fast 16 Millionen Mark Erzbezahlung aufzuweisen, wovon als Betriebsüberschuß fast 3 Millionen Mark an die Gewerken verteilt werden konnten. Die Grube Himmelfahrt hat in den Jahren 1752—1890 im ganzen für 67 Millionen Mark Erze ausgebracht und verteilte hiervon und von sonstigen Einkünften mehr als 11½ Millionen Mark an die Gewerken. Ein einziger Erzgang, der Erzengel, lieferte für mehr als 11 Millionen Mark Erz, davon den allergrößten Anteil in der Form von silberhaltigem Bleiglanz.

Der Wert des gesamten durch den Freiberger Bergbau seit seiner Entstehung bis zum Jahre 1890 ausgebrachten Silbers wird auf 880 Millionen Mark geschätzt, während der Wert der übrigen Produkte wegen mangelhafter Nachrichten aus den früheren Jahrhunderten auch nicht angenähert geschätzt werden kann.

Der Bergbau beschäftigte im Jahre 1895 fast 300 Beamte und etwa 4750 Arbeiter, es wurden im genannten Jahre 14 460 m Strecken getrieben, 1900 m in Haupt- und Zwischenschächten abgeteuft und im ganzen über 100 000 qm Gangfläche abgebaut. Hiervon sind 267 000 metrische Zentner Erz an die Hütten geliefert worden, die eine Bezahlung von 2¾ Millionen Mark ergaben, allerdings war zur Fortführung des Betriebes außerdem noch ein erheblicher Zuschuß aus der Staatskasse erforderlich.

Die Verhältnisse auf den Freiberger Gruben sind für steil einfallende Gänge von geringer Mächtigkeit überhaupt charakteristisch, es soll daher hier Gelegenheit genommen werrden diesen Betrieb kurz zu beschreiben. In älterer Zeit, als die Ausdehnung der Grubenfelder noch klein war, und die meisten Gruben nur auf einem Gange bauten, ging man auf diesem mit einem flachen Schachte in die Tiefe, fallsnicht etwadie Ge-

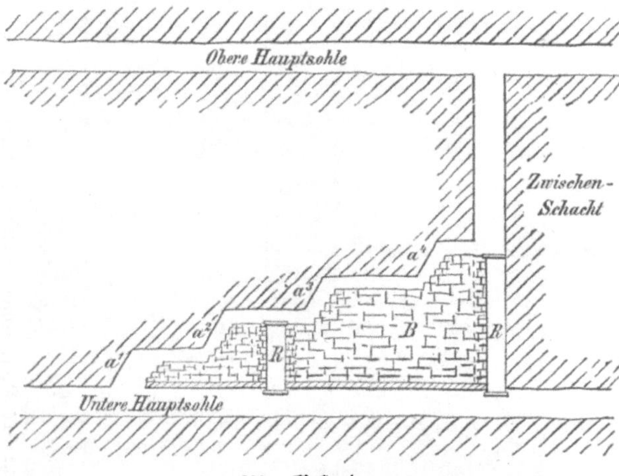

202. Firstenbau.

staltung der Oberfläche die Anlage eines Stollens gestattete. Bis in das 19. Jahrhundert gab es viele derartige Betriebe. Dann aber erforderte das Eindringen in immer gößere Tiefen und namentlich die Kostspieligkeit jeder Schachtanlage die Vereinigung ausgedehnteren Grubenbesitzes in einer Hand; mit der Steigerung der Produktion und der Erleichterung der Gesteinsarbeit durch Anwendung der brisanten Sprengmittel und der maschinellen Bohrarbeit entstanden allmählich die heutigen Schachtanlagen, lotrechte Schächte, von denen mehrere Erzgänge durch Querschläge angefahren und dann die Hauptsohlen (Gezengstrecken) in senkrechtem Abstande von gewöhnlich 40 m auf weite Entfernung zur Aufsuchung der Erzmittel aufgefahren werden. Zur Herstellung des Wetterzuges und Einleitung des Abbaues wird dann zwischen zwei Hauptsohlen die Verbindung durch einen Zwischenschacht hergestellt, und zwar legt man denselben, wenn irgend thunlich, in einem Erzmittel an. Nunmehr beginnt der Abbau, die angewendete Methode wird Firstenbau genannt und ist durch Abb. 202 verdeutlicht. Vom Zwischenschacht aus nimmt man den Gang nach und nach in Streifen, Firstenstöße oder Stöße genannt, von etwa 4 m Höhe heraus. Ist der erste ein Stück vorgerückt, so beginnt man mit einem zweiten u. s. w., so daß der Abbau beim Beginn der Arbeit am 4. Streifen die gezeichnete Gestalt hat, an den Punkten a wird gearbeitet. Da nun die Erzfüllung der Gänge in der Regel nur schmal ist, in günstigen Fällen 0,5 bis 1,0 m, an Weite des Baues aber etwa 1,6 m erfordert werden, so muß Gestein neben dem Gange (Berg oder Berge) mit geschossen werden. Um die Berge nicht zu fördern, versetzt man sie, soweit das möglich ist, in den abgebauten Räumen, die Strecke bleibt jedoch offen. Man schafft daher in der Firste durch Mauerung, Zimmerung oder Eisenausbau eine feste Unterlage und häuft nun die Berge (B in der Abb. 202) so hoch auf, daß der Verkehr noch möglich ist. Einen Blick in den Firstenbau zeigt Abb. 203, die Beamten leuchten das Erz im Gange an, während die Häuer beim Auslesen des bereits hereingeschossenen Erzes beschäftigt sind. Im Hintergrunde bohrt ein Arbeiter ein Sprengloch. Den Aufstieg in den Firstenbau von der Strecke aus hat Heuchler in einer anschaulichen Skizze (Abb. 204) dargestellt. Es ist wohl ein älterer Abbau, denn das vorderste Holz ist angebrochen und muß durch ein neues ersetzt werden. Der Zimmersteiger gibt den Zimmerlingen hierzu die nötigen Weisungen.

An den Arbeitsorten werden einfache Treppen aus größeren Gesteinsstücken hergestellt, auf diesen oder auf eingelegten Spreizen stehen die Arbeiter beim Bohren der Spreng=löcher (Abb. 205). Um das Erz bequem bis auf die Gezeugstrecke zu fördern, werden

203. Ein Firstenbau. Nach Heuchlers Werk „Die Bergknappen".

im Bergeversatze enge Schächtchen durch Aufführen zweier Mauern ausgespart, sie heißen Rollen (R in der Abb. 202), da in ihnen das Erz bei nicht zu flacher Lage des Ganges abwärts rollt. Unten sind sie bis auf eine mit Schieber versehene Öffnung geschlossen. Soll die Förderung zum Schachte erfolgen, so wird ein Hund untergefahren, und es rollen nach Öffnung des Schiebers die Erze von selbst hinein. Zur Beförderung der Hunde auf den Strecken werden vielfach Pferde benutzt, 6—8 Hunde werden hierbei zu einem Zuge zusammengehängt. Die neueren Schächte sind so geräumig, daß je ein Pferd in einem entsprechend großen Kasten stehend mittels der Fördermaschine bis auf die be=treffende Sohle befördert werden kann. In alten engen Schächten dagegen, deren Förder=abteilung oft nur 1 qm Querschnitt hat, müssen die Pferde in Hängegurte fest eingeschnallt eingehängt werden (Abb. 206, S. 158), eine recht umständliche Arbeit. Sie sind in unterirdischen Stallungen untergebracht und bleiben meistens so lange in der Grube, als sie diensttauglich sind. — Die Förderung der Erze im Schachte geschieht fast überall in den Hunden auf Förderstellen; vor der Ablieferung an die Hütte muß noch die Konzen=tration oder Aufbereitung der Erze folgen (s. Schluß dieses Abschnittes S. 199).

20*

Der Oberharzer Bergbau. Das wichtigste Ganggebiet des Harzes, im nord=
westlichen Teile des Gebirges, im sogenannten Oberharze, gelegen erstreckt sich, wie aus
der Karte ersichtlich, über einen großen Flächenraum; hier liegen die alten Bergstädte
Clausthal, Zellerfeld, Grund, Lautenthal u. a. Die Gänge setzen in den Schichten
des Kulm auf, einzelne sind auch im Devon beobachtet worden, sie verwerfen zum
Teil die Gebirgsschichten, die Erzgänge sind also zu gleicher Zeit Verwerfungen; sie folgen
der Hauptrichtung NW—SO und fallen nach SW ein. Im Streichen sind die einzelnen
Gänge über 8—10 km verfolgt worden, die Mächtigkeit der Erzmittel beträgt oft
mehrere Meter, ja auf dem Lautenthaler Hauptgange finden sich Erzmittel bis zu 20 m
Mächtigkeit. Abweichend von den Freiberger Erzgängen sind die Oberharzer nicht ein=
fache, sondern zusammengesetzte Gänge, d. h. jeder Gang besteht aus einer größeren
Zahl von wiederausgefüllten Gesteinsspalten, die im allgemeinen parallel verlaufen,
zwischen denen jedoch schwache Gesteinsschalen liegen. Gewöhnlich ist nur das Liegende

204. Firstenkasten. Nach Heuchler.

scharf ausgeprägt, während der Gang
im Hangenden als zerklüftete Ge=
steinszone allmählich in festes Gestein
übergeht. Rechnet man die ganze
zerklüftete Gesteinspartie einschließ=
lich der darinliegenden Gesteinsmassen
als Gangmächtigkeit, so beträgt die=
selbe zuweilen bis 40 m. Die Erz=
führung der Gänge besteht aus Blei=
glanz, mit 0,01—0,8 % Silbergehalt,
und brauner Zinkblende, untergeord=
net tritt Kupferkies auf. Von Gang=
arten gibt es außer Quarz, Kalkspat.
Der Bergbau hat im Kaiser Wilhelm=
schachte 865 m Tiefe erreicht. Außer
den Gängen tritt eine Anzahl von
Verwerfungen mit der Streichrich=
tung SW—NO auf, sie werden
Ruscheln genannt und sind in der
Karte als gestrichelte Linien ein=
getragen, während die starken aus=
gezogenen Linien die Erzgänge dar=
stellen.

Die Eigenart des Oberharzer Berg=
baues ist dadurch bedingt, daß das Ge=
birge häufig wenig standfest ist und daher starker Ausbau nötig wird, auch macht die große
Mächtigkeit der Erzmittel manche Abweichungen vom gewöhnlichen Firstenbau, wie er
in Freiberg angewendet wird, nötig. Auf den Gängen der unmittelbaren Umgebung von
Clausthal=Zellerfeld sind die betreffenden Teile des Ernst=August=Stollens durch Anstauen
des Wassers zur Kahnförderung eingerichtet, in den Hauptschächten werden die Erze nur
etwas über das Niveau dieses Stollens gehoben und dort in große Sammelräume ent=
leert, aus diesen können sie bequem in die Schiffe verladen werden. Jedes derselben ist
10,2 m lang und enthält vier eiserne Kästen von je 0,8 Raummeter Inhalt. Die gesamte
Erzförderung wird auf diese Weise unter Tage am Ottiliäschachte vereinigt, in diesem werden
die Erzkästen direkt aus den Schiffen zu Tage gehoben und die Erze der in unmittelbarer
Nähe befindlichen Zentralaufbereitung zugeführt. Die Förderung des Oberharzes betrug im
Jahre 1894—95 174000 t Roherz, woraus durch die Aufbereitung 12 300 t Bleierze,
12 160 t Blende und 307 t Kupferkies gewonnen wurden, die Zahl der Bergarbeiter belief
sich auf 3300 Mann. (Nach: „Das Berg= und Hüttenwesen des Oberharzes", 1895.)
Betrachten wir den südamerikanischen Silberbergbau und seine eigenartigen
Existenzbedingungen etwas eingehender. Es kommen hauptsächlich Peru und Bolivia in

205. Firstenstoß auf dem Seligtrost Stehenden b. Elisabeth (Freiberg i. S.)
Nach Börner, „Der Erzbergmann in seinem Beruf." Verlag von Craz u. Gerlach, Freiberg.

Frage, deren Reichtum seit ihrer Entdeckung sprichwörtlich wurde. Ursprünglich durch die Ausbeute an Edelmetallen, später durch die Gewinnung des Guanos und Salpeters, wurde die ganze Welt diesen Ländern tributpflichtig. Leider haben die politischen Unruhen der letzten Jahrzehnte das gesamte Erwerbsleben und auch den Bergbau schwer geschädigt, auch machte sich das Sinken des Silberpreises stark fühlbar, aber sicherlich birgt der Boden Perus und Bolivias noch viele Schätze, und es bedarf nur geordneter politischer Zustände, um den Bergbaubetrieb wieder zu beleben.

Die Silbergruben liegen fast sämtlich auf der hohen Kordillere in etwa 4000 m, ja einzelne bis zu 5000 m Seehöhe. Trotz des rauhen Klimas sind hier volkreiche Städte durch den Bergbau erstanden, es sei z. B. erinnert an Potosi in Bolivia auf 4000 m Höhe, die Gruben liegen am Cerro de Potosi bis zu 5000 m hoch, die Stadt soll einst 160000 Einwohner gezählt haben. In der Zeit von 1545—1802 hat die Silberproduktion der Gruben 5400 Millionen Mark betragen. Gleich guten Klang hat der Name Cerro de Pasco im mittleren Peru auf 4300 m Höhe, etwas nördlich von dem großen See Chinchaycocha gelegen. Von der Stadt steigt man noch 350 m zu den Gruben hinauf. An beiden Orten ist die Silbergewinnung in den letzten Jahrzehnten wesentlich zurückgegangen, und die Einwohnerzahl ist bis auf einige Tausend gesunken

Die Verbindung der Grubendistrikte auf der peruanischen und bolivianischen Kordillere mit der Küste wird nur an wenigen Orten durch Eisenbahnen vermittelt, bei deren Bau allerdings der Steilabfall des Hochgebirges mit seinen tiefen Thälern und den schroffen Felsgehängen außerordentliche technische Schwierigkeiten be-

206. Hinablassen der Pferde in den Schacht.

reitete. Die Unternehmungslust und Thatkraft der Ingenieure, welche diese Verkehrswege mitten in unwirtlichen dünnbevölkerten Gebieten ins Leben rief, verdient unsere aufrichtigste Bewunderung. So führt in Peru die Oroyabahn vom Hafen Callao und der Hauptstadt Lima im Rimacthale aufwärts. Sie hat den stolzen Namen Transandine Bahn, da sie nach dem ursprünglichen Plane die westliche Kette der Kordillere überschreiten und dann auf der Hochebene bis nach Cerro de Pasco fortgeführt werden sollte. Der Bau ist jedoch nicht vollendet worden, der Schienenweg führte lange Jahre nur bis nach Chicla, noch am Westabhang der Kordillere gelegen, erst seit kurzem überschreitet die Bahn den Kamm des Hochgebirges und führt bis nach Oroya. Nahe dem Endpunkte der Bahn liegt der reiche Grubendistrikt von Morococha und Jauli.

Im Norden verbindet eine Bahn den Hafenort Chimbote mit Huaraz und Recuay in der Höhe von über 3000 m; die Erzgänge dieser Gegend führen hauptsächlich silber=haltige Fahlerze, seltener Bleierze.

Im südlichen Peru endlich übersteigt eine Bahn von den Hafenorten Islay und Mollendo beginnend, an Arequipa vorüberführend, die westliche Kordillere und teilt sich dann. Die südliche Zweigbahn führt bis nach Puno am Titicacasee, nordwärts ist die Bahn fortgesetzt, ohne jedoch das Ziel des Bahnbaues, die alte Hauptstadt des Inkareiches Cuzco zu erreichen. Auf dem Titicacasee in 3850 m Seehöhe vermitteln Dampfboote den Verkehr und kürzen von dieser Seite die Entfernung bis nach La Paz, der Haupt=stadt Bolivias, wohin man vom Südende des Sees mittels Postkutsche gelangt. Der südwestliche Teil der bolivianischen Hochebene ist durch eine Bahn von Antofagasta an der chilenischen Küste, die bis nach Oruro, Corocoro und La Paz, 4000 m hoch gelegen, fortgesetzt ist, erschlossen. In der Nähe dieser Linie liegt das durch seinen Kupferbergbau berühmte Caracoles. Über den durch sehr bedeutende Silberproduktion bekannten Bergort Huanchaca in 4700 m Seehöhe führt eine Zweigbahn östlich bis nach Potosi. Wenn man noch dazu rechnet, daß das südliche Bolivia durch die argentinischen Bahnen dem Verkehr näher gerückt ist, da diese bis in die nordwestlichen Provinzen Salta und Jujuy fortgeführt sind und bereits Höhen von 3000 m erstiegen haben, so sind alle für die hohe Kordillere Perus und Bolivias benutzbaren Schienenwege aufgeführt, die übrigen bleiben vollständig in der Küstenebene des Stillen Ozeans. Daraus ergibt sich aber, daß noch sehr viele und weite Landstrecken auf den Verkehr mit Last= und Reittieren auf Saumpfaden von der Küste her angewiesen sind; Fahrwege sind im Hochgebirge so gut wie unbekannt.

Betrachten wir als Beispiel das auch heute noch ertragreiche Bergrevier in der Nähe der Provinzialhauptstadt Castrovirreyna in Mittelperu, etwa 100 km südwestlich von der Departementshauptstadt Huancavelica. Letztere war durch ihren im 18. Jahr=hundert sehr bedeutenden Quecksilberbergbau für die Amalgamation der Silbererze in ganz Amerika außerordentlich wichtig. Die Gruben der Provinz Castrovirreyna liegen in Höhen bis zu 4800 m und sind entweder von der Hafenstadt Pisco, welche durch die bis etwa zum Jahre 1870 dauernde Guanogewinnung auf den davorgelagerten Chincha=inseln bekannt ist, in vier Tagen auf Reittieren zu erreichen, oder man benutzt die kurze Bahnstrecke, welche durch die Sandwüste der Küste bis zur Departementshauptstadt Ica (2 Stunden Fahrzeit) führt, und erklimmt dann, dem hier mündenden Hauptthale folgend, auf etwas kürzerem Wege die Hochfläche der Kordillere. Pisco und Ica liegen an Wasser=läufen, welche durch die auf der Kordillere fallenden Niederschläge gespeist werden; die Wassermengen wechseln zwar im Jahre erheblich, reichen aber doch aus, um in dem heißen Klima durch künstliche Bewässerung lohnenden Ackerbau zu ermöglichen. Es regnet nämlich an der Küste fast gar nicht, auch die zuzeiten häufigen Seenebel geben nur wenig Feuchtigkeit ab, so daß die Feldfrüchte auf künstliche Bewässerung angewiesen sind. Die Wassergräben bilden oft eine scharfe Grenze zwischen üppiger Vegetation auf den unterhalb gelegenen Feldern und abschreckender Öde an den höher hinaufsteigenden Thalgehängen, welche das befruchtende Naß entbehren.

In den Städten finden sich bedeutende Geschäftshäuser und Agenturen, welche die Einfuhr von Waren für den Bedarf der Küste und des Gebirges, anderseits die Ausfuhr der Landesprodukte vermitteln. Hierbei spielt naturgemäß neben der Landwirtschaft der Bergbau eine große Rolle, denn außer dem Ackerbau mit seinen Nebenbetrieben, der Viehzucht, dem Weinbau, der Branntweinbrennerei und der Zuckerdarstellung kennt dieser Teil Perus keine Industrie. Die Küste liefert außer den schon genannten Produkten Baumwolle, Mais und alle Früchte der heißen Zone, auch Speisesalz wird aus kleinen Landseen gewonnen; dazu kommen die Erzeugnisse der mittleren Höhenlagen des Gebirges bis zu 3500 m, nämlich Weizen, Gerste und Kartoffeln. Saftige Weiden für die Reit= und Lasttiere und das im Gebirge besser als an der Küste gedeihende Schlachtvieh sind hier überall zu finden, wo genügendes Wasser vorhanden ist. Um die Zahl der Erzeug=nisse Perus zu vervollständigen, muß auch noch des Ostabhanges der Kordillere (Montaña

der Peruaner) gedacht werden, der sich zu den Quellflüssen des Amazonenstromes all=
mählich niedersenkt und in dem feuchten tropischen Klima Kakao, Kaffee und vor. allem
die Koka erzeugt. Dieses sind die nach einem eigenartigen Gärungsprozesse getrockneten
Blätter eines Strauches, welche das in neuerer Zeit auch in Europa geschätzte Kokain
enthalten. Die Indios im Gebirge kauen diese Blätter beständig, sie dienen als An=
regungsmittel und sind ihnen so unentbehrlich, wie dem Raucher die Zigarre. In
den weiten Hochebenen der Kordillere, den Punas, in 4000 m und mehr Seehöhe, in
den eigentlichen Bergbaurevieren ist Ackerbau nicht mehr möglich, bei der spärlichen Weide
gedeihen die eingeborenen Lamas und Alpakas und die eingeführten Schafe, die von den
Indianern in großen Herden gehalten werden. Schafe und Alpakas liefern außer dem
Fleisch auch gute Wolle, diejenige des Lamas wird wenig geschätzt, dagegen ist letzteres
als Lasttier — es trägt etwa 50 kg und macht Tagereisen von etwa 30 km — für
das Gebirge ungemein wichtig, es ist äußerst genügsam und gestattet die billigste Be=
förderung. Esel und Maultiere, welche in den niedriger gelegenen Gegenden in großer
Zahl gezüchtet werden, sind ebenfalls wertvolle Lasttiere, und zwar trägt ein Esel etwa
100, ein Maultier etwa 150 kg, die Ladung besteht zweckmäßig aus zwei gleichschweren
Hälften. Lasten, z. B. Maschinenteile, von 150, selbst 175 kg lassen sich auf starken
Tieren und durch geschickte Maultiertreiber zwar noch fortbringen, aber doch schon mit
gewissen Schwierigkeiten und bei erhöhten Preisen für die Fracht. Esel und Maultiere
legen größere Wegstrecken zurück als die Lamas, je nach den Wegverhältnissen täglich bis
zu 40 und 50 km, aber die Frachtsätze sind erheblich höhere als bei der Beförderung
auf Lamas. Sollen Stücke von über 175 kg Gewicht befördert werden, was nur ganz
ausnahmsweise geschieht, so werden dieselben mittels angeschnürter Tragstangen von 8,
selbst von 12 Mann getragen. Da ein öfteres Abwechseln der Träger stattfinden muß,
so ist zu einem derartigen Transport ein Trupp Indios von 24—36 Mann unter einem
Aufseher erforderlich. Sie legen täglich mit der Last 20—30 km zurück. Auch Balken
von größerer Länge werden durch Menschen befördert, ein Maultier ladet nur 2,5 m
lange Gegenstände.

Viele Bedürfnisse müssen aus dem Auslande eingeführt werden, es findet daher ein
sehr lebhafter Verkehr zwischen der Küste und dem Gebirge statt.

Der Bergbau ist fast ausschließlich Gangbergbau, bei der gebirgigen Natur des
Landes ist in ausgedehntem Maße Abbaubetrieb durch Stollen möglich. Tiefbau, d. h.
Abbau unter der Stollensohle kann auf den zahlreichen von Eisenbahnlinien entfernt ge=
legenen Gruben wegen des Mangels an maschinellen Hilfsmitteln nur getrieben werden,
wenn der Wasserzugang ein mäßiger ist, denn die Wasserhebung muß durch Handpumpen
bewirkt werden, ja, zuweilen tragen Indianer das Wasser in Ledersäcken auf dem Rücken
bis auf die Stollensohle, auch die Förderung der Erze findet in sehr vielen Gruben aus=
schließlich in dieser einfachen Weise statt, nur selten gibt es Göpelbetrieb. Die Herstellung
von Grubenbahnen erfordert bereits umständliche Arbeiten, denn die Schienen müssen von
Nordamerika oder Europa bezogen werden, sie können in ihrer eigentlichen Länge von
z. B. 5 m auf den Lasttieren nicht befördert werden und sind deshalb für den Transport
vierfach zusammengebogen. Auf den Gruben müssen sie vor der Verwendung in den
Biegungen erhitzt und mühsam gerade gerichtet werden. Auch Laschen und Schrauben
für die Verbindung, die Schienennägel, selbst das Holz für die Schwellen müssen von
der Küste beschafft werden. Ähnliche Schwierigkeiten sind auf Schritt und Tritt zu über=
winden, sobald von der landläufigen einfachen Betriebsweise abgewichen wird. So kommt
es denn, daß viele Gruben nach verhältnismäßig kurzem Betriebe eingestellt werden,
wenn nicht die Erze außergewöhnlich reich sind. Gehalte von $1/2\,\%$ Silber sind keine
Seltenheit, doch kommen auch Derberze mit 2 und $3\,\%$ Silber vor, anderseits gestattet
die Amalgamation je nach dem Erzvorkommen und Silberpreise auch noch Erz mit
$0{,}16$—$0{,}25\,\%$ Silber mit Vorteil zu verarbeiten. Die Erze bestehen da, wo sie in größerer
Tiefe im ursprünglichen Zustande angetroffen werden, meistens aus einem innigen Ge=
menge von Bleiglanz, Zinkblende und Schwefelkies mit edlen Silbererzen, namentlich
Rotgültigerz in feiner Verteilung, anderseits sind auch silberreiche Fahlerze häufig. Nahe

der Oberfläche, im eisernen Hut, haben jene eigenartigen Umwandlungen des Silber=
gehaltes in Clor=, Jod= oder Bromsilber stattgefunden, die in ganz Mittel= und Süd=
amerika beobachtet werden, dabei zeigt die eisenschüssige Gangmasse gelbe, braune und
rötliche Farbentöne. Diese Erze haben den besonderen Namen Colorados oder Pacos
erhalten, sie lassen sich roh im gemahlenen Zustande durch Quecksilber entsilbern, während
die geschwefelten Erze zuvor einer chlorierenden Röstung unterworfen werden müssen.
Wasserkraft für die Amalgamierwerke ist in den hochgelegenen Thälern an vielen Orten
vorhanden, auch während der trockenen Jahreszeit gestatten die aus dem ewigen Schnee
der Kordillerenkette und aus großen Torfmooren abfließenden Wasser, welche sich in
größeren Seen sammeln, den Betrieb. Bei der Amalgamation wird nur der Silber=
gehalt und ein Teil des an und für sich niedrigen Goldgehaltes gewonnen, während die
anderen Metalle in den Rückständen verbleiben und verloren gehen. Es sind die Gruben
daher als Silbergruben im eigentlichsten Sinne des Wortes zu bezeichnen. Übrigens
werden mit dem ausgebrachten Amalgamationsilber auch solche Erze, in denen neben
dem Silber ein hoher Gehalt an Blei oder Kupfer auftritt und die schon deshalb zur
Amalgamation weniger geeignet sind, auf Lasttieren zur Ausfuhr nach der Küste befördert.
Als Rückfracht dienen die mannigfachen Bedürfnisse der Gruben, denn es muß für die
Beamten, die Arbeiter und ihre Familien ein großer Teil der Bedarfsgegenstände von
der Küste herbeigeschafft werden, so, Zucker, Reis, Speisesalz, Branntwein, ferner sämtliche
Stoffe und Schuhwaren, außerdem alle jene mannigfaltigen Kleinigkeiten, wie Gewürze,
Nähgarn, Streichhölzer, Messer und vieles andere mehr. Dazu kommt das Material
für den Betrieb, Sprengstoffe und Bohrerstahl für die Gruben, Quecksilber zur Amal=
gamation, selbst Bretter und Eisen werden aus dem Auslande, aus Nordamerika, ein=
geführt, ebenso verzinkte Wellbleche für Dachungen. Das Salz für die Amalgamation
kommt aus dem Inneren und wird von Indios auf ihren Lamas herbeigeschafft, ebenso
die Holzkohle für die Schmiede; als eigenartiger, aber ausreichender Brennstoff für die
Röstung der geschwefelten Erze — auch zum Brennen von Ziegeln und Kalk — dient
die an der Sonne getrocknete Losung der Lamas und Schafe, Taquia genannt, sie wird
von den Indios auf den Höfen, in denen die Tiere die Nächte zubringen, in der trockenen
Jahreszeit gesammelt, sackweise auf dem Rücken der Lamas angeliefert und in den Amal=
gamierwerken für die nasse Jahreszeit in großen Vorratsräumen aufgespeichert. So sind
denn die Lasttiere und vor allen Dingen die Lamas, von denen auf einem größeren
Werke täglich Hunderte mit Lasten eintreffen, eine der allererften Vorbedingungen für
einen geregelten Betrieb.

Die Arbeiter sind Indios, ·Nachkommen der alten Ureinwohner Perus, von bräun=
licher Hautfarbe mit straffem schwarzen Haar, ein nur mittelgroßer, aber äußerst wider=
standsfähiger, dabei genügsamer Menschenschlag, der bei richtiger, d. h. strenger aber
gerechter Behandlung tüchtige Arbeitskräfte liefert. Den größeren Werken ist es gelungen,
sich im Laufe der Jahre einen dauernden Arbeiterstamm heranzuziehen, aus dem auch
die Steiger hervorgehen. Außerdem benutzen die Indianer der Puna und auch diejenigen
aus den tiefer gelegenen Dörfern gern einige Monate im Jahre die Arbeitsgelegenheit
auf den Gruben. Von den Mischrassen, welche einen großen Teil der Bevölkerung Perus
ausmachen, eignen sich nur die Mischlinge aus Indianern und Weißen, allgemein
Mestizos, in Peru Cholos (spr. Tscholos) genannt, recht gut zur Grubenarbeit; sie
sind in allen Übergängen von der rein weißen zur rein indianischen Rasse vorhanden.
Von Europäern kommen als Arbeiter ganz vereinzelt Italiener, diese für Gesteinsarbeiten
geschaffenen Naturen, auf die hohe Kordillere, aber auch ihnen ist der Einfluß der dünnen
Luft — in 4800 m Seehöhe beträgt der Barometerstand etwa 425 mm — bei ange=
strengter Häuerarbeit nicht zuträglich. Neger und Chinesen, die an der Küste stark ver=
treten sind, findet man auf der Kordillere selten und dann als Köche und Diener, auch
die Mischlinge, in denen das Blut des Negers vorwaltet, die Mulatten (Mischlinge von
Weißen und Schwarzen) und die Sambos (Mischlinge von Schwarzen und Indianern)
meiden das kalte und rauhe Klima der hohen Kordillere. Die Leiter der Bergwerke
sind in Europa oder in Nordamerika gebildete Ingenieure, die übrigen Beamten ent=

stammen allen Ländern und Breiten Amerikas und Europas; naturgemäß stellen Nord=
amerikaner, Deutsche, Engländer, Spanier und Italiener (letztere namentlich als Hand=
werker) neben Eingeborenen die meisten Vertreter.

Das Klima ist hier auf der hohen Kordillere trotz der Lage unter 13° südl. Breite
rauh, aber nicht ungesund. Während des ganzen Jahres gibt es Nachtfröste, die Jahres=
zeit von April bis Oktober ist trocken, in dem übrigen Teile des Jahres, entsprechend der
Regenzeit der Tropen, fällt fast alle Tage Schnee oder es hagelt, dazu entladen sich nicht
selten heftige Gewitter. Die Sonne des nächsten Vormittags pflegt den Schnee des vorigen
Tages zu schmelzen und am Nachmittage beginnt neuer Schnee zu fallen, oft bis zu
10 cm Höhe in einer Nacht. Überall rinnt in dieser Jahreszeit das Wasser zu Thal,
und die Pfade, die nur der Huf der Maultiere in der Grasnarbe kenntlich erhält, die
höchstens an gefährlichen Stellen, etwa an Steilgehängen, gebessert werden, sind in
traurigem Zustande. Während die Nachttemperatur oft bis auf 3 oder 4° Kälte sinkt,
steigt das Thermometer am Mittage bis auf 10 auch 12° Réaumur, an geschützten Stellen
wohl noch höher. Kräftige, an und für sich gesunde Naturen gewöhnen sich sehr bald an
das Höhenklima, nur tritt bei körperlichen Anstrengungen Atemnot ein, auch haben Er=
kältungen leicht gefährliche Lungenentzündungen zur Folge; nach frischem Schneefall und
namentlich bei Sonnenschein muß der Weiße die Schneebrille tragen und durch blauen
oder grauen Schleier das Gesicht schützen, sonst sind heftige Augenentzündungen und starker
Hautreiz die Folge.

Das Leben auf der hohen Kordillere ist für den europäischen Bergmann reich an
Entbehrungen, dabei bedingt es stetige anstrengende Arbeit, denn die Kenntnisse der Unter=
beamten sind äußerst geringe, sorgfältige Überwachung aller Verwaltungszweige ist un=
bedingt nötig. Abwechselung im ewigen Einerlei des Dienstes gibt es kaum; der Besuch
der benachbarten Städte im Gebirge hat wenig Verlockendes, etwas Zerstreuung bieten die
Jagd und das Studium der interessanten Sprache (Quetchua, spr. Ketschua) und eigen=
artigen Sitten der Indios, auch heute noch ein Gemisch von Äußerlichkeiten des Christen=
tums und tief wurzelnder heidnischer Gewohnheit, von europäischer Kultur und altüber=
lieferter indianischer Sitte. Gibt es doch heute noch Indios auf der hohen Kordillere,
die kein Wort spanisch sprechen. Nicht gerade zu den Annehmlichkeiten des Lebens für
den Verwalter großen Vermögens gehört es, daß die nicht seltenen Revolutionen zuweilen
ihre hochgehenden Wogen auch bis ins Gebirge fühlbar machen und daß die Obersten
und Generale zur Verwirklichung ihrer ehrgeizigen Pläne oder der Ziele ihrer Partei
Geld, Geld und immer wieder Geld brauchen, als dessen nie versiegenden Quell sie gern
die Silbergruben ansehen. Da heißt es denn von der gewöhnlich unter der Form eines
Steuervorschusses oder einer außerordentlichen Steuer geforderten oder erbetenen Summe
möglichst viel abzuhandeln, unter Umständen Zeit zu gewinnen, sich zwar einigermaßen
willfährig zu zeigen, aber doch scheinbar nur der Gewalt zu weichen und sich keinesfalls
der Gegenpartei gegenüber bloßzustellen. Der Umstand, daß die meisten Gruben im
Besitz von Ausländern sind, erleichtert die Unterhandlungen wesentlich. Kleinere Banden
von Deserteuren brandschatzen lieber die umliegenden Indianerdörfer, sie wagen sich nicht
auf die größeren Gruben, da die Beamten mit den vorhandenen Gewehren nötigenfalls
umzugehen wissen. Doch das sind Ausnahmen von der Regel, im allgemeinen ist die
Person und das Eigentum in der hohen Kordillere von Peru gesichert, und diejenigen
Personen, die bei einer Revolution ums Leben kommen, setzen gewöhnlich selbst das
wenige, was sie haben, aufs Spiel in der Hoffnung, dadurch, daß ihre Partei an die
Regierung kommt, viel zu gewinnen.

Eine angenehme Abwechselung bietet dem Beamten eine Reise zur Küste, die ge=
wöhnlich mit der Begleitung von Erz= oder Silbertransporten verbunden ist. Der Weg
führt in vier bis fünf Tagen durch alle Vegetationszonen Perus von der rauhen Puna
zur heißen Küste mit Tropenklima, und wer in der glücklichen Lage ist, die Reise bis
nach der Hauptstadt Lima fortsetzen zu können, läßt es sich für kurze Zeit im Genusse
dessen wohl sein, was die verfeinerte Kultur nach langer Entbehrung um so reizvoller
erscheinen läßt.

Der Comstockgang in Nevada. Die größten Mengen von Edelmetallen, welche die Natur jemals dem Bergmanne in einer Lagerstätte beschert hat, lieferte in der verhältnismäßig kurzen Zeit von 20 Jahren der berühmte Comstockgang. Etwa $^2/_5$ des Wertes der gesamten Produktion bestand aus Gold, $^3/_5$ aus Silber, letzteres waltete in der Form von Schwefelsilber, Chlorsilber und Schwefel-Arsen-Antimonverbindungen quantitativ bedeutend vor. Dieses ist der Grund, weshalb dieser Bergbau hier behandelt wurde. Als nach dem Jahre 1848 der Strom der Goldwäscher westwärts durch Nevada nach Kalifornien zog, siedelten sich auch einige Bergleute in der Landschaft Washoe an und verwuschen dort nicht gerade sehr reiche Goldseifen. Erst in den Jahren 1858 und 1859, nachdem die Seifen erschöpft waren, fing man an, auf die in Kalifornien gemachten Erfahrungen gestützt, den Gang zu suchen, dem das Gold entstammte; so wurde das Aus-

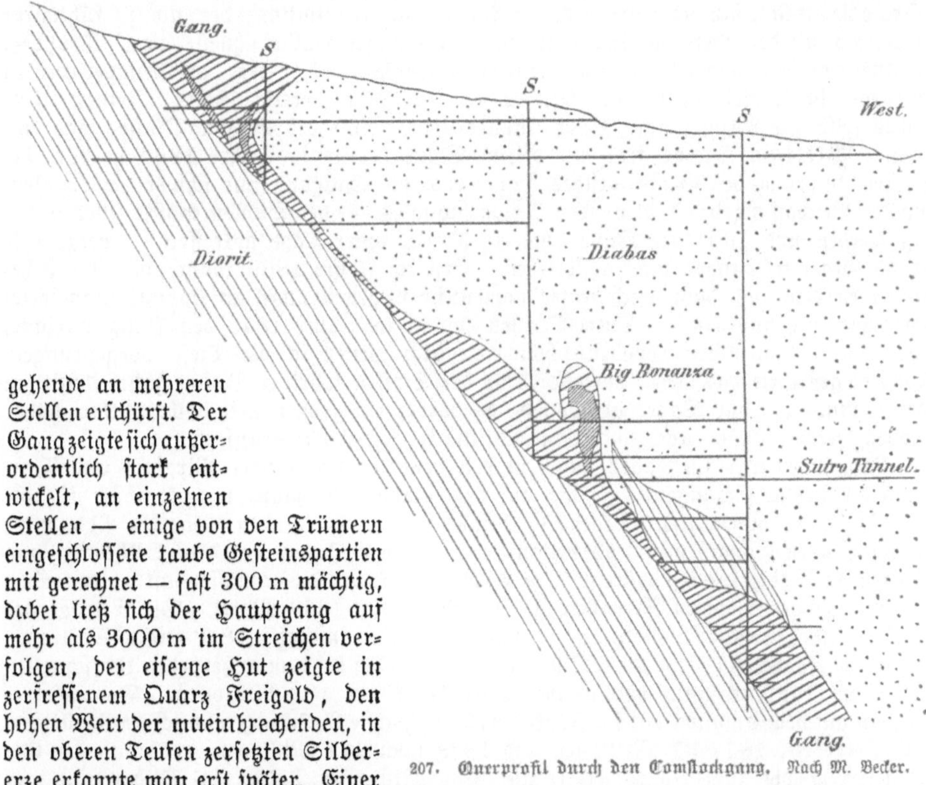

207. Querprofil durch den Comstockgang. Nach M. Becker.

gehende an mehreren Stellen erschürft. Der Gang zeigte sich außerordentlich stark entwickelt, an einzelnen Stellen — einige von den Trümern eingeschlossene taube Gesteinspartien mit gerechnet — fast 300 m mächtig, dabei ließ sich der Hauptgang auf mehr als 3000 m im Streichen verfolgen, der eiserne Hut zeigte in zerfressenem Quarz Freigold, den hohen Wert der miteinbrechenden, in den oberen Teufen zersetzten Silbererze erkannte man erst später. Einer der ersten Kapitalisten, die sich dem neuen Bergbau zuwendeten, Henry Comstock, hat dem Gange den Namen gegeben.

Trotz mancher Zwistigkeiten mit den dortigen Indianern, die zu offener Fehde entbrannten, wurde in der zweiten Hälfte des Jahres 1860 die erste Eisenbahn in den Distrikt Washoe eröffnet und das erste Amalgamierwerk in Betrieb gesetzt. Die Entdeckung einiger reicher Erzmittel (bonanzas von den mexikanischen Bergleuten genannt) regte zu fieberhaftem Vordringen in die Tiefe an, es wurden außerordentlich hohe Kapitalien angelegt, namentlich um den starken Wasserzudrang zu bewältigen. Der Wert der Produktion hatte im Jahre 1860 100 000 Dollar betragen, er stieg jedoch bereits 1864 und 1865 auf jährlich 16 Millionen Dollar, um dann allerdings wieder zu sinken. Die Lage der Gangspalte gegenüber den anderen Gesteinsmassen ist nicht in der ganzen Längenerstreckung dieselbe, in der Hauptsache ist der Comstockgang ein Kontaktgang zwischen Diorit im Liegenden und Diabas im Hangenden (Abb. 207), die Mächtigkeit der Spalte ändert sich erheblich, auch die Verteilung der reichen Mittel war eine durchaus unregelmäßige. So

konnte es nicht ausbleiben, daß auch auf diesem reichsten Erzgange der Welt der Erfolg
der verschiedenen Unternehmungen kein gleichmäßiger war, sondern daß neben großen
Gewinnen auch herbe Enttäuschungen zu verzeichnen waren, namentlich, da man erst nach
und nach lernte, die eigenartigen Erze zunächst durch chlorierendes Rösten und darauf
folgende Amalgamation, später durch den dort ausgebildeten Washoeprozeß (Pochen und
Amalgamieren unter Zusatz von Kupfervitriol und Kochsalz) entsprechend zu behandeln,
so daß die Verluste bei der Verhüttung sich allmählich verminderten. Die Bevölkerung im
Washoedistrikt stieg außerordentlich schnell, die drei in unmittelbarer Nähe der Gruben
gegründeten Städte Virginia, Goldhill und Silvercity hatten bereits im Jahre 1876
zusammen mehr als 20 000 Einwohner, und in dem Jahrzehnt von 1870—80 wurden
durchschnittlich mehr als 3000 Arbeiter bei dem Bergbau beschäftigt.

Zu der wachsenden Schwierigkeit für die Wasserhebung gesellte sich im Laufe der
Jahre eine zweite, fast noch größere, der Mangel an Ventilation, der um so fühlbarer
wurde, als mit der Tiefe die Wärmezunahme eine ungewöhnlich schnelle war. Trotzdem
der Ausstrich des Ganges auf etwa 1800 m Seehöhe liegt, betrug die Temperatur in
der Grube im Mittel bei 400 m Tiefe 32° C., bei 500 m bereits 38° C. Beiden Übel=
ständen sollte die Anlage eines tiefen Stollens vom Laufe des Carsons=Flusses aus ab=
helfen. William Sutro trat mit diesem Plane bereits im Jahre 1864 hervor, bei
der Zersplitterung des Grubenbesitzes war jedoch die Einigung nur schwer zu erzielen,
auch die Beschaffung des bedeutenden Anlagekapitales — der Stollen mußte über 6 km
lang werden und sollte den Gang etwa in 500 m unter Tage antreffen — verzögerte
sich, da Gegenströmungen nicht ausblieben. Erst im Jahre 1869 konnte das Werk be=
gonnen werden, auch dann noch traten namentlich wegen Mangel an Kapital mancherlei
Störungen ein, und als der Sutro=Stollen endlich im Jahre 1878 den Gang erreichte,
waren die bedeutendsten Gruben schon wesentlich weiter in die Tiefe vorgedrungen.
Trotzdem gewährte das Werk Vorteile; denn der Stollen führte z. B. im Jahre 1880 in
jeder Minute 11 cbm Wasser ab, von denen vorher ein großer Teil volle 500 m höher
gehoben werden mußte, auch wurde die Ventilation erheblich verbessert.

Inzwischen war im Jahre 1874 in den benachbarten Gruben Virginia und Cali=
fornia die größte Erzanhäufung, die auf dem Gange überhaupt vorgekommen ist, die
Big Bonanza angefahren worden, sie befand sich im Hangenden (siehe die Abb. 207)
des eigentlichen Gangkörpers und bestand aus mürbem Quarze, in dem Silbererze und
gediegen Gold eingesprengt waren. Der Wert einer Tonne dieser massenhaft auftretenden
und leicht zu gewinnenden Erze betrug etwa 80 Dollar (336 Mark). Die Erträge des
Bergbaues stiegen dadurch allein in diesen beiden Gruben im Jahre 1876 auf 30 Millionen
Dollar, im Jahre 1877 auf 32,6 Millionen Dollar; doch bei dem außerordentlich schnellen
Abbau fiel das Erträgnis bereits im Jahre 1878 auf 18,5 Millionen. Der gesamte
Bergbau auf dem Comstock hat im Jahre 1876 die höchste Ausbeute, nämlich 38 Millionen
Dollar ergeben, 1877 37 Millionen und 1878 noch 24,4 Millionen, während die Ge=
samtlieferung bis zum Jahre 1880 auf 174 Millionen Dollar in Silber und auf
132 Millionen Dollar in Gold geschätzt wird.

Durch diese Erfolge wurde die Geschäftigkeit auf den anderen Gruben noch mehr
gesteigert, rastlos strebte man der Tiefe zu, durchörterte man die Gangflächen, aber man
traf überall nur ärmere Erze, so daß die meisten Gesellschaften mit Verlust arbeiteten,
große bonanzas sind nicht wieder angetroffen worden. Dazu kamen mit zunehmender
Tiefe immer größere Schwierigkeiten, besonders durch weitere Zunahme der Temperatur,
heiße Quellen bis zu 70° C. brachen ein; die Bergleute konnten oft nur wenige Minuten
arbeiten und mußten dann in kühlere Strecken flüchten; massenhaft schaffte man Eis zur
Kühlung in die Baue, in einzelnen Gruben fast 100 Pfund für den Mann in der Schicht,
aber das weitere Vordringen in die Tiefe war unmöglich, mehr als 1000 m hatte man
an mehreren Stellen erreicht, dann gebot die Wärme des Erdinneren, die hier mit der
Tiefe viel schneller als bei den anderen bekannten Bergbauen zunahm, dem Betriebe ein
entschiedenes Halt. Die Erträge sanken seit 1879 außerordentlich schnell, schon 1886
entschloß man sich, die Wasserhaltungen einzustellen und die Tiefbaue unter der Sohle

des Sutro=Stollens aufzugeben, man beschränkte sich darauf, die Halden durchzuarbeiten und in den oberen Sohlen die früher stehen gelassenen ärmeren Erze nachträglich abzu= bauen. So ging nach kurzer Blüte der reichste Bergbau der Erde seinem Ende entgegen, er bietet ein seltenes Beispiel zähester Energie, wilden Ringens nach Gewinn, in 25 Jahren gelangte man bis zur Tiefe von 1000 m, ein Ziel, das der Bergbau früher nur nach Jahrhunderten angestrengter Arbeit und an wenigen Punkten der Erde erreichte, zuerst in Pribram in Böhmen im Jahre 1875. Der Comstockgang ist eines der ersten Bei= spiele in der Geschichte des Bergbaues dafür, daß durch die neueren Hilfsmittel auf den Gebieten des Bergbaues und auch des Hüttenwesens in wenigen Betriebsjahren gewaltige Mengen von Mineralien gefördert und verarbeitet werden, daß hierdurch zwar ein hoher Gewinn erzielt wird, der Abbau aber auch sehr schnell fortschreitet und die Lebensdauer des Bergbaues außerordentlich verkürzt wird, denn die Menge der auf einer

Lagerstätte zugänglichen Mineralien ist eine begrenzte. Weises Haushalten mit dem von der Natur Gebotenen, Ausnutzung auch des minder Wertvollen muß die Richt= schnur jeden Bergbaubetriebes bleiben. Nicht der hohe Gewinn einzelner Betriebs= jahre, sondern der Gesamtgewinn während der ganzen Betriebsdauer eines Bergbaues ist der wirtschaftlich richtige Maßstab, mit dem der Erfolg zu messen ist.

Der Silberbergbau Australiens war bis zum Jahre 1895 unbedeutend, er erhob sich jedoch unvermittelt zu außer= ordentlicher Höhe durch die Entdeckung der reichen Lagerstätte von Broken Hill in dem Höhenzuge Barrier=Range, Neusüdwales, im Distrikt Silverton. Nach den neue= sten Untersuchungen haben wir es hier nicht mit einem Gange, sondern mit einem Lager zu thun, denn der eiserne Hut, welcher bis zu ansehnlicher Tiefe herab= reichte, enthielt neben sehr

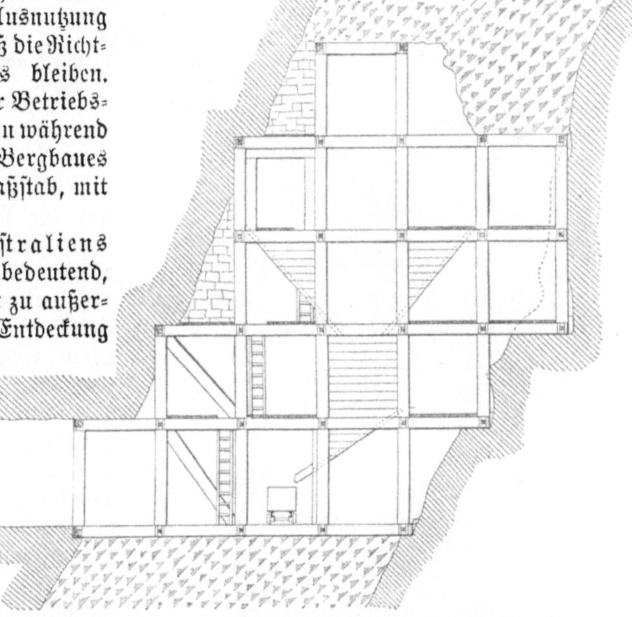

208. Zimmerung in den Abbauen von Broken Hill, Neusüdwales.
Nach Howell.

reichen Silbererzen in der Form von Chlor= und Bromsilber und neben Bleisalzen viel Kaolin, das Zersetzungsprodukt des Feldspates; später ging die Erzführung in geschwefelte Erze, vor= wiegend Bleiglanz, Zinkblende und Kupferkies über, hier kam viel Granat, auch Feldspat vor, Mineralien, die den echten Gängen durchaus fremd sind. Im Streichen ist die Lagerstätte über eine Erstreckung von 3 km bekannt, die Mächtigkeit beträgt an einzelnen Stellen bis zu 30 m; das Nebengestein bilden krystalline Schiefer, zum Teil Granit und Grünsteine.

Die weiten und hohen Räume, welche beim Abbau der ausgedehnten Erzmittel ent= stehen, werden durch starke Zimmerung unterstützt (Abb. 208), die bei dem Mangel an geeigneten australischen Hölzern aus amerikanischer Fichte hergestellt wird. Die Abbaue werden später mit Bergen versetzt und die kostbare Zimmerung zur Wiederverwendung soweit möglich herausgenommen. Bis zum Ende des Jahres 1892 betrug das Aus= bringen sämtlicher Gruben in Broken Hill 1 629 000 kg Silber und 231 000 t Blei; die gesamten verteilten Dividenden beliefen sich auf 96 300 000 Mark. Auch hier hat der Bergbau in einer öden, wasser= und regenarmen Gegend, die häufig von Staubstürmen heimgesucht wird, bevölkerte Städte geschaffen; man gelangt jetzt am leichtesten mit der Eisenbahn von Adelaide in Südaustralien nach Broken Hill.

Der Kupferbergbau.

Das Kupfer ist auf der Erde außerordentlich verbreitet, dennoch sind es nur einzelne Landstriche, in denen zu der Weltproduktion ein wirklich bedeutender Anteil geliefert wird, das geht am besten aus der folgenden Zusammenstellung der Erzeugung für 1895 hervor (nach C. A. Hering).

Erdteile	Produktionsmengen in t	Bemerkungen
Europa	84 000	davon Deutschland . . . . . 16 500 t
		und zwar Mansfeld . . . . . 15 000 t
		der Rammelsberg . . . . . . 1 400 t
		Spanien . . . . 55 000 t
		Rußland . . . . 5 000 t
Asien	18 500	wovon d. Hauptteil auf Japan fällt.
Afrika	7 000	namentlich Kapland.
Südamerika	24 500	davon Chile . . . . 22 000 t
Nordamerika	190 000	davon die Gruben am Oberen See 58 000 t
		Butte in Montana . . . . . . 82 000 t
		Arizona . . . . 21 500 t
Australien	10 000	
	334 000	

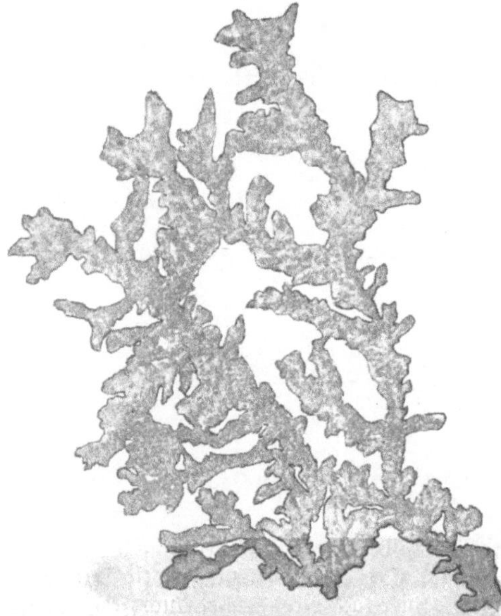

209. Gediegen Kupfer von Coquimbo in Chile, zweigförmiger Aufbau aus kleinen Kryſtallen. (1/2 nat. Größe.)

Sehr günstig hat in den letzten Jahren auf die Kupferinduſtrie der durch die Elektrotechnik weſentlich erhöhte Bedarf eingewirkt. Das Kupfer iſt nach Preis und Leitungsfähigkeit das für elektriſche Leitungen geeignetſte Metall; die Kupferpreiſe, welche von über 4000 Mark (ausnahmsweiſe ſelbſt über 5000 Mark) für 1 t Feinkupfer im Jahre 1865 mit nur vorübergehenden Beſſerungen allmählich bis auf 885 Mark im Jahresmittel von 1894 gefallen waren, hoben ſich im Durchſchnitte des Jahres 1895 auf 996 Mark und ſtiegen auch in den Jahren 1896 und 1897 langſam aber beſtändig bis erheblich über 1000 Mark.

Die Mannigfaltigkeit der Kupfererze iſt eine ſehr große. Das gediegene Kupfer iſt äußerſt geſchmeidig und leicht hämmerbar, da es ſehr rein vorkommt, auf friſchem Bruche ſchön kupferrot. Es gibt ſehr reiche Lagerſtätten von gediegenem Kupfer, z. B. am Ural, in Auſtralien. Die größten Mengen finden ſich am Oberen See in den Vereinigten Staaten von Nordamerika; es tritt hier zum Teil in eigentlichen Gängen, zum Teil in Konglomeratbänken auf und bildet das Bindemittel der Rollſtücke, zuweilen kommen ſo große Maſſen vor, daß ihre Zerkleinerung in der Grube erhebliche Schwierigkeiten verurſacht. So wird von der Auffindung eines Kupferklumpens berichtet, der 13 m lang, 6½ m breit und an der ſtärkſten Stelle 2,4 m dick war. Derartige Maſſen müſſen bei der Gewinnung mittels Meißel und Hammer nach und nach in Späne zerlegt werden. Außer in Klumpen kommt das Kupfer zuweilen in oktaedriſchen Kryſtallen, häufiger in Blechen und in äſtigen oder baumförmigen Maſſen vor. Abb. 209 zeigt das letztere, nicht eben ſeltene Vorkommen. — Das natürliche Kupferoxydul mit 88 °/₀ Kupfer wird mineralogiſch Rotkupfererz oder Cuprit genannt, es beſitzt eine ſchöne blutrote Farbe und kommt meistens derb, seltener krystallisiert in lebhaft diamantglänzenden Oktaedern, Würfeln und den verwandten Formen vor. Ziegelerz ist ein rötlichbraunes bis ziegelrotes Gemenge von Rotkupfererz mit Brauneisenerz, es tritt namentlich in der Zersetzungszone der Kupfererzgänge auf. Unter den Schwefelverbindungen des Kupfers sind der stahlgraue Kupferglanz oder Cupreïn mit nahe an 80 % Kupfer und das prächtig dunkel-indigoblaue Kupferindig oder Covellin zu nennen; der Kupferglanz ist ein häufiges Kupfererz, das Kupferindig tritt in den Kupfergängen Chiles und Bolivias auf und kommt in großen Massen auf der zur Nordinsel Neuseelands gehörigen kleinen Insel Kawau vor. Verbindungen des Schwefelkupfers und Schwefeleisens sind der messinggelbe Kupferkies, der sich von dem ähnlichen, übrigens speisgelben Eisenkies namentlich durch seine geringe Härte unterscheidet, und das Buntkupfererz, welches sich dadurch auszeichnet, daß die Farbe auf frischem Bruch rötlich-bronzegelb ist, jedoch innerhalb kurzer Zeit in Dunkelblau und Rötlichblau übergeht. Der Kupferkies ist das häufigste und wichtigste Kupfermineral. Die Fahlerze sind sehr verschieden zusammengesetzte Erze von licht- bis dunkelstahlgrauer Farbe, als Metall waltet in ihnen gewöhnlich das Kupfer vor, neben demselben ist stets Eisen, zuweilen aber auch, wie oben unter den Silbererzen

bereits bemerkt, Silber, dann auch Zink, endlich Quecksilber vorhanden. Diese Metalle sind gebunden an Schwefelarsen und an Schwefelantimon in stark wechselnden Verhältnissen. Es entsteht so eine große Mannigfaltigkeit chemischer Verbindungen, dieselben krystallisieren jedoch alle ähnlich und zwar im Tetraeder, auch stehen sich ihre physikalischen Eigenschaften so nahe, daß es gerechtfertigt erscheint, alle diese Erze unter dem Sammelnamen Fahlerze

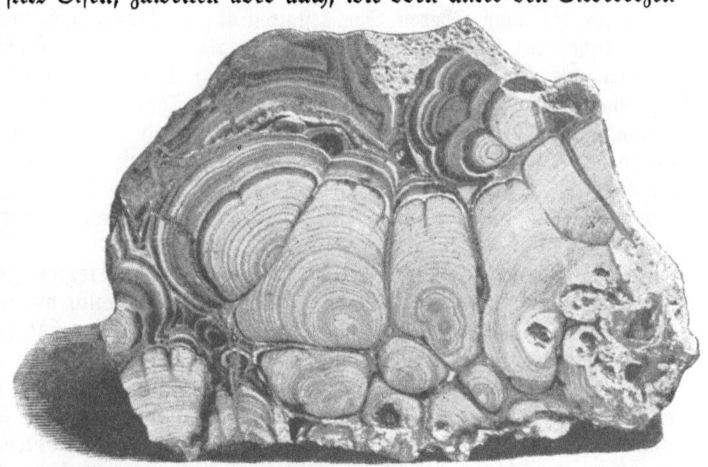

Malachit aus Rußland, angeschliffen mit konzentrisch schaliger Struktur.

zusammenzufassen; doch unterscheidet man wohl die vorwiegend arsenhaltigen als Tennantit und die antimonhaltigen als Tetraedrit. Neubildungen aus den bisher genannten Kupferverbindungen dürften die Kupfersalze sein, welche gewöhnlich in den oberen Tiefen der Kupfergänge zusammen vorkommen und im spanischen Amerika mit dem Sammelnamen „Colorados“ d. h. etwa buntfarbige Erze bezeichnet werden. Hierher gehören: der Malachit (kohlensaures wasserhaltiges Kupferoxyd) von schön grüner Farbe, welcher nicht nur ein geschätztes Kupfererz ist, sondern in seinen dichten Abarten von dunkelgrüner Farbe und faseriger Struktur auch als Schmuckstein Verwendung findet. Namentlich in Jekaterinburg, dem Hauptplatze für den russischen und sibirischen Edelsteinhandel, wird Malachit vielfach verarbeitet. Abb. 210 zeigt die schöne eigenartige Zeichnung des geschliffenen Malachits. Eine ähnliche Zusammensetzung hat die prächtig dunkelblaue Kupferlasur, welche auch in schönen Krystallen vorkommt, Atakamit (wasserhaltiges Kupferoxyd und Kupferchlorid) ist satt dunkelgrün und hat seinen Namen von dem wüsten Küstenstriche Nordchiles erhalten, in dem er namentlich gefunden wird. Das Kieselkupfererz ist, wie sein Name sagt, eine kieselsaure Kupferverbindung, deren Farbe ein lichtes Grün oder auch ein helles Blau ist; endlich kommt, und damit wird die Reihe der Farben der Kupfererze fast vollständig, auch ein braunes Erz vor, das Kupferpecherz.

Die bedeutendste Kupfererzeugung der Welt findet jetzt bei Butte in Montana (Vereinigte Staaten von Nordamerika) statt. Dieser Bezirk war schon seit 1877 als Silber

und Gold führend bekannt, die reichen Kupfererzgänge wurden erst 1883 entdeckt, das
Kupfer kommt in der Form von Schwefelverbindungen namentlich als Kupferglanz,
Kupferkies und Buntkupferkies mit Quarz zusammen vor. Bei der ungewöhnlich großen
Mächtigkeit von 3 m im Mittel, die jedoch nicht selten bis zu 7 m, ja an einzelnen
Punkten bis zu 30 m steigt, und dem Gehalte von etwa 7—9 % Kupfer, erstrecken sich
diese Gänge über einen Raum von 3 km Länge und 1—2 km Breite, sie sind bis zu 400 m
Tiefe erzführend erschlossen und bilden eine der großartigsten Erzlagerstätten der Welt.
Sogar die bis dahin den Weltmarkt beherrschenden Kupfergruben in Michigan am
Oberen See, Lake superior der Nordamerikaner, haben sie in den Schatten gestellt.
An der zuletzt genannten Örtlichkeit kommt nur gediegenes Kupfer vor und zwar in
einem im Mittel 3—5 m mächtigen Konglomerate, welches zuerst durch flache vom Aus=
striche her niedergebrachte Schächte, in neuerer Zeit auch durch senkrechte Schächte bis
zu der außergewöhnlich großen Tiefe von über 1300 m erschlossen wurde. Das Lager
enthält im Mittel nur 2—4 % Kupfer, doch kommen zuweilen große Blöcke von reinem,
gediegenem Metall vor; so wurde im Jahre 1857 auf einer jetzt abgebauten Grube
Minnesota ein Block im Gewichte von 500 t gefunden. Sowohl die Erze von Butte
als auch die vom Oberen See gestatten ihrer Natur nach vor dem Verschmelzen eine
wesentliche Anreicherung durch die nasse Aufbereitung. Gewaltige Dampfpochhämmer
im Gewichte von über 1000 kg werden durch Dampfmaschinen von je 30 Pferdestärken
betrieben, jeder derselben zerkleinert in einem Tage 250—300 t Erz, welches dann auf
Setzmaschinen weiter verarbeitet wird. — Die bedeutendste Grube am Oberen See, die
Calumet= und Heclagrube, hat 22 solche Dampfpochhämmer und 750 Setzmaschinen
im Betriebe. Von der Wucht der Schläge dieser aus Hartguß bestehenden Pochhämmer
gibt am besten die Abnutzung einen Begriff, die an jedem derselben täglich 25 kg Eisen
ausmacht.

Die südamerikanische Kupferproduktion ist in den letzten Jahrzehnten wohl nament=
lich wegen des Sinkens der Kupferpreise, dann aber auch wegen der politischen Verhält=
nisse wesentlich geringer geworden. Am meisten Kupfer hat stets Chile produziert, die
Erze, welche zuweilen goldhaltig sind, kommen auf Gängen vor und werden zum Teil im
Lande selbst verhüttet. Die Chili bars haben guten Ruf auf dem Metallmarkte. Die
wichtigsten Hütten sind Tamaya bei Tongoy nördlich von Valparaiso und Coronel
und Lota im Süden, bei den letzteren Orten finden sich Kohlen, welche die Verarbeitung
der Erze erleichtern. Doch auch Bolivia hat namentlich zu Corocoro, südlich vom
Titicacasee auf der hohen Kordillere gelegen, erhebliche Mengen, bis 3000 t jährlich,
durch Abbau mächtiger Lager erzeugt (s. Abb. 211). Die Werke liegen 4050 m hoch
über dem Stillen Ozean in einem zwar gesunden, aber rauhen Klima, darum zeigen auch
die Berge der Umgebung kaum Spuren von Pflanzenwuchs, die Schichtung des Gesteins
tritt deutlich zu Tage.

Unter den Ländern Asiens hat stets Japan die bedeutendsten Mengen an Kupfer
dargestellt. Unsere Abb. 212 und 213, Nachbildungen japanischer Originalillustra=
tionen in einem ausführlichen Werke über die Kupfergewinnung auf dem früher be=
deutendsten Kupferwerke zu Besschi, zeigen uns einige zum Teil noch heute beibehaltene
Eigentümlichkeiten des japanischen Bergbaues. Der Häuer (Abb. 212), welcher mit
Steinmeißel und Fäustel das Erz bearbeitet, trägt statt des bei uns üblichen Leders eine
geflochtene Strohmatte, der Fördermann schleppt das Erz in einem Korbe auf dem Rücken
aufwärts über Treppen, als Lampen dienen größere Gehäuse von Meeresschnecken.
Abb. 213 verdeutlicht die einfache Art und Weise des Erzwaschens mit der Hand auf
schalenförmigen, aus Bambusfasern geflochtenen Sieben.

Für die europäische Kupfererzeugung sind Rußland, Spanien und Deutschland
die wichtigsten Länder. In Rußland liegen die hauptsächlichsten Gruben, welche auf
Gängen und stockförmigen Erzvorkommen bauen, im Ural. Die Grube Gumeschewski,
südwestlich von Jekaterinburg, ist weltberühmt durch massenhaftes Vorkommen von
derbem, zur Verarbeitung als Schmuckstein geeignetem Malachit. Westlich dem
Ural vorgelagert finden sich auf weite Erstreckung hin Schichten des Rotliegenden, nach

211. Kupferwerk Corocoro in Bolivia.

212. **Kupfergewinnung zu Besschi in Japan. Häuer vor Ort und Fördermann.**
Nach einem älteren japanischen Werke.

213. **Waſchen des Kupfererzes in Schalen zu Besſchi in Japan.**
Nach einem älteren japaniſchen Werke.

dem Bezirk Perm die Permische Formation genannt, jedoch erstrecken sich diese Schichten auch über große Teile der Bezirke Jekaterinburg, Ufa und Orenburg. Das Kupfererz

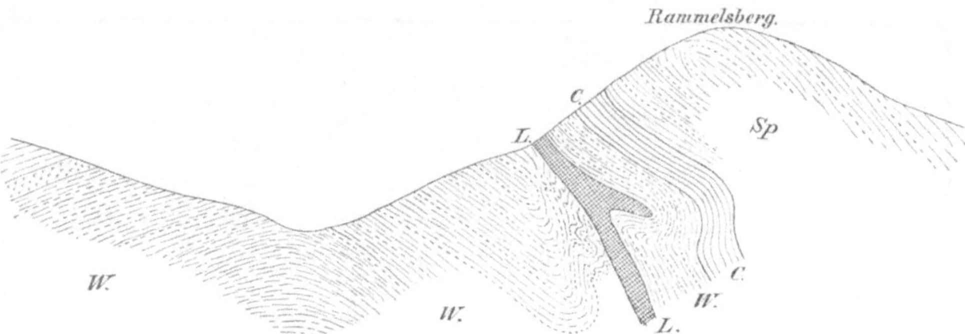

214. **Geologisches Profil durch den Rammelsberg bei Goslar.**
L Erzlager, W Wissenbacher Schichten, C Calceolaschichten, Sp Spiriferenschichten.

findet sich in Sandsteinen von geringer Mächtigkeit und etwa 3% Kupfergehalt, aber diese Schicht ist über Tausende von Quadratkilometern ausgebreitet und wird an ver= schiedenen Orten abgebaut.

215. **Fischabdruck** (Platysomus gibbosus) **aus dem Kupferschiefer der Zechsteinformation von Sachsen-Meiningen.**

Das Hauptvorkommen der spanischen Kupfererze liegt in der Provinz Huelva, westlich vom unteren Lauf des Guadalquivir. Es ist ein mächtig entwickelter Zug von Kieslagern, welche linsenförmig in den dort auftretenden älteren Gesteinen eingelagert sind und sich aus der Gegend von Sevilla nordwestlich über die Hauptgruben bei Rio Tinto (d. h. gefärbter Fluß) und Tharsis bis weit nach Portugal hinein erstrecken. Der

Bergbaubetrieb ist uralt, da nachweislich bereits die Phönicier, Karthager und Römer in dieser Gegend Kupfer gewonnen haben. Die beiden genannten Gruben allein, welche in den Händen englischer Gesellschaften sind, fördern mit etwa 14000 Mann Belegschaft jährlich nahezu 2 Millionen Tonnen Erze. Davon wird der größere Teil in Spanien selbst verschmolzen, ein bedeutender Teil jedoch von der Hafenstadt Huelva nach England, Deutschland, Frankreich und Nordamerika verschifft. Die Verarbeitung dieser Erze bietet viel Interesse und gibt einen sprechenden Beweis für die Fortschritte der hüttenmännischen Technik; es werden nämlich außer dem Schwefel, der zur Schwefelsäuredarstellung dient, auch die sämtlichen in den Kiesen enthaltenen Metalle, nämlich zunächst Kupfer (etwa 3 %), dann die geringen Mengen von Blei, Silber, Wismut und Gold gewonnen. Ja es ist sogar gelungen, aus den nun verbleibenden Rückständen (purple ore) den beträchtlichen Eisengehalt zu gewinnen.

Von den deutschen Kupferbergbauen sind, wie schon in der Einleitung zu diesem Abschnitte bemerkt, die wichtigsten der Rammelsberg bei Goslar und der Kupferschieferbergbau im Mansfeldschen. Im Rammelsberg (s. Abb. 214) wird ein Lager, das auf 1300 m Länge erschlossen ist und eine mittlere Mächtigkeit von 12 m bei einem Einfallen von 45° hat, schon seit dem 10. Jahrhundert abgebaut. Die Erze sind am Hangenden des Lagers vorwiegend Bleierze, nach der Mitte zu finden sich in feinen Schnüren Schwefelkies, Kupferkies und Zinkblende ein, während am Liegenden die Kupferkiese vorwalten. Die letzteren werden auf der Hütte zu Ocker verarbeitet. Die jährliche Produktion an Erzen beträgt einige 20 000 t, der Abbaubetrieb geht jetzt in etwa 400 m Tiefe um, das Fortsetzen des Lagers in noch größere Tiefen ist wahrscheinlich. Die weiten Räume, welche durch den firstweisen Abbau entstehen, werden mit Bergen (Gestein) versetzt; namentlich in früheren Jahrhunderten sind wohl arme Erze in der Grube geblieben, daher kommt es, daß die durch die alten Baue einsickernden Wasser Kupfervitriol, auch Eisen- und Zinkvitriol gelöst enthalten. In Berührung mit metallischem Eisen scheidet sich aus dem Grubenwasser metallisches Kupfer (sogenanntes Zementkupfer) ab. Auf diese Weise wird im Rammelsberg und auch in Rio Tinto nebenbei Kupfer gewonnen. Übrigens krystallisieren aus den Sickerwassern zum Teil auch die Vitriole in blauen und grünen Stalaktiten (Zapfen) aus, je nachdem der Kupfer- oder der Eisengehalt vorwaltet. Reisenden, welche von dem nahen Goslar aus den Rammelsberg besucht und auch die Grube befahren haben, werden diese schönen Bildungen gewiß in angenehmer Erinnerung sein.

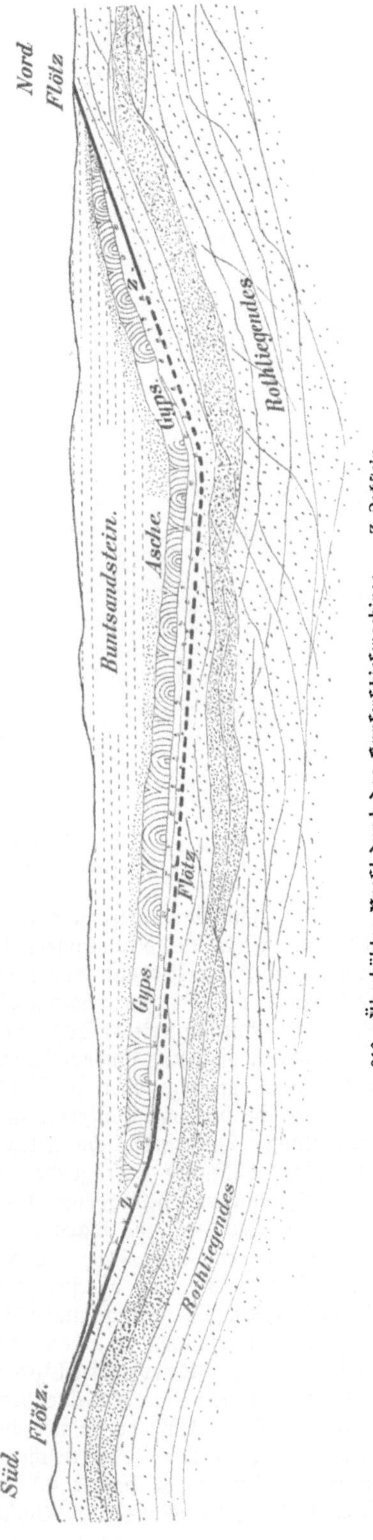

216. Überhöhtes Profil durch das Kupferschiefergebirge. — Z Zechstein.

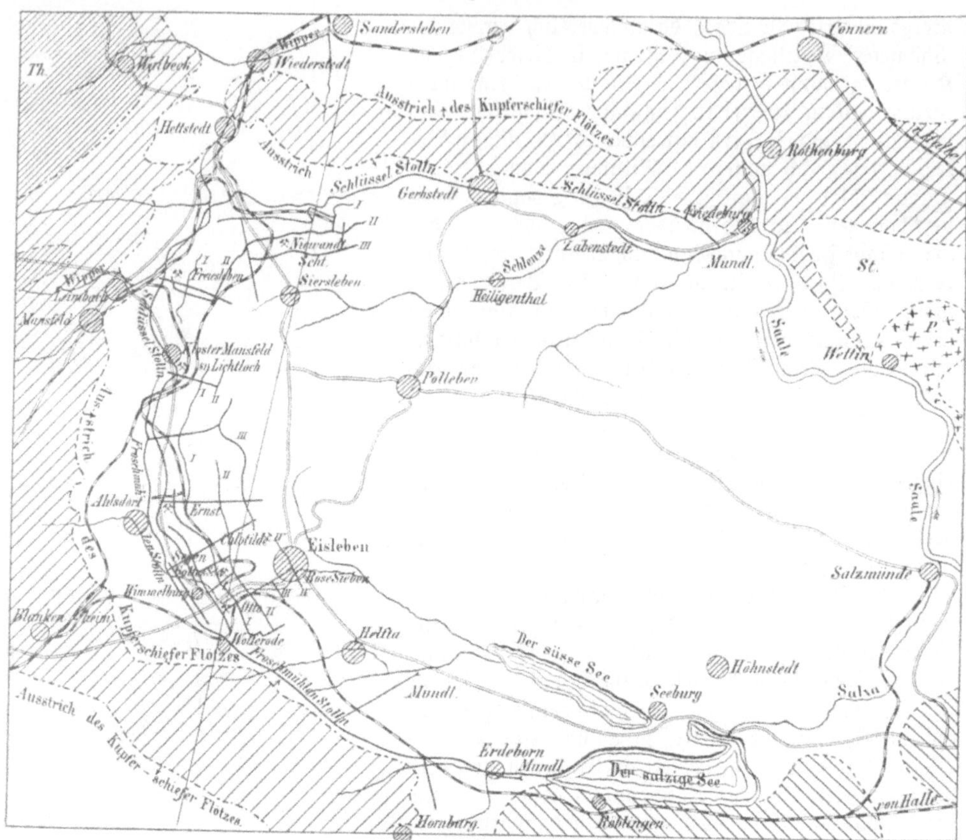

217. **Karte des Mansfelder Kupferschieferflözes.**
Nach Veröffentlichungen der Mansfelder Gewerkschaft.

Die wichtigste Kupfererzlagerstätte Deutschlands ist das Mansfelder Kupferschiefer=
flöz; es besteht aus bituminösem, schwärzlichem Mergelschiefer, in dem sehr fein verteilt
vorwiegend Kupferkies und Buntkupferkies, seltener andere Kupfer=, auch Nickelmineralien
vorkommen, die Schiefer erhalten hierdurch einen metallischen gelblichen (Kupferkies) oder
bläulichen (Buntkupferkies) Schimmer. Übrigens ist das Kupferschieferflöz auch durch seine
Versteinerungsführung ausgezeichnet, es kommen zahlreiche Fischreste vor, welche ent=
weder in Kupfererze oder in Asphalt umgewandelt sind. Abb. 215 zeigt eine eigen=
tümlich breite Gattung: Platysomus nach einem Originale der Freiberger Bergakademischen
Sammlung. Das Kupferschieferflöz ist in Norddeutschland weit verbreitet; den Harz, das
an dessen Südrande aufragende Kyffhäusergebirge und den Thüringerwald umlagern
jüngere geschichtete Gebirgsmassen und zwar in der Hauptsache zu unterst das Rotliegende,
dann der Zechstein und darüber der Buntsandstein in gleichbleibender (konkordanter)
Lagerung (vergl. Abb. 216). Das Kupferschieferflöz lagert überall als unterste Schicht
des Zechsteins auf der obersten gebleichten Schicht des Rotliegenden, dem sogenannten
Weißliegenden. Die Ablagerung ist im großen und ganzen sehr regelmäßig, doch kommen
kleinere Verwerfungen, Rücken genannt, vor, die zum Teil selbst Erze führen, auch die
Erzführung des Kupferschieferflözes in sehr verschiedener Weise beeinflussen; so ist z. B. im
Eislebener Revier in der Nähe der Rücken eine Anreicherung, im Hettstedter eine Ab=
nahme der Erzführung beobachtet worden. Am ältesten dürfte der Kupferschieferbergbau
in demjenigen Reviere sein, welches auch heute noch die größte Bedeutung hat, es ist dies
die Gegend östlich des Harzes zwischen Hettstedt im Norden und Eisleben im Süden
(s. Abb. 217), die Mansfelder Bucht. Schon im 12. Jahrhundert wurde hier Bergbau

getrieben und mit wechſelndem Glücke als zerſplitterter Kleinbetrieb fortgeführt, bis der Dreißigjährige Krieg, der ſich noch lange in ſeinen verheerenden Folgen bemerkbar machte, den Bergbau faſt ganz zum Erliegen brachte. Doch ſchon in der zweiten Hälfte des 17. Jahrhunderts bildeten ſich neue Gewerkſchaften, um den Bergbau wieder in Angriff zu nehmen. Dieſelben hatten mancherlei Berührungspunkte, wie z. B. die gemeinſchaftliche Entſilberung des Schwarzkupfers und den Holzkohlenbezug aus den Waldungen der Graf=
ſchaft. Als dann mit dem Fortſchreiten des Bergbaues die Gruben immer tiefer wurden, drängten die Verhältniſſe zur Vereinigung, und es bildete ſich im Jahre 1852 die Mans=
feldſche Kupferſchieferbauende Gewerkſchaft, welche bis jetzt den Bergbaubetrieb mit großartigem Erfolge fortführt trotz der vielfachen Hinderniſſe, welche die Erſchließung immer größerer Tiefe im Gefolge hatte.

Das heute in Betrieb befindliche Revier der Gewerkſchaft in der Mansfelder Mulde hat eine Längenausdehnung von 22 km. Das Flöz iſt ausgezeichnet durch eine ſehr gleichmäßige Mineralführung, es enthält 2—3 % Kupfer und in 1 t Kupfer 5 kg Silber, auch iſt das dargeſtellte Kupfer von vorzüglicher Reinheit und daher für elektrotechniſche Zwecke beſonders geſucht. Aber die Stärke der verſchmelzbaren Schicht (die Mächtigkeit der abbauwürdigen Schiefer) iſt eine ſehr geringe, in der Gegend von Hettſtedt ſind im

218. Häuerarbeit beim Mansfelder Kupferſchieferbergbau.

Mittel 7—10 cm Schiefer ſchmelzwürdig, im ſüdlichen Teile 8—17 cm; dazu kommen allerdings zuweilen Anreicherungen der unmittelbar darüber liegenden (hangenden) Schichten. Die Flözlagerung iſt flach, im ſüdlichen Teile fällt das Flöz etwa 5—7° ein, im weiter nördlich gelegenen 10—12°. Um ſich zu gleicher Zeit die gewaltige Arbeit, welche bei dem Bergbau geleiſtet wird, und die Armut des Kupferſchieferflözes zu vergegenwärtigen, können folgende Vergleichswerte als Anhalt dienen: Denkt man ſich den Metallinhalt des Flözes zu einer reinen Metallplatte vereinigt, ſo würde ſich als Repräſentant des Flözes eine Kupferplatte von nur 1 mm Stärke ergeben, und die Silberführung würde gerade ausreichen, um die eine Seite mit einer außerordentlich dünnen Verſilberung zu belegen. Mit Hilfe von nahezu 13 000 Bergarbeitern ſchneidet nun die Gewerkſchaft von dieſer Platte jährlich (im Durchſchnitte der letzten ungeſtörten Betriebsjahre) 1½ qkm ab und produziert daraus mit über 2000 Hüttenarbeitern 15 000 t Kupfer und 75 000 kg Silber. Es werden jährlich etwa 38 km Streckenlänge zum Teil mit Bohrmaſchinenbetrieb her=
geſtellt. Derartigen Leiſtungen entſpricht die Großartigkeit der Schachtanlagen (vergl. Abb. 221 S. 177).

Die Arbeitsweiſe und die Abbaumethode auf dem Flöze iſt ſeit langen Zeiten an=
genähert dieſelbe. Es wird Strebbau betrieben; zwar iſt die Bauweiſe beſonders mit Rückſicht auf die wechſelnde Stärke des Gebirgsdruckes etwas verſchieden, doch wird es genügen, wenn wir hier den am häufigſten, bei mittlerem Gebirgsdrucke angewendeten Abbau beſprechen. Bei der geringen Mächtigkeit des Kupferſchiefers iſt es unbedingt nötig, daß Nebengeſtein mit gelöſt wird, damit die nötige Bauhöhe von etwa ½ m her=
geſtellt wird. In ſo niedrigem Raume muß nun der Arbeiter liegend arbeiten, gewohnheits=

gemäß liegen die Arbeiter auf der linken Seite und zwar, wenn das unter dem Flöze vorhandene Weißliegende naß ist, auf zwei Brettern. Von diesen wird das Beinbrett an den linken Oberschenkel angeschnallt, während unter der Schulter das Achselbrett an einem Handgriffe lose geführt wird. Auf diesen Brettern kriechen die Leute auch durch den Abbau bis zu ihrem Arbeitsorte, sie sind von Jugend auf hieran gewöhnt. So niedrige Räume kommen übrigens auch anderwärts vor, z. B. beim Zinn- und Wolframbergbau zu Zinnwald im sächsischen Erzgebirge und beim Abbau der Wealdenkohle am Hils bei Hannover. Liegend führt der Mann die Keilhaue (Abb. 218) und haut am Weißliegenden einen Schram, d. h. einen Einschnitt in das Flöz (Abb. 219). Sodann schlägt er mittels Keil und Fäustel die noch verbliebenen Kupferschiefer a heraus, und nachdem das Erz sorgfältig zusammengelesen und weiter befördert worden ist, werden die Dachberge b nachgeschossen, um die Bauhöhe zu erhalten; im Mittel liefert ein Häuer in der achtstündigen Schicht 300 kg schmelzwürdige Schiefer von dem ihm zugewiesenen etwa 3 m langen

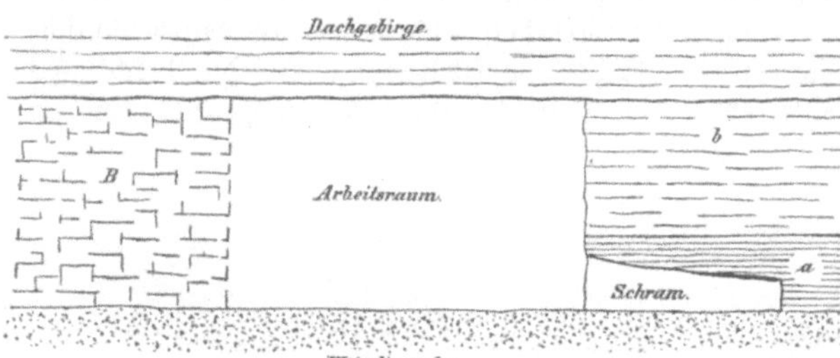

219. **Schramführung im Kupferschieferflöz.**

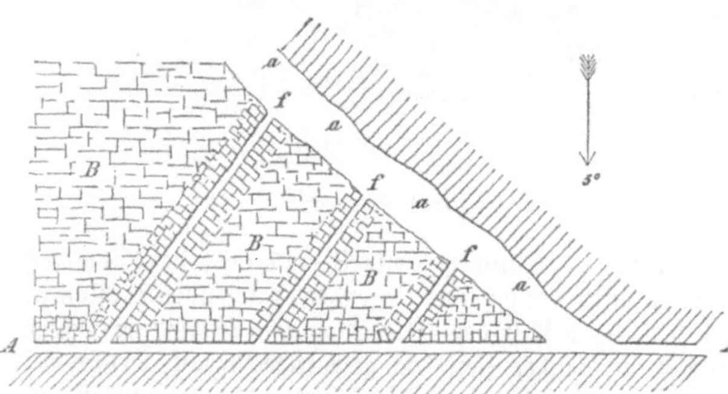

220. **Mansfelder Strebbau (Grundriß).**

Abbaustoße. Den rückwärts frei gewordenen Raum füllt dann der Arbeiter mit den Dachbergen aus, wie denn der Strebbau stets mit Ausfüllung der Abbauräume durch Berge betrieben wird. Es bleiben aber immer noch genug Berge übrig, die mit den Schiefern zu Tage gefördert werden müssen, auf einen Hund Schiefer 2—3 Hunde Berge. Diese türmen sich denn auch in der Nähe der Hauptschächte zu gewaltigen Haldenmassen auf, namentlich die hochgelegene Halde des 81. Lichtloches bei Kloster Mansfeld ist in der Gegend weithin sichtbar. Der Abbau (Abb. 220) schreitet so in wagerechten Streifen vom Schachte weiter ins Feld vor, doch hält man den Arbeitsstoß a im großen diagonal, d. h. schräg zum Streichen und Fallen. Diesen eigenartigen Verhältnissen muß nun auch die Art der Förderung angepaßt sein. Im Bergeversatz B werden nämlich schmale Diagonalstrecken f, sogenannte Fahrten, offen gelassen und an den Seiten durch Mauern gesichert; auf ihnen findet schleppende Förderung bis zur horizontalen Hauptstrecke statt. Junge Burschen kriechen in der oben beschriebenen Weise auf der Seite und ziehen mit einer Fessel an dem einen Beine den vollen Hund abwärts, den leeren aufwärts hinter sich her. In den Hauptstrecken A ist durch Nachschießen von Sohle oder Firste so viel Höhe geschaffen (etwa 2,0 m), daß Pferdeförderung in Zügen von etwa 15 Grubenhunden mit je 500 kg Inhalt stattfinden kann. Es ist also ein Umladen der Schiefer und Berge am Ende der Fahrten nötig. In den Schächten findet wie überall bei großer Leistung Gestellförderung statt. Über Tage werden die Schiefer lediglich nach dem Augenschein ausgelesen (geklaubt) und zu den Kupferhütten befördert. Dieser Transport und derjenige der hüttenmännischen Zwischenprodukte ist großartig ausgestaltet, die Gewerkschaft besitzt zur Verbindung der Schächte und Hütten eine eigene Schmalspurbahn mit mehrfachem Anschluß an das staatliche Bahnnetz, außerdem sind in neuerer Zeit mehrere Hochseilbahnen für diese Zwecke angelegt.

Von besonderer Bedeutung sind die Wasserverhältnisse des Kupferschieferberg=
baues, da sie zur Zeit nicht nur ganz außergewöhnlich große Maschinenkräfte beanspruchen,
sondern auch auf die Erschließung der tiefen Sohlen von erheblichem Einfluße gewesen
sind. Von den ältesten Zeiten bis etwa um das Jahr 1862 wurde nur über den Stollen
abgebaut, und die zudringenden Wasser fanden daher ihren natürlichen Abfluß. Im ge=
nannten Jahre hatte man jedoch das ganze Abbaufeld über den tiefsten Stollen, die
überhaupt möglich sind, verhauen, ja man war bereits mit flachen Strecken unter diese
Stollen niedergegangen und baute an einzelnen Punkten unterhalb derselben ab. Diese
großartigen Stollenanlagen sind der Froschmühlenstollen (vergl. die Karte), welcher
vom Süßen See her in 97 m Seehöhe angesetzt querschlägig bis an das Flöz und dann
am Südrande der Bucht, auf demselben streichend erst nordwestlich, dann in nördliche

221. Die Ottoschächte bei Eisleben.
Abb. 221—223 nach Photographien von Fritz Ette, Eisleben.

Richtung umbiegend getrieben ist und eine Länge von 13 600 m bis in die Nähe von
Klostermansfeld erreicht. Der tiefste mögliche Stollen für das Revier, der Schlüssel=
stollen, ist in Friedeburg an der Saale aus 71,6 m Seehöhe angesetzt, zunächst westlich
bis in die Gegend von Hettstedt und dann nach Süden umbiegend bis zu den Otto=
schächten bei Eisleben fortgeführt, er hat im ganzen 31 000 m Länge und bringt bei
Eisleben unter dem Froschmühlenstollen noch 32 m senkrechte Tiefe ein, damit erschließt
er unter dem genannten Stollen noch einen Flözstreifen von 325 m flacher Erstreckung.
Der Schlüsselstollen ist auch heute noch außerordentlich wichtig, denn er führt die ge=
samten aus den Tiefbauen gehobenen Wasser der Saale zu.

Um die Weiterentwickelung des Mansfelder Bergbaues und im besonderen die
Schwierigkeiten, welche die Erschließung der Tiefbausohlen mit sich brachte, richtig be=
urteilen zu können, müssen wir eine Eigentümlichkeit des dortigen Gebirgsbaues näher
berücksichtigen. In den über dem Flöz lagernden Gebirgsschichten finden sich nämlich

ausgedehnte Massen von Gips und auch von Steinsalz, diese beiden leichtlöslichen Gesteine
sind nun thatsächlich im Laufe der Jahrtausende durch das in den Boden eindringende
und einen tieferen Abfluß (hier wohl zu den Mansfelder Seen) suchende Wasser zum
Teil aufgelöst und fortgeführt worden, und es finden sich daher über dem Flöze weit=
verzweigte Höhlen, dort Schlotten, Schlottenzüge genannt. Sie sind längst bekannt und
werden schon ausführlich im Beginne des 19. Jahrhunderts beschrieben, auch weiß man,
daß die Decken der Schlotten zuweilen zusammenbrechen und daß sich hierdurch Senkungen
an der Erdoberfläche bilden, die Erdfälle, welche in der ganzen Gegend angetroffen
werden. Schon als der Bergbau in den oberen Tiefen über den Stollen baute, kam er
zuweilen mit diesen Schlotten in Berührung, man fand sie damals leer, ja das in die=
selben geleitete Grubenwasser floß ab, und die großen Hohlräume wurden vielfach benutzt,

222. Die Teufe nach Trockenlegung des Oberröblinger Sees.

um die Berge vom Betriebe dort unterzubringen, z. B. in der Gegend von Wimmelburg.
Dieser Zustand ist dadurch erklärlich, daß die Schlotten, welche man damals antraf,
dem Ansteigen der Oberfläche und der Gebirgsschichten von den Seen aus nach Westen
entsprechend, erheblich über den Seen lagen. Ja man erklärt sich den früheren Salz=
gehalt des Oberröblinger oder Salzigen Sees daraus, daß vom Grunde des Seebeckens
Wasser in denselben aufstiegen, die bei ihrem unterirdischen Wege durch die Steinsalz=
stöcke des Gebirges dort Steinsalz gelöst hatten.

Als man in den sechziger Jahren dazu überging, die Tiefbausohlen zu erschließen,
war es das Naturgemäße, daß man die neuen Schächte weiter nach Osten zu verlegte
und zwar so, daß sie das Flöz je nach den örtlichen Verhältnissen in einer der tieferen
Sohlen durchteuften und man durch Querschläge andere Sohlen anfahren konnte.
Dieses Verfahren wurde denn auch eingeschlagen; während es gelang, mehrere Schacht=
anlagen glücklich fertig zu stellen (die Ottoschächte bei Wimmelburg, die Ernstschächte bei
Helbra, die Freieslebenschächte bei Großörner, den Eduardschacht bei Burgörner im

Hettstedter Revier), stieß man bei anderen, so mit den Niewandtschächten im nördlichen und mit den Segen Gottes Schächten im südlichen Revier auf wassererfüllte Schlotten. Da das Wasserniveau erheblich tiefer lag als die Stollensohle, so war der Wasserzudrang ein außerordentlich starker, und es gelang z. B. bei den Segen Gottes Schächten nicht, des Wassers Herr zu werden, trotzdem in der Minute 11,4 cbm Wasser aus dem Schacht= abteufen gehoben wurden. Es mußten daher zunächst beide Schachtabteufen eingestellt werden. Man befolgte in der Zukunft die Regel, tiefere Sohlen durch Vertiefung bereits vorhandener Schächte, welche die Schlottenregion dort, wo die Entwässerung stattgefunden hat, durchsetzen, und durch Auffahrung von Querschlägen im Liegenden zu erreichen. Die Längen der Querschläge werden hierdurch allerdings groß, so beträgt dieselbe beim Otto= schacht III für die IV. Tiefbausohle 1820 m.

223. Die Pumpstation am Oberröblinger See.

So vermied man das Wasser beim Schachtabteufen, aber die Mächte der Tiefe lassen sich nicht so leicht in Fesseln schlagen, die wassergefüllten Schlotten befanden sich noch über dem Flöze, als man anfing, dasselbe von den Tiefbausohlen aus abzubauen. Wenn auch die Bewegungen, welche infolge des Abbaues im Gebirge eintreten, da man die Räume wieder zusetzt, nur geringe sein können und die Senkung des Hangenden nach Zusammendrückung des Bergeversatzes etwa 25 cm betragen mag, so genügte dieselbe doch, um das Gebirge zu zerklüften und den Schlottenwassern den Zugang in die Baue zu ermöglichen. Schon im Jahre 1884 war ein starker Wasserdurchbruch erfolgt, es gelang jedoch damals, wenn auch erst in längeren Zeiträumen, das Wasser zu heben; ein zweiter noch verhängnisvollerer Durchbruch der Schlottenwasser fand im Jahre 1889 unter dem Weichbilde von Eisleben statt und zwar in Abbauen über der IV. Tiefbausohle, diese liegt etwa 270 m unter den Seen. Die Wasser drangen mit solcher Macht ein, daß sie erheblich über die II. Tiefbausohle, d. h. mehr als 120 m in den Grubenbauen stiegen, und der Wasserspiegel senkte sich nur unmerklich, trotzdem in der Minute etwa

70 cbm Wasser bis auf den Schlüsselstollen gehoben wurden. Die Werke kamen dadurch in mißliche Lage, daß ihnen in den sehr wichtigen südlichen Revieren die neuerschlossenen Erzmittel entzogen wurden und sie auf die wenigen noch über der I. Tiefbausohle anstehenden Flözteile angewiesen waren. Die Wasserhebung wurde in den Gruben ununterbrochen, aber nur mit geringem Erfolge fortgesetzt, da fing im Frühjahre 1892 der Spiegel des Oberröblinger Sees an zu sinken, und es lag daher die Vermutung nahe, daß der Seeboden mit den Schlotten in irgend welcher Verbindung stehe und durch diese sein Wasser in die Gruben abgäbe. Dazu kam, daß eine gründliche Untersuchung des Seebodens durch Taucher das Vorhandensein von Einsturztrichtern bestätigte, einer der bedeutendsten ist die Teufe bei Oberröblingen, die unsere Abb. 222 im späteren Zustande nach der Trockenlegung zeigt. Die Gewerkschaft faßte daher den großartigen Plan, den Oberröblinger See trocken zu legen. An seinem Ostende wurde eine Pumpstation angelegt und mit zwei starken Zentrifugalpumpen ausgerüstet, von denen jede im stande ist, 120 cbm Wasser in der Minute 12 m hoch zu heben. Ein besonderer Abflußkanal verband die Pumpstation (s. Abb. 223) mit dem natürlichen Abflusse des Sees, der Salza, außerdem wurde aber auch ein um das Ost-, Süd- und Westufer laufender Kanal angelegt, welcher die in den See sich ergießenden Zuflüsse aufzunehmen und die am Seeufer gelegenen Ortschaften mit Brauchwasser zu versehen hatte. Endlich mußte der Saugraum der Pumpen mittels eines im Seeboden ausgeschachteten Kanals mit den tiefsten Teilen des Sees verbunden werden, um von dort den allmählichen Wasserabfluß zur Pumpstation zu ermöglichen. Dem allen jedoch mußte die Regelung der rechtlichen Verhältnisse, namentlich ein umständliches Enteignungsverfahren vorausgehen.

Der kühne Plan, zu dessen Durchführung Millionen verausgabt werden mußten, glückte. Infolge des Pumpbetriebes in der Station sank der Seespiegel mehr und mehr, und der große Einsturztrichter, die Teufe, trennte sich durch einen trocken gelegten Streifen Seeboden von dem verbleibenden Reste des Sees. Sie bildete ein besonderes, kleineres Wasserbecken von steilen Wänden aus dunklem Seeschlamm und gelblichem Thon umgeben. Die Länge von West nach Ost betrug anfänglich etwa 400 m bei einer mittleren Breite von etwa 100 m. Später hat sich die Gestaltung der Ränder durch Setzungen, namentlich im nördlichen Teile wesentlich geändert. Der Wasserspiegel stellte sich in der Teufe sehr bald um einige Meter tiefer ein als der übrige Seespiegel, zu gleicher Zeit wurde der Wasserzufluß in den Gruben geringer, so daß es nunmehr mit den inzwischen verstärkten Maschinenkräften gelang, die Grubenbaue, wenn auch nur sehr allmählich und schrittweise nach der Tiefe zu, vom Wasser frei zu machen. Ein großer Teil des Seebodens ist inzwischen urbar gemacht worden und gibt einen schweren aber vorzüglichen Ackerboden; wo vor wenigen Jahren noch der Kahn des Fischers die Wellen durchfurchte und das Netz die Fische in der kühlen Flut ereilte, wogen jetzt üppige Kornfelder, nur noch kleine Wasserflächen erinnern an das frühere Landschaftsbild.

Doch dem hartbedrängten Bergbau standen noch weitere Geldopfer bevor. Im September 1892, also reichlich drei Jahre nach dem Wassereinbruche, verspürte man in Eisleben heftige Erdstöße, und vom Sommer 1893 ab zeigten sich unter zeitweiliger Wiederholung der erdbebenartigen Erscheinungen an verschiedenen Stellen der oberen Stadt stetig zunehmende Senkungen an Gebäuden, zuerst in Form von Knistern und Knacken in den Wänden, dann von Rissen in den Mauern, manche Gebäude wurden völlig unbewohnbar. Namentlich die Zeißingstraße auf dem linken, die Klippe und die Rammthorstraße auf dem rechten Ufer der „bösen Sieben", eines kleinen Baches, der die Stadt in tiefem Thaleinschnitt durchfließt, wurden hiervon betroffen; die Zeißingstraße soll fast um 2 m gesunken sein. Da das Senkungsgebiet sich ungefähr über der Wassereinbruchsstelle vom Jahre 1889 zeigte, die Grubenbaue der tiefen Sohlen in jener Stadtgegend an zwei Stellen im Hangenden des Flözes Steinsalz angetroffen hatten und ferner gerade hier Verwerfungen auftreten (der Martinsschächter Flözgraben), die den Gebirgszusammenhang lockern, Senkungen außerdem in der ganzen Umgegend von Eisleben infolge Zusammenbrechens von Hohlräumen der Schlottenregion zahlreich beobachtet werden, so ist die Auffassung des geschädigten Teiles der Einwohnerschaft, daß der Bergbau mittelbar diese Senkungen veranlaßt habe und ersatzpflichtig sei, nicht gerade befremdlich, namentlich da jedermann weiß, daß die Gewerkschaft stets berechtigte Ansprüche entgegenkommend berücksichtigt hat. Man folgert nämlich, daß die großen Wassermassen, die seit dem Jahre 1890 aus den Grubenbauen unter dem betreffenden Stadtteile gehoben worden sind und die nachweislich zum Teil ihren Weg vom Oberröblinger See durch die Schlottenregion dorthin genommen haben, auf diesem Wege Steinsalz löften. Da die Wasser mit etwa 12 % Salzgehalt auf dem Schlüsselstollen abliefen, also mit Salz noch lange nicht gesättigt waren, so schließt man weiter, daß sie auch beim Durchlaufen des letzten Wegstückes unter der Stadt Salz lösen konnten, daß sich infolgedessen neue Hohlräume in der Gegend der IV. Tiefbausohle der Ottoschächte bildeten, oder daß sich vorhandene vergrößerten und infolgedessen in diesen Schlotten gewaltige Deckenbrüche eintraten, welche zunächst die erdbebenartigen Erscheinungen und später die Senkungen veranlaßten. Es ist nicht zu leugnen, daß diese Schlüsse manche Wahrscheinlichkeit für sich haben, anderseits dürfte es sehr schwer sein, sie vollkommen zu beweisen.

Der Bergbau aber, dieser Lebensquell der Stadt Eisleben, wird wohl schließlich die Schäden vergüten, und nachdem nunmehr der Betrieb auf dem Kupferschieferflöze auch in den südlichen Revieren wieder fast in vollem Umfange gesichert ist, sich auch durch die neuerdings erfolgte Erbohrung von Kalisalzen in der Nähe der Pumpstation am Oberröblinger See neue Aussichten für die Erzielung entsprechenden Betriebsgewinnes eröffneten, so ist zu hoffen, daß die Gegensätze, welche die letzten Jahre gezeitigt haben, sich wieder ausgleichen werden und daß der dortige Bergbau wie bisher auch in Zukunft eine Quelle des Wohlstandes für die Bevölkerung der ganzen Gegend sein wird.

Eisen und Stahl.

Zwar nicht die wertvollsten, aber die für unsere Kulturentwickelung wichtigsten Erze sind die Eisenerze, wird doch heute auf der Erde fast 30 mal mehr Eisen und Stahl hergestellt, als die

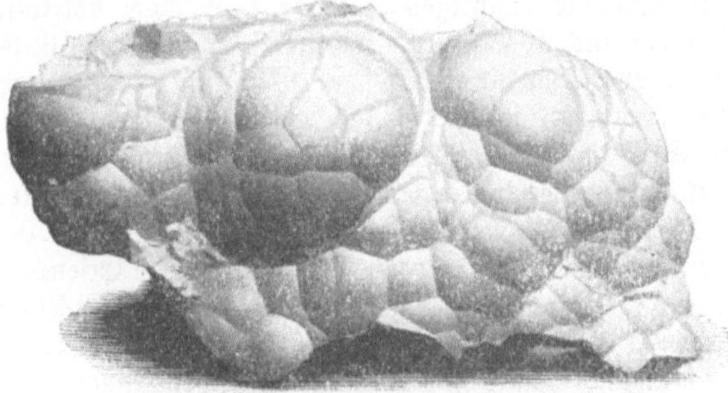

224. **Nieriges Roteisenerz.**

Menge aller übrigen erzeugten Metalle zusammengenommen beträgt. Das reichste Eisenerz mit 72 % Eisengehalt ist das Magneteisenerz (Magneteisenstein oder Magnetit), es besteht aus Eisenoxydoxydul. Manche Magneteisenerze sind magnetisch, an diesen natürlichen Magneten ist die Erscheinung des Magnetismus überhaupt zuerst beobachtet worden. Das Erz ist schwarz und kommt zuweilen in Oktaedern oder Rhombendodekaedern krystallisiert vor, es ist von besonderer Wichtigkeit wegen seines massenhaften Auftretens in selbständigen Lagerstätten. Namentlich auf der Skandinavischen Halbinsel zu Kirunnavaara und Gellivara im Norden und zu Grängesberg im mittleren Schweden, sowie in Rußland am Ural z. B. zu Nishnij Tagilsk finden sich ausgedehnte Ablagerungen. Die übrigen europäischen Vorkommen z. B. zu Breitenbrunn und Berggießhübel in Sachsen haben zur Zeit für die Eisendarstellung keine Bedeutung. — Ein sehr schönes Erz ist der Eisenglanz oder Spekularit, natürliches Eisenoxyd, er verdankt dem lebhaften Metallglanze seinen Namen, die Farbe ist schwarz, das Pulver jedoch bräunlichrot; hierdurch und durch die bedeutende Härte (Feldspathärte) läßt sich der Eisenglanz leicht von ähnlichen Erzen unterscheiden. Besonders schöne Krystalle, die oft in herrlichen Farben bunt angelaufen sind, kommen auf der Insel Elba vor. Derbe Erze mit bis 70 % Eisengehalt liefern namentlich Norwegen, Schweden und Rußland. Dem vorigen in der chemischen Zusammensetzung ähnlich, doch mit einem geringen Wassergehalte und zuweilen durch Beimengung von Kieselsäure und Thon verunreinigt und daher mit etwas geringerem Eisengehalte ist das Roteisenerz (Hämatit oder Blutstein), die Farbe ist bräunlichrot, das Pulver der reinen Vorkommen ist hochrot, so daß dieses Erz auch in der Farbindustrie Verwendung findet, die unreineren erdigen Roteisenerze nennt man auch Rötel. Dieses Eisenerz kommt häufig mit faserigem Gefüge vor, dabei ist die Oberfläche oft eigenartig gerundet, wie es Abb. 224 zeigt, kommt hierzu ein starker Glanz, so nennt man die Erze wohl auch Glaskopf. Übrigens wird dichtes Roteisenerz (Blutstein) auch als Schmuckstein verschliffen (s. Schmucksteine). Auch das Braun = eisenerz (Limonit), in allen Schattierungen von Dunkelbraun bis Gelb vorkommend, ist ein wasserhaltiges Eisenoxyd, im reinen Zustande mit 60 % Eisengehalt, doch oft durch Kiesel = säure und Thon verunreinigt, zuweilen mit einem geringen Gehalt an Phosphorsäure. Es ist ein sehr häufiges Erz und für die Eisendarstellung von großer Bedeutung, doch tritt es sehr verschieden auf und hat mancherlei Namen erhalten. Rundliche, im Inneren faserige Massen, welche der Form nach manchem Roteisenstein ähnlich sind, heißen brauner Glaskopf, das in moorigem Boden nahe der Oberfläche vorkommende mehr oder weniger erdige Brauneisenerz heißt Raseneisenerz, Sumpf = oder Wiesen = eisenerz; rundliche Körner von schaliger (oolithischer) Zusammensetzung kommen in sehr verschiedener Größe von Erbsen = bis Kopfgröße vor, sie bilden z. B. das Seeerz, welches vom Grunde der finnländischen Seen mittels einfacher Baggereinrichtungen ge = fischt wird. Derartige Erze treten auch im Juragebirge als lager = und stockartige An = häufungen auf und werden als Bohnerze bezeichnet, sie kommen gewöhnlich zusammen mit rotem, eisenschüssigem Thon vor und sind z. B. bei Delémont im Schweizer Kanton Bern auch heute noch der Gegenstand eines wichtigen Eisensteinbergbaues. Minette nennt man die mächtigen Ablagerungen von oolithischen Brauneisenerzen mit kalkigem, thonigem auch kieselsaurem Bindemittel, die sich links des Rheines von Luxemburg bis Nancy erstrecken und bei dem Reichtum der benachbarten Gegenden an vorzüglichen Kohlen namentlich seit den sechziger Jahren die Grundlage einer hochentwickelten Eisen = und Stahlindustrie bilden. In Oberschlesien findet sich derbes Brauneisenerz in unregel = mäßigen aber reichen Lagern; in der Provinz Hannover sind die Brauneisensteingruben der Ilseder Hütte bei Peine die bedeutendsten. — Endlich ist als vortreffliches leicht zu verarbeitendes Eisenerz noch das kohlensaure Eisenoxydul, der Spateisenstein (Siderit, Sphärosiderit) zu erwähnen, er hat im frischen Zustande erbsengelbe Farbe, die durch Ver = witterung nachdunkelt und selbst ins Schwärzlichbraun übergeht. Der Spateisenstein spaltet sehr gut nach dem Rhomboeder, daher der Name, denn spätig bedeutet in der Mineralogie soviel als gut spaltend; er tritt sowohl in mächtigen Gängen auf z. B. im Nassauischen als auch in ausgedehnten Lagern, z. B. am Erzberg bei Eisenerz in Steiermark, woselbst ein großartiger Tagebaubetrieb stattfindet, und am Hüttenberg in Kärnten, wo die Gewinnung unterirdisch erfolgt. In der Steinkohlenformation kommen häufig rundliche Massen (Sphäro = siderit) und auch Flöze oder Bänke eines mit thonigem Material und mit Steinkohle innig gemengten Spateisensteins vor (Kohleneisenstein), der bis zu 45 % Eisengehalt hat und in Westfalen und Schottland (hier Blackband genannt) auf Eisen verarbeitet wird.

Ein großer Teil der Eisenerze enthält neben den oxydischen noch in geringen Mengen phosphorsaure Verbindungen, diese machen das Eisen zwar leichtflüssig, aber für viele Zwecke ungeeignet, da es spröde wird. Solche Erze wurden daher früher wenig geschätzt, man suchte überall phosphorfreie Erze. Nachdem jedoch Gilchrist Thomas im Jahre 1879 das basische Verfahren (siehe die zweite Abteilung dieses Bandes) ausgebildet hatte, bei welchem der Phosphor als Brennstoff verwendet und die an Phosphorsäure reiche und als Düngemittel geschätzte Thomasschlacke erzeugt wird, sind auch diese Erze begehrt.

*   *   *

Den großartigsten Eisensteinbergbau Europas besitzt Österreich in dem steirischen Erzberge, wirklich ein ganzer Berg der besten phosphorfreien Eisenerze zwischen den Orten Eisenerz im Norden und Vordernberg im Süden gelegen. Das steirische Eisen, das norische Eisen der Römer, ist berühmt von altersher; es wurde zu Hüttenberg in Kärnten und wahrscheinlich auch zu Eisenerz in Steiermark gewonnen, denn in alten Grubenbauen zu Hüttenberg und im Orte Eisenerz selbst sind römische Münzen, auch Reste römischer Bauten gefunden worden, ein Beweis, daß dort römische Ansiedelungen

bestanden. In schriftlich auf uns gekommenen Urkunden wird der Bestand des Erzberg=
baues erst vom Jahre 712 an gerechnet. Auch hier hat die Sage wie so oft Wahrheit
und Dichtung vereinigt. In einem hübschen Gedichte „Eisen auf immerdar" erzählt
uns Rudolf Baumbach, daß den Scharen der Germanen, die Ende des 5. Jahrhunderts
der Römerherrschaft in den Alpenländern ein Ende machten, nach siegreichem Kampfe am
Erzbache der Geist des Berges erschien und sie fragte:

> „Sprecht, wollt ihr Gold auf hundert Jahr,
> oder Eisen auf immerdar?"

> Da klirrten zusammen die Schwerter gut,
> rot beronnen von Feindesblut,
> und brausend rief die ganze Schar:
> „Eisen, Eisen auf immerdar!"

1453
Wappen des landesfürstlichen Marktes Eisenerz.   Wappen des landesfürstlichen Marktes Vordernberg.

225.   226.

Im Verschwinden weist die Erscheinung auf den Erzberg hin — und sicherlich, das
Steierland hat Eisen auf immerdar. Das Gedicht schließt mit den Worten:

> „Mein starkes Volk, du wähltest recht.
> Glückauf, du eisernes Geschlecht!"

Daß auch im Mittelalter in jenen Thälern die Eisengewinnung im Vordergrunde
stand, beweisen am besten die Wappen von Eisenerz und Vordernberg, welche den Orten
im Jahre 1453 von Kaiser Friedrich III. verliehen wurden (Abb. 225 u. 226). Das
Wappenschild von Eisenerz führt Spitz= und Breithaue nebeneinander, es wird gehalten
von einem Knappen; das Vordernberger Wappen zeigt drei Bergleute, die am Erzberge
die Eisenerze mit der Haue gewinnen.

Die heutige Bedeutung des Bergbaues in Eisenerz spricht sich am besten in Zahlen
aus, lieferte er doch im Jahre 1896 834000 t Eisenerze, die beim Hochofenbetriebe
38—40 % Eisen ergaben, das sind 57 $\frac{1}{2}$ % der gesamten Eisenerzeugung Österreichs
(ohne Ungarn). Diese gewaltigen Erzmassen werden durch Tagebau gewonnen. Kommt
man von Norden her über Hieflau nach Eisenerz, so sieht man hinter dem Orte den Erz=
berg mit seinen mächtigen Abbausohlen liegen; namentlich, wenn zur Schußzeit das Thal
von mehreren hundert Sprengschüssen, die kurz hintereinander abgegeben werden, wieder=
hallt, ist der Eindruck ein imposanter. Seit alter Zeit wurden die Erze vom oberen
Teile des Berges, welche leicht über den Präbichelpaß geschafft werden können, in Vordern=

berg verhüttet, während diejenigen der tiefergelegenen Baue auf steilen Pfaden mittels des Sackzuges (s. Abb. 227) auf Gefährten, die halb einem Wagen halb einem Schlitten gleichen, in Säcken wohl verpackt zu den Schmelzöfen in Eisenerz befördert wurden. Der Besitz war früher zersplittert, viele kleine Gruben bauten neben= und übereinander, nicht immer im besten Einverständnisse der Gewerken. Die Neuzeit hat hierin vieles ge=

227. **Sackförderung.**

ändert. Der Betrieb wurde seit 1625 von den Besitzern zu Eisenerz und seit 1829 unter Vermittelung des verewigten Erzherzogs Johann von Österreich, der selbst Mitbesitzer (Radgewerke) war, auch von den Vordern= berger Besitzern auf ihrem Anteile gemeinsam geführt. Seit dem Jahre 1890 ist der ganze Betrieb in der Hand der Österreichischen Alpinen Montangesell= schaft vereinigt, die vom Jahre 1881 ab bereits den Eisenerzer Anteil besaß. Seit dem Jahre 1891 führt eine

zum Teil nach Abts System als Zahnradbahn ausgebaute Eisenbahnlinie von Eisenerz nach Vordernberg über den Erzberg, sie ermöglicht die unmittelbare Verladung der Eisen= erze in die Eisenbahnwagen zur Verfrachtung auf weite Entfernungen. Die Produktion ist in den letzten Jahrzehnten außerordentlich gestiegen, sie betrug:

1862	127 000 t	1891	730 000 t
		und, wie bereits oben erwähnt,	
1872	354 000 t	1896	834 000 t
1882	512 000 t	1897	894 000 t.

Die Eisenerzlager, welche aus gelblichem Spateisenstein bestehen, sind zum Teil zu Braun= und Blauerzen — die früher wegen der leichten Schmelzbarkeit ganz besonders ge=

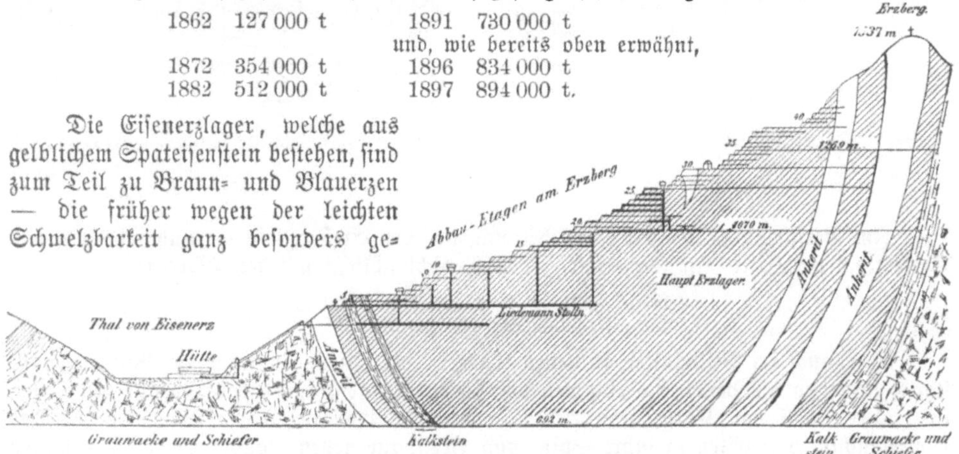

228. **Profil durch den Steirischen Erzberg.**

schätzt waren — umgewandelt. Sie sind (vergl. das geologische Profil, Abb. 228) in silurische Schiefer eingelagert und bilden eine ausgedehnte Mulde; über einen großen Teil des Bergabhanges stehen die Erze zu Tage an. Die heutige Abbaumethode ist ein Etagenbau; jede Etage ist zwischen 9 und 13 m hoch, und es sind etwa 40 derselben im Betriebe. Die Beförderung der Erze erfolgt mittels horizontaler Grubenbahnen auf jeder Etage, sodann wird die Förderung durch Bremsschächte und Stollen auf einige Hauptsohlen vereinigt. Auf einigen derselben geschieht die Verladung mit der Eisenbahn, von den obersten Sohlen findet der Erztransport nach den Vordernberger Eisenwerken statt, von den tiefsten Hauptsohlen werden die Hunde mit den Eisenerzen zu den Hoch=

229. Erzgewinnung im Etagentagebau am Steiermärkischen Erzberge.

öfen nach Eisenerz herabgebremst. Unsere Abb. 229 gibt einen prächtigen Blick über eine Anzahl Abbauetagen, die Ansicht ist vom Barbara=Huthause aus aufgenommen, das trefflich bewirtschaftet wird. Neben demselben ist die Barbarakapelle gelegen, welche ein Kleinod der Eisenerzer Bergleute birgt, die Wunderstufe (Abb. 230). Wie in vielen Gesteinen (vergl. auch Abb. 50, S. 44), kommen auch in dem Spateisensteine des Erz= berges dendritische Bildungen vor, auf der Wunderstufe zeigen diese etwa das Bild der

230. Wunderstufe.

Jungfrau Maria mit dem Christuskinde von einem Strahlenkranze umgeben. Ähnliche Natur= spiele finden sich ja auch im Geäder mancher Marmorarten. Noch einer mineralogischen Er= scheinung müssen wir Erwähnung thun, es sind die „Eisenblüte“ genannten Bildungen von weißem, ästigem Aragon (Abb. 231), die auf Klüften und in größeren Hohlräumen der Eisen= erze gerade hier in schönster Entwickelung ge= funden werden.

Der Besuch des Erzberges wird Frem= den gern gestattet und durch Benutzung der Grubenbahnen erleichtert; dabei bieten sich prächtige Ausblicke auf die Hochgebirgswelt und das Thal von Eisenerz. Der Ausflug zu Fuß ist sehr lohnend, denn die Eisenbahn führt uns zu schnell an den schönsten Punkten vorüber. (A. Jugoviz, „Führer auf der Bahnlinie Eisenerz=Vordernberg und den Steirischen Erzberg“, Wien 1894.)

Auf vielen anderen großen Eisenerzlagerstätten, so zu Nishnij=Tagilsk und am Blagodat im Ural (s. Abb. 232), zu Gellivara im nördlichen Schweden auch in der Provinz Hannover auf den Eisenerzgruben der Ilseder Hütte bei Peine ist der Abbau ähnlich wie zu Eisenerz ein Etagen = Tagebau.

Die Eisenindustrie Finnlands beruht zum guten Teile auf dem eigenartigen und interessanten Vorkommen der sogenannten See= erze. Es sind dies Brauneisenerze in runden Körnern von einem Durchmesser bis zu 7 mm zum Teil auch in der Form kleiner kreisrunder Scheiben von der Größe eines Zweipfennig= stückes, die auf dem Grunde gewisser finnischer Seen, vermengt mit rötlichem Thone, aus= gedehnte Ablagerungen bilden. Von größeren Flößen aus werden die Erze mittels lang ge= stielter Kescher bis aus 5 m Tiefe heraufgeholt und durch Waschen in einem Siebe von dem Thone befreit; zwei Leute holen in einem Tage etwa 1,0—1,5 cbm Erz auf, und zwar werden die Erze von größeren Flächen des Seegrundes streifenweise entnommen. Abb. 233 zeigt ein solches

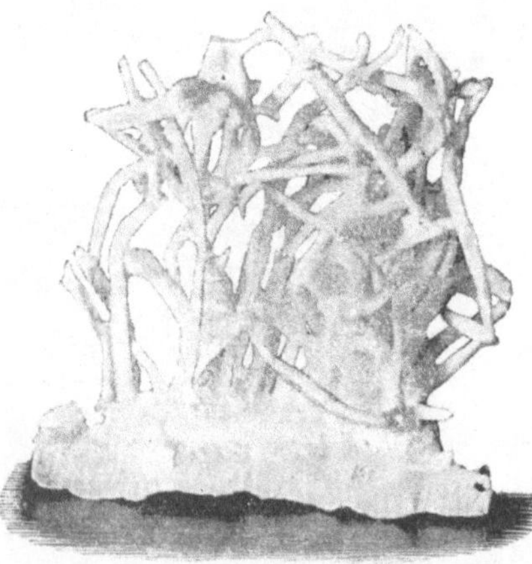

231. Eisenblüte von Eisenerz in Steiermark.

Erzfloß auf einem jener zahlreichen finnischen Seen, deren Grund sich vom flachansteigenden bewaldeten Ufer langsam in die Tiefe senkt. Der Mann schöpft die Erze, während die Frau sie im Siebe wäscht, das Floß ist bei der Ausführung der Arbeit an zwei starken Pfählen festgelegt und wird von Zeit zu Zeit durch Rudern um ein Stück fortgerückt. Übrigens bilden sich diese Erze im Laufe von 2—3 Jahren in solcher Menge wieder neu, daß eine abermalige Bearbeitung derselben Seeflächen lohnt; es ist dies einer der wenigen Fälle, in denen wir die Bildung von verwertbaren Mineralien in größeren Mengen beobachten können. In den letzten Jahren wurden jährlich 65—70 000 t solcher Erze gewonnen und mittels Holzkohle zu Gießereiroheisen verschmolzen. Dieses wird zum größten Teile über Petersburg nach Rußland ausgeführt.

Gegenüber dem finnländischen Kleinbetriebe rufen die ausgezeichnet durchgebildeten Mittel für Gewinnung und Beförderung großer Massen, über welche die Vereinigten Staaten von Nordamerika verfügen, um von den reichen Lagerstätten die vorzüglichen Erze bis in die weit entlegenen Kohlenreviere zu verfrachten, unsere Bewunderung wach. Am bedeutendsten ist die Produktion der fast unerschöpflichen Lager am Oberen See, deren Eisengehalt bis zu 60 % beträgt. Seit 1849 sind über den See 109 Millionen t Erze verschifft worden. Begünstigt durch die weiche Beschaffenheit, lassen sich die Erze zum Teil mit dem Dampfbagger abbauen, so daß die davor stehenden, 25 t enthaltenden Eisenbahnwagen in 2½ Minuten beladen sind. Diese fahren dann über Entfernungen bis zu 180 km auf die in das Wasser hinein gebauten mächtigen Erzstapelplätze der nörd= lichen Häfen Duluth, Two Harbors, Marquette, Escabana am Oberen= und Michigan=See

232. Tagebau auf Magneteisenerz bei Nischnij-Tagilsk.

und entleeren ihren Inhalt durch Bodenklappen in die je 60—150 t fassenden 4600 Taschen der aus Holz konstruierten Docks, die sich bis zu einer Höhe von 18 m über den Wasser= spiegel erheben. Aus diesen wird das Erz durch eiserne Trichter in die Schiffe von 4—5000 t Fassungsraum umgeladen; angeblich sollen Schiffe von dieser Größe in 55—70 Minuten beladen werden. In den unteren Häfen, wie Cleveland, Ashtabula, Connaught u. s. w. stehen Maschinen bereit zum Ausladen, Stapeln und Einladen in die Eisenbahnwagen, die unmittelbar zu den Hochöfen fahren.

So werden z. B. Erze vom Gewinnungspunkte bis Duluth 130 km mit Eisenbahn, dann 1220 km auf dem Wasserwege bis Cleveland und von dort bis in das Kohlenrevier von Pittsburg noch 205 km mit der Eisenbahn befördert. Einschließlich des zweimaligen Umladens kommen trotz des etwa 1560 km langen Weges nur 9 Mk. Kosten auf die Tonne.

Die gesamte Eisen= und Stahlerzeugung der Erde im Jahre 1896 ist aus der nachstehenden Tabelle ersichtlich; danach nehmen die Vereinigten Staaten von Nord= amerika unbestritten die erste Stelle ein, während um die zweite Stelle namentlich be= züglich der Stahlerzeugung Großbritannien und Deutschland streiten.

24*

Länder	Roheisenerzeugung Tonne	Stahlerzeugung Tonne
Vereinigte Staaten von Nordamerika . .	8 761 200	5 366 500
Großbritannien	8 700 200	4 306 200
Deutschland	6 361 000	4 195 000
Frankreich	2 333 700	1 160 000
Rußland	1 629 800	625 000
Österreich=Ungarn . . .	1 130 000	520 000
Belgien	932 800	598 800
Schweden	466 400	250 600
Spanien	246 300	104 600
Übrige Länder	448 500	349 500
Summe	31 008 900	17 476 200

233. Baggern der Seeerze in Finnland.

Über die Verteilung der Deutschen Eisenerzerzeugung im Jahre 1896 auf die wichtigsten Gebiete gibt die weitere Tabelle Auskunft:

Die Eisenerzerzeugung Deutschlands im Jahre 1896.

Gebiete	Förderung Tonne	Wert Mk.
Provinz Schlesien	529 600	3 050 860
„ Sachsen	41 600	182 100
„ Hannover	563 500	2 130 400
„ Westfalen	1 223 250	9 534 600
„ Hessen=Nassau	641 500	4 626 500
„ Rheinland	1 053 640	8 882 900
Summe Königreich Preußen	4 053 090	28 407 360
Königreich Bayern	161 000	657 000
Reichsland Elsaß=Lothringen	4 841 600	10 977 700
Großherzogtum Luxemburg	4 758 700	9 482 000
Übriges Deutschland	347 910	1 874 540
Hauptsumme	14 162 300	51 398 600

Außerdem werden in Deutschland erhebliche Mengen fremder, namentlich öster= reichischer, spanischer und schwedischer Eisenerze verhüttet.

Quecffilber.

Das einzige Metall, welches ſich bei gewöhnlicher Temperatur in tropfbar flüſſigem Zuſtande befindet, kommt auch in der Natur, wenngleich in geringen Mengen gediegen in Tropfenform vor. Bei weitem das meiſte Quecfſilber jedoch wird aus dem ſchön roten Zinnober hergeſtellt, dem einzigen Quecfſilbererze, das ſich in größerer Menge in der Natur findet, es beſteht aus Schwefelquecfſilber. Nur an wenigen Orten kommt der Zinnober in abbauwürdigen Lagerſtätten vor; Deutſchland erzeugt jetzt gar fein Quecf=ſilber, die Quecfſilbergruben der Umgegend von Zweibrücken in der Rheinpfalz ſtehen ſchon ſeit dem Ende des vorigen Jahrhunderts außer Betrieb.

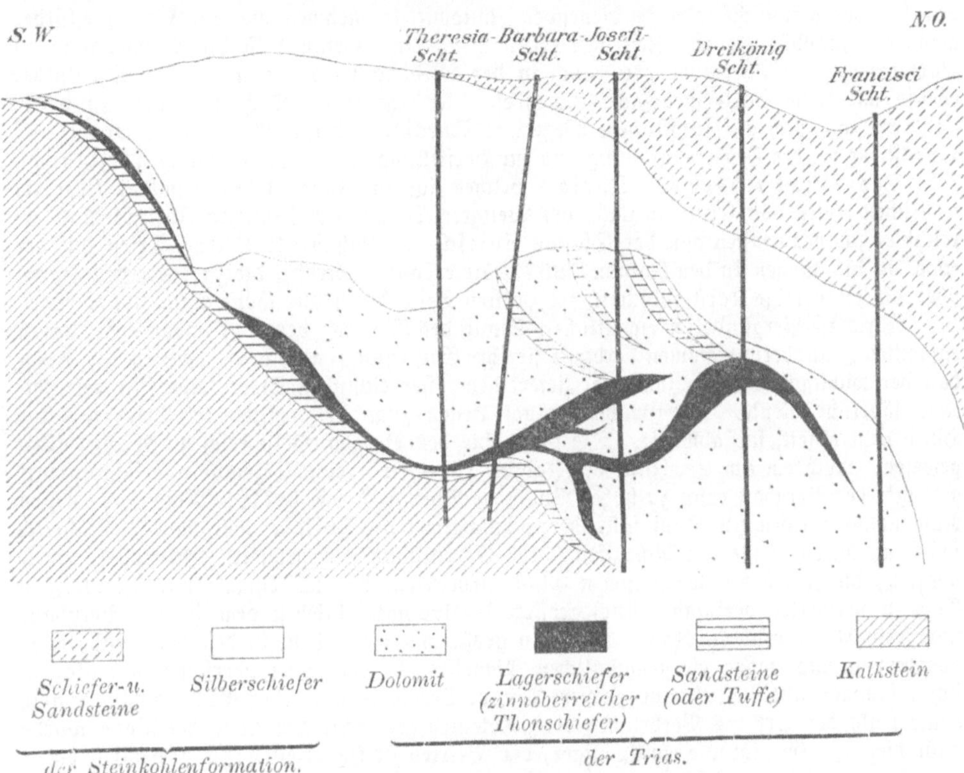

234. Profil durch die Erzlagerſtätte von Jdria.

Die Jahresproduftion verteilte ſich 1896 folgendermaßen auf die einzelnen Länder:

Spanien	1 513 000 kg	Transport	3 184 000 kg
Ver. Staaten von Nordamerika	1 151 000 „	Mexifo	160 000 „
Öſterreich	520 000 „	Rußland	150 000 „
	3 184 000 kg	Italien	132 000 „
		Summe	3 626 000 kg

Das ſpaniſche Quecfſilber kommt von den berühmten ſchon zur römiſchen Kaiſerzeit bearbeiteten Gruben von Almaden; in den Vereinigten Staaten von Nordamerika iſt es faſt ausſchließlich Kalifornien, welches zu Neu=Almaden, Neu=Jdria und Sulphur=banf Quecfſilbergruben beſitzt. Der früher ſo ergiebige Quecfſilberbergbau von Huan=cavelica in Peru iſt ſchon ſeit etwa 70 Jahren außer Betrieb. Die öſterreichiſche Produftion wird zu Jdria in Krain erzeugt, die italieniſchen Gruben liegen in Toscana. Jn Mexifo hat ſich der Quecfſilberbergbau nur langſam gehoben, trotzdem das Land an Quecfſilbererzen nicht arm iſt, denn zur Zeit der ſpaniſchen Herrſchaft war der Quecfſilber=bergbau unterſagt, ſpäter haben die vielen politiſchen Unruhen eine ſchnelle Entwickelung gehindert. Die Hauptproduktionsorte sind Guadalcazar im Staate San Luis Potosi und Huitzuco im Staate Guerrero. Rußland besitzt bei Nikitowka im westlichen Teile des Donez-Steinkohlenbeckens ein Quecksilberwerk, welches seit etwa 10 Jahren größere Mengen des wertvollen Metalles erzeugt. Dies wird an allen Produktionsorten entweder in verschraubten eisernen Flaschen von 34,5 kg Inhalt oder in gegerbte Felle eingebunden in den Handel gebracht, der Preis, welcher seit einer langen Reihe von Jahren nur wenig schwankte, da das Haus Rothschild das Geschäft monopolisiert hat betrug im Jahre 1896 zwischen 147 und 168 Mark für die Flasche.

Die Verwendung des Quecksilbers ist außerordentlich mannigfaltig. Von großer Wichtigkeit ist es bei der Amalgamation von Gold und Silber aus den Erzen, unter den für bergmännische Zwecke dienenden Zündmitteln nehmen die mit Knallquecksilber gefüllten Zündhütchen zur Zeit den ersten Platz ein. Bekannt ist die Verwendung zu Barometern und Thermometern, auch in der Medizin wird das metallische Quecksilber ebenso wie seine Salze mehrfach verwendet. Der jetzt in der Technik benutzte Zinnober wird ausschließlich auf künstlichem Wege aus Quecksilber hergestellt. Früher wurde viel Quecksilber bei der Feuervergoldung und zur Herstellung der Spiegelbelegungen verbraucht.

Das Quecksilberwerk Idria, welches ich im Jahre 1893 besuchte, liegt im westlichen Teile von Krain weitab vom Weltgetriebe an dem Flüßchen Idriza; man erreicht es am bequemsten von der Station Loitsch der Bahnstrecke Laibach-Triest auf der etwa 30 km langen in den Jahren 1857—59 erbauten Straße, die in der ersten Hälfte über die einförmige Karstlandschaft, im zweiten Teile durch die schöne Salaschlucht führt.

Idria ist Bergstadt im eigentlichen Sinne des Wortes, dem vor etwa 400 Jahren entdeckten Zinnobervorkommen verdankt sie ihre Entstehung; auch heute noch ist der Bergbau der wichtigste Erwerbszweig, er liefert dem österreichischen Staate eine sehr beträchtliche jährliche Rente. Die Grubengebäude liegen zum Teil mitten im Orte, nur die Hütte liegt abseit, flußabwärts. Die Geschichte des Bergbaues ist reich an Wechselfällen gewesen. Nachdem am 22. Juni des Jahres 1508 eine reiche Erzmasse angefahren war, gelangte der Bergbau rasch zu hoher Blüte, noch heute ist der heilige Achatius, dessen Namenstag auf den 22. Juni fällt, der Schutzpatron des Idrianer Bergbaues, alljährlich findet an diesem Tage das Achazifest statt. Es entstand eine größere Zahl von Gewerkschaften, die jedoch mit wechselndem Glücke arbeiteten, da man damals nur die reichsten Erze zu verwerten verstand. Auch größere Unglücksfälle blieben dem jungen Bergbaue nicht erspart, so brach im Jahre 1532 ein großer weiter Abbau, in dem man reiche Erze angetroffen und daher die gewöhnlichen Abmessungen der Baue überschritten hatte, in sich zusammen und begrub eine größere Anzahl Bergleute unter den Gesteinsmassen, noch heute heißt der Ort des Verbruches die „Totenteufe“. Mit der Tiefe der Baue wurde auch hier die Gewinnung kostspieliger, der Betrieb stockte zuzeiten, es übernahm daher der Staat im Jahre 1580 den ganzen Betrieb, nachdem er schon früher Anteile an den Gruben besessen hatte. Seitdem wurde unablässig an der Vervollkommnung der Betriebsmittel, namentlich der Hüttenprozesse gearbeitet, so daß zur Zeit auch sehr arme Erze mit nur 0,25 % Quecksilber gewonnen werden können. Hierdurch hat sich wiederum der Bergbaubetrieb wegen größerer Regelmäßigkeit wesentlich billiger gegen früher gestellt. Die Betriebssicherheit wird dadurch erhöht, daß alle abgebauten Räume wieder durch Bergeversatz, der zum Teil von über Tage her in die Grube befördert wird, versetzt werden.

Eine sehr ernste Gefahr erwuchs dem Bergbaue zweimal durch hartnäckige Grubenbrände in den Jahren 1803 und 1846. Wahrscheinlich durch allmähliche Selbsterwärmung der bitumenreichen Lagerstätte trocknete die massenhaft zur Stützung der Grubenräume eingebaute Zimmerung aus und geriet dann in Brand, den man erst, nachdem alle anderen Mittel fehlgeschlagen und manches Menschenleben geopfert war, dadurch bewältigen konnte, daß man das ganze Werk mehrere Wochen unter Wasser setzte.

Das Erzvorkommen besteht zum größten Teil in fein eingesprengten Erzen, deren Auftreten an größere Gebirgsspalten gebunden ist (s. Abb. 234), es hat die Form eines unregelmäßigen Lagers; die umgebenden Gebirgschichten gehören der Triasformation an. Prächtig ist der Anblick eines Ortes im zinnoberführenden Gestein, durch die Gruben-

feuchtigkeit erscheint der Lagerschiefer schwärzlichgrau, davon hebt sich das Ziegelrot des
Zinnobers hell leuchtend ab. Die Abbaumethode ist Querbau (s. Abb. 235 u. 236): In
jeder Abbausohle wird vom Schachtquerschlage aus eine Streichstrecke am Liegenden auf=
gefahren, von dieser aus sind Querstrecken bis an das Hangende getrieben. Die dazwischen
gelegenen Teile der Lagerstätte L werden in Streifen von 2,0—2,5 m Höhe und 2—3 m
Breite abgebaut, dann die entstehenden Hohlräume mit Bergen B versetzt, nur die Haupt=
strecke wird offen erhalten. Ist auf diese Weise die erste Abteilung in der Sohle der
Hauptstrecke abgebaut, so bricht man in die Höhe und bringt eine zweite, später eine dritte
Abteilung in gleicher Weise zum Abbau. Die Förderung von den oberen Abteilungen bis
auf die Streichstrecke erfolgt durch Rollen, Bremsschächte oder flache Strecken, die im
Bergeversatz ausgespart werden. Zur Wetterversorgung werden Verbindungen mit der

nächsten höheren Sohle hergestellt. Beim Abbau
der obersten Abteilung, auf welcher der Berge=
versatz B der nächst höheren Sohle ruht, ist zur
Erzielung reinen Abbaues die Anwendung von
Getriebezimmerung nötig. Den senkrechten Ab=
stand der Hauptsohlen wählt man zu 10—15 m,
so daß 4—6 Abteilungen von jeder Sohle aus
zum Abbau gelangen. Im großen Durchschnitt
ergibt 1 cbm fester Masse 30 kg Quecksilber,
die Zahl der Arbeiter beträgt zur Zeit 660 Mann.

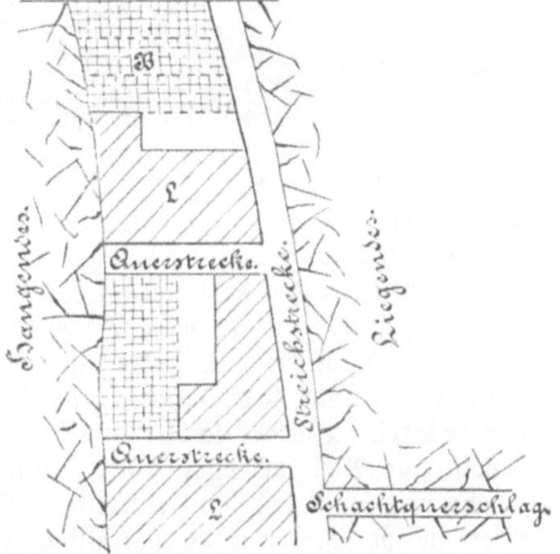

Das Blei.

Das wichtigste Bleierz ist der Bleiglanz,
wissenschaftlich Galenit, von den Bergleuten
gewöhnlich schlechtweg Glanz genannt, denn es
gibt kaum ein anderes Erz, das so häufig ist,
in so großen Mengen vorkommt und in so leb=
haftem Glanze und Schimmer erstrahlt. Der
Bleiglanz kryftallisiert in Würfeln, deren Ecken
häufig durch die Oktaederflächen abgestumpft
sind (Abb. 237); er spaltet sehr leicht, ein größeres
Stück zerfällt unter dem Schlage des Hammers
in viele größere und kleinere Würfel, die auf
allen Flächen den lebhaftesten Metallglanz
zeigen. Die Farbe ist bleigrau, die chemische
Zusammensetzung 86 % Blei und 14 % Schwe=
fel; ein, wenn auch geringer Silbergehalt,
der selten über 0,2 % steigt, macht, wie bereits
früher bemerkt, den Bleiglanz zu einem wich=
tigen Silbererze.

235 u. 236. Querbau (Aufriß und Grundriß).

Als Umwandlungsprodukte des Bleiglanzes dürften die zahlreichen Bleisalze zu be=
trachten sein, die sich in der Zersetzungsregion, dem eisernen Hute, der Bleierzlagerstätten
häufig in größeren Mengen finden, sie zeichnen sich alle durch starken Diamantglanz,
schöne Kryftallisation, einige von ihnen auch durch lebhafte Farben aus. Es sind die
folgenden Verbindungen zu nennen: das kohlensaure Bleioxyd Cerussit, auch Weiß=
bleierz genannt, das phosphorsaure Bleioxyd mit einem Gehalte an Chlorblei, Pyro=
morphit und nach der Farbe wohl auch als Grünbleierz oder Braunbleierz unter=
schieden, das schwefelsaure Bleioxyd, Anglesit oder Vitriolbleierz, von weißer Farbe,
jedoch vom Cerussit durch die Kryftallform unterschieden. Schon minder häufig ist das
molybdänsaure Bleioxyd, Wulfenit oder Gelbbleierz in sattgelben und rötlichgelben
Farben; die schönsten, meistens tafelförmigen Kryftalle liefert in Europa Bleiberg in
Kärnten und einige benachbarte Bergbaue, außerdem kommen sehr gut ausgebildete hell=
rote Kryftalle von Yuma in Arizona, Nordamerika. Der Gehalt des Gelbbleierzes an

Molybdänfäure wird zur Darstellung verschiedener Molybdänverbindungen verwendet, welche namentlich als blaue Farbstoffe geschätzt sind. Es gibt außerdem nur noch ein häufiger vorkommendes Molybdänerz, nämlich das Schwefelmolybdän, mineralogisch Molybdänglanz, es findet sich in größeren Mengen auf Gängen in Telemarken im südlichen Norwegen. Zu den selteneren Bleisalzen gehört das chromsaure Bleioxyd, wegen seiner tiefroten Farbe Kallochrom oder Rotbleierz genannt.

Von den durch ihre Krystallform interessanten Schwefel-Antimonverbindungen des Bleies ist am wichtigsten der Bournonit, der wegen seiner eigenartigen Viellings= krystalle auch Rädelerz heißt, er enthält etwas Kupfer.

Über die Höhe der Bleiproduktion gibt die beigedruckte Zusammenstellung Aus= kunft, danach ist Spanien der größte Produzent an Blei, die wichtigsten Grubendistrikte sind Carthagena und Mazarron in der Provinz Murcia, Linares in der Provinz Jaen, die Sierra Almagrera in der Provinz Almeria und Peñarroya in der Pro= vinz Badajoz. Die Haupterzeugungsstätten der Vereinigten Staaten von Nordamerika liegen in Colorado (Lead= ville), in Missouri, Kan= sas, Jdaho und Utah. Die Verteilung der deutschen Bleierzeugung ist in einer besonderen Übersicht zu= sammengestellt, dabei ist beachtlich, daß neben deut= schen Erzen auch beträcht= liche Mengen ausländi= scher, namentlich über= seeischer silberhaltiger Bleierze zur Verarbeitung gelangen. Österreichs wichtigste Bleigruben sind

237. **Bleiglanz in Kryftallen.**

Pribram und Mies in Böhmen, Raibl und Bleiberg in Kärnten, in Ungarn er= zeugen Schemnitz und Nagybanya das meiste Blei.

Neben der Geschmeidigkeit, welche das Pressen von Rohren und das Walzen von Blechen gestattet, ist es seine Widerstandsfähigkeit gegen Säuren, die dem Blei in der chemischen Industrie eine bedeutende Anwendung sichert. Die Legierung von Blei mit Antimon ist unter dem Namen Hartblei bekannt, sie dient zu Geschossen und ebenfalls wie das reine Blei (Weichblei) zu Rohren und Blechen, das Metall der Buchdruckerlettern besteht aus Blei mit etwa 20 % Antimon, doch kommen auch andere Legierungen vor, welche viel Zinn und Zink enthalten. Die Weichlote der Klempner sind aus Zinn und Blei in verschiedenen Verhältnissen zusammengesetzt, wodurch der Schmelzpunkt sich ändert, für sehr leichtflüssige Lote dient ein Zusatz von Wismut.

Der Preis für 1 Doppelzentner Blei ist von etwa 40 Mark in den siebziger Jahren bis auf etwa 20 Mk. im Jahre 1895 gesunken, hat sich aber seitdem wieder etwas gehoben.

Gesamtproduktion an Blei im Jahre 1895.

Länder	Produktionsmenge t	Länder	Produktionsmenge t
Spanien	160 800	Transport	619 900
Vereinigte Staaten .	142 300	Belgien	15 600
Deutschland	111 100	Kanada	10 500
Mexiko	80 000	Österreich=Ungarn . .	10 400
Großbritannien . . .	55 300	Frankreich . . . . ca.	8 500
Australien	30 200	Schweden	1 300
Italien	20 400	Japan . . . . . ca.	1 000
Griechenland . . .	19 800	Rußland . . . . . ca.	800
	619 900		668 000

Verteilung der Bleiproduktion Deutschlands auf die
einzelnen Landesteile im Jahre 1897.

Rheinland=Westfalen	76 256 t
Schlesien	23 558 „
Der Harz	15 033 „
Freiberg	6 015 „
Anhalt	1 845 „
Außerdem	355 „
	123 062 t

*   *   *

In der Art ihres Vorkommens allein dastehend
sind die Knottensandsteine von Commern und
Mechernich in der Rheinprovinz und von Saint=
Avold bei Saarlouis in Lothringen. Der Knotten=
sandstein, welcher geologisch dem Buntsandstein an=
gehört, ist ein weißlicher Sandstein mit 1—8 mm
großen Körnchen von Bleiglanz und Cerussit, der in
Bänken bis zu 7 m Mächtigkeit auftritt und über
große Flächen, bei Mechernich über etwa 16 qkm ver=
breitet ist. Der Bleigehalt, welcher im Rheinland nur
ausnahmsweise 1,5 % Blei im Roherze überschreitet,
kann durch Aufbereitung leicht angereichert werden;
auch der geringe Silbergehalt, in 1 t Blei etwas über
200 g, kann ausgebracht werden. Ähnlich wie der
im Abschnitte Kupfer ausführlich geschilderte Be=
trieb auf dem Mansfelder Kupferschieferflöze bietet
auch dieser Bergbau ein Beispiel dafür, daß der Ab=
bau auch sehr armer Erze lohnend ist, wenn große
Massen derselben gewonnen werden können. Der Ab=
bau geschah lange Jahre hindurch ausschließlich durch
großartige Tagebaue, mit dem Einfallen der Lager=
stätte und dem Mächtigerwerden des Deckgebirges ist
man jedoch in neuerer Zeit auch zum Tiefbau über=
gegangen. Es werden jährlich mehrere 100 000 cbm
Erze abgebaut, zum Abbecken des Abraumes, der etwa
das Doppelte der Erzmenge betrug, dienten gewaltige
Trockenbagger. Die Bleiproduktion der preußischen
Gruben belief sich 1895 auf über 33 000 t gewaschener
Bleierze im Werte von 2¼ Millionen Mk.; das
ist etwa ¼ des Wertes der gesamten preußischen Blei=
produktion.

Außerdem fördern im Bezirk des Oberbergamtes
Bonn mehrere Gruben erhebliche Mengen Blei von
eigentlichen Bleigängen. Auch die am Harz, in Frei=
berg und im Herzogtum Anhalt erzeugten Bleimengen
stammen, soweit nicht überseeische Erze zur Verhüttung
gelangen, von Erzgängen.

Mit vollen Händen hat die Natur in der Um=
gegend von Beuthen dem Bergmanne ihre Gaben ge=
spendet, in ausgedehnter Ablagerung finden sich vor=
zügliche Steinkohlen in fast unerschöpflicher Menge.
Während die Flöze weiter im Süden zu Tage
ausstreichen oder nur von dünner Decke tertiärer Schichten überlagert sind, ist die
Steinkohlenformation in der Umgebung von Beuthen selbst (s. das Profil Abb. 238)

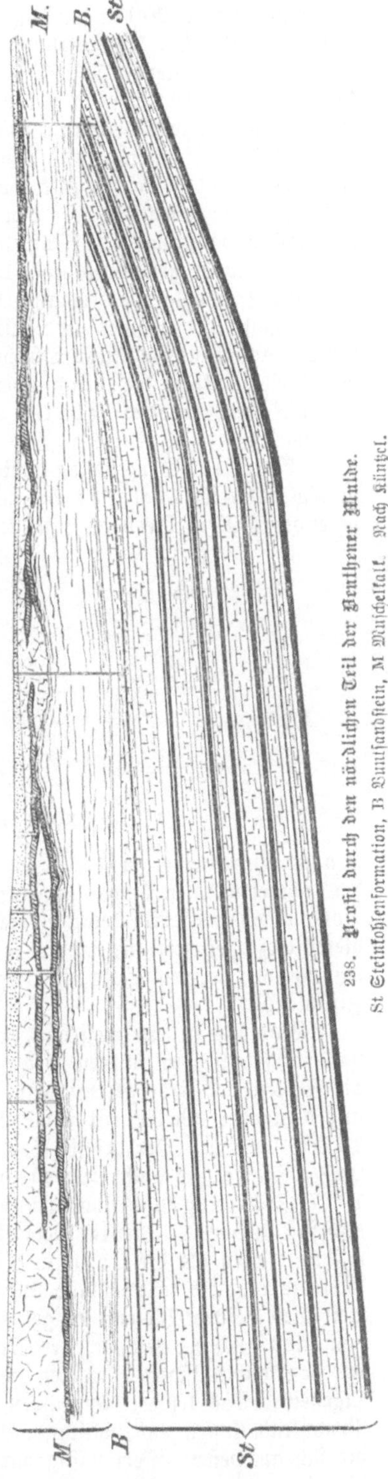

238. Profil durch den nördlichen Teil der Beuthener Mulde.
St Steinkohlenformation, B Buntsandstein, M Muschelkalk. Nach Rüntzel.

von einer bis zu 200 m mächtigen Schichtenfolge des Buntsandsteins und des Muschel=
kalkes bedeckt. Der letztere führt auf weite Erstreckungen zwar unregelmäßig entwickelte,
aber oft zu bedeutender Mächtigkeit anschwellende Lager von Erzen. Nahe dem Ausstriche
kommt neben Eisenerzen Galmei vor bis zu 15 m mächtig, in größerer Tiefe teilt sich die
Ablagerung in zwei getrennte Bänke, die Bleiglanz und Zinkblende führen und bis zu
3 ja selbst 4 m mächtig sind. Die glückliche Vereinigung von Erzen und Kohle hat hier
einen bedeutenden Mittelpunkt berg= und hüttenmännischer Industrie erstehen lassen.

Die Abbaumethode auf den mächtigen Galmeiablagerungen ist Bruchbau, man
legt nach und nach mehrere Sohlen untereinander an; nachdem von der obersten aus etwa
3 m Abbauhöhe gewonnen sind, läßt man das Hangende zu Bruche gehen und geht mit
der nächsten Sohle vor, um auch von dieser aus weitere 3 m auszuhauen; so folgen der
Reihe nach bis zu vier und fünf Bauhöhen untereinander. Wenn auch die Stein=
kohlen= und Zinkproduktion Oberschlesiens sowohl der Menge als auch dem Werte nach
die Bleiproduktion wesentlich übertrifft, so ist die letztere doch noch sehr beachtlich, und
das auf der Friedrichshütte bei Tarnowitz hergestellte Blei zählt zu den besten
Marken.

Einer der bedeutendsten Bleierzbaue Nordamerikas ist Leadville (deutsch Bleistadt)
in Colorado im Thale des Arkansasflusses. Im Jahre 1877 wurden die Lagerstätten
in etwa 3000 m Seehöhe entdeckt und gelangten sehr bald zu hoher Bedeutung. Die

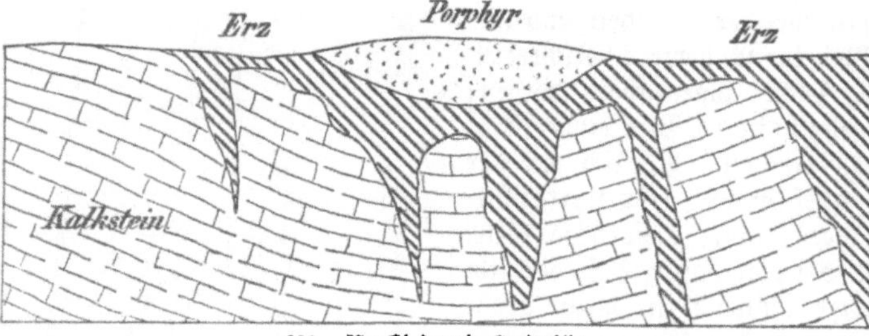

239. Profil durch Leadville.

Bleierze finden sich
auf unregelmäßigen
Kontaktlagerstätten
im Kalkstein in der
Nähe von Durch=
brüchen und unter
Decken eruptiver Ge=
steine (s. Abb. 239),
znm Teil sind es Höh=
lenausfüllungen, zum
Teil lagerförmige Bil=
dungen; durch eine größere Zahl von Verwerfungen sind die Lagerstätten zerrissen. In
den oberen Teufen kamen in großen Mengen Weißbleierze vor, wohl das bedeutendste
Vorkommen dieser Art (selbst Broken Hill in Südaustralien hat nicht so gewaltige Mengen
dieser Erze geliefert) sie waren mit Haloidsalzen des Silbers gemengt; unter der Zer=
setzungszone folgten dann silberhaltige Schwefelverbindungen: Bleiglanz, Schwefelkies,
Zinkblende.

Leadville ist ein treffliches Beispiel jenes ungemein schnellen Anwachsens der Be=
völkerung mitten im wilden Gebirge, nachdem einmal die Aufmerksamkeit der Welt auf
die Schätze der Erde gelenkt war. Die heutige Stadt, welche im Jahre 1877 nur ein
unbedeutender Weiler mit etwa 200 Einwohnern war, zählte im Jahre 1879 bereits
15 000 Seelen. Der größte Teil der Erze hatte neben einem hohen Bleigehalte bis zu
0,8 % Silber und auch Spuren von Gold. In den ersten sieben Jahren des Bergbaues
1877—84 betrug die Produktion über 3000 kg Gold, mehr als 1 1/2 Mill. Kilogramm Silber
und fast 300 000 t Blei im Gesamtwerte von etwa 400 Millionen Mark. Doch vielleicht
wichtiger noch als die Erzeugung so bedeutender Werte, war der indirekte Einfluß des
Bleierzbergbaues zu Leadville auf die Silberproduktion des nordamerikanischen Westens,
weil diese reichen Bleierze es gestatteten, von der bis dahin noch sehr verbreiteten Amal=
gamation auch der geschwefelten Silbererze zur sogenannten Verbleiung d. h. Verschmelzen
mit den leichtflüssigen Bleierzen und Ansammeln des Silbers und Goldes im Blei über=
zugehen. Das letztere Verfahren gewährte außerordentliche Vorteile durch niedrigere
Produktionskosten und vollständigere Gewinnung des in den Erzen enthaltenen Silbers,
die sich am besten ziffernmäßig daraus ergeben, daß die Silberbezahlung der Hütten an
die Gruben, welche im Jahre 1874 nur 54 % des Silbergehaltes betragen hatte, bis
zum Jahre 1889 auf 84 % stieg (nach Eduard Süß, die Zukunft des Silbers).

Zink.

Zinkerze finden sich in der Natur in großen Mengen. Schon den alten Kultur=
völkern war der Galmei bekannt, er wurde zur Messingdarstellung verwendet. Jetzt
versteht man unter der Bezeichnung Galmei zwei verschiedene Erze, nämlich das kohlen=
saure Zinkoxyd, Smithsonit oder Zinkspat, und das wasserhaltige kieselsaure Zinkoxyd,
Calamin oder Kieselzinkerz, beide kommen häufig zusammen vor. Erst in neuerer
Zeit hat man auch angefangen, aus dem Schwefelzink, der Zinkblende oder Blende,
das Metall im großen darzustellen. Während der Galmei meistens derb in gelblichen
bis bräunlichen Massen vorkommt und recht unscheinbar aussieht, tritt die Zinkblende
häufig in krystallinischen Massen auf, die nach dem Rhombendodekaeder spalten, auch Krystalle
sind nicht selten. Reines Schwefelzink ist weiß; die Zinkblende enthält immer andere
Schwefelmetalle, namentlich Schwefeleisen beigemengt, die Farbe ist hierdurch gelb, grün,
braun bis tiefschwarz. Das Zinkoxyd, Zinkit oder Rotzinkerz, schön blutrot, kommt
nur an wenigen Orten in größeren Mengen vor, z. B. im Staate New Jersey, Nord=
amerika, die rote Farbe ist ebenfalls nicht dem Zinkoxyd eigentümlich, sondern rührt von
Beimengungen von Oxyden des Mangans und Eisens her.

Die Zinkproduktion ist in den letzten Jahren fortlaufend gestiegen, sie belief sich im
Jahre 1896 auf etwa 423 900 t, deren Verteilung auf die einzelnen Produktionsgebiete
aus der beigefügten Tabelle ersichtlich ist:

Zinkproduktion im Jahre 1896.

Land	metr. Tonnen	Bemerkungen
Rheinland, Belgien und Holland	182 587	davon allein 68 680 t auf den Werken der Vieille Montagne.
Schlesien	97 409	
Großbritannien	25 278	
Frankreich und Spanien	28 906	
Österreich	9 403	
Polen	6 264	
Europa	349 847	
Nordamerika	74 065	
Hauptsumme	423 912	zum durchschnittlichen Preise von 333 Mark.

Der größte Teil des Zinks wird zu Blechen gewalzt, ferner ist die Verwendung des
Zinkstaubes bei der Indigodarstellung und des Zinkweiß als Anstrichfarbe zu erwähnen.
In der Zinkblende kommen in geringen Mengen die seltenen Metalle Indium und
Kadmium vor. Das Indium wurde in der schwarzen Freiberger Zinkblende von Reich
und Richter entdeckt, sein Spektrum zeigt eine schöne dunkelblaue Linie. Aus der ober=
schlesischen Zinkblende werden seit einigen Jahren jährlich einige Tonnen Kadmium
dargestellt, welches zum Preise von über 2000 Mark für 100 kg in den Handel gebracht
wird. Beide Metalle haben nur wissenschaftliches Interesse.

Die übrigen Metalle und Erze.

Zinn wird nur aus dem natürlichen Zinnoxyd, dem Zinnerz oder Zinnstein,
hüttenmännisch dargestellt. Das Zinnerz, gewöhnlich braun an Farbe, findet sich in
schönen Krystallen und zwar nicht nur eingewachsen auf den ursprünglichen Lagerstätten,
sondern auch häufig lose in Seifen, namentlich diese losen Krystalle werden auch Zinn=
graupen genannt. Es kommt nur an verhältnismäßig wenig Fundorten vor; schon
lange sind die Zinnerze von Cornwall (England), in der spanischen Provinz Galicien
und im sächsisch=böhmischen Erzgebirge zu Altenberg, Ehrenfriedersdorf und Geyer auf
sächsischer Seite, zu Zinnwald (einem Grenzdorfe), Schlaggenwalde und Graupen in
Böhmen bekannt. In Cornwall ist der Bergbau schon bis über 800 m in die Tiefe

vorgedrungen, es scheint, als ob auf den dortigen Gängen in dieser Region der Zinngehalt abnimmt und sich dafür Kupfer einstellt. Die erzgebirgischen Lagerstätten werden wegen der Armut des Vorkommens nur noch wenig bearbeitet, seitdem durch die massenhafte Ausbeutung von Zinnseifen in Ostindien und zwar auf der Halbinsel Malakka (zu Großbritannien gehörige Kolonie Straits Settlements) und den Inseln Banka, Billiton und Karimon sowie durch die australischen Vorkommen der Zinnpreis erheblich gesunken ist. Die größten Zinnhütten der Welt bestehen zur Zeit auf der kleinen Insel Pulo Brani im Hafen von Singapore, mit einer Jahreserzeugung von ungefähr 15 000 t. Im Jahre 1895 lieferten von der Weltproduktion in Höhe von 77 000 t die Straits Settlements allein 47 000 t. Namentlich infolge des Anwachsens der dortigen Erzeugung ist der Zinnpreis, der noch im Jahre 1890 1880 Mark für 1 t betrug, bis auf 1200 Mark im Jahre 1896 gefallen, erst im Jahre 1898 begann er sich etwas zu heben.

Die Chrom-, Wolfram- und Manganerze sind für die Eisen- und Stahlindustrie von Wichtigkeit, da geringe Mengen den eigentlichen Eisenerzen hinzugefügt, dem Stahl eine größere Härte und Festigkeit geben. Als Chromerz kommt nur der Chromit (Chromeisenstein) in Frage, ein dem Magneteisenerze sehr ähnliches Mineral, welches auch für die Darstellung gelber, roter und grüner Farben vielfach verwendet wird. Von Wolframmineralien kommen in größerer Menge zwei vor, nämlich der Wolframit, eine Verbindung der Wolframsäure mit Eisen und Mangan, der Hauptfundort in Europa ist Zinnwald, welches bereits unter den Produktionsstätten des Zinnerzes genannt wurde, außerdem wird Wolframit in Cornwall und in geringen Mengen auch in Neuseeland und Australien gewonnen. Der Scheelit (wolframsaurer Kalk, auch Scheelspat oder Tungstein genannt) kommt nur in Connecticut, Nordamerika, in so großen Mengen vor, daß er zur Darstellung von Wolframsäure benutzt werden kann. Häufiger und allgemeiner als die Chrom- und Wolframerze werden die Manganerze, namentlich auch in der chemischen Industrie zur Darstellung von Sauerstoff und Chlor, verwendet, sie sind sämtlich von eisenschwarzer Farbe und werden in Deutschland besonders am Harz und Thüringer Wald gewonnen. Am meisten wird der Braunstein oder Pyrolusit, das natürliche Mangansuperoxyd benutzt, untergeordneter das Mangansuperoxydhydrat Psilomelan oder Hartmanganerz, und das Manganoxydhydrat, der Manganit. Die bedeutendste Menge Manganerze, über die Hälfte der Gesamtproduktion, kommt aus Rußland vom Kaukasus. Auch Chile, Deutschland und Frankreich liefern größere Mengen. Die Produktion des Jahres 1895 erreichte etwa 500 000 t zum mittleren Preise von etwa 35 Mark.

Nickel und Kobalt (Kobold) sind ursprünglich Schimpfnamen für gewisse Erze gewesen, die im sächsisch-böhmischen Erzgebirge, namentlich zu Annaberg, Schneeberg und Joachimsthal zusammen mit den Silbererzen vorkamen und deren Verschmelzung erheblich erschwerten und verteuerten. Erst als der Silberbergbau in diesen Revieren sich bereits zu hoher Blüte aufgeschwungen hatte, erkannte man die stark blau färbende Eigenschaft des Kobaltoxydes. Schon 1533 sollen bei Platten in Böhmen durch Kobaltoxyd gefärbte Gläser hergestellt worden sein, in Sachsen wurde 1649 oberhalb Annaberg die erste Blaufarbenmühle errichtet. Man nennt das durch Kobalt tiefblau gefärbte, gemahlene und geschlämmte Glas Smalte, es spielt in der Porzellanindustrie eine große Rolle, unter anderem wird das bekannte blaue Zwiebelmuster der Königlich Sächsischen Porzellanmanufaktur zu Meißen, ebenso wie das Blau der Delfter Prozellane, mittels Kobaltoxyd hergestellt. Das Nickel, welches im Jahre 1779 als neues Metall erkannt wurde, gelangte erst in den zwanziger Jahren dieses Jahrhunderts infolge Erfindung nickelhaltiger Metalllegierungen, des Argentans und anderer, zu industrieller Verwendung; der stärkste Verbrauch an Nickel und damit eine wesentliche Erhöhung des Preises trat ein, als es Münzmetall wurde (1850 in der Schweiz, 1857 in den Vereinigten Staaten von Nordamerika, 1860 in Belgien, 1871 in Deutschland). Zur Zeit werden bedeutende Mengen bei der Herstellung von Nickelstahl verwendet, der sich durch wesentlich größere Festigkeit vor dem gewöhnlichen Stahl auszeichnet. Nickel- und Kobalterze kommen gewöhnlich zusammen vor, sie sind mit Ausnahme des zuletzt genannten Garnierit

Schwefel= und Arsenverbindungen. Die häufigsten Kobalterze sind Smaltin oder Speis=
kobalt und Kobaltin oder Glanzkobalt, beide silberweiß, das letztere mit einem
Schein ins Rötliche, von Nickelerzen sind zu nennen Rotnickelkies oder Nickelin,
Cloanthit und Rammelsbergit (beide Mineralien haben dieselbe chemische Zusammen=
setzung, krystallisieren aber verschieden), auch unter dem gemeinsamen Namen Weißnickel=
kies bekannt, und Gersdorffit oder Graunickelkies. Zuweilen sind auch die unter
den Schwefelerzen zu nennenden Mineralien Schwefelkies und Magnetkies nickelhaltig,
auf derartigem Vorkommen beruht die bedeutende Nickelproduktion in Sudbury in
Kanada. Neuerdings wird zu Numea auf Neukaledonien ein Nickelmineral von schöner
hellgrüner Farbe (nach seiner chemischen Zusammensetzung kieselsaure Nickeloxyd=Magnesia)
der Garnierit oder Numeait in sehr erheblichen Mengen gewonnen. Die jährliche
Produktion an metallischem Nickel beträgt zur Zeit etwa 7 Millionen kg zum Preise
von $2^1/_2$—3 Mark.

Wismut wird im großen nur aus dem gediegenen Wismut und dem Wismutit
oder Wismutocker, einer kohlensauren wasserhaltigen Verbindung, hergestellt und als
Metall zusammen mit Blei und Zinn zu leichtflüssigen Legierungen verwendet. Wismut=
salze werden in der Arzneikunde und manchen Industriezweigen benutzt. Der Preis für
Wismut ist in den letzten Jahren infolge der Einfuhr reicher überseeischer Erze erheblich
gefallen, er betrug im Jahre 1896 6,5 Mark für 1 kg.

Das Uran wird in der Farbenindustrie benutzt, es kommt nur ein Uranmineral in
größeren Mengen vor, nämlich das Uranpecherz (Uranoxydoxydul). Schneeberg in
Sachsen und Joachimsthal in Böhmen liefern die größten Mengen für den europäischen Markt.

Das zu chemischen und pharmazeutischen Zwecken benutzte Molybdän kommt, wie
bereits weiter oben erwähnt, außer in dem unter den Bleierzen aufgeführten Gelbblei=
erze nur noch als Schwefelmolybdän im Molybdänglanz vor.

Erst vor wenigen Jahren ist das Aluminium in die Reihe der Industriemetalle
neu eingetreten, und es müssen daher hier auch diejenigen beiden Mineralien kurz erwähnt
werden, aus denen dieses leichte silberweiße Metall (sein Eigengewicht beträgt nur 2,6)
im großen dargestellt wird. Zuerst wurde ausschließlich der Kryolith (das Fluorid des
Aluminiums und Natriums), ein weißes, durchscheinendes, gut spaltendes, Mineral ver=
wendet, das in größeren Mengen nur an der Südwestküste Grönlands zu Jvigtut (auch
Evigtok geschrieben) vorkommt und seit dem Jahre 1857 in größeren Mengen gewonnen
wird. In jedem Frühjahre werden etwa 100 dänische Arbeiter dorthin befördert, um
vier Monate lang der Gewinnung des Kryoliths obzuliegen. Noch wichtiger ist zur
Zeit der Bauxit (Thonerdehydrat) nach dem ersten Fundorte in Frankreich Baux,
Departement Bouches du Rhone, benannt; er wird jedoch noch an mehreren Fundorten
in Frankreich abgebaut, und auch Nordamerika besitzt in Alabama, Georgia und im
Yellowstone Park reiche Lager. Bauxit dient übrigens auch zur Herstellung sehr feuer=
fester Schmelztiegel und Steine. Der Preis für Aluminiummetall, der noch im
Jahre 1870 für 1 kg über 100 Mark betrug, steht in Deutschland seit dem Jahre 1891
auf etwa 4 Mark, seitdem in Neuhausen die bekannte Aluminiumfabrik bedeutende
Mengen (im Jahre 1895 750 000 kg) durch elektrisches Schmelzverfahren darstellt
(vgl. den 2. Teil dieses Bandes).

Auch die natürlichen Verbindungen jener seltenen Stoffe, welche jetzt gewöhnlich nach
den zur Herstellung der sogenannten Strümpfe für das Glühlicht am häufigsten benutzten
Metallen die Thorium=Cerium=Gruppe genannt werden, müssen bei der in den aller=
letzten Jahren so bedeutend gesteigerten Nachfrage unter den Erzen einen Platz erhalten.
Am häufigsten ist der Monazit, ein gelbliches Mineral von dem hohen spezifischen Ge=
wicht 5, es kommt gemengt mit anderen Mineralien, von denen es sich mechanisch nur
schwer trennen läßt, in Seifenablagerungen vor und zwar in Nord=Carolina (Ver=
einigte Staaten) und merkwürdigerweise im Seesande bei Bahia in Brasilien. Die
Thorium=Mineralien waren bis vor kurzem mineralogische Seltenheiten, der Preis für
1 kg reines Thoriumnitrat betrug 1895 noch 400 Mk., durch die erhöhte Produktion ist
derselbe jedoch erheblich gesunken und beträgt jetzt (Januar 1897) etwa 55 Mk. Die Ge=

winnung an Monazitsand ergab im Jahre 1893 nur 65 000 kg stieg jedoch im Jahre 1894 bereits auf 375 000 kg.

Schwefel und Schwefelsäure werden zum Teil aus dem natürlichen Schwefel, der zuweilen in schönen großen schwefelgelben Krystallen vorkommt z. B. zu Girgenti, Sizilien, häufiger aus den Schwefelverbindungen des Eisens, dem Schwefelkies (Eisenkies, Pyrit), dem Strahlkies (Speerkies, Leberkies, Markasit) und dem Magnetkies erzeugt. Der Schwefelkies ist ein sehr häufiges Mineral, wegen seiner speisgelben, zum Teil ins Gold= gelbe spielenden Farbe ist er von Laien schon häufig für Gold gehalten worden, er ist leicht davon zu unterscheiden, da ihm die Geschmeidigkeit des Goldes fehlt, auch ist er so hart, daß er vom Messer kaum geritzt wird, und das Pulver des Schwefelkieses ist bräunlich= schwarz. An vielen Orten kommen schöne Krystalle vor, meistens Würfel und Pentagon= dodekaeder, am bekanntesten dürften diejenigen von der Insel Elba sein. Der Strahlkies hat mit dem Schwefelkies die gleiche chemische Zusammensetzung, beide sind Doppelt= schwefeleisen, er kommt aber in anderen Krystallformen, nämlich solchen des rhombischen Systems vor und zwar vorwiegend in den Thonen des jüngeren geschichteten Gebirges. Der Magnetkies ist bronzegelb, er ist schon seltener als die vorigen, übrigens ist er schwach magnetisch. Überall da, wo diese Mineralien in größeren Mengen vorkommen, werden sie zur Darstellung von Schwefelsäure verwendet. Sehr beachtlich ist, daß der Schwefel= kies nicht selten Gold und Silber in geringen, aber gewinnbaren Mengen enthält, auch ist er häufig mit Kupferkies derart durchwachsen, daß dieses Kupfer den Hauptwert der Lagerstätte darstellt, das ist z. B. der Fall bei den Kieslagern der Gegend von Rio Tinto im südlichen Spanien (vgl. S. 172) und in den Kiesstöcken von Falun in Schweden. An beiden Orten wird seit Jahrhunderten Bergbau getrieben. Die jährliche Metallerzeugung Faluns beträgt etwa 500 t Kupfer, 400 kg Silber und 70 kg Gold.

Werfen wir noch einen kurzen Blick auf die Schwefelgewinnung. Sizilien ist es, welches seit den ältesten Zeiten die bedeutendsten Mengen an Schwefel dargestellt hat, denn während man den Gesamtverbrauch an Schwefel in der ganzen Welt auf jährlich gegen 500 000 t schätzt, erzeugt Sizilien hiervon etwa 400 000 t. Leider sind die Preise auch dieses Minerals in den letzten Jahren erheblich gesunken, 1874 kostete die Tonne sizilianischen Schwefels in den Hafenorten noch 150 Lire (120 Mark), während jetzt nur noch 70 Lire (56 Mark) gezahlt werden. Durch diesen Preissturz sind die Grubenbesitzer in üble Lage gekommen, der Betrieb ist nicht mehr lohnend, zumal der Besitz sehr zer= splittert ist und sowohl der Grubenbetrieb, als auch die Verhüttung an vielen Orten sehr weit davon entfernt sind, auf der Höhe der modernen Technik zu stehen. Vielfach wird das Erz noch auf dem Rücken der Arbeiter zu Tage gefördert, es fehlt in den Gruben an guten Abbaumethoden, so daß viel Erz verloren geht, infolgedessen sind die Gestehungs= kosten hoch und der Ertrag ist sehr zurückgegangen. Es ist noch in frischer Erinnerung, daß die Schwefelarbeiter, nahezu 33 000 an Zahl, unzufrieden mit den gedrückten Löhnen, der italienischen Regierung manche Sorgen bereitet haben und daß vielfach mit bewaffneter Macht gegen dieselben vorgegangen werden mußte. Die sizilianischen Schwefellager= stätten finden sich zum größten Teile am Südabhange des Gebirgszuges, der von Messina im Nordosten bis nach Marsala im Westen die ganze Insel durchzieht, und zwar sind es Schichten im tertiären Gebirge, in denen sich der Schwefel mehr oder weniger mit Kalk= stein und Gips gemengt findet, der rohe Schwefel ist gewöhnlich braun, von harzigem Aussehen. Es werden noch Erze mit 8% Schwefel verarbeitet, der mittlere Gehalt be= trägt etwa 20%, solche mit 40% Schwefel gelten als sehr reich.

Die Verwendung des Schwefels ist sehr mannigfach. Reiner Schwefel wird zur Behandlung der Weinstöcke namentlich in Frankreich verbraucht, ein großer Teil der Schwefelproduktion dient vornehmlich in den Vereinigten Staaten von Nordamerika zur Schwefelsäuredarstellung, in der Pulver= und Feuerwerksindustrie werden große Mengen Schwefel verwendet, auch die Gummiindustrie bedarf des Schwefels zum sogenannten Vulkanisieren des Kautschuks, endlich dient Schwefel zur Bereitung von Schwefelkohlen= stoff, einer hellen übelriechenden Flüssigkeit, die durch ihr Vermögen, Schwefel und Phosphor, auch Fette und Harze zu lösen, in der Industrie viel gebraucht wird.

Außer im geschichteten Gebirge kommt der Schwefel zuweilen auch als jüngere Bildung an Vulkanen vor, so am Popocatepetl in Mexiko, wo regelmäßig kleinere Mengen gewonnen werden. Neuerdings sind sehr bedeutende und reiche Ablagerungen an einem noch thätigen Vulkan an der Ostküste der zu den Neuen Hebriden gehörigen Insel Tanna aufgefunden worden, deren Ausbeutung für die pacifische Küste Amerikas, für Australien und Neuseeland von großer Bedeutung werden dürfte.

Ganz kurz sei hier noch daran erinnert, daß aus den bei der Sodafabrikation fallenden Rückständen nach einem von Schaffner angegebenen Verfahren große Mengen von Schwefel hergestellt werden.

Zur Darstellung der Arsenverbindungen kommt das gediegene Arsen kaum in Frage, da es in zu geringen Mengen vorkommt, dagegen werden der Arsenkies, eine Verbindung von Doppeltschwefeleisen und Doppeltarseneisen, und die Schwefelarsenverbindungen Realgar und Auripigment in großen Mengen benutzt. Der Arsenkies ist ein silberweißes Mineral, welches sich in derben Massen nur durch chemische Untersuchung vom Speiskobalt und Weißnickelkies, die übrigens beide wertvoller sind, unterscheiden läßt. Auripigment und Realgar, auch Rauschgelb und rotes Rauschgelb genannt (von dem Rosso gelo der Italiener), gehören zu den schönsten Mineralien, Auripigment ist pomeranzgelb, Realgar lichtrot, beide sind so weich, daß sie sich schon mit dem Fingernagel ritzen lassen, schmelzen an der Lichtflamme und brennen dann fort unter Erzeugung eines übelriechenden weißlichen Rauches. In Deutschland findet die fabrikmäßige Darstellung von Arsenikalien besonders in Freiberg in Sachsen und in Reichenstein in Schlesien statt, auch die Arsenhütte zu Bovisa in Italien erzeugt größere Mengen.

Es gibt nur ein Antimonmineral, nämlich den Antimonglanz, auch Antimonit oder Grauspießglaserz genannt, weil er in sehr schönen großen länglichen Krystallen vorkommt. Abb. 240 zeigt eine schöne Krystallgruppe aus Japan. Die Legierung des metallischen Antimons mit Blei kommt unter dem Namen Hartblei in den Handel (vergl. S. 192). Die Hauptproduktionsländer für Antimon sind jetzt Frankreich, Japan und Neusüdwales, die Produktionsmengen haben in den letzten Jahren zwischen 12 und 15 000 t Antimonerzen geschwankt, die Preise für 1 t Antimonmetall bewegten sich in den weiten Grenzen zwischen 600 und 1560 Mark.

240. **Antimonglanz in säuligen Krystallen aus Japan.**
(1/3 natürl. Größe.)

Die Aufbereitung der Erze.

Nur ein kleiner Teil der Erze wird in der Natur in einem solchen Zustande gefunden, daß die hüttenmännische Verarbeitung lohnend ist, oder man könnte auch umgekehrt sagen, unsere hüttenmännischen Prozesse stehen zur Zeit auf einer Stufe der Entwickelung, daß nicht alle Roherze ohne weiteres mit Vorteil verarbeitet werden können, denn das Ausbringen an Metall muß die Kosten des Hüttenprozesses mindestens decken. Es gibt daher eine Grenze, unter die der Metallgehalt der Erze nicht sinken darf, um eine rentable Verhüttung zu ermöglichen.

Diejenigen Arbeiten, welche der Bergmann unter Umständen vornehmen muß, um aus den Rohprodukten des Bergbaues verkäufliche und verhüttbare Produkte darzustellen, fassen wir unter dem Begriff „Aufbereitung" zusammen. Gerade beim Erzbergbau sind diese Arbeiten sehr mannigfaltig, während sie im Kohlenbergbau in der Regel einfacher sein können.

Der Hüttenmann vermag z. B. verhältnismäßig arme Golderze bis zu 10 g Gold, das sind 0,001 %, ja noch etwas weniger in 1 t Erz, auf nassem Wege zu verhütten, und aus Silbererzen, die 600 g in 1 t Erz das sind 0,06 % Silber enthalten, läßt sich selbst bei den heutigen niedrigen Preisen das Silber mit Vorteil ausbringen. Ärmere Erze müssen durch die Aufbereitung angereichert werden. Quecksilbererze mit etwa 0,25 % Quecksilber lassen sich noch mit Gewinn verarbeiten, dagegen müssen Eisen-, Blei- und Zinkerze einen sehr viel höheren Gehalt haben, wenn das Verschmelzen lohnen soll. Insbesondere müssen Zinnerze für den Schmelzprozeß sehr rein aufbereitet werden. Auch ist zu beachten, daß es zwar möglich ist, Gold, Silber und Blei oder Silber und Kupfer aus einem Erze durch denselben hüttenmännischen Prozeß zu gewinnen, daß aber kein Verfahren bekannt ist, um aus einem Gemenge von Blei- und Zinkerzen, wie es häufig in der Natur vorkommt, das Blei und das Zink hüttenmännisch darzustellen. Diese Erze müssen deshalb vorher durch die Aufbereitung in möglichst reine Bleierze einerseits und Zinkerze andererseits getrennt werden, und dasjenige Zink, welches im Bleierze verbleibt, geht verloren, während andererseits schon ein geringer Bleigehalt der Zinkerze die Verhüttung außerordentlich verteuert. Ebenso erschwert ein Antimongehalt die Verarbeitung von Golderzen.

Selbst die Natur der nicht metallischen Mineralien, welche den Erzen beigemengt sind, spielt eine wesentliche Rolle. So erschwert z. B. Quarz, weil er strengflüssig ist, die Verhüttung, während der leichtflüssige Flußspat sie erleichtert. Die Hütten nehmen daher lieber flußspätige als quarzige Bleierze und bezahlen die ersteren bei demselben Bleigehalte erheblich besser.

In diesen und vielen anderen Fällen muß die Aufbereitung helfend eintreten, ja man kann sagen, daß viele Bergbaue ohne die Verfahren der modernen Aufbereitungstechnik überhaupt nicht bestehen könnten, wie denn bis in das 17. Jahrhundert hinein arme Erze wertlos waren, aus denen wir heute durch die Aufbereitung mit Leichtigkeit schmelzwürdige Erze darstellen.

Die am meisten angewendeten Verfahren sind die trockene und die nasse Aufbereitung, mit beiden geht die Zerkleinerung Hand in Hand. Seltener werden die magnetische Aufbereitung und die neueren Methoden der Aufbereitung im Luftstrom und mittels Zentrifugalkraft angewendet. Die chemische Aufbereitung, bei der das Rösten oder Brennen, die Amalgamation und Laugerei eine Rolle spielen, greift bereits in das Gebiet des Hüttenwesens über.

Es wird bei der Erzaufbereitung stets der Grundsatz durchgeführt, das Gleichartige zu vereinigen — daher spricht man auch von Konzentration — und das Ungleichartige zu trennen, in diesem Sinne ist auch die Bezeichnung Separation gerechtfertigt.

Bei der trockenen Aufbereitung werden die größeren Stücke nach dem Augenschein ausgelesen (der Bergmann sagt geklaubt) und hierdurch die reinen Erze und die Berge voneinander getrennt. Kommen, was sehr häufig der Fall ist, Stücke vor, bei denen verschiedene Erze oder Erz und Berge miteinander verwachsen sind, so wird der Scheidehammer zu Hilfe genommen. Die Buben, welche unter der Aufsicht eines Steigers diese Arbeit verrichten, erlangen eine große Geschicklichkeit darin, die Schläge mit der Schneide des Hammers so zu führen, daß die Stücke in der beabsichtigten Richtung zerspringen und dadurch das Erz von den Bergen getrennt wird. Diese Arbeiten haben jedoch nur dann den gewünschten Erfolg, wenn sogenanntes derbes Erz vorhanden ist, d. h. reine Erzstücke mindestens von der Größe des Straßenschotters, oder wenn reiche Erze (edles Erz) im Gestein verteilt sind, auch wird die Arbeit sehr umständlich und zeitraubend, wenn zu kleine Stücke ausgelesen werden sollen. Für das Auslesen müssen solche Erze, deren Beschaffenheit sich wegen unreiner Oberfläche nicht erkennen läßt, zunächst gewaschen, abgeläutert werden. Es geschieht gewöhnlich dadurch, daß die Stücke eine Zeitlang auf Sieben im Wasser bewegt werden.

Die Zerkleinerung sehr großer Stücke, Wände genannt, mußte früher ausschließlich mit schweren Hämmern durch Handarbeit erfolgen, es gab keine geeignete Zerkleinerungsmaschine. Jetzt dient hierzu allgemein der von dem Nordamerikaner Blake im Jahre 1858 erfundene Steinbrecher, auch Backenquetsche genannt. Die üblichste Bauart zeigt unsere Abb. 241 im Längsschnitte; die Wirkung läßt sich wohl mit derjenigen eines gewaltigen Nußknackers vergleichen. Es gibt derartige Maschinen, welche in einer Stunde bei einem Kraftverbrauch von 12 Pferdestärken 8—10 cbm Wände von erheblich mehr als Kopfgröße zu Stücken von etwa 5 cm Durchmesser zerkleinern. Die arbeitenden Teile sind in einem schweren gußeisernen Gestelle G, das durch schmiedeeiserne Ringe verstärkt ist, verlagert. Das sogenannte Brechmaul B wird von einem festeingebauten Backen c und einem beweglichen b gebildet, es ist oben weiter und verengt sich nach unten; die bewegliche Backe schwingt um den Zapfen i und wird abwechselnd gegen den festen Backen gedrückt und wieder zurückgezogen. Die Brechbacken bestehen aus Hartguß, einem sehr harten, dabei jedoch festen Material und sind auf der Oberfläche mit stumpfen Rippen versehen; wenn die bewegliche Backe zurückgeht, rutscht eine in das Brechmaul geworfene Wand etwas abwärts, dann drückt der Backen mit großer Kraft dagegen, es springen einzelne Ecken ab, es entstehen Risse, die Bruchstücke rutschen bei der Rückwärts=

bewegung des Backens b tiefer in das Brechmaul hinab, werden wieder und wieder gedrückt, und schließlich fallen die zerkleinerten Stücke unten durch den Spalt heraus. Die schwingende Bewegung des Backens b wird folgendermaßen erzeugt: Die Welle W, auf der ein schweres Schwungrad Sch sitzt, trägt ein Excenter, an diesem hängt die Zugstange a. Wird die Welle durch einen auf der Riemenscheibe R laufenden Riemen in Umdrehung versetzt, so muß sich die Zugstange auf und nieder bewegen, und die Kniehebel k k¹ drücken beim jedesmaligen Anheben den beweglichen Backen b gegen den festen, beim Niedergange der Zugstange ziehen die Feder f und die Zugstange z ihn jedesmal

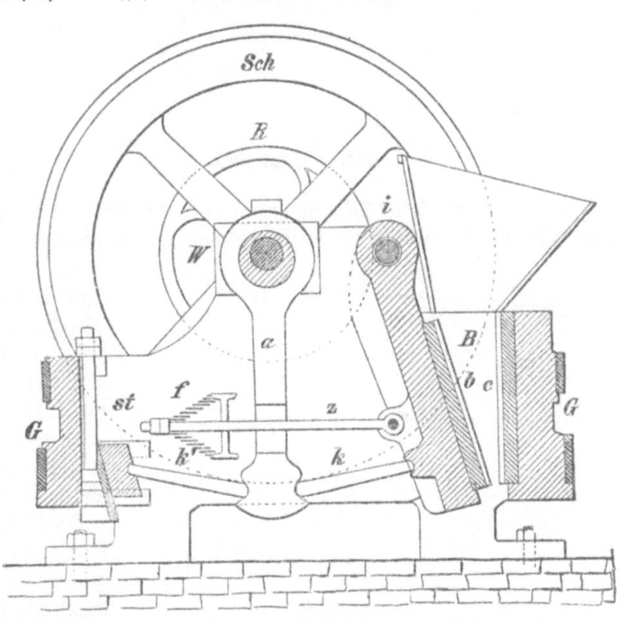

241. Steinbrecher.

wieder zurück. Durch die Stellvorrichtung st kann die Spaltweite etwas geändert werden. Ein derartiger Steinbrecher erspart eine große Zahl von Arbeitern, das Auslesen und Scheiden geht schneller von statten, da mit dem Scheidehammer nur noch kleine Stücke zu bearbeiten sind.

Das schon bei der Arbeit in der Grube bis unter 3 oder 4 cm zerkleinerte Gut, das sogenannte Grubenklein und die fein verwachsenen armen Massen, letztere nach erfolgter Zerkleinerung, müssen der nassen Aufbereitung übergeben werden, durch die das Gut im Wasser nach dem spezifischen Gewicht getrennt wird.

Die hierbei verwendeten Maschinen arbeiten in den modernen Werkstätten völlig selbstthätig, nachdem sie einmal für den besonderen Zweck eingestellt worden sind.

In der Wäsche, wie die nasse Aufbereitung gewöhnlich genannt wird, geht das Gut zunächst über ein Sieb, welches die gröberen Stücke einem Walzwerke zur weiteren Zerkleinerung übergibt, es ist nämlich für die weitere Trennung nötig, das verwachsene Erz so weit zu zerkleinern, daß thunlichst jedes Körnchen nur noch aus einem Minerale besteht. Um jedoch die unvermeidlichen Verluste zu verringern, zerkleinert man zunächst nur etwa auf 10—15 mm Korngröße und führt dann durch die Setzarbeit eine erst=

malige Trennung herbei; diese gestattet, etwas reines Erz und reine Berge abzuscheiden, während sich außerdem verwachsenes Erz als Zwischenprodukt ergibt. Dann wird das letztere nochmals weiter zerkleinert, etwa bis auf 2 mm Korngröße; diese Arbeit verrichtet entweder ein Pochwerk oder eine Mühle, darauf erfolgt dann die letzte Trennung durch die Herdarbeit. Ein derartiger Gang der Aufbereitung wird gewöhnlich zum Ziele führen, wenn die spezifischen Gewichte der zu trennenden Mineralien erheblich verschieden sind. Ist das nicht der Fall, so können noch die im Eingange dieses Abschnittes bereits genannten Verfahren der

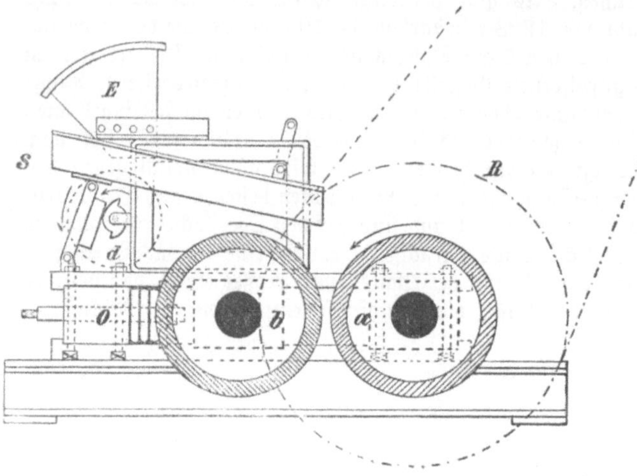

242. Erzwalzwerk.

Trennung durch den Magneten, durch bewegte Luft oder Zentrifugalkraft und die chemische Aufbereitung zu Hilfe genommen werden.

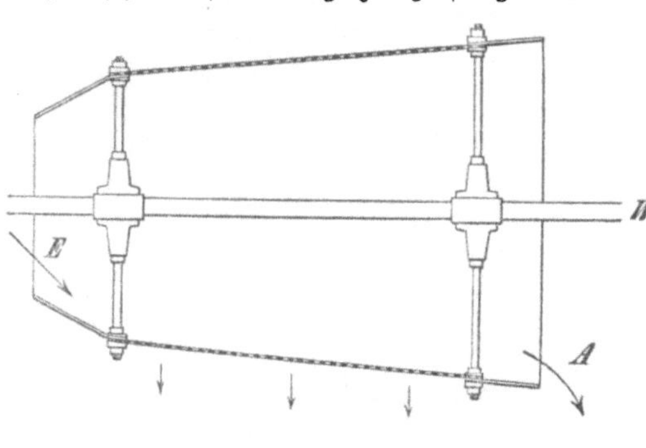

In den Anlagen für die Aufbereitung sind die einzelnen Maschinen so in mehreren Stockwerken untereinander angeordnet, daß die Zwischenprodukte, um Arbeit zu ersparen, in der Hauptsache abwärts befördert werden, kleineres Korn kann auch vom Wasser in geneigten Gerinnen leicht zu den betreffenden Maschinen geführt werden.

Das Walzwerk, welches unsere Abb. 242 im Längsschnitte zeigt, besteht aus den beiden Walzen a und b, welche durch Rädervorgelege gegeneinander, wie die Pfeile andeuten, in schnelle Umdrehung versetzt werden; durch den Rüttelschuh S, welcher von dem Daumenrädchen d in hin- und herschwingende Bewegung gesetzt wird, gelangt das zu zerkleinernde Korn aus dem Eintragtrichter E zwischen die Walzen und wird beim Durchgange zerdrückt. Die Walzenringe bestehen wie die Backen des Steinbrechers aus Hartguß; dennoch müssen sie bei harten Erzen nach drei bis sechs Monaten erneuert werden. Die eine der Walzen b ist so verlagert, daß sie ausweicht, wenn zu harte oder zu große Körper zwischen die Walzen

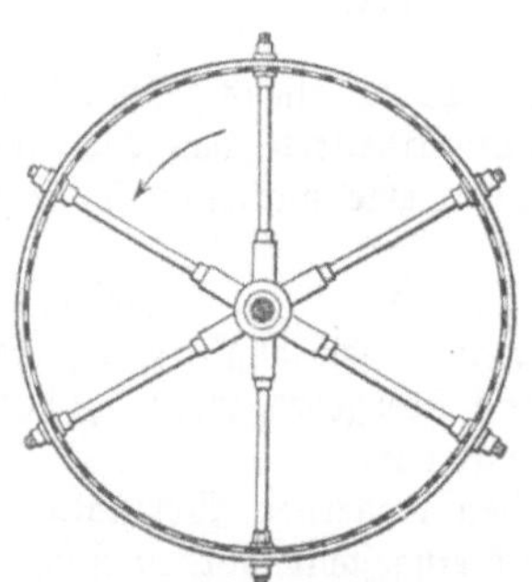

243 u. 244. Trommelsieb.

kommen, ihre Lager stützen sich nämlich gegen Gummipuffer O.

Nach dieser Zerkleinerung geht das Gut über einen Siebapparat, der mehrere Korngrößen herstellt, jede derselben wird dann einer Setzmaschine übergeben. Die Setzarbeit beruht darauf, daß von angenähert gleich großen Körnern die spezifisch schweren im Wasser schneller zu Boden fallen als die leichteren, diese aber außerdem von einem wagerechten Wasserstrome schneller mit fortgeführt werden. Früher wurden zur Trennung der Körner nach der Korngröße namentlich wegen ihres ruhigen Ganges Siebtrommeln (Abb. 243 u. 244) bevorzugt, sie brauchen jedoch viel Platz und sind in der Anlage und Unterhaltung teuer. An ihre Stelle sind Schwingsiebe (Schüttelsiebe) getreten (Abb. 245). Das an der Balkenlage etwas geneigt aufgehängte Sieb wird von einer Welle W aus mittels Excenter e und Schubstange s in schnell hin und her gehende Bewegung versetzt, es macht etwa 200 Spiele in der Minute, das gemengte Korn wird bei E aufgetragen.

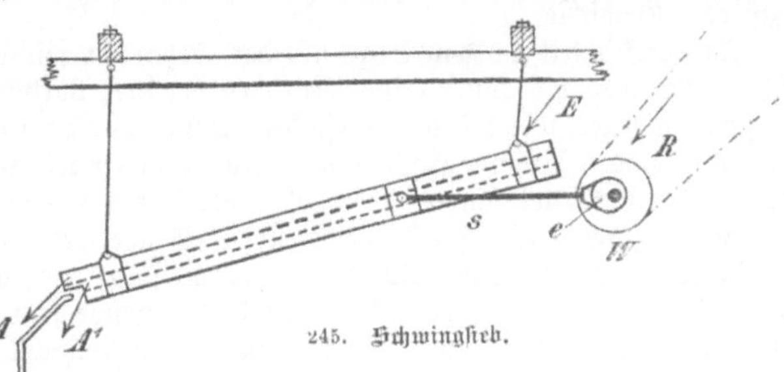

245. Schwingsieb.

Nehmen wir an, daß die beiden Siebe 10 und 5 mm große Öffnungen haben, so werden alle Körner, die größer als 10 mm sind, bei A und alle diejenigen, deren Größe zwischen 10 und 5 mm liegt, bei A_1 ausgetragen, während die noch kleineren auch durch das zweite Sieb durchfallen und einem besonderen Behälter zugeführt werden. Ein weiteres Schüttelsieb von 2 mm Lochung möge noch eine Korngröße zwischen 5 und 2 mm bilden, während das noch kleinere Korn der Herdwäsche zugeführt wird. Es werden also drei Korngrößen für die Setzarbeit hergestellt. Die Ausführung der letzteren läßt sich am besten verstehen, wenn man sie auf einem Handsetzsiebe verfolgt (Abb. 246). Das mit Erz gefüllte Sieb S muß minutenlang abwechselnd mit kurzen Stößen im Wasser niedergestaucht und dann wieder angehoben werden. Um diese Arbeit zu erleichtern und einen Teil des nicht unerheblichen Gewichts auszugleichen, wird das Sieb mittels Bügel b und Tragstange a an dem einen Ende eines zweiarmigen Hebels h aufgehängt und an dessen anderem Ende ein Gegengewicht G angebracht; auch ist es handlicher, das Sieb nicht direkt zu erfassen, sondern die Bewegung mittels einer am äußersten Ende des Hebels befestigten und mit Handgriff g versehenen Stange t auszuführen. Von der Bühne B wird

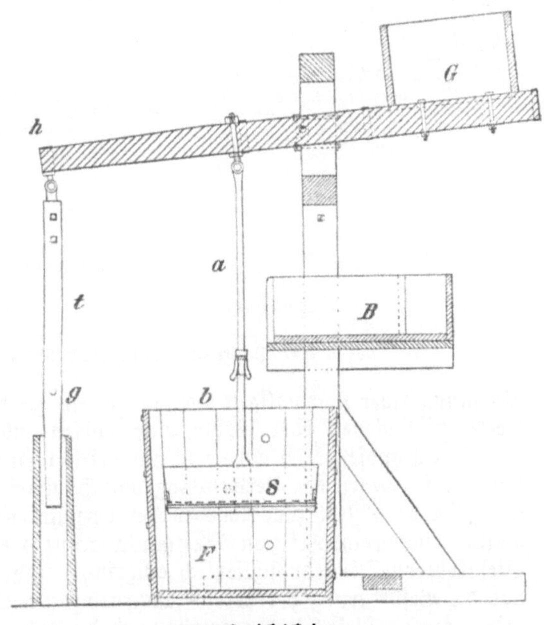

246. Handsetzsieb.

das gesiebte Erz mit einer Kratze auf das Sieb gezogen, sodann senkt man es in das mit Wasser gefüllte Faß F und bewegt es einige Zeit lang um wenige Zentimeter abwechselnd schnell abwärts und langsam aufwärts. Hierbei spielt sich wiederholt der Vorgang ab, daß die Körnchen, wenn das Sieb niedergestoßen wird, einen Augenblick im Wasser schweben und dann auf das Sieb niederfallen.

Handelt es sich z. B. um die Trennung der häufig miteinander vorkommenden Mineralien:

Bleiglanz mit dem spezifischen Gewichte 7,5

Schwefelkies „ „ „ „ 5,0

und Quarz „ „ „ „ 2,6,

26*

so würden sich zunächst, vorausgesetzt, daß nur reine Körner dieser Mineralien vorhanden wären, nach erfolgtem Setzen in der obersten Lage ausschließlich die leichten Quarzkörner befinden. Entfernt man diese, so zeigt sich eine Schicht Schwefelkieskörner, die ebenfalls für sich abgehoben werden könnte, und in der untersten Lage auf dem Siebe würden nur Bleiglanzkörner vorhanden sein. Die Anordnung der Mineralien erfolgt also nach dem spezifischen Gewichte.

In Wirklichkeit ist das Ergebnis der Setzarbeit ein etwas anderes als das soeben beschriebene, weil sich außer reinen Körnern der drei vorhandenen Mineralien auch solche, und zwar in erheblicher Menge, vorfinden, welche aus zwei oder aus allen drei Mineralien verwachsen sind. Das spezifische Gewicht aller dieser Körner wird geringer sein als das-jenige des reinen Bleiglanzes, aber höher als das des reinen Quarzes, und die aus Blei-glanz und Quarz je zur Hälfte bestehenden Körner werden gerade dasselbe Gewicht wie der Schwefelkies haben, nämlich 5,0. Hieraus folgt, daß beim Vorkommen verwachsener Mineralien das Ergebnis der Setzarbeit das folgende sein wird: auf der zu unterst vor-handenen Lage von reinem Bleiglanz finden sich zunächst Körner, die vorwiegend aus Bleiglanz und Schwefelkies bestehen, dann, mit reinen Schwefelkieskörnern gemengt, die aus Quarz und Bleiglanz verwachsenen Körner, über diesen mit allmählich abnehmendem

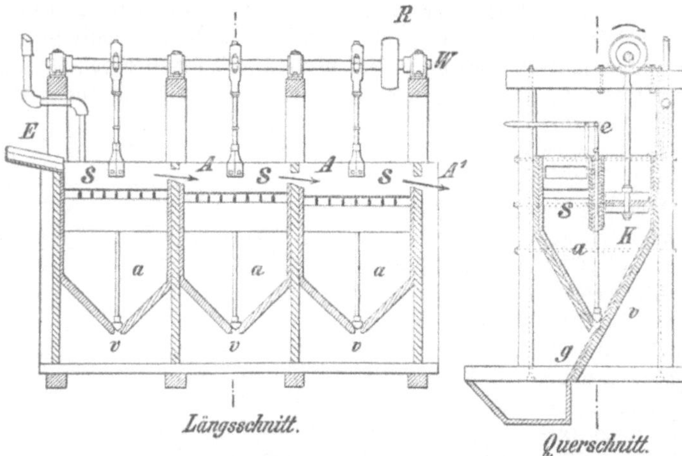

Erzgehalte solche, die in der Hauptsache aus Quarz und zum kleinen Teile aus Bleiglanz oder Schwefelkies be-stehen, und in der ober-sten Schicht reine Quarz-körner. Es läßt sich also zwar reiner Blei-glanz und reiner Quarz abscheiden, aber die reinen Schwefelkies-körner finden sich zu-sammen mit den ver-wachsenen Körnern in den mittleren Lagen als Zwischenprodukt. Dieses muß zur endgültigen

247 u. 248. Dreiteilige Kolbensetzmaschine.

Trennung einer nochmaligen weitergehenden Zerkleinerung und zwar wie schon oben be-merkt auf Pochwerk oder Mühle, unterworfen und dann der Herdarbeit zugeführt werden.

Die Handsetzarbeit wird jetzt nur bei kleinen und einfachen Verhältnissen angewendet, denn sie ist wegen der Verwendung von Handarbeit teuer und außerdem wenig leistungs-fähig, da die Arbeit zum Abheben der verschiedenen Lagen jedesmal unterbrochen werden muß. Die mechanischen Setzmaschinen, welche heute in größeren Erz- und auch Steinkohlenwäschen ausschließlich eingeführt sind, wirken vollständig selbstthätig, so daß nur die Beförderung der bereits ausgetragenen Setzprodukte zum Teil durch Arbeiter er-folgen muß. Diese Wirkungsweise wird durch die folgende in der gegebenen Ausführung für die Erzaufbereitung dienende Bauart (vergl. Abb. 247 u. 248) erreicht: Der Setz-kasten a erhält U-förmigen Querschnitt, in die eine Hälfte ist das Sieb S fest eingelegt, dagegen wird in der anderen Hälfte ein Kolben K abwechselnd abwärts und aufwärts be-wegt. Das Wasser im Setzkasten tritt einmal durch das Sieb nach oben und hebt die darauf befindlichen Körner an, dann sinkt das Wasser zurück, die Körner fallen nieder und zwar die schwereren, wie bereits bekannt, schneller. Dagegen kann man beim An-heben der Körner beobachten, daß die leichten höher gehoben werden als die schweren, wodurch die Trennung befördert wird.

Bei E wird das Setzgut gleichmäßig mit einem Wasserstrom eingetragen, der dazu dient, die leichteren Körner über die eine niedrige Wand des Siebkastens bei A weiterzubefördern. Es sind nun mehrere derartige Setzkästen, in unserem Falle z. B. drei nebeneinander angeordnet, jedes folgende Sieb liegt etwas tiefer als das vorhergehende. Bei richtiger Einstellung der Maschine nach Spielzahl= und Hubhöhe des Kolbens, sowie nach der Menge des eingetragenen Erzes und des dazu gegebenen Wassers arbeitet die= selbe so, daß der reine Bleiglanz auf dem ersten Siebe, das schwerere Zwischenprodukt auf dem zweiten und das leichtere Zwischenprodukt auf dem dritten Siebe ausgeschieden wird, während der reine Quarz mit dem wagerechten Wasserstrome das dritte Sieb über dessen Wand bei A_1 verläßt. Besonders zu erläutern ist noch die Art und Weise, wie zur Herbeiführung eines ununterbrochenen Betriebes die verschiedenen Setzprodukte während der Arbeit selbstthätig von den Sieben entfernt, d. h. ausgetragen werden.

249. Mehrteilige Setzmaschinen in der Zentralwäsche der Grube Himmelfahrt zu Freiberg i. S.

Hierzu sind zwei Verfahren in Gebrauch, das Austragen durch einen seitlich, un= mittelbar über dem Siebe angebrachten Schlitz in einen angebauten Wasserkasten, oder das Austragen durch das Graupenbett. Das erstere Verfahren wird namentlich bei gröberem Korn, z. B. beim Setzen der Kohlen zur Trennung von den Bergen angewendet. Nachdem die schwersten Körner durch das Setzen abwärts bis auf das Sieb gelangt sind, rücken sie durch die Wasserbewegung allmählich nach der Seite des Schlitzes vor, fallen auf den etwas tiefer gelegenen Boden des angebauten Sammelkastens und werden aus diesem durch eine selbstthätige Vorrichtung — Schaufelrad, Transportschnecke — beständig ausgetragen. Durch Einstellen der Schlitzweite kann man die Menge des austretenden Gutes regeln.

Das Graupenbett wird vorzugsweise bei feinem Korn, sowohl in der Erz= als auch in der Kohlenaufbereitung angewendet. Bei diesem Verfahren muß das Sieb Öffnungen enthalten, die etwas größer sind, als das Setzgut. Auf das Sieb wird eine Schicht gröberer Körner, die man Graupen nennt, gebracht; ihr spezifisches Gewicht stimmt

ungefähr mit demjenigen des Minerales überein, das auf der betreffenden Abteilung der
Setzmaschine abgeschieden werden soll. Nachdem die schweren Körnchen, wie das ja bei
der Setzarbeit immer der Fall ist, in die tiefste Schicht d. h. unmittelbar über das Graupen=
bett gelangt sind, fallen sie durch die Zwischenräume der Graupen und durch das grobe
Sieb in den Setzkasten. Dieser ist unten in Form einer umgekehrten Pyramide nach einer
Austragöffnung, die für gewöhnlich durch einen Spund v (Abb. 248) verschlossen gehalten
wird, zusammengezogen. Von Zeit zu Zeit wird der letztere mittels der Zugstange e
angehoben, und das Erz tritt mit wenig Wasser durch das Gerinne g in einen Sammel=
behälter aus, es wird mit der Schaufel ausgehoben und mittels Hunde in die Vorrats=
behälter weiter befördert. Abb. 249 zeigt eine Reihe von mehrteiligen Setzmaschinen,
aus einer Abteilung wird gerade das angesammelte Erz abgelassen.

　　　Wieviel etwa von den reicheren Zwischenprodukten der Setzarbeit noch zur Ver=
hüttung abgeliefert werden kann, ergibt in jedem einzelnen Falle der durch die Probe

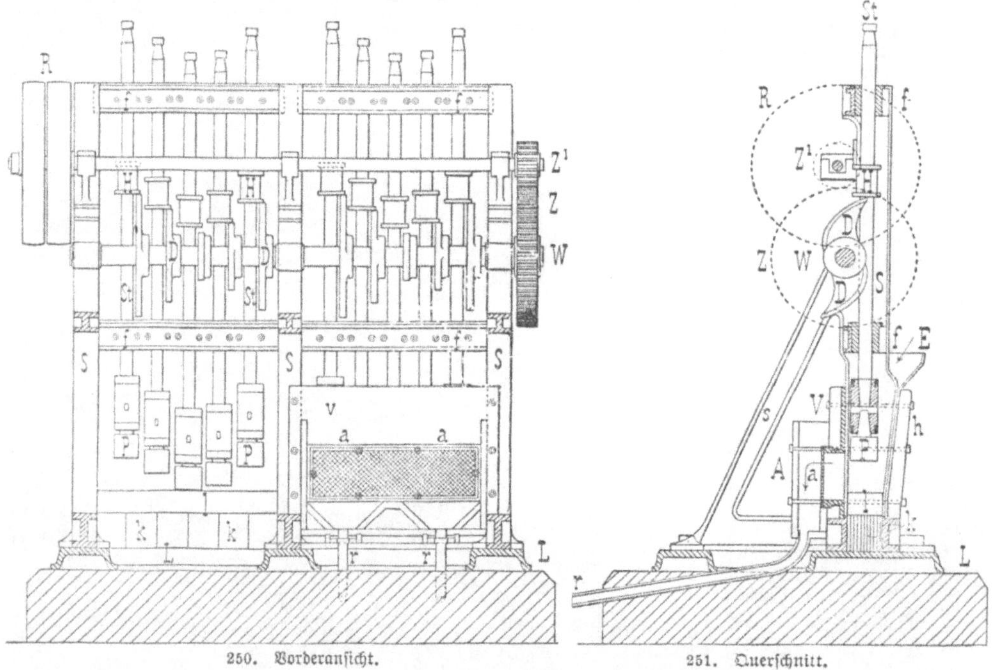

250. Vorderansicht.　　　　　　251. Querschnitt.

250 u. 251. Kalifornisches Pochwerk.

ermittelte Metallgehalt. Das arme Zwischenprodukt wird entweder auf dem Pochwerk
oder auf Mühlen weiter zerkleinert und gelangt mit dem Korne unter 2 mm Größe zur
Herdarbeit. — Hier ist darauf hinzuweisen, daß manche Erze, namentlich Golderze, in
so feiner Verteilung (so fein eingesprengt) vorkommen, daß bei ihnen von einer Anwendung
der Setzarbeit abgesehen werden muß. Sie werden sofort der feinsten Zerkleinerung
unterworfen. Auch viele bereits fertig aufbereitete Erze müssen mit Rücksicht auf die
Hüttenprozesse, denen sie unterworfen werden, thunlichst fein zerkleinert werden. Während
aber die Pulverisierung zum Zwecke der weiteren Aufbereitung in der Regel unter Wasser=
zufluß (Naßpochen, Naßvermahlen) erfolgt, wird die Zerkleinerung fertiger Produkte
immer trocken vorgenommen (Trockenpochen). Die Einrichtung der Apparate ist jedoch bis
auf wenige Abweichungen in allen wesentlichen Teilen dieselbe.

　　　Die gewöhnlichste Bauart des Pochwerks, das kalifornische Pochwerk, zeigt Abb. 250
und 251), es ist vorwiegend in Eisen gebaut. Die Arbeit des Pochens besteht darin, daß
schwere Gewichte, die Pochstempel, auf eine gewisse Höhe gehoben werden und dann auf
das zu zerkleinernde Gut niederfallen, welches auf einer harten Unterlage, der Pochsohle,

ausgebreitet ist. Zur Führung der Pochstempel und Vermittelung der Bewegung dient der Pochstuhl, aus einem Grundrahmen L, den Pochwerksäulen S nebst den Streben s und den Führungen f bestehend. Auf dem Rahmen und untergelegten Holzblöcken k ist die Pochsohle l verlagert, sie ist ebenso wie die Pochschuhe P der Pochstempel aus Hartguß, oder Gußstahl, den widerstandsfähigsten Materialien, hergestellt. Die Schäfte St der Pochstempel dienen zur Führung und zur Befestigung der Heblinge H. In dem gezeichneten Pochwerke sind 2 Pochsätze zu je 5 Stempeln eingebaut; die Daumen D greifen bei Umdrehung der Welle W seitlich unter die Heblinge und drehen die Pochstempel beim Anheben etwas, dadurch wird eine gleichmäßige Abnutzung erzielt und der Arbeitsbedarf vermindert. An den Pochsäulen ist eine Vorderwand v und eine Rückwand h befestigt, sie bilden zur Aufnahme des für das Naßpochen nötigen Wassers einen kastenartigen Behälter, den Pochtrog oder die Pochlade. Am oberen Teile der Rückwand bei E

252. Das Trockenpochwerk. Nach Heuchlers Atlas „Die Bergknappen".

wird das Pochgut eingetragen, außerdem fließt regelmäßig Wasser zu. In die Vorderwand v ist ein Sieb a eingebaut mit etwa 2 mm großen Öffnungen, dann ist noch eine Wand A vorgesetzt, der Wasserstand ist auf beiden Seiten des Siebes angenähert gleich, und während der Abfluß durch die Weite der Abflußrohre r geregelt wird, hält das Sieb alle Stücke zurück, welche noch nicht fein gepocht sind.

Das abfließende Pochwasser sieht durch die Mineralteilchen, die es schwebend mit fortführt, trübe aus und wird daher auch Pochtrübe genannt.

Die Trockenpochwerke (Abb. 252 zeigt eine ältere Holzkonstruktion) sind bis auf den Pochtrog ebenso eingerichtet wie die Naßpochwerke. Es fällt nämlich die Vorderwand ganz fort, nur eine niedrige Rückwand ist vorhanden, um das Gut zusammenzuhalten. Dieses wird mit der Schaufel unter die Stempel geworfen, von Zeit zu Zeit gewendet und dann gesiebt, die Siebgröbe kommt wieder unter die Stempel zurück.

Wenn man von den einfachen Mühlen, den sogenannten Arrastras absieht, die namentlich im spanischen Amerika zur Zerkleinerung der für die Amalgamation bestimmten Erze allgemeine Verwendung fanden und zum Teil auch heute noch in Gebrauch sind, so

hatten die Pochwerke im Laufe des vorigen Jahrhunderts die Mühlen aus den Auf=
bereitungen fast ganz verdrängt. Erst die neuesten Fortschritte im Maschinenbau haben
einige Arten von Mühlen geschaffen, die in die Erzaufbereitung eingeführt worden sind. Unter diesen haben wir zunächst die den Getreidemühlen entsprechend gebauten Mahlgänge zu nennen, sie treten heute zum Teil an die Stelle der Trockenpoch=werke. Abb. 253 zeigt einen solchen Mahlgang, eine Unterläufermühle, bei der der obere Stein festliegt, der untere aber in schnelle Umdrehung versetzt wird, wenn man bei dieser Mühle über=haupt von Mühlsteinen reden kann. Die mahlen=den Körper bestehen näm=lich aus Hartguß mit aus=gesparten tiefen Rinnen, diese sind mit weichem Holz ausgekeilt, das sich beim Vermahlen immer etwas mehr abnutzt, als der Hartguß. So blei=ben die Läufer stets mit Mahlfurchen versehen, die man bei wirklichen

253. Fröbels Unterläufermühle. Nach einem Modell in der Bergakademie Freiberg.

Mahlsteinen von Zeit zu Zeit mühsam mit Steinmeißel und Hammer nacharbeiten muß, auch nutzen sich die Hartgußläufer erheblich weniger ab als Mühlsteine. In der Abb. 254 sind auf dem Läufer die Furchen deutlich zu erkennen. Das zu mahlende Erz wird durch eine zentrale Öffnung des oberen, festliegenden Steines bei E eingetragen und gelangt, indem es zu feinem Mehle zerrieben wird, allmäh=lich zwischen den Steinen bis an deren Um=fang, es sammelt sich in dem die Steine um=schließenden nach unten trichterförmig zusam=mengezogenen Gehäuse G, welches auf drei Säulen S ruht, und wird bei A auf einen Siebapparat ausgetragen. Der Antrieb auf die stehende Welle erfolgt durch ein Paar Kegelräder z; die Stellvorrichtung st dient zum Heben und Senken des Unterläufers, um

254.
Mühlstein (Unterläufer) zur Fröbelschen Mühle.

die Abnutzung auszugleichen und die Feinheit des gemahlenen Gutes in etwas ändern zu
können, während eine am Eintragtrichter befindliche Vorrichtung m die Menge des zu=
geführten Materials regelt.

Als ein weiteres Beispiel einer Mühlenkonstruktion, die für harte Erze geeignet ist und sowohl zum Trocken= als auch zum Naßmahlen dienen kann, wollen wir die Patentkugel= mühle des Grusonwerkes (Friedrich Krupp, Buckau bei Magdeburg) näher beschreiben (Abb. 255 u. 256 Längsschnitt und Querschnitt). Die Mühle wird in mehreren Nummern

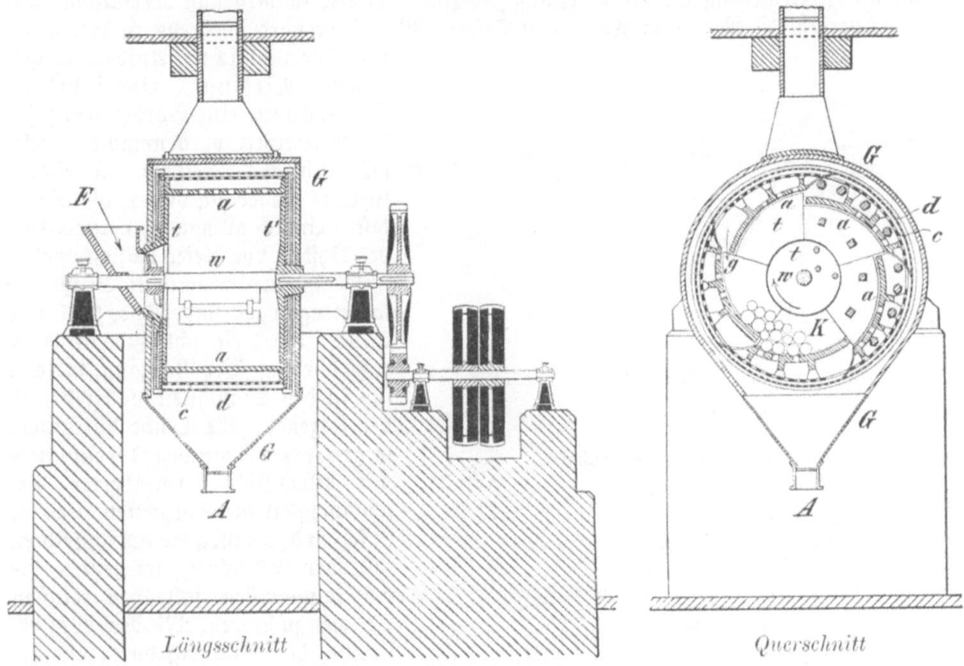

255 u. 256. **Kugelmühle des Grusonwerkes.**

gebaut, mit den größeren können Stücke von Faustgröße zu feinstem Mehle vermahlen werden. Die Kugelmühle gehört zu den Rollquetschen; schwere stählerne Kugeln zer= reiben auf harten Mahlplatten das Erz. Auf einer starken wagerechten Welle w sitzt die cylindrische Mahltrommel, ihre beiden ebenen Endflächen t, t¹ und die Cylinderfläche

sind mit Hartguß= platten gepanzert. Die Platten a sind eigenartig gebogen, so daß zwischen je zwei benachbarten Schlitze g frei blei= ben, zum Teil sind die Plattendurchlocht und dienen als erstes grobes Sieb; sie sind von zwei feineren Sieben c und d um= geben. Die ganze Anordnung ist so ge= troffen, daß dasjenige

257 u. 258. **Rittingers Spitzkästen.** (Längsdurchschnitt und Querschnitt.)

Korn, welches noch zu grob ist, um durch die Siebe hindurchzugehen, durch die Schlitze g in die Trommel und unter die Kugeln K zurückgelangt. Siebe und Platten lassen sich leicht auswechseln. Der Eintrag E befindet sich an der Welle, es ist nämlich die Nabe der End= wand t so gearbeitet, daß Speichen, die nach Art der Flügel einer Schiffsschraube gestellt sind, das Gut aus dem Trichter allmählich in die Mühle führen. Der Siebmantel ist mit einem leichten feststehenden Blechgehäuse G umgeben, in dessen unterem Teile sich das feine Mehl ansammelt, es kann bei A abgelassen werden. Eine Kugelmühle, deren Betrieb 10 Pferdekräfte erfordert, vermahlt stündlich 800 kg quarzige Erze zu feinstem Pulver. Dient die Zerkleinerung als Vorbereitung zur Herdarbeit, so wird naß vermahlen, und das Erz verläßt die Mühle in Form von Trübe. Mit dieser wird, meistens in den durch den österreichischen Aufbereitungs=mann Rittinger eingeführten Spitzkästen, eine Vorbereitung für die Herdarbeit vorgenommen. Ge=wöhnlich aus Brettern, in eiserne Gerüste eingebaut, bilden die Spitz=kästen ein sich allmählich verbreitern=des System von tiefen Kästen, welche unten in eine pyramidale Spitze zu=sammengezogen sind (Abb. 257 und 258). An diese schließt ein Aus=tragrohr an. Der Vorgang, welcher sich in den Spitzkästen vollzieht, ist der folgende: Die Trübe durchfließt wegen des zunehmenden Querschnittes mit allmählich verminderter Ge=schwindigkeit die Spitzkästen, und es sinken in dem ersten die am schnellsten fallenden Körnchen, im letzten die am langsamsten fallenden feinsten Teilchen zu Boden. Mit dem Wasser=strome, der beständig durch ein bei den neueren Apparaten eigenartig gebogenes Austragrohr (A Abb. 259) ausfließt, treten die in jedem Kasten niedersinkenden Teilchen in Trübe=form aus und können mittels Ge=rinne g auf die Herde geleitet werden. Wir müssen jedoch, um die Herd=arbeit zu verstehen, die Teilchen, welche zusammen ausgetragen wer=den, etwas näher ansehen, es sind kleinere Erzteilchen neben größeren Bergeteilchen, denn nach den Gesetzen der Schwere fällt ein kleines und spezifisch schweres Korn im Wasser ebenso schnell wie ein größeres, aber leichteres Korn. So fällt z. B. im ersten Spitzkasten ein Bleiglanzkörn=chen von $\frac{1}{2}$ mm Durchmesser zu=

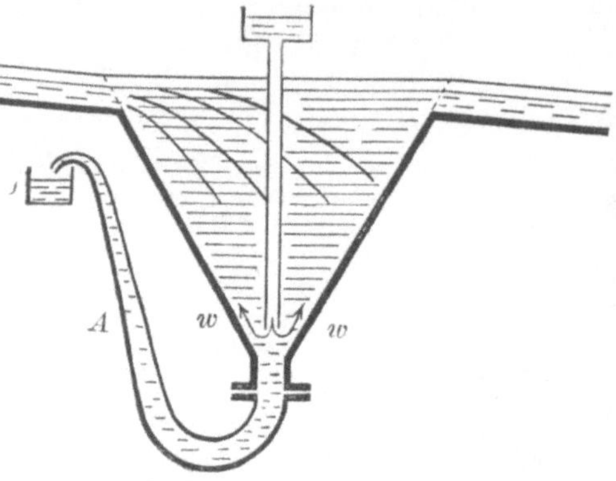

259. Spitzkasten im Querschnitt.

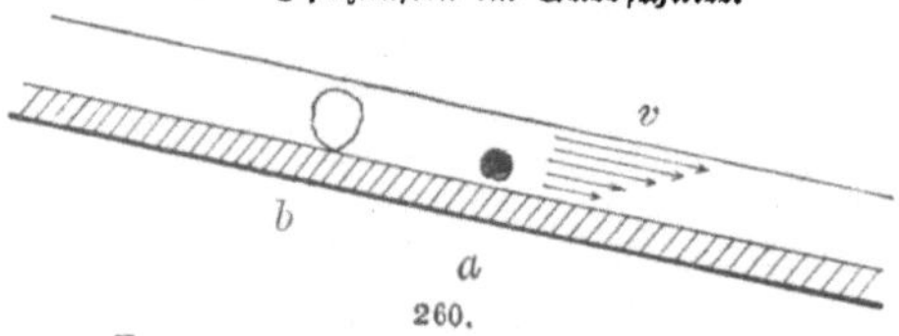

260.

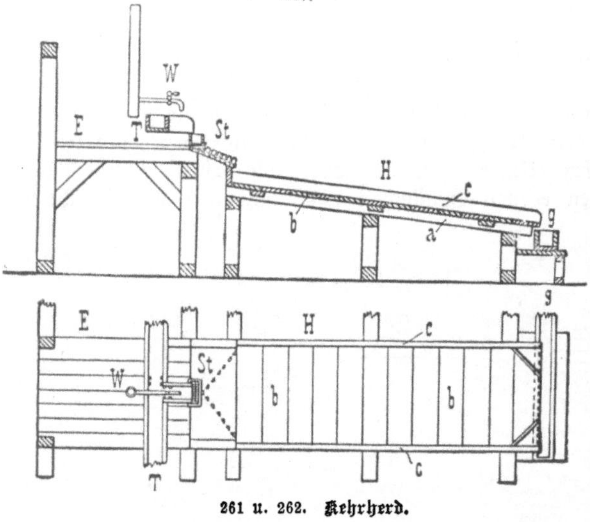

261 u. 262. Kehrherd.

sammen mit Quarzkörnchen von 2 mm Durchmesser und in einem der anderen Spitzkästen ein Bleiglanzstäubchen von 0,1 mm Durchmesser zusammen mit einem Quarzkörnchen von 0,4 mm Durchmesser nieder. Die Schwefelkieskörnchen stehen im spezifischen Gewicht und auch bezüglich des Korndurchmessers in der Mitte. In den ersten Spitzkästen läßt man die austretenden Teilchen durch einen aufwärts gerichteten Wasserstrom (w Abb. 259) hindurchfallen, auf diese Weise wird der feinste Schlamm zurückgehalten.

Diese Vorbereitung der Trübe, ihre Trennung in mehrere Teile, deren jeder gleich=schnell fallende Körnchen enthält, erleichtert die endgültige Trennung der Erze von den

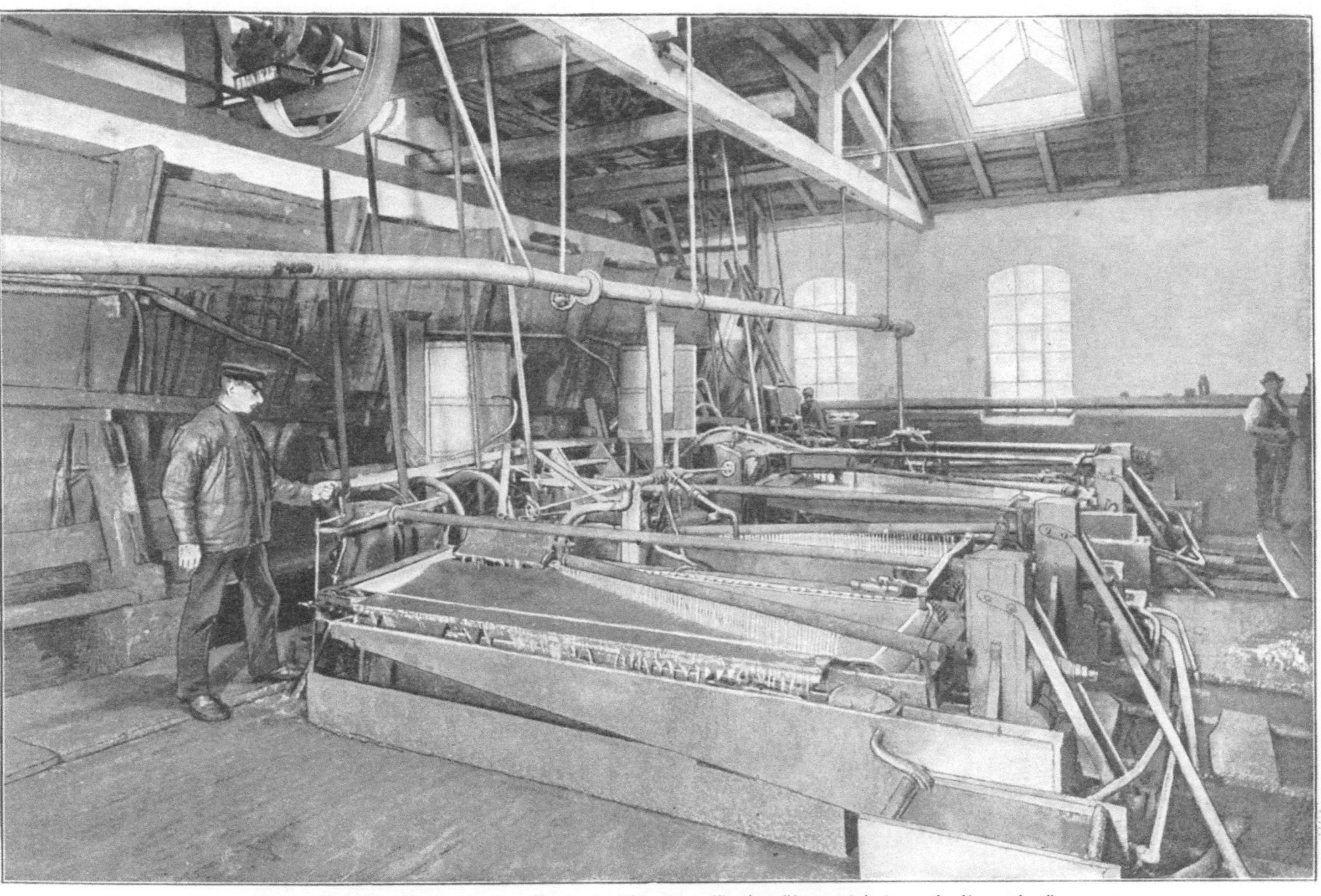

263. Steinsche Herde in der Zentralwäsche der Grube Himmelfahrt zu Freiberg i. S.

Bergen auf Herden. Diese letzteren bestehen wesentlich aus einer schwach geneigten ebenen Fläche, über welche die Trübe in sehr dünnem Strome hinweggeführt wird. Es spielt sich nun hierbei der folgende durch die Abb. 260 in erheblich vergrößertem Maßstabe erläuterte Vorgang ab: a ist das kleine, aber spezifisch schwerere Bleiglanzkorn, b ist das größere, aber spezifisch leichtere Quarzkorn, v sind die Geschwindigkeiten des Wassers in den verschiedenen Schichten der Trübe. Wie bei jedem fließenden Wasser ist auch hier die Geschwindigkeit an der Oberfläche am größten, während die an der Herdfläche fließenden Wasserteilchen, durch die Adhäsion beeinflußt, sich langsamer bewegen. Die kleinen Erzkörnchen kommen nur mit den langsam fließenden Wasserschichten in Berührung und bleiben daher auf dem oberen Teile des Herdes liegen, während die größeren Berge= körnchen auch von den schneller fließenden oberen Schichten getroffen werden, auf dem Herde überhaupt nicht zur Ablagerung gelangen, sondern vom Wasser mit fort= geführt werden.

264. **Cinkenbachscher Schlammrundherd.**

Auf den einfachsten Herden, den festliegenden Kehrherden (Abb. 261 u. 262), läßt man die Trübe eine Zeit lang über den Herd fließen, und zwar wird sie durch die Stell= tafel St über die ganze Herdbreite gleichmäßig verteilt. Der Herd H, welcher aus den Längshölzern a, den Herdbrettern b und den Randbrettern c besteht, belegt sich hierdurch mit einer dünnen Schicht Erz, der Quarz wird in das Gerinne g abgespült. Dann wird die Arbeit unterbrochen und reines Wasser über den Herd geleitet, während das ab= gelagerte Erz mit Reisigbesen durchgearbeitet wird, hierdurch erreicht man, daß sich das leichtere Erz, in unserem Falle der Schwefelkies, von dem schwereren Bleiglanze trennt; das erstere wird vom Herde abgespült und in besonderen Behältern aufgefangen. Endlich kehrt man den Bleiglanz mit dem Reisigbesen in einen weiteren Sammelkasten ab. Der Herd ist nun wieder leer, und dieselbe Arbeit kann wiederum beginnen. Es muß also mit Unterbrechung gearbeitet werden, und es bedient ständig ein Mann den Herd. Die neueren Herdkonstruktionen vermeiden beide Übelstände, sie arbeiten selbstthätig und un= unterbrochen. Um dies zu erreichen, müssen sie maschinell bewegt werden, und die drei Arbeiten, nämlich das Darüberleiten der Trübe, das Abtrennen des Erzes vom mittleren

spezifischen Gewicht und endlich das Abkehren des schwersten Erzes, welche bei dem Kehr=
herde auf der ganzen Herdfläche nacheinander vorgenommen werden, lassen sich auf den
neueren bewegten Herden auf verschiedenen Teilen der Herdfläche gleichzeitig ausführen,
der Reisigbesen wird gewöhnlich durch Wasserstrahlen ersetzt. Die Beweglichkeit der
Körnchen wird dadurch erhöht, daß die Herdfläche durch Stöße erschüttert wird; derartige
Herde heißen Stoßherde. Von den neueren Herden sei zunächst der in Freiberg aus=
gebildete Steinsche Herd (Abb. 263) kurz erwähnt. Bei demselben ist eine Stoß=
bewegung des Herdes verbunden mit der Querbewegung der die Herdfläche bildenden
Gummiplane ohne Ende. Diese ist über zwei größere und eine Anzahl kleiner Walzen
geführt, eine der größeren wird in Umdrehung versetzt, wodurch die fortschreitende Be=
wegung der Plane entsteht. Sie wird an dem einen Ende des Herdes mit Trübe be=
schickt, die Berge (Quarz) werden durch das Wasser weggeführt, das darauf liegenbleibende
Erz wird dann durch die Querbewegung der Plane unter immer stärker wirkende Wasser=
brausen gebracht, die zunächst die leichteren Erze, z. B. den Schwefelkies, zuletzt auch den
Bleiglanz in besondere Behälter abspülen, die reine Herdfläche wird durch die Bewegung
der Plane wieder zur Trübeaufgabe zurück=
geführt.

In ähnlicher Weise wirken die Rundherde,
welche jetzt wegen ihrer hohen Leistungsfähigkeit
oft angewendet werden, nur ist der Platz= und
Wasserbedarf ein sehr bedeutender. Eine der
häufigsten Ausführungen, den Linkenbachschen
Schlammrundherd zeigt Abb. 264. Die Arbeits=
fläche des feststehenden Herdes bildet einen sehr
stumpfen Kegel; um eine ununterbrochene Arbeit
zu erreichen, machen die an einer senkrechten Welle

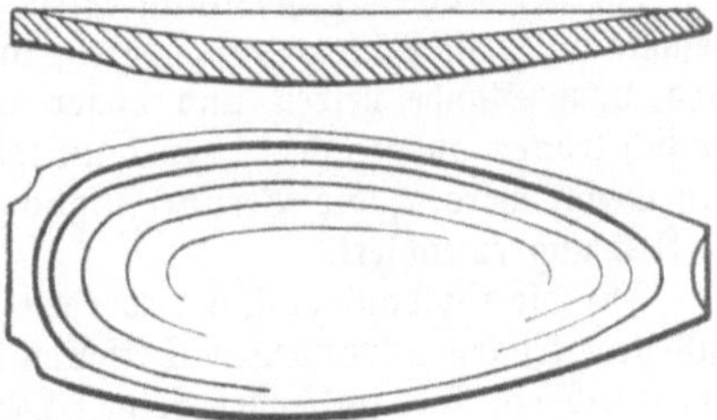

265 u. 266. Freiberger Sichertrog.

und Tragarmen befestigten Einrichtungen für das Aufgeben der Trübe und des Klarwassers,
sowie für das Abtragen der Waschprodukte in der Minute etwa eine Umdrehung. So
wird beständig über einen Teil der Herdfläche die Trübe geleitet, wobei die Berge den
Herd verlassen und in ein unmittelbar am Herde befindliches Gerinne gelangen. Dann

wird über das abgelagerte
Erz ein Klarwasserstrom ge=
führt, der das leichtere Gut
in ein zweites Gerinne ab=
spült, und endlich wird das
schwerste Erz, also der Blei=
glanz, durch eine Reihe von
Brausen abgewaschen und

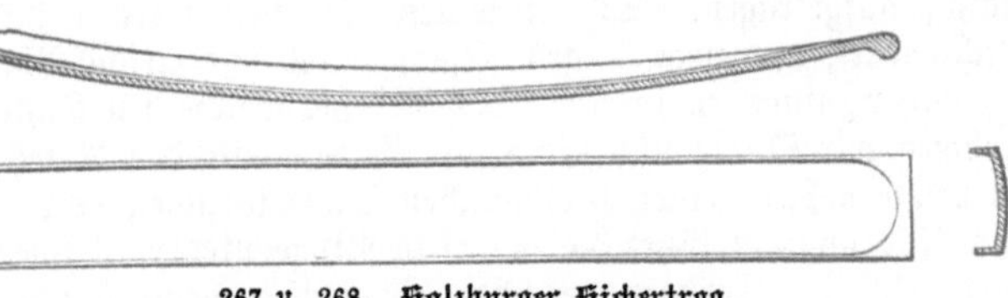

267 u. 268. Salzburger Sichertrog.

ebenfalls für sich aufgefangen. Die Herdfläche ist somit an dieser Stelle rein, und es
beginnt dann wieder das Darüberleiten von Trübe.

Eine besondere Art von kleinen Handherden sind die Sichertröge. Die Abb. 265
und 266 zeigen den Freiberger, die Abb. 267 u. 268 den Salzburger Sichertrog.
Sie dienen zuweilen, ähnlich wie die bei der Bearbeitung der Goldseifen erwähnten
Waschschüsseln zum Verwaschen reicher Erze, namentlich Goldschliche, ihr Hauptzweck ist
jedoch die Behandlung kleiner Erzproben, sei es von gepulverten Roherzen oder von Auf=
bereitungsprodukten, um ihre Zusammensetzung kennen zu lernen. Das feuchte Material
wird auf den Sichertrog gebracht und dieser dann nach Hinzufügung des nötigen Wassers
derart in schwingende Bewegung versetzt, daß letzteres zwar schnell nach der einen
Seite fließt, aber langsam nach der anderen wieder zurückströmt. Erschüttert man durch
leichte Schläge mittels des Ballens der einen Hand den Sichertrog, so wird der
Trennungsprozeß befördert; die Berge werden abgespült, und die Erze ordnen sich, ähn=
lich wie auf der Herdfläche, nach dem spezifischen Gewichte an. Auf dem Sichertroge
läßt sich z. B. ein Gehalt an Freigold von 10 g auf eine Tonne Erz noch mit Sicherheit
nachweisen.

Durch die Herdarbeit wird die nasse Aufbereitung beendet, deren Zweck es ist, einen möglichst großen Teil der im Roherze eingewachsenen Mineralien so weit zu konzentrieren, daß ihre hüttenmännische Verarbeitung lohnt. Vollständig kann das leider nicht gelingen, da immer kleine Erzteilchen in den Bergen verbleiben und ein anderer Teil des Erzes zu so feinen Stäubchen zerkleinert wird, daß sie auf den Herden nicht zur Ablagerung gelangen, sondern vom Wasser mit fortgeführt werden; hierdurch erklären sich die Aufbereitungsverluste. Das Wasser wird meistens wiederholt zum Waschen benutzt und zu diesem Zwecke durch Pumpen wieder gehoben. Die Klärung der beim Waschprozeß benutzten Wasser erfordert übrigens die Anlage großer Klärteiche, da das Waschwasser nur in völlig geklärtem Zustande in die öffentlichen Wasserläufe abgelassen werden darf.

Die Aufbereitung durch Wind und Zentrifugalkraft. Entweder die soeben erwähnte Rücksicht, nämlich die Schwierigkeit, große Wassermengen schnell zu klären, oder der Mangel an Wasser in einzelnen Bergrevieren, wie z. B. in den Goldgebieten von Westaustralien, sind die Veranlassung, daß zuweilen von der nassen Aufbereitung abgesehen oder diese doch eingeschränkt wird.

In der Kohlenaufbereitung wird z. B. das Kohlenklein vor der Behandlung auf Setzmaschinen in Schleuderapparaten, durch die mittels Ventilator ein Luftstrom geblasen wird, vom Staube befreit und dieser in Staubkammern oder Staubsammlern (Cyklone) für sich trocken ausgeschieden, er kann später der durch die Setzarbeit erhaltenen Kokskohle beigemengt werden; die Verunreinigung des Waschwassers wird erheblich verringert und die Klärung erleichtert.

Für die Goldaufbereitung werden im kleinen sehr einfache Einrichtungen verwendet. Aus dem trocken gewonnenen Seifenmaterial bläst der natürliche Wind (Abb. 269) von dem durch ein Sieb fallenden feinen Material die leichteren Partien fort, oder es wird wohl auch durch kleine Handgebläse ein künstlicher Luftstrom zu diesem Zwecke erzeugt, und das Gold reichert sich in dem zurückbleibenden Sande nach mehrmaliger Wiederholung des Verfahrens allmählich an. Für größere Anlagen wird für Goldaufbereitung der Apparat von Pape-Henneberg empfohlen. In der Mitte eines kreisrunden flachen Gefäßes ist ein Schleuderteller aufgehängt, er besteht aus einer wagerechten Scheibe, die in sehr schnelle Umdrehung versetzt wird; auf dieselbe wird das fein zerkleinerte Erz gleichmäßig aufgetragen. Die einzelnen Teilchen werden durch die Zentrifugalkraft fortgeschleudert, und zwar fliegen diejenigen, welche gleiche Masse haben, gleichweit, sie finden sich daher zusammen in einem der Gefäße, welche den Schleuderteller ringförmig umgeben. Nehmen wir Quarz und Gold als Gemengteile des Erzes an, so finden sich in jedem Gemenge neben kleinen Goldteilchen Quarzkörnchen von erheblich größerem Durchmesser. Ein Rührapparat führt die in jedem Ringe niederfallenden Körnchen zum Austrage, und dort geht jede Korngruppe über ein entsprechend feines Sieb, durch welches nur die kleinen Goldkörnchen hindurchfallen, während die größeren Quarzkörnchen zurückgehalten werden. Es gelingt auf diese Weise leicht, einen erheblichen Teil des gröberen Goldes abzuscheiden. Gleichzeitig wird durch den Schleuderapparat ein Luftstrom mittels eines Ventilators so hindurchgesaugt, daß er am Umfange des Gefäßes eintritt und nach dem Mittelpunkte zu strömt, derselbe nimmt die feinsten Staubteilchen mit, die in einer besonderen Staubkammer aufgefangen werden. Der Schleuderapparat wirkt um so günstiger, je gröber die Goldteilchen sind; das in dem feinsten Staube etwa noch enthaltene Gold kann nicht durch Windaufbereitung, sondern nur durch darauf folgende nasse Aufbereitung oder durch eines der neueren Laugeverfahren gewonnen werden. Immer ist es ein Vorteil, bei Wassermangel wenigstens das gröbere Gold ausscheiden zu können. Unzertrennlich ist leider von der Windaufbereitung ein außerordentlich lästiger Staub, der bald alle Gegenstände der Umgebung mit einer dicken Kruste überzieht.

Die Windaufbereitung setzt ebenso wie die nasse Aufbereitung voraus, daß ein Unterschied im Eigengewichte der Mineralien vorhanden ist. Es gibt jedoch auch Fälle, in denen es die Aufgabe des Bergmanns ist, Erze voneinander zu trennen, die angenähert das gleiche spezifische Gewicht haben, hierzu können wir uns entweder chemischer Mittel oder zuweilen des Magnetismus bedienen.

Als ein interessantes Beispiel der chemischen Aufbereitung sei hier die Ver=
arbeitung der Erze des alten, schon seit 400 Jahren bestehenden Zinnbergbaues zu Alten=
berg im Erzgebirge angeführt. Es kommen dort in äußerst feiner Verteilung Zinnerz,
Arsenkies und gediegen Wismut vor, der Unterschied in den spezifischen Gewichten reicht
nicht aus, um eine Trennung auf nassem Wege zu erreichen, man erhält vielmehr nach
dem Verpochen der Erze und dem Verwaschen auf Herden ein inniges Gemenge der drei
Mineralien. Durch Rösten desselben wird der Arsenkies in die flüchtige arsenige Säure,
die in Flugstaubkammern aufgefangen wird, und in zurückbleibendes Eisenarseniat zerlegt,
sodann wird das Wismut mittels Salzsäure aus dem Röstrückstande ausgelaugt. Der
nunmehr verbleibende Rest wird nochmals auf Herden verwaschen und durch Entfernung
der fein verteilten Eisenverbindungen reines zur Schmelzung geeignetes Zinnerz erhalten.

Die magnetische Aufbereitung kann nur zur Abscheidung des von der Natur
stark magnetischen Magneteisenerzes oder solcher Mineralien angewendet werden, die
sich durch Rösten in magnetische Verbindungen überführen lassen, es sind das der Spat=

eisenstein, Schwefelkies
und Arsenkies; alle
drei Mineralien werden
durch geeignete Röstung
wenigstens zum Teil in
Eisenoxydoxydul über=
geführt. In Deutsch=
land wird das Verfah=
ren am häufigsten zur
Trennung von Zink=
blende und Spateisen=
stein angewendet. Diese
Mineralien kommen
z. B. auf den Erzgängen
von Friedrichssegen
im Rheinlande in größe=
ren Mengen zusammen
vor, und da ihr spezi=
fisches Gewicht ange=
nähert gleich ist, so
bleiben sie auch bei der
nassen Aufbereitung,
durch die der vor=

269. **Trockene Verarbeitung des Goldsandes zu Coolgardie in Westaustralien.**

kommende Bleiglanz abgeschieden wird, in den Zwischenprodukten beisammen. Das
Gemenge wird geröstet, gemahlen und dann der Trennung mittels starker Elektromagnete
unterworfen; durch mehrmalige Wiederholung des Verfahrens gelingt es, einen Teil
reines Eisenerz und reine Zinkblende abzuscheiden, die beide gut verkäuflich sind, während
das Gemenge gar keinen Wert hat.

Der Bergbau auf fossile Brennstoffe.

Einleitung. Von allen vorweltlichen organischen Resten sind jedenfalls die An=
häufungen von Brennstoffen, welche die Erde birgt, für unsere heutigen Existenzbedingungen
am wichtigsten; hängt doch die Erzeugung von mechanischer Arbeit hauptsächlich von
ihnen ab.

Ein Blick auf die in der Einleitung S. 21 gegebene Tabelle belehrt uns, daß
allein der Wert der jährlich auf der Erde erzeugten Steinkohlen ein sehr viel größerer
ist, als derjenige aller anderen bergmännischen Produkte zusammengenommen, die Edel=
metalle nicht ausgeschlossen. Deshalb kann man auch mit gutem Rechte behaupten, daß
von den Mengen an Steinkohle, die der Boden eines Landes birgt, zum guten Teil dessen
Wohlstand abhängt.

Der Entstehung nach können wir die fossilen Brennstoffe im weiteren Sinne des Wortes in die folgenden beiden großen Gruppen einteilen: Graphit, Anthracit, Steinkohle, Braunkohle, Torf und anderseits Erdgas, Erdöl, Erdwachs und Erdpech. Von den zuerst genannten nehmen wir, wie im ersten Abschnitte eingehender auseinandergesetzt worden ist, an, daß sie durch Umbildung von Pflanzenstoffen entstanden sind, während die letzteren wahrscheinlich aus den Fettsubstanzen abgestorbener Seetiere hervorgegangen sein dürften.

Der allmähliche Übergang von der Holzfaser bis zum Graphit wird am klarsten ersichtlich, wenn wir uns unter Außerachtlassung des Wasser= und des Aschengehaltes die Zusammensetzung dieser Stoffe vergegenwärtigen, dabei kann es sich natürlich nur um mittlere Werte handeln. Es enthalten nach Muck:

	Kohlenstoff	Wasserstoff	Sauerstoff	Stickstoff
Holzfaser	50 %	6 %	43 %	1 %
Torf	59 „	6 „	33 „	2 „
Braunkohle	69 „	5,5 „	25 „	0,8 „
Steinkohle	82 „	5 „	13 „	0,8 „
Anthracit	95 „	2,5 „	2,5 „	Spur.
Graphit	100 „	—		

Der Aschengehalt muß hierbei unberücksichtigt bleiben, da derselbe nicht nur von der Pflanzensubstanz herrührt, sondern den meisten fossilen Brennstoffen bei ihrer Anhäufung auch noch als fremde Mineralteile beigemengt wurde.

Bei der ausführlichen Behandlung der einzelnen hierher gehörigen Stoffe sind die Produktionsmengen angegeben, hier möge als ein Beispiel für ihre Bedeutung der jähr= liche Verbrauch der Reichshauptstadt an Brennstoffen angegeben werden.

Der jährliche Brennmaterial=Verbrauch der Reichshauptstadt.

Brennstoffe	1886. t	1896. t
Oberschlesische Steinkohle	835 885	934 052
Niederschlesische „	159 609	217 553
Englische „	116 277	146 870
Westfälische „	71 601	328 381
Sächsische „	7 198	8 279
Summe Steinkohlen	1 190 570	1 635 135
Deutsche Braunkohlen=Briketts	} 378 129	755 299
Deutsche Braunkohle		19 187
Böhmische „	156 076	102 742
Summe Braunkohlen	534 205	877 228
Hauptsumme	1 724 775	2 512 363

Es ist von Interesse, hieraus zu ersehen, in welchem Maße die einzelnen deutschen Gebiete und auch das Ausland (englische Steinkohle, böhmische Braunkohle) an der Brennmaterialzufuhr beteiligt sind und wie sich dieses Verhältnis in den letzten Jahren zu gunsten der westfälischen Steinkohle und der deutschen Braunkohlenbriketts verschoben hat, während der Verbrauch im ganzen erheblich gestiegen ist.

Der Graphit.

Im weiteren Sinne rechnen wir als ältestes Gebilde auch den Graphit zu den fossilen Kohlen, er findet sich an vielen Orten, doch nur selten so rein und in so großen Mengen, daß er abbauwürdig ist. Die Insel Ceylon und Österreich, hier besonders das südliche Böhmen, erzeugen die größten Mengen, nämlich jedes mehr als 20 000 t im Jahre, dann folgen Bayern mit etwa 3500 t, Italien mit 1500 t und mit kleineren Mengen die Vereinigten Staaten von Nordamerika, Kanada, Sibirien und Japan. Die abbauwürdigen Graphitlagerstätten bilden unregelmäßige Linsen in den krystallinischen Schiefern und den ältesten sedimentären Formationen, der ceylonische ist der reinste, er enthält 99,5 % Kohlenstoff, ist blätterig krystallinisch und hat schönen metallischen Glanz. Der Bergbau dürfte ein sehr einfacher sein, da er ausschließlich durch die Eingeborenen betrieben wird; die dortige Produktion wird zur Hälfte nach Europa, zur anderen Hälfte nach den Vereinigten Staaten ausgeführt. An den meisten anderen Fundorten ist der Graphit mit Thon gemengt, z. B. enthält der bekannte Passauer Graphit nur 50 % Kohlenstoff, eignet sich aber besonders gut zur Herstellung feuerfester Tiegel. Viele Graphitvorkommen müssen vor der Verwendung erst durch Mahlen und Schlämmen gereinigt werden, daher ist der Preis auch sehr verschieden, er schwankt zwischen 40 und 500 Mark für 1 t. Der reinste Graphit und zwar etwa 3 % der Produktion dient zur Anfertigung von Bleistiften, etwa 40 % werden bei der Gußeisendarstellung und =Be= arbeitung verwendet, 35 % gehen zur Herstellung von Schmelztiegeln und feuerfesten Materialien auf und etwa 10 % werden neuerdings zu Schmiermitteln für stark bean= spruchte Lager verarbeitet. Für den letzteren Zweck wird namentlich der sogenannte Flockengraphit von Ticonderoga im Staate New York empfohlen. Besonderen Ruf haben die Schmelztiegel der Firma Bessel in Dresden, sie werden bis zu einer Größe für 1000 kg Kupfer hergestellt und halten durchschnittlich 60 Schmelzungen aus, auch die Münzstätten bedienen sich zum Umschmelzen der Edelmetalle dieser Graphittiegel.

Anthracit und Steinkohle.

Zwischen Anthracit und Steinkohle läßt sich ein scharfer, bestimmter Unterschied nicht machen, es findet vielmehr von der Steinkohle zum Anthracit ein allmählicher Über= gang statt, auf den wir bei Besprechung der chemischen und physikalischen Eigenschaften der Steinkohlen noch näher eingehen werden. Allgemein versteht man unter Anthracit eine schwer entzündliche, mit kurzer Flamme verbrennende und nur wenig Asche hinter= lassende sehr harte Kohle, die oft metallischen Glanz hat. Die Hauptproduktionsgebiete des Anthracits sind Pennsylvanien und Wales in England, Deutschland erzeugt nur geringe Mengen. Die bergmännische Gewinnung ist dieselbe wie diejenige der Steinkohle.

Für die Einteilung der Stein= oder Schwarzkohle bietet die chemische Zusammen= setzung keinen Anhalt, da sich zwei ganz gleich zusammengesetzte Kohlen vollständig ver= schieden verhalten können und auch nicht selten andere äußere Eigenschaften haben. Man benutzt daher einmal das Verhalten der Kohlen im Feuer und dann ihre physika= lischen Kennzeichen zur Einteilung, da auch der spezielle geologische Horizont, in dem sie vorkommen, auf die Beschaffenheit keine bestimmten Schlüsse gestattet. Kommt es doch vor, daß dasselbe Flöz an zwei voneinander entfernten Orten verschiedene Kohlen liefert.

Nach dem Verhalten im Feuer unterscheidet man: Sandkohlen oder magere Kohlen, sie backen nicht zusammen und geben eine sandige Asche; die Sinterkohlen zeigen bei der Verbrennung Anfänge der Schmelzung, auch die Asche sintert zusammen; die Backkohlen oder fetten Kohlen schmelzen bei der Verbrennung und backen, wie der Name sagt, zusammen. Dementsprechend können die Sandkohlen, zu denen auch die Anthracite gerechnet werden, zur Verkokung nicht verwendet werden, die Sinterkohlen geben einen lockeren, wenig zusammenhängenden Koks, während die Backkohlen die zur Koksdarstellung am besten geeigneten Kohlen sind (vgl. hierüber den zweiten Teil dieses Bandes). Sand= und Sinterkohlen sind für Dampfkesselfeuerungen und Hausbrand am zweckmäßigsten, das bei denselben abfallende Kohlenklein wird neuerdings vielfach zur Er= zeugung von Briketts verwendet. Dagegen eignen sich die backenden Kohlen außer zur Koksdarstellung besonders gut zur Gaserzeugung, auch als Schmiedekohlen sind sie ge= schätzt; die gasreichsten Arten werden auch als Gaskohlen unterschieden.

Ferner nennt man die Kohlen je nach der Flammenentwickelung kurz= und lang= flammige, die ersteren kommen nur unter den Sandkohlen vor, dagegen finden sich langflammige Kohlen sowohl unter Sand=, Sinter= als auch Backkohlen. Die letzteren sind für viele Hüttenprozesse erwünscht, bei denen, wie beim Flammofenbetriebe die Verbreitung der Wärme über einen größeren Raum von Belang ist.

Nach den äußeren physikalischen Kennzeichen unterscheidet man namentlich 2 Kohlen= arten: Die Glanzkohlen haben tiefschwarze Farbe, wie der Name es bereits besagt

lebhaften Glanz, ſie ſind ſehr ſpröde und ſpalten meiſtens gut ſenkrecht zu den Schicht=
flächen, ſo daß würfelige Stücke entſtehen. Zu den Glanzkohlen gehört im weiteren Sinne
auch der Anthracit, doch iſt ſeine Farbe grauſchwarz. Hiervon weſentlich unterſchieden
iſt die Mattkohle; ſie iſt grau= bis braunſchwarz, wenig glänzend, die Spaltbarkeit fehlt,
der Bruch iſt muſchelig; hierzu rechnet man auch die Cannelkohle, die nach der leichten
Entzündlichkeit benannt wurde, und die im Königreich Sachſen vorkommende Pechkohle.

Erheblich ſeltener als die beiden genannten Hauptarten iſt die Faſerkohle, ſie
beſteht aus ſehr zarten Pflanzenteilchen, hat Seidenglanz und färbt ſtark ab, ſie kommt
in größeren Mengen bei Zwickau in Sachſen vor und wird hier Rußkohle genannt.
Alle Faſerkohlen ſind Sandkohlen.

Schiefer= oder Schichtenkohle nennt man ſolche Steinkohlen, welche aus ab=
wechſelnden Lagen von Glanz= und Mattkohle beſtehen und daher im Querbruche eine
gewiſſe Schichtung zeigen.

Die wichtigſten Verwendungsarten der Steinkohle ſind die Dampferzeugung für die
Kraftentwickelung, die Wärmeerzeugung für Haushaltung und Induſtrie, beſonders auch
für die hüttenmänniſchen Schmelzprozeſſe. Ferner verbrauchen die Gasanſtalten erheb=
liche Mengen zur Leuchtgasbereitung, wobei ebenſo wie bei der Koksdarſtellung als
Nebenerzeugniſſe Ammoniak und Teer gewonnen werden. Die Herſtellung von Koks iſt
namentlich für die Hochofenprozeſſe ſowohl der Eiſenhütten als auch der Erzhütten von
der weitgehendſten Bedeutung, während Steinkohlenbrifetts ſich immer größerer Beliebt=
heit zur Dampfkeſſelfeuerung erfreuen.

Die erzeugten Kohlenmengen ſind in den letzten Jahrzehnten immer mehr und mehr
geſtiegen; die Verteilung auf die wichtigſten Produktionsgebiete iſt aus der beigedruckten
Tabelle erſichtlich.

Steinkohlenproduktion der Erde nach Rothwell im Jahre 1896.

Land	metr. Tonnen	Land	metr. Tonnen
Europa		**Aſien**	
Großbritannien . .	195 272 000	Japan	3 715 000
Deutſchland . . .	112 437 700	Indien	2 725 000
Frankreich	28 870 100	**Nordamerika**	
Öſterreich=Ungarn . .	28 125 000	Vereinigte Staaten .	168 957 300
Belgien	21 250 000	Kanada	3 396 800
Rußland	7 785 000	**Afrika**	
Spanien	1 874 800	Transvaal . . .	1 250 000
Italien	235 000	**Auſtralien**	4 546 500
Schweden	210 000	Außerdem etwa . .	1 800 000
Summe	396 059 600	Summe	186 390 600

Hauptſumme 582 450 200 t.

In dieſer Tabelle dürfte, wie aus dem Vergleich mit den weiter unten folgenden
Zahlen hervorgeht, die Produktion Deutſchlands — wohl unter Einreihung der Braun=
kohlenerzeugung — zu hoch angegeben ſein.

Nach der Zuſammenſtellung iſt Großbritannien dasjenige Land, welches die
höchſte Produktion aufzuweiſen hat. Die Hauptkohlenbecken ſind das Mittelbecken,
mit über 5000 qkm Flächeninhalt, es umfaßt namentlich die Grafſchaften Yorkſhire,
Lancaſhire, Staffordſhire und Derbyſhire und erzeugt faſt die Hälfte der Geſamtpro=
duktion, das Becken von Newcaſtle in den Grafſchaften Durham und Cumberland mit
2000 qkm Umfang und dasjenige von Südwales in den Grafſchaften Glouceſterſhire
und Somerſetſhire. Schottlands wichtigſter Kohlendiſtrikt iſt das Clydebecken. Bezüg=
lich des Bergbaues in Wales ſei noch kurz erwähnt, daß dort die Flöze auf große Er=
ſtreckungen unter dem Meere abgebaut wurden, allerdings ſind auch in einige Gruben
die Wogen des Meeres eingedrungen.

Außer der großen Ausdehnung der Kohlenbecken kommt dem Steinkohlenbergbau
Großbritanniens die leichte Gewinnung wegen der ungeſtörten Ablagerung und bequeme

Additional material from *Bergbau und Hüttenwesen,*
ISBN 978-3-662-30301-6 (978-3-662-30301-6_OSFO3),
is available at http://extras.springer.com

Verladung auf dem Seewege außerordentlich zu statten. Hierin ist es auch begründet, daß Großbritannien mehr Kohlen ausführt, als irgend ein anderer Staat und zwar 44,6 Millionen Tons (1896), also fast ¼ seiner Produktion; davon empfangen die Hauptmengen Frankreich, Italien und Schweden, während kleinere Mengen nach Rußland, Spanien und auch nach Deutschland verladen werden.

Die Verteilung der Steinkohlenförderung Deutschlands auf die wichtigsten Kohlenreviere ist die folgende:

Deutschlands Steinkohlenförderung im Jahre 1896.

Revier	metr. Tonnen	Arbeiterzahl
Oberschlesien	19 613 000	56 004
Niederschlesien	4 065 700	19 069
Provinz Hannover	571 700	3 467
Ruhrkohlenrevier	44 893 300	161 870
Saarbrücken	7 820 700	34 209
Wurmrevier	2 021 300	8 960
Königreich Sachsen	4 880 000	21 821
Außerdem etwa	600 000	3 000
Summe	84 465 700	308 400

Danach ist das Ruhrsteinkohlenbecken bei weitem das wichtigste, wir lassen daher einige Zahlen über die Entwickelung des dortigen Bergbaues folgen:

Steinkohlenförderung im Ruhrgebiet.

Jahr	Millionen Tonnen	Arbeiterzahl	Jahr	Millionen Tonnen	Arbeiterzahl
1840	rund 1	rund 9 000	1880	rund 22	rund 80 000
1850	„ 2	„ 13 000	1890	„ 35	„ 128 000
1860	„ 4	„ 29 000	1895	„ 41	„ 155 000
1870	„ 12	„ 51 000	1896	„ 45	„ 162 000

Das Ruhrgebiet verfügt über eine große Anzahl — etwa 70 — abbauwürdige Flöze von mittlerer Mächtigkeit (1, selten 2 m), ähnlich liegen die Verhältnisse in Saarbrücken. Während im Ruhrgebiet der Kohlenbergbau nur von der Privatindustrie betrieben wird, ist in Saarbrücken der gesamte Bergbau staatlich.

Die bei weitem mächtigsten Steinkohlenflöze im gesamten preußischen Staate hat Oberschlesien, es kommen dort im Felde der königlichen Grube Königin Luise mit Guido das Flöz Reden-Bohammer mit 10—14 m Kohle und das Flöz Schuckmann mit 7—9,5 m Kohle vor, außerdem jedoch noch eine Anzahl anderer, weniger mächtiger Flöze. Die genannte Grube hat die größte Förderung im preußischen Staate, nämlich im Durchschnitt der letzten Jahre 2 700 000 t jährlich mit 8400 Mann Belegschaft. Solchen großartigen Leistungen müssen auch bedeutende Betriebsmittel entsprechen, wie die vortreffliche Aufnahme von Tschentscher in Königshütte sie zeigt (nebenstehende Tafel). Wir überblicken drei Förderschächte, zwischen ihnen, über den Gleisanlagen errichtet die leistungsfähigen Anlagen für das Trennen nach Korngrößen und die unmittelbare Verladung in die Eisenbahnwagen.

Wenn man von einer Jahresförderung in der Höhe von 2,7 Millionen Tonnen Steinkohle spricht, so ist es vielleicht zweckmäßig, da bei so großen Zahlen der Maßstab leicht fehlt, sich die Bedeutung solcher Mengen durch andere Maße näher zu rücken. Nehmen wir an, daß ein Doppelwagen unserer Eisenbahnen, der 10 t Steinkohlen ladet, im Mittel 8 m Länge zwischen den Puffern hat, so würden, um 1 Million Tonnen Steinkohle zu laden, 100 000 Doppelwagen nötig sein, die, einer unmittelbar an den anderen geschoben, eine Gleislänge von Berlin bis nach Wien (etwa 800 km) gerade ausfüllen würden, die Jahresproduktion der genannten Grube ergibt also eine gesamte Zuglänge von 2160 km.

Werfen wir wegen der außerordentlichen Höhe der Produktion noch einen kurzen Blick auf den Steinkohlenbergbau der Vereinigten Staaten von Nordamerika. Dieselben besitzen östlich von den Felsengebirgen vier Steinkohlenbecken: das große Appalachische oder östliche Becken, welches im nordöstlichen Teile die wertvollen Anthracitflöze Pennsylvaniens umschließt und sich in südwestlicher Richtung über fast 1500 km bis nach Alabama erstreckt. Die Förderung aus diesem Becken beträgt fast 60 % der Gesamtförderung der Vereinigten Staaten. Weiter westlich finden wir das mittlere oder Illinois=Becken, nördlich im Seengebiet das Michigan=Becken und zwischen Mississippi und den Felsengebirgen das ausgedehnte westliche Becken, welches zur Zeit am stärksten in den Staaten Joba und Missouri ausgebeutet wird, sich aber auch über Nebraska, Kansas, Arkansas und Texas erstreckt. Auch die Felsengebirge und die Küste des Stillen Ozeans besitzen Kohlenfelder, die jedoch weniger erforscht und minder wichtig sind.

In Ostasien beginnt die Kohlenindustrie sich gewaltig zu regen, zwar liegen in China die ausgedehnten Kohlenfelder fast noch unbenutzt, aber in Japan wird bereits eifrig Steinkohle gefördert, die übrigens dem Tertiär angehören soll. Die produktivste Grube liegt in der Nähe von Nagasaki, ist mit Einrichtungen für Eisenbahn= und Schiffsverladung ausgerüstet und fördert zur Zeit 2500—3000 t täglich, wahrlich eine erstaunliche Leistung!

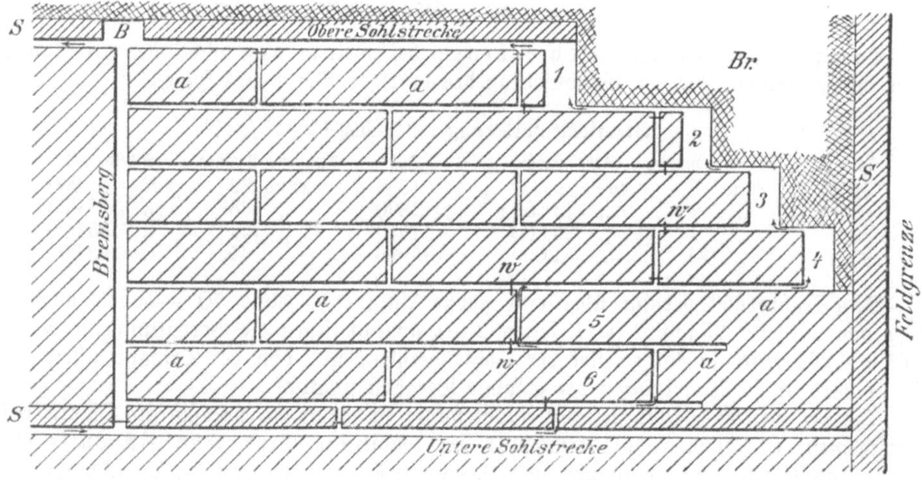

270. **Pfeilerbruchbau auf Steinkohlenflözen.**

Auf dem australischen Kontinente sind in Queensland und Neusüdwales, ferner auf Tasmanien und Neuseeland ausgedehnte Kohlenvorkommen nachgewiesen und in Betrieb genommen. Australische Kohle wird bereits von Newcastle in Neusüdwales und von Brunnerton an der Westküste der Südinsel von Neuseeland über den Stillen Ozean nach Nord= und Südamerika und auch nach den südlichen und östlichen Küsten Asiens verfrachtet.

Bei dem beständig wachsenden Verbrauche dieses wichtigen Minerales hat die Beantwortung der Frage die größte Bedeutung „wie lange werden in den alten Kulturländern die Kohlenvorräte noch ausreichen?" Hierüber sind bereits gründliche Arbeiten abgefaßt. Der preußische Geheime Bergrat Nasse beantwortet die Frage folgendermaßen, indem er nur die bis zu einer Tiefe von 1200 m vorhandenen Steinkohlen in Betracht zieht und außerdem annimmt, daß der Verbrauch in gleichem Maße, wie in den letzten Jahrzehnten weiter steigen werde: Es würden Österreich=Ungarn, Frankreich, Belgien und Großbritannien noch 500 Jahre, die Vereinigten Staaten von Nordamerika noch 650 Jahre und Deutschland noch 900 Jahre lang über die nötigen Steinkohlen verfügen. Demnach können wir also in dieser Beziehung getrost in die Zukunft sehen!

Die Lagerung der Steinkohlenflöze ist gewöhnlich eine wenig geneigte, bis 10 und 15° im Gegensatz zu den Erzgängen, bei denen steile Lagerung, 75° etwa, das Vorwiegende ist. Die Steinkohlenflöze finden sich in vielen Fällen ohne wesentliche Verunreinigungen, und zwar sind Flöze von 1,5—2,5 m Mächtigkeit am häufigsten. Die für dieselben angewendete Abbaumethode, den Pfeilerbau, Pfeilerbruchbau oder Pfeilerrückbau, wollen wir später schildern.

Kommen Flöze von wesentlich geringerer Mächtigkeit vor, oder solche, die stark durch taube Zwischenlagen verunreinigt sind, so wird eine Abbaumethode mit Bergeversatz angewendet, der Strebbau, den wir bei Besprechung des Mansfelder Kupferschieferbergbaues eingehend erläutert haben. In den selteneren Fällen, in denen Steinkohlenflöze durch Faltung des Schichtensystems steil aufgerichtet sind, wird zu einer dem Firstenbau ähnlichen Abbaumethode gegriffen (vergl. den unter Silber näher beschriebenen Freiberger Bergbau). Da die Steinkohlenflöze gewöhnlich in älteren Schichtensystemen vorkommen, die von jüngerem Gebirge überlagert sind, so kann Tagebau, wie er bei der Braunkohle häufig ist, nur selten angewendet werden. Das geschieht beispielsweise zu Dombrowa in Russisch-Polen nahe der schlesischen Grenze und auch in Pennsylvanien. An diesen beiden Örtlichkeiten streichen sehr mächtige Flöze zu Tage aus.

Der Pfeilerbau, wie er überall auf reinen Steinkohlenflözen ausgeführt wird, ist dadurch gekennzeichnet, daß man nach dem Herausnehmen der Kohlen das Hangende

271. Rauben des Holzes im Abbau.

hereinbrechen (zu Bruche gehen) läßt. Das zu Bruche gegangene Feld (Bruchfeld) ist für den Betrieb unbequem, da sich in ihm leicht schädliche Gase entwickeln, sich auch gewöhnlich ein besonders starker Gebirgsdruck geltend macht. Es würde daher unzweckmäßig sein, in der Nähe des Schachtes abzubauen und zwischen Schacht und Betriebe ein Bruchfeld zu legen. Dieses ist der Grund, weshalb der Kohlenbergmann stets mit seinen Hauptstrecken bis an die Feldgrenze vordringt und von dort nach dem Schachte zu, also rückwärts, abzubauen beginnt, man spricht daher auch von Pfeilerrückbau. Bei derart eingerichtetem Betriebe stört das Bruchfeld sehr viel weniger. Unsere Abb. 270 zeigt das erste an der Grenze gelegene und im Abbau begriffene Feld. Von dem Flözstreifen, welcher zwischen der oberen und unteren Sohlstrecke gelegen ist, wird durch Anlage eines Bremsberges eine namentlich von der Stärke des Gebirgsdruckes abhängige Länge abgetrennt. In diesem Felde werden durch Abbaustrecken a, deren oberste zuerst in Angriff genommen wird, vom Bremsberge aus schmälere Kohlenstreifen, die sogenannten Pfeiler (1 bis 6) abgetrennt und diese dann von der Feldgrenze her abgebaut, d. h. die Kohle herausgehauen, der Arbeitsraum soweit nötig durch Einbau von Holz unterstützt, dann aber dieses herausgenommen (geraubt) und dadurch das Hangende zum Niederbrechen veranlaßt. So nähert man sich allmählich dem Bremsberge, und wenn dieser erreicht ist, wird ein zweites Feld in Angriff genommen. An der Feldgrenze und an den Hauptstrecken entlang läßt man zu deren Sicherung Streifen Kohle stehen, die Sicherheits=

272. Bruchfeld. Nach Börner und Georgi, „Der Kohlenbergmann". Verlag Craz u. Gerlach, Freiberg.

pfeiler (S) genannt werden. Die frische Luft wird auf der unteren Strecke — in der Pfeilrichtung — zugeführt, durch eingebaute Wetterthüren oder Wettergardinen w so geführt, daß sie an den Arbeitsorten entlang strömt und auf der oberen Sohlstrecke zum Wetterschachte gelangt. Die Kohlen werden auf den Abbaustrecken bis zum Bremsberge gefördert und mittels der bei B aufgestellten Bremseinrichtung bis zur unteren Sohlstrecke herabgebremst.

Das Rauben des Holzes ist die gefährlichste Arbeit, es gehört hierzu viel Erfahrung und Geschick (Abb. 271). Manches von den Hölzern ist bereits gebogen, ja sogar geknickt, das Hangende ist bereits in Bewegung geraten und muß nach und nach niederbrechen, damit die Arbeit vor den Abbauorten sicher ausgeführt werden kann und sich nicht in den offenen Räumen schädliche Gase ansammeln. Mit langgestielten Werkzeugen wird gearbeitet, hier werden Hölzer mit der Axt eingehauen, dort unter anderen an der Sohle etwas Luft gemacht, bis es gelingt, sie mittels umgelegter Kette oder langer Stange zum Brechen zu bringen oder sie ganz herauszunehmen. Dabei muß der Arbeiter stets auf seine Sicherheit bedacht sein und das Gebirge und die Druckwirkung beständig beobachten.

Unsere Abb. 272 gibt ebenfalls ein ausgezeichnetes Bild des Bruches. Wohl aus rein örtlichen Gründen ist derselbe hier dem Arbeitsorte (links ist der Kohlenpfeiler) sehr nahe gerückt, durch starke Hölzer, Bruchstempel, sind die Arbeiter gegen weiteres Nachbrechen gesichert.

Auch bei mächtigeren Flözen wird in dieser Weise gebaut, z. B. auf dem 4—6 m starken Flöze, das im Plauenschen Grunde bei Dresden abgebaut wird. Abb. 275 zeigt ein solches Abbauort. Es kann dort Schießarbeit angewendet werden, da keine Schlagwetter auftreten. Der Betriebsdirektor prüft gerade die Ausführung der Arbeit.

Namentlich dann, wenn das Dach des Flözes brüchig ist und im Flöze Lagen von Bergen (Bergemittel, B Abb. 273) vorkommen, zieht man vor, die Kohlenmächtigkeit nicht auf einmal, sondern in wagerechten Abschnitten (bankweise), wie es durch die Bergeschichten bedingt ist, herauszunehmen. Man gewinnt zuerst die obere Kohlenbank, wobei die Berge ausgehalten werden, und unterstützt das Dach durch Kappen k, Verzug und Stempel b, auf diese Weise rückt man einige Meter vor, sodann werden die Kappen durch einen Hilfsbau unterfangen und bei Hereingewinnung der Mittelbank die Stempel b allmählich durch längere b¹ ersetzt, und wiederum die Berge der zweiten Schicht ausgehalten. Ebenso verfährt man, wenn man bei Gewinnung der dritten Bank die Stempel b¹ gegen die noch längeren b² austauscht, womit dann die ganze Kohlenmächtigkeit herausgehauen ist. Auch hier werden beim Fortschreiten des Baues schließlich die Stempel b² geraubt und das Hangende geht zu Bruche. — Man nennt diesen Abbau auch stroßweisen, da er von oben nach unten fortschreitet, es bietet dies den Vorteil, daß das Dach früher als beim gleichzeitigen Abbau der ganzen Mächtigkeit unterstützt werden kann.

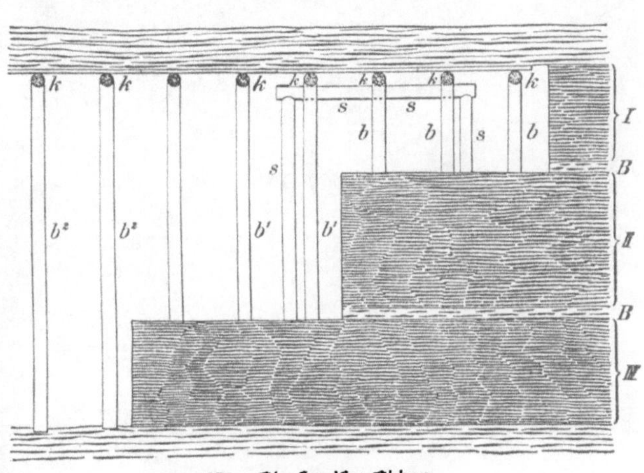

273. Stroßweiser Abbau.

Der Pfeilerbruchbau veranlaßt mehr als die Abbaumethoden mit Bergeversatz Senkungen der Oberfläche, da das Nachbrechen des Hangenden sich zwar langsam aber sicher nach und nach auch an der Oberfläche geltend macht. Unter wertvollen Baulichkeiten bleiben daher die Flöze unberührt, man läßt, wie der Bergmann sagt, Sicherheitspfeiler stehen.

Weil das hangende Gebirge durch den Abbau mehr und mehr in Bewegung kommt, hat der Kohlenbergbau in seinen Strecken ganz bedeutenden Druckwirkungen Widerstand zu leisten. Einige Beispiele werden das Gesagte erläutern. Strecken, die 2,5 m hoch und 2 m breit aufgefahren und mit starkem Holze verbaut wurden, sind nach einigen Monaten so zusammengedrückt, daß man kaum hindurchkriechen kann. Abb. 274 zeigt den Umbau einer solchen Strecke, die alten Thürstöcke sind im Hintergrunde sichtbar, die Stempel sind in die Sohle hineingedrückt, die hangenden Schichten sind geknickt und haben sich gesenkt, der Arbeiter ist beschäftigt, das alte Holz herauszunehmen, an den Stößen und der Firste Kohle nachzureißen und neue Thürstöcke in den früheren Abmessungen aufzustellen. Auch eiserner Ausbau, mit dem man vielfache Versuche gemacht hat, hält den Druck auf die Länge der Zeit nicht aus, die eisernen Bögen werden zuerst schief gedrückt (Abb. 276) und brechen dann, wenn die Strecke nicht umgebaut wird, gewöhnlich in den Laschen. Übrigens ist der Umbau eisernen Ausbaues schwierig, da die einzelnen

Stücke im ganzen herausgenommen werden müssen, während bei der Zimmerung mit der Art leicht nachgeholfen werden kann.

Wegen der großen Mengen von Kohlen, welche zu beschaffen sind, werden im Kohlenbergbau an die Förderung bedeutende Anforderungen gestellt. Man entspricht dem dadurch, daß die Hunde aus den Abbaufeldern auf Hauptstrecken vereinigt und dann durch Pferde, elektrische Lokomotiven oder bei sehr großen Massen und langen Förderwegen durch Seil oder Kette ohne Ende zu den Schächten gefördert werden. Die Schachtfördergestelle bieten für vier, ja selbst für sechs oder acht Hunde auf einmal Platz.

274. Wiederaufbau einer verdrückten Strecke.

Die grimmigsten Feinde des Kohlenbergmannes sind leider immer noch die Schlagwetter, mit ihnen der explosible Kohlenstaub und der Grubenbrand. Zwar sind die Fortschritte der Bergbautechnik zur Bekämpfung dieser Gefahren bedeutende, aber es bedarf unausgesetzter Aufmerksamkeit von allen Seiten, um das Unheil zu bannen. Bedauerlicherweise bringt zuweilen die Unvorsichtigkeit eines einzelnen Mannes oder eine unvorhergesehene Verkettung von Zufällen Tod und Verderben über die Belegschaft einer ganzen Grube. Da wird durch eine zu früh sich lösende Kohlenmasse an einem Arbeitsorte der Glascylinder einer Sicherheitslampe zertrümmert, der Kohlenstaub wirbelt auf, gleichzeitig entströmt einer eben erst durch die abbröckelnde Kohle freigelegten Kluft das verderbenbringende Gas.

Zwar will der Häuer eilends hinzuspringen, um die frei brennende Lampenflamme zu verlöschen — aber das Unglück ist schon geschehen, die Explosionsflamme zuckt auf, und der Kohlenstaub trägt sie blitzschnell durch die Strecken weiter, aus den verlassenen Abbaufeldern treten größere Mengen von Gasen aus, eine furchtbare Nacherplosion folgt. Die Erde erzittert, und dumpfer Donner rollt durch die Baue — die sengende Flamme hat im Augenblick das Leben, das sie erreichte, auch vernichtet, nun ziehen unatembare Gase, die Nachschwaden durch die Baue.

Den Gefährten aber, welche in der Nähe der Stätte des Unheils arbeiten, stockt wohl in Ahnung des Fürchterlichen, das geschehen, plötzlich das Blut in den Adern, und erbleichend sehen die sonst so unerschrockenen Männer sich an. Aber hier gilt es, keine Zeit zu verlieren, und nach kurzer Überlegung, wo die Explosion wohl stattgefunden hat, wohin

275. Fortgeschrittener Abbaubetrieb.

Börner und Georgi, „Der Kohlenbergmann". Verlag Craz u. Gerlach, Freiberg.

die betäubenden Nachschwaden etwa ziehen, welcher Weg wohl frei sei, eilen die Arbeiter, entweder um ihren Genossen Hilfe zu bringen, oder sie wenden sich zu schneller Flucht, um dem Tode in der Tiefe zu entrinnen. Vor allem gilt es, in einen frischen Wetter= strom zu gelangen; und wenn das Glück hold ist, wenn sie sich weiter entfernt vom Herde der Explosion befanden, wenn sie den richtigen Weg einschlugen, erreichen sie wohl den rettenden Schacht. Oder sie sehen am Zustand der Baue und am Zuströmen guter Wetter, daß ihnen selbst keine Gefahr droht; dann versuchen auch sie, zu den Ver= unglückten vorzudringen.

Denn wenn auch die Explosionsflamme manchen getötet hat, andere Kameraden sind gewiß nur leicht verbrannt, und außer den im Nachschwaden Erstickten gibt es auch Betäubte, die allein durch Atmung frischer Luft das Bewußtsein wieder erlangen; noch andere sind durch das Einstürzen der Baue an der Flucht gehindert und harren nun der Befreier. Zunächst müssen die frischen Wetter durch Wiederherstellung der etwa beschädigten Ver=

276. Eisenausbau einer zweitrümigen Strecke, durch den Gebirgsdruck verschoben.

schlüsse wieder in die richtigen Bahnen gelenkt werden, damit die Retter nach Entfernung der betäubenden Gase bis an die Stätte des Unglücks vordringen können. Freilich hat der Tod dort seine Ernte gehalten, die Leichen der Verbrannten und Erstickten müssen geborgen werden, doch am wichtigsten ist es, diejenigen, in denen das Leben noch nicht ganz erloschen ist, ans Tageslicht zu schaffen und den Ärzten zu übergeben. Aber die Arbeit ist schwer und gefährlich, wenn sich die Retter zu weit in die mit schlechten Wettern erfüllten Baue vorwagen, dann sinken sie wohl selbst erschöpft und bewußtlos nieder.

Die Kunde von dem Unglück hat sich blitzschnell auch über Tage verbreitet, der Donner der Explosion war ja vernehmlich genug, und die dunkle Wolke, die kurze Zeit darauf dem Wetterschachte entstieg, bestätigte, daß ein Unglück geschehen. So eilen denn die übrigen Arbeiter, Beamte und Ärzte herbei, um an den Rettungsarbeiten teilzu= nehmen. Und wer könnte es den Frauen, den Eltern und Kindern der angefahrenen Knappen verübeln, daß sie den Schacht umdrängen und erkunden wollen, ob den Gatten, den Vater das Unheil traf, oder ob er gesund der Tiefe entstieg. Hier wirft sich ein Weib

laut aufjubelnd vor Freude an die Brust des Mannes, der soeben aus der Grube kam —
dort wartet ein altes Mütterchen vergeblich auf den Sohn, der immer noch nicht erscheint,
und weiter drüben in der geräumigen Halle der Zimmerleute bettet man die Gefährten,
welche die letzte Schicht verfuhren. Bei den Verbrannten ist es oft schwer, die Namen
festzustellen, wenn nicht die Nummer der Lampe oder ein zufälliges Kennzeichen als Merk=
mal dient. Wer fühlte da nicht tief ergriffen mit den Angehörigen, deren Schmerz sich
hier in stiller Verzweiflung, dort in lautem Jammer Luft macht, wenn sie ihre Lieben, die
sie erst vor wenig Stunden gesund entließen, so wiederfinden.

Erleichtert atmen die Beamten auf, wenn die Baue wieder zugänglich sind und die
Gewißheit vorliegt, daß die Zahl der Opfer nur klein war. Die Hauptbestrebungen der

277. **Benetzung des Kohlenstaubes.** Nach Börner u. Georgi, „Der Kohlenbergmann" Verlag Craz u. Gerlach, Freiberg.

Bergbautechnik sind denn, außer auf die Verhütung der Explosionen, besonders auch
darauf gerichtet, das Umsichgreifen derselben zu verhindern. Werfen wir auf diese Er=
rungenschaften der Neuzeit noch einen kurzen Blick!

Schlagwetter sind keineswegs in allen Kohlengruben vorhanden, so gehören sie im ober=
schlesischen Kohlenrevier zu den Seltenheiten, in Westfalen und Saarbrücken jedoch sind
sie leider häufig. Schlagwetter nennen wir das Gemenge von Grubenluft mit dem Gruben=
gas, wissenschaftlich leichtes Kohlenwasserstoffgas oder Methan genannt. Dieses entwickelt
sich aus dem Steinkohlengebirge und zwar in geringem Grade überall dort, wo beim Vor=
trieb der Baue neue Teile der Flöze freigelegt werden. Das Grubengas dürfte als hoch
gespanntes Gas in den Kohlen enthalten sein und tritt aus den Stößen in die Baue aus.
Anderseits entströmt es zuweilen als Bläser in großen Mengen den Klüften des Ge=
birges. Bei Gegenwart von entzündlichem Kohlenstaub sind schon Gemenge mit wenigen
Prozenten Grubengas explosibel, ja bei sehr gasreichen Kohlen kann der Kohlenstaub
allein zu Explosionen Veranlassung geben. Ist jedoch kein Kohlenstaub vorhanden, so

tritt Entzündlichkeit eines Schlagwettergemenges erst ein, wenn der verhältnismäßig hohe Gehalt von 6% Grubengas erreicht wird. In Schlagwettergruben mit entzündlichem Kohlenstaub wird daher der letztere durch reichliches Sprengen von fein zerstäubtem Wasser unschädlich gemacht (Abb. 277). Durch das ganze Werk sind Rohrleitungen mit Druck= wasser gelegt, an den Arbeitsorten werden dieselben durch Gummischläuche mit Mund= stücken, die das Wasser fein verteilen, verlängert. Auch auf den Hauptstrecken sind ent= sprechende Einrichtungen vorhanden. Besonders vor dem jedesmaligen Entzünden eines Sprengschusses wird von diesen Einrichtungen Gebrauch gemacht.

Das einzige Mittel, welches uns zur Verfügung steht, um die Schlagwetter un= schädlich zu machen, besteht in der Zuführung so bedeutender Mengen frischer Luft, daß hierdurch der Gehalt an Grubengas vor allen Arbeitsorten weniger als 2% beträgt. Dort, wo die Sprengarbeit angewendet werden soll, dürfen auch nicht Spuren von Schlagwettern vorhanden sein.

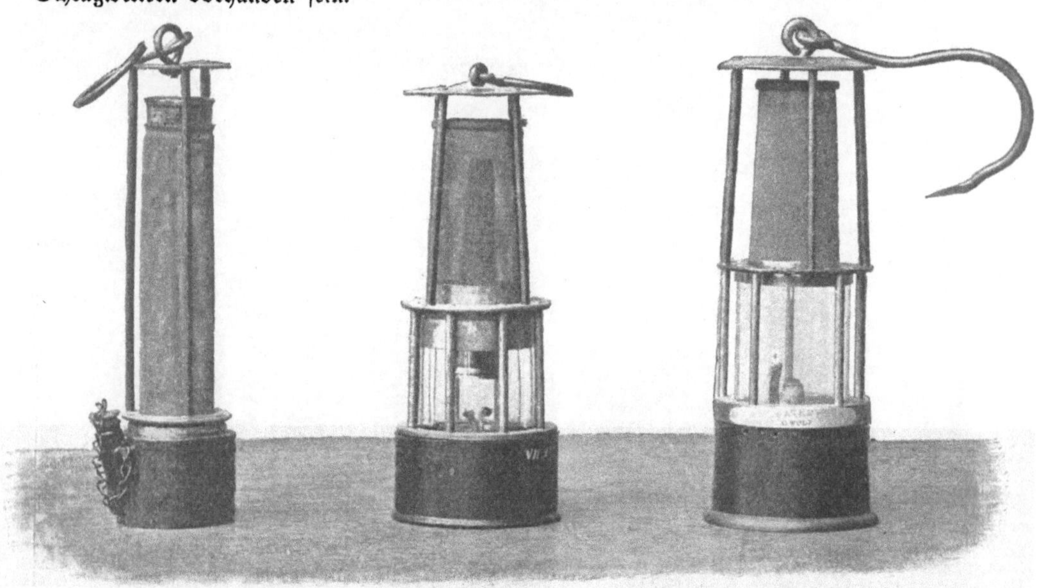

278. Davy-Lampe. 279. Müseler-Lampe. 280. Wolffsche Lampe.

Zu diesen Untersuchungen dient uns die für den Kohlenbergbau in Schlagwetter= gruben unentbehrliche Sicherheitslampe. Da sich Schlagwetter an der offenen Licht= flamme entzünden, dürfen gewöhnliche Grubenlampen nicht benutzt werden. Die erste Sicherheitslampe wurde von dem Engländer Davy im Jahre 1815 angegeben. Die Lampenflamme ist von der Grubenluft durch ein dichtes Drahtnetz getrennt (Abb. 278 bis 280), entzünden sich Grubengase an der Lampenflamme, so verhindert erfahrungs= gemäß das Drahtnetz die weitere Verbreitung der Entzündung, solange es nicht rotglühend wird; eine bläuliche Flamme brennt, gewöhnlich nur kurze Zeit, im Inneren des Drahtkorbes und verlischt dann. Die Davylampe hat im Laufe der Jahrzehnte wesentliche Verbesserungen erfahren, durch Einfügung eines starken Glascylinders und später durch Anwendung von Benzin als Brennstoff wurde die Leuchtkraft wesentlich erhöht. Übrigens wird das leicht entzündliche Benzin nicht flüssig in der Lampe mitgeführt, sondern der Behälter der Lampe ist mit Watte gefüllt, diese saugt das Benzin auf und gibt es allmählich an den Docht ab. Zur brauchbaren Sicherheitslampe gehört jetzt auch ein Verschluß, der dem Arbeiter das Öffnen derselben in der Grube nicht gestattet, und eine nahe bei der Tülle eingebaute Zündvorrichtung, die das gefahrlose Anzünden der erloschenen, aber verschlossenen Lampe in der Grube ermöglicht. In Belgien wird zur Zeit am meisten die Müseler=Lampe (Abb. 279) benutzt, bei welcher zur Regelung der Luftzuführung innerhalb des Drahtnetzkorbes ein Blechschornstein eingebaut ist; in Deutschland ist eine der verbreitetsten Sicherheitslampen diejenige der Firma Wolf in Zwickau (Abb. 280), sie hat einen Verschluß, der nur mit Hilfe eines kräftigen, über 10 kg schweren Magneten geöffnet werden kann.

Der Wert unserer Sicherheitslampen wird ganz wesentlich dadurch erhöht, daß sie es in leichtester Weise gestatten, die Gegenwart von Schlagwettern zu ermitteln. Man verkleinert zur Beobachtung durch Herunterschrauben des Dochtes die Lampenflamme so weit, daß nur ein kleines schwach leuchtendes Küppchen übrig bleibt. Nähert man nun die Lampe vorsichtig der Firste, an der sich wegen des geringeren spezifischen Gewichtes die Schlagwetter zuerst zu zeigen pflegen, so verlängert sich die Flamme mit bläulichem Scheine, es bildet sich die sogenannte Aureole. Abb. 281 zeigt im oberen Teile diese Erscheinungen an der Wolffschen Benzinlampe. Noch geringere Mengen von Grubengas lassen sich mit der Alkohollampe (von Pieler eingeführt) nachweisen, welche nach Art der Davy-

Lampe ausgeführt ist und schon bei einem Gehalte der Grubenluft von $^1/_4\,^0/_0$ Grubengas eine Aureole zeigt. Im unteren Teile der Figur sind die Reaktionen der Pieler-Lampe gezeichnet.

Tragbare elektrische Lampen (Accumulatorlampen), deren allgemeine Form Abb. 282 zeigt, sind auch schlagwettersicher, da der glühende Kohlenfaden mit der äußeren Luft nicht in Berührung kommt, sie werden sich jedoch so lange im Grubenbetrieb nicht allgemein einbürgern, als sie erheblich teurer und schwerer sind als die Sicherheitslampen und solange es nicht gelingt,

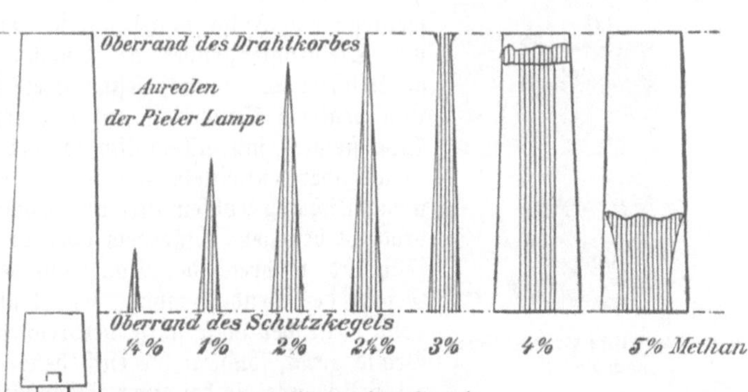

281. Bildung der Aureole.

mit denselben einen zuverlässigen Schlagwetterindikator zu verbinden. Nur beim Arbeiten in unatembaren Gasen finden sie zur Zeit im Bergbaubetrieb Benutzung.

Dort, wo die Arbeit mit der Keilhaue nicht ausreicht und Sprengschüsse im Kohlenbergbau angewendet werden müssen, ist mit besonderer Vorsicht zu verfahren, da bei der gewöhnlichen Art des Sprengens sowohl das Feuer der Zündung als auch die hocherhitzten Sprenggase Schlagwetter oder Kohlenstaub zur Entzündung bringen könnten. Es gilt daher als allgemeine Regel für Schlagwettergruben: ein Sprengschuß darf nur gezündet werden, wenn der Kohlenstaub durch Benetzung mit Wasser entfernt ist und nachdem die Untersuchung des Ortes mit der Sicherheitslampe ergeben hat, daß keine Schlagwetter vorhanden sind. Ferner wird gewöhnlich die elektrische Zündung angewendet, bei der eine offene Flamme nicht entsteht. Auch hat man Sprengstoffe hergestellt, die bei der Explosion wenig Flamme entwickeln (kurzflammige Sprengstoffe) und, solange nur bestimmte Mengen derselben zur Anwendung gelangen, wie durch Versuche erwiesen ist, auch hochprozentige Gemische von Schlagwettern und Kohlenstaub nicht zur Explosion bringen. Man nennt diese Sprengstoffe daher wohl auch Sicherheits-Sprengstoffe. Die am meisten angewendeten sind die folgenden: Securit und

Roburit, sie bestehen aus Salpeter (und zwar Ammoniak- und Kalisalpeter) und aus Dinitrobenzol. Westfalit besteht aus 94 % Ammoniaksalpeter und 6 % Harz als Kohlenstoffträger, auch im Dahmenit und Progressit ist der Hauptbestandteil Ammoniaksalpeter. Dagegen enthält der zur Zeit besonders empfohlene Kohlenkarbonit eine Mischung von Nitroglycerin, Kalisalpeter und Roggenmehl.

Die Feststellung, ob und inwieweit diese Sprengstoffe in Gegenwart von Schlagwettern und Kohlenstaub ungefährlich sind, erfolgt in besonderen über Tage erbauten Schießstrecken, in welche explosible Gasgemenge auch Kohlenstaub eingeführt werden können.

Durch die Einführung der elektrischen Kraftübertragung für die Bergbautechnik ist dieselbe zwar um ein wesentliches Hilfsmittel bereichert, es läßt sich aber nicht verkennen, daß für Schlagwettergruben mit der Anwendung der Elektrizität gewisse Gefahrenquellen unzertrennlich sind, denen bei der ganzen Anlage Rechnung getragen werden muß. So werden alle Kontakte, durch die ja Öffnungs- und Schließungsfunken entstehen müssen, entweder luftdicht eingeschlossen oder unter Öl angeordnet, funkengebende Teile der Elektromotoren, wie die Kommutatoren werden mit Drahtnetzhaube versehen. Gegen das Erglühen von Leitungsteilen infolge Durchführung zu starker Ströme schützt man sich durch Anordnung von luftdicht verschlossenen Bleisicherungen, deren Abschmelzen den Strom rechtzeitig unterbricht u. s. w.

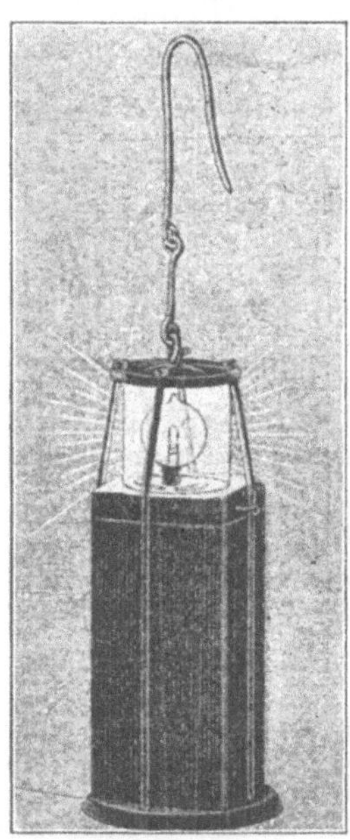

282. Elektrische Grubenlampe nach Pollak.

Außer den Schlagwettern ist es leider der Grubenbrand, der gerade in den letzten Jahren viele Opfer gefordert hat; er kommt zwar auch auf Erzgruben vor, ist jedoch dort meistens eine Folge von Unachtsamkeit. Dagegen sind Braun- und Steinkohlengruben der Entzündung der Lagerstätte auf natürlichem Wege ausgesetzt. Viele Kohlen nehmen aus der Luft begierig Sauerstoff auf und erwärmen sich hierbei, die Hitze steigert sich allmählich so weit, daß Brand ausbricht. Dann aber entwickeln sich schädliche Gase (Brandgase), die namentlich aus Kohlensäure und dem ungemein giftigen Kohlenoxydgas bestehen, außerdem aber von Rauch und Qualm erfüllt sind, während der Sauerstoff der Luft verzehrt ist. Die Gefahr des Grubenbrandes besteht nicht nur darin, daß wertvolle Teile der Lagerstätte verbrennen und die Zimmerung in Brand gerät, sondern die entstehenden Brandgase sind eben so gefährlich, wie die bei einer Schlagwetterexplosion entstehenden Nachschwaden, sie sind unatembar, hemmen die Arbeiten zur Bekämpfung des Brandes und gefährden die beim Löschen beschäftigte oder von ihnen überraschte Mannschaft. Beim Einatmen solcher Gase treten sehr bald Bewußtlosigkeit, Krampfzustände und der Tod ein. Es ist schwer, einen entstandenen Grubenbrand zu löschen, daher muß das Bestreben des Kohlenbergmannes zuerst darauf gerichtet sein, das Ausbrechen des Brandes zu verhüten. Mit allen leicht entzündlichen Stoffen ist in der Grube größte Vorsicht geboten, ferner muß rein abgebaut werden d. h. es darf keine Kohle im Bruche verbleiben, da dieselbe sich hier leicht entzündet und der Brandherd unzugänglich ist, endlich sind alle Vorkehrungen zu treffen, um einen entstandenen Grubenbrand zu löschen. Hierher gehört die sorgfältige Beobachtung aller Teile der Grube; sobald sich an einem Punkte die Kohle erwärmt, muß sie herausgehauen, durch Wasser abgekühlt und abgefördert werden. Auch sind Vorkehrungen zu treffen, um, falls es nötig ist, ein Brandfeld schnell luftdicht absperren zu können, denn hiermit ist das einzige Mittel gegeben, um nach größerer Ausdehnung den Brand zu löschen. In den Strecken wird an geeigneten Stellen die Herstellung luftdichter Abschlüsse, einschließlich Herbeischaffung des Materiales, vorbereitet. Oft kann man erst nach Monaten mit Aussicht auf Erfolg die Verschlüsse öffnen.

Liegt das in Brand geratene Kohlenflöz nahe an der Oberfläche, so machen sich die Folgen wohl auch dort bemerklich. In Oberschlesien findet man zuweilen derartige Brandfelder, auch der brennende Berg, wie er im Volksmunde heißt, zwischen Sulzbach und Dudweiler ist bekannt. Öde liegt das Land da, die Vegetation ist völlig erstorben, zum Teil ist der Boden rot gebrannt und von Spalten durchzogen, aus denen namentlich nach Regentagen Rauch und stechende Dämpfe aufsteigen, nachts gewahrt man wohl auch Flammen; weiße und gelbe Salze krystallisieren an den heißesten Stellen aus. Das Betreten solcher Brandfelder ist gefährlich, da nicht selten Rutschungen und Einbrüche erfolgen, auch betäubende Dünste dem Boden entsteigen.

Bei Ausführung von Arbeiten in den Brandfeldern der Gruben und vor allem bei Rettung von Mannschaft, die durch Brandgase betäubt wurde, muß häufig die Zuführung frischer Luft auf das geringste Maß beschränkt werden, da diese den Brand wieder anfachen würde. Man bedient sich in diesen Fällen der Atmungsapparate, sie sind heute so weit durchgebildet, daß die laufenden Arbeiten in Brandgasen mit ihnen ausgeführt werden können, dagegen stößt die Bergung von Verunglückten auch jetzt noch auf gewisse Schwierigkeiten, die aber sicher durch fortgesetzte Versuche werden überwunden werden.

Die erste Gruppe von Apparaten ist den Taucherapparaten nachgebildet, sie besteht aus einer den Kopf des Arbeiters umgebenden mit Schaulöchern versehenen Maske, in welche durch einen Schlauch frische Atmungsluft zugeführt wird. Die Dauer der Be

283. **Karliks Pendelrätter und Kreiselwipper.**

nutzung dieser Vorrichtungen ist unbeschränkt, dagegen ist die Ausdehnung des Raumes, der mit denselben betreten werden kann, nicht nur von der Länge des Schlauches, sondern auch von der Schwierigkeit, denselben nachzuziehen, bedingt. Durch staffelweises Vorgehen gelingt es, auch ausgedehnte Brandfelder wieder zugänglich zu machen. Die Bemühungen, Atmungsapparate zu schaffen, welche dem Manne völlig freie Bewegung gestatten, sind schon Jahrzehnte alt. Sie beruhen darauf, daß in einem Behälter die zur Atmung nötige Luft — beziehungsweise der Sauerstoff — mitgeführt wird; auch hat man schon vor Jahren den Verbrauch an Luft dadurch beschränkt, daß die ausgeatmete Luft nicht ins Freie gelangte, sondern durch Ätzkalien von der beigemengten, durch die Atmung gebildeten Kohlensäure befreit und wiederholt zur Atmung benutzt wurde. Die letzten Verbesserungen an diesen Apparaten waren die folgenden: Unterbringung hochgepreßten (bis zu 100 Atmosphären und darüber) Sauerstoffes in gezogenen Stahlflaschen, wodurch das Volumen des Apparates vermindert wird, und Benutzung elektrischer Lampen als Geleucht, die Verbrennungsluft nicht benötigen. Die neueren Apparate gestatten auf die Dauer von zwei Stunden das Verweilen in unatembaren Gasen und werden sicher so weit vervollkommnet werden, daß mit ihnen nach Schlagwetterexplosionen und Gruben

brand ein gefahrloses und erfolgreiches Eindringen von Rettungsmannschaften in die
Grube möglich werden wird.

Werfen wir noch einen kurzen Blick auf die Aufbereitung der Steinkohlen. In
vielen Revieren, in denen die geförderten Kohlen rein sind, genügt eine Trennung der=
selben nach der Korngröße, um sie zum Verkaufe zu bringen. Bei den großen Förder=
mengen, um die es sich handelt, braucht man sehr leistungsfähige Siebapparate und stellt
sie so hoch auf, daß die Kohlengrößen direkt verladen werden können. Der Karlifsche
Pendelrätter (auch Kreiselrätter genannt, Abb. 283) gehört zu den am meisten an=
gewendeten Siebeinrichtungen. Bei Siebflächen von 2 qm Größe kann man in zehn
Stunden 60 Doppelwagen=Ladungen sieben. Die Stückkohlen werden gewöhnlich durch
einen Stangenrost zurückgehalten, dann gelangt die Kleinkohle auf die in schnelle kreisende
Bewegung gesetzten Siebe. Die Verladung findet jetzt entweder unmittelbar durch
Transportbänder bis in die Eisenbahnwagen statt, oder die gesiebte Kohle gelangt in
große Füllrümpfe (Vorratsräume) und wird aus diesen von Zeit zu Zeit in die Eisen=

284. **Selbstthätiger Kohlenkipper für Eisenbahnwagen.** Erbaut von Friedr. Krupp, Grusonwerk in Buckau.

bahnwagen abgelassen. Dort, wo die Steinkohle durch Berge verunreinigt ist, werden
zur Abscheidung derselben, wie z. B. in Westfalen, Saarbrücken, im Königreich Sachsen,
Setzmaschinen verwendet, die den bei der Erzaufbereitung benutzten und dort be=
schriebenen ähnlich gebaut sind.

Besondere Aufmerksamkeit wird heute auch der Umladung der Kohlen von den
Eisenbahnen auf Frachtschiffe geschenkt, um dieselbe schnell, billig und mit thunlichster
Schonung der Kohle zu bewirken. Der Kohlenkipper für Eisenbahnwagen, den das
Grusonwerk (Friedrich Krupp) für die Hafenverwaltung zu Ruhrort gebaut hat (Abb. 284),
kann in zehnstündiger Arbeitszeit, wenn keine Zeitverluste beim Anfahren der Wagen und
Kähne eintreten, 120—150 Doppelwagen von je 10—15 t Ladung entleeren; dieselben
müssen mit beweglicher Vorderwand gebaut sein. Die Eigentümlichkeit der Einrichtung
beruht darauf, daß die überschießende Arbeit, welche von dem niederfinkenden beladenen
Wagen geleistet wird, in einem Kraftsammler aufgespeichert und benutzt wird, um den
entleerten Wagen wieder aufzurichten, eine besondere Betriebskraft ist also nicht erforderlich.
Durch Anheben und Niederlassen der in einem Gelenk beweglichen und an Ketten hängenden
Schüttrinne kann die Entleerung der Kohlen nach Bedarf unterbrochen und wieder fort=
gesetzt werden. Ähnliche Einrichtungen werden jetzt an vielen Umladeplätzen beschafft.

Das Brikettieren der Steinkohlen. Namentlich für diejenigen Gruben, welche schlecht backende Steinkohlen fördern, ist das Brikettieren ein ganz wesentliches Hilfsmittel, um das Kohlenklein zu höheren Preisen zu verwerten.

Zu der aufbereiteten Klarkohle werden etwa 8—10 % Hartpech gegeben, von dem zuweilen einige Prozente durch Harz ersetzt werden. Beide Gemengteile werden im Carrschen Desintegrator, einer Schlagstiftmühle, bis auf etwa 3 mm Korngröße zerkleinert und innig gemischt. Sodann wird das Rohmaterial auf etwa 200° C. erhitzt, so daß das Hartpech erweicht, und zwar entweder in einem mit Rührwerk versehenen kreisrunden Flammofen oder in einem stehenden Mischcylinder (rechts in der Abb. 285), in den zu gleicher Zeit überhitzter Dampf geleitet wird.

Die Hauptteile der zur Zeit in Westfalen, demjenigen deutschen Reviere, in dem die Steinkohlenbrikettierung die größte Verbreitung hat, am häufigsten in Verwendung stehenden Couffinhall-Presse sind ein wagerechter Formtisch mit darunter liegendem Antrieb und zwei von oben und unten wirkende Preßstempel. Der Tisch dreht sich jedesmal um einen Sektor, steht dann still, die Stempel pressen ein Brikett, dann dreht sich der Tisch wieder u. s. w. Hierbei werden die Formen des Tisches, der sich links herum dreht, auf der rechten Seite durch einen an den Mischcylinder anschließenden Füllapparat gefüllt, auf der hinteren Seite findet die Pressung statt, die fertigen Briketts machen dann in den Formen noch eine halbe Drehung des Tisches mit und werden vorn durch einen besonderen Stempel ausgestoßen, sie gelangen dann auf ein Transportband und können unmittelbar verladen werden. Das gewöhnliche Gewicht der Briketts beträgt 3 kg, doch werden in geteilten Formen auch kleinere gefertigt. Die Leistung einer Presse an 3 kg-Briketts beträgt in zehn Stunden etwa 50 t.

285. Steinkohlenbrikettpresse mit doppelter Pressung. System Couffinhall. (Bauart Schüchtermann & Kremer, Dortmund.)

Namentlich für den Haushalt stellt man auch Eierbriketts etwa in der Größe der Nußkohlen her, sie werden zwischen zwei gegeneinander rotierenden Walzen gepreßt, von denen jede an der Umfläche halb eiförmige Vertiefungen trägt, die genau aufeinander passen.

Die Braunkohle.

Die Braunkohle ist nächst der Steinkohle der wichtigste fossile Brennstoff. Durch die flachmuldenförmige Lagerung der Flöze sind gewisse Ähnlichkeiten in der ganzen Anlage der Gruben mit dem Steinkohlenbergbau bedingt, im einzelnen weicht die Bauweise erheblich ab, die Braunkohlenflöze sind oft wesentlich mächtiger als die Steinkohlenflöze — es kommen nicht selten Flöze von 15 und mehr Meter Stärke vor — die Gebirgsschichten bestehen aus Sanden und Thonen, und häufig ist die Bedeckung so wenig mächtig, daß die bergmännische Gewinnung durch Tagebau stattfindet. Wir unterscheiden nach

286. Braunkohlentagebau in Nordböhmen vor der Sprengung. Richard Hartmann-Schächte zu Ladowitz bei Dux.
Nach Photographie von Karl Pietzner, Teplitz.

287. Braunkohlentagebau in Nordböhmen nach der Sprengung. Richard Hartmann-Schächte zu Ladowitz bei Dux.
Nach Photographie von Karl Pietzner, Teplitz.

30*

der Struktur hauptsächlich drei verschiedene Arten der Braunkohle, nämlich erdige Braun=
kohle oder, bei größerem Wassergehalte, Moorkohle, sie ist matt und zerreiblich; die
meisten Kohlenvorkommen der preußischen Provinzen Sachsen und Brandenburg und der
benachbarten Gebiete gehören hierher. Eine Abart der erdigen Braunkohle ist die lichter
gefärbte Schwelkohle (mineralogisch Pyropissit genannt), welche sich durch ihren hohen
Gehalt an Bitumen auszeichnet und daher zur fabrikmäßigen Darstellung von Braun=
kohlenteer und weiter Photogen, Paraffin, Solar= und Paraffinöl benutzt wird, als Rück=
stand erhält man Grude oder Braunkohlenkoks. In der erdigen Braunkohle findet sich
häufig Lignit, d. h. Braunkohle, welche die Holzstruktur noch erkennen läßt; entweder
kommen einzelne Stämme vor, oft von sehr bedeutenden Abmessungen, oder es stellen
sich wohl ganze Lagen solcher holzigen Braunkohle ein; dieselbe hat zuweilen ihre ur=
sprüngliche Natur noch so weit bewahrt, daß sie mit der Axt zerkleinert werden muß.
Am wertvollsten, weil am vielseitigsten verwendbar, ist die Pechkohle, wie sie z. B. in
Nordböhmen gewöhnlich vorkommt; sie ist spröde, dabei pechglänzend und bricht eben bis
flachmuschelig und zwar in größeren Stücken, so daß sie sich für den Hausbedarf sehr gut
eignet. Dieses ist der Grund, weshalb die böhmische Braunkohle in so großen Mengen
mittels Eisenbahn und Schiffverfrachtung auf der Elbe nach Deutschland gelangt.

In Europa wird die Braunkohle an sehr vielen Orten gewonnen; die bedeutendste
Produktion findet aber im westlichen Nordböhmen und im preußischen Oberbergamtsbezirk
Halle statt. Im Jahre 1896 wurden in Nordböhmen von mehr als 27000 Arbeitern,
einschließlich Weibern, über 15 Millionen Tonnen Braunkohlen im Werte von
über 43 Millionen Mark gewonnen, während im Oberbergamtsbezirk Halle von
26000 Arbeitern gegen 19 Millionen Tonnen Braunkohlen (einschließlich Brikettierung)
im Werte von 42 Millionen Mark gefördert wurden. Außerdem förderten die Gruben im
Regierungsbezirk Köln etwas über 2 Millionen Tonnen, das Königreich Sachsen rund
1 Million Tonnen, die Werke in Oberbayern etwa $\frac{1}{2}$ Million Tonnen. In Öster=
reich produziert nächst Böhmen Steiermark die größte Menge Braunkohle, nämlich
2,5 Millionen Tonnen.

Betrachten wir zunächst eingehender den nordböhmischen Braunkohlenbergbau. Von
Eger im Westen bis fast nach Außig a. d. Elbe im Osten reihen sich die Braunkohlen=
schächte einer an den anderen, nur nordöstlich von Karlsbad ist durch massenhaftes Auf=
treten von Basalten und Phonolithen die Braunkohlenablagerung unterbrochen. Die
größte Zahl der Werksanlagen findet sich zwischen Teplitz und Brüx vereinigt; es hat
denn auch die ganze Gegend das Gepräge reger industrieller Thätigkeit. Vom Süd=
abhange des Erzgebirges, etwa von der Rosenburg bei Graupen, von Eichwald oder
von Ossegg aus, auch von einzelnen Punkten des Kammes, z. B. von dem bekannten
Mückentürmchen, bietet sich ein prächtiger Überblick über das Land. In der Ebene
zwischen Erzgebirge und böhmischem Mittelgebirge, welches mit seinen Kegelbergen, unter
denen die beiden Milleschauer die höchsten sind, den Abschluß bildet, bezeichnen in der
Nähe der Städte und Ortschaften zahlreiche Essen, Fördertürme und leider auch qualmende
Halden von Kohlenklein (dort Lösche genannt) die bergmännischen Anlagen. Viele Zweig=
bahnen durchziehen das Land und führen die Braunkohle den Hauptverkehrslinien zu.
Wegen des bequemen Bezuges des Brennmaterials haben sich, wie in sämtlichen anderen
Revieren, auch hier zahlreiche andere Großindustrien niedergelassen, so Zuckerfabriken, Glas=
hütten, Eisenwerke und Porzellanfabriken, deren rauchende Schlote sich überall erheben.

Es wird hier nur ein Flöz abgebaut, aber dasselbe ist mächtig entwickelt, selten
weniger als 10, oft bis zu 30 m stark. Es wird sowohl Tiefbau, d. h. unterirdischer
Abbau, als auch dort, wo das Deckgebirge wenig mächtig ist, Tagebau betrieben. Unsere
beiden Bilder zeigen uns vortrefflich die Einzelheiten eines solchen. Abb. 286 stellt
den Kohlenstoß fertig zum Sprengen dar, die Mannschaft ist bereit und wartet auf das
Zeichen, um die Sprengschüsse zu zünden, Abb. 287 gibt denselben Teil des Tagebaues
nach erfolgter Sprengung wieder. Das Deckgebirge ist genügend weit abgeräumt und
zum Wiederausfüllen der durch den Abbau entstandenen großen Vertiefungen verwendet
worden. An dem freien Kohlenstoße wird ein Streifen, vielleicht von 30 m Länge und

10 m Breite unterhöhlt, indem sich kreuzende Strecken von etwa 2 m Höhe und 2,5 m
Breite an der Sohle aufgefahren werden. Die dazwischen belassenen Pfeiler werden
dann durch Wegnehmen von Kohle immer schwächer gemacht, bis ihr Gefüge unter der
Last der darauf ruhenden Massen sich zu lockern beginnt. An der Rückseite wird die
Loslösung der Kohle gewöhnlich durch natürliche Zerklüftung erleichtert, an der einen
Seite wird ein künstlicher Einschnitt, Schlitz genannt, hergestellt. Zuletzt bohrt man in
jeden der Pfeiler mehrere Sprenglöcher, schießt sie gleichzeitig weg, und die gewaltige
Kohlenmasse stürzt, ihrer Unterstützung beraubt, nieder und wird dabei in handliche
Stücke zerkleinert. Bei den von uns gewählten Abmessungen und 20 m Flözmächtigkeit
würde man mit diesen Kohlenmassen etwa 600 Doppelwagen füllen können.

Die Kohle wird zunächst in Hunden, einem am Rande des Tagebaues an=
gelegten und mittels Strecken damit verbundenen Schachte, zugeführt, dann bis zur Ober=
fläche gehoben und durch große Siebapparate nach der Korngröße getrennt. Die Ver=
ladung erfolgt sofort in die Eisenbahnwagen.

Doch nicht überall kann Tagebau betrieben werden, denn da, wo das Deckgebirge
zu mächtig wird, würde dessen Forträumung zu große Kosten veranlassen, die durch den

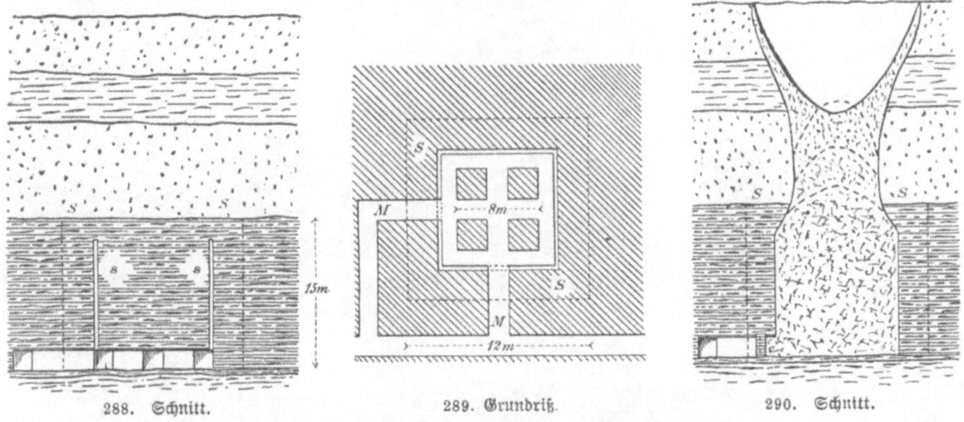

288—290. Braunkohlenabbau in Nordböhmen.
288 u. 289. Vorbereiteter, 290. Zu Bruche gegangener Abbau.

Vorteil des reinen Abbaues der Kohle nicht aufgewogen werden; man ist deshalb vielfach
genötigt, Grubenbetrieb zu führen. Auch dieser ist eigenartig wegen der großen Mächtig=
keit des Flözes. Die Abb. 288—290 sollen die allmähliche Entwickelung eines solchen
Abbaues zeigen. Jeder Abbau, auch Kammer, Plan oder Bruch genannt, erhält
quadratische Form, das Maß der Seitenlänge hängt von der Flözmächtigkeit und der
Festigkeit der Kohle ab; in unserem Falle sind bei 15 m Flözmächtigkeit und fester Kohle
12 m Seitenlänge angenommen worden. Rings um den Abbau bleiben 3 m starke
Sicherheitspfeiler stehen (S in den Abb.), die während des Abbaues das Dach stützen.
Man fährt nun zunächst Zugangsstrecken M und von diesen aus, der äußeren quadratischen
Umgrenzung des anzulegenden Abbaues folgend, Abbaustrecken auf. Die darüber be=
findliche Kohle ruht nun noch auf einem Pfeiler von 8 m im Quadrat. Übrigens fährt
man die Strecken nicht unmittelbar am Liegenden auf, um die Kohle durch Berührung
mit dem Thone nicht unansehnlich zu machen, sondern man beläßt etwa $\frac{1}{2}$ m Kohle
an der Sohle. Von den äußeren Stößen der Strecken werden nun Schlitze s, wenig
weiter als die Schulterbreite eines Mannes beträgt, aufwärts hergestellt, bis man rings=
herum in gleicher Höhe eine gut ablösende Lage trifft, am Dach läßt man erfahrungs=
gemäß noch etwa 2 m Kohle zur Sicherung stehen. Darauf schwächt man den Pfeiler,
auf dem die obere Kohle ruht, indem man ihn mittels weiterer Strecken durchfährt; es
bleiben nun noch vier kleinere Pfeiler von je etwa 3 m im Quadrat (vgl. Abb. 288 u.
289), dieselben werden noch schwächer gemacht, bis sich Druck zeigt, und dann wie die

Pfeiler im Tagebau weggeschossen. Es bricht dann der nur noch mit der Decke zusammen=
hängende, sonst allseitig freie Kohlenklotz herein, und es beginnt das Wegfüllen in Hunde
und Abfördern zum Schachte. Die Abb. 291 zeigt uns nach einer auf den Richard
Hartmann=Schächten zu Ladowitz bei Dux mit Magnesiumlicht aufgenommenen Photo=
graphie einen solchen Abbauplan, aus dem schon der größte Teil der niedergebrochenen
Kohle gefördert ist, in der hinteren Ecke steht noch ein starker Pfeiler Kohle, der im
Ganzen niedergegangen ist und erst allmählich zerbröckelt. Die lange Stange, welche
der eine Mann trägt, dient zur Untersuchung der Decke und zum Herabstoßen etwa
hängen gebliebener Kohlenstücke. Ist ein solcher Abbau vollends leer gemacht (aus=

291. Abbauplan in Förderung auf den Richard Hartmann=Schächten zu Ladowitz bei Dux.
Nach photographischer Aufnahme von Karl Pietzner, Teplitz.

gefördert, wie der Bergmann sagt), so werden die Zugänge vermauert, und die Kammer
geht dann allmählich zu Bruch (vgl. Abb. 290), d. h. es brechen zunächst die stehen=
gelassenen Kohlenschichten nieder und dann das Deckgebirge, die Kammer füllt sich mit
den nachbrechenden Massen, und wenn der Abbau nicht tief unter Tage gelegen war,
bricht das Deckgebirge bis zur Oberfläche nach, es bildet sich hier eine Binge. Wie der
Abbau in der Grube fortschreitet, vermehrt sich auch die Zahl der Bingen, und es ent=
steht ein Bruchfeld. Nachdem die Massen sich gesetzt haben, werden die Bingen ein=
geebnet, und das Land kann wieder bewirtschaftet werden. Diese Abbauweise ist zuweilen
abfällig beurteilt worden, weil bei derselben ein erheblicher Teil der Braunkohle un=
abgebaut bleibt und ungenützt verloren geht; dem muß entgegengehalten werden, daß
ein reiner Abbau zwar technisch ausführbar wäre, daß jedoch der niedrige Preis der Braun=
kohle an den Schächten wenigstens in vielen Fällen die erhöhten Kosten eines umständ=
licheren Abbauverfahrens nicht tragen würde. Hieraus folgt, daß etwa in der beschriebenen
Weise abgebaut werden muß, wenn der Bergbaubetrieb einen entsprechenden Ertrag geben
soll — und das ist doch der Endzweck jeder industriellen Thätigkeit. Dazu kommt, daß

auch der nordböhmische Braunkohlenbergbau zuweilen mit ungewöhnlichen Schwierig=
keiten zu kämpfen hat, deren Beseitigung sehr bedeutende Opfer erheischt. Namentlich in
den tieferen Gruben treten vielfach Schlagwetter auf, deren Bekämpfung eine kräftige
Ventilation und alle jene zahlreichen Vorkehrungen erfordert, welche beim Stein=
kohlenbergbau ausführlicher besprochen worden sind. Aber auch Gefahren rein ört=
licher Natur sind mehrfach erwachsen. Zum erstenmal im Februar des Jahres 1879
brachen in den Döllingerschacht zwischen Ossegg und Dux die Thermalwasser der etwa
7 km entfernten Teplitzer Quellen ein, und ähnliche Vorkommnisse haben sich im
November 1887 und im Mai 1892 auf der Viktorinzeche wiederholt. Jedesmal wurde
nicht nur die zunächst betroffene Grube, sondern außerdem auch die Nachbargruben unter
Wasser gesetzt und der Betrieb auf Jahre hinaus unterbrochen; ja im Jahre 1879
stiegen die Wasser im Döllingerschacht so ungemein schnell, daß sie in etwa zehn Minuten
die tieferen Baue vollständig erfüllten und 23 Arbeiter in den Fluten den Tod fanden.

292. Die Bergdirektion der Brüxer Kohlenbergbaugesellschaft nach dem Einsturz am 20. Juli 1895.
Nach photographischer Aufnahme von Karl Pletzner, Teplitz.

Nach 40 Minuten bereits begann das Wasser auch in die Nachbargruben einzudringen.
Der vermutete ursächliche Zusammenhang zwischen der Überflutung der Gruben und den
Teplitzer Thermalwassern wurde dadurch völlig klar, daß die Teplitzer Quellen wenige
Tage nach dem Grubenunglück zu fließen aufhörten, nachdem sie seit ihrer Entdeckung
im Jahre 762 n. Chr. ununterbrochen der Quellenspalte entströmten und nur zur Zeit
des Lissaboner Erdbebens etwa fünf Minuten lang versiegt waren. Den großartigen
Hilfsmitteln der Technik im Zusammenwirken mit der geologischen Wissenschaft ist es
gelungen, den widerstreitenden Interessen der Teplitzer Quellenbesitzer und des Bergbaues
gerecht zu werden; die Quellenfassungen in Teplitz wurden durch Abteufen eines Schachtes
auf der Quellenspalte tiefer gelegt, und dem Bergbau gelang es jedesmal, die Wasser=
einbruchstelle zu schließen. Ein anderes Ereignis, das noch in frischer Erinnerung ist,
brachte am 19. und 20. Juli 1895 der Stadt Brüx und dem dortigen Braunkohlen=
bergbau schweren Schaden. Bei dem Betriebe eines neuen Schachtes unmittelbar nördlich
von der Stadt war die erste Abbaukammer in gewohnter Weise abgebaut worden und
das Deckgebirge ging zu Bruche, dabei entleerte sich jedoch ein bis dahin unbekanntes

Schwimmsandlager (feiner Sand mit viel Wasser) in die Grube und erfüllte deren sämt=
liche Räume, so daß der Betrieb eingestellt werden mußte; zugleich aber stürzten in der
Bahnhofvorstadt von Brüx eine größere Anzahl Häuser ein, andere wurden durch
Rutschung des Bodens stark beschädigt, außerdem bildeten sich an vielen Stellen in den
Straßen klaffende Risse und offene Erdtrichter. Unser Bild (Abb. 292) zeigt einen Teil
der Verwüstungen. So schnell trat das Unglück ein, daß aus den zusammenbrechenden
Häusern kaum etwas gerettet werden konnte. Der Bergbau, welcher schon durch die
Betriebsstörung sehr erheblichen Schaden erlitt, mußte außerdem bedeutende Summen
aufwenden, um die Einbuße an Eigentum zu ersetzen. So kämpft auch der nordböhmische
Braunkohlenbergbau mit schwierigen Verhältnissen.

In mancher Beziehung abweichend ist der Betrieb der Braunkohlenwerke im
preußischen Oberbergamtsbezirk Halle, da hier meistens erdige Braunkohle gefunden wird.
Beim Grubenbetrieb wird ähnlich verfahren wie in Nordböhmen, doch sind die Flöze in
der Regel schwächer, und die Abbaukammern werden, weil die Kohle weicher ist, erheblich
kleiner genommen, etwa 4—6 m im Quadrat. Beim Tagebaubetrieb wird eine eigen=

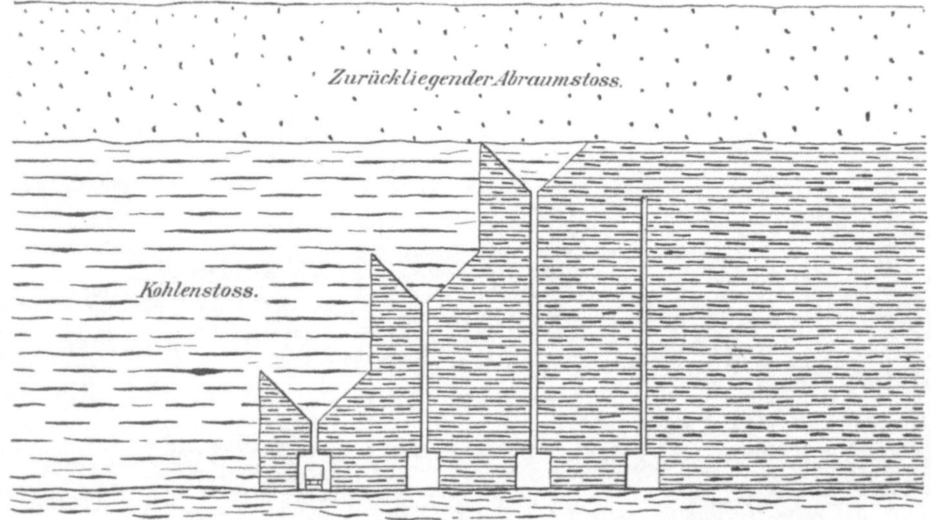

293. Schurrbau.

tümliche Abbauweise, der Schurrbau angewendet (stroßweiser Abbau nach der berg=
männischen Ausdrucksweise); es erfolgt hierbei das Laden der Kohle in die Hunde zum
größten Teile selbstthätig. Nach Abb. 293 werden in den Abbaustoß in Abständen von
etwa 10 m Strecken getrieben und mit Holz ausgebaut, dann bohrt man von jeder
Strecke aus ein etwa 30 cm weites Loch senkrecht aufwärts, bis man die Oberfläche
der abgeräumten Kohle erreicht. Darauf beginnt mittels der Keilhaue das Lösen der
erdigen Kohle, die in kleine Stücke zerfällt. Die Oberfläche wird hierbei derart trichter=
förmig vertieft, daß die Kohle dem Bohrloche zurollt und durch dieses in den darunter
gestellten Hund fällt, der rechtzeitig durch einen anderen leeren ersetzt wird. Die Aus=
dehnung der Betriebe in der Provinz Sachsen ist sehr bedeutend; es gibt z. B. bei
Bitterfeld Tagebaue, in denen die Länge des Abbaustoßes mehrere 100 m beträgt.

Infolge der weichen Beschaffenheit der Braunkohle ergibt dieselbe nur wenig Stück=
und Knörpelkohle (Stücke etwa von Eigröße), die Hauptmasse der geförderten Kohle ist
erdig und hat bis zu 50 % Wassergehalt. Letztere ist zwar für den Fabrikbetrieb zur
Dampfkesselfeuerung auf Treppenrosten recht gut brauchbar, eignet sich aber nicht für
die Verwendung im Haushalte. Da jedoch auf den Absatz nach den großen Städten,
namentlich Berlin, Halle, Magdeburg u. s. w. gerechnet werden muß, so wird ein großer
Teil der geförderten Braunkohle auf den Gruben selbst zu Briketts verarbeitet; die

Darstellung von Naßpreßsteinen geht immer mehr zurück. Es geht dies schon daraus hervor, daß im Jahre 1894 neben nur 83 Naßpressen 251 Brikettpressen in Betrieb waren und daß die Zahl der letzteren durch Neuanlagen sich noch ständig vermehrt.

Der Betrieb der Naßpressen ist der Herstellung der Rohziegel in mancher Hinsicht nachgebildet. Die grubenfeuchte Braunkohle wird durch Walzwerke, wie sie bei der Erz= aufbereitung näher beschrieben sind, vollends zerklei= nert, gelangt dann in einen Mischtrog, in dem sich ein Rührwerk befindet, und wird hier mit dem nötigen Wasser zu einem gleichmäßigen Brei durchgearbeitet. Aus diesem formt die eigentliche Presse einen gleich= mäßigen Strang von rechteckigem Querschnitt, an dessen stetig vorrückendem vorderen Ende durch ein Schneidewerk jedesmal eine Anzahl Steine abgetrennt werden. Sie sind ziemlich feucht und weich und wer= den wie die Rohziegel an der Luft getrocknet, die Ab= messungen betragen etwa $21 \times 10{,}5 \times 6\,cm$; mittels einer Presse können in der Stunde etwa 8000 Stück Naßpreßsteine hergestellt werden. Da die Lufttrock= nung nur in der wärmeren Jahreszeit möglich ist, wird der Betrieb im Winter unterbrochen. Die Naß= preßsteine werden auf den Werken etwa zu $4\,^1/_2$ Mark das Tausend verkauft, sie vertragen jedoch weiteren Transport nicht gut und sind wegen der Bildung von Staub und Abfall weniger sauber als Briketts, die überdies größere Brennkraft besitzen.

Zur Brikettierung gelangt zur Zeit reichlich ein Drittel der gesamten Förderkohle. Hierbei werden nacheinander die folgenden Arbeiten vorgenommen, die Zerkleinerung der Rohkohle auf etwa 2 mm Korn= größe, die Trocknung der Kohle in besonderen Öfen und das eigentliche Pressen. Die Zerkleinerung der Kohle und das Absieben, auch Naßdienst genannt, findet überall in derselben Weise durch Walzwerke und Plan= oder Trommelsiebe statt, auch der Pressen= betrieb ist überall der gleiche, da nur die Exter'sche Presse verwendet wird, dagegen sind zum Trocknen (Darren) der Kohle verschiedene Ofensysteme in Be= trieb, denselben ist gemeinsam, daß die heizenden Flächen durch Dampf erwärmt werden und zur weiteren Trocknung Luft über die bewegte Kohle geleitet wird. Am verbreitetsten dürften die Dampftelleröfen sein. Ihre Einrichtung ist aus den Abb. 294 und 295 zu ersehen: Auf 4 Säulen T ruhen mittels angeschraub= ter Stützen b eine größere Anzahl (bis 25) hohler schmiedeeiserner Scheiben a, Teller genannt, die Säulen sind mit den nötigen Einrichtungen versehen, um in den Hohlraum der Teller den zur Heizung

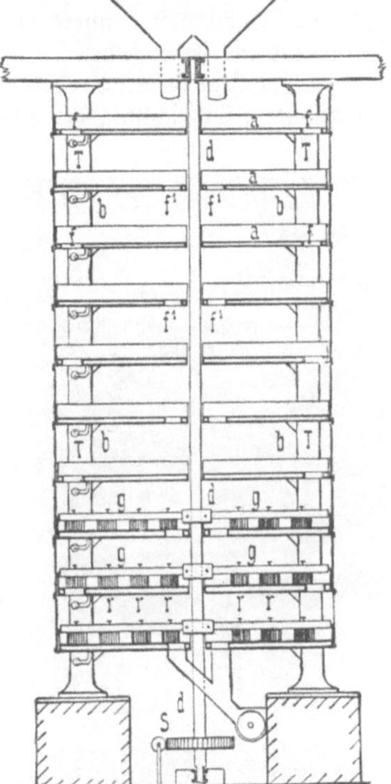

294. Wagerechter Schnitt.

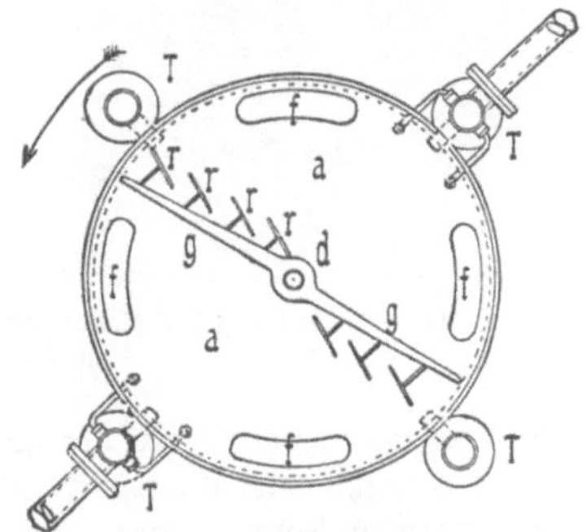

295. Senkrechter Schnitt.
294 u. 295. Dampftelleröfen.

nötigen Dampf einzuführen und das kondensierte Wasser abzuleiten. Ferner ist ein Rührapparat vorhanden: an der stehenden Welle d, welche durch Schnecke und Schnecken= rad S in langsame Umdrehung versetzt wird, befinden sich über jedem Dampfteller Arme g (in der Abb. 295 sind nur die drei untersten gezeichnet), und an diesen sind die eigentlichen Rührschaufeln r befestigt. Bei der Umdrehung der Welle arbeiten die Rührer derart, daß sie abwechselnd auf dem einen Teller die Kohle allmählich nach außen schieben — wie im Grundrisse angedeutet — hier fällt dieselbe durch Fallöffnungen f auf den nächst tieferen Teller und wird auf diesem von den Rührern nach innen zu den entsprechenden Fallöffnungen f¹ geführt. Dieser Vorgang setzt sich fort, bis die Kohle, welche oben feucht eingetragen wurde, die sämtlichen Teller durchlaufen hat und getrocknet den Vorratsräumen oder bei neueren Anlagen auch den Pressen unmittelbar zugeführt wird. Der Trockenofen ist mit einem Mantel aus Eisenblechringen versehen, von diesen werden immer einzelne Segmente geöffnet gehalten, so daß Luft über die Teller streicht und die Feuchtigkeit, außerdem auch den feinsten Staub, durch eine seitlich angebaute Abzugsesse ins Freie führt.

Einen Blick in den Pressenraum der Grube Treue bei Helmstedt zeigt unsere Abb. 296, die besondere Einrichtung der Presse wird durch die Skizze Abb. 297 noch näher erläutert.

296. Herstellung der Braunkohlenbriketts. Pressenraum der Grube Treue bei Helmstedt.
Nach Photographie von Karl Steinert, Helmstedt.

Die Kolbenstange eines mit der üblichen Schiebersteuerung st versehenen Dampfcylinders C bewegt zunächst ein Gleitstück Q in Führungen, von diesem aus werden zwei schwere Schwungräder Schw bewegt, deren Welle W eine Kröpfung besitzt und dadurch bei ihrer Drehung mittels des sogenannten Bärs D und des in der Führung F wagerecht hin- und hergehenden Bolzens B den eigentlichen Preßstempel p in der Form f vor- und zurückbewegt. Die letztere ist sehr stark gebaut, um dem kräftigen Drucke Widerstand zu leisten, und mit stählernen Futtern ausgekleidet; in ihrem vorderen Teile steckt beim regelmäßigen Betriebe stets eine Reihe von Briketts. Geht nun der Preßstempel p zurück, so fällt aus der Füllvorrichtung w von oben her die für die Herstellung eines weiteren Briketts nötige Menge getrocknete Kohle, beim Vorgange schiebt der Preßstempel diese gegen das letzte in der Form befindliche Brikett, und durch den sehr bedeutenden Druck wird das Kohlenpulver mittels der darin enthaltenen harzigen Bestandteile, welche sich durch die entwickelte Wärme erweichen, zum festen Brikett gepreßt. Gleichzeitig wird die ganze in der Form befindliche Brikettreihe um die Stärke eines Briketts vorgeschoben, der Widerstand, den hierbei die Reibung an den Stahlfuttern erzeugt, muß vom Stempel mit überwunden werden und trägt zur Verfestigung der Briketts erheblich bei. Die Futter der Formen sind starkem Verschleiß unterworfen, die einzelnen Teile müssen daher von Zeit zu Zeit ausgewechselt und durch Nachschleifen auf besonderen Maschinen (s. Abb. 298) mit Hilfe von Schmirgelscheiben wieder hergerichtet werden. Für die Herstellung eines Briketts ist nur etwa 1 Sekunde erforderlich, also erheblich weniger als die zur, wenn auch nur kurzen Beschreibung des Vorganges nötige Zeit. Bei ununterbrochener Arbeit vermag eine Presse in 20 Stunden 75—90 000 Briketts im Gewicht von 25—30 000 kg herzustellen, zu deren Beförderung auf der Eisenbahn drei Doppelwagen erforderlich sind. Die übliche Brikettgröße hat die Abmessungen 160 × 70 mm bei 30 mm Dicke, dabei sind die Ecken mehr oder weniger abgerundet, auch die Enden etwas zusammengezogen. Übrigens erwächst den Brikettfabriken dadurch eine große Gefahr, daß auch der feine Braunkohlenstaub in hohem Maße explosibel ist. Es müssen hiergegen Maßregeln ergriffen werden, zu denen ständige Erneuerung der Luft durch Ventilation und der Gebrauch der Sicherheitslampen statt der offenen Lampen gehören; trotzdem sind manche verheerenden Explosionen vorgekommen.

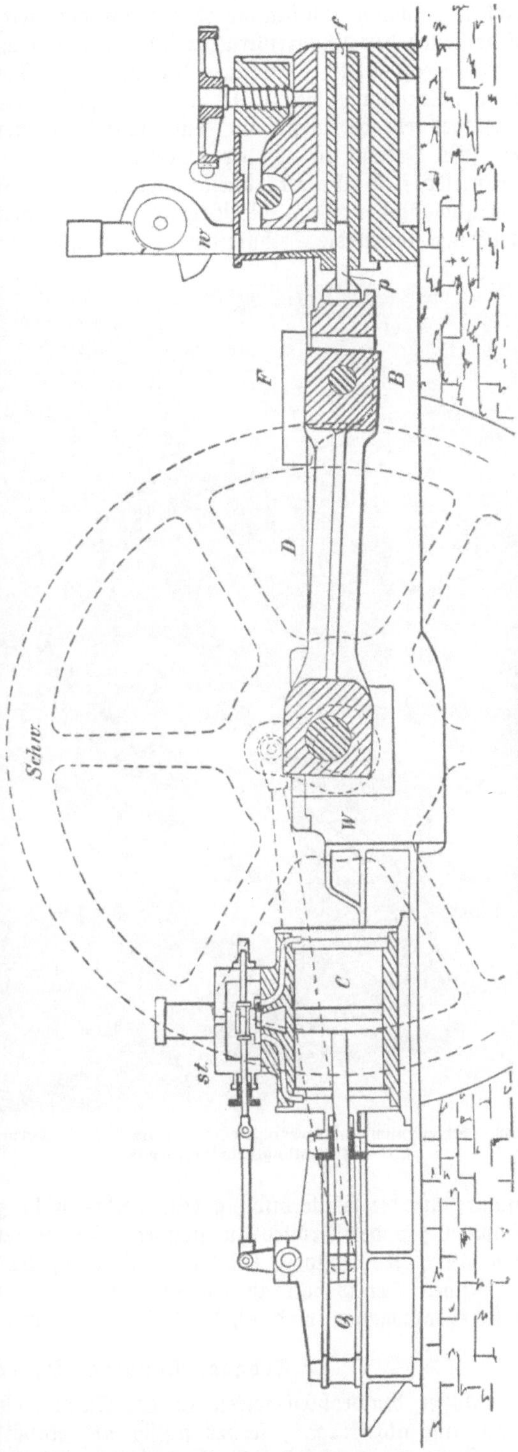

Die jüngste Bildung fossiler Brennstoffe ist der Torf; wir sind in der Lage, die Vorgänge bei seiner Entstehung, wie bereits in der Einleitung zu diesem Abschnitte ausführlich nachgewiesen, zu verfolgen. Dort, wo durch die Oberflächenbeschaffenheit Veranlassung zur Ansammlung von viel Feuchtigkeit gegeben ist und die Witterungsverhältnisse den Pflanzenwuchs fördern, siedeln sich die sogenannten Torfpflanzen an, in Europa vorwiegend die Sphagnumarten, welche die Eigentümlichkeit besitzen, daß die Spitzen

297. Die Exterſche Braunkohlen-Brikett-Presse.

der Triebe weiter wachsen, während die unteren Teile allmählich absterben. Aus den abgestorbenen Torfpflanzen, die wiederum von den Wurzeln anderer Gewächse durchdrungen werden, bildet sich unter Luftabschluß und Wasserbedeckung der Torf, dessen im frischen Zustande lichtbraune Farbe mit der Zeit in Pechbraun übergeht, während die Einzelheiten der Pflanzenstruktur sich mehr und mehr verwischen. Nach sorgfältigen Beobachtungen wächst bei günstigen Umständen die Torfschicht in jedem Jahre um 5—10 cm, es sind Torfmoore bis zu 12 m Mächtigkeit bekannt. Dabei ist die Ausdehnung der Torflager sehr bedeutend, in Deutschland ist namentlich der Nordwesten reich daran, von der Insel Island ist $1/7$ der Oberfläche von Torfmooren bedeckt. Die Benutzung als Brennstoff ist sehr alt, dürfte aber nur in wenigen Gegenden über den örtlichen Bedarf hinausgehen, denn die Brennkraft des Torfes im Vergleich zu der der Kohlen ist zu gering, zumal die Selbstkosten für den Wettbewerb des Torfes zu hoch sind. Dies ist auch der Grund, weshalb die Herstellung von Preßtorf und von Torfkoks nur ganz vereinzelte Erfolge dort zu verzeichnen hat, wo Kohle durch weiten Transport teuer wird. Dagegen bürgert sich die Benutzung von Torfstreu für Stallungen in der Landwirtschaft mehr und mehr ein dank dem großen Aufsaugevermögen des Torfes, welches durch seine poröse Beschaffenheit bedingt ist. Auch als Dünger wird Torf vielfach verwendet.

Die Gewinnung, das Torfstechen, ist eine sehr einfache Arbeit, die zum Teil mit eigenartigen Spaten ausgeführt wird. Die Torfziegel werden zum Trocknen der Luft ausgesetzt und geben den oft bedeutenden Feuchtigkeitsgehalt (selbst 80 % des Gewichtes) bis auf einen Rest von 10—20 % ab. Stößt man beim Torfstechen auf Wasser, so sucht man dasselbe durch Gräben abzuleiten, im Winter wird das Wasser jedoch wieder an-

298. Schleifraum zum Herrichten der Futter für die Formen der Braunkohlenbrikettpresse.

gestaut, um die Weiterbildung des Torfes nicht zu beeinträchtigen und ihn gegen die Einwirkungen des Frostes zu schützen. Die Trockensubstanz des besten Torfes enthält etwa 58 % Kohlenstoff, 6½ % Wasserstoff, 31½ % Sauerstoff, 1 % Stickstoff und 3 % Asche. Der Gehalt an letzterer kann jedoch durch mechanische Verunreinigung bis zu 30 % anwachsen, wodurch die Güte des Torfes bedeutend leidet.

Erdgas, Naphtha, Ozokerit, Asphalt.

Außer den Kohlen treten in der Natur Kohlenwasserstoffe noch in mannigfacher Form auf, als Erdgas, ferner flüssig als Naphtha oder Erdöl, knetbar als Ozokerit oder Erdwachs und fest als Asphalt oder Erdpech. Außerdem sind alle Übergänge zwischen den drei Mineralien vertreten. Diese Stoffe haben in den letzten Jahrzehnten für die Industrie außerordentliche Bedeutung erlangt. Während die Kohlen aller Wahrscheinlichkeit nach durch Umwandelung pflanzlicher Stoffe gebildet wurden, nimmt die moderne Chemie an, daß Naphtha, Ozokerit und Asphalt aus tierischen Resten, namentlich aus den Fettteilen von Seetieren entstanden seien, denn es ist gelungen, einen Teil der im Erdöl enthaltenen Kohlenwasserstoffverbindungen aus derartigen Fetten künstlich herzustellen. Das Vorkommen dieser Stoffe läßt darauf schließen, daß sich zunächst Erdöl gebildet habe und dann durch Oxydation und teilweise Verflüchtigung der leichteren Kohlenwasserstoffe hieraus Erdwachs und Erdpech entstanden seien. Diese Bildungsweise wird z. B. für das Erdwachsvorkommen von Boryslaw in Galizien und für die gangförmig auftretenden Asphalte als zutreffend angenommen. Übrigens scheint die Verbreitung dieser Stoffe beschränkter zu sein, als diejenige der Kohlen, doch finden sich an einzelnen Orten sehr bedeutende Ablagerungen.

Erdgas. Eine den Vereinigten Staaten von Nordamerika eigentümliche, seit etwa 25 Jahren bestehende Industrie ist die Benutzung der natürlichen Erdgase zu allen Arten von Feuerungen. Ihr Auftreten scheint mit demjenigen des Erdöles in gewissem Zusammenhange zu stehen. Auch in Baku am Kaspischen Meere, welches durch seine Erdölvorkommen bekannt ist, wird Erdgas, allerdings nur in kleinem Maßstabe technisch verwertet. Namentlich in den Staaten Pennsylvanien, Ohio, Indiana und Utah tritt das Gas in bestimmten geologischen Horizonten auf. Die betreffenden Schichten werden durch Tiefbohrungen erschlossen und die Gase, welche zum größten Teile aus Kohlenwasserstoffen bestehen, in zum Teil viele Meilen langen Leitungen zu den Verbrauchsorten geführt. Namentlich in Pittsburg findet die Dampferzeugung für Fabriken aller Art durch die natürlichen Erdgase statt. Die Bohrlöcher pflegen in der Regel während zweier Jahre Gas zu liefern und versiegen dann allmählich, in seltenen Fällen bleiben sie bis zu zehn Jahren produktiv. Welche Bedeutung diese Industrie für die betreffenden Staaten hat, geht am besten daraus hervor, daß der Heizwert der Gase dreimal so groß ist, als derjenige des gleichen Gewichtes guter Steinkohle, und daß ihr Verkaufswert, welcher im Jahre 1880 mit 22,5 Millionen Dollar seinen höchsten Wert erreichte, im Jahre 1895 noch 13 Millionen Dollar betrug.

Das Auftreten der Naphtha — des Erdöles — ist nach unseren derzeitigen Erfahrungen an keinen bestimmten geologischen Horizont gebunden, es findet sich vielmehr mit Ausnahme der ältesten in alten Formationen. So entstammt das kanadische Petroleum dem Silur, die Bohrlöcher Pennsylvaniens durchdringen die devonischen und carbonischen Schichten, das Erdöl Colorados, Galiziens und der Umgegend von Hannover entstammt der Kreideformation, das kaukasische Erdöl gehört dem Tertiär an. Gewöhnlich äußert sich das Vorkommen des Petroleums dadurch, daß es am Ausstreichen der Schichten als Quelle zu Tage tritt, oft zeigen sich gleichzeitig brennbare Gase, oder diese allein entweichen, wie in der Gegend von Baku, aus Spalten und Klüften des Gesteins.

Die Naphthaindustrie ist verhältnismäßig jung, hat sich jedoch außerordentlich rasch entwickelt und dürfte noch eine bedeutende Zukunft haben. Der große Wert der Naphtha und der daraus herstellbaren Destillate wurde erkannt, nachdem bei Titusville in Pennsylvanien im Jahre 1860 durch ein Bohrloch die erste stärker fließende Quelle erschlossen war; noch im gleichen Jahre gewann man 60 000 t Naphtha. Die Produktion der Vereinigten Staaten überschritt zum erstenmal im Jahre 1873 den Betrag von 1 Million Tonnen, die kaukasische Erzeugung erreichte diesen Betrag erst im Jahre 1889. Zur Zeit werden in den Vereinigten Staaten jährlich mehr als 6 Millionen Tonnen, im Kaukasus 5 Millionen Tonnen gewonnen; die Produktion aller anderen Gebiete tritt hiergegen wesentlich zurück. Die Ölquellen Kanadas liegen in den nordöstlichen Ausläufern der Alleghanies, die Produktion begann 1862, hat jedoch den Betrag von 100 000 t jährlich nicht wesentlich überschritten. In Europa findet sich Erdöl am Nord und Ostabhange der Karpathen, in Galizien und auch in Rumänien, Österreich produziert jährlich etwa 130 000 t, die geringe Erzeugung Rumäniens wird lediglich im Inlande verbraucht. Untergeordnet sind die deutschen Vorkommen von Ölheim bei Hannover und von Pechelbronn und Lobsann im Elsaß, sowie die italienischen in der

Provinz Parma. Deutschland muß zur Zeit fast seinen gesamten Bedarf an Petroleum in Höhe von etwa 800 000 t jährlich vom Auslande beziehen.

Auch im östlichen Asien regt sich die Petroleumindustrie in einer Weise, daß die Ausfuhr der Vereinigten Staaten von Nordamerika aus den Häfen des Stillen Ozeans in merklicher Abnahme begriffen ist, und zwar kommt namentlich Birma in Hinterindien und Japan in Betracht. Neuerdings scheint auch das nordwestliche Departement Perus, Piura, die Aufmerksamkeit der Erdölproduzenten auf sich zu lenken, doch wird auch hier, wie in so vielen anderen Fällen der Erfolg abzuwarten sein. Leider gehört das Erdöl mit zu jenen mineralischen Rohprodukten, die häufig zu wilden Spekulationen, zuweilen mit nur eingebildeten Werten, Veranlassung gegeben haben. In diesem Sinne spricht man nicht mit Unrecht, wie von einem Goldfieber, auch von dem Ölfieber, und der Ölring, das Syndikat der nordamerikanischen und kaukasischen Produzenten, hat bereits seine Geschichte.

Die erste und einfachste Gewinnung der Naphtha bestand darin, daß am Ausgehenden der ölführenden Schichten kleine Schächte geteuft und die in denselben zusammenlaufende Flüssigkeit ausgeschöpft wurde, in dieser Weise wird heute noch Petroleum in geringen Mengen gewonnen, z. B. auf der Insel Tschelekin an der östlichen turkestanischen Küste des Kaspischen Meeres. In allen wichtigeren Produktionsgebieten findet die Gewinnung zur Zeit durch Tiefbohrlöcher statt. Die Unternehmer lockt vor allem der reiche Ertrag einzelner Springquellen, auch Fontänen genannt. Diese schleudern zuweilen unter der Einwirkung des hydrostatischen Druckes, wohl auch der reichlich vorhandenen Gase in kurzer Zeit gewaltige Mengen von Naphtha bis 50 und mehr Meter hoch empor. Sie sind im allgemeinen in den Vereinigten Staaten seltener als am Kaukasus. Einige der bekannteren Beispiele seien hier angeführt: In den Vereinigten Staaten lieferte eine der ergiebigsten Springquellen nördlich von Pittsburg im Oktober 1886 anfangs täglich 9—10 000 Faß (das sind 1000—1200 t), innerhalb zweier Monate sank die tägliche Produktion auf 500 Faß, das sind 60 t. Eine der stärksten und namentlich andauerndsten Springquellen des Bezirkes von Baku dürfte diejenige des Subalow bei dem Orte Bibi= Eibat 5 Werst südlich von Baku gewesen sein, sie wurde im Oktober 1892 erbohrt und lieferte bis zum Schluß des Jahres noch 3 100 000 Pud (49 600 t), im Jahre 1893 ergab sie 18 740 000 Pud (299 840 t), im Jahre 1894 6 500 000 Pud (oder 104 000 t) und auch im Jahre 1895 war sie noch im Betriebe, bis Schluß 1894 hatte sie im ganzen: 28 340 000 Pud oder 453 440 t Rohöl geliefert, dessen Wert nach heutigen Preisen auf etwa 3 Millionen Mark anzuschlagen sein dürfte.

Das schließliche Schicksal jeder Springquelle ist, daß sie mit der Zeit versiegt; man versucht dann durch erneutes Ausbohren des Bohrloches den Ertrag wieder zu steigern und greift, wenn die Naphtha nicht mehr von selbst ausfließt, in Nordamerika gewöhnlich zum Pumpbetriebe, während man am Kaukasus die Naphtha mit hohen cylindrischen, unten mit Ventil versehenen Gefäßen, die am Seile eingelassen und auf= geholt werden, schöpft. Übrigens sind bei weitem nicht alle Bohrungen, welche die naphthaführenden Schichten erreichen, erfolgreich, ohne daß hierüber bisher irgend eine Regel hätte aufgestellt werden können. Seit 1866 wendet man in den Vereinigten Staaten zuweilen bei solchen Bohrlöchern, die bis in die petroleumführenden Schichten niedergebracht werden, ohne Petroleum zu geben, große Sprengungen mit Nitroglycerin, das sogenannte Torpedieren an. Eine entsprechend starke Sprengölladung wird auf den Boden des Bohrloches hinabgelassen und elektrisch gezündet. Das in dem Bohrloche befindliche Wasser wird hierdurch herausgeschleudert und der Druck auf die ölführende Schicht für kurze Zeit vermindert, außerdem werden durch die Explosion Risse in dem umgebenden Gestein geöffnet. Auf diese Weise ist es häufig gelungen, in einem scheinbar ergebnislosen Bohrloche starken Naphthazufluß zu erhalten. Trotz der erheblichen Menge von Rohnaphtha, die von einzelnen Springquellen geliefert wird, ergibt doch der Pump=, beziehungsweise der Schöpfbetrieb noch bei weitem größere Mengen, und die Stetigkeit der Produktion beruht unzweifelhaft auf letzterem.

Wenngleich die Zusammensetzung der Rohnaphtha an den einzelnen Gewinnungs= orten wesentliche Unterschiede zeigt und auch der Betrieb in Einzelheiten abweicht, ist die

299. Bohrtürme bei Baku.

Naphthainduſtrie doch im großen und ganzen überall die gleiche, es genügt daher die ein=
gehendere Beſchreibung eines Vorkommens.

Den Kaukaſus und das daſelbſt zur Gewinnung und Verarbeitung der Naphtha
angewendete Verfahren lernte ich gelegentlich des VII. Internationalen Geologen=Kon=
greſſes aus eigener Anſchauung kennen. Sowohl am Nord= als auch am Südabhange
des Gebirges findet ſich die Naphtha, der älteſte und wichtigſte Bezirk liegt bei Baku am
Kaſpiſchen Meere, außerdem wird in jüngerer Zeit bei Grosny im Terekgebiet Naphtha
in erheblicher Menge gewonnen und mit der Bahn in Ziſternenwagen nach Petrowſk
verfrachtet, während ſich im weſtlichen Kaukaſus, Provinz Kuban, namentlich in der
Umgebung des Hafenortes Novoroſiſk die Naphthainduſtrie zu entwickeln beginnt.

Wenden wir uns von Tiflis, der Hauptſtadt Transkaukaſiens, das am ſüdlichen
Endpunkte der von Wladikawkas über den Kaukaſus führenden gruſiniſchen Heerſtraße
gelegen iſt, nach Oſten. Die Eiſenbahn folgt dem Thale der Kura, die Fahrt nach Baku
dauert etwa 16 Stunden. Nur in unmittelbarer Nähe von Tiflis, wo das Thal des
Fluſſes noch enger und genügend Waſſer vorhanden iſt, ſchmücken Wälder die Gehänge,
und der Thalboden iſt angebaut. Weiter oſtwärts verbreitert ſich das Thal, die Höhen
treten zum Teil weit zurück, und die Gegend gleicht einer Stein= und Sandwüſte. Die
letzten 50 Werſt (54 km) vor Baku führt die Bahnlinie, um die öſtlichen Ausläufer des
Kaukaſus zu umgehen, unmittelbar am Ufer des Kaſpiſchen Meeres entlang an dürftigen
Ortſchaften vorüber, in deren Nähe vereinzelt die Spuren der Feldbeſtellung ſichtbar ſind.
Die Kamele, welche zum Teil in größeren Herden auf der dürftig bewachſenen Steppe
weiden, zum Teil als Reit= und Laſttiere die Wege beleben, nehmen mit ihren braunen
armeniſchen Beſitzern unſer Intereſſe in Anſpruch und erinnern daran, daß wir uns den
Grenzen Aſiens nähern. Die Bahn umzieht in weitem Bogen die Stadt Baku; zur
linken erblickt man in der Ferne die Bohrtürme des nördlichen Naphthagebietes von
Balakhany, Sabuntſchy und Ramany, ſie ſcheinen ſo gedrängt zu ſtehen, daß man
glauben könnte, einen Wald hochſtämmiger Fichten vor ſich zu haben.

Baku macht durchaus den Eindruck einer orientaliſchen Stadt, das Sprachengewirr
und Völkergemiſch iſt ähnlich wie in Tiflis, doch treten die ruſſiſchen Uniformen zurück,
es fehlen die vielen Verwaltungsbehörden und die große Garniſon; Baku iſt als wichtigſter
Hafen am Kaſpiſchen Meere Handels= und Induſtrieſtadt. Übrigens macht es keineswegs,
trotzdem das Häuſermeer vom Strande am hohen Ufer hinaufſteigt, den Eindruck einer
ſchönen Stadt, es iſt eng gebaut, die Häuſer ſind in ihrer orientaliſchen Bauart zum Teil
recht unanſehnlich, nur am Hafen, im europäiſchen Viertel, ſind ſtattliche Gebäude in
größerer Zahl vorhanden. Dazu kommt, daß im regenloſen Sommer die häufigen Winde
alles in den grauen Staub der Steppe hüllen, ſelbſt in den Straßen beläſtigt er außer=
ordentlich. Trotzdem die Naphthagebiete und die Raffinerien weit von der Stadt ent=
fernt liegen (die letzteren ſind in der ſchwarzen und weißen Stadt, weiter öſtlich am
Meere vereinigt), iſt der Geruch nach Petroleum doch überall bemerklich und keineswegs
zu den Annehmlichkeiten zu zählen. Die Temperatur ſteigt im Sommer außerordentlich
hoch. Unter den erheblich mehr als 100000 Einwohnern ſind außer Europäern aller
Nationalitäten beſonders Armenier, Perſer und Tataren zu bemerken. Der Mohammeda=
nismus zählt viele Anhänger; in den Verkaufsläden, vor den offenen Werkſtätten der
Schemachaſtraße, auf den Marktplätzen trifft man nicht ſelten verſchleierte Frauen in
weiten Beinkleidern von lebhafter Farbe und buntem Kopfputz, dem ganzen Äußeren nach
echt orientaliſche Geſtalten; die Männer im lang herabfallenden anſchließenden Rock mit
fuchsrot gefärbtem Bart= und Haupthaar bilden das Gegenſtück.

Die Eiſenbahn führt uns in einer halben Stunde in das ältere Naphthagebiet
zwiſchen den Orten Balakhany, Sabuntſchy und Ramany. Ein Flächenraum von etwa
10 qkm iſt ausſchließlich von Anlagen bedeckt, die der Naphthagewinnung dienen, weit
über 1000 beträgt die Zahl der Bohrtürme, im Jahre 1896 allein hat man im ganzen
53000 m Bohrlöcher geſtoßen. Unſere Abb. 299 zeigt einen Blick auf dieſes Gebiet,
und ähnlich ſehen alle Naphthagebiete der Welt aus; zwiſchen den Bohrtürmen und
Behältern liegen gewaltigen Schlangen gleich die Rohrleitungen am Boden, ihre geſamte

Länge soll bei Baku mehr als 300 km betragen. Die Bohrlöcher, mit denen man in letzter Zeit Tiefen bis zu 500 m erreicht hat, müssen, da thonige und sandige, zum Teil wasserführende Schichten zu durchbohren sind, vollständig verrohrt werden. Abb. 300 zeigt ein geologisches Profil in der Richtung des Einfallens der Schichten, B sind die Bohrlöcher. Nicht alle Bohrungen sind erfolgreich; manche jedoch geben, wie bereits mitgeteilt, so gewaltige Mengen Naphtha, daß hohe Springquellen dem Boden ent=strömen; diese bestehen allerdings selten aus reiner Naphtha, sondern enthalten erhebliche Mengen Sand und Wasser. Die Bohrtürme sind, um ein zu hohes Emporspritzen der Naphtha und damit bei windigem Wetter ein Verstreuen derselben über weite Flächen, Feuersgefahr und Verluste zu vermeiden, mit Einrichtungen versehen, die den Strahl auffangen und zur Seite lenken (Abb. 301). Wäre das nicht der Fall, so würde die Fontäne hoch über die Seilscheibe hinaufsteigen. Leider sind Brände gerade sehr ergiebiger Quellen keine Seltenheit; einer Feuersäule gleich (Abb. 302) steigt die lodernde Naphtha empor, und als brennender verheerender Strom ergießt sie sich über die Um=gebung, alles vernichtend, was sie erreicht. Man kann nichts thun, als der abfließenden Naphtha einen Weg bahnen, und muß ruhig abwarten, bis die Springquelle zu fließen aufhört, indem sie sich durch den mitgeführten Sand verstopft, nachdem der Druck ab=genommen hat.

Über den Ursprung des Erdöls auch bei Baku ist man noch durchaus unsicher; ob die vulkanische Thätigkeit, welche sich hier von Zeit zu Zeit immer wieder regt, irgend welchen Zusammenhang mit dem Naphthaauftreten hat, läßt sich nicht entscheiden. Erst

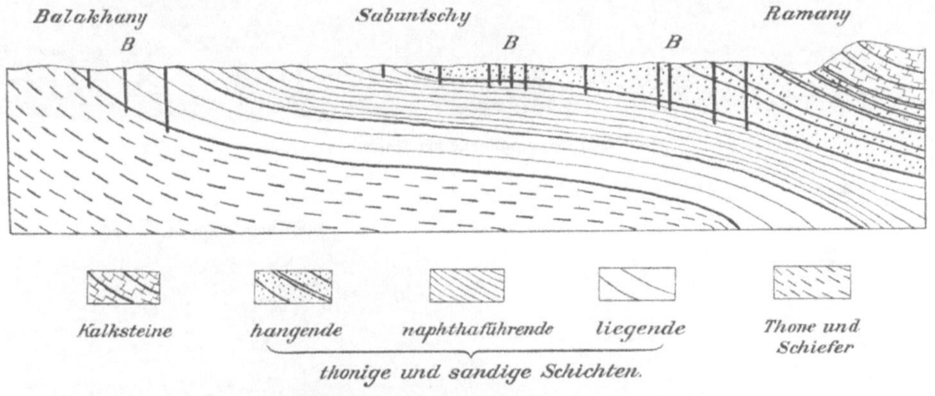

300. Geologisches Profil durch den Öldistrikt.

kürzlich, am 16. Januar 1898, fand auf einer 10 km von Baku entfernt gelegenen Insel eine Eruption statt; 20 Minuten lang stieg aus einem Krater eine Feuersäule empor und schleuderte Steine und Erde bis zu 70 und 100 m hoch. Auch Schlammvulkane werden am Ausstrich der Naphtha führenden Schichten beobachtet.

Das Rohöl wird in unmittelbarer Nähe der Bohrlöcher in größeren Erdgruben aufgefangen, die in dem sandigen Boden ausgehoben werden; das ausgeschachtete Erd=reich ist ringsum zu Dämmen aufgeschüttet, wodurch an Tiefe gewonnen wird. Hier findet die Abscheidung der Naphtha von dem Sande und Wasser statt. Solche Erd=gruben sind in großer Anzahl vorhanden, auch haben einzelne bedeutendere Gesellschaften gemauerte Behälter von gewaltigem Fassungsraum — man spricht von Millionen Tonnen — angelegt, die mit leichter Abdeckung versehen sind. Sie dienen dazu, um bei Erbohrung besonders ergiebiger Ölquellen wenigstens einen Teil der dann hervor=brechenden gewaltigen Ölmengen bergen zu können, denn es kommt vor, daß von großen Springquellen die Naphtha, nachdem alle Behälter, auch die der benachbarten Werke, damit angefüllt sind, noch in großen Mengen bis in das Meer abfließt und dann natürlich verloren ist. Die bereits erwähnte Abb. 301 zeigt neben der Springquelle die bereits gefüllten Erdgruben; die Naphtha hat die Höhe des Dammes erreicht und strömt über.

301. Springquelle bei Baku.

302. Brennende Springquelle bei Baku.

303. Kokorewsche Fabrik und Tempel der Feueranbeter in Sabuntschy (Baku).

304. Destillationsapparat in Baku.

32*

Ehe wir dieses Gebiet verlassen, müssen wir noch eines geschichtlich interessanten Ortes gedenken, des alten, jetzt verlassenen Tempels der Feueranbeter bei Sabuntschy (Abb. 303). Seit undenklichen Zeiten wurden dort die heiligen Feuer von Priestern gehütet, genährt durch natürliche Erdgase, die den Spalten des Bodens entstiegen. Vor einigen Jahren starben die letzten Mönche, die heiligen Feuer erloschen — und die Erd=gase dienen heute, nachdem man sie in Rohrleitungen gefaßt hat, zum Betriebe einer Naphthadestillation, der Kokorewschen Fabrik.

Die meisten der Raffinerien liegen ziemlich weit von den Ölfeldern entfernt, und zwar wird das Rohöl von der Apscheron=Halbinsel in der schwarzen Stadt (Thorny Gorod genannt), eine halbe Stunde östlich von Baku am Meere gelegen, dasjenige des jüngeren Gebietes Bibi=Eibat in der noch etwas weiter östlich erbauten weißen Stadt (Biely Gorod) verarbeitet. Diese Lage der Fabriken ist für die Verfrachtung mittels Schiff, auch für die Beschaffung des bei der Destillation erforderlichen Kühlwassers be=sonders geeignet, wie denn überhaupt wegen etwaiger Brandgefahr eine größere Ent=fernung der Raffinerien von den Bohrlöchern erwünscht ist.

Die Beförderung des Rohöls geschieht in geschlossenen Leitungen. Zunächst wird dasselbe in Tanks von etwa 3000 t Fassungsraum gepumpt, es sind deren stets zwei vorhanden, sie werden abwechselnd benutzt und dienen zur Messung der den Fabriken zugeführten Mengen. Soweit nicht die Unterschiede in der Höhenlage ein selbstthätiges Abfließen der Naphtha in den Leitungen ermöglichen, geschieht die Beförderung durch Druckpumpen, zum Teil auf sehr weite Entfernungen.

Die Fabriken der größeren Gesellschaften nehmen ausgedehnte Räume ein; auch hier sind große, zum Teil gemauerte Gruben zur Aufnahme des Rohöls vorhanden, aus denen dasselbe in große Tanks gepumpt wird. In diesen findet bereits eine Vorwärmung statt, indem die heißen Rückstände von der Destillation in Schlangenröhren diese Behälter durchlaufen und den größten Teil ihrer Wärme abgeben, ehe sie in die dafür bestimmten besonderen Vorratsräume gelangen.

Die Verarbeitung des Rohöls besteht in einer Destillation bei allmählich zu=nehmender Temperatur und darauf folgender Kondensation der abdestillierenden Gase in geräumigen Kühlschlangen. In den älteren Anlagen bilden sechs bis sieben, in den neueren zehn bis zwölf den Dampfkesseln ähnlich gebaute eiserne Kessel oder Kolben eine Batterie (Abb. 304). Die Heizung erfolgt entweder nach Nobelschem System durch Ein=führen von überhitztem Wasserdampf in die Kessel oder durch Feuerung mittels der Destillationsrückstände, des sogenannten Masut; wie aber auch die Heizung eingerichtet sein mag, immer durchläuft die Naphtha der Reihe nach die Kessel, und in jedem der=selben wird die Temperatur gesteigert. Die Destillate der beiden ersten Kessel ergeben in Baku Gasolin, die folgenden Benzin, und die Destillate aller übrigen Kolben werden gemischt und geben Petroleum, dabei wird die Erhitzung bis auf etwa 230º C. gesteigert. Gasolin wird in besonderen Lampen als Leuchtöl verwendet und dient neben Benzin als Lösungsmittel in der Gummiindustrie und bei der Verarbeitung der Harze zu Firnissen. Benzin findet außerdem Anwendung in der chemischen Wäscherei und hat für den Bergbau erhöhte Bedeutung erlangt, seitdem es als Brennstoff für die Sicher=heitslampen im Kohlenbergbau benutzt wird.

Das Petroleum, Kerosin oder Leuchtöl muß nach der Destillation noch einem Reinigungsprozeß unterworfen werden; es wird durch Einpressen von Luft in besonderen Gefäßen mit Schwefelsäure (etwa $\frac{1}{2}$ %) innig längere Zeit gemischt. Hierbei scheiden sich Kerosinsäure und brenzlige Bestandteile ab, die sich nach Durchführung des Ver=fahrens wegen des höheren spezifischen Gewichts mit der überschüssigen Schwefelsäure (Petroleumgewicht etwa 0,82, Schwefelsäuregewicht 1,84) zu Boden setzen, so daß die Trennung durch einfaches Abheben der Flüssigkeit möglich ist. Der noch verbliebene kleine Rest von Schwefelsäure wird in anderen Gefäßen durch analytisch bestimmte Mengen von Ätzkali gebunden und die Reinigung des Petroleums durch Aussüßen mit Wasser vollendet. Das Überführen der Flüssigkeiten in die verschiedenen Gefäße findet durch Pumpbetrieb statt. Vor der Verladung des Petroleums wird im Laboratorium das spezifische Gewicht, die Entflammbarkeit, Farbe und Leuchtkraft bestimmt, da hiervon der Preis abhängt.

Die Rückstände, welche sich bei der Destillation ergeben, Masut genannt, betragen in Baku etwa 65% der Rohnaphtha, sie sind ein wertvolles Produkt und werden für Lokomotiven, Dampfschiffe und sonstige Feuerungen als gesuchter Brennstoff verwendet; auch die Dampfkessel für den eigenen Betrieb heizt man in Baku mit Masut. Es gibt nichts Einfacheres als eine solche Feuerung; ein Rost ist nicht vorhanden, aus einem höher gelegenen Behälter, in dem unter Umständen das Masut unter dem Drucke von Preßluft steht, führt ein Rohr mit eigenartigem Mundstück in den Feuerungsraum, das flüssige Masut wird durch Preßluft, die zu gleicher Zeit mit austritt, zerstäubt und brennt mit schwach leuchtender Flamme. So kann das Feuer wochenlang ununterbrochen unterhalten werden; ein Mann beaufsichtigt etwa sechs Feuerungen. Die äußerst geringe Menge von Asche, die sich bildet, wird alle 14 Tage einmal entfernt.

Nur ein kleiner Teil der Rückstände wird zur Zeit auf Solaröle und Schmieröle durch weitere Destillation verarbeitet, der verbleibende Rückstand, Gudron, ist dem gereinigten Asphalt sehr ähnlich und wird wie dieser verwendet.

Die fertigen Produkte werden zur Verladung in Behälter gepumpt, von denen Rohrleitungen bis zu den Eisenbahngleisen zur Füllung der Tankwagen, andere Rohrleitungen bis zu den Docks zur Verladung in die Dampfschiffe führen, welche den Transport über das Kaspische Meer und die Wolga aufwärts vermitteln. Auch in der Schiffsverfrachtung des Petroleums und des Masut hat sich mit der Zeit mancherlei geändert. Wegen des nicht wieder zu beseitigenden Geruches sind die Schiffe ausschließlich für die Verfrachtung der Naphthaprodukte bestimmt. Die ursprüngliche Verladung in Fässern war zeitraubend, und es wurde nur etwa die Hälfte des Laderaumes ausgenutzt, später ging man zu Zinkkästen von 1 Pud Inhalt über, welche in Holzkisten eingesetzt waren. Hierdurch wurde zwar der Raum wesentlich besser ausgenutzt, aber die Zeit für das Beladen und Entladen der Schiffe blieb dieselbe wie früher. Endlich wandte man Tankschiffe (Schiffe mit eingebauten Behältern) an, das Beladen und Entladen findet nunmehr mittels Pumpbetrieb statt und erfordert nur noch soviel Stunden wie bei den älteren Methoden Tage. Allerdings sind wegen der starken Volumenveränderung, welche Masut und Petroleum bei Temperaturschwankungen erleiden, besondere Vorkehrungen nötig, um die Behälter stets gefüllt zu erhalten und ein Überfließen zu verhüten, ferner sind zur Vermeidung von Feuersgefahr die Masutbehälter von den Maschinenräumen durch doppelte Querschotte getrennt, zwischen die Wasserfüllung eingebracht ist; die Beleuchtung auf den Schiffen ist ausschließlich elektrisch, Heizung und Kocheinrichtungen werden durch Dampf gespeist. Auch die Häfen sind zum Entladen und Weiterverladen für den Bahntransport entsprechend mit Behältern und Pumpeinrichtungen versehen.

Wie großartig der Versand ist, geht wohl am besten daraus hervor, daß im Jahre 1896 etwa 25 Millionen Rubel allein für Frachten bezahlt wurden. Dabei ist die Erdölerzeugung in Baku bis jetzt beständig gestiegen, ohne daß eine Erschöpfung des Naphthagebietes zu bemerken gewesen wäre.

Die Schieferölindustrie. Es mag hier kurz erwähnt werden, daß schon seit dem Jahre 1830 in Frankreich zu Autun im Departement Saône et Loire und zu Buxières-la-Grue im Departement Allier ebenso zu Boghead und anderen Orten in Schottland eine Industrie besteht, welche aus bituminösen Schiefern, den sogenannten Ölschiefern, durch trockene Destillation die schwereren Produkte, wie sie aus der Rohnaphtha gewonnen werden, Brennöle und namentlich Schmieröle darstellt. Es ist nur zu natürlich, daß die Schieferölindustrie, deren Rohprodukt durch bergmännischen Betrieb gewonnen wird, bei der massenweisen Verbreitung der Erdöldestillate nach 1860 zunächst schwer geschädigt wurde. Durch Einführung von mancherlei Verbesserungen ist es jedoch nicht nur gelungen, diese Industrie zu erhalten, sondern sie sogar konkurrenzfähig zu machen. An den genannten Orten werden zur Zeit jährlich noch mehrere hunderttausend Tonnen Ölschiefer abgebaut und namentlich auf Schmieröle verarbeitet.

Erdwachs.

Die bedeutendſte bergmänniſch ausgebeutete Ablagerung von Ozokerit findet ſich zu Boryslaw in Galizien, nördlich der Karpathen an dem Flüßchen Tysmienica, einem Zufluſſe des Dnjeſtr. Schon ſeit dem Jahre 1856 gewann man dort in kleinen kreis= runden 9—12 m tiefen und notdürftig mit Korbgeflecht ausgebauten Schächtchen Erdöl in geringen Mengen. Dasſelbe floß auf der Schachtſohle zuſammen und wurde von Zeit zu Zeit ausgeſchöpft. Die erdölführenden Schichten gehören dem jüngeren Tertiär an und erſtrecken ſich über eine Fläche von etwa 2 km Länge und 700 m Breite. Man kannte ſchon damals das Erdwachs, ohne jedoch Verwendung dafür zu haben, ſein Vor= kommen beſchränkt ſich auf den mittleren Teil der Petroleumzone. Erſt ſeit 1862 wurde es mit dem Erdöl zuſammen gewonnen und der trockenen Deſtillation unterworfen. Dabei erhielt man etwa 4% Benzin, 27% Petroleum, 7% Schmieröle und 55% Paraffin, als Rückſtand verblieb etwas Koks, und es entwichen leicht flüchtige Gaſe. Doch erſt ſeitdem kurz nach 1870 durch Behandeln mit Schwefelſäure und Entfärbungspulver die Dar= ſtellung von Cereſin als Erſatz für Bienenwachs aus Ozokerit fabrikmäßig betrieben wurde und der Preis dementſprechend ſtieg, ſchenkte man demſelben mehr Aufmerkſamkeit, ja es waren im Jahre 1872 über 4000 Schächtchen zur Erdwachsgewinnung im Betrieb.

Unter einer Schicht von waſſerführenden Geröllen findet ſich in Boryslaw eine Lage von waſſerdichtem plaſtiſchen Thone, der für die Abdämmung der Tagewaſſer von den

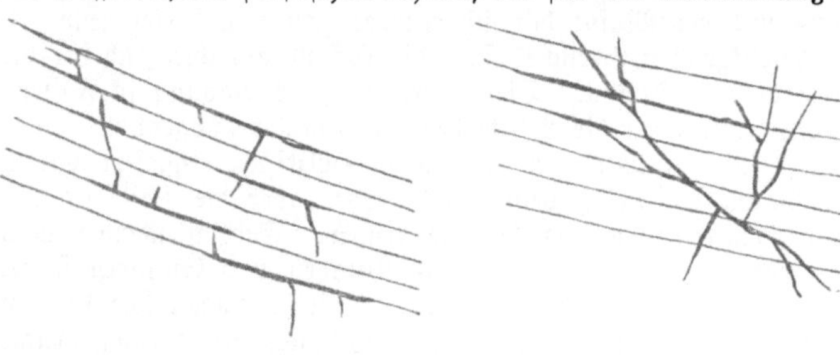

tieferliegenden Salz= thon= und Sandſtein= ſchichten, welche die un= regelmäßigen gangarti= gen Vorkommen von Erdwachs umſchließen, ſehr wichtig iſt. Die Abb. 305 u. 306 geben ein gutes Bild von dem Ozokeritauftreten. In den erdwachsführenden Schichten herrſcht ein

305 u. 306. **Unregelmäßige Gänge von Ozokerit zu Boryslaw in Galizien.**

ſo ſtarker Gebirgsdruck, daß es faſt unmöglich iſt, die Schächte und namentlich die Strecken längere Zeit hindurch in gutem Zuſtande zu erhalten. Verſchiedene Erſcheinungen weiſen darauf hin, daß nicht nur das Gewicht der Gebirgsmaſſen, ſondern vielmehr die Entwickelung großer Mengen von exploſiblen und hochgeſpannten Gaſen aus dem Ozo= kerit dieſen ganz außergewöhnlichen Druck erzeugt. Die Streckenzimmerung wird in ſehr kurzen Zeiträumen, oft ſchon nach einigen Tagen zerdrückt, das Gebirge gleicht einer plaſtiſchen Maſſe, die von allen Seiten unaufhaltſam gegen die Zimmerung vorrückt. Hier= durch erklären ſich auch die Ausbrüche von Erdwachs und Gaſen, die zuweilen ſo plötzlich eintreten, daß durch die Gaſe betäubte Arbeiter in den Wachsmaſſen begraben werden. Einer der berühmteſten Ausbrüche von Erdwachs erfolgte im Jahre 1873 in einem 98 m tiefen Schachte, welcher durch das hereingedrückte Wachs vollkommen bis zum Tagkranze aus= gefüllt wurde. Trotz fortwährender Entnahme von Wachs nahm dasſelbe längere Zeit hindurch nicht ab, ſondern es drangen immer wieder neue Maſſen nach. Dieſe Erſchei= nungen erinnern außerordentlich an das Auftreten der Erdölſpringquellen.

In geringerem Maße zeigt ſich das Herausquellen des Wachſes faſt überall im Gebirge. Oft werden hinter der in Druck geratenen Zimmerung größere Klumpen Wachs gefunden, die auf einer Kluft herausgedrückt wurden; nicht ſelten hat man beim Verfolgen der letzteren größere Erdwachsmengen angetroffen. Dieſe eigenartigen Verhältniſſe haben zu einer Abbaumethode geführt, die man Einzelſchachtbetrieb nennt, und die ſich viel= leicht am beſten mit dem am Rhein früher üblichen Duckelbau vergleichen läßt. Es werden enge Schächtchen geteuft (ſeit 1884 darf laut berggeſetzlichen Beſtimmungen die gegenſeitige Entfernung nicht kleiner als 10 m ſein), und durch Auffahren kurzer Strecken von etwa 5 m Länge baut man ohne Belassung eines Schachtpfeilers die zunächst am Schachte befindlichen Wachsmassen ab. Das Gebirge kommt hierdurch bald in Bewegung, der Schacht verdrückt sich und muß dann verlassen werden; bei wachsreichem Gebirge wird er durch einen anderen in unmittelbarer Nähe ersetzt. Die Schächte erhalten nur 1 qm lichten Querschnitt, und trotzdem einige bis zu 250 m Tiefe erreichten, fand Förderung und Fahrung lediglich im Kübel des Handhaspels statt, den nicht selten 5, selbst 7 Mann bedienten. Die Explosionsgefahr machte stets die Benutzung der Sicherheitslampe notwendig, und wegen des betäubenden Einflusses der Gase arbeiten die Häuer im Schachte und auch in den Strecken an einem Hängegurt, mittels dieses haspelt man sie herauf, falls sie bewußtlos werden.

Da das Erdwachs leichter als Wasser ist, so kann nach dem Auslesen der größeren reinen Stücke die Trennung von anhaftenden Thonteilchen in der folgenden einfachen Weise erfolgen. Die geförderten Massen, welche reines Wachs in kleineren Stücken sowie durch Thon verunreinigtes Wachs enthalten, werden in Bottiche gethan, die mit Wasser gefüllt sind. Beim Umrühren steigen dann allmählich die Wachsteilchen in die Höhe und können mit der Schaufel abgeschöpft werden, der Thon löst sich ab und sinkt zu Boden.

Die Preise, welche zwischen 18 und 35 Gulden für 100 kg bestes Erdwachs geschwankt haben, betrugen im Jahre 1894 20—23,5 Gulden, die Produktion hat der

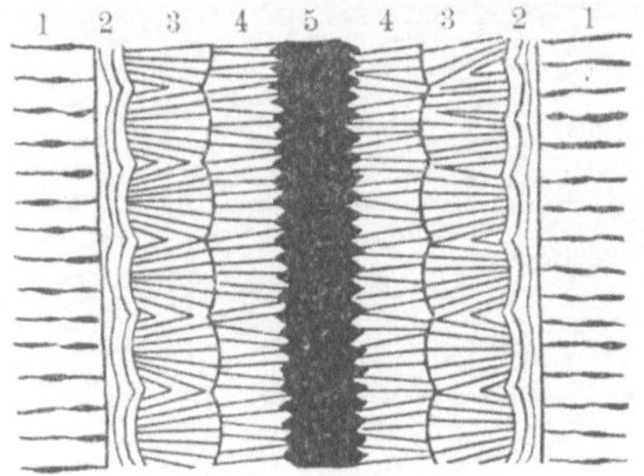

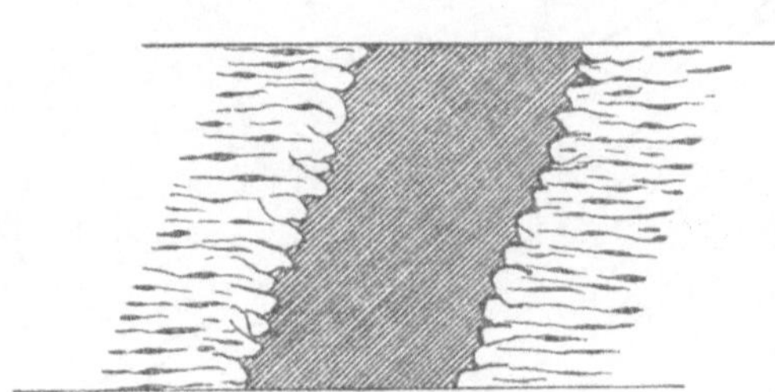

307. **Asphaltgang bei Bentheim nach H. Credner.**　　308. **Asphaltgang von Neubraunschweig nach Dawson.**

Nachfrage entsprechend zwischen 1000 und 2000 Doppelwagen jährlich im Werte von 2—4 Millionen Gulden geschwankt. Während ein großer Teil in Österreich verarbeitet wird, geht ein anderer nach Deutschland. (S. Österreichische Zeitschrift für Berg- und Hüttenwesen 1891.)

Asphalt.

Asphalt nennt man im Verkehr Stoffe von sehr verschiedener mineralogischer Zusammensetzung, und zwar unterscheidet man reinen Asphalt, der nur aus Kohlenwasserstoffen und deren Sauerstoffverbindungen besteht, und auch unter dem Namen Erdpech bekannt ist, und Asphaltstein d. i. Erdpech mit mehr oder weniger Beimengung von erdigen Substanzen, oder Kalksteine und Sandsteine, welche von Asphalt durchtränkt sind. Der reine Asphalt kommt zum Teil auf echten Gängen vor, z. B. zu Bentheim in der Provinz Hannover, woselbst mehrere Gänge (s. Abb. 307) von etwa 1 m Mächtigkeit im Schieferthon (1) der Kreideformation auftreten. In der Gangmitte findet sich pechschwarzer stark glänzender Asphalt (5), während im übrigen die Gangspalte von lagenförmig auftretendem lettigen Asphalt (2), strahligem Schwefelkies (3) und stengeligem Kalkspat (4) erfüllt ist. Auch in der Provinz Kanada, Neubraunschweig, findet sich in bituminösen Schiefern, welche älter als die Steinkohlenformation sind, ein Gang von 1—6 m Mächtigkeit (s. Abb. 308), welcher in der Hauptsache glänzenden, ausgezeichnet muschelig brechenden Asphalt, dort Albertit genannt, führt. Es findet dort lebhafter Bergbaubetrieb statt, der bereits bis zur Tiefe von 300 m eingedrungen ist. — Merkwürdigerweise wirft das Tote Meer, in dessen Umgebung Lager von Asphaltstein bekannt sind, beständig Stücke von fehr reinem, im Handel gefchätztem Asphalt aus. Derfelbe wird von den Anwohnern gefammelt und in der Induftrie namentlich zu feinen Lacken verarbeitet, es wird angegeben, daß fich nach ftarken Erdbeben Stücke von mehreren Tonnen Gewicht finden. Der Asphalt, deffen fpezififches Gewicht nur 1,1 — 1,2 beträgt und der zuweilen durch Gasporen noch leichter wird, fchwimmt auf dem falzigen Waffer, feine Herkunft ift unbekannt.

Berühmt als Fundort und bereits feit einem Jahrhundert ausgebeutet ift der an der Weftküfte der Infel Trinidad gelegene fogenannte Asphaltfee. Der Asphalt, welcher nur wenig erdige Beimengungen enthält, findet fich dort in einem kraterähnlichen angenähert kreisrunden Becken. Der nordamerikanifche Geolog Peckham, welcher den Asphaltfee und feine Umgebung im Jahre 1894 unterfuchte, fchätzt die Oberfläche auf 40 ha. Der Asphalt ift fo feft, daß man fich auf der Seeoberfläche, die etwa den Anblick gewährt wie der Schlammboden eines vor kurzem abgelaffenen Teiches, ohne Gefahr bewegen kann, doch ift diefelbe durch mit Waffer gefüllte Riffe und Sprünge zerklüftet. Vom Asphaltfee aus erftreckt fich ein breiter Asphaltftrom bis an das Meer, auf demfelben find die Hütten des Negerdorfes „La Brea“ (die fpanifche Bezeichnung für Erdpech), das Namen und Entftehung dem Mineralvorkommen verdankt, auf eingerammten

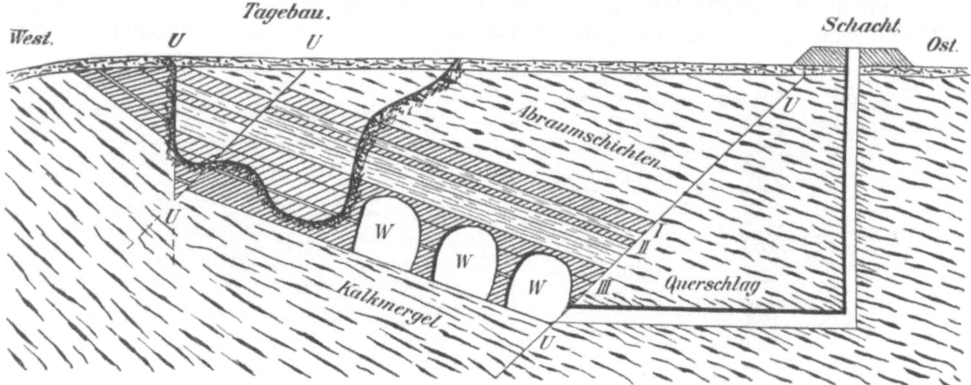

309. **Profil durch die Asphaltlager von Limmer bei Hannover nach F. A. Hoffmann.**

Pfählen errichtet. Nachgrabungen haben ergeben, daß der Asphalt, welcher übrigens Eigentum der englifchen Regierung ift, in mehr als 13 m Mächtigkeit vorhanden ift.

Die Gewinnung findet in einfachfter Weife durch Gräberei ftatt, der Asphalt wird entweder roh verfchifft oder vorher in großen Keffeln umgefchmolzen. Hierbei finken die erdigen Teile zu Boden, der geringe Gehalt an Waffer wird verdampft und der reine Asphalt kann abgefchöpft und in Formen gegoffen werden. Nicht nur die Umgebung des Asphaltfees, fondern auch ein Teil von deffen Oberfläche ift mit üppigem Pflanzenwuchs bedeckt, der allerdings häufig durch Waldbrand vernichtet wird. Es gerät dann auch die Oberfläche des Asphaltes in Brand und verwandelt fich in eine gefchmolzene und verkokte Maffe, das fogenannte Eifenpech. Der See und feine Umgebung gewähren keineswegs das Bild der Verwüftung infolge des ununterbrochenen Abbaues, denn nur die Oberfläche des Asphaltes ift erhärtet, in der Tiefe dagegen ift die Maffe noch fo weit dickflüffig, daß fich die durch Ausfchachtung entftandenen Gruben mit der Zeit von felbft wieder füllen. Der Trinidadasphalt wird in großen Mengen nach allen Weltgegenden hin verfrachtet, die Jahresproduktion hat in der letzten Zeit über 90 000 t betragen.

Asphaltftein kommt an vielen Orten in großen Mengen vor, die bitumenhaltigen Kalkfteine werden den Sandfteinen bedeutend vorgezogen. In Deutfchland find derartige Gruben im Betrieb zu Limmer bei Hannover, zu Vorwohle in Braunfchweig und zu Lobfann im Elfaß. Sehr guten Ruf haben auch die Produkte aus dem Val de Travers bei Neufchâtel in der Schweiz und die franzöfifchen von Seyffel bei Pyrimont im Rhonethal. Auch Ragufa auf Sizilien liefert Asphaltftein auf den Weltmarkt. Die großen Mengen, welche im russischen Gouvernement Simbirsk gewonnen werden, dürften im Inlande Verwendung finden. Die Vereinigten Staaten von Nordamerika haben die bedeutendsten Ablagerungen im Staate Utah.

Als Beispiel über das Vorkommen von Asphaltstein in Deutschland sei dasjenige von Limmer bei Hannover beschrieben (F. A. Hoffmann, Zeitschrift für praktische Geologie 1895). Das dortige Schichtensystem (Abb. 309) gehört nach seinen zahlreichen Versteinerungen von Muscheltieren dem oberen Jura an, es sind drei Lager von bituminösem Kalkstein mit im ganzen 11,0 m Mächtigkeit bekannt. Sie werden zum Teil durch Tagebau, das tiefste und zugleich mächtigste Lager auch durch Weitungsbau W gewonnen. Die Lagerung ist mehrfach durch Verwerfungen U gestört. Der Gehalt an Bitumen schwankt im Mittel zwischen 12 und 14 %; zur Herstellung von Asphalt für Straßenpflaster wird der Kalkstein gemahlen und unter Erhitzung und Umrühren in Kesseln noch mit 5—9 % Gudron — d. i. durch Umschmelzen gereinigter Trinidad-Asphalt — innig gemengt.

Bei weitem die Hauptmenge der gewonnenen Asphaltmineralien dient zur Zeit zu Straßenpflaster und zwar als Stampf- und Gußasphalt. In Deutschland erfreut sich das Asphaltpflaster als geräuschlose Pflasterung viel größerer Beliebtheit als Holzpflaster. Das letztere wird z. B. in Berlin überhaupt nicht mehr neu verlegt, während die Asphaltpflasterung immer mehr Anwendung findet. Ende 1896 hatte Berlin, das überhaupt etwa 5 ½ Mill. Quadratmeter Pflaster besitzt, hiervon 1 300 000 qm Asphaltpflaster. Die Herstellung eines Quadratmeters kostet jetzt etwa 13 Mark.

Außerdem wird Asphalt, weil er für Wasser fast undurchdringlich ist, im Bauwesen vielfach angewendet: zu Dachpappen, zur Herstellung von Fußböden, auch zur Abhaltung der Grundfeuchtigkeit als Zwischenlage in Mauern. Die bedeutende Elastizität, welche Asphalt besitzt, macht den Asphaltbeton (Mischung von geschmolzenem Asphalt mit Klarschlag) sehr geeignet zur Fundamentierung von Maschinen, deren Geräusch wie bei Aufstellung von Dynamos, Gas- und Petroleummotoren in Gebäuden gedämpft werden soll. Durch Lösung des Asphalts in Terpentinöl erhält man je nach der Reinheit der verwendeten Rohstoffe Anstrichfarben verschiedener Güte, die auch als Rostschutz für Eisengegenstände dienen. Aus dem reinsten Asphalt und Terpentinöl unter Zusatz eines trocknenden Öls werden feine Asphaltlacke hergestellt, die bis zu 4 und 5 Mark das Kilogramm kosten. Eine feine Ölfarbe, ein dunkles Braun mit feurigem Farbton, Asphaltbraun, wird in der Ölmalerei benutzt, es hat jedoch den Nachteil, am Lichte nachzudunkeln. Die übermäßige Anwendung dieser Farbe ist der Grund, weshalb viele Bilder, namentlich niederländischer Meister, so sehr dunkel werden. Auf der Eigenschaft gewisser Bestandteile des Asphaltes, durch Belichtung ihre Löslichkeit in ätherischen Ölen zu verlieren, beruht seine Anwendung bei Vervielfältigungsverfahren und zwar in der Asphaltphotographie (auch Heliographie genannt) und in der Asphaltphotolithographie.

Die Weltproduktion an Asphaltrohstoffen dürfte nach Rothwell jährlich etwa 600 000 t betragen, hiervon entfallen auf Deutschland etwa 50 000 t.

Die Gewinnung der Salze.

Salze im bergmännischen Sinne nennen wir solche natürlich vorkommenden Mineralien, welche in Wasser löslich sind. Die Zahl derselben ist zwar erheblich kleiner als diejenige der Erze, aber immerhin müssen wir etwa 20 verschiedene Salze und Gruppen von Salzen nennen, die für die Technik wichtig sind und deshalb zum Teil in außerordentlich großen Mengen gewonnen werden.

Das wichtigste von allen und der Menschheit seit den ältesten Zeiten unentbehrlich ist das Steinsalz oder Kochsalz (Chlornatrium), auch schlechthin Salz genannt, in reinem Zustande farblos, durchsichtig wie Eis, es krystallisiert in Würfeln und ist auch nach dem Würfel spaltbar. Das gewöhnliche Steinsalz ist jedoch milchweiß, in der Natur ist es mehr oder weniger durch andere Salze, auch durch Thon, Anhydrid und

Gips, seine ständigen Begleiter, verunreinigt. Das Steinsalz kommt in mächtigen Lagern im geschichteten Gebirge vor und zwar namentlich im Zechstein und den jüngeren Formationen; durch Faltung und Zusammenschiebung der ursprünglich angenähert wagerecht abgelagerten Salzmassen entstehen auch stockförmige Vorkommen, wie z. B. in den Nordalpen. In regenarmen Gegenden findet sich ferner Kochsalz in den Salzseen in großer Menge gelöst z. B. in den flachen Niederungen der dem Kaspischen Meere benachbarten Gebiete, im Toten Meere, im Großen Salzsee des Staates Utah der Vereinigten Staaten und an vielen anderen Orten. Die einmündenden Flüsse führen diesen Binnenseen beständig Salzmengen zu; während das Wasser unter dem Einfluß der trockenen Steppenwinde schnell verdunstet, reichert sich der Salzgehalt immer mehr an, so daß sich am Ufer Salzkrusten absetzen und schließlich mächtige Lager auf dem Seeboden gebildet werden. Ähnlicher Entstehung sind die Salzsteppen z. B. im südlichen Rußland, in Südamerika, in den regenlosen Teilen der Küste des Stillen Ozeans, in der Argentinischen Republik, in Südafrika u. s. w. — Das Meerwasser der Ozeane enthält etwa $3\frac{1}{2}$ % Salze aufgelöst, von denen der bei weitem größte Teil Kochsalz ist. Es sind die Gehalte in verschiedenen Meeren zwar nicht die gleichen, im Mittel dürften jedoch folgende Mengen von Salzen im Meerwasser gelöst sein:

Chlornatrium (Kochsalz)	2,7 %
Chlorkalium	0,07 %
Chlormagnesium	0,36 %
Brommagnesium	0,002 %
Magnesiumsulfat	0,230 %
Calciumsulfat	0,140 %
Summe	3,502 %

Endlich finden sich auch Salzquellen, welche salzhaltigem Gebirge entspringen und zuweilen bedeutende Mengen Salz gelöst enthalten, z. B. zu Reichenhall 23 %, zu Artern östlich vom Kyffhäuser sogar $25\frac{1}{2}$ %. Der Bedarf an Steinsalz ist so allgemein und so verbreitet, daß aus allen diesen natürlichen Vorkommen auf mannigfache Weise Steinsalz gewonnen wird.

Zusammen mit dem Steinsalz kommen auf einzelnen Lagerstätten in wechselnden Mengen eine Anzahl Salze vor, die wir im folgenden kurz besprechen wollen. Unter ihnen sind die Kalisalze am wichtigsten, da sie heute nicht nur für die chemische Industrie unentbehrlich, sondern auch für die Landwirtschaft ein gesuchtes Düngemittel geworden sind, teils im rohen, teils im verarbeiteten Zustande. Deutschland hat das Glück, in seinem Boden bedeutende Mengen solcher Salze in abbauwürdigen Lagerstätten zu bergen; ja es hat bis jetzt fast ein Monopol auf die Kalisalze, denn außerhalb Deutschlands werden nur auf dem Ostgalizischen Salzwerke Kalucz seit dem Jahre 1890 einige tausend Doppelzentner Kainit gefördert. Die hauptsächlichsten Produktionsorte liegen in der Nähe von Staßfurt und Leopoldshall und am Nordrande des Harzes (Langelsheim, Vienenburg, Wilhelmshall). Doch das Wort Kalisalze ist heute geradezu ein Losungswort für die bergmännische Technik und — man könnte fast sagen leider — auch für die kaufmännische Spekulation geworden; in ganz Norddeutschland wird nach Kalisalzen gebohrt, und es wurden von den verschiedensten Orten erfreuliche Funde gemeldet, so z. B. zu Tiederhall, südlich von Braunschweig, zu Rüdersdorf, östlich von Berlin, in der Nähe des Benther Berges bei Hannover, zu Lübtheen in Mecklenburg, zu Salzungen südlich von Eisenach, am Oberröblinger See bei Eisleben, und an anderen Orten mehr. Auch sind noch manche Bohrungen im Gange, bei denen man Kalisalze anzutreffen hofft. Ob alle diese Funde abbauwürdig sein werden, ob eine bedeutend gesteigerte Produktion die Preise drücken, oder ob sich der Absatz dementsprechend steigern wird, vermag nur die Zukunft zu entscheiden. Zunächst sorgt übrigens der Kalisalzring dafür, daß keine Überproduktion stattfindet.

Die sämtlichen mit dem Steinsalze zusammen vorkommenden Salze wurden früher unter dem Sammelnamen Abraumsalze zusammengefaßt, man hielt sie für mehr oder weniger verunreinigtes Steinsalz und hatte keine Verwendung dafür. Erst um das

Jahr 1860 wurde der bedeutende Wert der Kalisalze erkannt und im darauf folgenden Jahre nahe bei Staßfurt die erste Fabrik zur Verarbeitung derselben auf Chlorkalium und Düngemittel eröffnet; seitdem steigen Förderung und Verbrauch fast beständig, Wert und Menge der geförderten Kalisalze sind für die letzten Jahre aus der folgenden Tabelle ersichtlich:

Deutschlands Kaliproduktion.

Jahr	Kainit		Andere Kalisalze	
	metr. Tonnen	Wert, Mark	metr. Tonnen	Wert, Mark
1890	361 827	5 200 000	913 030	11 305 000
1891	472 256	6 800 000	899 000	11 086 000
1892	549 445	7 840 000	802 600	10 129 000
1893	664 986	9 600 000	861 160	11 048 000
1894	727 234	10 300 000	916 340	11 952 000
1895	661 479	9 310 000	860 305	11 270 000
1896	877 885	13 299 000	902 707	11 857 234
1897	995 821	13 985 000	950 367	12 079 000

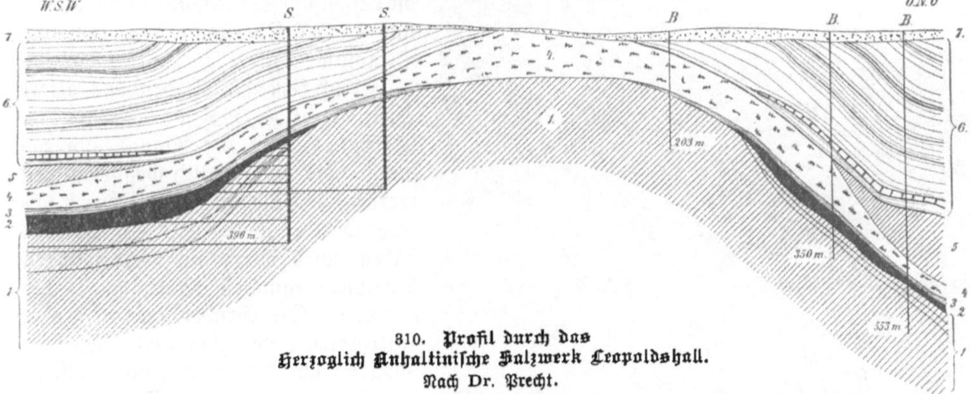

310. Profil durch das Herzoglich Anhaltinische Salzwerk Leopoldshall.
Nach Dr. Precht.

Die häufigsten und wichtigsten unter den Abraumsalzen sind die folgenden:

Sylvin, äußerlich dem Steinsalz sehr ähnlich, doch von etwas anderem, eigentümlichem Geschmack, ist reines Chlorkalium, Sylvinit ein Gemenge von Chlornatrium und Chlorkalium. Carnallit meistens weiß, zum Teil rötlich, ist ein wasserhaltiges Doppelsalz des Chlorkaliums (etwa 27 %) und des Chlormagnesiums. Der Kainit ist ein wasserhaltiges Doppelsalz von (etwa 30 %) Chlorkalium und Magnesiumsulfat. Kieserit besteht aus wasserhaltigem Magnesiumsulfat, Schönit aus einem Gemenge von Magnesium- und Kaliumsulfat, Polyhalit, meistens rot oder grau gefärbt und leicht kenntlich an der parallelfaserigen Struktur, aus den Sulfaten (schwefelsauren Salzen) des Calciums, Kaliums und Magnesiums. Bei den Abraumsalzen ist nur der Kaliumgehalt wichtig, der Magnesiumgehalt wird zur Zeit in sehr kleinem Maße nutzbar gemacht. Dort, wo sich Abraumsalze in der Natur finden, liegen sie gewöhnlich über mächtigen Ablagerungen von Steinsalz. Ihre Bestandteile sind im Meerwasser mit enthalten (vergl. die Zusammenstellung S. 258); beim Verdunsten größerer Mengen desselben, welche durch Barrenbildung vom offenen Meere abgetrennt wurden, krystallisierte zunächst das Steinsalz und bildete mächtige Schichten, erst später schieden sich bei fortgesetzter Verdunstung aus der übrigbleibenden Mutterlauge die leichter löslichen Abraumsalze aus, sie finden sich daher in den hangenden Schichten. Wir sind um so mehr zu diesen Schlüssen über die Bildungsweise der Steinsalz- und Kalisalzlagerstätten berechtigt, als sich bei der allmählichen Verdunstung von Meerwasser in den Seesalinen und dem Versieden der natürlichen Salzsolen diese Vorgänge immer wieder, wenn auch nur im kleinen vor unseren Augen abspielen. Thonmassen, welche sich über den Salzen später ablagerten, haben zu deren Erhaltung wesentlich beigetragen.

Für die geschilderten Verhältnisse gibt ein Profil durch das Magdeburg=Halberstädter Becken (Abb. 310) das beste Beispiel. Das ältere Steinsalz (1) liegt dort in sehr wech= selnder aber bedeutender Mächtigkeit von 150—900 m zwischen der Dyas= und Trias= formation, das Liegende, welches nur an zwei Stellen, bei Unseburg und bei den deutschen Solvaywerken bekannt geworden ist, besteht aus Anhydrit und Schiefer. Im Steinsalze ist durch regelmäßig auftretende feine Anhydritschnüre, an deren Stelle in den obersten Schichten Polyhalit= und Kieseritschnüre treten, die Schichtung angedeutet. Über dem älteren Steinsalze liegt eine 25—40 m mächtige Schicht von Abraumsalzen — auf dem Profil mit 2 bezeichnet und schwarz angelegt — die zum größten Teile aus Carnallit, zum kleineren Teile aus den wahrscheinlich durch nachträgliche Umwandlung aus Carnallit infolge Einwirkung von Wasser entstandenen Salzen Sylvinit, Kainit und Schönit besteht;

darüber folgt etwa 8 m Salzthon (3) dann Anhydrit (4). Nur über einen Teil der vom älteren Steinsalze ein= genommenen Fläche findet sich noch jüngeres Steinsalz (5), über diesem die Lettenschiefer des Buntsandsteins (6) und an der Oberfläche Alluvium und Diluvium (7).

Auf dem Sattel, den das ältere Steinsalz bildet, sind die Abraumsalze überhaupt nicht zur Ablagerung ge= langt, oder nachträglich weggewaschen worden. Daß in denselben nach= träglich Veränderungen stattgefunden haben, wird durch die nicht seltenen Schichtenbiegungen (Abb. 311) an= gedeutet. Die Grubenbaue in diesen Horizonten bieten zum Teil einen sehr schönen Anblick, da Lagen von weißen, rötlichen und dunklen Salzen mit= einander wechseln. Ähnlich sind die Lagerungsverhältnisse in den anderen norddeutschen Kalisalzwerken.

Die übrigen Salze, welche später kurz besprochen werden sollen, haben zwar örtlich große Bedeutung, wie die Salpeterlager der Westküste Süd= amerikas, die Sodalager im Westen der Vereinigten Staaten in Nord= amerika oder die Mirabilitablage=

311. Schichtenbiegung der Abraumsalze bei Staßfurt.

rungen Transkaukasiens, aber keins derselben hat die große Verbreitung fast über den ganzen Erdball und wird so allgemein benutzt, wie das Steinsalz. Betrachten wir daher zunächst die Gewinnung des Speisesalzes, dieser unentbehrlichsten Würze der menschlichen Nahrung. Das älteste Verfahren dürfte die Gewinnung des Seesalzes und die Zugutemachung der Salzquellen (Solquellen) sein, weist doch die Natur selbst auf diesen Weg, indem sich auch heute noch natürliche Seesalinen bilden und reiche natürliche Solquellen dem Boden entströmen.

Die Seesalinen. Dort, wo sich an flachen Küsten durch Dünen= oder Haffbildung Lagunen vom offenen Meere abtrennen, in die das Meerwasser nur zur Zeit von Hoch= fluten eintritt und wo gleichzeitig hohe Temperatur, regenlose Jahreszeiten und vor= herrschende Landwinde die Verdunstung beschleunigen, scheiden sich mit der Zeit an den Ufern Krusten unreinen Salzes ab, die gesammelt werden können. Dieses Seesalz hat einen scharfen bitteren Geschmack von dem ziemlich hohen Gehalt an Bittersalz (Magnesium=

sulfat), trotzdem wird es von den Anwohnern, die daran gewöhnt sind, verwendet. Derartige natürliche Seesalinen gibt es an den französischen Küsten, am Schwarzen Meere, in Arabien, Vorderindien, China und an anderen Orten mehr. Unerhebliche Mengen von Salz werden auch an felsigen Küsten dadurch ausgeschieden, daß das Meerwasser bei stürmischem Wetter hoch emporgeschleudert wird, in Vertiefungen und Spalten zurückbleibt und dort unter Ausscheidung des Salzes verdunstet.

Die Beobachtung dieser natürlichen Vorgänge hat von alters her zur Anlage künstlicher Seesalinen — auch Salzgärten genannt — an solchen Meeresküsten geführt, an denen die Verhältnisse dafür besonders günstige waren. Für die Herstellung ausgedehnter Bassins ist eine größere Küstenebene mit leicht bearbeitbarem Boden erforderlich, ferner muß feiner plastischer Thon vorhanden sein, um die Reservoirs (Salzbeete) mit einer festen und wasserdichten Schicht auszukleiden, auch hier begünstigen hohe Lufttemperatur, regenarme Jahreszeiten und trockene Landwinde die schnelle Verdunstung des Wassers. Bedeutende Fluthöhe erleichtert das Füllen der Behälter; zur Ebbezeit kann die Mutterlauge und etwa angesammeltes Regenwasser in das Meer abgelassen werden; anderenfalls sind einfache Einrichtungen zur Wasserhebung in Gebrauch. Die österreichischen Seesalinen in Istrien, südlich von Triest und die portugiesischen von St. Ubes, deren bedeutende Jahresproduktion von mehr als 2½ Millionen Doppelzentnern namentlich zum Einsalzen von Fischen und Fleisch ausgeführt wird, haben besonderen Ruf; bei Aden in Arabien und

312. Salzträgerinnen in den Salzgärten an den Küsten des Mittelmeeres.

im südlichen Teile von Vorderindien sind große derartige Anlagen in Betrieb. Sie bestehen aus einer sehr großen Zahl Bassins, die durch Schleusen in Verbindung stehen und so viel untereinander liegen, daß die Salzsole sie der Reihe nach durchfließt. Bei großen Anlagen kann die Gesamtfläche der Weiher mehr als 1000 ha betragen. Zuerst gelangt das Meerwasser in große tiefere Behälter, in denen eine Klärung, ein Absetzen etwaiger Unreinlichkeiten stattfindet und die zu gleicher Zeit den nötigen Vorrat aufnehmen sollen, sodann wird das Wasser in eine Anzahl flacherer Becken übergeführt, damit auf der verhältnismäßig großen Oberfläche eine lebhafte Verdunstung stattfindet; hier wird die Konzentration so weit getrieben, daß etwa 1 kg Salz in 3,8 kg Wasser enthalten sind, während im Meerwasser ursprünglich 1 kg Salz auf 26 kg Wasser entfallen. Zuletzt tritt die Salzsole in die sehr flachen Krystallisationsbecken ein, in diesen findet nach Eintritt der Sättigung (1 kg Salz auf 2,7 kg Wasser) die Bildung von dünnen Salzhäutchen an der Oberfläche statt, diese werden wiederholt zerteilt und die Salzkrystalle sinken zu Boden. Der letzte Rest der Salzsole, die Mutterlauge, welche die leicht löslichen Magnesiumsalze enthält, wird abgelassen, das Seesalz mittels Holzkrücken an den Rand gezogen und zu Haufen aufgestürzt, damit die darin enthaltene

Mutterlauge, die dem Salz den bitteren, scharfen Geschmack erteilt, ablaufen kann. Trotz=
dem bleibt im Seesalz immer noch eine erhebliche Menge Magnesiumsalze enthalten,
welche dem übrigens in der Farbe selten reinweißen, meistens vielmehr grauen Salze, das
auch häufig einen Stich ins Rötliche oder Grünliche hat, die für Aufbewahrung und Trans=
port recht unangenehme Eigenschaft erteilen, die Feuchtigkeit aus der Luft aufzunehmen,
zu zerfließen und dadurch unansehnlich zu werden. Um diesen für bessere Verwertung
störenden Umstand zu beseitigen, werden verschiedene Mittel angewendet. In St. Ubes
in Portugal wird das Salz des öfteren umkrystallisiert und durch rechtzeitiges Ablassen
der Mutterlauge der Gehalt an Bittersalz von anfänglich 7 auf etwa $1^1/_2 \%$ erniedrigt.
In Vorderindien entfernt man aus dem frischen Salze die Mutterlauge durch Zentrifugen

313. Salzgewinnung in den Steppen Transvaals.

(Schleuderapparate), sodann wird dasselbe unter hohem Druck zu Br.ketts geformt und
in paraffiniertes Papier verpackt. Nach dieser Vorbereitung verträgt es längere Auf=
bewahrung und weiteren Transport sehr gut. In den europäischen Seesalinen findet die
Salzgewinnung in der Zeit von April bis Oktober statt, während des übrigen Teiles des
Jahres werden lediglich die Anlagen unterhalten. Die Zahl der Arbeiter ist im all=
gemeinen keine große, nur zur Zeit der Salzernte herrscht eine reges Leben, dann
werden Hunderte von Frauen und Kindern beschäftigt, die in Körben und Mulden das
fertige Salz in die Aufbewahrungsräume tragen (Abb. 312). Ähnliche Verfahren
werden in den Salzsteppen und in der Nähe von Salzseen, z. B. in der Argentinischen
Republik, in Transvaal (Abb. 313) angewendet, um das mannigfach verunreinigte Salz
durch Umkrystallisieren für den menschlichen Gebrauch zu reinigen.

    An den nördlichen Küsten Rußlands benutzt man ein anderes Mittel zur Konzen=
tration des Meerwassers. Läßt man nämlich eine verdünnte Salzlösung zum Teil ge=
frieren, so enthält das Eis sehr wenig Salz, dagegen bleibt eine salzreichere Lösung

zurück. Durch mehrmalige Anwendung dieses Verfahrens wird die Konzentration so weit
getrieben, daß dann ein Versieden in Pfannen mit Vorteil erfolgen kann.

Das Versieden von Salzsole. Ein zweites, nicht minder wichtiges Verfahren
der Salzgewinnung besteht darin, daß die an vielen Orten dem Erdinneren entströmenden
Salz= oder Solquellen durch Versieden in Pfannen auf Salz (Sudsalz) verarbeitet
werden. Zuweilen werden Salzsolen auch durch bergmännischen Betrieb erzeugt, so in
den Salzwerken der nördlichen Alpen, woselbst der weiter unten beschriebene Sink=
werksbau seit Jahrhunderten zur Anwendung gelangt, und neuerdings auf den königlich
preußischen Salzschächten zu Schönebeck, wo durch ein besonderes Spritzverfahren in
der Grube das Steinsalz gelöst und dann als Sole zu Tage gehoben wird.

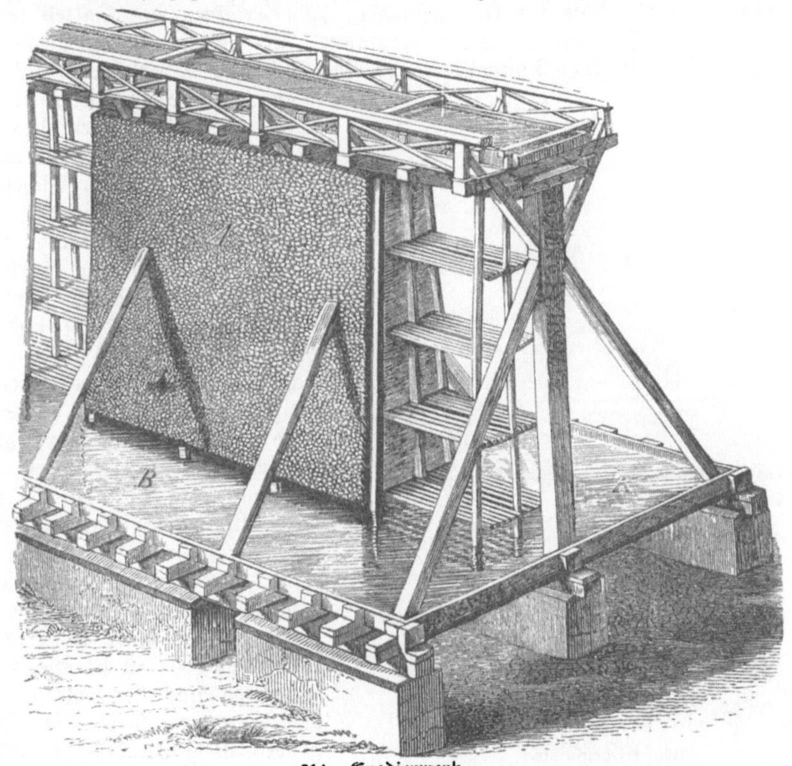

314. Gradierwerk.

An solchen Orten, an denen die natürlichen Solquellen arm an Salz sind, hat
man vielfach durch Abteufen von Schächten oder Niederstoßen von Bohrlöchern,
unter gleichzeitigem Abschluß der aus oberen Schichten zudringenden süßen Wasser,
reichere Sole erhalten, die allerdings in den meisten Fällen durch Pumpbetrieb gehoben
werden muß. Die früher vielfach zur Konzentration der Sole verwendeten Gradier=
werke (s. Abb. 314) verschwinden immer mehr; dieselben bestehen aus hohen Holz=
gerüsten, in denen Dornenzweige zu dichten Wänden angeordnet sind. Die Sole wird
mittels Pumpen in ein oben der Länge nach verlaufendes Gerinne gehoben, aus diesem
in viele feine Strahlen verteilt und fällt in unzähligen Tropfen durch die Dornenwand
nieder. Hierbei verdunstet einmal ein großer Teil des überschüssigen Wassers, ander=
seits scheiden sich die schwerer löslichen Salze, namentlich schwefelsaurer Kalk (Gips) und
kohlensaurer Kalk, wenn auch nur teilweise, als Kruste (Dornenstein) an dem Gezweige
aus. Unter Umständen wird die Sole mehrmals auf das Gradierwerk gehoben, so daß
die Konzentration bis zu etwa 18—20 % Salz fortschreitet.

Solche Gradierwerke werden den Besuchern vieler Solbäder in angenehmer Er-
innerung sein; die Kurgäste lustwandeln, durch weite Mäntel gegen die spritzenden
Tropfen geschützt, an den Gradierwerken entlang und atmen die salzhaltige Luft zur
Stärkung der Atmungsorgane ein.

Der eigentliche Siedeprozeß findet in großen, flachen, meist aus schmiedeeisernen
Blechen durch Vernieten hergestellten Pfannen mit 200 und mehr Quadratmetern Boden-
fläche statt; sie sind in geräumigen Gebäuden, den Siedehäusern (Sudhäusern), in
Norddeutschland auch Salzkoten genannt, aufgestellt. Die Pfannen werden aus der
Soleleitung mit der konzentrierten Sole gefüllt und sind mit Feuerungsanlagen versehen,
deren Heizgase in mehreren Zügen unter der Pfanne hin- und herziehen; die letzte
Wärme wird, ehe die Gase zur Esse gelangen, zum Trocknen des Salzes verwendet.
Abb. 315 zeigt den Querschnitt einer Siedepfanne. Die Pfanne P ist zur Abführung
des Wasserdampfes mit einer Dunstesse E und einem Mantel M versehen, dessen unterer

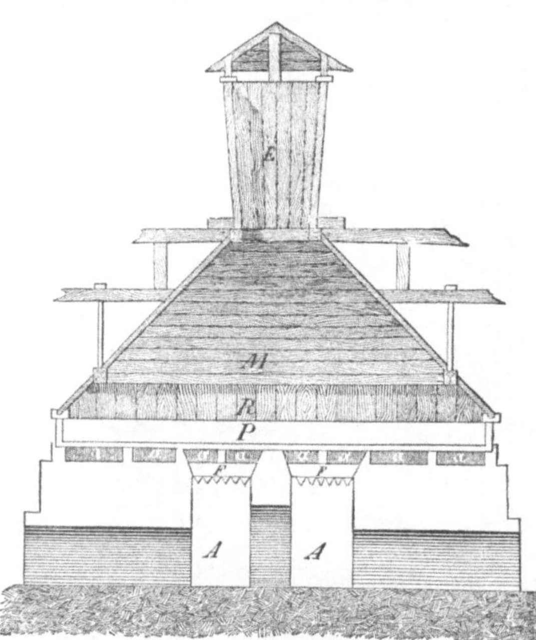

315. Siedepfanne.

Rand R in Teilen aufklappbar ist und
zum ersten Abtrocknen des Salzes
dient; F sind die Feuerungsroste,
a die Züge und A der Aschenfall.

Der Siedeprozeß zerfällt gewöhnlich in drei Teile. Zunächst wird die
eingelassene Sole zum starken Auf-
kochen gebracht, dabei scheiden sich
etwa vorhandene Kalk- und Eisenverbindungen ab und sinken als gelblicher Schlamm zu Boden; dieser Vorgang heißt das Stören. Der Schlamm
wird ausgekrückt, und nun beginnt die
Ausscheidung reinen Salzes, das sogenannte Soggen. Je nachdem die
Krystallisation infolge starker oder
schwacher Feuerung schnell oder langsam
erfolgt, bildet sich feines Speisesalz oder
grobes, namentlich für industrielle
Zwecke gesuchtes Salz. Ersteres braucht
je nach der Tiefe der Pfanne, dem Kon-
zentrationsgrade der Sole, der Stärke
der Feuerung 12 bis 24 Stunden,
grobes Salz 96 bis 120 Stunden
zur Ausscheidung. Ist diese beendet

und nur noch wenig Sole vorhanden, so wird zunächst das Salz ausgekrückt, zum
Abtropfen auf den hochgeschlagenen unteren Rand des Dampfmantels gestürzt und dann
die Pfanne von neuem gefüllt. Das Verarbeiten jeder Füllung nennt man ein Werk.
Je nach dem Gehalt an Magnesiumsalzen muß nach dem Versieden einer größeren Zahl
von Werken der Rest der Sole, die sogenannte Mutterlauge, entfernt werden, sie wird
zum Teil zur Darstellung der in ihr neben wenig Kochsalz verbleibenden Kalium- und
Magnesiumsalze verwendet. Namentlich auf den heißesten Teil des Pfannenbodens, in
geringerem Maße überall setzt sich eine feste, schwer lösliche Kruste an, sie besteht in der
Hauptsache aus Gips, untermischt mit Salzen, und heißt Pfannenstein. Dieser wird
von Zeit zu Zeit nach Kaltlegen der Pfanne mittels Hammer und Meißel abgelöst, an
manchen Orten gemahlen und als Düngemittel verwertet. Das Trocknen des Salzes
geschieht auf besonderen Darren unter häufigem Wenden. In Deutschland unterliegt
bekanntlich das Speisesalz einer Steuer, diese beträgt 12 Mark auf den Doppelzentner,
während der Verkaufspreis des bereits verzollten Salzes im großen etwa 15 Mark
erreicht; um jedoch der Industrie und der Landwirtschaft (letzterer für das Vieh) steuer-
freies und daher billiges Salz zugänglich zu machen, wird dasselbe für den menschlichen

Genuß ungeeignet gemacht (denaturiert) und zwar durch inniges Vermengen mit $^1/_4$ % Eisenoxyd und $^1/_4$ % gemahlenem Wermut. Ersteres färbt das Salz rötlich, der Wermut erteilt ihm einen bitteren Geschmack, der jedoch das Vieh vom Genusse des Salzes nicht abhält. Die Stätten der Siedesalzgewinnung aus Solquellen sind sehr zahlreich; um einige der bekanntesten zu erwähnen, sei hier an Namen wie Friedrichs=hall, Schönebeck, Dürrenberg, Halle erinnert.

Unter diesen Orten ist Halle von ganz besonderem Interesse. Die Salzgewinnung ist dort sehr alt, und mitten in dem regen Treiben der modernen Großstadt haben sich mit den Halloren eine große Zahl sorgsam gehüteter Sonderrechte bis auf unsere Tage erhalten. Schon um 800 unter Karl dem Großen sollen die Vorfahren der heutigen Salzsieder, der Halloren, auf dem Raume zwischen dem jetzigen Marktplatz der Stadt Halle und der Saale das Salzsieden betrieben haben, damals in kleinen Pfannen mit geringem Ausbringen. Hal bedeutet in der keltischen Sprache Salz, daher wieder=holen sich auch Städtenamen mit der Silbe Hal überall dort, wo die Salzgewinnung zur Gründung von Niederlassungen führte; so finden wir eine der ältesten Ansiede=lungen Hallstatt im Salzkammergut, Hallein im Herzogtum Salzburg, Hall in Tirol, Hall in Württemberg und viele andere mehr. Die Halloren sind wohl nicht rein keltischen Stammes, sondern sie sind Vertreter jener Mischung keltischen, slawischen und deutschen Blutes, wie sie überhaupt in der Provinz Sachsen ziemlich allgemein ist; sie waren von Anfang an gelohnte Arbeiter an den Salzpfannen und nannten sich die Salzbrüderschaft im Thale; im Laufe der Jahrhunderte dienten sie verschiedenen Herren, denen die Salzquellen eigen waren, zunächst den Geschlechtern der Stadt Halle, dann den Erzbischöfen von Magdeburg, später dem brandenburgisch=preußischen Staate. Jetzt gehören die Salzquellen mit allem Zubehör einer Gewerkschaft, Pfännerschaft genannt, die Gewerken heißen die Pfänner. Längst sind geräumige Siedehäuser (Salz=koten) auf einer von den Armen der Saale umflossenen Insel errichtet, aber immer noch spendet der alte Quell, der Gutjahrsbrunnen, die Salzsole. Sie wird heute aus 29 m Tiefe durch ein mit Dampf betriebenes Pumpwerk gehoben und durch eine Rohrleitung zur Saline geführt, der Brunnen liefert in der Minute 1 hl Sole mit 18 % Salz. Über dem in unmittelbarer Nähe der Marienkirche gelegenen Brunnen erhebt sich heute ein modernes Wohnhaus, nur die Aufschrift über der Thür verrät dem Fremden, daß hier die Schätze des Bodens gehoben werden; die Maschinen befinden sich im Kellergeschoß. Wenn auch die Halloren nur Arbeiter waren und sind, nicht Besitzer der Salinen, so haben sie doch als solche immer ein gewisses Ansehen genossen, sie selbst haben immer nur die Arbeit an den Salzpfannen, das eigentliche Salzsieden, besorgt — daher nannten sie sich Salzwirker — für die Nebenarbeiten, das Verladen des Salzes auf die Fuhrwerke und in die Schiffe, hatten sie ihre Salzknechte. Bis auf den heutigen Tag sind die alten zunftmäßigen Gewohnheiten bewahrt, auch sind ihnen gewisse Sonder=rechte geblieben. Das spricht sich zunächst in der Kleidung aus, die bei festlichen Ge=legenheiten, so namentlich beim Maifest und bei der Huldigung vor dem Könige und Kaiser angelegt wird, sie besteht bei den Männern aus einer langen Weste, die bis oben mit silbernen Knöpfen geschlossen ist, einem offen getragenen, bis zu den Knieen reichenden pelzverbrämten Rocke, Kniehosen aus schwarzem Samt, Strümpfen und Schnallenschuhen, dazu als Kopfbedeckung ein eigenartiger Dreimaster mit großer schwarz=weißer Kokarde. Bei der Vorliebe für lebhafte Farben sind die Röcke rot, blau oder violett, wodurch die Eigenartigkeit der Tracht noch mehr hervortritt. Die Mädchen und Frauen erscheinen zum Tanze im Mieder; einen eigenartigen Haar=schmuck tragen die Festjungfrauen, einen Kranz aus vergoldeten Gewürznelken, reich mit bunten Bändern geziert. Zum Maifeste fehlt es nicht an einem guten Trunk hallischen Bieres, der den Ehrengästen, den Pfännern und den Beamten in großen Humpen dargereicht wird. Diese eröffnen auch mit den schönsten Mädchen der Halloren den Tanz um den Maibaum.

Doch der besondere Stolz der Halloren sind ihre Beziehungen zum Herrscherhause der Hohenzollern. Nach alter Gewohnheit huldigen sie im festlichen Zuge jedem neuen

Herrscher, und dieser beschenkt sie mit einem Pferde aus dem königlichen Marstalle, auf dem der älteste Hallore feierlich durch die Stadt geleitet wird, sie erhalten ferner einen silbernen Humpen und eine Fahne. Mit freudiger Genugthuung zeigen sie ihre Schätze, die in der St. Moritzkirche aufbewahrt werden. Silberne Pokale gibt es dort in großer Zahl, darunter einige von besonders hohem geschichtlichem Interesse. Die ältesten sind die beiden vom Großen Kurfürsten im Jahre 1681 gestifteten, unter anderen ist der silberne Becher aufbewahrt, den im Jahre 1807 Jérôme Napoleon als König von Westfalen den Halloren stiftete, und auch der Pokal, den König Friedrich Wilhelm III. nach erneuter Huldigung der Halloren seinen wieder mit ihm vereinten Landeskindern im Jahre 1815 widmete. Auch die deutschen Kaiser haben diese alte Sitte geehrt, von Kaiser Wilhelm II. besitzen die Halloren einen hohen silbernen Pokal mit getriebener Arbeit geschmückt und eine prächtige Fahne von schwerer weißer Seide mit reicher Stickerei, auf der einen Seite der preußische Adler, umgeben von einem Lorbeerkranze, auf der anderen der Namenszug des Kaisers in Gold.

Wenngleich die alten Sonderrechte, z. B. der freie Fischfang auf der Saale im Stadtgebiete und der Vogelfang, manche Einschränkung erleiden mußten, so erinnern doch auch heute noch gewisse Gebräuche an diese alten Gewohnheiten. So senden die Halloren in jedem Herbste nicht nur für die Tafel des Kaisers, sondern auch für die Küche jedes Prinzen aus dem Hohenzollernhause ein Schock Lerchen nach Berlin. Als ein besonders hohes Vorrecht schätzen es aber die Halloren, daß es ihnen vergönnt ist, zu Neujahr die Mitglieder des preußischen Königshauses durch drei Abgesandte in ihrer alten Tracht bei der Tafel persönlich beglückwünschen zu dürfen. Sie überreichen dann als Geschenke Hallesche Schlackwürste und eine kunstvolle Pyramide von schimmerndem Halleschen Salze mit Soleiern verziert, dabei sind sie während ihres mehrtägigen Aufenthaltes in der Hauptstadt Gäste des Hofes und kehren jedesmal mit reichen Geschenken für sich und die Brüderschaft in die alte Saalestadt zurück.

In dem Leben und Treiben der in den letzten Jahren ungemein schnell emporgeblühten Stadt Halle treten die Halloren als Salzarbeiter nur selten in die Öffentlichkeit, und wenn der Fremde heute des öfteren Gelegenheit hat, Halloren in ihrer alten Tracht in den Straßen der Stadt zu sehen, so hat dies seinen Grund darin, daß ihnen seit dem Beginn des 18. Jahrhunderts als Nebenverdienst das Amt der Leichenträger übertragen wurde; in schwarzer Gewandung verrichten sie diese Pflicht.

In grauer Vorzeit standen die Halloren an der Wiege der Salzstadt Halle, heute noch bilden sie eine Zunft mit mancherlei Vorrechten. Möge noch lange der Brodem der Siedepfannen aus den Salzkoten am Strande der Saale aufsteigen und der alte Spruch der Halloren in Geltung bleiben:

> Han wir hüte Water und Holt,
> So han wir morne Silber und Gold.*)

Die bergmännische Gewinnung des Steinsalzes. Die bedeutenden Lagerstätten von Steinsalz, welche Deutschland besitzt, sind lange Zeit nur insoweit benutzt worden, als die ihnen auf natürlichem Wege entströmenden Solquellen auf Salz verarbeitet wurden. Mit der fortschreitenden Entwickelung der Tiefbohrtechnik wurden namentlich im zweiten Viertel des Jahrhunderts an vielen Orten Versuche gemacht, durch Niederstoßen von Bohrlöchern reichere Sole als die natürliche zu erlangen. Diese Bemühungen waren vielfach von Erfolg gekrönt; ungleich wichtiger jedoch für die spätere Entwickelung der Salzindustrie war der durch diese Bohrungen erbrachte Nachweis, daß der deutsche Boden fast unerschöpfliche Mengen von Steinsalz in sich birgt. So wurden schon kurz nach 1840 gelegentlich einer durch die preußische Regierung bei Staßfurt ausgeführten Bohrung 325 m im Salz gebohrt, ohne daß man das Liegende erreichte, und damals schon konnte das Vorhandensein bedeutender Mengen von Kali- und Magnesiasalzen nachgewiesen werden. Allerdings dauerte es, was für die damaligen Verhältnisse

---

*)　　　　　Haben wir heute Wasser und Holz,
　　　　　So haben wir morgen Silber und Gold.

nicht verwunderlich ist, noch fast ein Jahrzehnt, ehe das erste Unternehmen zur berg=
männischen Gewinnung des Stücksalzes zu Staßfurt ins Leben gerufen wurde, und
ein weiteres Jahrzehnt verging, bis in den Jahren 1860 und 1861 die ersten Versuche
gemacht wurden, Chlorkalium in großen Mengen darzustellen. Dann aber schwang sich
die deutsche Salzindustrie ungemein rasch zu ihrer heutigen Bedeutung empor (vergl. die
Produktionstabellen S. 259 u. 279).

Die Technik des Salzbergbaues hat zuweilen mit Schwierigkeiten wegen des Wassers
zu kämpfen, schon beim Niederbringen der Schächte machte früher die Wasserführung des
Deckgebirges einigen Unternehmungen viel zu schaffen. Die neueren Methoden für die
Herstellung wasserdichter Schächte auch in sehr wasserreichem Gebirge (vergl. S. 117)
lassen derartige Verhältnisse jetzt mit Sicherheit überwinden, allerdings unter Aufwendung

entsprechender Geldmittel. Eine weitere Gefahr
entsteht dann, wenn durch den Abbaubetrieb die
das Salzlager umgebenden wasserdichten Thon=
schichten verletzt werden und süßes Wasser in
die Baue einbricht. Letzterer Möglichkeit sucht
man thunlichst vorzubeugen durch Stehenlassen
starker Pfeiler beim Weitungsbau und durch
Ausfüllen der entstandenen Hohlräume mittels
Versatz. Die Abbaumethode ist fast überall an=
genähert die gleiche, es wird das Salz heraus=
gehauen, so daß große gewölbte Hallen W (Wei=
tungen genannt) entstehen, zwischen denselben
beläßt man starke Pfeiler P von Salz, um die
Decke zu stützen (vergl. Abb. 316). Dieser Bau
wird thunlichst regelmäßig ausgeführt, so daß
die Pfeiler zwischen den Weitungen reihenweise
in gleichen Abständen stehen. Ist das Salz in
einer Sohle abgebaut, so wird eine tiefer ge=
legene in Angriff genommen, es kommt dann
Pfeiler unter Pfeiler und Weitung unter Wei=
tung zu liegen, zwischen der Firste der unteren
und der Sohle der oberen Weitung bleiben
ebenfalls einige Meter Salz stehen, die so=
genannten Schweben S. Im Steinsalz halten
sich erfahrungsgemäß derartige Weitungen jahr=
zehntelang unverändert, die weicheren und zum
Teil zur Wasseraufnahme geneigten Kali= und
Magnesiasalze sind auf die Dauer nicht so stand=
fest, dazu kommt, daß die wertvolleren von diesen
Salzen vollständig abgebaut werden. Die aus=

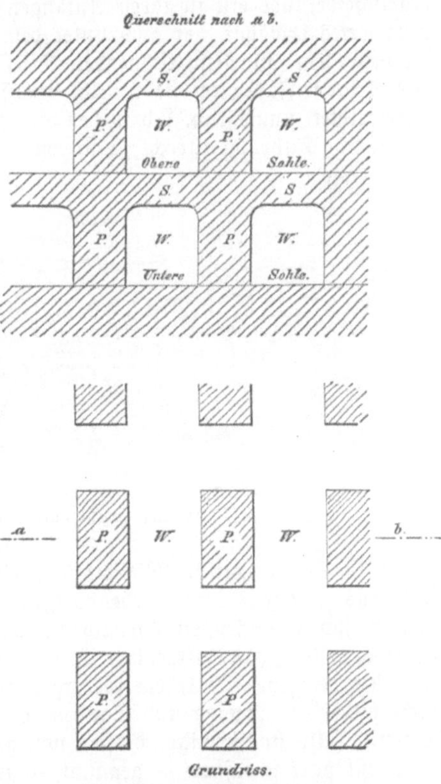

316. Weitungsbau im Steinsalz.

gehauenen Räume füllt man in diesem Falle, damit das Gebirge nicht in Bewegung kommt,
mit Steinsalz, das in besonderen Bergemühlen beschafft wird, dicht wieder aus. Wird
diese Vorsicht nicht angewendet, so kommt, wie schon oben angedeutet, das Gebirge in
Bewegung, der hangende Thon wird klüftig und die Wasser des Deckgebirges brechen ein.
Das Werk ist dann in den meisten Fällen verloren, denn das süße Wasser löst die bis
dahin unversehrt gebliebenen Pfeiler auf und das Deckgebirge kommt immer mehr in
Bewegung. Die Geschichte des Salzbergbaues verzeichnet mehrere solche Fälle, so bei
dem königlich württembergischen Salzwerke Friedrichshall und bei den Kaliwerken zu
Westeregeln und Aschersleben.

Der Weitungsbau im Steinsalz ist unstreitig die imponierendste bergmännische Ab=
baumethode, so kommt es, daß gerade die unterirdischen Räume der Steinsalzbergwerke,
deren schneeweiße Wandungen das Licht vielfach gebrochen zurückwerfen, häufig von
Fremden besucht werden; ja daß einzelne Werke z. B. Wieliczka, südöstlich von Krakau,

der alten Hauptstadt Polens, gelegen, seit Jahrzehnten für derartige Massenbesuche bestens eingerichtet sind und ihren Wohlfahrtseinrichtungen und Unterstützungskassen durch die Eintrittsgelder sehr namhafte Beträge zuführen.

Wieliczka ist ein Städtchen von 6000 Einwohnern, das seine Entstehung jedenfalls dem Salzvorkommen unmittelbar verdankt, denn der Name dürfte von wielka sol, was so viel wie großes Salz bedeutet, abzuleiten sein. Der Salzbergbau ist dort sehr alt, er wird bereits im Jahre 1044 in einem Salzprivilegium des Königs Kasimir I. von Polen erwähnt, später wurde die Stadt von den polnischen Königen stets als besonders wertvoller Besitz betrachtet und mit vielen Rechten ausgestattet. Auch die Technik des Bergbaues hat sich hier zeitig entwickelt, schon im Beginne des 15. Jahrhunderts werden für die Salzförderung in den Schächten Treträder erbaut, und zu einer Zeit, als die Markscheidekunde erst in ihren Anfängen bekannt war, wird bereits ein großer Riß des Salzwerkes erwähnt, der auch unter dem eigenartigen, aber die in Wieliczka übliche Ab=bauweise sehr gut kennzeichnenden Titel „Filum Ariadnae in Labyrintho" (d. h. Der Ariadne=Faden im Labyrinth) veröffentlicht wurde. Es ist thatsächlich für den Un=eingeweihten unmöglich, sich in den vielen Hallen und den sie verbindenden Gängen ohne fachkundige Führung zurecht zu finden.

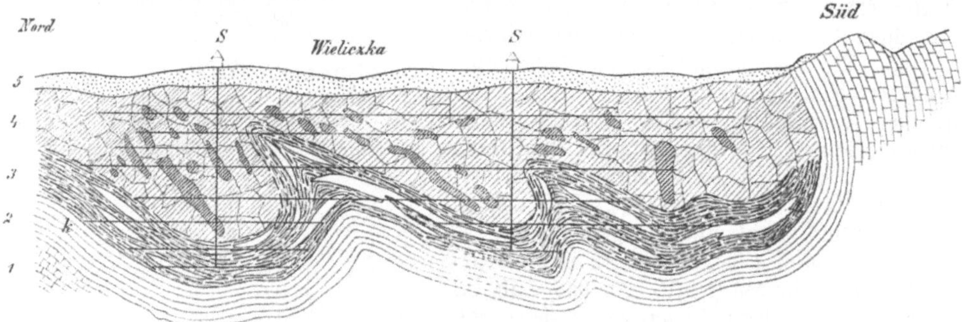

317. Ideelles Profil durch das Salzwerk Wieliczka. Nach Paul.

Die Salzformation Wieliczkas gehört ebenso wie die zahlreichen Salzvorkommen Galiziens, Ungarns und Siebenbürgens dem jüngeren Tertiär an und liegt auf dem weithin sich erstreckenden Karpathensandsteine (siehe Abb. 317), doch ist die Lagerung mehrfach gestört, das Salzgebirge ist stark gefaltet, und die Salzlagerstätten sind namentlich im höher gelegenen Teile des Gebirges außerordentlich zerstückelt. Unter den die Ober=fläche bildenden Thonen und Sanden (5) findet sich Salzthon (4), in dem unregelmäßig begrenzte (also stockförmige) Massen von grünlich=grauem Steinsalze, oder Grünsalz — im Profil stark schraffiert — genannt, angetroffen werden, sie haben zum Teil sehr große Ausdehnung, in ihnen sind jene Hallen ausgearbeitet, die das berechtigte Erstaunen der Besucher wachrufen. Es folgen wieder Lagen von Salzthon und Anhydrid, dann die bis 20 m mächtigen Schichten des Spizasalzes, weiß und feinkörnig, hierunter liegen ebenfalls in Salzthon und Anhydrid gebettet 2—5, selten 8 m mächtige Schichten des grobkörnigen zum Teil grauen Schibiker Salzes, im Liegenden desselben trennt eine mächtige Salzthonlage das Salzgebirge von dem Karpathensandstein. Die das im Profil weiß belassene Spiza= und Schibikersalz umschließenden Salzthon= und Anhydridschichten sind mit (3) bezeichnet, die oberen Schichten des Karpathensandsteines (2) sind zersetzt und wasserführend, darunter erst findet sich fester Sandstein (1). Es werden also drei Salz=gruppen unterschieden, außerdem kommt auch wasserhelles Salz, allerdings in geringen Mengen, meistens als Kluftausfüllung vor, es wird zu mancherlei kleinen Gegenständen verarbeitet, die den Besuchern des Städtchens als wohlfeile Reiseandenken willkommen sind.

Die Salzlagerstätte ist durch acht jetzt noch in Betrieb stehende Schächte erschlossen, während eine Anzahl bereits außer Betrieb gesetzt ist; von den ersteren sind die wich=tigsten die Hauptförder= und Wasserhaltungsschächte Kaiser Franz Joseph, Kaiserin

Elisabeth und Kaiser Joseph, dieser ist mit 300 m der tiefste Schacht. Der Mann=
schaftsfahrung dienen der Schacht Kaiser Franz (Franziseck), er ist mit einer bequemen
Wendeltreppe versehen, auf der man jedoch nur bis auf die erste Sohle gelangen kann,
und der Schacht Kronprinz Rudolf, mit Fahrstuhlbetrieb eingerichtet; in diesen zuletzt
genannten beiden Schächten fahren auch die Fremden ein und aus. Außerdem ist ein
besonderer Schacht vorhanden, um die Pferde in die Tiefe zu befördern, auch gibt es
noch einige Luft= und Hilfsschächte. Die Baue verteilen sich auf sieben untereinander

liegende Hauptsohlen:
1. Bono in 58 m Tiefe,
2. August in 84 m
Tiefe (Franz in 103 m
Tiefe, ist Zwischensohle),
3. Albrecht in 130 m
Tiefe, 4. Rittinger in
170 m Tiefe, 5. Haus
Österreich in 199 m
Tiefe, 6. Unterhaus
Österreich in 227 m
Tiefe und 7. Layer in
256 m Tiefe.

Die Gewinnung
des Salzes geschieht
zum Teil mit der Keil=
haue, zum Teil durch
Sprengarbeit mit
Schwarzpulver, das
Stücksalz wird in von
Pferden gezogenen Wa=
genzügen zu den Schäch=
ten und in diesen zu
Tage gefördert, es wird
entweder in dieser Form
oder gemahlen verkauft.
Während man jahr=
hundertelang die Grün=
salzmassen in den han=
genden Schichten abge=
baut hat, bewegt sich
die Gewinnung jetzt in
den tiefen Sohlen, wo
vorwiegend das Spiza=
und Schibikersalz — im
Profil weiß gelassen —

318. St. Antoniuskapelle im Salzbergwerk Wieliczka.

gewonnen wird. Da der Abbau unmittelbar unter der Stadt Wieliczka und zwar in einer
Längenausdehnung von 3600 m und einer Breite von 800 m stattfindet, so muß derselbe
unter Belassung genügender Pfeiler erfolgen, die ein Zusammenbrechen der Hohlräume
verhüten. Diese stehen denn auch in der Regel ausgezeichnet, und dort, wo sich Bewegung
im Gebirge zeigt, wird starker Ausbau in Holz angewendet, der durch das Salz sehr gut
erhalten wird. Von der Ausdehnung und labyrinthartigen Verzweigung der Baue geben
die folgenden Zahlen den besten Begriff: Es ist zur Zeit noch die beträchtliche Länge von
105 km an Strecken zugänglich, und die Länge sämtlicher Bahnen in der Grube beträgt
über 35 km. In den letzten 125 Jahren sollen 3 Mill. cbm Salz gefördert worden sein.

Die Salzlagerstätten Wieliczkas sind von wasserdichten Thonschichten umgeben, es
ist die Aufgabe des Bergmannes, diesen natürlichen Schutz unverletzt zu erhalten. Aber

auch Wieliczka hat seine Wassereinbrüche gehabt, welche eine Folge der früher mangel=
haften Kenntnis des Gebirgsbaues waren. Im Jahre 1868 untersuchte man im fünften
Horizonte, Haus Österreich, das Gebirge in nördlicher Richtung (k im Profil), als völlig
unvermutet Wasser einbrach, das mit Thon und Sand gemischt war. Die Wassermengen
waren sehr bedeutende, und da man auf deren Hebung durchaus nicht vorbereitet war,
so füllten sich die sämtlichen Baue der tiefen Sohlen mit Wasser und Schlamm an. Zum
Glück verstopfte sich nach einiger Zeit durch die mitgeführten Bodenmassen die Einbruch=
stelle von selbst. Es bedurfte des Einbaues sehr kräftiger Wasserhebungsmaschinen und
angestrengtester Arbeit, um die überschwemmten Baue, soweit es der Betrieb erforderte,
wieder zugänglich zu machen. Die süßen Was=
ser lösten natürlich entsprechende Mengen von
Salz, namentlich, da sich in den Bauen viel Klein=
salz befand, das bei der früher üblichen Her=
stellung des Stücksalzes von bestimmtem Gewicht
(40 oder 28 kg) in der Grube zurückgelassen
war. — Im Jahre 1879 fand an derselben Stelle
ein nochmaliger Wasser= einbruch statt, da jedoch
die Wasserhebungsma= schinen in gutem Zu=
stande erhalten waren, so ließen sich die Folgen
leicht beheben, trotzdem zeitweise 4 — 6 cbm
Wasser in einer Minute zugeflossen waren. Die
Zugänge verstopften sich auch diesmal von selbst.
Jetzt sind die gesamten Wasserzuflüsse äußerst
gering, sie betragen nur etwa 1,5 cbm in der
Stunde.

819. Salzbergwerk Wieliczka: Abbaukammer Michalowice.

Um die Sehenswür= digkeiten des Salzwerkes
kennen zu lernen, nehmen wir an einer der Fremdenbefahrungen teil, die unter sach=
gemäßer Führung an mehreren Wochentagen stattfinden. Das Programm ist nach Höhe
des von der betreffenden Gruppe gewählten Tarifpreises etwas verschieden, namentlich
was den Aufwand an Beleuchtung betrifft. Wir versehen uns mit langen Leinwand=
mänteln und Schachtmützen, die von der Grube verabfolgt werden, und fahren dann
entweder mit dem Fahrstuhl, der auf zwei Etagen im ganzen zehn Personen faßt, im
Rudolfschachte ein, oder wir benutzen die bequemen Treppen im Franzschachte, um bis
auf die erste Sohle zu gelangen. Wenige Schritte führen uns durch erhellte Gänge zur
Antoniuskapelle (Abb. 318), sie ist 7,5 m lang, 6 m breit und 5,5 m hoch und wurde
um 1698 in einer Grünsalzmasse ausgehauen, die Säulen und Figuren sind nicht in
den Raum hineingebaut, sondern blieben bei Herstellung der Kapelle stehen. Die ge=
wölbte Decke wird von gedrungenen Säulen getragen, den Hintergrund des Hauptaltares

320. Salzbergwerk Wieliczka: Abbaukammer Drozdowice.

321. Abbaukammer „Bahnhof Graf Goluchowski" im Salzbergwerk Wieliczka.

bildet eine Darstellung des Heilandes am Kreuze, unter welchem Maria den Christus=
knaben dem heiligen Antonius übergibt; neben dem Altare haben in besonderen Nischen
die Figuren des heiligen Clemens und Stanislaus ihre Stelle erhalten, auch die beiden
an den Stufen des Altares knieenden Mönche sind aus dem anstehenden Salze heraus=
gearbeitet. In Nebenaltären, die auf unserer Darstellung nicht sichtbar sind, befindet
sich ein zweites Kruzifix mit den Gestalten der Maria Magdalena und des Johannes,
ferner Statuen des heiligen Kasimir und Franciscus. Auch die Bildsäule des zur Zeit
der Entstehung der Kapelle regierenden Königs August des Starken ist vorhanden, sowie
eine Kanzel, an welcher die Apostel Petrus und Paulus dargestellt sind. Früher wurde
hier täglich eine heilige Messe gelesen, jetzt findet nur bei besonderen feierlichen Gelegen=
heiten Gottesdienst statt. Die Skulpturen haben allerdings in den zwei Jahrhunderten
durch die Feuchtigkeit etwas gelitten, das Ganze macht aber auch jetzt noch einen er=
hebenden feierlichen Eindruck.

Die verschiedenen Gruppen der Besucher versammeln sich dann in der nahe ge=
legenen geräumigen Kammer Ursula, welche nur durch großartige Mauerung zur Stützung
der Decke von Interesse ist, von hier ab sind die Räume, die wir betreten, so groß, daß
bis zu 200 Besucher auf einmal geführt werden können. Auf gut erleuchteten Treppen,
deren Stufen zum Teil noch aus Salz bestehen, zum Teil in Holz erbaut sind, steigen
wir dann, begleitet von den Klängen der Bergkapelle, in eine der größten und imponie=
rendsten Kammern hinab „Michalovice" (Abb. 319), sie ist in der Zeit von 1717—1761
durch Salzgewinnung hergestellt und hat bei einem Rauminhalte von 23 000 cbm 36 m
Höhe, 18 m Breite und 28 m Länge. Von der Decke hängt ein gewaltiger mit Krystall=
salz verzierter Kronleuchter herab von fast 6 m Höhe, an dem 200 Kerzen erstrahlen.
Eine große Menge an den Wänden angebrachter Lichter und bengalische Flammen sind
nötig, um den weiten Raum genügend zu erleuchten. Die großartige Zimmerung, welche
aus kräftigen Pfeilern und Verstrebungen bestehend im Jahre 1871 zur Stützung der
Salzdecke eingebaut wurde, läßt die Ausdehnung des Raumes noch deutlicher hervor=
treten. In der benachbarten Kammer Kaiser Franz sind zum Andenken an den
Besuch des Kaiserpaares Franz I. und Karoline im Jahre 1817 zwei mit hierauf be=
züglichen Inschriften versehene mächtige Salzpyramiden errichtet. Eine Brücke, welche
auf der Verzimmerung einer weiteren Kammer durch deren halbe Höhe hindurchführt,
dann mehrere Gänge und Treppen, sämtlich in festlicher Beleuchtung führen zur Abbau=
kammer Drozdowice (Abb. 320), welche bei 28 m Höhe völlig frei dasteht und an ihren
Wandungen mannigfache Spuren (links in der Abb.) der Salzgewinnung zeigt. Sie
wurde um die Zeit 1740—1750 hergestellt und nach dem damaligen Krakauer Burg=
grafen Alexander von Drosdowic=Drozdowski benannt. Auf dem weiteren Wege gelangen
wir an mehreren Transparenten mit bergmännischen Bildern und einigen Skulpturen
vorüber, unter denen ein Erzengel Michael vom Jahre 1691 besondere Erwähnung ver=
dient, zum Bahnhof Graf Goluchowski, eine Kammer von 51 m Länge, 20 m Breite
und 16 m Höhe, die in der Nähe der Hauptförderschächte liegt und daher den Endpunkt
für die Förderung bildete; sie ist (Abb. 321) zu einem ansprechenden außerordentlich reich
erleuchteten Erfrischungsraume eingerichtet, in dem an einem Büffett Speisen und Getränke
in reicher Auswahl zur Verfügung stehen, die Halle bietet für 400 Personen Sitzplätze.
Nicht nur der erste Teil der Wanderung war anstrengend, sondern bei der weiteren Fort=
setzung derselben werden noch erhebliche Ansprüche an die Ausdauer der Besucher gestellt.
Ermüdete können übrigens hier die Besichtigung unterbrechen und ausfahren.

Auf unserer weiteren Befahrung nimmt namentlich die Kammer Steinhauser unser
Interesse in Anspruch, sie hat 35 m Höhe und 25000 cbm Inhalt. Unter der roman=
tischen Programmnummer „Höllenfahrt" (s. Abb. 322) wird den Besuchern hier die alte,
jetzt verlassene Art der Ein= und Ausfahrt der Mannschaft vorgeführt. Am Ende eines
kräftigen Seiles befinden sich 6 Schlingen, in diesen sitzen die Bergleute mit Lichtern oder
Fackeln in den Händen. Während sie durch den freien Raum der Halle aufwärts
schweben, ertönt ein bergmännisches Lied, der Gesang hallt geisterhaft wieder in dem
weiten gewölbten Raume, der Schein der Lichter wird kleiner und kleiner, bis die Knappen

322. Einfahrt auf dem Seile in das Salzbergwerk Wieliczka.

in einem Schachte, der von oben her in die Weitung mündet, verschwinden. Da wird plötzlich die tiefe Ruhe und die Finsternis, die uns umgeben, unterbrochen durch zischende Raketen und knatternde Schwärmer, während gleichzeitig Buntfeuer den weiten Raum bis in die äußersten Ecken erhellt; abwechselnd steigen Garben von Leuchtkugeln empor und gewaltige Feuerräder streuen ihren farbenprächtigen Funkenregen aus.

Über mehrere Treppen und durch weitere Kammern erreichen wir dann den unterirdischen See in den beiden Grotten Kronprinzessin Stefanie und Kronprinz Rudolf, eine 10 m starke Salzmasse, die beide trennt, ist mittels eines Tunnels durchbrochen. Ein geräumiges Boot führt die Besucher über das unterirdische Gewässer an der aus Salz gehauenen Statue des Johann von Nepomuk vorüber; die überreiche Beleuchtung und Gruppen von Tannen, welche bedeckt mit glitzernden Salznadeln die Ufer des Sees umrahmen und sich im Wasser spiegeln, dazu die getragenen Weisen der Musik lassen uns glauben, daß wir uns im Feenlande befinden.

Der Endpunkt unserer Wanderung ist die geräumige, zu einem Tanzsaale umgewandelte Kammer Letow, 6 große Kronleuchter erhellen den geschmackvoll ausgestatteten Raum; am Eingange stehen links und rechts die Statuen des Vulkan und Neptun, der Götter, welche die Herrschaft in diesem unterirdischen Reiche führen, an der gegenüberliegenden Wand befindet sich ein großes Transparent, die Gestalt der Austria darstellend mit der Inschrift „Durch Wissen und Arbeit zu Reichtum und Macht". Eine Galerie, welche sich in halber Höhe an den Wänden entlang zieht, bietet Platz für die Musik und Zuschauer bei festlichen Anlässen.

Von hier aus erfolgt die Ausfahrt je nach Wunsch im Treppenschachte oder gruppenweise mit dem Fahrstuhl des Rudolfschachtes. Zwar begrüßen wir freudig das Tageslicht, aber wenn wir von seinem Glanze geblendet die Augen schließen, so glauben wir wieder jene märchenhaften Bilder zu sehen, die das Salzwerk in seinen Tiefen birgt. Leider ist die Wirklichkeit im Orte Wieliczka nicht schön genug, um zu längerem Verweilen einzuladen, wir ziehen es daher vor, noch an demselben Tage nach Krakau zurückzukehren.

Neben der Gewinnung des Stücksalzes, welches meistens durch andere Mineralien, wie Gips, Anhydrit, etwas Polyhalit und dergl. verunreinigt ist und deshalb in Deutschland fast nur für Zwecke der chemischen Industrie Verwendung findet, kann auch die Beschaffung der Salzsole, aus der Speisesalz hergestellt wird, durch bergmännischen unterirdischen Betrieb, den Sinkwerksbau, erfolgen.

Diese Betriebsweise, welche in den unreinen Salzlagerstätten der nördlichen Kalkalpen entwickelt ist, führt uns in die landschaftlich so herrliche Bergwelt von Aussee, Hallstatt und Ischl im österreichischen Salzkammergut, von Hallein im Salzburgischen, Berchtesgaden in Oberbayern und nach Hall in Tirol. Die Salzlagerstätten sind an allen diesen Orten einander sehr ähnlich, und der Betrieb ist der gleiche, wir wollen daher nur einen dieser Bergbaue näher betrachten und zwar Berchtesgaden, einmal, weil es auf deutschem Gebiete liegt, dann auch deshalb, weil das prächtige Thal der Königseeer Ache alljährlich von vielen Tausenden von Fremden besucht wird, die gern auch nach dem Salzberge ihre Schritte lenken und eine Anfahrt wagen. Die Beschreibung dieses Salzbergbaues dürfte manche lieben Erinnerungen wachrufen und doch dem Leser einiges bieten, was er dort bei flüchtigem Besuche nicht gesehen hat, denn wir wollen nicht nur die sogenannte Fremdentour machen, sondern uns auch die Arbeitsräume und den technischen Betrieb ansehen. Die Salzablagerung hat unregelmäßig stockförmige Form und trägt die Spuren starker nachträglicher Veränderungen in sich, die jedenfalls mit der Bildung der Alpen zusammenhängen. Wir finden nicht, wie beim Steinsalzbergbau zu Staßfurt und an anderen Orten, annähernd wagerechte Schichten der verschiedenen Salze von Salzthon und Anhydrit überlagert, sondern ein wirres, unregelmäßiges Durcheinander gefalteter, überkippter, zerstückelter, ja manchmal fast durcheinander gekneteter Massen. Eine Riesenbreccie nennt nicht mit Unrecht der österreichische k. k. Oberbergrat Aigner, der uns den bergmännischen Betrieb in den nordalpinen Salzbergen eingehend geschildert hat, diese Ablagerungen. Dabei sind die Salzmassen nicht rein, sondern vielfach mit Salzthon,

Polyhalit, Anhydrit und einem demselben chemisch nahestehenden Mineral, Muriacit, untermengt, so daß eine Gewinnung von reinem Steinsalz durch Sprengarbeit nur selten durchführbar ist, der ganze Salzstock enthält ungefähr in 100 cbm Gebirge 60 cbm Stein= salz, also mehr als ⅓ fremde Bestandteile. Dieses sind die Gründe, weshalb jene eigen= artige Abbauweise, der Sinkwerksbau stattfindet, die in einem künstlichen Auslaugen des Gebirges durch Wasser und in dem darauffolgenden Versieden der so gewonnenen Salzsole zu krystallinischem Speisesalz besteht. Die Auflösung des Gebirges muß hierbei in sorgfältiger Weise überwacht und geleitet werden, damit bei möglichst hohem Salz= ausbringen die übrigen Baue — denn alle sind ja in mehr oder weniger löslichem Ge= birge ausgeführt — nicht gefährdet werden. Die Abb. 323 u. 324 zeigen uns die Anlage eines Sinkwerkes. Es sind zwei Stollen (dort Schachtricht genannt) vorhanden, auf dem

oberen a wird in Röhren süßes Wasser zugeführt, während der untere b dazu dient, um zeitweilig die Salzsole eben= falls in Röhren abzuleiten. Es wird nun, um das Sink= werk einzurichten, von dem unteren Stollen aus eine Strecke k vorgetrieben und von ihr aus ein kreisförmiger 2 m hoher Raum von etwa 20 bis 50 m Durchmesser im festen Salzgebirge, das eigentliche Werk W, ausgesprengt. Dann werden von dem oberen Stollen her zwei Zugänge, der eine mittels senkrechten Schächt= chens p, der andere mittels einer geneigten Strecke s her= gestellt. Von diesen dient der senkrechte Schacht, der übri= gens die Benennung Pütte vom lateinischen „puteus", Brunnen trägt, zur Vornahme von Arbeiten an den Ablaß= vorrichtungen, während die geneigte Strecke zur Zuführung des süßen Wassers und zur Be= obachtung der fortschreitenden Auflösung des Gebirges be=

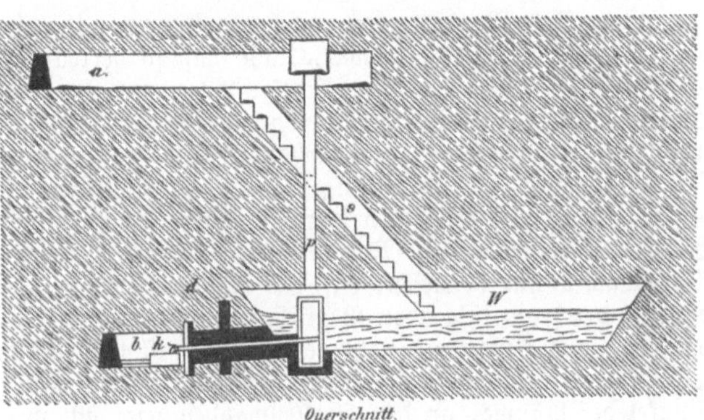

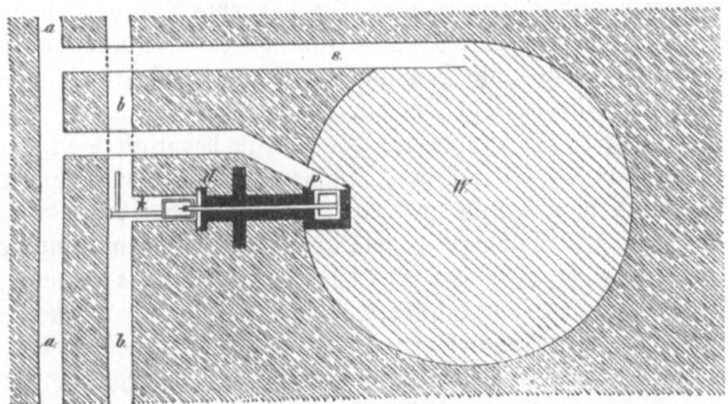

323 u. 324. Der Sinkwerksbau in den nördlichen Kalkalpen.

nutzt wird. Die untere Strecke k wird, nachdem die Arbeiten soweit ausgeführt sind, durch einen Damm d verschlossen, der durch Feststampfen von Salzthon (Laist genannt) her= gestellt wird, und in den die zum Ablassen der Sole dienenden Rohre eingelegt werden. Nun ist das Sinkwerk in der Hauptsache fertig, um mit der Solenerzeugung oder Wässerung zu beginnen. Der Werksraum W wird so weit mit Wasser gefüllt, daß es bis an die obere Fläche (den Himmel) reicht, und es beginnt die Auflösung der Salze. Neben dem Steinsalz lösen sich auch die anderen im Salzgebirge enthaltenen Salze, namentlich Poly= halit mit auf, dagegen sinkt als nicht löslicher Bestandteil der Salzthon im Wasser nieder, hierdurch wird der Boden des Werksraumes vor der Auflösung durch das Wasser geschützt, und dieses wirkt namentlich oben lösend. Man beläßt das Wasser so lange im Werke, bis in jedem Liter etwa 0,3 kg Salze gelöst sind oder die Sole etwa 28 % Salz enthält; in Wirklichkeit würde das Wasser 32 % lösen können, doch die Auflösung der letzten Salz= teile erfolgt einerseits sehr langsam, anderseits werden, je länger die Sole im Werke bleibt, neben dem Steinsalz desto mehr andere Salze gelöst. Die fertige Sole wird abgelassen und zur Saline geleitet, darauf kann die zweite Füllung des Werkes mit Wasser vorgenommen werden. Die Auflösung des Salzes findet außer an der Decke auch beständig an dem Umfange des Werkes statt, infolgedessen wird die Himmelsfläche immer größer, auch verliert sich die ursprünglich regelmäßige Umgrenzung, weil salzreichere Gebirgsmassen sich leichter auflösen, als thonreiche. Das Werk muß verlassen werden, wenn die Decke sich nicht mehr trägt und zusammenzubrechen droht. In jedem Salzberge steht eine größere Zahl von Werken im Betriebe, daneben wird wohl auch etwas Steinsalz durch Sprengarbeit gewonnen. Wir wollten vor der Anfahrt den Leser mit diesem Sinkwerksbau vertraut machen, denn nunmehr wird der Hauptanziehungspunkt der Befahrung, der unterirdische See seine technische Erklärung finden, es ist ein nicht ganz gefülltes Sinkwerk.

Vom Orte Berchtesgaden machen wir uns mit unseren Damen auf den Weg, der vom Schlosse die Straße abwärts, am sonst so verlockenden Hof-Bräuhaus vorbei, dann über die Ache und durch eine schattige Allee zum Bergwerk führt. Die schönen massiven Verwaltungsgebäude sind unmittelbar am rechten Ufer des klaren Flüßchens gelegen. Wir lösen die Eintrittskarten und erhalten dafür saubere bergmännische Kleidung und ein Grubenlicht für die Befahrung. Die Damen ziehen sich zum Umkleiden in besondere Räume zurück und erscheinen dann im schmucken Phantasiekostüm mit Schachthut, Kittel, Leder und weiten weißen Beinkleidern. Schon vor diesem feierlichen Augenblick hat fröhliches Lachen uns bewiesen, daß das Knappengewand auch den Beifall der Damen hat, und bei der dann folgenden Begrüßung nehmen auch wir recht gern an der Fröhlichkeit teil. Die vorgeschriebene Zahl der Besucher ist bald versammelt, und wir betreten unter sachkundiger Führung den Ferdinandstollen. Nur langsam gewöhnt sich das Auge an das Dunkel der Räume, an den Stollenwänden zeigt sich uns hier und da glitzerndes Salz, dann wieder grauer Salzthon und rötlicher Polyhalit. Wir biegen in eine Seitenstrecke ein und gelangen über eine bequeme Treppe von mehr als 100 Stufen ansteigend in höher gelegene Strecken. Während der Ferdinandstollen zum Teil ausgemauert war, finden wir hier auch Stützung durch Holz. Dann führt der Weg zu einer Rutschbahn, einer der Führer setzt sich zuerst auf den Gleitbaum und erfaßt mittels eines über die Hand gestreiften Schutzleders das seitlich befestigte Seil, an welchem er beim Hinabgleiten die Geschwindigkeit mäßigt. Damen und Herren nehmen in bunter Reihe hinter dem Führer Platz, und nun geht es mit Windeseile abwärts. Die Rutsche verläuft allmählich wagerecht, wir halten mit merklichem Ruck, steigen ab und begeben uns zum unterirdischen See. Rings herum führt für diejenigen, welche die Kahnfahrt nicht lieben, eine gezimmerte Galerie, von der aus Hunderte von kleinen Lampen den Seespiegel und die Salzdecke über demselben, den Himmel des Salzbergmanns, erhellen; der Widerschein der vielen Lichter im Wasser erhöht den Reiz des fesselnden Bildes. Wir wollen uns dem sicheren Kahne anvertrauen, und der Charon des Berges führt uns nach kurzer Rundfahrt an das andere Ufer dieses Gewässers, das sich vom Styx der alten Mythologie insofern zu seinen gunsten unterscheidet, als die Rückkehr zur Oberwelt gern gestattet wird. Nochmals führt der Weg aufwärts, und wir gelangen in den Dom, einen großen saalartigen Raum, aus dem früher besonders reines Steinsalz durch Sprengarbeit gewonnen wurde. Übrigens können wir diese Arbeit auch in der Nähe ansehen, die Bergleute sind gerade dabei, die Sprenglöcher zu bohren, die dann später geladen und gezündet werden, um das rötliche Salz loszusprengen. Wir waren durch eine Strecke etwa in der halben Höhe des Domes auf einen emporenartigen Raum gelangt. Von hier führt eine zweite Rutsche auf den Boden des gut erleuchteten Domes hinab, erst von hier aus können wir die Weite und Höhe des Raumes ganz übersehen. Dann werden wir noch zu einer unterirdischen Kapelle geführt, der alte Bergmannsspruch „Glückauf" leuchtet uns entgegen, Lichter, welche von rötlichem und gelblichem aber durchscheinendem Salze verdeckt sind, erhellen prächtig den Raum, dessen kleiner Altar ebenso wie die Wände aus Salz bestehen. In der Mitte plätschert ein zierlicher Springbrunnen, doch das perlende Naß ist nicht Wasser, sondern Salzsole; Gläschen zum Kosten stehen bereit. Nun ist der Rundgang beendet und wir gelangen zum Ferdinandstollen zurück, wo Gefährte eigener Art, wie Abb. 325 eines derselben zeigt, uns erwarten, die sogenannten Wurstwagen. Der Führer handhabt die Bremse, und mit wachsender Geschwindigkeit geht es auf der etwas geneigten Bahn vorwärts. Da, bei einer Wendung des Weges, erblicken wir als kleinen Punkt das Licht des Tages, die Größe des Lichtpunktes wächst mehr und mehr, und plötzlich gelangen wir durch die Stollenöffnung wieder auf die Landstraße, fast geblendet vom herrlichen Sonnen= schein. Bei dem Photographen, der unmittelbar am Salzberge seine Werkstatt auf= geschlagen hat, lassen wir zur Erinnerung an die Befahrung noch schnell eine Aufnahme machen, dann aber gehen wir nach dem Umkleiden beim Rückwege nicht am Hofbräu vorüber, sondern spülen den Salzstaub mit kühlem Trunk aus der Kehle.

Die im Berchtesgadener Salzberge erzeugte Sole wird zum Teil in der in un= mittelbarer Nähe des Bahnhofes gelegenen Saline — deren Besuch übrigens gern ge= stattet wird — versotten, zum Teil wird sie in Solenleitungen von im ganzen 142 km

825. **Ausfahrt auf dem Wurstwagen.**

Länge am Gehänge weitergeführt, um Steigungen zu überwinden und das nötige Gefälle zu erhalten, durch Druckwerke mehrmals gehoben, und gelangt so bis nach Reichenhall, Traunstein und Rosenheim, wo ebenfalls Sudhäuser bestehen.

Doch wir wollen noch kurze Zeit bei der Geschichte des Berchtesgadener Salzberg= baues verweilen. Reste, die auf Bewohner des Thales in vorgeschichtlicher oder römischer Zeit hinweisen, etwa wie in dem österreichischen Hallstatt (vergl. die Einleitung S. 14), sind bis jetzt nicht gefunden worden. Urkundlich erwähnt wird der Berchtesgadener Salz= bergbau zuerst um 1150, das Land gehörte damals einem Chorherrenstifte und blieb geistliches Eigentum, von 1560 ab als selbständige Propstei. Wiederholte Streitigkeiten mit dem mächtigen und eifersüchtigen Erzbistum Salzburg festigten allmählich den bayrischen Einfluß, bis die Saline mit sämtlichen Wäldern im Jahre 1795 an Bayern verpfändet wurde. Noch zweimal sollte das Ländchen den Herrn wechseln, 1803—1805 fiel es an Ferdinand von Toscana, 1805—1809 gehörte es zu Österreich und erst im zuletzt genannten Jahre wurde es mit Bayern endgültig vereinigt. Wir haben die Ge= schichte des Ländchens etwas eingehender mitgeteilt (nach Professor E. Richter in Graz), weil das Salzwerk an jedem der wichtigeren Baue in Form marmorner Gedenktafeln, welche vom Jahre 1514 bis in die Gegenwart reichen, geschichtliche Kunstdenkmäler besitzt, wie wir sie bei keinem anderen Bergbaue antreffen, zugleich ein Beweis, welch hohes Interesse die Landesfürsten jederzeit an dem Salzbergbau nahmen. Die älteste Tafel vom Jahre 1514 befindet sich am Peterbergstollen und stellt Christus am Kreuz, darunter zwei betende Gestalten dar. Bei der nächsten Tafel aus dem Jahre 1559, welche wir in Abb. 326 wiedergeben, finden sich neben Maria mit dem Christusknaben Wappen und Namen des damaligen Propstes Wolfgang Griesstätter und des Bergmeisters Metzen= leitner. Es folgen dann eine große Anzahl Tafeln, welche den geistlichen und weltlichen Fürsten, auch Frauen der regierenden Häuser gewidmet sind. Abb. 327 stellt eine der neuesten Gedenktafeln dar, sie wurde zu Ehren der Prinzessin Mathilde von Bayern im Jahre 1853 angebracht.

326. Gedenktafel im Salzwerk Berchtesgaden.

Die Benutzung des Salzes ist eine außerordentlich mannigfaltige. Als Speise= salz wird in Deutschland fast nur Sudsalz verwendet wegen seiner leichten Löslichkeit, dem gefälligen Aussehen und der größeren Reinheit gegenüber dem Steinsalz. Nicht un= erheblich sind die Salzmengen, welche mittelbar für die menschliche Nahrung und zwar zum Einsalzen von Fischen und Fleisch, um dieselben auf lange Zeit haltbar zu machen, verbraucht werden. Auch im Gewerbe und in der Industrie findet das Salz vielfach Anwendung. Diese Salzmengen unterliegen, wie schon weiter oben S. 264 bemerkt, nicht der Besteuerung, jedoch wird dieses Salz nach gesetzlicher Vorschrift denaturiert. Es findet außer dem Stücksalz, Lecksteine genannt, Anwendung als Viehsalz, ferner wird es benutzt zur Herstellung von Kältemischungen. Durch Vermischen von Salz mit Schnee oder zerkleinertem Eis, zum Teil unter Zusatz anderer Salze können Tempe= raturen bis zu — 40 ° C. erzeugt werden. Auch bei der Beseitigung des Schnees wird in Großstädten zur Aufrechterhaltung des Verkehrs auf den Straßenbahnen viel Salz

verwendet, seine Wirkung beruht darauf, daß Salzlösungen erst bei Temperaturen ge=
frieren, die erheblich unter dem Nullpunkt liegen.

Außerdem dient das Kochsalz wegen seines Natriumgehaltes zur künstlichen Her=
stellung einer großen Anzahl von Natriumverbindungen, die für unser heutiges Kultur=
leben von der allergrößten Bedeutung sind, so namentlich der Soda (neutrales Natrium=
karbonat), des Glaubersalzes (neutrales schwefelsaures Natrium) und des Borax
(saures borsaures Natrium).   Auch der Chlorgehalt des Salzes wird nutzbar gemacht
zur Herstellung der Salzsäure und vieler Bleich= und Desinfektionsmittel; die chlorierende
Röstung besonders der Silber= und Golderze, welche heute in der Metallurgie eine be=
deutsame Rolle spielt, wird mit Hilfe von Kochsalz ausgeführt.   Es würde zu weit
führen, hier auf alle die verschiedenen
Verwendungsarten des Steinsalzes ein=
zugehen.   Seine große Bedeutung für
unsere Kultur wird am besten durch die
jährlich dargestellten Salzmengen er=
läutert.

Die folgende Zusammenstellung gibt
nach Rothwell ein Anhalten für die
Jahresproduktion der wichtigsten in Frage
kommenden Länder, und zwar ist die Er=
zeugung von Steinsalz und Siedesalz zu=
sammengefaßt.

Salzproduktion im Jahre 1895.

	metr. Tonnen
Algier etwa	19 000
Kanada	47 500
Deutschland	1 212 300
Frankreich	1 000 000
Griechenland	22 000
Großbritannien	2 218 000
Italien	29 300
Österreich	279 000
Ostindien etwa	1 000 000
Rußland	1 520 000
Spanien	326 000
Ungarn	169 400
Ver. Staaten Nordamerikas	1 813 000
Summe	9 655 500

im ungefähren Werte von:

158 Millionen Mark.

827. Gedenktafel im Salzwerk Berchtesgaden.

Zur Alaundarstellung, beson=
ders des Kaliumalauns (wasserhaltiges
schwefelsaures Kalium und Aluminium) wurden früher ausschließlich natürliche Salze
verwendet. Diese Industrie ist zurückgegangen, seitdem in den chemischen Fabriken unter
Zugrundelegung des Bauxit (natürliches Aluminiumoxydhydrat) und des grönländischen
Kryolith (siehe S. 197) der „konzentrierte Alaun" in größeren Mengen hergestellt wird.
Zu den Rohstoffen für die Darstellung von Kaliumalaun gehören die natürlichen Alaune,
unter denen der Magnesiaalaun (Pickeringit) am häufigsten sein dürfte; er wird
als weißes, faseriges, seidenglänzendes Salz bei Iquique an der regenlosen Westküste
Südamerikas gefunden, außerdem kommt er in den Salzseen gelöst vor. — Der Alunit
oder Alaunstein steht in seiner Zusammensetzung dem Kali=Thonerde=Alaun nahe, er
entsteht durch Einwirkung der Solfataren (Ausströmungen von schwefelsäurehaltigen
Wasserdämpfen) auf feldspatführende Gesteine und erfüllt die Spalten und Klüfte dieser.
Berühmt ist ein besonders reiches Vorkommen in der Tolfa bei Civita Vecchia. — Alaun=

schiefer und Alaunerden sind schwefelkiesreiche Thonschiefer und Thone, welche eben=
falls zur Alaundarstellung dienen, sie sind besonders im Braunkohlengebirge häufig, in
Nordböhmen, auch in der Provinz Sachsen. — Schließlich ist hierher noch das Haarsalz
(Keramohalit) zu rechnen, ein seidenglänzendes, in haarförmigen Nadeln vorkommendes
Mineral, das aus wasserhaltiger schwefelsaurer Thonerde besteht, es kommt nicht selten,
aber meistens nur in geringen Mengen vor, große Anhäufungen finden sich zu Adelaide
in Neusüdwales, woselbst auch dieses Salz zur Alaundarstellung benutzt wird.

Die genannten Rohstoffe wurden mit Wasser ausgelaugt — der Alaunschiefer unter
Umständen nach vorheriger Röstung, um den noch vorhandenen Schwefelkies zu zerlegen
— sodann wird unter Zusatz von Kalisalzen ein Krystallisationsprozeß eingeleitet, der
nach mehrmaligem Umkrystallisieren Kaliumalaun in Krystallen oder als weißes
krystallinisches Pulver ergibt.

Ganz kurz mögen im Anschluß hieran die natürlich vorkommenden Vitriole er=
wähnt werden, die sich fast nur in Gruben bilden, in denen auf Schwefelkies, Kupferkies
und Zinkblende gebaut wird, z. B. im Rammelsberge bei Goslar und zu Bodenmais im
Bayrischen Walde. Die sauren Wasser, welche durch die alten Bergeversätze hindurch=
sickern, lösen daraus Verbindungen des Eisens, Kupfers und Zinks und setzen dieselben,
gewöhnlich in Gestalt von Zapfen oder Krusten in wenig benutzten Grubenräumen wieder
ab. Namentlich der grüne Eisenvitriol (Melanterit) und der blaue Kupfervitriol
(Chalkantit) gewähren beim Scheine des Grubenlichtes einen farbenprächtigen An=
blick. Der seltenere Zinkvitriol (Goslarit) ist weiß. — Als mineralogische Selten=
heiten finden sich an der Westküste Südamerikas in den Salpeterdistrikten verschiedene
schwefelsaure Eisensalze, z. B.: Coquimbit und Copiapit (nach den betreffenden
Städten benannt).

Ein sehr wichtiger Zweig der chemischen Industrie, die Darstellung von Soda
(wasserhaltiges kohlensaures Natron), beruht auf der Verarbeitung von Kochsalz. Die
am häufigsten angewendeten Arbeitsweisen sind erstens das Verfahren von Leblanc, bei
welchem durch Behandlung mit Schwefelsäure Natriumsulfat gebildet und durch Zu=
sammenschmelzen mit Kalkstein in Rohsoda verwandelt wird. Ein zweites neueres
Verfahren, bei dem mit Hilfe von kohlensaurem Ammoniak die Soda direkt hergestellt
wird, heißt Ammoniakprozeß. Die Rohsoda muß verschiedene Reinigungsarbeiten
durchmachen, bis sie zur Handelssoda wird und namentlich in der Glas= und Seifen=
industrie Verwendung findet.

Wenngleich die bei weitem größten Mengen von Soda, welche die Industrie ver=
braucht, auf diese Weise erzeugt werden, so sind mit der Zeit immer mehr einerseits die
natürlich vorkommenden kohlensauren Verbindungen des Natrons und zwar die natür=
liche Soda, ferner die Trona (wasserhaltiges anderthalbfach kohlensaures Natron),
seltener der Gaylüssit auch Natrocalcit genannt (wasserhaltiges kohlensaures Natrium
und Calcium), anderseits aber auch die natürlichen, schwefelsauren Verbindungen, der
Mirabilit (Glaubersalz) und der Glauberit, benutzt worden.

Das natürliche Vorkommen der Soda, der Trona und des Gaylüssites ist das
gleiche, sie finden sich in den Natronseen. Diese sind in regenarmen heißen Gegenden
gelegen und einer sehr starken Verdunstung des Wassers ausgesetzt, in denselben kon=
zentrieren sich daher die durch Flüsse zugeführten Salze immer mehr und scheiden sich
dann als Krystalle und Krusten am Ufer und am Boden aus. In Ägypten, Neugranada,
Kalifornien und Nevada finden sich solche Seen, meistens liegen sie in trostloser Einöde,
der jede Vegetation fehlt. Für die Sodagewinnung dürfte der Owens Lake in Kali=
fornien am wichtigsten sein, demselben wird durch den Owenfluß jährlich etwa eine Menge
von 200 000 t Soda zugeführt, die auf seinem Grunde ausgeschiedene Sodamenge ist
auf 40—50 Millionen Tonnen geschätzt worden.

Mirabilit wird das natürliche Glaubersalz (wasserhaltiges, schwefelsaures Natron)
genannt. Untergeordnet kommt es in den Salzstöcken der nördlichen Kalkalpen und in
manchen Solquellen vor, ferner sind Ablagerungen, zusammen mit anderen Salzen im
Thale des Ebro bekannt. Am ausgedehntesten dürften die Lager in Transkaukasien

bei Tiflis und Baku sein, auch haben sie deshalb besonderes Anrecht auf unsere Be=
achtung, da uns das Kaspische Meer die Erklärung für die Entstehung dieser Salzmassen
an die Hand gibt. In der Kàrabugasbucht am östlichen Ufer des Kaspischen Meeres
geht nämlich die Bildung von Mirabilit noch jetzt vor sich. Die Bucht hat bei einer
Oberfläche von etwa 17 000 qkm eine nur geringe Tiefe, an den tiefsten Stellen 15 m;
durch einen schmalen und seichten Verbindungskanal strömt beständig Wasser aus dem
Kaspischen Meere in die Bucht ein. Bei der sehr starken Verdunstung hat sich allmählich
der Salzgehalt des Wassers bedeutend angereichert. Es scheint nun zwischen dem Chlor=
natrium und der schwefelsauren Magnesia eine Umsetzung stattzufinden, die zur Bildung
und Ausscheidung von Glaubersalz führt. Weite Flächen des Meeresbodens sind that=
sächlich mit einer etwa 0,3 m dicken Schicht Glaubersalz bedeckt. — Außer zur Sodaherstellung
wird Glaubersalz wie bekannt als Arzneimittel verwendet.

Der Glauberit, eine Verbindung von wasserhaltigem, schwefelsaurem Natrium und
Calcium, findet sich als 10—12 m mächtiges Lager bei Aranjuez in Spanien; es werden
jährlich etwa 10 000 t durch Weitungsbau, die beim Abbau des Steinsalzes beschriebene
Abbaumethode, gewonnen und zur Sodadarstellung verwendet.

Die Rohstoffe für die Salpeterdarstellung sind der natürlich vorkommende
Kalisalpeter, der Natron= oder Chilisalpeter, seltener der Kalksalpeter (Nitro=
calcit). Salpeter findet sich in der Natur, wenn auch meistens nur in geringen Mengen
überall dort, wo verwesende Reste von Pflanzen und Tieren oder die Exkremente der
letzteren mit leicht zersetzbaren oder verwitternden Gesteinen in Berührung kommen. So
bildet sich am Mauerwerk von Stallungen als Ausblühung der Mauersalpeter, in
manchen Höhlen, in denen sich Tierexkremente, z. B. solche der Fledermäuse ansammeln,
findet sich der Boden in ausgedehntem Maße von Salpeter durchzogen, so daß dessen
Auslaugung lohnend ist, z. B. in Kentucky und anderen Staaten Nordamerikas, in Spanien,
auf Ceylon u. s. w. Dort, wo die Salpeterbildung im Boden in größerer Menge vor sich
geht, bilden sich Ausblühungen, die zusammengekehrt (Kehrsalpeter) und durch Um=
krystallisieren gereinigt werden, z. B. in Ungarn. Ja man ist sogar zur künstlichen Er=
zeugung des Salpeters auf dem beschriebenen Wege geschritten, indem man in den
Salpeterplantagen geeignete Stoffe in Haufen brachte, von Zeit zu Zeit umstach und
nach Verlauf einiger Jahre durch Auslaugen den Salpeter gewann.

Die bei weitem größten Mengen von Salpeter liefern jedoch die regenlosen Wüsten
am Westfuße der südamerikanischen Kordillere, namentlich die Provinzen Tarapacá,
Antofagasta und Atacama; es ist Natronsalpeter, er wird unter der Handels=
bezeichnung Chilisalpeter überallhin ausgeführt. In wenigen Metern Tiefe finden
sich 0,2 bis 2,2 m mächtige Lager, welche 20 bis 40 % Salpeter enthalten, im übrigen
aber aus anderen Salzen bestehen; das Rohsalz wird dort Caliche genannt. Im
Jahre 1821 wurden die ersten Ablagerungen entdeckt, die eigentliche Ausbeutung begann
etwa 1830. Allmählich wurde die Erstreckung der Salpeterzone in nordsüdlicher Richtung
über mehr als 150 geographische Meilen festgestellt, doch sind die abbauwürdigen Lager
immer nur über einige Kilometer ausgedehnt. Die bekanntesten finden sich am Rio Loa,
dem früheren Grenzflusse zwischen Peru und Bolivia, bei Caracoles, und in der Um=
gebung von Taltal. Die Verarbeitung des Rohsalpeters, die in der Auflösung des
Caliche und darauffolgender mehrfacher Krystallisation besteht, wurde durch den Mangel
an Wasser außerordentlich erschwert, dennoch nahm die Ausfuhr immer mehr zu, be=
sonders seitdem die Entdeckung der reichen Kalischätze Norddeutschlands die Umwandlung
des Natronsalpeters in Kalisalpeter bedeutend erleichterte. Im Jahre 1890 wurden
bereits 800 000 t ausgeführt, 1895 1 300 000 t, im letzteren Jahre arbeiteten 74 Salpeter=
werke mit 22 500 Arbeitern. Der gesamte Salpeterreichtum jenes Küstengebietes dürfte
noch auf viele Jahrzehnte den Weltbedarf decken.

Der Kalisalpeter ist der Hauptbestandteil des Schießpulvers, er wird ferner neben
dem daraus hergestellten Ammoniaksalpeter zur Düngung verwendet, außerdem ist der
Salpeter das Material für die Herstellung der Salpetersäure, die in der chemischen
Industrie eine außerordentlich wichtige Rolle spielt.

Borax und Borsäure. Zu den Salzen gehören auch die Mineralien, aus denen die für viele Zweige der Industrie so wichtigen und in den letzten Jahrzehnten in immer gesteigerten Mengen verbrauchten Stoffe, die Borsäure und der Borax (wasserhaltiges saures borsaures Natron) dargestellt werden. Die Borsäure selbst wird benutzt zur Tränkung der Dochte von Kerzen und auch der Kohlen für elektrotechnische Zwecke, Bor= säure löst nämlich die geringen Mengen von Asche, die in den Dochten und in der Kohle vorhanden sind, und führt sie in flüchtige Verbindungen über. Außerdem hat Borsäure fäulniswidrige Eigenschaften und kam früher unter dem Namen Aseptin auf den Markt, sie wird in der Wundbehandlung und zur Konservierung von Nahrungsmitteln verwendet. Hauptsächlich dient sie aber zur Darstellung von reinem Borax. Auf dessen Eigenschaft, Metalloxyde zu lösen, beruht seine Benutzung als Flußmittel und als Löt= und Schweiß= mittel; der aufgetragene Borax macht die Metallflächen metallisch rein und erleichtert so deren Verbindung. Viele Metalloxyde geben mit Borax einen Schmelzfluß von bestimmter Farbe, Kupfer und Kobalt färben schön blau, lassen sich aber im Reduktionsfeuer leicht unterscheiden, Nickel färbt als Oxyd gelblich bis dunkelrot, Mangan amethystfarben, Eisen färbt als Oxyd gelb, als Oxydul schmutzig grün (flaschengrün), Chrom färbt schön smaragdgrün. Es ist also die Möglichkeit gegeben, durch Schmelzen mit Borax vor dem Lötrohr oder mittels eines Bunsenbrenners scharfe chemische Reaktionen zu erhalten. Aus demselben Grunde und wegen der Leichtflüssigkeit wird Borax in der Glasfabrikation, zur Erzeugung künstlicher Edelsteine und Emails, als Zusatz zur Glasur bei der Thon= warenherstellung verwendet. Anderseits dient Borax als Ersatz von Seife beim Waschen, als Zusatz zur Stärke, um den Glanz auf Geweben zu erhöhen, ferner gibt das borsaure Manganoxydul ein ausgezeichnetes Trockenmittel und dient zur Darstellung von Firnissen aus Öl. Die Art der Verwendung ist also sehr mannigfaltig. Der Preis, welcher früher, als nur Toscana und Indien Borax lieferten, ein sehr hoher war (1850 für 100 kg 180 Mark, 1870 noch 120 Mark), zumal England den Handel monopolisiert hatte, ist, seitdem Kalifornien, Kanada und Peru erhebliche Mengen auf den Markt bringen, bis auf etwa 60 Mark gesunken.

Die Borsäure selbst kommt in vulkanischen Gegenden in den Solfataren (Ausströ= mungen schwefelhaltiger Dämpfe) und Fumarolen (vorwiegend Wasserdämpfe) gelöst vor, schlägt sich entweder als krystallinisches Mineral, Sassolin genannt, am Gestein nieder, z. B. im Krater der zu den Liparen gehörigen Insel Vulcano, oder löst sich in dem verdichteten Wasser nebst anderen Salzen und kann hieraus gewonnen werden. Hierauf beruht die schon seit dem vorigen Jahrhundert, wenn auch in kleinem Maßstabe erfolgte Darstellung von Borsäure zu Larderello und Sasso in Toscana; man nennt diese Dampfquellen dort Soffioni und die unfruchtbaren Landstriche, auf denen sie in großer Zahl emporbrechen, Maremmen. In der Zeit von 1776—1818 wurde nur das sich in kleinen Tümpeln ansammelnde borsäurehaltige Wasser durch Eindampfen mit den ein= fachsten Hilfsmitteln verarbeitet, im Jahre 1818 legte der französische Graf Larderel die nach ihm benannte Fabrik an. Doch die Produktion nahm erst dann einen größeren Auf= schwung, als man das borsäurehaltige Wasser statt mittels gewöhnlicher Brennstoffe mit Hilfe der Wärme der den Spalten entströmenden Dämpfe verarbeitete; 1846 betrug die Erzeugung schon 1000 t. Weitere Fortschritte wurden dadurch gemacht, daß man über den Spalten, denen die Dämpfe entströmten, künstliche Wasserbecken anlegte, in denen sich die Borsäure anreicherte. Bald dringt aus einem solchen Becken das Wasser in die Spalten ein, dann wieder hebt es der Dampf empor, und dieses Spiel wiederholt sich beständig, bis nach etwa 24 Stunden das Wasser fast kochend ist und mit einem Ge= halte von etwa 1 % Borsäure zur Verarbeitung abgelassen und durch frisches Wasser ersetzt wird. Das Versieden und Umkrystallisieren der Flüssigkeit erfolgt in bleiernen Gefäßen. Nach einem Vorschlage des Florentiner Professors Garreri hat man vom Jahre 1854 ab Bohrlöcher bis in das feste Gestein niedergebracht und die Dampfentwickelung hierdurch gesteigert. Die Bohrlochmündungen wurden als kleine Wasserbecken gefaßt, wie bisher die natürlichen Dampfquellen. In den letzten Jahren hat die italienische Produktion an Borsäure etwa 2500 t jährlich betragen.

Gegenüber den anderen borsauren Verbindungen, welche zur Darstellung von Bor=
säure und Borax dienen, nimmt der Boracit eine gesonderte Stellung ein, da er in
Wasser nicht löslich ist, also mineralogisch nicht zu den Salzen gerechnet werden kann.
Er besteht aus borsaurer Magnesia und Chlormagnesium und hat mit 62% einen sehr
hohen Borsäuregehalt. Die im Gips und Anhydrit z. B. bei Lüneburg und Segeberg
vorkommenden bis etwa erbsengroßen Krystalle haben häufig würfelige Form und zeichnen
sich durch hohe Härte ($7\frac{1}{2}$ der bekannten Härteskala) aus, doch sind sie nur mineralogisch
interessant. Außerdem kommen aber in den Abraumsalzen der Staßfurter Gegend und
namentlich im Carnallit Knollen von Boracit vor, diese werden, wenn auch in nicht sehr
erheblichen Mengen (1894 160 t, 1897 184 t) gewonnen und zur Boraxdarstellung
verwendet.

Viel wichtiger und häufiger sind die borsauren Salze, sie kommen an verschiedenen
Orten im Wasser der Salzseen gelöst oder in Krusten am Ufer und Boden der Seen
vor, auch bilden sie Ausblühungen und Salzkrusten in den Salzsteppen, die als aus=
getrocknete Seebecken oder Salzsümpfe zu betrachten sind. Es kommen die folgenden Ver=
bindungen vor: der natürliche Borax (Tinkal), wasserhaltiges saures borsaures Natrium
mit 36% Borsäure, Borocalcit und Colemanit, wasserhaltige borsaure Verbindungen
des Kalks mit 50% Borsäure und Boronatrocalcit oder Ulexit, das Doppelsalz,
borsaurer Kalk und borsaures Natron in wechselnden Verhältnissen, mit etwa 45% Bor=
säure. Im Boraxsee in Kalifornien in der Nähe der Quecksilbergrube Sulfurbank
bildet der Borax mit anderen Salzen am Seeboden eine 1,5 m starke Schicht, welche
während der wasserreichen Jahreszeit durch Baggern, während der trockenen Jahreszeit
durch Graben gewonnen wird; der Borax kommt hier in Krystallen bis zu 7 cm Größe
vor. Der größte Teil der Salzmasse muß jedoch in Wasser gelöst und durch Krystallisations=
prozesse auf Borax verarbeitet werden. Außerdem finden sich die vorhergenannten
Mineralien im Death=Valley Kaliforniens und an vielen Punkten des Staates Nevada
als Ausblühungen und Krusten, ferner in den Seen Neuschottlands, Tibets, im
nördlichen Indien, auch in Ostafrika. Die kalkhaltigen Verbindungen kommen von Peru
und Kleinasien aus in den Handel, von dem zuletzt genannten Fundpunkte allein jährlich
etwa 8000 t, während die Vereinigten Staaten jährlich etwa 5000 t zu 600 Mark die
Tonne herstellen.

Der Steinbruchbetrieb.

Unter Steinbruchbetrieb versteht man die Gewinnung der Gesteine, d. h. jener
Mineralien und Mineralgemenge, welche in so großen Massen vorkommen, daß sie einen
wesentlichen Anteil an der Zusammensetzung der festen Erdrinde nehmen. Da der Betrieb
ein verhältnismäßig einfacher ist, wenig technische Hilfsmittel erfordert und in den aller=
meisten Fällen tagebaumäßig erfolgt, so liegt die Überwachung der Steinbrüche den Ver=
waltungsbehörden ob, nicht den Bergbehörden, selbst in denjenigen selteneren Fällen, in
denen unterirdischer Abbau stattfindet, wie z. B. in manchen Kalksteinbrüchen und den
Mühlsteinbrüchen im Rheinland.

Als Abbaumethode für den unterirdischen Betrieb wird gewöhnlich der Weitungsbau
angewendet, bei einiger Ausdehnung gleichen dann diese Räume einem hochgewölbten
vielsäuligen Dome.

Manche dieser unterirdischen Steinbrüche haben eine gewisse Berühmtheit erlangt,
sie dienten in bewegten Zeiten als Zuflucht= und Wohnstätten, andere wurden als Be=
gräbnisplätze benutzt. So waren die Katakomben, die den ersten Christengemeinden in
Italien als Stätten für ihre Versammlungen dienien, in denen heimlicherweise der Gottes=
dienst abgehalten wurde, ursprünglich nur unterirdische Steinbrüche. Die großartigsten
finden sich bei Rom im vulkanischen Tuff und führen den Namen der Katakomben des
heiligen Sebastian, die 4—6 m hohen und ebenso breiten Galerien, zwischen denen starke
Pfeiler zur Stützung des darüber lagernden Gesteins belassen wurden, ziehen sich stunden=
weit hin. Auch in der Gegend von Neapel findet man Katakomben, die Labyrinthe

von Syrakus und Kreta, die Tempel von Elephante sind andere bekannte Beispiele unterirdischer Steinbruchsarbeiten des Altertums.

Die Pariser Katakomben, die am Ende des vorigen Jahrhunderts als Begräbnis=stätten dienten, sind verhältnismäßig neueren Ursprungs.

Außer Kalkstein und Kalktuff werden auch heute noch Gips, Dachschiefer, Traß und Puzzolane zuweilen unterirdisch gewonnen.

Die Gesteine sind Eigentum des Grundbesitzers, nicht wie fast überall die Erze, in manchen Ländern auch Kohlen und Salze von dessen Verfügungsrecht ausgeschlossen. In dieser Beziehung sind ihnen gewisse nutzbare Mineralien gleichgestellt, die entweder Ge=mengteile von Gesteinen bilden, wie Asbest, Glimmer und Feldspat, oder die auf be=sonderen Lagerstätten vorkommen, wie Schwerspat, Flußspat und Strontianit, es wird ihre Gewinnung daher rechtlich ebenso wie diejenige der Gesteine behandelt. Wir fügen sie deshalb dem Abschnitte Steinbruchbetrieb an. Ihre Erzeugung findet zwar nur an einzelnen wenigen Punkten statt, ist aber trotzdem für die Technik von nicht zu unter=schätzender Bedeutung.

Es wird genügen, wenn an dieser Stelle nur auf die wesentlichsten Arten der Be=nutzung hingewiesen und dann die Gewinnung selbst an einzelnen charakteristischen Bei=spielen geschildert wird.

Die Gesteine dienen seit uralten Zeiten als Bausteine, zunächst kam nur der einfache Mauerstein in Frage, mit der fortschreitenden Kultur werden die Außenflächen hervor=ragender Gebäude mit sorgfältig bearbeiteten und ornamentierten Werkstücken geschmückt, der Ausbildung der Thür= und Fenstergewände wurde besondere Aufmerksamkeit geschenkt. Bereits die frühgeschichtliche Zeit kennt monumentale Bauten im eigentlichsten Sinne des Wortes, an denen Säulen und Bildhauerarbeiten in sehr bedeutendem Umfange ver=wendet wurden. Dazu trat die Schmückung der Innenräume mittels polierten Gesteins=materials, Säulen, Platten, Treppenstufen und dergleichen, wozu auch weniger wetter=beständige, weichere und daher leichter bearbeitbare Gesteine wie z. B. die farbenreichen Marmorarten, der dunkle Serpentin und der blendend weiße Alabaster Verwendung finden konnten. Die Anfertigung größerer und kleinerer Kunstwerke, auch Gebrauchs=gegenstände aus Gesteinen ist neben der Herstellung solcher Bedürfnisse des feineren Ge=schmackes aus Metallen und Holz zu allen Zeiten geübt worden.

Zur ältesten Verwendung der Gesteine ist auch der Straßen= und Wasserbau zu rechnen. Auch heute noch verschlingen die Packlagen und der Klarschlag für unsere Land=straßen, die Pflastersteine und Fußsteigplatten unserer Städte, die Werkstücke für Brücken= und Hafenbauten sehr bedeutende Mengen von Gesteinsmaterial. Beim Straßenbau ist es namentlich der Widerstand gegen die mechanische Abnutzung des Materials, welcher in Frage kommt, derselbe ist bei den Augit und Hornblende enthaltenden Gesteinen, z. B. den Gabbros, besonders groß.

Aber auch außer diesen beiden wesentlichsten Verwendungsarten dienen uns die Ge=steine noch zu vielerlei, es sei hier erinnert an die Dachschiefer und lithographischen Kalk=steine, an Mühl= und Schleifsteine, an die Phosphate, welche der Landwirtschaft als Düngemittel unentbehrlich geworden sind, an die Verwendung von Kalkstein, Gips, Fluß=spat und Schwerspat in der chemischen Großindustrie und die immer bedeutendere Rolle, welche Asbest und Glimmer für viele Zwecke spielen.

Kurz möge auch darauf hingewiesen werden, welche bedeutenden Mengen von Sand und Kies, von Lehm, gewöhnlichem und feuerfestem Thon und von Kaolin, dem Zersetzungs=produkt des Feldspates, für die Zwecke der Mörtelbereitung, der Ziegel= und Töpferwaren=industrie, der Terracotta=, Steingut=, Porzellan= und Glasfabrikation beständig dem Boden entnommen werden. Mit Ausnahme des Kaolins, der z. B. in Nordböhmen durch unter=irdischen Betrieb abgebaut wird, gewinnt man die übrigen Materialien in einfachster Weise durch Gräberei.

Die wirtschaftliche Bedeutung des Steinbruchbetriebes speziell für Deutschland erhellt am besten aus den durch die Gewerbezählung vom Juni 1895 erhaltenen Zahlen: Beim

328. Elbsandsteinbruch des Herrn Lohe in Pirna: Die gestürzte Wand.

eigentlichen Steinbruchbetriebe einschließlich der Verarbeitung des gewonnenen Gesteins=
materiales, die sehr häufig in den Brüchen selbst stattfindet, wurden zu dem genannten
Zeitpunkte über 140 000 Arbeiter beschäftigt, während in den Gräbereien auf Sand,
Kies, Thon, Lehm u. s. w. etwa 40 000 Arbeiter ihren Lebensunterhalt fanden. Gegen=
über den Ergebnissen der Zählung vom Jahre 1882 hat auch in diesen Gewerben eine
sehr erhebliche Zunahme der beschäftigten Personen stattgefunden.

Sandstein ist bei weitem der wichtigste natürliche Baustein. Das häufige Vor=
kommen in der Natur und zwar in den verschiedensten geologischen Horizonten, das Auf=
treten in Bänken von wechselnder Stärke, wodurch die Herstellung von Werkstücken in ver=
schiedenen Abmessungen sehr erleichtert wird, die gute Bearbeitbarkeit und vorzügliche
Wetterbeständigkeit vieler Vorkommen haben neben den warmen Farbtönen, die außer
grau und gelb auch rötlich und grünlich aufweisen, dem Sandstein den ersten Rang unter
den Bausteinen verschafft; überall, wo Sandstein vorkommt, wird er auch gebrochen, aber
wohl kein Gebiet kann sich nach Anzahl und Großartigkeit der Betriebe mit der
Sächsischen Schweiz vergleichen, wir wählen daher diese als Beispiel, zumal auch die
Betriebsweise von dem sonstigen Steinbruchbetriebe wesentlich abweicht.

Wegen der Leichtigkeit der Verfrachtung zu Schiff liegen die meisten Brüche un=
mittelbar an der Elbe, außerdem hat sich nur im Thal der Gottleuba wegen der hervor=
ragenden Güte des dort gebrochenen Steines umfangreicherer Betrieb entwickelt. Freilich
ist die Anmut der Landschaft namentlich des Elbthales hierdurch erheblich beeinträchtigt
worden, aber für die sonst ärmliche Gegend ist die Beschäftigung von etwa 4000 Arbeitern
in gegen 300 Brüchen ein außerordentlicher Segen. Die jährliche Produktion beläuft sich
auf etwa 200 000 cbm im Gesamtwerte von über 2 Millionen Mark, die Preise für
1 cbm schwanken je nach Größe der Werkstücke und Güte des Steines und betragen
zwischen 5 Mark für gewöhnliche roh behauene Bausteine und 30 Mark für Material zu
großen Werkstücken aus bestem Stein. Im Handel wird der Sandstein der Sächsischen
Schweiz häufig nach dem Hauptorte als Pirnaischer Sandstein bezeichnet, er wird in
größeren Mengen nach Magdeburg und Berlin, selbst bis nach Hamburg verfrachtet.

Die verwertbaren Sandsteinbänke sind gewöhnlich von Grus und zerklüftetem Sand=
stein überlagert, beides muß als unbrauchbares Material abgeräumt werden; je nach der
Lage des Bruches bleiben jedoch bis zur Bruchsohle dann noch 10 selbst 20 m brauch=
barer Stein. Zur Gewinnung wird ein Teil der Felswand unter Berücksichtigung der
vorhandenen Zerklüftung unterhöhlt, ähnlich wie dies beim Betrieb der böhmischen Braun=
kohlentagebaue (S. 236) des näheren beschrieben wurde, jedoch entfernt man die untersten
zugänglichen Bänke, gewöhnlich weicheren minderwertigen Stein, vollständig mittels Spreng=
und Keilhauenarbeit und stützt das darüber befindliche Gestein durch starke Hölzer. Diese
werden dann dünn gehackt, mittels Pulver weggesprengt oder auch weggebrannt und die
unterhöhlte Wand kommt zu Fall. Am günstigsten für die spätere Verarbeitung des Ge=
steinsmaterials, die oft Jahre in Anspruch nimmt, ist es, wenn die Wand kippt und sich
auf die vorgelagerte Schutthalde umlegt (Abb. 328). Das Unterhöhlen und Fällen der
Wand erfordert große Umsicht und Erfahrung, diese Arbeiten werden von den zuver=
lässigsten Arbeitern, den Hohlmachern, ausgeführt.

Die Kosten für das Unterhöhlen großer Wände, die bis zu 12 000 cbm Gesteins=
masse enthalten, belaufen sich manchmal bis auf 10 000 Mark. Nachdem die Wand
glücklich gefallen ist, pflegt der Bruchherr den Arbeitern ein Faß Bier, das sogenannte
Wandbier, zu stiften.

Leider sind im Laufe der Jahre durch vorzeitiges Niedergehen von Wänden
mancherlei Unfälle vorgekommen, man liest immer wieder in den Zeitungen, daß Arbeiter,
die nicht rechtzeitig fliehen konnten, von den Gesteinsmassen erdrückt wurden. Aber auch
wunderbare Rettungen sind zu verzeichnen: so verschüttete oberhalb Schandau im Jahre 1862
eine große Wand, welche während des Hohlmachens unversehens fiel, 24 Steinbrecher,
die eben beim Frühstück waren. Glücklicherweise bildeten gerade an dieser Stelle die
Gesteinstrümmer eine hohle Stelle, und die sämtlichen Arbeiter konnten nach 56 stündigem
ununterbrochenem Rettungswerk lebend hervorgezogen werden.

Auch ist es vorgekommen, z. B. im Juli 1877 in den Brüchen zwischen Wehlen und Rathen, daß eine mächtige Wand sich auf der Schutthalde überschlug und große Massen Gestein bis in die Elbe stürzten, sie hinderten mehrere Tage die Schiffahrt und konnten nur mit großen Kosten entfernt werden. (Heinrich Gebauer, „Die Volkswirtschaft im Königreich Sachsen", Dresden 1893 Bd. II).

Die Kalksteine dürften nächst den Sandsteinen das am meisten benutzte Gestein sein. Allerdings tritt die Verwendung als eigentlicher Baustein, namentlich für die äußere Architektur, etwas zurück, da Farbe und Politur nur selten den Witterungseinflüssen auf die Dauer standhalten; dagegen ist die Ausschmückung der Innenräume von Gebäuden namentlich mittels der farbigen politurfähigen Kalksteine, der Marmorarten, eine sehr vielseitige; dünnplattige Kalksteine werden zum

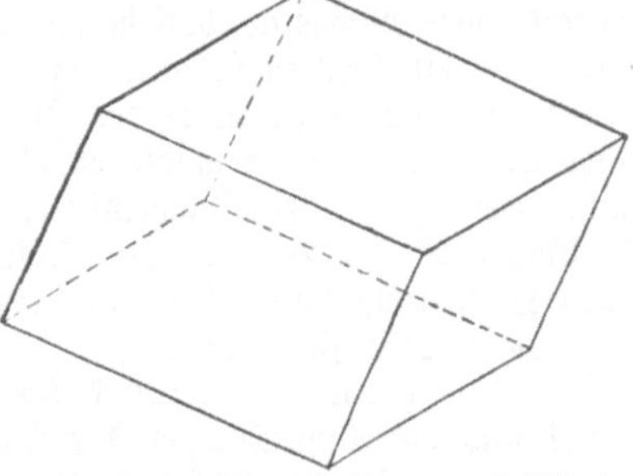

329. **Spaltungs-Rhomboeder von Kalkspat.**

Bodenbelag benutzt. Daß der weiße körnige Marmor das gesuchteste Material für Bildhauerarbeiten bildet, ist zur Genüge bekannt; den ersten Rang als Statuenmarmor nimmt immer noch unbestritten der Marmor von Carrara ein, unter den im Altertume am meisten gerühmten Marmorarten sind der Pentelische und der Parische Marmor zu erwähnen, der erstere war namentlich zu monumentalen Bauten, der zweite dagegen zu Statuen außerordentlich geschätzt.

Als Straßenbaumaterial wird Kalkstein zwar vielfach in denjenigen Gegenden verwendet, in denen er das häufigste Gestein ist, er eignet sich jedoch hierzu wegen der geringen

330. **Isländischer Doppelspat.**

Härte nicht besonders. Kalkstraßen nutzen sich schnell ab und sind durch die starke Staubbildung ein Schrecken aller Reisenden.

In einer Beziehung ist der Kalkstein unübertroffen, nämlich zu lithographischen Platten, besonderen Ruf haben in dieser Hinsicht die Kalksteine von Solnhofen, Station der Bahnlinie Nürnberg-Ingolstadt, an der Altmühl gelegen. Es findet von dort aus über die ganze Welt die Ausfuhr dieser Platten statt. Übrigens sind die Solnhofener Brüche auch bekannt durch den Reichtum an wohlerhaltenen Versteinerungen, den sie bergen; in dem ungemein feinen Kalkschlamm haben sich die zartesten Einzelheiten der Lebewesen des Jurameeres erhalten.

Auf den Klüften des Kalksteins finden sich nicht selten durchsichtige Krystalle oder gut nach einem Rhomboeder (Abb. 329) spaltbare Massen von Kalkspat, mineralogisch reiner kohlensaurer Kalk, er wird auch Doppelspat genannt, da er die Eigentümlichkeit besitzt, den einfachen Lichtstrahl in zwei zu zerlegen (Abb. 330). Man kann diese Erscheinung schon beobachten, wenn man ein Stück Doppelspat auf gewöhnliche Schrift legt, sie erscheint doppelt. Am berühmtesten ist der isländische Doppelspat, der wegen der außerordentlichen Durchsichtigkeit und starken Doppelbrechung in der Physik, namentlich auch bei der Mikroskopie zu den sogenannten Polarisationsapparaten Verwendung findet. Reine Stücke dieses Doppelspates werden je nach der Größe mit 56—112 Mark (50—100 Kronen) das Kilogramm bezahlt.

Die Benutzung des Kalksteines nach erfolgtem Brennen und Löschen zur Mörtel= bereitung ist allgemein bekannt, thonhaltige Kalksteine dienen zur Herstellung von hydraulischen Mörteln, beziehungsweise Zementen. In der chemischen Großindustrie wird kaum ein Gestein so vielseitig gebraucht wie der Kalkstein: er dient zur Soda= und Glasdarstellung, er findet in der Zuckerindustrie und Gerberei Verwendung, für kalkarme Bodenarten ist roher gemahlener oder gebrannter und an der Luft gelöschter Kalk ein immer mehr geschätztes Düngemittel, bei hüttenmännischen Schmelzprozessen dient er als Zuschlagmittel zur Bildung leichtflüssiger Schlacke, er wird allgemein benutzt zur künst= lichen Herstellung reiner Kohlensäure.

Die neueste Zeit hat dem Kalkstein eine weitere wichtige Rolle zuerteilt, da er, in die Form von Calciumcarbid übergeführt, das hellleuchtende Acetylengas liefert. Damit sind die Anwendungen des Kalksteins in der Industrie keineswegs erschöpft, wir begegnen ihm vielmehr auf Schritt und Tritt.

Es kann daher nicht wunder nehmen, daß geradezu an unzähligen Orten Kalkstein gebrochen wird. Als besonders bedeutenden und dabei eigenartigen Betrieb wollen wir die Kalksteinbrüche zu Rüdersdorf, östlich von Berlin, schildern, dieselben haben schon seit längerer Zeit durch eine Zweigbahn Verbindung mit der von Berlin nach Küstrin führenden Ostbahn. Außerdem hat die günstige Lage von Rüdersdorf inmitten des nörd= lich der Spree befindlichen Seengebietes auf zwei verschiedenen Wegen einen direkten Schiffahrtsverkehr aus dem sogenannten Alvenslebenbruche zur Spree ermöglicht, so daß die Stadt Berlin in der denkbar billigsten Weise mit dem Rüdersdorfer Kalke, der sowohl als Baustein als auch zur Mörtelbereitung dient, versorgt wird. Der Alvensleben= bruch ist bis zum Wasserspiegel etwa 30 m tief, südwestlich von demselben liegt weitere 30 m tiefer der Tiefbau, aus welchem ohne Umladung Verfrachtung mit der Bahn möglich ist, da auf einer schiefen Ebene von 30° Neigung zugweise die leeren Eisenbahn= wagen bis auf die Bruchsohle hinabgelassen und die vollen durch kräftige Fördermaschinen aufwärts befördert werden. Abb. 331 zeigt einen Blick von der südlichen Seite des Bruches auf diese schiefe Ebene, sie ist zweigleisig, wie die Haspelberge im Bergbau. Bei einem Aufzuge, der zwei Minuten Zeit in Anspruch nimmt, können 500 Doppelzentner Kalkstein befördert werden. Um eine bequeme Zu= und Abfuhr der Wagen am oberen Ende der schiefen Ebene zu ermöglichen, stehen die beiden Fördermaschinen, von denen eine zur Reserve dient, seitlich, die starken Stahldrahtseile laufen über Seilscheiben, welche auf einem gemauerten Unterbau so hoch verlagert sind, daß die Eisenbahnwagen durch ausgesparte Thore unter denselben hindurchlaufen. Im Tiefbau findet, wie Abb. 332 es veranschaulicht, durch ein ausgedehntes Netz von Gleisen und Weichen in Verbindung mit einer in der Mitte gelegenen Drehscheibe die Verteilung der leeren Wagen bis in un= mittelbare Nähe der beiden Abbaustöße statt, so daß der Kalkstein aus den Hunden bequem von Verladebühnen aus in die Eisenbahnwagen umgeladen werden kann, worauf die vollen Wagen zu Zügen an der schiefen Ebene vereinigt werden. Die dem Tiefbau zufließenden Wassermengen werden durch große Pumpen gehoben, deren Betriebsdampfmaschinen nahe dem Rande des Tiefbaues über einem besonderen Schachte aufgestellt sind; wie bei der Förderung ist auch hier eine Reservemaschine vorhanden.

Der Abbau des der Muschelkalkformation angehörigen, in 10—20 cm starken und etwa 20° geneigten Bänken abgelagerten Kalksteines findet genau so wie der Tagebau= betrieb auf böhmische Braunkohle (vergl. S. 236) durch Unterhöhlen der anstehenden Wand statt. Diese ruht schließlich noch auf einzelnen Pfeilern, die durch Sprengschüsse gleichzeitig zerstört werden. Man pflegt jedoch die Sprengung so zu leiten, daß durch Anwendung etwas kürzerer Zündschnüre die Sprengschüsse in der dem Bruche zunächst gelegenen Pfeilerreihe um einige Sekunden früher zur Explosion gelangen, als die in den weiter zurückliegenden Pfeilerreihen. Dadurch kippt die Gesteinswand um und legt sich auf die Bruchsohle, die Massen lockern sich dabei in den Schichtungsfugen und können bequem und ohne Gefahr für die Mannschaft verarbeitet werden.

331. Die Förderung aus dem Tiefbau der Rüdersdorfer Kalksteinbrüche.
Nach einer Photographie von Eduard Wohlleben in Rüdersdorf.

332. Der Tiefbau der Rüdersdorfer Kalksteinbrüche. Nach einer Photographie von Eduard Wohlleben in Rüdersdorf.

333. Marmorbruch am Monte Altissimo.

37*

In den Brüchen sind etwa 1000 Arbeiter beschäftigt, die jährliche Erzeugung an verwertbarem Stein beträgt etwa 500 000 cbm, und zwar werden in der Hauptsache Mauersteine, gebrannter Kalk zur Mörtelbereitung und Zement aus den thonreicheren Schichten hergestellt, das feinste Gesteinsmaterial, der Grus, wird auf ziemlich weit entfernte Halden mittels mechanischer Förderung geschafft. Die Kalköfen, von denen 15—20 mit einer täglichen Produktion von mehr als 200 t gebranntem Kalk in Betrieb stehen, sind so angelegt, daß sowohl die Zufuhr des Rohkalkes und der Kohlen als auch die Abfuhr des gebrannten Kalkes mittels Eisenbahnwagen in leichtester Weise erfolgt.

Die Brüche gehören zu $^5/_6$ dem Staate, zu $^1/_6$ der Stadt Berlin und sind eines Besuches wohl wert, zumal sich damit eine angenehme Dampfschiffahrt auf der Spree und den Seen verbinden läßt; am interessantesten ist es, wenn man Gelegenheit hat, einer der großen Sprengungen beizuwohnen.

Wenngleich das Vorkommen von Marmor außerordentlich verbreitet ist, so sind doch auch heute noch die griechischen und oberitalienischen Marmorarten besonders geschätzt.

Die mehr als ein Jahrtausend verschüttet gewesenen Steinbrüche, aus denen das antike Griechenland das schönste Kunstmaterial gewann, sind durch die Anstrengungen des deutschen Gelehrten Siegel, welcher im Auftrage König Ottos Griechenland bereiste, wieder aufgefunden und in Betrieb gesetzt worden. Auf der Insel Paros sind diese Bemühungen nicht von nachhaltigem Erfolge gewesen, da es auf die Dauer nicht gelang, größere Blöcke, wie sie zur Herstellung von Statuen benötigt werden, zu gewinnen. Dagegen liefert der Pentelikon auch heute noch Werkstücke in jeder gewünschten Größe für die Zwecke der Architektur; dieser vortreffliche Marmor diente als Material für die Prachtbauten des modernen Athen. Auch die alten Brüche der Landschaft Maina, nahe bei Kap Matapan, welche die schon von den Römern so außerordentlich geschätzten roten geaderten Marmore liefern und zwar einen kirschroten, fein schwarz geaderten und einen dunkelroten, weiß geaderten und gefleckten, sind wieder der Vergessenheit entrissen worden.

Der Hauptsitz der italienischen Marmorindustrie ist das nördliche Toscana. Mit der Eisenbahn, welche von Pisa nördlich nach Spezzia führt, gelangt man nach dem etwa 2 km vom Meere entfernt gelegenen Massa, nördlich davon liegt Carrara in einem tiefen Bergkessel des Apuanischen Apennin, es ist durch eine Zweigbahn mit der Hauptbahn und dem Hafenorte Avenza verbunden. Südlich von Massa etwas östlich im Gebirge gelangen wir, wenn wir dem Flüßchen gleichen Namens folgen, nach Serravezza, in der Nähe ist der Hafenort Forte dei Marmi. Oberhalb von Serravezza am Monte Altissimo legte Michelangelo im Jahre 1517 im Auftrage Leos X. Marmorbrüche an, dagegen wurden die Brüche von Carrara schon vor mehr als 2000 Jahren ausgebeutet. Sie lieferten schon den Römern das Material für Bildwerke, so für den Apollo von Belvedere, später verwendeten Michelangelo, Thorwaldsen, Canova, Rauch, Begas und andere den „Statuario di Carrara" für ihre herrlichen Meisterwerke. Die außerordentlichen Vorzüge dieses Marmors sind begründet in dem gleichmäßigen feinkörnigen Gefüge, dem schimmernden Glanze und einem gewissen Grade von Transparenz, dabei ist der Stein rein weiß, nicht zu hart, daher leicht bearbeitbar und für Ausführung der zartesten Arbeiten wie Haarpartien, Schleier und Spitzen besonders geeignet. Außerdem kommt an den genannten Orten auch der wohl am häufigsten angewendete Architekturmarmor „bianco chiaro" oder „blanc clair", weiß mit vielen bläulichen Adern in großen Mengen vor. Besonderen Ruf haben die Breccienmarmore der Gegend, so der brecce violette von Serravezza, der in violetter Grundmasse weiße, gelbe, blaue und graue Bruchstücke von wechselnder Größe enthält. Auch die buntgeaderten Marmore, wie der rosso antico, tiefdunkelrot mit helleren roten Streifen und weißen Adern, der violetto mit weißen Adern in violettem Grunde, der verde dei Greci auf lichtgrünem Grunde mit dunkleren ästigen Zeichnungen und weißen Adern sind gesucht.

Um zu den Brüchen zu gelangen, muß man in das Gebirge aufwärts wandern. Überall an den Abhängen der Thäler erblickt man die staffelförmig übereinander angelegten Brüche, schon von weitem erkenntlich durch die langen Böschungen von Abfall=

stücken, die sich oft bis zur Thalsohle erstrecken. Kommt man näher, so belebt sich das Bild, man hört das eintönige Geräusch der Hammerschläge, das Kreischen der Schneidewerke, welche die im Bruch aus dem Gröbsten zugearbeiteten Stücke zersägen, und das Knirschen der Mühlwerke, auf denen Marmorquadern geschliffen und poliert werden. Von den meisten Brüchen werden die Blöcke auf starken Wagen, die mit 4, selbst 8 Ochsen bespannt sind, zur Verladung mit der Bahn befördert; nur sehr große Quadern werden auf geneigten Ebenen und Lagen von starken Brettern auf untergelegten Walzen langsam ins Thal geschafft, indem mittels festgelegter Flaschenzüge die Last gehalten wird (Abb. 333). Auf diese Weise allein können Blöcke von 10 und noch mehr Kubikmetern Inhalt transportiert werden. Nur von den am ungünstigsten gelegenen Brüchen läßt man die rohen Blöcke am Gehänge bis ins Thal hinunterrollen.

Die Brüche auf der Höhe des Gebirges gewähren bei klarer Luft einen herrlichen Blick auf die Küstenebene und das Meer bis hinunter nach Elba und Corsica und westlich an der Küste entlang weit über Genua hinaus.

334. Sullivan-Schrämmaschine in einem italienischen Marmorbruche.

Die Gewinnung und der Transport des Marmors beschäftigt jetzt etwa 5000 Arbeiter, außerdem befindet sich namentlich in Carrara eine große Zahl von Werkstätten und Künstlerateliers für die Verarbeitung des Marmors. Auf den Eisenbahnstationen und in den Häfen sieht man jedoch auch viele fremde Marmorarten, so den aus der Provinz Genua stammenden „Portor", der auf tiefschwarzem Grunde schwefel= bis goldgelbe und weiße Adern zeigt, ferner den herrlichen Griotte aus dem französischen Departement Aude, der in tiefroter Masse kirschrote Mandeln und weiße Versteinerungen zeigt. Aus diesem herrlichen Stein sind beispielsweise die Postamente der Feldherrenbüsten im Berliner Zeughause gefertigt.

Etwa tausend Schiffsladungen und mehrere tausend Eisenbahnladungen führen dieses kostbare Gut jahraus jahrein in alle Lande. (Heinrich Schmidt. Die modernen Marmore und Alabaster. Leipzig und Wien 1897.)

Dort, wo bei der Gewinnung von Marmor im großen eine bankweise Absonderung fehlt, werden wegen des hohen Wertes des Gesteines nicht selten Schrämmaschinen (Abb. 334) angewendet, da mit diesen die Einschnitte (Schrote, Schlitze), welche zur Ab=

trennung der Gesteinsblöcke nötig sind, einmal billiger und schneller, dann aber auch viel schmäler und daher mit weniger Materialverlust hergestellt werden können. Derartige Steinbrüche sind in regelmäßige Stroſſen (stufenweise Abſätze) geteilt, auf jeder derſelben läuft auf entsprechendem Schienengleis eine durch Dampf betriebene Schrämmaschine, mit welcher die senkrechten Schrote geführt werden; auch der zugehörige Dampfkeſſel ist fahrbar. Das Abtrennen der Blöcke an der Unterfläche erfolgt mittels Reihen von Keilen.

Von den geschichteten Gesteinen spielen auch die Thonschiefer im Steinbruchbetrieb eine hervorragende Rolle, wenn sie sich in große und ebene, dabei aber dünne Platten und Tafeln spalten laſſen und außerdem die nötige Wetterbeständigkeit besitzen. Man verarbeitet sie dann zu Dachschiefern, die Farbe ist rötlich, bläulich und in allen Abstufungen des Grau, bis fast schwarz. Die letzteren werden auch als Tafelschiefer zu den Schiefertafeln der Schulkinder benutzt. Die Schiefer müſſen eine sehr gleichmäßige Zusammensetzung haben, die Spaltbarkeit folgt entweder der Schichtung, oder auffälligerweise auch einer davon abweichenden Richtung, die man dann Schieferung nennt. Diese letztere Art der Spaltbarkeit dürfte eine Folge von starkem Druck sein, dem der Thonschiefer bei der Aufrichtung oder Biegung der Schichten ausgesetzt war. Es findet sich auch Schiefer, z. B. in Steinach in Thüringen, der nach zwei Richtungen gut spaltet und daher leicht in dünne Stengel zerfällt, man benutzt ihn zur Herstellung von Schieferstiften, auch Griffel genannt. Von letzterer Bezeichnung hat er den Namen Griffelschiefer.

Dachschiefer kommen namentlich in den ältesten Formationen, dem Silur, Devon und der Steinkohlenformation vor, doch sind bei Glarus (Schweiz) auch Dachschiefer bekannt, die dem Tertiär angehören. Die wichtigsten Orte für Herstellung von Dachschiefern in Deutschland sind Lehesten in Thüringen, woselbst sie in der unteren Steinkohlenformation auftreten und die Spaltung einer Schieferung folgt, ferner das Devon des rheinischen Schiefergebirges und Westfalens mit dem Hauptproduktionsorte Kaub am Niederrhein. Vielfach werden auch englische, belgische und französische Dachschiefer eingeführt. Der früher bedeutende Betrieb in der Umgegend von Lößnitz an der Bahnlinie Chemnitz-Adorf im Königreich Sachsen am Nordabhange des Erzgebirges, der noch bis zum Jahre 1860 etwa 500 Arbeiter beschäftigte, hat fast ganz aufgehört, da die Ausdehnung der wirklich brauchbaren Schieferlagen eine verhältnismäßig kleine ist und auch die Spaltbarkeit derjenigen der thüringischen und rheinischen Schiefer erheblich nachsteht. Bis in die unmittelbare Umgegend von Lößnitz haben zur Zeit die auswärtigen Schiefer die heimischen verdrängt.

Der Betrieb der Schieferbrüche findet meist als Tagebau statt, es werden durch stroßweisen Abbau mittels Schrämen und Keilarbeit große dicke plattenförmige Stücke gewonnen, die in besonderen Werkstätten durch Spalten, Sägen, Schneiden, auch Hobeln zu größeren Platten, Dach- und Tafelschiefer verarbeitet werden.

Die Eruptivgesteine werden in sehr ausgedehntem Maße als Straßenbaumaterial, zur Packlage und als Klarschlag verwendet, und wenn auch einzelnen Gesteinen für verkehrsreiche Straßen der Vorzug gegeben wird, namentlich dem Basalt, den Hornblendediabasen und den Porphyren, so werden doch für geringere Beanspruchung fast alle Gesteine hierzu benutzt. Die folgende Zusammenstellung gibt in Prozenten den Anteil, nach welchem die verschiedenen Gesteinsarten im Königreich Sachsen im Jahre 1896 zur Unterhaltung der Staatsstraßen dienten:

Porphyrgruppe	. . . 34%		Gneisgruppe	. . . . . 6%
Basaltgruppe	. . . . 20%		Thonschiefergruppe	. . . $5\frac{1}{2}$%
Granitgruppe	. . . . 17%		Quarzgruppe	. . . . . 3%
Grünsteingruppe	. . . $11\frac{1}{2}$%		Kies- und Lesesteine	. . 3%

Es erhellt hieraus die große Mannigfaltigkeit des Materials. Dort, wo Straßenschotter in bedeutenderen Mengen hergestellt wird, erfolgt die Verkleinerung zweckmäßigerweise nicht mehr mittels Hämmer durch Handarbeit, sondern mittels Steinbrecher (vgl. S. 201).

Schon wesentlich geringer ist die Zahl derjenigen Eruptivgesteine, die als Pflastersteine für bessere Pflaster brauchbar sind. Die Ansprüche sind in dieser Beziehung außerordentlich gestiegen; während man früher z. B. in Norddeutschland, die Lesesteine, welche das Diluvium in großer Menge liefert, ohne weitere Bearbeitung verwendete und an den gerundeten Köpfen und dem unregelmäßigen Querschnitt keinen Anstoß nahm, werden heute die Straßen der großen Städte, soweit nicht Asphalt in Frage kommt, nur mit sorgfältig zugeschlagenen Steinen genau gleicher Größe gepflastert, welche außerdem die Eigenschaft besitzen, daß sie bei großer Widerstandsfähigkeit nicht glatt werden. Am besten scheinen hierfür die mittelkörnigen Granite, die ihnen verwandten Syenite und die Diabase geeignet zu sein, sie werden denn auch aus weiter Ferne bezogen und bilden einen sehr wertvollen Handelsartikel. So verwendete die Stadt Berlin beispielsweise im Jahre 1895 für die Pflasterung: zu 136 000 qm Pflastersteine aus Schweden, zu 9000 qm aus dem Königreich Sachsen und nur zu 3000 qm geringwertigen Pflasters Steinmaterial aus der unmittelbaren Umgegend. Der Preis der Steine für 1 qm Pflaster betrug je nach dem Grade der Bearbeitung und der Güte des Steines 9 bis ausnahmsweise 15 Mark.

Früher wurde wegen seiner großen Widerstandsfähigkeit und der leichten Verarbeitbarkeit zu Pflastersteinen auch Basalt viel gebraucht. Die säulige Absonderung dieses Gesteins, die übrigens den Steinbrüchen ein ungemein malerisches Aussehen verleiht (s. Tafel), hat gewissermaßen der sich nötig machenden Zerkleinerung vorgearbeitet und gestattet auch ein leichtes Brechen des Gesteins mittels Keilarbeit. Die Verwendung zu Pflastersteinen ist jedoch zurückgegangen, weil Basalt durch die Abnutzung ganz außerordentlich glatt wird; die Benutzung als Schottermaterial dagegen dürfte beständig gestiegen sein.

Zu Bausteinen und im besonderen zu Werkstücken bedient man sich der krystallinischen Eruptivgesteine deshalb seltener, weil ihre Bearbeitung schwierig und teuer ist; ausgenommen hiervon sind gewisse tuffartige Gesteine, die sich ähnlich wie Sandstein behandeln lassen, z. B. der Rochlitzer und Hilbersdorfer Porphyr, deren Gewinnung weiter unten besprochen ist.

Die allgemeinste Verwendung zu eigentlichen Werkstücken, zu Treppenstufen, Podestplatten, zu Randsteinen und Platten für Fußsteige, zu Thür- und Fenstergewänden, auch zu Mühlsteinen findet aus der Gruppe der Eruptivgesteine sicher der Granit und zwar in seinen mittelkörnigen Vorkommen. Die Granitindustrie hat fast überall den gleichen Weg eingeschlagen; man verarbeitete zunächst die ausgewitterten Blöcke, die sich in allen größeren Granitgebieten an der Oberfläche, besonders an steileren Hängen vorfinden, indem man sie durch Herstellen von in Reihen gestellten Keillöchern und nachheriges Eintreiben der Keile zu Werkstücken spaltete. Je dicker der zu teilende Block ist, desto tiefer werden die Löcher ausgemeißelt und desto schlanker und länger wählt man die Keile, um die erzeugte Spannung nur ganz allmählich zu steigern.

Erst nachdem dieses leicht zu erreichende Material aufgearbeitet war, entschloß man sich zur Anlage von eigentlichen Steinbrüchen. Soll deren Ausbeutung zu Werkstücken, welches die lohnendste Verwertung ist, gewinnbringend sein, so müssen allerdings erfahrungsgemäß außer der günstigen Lage des Bruches zu Abfuhrwegen namentlich noch die Bedingungen erfüllt sein, daß die Granitmasse eine Absonderung in stärkere Bänke zeigt, daß nur wenig Klüfte vorhanden sind, welche diese Bänke durchsetzen, und daß das Gestein gut spaltet. In Mitteldeutschland haben die Granite des Fichtelgebirges und der Lausitz besonderen Ruf, außerdem wird in Norddeutschland namentlich schwedischer Granit verwendet. Bekannt sind die gewaltigen Monolithe, die für die monumentalen Bauten in St. Petersburg aus finnländischen Brüchen in ganz ungewöhnlicher Größe geliefert wurden. Der rötliche, porphyrartige Granit ist unter dem Namen Rapakiwi bekannt, d. h. „fauler Fels", da das Gestein oft oberflächlich stark verwittert ist. Die Säule des Monumentes Kaiser Alexanders I., welches im Jahre 1834 errichtet wurde, ist 30 m lang und 4 m stark, es ist der größte Monolith der Neuzeit, die 1848 ebenfalls aus einem Stück gearbeiteten Säulen der Vorhallen der Isaaks Kathedrale haben 17 m

Höhe und 2 m Durchmesser. Diese Gesteinsarbeiten verdienen unsere Bewunderung in gleichem Maße, wie die Obelisken der alten Ägypter.

Betrachten wir als Beispiel einer entwickelten Granitindustrie die Lausitz! Das Steinbruchgebiet erstreckt sich über das Königreich Sachsen hinaus, einerseits südlich nach Böhmen und nördlich in die Provinz Sachsen bis nach Königshain. Auch hier begann, bereits gegen Ende des 18. Jahrhunderts die Granitindustrie mit der Verarbeitung der zahllosen an den Bergabhängen ausgewitterten Blöcke, schon damals wurden Werkstücke zur Elbe geschafft und bis nach Norddeutschland verfrachtet. Etwa vom Jahre 1830 ab legte man größere Steinbrüche an, besonders die Bauthätigkeit in Dresden, später die allgemeinere Verwendung des Granites zu Fußsteigplatten und in neuester Zeit der immer gesteigerte Verbrauch von bearbeiteten Pflastersteinen aus Granit haben diese Industrie zu ihrer heutigen Blüte gebracht. Dazu kommt, daß an einigen Orten nicht nur der Granit zu geschliffenen und polierten Arbeiten, wie Sockel zu Denkmälern, Wasserbassins u. dgl. in größeren Werkstätten verarbeitet wird, sondern daß zu gleichem Zwecke auch das feinkörnige Gestein der zahlreichen Diabasgänge, welche das Granitgebiet durchsetzen, wegen der gleichmäßigen dunklen Farbe besonders geschätzt wird. Die Industrie hat diesem Gestein die geologisch nicht zutreffende Bezeichnung Lausitzer Syenite gegeben. Nachdem einmal die mechanische Gesteinsbearbeitung durch Sägen, Schleifen und Polieren festen Fuß gefaßt hatte, wurden in der Lausitz auch fremde Gesteine, die in rohen Blöcken bezogen werden, weiter verarbeitet, in besonders großen Mengen schwedische Diabase, die unter der Bezeichnung schwarzer, schwedischer Granit vornehmlich zu Grabdenkmälern gesucht werden. Die gleichmäßig tiefschwarze Farbe wirkt durch die feine Politur, die der Stein annimmt, ausgezeichnet, und es heben sich davon die vergoldete Schrift oder sonstige Verzierungen sehr gut ab.

Der technische Betrieb der Granitbrüche beginnt mit der Abtragung der Decke von verwittertem Gesteinsgrus, der übrigens zum Teil als Bausand und Bettung für den Eisenbahnoberbau Verwendung findet. Die Bänke des frischen Gesteins werden durch Eintreiben von Keilen in vorbereitete, reihenweise angeordnete Löcher zerteilt; von der Sprengarbeit wird selten und meistens nur dann Gebrauch gemacht, wenn minderwertiger Stein entfernt werden muß. Die rohen Bruchsteine werden aus dem Steinbruch zu dem in nächster Nähe gelegenen Werkplatze der Steinmetzen befördert. Auch das bei der Bearbeitung abfallende Material wird in den größeren Brüchen sorgfältig gesammelt und je nach der Größe zu Klarschlag oder Pflastersteinen verarbeitet. Die gesamte Granitindustrie der Lausitz beschäftigt etwa 5000 Arbeiter, zu denen noch die 1400 Mann hinzuzuzählen sind, die in den Syenit(Diabas)=Schleifereien und Brüchen Arbeit finden. Der Absatz erstreckt sich außer nach Dresden bis nach Leipzig, Berlin, Hamburg, Hannover, selbst Lübeck; vereinzelte Aufträge werden für alle Teile Deutschlands ausgeführt. Für Norddeutschland erwächst den Lausitzer Graniten leider in den schwedischen Steinen wegen der billigeren Frachten ein bedeutender Konkurrent. Immerhin wurden von den Lausitzer Brüchen außer den bedeutenden Mengen Stein, welche in die Umgegend mittels Geschirr versandt wurden, im Jahre 1894 mehr als 12 600 Doppelwagen mit der Eisenbahn verfrachtet.

Während der Lausitzer Granit auf den Höhen, wie bereits vorher erwähnt worden ist, gewöhnlich zu einem sandigen Schutte verwittert, bildete sich an tiefer und feucht gelegenen Stellen Kaolinthon, dessen Mächtigkeit bis zu 25 m nachgewiesen wurde. Derselbe wird in Schlämmwerkstätten auf Kaolin verwaschen, der nicht nur in der Porzellanfabrikation, sondern auch in der Papierindustrie Verwendung findet; außerdem werden daraus auch Chamottesteine gefertigt. (O. Herrmann, „Zeitschrift für praktische Geologie 1895".)

Eine alte Stätte des Steinbruchbetriebes, die auch durch landschaftliche Schönheit Ruf besitzt, ist der Rochlitzer Berg im Königreich Sachsen, er steigt unmittelbar von der Mulde her bis zu 350 m Seehöhe auf. Die Kuppe des bewaldeten und auf bequemen Wegen zugänglichen Rückens bietet eine herrliche Rundsicht über das Erzgebirge und in die umgebende Ebene.

Additional material from *Bergbau und Hüttenwesen,*
ISBN 978-3-662-30301-6 (978-3-662-30301-6_OSFO4),
is available at http://extras.springer.com

Das Gestein, welches am Rochlitzer Berge bereits seit 8 bis 9 Jahrhunderten als Baustein gewonnen wird, ist ein rötlicher Porphyrtuff und heißt im Handel entweder einfach Rochlitzer Stein, Rochlitzer Porphyr, auch wohl Sandstein. Die leichte Bearbeitbarkeit im bruchfeuchten Zustande, seine Wetterbeständigkeit, in Verbindung mit dem warmen Farbton, haben diesem Baustein bis jetzt ein, allerdings mit den Zeitverhältnissen der Größe nach wechselndes, aber hinreichendes Absatzgebiet erhalten, trotz des starken Wettbewerbes des Sandsteins der Sächsischen Schweiz und in neuerer Zeit der künstlichen Zementsteine.

Den Rochlitzer Porphyr finden wir bereits im 10. Jahrhundert als Baustein an Kirchen und Schlössern, z. B. in Döbeln und Glauchau, am bekanntesten jedoch dürfte seine Verwendung zu Säulen, Portalen und am Altar der aus der zweiten Hälfte des 12. Jahrhunderts stammenden Kapelle des in unmittelbarer Nähe gelegenen Schlosses Wechselburg sein. Heute wird der Rochlitzer Stein nicht nur für die Städte der nächsten Umgebung, sondern auch für Chemnitz und Leipzig, ja sogar bis Berlin, Stettin und Hamburg zum Schmuck von Fassaden, als Thür- und Fenstergewände, ferner zu Treppenstufen bezogen.

Die Brüche befinden sich auf der breiten Kuppe des Berges; da die Oberfläche meistens mit 3—4 m hohem Gesteinsschutt bedeckt ist, und hierdurch eine seitliche Ausdehnung des Bruchbetriebes erschwert wird, so ist die Gewinnung nach der Tiefe zu erfolgt, die Brüche bilden von steilen Wänden umgrenzte Kessel von 20, selbst 50 m Tiefe. Das Gestein ist in hohem Maße kluftfrei, und es erfolgt die Herstellung der Werkstücke daher stroßweise durch das „Ausschroten". Mittels Stahlhaue wird in bestimmter Entfernung vom Stoße, so daß das zu lösende Gesteinsstück die richtigen Abmessungen erhält, eine rinnenartige Vertiefung je nach der zu erreichenden Tiefe von 10—30 cm Breite, „der Schrot", ausgehauen, das Gleiche geschieht an den Enden des Werkstückes. Darauf wird dasselbe an der mit dem festen Gestein noch zusammenhängenden Unterseite dadurch abgetrennt, daß in vorgeschlagene Vertiefungen Reihen von Keilen eingetrieben werden. Die gelösten Steine werden sodann mittels Krane, die unmittelbar an der steilen Bruchwand auf der Oberfläche aufgestellt sind, hochgewunden und in Steinmetzwerkstätten bearbeitet; eine Politur nimmt der Stein nicht an, doch wird die beste Ware mittels Sandstein völlig glatt geschliffen, auch mit Profilierungen versehen.

Außer den bedeutenden Mengen von Steinen, die beständig in die benachbarten Ortschaften verkauft und durch Geschirr befördert werden, gelangten im Jahre 1895 230 Wagenladungen mittels der Eisenbahn zur Verfrachtung auf weitere Entfernungen. Es waren damals acht Steinbrüche mit 130 Arbeitern im Betriebe.

Ähnliche Steinbruchbetriebe finden sich in größerem Umfange bei dem Dorfe Hilbersdorf östlich der Fabrikstadt Chemnitz; hier lagert ebenfalls ein Porphyrtuff des Rotliegenden, doch steht er an Güte dem Rochlitzer Stein nach. (Dr. O. Herrmann, „Zeitschrift für praktische Geologie 1896", S. 442.)

Zu denjenigen Gesteinen, welche vorwiegend zum Schmuck von Innenräumen und zur Anfertigung kleinerer Bedarfs- und Kunstgegenstände geschätzt werden, gehört der Serpentin; er besteht in der Hauptsache aus wasserhaltigem Magnesiasilikat. Nach der heutigen Annahme ist der Serpentin kein ursprüngliches Gestein, sondern eine Umbildung aus Olivin-, Amphibol- und Pyroxengesteinen, es umschließt denn auch die dichte Grundmasse häufig noch Reste der genannten und auch anderer Mineralien, so z. B. den Pyrop genannten kirschroten Granat und Magneteisenerz. Die Farbe des Serpentins ist meistens ein Graugrün, seltener Braun, mit dunkleren Flammen (unregelmäßige und nicht scharf begrenzte Flecken) und Adern, er läßt sich mit Stahlwerkzeugen besonders im bruchfeuchten Zustande leicht bearbeiten und auch drechseln, zudem nimmt er eine schöne und bleibende Politur an.

Der Hauptort für die Herstellung von Serpentinwaren ist Zöblitz in Sachsen, nur vorübergehend hat Waldheim Serpentin verarbeitet, und auch Epinal in den Vogesen hat in dieser Hinsicht nie die Bedeutung von Zöblitz erlangt. Hier wurde der Serpentin, welcher in einem Lager von etwa 3 km Längenerstreckung und etwa 20 m Mächtigkeit im Gneis auftritt, bereits in der zweiten Hälfte des 15. Jahrhunderts allerdings zunächst in kleinem Maße lediglich aus freier Hand verarbeitet. Erst die Einführung der Dreh=bank im Anfange des 16. Jahrhunderts und die umfänglichere Herstellung von Löffeln, Bechern, Kugeln und Wärmsteinen — eines Gegenstandes, der noch bis heute für die Serpentinindustrie von Bedeutung ist — belebte den Absatz. Unter Kurfürst August von Sachsen (1553—86) und noch mehr unter seinem prachtliebenden Sohne Christian I. wurde auch viel Serpentin zu Platten als Wandverkleidung und Fußbodenbelag, nament=lich in Verbindung mit weißem Marmor, zu größeren Prunkgefäßen, Tischplatten, Säulen und dergleichen verwendet und dadurch der Handel mit Serpentinwaren außerordentlich gehoben. In Zöblitz hatte sich eine Innung der Serpentindrechsler gebildet, ein kurfürst=licher Serpentininspektor stand derselben vor, und der größere Teil der Bevölkerung be=schäftigte sich mit Herstellung und Verkauf der Serpentinwaren.

Im Laufe des 17. Jahrhunderts jedoch trat teils durch die Zeitverhältnisse, dann aber auch durch Überproduktion, durch Mangel an Anregung von außen her und durch die infolge der Abschließung eintretende Stockung im Innungsleben ein Verfall der Industrie ein, der erst gegen Ende des 17. Jahrhunderts gehoben wurde, als in der Herstellung von Tabaksbüchsen und =Dosen, von Thee= und Kaffeekannen, von Leuchtern, Mörsern und dergleichen neue Absatzgebiete geschaffen wurden. Dazu kam die stärkere Verwendung des Serpentins als Baumaterial bei den Bauten des Kurfürsten August des Starken von Sachsen und seines Nachfolgers, z. B. in der katholischen Hofkirche zu Dresden, die 1739 begonnen wurde.

Dann aber trat im Laufe der zweiten Hälfte des 18. Jahrhunderts abermals und zwar ein sehr bedeutender Rückgang ein, der durch den Siebenjährigen Krieg eingeleitet und durch den Wettbewerb des Porzellans mit seinen gefälligen Formen verstärkt wurde. Zeiten besseren Geschäftsganges traten nur selten ein und waren von kurzer Dauer. Endlich fand dann im Jahre 1860 die letzte Umwandlung der Serpentinindustrie statt; an Stelle der Innung, die sich als unhaltbar erwies, trat eine Aktiengesellschaft, sie über=nahm die sämtlichen Brüche. Aber auch diese hat mit Zeiten schlechten Geschäftsganges zu kämpfen gehabt. Seitdem wechselt die Herstellung der verschiedenen Erzeugnisse außer=ordentlich, sie muß sich den Ansprüchen der Mode und den Bedürfnissen der Industrie anpassen. Bald waren es Platten zu Grabsteinen, bald Mosaikplatten zu Tischen, dann in neuerer Zeit Aschenurnen, auch Isolatoren für elektrische Zwecke, welche den Absatz begünstigten, auch die Hinzufügung von Bronzebeschlägen an Vasen und Schalen zur Hebung der düsteren Farbe des Serpentins hatte Erfolge zu verzeichnen. In den letzten Jahrzehnten wurden durchschnittlich etwa 150 Arbeiter beschäftigt, außer einer Wasser=kraft von 10—12 Pferdekräften steht eine Dampfmaschine von 20 Pferdestärken für die Fabrik zur Verfügung. (Heinrich Gebauer, „Die Volkswirtschaft im Königreiche Sachsen" II. Band S. 67. Dresden 1893.)

Die Phosphate haben in den letzten Jahrzehnten für die Landwirtschaft als Düngemittel außerordentliche Bedeutung erlangt. Von den natürlichen Verbindungen sind in dieser Beziehung die wichtigsten der Apatit, der Phosphorit, der Guano und das Guanophosphat. Der phosphorsaure Kalk dieser Verbindungen ist in Wasser unlöslich, man verwandelt daher den natürlichen phosphorsauren Kalk durch Behandlung mit Schwefelsäure in Superphosphate, welche in Wasser leicht löslich sind und trotz ihres sehr viel höheren Preises von der Landwirtschaft bevorzugt werden.

Seit Einführung des Thomas=Gilchrist=Verfahrens zur Verhüttung phosphathaltiger Eisenerze ist die gemahlene Thomasschlacke mit den Superphosphaten in starken Wett=bewerb getreten, und es werden zur Zeit in Deutschland etwa gleiche Mengen von Super=phosphat und Thomasschlacke verwendet, während der Verbrauch von natürlichen (nicht aufgeschlossenen) Phosphaten beständig im Abnehmen begriffen ist.

Der Apatit ist ein chlor= und fluorhaltiges Kalkphosphat, welches meistens in weißen oder licht gelblich gefärbten sechsseitigen Säulen krystallisiert. Er kommt z. B. im süd=lichen Norwegen und in der spanischen Provinz Estremadura in mächtigen Gängen vor und wird dort bergmännisch gewonnen. Den dichten, erdigen, feinfaserigen Apatit, der häufig durch kohlensauren Kalk, Thonerde und Eisenoxyde verunreinigt ist und dadurch gelblichbraune Farbe erhält, nennt man Phosphorit, er tritt entweder in Lagern im Kalkstein oder in Knollen im jüngeren Gebirge auf. Von besonderer volkswirtschaftlicher Wichtigkeit sind die Vorkommen im Nassauischen und auf der Halbinsel Florida. Hier kommt er außer in unregelmäßigen Lagern (rock-fosfate) auch als Seifen in den Flußläufen vor (river-fosfate) und wird durch Baggern gewonnen.

Der Guano ist ein Gemenge von phosphorsaurem Kalk mit stickstoffreichen Verbindungen, in den letzteren besteht sein hervorragender Wert als Düngemittel. In regenlosen Gegenden bedeckt der Guano große Flächen an den Meeresküsten und auf Inseln, er besteht aus den Resten der Nahrung und aus den Exkrementen der Seevögel. Die bekanntesten Fundorte sind diejenigen an den Küsten Perus und auf den vorgelagerten Eilanden, woselbst bis zu 10 m mächtige Ablagerungen vorkommen, die jedoch zur Zeit zum größten Teile abgebaut sind, außerdem findet sich Guano auf australischen Inseln. Die Einfuhr nach Europa hat zeitweise die Höhe von jährlich 200 000 t erreicht. Peruanischer Guano hat eine mittlere Zusammensetzung von $10-20\%$ Wasser, $55-65\%$ Ammoniaksalze, $17-19\%$ Stickstoff, $7-12\%$ Phosphorsäure, $3-10\%$ Alkalisalze und $22-35\%$ Asche.

In solchen Gegenden, in denen atmosphärische Niederschläge fallen, werden die löslichen Bestandteile des Guanos zum größten Teile wieder fortgeführt, und es bleibt das in der Hauptsache aus phosphorsaurem Kalk bestehende Guanophosphat übrig, welches als Rohmaterial für die Herstellung von Superphosphaten dient, jedoch dem eigentlichen Guano an Wert erheblich nachsteht. Die wichtigsten Gewinnungspunkte sind gewisse Inselgruppen des Stillen Ozeans und das Lager von Mejillones an der Küste Perus.

Der Gips gehört zu denjenigen Gesteinen, die eine einheitliche Zusammensetzung haben, er besteht aus schwefelsaurem Kalk mit 21% Wasser und bildet im geschichteten Gebirge, in der Zechsteinformation z. B. am Südrande des Harzes, im Muschelkalk und Keuper in Thüringen, auch im älteren Tertiär (Montmartre bei Paris) große stockförmige Massen. Die Farbe ist weiß, ins Graue und Rötliche, die krystallisierten, durchsichtigen und gut in Platten spaltbaren Massen nennt man Gipsspat, Frauen= oder Marienglas, auch faserige Massen (Fasergips) kommen vor, doch ist der Gips meistens fein= bis grobkörnig. Der rein weiße wird unter der Bezeichnung Alabaster besonders in Italien zu kleinen Kunstgegenständen verarbeitet, die eine schöne Politur annehmen, aber wegen der geringen Härte leicht unansehnlich werden. Letztere und der Umstand, daß Gips mit Säuren nicht braust, ist das einfachste Unterscheidungsmerkmal von Kalkstein. Da Gips leicht in Wasser löslich ist, bei gewöhnlicher Temperatur 1 Teil in 420 Teilen Wasser, so findet er sich fast überall in geringen Mengen im Wasser gelöst und wird dort, wo die Sickerwässer seine natürlichen Ablagerungen erreichen, langsam aber beständig gelöst; so entstehen die Gipshöhlen oder Gipsschlotten, die z. B. am Süd= und Ostrande des Harzes bekannt sind und durch den Mansfelder Kupferschieferbergbau, wie bei seiner Schilderung bereits erwähnt, in großer Erstreckung aufgeschlossen werden. Auch Zusammenbrüche solcher Höhlen und in der Folge entstandene Erdfälle (trichterförmige Einstürze) sind mehrfach nachgewiesen.

Gips wird seltener, so in der Gegend von Paris, als Baustein benutzt; wesentlich wichtiger ist seine technische Verwendung als gebrannter Gips, im Handel auch Gipskalk genannt. Beim Brennen, das in besonders konstruierten Öfen bei einer Temperatur von $90-100°$ vorgenommen wird, verliert der Gips etwas mehr als die Hälfte seines Wassergehaltes. Der so gebrannte, fein gemahlene und gesiebte Gips hat die Eigenschaft, mit wenig Wasser zu Brei angerührt, schnell zu erhärten, dabei wird das Volumen etwas vergrößert, aber nur wenig Wärme entwickelt. Wird der Gips erheblich höher, etwa bis $200°$, erhitzt, so verliert er seine schnell bindende Eigenschaft, er ist totgebrannt, jedoch bindet er, wenn man das Brennen noch weiter und zwar bis zu einer Temperatur von $400°$ fortsetzt, mit Wasser sehr langsam zu einer äußerst harten Masse ab (Mauergips).

Die Verwendung des Gipses zu Mörtel ist sehr alt; so ist z. B. die Cheops-Pyramide damit aufgeführt; auch heute noch wird Gips vielfach im Inneren von Gebäuden verwendet als Stuck, als Deckenputz, zu Gipsdielen, zu Estrich und Beton. Die Anwendung zum Formen und Gießen ist ganz außerordentlich verbreitet, ebenso diejenige als landwirtschaftliches Düngemittel.

Die härteren der mineralischen Schleifmittel gehören in die Klasse der Edelsteine und sind im letzten Abschnitte behandelt worden; besonders werden Diamant und Korund — in den unreinen Abänderungen Bort und Schmirgel genannt — und auch Granat verwendet. Der so überaus häufige Quarz dient ebenfalls als Schleifmittel.

Zum Glätten und Polieren weicherer Stoffe wird der natürliche Bimsstein benutzt; geologisch ist er ein Produkt vulkanischer Thätigkeit und zwar eine glasige Lava, die wegen eines sehr hohen Gasgehaltes porös, feinblasig, fast schaumig erstarrt ist. Das spezifische Gewicht beträgt infolge der vielen Hohlräume nur 0,9 und sinkt selbst bis 0,4, so daß Bimsstein auf dem Wasser schwimmt. Der bedeutendste Fundort sind die Liparischen Inseln, die aus typischen Vulkanen bestehen und im Stromboli einen z. B. beständig thätigen Vulkan aufweisen, sie liegen nordöstlich von Sizilien etwa auf der Verbindungslinie zwischen Ätna und Vesuv. Auf der Hauptinsel Lipari werden in sehr einfacher Weise jährlich mehr als 5000 t Bimsstein gewonnen, man gräbt in die Hänge der Berge (Monte Chirica, Monte Pelato und Campo Bianco) offene Gruben und stollenartige Löcher und liest, solange der Boden standfest bleibt, aus dem vulkanischen Material den Bimsstein aus. Die Preise sind nach der Feinheit und Gleichmäßigkeit des Kornes sehr verschieden und steigen von 10 Lire bis zu 900 Lire (1 Lire ist gleich 80 Pfg.) für die Tonne; die allerfeinsten Sorten sollen noch wesentlich höhere Preise erzielen. Der Bimsstein wird von Lipari überall hin ausgeführt und zum Abschleifen von Metall, Holz, weicheren Gesteinsarten u. s. w. verwendet. Aus dem gepulverten, dann gesiebten und geschlämmten Steine wird Bimssteinpapier und -Leinwand gefertigt. Neuerdings wird auch am Pic von Teneriffa Bimsstein gewonnen. In industriereichen Gegenden wie am Niederrhein wird grober Bimsstein auch als Baustein verwendet.

Die Bimssteinsande und -Tuffe der Eifel, namentlich der Umgebung des Laacher Sees, werden dort Traß genannt und dienen mit Kalk gemengt zur Herstellung künstlicher Bausteine, der sogenannten Schwemmsteine, auch bilden sie ein gutes Material für Zemente. In letzterer Beziehung haben auch die schon von den Römern und Griechen benutzten Ablagerungen bei Puzzuoli und Neapel, welche von dem ersteren Orte den Namen Puzzolane erhielten, bedeutenden Ruf. Es sind dort sehr ausgedehnte unterirdische Steinbrüche entstanden, und das wertvolle Erzeugnis wurde auf Seeschiffen weithin verfrachtet.

Kurz möge noch der Mühlsteinlava von Niedermendig am Laacher See gedacht werden. Dort bildet festere vulkanische Lava unter dem Traß weithin sich erstreckende Decken, die in ihrem tiefergelegenen Teile bei blasiger Struktur eine dicksäulige Absonderung zeigen. Schon in vorgeschichtlicher Zeit wurde dieses Gestein zu Mühlsteinen verwendet, wozu es besonders geeignet ist, da es sich bei der Gewinnung leicht bearbeiten läßt, später aber bei Zutritt der Luft außerordentlich hart wird, außerdem schleifen sich die Steine nicht glatt, sie bleiben rauh und sind deshalb besonders geschätzt. Der Betrieb findet von kleinen Schächten aus unterirdisch statt, es werden entweder ganze Mühlsteine gewonnen, oder dieselben werden aus einem Mittelstück und 6 oder 8 Randstücken zusammengesetzt und dann mittels eiserner Reifen umbunden.

Die Infusorienerde, auch Bergmehl, Kieselguhr genannt, besteht aus den Kieselpanzern sehr kleiner Lebewesen, Diatomeen, sie bildet ausgedehnte Lager von zum Teil vielen Metern Mächtigkeit; bald ist sie ganz locker, sandig, bald fester, ähnlich wie die Kreide. Die Farbe reiner Infusorienerde ist weiß, durch mehr oder weniger Beimengung von Thonerde geht sie ins Gelbliche oder in Grau über. Es sind namentlich zwei Eigenschaften, welche die Infusorienerde für die Technik wertvoll machen, und zwar die außerordentlich hohe Aufsaugefähigkeit (z. B. nimmt sie bis zum fünffachen ihres Eigengewichtes im trockenen Zustande an Wasser auf) und ihr schlechtes Wärmeleitungsvermögen, welches durch die Porosität bedingt ist. Dazu kommt, daß die Infusorienerde chemisch sehr indifferent und völlig unverbrennbar ist. Die bekannteren Ablagerungen befinden sich bei Oberohe im südlichen Teil der Lüneburger Heide, in der Nähe des Laacher Sees, im Vogelsgebirge u. s. w. In manchen Hafenorten ist beobachtet worden, daß noch jetzt die Bildung und Anhäufung derartiger mikroskopischer Organismen mit Kieselpanzern stattfindet. Die Aufsaugefähigkeit der Infusorienerde wird z. B. benutzt, um den flüssigen Sprengstoff Nitroglycerin in einen festen plastischen, das Guhrdynamit, zu verwandeln, als Wärmeschutzmasse zur Umhüllung von Dampfleitungen und Dampfkesseln begegnen wir der Kieselguhr vielfach auch im Bergbau, die sonstige Anwendung in der Technik ist außerordentlich vielseitig, z. B. als Filtriermaterial, zur Verpackung gefährlicher Flüssigkeiten wie scharfer Säuren beim Transporte; das Schutz= mittel gegen die Phylloxera (Reblaus) der Weinreben besteht aus Infusorienerde getränkt mit Schwefelwasserstoff. Aus geschlämmter Kieselguhr wird auch ein vorzügliches Putz= mittel für feine Metallgegenstände hergestellt. Und so ließen sich noch viele Beispiele für die Verwendung der Infusorienerde anführen.

Der Glimmer, welcher als gesteinbildendes Mineral sehr verbreitet ist, kommt ebenfalls für viele Gewerbe als Material in Betracht und zwar in zwei Formen, ge= pulvert und in Platten. Die letzteren sind das wertvollste Produkt, denn das Kilogramm wird je nach der Größe der Platten mit 10—100 Mark am Produktionsorte bezahlt, es sind daher diejenigen Vorkommen die wertvollsten, wo der Glimmer in großen Krystallen auftritt, die sich leicht spalten lassen. In den kanadischen Gruben hat man einen Krystall von 140 kg Gewicht gefunden, der für 10 000 Mark Glimmer in Platten lieferte.

Es sind neben der Durchsichtigkeit, welche für manche Zwecke wesentlich ist, die außer= ordentlich gute Spaltbarkeit, die Biegsamkeit, die Widerstandsfähigkeit gegen Wasser und hohe Wärmegrade und endlich seine Eigenschaft, die Elektrizität nicht zu leiten, welche den Glimmer zu einer wertvollen Handelsware machen.

Als Produktionsländer kommen namentlich die Vereinigten Staaten von Nord= amerika und zwar Nord=Carolina und New=Hampshire, ferner Kanada (Provinz Quebec) und Ostindien in Betracht, kleinere Mengen liefern auch Norwegen und Sibirien. Es werden vorwiegend der fast weiße Kaliglimmer oder Muscovit, der gelbliche Magnesia= glimmer oder Phlogopit, seltener der dunkle Magnesiaeisenglimmer oder Biotit verwendet. Die großen Glimmerkrystalle kommen in grobkrystallinischen Granuliten und Graniten (Pegmatit oder Riesengranit) vor, die gangförmig in anderen Gesteinen auftreten; die Glimmergruben in Kanada haben bereits 60 m, diejenigen Nord=Carolinas bis 120 m Tiefe erreicht. Das Gestein wird unter thunlichster Schonung der Glimmerkrystalle durch Schießarbeit gewonnen, der ausgelesene Glimmer wird gefördert, über Tage gespalten und mittels feststehenden Scheren nach Schablonen geschnitten, die feinsten Glimmerblätter haben gewöhnlich 0,25 mm, bisweilen nur 0,025 mm Dicke. Auf diese Weise können dem Gewichte nach von der gesamten Förderung nur etwa 5—10% verwendet werden, das übrige ist Abfall und kommt neuerdings als gemahlener Glimmer in den Handel. Die Zerkleinerung ist wegen der Zähigkeit des Materials äußerst schwierig und findet auf Steinmühlen unter Wasserzufluß statt. Der gepulverte Glimmer kostet 40—50 Pfennige das Kilogramm und wird als Streusand, als Zusatz zu Schmiermitteln für stark be= anspruchte Lager und als Beimengung zu Isoliermasse für elektrische Zwecke verwendet, auch zu Verzierungen z. B. auf künstlichen Blumen, als glänzender Haarpuder kommt er in den Handel, ferner verbraucht die Papierindustrie große Mengen und zwar das gröbere Korn zur Herstellung flimmernden, das feinste Korn zu atlas= und metallglänzenden Papieren. Die Glimmerplatten dienen zum Verschluß der Schaulöcher in metallurgi= schen Öfen, als Einsätze für Stubenöfen, ferner an Stelle von Glas zum Verschluß von Laternen, zu Lampencylindern und zu den bekannten Rußfängern über den Lampen. In neuester Zeit ist der Verbrauch an feinen Glimmerplatten zur Isolation in der Elektro= technik in stetem Wachsen begriffen.

Die Vereinigten Staaten von Nordamerika erzeugten im Jahre 1894 5000 kg Glimmer in Platten zum durchschnittlichen Preise von 2 Dollar 20 Cent und außerdem

400 000 kg gepulverten Glimmer und Glimmerabfälle zum durchschnittlichen Preise von 85 Cent. Kanada exportierte im Jahre 1892 für 150 000 Dollar Glimmer.

Ähnliche Eigenschaften, wie diejenigen des Glimmers sind es, die den Asbest zu einem geschätzten Minerale gemacht haben; er läßt sich in sehr feine, der Wolle und Baumwolle ähnliche Fasern zerteilen, ist (wenigstens zum Teil, s. w. u.) säurebeständig, auch unverbrennbar, doch leidet die Weichheit der Faser durch zu hohe Wärme, Asbest wird dadurch spröd und läßt sich dann leicht pulvern, auch in dieser Form wird er für gewisse Zwecke verwendet. Schon im alten Rom waren bei der Verbrennung vornehmer Personen Leichentücher von Asbest (linum vivum) in Gebrauch, welche die Asche der Toten zusammenhielten.

Unter dem Namen Asbest kommen zwei verschiedene Mineralien in den Handel, nämlich Amiant oder Hornblendeasbest, derselbe gehört zu den wasserfreien Silikaten, ist säurebeständig und wird namentlich in Sondrio in Oberitalien und im Gasteiner Thale bei Lendgastein gewonnen, die zweite, wasserhaltige Verbindung heißt Chrysotil oder Serpentinasbest, er ist nicht säurebeständig, zeichnet sich aber durch große Elastizität der Faser aus, der Hauptfundort ist Montreal in Kanada, woselbst die Produktion bis 10 000 t jährlich betragen hat, die Preise schwanken außerordentlich, nicht nur nach An= gebot und Bedarf, sondern namentlich nach der Länge und Zartheit der Fasern, unter denen wieder die rein weißen am wertvollsten sind. Im Jahre 1893 kostete 1 t bester Asbest, rein weiße bis 15 und 30 cm lange Faser, 500 Mk.; doch ergibt sich von dieser Güte nur etwa 1,5 % der ganzen Masse, übrigens müssen im Durchschnitt 100 t Gestein durch Steinbruchbetrieb gewonnen werden, um 1 t verarbeitbaren Asbest zu erhalten, da derselbe nur in schwachen Lagen und wenig mächtigen Gängen im Hornblendeschiefer und Serpentin vorkommt.

Langfaseriger und kurzfaseriger Asbest wird getrennt verarbeitet, der erstere wird auf Rollquetschen zerdrückt und dann auf einem Siebe mit Öffnungen von 2 qcm Größe gesiebt, hierbei bleibt die zum Verspinnen geeignete Faser auf dem Siebe, der Durchfall wird zur Herstellung von Asbestpappen (Milboards genannt) verwendet. Kurzfaseriger Asbest wird unter leichten Pochwerken (vergl. den Abschnitt über Erzaufbereitung) zerkleinert, in geneigten Gerinnen setzen sich die Fasern ab, während der Asbestschlamm in Absatzkästen gesammelt wird, etwa vorhandene Gesteinsteile bleiben im Pochwerk zurück und werden von Zeit zu Zeit ausgehoben. Die Asbestfasern machen auf Vorkrempelmaschine, Karden= walze und Finisher (Endiger) eine ähnliche Verarbeitung durch wie die Wolle und Baumwolle und werden dann auf Spinnmaschinen zu Garn versponnen und auf Seil= maschinen zu Litzen und Seilen zusammengeschlagen. Aus den feinsten Fasern hat man versuchsweise feine Gewebe, ja sogar Spitzen hergestellt. Der Asbestschlamm und die kurzen Fasern werden auf Maschinen, die denen zur Pappefabrikation sehr ähnlich sind, gewöhnlich unter Zusatz von Wasserglas zu Asbestpappen verarbeitet. Nach dem Abnehmen der Bogen und Pappen werden dieselben, unter Zwischenlegen von feinem Messingdrahtnetz, einige Stunden sehr hohem Druck ausgesetzt und dann in besonderen Trockenkammern getrocknet; je nach dem angewendeten Druck und der Menge des zugesetzten Wasserglases klingen die Milboards wie Pappen oder wie Metallplatten, sie werden namentlich zu Dichtungsringen verwendet. Asbeststoffe werden zu Theaterdekorationen, auch zu Anzügen für Arbeiter, die hohen Wärmegraden ausgesetzt sind, benutzt, Hornblendeasbest dient wegen seiner Säurebeständigkeit zu chemischen Filtern. Da Asbest die Wärme schlecht leitet und unverbrennlich ist, wird er zu Isoliermassen und Anstrichfarben verarbeitet und da auch seine Leitungsfähigkeit für Elektrizität eine schlechte ist, vielfach zu elektrischen Isolierungen verwendet. In der neuesten Zeit sind die Asbestpreise, wohl infolge der Ent= deckung reicher Lagerstätten auf der Insel Neufundland, sehr gefallen, so daß 1 kg Asbestpappe (das ist z. B. das Gewicht einer 1 mm starken Platte von 1 qm Größe) im Großverkauf nur noch 30 Pfg. kostet.

Für die Porzellanindustrie wird Feldspat, sowohl der Natronfeldspat als auch die leichtflüssigeren Kalifeldspäte, in großen Mengen verwendet. So produzieren die Vereinigten Staaten von Nordamerika, besonders zu Trenton, New=Jersey und zu

East Liverpool, Ohio, ferner Norwegen und Böhmen erhebliche Mengen, der Preis schwankt am Erzeugungsorte zwischen 10 und 20 Mk. für die Tonne. Die in den Riesengraniten vorkommenden Feldspatausscheidungen werden meistens steinbruchartig gewonnen, doch findet in Nordamerika auch der bergmännische Abbau von Riesengranitgängen statt, wobei Feldspat, Quarz, Glimmer und außerdem noch der miteinbrechende Korund vielfache Verwendung finden.

Ein anderes in selbständigen Lagern vorkommendes Mineral, der Magnesit, kohlensaure Magnesia, wird zur Zeit in der Industrie mehrfach verwendet und in größeren Mengen gewonnen, so bei Frankenstein in Schlesien, Krubschitz in Mähren, an mehreren Orten in Steiermark, zu Snarum in Norwegen. Die Magnesia (Magnesiumoxyd), welche aus dem Magnesit durch Brennen erhalten wird, ist äußerst feuerbeständig, sie schmilzt nur im Knallgasgebläse und wird daher zu feuerfesten Schmelztiegeln und Ziegeln, als sogenanntes basisches Futter bei vielen Schmelzprozessen, namentlich bei dem für die Eisenindustrie so wichtigen Gilchrist-Thomas-Verfahren zur Entphosphorung des Eisens verwendet. Der Magnesit dient ferner, ebenso wie die auf den Kalisalzlagerstätten mit vorkommenden Magnesiumsalze, als Rohmaterial für die Darstellung der Magnesiumverbindungen und des metallischen Magnesiums.

In der kleinen Gruppe derjenigen Mineralien, die auf echten Mineralgängen vorkommen und, ohne zu den Erzen zu gehören, in ziemlich großen Mengen abgebaut werden, gehören der Schwerspat oder der Baryt, der Flußspat oder der Fluorit und der Strontianit.

Der Schwerspat, chemisch schwefelsaurer Baryt, ist in reinem Zustande durchsichtig oder schneeweiß, er krystallisiert häufig in rhombischen Tafeln und hat den Namen von dem hohen spezifischen Gewichte, welches etwas über 4 beträgt. Er kommt an vielen Orten in bis zu 3,0 m mächtigen Gängen vor, so bei Brückenau in der Rhön, bei Saalfeld, Sangerhausen und Schweina in Thüringen, in Frankreich im Departement Ariège am Nordabhang der Pyrenäen, in den Staaten Virginia und Missouri der Vereinigten Staaten von Nordamerika, die Produktion beträgt hier 20—30000 t jährlich zum Preise von 16—20 Mark. Bei Fleurus in Belgien wird ein 10 m mächtiges Lager von Schwerspat abgebaut; auch im Thonschiefergebirge Westfalens bildet er Lager von zum Teil mehr als 30 m Mächtigkeit.

Man könnte, wenn man an die früheren Zeiten denkt, den Schwerspat fast ein übel beleumundetes Mineral nennen, denn es soll Zeiten gegeben haben — unsere Nahrungsmittel-Chemie und die behördliche Aufsicht über die Verfälschung der Nahrungsmittel befanden sich damals noch in ihren Anfängen — als man gemahlenen Schwerspat dem Mehle zur Beschwerung zusetzte. Diese Zustände sind für Deutschland sicherlich vorüber, und die bedeutenden Mengen an Schwerspat, die heute gewonnen werden, dienen gemahlen und geschlämmt unter dem Namen „Permanentweiß" oder „Blanc fixe" als gesuchte weiße Farbe, die vielen Einflüssen gegenüber unveränderlicher ist als Bleiweiß; sie wird zum Beispiel in der Papier- und Glanzpappenindustrie vielfach verwendet. Schwerspatpulver wird auch und zwar in sehr hohen Prozentsätzen dem künstlichen Ultramarin beigemischt, das ohne diesen Zusatz nicht blau, sondern schwarz erscheinen würde.

In der chemischen Industrie bildet das aus Schwerspat hergestellte Baryumchlorid, das als Reagens auf Schwefelsäure bekannt ist, den Ausgangspunkt für die Herstellung einer Anzahl von Baryumverbindungen, von denen die folgenden die interessantesten und wichtigsten sein dürften: Der Bologneser Leuchtstein ist Baryumsulfuret und besitzt die auffallende Eigenschaft, nach starker Belichtung im Sonnenlichte einige Zeit im Dunklen mit gelblichem Lichte zu leuchten, zuweilen wird diese Verbindung als sogenannte Leuchtfarbe zum Anstrich verwendet. Baryumnitrat färbt die Flamme grün und wird daher in der Feuerwerkerei als Grünfeuer benutzt. Das Baryumsuperoxyd dient zur Sauerstoffgewinnung aus der atmosphärischen Luft und als Rohstoff für die Darstellung des als Bleichmittel wichtigen Wasserstoffsuperoxydes. Barytgelb und Barytgrün sind als Mineralfarben geschätzt.

Flußspat oder Fluorit besteht aus Fluorcalcium und ist überhaupt das häufigste fluorhaltige Mineral; er kommt in schönen Krystallen meistens in Würfelform vor, dagegen spaltet er nach den Oktaederflächen. Die Farbe ist zuweilen weiß, doch ist auch gelber, grüner und blauer Flußspat häufig, sind die Farben satt und die Stücke durchsichtig, so wird er wohl auch als Schmuckstein verschliffen (s. den Abschnitt Edel= und Schmucksteine). Flußspat kommt auf Mineralgängen mit anderen Mineralien und Erzen vergesellschaftet vor, er bildet aber auch selbständige zum Teil sehr mächtige Gänge, so z. B. bei Neudorf am Harz und bei Schönbrunn in Sachsen. An beiden Orten wird Flußspat bergmännisch gewonnen; er dient als Rohmaterial für die Darstellung der Flußsäure, deren ätzende Eigenschaft bekannt ist, und ihrer künstlichen chemischen Verbindungen, ferner ist Fluß= spat leicht schmelzbar und wird — daher auch sein Name — als Flußmittel bei manchen hüttenmännischen Prozessen verwendet, bei denen schwerflüssige Erze zu verarbeiten sind. Der Preis für 1000 kg schwankt je nach der Reinheit zwischen 100 und 150 Mark.

Der Strontianit, benannt nach seinem zuerst bekannt gewordenen Vorkommen auf Bleierzgängen bei Strontian in Schottland, besteht aus kohlensaurer Strontianerde. Er ist zwar auf einzelnen Erzgängen als seltene Gangart bekannt, kommt jedoch in größeren Mengen nur in einer Gegend vor, nämlich in den Kreideschichten zwischen Hamm und Münster, und zwar auf unregelmäßig entwickelten Gängen als stengeliges Mineral zusammen mit Kalkspat. Früher diente er, da Strontiansalze die Flamme schön rot färben, neben dem auch nicht häufigen Cölestin (schwefelsaure Strontianerde) fast nur für die Feuerwerkerei und wurde in Westfalen lediglich durch Kleinbetrieb gewonnen. Erst als nach 1871 das Verfahren der Zuckergewinnung aus der Melasse fabrikmäßig eingeführt wurde, erhielt auch die Strontianitgewinnung größere Bedeutung, so daß man seit dieser Zeit zu regelmäßigem Bergbaubetrieb übergegangen ist. In den achtziger Jahren wurde etwa mit 1200 Arbeitern gearbeitet, und die jährliche Produktion hat etwa 30000 Doppel= zentner zum Preise von ungefähr 20 Mk. betragen. In neuerer Zeit hat jedoch ein Rückgang in der Produktion durch den Import englischen und sizilianischen Cölestins stattgefunden. Letzterer wird zusammen mit dem Schwefel gewonnen.

In der Farbenindustrie spielen neben den künstlich hergestellten auch natürliche Mineralverbindungen (Erdfarben, Farberden) eine bedeutende Rolle, sie müssen sämtlich durch Mahlen, Sieben und Schlämmen, zum Teil auch durch Glühen zur Benutzung vorbereitet werden.

Die wichtigsten hier in Frage kommenden mineralischen Rohstoffe sind die folgenden: Weiße Erdfarben liefern die Kreide, weiße Thone, die Talkerde, welche aus kiesel= saurer Magnesia besteht, und der weiter oben schon besprochene Schwerspat. Gelbe Farben geben die Ocker, die vorwiegend Eisenoxydhydrat sind und in gelben Thon übergehen, einer der bekanntesten dieser Ocker führt nach dem Fundorte den Namen Amberger Gelb. Durch Glühen gehen viele dieser gelben Verbindungen in gelbrote und rotbraune über. Das thonige Eisenoxyd, mineralogisch Bolus, im Handel Caput mortuum genannt, gibt die bekannte blutrote Farbe. Besonders häufig sind braune Farberden. Zu den gebräuchlichsten gehören Terra di Siena und Umbra, auch kölnische Umbra oder Kasselerbraun. Sie bestehen aus Eisenoxyd und Eisenoxydhydrat, häufig mit kieselsauren Eisenverbindungen und Thon gemengt, auch erdige Braunkohle wird verwendet. Von den grünen Erdfarben bestehen die stumpferen Töne aus Eisenoxydul= verbindungen; das wasserhaltige kohlensaure Kupferoxyd liefert als Malachit die schönsten Farbtöne, darunter Smaragdgrün, auch Kupfergrün genannt. Auch die wichtigste natür= liche blaue Mineralfarbe, Kupferlasur oder Kupferblau ist ein Karbonat des Kupfers, während der Vivianit oder Eisenblau aus phosphorsaurem Eisenoxyd besteht. Der in der Ölmalerei früher sehr geschätzte Lasurstein (lapis lazuli, ein Silikat des Natrons und der Thonerde) kommt der großen Seltenheit und des hohen Preises wegen nur wenig in Betracht. Schwarze Farben werden aus Graphit und schwarzem Thon= schiefer hergestellt.

Edelsteine und Schmucksteine.

Vorkommen, Eigenschaften und Verwendung.

Die Mineralien, deren Gewinnung bis jetzt besprochen und an einzelnen Beispielen erläutert worden ist, sind wegen ihrer chemischen Zusammensetzung oder ihrer physikalischen Eigenschaften für Gewerbe und Industrie unentbehrlich, es ist der materielle Wert fast ausschließlich, der bei ihnen in Frage kommt, auch bietet uns die Natur diese Stoffe in verhältnismäßig großen Mengen und an vielen Orten dar. Das schließt natürlich nicht aus, daß einzelne Stücke, welche sich durch besonders schöne Farbe, Regelmäßigkeit oder Größe der Krystallform auszeichnen, oder deren Vorkommen an und für sich ein äußerst seltenes ist, für Mineraliensammler Liebhaberwert — also ideellen Wert haben. Und wer einmal eine gut aufgestellte Mineraliensammlung besichtigt hat, wird zugeben müssen, daß die Mineralien an Schönheit und Mannigfaltigkeit der Form und der Farben der Tier- und Pflanzenwelt nicht nachstehen, und daß sie eine Eigenschaft besitzen, die nur wenigen anderen Stoffen, z. B. den Konchylien, in gleichem Maße zukommt, die fast unbegrenzte Dauer. Dies ist ein wesentlicher Grund, weshalb sich auch in Kreisen von Nichtfachleuten so viele Liebhaber des Mineralreiches finden. Eine Mineraliensammlung braucht zu ihrer guten Erhaltung nur eine trockene und staubfreie Aufbewahrung.

Die Edelsteine und Schmucksteine, wenn auch letztere nur in zweiter Linie, nehmen im Reiche der unorganischen Welt dadurch eine bevorzugte Stelle ein, daß ihr Wert ganz allgemein nach den Gesetzen der Schönheit und Seltenheit beurteilt wird, freilich redet hierbei die launige Herrin Mode auch ein wesentliches Wort mit. Das Wertverhältnis der verschiedenen Edelsteine zu einander ist daher kein auf die Dauer feststehendes. So hat es Zeiten gegeben, zu denen der Diamant der bei weitem bevorzugteste Edelstein war, während gerade jetzt die farbigen Steine: Rubin, Smaragd, Saphir in schönen Exemplaren fast noch mehr geschätzt sind. Hierzu mag wohl der Umstand erheblich beigetragen haben, daß der Diamant heute eigentlich nicht mehr selten ist, nachdem seit Jahren regelmäßig sehr große Mengen dieses Edelsteins aus Südafrika überallhin ausgeführt werden. Immer aber ist es ein ideeller Wert, der den Edelsteinen gern zugestanden wird, denn ein materieller Wert ist bei den meisten nicht vorhanden, bestehen doch gerade die geschätztesten Edelsteine aus den in der Natur am häufigsten vorkommenden chemischen Elementen, so der Diamant aus Kohlenstoff, Rubin und Smaragd aus Thonerde, die Gruppe der Quarze und Chalcedone aus Kieselsäure, die meisten anderen aus kieselsauren Verbindungen der häufigsten Metalle. Von selteneren Stoffen enthalten der Zirkon die Zirkonerde und der Beryll, Chrysoberyll und Phenakit die Beryllerde.

Die Edelsteine gleichen in dieser Beziehung den durch Menschenhand geschaffenen Kunstwerken um so mehr, als auch sie in den meisten Fällen einer gewissen Bearbeitung, des Schliffes, bedürfen, damit ihre Schönheit, insbesondere Glanz, Farbe mit Lichtbrechung voll zur Geltung gelangen.

Was das Vorkommen der Edelsteine betrifft, so werden die allermeisten in den Verwitterungsprodukten anderer Gesteine, die wir Trümmerlagerstätten oder Seifen nennen, gefunden. Diese bedecken entweder die Gesteine, aus denen sie sich bilden, oder sie erfüllen nach weiterem Transport durch das Wasser die Flußthäler, zum Teil sind sie auch von jüngeren Bildungen überlagert worden. Die ursprünglich in den anstehenden Gesteinen als Krystalle eingewachsenen Edelsteine lösten sich zwar aus dem Zusammenhange, fielen aber, infolge ihrer großen Härte und Unangreifbarkeit der Zerkleinerung nicht in dem Maße anheim, wie die anderen Bestandteile, auch werden sie wegen ihres höheren spezifischen Gewichtes nicht so schnell vom Wasser fortgeführt, wie die leichteren Mineralien. Wir finden die Edelsteine also meistens nicht an dem Orte ihrer Bildung, sondern durch die natürlichen Vorgänge aus dem Gestein, welches sie früher umgab, dem sogenannten Muttergestein, herausgeschält, ja bei sehr vielen Edelstein-

vorkommen ist uns das letztere unbekannt.   Die Fälle, in denen wir Edelsteine in ihrem
Muttergestein finden, sind äußerst selten, so sind z. B. die südafrikanischen Diamanten in
tuffartigen Gesteinen eingewachsen, Topas, Turmalin und Granat kommen zwar außer in
Seifen auch als Bestandteile von Gesteinen vor, doch überwiegen unter den schleifwürdigen
Steinen ganz erheblich die in Seifen gefundenen. Von den eigentlichen Edelsteinen finden
wir den Smaragd nur in seinem Muttergestein (Glimmerschiefer oder Kalkstein); auch die
Mineralien der Quarzgruppe, einschließlich der Chalcedone, der edle Opal und auch der
Türkis werden am Orte ihrer Entstehung gewonnen, und zwar die krystallisierten Quarze
auf Gängen in den älteren Gesteinen, die Chalcedone in kleineren Hohlräumen, sogenannten
Mandeln, die Opale und Türkise auf feinen Spalten der jüngeren Eruptivgesteine.

Es sind ganz bestimmte Eigenschaften, die ein Mineral besitzen muß, damit dasselbe
als Edelstein anerkannt wird. Vor allen Dingen sind es die Härte und die Unver-
änderlichkeit äußeren Einflüssen, wie den Säuren und Alkalien, gegenüber, die den
Edelsteinen ihren hohen Wert verleihen und wodurch sie sich vorteilhaft vor den sonst
zum Schmuck verwendeten Stoffen auszeichnen.

Die Korallen, die Perlen und die Perlmutterschale, das Elfenbein, das Schildpatt, auch
die Metalle Gold und Silber sind sämtlich verhältnismäßig weich und verlieren im Gebrauch
leicht ihre Schönheit. Je härter ein Edelstein im Vergleich zu denjenigen Gebrauchsgegenständen ist, mit denen er etwa in Berührung kommt, um so unveränderter erhält sich sein
Glanz und seine Politur, während weichere Steine und minderwertige Nachahmungen
bald, namentlich an den Kanten Abnutzung zeigen und blind und unansehnlich werden.

Man teilt die Edelsteine nach der allgemeinen Wertschätzung, die sie genießen, in
Gruppen ein. Hierzu muß allerdings bemerkt werden, daß große und besonders schöne
Stücke eines an und für sich weniger geschätzten Steines oft im Werte ziemlich hoch stehen,
und daß die Mode manchen Wechsel in der Bewertung hervorbringt. Auch darf nicht
übersehen werden, daß das große Publikum eigentlich doch nur eine beschränkte Zahl von
Edelsteinen kennt und nur diese kauft; es sind besonders bevorzugt: Diamant, Rubin,
Saphir, Smaragd, Edelopal, erst in zweiter Linie Aquamarin, Topas, Türkis, Granat,
Amethyst u. s. w., diese nennt man wohl auch Juwelen. Daher werden so häufig an
und für sich seltene und wertvolle Steine nicht unter ihrem eigenen Namen verkauft, sondern
mit Bezeichnungen, welche an die der oben genannten und allbekannten Steine erinnern.
So kommen Turmalin, Cordierit, Cyanit, Chrysolith gewöhnlich nur dann in den Handel,
wenn sie als Rubin, Saphir oder Smaragd untergeschoben werden können; Spinell wird
als Rubin-Spinell oder Rubis balais verkauft, indischer Granat als Kaprubin, Hiddenit
als Lithiumsmaragd u. s. w.

Erheblich niedriger im Wert werden die Schmucksteine geschätzt, sie kommen in der
Natur häufiger vor, sind zum Teil undurchsichtig und haben die den Edelsteinen eigenen
Vorzüge nur in geringerem Maße, vor allen Dingen sind sie weniger hart. Hierher
gehören die verschieden gefärbten Abarten des Quarzes und Chalcedons, der Lasurstein,
der Bernstein, Nephrit, Malachit und manche andere Mineralien, welche nur gelegentlich
oder nur in gewissen Gegenden verarbeitet werden.

In die folgende allgemeine Besprechung der Edel- und Schmucksteine haben der Über-
sichtlichkeit wegen nur die häufigeren Aufnahme gefunden, während die hauptsächlichsten
Eigenschaften der selteneren bei deren späterer gelegentlicher Erwähnung aufgeführt sind.

Das wichtigste und zur Unterscheidung am leichtesten benutzbare Kennzeichen der
Edelsteine und Schmucksteine ist die Härte. Zur Prüfung dient die bekannte Mohssche
Härteskala, und zwar kommen hier deren Glieder Diamant: Härte 10, Korund: Härte 9,
Topas: Härte 8, Quarz: Härte 7 und Adular (Feldspat): Härte 6 in Betracht. Man
versucht mit einer Ecke oder Kante des zu untersuchenden Steines die Probestücke der
Härteskala zu ritzen und prüft das Ergebnis in Zweifelsfällen mit dem Vergrößerungsglase. Die Juweliere bedienen sich gewöhnlich nur einer harten Stahlfeile, diese greift
den Adular gerade noch an, während der Quarz bereits die Feile abnutzt. Die zur Nachahmung von Edelsteinen benutzten künstlichen Gläser werden durch die Feile angegriffen,
keines derselben erreicht den Härtegrad 6.

Ordnet man die häufigeren Edelsteine und Schmucksteine nach den Härtegraden, so ergibt sich folgende Reihe, in der die mineralogische Benennung der im Edelsteinhandel üblichen, beziehentlich den Farbenvarietäten vorangestellt ist:

Diamant		10	Quarz { Bergkrystall / Amethyst / Rauchquarz / Citrin }		7
Korund { Rubin / Saphir }		9 / 9			
Chrysoberyll		8½	Chalcedon { Achat / Karneol / Onyx u. s. w. }		6½
Topas / Spinell }		8			
Beryll { Smaragd / Aquamarin } / Zirkon (Hyazinth) }		7½	Chrysolith / Edler Opal / Türkis / Nephrit }		6
Granat { Pyrop / Almandin } / Cordierit / Turmalin }		7	Lasurstein		5½
			Malachit		3½
			Bernstein		2½

Als weiteres sehr wichtiges Kennzeichen kann das spezifische Gewicht der Edelsteine dienen, allerdings läßt es sich nur bei ungefaßten Steinen bestimmen, gleichgültig ob dieselben roh oder geschliffen sind. Da man jedoch wertvolle Steine stets ungefaßt kauft, um sie genauer prüfen zu können, so ist dieses Merkmal zur Unterscheidung häufig anwendbar. Die Gewichtsbestimmung mittels der hydrostatischen Wage läßt sich zwar einfach durchführen, doch ist ein solches Hilfsmittel wohl nur im Besitze größerer Edelsteinhändler, sehr häufig genügt die Anwendung einer schweren Flüssigkeit. Als solche wird jetzt am meisten das Methylenjodid vom spezifischen Gewicht 3,31 benutzt, durch Verdünnung mittels Benzol können Mischungen von beliebigem, aber bestimmtem geringeren Gewicht hergestellt werden. Derartige Zusammenstellungen einer Anzahl gut verschlossener weithalsiger Glasfläschchen, auf deren jedem das spezifische Gewicht der Flüssigkeit bis auf ein Zehntel genau angegeben ist, in dazu passendem Kästchen nebst kleiner Zange sind jetzt im Handel käuflich. Man legt den gesäuberten Stein in das Fläschchen mit reinem Methylenjodid und beobachtet, ob er darin schwimmt, also leichter ist, oder ob er darin untergeht. Ist er leichter, so kann man, nachdem der Stein sorgfältig abgetrocknet wurde, sein Eigengewicht durch Benutzung der verdünnten Flüssigkeiten genau genug bestimmen. Die nachfolgende Zusammenstellung der spezifischen Gewichte der am häufigsten im Edelsteinhandel vorkommenden Mineralien zeigt, daß diese Methode oftmals zur Bestimmung eines Steines ausreicht, besonders wenn man die übrigen Eigenschaften außerdem zu Hilfe nimmt.

Zirkon	4,6	Beryll { Smaragd / Aquamarin }		2,7
Almandin-Granat	4,1	Türkis		2,7
Saphir und Rubin	4,0	Quarz { Bergkrystall / Amethyst / Rauchquarz / Citrin }		2,6
Pyrop (böhmischer Granat)	3,8			
Malachit	3,7—4,1			
Chrysoberyll	3,7			
Spinell	3,6	Cordierit		
Diamant	3,5	Chalcedon, Achat u. s. w.		2,6—3,6
Topas	3,5	Lasurstein		2,4
Chrysolith	3,4	Edler Opal		2,0—2,3
Turmalin	3,1	Bernstein		1,08
Nephrit	3,0			

Bei der Wertbestimmung eines Edelsteines spielt außer Größe und Farbe die Reinheit und Durchsichtigkeit eine hervorragende Rolle. Die geschätztesten Edelsteine sind mit alleiniger Ausnahme des Edelopales und Türkises, welche stets undurchsichtig sind, in vollkommen durchsichtigen, d. h. wasserhellen Stücken am wertvollsten. Alle Arten von Einschlüssen, seien es Luftbläschen, die, wenn sie sich häufen, Wolken bilden können, Kryställchen fremder Mineralien oder auch kleine Risse und Sprünge, Ungleichmäßigkeit der Farbe, verringern den Wert eines Steines erheblich. Hiervon gilt nur eine Ausnahme; es kommen zuweilen diese Einschlüsse in so regelmäßiger Weise vor, daß der

Stein einen ganz bestimmten Schiller und dadurch erhöhten Wert erhält, wie z. B. der Sternsaphir (s. unter Saphir) und das Katzenauge. Ferner ist die Stärke des Glanzes, welcher besonders nach guter Politur der Schleifflächen hervortritt, von großer Bedeutung für den Wert eines Steines. In engem Zusammenhange mit Durchsichtigkeit und Glanz wirkt das Lichtbrechungsvermögen, d. h. die Eigenschaft eines Steines, das weiße Licht in farbiges zerlegt zurückzustrahlen. Der Diamant besitzt das größte Brechungsvermögen, er erstrahlt im herrlichsten Farbenspiel, oder kunstgerecht ausgedrückt: er hat das schönste Feuer von allen Edelsteinen.

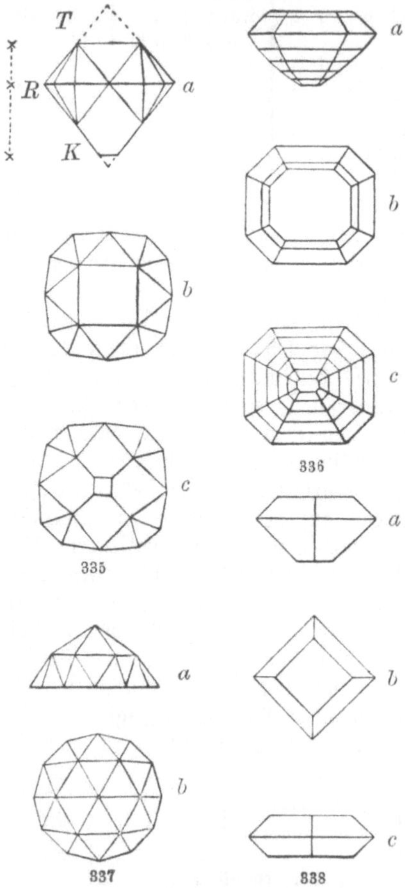

Was die Farbe anlangt, so gibt man einerseits den völlig farblosen Steinen (Diamant, Topas) anderseits aber den satt gefärbten den Vorzug, während lichte Farben weniger geschätzt sind. Von häufigeren Farben treten die folgenden auf: rot: Rubin, Spinell, Granat; blau: Saphir, Türkis, Lasurstein (die beiden letzteren sind undurchsichtig); grün: Smaragd, Chrysoberyll, Chrysolith, Malachit; gelb: Topas, Citrin, Bernstein; hellgrünlichblau: Saphir, Aquamarin, Topas; violett: Almandin, Amethyst; braun: Rauchquarz. Eine seltene Eigenschaft ist der Pleochroismus (Dichroismus), das heißt: ein Mineral zeigt bei der Betrachtung in krystallographisch verschiedenen Richtungen andere Farbentöne. Diese Erscheinung tritt besonders deutlich beim Chrysoberyll oder Alexandrit hervor, welcher in der einen Richtung rein grün, in der anderen rötlich erscheint; auch der Turmalin und der Cordierit zeigen zuweilen diese Eigentümlichkeit.

Die kurz geschilderten Eigenschaften der Edelsteine, Glanz, Durchsichtigkeit, Farbe, lassen sich an den in der Natur vorkommenden sogenannten rohen Steinen nur selten in vollkommener Weise beobachten, erst durch den geeigneten Schliff werden sie zur höchsten Geltung gebracht. Der Edelsteinschleifer muß den Eigenschaften der Steine Rechnung tragen, um danach die zweckmäßigste Form des Schliffes nach Lage der Flächen zur Krystallform zu wählen. Durchsichtige Steine werden in der Regel in Facettenform geschliffen, das heißt, die Oberfläche des Steines ist von regelmäßig angeordneten ebenen Flächen (Facetten) bedeckt, undurchsichtige oder trübe Steine, so der Edelopal und der Türkis, auch sehr dunkel gefärbte, wie der Granat, erhalten gewöhnlich

335—338.
häufigsten Formen des Edelsteinschliffs.
335. Brillantschliff a von der Seite, b von oben, c von unten. — 336. Treppenschliff a von der Seite, b von oben, c von unten. — 337. Rosette a von der Seite, b von oben. — 338. Tafelschliff a Dickstein, b von oben, c Dünnstein.

eine gerundete Oberfläche, man sagt, sie werden mugelig oder en cabochon geschliffen.

Von den Schliffformen ist die geschätzteste der Brillantschliff (Abb. 335), er wird fast immer beim Diamanten, aber auch bei anderen durchsichtigen Steinen angewendet. In dieser Form geschliffene Diamanten werden auch kurz als Brillanten bezeichnet. Dem Brillantschliff liegt das Oktaeder zu Grunde, welches am Diamanten leicht durch Spaltung hergestellt werden kann, denn so befremdlich es auch klingen mag, der härteste aller Edelsteine läßt sich leicht spalten, wenn man durch Reiben mit einem zweiten Steine in der entsprechenden Richtung eine kleine Rille herstellt, dann ein stumpfes Messer in der richtigen Neigung aufsetzt und darauf einen kurzen aber kräftigen Schlag führt. Die Steinschleifer, welche die Lage der Spaltungsrichtungen nach der Krystallform beurteilen, stellen zunächst an dem rohen Stein die Oktaederflächen her, wobei jedoch wegen des späteren Anschleifens der Facetten keine scharfen Ecken und Kanten notwendig sind. Hierzu werden die Steine auf sogenannten Kittstöcken (Stäbchen von Holz oder Metall) mittels Kitt befestigt. Außer den Oktaederflächen geben zwei der Mittelebene R parallele Flächen, eine größere obere, die Tafel T, und eine erheblich kleinere, die Kalette K, welche durch Schleifen hergestellt werden, die Grundform für den Brillantschliff. Um die Tafel und Kalette herum werden die übrigen Flächen gruppiert, jedoch herrschen gewöhnlich die den Spaltrichtungen entsprechenden Flächen als die größten vor. Zahl und Anordnung der Facetten sind nach der Form des Rohsteines und der auf den Schliff verwendeten Sorgfalt verschieden. Die Abb. 339—341 geben einige Beispiele hierfür, die Kanten der oberen, um die Tafel gruppierten Flächen sind durch stärkere, die der unteren Flächen durch schwächere Linien angedeutet. Die rings um den Stein in der Mittelebene herumlaufenden Kanten R heißen auch die Rundiste oder der Fassungsrand, hier legen sich bei der Krabbenfassung die einzelnen Stifte, welche den Stein halten, an, sie lassen nur das Oberteil frei, während sie das Unterteil umgeben. Übrigens verlangt man bei einem vollendet gut geschliffenen Brillanten, daß die Höhe des Oberteils halb so groß als die des Unterteils ist und daß der Durchmesser der Tafel $5/9$, derjenige der Kalette aber $1/9$ des Durchmessers der Rundiste beträgt; auch opfert man gern etwas an Größe des Steins, um eine gute Form zu erhalten.

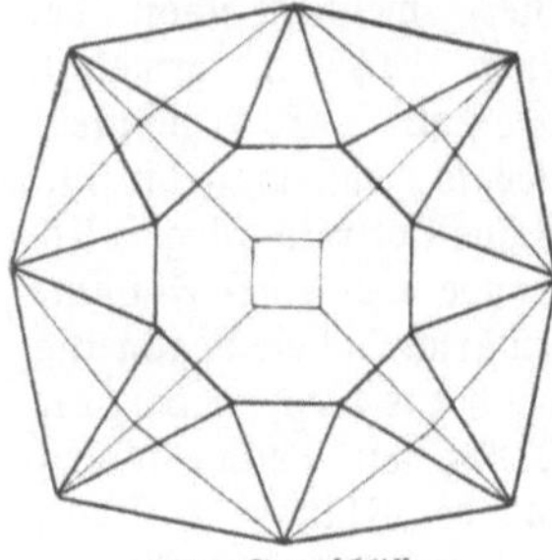
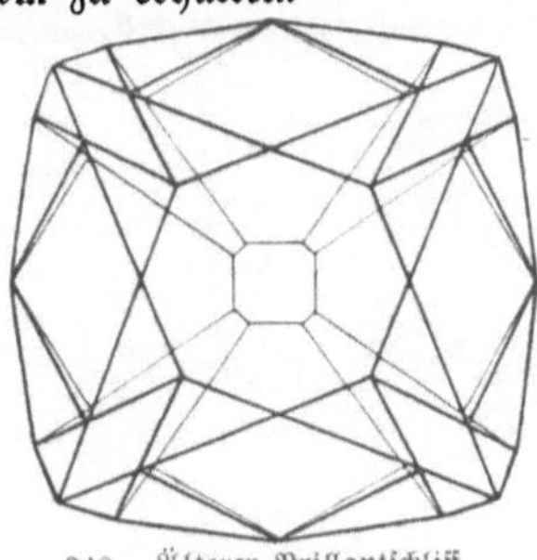
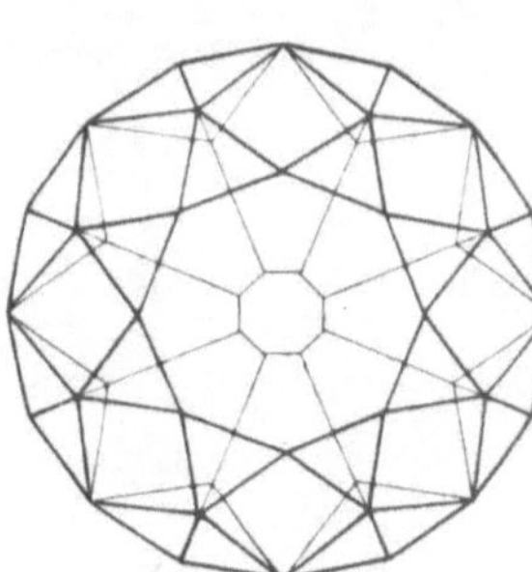

339. Sternschliff.   340. Älterer Brillantschliff.   341. Neuerer Brillantschliff.

339—341. Verschiedene Formen des Brillantschliffs.

Der Treppenschnitt (Abb. 336) ist eine veraltete Schliffform, die namentlich bei farbigen Steinen Anwendung fand. Die Kanten der Facetten, die gewöhnlich nach dem Vier=, Sechs= oder Achtseit angeordnet sind, laufen der Rundiste und den Begrenzungen der Tafel parallel.

Als Tafelstein (Abb. 338) wurden früher namentlich solche Steine geschliffen, die nach einer Hauptrichtung vollkommen spalten. Die Spaltflächen ergeben dann die Tafel und die Kalette, welche beide erheblich größer werden als beim Brillantschliff. Solche Edelsteine sind: Smaragd und Topas. Je nach dem Verhältnis der Höhe des Steines zum Durchmesser an der Rundiste unterscheidet man wohl Dicksteine und Dünnsteine. Die Lichtwirkung der Tafelsteine ist keine günstige.

Rosetten oder Rauten (Abb. 337) haben eine ebene Unterfläche, die Oberfläche besteht aus lauter dreiseitigen Facetten, die gewöhnlich nach der Sechszahl angeordnet sind. Dieser Schliff gibt dem Steine einen sehr starken Glanz und wird für von Natur aus flache Steine angewendet. Besonders werden aber auch die Spaltstücke, welche bei der Vorbereitung größerer Diamanten für den Brillantschliff abfallen, in Rosettenform geschliffen. Auch der böhmische Granat (Pyrop) kommt vielfach in dieser Form vor; die Grundfläche ist entweder kreisrund, wie in der Abbildung, oval oder birnenförmig.

Cabochon=Form (der mugelige Schliff) kommt, wie oben bereits bemerkt, bei den undurchsichtigen und durchscheinenden Steinen (Türkis, Katzenauge, Opal) und bei durchsichtigen, aber sehr dunkel gefärbten Steinen, z. B. dem Granat vor. Die Unterseite ist eben, oder wegen Erhöhung des Glanzes auch ausgehöhlt, die Oberfläche ist allseitig gerundet, die Grundfläche kreisförmig oder oval.

Die nach den drei zuerst genannten Formen, dem Brillantschliff, Treppenschnitt und Tafelschliff geschliffenen Steine erhalten gewöhnlich Krabbenfassung (à jour=Fassung), welche den Stein nur an einzelnen Stellen am Rande (an der Rundiste) faßt, das Ober= teil völlig freiläßt, dagegen das Unterteil zum Teil verdeckt, während Rosetten und mugelige Steine im Kasten gefaßt werden, wie z. B. die Steine der Siegelringe. Bei durchsichtigen Steinen legt man wohl zur Erhöhung des Glanzes ein der Farbe des Steines entsprechendes dünnes Metallblättchen (Folie) in den Kasten; nachdem der Stein hierauf gelegt ist, werden die Ränder des Kastens an den Stein angedrückt, um ihn festzuhalten.

Das Schleifen der Edelsteine wird folgendermaßen ausgeführt. Der Rohstein wird je nach Umständen vorbereitet, entweder durch Spalten, wie Diamant, Smaragd, Topas, oder durch Zerschneiden mittels schnell umlaufender sehr dünner, an den Rändern mit einer Mischung von Olivenöl und Diamantstaub bestrichener Scheiben oder endlich bei minderwertigem Material, wie Granat, Achat durch Zerschlagen mittels kurzer Meißel und Hammer. Dann wird der Stein in der Doppe (s. Abb. 342), d. h. in

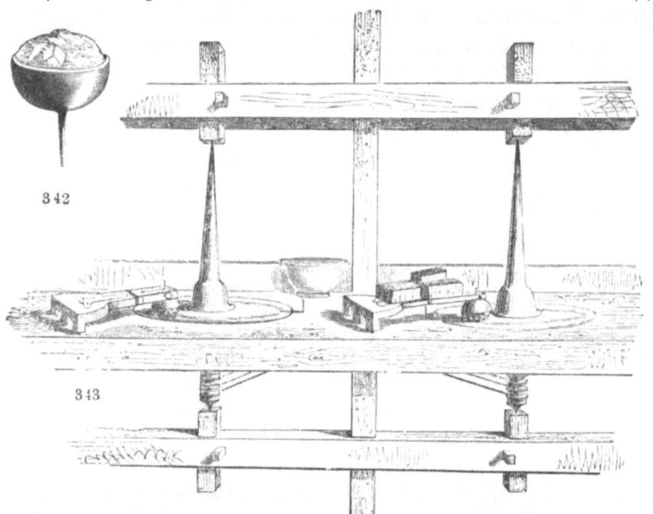

einem kleinen halbkugeligen Schälchen mit Stiel aus Kupfer mittels Schnellotes (Legierung aus Zinn und Blei), welches schon bei etwa 135º C. erweicht, befestigt. Es geschieht dies so, daß man die mit Schnelllot reichlich gefüllte Doppe über einer Flamme erwärmt, bis die Legierung weich wie Wachs wird; die Doppe wird dann schnell aus der Flamme entfernt, der Stein mit einem kleinen Zängelchen gefaßt und in die Metallmischung in rich= tiger Stellung hinein= gedrückt. Das Schleifen selbst wird auf wagerechten

342. Befestigen des Steines in der Doppe. — 343. Schleifscheiben u. Gabel.

Metallscheiben ausgeführt, die in der Sekunde etwa 30 Umdrehungen machen und mit einem Gemisch von Olivenöl und Schleifmittel versehen sind, dieses besteht bei den härtesten Steinen aus Diamantstaub, bei weicheren aus Schmirgel oder in neuerer Zeit aus künst= lich hergestelltem Carborundum. Die Doppen werden, wie die Abb. 343 zeigt, in einem kleinen Brettchen befestigt, und dieses wird auf dem die Schleifscheibe umgebenden Tische so festgelegt und durch Bleigewichte belastet, daß der Stein in richtiger Stellung gegen die Scheibe gedrückt wird. Hierbei ist ständige Beaufsichtigung nötig, damit die Facette gerade nur die richtige Größe erhält. Bei minderwertigen und kleineren Steinen erfolgt das Einstellen gegen die Schleifscheibe nach dem Augenmaß, bei größeren und wert= vollen Steinen sind Hilfsmittel, wie Kreisbögen mit Gradteilung auf dem Schleiftische angebracht. Auf das Schleifen folgt dann noch das Polieren, welches auf weicheren (kupfernen) Metallscheiben und unter Anwendung weniger scharfer Mittel, z. B. Tripel, erfolgt. Dabei muß der Stein wiederholt in der oben beschriebenen Weise in der Doppe umgesetzt werden.

Es ist noch das Gravieren oder Schneiden der Steine zu erwähnen, hierzu werden gewöhnlich undurchsichtige oder durchscheinende Steine und namentlich solche verwendet, die aus fest miteinander verwachsenen, jedoch verschiedenfarbigen Lagen bestehen, wie Achat und Onyx, es dient die eine zur Darstellung der Zeichnung, die andere bildet die Unterlage. Ist die Gravierung vertieft, so nennt man einen derart geschnittenen

Stein Gemme oder Intaglie, ist die Zeichnung erhaben, Kamee (s. Abb. 381, S. 338). Derartige Steine haben nicht durch das verwendete Material, sondern lediglich als Kunst= werke einen zum Teil sehr bedeutenden Wert. Übrigens war schon im Altertume die Kunst, Steine zu schneiden, außerordentlich entwickelt, sie wurden sehr hoch geschätzt und dienten als Siegelsteine oder Amulette. Denn man schrieb den Edelsteinen damals vielfach geheime Kräfte zu, wie sie ja auch in unseren Sagen und Märchen als Karfunkel und in der Alchemie als Stein der Weisen eine bedeutende Rolle spielen. Das Gravieren wird in folgender Weise ausgeführt: Der Stein wird zunächst matt geschliffen und die Zeichnung mittels eines Metallstiftes vorgezeichnet, sodann werden feine eiserne Bohrer (Zeiger genannt) der verschiedensten Form durch eine wagerechte Welle in sehr schnelle Umdrehung versetzt und mit dem Schleifmittel versehen, welches mit Öl angerührt ist. Der auf einem Kittstock befestigte Stein wird an die Zeiger gedrückt und die Zeichnung hierdurch allmählich ausgearbeitet. Zuletzt verwendet man als feinste Bohrer Diamantsplitter, die entsprechend gefaßt sind.

Großartige Edelsteinschleifereien gibt es in Deutschland zu Oberstein und Idar in dem Oldenburgischen Fürstentum Birkenfeld, außerdem in Hanau, eine auch in Berlin; die letzteren verarbeiten vorwiegend Diamanten. Von ausländischen Schleifereien sind

344. Fruchtstück aus Schmucksteinen. Jekaterinburger Arbeit.
Geschenk des Generals von Jossa an die Bergakademie Freiberg.

diejenigen in Amsterdam die bedeutendsten und berühmtesten, es werden in dieser einen Stadt über 12 000 Arbeiter, ausschließlich Israeliten, beschäftigt. Außerdem haben die kaiserlich russischen Schleifereien zu Jekaterinburg, am östlichen Abhange des Ural, Weltruf, sie verarbeiten das reiche und verschiedenartige Material, das der Ural selbst und die angrenzenden Gebiete Asiens liefern. Besonders geschätzt sind größere Schau= stücke, Vasen, Schalen u. dergl., auch prächtige Fruchtstücke werden aus Schmucksteinen geschliffen und zusammengestellt. Unsere Abb. 344 zeigt ein wertvolles Stück, im Besitze der Freiberger Bergakademie. Auf einer dunklen Marmorplatte liegt eine Pflaume aus dunklem Chalcedon, daneben drei Kirschen aus Marekanit, die Trauben von Johannis= beeren, links dunkelrot, rechts weiß, sind aus Chalcedon, die Himbeeren aus Rhodonit, das Blattwerk ist aus edlem Serpentin geschnitten.

Außer zu Schmucksachen werden die Edelsteine auch zu mancherlei technischen Zwecken verwendet, z. B. der Diamant zum Glasschneiden, der Rubin und statt dessen auch Granat zu Zapfenlagern für feine Uhren und Instrumente, wie z. B. empfindliche Wagen. Ferner dienen durchlochte harte Steine auch zum Ziehen sehr feiner Metalldrähte. Unreine Diamanten, Bort genannt, dienen als Schleifmittel für die härtesten Materialien, für weichere wird Korund, Schmirgel, Granat u. s. w. benutzt. Es darf auch nicht unerwähnt bleiben, daß die schwarzen Diamanten (Carbonados) für die Tiefbohrtechnik, besonders für die Kernbohrung eine außerordentlich große Bedeutung erlangt haben (vgl. S. 76).

Der Preis der Edelsteine wird, wenigstens bei den wertvollen, ausschließlich auf das Karat (gleich 205 mg) als Gewichtseinheit bezogen. Bei denjenigen größeren Steinen, welche an und für sich im Werte hoch stehen und bei denen das Vorkommen größerer Stücke äußerst selten ist, zum Beispiel Diamant, Rubin, Saphir und Smaragd steigt der Preis nicht im einfachen Verhältnis zur Gewichtszunahme, sondern erheblich mehr, doch lassen sich besonders für größere Steine feste Regeln nicht aufstellen, da einmal die Preise in letzter Zeit außerordentlich geschwankt haben, anderseits außer dem Gewicht noch mancherlei Nebenumstände, wie Güte des Schliffes, Form, Durchsichtigkeit, Feuer und Farbe oft eine sehr bedeutende Rolle spielen. Die alte Taverniersche Regel, daß der Preis eines größeren Steines im Quadrat mit seinem Gewichte wachse, also ein doppelt so schwerer Stein den vierfachen Wert haben soll, gilt schon seit langer Zeit nicht mehr.

Der Pariser Juwelier Vanderheym gab bei der Pariser Weltausstellung im Jahre 1878 die Diamantpreise und zwar für Brillantschliff je nach Qualität folgendermaßen an:

1 Paar Brillanten, Gesamtgewicht 1 Karat,	120	bis	220	Frank,
1 " " " 2 "	400	"	700	"
1 " " " 5 "	1250	"	2750	"
1 " " " 10 "	3050	"	10300	"

Der Wert sehr großer Steine kann nur von Fall zu Fall bestimmt werden. Rosetten von demselben Gewicht und sonst gleicher Beschaffenheit werden etwa auf $^4/_5$ des Wertes eines Brillanten geschätzt. Die farbigen Edelsteine: Rubin, Saphir und Smaragd haben in tadellosen Exemplaren zur Zeit einen etwas höheren Wert als wasserheller Diamant, die wenigen satt gefärbten Diamanten dagegen, welche vorkommen, sind die am allerhöchsten geschätzten Steine.

Selbstverständlich ist der Preis geschliffener Steine aus zweifachem Grunde ein bedeutend höherer als derjenige der Rohsteine, einmal sind die Kosten des Schleifens in Betracht zu ziehen, dann aber verliert jeder Stein durch das Schleifen erheblich an Gewicht.

Nachahmungen und Fälschungen. Bei dem hohen Werte der Edelsteine ist es nur zu natürlich, daß es immer wieder versucht wird, Nachahmungen oder Fälschungen in den Handel zu bringen. Zunächst werden sehr häufig ähnlich gefärbte, aber minderwertige Steine für wertvollere ausgegeben, so weißer Topas oder gar Bergkrystall für Diamant, Granat oder Spinell für Rubin, Chrysolith für Smaragd u. s. w. Auf die Unterscheidungsmerkmale wird bei der Beschreibung der einzelnen Edelsteine näher eingegangen werden.

Auch kommt es vor, daß minderwertige Steine künstlich eine andere Farbe erhalten, um zu täuschen; es können zum Beispiel der gelbrote Zirkon (Hyazinth) und heller Saphir durch vorsichtiges Erhitzen entfärbt und völlig wasserhell gemacht werden, so daß sie als Diamanten zum Verkauf gelangen. Derartiger Betrug ist zuweilen nur schwer durch systematische Untersuchung nachzuweisen.

Bei manchen Edelsteinen kann durch vorsichtiges Erhitzen auch eine Änderung der Farbe, ein Umfärben erreicht werden, so wird goldgelber brasilianischer Topas in der Hitze rosa, der violette Amethyst wird durch mäßiges Erwärmen gelb, bei höheren Temperaturen farblos.

In viel ausgedehnterem Maße können die Achate und besonders das Tigerauge wegen einer gewissen Porosität auf chemischem Wege entfärbt und durch Tränken mit verschiedenen Metallsalzen und darauf folgendes vorsichtiges Erwärmen in sehr verschiedenen Nuancen umgefärbt werden. Dieses Verfahren wird in Oberstein und Idar, den Hauptsitzen der deutschen Achatschleiferei, seit langer Zeit angewendet.

Dubletten sind Steine, namentlich in Brillantschliff, welche statt aus einem aus zwei Stücken und zwar einem Ober- und einem Unterteil bestehen; in der Ebene der Rundiste sind dieselben vereinigt, gewöhnlich durch Mastix. Dubletten nur aus echtem Material kommen vor, sind jedoch selten, der Fälscher erzielt für zwei kleinere Steine den Preis eines größeren. Weit häufiger besteht der obere Teil aus echtem, der untere Teil aus unechtem Material, es ist hier darauf gerechnet, daß ein gefaßter Stein meistens nur an dem zugänglichen Oberteile z. B. mit der Feile geprüft wird. Oft erkennt man bei Betrachtung durch die Lupe die Verbindungsstelle an dem Vorhandensein von Luft= bläschen, auch zerfällt in warmem Wasser die mit Mastix vereinigte Dublette in zwei Teile. Plumper sind die Nachahmungen gefärbter Steine durch Verbindung eines wasserhellen Oberteiles, z. B. aus Bergkrystall, mit einem Unterteile aus gefärbtem Glasfluß. Diese Dubletten erscheinen nur einheitlich farbig, wenn man sie senkrecht zur Tafel betrachtet, von der Seite angesehen dagegen geben sich die beiden Teile durch den Unterschied in der Farbe sofort zu erkennen.

Nachbildungen der Edelsteine aus Glasflüssen kommen sehr häufig vor, sie sind mit dem bloßen Auge, wenn geschickt ausgeführt, nur schwer zu unterscheiden, dagegen belehrt eine Untersuchung der Härte, welche bei den Gläsern höchstens 5 beträgt, über die wahre Natur der Imitation. Gewöhnlich wird ein bleihaltiges Glas verwendet, welches Straß oder Mainzer Fluß genannt wird und durch den Bleigehalt ein ziemlich hohes Gewicht, bis zu 3,6, erhalten kann. In neuerer Zeit werden auch Gläser unter Zusatz des seltenen Thalliums erzeugt, die hierdurch ein höheres spezifisches Gewicht, bis über 5, und starke Lichtbrechung erhalten. Auch Färbung des Glases zur Nachahmung farbiger Steine kommt sehr häufig vor, und zwar wird das Blau des Saphirs durch Kobaltoxyd, Gelb gewöhnlich durch Silber= oder Antimonoxyd erzeugt. Das Grün des Smaragds wird durch Chromoxyd oder Kupferoxyd, das Rubinrot durch Goldchlorid (Goldpurpur) gut nachgeahmt.

Die Herstellung solcher künstlich gefärbter Gläser ist übrigens recht teuer, da die Schmelze tagelang im Fluß bleiben muß und nur langsam erstarren darf; trotzdem ver= raten kleine Luftbläschen leicht die Art der Entstehung.

Auch die künstliche Bildung der Edelsteine aus ihren natürlichen Bestandteilen ist vielfach versucht worden und zwar mit gutem Erfolge namentlich beim Türkis und beim Rubin. Letzteren hat der berühmte französische Chemiker Frémy durch einen um= ständlichen Schmelzprozeß in schleifwürdigen Kryställchen im Gewichte bis zu $\frac{1}{3}$ Karat dargestellt, deren Härte, spezifisches Gewicht und Farbe völlig mit den natürlichen überein= stimmt. Es sind aus diesen künstlichen Rubinen Schmucksachen von vortrefflicher Wirkung gefertigt worden. Die Kosten der Herstellung sind auch beim Frémyschen Verfahren sehr hohe. Jedenfalls hat die Thatsache ein großes wissenschaftliches Interesse.

Im folgenden sind die wichtigsten Edelsteine beschrieben, die seltener im Handel vorkommenden sind bei denjenigen häufigeren Steinen kurz erwähnt, mit denen sie leicht verwechselt werden können.

Die wichtigsten Edelsteine.

Diamant.

Der Diamant verdient wegen seiner vielen hervorragenden Eigenschaften unstreitig die erste Stelle unter den Edelsteinen, zwar sind gerade jetzt bunte Steine von der Mode sehr bevorzugt, aber der Diamant wird trotzdem auf die Dauer den höchsten Rang behaupten, ist er doch bei weitem der härteste Edelstein, ja das härteste aller bekannten Mineralien (Härtegrad 10 der Mohsschen Härteskala), er nimmt die schönste Politur an, zeigt die höchsten Grade der Durchsichtigkeit, den lebhaftesten Glanz, nach ihm Diamant= glanz genannt, endlich zerstreut er weißes Licht am stärksten in verschiedenfarbige Strahlen, er schimmert daher im herrlichsten Farbenspiel und unvergleichlichem Feuer. Dazu kommt, daß der Diamant verhältnismäßig häufiger als die anderen Edelsteine ersten Ranges in großen farblosen Exemplaren vom reinsten Wasser gefunden wird. Steine von lichter Farbe sind nicht gerade selten, es kommen gelbe, rötliche, seltener solche mit einem Stich ins Grüne und Blaue vor; dagegen gehören satt gefärbte und dabei tadellos durchsichtige Steine zu den allergrößten Seltenheiten und werden mit den höchsten Preisen bezahlt, bemerkenswert sind die dunkelbraun bis schwarz gefärbten, jedoch krystallisierten Dia= manten von Borneo — nicht zu verwechseln mit den gleich zu erwähnenden Carbonados von Bahia — sie haben geschliffen einen fast metallischen Glanz und werden als kost=

barster Trauerschmuck hoch geschätzt. Undurchsichtige, nicht schleifwürdige Steine nennt man Bort, sie bestehen gewöhnlich aus mehreren miteinander verwachsenen Krystall= individuen und werden zum Schleifen anderer Steine benutzt. Eine besondere Abart des Diamanten sind die schwarzen Carbonados, poröse, in der Struktur dichtem Koks ähn= liche Steine, die vorzugsweise in Bahia (Brasilien) gefunden werden. Es kommen zu= weilen große Stücke vor, so wurde kürzlich ein solches von Faustgröße im Gewicht von 3100 Karat oder etwa 630 g gefunden. Die schwarzen Diamanten werden zum Ab= brehen sehr harter Gegenstände, als Schleifmittel und, wie schon weiter oben erwähnt, für die Tiefbohrung angewendet.

Der Diamant besteht einschließlich der schwarzen Steine aus krystallisiertem Kohlen= stoff, also chemisch aus demselben Urstoff, der den Graphit bildet und den Hauptbestandteil unserer Kohlen ausmacht. Das spezifische Gewicht ist 3,5, es gibt also eine ganze Anzahl schwererer Edelsteine. Die häufigsten Krystallformen des Diamanten sind das Oktaeder und die verwandten Gestalten, besonders häufig treten Achtundvierzigflächner auf (s. Abb. 345, a u. b), mit eigentümlich gerundeten Flächen. Die Krystalle spalten sehr gut nach den Oktaederflächen, wodurch der Schliff großer Steine erleichtert wird, wie oben bereits des Näheren ausgeführt wurde. Die Diamanten werden fast stets als Brillanten oder als Rosen geschliffen.

Was die Entstehungsweise des Diamanten betrifft, so nimmt man an, daß er sich aus glutflüssiger Gesteinsmasse ausgeschieden habe; diese Vermutung stützt sich unter anderem darauf, daß in neuerer Zeit winzige Diamantkryställchen neben Graphitblättchen in langsam erkaltetem Stahl beobachtet und daß auch in vereinzelten Fällen kleine, dem Karbonat ähnliche Diamantkörnchen in Me= teoriten gefunden wurden. Übrigens läßt sich der Diamant bei hohen Hitzegraden und Luftzutritt zu Kohlensäure verbrennen.

Die Diamanten kommen an allen bekann= ten Fundorten — mit alleiniger Ausnahme Südafrikas, wovon weiter unten ausführ= lich die Rede sein wird — aus dem ursprüng=

345. **Achtundvierzigflächner.**
a in regelmäßiger Ausbildung, b mit gerundeten Flächen.

lichen Muttergestein ausgewittert als lose Krystalle zusammen mit Quarzen, Eisenerzen, auch mit Korund und anderen Edelsteinen, zuweilen Monazit und Gold im Seifengebirge vor. Zum Teil sind sie eingebettet in sandsteinartig verfestete Gesteine, jedoch auch hier auf sekundärer Lagerstätte. Die wichtigsten dieser Fundorte liegen in Ostindien und Brasilien. Borneo und Neusüdwales in Australien haben nur geringere Mengen geliefert, in Nordamerika (im Osten in den Staaten Georgia und Nord=Carolina, im Westen in Kalifornien und Oregon) und in Rußland (in den Goldseifen des Ural und ganz untergeordnet in Lappland) ist das Vorkommen von Diamanten mit Bestimmt= heit nachgewiesen, doch ist die Zahl der gefundenen Steine eine sehr beschränkte.

Schon im Altertume waren die Fundorte des Diamanten in Ostindien bekannt, dieselben liegen sämtlich im östlichen Teile von Vorderindien. Außer in den Seifen= ablagerungen sollen Diamanten auch in festen Sandsteinen von hohem geologischen Alter gefunden werden, sie sind Banaganpilly=Sandsteine genannt worden von der gleich= namigen Stadt im mittleren Flußgebiete des dem Indischen Ozean zuströmenden Kistnah. Die indischen Diamanten zeichnen sich durch das nicht seltene Vorkommen großer Steine aus; unter den zu gewisser Berühmtheit gelangten Diamanten befindet sich eine sehr große Zahl indischer Steine.

Lange Zeit war Golconda der berühmte Stapelplatz des Diamantenhandels im südlichsten Verbreitungsgebiete, weiter nördlich liegt die am längsten bekannte Gruppe von Gruben an den Flußläufen des Mahanady und Bhramni, das nördlichste Diamanten= feld endlich liegt an den rechtsseitigen Zuflüssen des mittleren Ganeslaufes, südlich von den Städten Allahabad und dem durch seine Bronzen berühmten Benares. — In Borneo finden sich Diamanten an der Westküste in der Nähe des Hafenortes Pontianak,

und außerdem im südlichsten Teile der Insel, jedoch hat die Produktion niemals sehr
große Bedeutung gehabt. — Die brasilianischen Diamanten wurden im Jahre 1728
entdeckt. Die Provinzen Minas Geraes und Bahia nördlich von Rio de Janeiro an
der Ostküste gelegen, bergen die wertvollen Steine. Merkwürdigerweise sind die brasi=
lianischen Diamanten verhältnismäßig klein, meistens unter $1/_2$ Karat, größere Steine sind
äußerst selten. Außer in den Alluvionen soll auch in Brasilien der Diamant in anstehendem
sandsteinartigem Gestein, Itacolumit genannt, gefunden werden. Die Gewinnung der
Diamanten war in Brasilien lange Monopol der Regierung, der Hauptplatz in Minas
Geraes ist Diamantina, in Bahia Cincora. — Die Diamantablagerungen von Neu=
südwales wurden um 1860 entdeckt, seitdem hat sich die Zahl der Fundorte vermehrt,
jedoch ist die Menge der gefundenen Steine gering, und auch hier sind große Steine selten.

Die Ausbeutung der Diamantseifen, die Diamantwäscherei, ist eine verhältnis=
mäßig einfache Arbeit: Das diamanthaltige Erdreich wird durch einfaches Sieben von den

846. Diamantenwäsche zu Kimberley.

groben Geröllen und durch reichliches Waschen mit Wasser von dem feinen Schlamme und
Sande befreit. Die so gereinigte Masse wird auf Tischen ausgebreitet und ausgelesen,
wobei dem geübten Auge der Diamantgräber nicht leicht ein Steinchen entgeht. Es ist
wohl selbstverständlich, daß die Arbeiter sorgfältig und streng überwacht, ja zum Teil
völlig abgesondert von der übrigen Bevölkerung gehalten werden. Dennoch blüht unter
Anwendung der raffiniertesten Mittel der Diamantendiebstahl in allen Grubendistrikten.

Von dem größten Interesse und seit mehr als zwei Jahrzehnten maßgebend für die
Weltproduktion sind die Diamantlagerstätten Südafrikas. Wie dies früher in anderen
Diamantgebieten der Fall gewesen war, so wurden zuerst im Vaalflusse, einem Nebenflusse
des Oranjeflusses, hervorragend große Diamanten gefunden, und zwar im Jahre 1867
der erste von $21^1/_4$ Karat und im Jahre 1869 der später als Stern von Südafrika
oder Dudley=Diamant zur Berühmtheit gelangte 83 Karat schwere Stein. Ein wahres
Diamantenfieber entstand, man forschte genauer nach, und die Sande des Vaalflusses,
die sogenannten „river diggings", d. h. Flußgräbereien, lieferten bald Steine in größeren

347. Der Tagebau zu Kimberley 1872.

Additional material from *Bergbau und Hüttenwesen,*
ISBN 978-3-662-30301-6 (978-3-662-30301-6_OSFO5),
is available at http://extras.springer.com

Mengen. Im Jahre 1870 wurden auch in der Gegend des heutigen Kimberley in einem zersetzten eisenschüssigen Gestein, dem „yellow ground" (gelbe Erde) Diamanten entdeckt und diesen trockenen Gräbereien der Name „dry diggings" beigelegt. Die Diamanten saßen in einem serpentinähnlichen breccienartigen, Kimberlit genannten Gestein, welches auch Bruchstücke der übrigen, die südafrikanische Hochebene zusammensetzenden Gesteine, namentlich Sandsteine, Schieferthone und Konglomerate umschloß. Nach und nach fand man an 7 Orten dieses diamantführende Gestein, wie sich später ergab, in säuligen Stöcken von 25—450 m im Durchmesser, die sich von der Umgebung als unbedeutende Bodenschwellungen abhoben. Der größte Teil derselben, so namentlich Kimberley, liegt in Griqua Land West, welches zur Kapkolonie gehört, einzelne Fundstätten liegen auch im benachbarten Oranje=Freistaat. Es begannen die Tagebaue mit großer Emsigkeit, die Diamanten wurden aus dem bröckeligen Gestein ausgelesen. Der Preis der verliehenen Grubenfelder, welche nur klein waren, 9,5 m im Quadrat betrug ursprünglich 7½ Schilling, doch er stieg bald ins ungemessene, so daß gegen das Ende der siebziger Jahre einzelne dieser kleinen Grubenfelder mit über 100000 Mk. nach unserem Gelde bezahlt wurden. Überall grub man rastlos weiter in die Tiefe. Als sich die Farbe des Gesteins zu ändern begann und es graublau wurde („blue ground"), prophezeiten viele das Aufhören der Diamantenführung; aber immer wieder fanden sich die edlen Steine, nur waren sie etwas schwerer von der festeren Gesteinsmasse zu trennen. Damit war aber nunmehr der vollgültige, für die geologische Wissenschaft hochinteressante Beweis erbracht, daß hier zum erstenmal mit voller Sicherheit das Vorkommen des Diamanten auf der ursprünglichen Lagerstätte, in einem eruptiven Gesteine vorliege. Man trug das blaue Gestein von den Tagebauen in die Umgebung und breitete die Massen auf gepflasterten Höfen aus, so daß sie unter dem Einflusse von Feuchtigkeit und Trockenheit, von Tageswärme und Nachtkälte innerhalb der Zeit von 3—6 Monaten in Grus zerfielen, aus dem nach flüchtigem Waschprozesse die Diamanten ausgelesen werden konnten. Bei der Massenproduktion der neuesten Zeit wurden größere Waschanlagen mit Siebeinrichtungen und Rundherden gebaut (vgl. Abb. 346). Übrigens hatten sich mit der Zeit als die reichsten Stöcke diejenigen von de Beers und von Kimberley erwiesen.

Beim Beginn der Gräbereien wurden für den Transport des diamanthaltigen Gesteins zwischen den einzelnen Grubenfeldern Wege belassen (Abb. 347), doch mit dem Vertiefen der Tagebaue verloren diese rippenartigen Gesteinsmassen den Halt und brachen nach und nach in sich zusammen, zum Teil wurden sie wohl auch wegen des Wertes der darin enthaltenen Diamanten abgebaut. Nunmehr bildeten die Tagebaue eine große Binge, und es entstanden bei dem hohen Werte des Rohproduktes dadurch mancherlei Schwierigkeiten, daß der diamanthaltige Boden aus den mehr in der Mitte gelegenen Grubenfeldern über die Nachbarfelder fortbefördert werden mußte. Wenn auch in einzelnen Fällen durch Anlage von hängenden Bahnen, welche vom Rande (dem sogenannten Reef) der immer tiefer werdenden Tagebaue über die Nachbarfelder hinweg in die Tiefe führten (vgl. nebenstehende Tafel), die hieraus erwachsenden Mißstände beseitigt wurden, so brachte der Umstand, daß mit der Zeit von den Seiten erhebliche Gesteinsmassen samt den dort aufgestellten Baulichkeiten und Maschinen in die bis zu 60 m tief gewordenen Tagebaue abstürzten und die dort gelegenen Grubenfelder überdeckten, für einen großen Teil der Unternehmer unhaltbare Zustände mit sich. Hierzu kam, daß sich die Überproduktion an Diamanten auf dem Weltmarkte bereits fühlbar machte und einen Preisrückgang herbeiführte. Aus allen diesen Gründen war es eine notwendige Folge der natürlichen Verhältnisse, daß eine Vereinigung des Grubenbesitzes angestrebt wurde; diese und damit der Übergang zum Großbetriebe vollzog sich verhältnismäßig schnell. Man mußte nämlich im Jahre 1884, es war dies der einzige mögliche Weg, von dem bisherigen billigen Steinbruchbetrieb zum Tiefbaubetrieb übergehen, der sehr bedeutendes Anlagekapital erfordert. Außerhalb des diamantführenden Gesteins wurden Schächte abgeteuft, von diesen aus in verschiedenen Sohlen Strecken in den Kimberlit getrieben und hier der Abbau eingeleitet (vergl. Abb. 348). Im Jahre 1893 war man etwa bis 400 m tief eingedrungen, die „de Beers Consoli-

dated Mines" hatten fast die gesamten Grubenfelder in ihrer Hand vereinigt und be=
trieben den nun wohlgeregelten Bergbau mit etwa 12000 Arbeitern. Die Jahresproduktion
beträgt jetzt etwa 3 Millionen Karat, und die bisherige Gesamtproduktion Südafrikas
dürfte mehr als 60 Millionen Karat, das sind über 12000 kg Diamanten ergeben haben.
1 cbm gefördertes Gestein enthält im Durchschnitt etwa 4 Karat Diamanten, und das
Karat rohe Diamanten hat einen Durchschnittswert von 21 Mk., hierbei sind die größeren
Steine, welche sich gerade in Südafrika nicht so selten finden, nicht mitgerechnet.

Von den größten und berühmtesten Diamanten, welche man kennt, haben
viele ein wechselvolles Schicksal gehabt, dieselben sind zum größten Teile auf S. 319 und
zwar in wahrer Größe abgebildet. Zunächst seien die indischen Steine erwähnt:

Der Großmogul (Abb. 349), nach seinem früheren Besitzer genannt, wurde von
Tavernier, der ihn im Jahre 1665 am Hofe zu Delhi sah, beschrieben; er ist als hohe

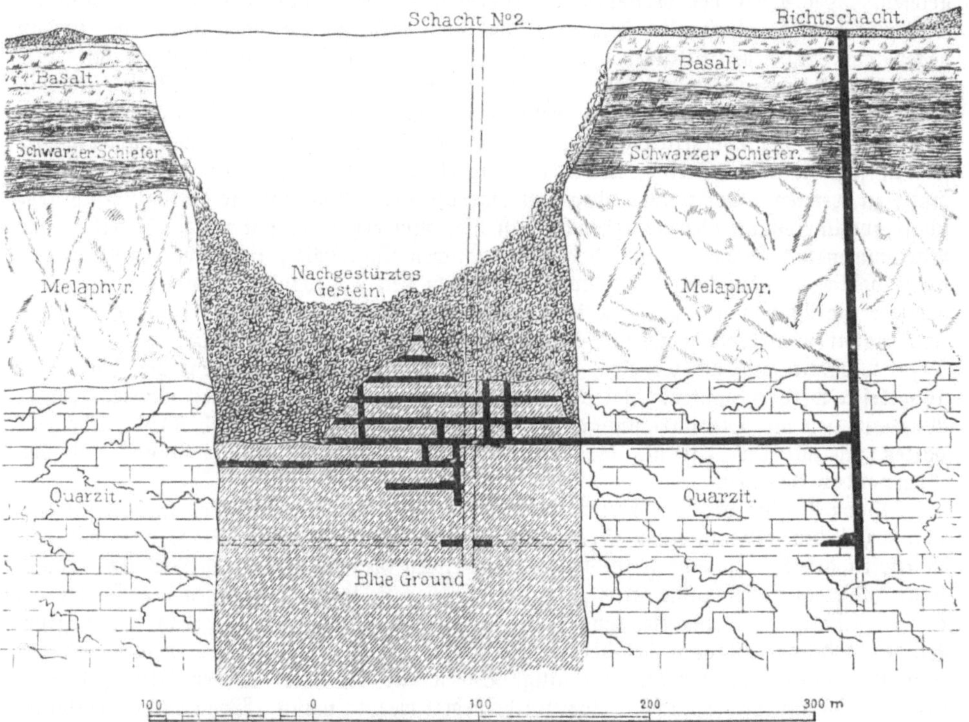

348. Ideeller Schnitt durch die Kimberley=Grube etwa im Jahre 1890.

Rosette geschliffen. Es soll ein Stein vom reinsten Wasser gewesen sein im Gewichte von
280 Karat. Spätere Nachrichten über den Verbleib des Steines fehlen. Von ähnlicher
Gestalt ist der Orloff (Abb. 350), der heute das russische Reichszepter ziert; auch
dieser Stein stammt aus Indien, er wiegt 193 Karat und gelangte aus dem Besitze eines
indischen Fürsten im Jahre 1791 in den der Kaiserin Katharina II. von Rußland für den
Preis von etwa 1 1/2 Millionen Mark. — Der Regent oder Pitt=Diamant (Abb. 351)
wurde im Jahre 1705 von dem englischen Gouverneur Pitt in Madras erworben, er ging
später in den Besitz Ludwigs XV. von Frankreich über und erlangte dadurch besondere
Berühmtheit, daß ihn Napoleon I. an seinem Degengriffe trug. Er befindet sich noch
heute in Paris, wiegt 137 Karat, und wird wegen seines regelmäßigen Schliffes sehr
hoch bewertet. — Der Florentiner oder Großherzog von Toscana (Abb. 352) im
österreichischen Kronschatze hat neunstrahlige Form, schönes Feuer, jedoch etwas gelbliche
Farbe. — Der Kohinur gelangte aus dem Besitze des Großmoguls nach der Zerstörung
des Reiches in denjenigen des Fürsten von Lahore und weiter im Jahre 1850 in englische

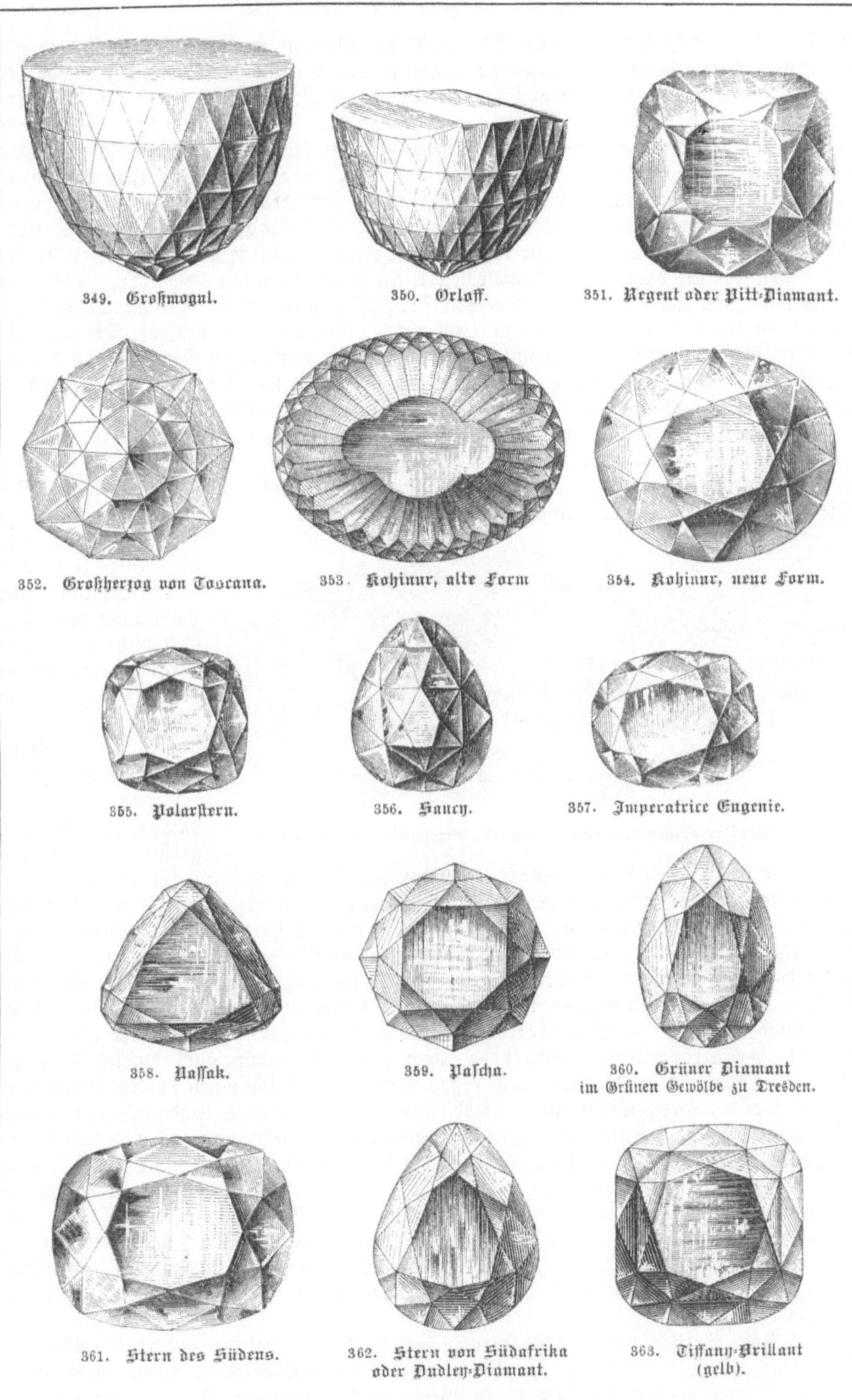

349. Großmogul.

350. Orloff.

351. Regent oder Pitt-Diamant.

352. Großherzog von Toscana.

353. Kohinur, alte Form

354. Kohinur, neue Form.

355. Polarstern.

356. Sancy.

357. Imperatrice Eugenie.

358. Nassak.

359. Pascha.

360. Grüner Diamant
im Grünen Gewölbe zu Dresden.

361. Stern des Südens.

362. Stern von Südafrika
oder Dudley-Diamant.

363. Tiffany-Brillant
(gelb).

349—363. **Die berühmtesten Diamanten.**

Hände. Der Stein hatte damals (Abb. 353) ein Gewicht von 186 Karat, jedoch eine ungünstige Form, beim Umschleifen zu einem flachen Brillanten (Abb. 354) wurde sein Gewicht bis auf 106 Karat erniedrigt. — Der Polarstern (Abb. 355) von 40 Karat Gewicht gehört der russischen Krone, der Sancy (Abb. 356) im Gewicht von 53, nach anderen von 33 Karat gehörte im 18. Jahrhundert der französischen Krone, wurde jedoch während der Revolution im Jahre 1792 entwendet und blieb lange Zeit verschollen. Später soll er wieder aufgetaucht und nach Indien verkauft worden sein. — Der Imperatrice oder Diamant der Kaiserin Eugenie (Abb. 357) befand sich im Besitze der Kaiserin Katharina II. von Rußland, wurde von dieser an ihren Günstling Potemkin verschenkt und aus dessen Familie vom Kaiser Napoleon III. für seine Gemahlin erworben. Diese verkaufte ihn später nach Indien. — Der Nassak (Abb. 358), von der gleichnamigen Stadt am oberen Laufe des Godavari in Hinterindien benannt, der sich zur Zeit im Besitz des Marquis von Westminster befindet, von eigenartig dreiseitigem Schliffe, und der als achtseitiger Brillant geschliffene Pascha (Abb. 359), 40 Karat schwer, dem Vizekönig Ibrahim von Ägypten gehörig, mögen hier kurz erwähnt werden.

Auch die berühmtesten satt gefärbten Diamanten stammen aus Indien. Es sind dies der saphirblaue Diamant des Londoner Bankiers Hope im Gewicht von 44¹/₂ Karat; er wurde mit 360000 Mk. bezahlt und ist fast ebenso geschliffen wie der Polarstern. Der apfelgrüne Diamant (s. Abb. 360) im Grünen Gewölbe zu Dresden, von 40 Karat

Gewicht, wurde 1742 für 200000 Thaler erkauft und ist in einer Hutagraffe befestigt.

Von brasilischen Diamanten hat nur der 125¹/₂ Karat schwere Südstern, der in der Provinz Minas Geraes gefunden und in Amsterdam geschliffen wurde, größere Berühmtheit

864. Größter bisher bekannter Diamant „Excelsior“. (Natürl. Größe.)

erlangt, er ist (Abb. 361) ein schöner, regelmäßiger Brillant und soll für 1600000 Mk. nach Indien verkauft worden sein. — Der Braganza genannte, ebenfalls aus Brasilien stammende Stein, welcher der portugiesischen Krone gehört, hat ein Gewicht von 1680 Karat, er würde demnach der bei weitem größte bekannte Diamant sein. Es steht jedoch mit ziemlicher Sicherheit fest, daß es nur ein weißer Topas ist, wie sie in Brasilien öfters gefunden werden, während größere Diamanten gerade dort sehr selten sind.

Einer der ersten in Südafrika gefundenen Diamanten ist, wie weiter oben schon erwähnt, der Stern von Südafrika, nach seiner Besitzerin auch Dudley=Diamant genannt; er wog roh 83¹/₂ Karat und ergab nach dem Schliffe einen ovalen Stein vom reinsten Wasser, 46¹/₂ Karat schwer (Abb. 362). Später lieferte Südafrika eine ganze Reihe großer Steine, darunter zwei ziemlich regelmäßige Oktaeder von 457 und 428 Karat Rohgewicht, und auch den größten, überhaupt bekannten Diamanten, er ist 971³/₄ Karat schwer und erhielt den Namen Excelsior. Am 30. Juni 1893 wurde er in der Jagers=fontein=Grube gefunden. Abb. 364 zeigt ihn im rohen Zustande, sein Wert wird sehr verschieden beurteilt, jedenfalls beträgt er weit über 1 Million Mark, namentlich da der Stein eine ausgezeichnete blauweiße Farbe hat. — Aus Südafrika stammt auch der schöne orangegelbe Tiffany=Brillant, nach seinem New Yorker Besitzer genannt (Abb. 363), er wiegt 125¹/₂ Karat.

Die hohe Wertschätzung des Diamanten hat, ebenso wie bei den anderen Edelsteinen, oft zu Nachahmungen verleitet. Hierher ist schon die oberflächliche Färbung echter, aber gelblicher Steine zu rechnen. Da deren Wert erheblich geringer ist, als derjenige rein weißer Steine, so versieht man sie mit einem ganz dünnen Überzug eines schwer löslichen blauen Farbstoffes; hierdurch erscheint der Stein rein weiß, bis bei der Benutzung die blaue Färbung verschwindet und die gelbliche Farbe des Steines wieder zum Vorschein kommt. Es gehört schon Übung dazu, um diese Fälschung unter dem Vergrößerungsglase sofort zu entdecken. Die Nachahmung des Diamanten durch Glasflüsse gibt sich durch die geringere Härte leicht zu erkennen, die sogenannten Simili=Brillanten sind aus Straß gefertigt. Doch auch andere Edelsteine und Halbedelsteine werden als Diamanten unter= geschoben. Für das Auge des Kenners ist hier oft schon der Mangel an Lichtbrechung und die Art des Glanzes maßgebend, die geringere Härte und das abweichende spezifische Gewicht gestatten stets eine Unterscheidung. Der häufig verwendete Bergkrystall — weißer durchsichtiger Quarz, sogenannter Marmaroscher Diamant — hat das niedrige spezifische Gewicht 2,6, er schwimmt also in Methylenjodid, während Diamant rasch unter= sinkt, und die Härte ist nur 7. Von weißem Topas, der namentlich in Brasilien häufig ist, kann der Diamant am leichtesten an der Härte (Topas hat nur die Härte 8) unter= schieden werden, während sich beide im spezifischen Gewichte sehr nahe stehen.

Zu den Edelsteinen, welche als Diamant jedoch schon seltener in den Handel gebracht werden, gehört auch der Phenakit, er besteht aus kieselsaurer Beryllerde und ähnelt dem Diamanten bezüglich des Farbenspiels, er ist jedoch an der geringeren Härte (7³/₄) und dem niedrigeren spezifischen Gewicht, welches 3,0 beträgt, leicht zu erkennen. Schleif= würdiger Phenakit findet sich namentlich in den bekannten uralischen Smaragdgruben an der Takowaia und am Monte Antero in Colorado zusammen mit Aquamarin. Auch weißer Saphir vom spezifischen Gewicht 4,1, der also erheblich schwerer als Diamant ist und nur die Härte 9 hat, wird für wirklichen Diamant ausgegeben, ebenso der durch Glühen entfärbte Hyazinth, der überhaupt das höchste spezifische Gewicht von allen Edel= steinen hat, nämlich 4,6, und dessen Härte 7¹/₂ beträgt, der Unterschied in beiden Beziehungen ist also sehr erheblich. Farbige Diamanten kommen im Edelsteinhandel so selten vor, daß ihre Unterscheidung von anderen Steinen hier übergangen werden kann. Es mag nur erwähnt werden, daß fast immer die Härteprobe genügen wird, um den Nachweis zu führen, daß man es wirklich mit einem farbigen Diamanten zu thun hat.

Übrigens sind die vielen Versuche, den Diamanten künstlich herzustellen, bisher nicht gelungen, wenigstens nicht in so weit, daß man schleifwürdige Steine erhalten hätte, sie haben daher nur wissenschaftliches Interesse.

Korund, Rubin, Saphir; Schmirgel.

Der Korund wird zwar wie üblich erst an zweiter Stelle besprochen, weil er nur die Härte 9 besitzt und daher dem Diamanten in dieser Beziehung bedeutend nachsteht, es muß jedoch schon hier hervorgehoben werden, daß die als Edelstein geschätzteste Korund= spielart, der Rubin, und zwar besonders bei purpurroter Farbe oft höher als Diamant bezahlt wird. Korund besteht aus Thonerde (Aluminiumoxyd), also aus einem derjenigen Stoffe, die an der Zusammensetzung der festen Erdrinde den wesentlichsten Anteil haben; er krystallisiert in sechsseitigen Säulen, die oft in eine faßähnliche Form übergehen (s. Abb. 365), Spaltbarkeit ist nur in geringem Maße bemerkbar.

Außer in durchsichtigen, zum Verschleifen geeigneten Krystallen kommt Korund auch undurchsichtig, zum Teil in großen Massen vor. Man unterscheidet gemeinen Korund in undurchsichtigen Krystallen von grauer Farbe und Schmirgel, das ist ein bläulich= graues bis braunes Gemenge von kleinen Korundkryställchen mit anderen harten Mine= ralien (z. B. Eisenglanz und Magneteisenerz) und mit erdigen Bestandteilen. Der gemeine Korund ist härter und daher geschätzter als Schmirgel, der immer fremde und weichere Beimengungen enthält; beide dienen als Schleifmittel für Edelsteine, Metalle, Spiegel= glas u. s. w. Für viele Zwecke wird gekörnter Schmirgel mit Hilfe eines Bindemittels unter sehr starkem Druck zu Schmirgelscheiben gepreßt, die in der Metallbearbeitung jetzt eine große Rolle spielen. Für weichere Stoffe, z. B. Holz, wird das Schleifmittel häufig in die Form des Schmirgelpapiers oder der Schmirgelleinwand gebracht, jedoch wird nur der kleinere Teil aus wirklichem Schmirgel hergestellt. Häufig werden minderwertige Stoffe, wie Granat und Quarz, verwendet.

Die hauptsächlichsten Gewinnungspunkte für gemeinen Korund befinden sich in Nord-Carolina, wo zu Corundum Hill und zu Saphire Gänge bis zu 5 m Mächtigkeit in krystallinischen Schiefern und olivinhaltigen Gesteinen auftreten, die bis zu 15% Korund in kleineren und größeren Krystallen enthalten, zuweilen kommen mit dem Korund großblätteriger Glimmer und langfaseriger Asbest vor. Beide Mineralien sind ebenfalls verwendbar (vgl. S. 301). Das korundhaltige Rohmaterial wird auf Mühlen zerkleinert und auf Setzmaschinen verwaschen. Der Preis für 1 t Korund schwankt je nach der Korngröße und Reinheit zwischen 60 und 200 Dollar; die Vereinigten Staaten von Nordamerika verbrauchen jährlich etwa 6000 t als Schleifmittel.

Sehr bekannt ist auch der Schmirgel von Naxos und Smyrna, derselbe kommt im Kalkstein vor. Es werden jährlich etwa 4000 t zu 50 Mk. mittlerem Werte ausgeführt. Naxos-Schmirgel enthält etwa 70% Korund.

Die durchsichtigen Korunde, welche als Edelsteine verschliffen werden, heißen auch edle Korunde, es werden die folgenden Farben unterschieden: Rubin oder roter Korund und zwar sattrot, zum Teil mit einem kleinen Stich ins Blaue, bis lichtrot, Saphir, oder blauer Korund, fast in allen Schattierungen des Blau, außerdem kommen noch gelbe Korunde vor, die man gelbe Saphire oder orientalischen Topas nennt, sie zeichnen sich durch ein sehr lebhaftes Feuer aus, und violette Steine, orientalischer Amethyst oder Violett-Rubin genannt. Als Sternsaphir bezeichnet man hellfarbige Korunde,

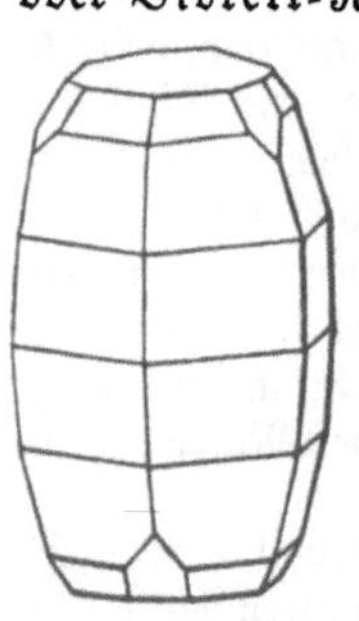

365. **Faßähnlicher Krystall von Korund.**

welche, namentlich nachdem sie mugelig geschliffen sind und zwar so, daß die Unterseite des Steines der Endfläche der sechsseitigen Säule parallel ist, einen sechsstrahligen Stern und eigenartigen Glanz zeigen. Die Steine von Ceylon zeigen diese Erscheinung (Asterismus) am schönsten, sie beruht wahrscheinlich auf regelmäßig im Steine eingelagerten Einschlüssen. Die edlen Korunde kommen hauptsächlich in Krystallen und abgerundeten Körnern in Seifen vor, eingewachsene Steine sind selten, man kennt z. B. Saphire in Basaltlava.

Rubin hat ebenso wie die übrigen edlen Korunde das hohe spezifische Gewicht 4,0 und die Härte 9, er ist also nach dem Diamanten das härteste Mineral. Die Rubine erhalten gewöhnlich Brillantschliff, größere Steine — bis zu mehreren hundert Karat Gewicht — werden zwar erwähnt, sind jedoch äußerst selten, ja schon Steine von etwa 10 Karat werden nicht häufig gefunden, jedenfalls viel seltener als Diamanten von dieser Größe. Die wichtigsten Fundorte des Rubins liegen in Asien, die schönsten Steine soll Birma liefern, jedoch ist über die Art des Vorkommens wenig Näheres bekannt. Das Innere von Birma ist erst im Jahre 1886 nach der englischen Besitzergreifung für Europäer zugänglicher geworden. In den Edelsteinseifen von Ceylon, welche reichlich die anderen edlen Korunde liefern, ist Rubin selten; ein nicht näher bekannter ergiebiger Fundort wird im Tianschangebirge vermutet. Nordamerika hat gelegentlich einige gute Steine geliefert.

Die Hauptmenge der Saphire kommt ebenfalls, wie die orientalischen Topase und Amethyste aus den Edelsteinseifen von Ceylon, und zwar sind größere Saphire erheblich häufiger als dergleichen Rubine. Auch in den brasilischen Diamantseifen finden sich Saphire, und vereinzelt kommen Steine in Nordamerika vor.

Der Rubin ist außer dem Türkis, wie bereits in der Einleitung bemerkt, der einzige Edelstein, dessen künstliche Darstellung aus seinen Bestandteilen in so vorzüglicher Weise gelungen ist, daß eine Unterscheidung von den natürlichen nicht möglich ist. Derartige Rubine sind auch verschliffen worden, bis jetzt hat man nur Steine bis zu $\frac{1}{3}$ Karat Gewicht erhalten.

Der hohe Wert des Rubins hat Veranlassung dazu gegeben, daß im Edelsteinhandel mancherlei andere rotgefärbte Steine teils als echter Rubin ausgegeben, teils unter ähnlichem Namen angeboten werden. Hier ist an erster Stelle der Spinell zu erwähnen, ein Edelstein, welcher aus Thonerde und Magnesia besteht, er kommt in seinen dunkelroten schleifwürdigen Spielarten als Rubin-Spinell und bei lichtroter Farbe als

Rubis balais im Edelsteinhandel vor. Vom echten Rubin ist er durch die geringere Härte (8) und das niedrige spezifische Gewicht 3,5 zu unterscheiden. Durchsichtiger Spinell findet sich nur in Edelsteinseifen, z. B. auf Ceylon, in der indischen Provinz Mysore, in Birma, in Neusüdwales; die abgerollten Körner lassen oft die ursprüngliche Krystallform, das Oktaeder, noch gut erkennen, der Spinell ist nicht spaltbar, Bruchflächen sind muschelig. Der Rubin-Spinell wird gewöhnlich als Brillant, der Rubis balais auch als Tafelstein geschliffen.

Auch der rote Turmalin oder Rubellit kommt als sibirischer Rubin auf den Markt, ebenso wird häufig Granat (vgl. S. 328) als Rubin untergeschoben. Beide Steine sind durch die erheblich geringere Härte kenntlich. Ferner werden die gebrannten brasilianischen Topase von rosa Farbe als brasilianische Rubine angeboten; diese haben ebenfalls geringere Härte als echter Rubin, und das spezifische Gewicht ist niedriger.

Auch als Saphir versucht man andere Steine auszugeben; so wird zuweilen an seiner Stelle Chyanit benutzt, er besteht aus kieselsaurer Thonerde und kommt in Brasilien, Indien und Tibet an nicht näher bekannten Fundorten in schleifwürdigen, schön blauen Krystallen vor, seine Härte ist erheblich niedriger als die des Saphirs und zeigt in verschiedenen Richtungen so große Unterschiede, wie bei keinem anderen Edelsteine, nämlich zwischen den Härtegraden 5 und 7.

Ferner kommt der Cordierit, der wegen des starken Dichroismus auch Dichroit und wegen seiner Ähnlichkeit mit großen Saphiren auch Luchssaphir genannt wird, in schleifwürdigen blauen Krystallen vor und zwar hauptsächlich in den Edelsteinseifen Ceylons. Außerdem findet er sich eingewachsen in Gneis und Granit z. B. zu Bodenmais im Bayrischen Walde und zu Orijärvi in Finnland, durch den Dichroismus, die geringere Härte, 7¼, und das geringere spezifische Gewicht 2,6 — während dasjenige des Saphirs 4,0 beträgt — läßt er sich von letzterem unterscheiden.

Chrysoberyll.

Chrysoberyll ist ein seltener Edelstein, der dritthärteste (Härte 8½) in der Reihe. Er besteht aus Thonerde und Beryllerde und ist namentlich in Brasilien, wo er in dem Sande des Rio das Americanas zusammen mit anderen Edelsteinen als Geschiebe gefunden wird, und in Rußland, wo er in den uralischen Smaragdgruben an der Takowaia im Glimmerschiefer vorkommt, sehr geschätzt. Die brasilianischen Steine haben gewöhnlich gelbe Farbe und werden auch Cymophan genannt, seltener sind silberweiße und blauweiße Steine, die den irisierenden Schein des Katzenauges haben (vgl. S. 334) und gewöhnlich „en cabochon" verschliffen werden; die uralischen Chrysoberylle werden auch Alexandrite genannt, sie zeigen in ausgezeichneter Weise den Dichroismus und sind hierdurch leicht zu erkennen. In der Richtung der Hauptachse (beim gefaßten Steine von oben) gesehen ist der Alexandrit tiefgrün, von der Seite gesehen erscheint er rötlich, diese Farbe zeigt sich auch in der anderen Richtung bei Lampenlicht.

Beryll, Smaragd, Aquamarin.

Auch der Beryll enthält, wie sein Name andeutet, das Element Beryllium, er besteht aus kieselsaurer Beryllerde. Der gemeine Beryll ist kein gerade seltenes Mineral, er ist undurchsichtig, von grauer oder gelblicher Farbe und findet sich namentlich im grobkörnigen Granit eingewachsen, zuweilen in sehr großen Krystallen, welche sechsseitige Säulen bilden (s. Abb. 366). Spaltbarkeit ist parallel der Endfläche ziemlich deutlich vorhanden. Die alten Kulturvölker sollen dünne durch Spaltung hergestellte Beryllplatten als eine Art Augengläser gegen den Einfluß grellen Sonnenlichtes benutzt haben, und das deutsche Wort Brille ist wahrscheinlich mit Beryll stammverwandt. Ist der Beryll durchsichtig und schön gefärbt, so nennt man ihn edlen Beryll, und zwar sind zu unterscheiden der Smaragd von schön sattgrüner Farbe und der Aquamarin, welcher lichtmeergrün oder bläulichgrün ist. Gelber Edelberyll kommt fast nur in den Vereinigten Staaten von Nordamerika vor. Allen Beryllen gemeinsam sind die physikalischen Eigenschaften, die Härte ist 7½, also für einen Edelstein nicht gerade hoch; das spezifische Gewicht beträgt nur 2,7

Smaragd findet sich auffallenderweise — abweichend von dem Vorkommen der übrigen Edelsteine — nur ganz ausnahmsweise in Seifen, er wird vielmehr am Orte seiner ursprünglichen Bildung eingewachsen in Glimmerschiefer oder Kalkstein gefunden. Schon im Altertume war der Smaragd bekannt und wurde in Ägypten in der Nähe der Küste des Roten Meeres bei Kosseir gegraben; später könnten auch von dem uralischen Fundorte an der Takowaia, östlich von Jekaterinburg, Steine in den Verkehr gekommen sein. Es scheint, daß der Smaragd bis zur Entdeckung Amerikas ein seltener Stein gewesen ist. Bei der Eroberung Mexikos und Perus fiel jedoch eine sehr große Menge der schönsten Smaragde in die Hände der Spanier, und auch heute noch liefert Südamerika sehr wertvolle Steine. Der Fundort befindet sich in der Kordillere der Anden in Columbien östlich vom Rio Magdalena bei dem Orte Muzo, und zwar werden die Smaragde dort im Kalkstein gefunden. Der Betrieb findet durch Tagebau statt. Die schon oben genannten uralischen Gruben sollen erst seit dem Jahre 1830 in Betrieb sein. Auch in den Salzburger Alpen, in einer Seitenschlucht des Habachthales, welches vom Ober=Pinzgau, dem Thale der Salzach, nach Süden zur gletscherbedeckten Venediger Gruppe ansteigt, kommen Smaragde im Glimmerschiefer vor, doch ist die Ausbeute an schleifwürdigen Steinen gering. Nordamerika hat von Stony=Point in Nord=Carolina eine beschränkte Zahl guter Steine geliefert. Hervorzuheben ist, daß die beiden an anderen Edelsteinen so reichen Länder, Brasilien und Ceylon, keine Smaragde liefern und daß über der Herkunft der indischen Steine ein geheimnisvolles Dunkel schwebt.

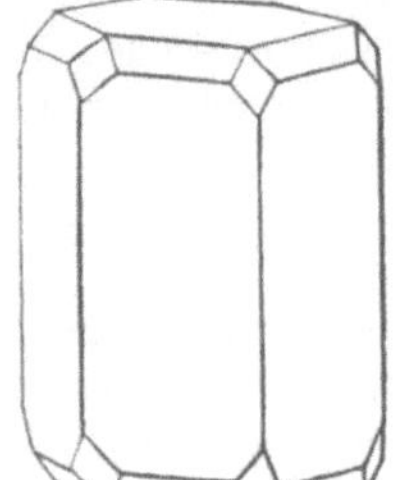

866. **Beryll-Kryftall.**

Die Smaragdkrystalle sind zum Teil von beträchtlicher Größe, doch zeigen die meisten undurchsichtige Stellen, sogenannte Wolken, außerdem ist Smaragd oft rissig und enthält Glimmerschüppchen eingewachsen. Dieses ist der Grund, weshalb tadellose größere Steine äußerst selten sind und wohl höher im Preise stehen als gleich große Diamanten. Die Schliffform alter Steine ist beim Smaragd besonders häufig der Tafelstein, wohl wegen der nur nach einer Richtung vorhandenen Spaltbarkeit. Neuerdings wird jedoch mehr der Brillantschliff angewendet.

Übrigens ist es dem Pariser Chemiker Hautefeuille gelungen, kleine Smaragde, schöne durchsichtige Kryställchen durch Zusammenschmelzen der natürlichen Bestandteile unter Zusatz von Chromoxyd als Färbemittel, künstlich darzustellen.

Die Zahl der Mineralien, welche dem Smaragd in der Farbe nahe kommen und gelegentlich unter seinem Namen auf den Markt gelangen, ist verhältnismäßig groß. Die wichtigsten dieser Pseudo=Smaragde sind die folgenden:

Chrysolith oder Edler Olivin besteht aus kieselsaurer Magnesia und verdankt seine ins Gelbliche spielende grüne Farbe einer Beimengung von Eisenoxydul, er wird von den Edelsteinhändlern häufig als hellgefärbter Smaragd untergeschoben, von dem er durch das höhere spezifische Gewicht 3,3 (gegen 2,7 spezifisches Gewicht des Smaragds) und durch die etwas niedrigere Härte unterschieden werden kann. Chrysolith ist sehr viel billiger als Smaragd, man kennt nur das Vorkommen loser Krystalle in Sanden und zwar in Oberägypten, auf Ceylon und in Brasilien. (Über Chrysolith von Ceylon vgl. unter Turmalin S. 328.)

Auch ein in Nordamerika bei Stony=Point im Staate Nord=Carolina übrigens mit dem Smaragd zusammen vorkommendes Mineral, der Hiddenit, welcher der Augitgruppe angehört und aus kieselsaurer Thonerde und kieselsaurem Lithium besteht, hat die schön sattgrüne Farbe des Smaragds und wird namentlich in Nordamerika geschätzt, wo er unter dem Namen Lithiumsmaragd in den Handel kommt. Er unterscheidet sich vom echten Smaragd durch die geringere Härte, $6\frac{1}{2}$—7 und durch das höhere spezifische Gewicht 3,2.

Kurz muß an dieser Stelle auch ein Halbedelstein, der Dioptas auch Kupfer=smaragd genannt, erwähnt werden, da er durch seine dunkelsmaragdgrüne Farbe mit dem Smaragd verwechselt werden könnte, von welchem er sich durch den niedrigen Härte=

grad (5), durch das höhere spezifische Gewicht 3,8 und die geringe Durchsichtigkeit (er ist nur durchscheinend) unterscheidet. Er wird namentlich in Rußland, der Bucharei und in Persien als Schmuckstein verwendet; der wichtigste Fundort liegt in den westlichen Ausläufern des Altai, dort finden sich Krystalle von der Form der Abb. 367 aufgewachsen in Hohlräumen des Kalksteins, außerdem kommt er in den Goldseifen des Jenissei und zuweilen auch im Congogebiet vor. Die chemische Zusammensetzung ist kieselsaures wasserhaltiges Kupferoxyd. Wegen der geringen Härte und Durchsichtigkeit ist sein Wert auf dem europäischen Markte kein hoher.

Übrigens kommt auch Turmalin von tief grüner Farbe als brasilianischer Smaragd in den Handel, und namentlich in Rußland wird auch der seltene grüne Granat, Demantoid, zuweilen als Smaragd untergeschoben. Der letztere würde sich durch das höhere Gewicht und die geringere Härte unterscheiden lassen, den Turmalin erkennt man am leichtesten daran, daß er starken Dichroismus zeigt, nämlich senkrecht zur Tafel angesehen erheblich dunkler erscheint, als von der Seite betrachtet.

Aquamarin ist sehr viel häufiger als Smaragd und kommt auch in großen tadellosen Stücken vor, daher ist der Preis nur ein niedriger. Er findet sich zwar auch wie der Smaragd in Felsarten eingewachsen, doch ist das Vorkommen in Seifen häufiger. Die Farbe ist meistens licht grünlichblau, weshalb die Steine, um die Färbung noch gut hervortreten zu lassen, ziemlich dick — gewöhnlich im Brillantschliff — gehalten werden. Satter gefärbte Steine, die dann dem Saphir ähnlich werden, kommen wohl nur von Royalstone in Massachusetts, Nordamerika. In Brasilien wird der Aquamarin zum Teil in Stücken von mehreren Pfund Gewicht in den Edelsteinseifen gefunden, am Ural kommen die schönsten Steine aus der Gegend von Mursinsk und Schaitansk in der Nähe von Jekaterinburg, und zwar sind dieselben zum Teil in Krystallen von 2—3 dcm Länge in grobkörnigem Granit eingewachsen. Die bekanntesten sibirischen Fundorte liegen in Transbaikalien im Kreise Nerschinsk, der übrige Teil von Asien hat nur wenig Aquamarin geliefert, so sind Ostindien und Ceylon nicht reich an diesem Edelstein. In Nordamerika werden außer den schon erwähnten dunkleren Steinen heller gefärbte an mehreren Fundorten in Nord-Carolina und auch in Colorado gefunden.

Dem Beryll-Aquamarin sehr ähnlich in der Farbe kommt der Topas vor, der häufig auch als Aquamarin verkauft wird. Die Unterscheidung bei ungefaßten Steinen ist nicht schwierig, da Topas (spezifisches Gewicht 3,5) erheblich schwerer ist als Beryll, ersterer geht in Methylenjodid unter, während Beryll darin schwimmt.

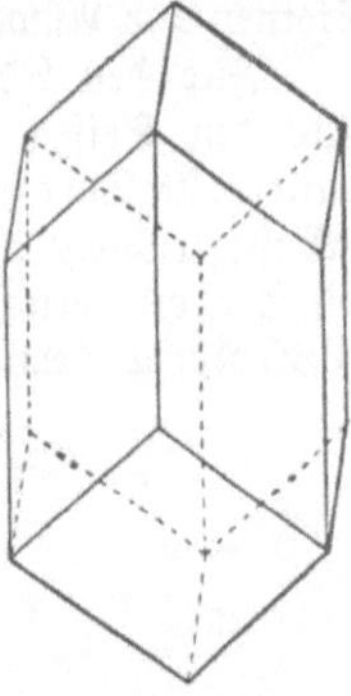

367. Krystallform des Dioptas.

Zirkon.

Zu den seltener im Edelsteinhandel vorkommenden Mineralien gehört der Zirkon; die rotgelben Steine mit einem Stich ins Braune heißen Hyazinth, sie sind jetzt weniger gesucht. Farblose Zirkone, Jargon genannt, kommen in der Natur vor, auch kann man dieselben künstlich durch Glühen der gefärbten Steine herstellen; wegen des lebhaften Feuers, welches ihnen eigen ist, werden sie zuweilen als Diamanten angeboten. Zirkon ist der schwerste Edelstein (spezifisches Gewicht 4,6—4,7), wodurch er leicht von allen anderen unterschieden wird, die Härte ist 7½, er besteht aus kieselsaurer Zirkonerde und krystallisiert in einer vierseitigen rechtwinkeligen Säule mit abgestumpften Kanten, beim Hyazinth sind die Enden meistens, wie Abb. 368 zeigt, pyramidal abgeschrägt. Der Zirkon findet sich mit anderen Edelsteinen zusammen in den Edelsteinseifen Ceylons, Brasiliens und Australiens. Übrigens muß auch an dieser Stelle erwähnt werden, daß als echter Hyazinth zuweilen der ihm in der Farbe sehr nahe stehende Hessonit-Granat von Ceylon (s. Granat, S. 329) untergeschoben wird. Am geringeren spezifischen Gewicht (3,6) ist der letztere leicht zu erkennen, während die Härte fast die gleiche ist.

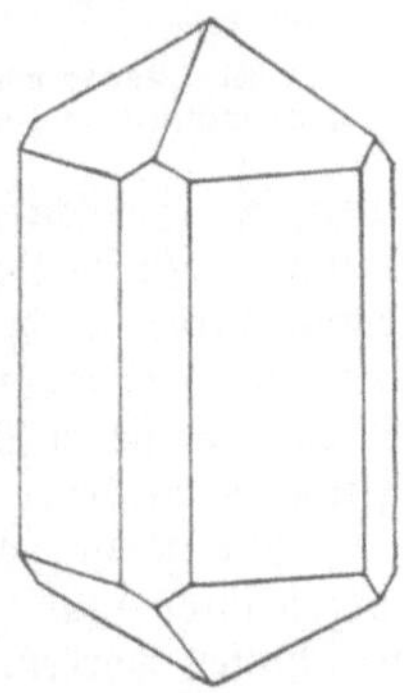

368. Zirkon.

Topas.

Der Topas ist ein Thonerde=Silikat, welches sich durch seinen hohen Fluorgehalt (17%) in chemischer Beziehung auszeichnet. Die Härte ist 8, das spezifische Gewicht 3,5. Topas ist ein häufiges Mineral, er kommt namentlich im Granit und zwar oft zusammen mit Zinnerz vor, außerdem als lose Krystalle in den Edelsteinseifen. Die Krystallform ist eine rhombische Säule, eine der häufigeren Ausbildungen des Säulenendes zeigt Abb. 369, übrigens spalten die Säulen leicht rechtwinkelig zur Längsrichtung und ist des=halb Vorsicht beim Umgehen mit Topasen geboten. Es sind Krystalle von 10 und mehr Zentimeter Länge bekannt, z. B. von Mursinsk im Ural. Wegen der Spaltbarkeit wurde der Topas früher oft zu Tafelsteinen verschliffen oder erhielt Treppenschnitt, jetzt wird mehr der Brillantschliff vorgezogen, den man früher nur bei besonders schönen Steinen zur Anwendung brachte.

Für den Edelsteinhandel kommen namentlich die folgenden Fundorte in Betracht. Aus den Seifen des Rio Belmonte in Brasilien, Provinz Minas Geraes, stammen wasserhelle Topase, welche goutte d'eau oder portugiesisch pingos d'agoa, zu deutsch „Wassertropfen", genannt und zuweilen als Diamanten untergeschoben werden. So soll der vielgerühmte Diamant des portugiesischen Kronschatzes „der Braganza" von 1680 Karat Gewicht ein weißer Topas sein. Durch die geringere Härte sind diese Steine

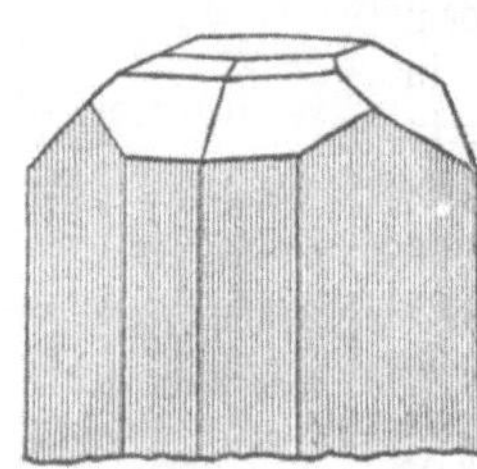

369. **Topas vom Schneckenstein in Sachsen.**

als Topase erkennbar. Die gold= oder honiggelben Topase werden in den berühmten Gruben von Ouro Preto, der Hauptstadt der Provinz Minas Geraes (früher Villa Rica genannt), mit schönem Bergkrystall zusammen gefunden. Durch Glühen unter Luftabschluß, z. B. in Kohlenpulver eingehüllt, verwandelt sich die gelbe Farbe dieser Steine in Rosa. Solche gebrannte Topase werden als brasilianische Rubine verkauft. Rußland liefert, namentlich aus den Goldseifen des Oren=burger Gouvernements, viele und schöne Topase von der grünlichblauen Farbe des Aquamarins (Beryll), sie lassen sich von diesen durch die etwas größere Härte und das erheblich höhere spezifische Gewicht (Topas 3,5; Beryll 2,7) unterscheiden, sind aber auch an und für sich beliebt. In Methylenjodid sinkt Topas zu Boden, während Beryll schwimmt. Steine, deren Farbe sich dem reinen Blau mehr nähert, werden als brasilianische Saphire verkauft. Neuerdings kommen auch große Mengen Topas von Aquamarinfarbe aus Japan, wo sie in Seifen als lose Krystalle, zum Teil an den Kanten und Ecken abgerollt, gefunden werden.

Die sächsischen Topase vom Schneckenstein bei Auerbach im Vogtlande sind wegen ihrer ganz hellgelben (weingelben) Farbe nicht gerade geschätzt und sind nur selten verschliffen worden. Im Grünen Gewölbe in Dresden befinden sich einige größere Steine.

Zuweilen wird gelber Topas durch Glasflüsse nachgeahmt, die durch Uranoxyd gefärbt werden; auch gelber Quarz, Citrin (vgl. S. 333), wird wohl für Topas aus=gegeben, kann jedoch durch die geringere Härte und das niedrigere spezifische Gewicht 2,6 unterschieden werden.

Opal, Edelopal.

Opal besteht aus wasserhaltiger Kieselsäure, und zwar ist diese ohne krystallinisches Gefüge, man sagt amorph, er ist durchscheinend und tritt in verschiedenen Abarten auf. Allen gemeinsam ist das geologische Vorkommen in den Hohlräumen und Spalten jüngerer eruptiver Gesteine, wo die Ablagerung durch die Thätigkeit heißer Quellen erfolgt sein dürfte. Der gemeine Opal von weißer oder grauer Farbe hat keinen Wert, dagegen sind der Edelopal und der Feueropal, besonders der erstere, geschätzt.

Der Edelopal besteht aus einer durchscheinenden milchig weißen Masse, welche ein eigenartiges Farbenspiel, das Opalisieren, zeigt, indem grüne, rote, gelbliche und bläu=liche Lichtpunkte aufblitzen und beim Drehen des Steines beständig ihre Lage ändern.

Die grün und rot funkelnden sind am gesuchtesten. Der Opal hat zwar nur die Härte 6 1/2, also weniger als Quarzhärte, auch ist er leicht zerbrechlich, da das Farbenspiel wahrscheinlich davon herrührt, daß der Stein von einer Vielzahl sehr feiner Sprünge durchzogen ist, dennoch nimmt er eine schöne Politur an und ist wegen seiner Eigenart sehr beliebt. Er wird stets mugelig geschliffen mit ovaler Grundform. Schon die alten Römer kannten und schätzten den Stein. Die reichsten Fundorte sind Dubnik bei Cservenica in Ungarn, am Südabhang der Karpathen in der Gegend des weinberühmten Tokaj, und erst seit neuerer Zeit der Mount Remarquable in Südaustralien. An beiden Orten wird regelrechter Bergbau betrieben, merkwürdigerweise kommen die ungarischen Edelopale als orientalische in den Handel. Die australischen bilden oft sehr dünne Überzüge oder Spaltenausfüllungen in einem dunkelbraunen Muttergestein und werden zum Teil so verschliffen, daß auf der Unterseite des Steines, um dessen Haltbarkeit zu erhöhen, eine Rinde des Gesteins verbleibt, diese Steine werden schwarze Opale genannt. Die schönsten ungarischen Opale befinden sich im kaiserlichen Schatze zu Wien, der größte ist über 10 cm lang. Nachahmungen des Edelopals werden aus Glasflüssen gefertigt, sind jedoch leicht als solche zu erkennen.

Der Feueropal, von der feuerroten Farbe so genannt, hat wenig Farbenspiel und wird deshalb seltener verschliffen; der Hauptfundort ist Zimapan im Staate Oaxaka, Mexiko.

Türkis.

Der Türkis ist hellblau bis grünlichblau, aber undurchsichtig; am geschätztesten sind die himmelblauen wachsglänzenden Steine; er wird mugelig geschliffen und nimmt eine hohe Politur an, die Härte beträgt nur 6, d. h. er wird von Stahl deutlich geritzt. Schon im Altertume war der Türkis als Schmuckstein beliebt, Plinius erwähnt ihn als Callais, wovon der heutige mineralogische Name Calait hergeleitet ist; auch den Ureinwohnern Amerikas war der Türkis bekannt. Er besteht aus wasserhaltiger phosphorsaurer Thonerde, die Farbe rührt von einem kleinen Kupfergehalt her, am Sonnenlichte blaßt der Türkis allmählich aus, auch geht die blaue Färbung mehr ins Grünliche über.

Der berühmteste Fundort des Türkises ist Nischapur in der nordwestlichsten Provinz Persiens Chorasan, dem alten Parthien, dort kommt derselbe auf Klüften eines trachytischen Gesteins vor. 200 Arbeiter gewinnen das geschätzte Mineral, zum Teil in Gruben, zum Teil in Tagebauen, der eigentliche Markt für den rohen Türkis ist die Provinzialhauptstadt Meschhed, welche auch als Hauptmarkt für europäische Waren bekannt ist. Die besten und größten Steine, und es kommen solche von mehreren Zollen Länge vor, werden einzeln gehandelt, bessere Steine kosten in Meschhed 2500—4000 Mk. das Kilogramm, sie gelangen meistens auf dem Umwege über Rußland in den Handel. Minderwertige Steine werden in Persien selbst zum Besetzen von Amuletts, der Griffe und Scheiden von Dolchen und Schwertern benützt, übrigens versteht man es, etwaige Fehler größerer Steine, die in braunen Adern und Flecken bestehen, durch Gravierung von Ornamenten oder Koransprüchen zu verbergen. Den jährlichen Wert der Rohproduktion von Nischapur schätzt man auf 40000—50000 Mk.

Auf ähnlicher Lagerstätte kommt der Türkis im Megarathal der Halbinsel Sinai vor; ausgedehnte bergmännische Baue und die mit Basreliefs und Hieroglyphen bedeckten Felswände beweisen das hohe Alter dieses Betriebes. Ein in neuerer Zeit gemachter Versuch, den Bergbau wieder aufzunehmen, war erfolglos. Dagegen sind vor wenigen Jahren südlich von Santa Fé, der Hauptstadt Neumexikos, die Türkisgruben wieder in Betrieb genommen worden, die schon von den Ureinwohnern Amerikas ausgebeutet wurden, die Farbe der Steine ist hier vorwaltend grünlich. Steine von geringerem Werte werden auch gefunden zu Domsdorf und Jordansmühl am Zobten in Schlesien und im sächsischen Vogtlande zu Ölsnitz und Meßbach und zwar an diesen Fundorten in einem geschichteten Gestein, dem Kieselschiefer.

Im Handel kommen vielfach unechte Türkise vor, sehr häufig sind die Zahn- oder Beintürkise, welche auch occidentalische Türkise oder Türkise vom neuen Stein genannt werden, im Gegensatz zu dem echten oder orientalischen Türkis. Es finden sich nämlich

Zähne von Mammut, welche entweder an ihrem Fundorte auf natürliche Weise oder künst=
lich durch Metallsalze gefärbt sind. Am sichersten erkennt man die Zahntürkise in dünnen
Splittern unter dem Mikroskope daran, daß sie die dem Elfenbein eigentümliche Streifung
zeigen. — Auch ein ähnliches Mineral, Lazulith, das z. B. in den krystallinen Schiefern
der Alpen vorkommt, wird zuweilen als Türkis untergeschoben, kann jedoch durch das
höhere spezifische Gewicht, welches 3,1 beträgt, erkannt werden. In neuerer Zeit ist es
auch gelungen, Türkis von der nämlichen Zusammensetzung des natürlichen künstlich
herzustellen; derartige Steine sind äußerst schwer von den echten zu unterscheiden, doch
sollen sie beim Gebrauch rauh werden, während der echte Türkis stets den speckigen
Glanz behält.

Turmalin und Granat.

Turmalin hat nur dann einen besseren Preis, wenn er einen hohen Grad von
Durchsichtigkeit besitzt und nach seiner Farbe für Rubin oder Smaragd verkauft werden
kann; man nennt den roten Turmalin auch Rubellit, Siderit oder sibirischen
Rubin; er wird namentlich zu Schaitansk bei Jekaterinburg gefunden. Blauer
Turmalin, der übrigens recht selten ist, kommt zuweilen als brasilianischer Saphir
oder Indigolith im Edelsteinhandel vor. Am häufigsten und daher im niedrigsten

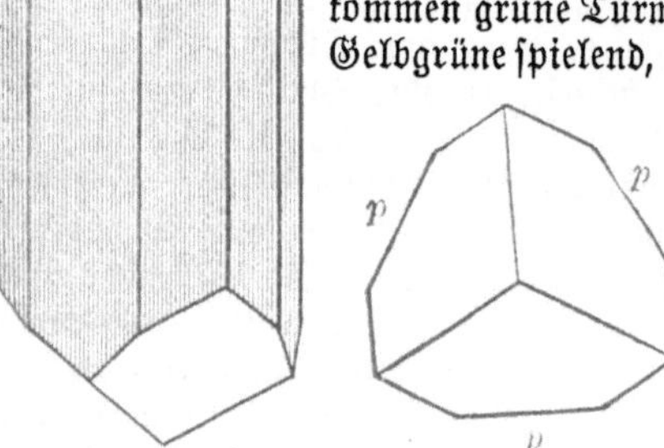

Werte stehend ist der tiefgrüne Turmalin, welcher in den Edelstein=
seifen von Minas Geraes in Brasilien gefunden und brasiliani=
scher Smaragd genannt wird. Auch in den ceylonischen Seifen
kommen grüne Turmaline vor, ihre Farbe ist jedoch hell und mehr ins
Gelbgrüne spielend, sie heißen wohl auch Chrysolithe von Ceylon.

Turmalin an und für sich ist ein recht häu=
figes Mineral, er besteht aus einer größeren
Zahl wasserhaltiger Silikate mit einem etwa
10% betragenden Gehalte an Borsäure; die
meisten Turmaline sind eingewachsen in grob=
körnigem Granit und undurchsichtig, entweder
braun oder schwarz, sie werden mineralogisch
auch Schörl genannt. Allen Turmalinen ge=
meinsam ist die säulige Krystallform, an der
eine sechsseitige und eine dreiseitige Säule vor=
herrschen, so daß ein kaum an einem anderen

370 u. 371. **Turmalin-Krystall.**
p Dreiseitiges Prisma.

Minerale vorkommender neunseitiger Säulenquerschnitt entsteht (s. Abb. 370 u. 371). Die
Säulen sind meistens nur an einem Ende und zwar vorherrschend durch drei Krystallflächen
begrenzt, abgebrochene Stücke zeigen muscheligen Bruch. Die Härte ist nur wenig höher
als die des Quarzes, das spezifische Gewicht schwankt zwischen 3,0 und 3,1. Die Unter=
scheidung des roten und grünen Turmalins (der blaue kommt wegen seiner großen Selten=
heit kaum in Betracht) von Rubin und Smaragd ist außer durch die Verschiedenheit des
spezifischen Gewichtes und durch den Härteunterschied noch dadurch erleichtert, daß Tur=
malin durch Reiben in sehr hohem Maße elektrisch wird und es auch längere Zeit bleibt,
so daß er kleine Papierschnitzel anzieht; außerdem zeigen die durchsichtigen Turmaline
ausgezeichneten, schon mit dem bloßen Auge erkenntlichen Dichroismus, sie sind in Rich=
tung der Hauptachse erheblich dunkler, als rechtwinkelig dazu. Übrigens erhalten die
schwarzen und braunen Turmaline ihre Farbe durch einen hohen Eisengehalt, die roten
sind eisenfrei und wahrscheinlich durch Mangan gefärbt, den grünen gibt zum Teil Eisen,
zum Teil Chrom die Farbe.

Die Mineralien der Granatgruppe liefern einen sehr wesentlichen Beitrag zu
den beliebteren Edelsteinen. Unter der Bezeichnung Granat versteht man eine Anzahl
von Silikaten, die zwar verschiedene Metalle enthalten, jedoch in der Hauptsache über=
einstimmend zusammengesetzt sind, indem in den Varietäten ähnliche Metalle sich gegen=
seitig vertreten. Das spezifische Gewicht schwankt in ziemlich weiten Grenzen, von
3,6 bis 4,2; auch die Härte ist etwas verschieden, bei den roten Granaten etwas höher

als 7, beim grünen Demantoid nur 6½. Spaltbarkeit ist nicht bemerkbar. Allen Granaten gemeinsam ist die Krystallform (Abb. 372—374). Das Rhombendodekaeder ist beim Granat so häufig, daß es oft Granatoeder genannt wird; außerdem kommt der Deltoid=Vierundzwanzigflächner an vielen Fundorten vor, und zwar sind seine Flächen oft mit feinen Streifungen in der Richtung der einen Diagonale versehen. Auch die Vereinigung beider Krystallgestalten (Abb. 374) tritt häufig auf, indem die Flächen des Vierundzwanzigflächners die Kanten des Rhombendodekaeders abstumpfen. Granat bildet, wenn auch nicht gerade häufig, als Gebirgsart den Granatfels; ferner finden sich ringsum ausgebildete Granatkrystalle und zwar bis zu Faustgröße in anderen Gesteinen, z. B. den krystallinischen Schiefern und im Serpentin eingewachsen, auch in Drusenräumen auskrystallisiert, und endlich kommt der Granat in vielen Seifen ausgewittert und abgerollt in losen Körnern vor. Die letztere Art des Auftretens liefert das meiste Material für die Edelsteinindustrie, zum Teil in so großen Massen, daß kleinere Steine nur geringen Wert haben, das Kilogramm nur einige Mark. Größere schleifwürdige Steine sind jedoch selten und erzielen wohl Preise bis zu 200 Mk. das Karat. Granat kommt in verschiedenen roten Farbentönen oft mit einem Stich ins Braune, Gelbe, Violette, auch schön dunkelgrün vor; von blauer Farbe ist er nicht bekannt. Größere durchsichtige Steine, welche mit Rubin und Smaragd Ähnlichkeit haben, erhalten Brillantschliff (zuweilen wird die Tafel nicht eben, sondern gewölbt

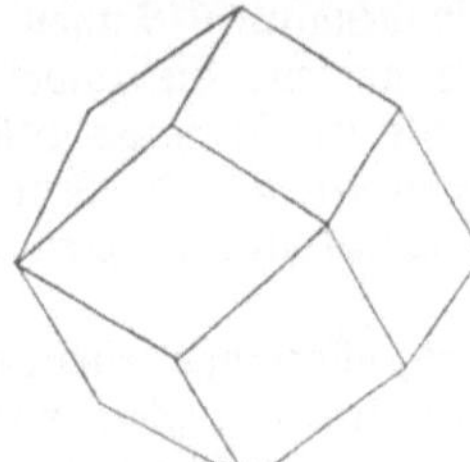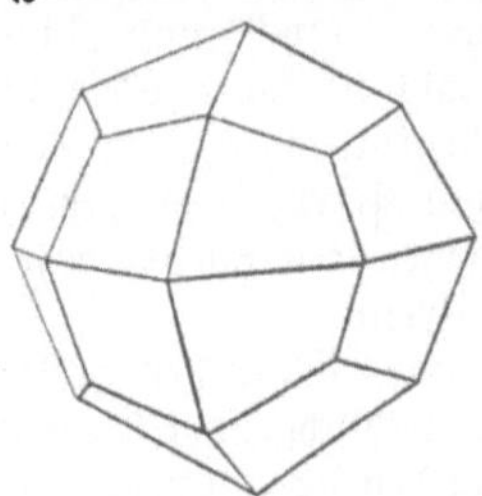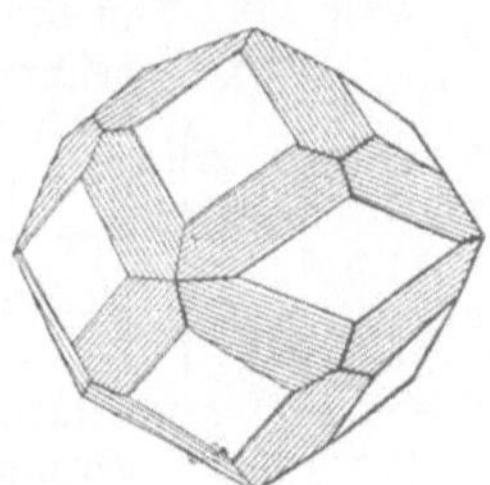

| 372. | 373. | 374. Kombination des Rhombendodekaeders |
| Rhombendodekaeder. | Deltoid=Ikositetraeder. | und des Deltoid=Ikositetraeders. |

372—374. Krystallformen des Granats.

geschliffen), außerdem kommen zwar alle Arten des Schliffes vor, doch sind Rosen und mugeliger Schliff am häufigsten. Bei sehr dunklen Steinen und mugeligem Schliff wird oft die Unterseite ausgehöhlt, man nennt derartige Steine Granatschalen; die Farbe wird hierdurch lebhafter, der Stein erscheint durchsichtiger. Die Rosen werden im Kasten auf Kupfer= oder Silberfolie gefaßt oder — wie namentlich die böhmischen — en pavé, d. h. die einzelnen Rosen werden auf entsprechend durchlochten Metallblechen durch Stifte so befestigt, daß sie über den Durchbrechungen zu liegen kommen. Auf diese Weise werden öfters größere Flächen mit Steinen bedeckt.

Übrigens kann man den Granat durch Zusammenschmelzen seiner natürlichen Bestandteile künstlich herstellen; das Verfahren ist jedoch kostspielig und dürfte bei dem geringen Werte des Rohmaterials kaum vorteilhaft sein. Dagegen wird der Granat häufig durch Glasflüsse nachgeahmt, die in allen Fällen an der geringen Härte kenntlich sind.

Als Edelsteine gelangen namentlich die folgenden Granatarten in den Verkehr:

Der Hessonit oder nach der chemischen Zusammensetzung Kalk=Thon=Granat wird aus den bekannten Edelsteinseifen von Matura auf Ceylon, wo er in größeren Stücken vorkommt, eingeführt; er hat die Farbe des Hyazinth (Zirkon), d. i. rot, mit einem Stich ins Braune oder Gelbe, und ist mit diesem sehr häufig verwechselt worden. Hessonit hat jedoch nur das spezifische Gewicht 3,6 und würde sich von dem sehr viel schwereren eigentlichen Hyazinth (spezifisches Gewicht 4,6) hierdurch leicht unterscheiden lassen. Auf Ceylon, dem Lande des Zimtbaumes, welcher die dem Hyazinthrot ähnlich gefärbte Zimtrinde, im Handel auch Kaneel genannt, liefert, lag der Vergleich mit diesem Produkt nahe, der Hessonitgranat führt daher auch den Namen Kaneelstein.

Der Almandin, auch edler oder orientalischer Granat genannt, ist chemisch ein Eisen-Thon-Granat, hat blutrote oder karminrote Farbe, oft mit einem Stich ins Violett. Am geschätztesten sind die rein roten, sie werden zuweilen als Rubin angeboten, dem sie im spezifischen Gewicht, welches 4,1—4,2 beträgt, sehr nahe stehen, von dem sie sich aber durch die erheblich geringere Härte unterscheiden. Die bekanntesten Fundorte der Almandine sind Syrien, Ceylon und die Diamantseifen von Bahia in Brasilien.

Dem vorigen an Farbe nahestehend — doch hat das Rot oft einen Stich ins Bräunliche — ist der Pyrop, von dem Hauptfundort auch böhmischer Granat genannt, chemisch ist es ein Chromgranat. Das Vorkommen dieses Granats in mächtigen Seifenablagerungen über einen ziemlich ausgedehnten Landstrich südlich von Bilin im nördlichen Böhmen — die ergiebigsten Fundstellen befinden sich bei Meronitz — hat zu einer sehr bedeutenden Edelsteinindustrie Veranlassung gegeben, die beim Graben, Schleifen und Fassen der Granaten 8—900 Arbeiter ständig beschäftigt. Einer der Hauptsitze dieser Industrie ist Turnau a. d. Iser, woselbst auch eine staatliche Fachschule für Bearbeitung und Fassung von Edelsteinen besteht.

Zum Pyrop gehören auch die in Nordamerika zuweilen im Edelsteinhandel vorkommenden sogenannten Arizona- und Colorado-Rubine.

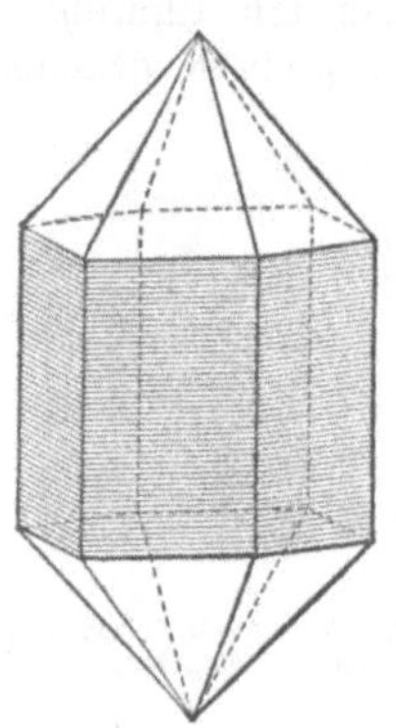

875.
Allseitig ausgebildeter Quarzkrystall.

Dagegen ist es zur Zeit noch zweifelhaft, ob die in Südafrika mit den Diamanten sowohl in den Seifen des Vaalflusses, als auch in den „yellow ground" und „blue ground" genannten Tuffen in beschränkter Zahl vorkommenden blutroten Granaten, die zuweilen das reine Rubinrot zeigen, zum Teil aber auch einen Stich ins Bläuliche haben, zum Pyrop oder zum Almandin zu stellen sind. Rubinrote Steine gehen als Kaprubin in den Handel und erzielen zuweilen hohe Preise.

Endlich findet sich in den uralischen Seifen, allerdings selten, ein tiefgrüner bis gelblichgrüner Granat, Demantoid oder Kalk-Eisen-Granat, der in den dunkleren Steinen dem Smaragd recht ähnlich ist. Dieser Granat dürfte jedoch auf dem deutschen Markte kaum vorkommen, er würde sich durch die geringe Härte 6½ und das hohe spezifische Gewicht 3,8 leicht erkennen und vom echten Smaragd unterscheiden lassen.

Halbedelsteine und Schmucksteine.

Die Gruppe der Quarze.

Sowohl was die Menge des verwendeten Materials als auch die Mannigfaltigkeit nach Farbe, Durchsichtigkeit und Glanz betrifft, stehen unter den Halbedelsteinen die Varietäten des Quarzes in erster Linie. Quarz besteht aus reiner Kieselsäure, hat die Härte 7 und das spezifische Gewicht 2,65, deutliche Spaltbarkeit ist nicht vorhanden, der Bruch ist an Krystallen muschelig, an dichten Massen splitterig. Quarz ist eines der allerhäufigsten Mineralien und kommt als wesentlicher Bestandteil vieler Gesteine vor; eingelagert in den krystallinischen Schiefern bildet milchweißer Quarz ein selbständiges Gestein, den Quarzitfels. Fast überall, wohin wir im anorganischen Reiche den Blick wenden: im Granit und Porphyr, in den krystallinischen Schiefern, in den Konglomeraten, Sandsteinen und Sanden, auch auf den Lagerstätten der Erze als Gangart, immer wieder finden wir den Quarz, freilich in unansehnlichem Gewande, undurchsichtig, mit fettigem Glanze, schmutzig weiß oder doch von wenig ausgesprochener Farbe. Wo sich Krystalle ausgebildet haben, treten fast immer dieselben Formen auf (Abb. 375), die sechsseitige Säule, häufig quer gestreift, vereinigt mit der sechsseitigen Pyramide. Sind die Krystalle eingewachsen, so sind sie wohl allseitig ausgebildet, sind sie auf eine Unterlage aufgewachsen — und in dieser Ausbildung gibt es bis zentnerschwere Krystalle — so ist nur das eine Ende durch Pyramidenflächen von oft sehr ungleicher Ausdehnung begrenzt (vgl. Abb. 376).

Die Abänderungen des Quarzes, die als Schmuckstein Verwendung finden, zeichnen sich entweder durch hohe Grade der Durchsichtigkeit, durch schöne Färbung oder durch

eigenartigen Glanz aus; die Härte ist hinreichend, um die geschliffenen Flächen vor
Verletzungen zu schützen, die Politurfähigkeit ist eine sehr hohe.   Die Zahl der Varietäten
ist außerordentlich groß, so daß es dem Laien schwer fallen muß, den Quarz in allen
diesen Abarten, die übrigens auch besondere Namen erhalten haben, wieder zu erkennen.
Die Übersicht wird erleichtert, wenn wir die wichtigsten von den vielen Bezeichnungen,
welche der Edelsteinhandel kennt, in größere Gruppen einteilen.

Der durchsichtige krystallisierte Quarz heißt in farblosen Krystallen „Bergkrystall",
bei bräunlicher Farbe Rauchquarz oder Rauchtopas, bei violetter Farbe Amethyst
und bei gelber Citrin.   Sodann gibt es Quarze mit Einschlüssen fremder Mineralien;
hierher gehören die Haarsteine, der seltenere Saphirquarz, das Katzenauge und
Tigerauge, endlich der Avanturinquarz.   Farbige, aber undurchsichtige Quarze sind
der Rosenquarz, Chrysopras, Prasem, Plasma, Heliotrop, Jaspis.   Eine
besondere Stellung nehmen die Chalcedone durch die eigenartige Struktur und Farben-
zeichnung ein, man unterscheidet gemeinen Chalcedon, Karneol und Achat.

Die häufigste Schliffform für die durchsichtigen Quarze ist der Brillant- und Tafelschliff, es kommen aber gelegentlich alle anderen Formen des Schliffes vor.   Die Quarze
mit Einschlüssen werden gewöhnlich mugelig (rundlich) geschliffen, die undurchsichtigen zu
Platten, Siegelringsteinen, Manschettenknöpfen und vielerlei kleineren Schmuckgegenständen
verarbeitet.   Die Achate liefern ein sehr geschätztes Material zum Schneiden von Gemmen.

Wir werden die Quarzvarietäten in der angegebenen Reihenfolge besprechen und
etwaige weitere Bezeichnungen von Interesse, deren es noch sehr viele gibt, gelegentlich
erwähnen.

Durchsichtige krystallisierte Quarze.

Der Bergkrystall ist farblos, in den schönsten Stücken völlig wasserhell, stark
glänzend, er kommt, in zum Teil sehr großen Krystallen, wie die anderen krystallisierten
Quarze in Höhlungen, auf Klüften und in den Drusenräumen von Quarzgängen, namentlich
im Gebiete des Granites, Gneises und Glimmerschiefers vor.   Die Höhlen sind oft
außerordentlich groß und werden in den Alpen Krystallkeller genannt, einer der
bekanntesten Funde ist derjenige am Zinkenstock im Berner Oberlande in der Nähe der
Grimsel, woselbst im Jahre 1719 eine Kryställhöhle erschlossen wurde, welche etwa 1000 Ztr.
Bergkryställe zum großen Teile in schleifwürdiger Reinheit lieferte.   In den Alpen heißen
die Kryställsucher Strahler, sie steigen aus den Thälern, wenn die Bewirtschaftung
des kleinen Anwesens es erlaubt, mit den nötigsten Lebensmitteln versehen und mit
Pickel und Hammer, wohl auch mit Bohrer und Sprengpulver ausgerüstet bis in die
Region des ewigen Eises hinauf.   Dort suchen sie die zerrissenen Felswände des Hochgebirges ab und führen oft wochenlang ein einsames, abenteuerndes Dasein, stets auf
einen reichen Fund hoffend, der ihnen doch nur selten in die Hände fällt.   Außer den
Bergkryställen und Rauchquarzen sammeln sie auch andere Mineralien, die gerade in den
Alpen in großer Mannigfaltigkeit vorkommen und von Liebhabern und Händlern in
schönen Stücken gut bezahlt werden.

Kleinere ringsum ausgebildete Bergkryställe kommen auch eingewachsen, z. B. in dem
berühmten Marmor von Carrara, dann in den Sandsteinen und Thonschiefern der Mar-
marosch im nordöstlichen Ungarn vor, dort unter dem Namen Marmaroscher Diamanten.

Außer in Kryställen kommt der Bergkryställ in Flußläufen und im Schwemmlande in
abgerollten Stücken vor, die zwar äußerlich durch den Abrieb rauh und trüb erscheinen, im
Inneren jedoch völlig durchsichtig sind, sie finden sich auch im Rhein, wohin sie durch die
Zuflüsse aus den Alpen gelangt sind, und werden Rheinkiesel genannt.   Namentlich
Madagaskar, Brasilien, Indien und Nordamerika liefern dieses Material zum Teil in
sehr großen Stücken.   Die nordamerikanischen Bergkryställe kommen unter dem Namen
Arkansas-Diamanten in den Handel.

Bergkryställ vom reinsten Wasser wird auch heute wohl noch zu Schmucksteinen
verschliffen, größere Stücke wurden namentlich in früheren Jahrhunderten zu Prunkgefäßen
von hohem Werte, Schalen, Bechern und dergleichen verarbeitet, auch sind sie zuweilen,

namentlich die in indischen Werkstätten entstandenen äußerlich mit künstlerisch ausgeführten
Darstellungen versehen und haben dann bedeutenden Kunstwert. Mit der weiteren Entwicke=
lung der Glasindustrie und der Einführung des Porzellans nahm die mühevolle Verarbei=
tung des Bergkrystalls zu größeren Gefäßen schnell ab, dagegen trat die Verwendung zu
technischen Zwecken mehr in den Vordergrund. Heute werden große Mengen des reinsten
Bergkrystalls zu Brillengläsern, zu Linsen für optische Instrumente, zu unveränderlichen
Gewichtssätzen für wissenschaftliche Zwecke, zu Zapfenlagern für Wagen u. dergl. verarbeitet.

    Rauchquarz, auch Rauchtopas genannt, ist ein hell= bis dunkelbrauner durch=
sichtiger Quarz, er ist der einzige Schmuckstein, der in dieser Farbe häufiger vorkommt.
Sehr dunkel gefärbte Krystalle heißen auch Morion. Die Färbung dürfte durch eine
organische Verbindung veranlaßt sein, da man beim Zerschlagen von Rauchquarz zu=
weilen einen bituminösen Geruch bemerkt, auch spricht hierfür der Umstand, daß Rauch=

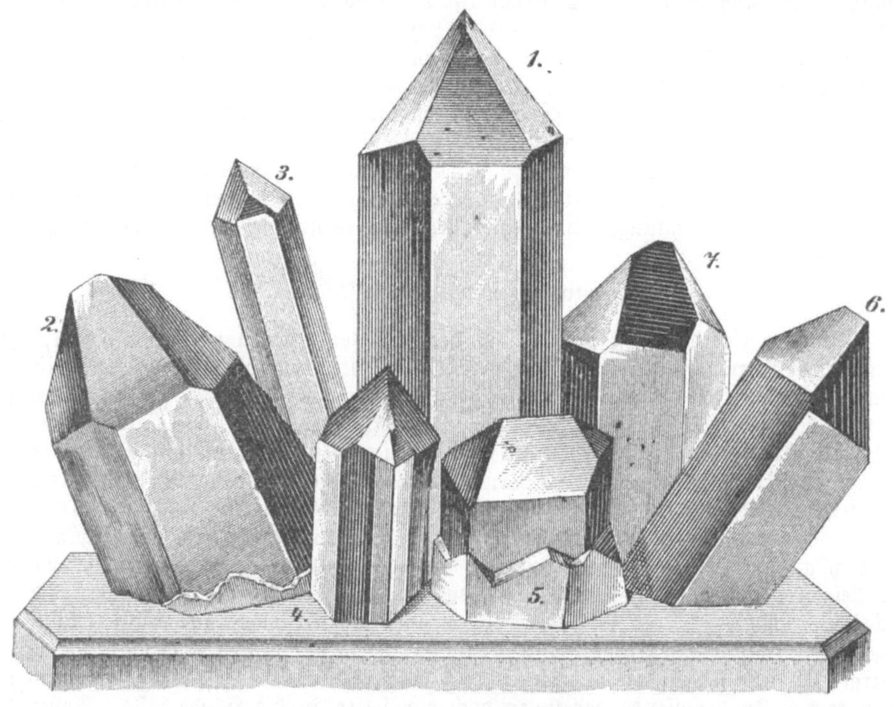

376. Die große Rauchquarz-Gruppe im Museum zu Bern.

quarz bei mäßiger Erhitzung schön gelb, bei stärkerer aber farblos wird und dann vom
Bergkrystall nicht zu unterscheiden ist. Die gelb gebrannten Steine werden im Handel
oft als Citrin (s. weiter unten) oder als Topas ausgegeben. Die größte Menge der
Rauchquarze liefern die Alpen, so fand man im Jahre 1868 in einer Krystallhöhle
am Tiefengletscher, oberhalb der Furkastraße mehr als 250 Ztr. in zum Teil sehr großen
Krystallen. Die größten und am besten erhaltenen befinden sich im Berner Museum zu
einer interessanten Gruppe vereinigt. Der schönste Krystall, König genannt (1 der
Abb. 376), hat 87 cm Höhe, 1 m Umfang und 125 kg Gewicht, der Großvater oder
Dicke (2) hat 69 cm Höhe, 163 cm Umfang und 133 kg Gewicht, ein besonders
schlanker Krystall, der Arm (3), hat 19 kg Gewicht. Der Jüngling (4) von 28 kg,
der Spiegel (5) von 16 kg und die Zwillinge (6 und 7) 62 und 65 kg schwer, dabei
72 und 71 cm hoch vervollständigen diesen wertvollen Schatz.

    Von anderen Fundorten sind namentlich der Pikes Peak in Colorado und Cairn=
gorm in Schottland zu nennen, wo sich der Rauchquarz besonderer Beliebtheit erfreut.
Auch als Geschiebe in Seifen kommt er z. B. auf Ceylon vor.

Wohl die schönste Abart des Quarzes ist der Amethyst, in den geschätztesten Stücken dunkel violett, von gleichmäßiger Farbe und völlig durchsichtig; es ist wohl zu beachten, daß viele Amethyste bei künstlicher Beleuchtung an Reinheit der Farbe einbüßen, die mehr ins Graue übergeht, man sollte es nicht unterlassen, Schmucksteine mit Rücksicht hierauf zu prüfen. Über die Ursache der Färbung des Amethystes ist man noch nicht völlig im klaren, wahrscheinlich bilden Manganverbindungen das Pigment. Beim Erhitzen verhält sich der Amethyst ähnlich wie der Rauchquarz, die violette Farbe geht zunächst in ein schönes Gelb, dann aber ins Grünliche über, schließlich bei weiterer Steigerung der Temperatur werden die Steine farblos. Viele gebrannte Amethyste gehen als Topas oder Citrin in den Handel. Der Preis tabelloser großer Amethyste ist seit der Erschließung der brasilianischen Fundstätten sehr bedeutend gesunken, man bezahlt größere dunkel gefärbte Steine mit 10 bis 12 Mark für das Karat. Amethyst und Citrin kommen in ähnlicher Weise vor wie der Bergkrystall und Rauchquarz, doch sind große schleifwürdige Stücke seltner; außer in der oben unter Bergkrystall angegebenen Weise kommen jedoch beide in guten durchsichtigen Krystallen auch in den Drusen der Mandelsteine vor, die bei den Chalcedonen (S. 336) näher besprochen werden sollen. Übrigens ist beim Amethyst eine durch unterbrochenes Wachstum entstandene eigenartige Krystallform (Zepterkrystall, s. Abb. 377) zuweilen zu beobachten.

In Deutschland kamen die Amethyste früher in Mandelsteinen der Umgegend des durch die Steinschleiferei berühmten Ortes Oberstein vor, diese Fundorte sind längst erschöpft, heute werden große Mengen von Amethyst aus Brasilien und Uruguay eingeführt, zum Teil in großen Mandelsteinen, zum Teil als abgerollte Geschiebe, auch die Edelsteinseifen von Ceylon liefern erhebliche Mengen. Den Ureinwohnern Mexikos waren Fundorte schöner Amethyste bekannt, wie wir aus Beigaben in alten Gräbern schließen müssen, die Kenntnis des Vorkommens ist jedoch verloren gegangen. Die Vereinigten Staaten von Nordamerika und die Gruben des russischen Staates bei Mursinsk am Ural liefern nur kleinere Mengen von Steinen, die auf dem Weltmarkt keine Rolle spielen. Als bemerkenswert mag hervorgehoben werden, daß auf den Erzgängen zu Schemnitz in Ungarn schöne Drusen von Amethysten vorkommen, die jedoch nicht so satt und gleichmäßig in der Farbe sind, daß sie verschliffen werden.

377.
Zepterkrystall, Amethyst.

Citrin ist schleifwürdiger gelber Quarz, die Farbe ist etwas verschieden, vom Dunkelweingelb bis zum Honiggelb und Bräunlichgelb. Man hat früher wohl angenommen, daß gelber Quarz in der Natur nicht vorkommt und daß Citrin stets durch Brennen von Rauchquarz oder Amethyst künstlich erzeugt wird, in neuerer Zeit ist jedoch mit aller Bestimmtheit natürlicher gelber Quarz nachgewiesen und zwar mit Amethyst zusammen in Brasilien und Uruguay, auch zu Mursinsk am Ural, hier allerdings seltener. In Spanien sollen in der Provinz Cordoba gelbe Quarze in größeren Mengen gefunden werden, sie kommen unter der Bezeichnung spanische Topase auf den Markt. Übrigens wird gelber Quarz häufig — im Edelsteinhandel wohl in der Regel — für Topas ausgegeben, die Unterscheidung läßt sich mit Hilfe der Härte (Quarz 7, Topas 8) und des spezifischen Gewichtes (Quarz 2,65, Topas 3,5) recht wohl durchführen.

Quarze mit Einschlüssen.

Zu den Schmucksteinen aus der Familie der Quarze sind auch eine Anzahl von Vorkommen zu rechnen, die dadurch bemerkenswert sind, daß in der Quarzmasse gewisse fremde Mineralien eingeschlossen sind; hierbei ist entweder der durchsichtige Quarz noch zu erkennen und die Einschlüsse sind in verhältnismäßig geringer Menge vorhanden (Avanturin, Haarsteine), oder die Menge der Einschlüsse ist so bedeutend, daß sie die Quarzmasse ganz erfüllen und fast zu verdrängen scheinen (Saphirquarz, Katzenauge, Tigerauge). Durch die Einschlüsse, welche aus Glimmerschüppchen oder aus Fasern von rötlichem Rutil (Titansäure), gelblichbraunem Göthit (Eisenhydroxyd), weißlichgrünlichem Asbest und einem diesem ähnlichen blauen Mineral Krokydolith bestehen, wird oft ein eigentümlicher Schimmer hervorgerufen. Dieser kommt an den geschliffenen Steinen dann besonders schön zur Geltung, wenn die ebenen oder schwach gewölbten polierten Flächen zur Richtung der Einschlüsse parallel gelegt werden.

Der Avanturinquarz (zum Unterschiede von dem ihm ähnlichen Avanturinfeldspat) enthält eine Unzahl feiner Schüppchen eines rötlichen Glimmers und hat nach dem Schleifen und Polieren einen gleichmäßigen Schiller, der sich aus einzelnen Lichtpunkten zusammensetzt. Der Avanturin kommt an mehreren Orten, auch in Deutschland als Geschiebe vor, so bei Aschaffenburg in Bayern und bei Warmbrunn im Riesengebirge. Besonders schöne und große Stücke finden sich am Ural und Altai; sie werden in Jekaterinburg und in Koliwan am Altai verschliffen. Aus Rußland stammen auch die kostbaren Vasen aus Avanturin, die man zuweilen in fürstlichen Schlössern und in Kunstsammlungen findet. — Übrigens wird ein dem natürlich vorkommenden Avanturinquarz sehr ähnliches, was Gleichmäßigkeit des Schimmers betrifft, fast noch schöneres Avanturinglas in Murano bei Venedig mit Hilfe von metallischem Kupfer gefertigt und zu kleinen und größeren Schmucksachen verarbeitet. An der geringeren Härte und durch den chemisch nachweisbaren Kupfergehalt ist es leicht vom Avanturinquarz und auch vom Avanturinfeldspat zu unterscheiden.

Haarsteine, auch Nadelsteine, nennt man durchsichtigen Quarz mit eingewachsenen büschelförmig angeordneten Krystallnadeln. Bestehen diese aus rötlichgelbem Rutil oder Göthit, so heißen die Steine, welche plattenförmig oder flach gewölbt geschliffen werden, Venushaar, sind grünliche Asbestfasern eingewachsen, Thetishaar, auch werden sie Liebespfeile (flêches d'amour) genannt. Schöne derartige Steine liefern Japan, Madagaskar, Nordamerika und Rußland, hier kommen sie am Onegasee vor (s. Abb. 378).

Saphirquarz oder Siderit nennt man einen durch Einschlüsse von faserigem oder erdigem Krokydolith blau gefärbten Quarz, der im Gips bei Golling, südlich von Salzburg, in größeren Mengen auftritt. Er wird nur selten als Schmuckstein verwendet.

378. Haarstein (Flêches d'amour).

Desto häufiger wird das Katzenauge, auch Schillerquarz genannt, verschliffen. Durch parallel eingelagerte Asbestfasern erhält der Quarz eine grünlich-weiße Farbe und bei hochmugeligem Schliff einen streifigen, seidenglänzenden Lichtschimmer, der sich beim Drehen des Steins bewegt. In der Juweliersprache nannte man dieses eigenartige Schimmern früher chatoyieren. Derartige Quarze finden sich zwar an einigen Fundorten im Fichtelgebirge, die schönsten Steine kommen jedoch aus den Seifen Ostindiens und Ceylons. — Von dem noch schöneren orientalischen Katzenauge oder Cymophan, einer Varietät des Chrysoberylls, unterscheidet sich das Quarz-Katzenauge durch die erheblich geringere Härte (7 beim Quarz, 8½ beim Chrysoberyll).

In der Mitte der siebziger Jahre kam zuerst ein Schmuckstein nach Europa, der alle Eigenschaften des Katzenauges besaß, jedoch eine schön gelbbraune Farbe hatte, er wurde zur Unterscheidung Tigerauge genannt, seltener kamen auch Stücke vor, bei denen ein deutlicher Übergang aus dem Braun in Blaugrau zu beobachten war, letztere Abart heißt wohl Falkenauge. Diese Steine stammen aus Südafrika und zwar aus der Gegend bei Griquatown, westlich von dem durch seine Diamanten berühmten Kimberley; sie bilden in einem Quarzschiefer Lager von einigen Zentimetern Dicke, die Fasern liegen zu den Begrenzungsflächen der Platten senkrecht und verlaufen zum Teil geradlinig, zum Teil etwas gekrümmt. Dieser schöne Stein ist in so großen Mengen bei uns eingeführt worden, daß die Preise schon seit Jahren erheblich gefallen sind, das Kilogramm roher Steine kostet jetzt in Oberstein nur wenige Mark. Auch hier legt man die Schleiffläche parallel zu den Fasern und erzeugt dadurch den dem Katzenauge eigenartigen Lichtschimmer. Während man früher, als der Stein selten war, nur kleinere Schmucksteine daraus fertigte, werden jetzt auch größere Gegenstände, wie Schirm- und Stockknöpfe, Broschensteine u. dergl. daraus geschliffen, auch Gemmen und Intaglien werden daraus geschnitten.

Die gelbbraune Farbe des Tigerauges beruht auf dem Vorhandensein von Eisen=
oxydhydrat in den Fasern, welche den Quarz durchsetzen. Durch längere Behandlung der
Steine mit Salzsäure kann man die Eisenverbindung lösen und eine graulich=grüne bis
blaugraue Farbe hervorrufen, so daß man je nach Umständen Katzenauge oder Falkenauge
künstlich erzeugt; ja, man ist noch einen Schritt weiter gegangen und kocht die zuerst
entfärbten Steine in gelb, rot, grün, blau u. s. w. gefärbten Salzlösungen, diese dringen
in die Poren ein, und es entstehen bleibende Färbungen der mannigfachsten Art, während
der Lichtschimmer stets der gleiche ist. In den Schleifereien zu Idar und Oberstein
bedient man sich dieses Verfahrens, um recht hübsche Wirkungen zu erzielen.

Man verschleift noch mancherlei Quarze mit Einschlüssen, hier mögen nur die folgenden
beiden erwähnt werden. In den Goldstaaten Nordamerikas, Colorado und Nevada, wird
viel Gangquarz mit Einschlüssen von gediegen Gold zu kleinen Platten verwendet. Der=
artige Goldquarze sind schön, wenn die Farbe des Goldes, was jedoch nur selten zutrifft,
tief goldgelb ist, meistens hat das natürliche Gold wegen eines erheblichen Silbergehaltes
messinggelbe Farbe und wirkt dann weniger. Der Preis der Steine richtet sich haupt=
sächlich nach dem Goldgehalte, doch werden besonders schöne Stücke auch höher bewertet.
Es ist übrigens nicht leicht, dem harten Quarze und dem weichen Golde eine gleichmäßige
Politur zu geben. Eine Zeitlang waren auch als Raritäten Wassertropfenquarze
beliebt, die als Schmuck an der Uhrkette getragen wurden. Wasserhelle Quarze mit
größeren Hohlräumen, in denen sich bewegliche Flüssigkeits= oder Gasblasen befinden,
kommen besonders schön z. B. auf Madagaskar vor (vgl. auch Enhydros S. 336).

Farbige undurchsichtige Quarze.

Die Steine dieser Gruppe haben sämtlich nur einen geringen Wert und sollen nur
kurz erwähnt werden.

Rosenquarz ist ein durchscheinender Quarz von hell rosenroter Farbe, er kommt
bei Bodenmais am Bayrischen Walde, am Ural und an anderen Orten vor, wird jedoch
nur selten verschliffen.

Der Chrysopras ist durchscheinend, durch Nikeloxyd schön apfelgrün gefärbt und
findet sich zuweilen als Adern im Serpentin, z. B. bei Frankenstein in Schlesien. Von
hier stammt das Material, welches auf Friedrichs des Großen Geheiß zum Belegen von
Tischplatten für das Schloß Sanssouci verwendet wurde, und auch die Stücke, welche in
die Wände der Wenzelskapelle auf dem Hradschin in Prag eingelassen sind. Außer=
europäische Fundorte sind Ostindien, der Ural und eine Nickelgrube im Staate Oregon,
Nordamerika. Leider verliert der Chrysopras, dem Lichte ausgesetzt, etwas an Farbe.

Ein dunkelgrüner Quarz, Prasem, wurde schon im Altertume zu Ringsteinen, als
Material zu Mosaikarbeiten, zu Gemmen benutzt. Jetzt wird er bei Breitenbrunn in
Sachsen, im Salzburgischen und an mehreren anderen Orten gefunden.

Dem vorigen in Farbe und äußerer Erscheinung sehr ähnlich, jedoch durch seinen
inneren Bau etwas verschieden, ist die Quarzvarietät Plasma. Eine Abart, welche auf
dunkelgrünem Grunde hochrote Punkte hat, heißt Heliotrop, beide kommen nament=
lich aus Ostindien auf den europäischen Markt und dienen zu kleineren Schmucksteinen,
zuweilen zu Schalen und dergleichen.

Den sehr häufigen dichten Quarz von muscheligem oder unebenem Bruch, welcher
fast in allen Farbenschattierungen vorkommt und aus einer Unzahl sehr kleiner mit ein=
ander verwachsener Quarzkörnchen besteht, nennt man Jaspis. Er ist sehr häufig und
wurde im Altertum oft zu Schmucksteinen, Gemmen, Mosaiken und dergl. benutzt, in der
Neuzeit hat die Verwendung sehr abgenommen.

Die Chalcedone.

Wie die bisher behandelten Quarze bestehen auch die Chalcedone aus Kieselsäure.
Was sie als besondere Gruppe kennzeichnet, ist ihre meistens allerdings erst unter dem
Mikroskope erkennbare krystallinisch=feinfaserige, poröse Struktur, neben welcher ein Auf=
bau aus dünnen konzentrischen Lagen zu bemerken ist. Die Fasern stehen immer senkrecht

zu der oft gerundeten Oberfläche der Lagen, und da letztere meistens nierenförmig oder zapfenartig gestaltet ist, so ergibt sich eine radialfaserige Struktur; die Härte ist etwas niedriger als beim kryſtalliſierten Quarz, etwa $6\frac{1}{2}$, auch das spezifische Gewicht ist ein wenig kleiner, es beträgt 2,6; der Grad der Durchsichtigkeit ist kein hoher, selbst in dünneren Stücken ist Chalcedon nur halbdurchsichtig, man sagt durchscheinend. Auch das allen — wenigſtens den schleifwürdigen — Chalcedonen gemeinsame Vorkommen ist eigenartig, sie finden sich in den Hohlräumen namentlich jüngerer kieselsäurereicher Gesteine und erfüllen deren Klüfte und Spalten, besonders auch rundliche Hohlräume von kleineren Abmessungen, welche Geoden oder Mandeln genannt werden und zur Zeit der Bildung der Eruptivgesteine wohl zunächst Gase enthielten. Bei der Zersetzung des Gesteins durch eindringendes Wasser ist dann die Kieselsäure aus dem Gestein ge= löst und in den Mandelräumen wieder ausgeschieden worden, sie bildete in diesen kon= zentrische, der ursprünglichen Begrenzung mehr oder weniger parallele Lagen. Zuweilen ist, wie in Abb. 379, im Durchschnitt der Mandel die Öffnung zu erkennen, durch welche der Eintritt der Lösung erfolgte. Entweder ist die ganze Mandel mit Chalcedonlagen

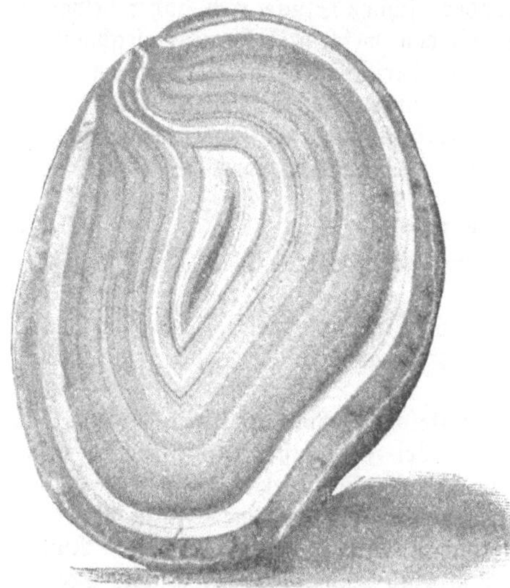

erfüllt, oder es ist in der Mitte ein Hohl= raum, Druse genannt, geblieben, in dem nicht selten, wie oben erwähnt, Quarz, Amethyst, auch Citrin auskryſtalliſiert sind. Man findet die Chalcedone häufig in allen Größen in den jüngeren Eruptivgesteinen, namentlich in den Melaphyren, die nach dem Vorkommen der eigenartigen Hohlräume die Bezeichnung Mandelsteine erhalten haben. Oft verwittern diese Gesteine vollkommen, die Mandeln jedoch widerstehen den zer= störenden Einflüssen und finden sich dann auf sekundärer Lagerſtätte in den jüngsten sedi= mentären Ablagerungen, in den Bach= und Flußläufen. Am bekanntesten dürften die Vorkommen in den Melaphyren von Ober= stein im Nahethal sein; im südlichsten Teile Brasiliens und dem angrenzenden Uruguay, wo sie seit 1827 ausgebeutet werden, finden sie sich auf sekundärer Lagerſtätte lose im Boden, und zwar kommen Stücke von meh= reren Doppelzentnern Gewicht vor. Einige weitere Vorkommen werden bei den einzelnen Abarten und gelegentlich der Besprechung ihrer Verarbeitung Erwähnung finden.

Es werden die folgenden Arten des Chalcedons unterschieden: der gemeine Chalcedon hat hellere oder dunklere graue und gelbliche Färbung, rotgefärbter Chalce= don heißt Karneol, brauner oder orangefarbiger Sarder; bei allen diesen ist die Farbe angenähert gleichmäßig über das ganze Stück verteilt. Deutlich gestreifte Chalce= done heißen Achat, er gehört zu den beliebtesten und verbreitetsten Schmucksteinen. Es mag gleich hier bemerkt werden, daß von Natur lebhaft gefärbte Chalcedone keineswegs häufig sind; es sind jedoch Mittel bekannt, um künstlich schöne Farben hervorzubringen.

Der gemeine Chalcedon wird wegen der unscheinbaren Farbe kaum als Schmuck= stein verschliffen, dagegen bildet er ein sehr geschätztes Material zu Reibschalen, zu Glätt= und Poliersteinen für viele Industrien, Zapfenlager für Wagen und andere feine In= strumente.

Durchscheinende Chalcedone mit Zeichnungen erfreuen sich gewisser Beliebtheit; ihre Entstehung ist die gleiche wie bei den Dendriten (vergl. S. 44). Metallhaltige, wohl meistens eisen= oder manganhaltige Lösungen sind auf Klüfte oder in die Poren ein= gedrungen und haben oxydische Verbindungen abgelagert. Auch hier sind diese Zeichnungen anorganischen Ursprungs, keineswegs pflanzlicher Natur, worauf die Form und auch die Bezeichnung im Steinhandel hinweisen könnten. Mokkasteine werden durchscheinende Chalcedone genannt mit strauch- oder baumähnlichen Zeichnungen in rotbrauner oder schwarzer Farbe, Moosachat solche, bei denen moosähnliche grüne Zeichnungen vorhanden sind; beide werden zu Broschesteinen verschliffen.

Besonderes wissenschaftliches Interesse haben die Enhydros genannten Chalcedonmandeln von Walnuß- bis Eigröße und darüber, die aus einer verhältnismäßig dünnen durchscheinenden Chalcedonkruste bestehen, welche zum Teil mit Flüssigkeit und zwar mit Wasser gefüllt ist. Sie erläutern die Entstehungsweise der Mandelfüllung und liefern dadurch einen deutlichen Beweis für die Porosität des Chalcedons, daß die eingeschlossene Flüssigkeit zwar mit der Zeit verdunstet, daß sich aber die leeren Mandeln durch längeres Belassen im Wasser, unter Umständen durch Erzeugung künstlichen Druckes wieder mit Wasser füllen. Solche Enhydros finden sich bei Vicenza, westlich von Venedig, und auch unter den südamerikanischen Achatmandeln.

Natürliche Chalcedone von ausgesprochener Farbe, rein weiß, schwarz, rot, kommen zwar vor, sind aber sehr selten; man ist jedoch im stande, die grauen Chalcedone, wenigstens diejenigen, welche porös sind, künstlich zu färben; hierbei nimmt entweder der ganze Stein dieselbe Farbe an, oder er färbt sich lagenweise, weil mehr oder weniger poröse Lagen, und solche, die ganz dicht sind, miteinander abwechseln. Auch bei den Achaten wird dieses Mittel angewendet, um die Streifung schöner hervortreten zu lassen.

Um Chalcedone oder Achate schwarz zu färben, werden sie längere Zeit, tage-, selbst wochenlang, in heißer wässeriger Lösung von Honig oder Zucker behandelt, dann gut abgewaschen und ebenfalls längere Zeit in heißer Schwefelsäure belassen; hierdurch wird der Kohlenstoff der Zuckermasse tief schwarz ausgeschieden. Hellrote Chalcedone dunkeln oft schon bei vor-

380. Trümmerachat.

sichtigem Erhitzen nach und nehmen die am meisten geschätzte dunkelrote Farbe an; diese kann auch künstlich hervorgerufen werden durch Tränken mit Eisensalzen und dann folgendes Erhitzen. Gelbe Farbe, die niemals natürlich vorkommt, wird durch Behandeln mit Salzsäure erzeugt, grün durch Chrom- oder Nickelsalze. Blau werden Chalcedone dadurch gefärbt, daß sie erst der Einwirkung des Blutlaugensalzes und darauf der des Eisenvitrioles ausgesetzt werden; es bildet sich die unter dem Namen Berlinerblau bekannte Verbindung; sie ist allerdings nicht völlig lichtbeständig.

Der Karneol ist ein beliebter Schmuckstein, schön dunkelrote Stücke, die Karneol vom alten Stein genannt werden, sind besonders geschätzt und werden zu Siegelsteinen und allerhand kleinen Kunstgegenständen verarbeitet.

Die verbreitetste Verwendung hat aber jedenfalls der gestreifte Chalcedon oder Achat; je nach Zeichnung und Farbe hat derselbe sehr verschiedene Benennungen erhalten. Verlaufen die Lagen etwa gerade über ein größeres Stück, so spricht man von Bandachat, verlaufen sie etwa in Kreislinien, so heißt er Kreis- oder Augenachat, bilden die einzelnen Lagen unregelmäßig bogige Linien, die in Spitzen aneinander stoßen, so nennt man ihn wohl Festungsachat; auch Achat mit roten, dem Wuchs der Korallenstöcke ähnlichen Zeichnungen, Korallenachat, wird gefunden. Ein besonderes Vorkommen

ist der Trümmerachat (s. Abb. 380); in ihm sind Bruchstücke von Achat wirr durch=
einander geworfen und dann durch Quarz= oder Chalcedonmasse von neuem verkittet.
Nach der Farbe unterscheidet man den Onyx, aus weißen und schwarzen Lagen, den
Karneolonyx, aus blutroten und weißen Streifen, und den Sardonyx, aus orange=
roten und weißen Streifen zusammengesetzt.

Außer in den Mandelsteinen kommt der Achat zuweilen auch auf echten Gängen
vor, so zu Halsbach bei Freiberg und zu Schlottwitz bei Weesenstein im Müglitzthal, am
letzteren Orte ist der Trümmerachat häufig.

Das Hauptmaterial für die Verarbeitung liefern heute die Mandelsteine, die aus
dem südlichen Brasilien und Uruguay in großer Menge eingeführt werden und in Ober=
stein, Idar und den benachbarten Orten etwa zu 4—8 Mk. für 1 kg Abnehmer finden.
Besonders geschätzt sind Rohachate, welche sich färben lassen. Außerdem werden in
Waldkirch im Breisgau Achate verschliffen; früher hatten auch die ostindischen Schlei=
fereien zu Broach und Cambay, nördlich von Bombay am Meerbusen von Cambay
gelegen, bedeutenden Ruf, sie verarbeiten die Achate, welche im dortigen Distrikt bei
Ratampur in einer Konglomeratschicht vorkommen und zum Teil durch bergmännischen
Betrieb gewonnen werden.

381. Kamee aus Chalcedon, weißlich=grau
auf rötlichem Grunde.

Eigentlicher Welthandelsplatz für die Achat=
industrie ist jedoch Oberstein und Idar, das
Alter der Schleifereien reicht bis in den Anfang
des 16. Jahrhunderts zurück. Die Mannigfaltigkeit
der Verarbeitung zu allen möglichen Gegenständen
ist außerordentlich groß, auch das Fassen der ge=
schliffenen Steine wird dort in großem Maßstabe
ausgeführt. In Idar befindet sich eine ständige
Warenausstellung sämtlicher Schleifereien. Ähn=
lich wie die Bernsteinindustrie arbeitet auch die
Achatindustrie für den Bedarf und den Geschmack
aller Weltteile und Völker. Ein bedeutender Ge=
schäftszweig ist die Herstellung der rohen Platten,
welche für das Schneiden der Onyxkameen Ver=
wendung finden, der Sitz der letzteren Kunst ist
besonders Paris und Italien. Da das Material
sich viel schwieriger bearbeiten läßt, sind bei gleicher
künstlerischer Ausführung Onyxkameen erheblich wertvoller als die ebenfalls in Italien
gefertigten Muschelkameen. Gewöhnlich werden die Kameen aus Steinen, die aus ver=
schieden gefärbten Lagen bestehen, so geschnitten, daß sich die Darstellung in weißer Masse
von dem rötlichen, braunen oder schwarzen Grunde abhebt (s. Abb. 381).

Die Gruppe der Feldspäte.

Auch unter den Feldspäten, die in ähnlicher Weise wie der Quarz hervorragenden
Anteil an der Zusammensetzung der Gesteine nehmen (vgl. S. 25), und daher im all=
gemeinen zu den häufigsten Mineralien zu zählen sind, gibt es mehrere Vorkommen, die
sich durch ihre bemerkenswerten Eigenschaften den Rang eines Schmucksteines erobert
haben. Sämtliche Feldspäte haben die Härte 6, das spezifische Gewicht schwankt je nach
der chemischen Zusammensetzung zwischen den Grenzen 2,5 und 2,65, sie spalten alle deut=
lich nach zwei Richtungen, die genau oder doch nahezu senkrecht aufeinander stehen. Im
Gegensatz zu den gemeinen oder gesteinbildenden Feldspäten nennt man die zu Schmuck=
steinen verwendeten auch edle Feldspäte, es sind die folgenden:

Der Amazonenstein ist ein Kalifeldspat, der in schönen bis fast 30 cm langen
Krystallen von bläulich=grüner Farbe vorkommt, er ist undurchsichtig, wirkt daher nur
durch seine Farbe und wird zu ebenen oder flachgewölbten Platten verschliffen. Den
Namen soll er erhalten haben, weil er früher ausschließlich vom Amazonenstrom (Brasilien)
aus in den Handel kam. Jetzt liefert der Ural und besonders der schon des öfteren

genannte Pikes Peak in Colorado, woselbst herrliche Krystalle auf Gängen im Granit vor=
kommen, die gesuchtesten Steine. Übrigens kannten schon die alten Kulturvölker Amerikas
den Amazonenstein und verwendeten ihn zum Schmuck.

Der Mondstein ist ein weißer, durchscheinender Kalifeldspat, der zur Spezies
Adular gerechnet wird. Durch eingewachsene mikroskopisch kleine Mineralkörper wird
ein schöner perlmutterglänzender Schimmer hervorgerufen, welcher demjenigen des Katzen=
auges ähnlich ist. Wie alle schillernden Steine wird auch der Mondstein mugelig mit
ovaler Grundfläche geschliffen. Die schönsten Steine stammen aus Ceylon, Brasilien
und Nordamerika.

Der Avanturinfeldspat oder Sonnenstein stimmt mit Ausnahme der dem
Feldspat eigenen geringeren Härte in allen sonstigen Eigenschaften mit dem Avanturin=
quarz (vergl. S. 334) überein, auch über die Nachahmung durch Avanturinglas gilt das
Gleiche. Es erhält die lichtrötliche Masse durch eingewachsene Schüppchen eines rötlichen
glänzenden Eisenglimmers einen schönen, aus einzelnen Lichtpunkten gebildeten Licht=
schimmer. Der Avanturinfeldspat kommt von Tvedenstrand in Norwegen, von Ceylon, von
Archangelsk im nördlichen Rußland, vom Baikalsee in Sibirien und von Amelia
County (Virginia, Nordamerika).

Endlich ist noch der Labrador zu erwähnen, ein Feldspat von grauer Farbe, der
auf einer der Spaltflächen einen farbenprächtigen metallischen Schimmer zeigt, in dem
Blau und Gelb vorwalten und der am ehesten mit der Farbenpracht gewisser Schmetterlinge
der Tropen oder mit dem Glanze des Gefieders am Halse der grauen Taube verglichen
werden kann. Im Mineralreiche gibt es kaum eine ähnliche Erscheinung; man hat
dieses Farbenspiel wohl Labradorisieren genannt, es werden Platten in der Spaltrichtung
geschliffen. Übrigens stammt der Name dieses Feldspates von dem zuerst bekannt gewordenen
Fundorte der Insel St. Paul an der Küste von Labrador; es kommen dort sowie in
Finnland und bei Kiew im südlichen Rußland Stücke von recht erheblicher Größe vor.

Die übrigen Halbedelsteine.

Rhodonit oder Mangankiesel ist ein himbeerrotes Mineral von der Härte $5\frac{1}{2}$
und dem spezifischen Gewicht 3,5, es ist fast undurchsichtig und besteht aus kieselsaurem
Mangan. Nur in Jekaterinburg, in dessen Nähe Rhodonit in größeren Mengen als
feinkörnige dichte Masse vorkommt, wird er zu allerhand Schmuckgegenständen verarbeitet.

Nephrit, ein Kalk=Magnesia=Silikat, und Jadeit, ein Natron=Thonerde=Silikat,
stehen sich in ihren mineralogischen Eigenschaften und auch in der Art ihrer Verwendung
sehr nahe; beide dienten in vorgeschichtlicher Zeit (vergl. S. 5) zur Anfertigung von
Waffen, namentlich Beilen, daher wohl auch der Name Beilstein, und sie werden auch
heute noch von wenig zivilisierten Völkerschaften, z. B. den Maoris auf Neuseeland zu
gleichem Zwecke geschätzt. Die Härte dieser Mineralien beträgt etwa $6\frac{1}{2}$, das spezifische
Gewicht ist etwas über 3, die Farbe ist auf frischem Bruche graugrün, geht jedoch nach
dem Schleifen in ein schönes Grün über; beim Jadeit kommen auch lichtere Farben vor.
Was diese Mineralien zur Herstellung von Beilen so wertvoll machte, ist die große Festig=
keit, eine Folge ihrer Zusammensetzung aus sehr feinen miteinander verfilzten Krystall=
nadeln, es ist außerordentlich schwer, ein Stück Nephrit zu zerschlagen, dementsprechend
standen die Schneiden der Beile ausgezeichnet. In Europa werden beide Mineralien jetzt
nur sehr selten und dann nicht als Schmuckstein, sondern als wissenschaftlich interessante
Rarität verschliffen. Für uns haben sie vornehmlich ein hohes archäologisches Interesse,
da wir sie oft verarbeitet zu kunstvollen Gegenständen frühester Kulturperioden vorfinden.
Zur Zeit ist nur eine Fundstelle des anstehenden Nephrits in Europa bekannt, nämlich ein
Gang im Serpentin bei Jordansmühl am Zobten in Schlesien, außerdem sind an mehreren
Orten Geschiebe gefunden worden. In Neuseeland und im Inneren von Asien ist der Nephrit
häufiger. Jadeit wird jetzt noch in ziemlich erheblichen Mengen in Birma gewonnen und
größtenteils nach China ausgeführt, wo er zu Amuletten u. dergl. verarbeitet wird.

Edler Serpentin. Ein anderes undurchsichtiges bis durchscheinendes Mineral von
dunkel= bis lichtgrüner Farbe, welches dem vorigen zuweilen in der Farbe sehr ähnlich

ist, sich jedoch durch die erheblich niedrigere Härte (3—4) leicht unterscheiden läßt, kommt auf den Klüften des im Abschnitte „Steinbruchbetrieb" (S. 297) bereits beschriebenen Gesteines, des Serpentins, vor. Es wird von den Steinschleifern als edler Serpentin bezeichnet und zuweilen zu Ringsteinen, wohl auch zu kleinen Kunstgegenständen verarbeitet. Diese sind besonders in Rußland beliebt, das Material stammt aus Afghanistan und vom Ural und wird namentlich in Jekaterinburg verwendet. Wie der gewöhnliche Serpentin, besteht auch der edle wesentlich aus wasserhaltiger kieselsaurer Magnesia, die Farbe dürfte durch Eisenoxydul oder durch Chrom bedingt sein, das spezifische Gewicht ist etwa 2,6.

Lasurstein oder Lapis lazuli von schöner dunkelblauer Farbe — nach unserem Schmucksteine lasurblau genannt — ist undurchsichtig, nimmt jedoch eine schöne Politur an. Die Härte ist allerdings nur 5½, so daß polierte Flächen leicht geritzt werden; das spezifische Gewicht ist für einen Schmuckstein niedrig, es beträgt 2,4, der Bruch ist uneben, die Struktur feinkörnig. Die Farbe des Lasursteines ist oft nicht gleichförmig, auch weiße Stellen, welche aus Kalkstein bestehen, sind vorhanden, außerdem finden sich in dem blauen Grunde metallisch gelbe Punkte von Schwefelkies, nicht von Gold, wie es auf den ersten Blick wohl scheinen könnte. Neuere Forschungen mittels des Mikroskopes haben ergeben, daß die blaue Masse des Lasursteines aus drei verschiedenen, aber ähnlichen Mineralien zusammengesetzt ist, nämlich aus Hauyn, Nosean und Sodalith. Sie bestehen aus einem Silikat des Natrons und der Thonerde, beim Hauyn ist auch Kalk vorhanden, dazu treten verschiedene Natriumverbindungen in wechselnden Mengen. Diese chemische Zusammensetzung kommt derjenigen des künstlichen Ultramarins sehr nahe, man hat deshalb den Lasurstein wohl auch natürliches Ultramarin genannt. Die blasse Farbe mancher Lasursteine dunkelt beim vorsichtigen Glühen nach, es kommen auch grünliche Steine vor, dieselben sind jedoch wenig geschätzt.

Der Lasurstein findet sich im Kalkstein, und zwar dort, wo derselbe durch ein eruptives Gestein, besonders Granit, verändert wurde; er ist eine sogenannte Kontaktbildung. Fundorte sind: das Oxusgebiet in Afghanistan, von wo aller Wahrscheinlichkeit nach die in Innerasien verbreiteten Schmucksteine stammen, ferner die Gegend am Westende des Baikalsees in Sibirien und die chilenische Kordillere von Ovalle; auch in den Auswürflingen der Somma des Vesuvs werden Kalksteine, welche lapis lazuli umschließen, gefunden. Im Altertume erfreute sich der Lasurstein außerordentlicher Beliebtheit und wurde sehr viel zu geschnittenen Arbeiten verwendet. Stücke von tiefem, reinem Blau standen als Farbe für die Malerei in hohem Werte, den erst das künstliche Ultramarin herabdrückte. Heute wird der Lasurstein zu Ringsteinen und mancherlei kleinen Schmuckgegenständen, Vasen, Schalen, Briefbeschwerern u. dergl. verarbeitet. Aus größeren Stücken schneidet man dünne Platten (Fourniere) und belegt mit diesen aus anderem Material gefertigte Gegenstände, zu Mosaikarbeiten wurde er vielfach benutzt. Weitberühmt ist ein Zimmer im Winterpalais in St. Petersburg und ein anderes im Schlosse Zarskoje Selo, deren Wände mit Lasurstein getäfelt sind.

Da das Kilogramm besten Lasursteines immer noch mehrere Hundert Mark wert ist, je nach der Größe der Stücke, so fehlt es auch nicht an Nachahmungen, unter denen blaugefärbtes Glas, auch gefärbter Achat, dessen Farbe meistens lichter ist, und besonders Kupferlasur (eine wasserhaltige Verbindung des Kupfers mit Kohlensäure) am häufigsten sein dürften. Glas kann am höheren spezifischen Gewichte, Achat an der höheren (6½), Kupferlasur an der niedrigeren Härte (höchstens 4) und dem größeren spezifischen Gewicht (3,8) erkannt werden. Das zuletzt genannte Mineral wird namentlich in Rußland, wo es in größeren derben Stücken vorkommt, zuweilen zu dünnen Platten verschliffen.

Ein etwas anders zusammengesetztes, aber ebenfalls aus einer wasserhaltigen Verbindung des Kupfers mit Kohlensäure bestehendes Erz ist der Malachit. Wegen der schönen dunkelgrünen Farbe, der Politurfähigkeit und der eigenartigen strahligen Struktur wird er dort, wo er in größeren dichten Stücken vorkommt, namentlich am Ural, verschliffen. Kleinere Gegenstände werden aus massivem Malachit hergestellt, größere werden mit dünnen Malachitplatten bekleidet. Der Malachit bildet selten Krystalle, sondern kommt in Massen mit eigenartig gerundeter, wie der Kunstausdruck lautet, nierenförmiger

(f. Abb. 229 S. 181) Oberfläche vor, die strahlige Zeichnung des Inneren steht zu der gerundeten Oberfläche senkrecht, die Härte ist nur $3^{1}/_{2}$, das spezifische Gewicht etwa 3,7. Von anderen grünen Mineralien ist der Malachit übrigens dadurch leicht zu unterscheiden, daß er mit Salzsäure befeuchtet aufbraust; wenn die Säure schnell durch gründliches und mehrmaliges Abwaschen mit Wasser entfernt wird, kann dieser Versuch an einer weniger in die Augen fallenden Stelle ohne Schaden vorgenommen werden. Unter den vielen Malachitarbeiten haben wohl die mächtigen mit Malachitplatten belegten Säulen in der Isaakskirche zu St. Petersburg und die diesen ähnlichen in der Sophienkirche zu Konstantinopel die größte Berühmtheit. Die letzteren sind übrigens antike Arbeit, sie stammen vom Tempel der Diana zu Ephesus.

Zuweilen ist auch der Schwefelkies (vgl. S. 198), welcher aus Schwefel und Eisen besteht, wegen seiner schönen lichtgelben Farbe verschliffen worden; er nimmt durch Polieren lebhaften Metallglanz an. Das spezifische Gewicht beträgt 5,0, die Härte $6^{1}/_{2}$.

Der Hämatit oder Roteisenstein, wegen des hochroten Pulvers, das er bei der Zerkleinerung oder beim Streichen auf einer rauhen Porzellanplatte gibt, auch Blutstein genannt, besteht aus feinfaserigem Eisenoxyd und ist in der Natur häufig (vgl. S. 181), doch eignen sich nur wenige Stücke zum Verschleifen. Poliert nimmt er einen hohen metallischen Glanz und schöne dunkelstahlgraue bis bläulichschwarze Farbe an, er ist völlig undurchsichtig und wird zuweilen zu Ringsteinen und mancherlei kleinen Schmucksachen verarbeitet, auch dient er vielfach zur Herstellung von Gemmen. Die bekanntesten Fund= orte von schleifwürdigem Hämatit, der übrigens schon im Altertume verarbeitet wurde, sind Kamsdorf in Thüringen, die Insel Elba und Bilbao im nördlichen Spanien, sämtlich als Produktionsorte für Eisenerze auch sonst bekannt.

Der Flußspat, ein auf Gängen in schön gefärbten, durchsichtigen Krystallen von der Form des Würfels vorkommendes Mineral, besteht aus Fluorcalcium (vgl. S. 54), er wird trotz der geringen Härte (4) zuweilen verschliffen, um Edelsteine nachzuahmen, das spezifische Gewicht ist 3,2. Die Härte wird in allen Fällen zur Unterscheidung aus= reichen. Gelber Flußspat wird wohl als Topas, grüner als Smaragd, blauer als Saphir, roter als Rubin balais ausgegeben.

Die natürlichen Laven.

Zu den Schmucksteinen sind auch gewisse Produkte vulkanischer Thätigkeit zu rechnen, die geologisch nicht als Mineralien, sondern als jüngste Gesteinsbildungen angesehen werden.

Die undurchsichtige graue und braune Lava z. B. vom Vesuv wird zu Gemmen verarbeitet, deren Wert lediglich in der kunstvollen Arbeit besteht, das Material ist in großen Massen vorhanden und der Preis ein dementsprechend niedriger. Besonders in Italien werden Armbänder, Broschen, Ringe und Nadelsteine den Reisenden angeboten.

Der Obsidian — auf dessen archäologische Bedeutung schon in der Einleitung S. 5 aufmerksam gemacht wurde — ist glasartig erstarrte Lava von großmuscheligem Bruch (vergl. die Abb. 23 S. 25) und dunkelgrauer oder dunkelbrauner bis schwarzer Farbe, die Masse ist nur in dünnen Splittern durchsichtig. Das spezifische Gewicht ist für einen Schmuckstein niedrig 2,3—2,6, die Härte 6—7, also Feldspat= bis Quarzhärte. Die chemische Zusammensetzung entspricht derjenigen der Gläser, kieselsaure Thonerde mit wechselnden Mengen von Natron, Kali und Eisenoxyd; der Art der Entstehung entsprechend enthält die dem bloßen Auge als homogen erscheinende Glasmasse bei stärkerer Vergrößerung erkennbare Gasbläschen und Einschlüsse von Mikrolithen, haar=, nadel= oder federförmige, äußerst zarte Gebilde, welche den Anfang einer Krystallisation bezeichnen. Der Obsidian wird zu Trauerschmuck verschliffen. Es gibt auch schillernden Obsidian (chatoyierender Obsidian) z. B. vom Berge Ararat, aus dem namentlich in Tiflis größere Kunstgegen= stände gefertigt werden; auch Perlenschnüre aus diesem schillernden Obsidian machen einen hübschen Eindruck. Obsidian kommt recht häufig in vulkanischen Gegenden vor, bekannte Fundorte sind die Insel Lipari, dann Island, der schon den alten Kulturvölkern Mexikos bekannte Cerro de las Navajas (Messerberg), nördlich von der Stadt Mexiko, der Nationalpark der Vereinigten Staaten. Ein brauner, zuweilen gelber oder roter

Obsidian, der in Rußland beliebt ist, von der Örtlichkeit Marekan bei Ochotsk in Ost=
sibirien, kommt unter dem Namen Marekanit im Handel vor. Von künstlichen Gläsern
läßt sich der Obsidian nicht mit Sicherheit unterscheiden, dagegen ist er erheblich härter
als die unter dem Namen Gagat oder Jet verschliffene schwarze, übrigens stets ganz
undurchsichtige Kohle (vgl. S. 351).

Ein seinem ganzen Vorkommen nach sehr eigenartiger Schmuckstein ist der Moldavit,
ja es gehen sogar die Ansichten darüber auseinander, ob man es mit einer natürlichen
Lava, oder mit Schlackenüberresten einer sehr alten Glasindustrie zu thun hat. Der
Moldavit findet sich nämlich in kleineren, selten halbfaustgroßen Stücken in der Damm=
erde, in Bach= und Flußläufen im südlichen Böhmen in der Gegend von Moldautein und
Budweis und in derselben Weise bei Trebschütz in Mähren. Die Farbe ist grün in ver=
schiedenen Tönungen, am häufigsten flaschengrün, daher auch der Name Bouteillenstein

382. **Götzenbild aus Agalmatolith.**
Chinesische Arbeit. (Natürl. Größe.)

und wegen der Ähnlichkeit in der Farbe auch
Pseudochrysolith; immer sind in der Masse
zahlreiche Gasblasen vorhanden, und die natür=
liche Oberfläche ist sehr merkwürdig narbig, zer=
fressen. In Böhmen wird der Moldavit ge=
wissermaßen als nationaler Edelstein viel
verschliffen in Brillant= oder Tafelform, man
sieht ihn neben Granat sehr häufig in den Ju=
welierläden von Prag. Von anderen Edelsteinen,
dem echten Chrysolith und dem grünen Turmalin
unterscheidet ihn die geringere Härte und das
niedrigere spezifische Gewicht, auch treten die
kleinen Gasporen oft schon für das unbewaffnete
Auge deutlich hervor.

Meerschaum und Bildstein.

Kurz möge hier auch der Meerschaum
erwähnt werden, jenes weiße, undurchsichtige
Mineral, welches auf der ganzen Welt zu Zi=
garrenspitzen und Pfeifenköpfen geschätzt wird;
es besteht aus wasserhaltiger kieselsaurer
Magnesia, ist daher dem Talk und Serpentin

nahe verwandt. Am geschätztesten sind Stücke von rein weißer Farbe, doch kommen auch
solche mit einem Stich ins Graue oder Rötliche vor. Der Meerschaum findet sich in
rundlichen Knollen von erdigem Bruch in Thonen eingelagert, die Härte ist etwa 2, das
spezifische Gewicht trockener Stücke nur 1,0—1,3; da der Meerschaum jedoch viel Feuchtig=
keit aufnimmt, so kann das Gewicht hierdurch erheblich höher werden; er läßt sich leicht
durch Schneiden, Drehen und Bohren verarbeiten und nimmt eine wachsglänzende Politur
an. Eine auffallende Eigenschaft des trockenen Meerschaumes ist die, daß er an der Zunge
haftet, wie alle diejenigen Mineralien, welche begierig Wasser aufnehmen. Der wichtigste
Fundort für verarbeitbares Material ist Eski=Schehr in Kleinasien, auch von Vallecas
bei Madrid, Hrubschütz in Mähren, aus der Krim, von Euböa und aus Frankreich ist
Meerschaum bekannt. Der Hauptsitz der Meerschaumindustrie ist Wien; man versteht es
auch, aus den Abfällen bei der Verarbeitung eine künstliche Meerschaummasse herzu=
stellen, die nur vom Kenner als solche unterschieden werden kann.

Auch auf ein anderes wasserhaltiges Thonerdesilikat ist hier hinzuweisen, es ist der
Agalmatolith oder Bildstein, der mit dem Talk und Speckstein gleiche Zusammen=
setzung hat; übrigens kommen etwas abweichend zusammengesetzte Mineralien unter
demselben Namen vor. Das undurchsichtige, weißliche, auch grünliche Mineral, welches
sich wegen der geringen Härte (2—3) leicht schnitzen läßt, nimmt eine leidliche wachs=
glänzende Politur an und wird namentlich in China zu allerhand Amuletten und kleinen
Götzenbildern (Abb. 382) verarbeitet.

Bernstein.

Der Bernstein ist ein seit den ältesten Zeiten bekannter und beliebter Schmuck=
stein, der um so mehr unsere Aufmerksamkeit fesselt, als die bei weitem größte Menge,
welche im Welthandel vorkommt, dem
preußischen Samlande entstammt
und damit Deutschland gewissermaßen
das Monopol dafür besitzt. Außer=
halb Deutschlands werden kleinere
Mengen in Sizilien gefunden, auch
Birma hat durch einfachen Berg=
baubetrieb in der Gegend von
Maingkhwan (900 engl. Meilen
nördlich von Rangun) ein bern=
steinähnliches Harz, den Birmit,
geliefert, der nesterweise in einem
blauen tertiären Thone auftritt. Er
hat hellgelbe bis dunkelrubinrote
Farbe, doch fehlt ihm der dem
deutschen Bernstein eigentümliche
Gehalt an Bernsteinsäure. Die ver=
hältnismäßig geringen Mengen zu
Schmuck geeigneten Birmits wurden
auf dem Karawanenwege nach China
ausgeführt.

Der Bernstein ist das erhärtete
Harz eines Nadelbaumes, der am
Beginne der Tertiärzeit in Nord=
europa heimisch war und üppig ge=
dieh. Wie bei unseren Nadelbäumen
war das Holz vielfach von Harz=
gängen durchzogen, auch bildeten sich
Harzgallen im Inneren der Bäume,
und bei Verletzungen, wie sie beim

883. Karte der samländischen Küste.

Windbruch in den Urwäldern der Vorzeit häufig waren, floß das Harz aus, erfüllte die
Wunde, tropfte von den Ästen herab zum Boden, floß an der Rinde abwärts und häufte
sich, als die Bäume Stamm um Stamm, Generation um Generation abstarben, in erheb=

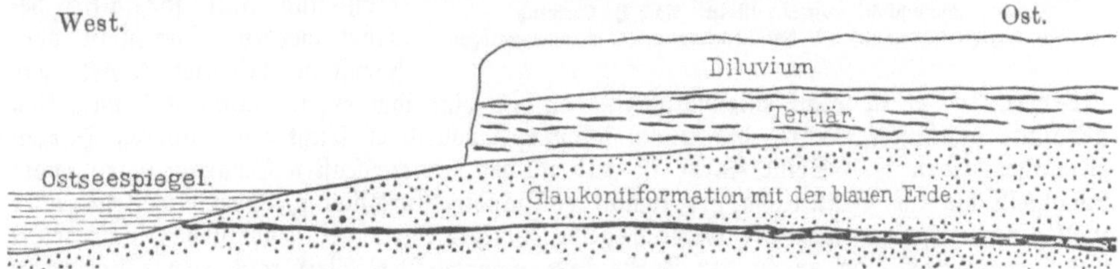

384. Ideelles Profil durch die Westküste des Samlandes. Nach W. Runge.

lichen Mengen an. Diese Vorgänge dauerten so lange, bis mutmaßlich zum Beginn
der Tertiärzeit durch Senkung großer Gebiete diese Wälder vom Meere bedeckt wurden.
Hierbei fielen die Pflanzenreste der Zerstörung anheim, den verhältnismäßig leichten
Bernstein aber führte das Wasser mit sich fort und lagerte ihn, gebettet in einem bald
grünlichgrauen, bald blaugrauen thonigen Sande, in der blauen Erde, wie die Samländer
sagen, über weite Flächen wieder ab. Die Bernsteinlagerstätte des Samlandes ist daher als

tertiäre Seife zu betrachten, sie ist an der ganzen samländischen Küste (s. Abb. 383) bekannt von Palmnicken über Brüsterort bis in die Gegend von Kranz, und ist auch weiter landeinwärts durch Bohrungen nachgewiesen. Das grünliche Mineral, welches die eigenartige Färbung der blauen Erde bewirkt, heißt Glaukonit, und die Schichtenfolge hat hiervon die Bezeichnung Glaukonitformation erhalten. Die bernsteinführende blaue Erde ist bis zu etwa 3 m mächtig; sie streicht einige hundert Meter vom Strande entfernt am Meeresboden in mehreren Metern Wassertiefe aus und liegt am Strande etwa 5 m unter dem Wasserspiegel. Die Küste steigt fast überall unmittelbar vom Meere aus bis zu etwa 25 m Höhe an, und die Bernsteinschicht, welche durch mächtige tertiäre Sande und darüber gelagerte diluviale und alluviale Schotter bedeckt ist, liegt im Inneren des Samlandes mehr als 30 m tief (Profil Abb. 384). Auch müssen wir annehmen, daß das Meer schon früher große Teile der Bernsteinablagerungen wieder vernichtete und sie

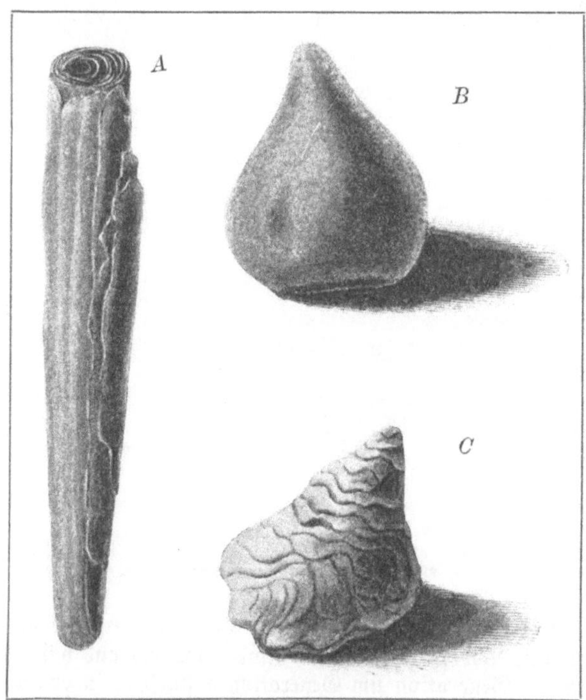

885. **Formstücke von Bernstein.** Nach H. Conwentz
A Bernsteinzapfen (Stalaktit). B Bernsteintropfen. C Bernsteinstalagmit.

durch das ganze nordeuropäische Flachland von Polen über Norddeutschland bis nach England verstreute, denn es finden sich hier überall bald vereinzelte Stücke, bald kleinere Anhäufungen von Bernstein. Hier und da haben sie Veranlassung zu Gräbereien gegeben, die aber nirgends auf die Dauer lohnend gewesen sind, und die eigentliche Bernsteingewinnung ist immer in der Hauptsache auf das Samland beschränkt geblieben.

Der Bernstein ist als tertiäres Baumharz außer dem am Schlusse erwähnten Gagat der einzige Schmuckstein pflanzlichen Ursprunges, sein spezifisches Gewicht ist 1,05, er ist also nur wenig schwerer als Wasser, die Härte beträgt 2 $\frac{1}{2}$; er läßt sich leicht bearbeiten und nimmt eine schöne Politur an, doch ist er sehr spröde, wird leicht rissig und muß daher vor Stoß und Fall sorgfältig bewahrt werden. Bernstein oder Börnstein bedeutet soviel wie Brennstein, er ist leicht entzündlich und enthält eine ihm eigentümliche und nach ihm genannte organische Säure, die Bernsteinsäure, wodurch er leicht von anderen Harzen zu unterscheiden ist. Seine Farbe ist gelb in den verschiedensten Schattierungen, vom Weingelb bis ins Bräunliche, er kommt vollständig durchsichtig, anderseits trüb oder wolkig vor. Früher war der weißlich-gelbe, wolkige Stein der geschätzteste, man nennt ihn kumstfarbig, da er in der Farbe dem eingemachten Weißkraute, in Ostpreußen Kumst genannt, ähnlich ist. In neuester Zeit wird aber auch der ganz hellgelbe durchsichtige Bernstein wieder höher bewertet. Man hat nämlich gelernt, kleine Stücke Bernstein unter sehr starkem Druck nach vorheriger Erweichung zu größeren Stücken zu vereinigen, die man Preßbernstein oder Ambroid nennt. Dieses Verfahren würde zwar bei dem durchsichtigen Bernstein auch ausführbar sein, doch ist derselbe an und für sich sehr selten, auch entstehen durch das Preßverfahren, das übrigens Geheimnis der Firma Stantien & Becker ist, leicht Trübungen in der Masse. Man kann daher mit ziemlicher Sicherheit annehmen, daß völlig durchsichtige Gegenstände wirklich aus natür-

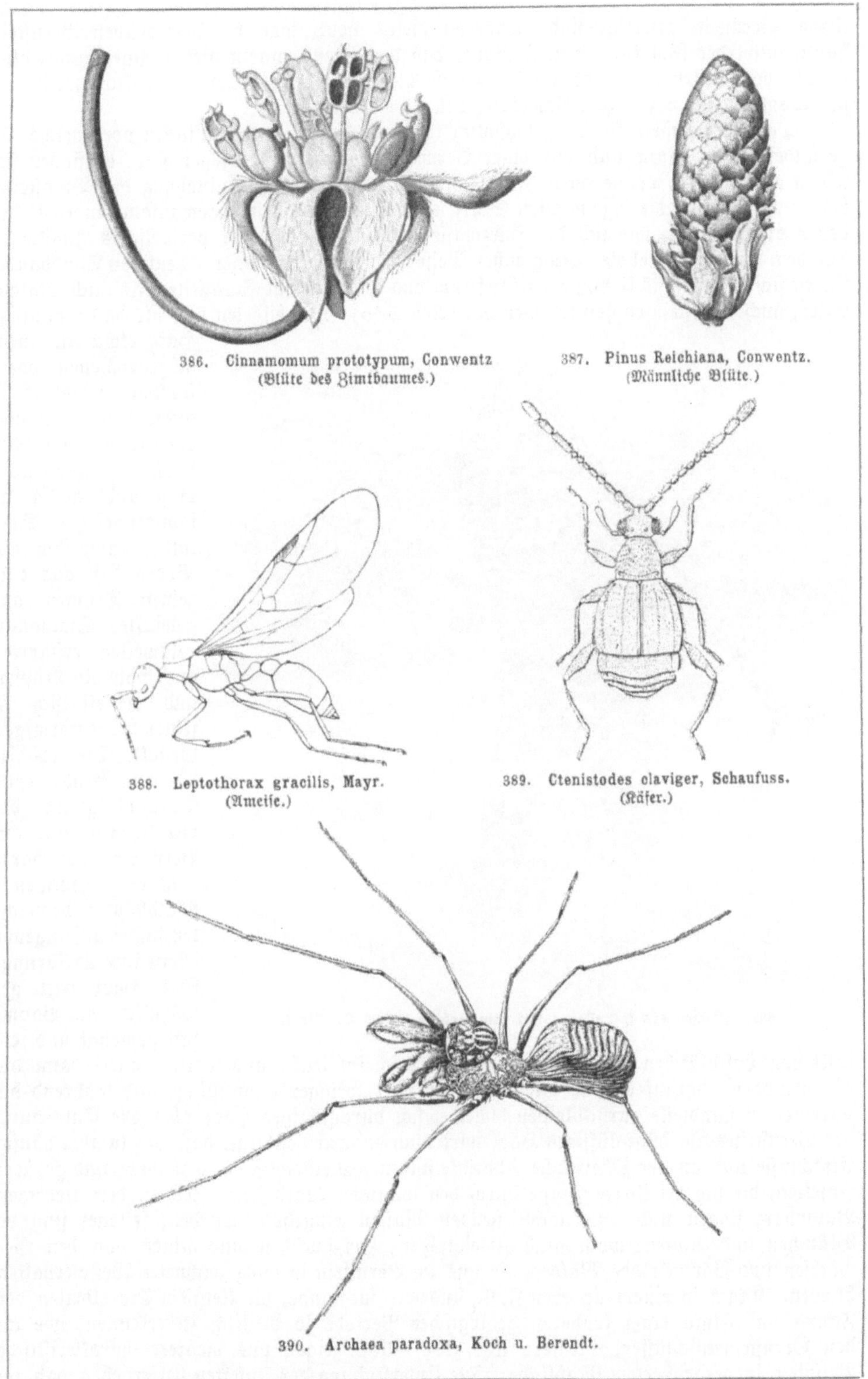

386. Cinnamomum prototypum, Conwentz
(Blüte des Zimtbaumes.)

387. Pinus Reichiana, Conwentz.
(Männliche Blüte.)

388. Leptothorax gracilis, Mayr.
(Ameise.)

389. Ctenistodes claviger, Schaufuss.
(Käfer.)

390. Archaea paradoxa, Koch u. Berendt.

386—390. **Bernsteineinschlüsse.** (Sämtlich stark vergrößert.)

lichem Bernstein gefertigt sind, während dieses heutzutage bei dem trüben Bernstein häufig nicht der Fall ist. Der Umstand, daß der Preßbernstein viel weniger zerbrechlich ist, als der natürliche, ja sogar eine gewisse Elastizität besitzt, kann begreiflicherweise nur in Ausnahmefällen zur Unterscheidung benutzt werden.

Der Rohbernstein kommt gewöhnlich in unregelmäßigen Bruchstücken vor, welche abgerundete Ecken haben und mit einer Verwitterungsschicht überzogen sind, es finden sich jedoch auch Stücke, welche durch Form und Struktur über die Entstehung des Bernsteins belehren. So sind die sogenannten Schlauben aus parallelen Lagen zusammengesetzt, an denen ersichtlich ist, wie sich die Harzmasse nach und nach durch periodisches Ausfließen aus dem Baume vermehrte. In gleicher Weise wie beim Harze unserer heutigen Waldbäume finden sich Bernsteinstücke von Zapfenform und zwar sowohl Stalaktiten als auch Stalagmiten, auch Bernsteintropfen kommen vor (Abb. 385). Sie bildeten sich, als das zähflüssige

385. Fischen des Bernsteins mit dem Kescher. Nach Dr. Klebs.

Harz etwa an einem abgebrochenen oder sonstwie verletzten Aste austrat und dann niedertropfte; am Aste selbst der zapfenförmige und schalig zusammengesetzte Stalaktit, unter ihm am Boden der aus einzelnen Tropfen angehäufte Stalagmit. Zuweilen erstarrte auch wohl ein Tropfen und erhielt sich in seiner birnenförmigen Gestalt. Die verschiedenen Grade der Durchsichtigkeit, die wir ebenso, wie am Bernstein, am Harze unserer heutigen Waldbäume beobachten, finden auf folgende Weise ihre Erklärung: Das Harz tritt gewöhnlich mit Baumsaft gemengt und erfüllt von Luftbläschen am Baume aus und erscheint trübe und wolkig; wirkt dann die Sonnenwärme darauf ein, so wird es mehr oder weniger dünnflüssig, und während die unreinen Bestandteile zurückbleiben, scheidet sich durchsichtiges Harz ab. Die Entstehung des Bernsteins als dünnflüssiges Harz wird auch dadurch bestätigt, daß wir in ihm häufig Einschlüsse und an der Oberfläche Abdrücke finden. Meistens sind es kleinere und größere Insekten, die sich bei ihrem Fluge durch den sonnigen Wald jener Zeit an dem klebrigen Baumharz fingen und von nachfließenden Massen eingehüllt wurden, seltener sind es Blättchen und Blüten, wohl auch Zweigspitzen, Holzstückchen und Rinde von den Gewächsen und Bäumen des Waldes, die uns im Bernstein in ausgezeichneter Weise erhalten blieben. Kaum in einem anderen Falle sind wir im stande, die kleinsten Einzelheiten der Fauna und Flora einer früheren geologischen Periode so deutlich zu erkennen, wie an den Bernsteineinschlüssen. Unsere Abb. 386—390 zeigen uns mehrere charakteristische Beispiele in vergrößertem Maßstabe. Die Untersuchung der Insekten hat ergeben, daß im Beginn der Tertiärzeit die Fauna eine der unsrigen sehr ähnliche war. Das Studium der

Pflanzeneinschlüsse, das wir namentlich Goeppert und Conwentz verdanken, zeigt uns, daß der Wald, in dem sich der Bernstein bildete, neben Kiefern, Fichten, Eichen, Buchen, also neben Arten, die unseren heutigen Waldbäumen sehr ähnlich waren, auch aus Palmen, Magnolien, Zimtbäumen und Cypressen bestand, die heute nur in den wärmeren Zonen verbreitet sind. Es dürfte hieraus mit Sicherheit zu schließen sein, daß damals in der Gegend des südlichen Schweden und des heutigen Samlandes ein wärmeres Klima geherrscht hat. Die Bernsteineinschlüsse werden mit großem Eifer studiert, eine der größten Sammlungen besitzt das Bernsteinmuseum der Firma Stantien & Becker in Königsberg in Preußen, auch die Universität Königsberg und das westpreußische Provinzialmuseum zu Danzig sind im Besitze hervorragender Stücke.

Doch kehren wir von diesem Blick auf die Bildungsgeschichte unseres heimischen Schmucksteines zu der ebenso eigenartigen Gewinnung desselben zurück. Seit Jahrtausenden nagen die brausenden Wogen des Baltischen Meeres an den steilen Küsten des Samlandes, die Wände werden unterspült und Stück um Stück sinkt das Land in die Brandung; Frost, Regen und Meeresströmung helfen bei der Zerkleinerung und Fortführung der Sand- und Thonmassen. So rückt das Meer beständig vor, und wenn die Nord- und Westwinde im Herbst und Frühjahr die Wogen bis in die Tiefe aufwühlen, dann werden am Meeres-

392. **Bernstein grabende Taucher auf dem Meeresboden.** Nach Dr. Klebs.

grund immer neue Teile der blauen Erde gelöst, und der leichte Bernstein, zum Teil getragen von losgerissenen Tangmassen, wird mit diesen an das nahe Ufer geworfen. Schon vor 2—3000 Jahren wurde Bernstein an der Ostseeküste gesammelt und als wertvolle Tauschware gegen Waffen und Schmuck bis in die Mittelmeerländer geführt; ob dies auf dem Landwege oder durch die Phönicier auf dem Wasserwege geschah, mag dahingestellt bleiben. Sicher ist, daß die Kulturvölker des Altertums den Baltischen Bernstein kannten. Die Griechen nannten ihn Elektron und beobachteten bereits seine Eigenschaft, nach dem Reiben leichte Gegenstände anzuziehen und dann wieder abzustoßen. Von der griechischen Bezeichnung ist unser Kunstausdruck Elektrizität abgeleitet. Die Mythologie der Alten erklärt die Bernsteintropfen für Thränen. Als Phaeton, der Sohn des Helios, bei seinem kühnen Wagnis, den Sonnenwagen des Vaters zu lenken, den Tod fand, weinten seine Schwestern um ihn am fernen Gestade, sie wurden in Lerchenbäume verwandelt, und ihre immer wieder fließenden Thränen wurden zu dem köstlichen, vielbegehrten Elektron. — Doch auch in seiner Heimat erfreute sich der Bernstein besonderer Wertschätzung,

44*

wir finden ihn in den alten Grabstätten des nordöstlichen Deutschland vielfach als Schmuck=
gegenstand vor, namentlich zu Perlen der verschiedensten Form verarbeitet (vgl. auch S. 6 u. 12).

Die ursprüngliche Gewinnung des Bernsteins wird auch jetzt noch mit Erfolg
betrieben, und die Bewohner der samländischen Stranddörfer beobachten bei jedem starken
Sturme vom hohen Ufer aus mit scharfem Blicke das Meer, um zu erspähen, wo die
dunklen Tangmassen, die den Bernstein mit sich führen, an den Strand getrieben werden.
Dann eilt jung und alt herzu, die Fischer suchen in der Brandung mit kurzen Handnetzen
den Tang und den schwimmenden Bernstein zu erreichen (schöpfen) und werfen ihn an
den Strand, wo die Frauen und Kinder das Gold des Samlandes oder, wie der
Seebernstein auch genannt wird, den Strandsegen auflesen (Abb. 391). Zuweilen
bringt eine Sturmnacht viele tausend Mark Gewinn.

Doch ein großer Teil des Bernsteins sinkt auch im Meere zu Boden, und wenn an
klaren, ruhigen Wintertagen — im Januar und Februar ist das Meerwasser besonders
durchsichtig — die Fischer in ihren Booten zum Fang ausfahren, dann sehen sie im
Sonnenlichte auf dem weißen Sande des Grundes den goldigen Stein klar sich abheben.

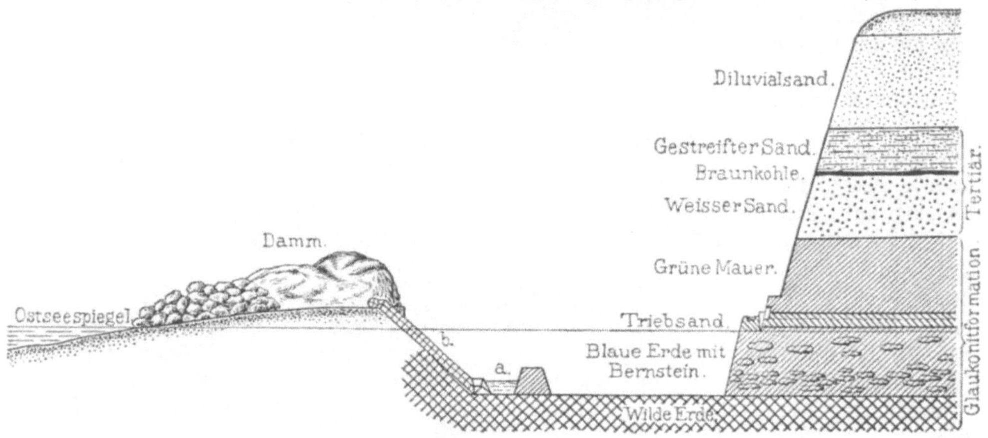

393. **Profil durch eine Bernsteingräberei am Meeresufer.** Nach W. Runge.

So liegt es denn nahe, daß der Bernstein auch in langgestielten, kleinen Netzen vom
Meeresgrunde gefischt wird. Die unternehmende Firma Stantien & Becker bildete dieses
Verfahren weiter aus, sie ließ durch geübte Taucher (Abb. 392) den Ausstrich der blauen
Erde am Meeresgrunde aufsuchen und unter Wasser den Stein graben. Die Taucher
arbeiteten an etwa 150 Tagen im Jahre, waren zweimal je 2 Stunden unter Wasser
und erhielten hierfür den für dortige Verhältnisse hohen Tagelohn von etwa 5 Mark.
Der leicht zu erreichende Stein war jedoch in einigen Jahren aufgelesen, und die Taucherei,
die in den ersten Betriebsjahren namentlich große Stücke lieferte, wurde wegen geringer
Erträgnisse eingestellt.

Noch in anderer Art erfolgte die Gewinnung des Bernsteins aus dem Wasser. Es
war nämlich die Beobachtung gemacht worden, daß der Grund des kurischen Haffes bei
Schwarzort Bernstein in gewinnbarer Menge enthielt. Wieder war es die Firma
Stantien & Becker, welche eine ganze Flotte großer Dampfbagger beschaffte, den Haff=
grund bis zu 10 m Tiefe heraufheben ließ und den Bernstein durch Verwaschen trennte.
Merkwürdigerweise fand man hier zusammen mit dem Rohbernstein eine ganze An=
zahl in einfachster Weise bearbeitete Bernsteinstücke, welche einer frühen Kulturperiode
angehören. Man nimmt an, daß der Bernstein von Schwarzort aus der Ostsee stammt
und in das Haff eingeschwemmt wurde, als die heutige kurische Nehrung noch nicht eine
geschlossene Landzunge, sondern eine Reihe von Inseln bildete, zwischen denen das Haff
mit dem Meere in Verbindung stand. Die Bernstein=Artefacte dürften Gräbern entstammen,
welche die Ostsee zugleich mit dem Festlande verschlang. Vor einer Reihe von Jahren
wurde auch die Baggerei wegen des Rückganges der Erträge aufgegeben.

394. Bernsteingräberei am Ostseestrande bei Palmnicken. Nach Photographie von Gottheil u. Sohn, Königsberg i. Pr.

Der heute gewonnene Bernstein stammt aus bergmännisch betriebenen Gruben, die in unmittelbarer Nähe von Palmnicken liegen. Schon früher hatte man durch einfache Gräbereien am Strande den Bernstein auf seiner eigentlichen Lagerstätte aufgesucht, indem zunächst (vergl. das Profil Abb. 393) am Steilabsturz der Küste in der guten Jahreszeit möglichst viel Boden entfernt und als Damm gegen die See aufgeschüttet wurde. Dann grub man in die Tiefe, während das zudringende Wasser mittels Schöpfwerke b immer wieder entfernt wurde, und wenn das Glück günstig war und die See ruhig blieb, gelangte man bis zur blauen Erde und erntete reichen Gewinn. Diese Gruben mußten jedoch im Herbste jedesmal wieder verlassen werden, da die See bei Sturm in dieselben

395. Neue Schachtanlage der Firma Stantien u. Becker am Ostseestrande bei Palmnicken.
Nach Photographie von Gottheil u. Sohn, Königsberg i. Pr.

eindrang. Der Aufwand für die Erdarbeiten war recht bedeutend, und der Gewinn entsprach nicht immer den gehegten Hoffnungen. Da lag es denn nahe, solche Gruben durch größere Erdarbeiten gegen die See hin besser zu schützen, und von ihnen aus bergmännische Strecken in der blauen Erde vorzutreiben.

Wieder war es die schon mehrfach genannte Firma Stantien & Becker, welche diesen Weg mit Thatkraft beschritt und seit etwa 1872 dabei zum unterirdischen Abbau der blauen Erde überging. Abb. 394 zeigt diese frühere Art des Betriebes. Später setzte man in die offenen Gruben gemauerte Schächte, umgab sie wieder mit Boden und rüstete sie mit kräftigen Dampfmaschinen zur Förderung, Wasserhebung und neuerdings auch Wetterversorgung aus. So entstanden als Frucht langjähriger Erfahrung und angestrengter Arbeit die heutigen Werke, welche für das Samland eine Quelle des Wohlstandes geworden sind.

Es ist ein eigenartiges Bild, diese Schachtanlage unmittelbar am Meere, für die der Raum erst am steilen Ufer gewonnen werden mußte. Unser Bild (Abb. 395) zeigt die Neuanlage „Grube Anna“. Der Betrieb erfordert die äußerste Vorsicht, weil die blaue Erde durch leicht beweglichen Schwimmsand überlagert ist; beim Ausbau der Grubenräume wird daher zum Verstopfen der kleinsten Ritzen und Spalten Stroh und Fichtenreisig in großen Mengen verwendet. Denn falls durch Offenbleiben einzelner Stellen die oberen Schichten der blauen Erde in Bewegung kommen, so erhalten sie Risse, und der Schwimm= sand ergießt sich mit elementarer Gewalt in die Grube. Deshalb müssen auch dort, wo der Abbau beendet ist, besondere Vorkehrungen durch Absperrung der Baue getroffen werden.

Die Werke beschäftigen mehr als 1500 Arbeiter und 100 Beamte. Die jährliche Förderung an blauer Erde ist längst über 100000 cbm gestiegen, deren mittlerer Gehalt an Bernstein etwa 3 kg in 1 cbm betragen dürfte.

Die geförderte blaue Erde wird mittels des gehobenen Schachtwassers einem gründ= lichen Schlämmverfahren auf immer feineren Sieben unterworfen und der gewaschene Stein dann in der Fabrik in umlaufenden Fässern mittels Soda, Sand und Wasser von

396. Das Sortieren des Bernsteins.
Nach Photographie von Gottheil u. Sohn, Königsberg i. Pr.

der Verwitterungskruste befreit. Nun folgt noch das Sortieren nach Farbe und Form, es wird von einer großen Zahl junger Mädchen (Abb. 396) ausgeführt. Die größeren Stücke sind versandfertig, die kleineren werden für die schon erwähnte Darstellung von Preßbernstein einer sehr sorgfältigen Reinigung mittels scharfer Messer unterworfen, aus den allerkleinsten und den unreinen Stücken werden durch Einschmelzen mehrere Sorten Kolophonium erzeugt, die zur Herstellung von Bernsteinlack dienen. Die abdestillierende Bernsteinsäure wird an Anilinfabriken verkauft.

Die Verarbeitung des Bernsteins, der noch immer als gesuchter Handelsartikel nach allen Erdteilen verschickt wird, fand früher fast ausschließlich in Danzig und Königsberg statt, neuerdings hat sich die Bernsteinindustrie auch in Wien eingebürgert. In den Werk= stätten größerer Firmen wird dem Geschmack aller Völker Rechnung getragen; hier werden glatte, dort facettierte Perlen bevorzugt, hier sind sie länglich eirund, dort flach scheiben= förmig, bald werden wasserhelle, bald wolkige Perlen verlangt u. s. w., ja selbst die Ohr= und Nasenpflöcke, an denen Zentralafrika immer noch Geschmack findet, fehlen nicht neben den modernsten Schmucksachen für den deutschen Markt.

Gagat.

Außer dem Bernstein ist es nur noch ein Mineral organischen Ursprungs, das zu Schmucksachen und zwar vorwiegend zu Trauerschmuck verarbeitet wird, es ist eine tief= schwarze, dichte Kohle von muscheligem Bruch, die sich leicht durch Schnitzen, Drehen, Feilen bearbeiten läßt und eine schöne Politur annimmt, dabei darf sie nicht zu spröde sein, sondern muß eine gewisse Festigkeit besitzen. Die Härte des Gagats, der übrigens in England Jet, in Frankreich Jais genannt wird, liegt zwischen 3 und 4, das spezi= fische Gewicht steigt etwa bis 1,35, das Material ist also sehr leicht. Der Sitz der Gagat= industrie ist gegenwärtig Whitby in Yorkshire (England), wo der eigentliche Gagat auf Lagern in der Liasformation, wie auch in Württemberg in der schwäbischen Alp und in Frankreich im Departement de l'Aude vorkommt, an der letztgenannten Örtlichkeit in der Kreideformation. Spanien hat früher viel Gagat geliefert, auch in Nordamerika findet er sich an verschiedenen Fundorten. Außerdem wird aber auch eine echte Steinkohle, die sogenannte Kännelkohle, ebenso wie der Gagat verarbeitet, doch ist das Material minderwertiger.

Die Bedeutung der Gagatindustrie in Whitby erhellt am besten daraus, daß in der= selben weit über 1000 Arbeiter beschäftigt werden und daß die Jahresproduktion einen Wert von 2 Millionen Mark hat.

Trotz der niedrigen Preise des Gagats werden statt seiner wohl schwarzer Hartgummi und auch schwarzes Glas verwendet. Während sich Gagat und Hartgummi warm anfühlen, ruft Glas als guter Wärmeleiter immer den Eindruck der Kälte hervor, was als Unter= scheidungsmerkmal dienen kann, außerdem ist Glas erheblich schwerer als Gagat. Hart= gummi läßt sich am leichtesten dadurch erkennen, daß er durch Reiben stark elektrisch wird und leichte Körper anzieht.

Schwarz gefärbter Achat, aus dem ebenfalls Trauerschmuck gefertigt wird, ist durch die feinere Politur und die bedeutende Härte leicht kenntlich, übrigens steht er erheblich höher im Preise als Gagat.

Hüttenwesen

397. **Das Kupferhüttenwesen.** (Vgl. S. 67.)

Wandgemälde von Klein-Chevalier im Sitzungssaale des Königl. preuß. Oberbergamtes Halle a. S.
Nach Photographie von Fritz Möller in Halle a. S.

Einleitung.

Allgemeine Grundlagen der Hüttenkunde.

Unter Hüttenkunde versteht man die Kenntnis von der technischen Verarbeitung der Erze und der Darstellung der Metalle aus denselben. Die Anlagen, in denen das Zugutemachen der Erze stattfindet, nennt man Hüttenwerke oder kurz Hütten; die weitere Verarbeitung der Metalle, die Formgebung derselben, erfolgt dagegen in Fabriken, Werkstätten u. s. w. Diese Unterscheidung ist für viele Hüttenwerke eine ganz scharfe, da dieselben ihre Erzeugnisse, die Metalle, in Form von Blöcken oder Barren in den Handel bringen und den Fabriken zur Weiterverarbeitung übergeben. Dies trifft in der Hauptsache bei den Blei-, Silber-, Kupfer- und Zinkhütten zu, während diejenigen Hütten, welche sich mit der Herstellung des Eisens aus seinen Erzen beschäftigen, in vielen Fällen auch die Verarbeitung dieses Metalles zu Handelswaren in den Bereich ihrer Thätigkeit ziehen. Aus diesem Grunde pflegt man die Hüttenkunde in zwei große Teile zu zerlegen. Man spricht von einer Metallhüttenkunde, welche die Lehre der Gewinnung sämtlicher Metalle mit Ausnahme des Eisens umfaßt, und von einer Eisenhüttenkunde, welche nur von der Darstellung und Weiterentwickelung des Eisens handelt. In den Bereich der letzteren gehört jedoch auch das Walzen von Schienen, Panzerplatten, das Schneiden von Radsternen, Schiffswellen, sowie das Vergießen des Eisens und Stahls zu Gebrauchsgegenständen, während die Metallhüttenkunde nur die Herstellung der Metalle behandelt. In der vorliegenden Behandlung der Eisenhüttenkunde hat jedoch diese übliche Behandlung eine Abweichung dahin erfahren, daß die Verarbeitung des Eisens, um Wiederholungen gleicher demselben Zwecke dienender Apparate zu vermeiden, mit der Verarbeitung der übrigen Metalle zusammen abgehandelt wird. Das Gebiet der Eisenhüttenkunde ist demgemäß hier nur so weit gezogen, daß nur die verschiedenen Herstellungsmethoden der verschiedenen Eisensorten, nicht aber die Verarbeitung derselben zu größeren Gebrauchsgegenständen einer Betrachtung unterzogen werden.

Um Wiederholungen zu vermeiden, sind die gemeinschaftlichen theoretischen Grundlagen, sowie technische Hilfsapparate, die Eigenschaften der Brennstoffe, die Herstellung der Ofenbaumaterialien in einer gemeinsamen Einleitung in die Hüttenkunde abgehandelt.

45*

Die Wärmeerzeugung.

Die Verbrennung. Den Vorgang der Vereinigung der Körper mit Sauerstoff nennt man Oxydation, einen mit Sauerstoff verbundenen Körper oxydiert, jede Sauerstoffverbindung aber ein Oxyd. Manche Körper, wie das Mangan, das Eisen, der Kohlenstoff, vermögen sich mit Sauerstoff in mehreren Verhältnissen zu verbinden. Man nennt diese verschiedenen Verbindungsverhältnisse eines Körpers mit Sauerstoff seine Oxydationsstufen.

Bei der Vereinigung fast aller Stoffe mit Sauerstoff wird Wärme frei. Ist die Wärmeentwickelung so bedeutend, daß der Körper ein Erglühen zeigt, so nennen wir den Vorgang eine Verbrennung. Die Verbrennung ist keineswegs, wie der Laie häufig meint, eine Vernichtung, sondern ein Körper nimmt, indem er verbrennt, immer an Gewicht zu, und zwar genau um so viel, als er dabei Sauerstoff aufnimmt. Wenn das Faktum, daß jeder Körper, wenn er verbrennt, an Gewicht zunimmt, bei den gewöhnlichen geläufigen Verbrennungen, der Verbrennung des Öls in den Lampen, des Holzes im Ofen, beim Rauchen einer Zigarre, nicht deutlich wird, so rührt dies daher, daß die Verbrennungsprodukte gasförmig sind und sich von der atmosphärischen Luft wenig unterscheiden. Bringt man geeignete Vorrichtungen an, mittels welcher die gasförmigen Verbrennungsprodukte unserer Brennmaterialien festgehalten werden können, so findet man, daß das Gewicht der Verbrennungsprodukte so viel beträgt, wie das Gewicht des Brennmaterials und das Gewicht des dabei aus der Luft verschwundenen Sauerstoffes zusammengenommen.

Damit ein Körper sich mit Sauerstoff unter Licht- und Wärmeentwickelung chemisch vereinige, d. h. verbrenne, muß er in der Regel bis zu einem gewissen Grade erhitzt werden. Der Grad dieser Erhitzung, die Entzündungstemperatur, ist bei den verschiedenen Körpern verschieden, ebenso ist auch bei den verschiedenen Körpern die Temperatur, welche bei der Verbrennung entsteht, die Verbrennungstemperatur, sehr verschieden.

Wenn wir sagen: Verbrennung ist Oxydation unter Licht- und Wärmeentwickelung, so bezieht sich das nur auf die Vereinigung des Sauerstoffs mit anderen Körpern, im weiteren Sinne ist jedoch Verbrennung jede Vereinigung zweier Körper unter Licht- und Wärmeentwickelung. Der Sauerstoff hat nämlich wohl vorzugsweise, aber nicht ausschließlich die Eigenschaft, sich mit anderen Körpern unter Licht- und Wärmeentwickelung zu vereinigen. Es ist jedoch nicht jede Oxydation eine Verbrennung. Die Vereinigung der Körper mit Sauerstoff erfolgt nämlich nicht immer unter Feuererscheinung, ein und derselbe Körper kann sich bald unter solcher, bald ohne dieselbe vereinigen. So verbindet sich das Eisen auch bei gewöhnlicher Temperatur und ohne sichtbare Licht- und Wärmeentwickelung mit Sauerstoff. Ähnlich verhalten sich viele andere Elemente.

Von den zur Erzeugung von Wärme zu Gebote stehenden Mitteln wird in der Hüttenkunde nur die Verbrennung, weil dieselbe am wirtschaftlichsten ist, in großem Maßstabe angewendet. Obwohl in einigen Hüttenprozessen auch Silicium, Phosphor, Schwefel, Mangan u. s. w. als Wärmeentwickler dienen, werden doch gewöhnlich mit dem Ausdrucke Brennstoff die natürlich vorkommenden Kohlenstoffverbindungen bezeichnet.

Die Produkte der Verbrennung unserer Brennstoffe sind jederzeit Kohlensäure und Wasser, also die Oxyde des Kohlenstoffs und des Wasserstoffs. Der Kohlenstoff liefert bei seiner Vereinigung mit Sauerstoff zwei Oxyde, und zwar Kohlenoxyd und Kohlensäure. Durch erneute Verbrennung, d. h. Zufuhr von Sauerstoff, kann das Kohlenoxyd in die Kohlensäure übergeführt werden, wodurch wieder Wärme erzeugt wird.

Wir bezeichnen die Verbrennung des Kohlenstoffs zu Kohlenoxyd als unvollkommene Verbrennung, während die Verbrennung des Kohlenstoffs zu Kohlensäure vollkommene Verbrennung genannt wird. Im ersteren Falle ist die Wärmeausnutzung des Brennstoffs keine vollständige, die Verbrennungsgase enthalten noch brennbare Substanzen, während bei der vollkommenen Verbrennung der Brennstoff seine sämtliche Wärme entwickelt hat und die Verbrennungsprodukte brennbare Körper nicht mehr aufweisen. Das Bestreben muß natürlich in den allermeisten Fällen darauf gerichtet sein, möglichst sämtliche Wärme, die der Brennstoff entwickeln kann, auszunutzen. Die Mittel zur Erzielung einer vollständigen Verbrennung sind ein gewisser nicht zu großer Überschuß an Sauerstoff, innige

Mischung des Sauerstoffs resp. der Luft mit dem Brennstoff, Aufrechterhaltung der Entzündungstemperatur in allen Teilen des Verbrennungsraumes, für viele zum Teil bisher noch unberücksichtigt gebliebene Fälle endlich auch Vorwärmung von Luft und Brennstoff.

Der dem Verbrennen entgegengesetzte Vorgang heißt Reduktion. Es wird darunter die Abscheidung eines Metalles aus seiner Verbindung mit anderen Elementen, wie Sauerstoff, Schwefel, Arsen u. s. w., verstanden, hauptsächlich faßt man jedoch unter Reduktion den Vorgang auf, daß einem Oxyd sein Sauerstoff vollständig oder teilweise entzogen wird.

Zur Ausführung der Reduktion ist immer ein Wärmeaufwand erforderlich, und zwar genau so viel, wie bei der Bildung des betreffenden Oxyds frei wurde. Selten tritt Reduktion bei gewöhnlicher Temperatur ein, sie wird in den meisten Fällen durch Zunahme der Verwandtschaft zwischen Reduktionsmittel (meist Kohlenstoff und Wasserstoff) und Sauerstoff in höherer Temperatur erzielt.

Manche Oxyde zerfallen unter der Einwirkung höherer Temperatur. So beginnt z. B. das Wasserstoffoxyd, das Wasser, bei einer Temperatur von 1000° C. in seine Bestandteile Wasserstoff und Sauerstoff zu zerfallen. Ebenso verhält sich die Kohlensäure, welche sich bei einer Temperatur von 1200° C. in Kohlenoxydgas und freien Sauerstoff zu scheiden beginnt. Man nennt diesen Vorgang des Zerfallens einer chemischen Verbindung in ihre Bestandteile Dissociation und sagt: der Körper dissociiert bei der und der Temperatur. Es versteht sich von selbst, daß solche Körper, deren Sauerstoffverbindungen bei höheren Temperaturen zerfallen, nur als Reduktionsmittel dienen können, wenn die Temperatur, bei welcher die Reduktion vor sich geht, unterhalb der Dissociationstemperatur des betreffenden Oxyds liegt. Bei Darstellung der Metalle aus ihren Erzen dienen als hauptsächlichste Reduktionsmittel fester Kohlenstoff und Kohlenoxydgas; eine untergeordnete Bedeutung hat das Wasserstoffgas.

Die niedrigste Temperatur, bei welcher Kohlenstoff und Sauerstoff sich zu vereinigen vermögen, liegt bei 400° C.; unter derselben kann der Kohlenstoff als Reduktionsmittel nicht dienen. Die Verwandtschaft des Kohlenstoffs zum Sauerstoff wächst mit der Höhe der Temperatur. Metalloxyden, auf welche der Kohlenstoff bei Rotglut ohne Einwirkung bleibt, entzieht der Kohlenstoff den Sauerstoff, sobald die Temperatur auf die erforderliche Höhe gesteigert ist. Der Kohlenstoff ist im stande, sämtlichen in der Natur vorkommenden Oxyden den Sauerstoff zu entziehen, falls nur die Temperatur genügend hoch ist. Das hierbei entstehende Kohlenoxydgas ist in den bis jetzt zu erzeugenden Temperaturen ein beständiges Gas; es unterliegt der Dissociation nicht und kann deshalb auch auf andere Körper einen oxydierenden Einfluß nicht ausüben.

Das Kohlenoxyd nimmt bei niedriger Temperatur leicht Sauerstoff auf und bildet mit demselben die Kohlensäure; es ist demgemäß das Kohlenoxydgas ebenfalls ein Reduktionsmittel. Da jedoch die Kohlensäure in höherer Temperatur nicht beständig ist, so folgt daraus, daß die Reduktion durch Kohlenoxydgas nur in Temperaturen, die unter der Dissociationstemperatur der Kohlensäure liegen, eine reduzierende Wirkung ausüben kann. Bei Temperaturen, welche oberhalb des Zerfallens der Kohlensäure liegen, bildet dieselbe durch Abgabe von Sauerstoff ein kräftig oxydierendes Gas, und sie verhält sich ebenso, wie der Wasserdampf, der auch in Temperaturen von über 1200° C. zu den Sauerstoff abgebenden Körpern zählt. Das Kohlenoxydgas ist infolge seines gasförmigen Zustandes, welcher einen Angriff des zu reduzierenden Körpers von allen Seiten ermöglicht, indem es in die Poren desselben eindringt, ein sehr vorteilhaftes Reduktionsmittel, während die Berührung zwischen Kohlenstoff und Erz um so unvollständiger ist, je größere Stücke beide bilden, und dieselbe erst begünstigt wird, wenn die Temperatur so hoch gestiegen ist, daß Schmelzung des Erzes eintritt.

Man nennt den Reduktionsvorgang durch Kohlenoxyd die indirekte Reduktion, im Gegensatz zur Reduktion durch Kohlenstoff, welche die direkte Reduktion genannt wird.

Für Reduktionsvorgänge, welche in niedriger Temperatur ausführbar sind, ist das Kohlenoxydgas das geeignetste Reduktionsmittel, während fester Kohlenstoff als Reduktionsmittel um so wertvoller wird, je höher die Temperatur steigt, und in den höchsten Temperaturen unserer Öfen den ausschließlich zur Reduktion verwendbaren Körper darstellt.

Man nennt solche Erze, welche durch Kohlenoxyd, also in niedriger Temperatur, ohne großen Wärmeaufwand reduzierbar sind, leicht reduzierbar, während diejenigen Erze, die nur durch festen Kohlenstoff, in hoher Temperatur und unter großem Wärmeverbrauch ihres Sauerstoffs beraubt werden können, als schwer reduzierbar bezeichnet werden.

Die Bildung von Kohlenoxydgas erheischt bei der Verbrennung des Kohlenstoffs weniger Sauerstoff, als die Bildung von Kohlensäure. Mit je reichlicheren Mengen Kohlenstoff die Luft bei der Verbrennung in Berührung kommt, oder je poröser der Brennstoff ist, desto günstiger sind demnach die Bedingungen für die Bildung von Kohlenoxydgas, während reichliche Verteilung der Luft und eine sehr dichte Beschaffenheit der Brennstoffe die Bildung von Kohlensäure begünstigt.

Die Kohlensäure, welche nach der Bildung beim Verbrennungsvorgange noch eine Schicht glühenden Kohlenstoffs durchziehen muß, erleidet hierbei eine beachtenswerte Umwandlung, welche man als Reduktion der Kohlensäure durch Kohlenstoff auffassen kann. Es wird die Kohlensäure durch die Einwirkung des Kohlenstoffs zu Kohlenoxyd reduziert, während der Sauerstoff, welchen die Kohlensäure abgibt, mit dem Kohlenstoff ebenfalls Kohlenoxydgas bildet. Es ist dieser Vorgang demnach eine Verbrennung des Kohlenstoffs, eine Vergasung desselben durch im unteren Teile der Feuerung gebildete Kohlensäure. Daß die Kohlensäure, ebenso wie der Wasserdampf in höherer Temperatur, ein kräftiges Oxydationsmittel auch für die Metalle ist, wurde schon oben erwähnt.

Der Vorgang ist um so beachtenswerter, als darauf die Bildung des Kohlenoxydgases bei der Generatorfeuerung beruht, die infolge ihrer großen Wärmeleistung zahlreiche Anwendung findet. Leiten wir Wasserdampf über glühende Kohlen, so findet ebenfalls eine Zerlegung des Wassers statt. Es bildet sich Wasserstoff, während der Sauerstoff des Wassers sich mit Kohlenstoff zu Kohlenoxydgas vereinigt, man demgemäß durch diesen Vorgang zwei brennbare Gase erhält. Hierauf beruht die Anwendung des sogenannten Wassergases in der Feuerungstechnik.

Der Vorgang bei der Verbrennung des Kohlenstoffs vollzieht sich jedenfalls in der Weise, daß als erstes Verbrennungsprodukt sich immer Kohlensäure bildet, während das Kohlenoxyd erst infolge der Reduktion der Kohlensäure durch weiteren Kohlenstoff entsteht. Läßt sich der letztere Vorgang verhindern, so ist die Verbrennung eine vollständige, anderenfalls entsteht eine unvollständige Verbrennung.

Der Wert eines Brennstoffes hängt in erster Linie von der Wärmemenge ab, welche derselbe bei der Verbrennung liefert. Man bezeichnet die bei Verbrennung von einer Gewichtseinheit, gewöhnlich 1 kg, entwickelte Wärmemenge eines Körpers als seinen absoluten Wärmeeffekt. Diese Wärmeleistung wird nach Wärmeeinheiten oder Kalorien gemessen. Eine Wärmeeinheit ist diejenige Wärmemenge, welche erforderlich ist, um die Temperatur von 1 kg Wasser von 0 auf 1° C. zu erhöhen.

Die Bestimmung der Wärmemenge, die ein Brennstoff zu liefern im stande ist, berechnete man früher aus den Werten, welche die chemische Analyse desselben lieferte, neuerdings legt man jedoch hierfür eine direkte Methode zu Grunde. Man verbrennt in geeignet konstruierten Apparaten eine bestimmte Menge Brennstoff und überträgt hierbei die entwickelte Wärme auf ein bestimmtes Quantum Wasser. Aus dem Gewichte des Wassers, sowie dessen Temperaturzunahme durch Verbrennen der abgewogenen Menge Brennstoff läßt sich der Heizwert oder die Anzahl Wärmeeinheiten, die der Brennstoff zu liefern im stande ist, leicht berechnen.

Hat man den Wärmewert von Gasen zu bestimmen, so verfährt man auf ähnliche Weise, indem man die Wärme, welche eine bestimmte Menge des zu prüfenden Gases bei der Verbrennung liefert, auf eine ebenfalls bestimmte Menge Wasser überträgt und die gefundenen Werte der Rechnung zu Grunde legt.

Durch diese Ermittelungen hat man folgende Werte gefunden

1 kg Kohlenstoff zu Kohlensäure	8080	Wärmeeinheiten,
1 „ „ „ Kohlenoxydgas	2473	„
1 „ Kohlenoxydgas zu Kohlensäure	2403	„
1 „ Wasserstoff zu Wasserdampf	28780	„

Der Wärmegrad, welchen die Brennstoffe bei gleichmäßiger Verteilung der Wärme er=
zeugen, wird die Verbrennungstemperatur genannt. Dieselbe ist um so größer, je
mehr Brennstoff in der Zeiteinheit verbrennt, mit je weniger Luftüberschuß die Verbrennung
vor sich geht und je mehr die in die Feuerung gelangenden Brennstoffe und Luft vorher erhitzt
werden. Da man bei gasförmigem Brennstoffe mit ganz geringem Luftüberschuß eine voll=
ständige Verbrennung erzielen kann und überdies gasförmige Brennstoffe einer Vorwärmung
bequemer zu unterziehen sind, so liegt hierin der Grund, weshalb man bei der Erzeugung
sehr hoher Verbrennungstemperaturen nur unter Anwendung der Gasfeuerung zum Ziele
gelangt. Es ist natürlich in erster Linie bei den Intensitätsfeuerungen darauf zu sehen,
daß der zur Verwendung gelangende Brennstoff einen größeren absoluten Wärmeeffekt liefert.

Die Messung niedriger Temperaturen ist sehr einfach, es dienen hierzu die kurzweg
Thermometer genannten Instrumente, welche auf der Ausdehnung des Quecksilbers be=
ruhen. Jedoch sind die Angaben der gewöhnlichen Quecksilberthermometer schon bei
Temperaturen über 200° C. nicht mehr genau, und man benutzt für höhere Temperaturen
Quecksilberthermometer aus schwer schmelzbarem Normalglase, welche über dem Quecksilber=
spiegel mit Kohlensäure oder Stickstoff gefüllt sind und bis zu 550° C. benutzt werden können.

Kommen höhere Temperaturgrade in Betracht, so verwendet man seit längerer Zeit
Metalle und Legierungen, die durch Schmelzen das Anzeichen geben, ob ein gewisser
Temperaturgrad überschritten ist, oder nicht. Genaue Messungen sind natürlich hiermit
nicht anzustellen. Die Legierungen
werden nach dem Physiker, welcher sie
zuerst anwandte, Prinsepsche Legie=
rungen genannt. Sie bestehen aus
Gold=Silber und Gold=Platinlegie=
rungen, und es können damit Tem=
peraturen bis zu 1775° C., dem
Schmelzpunkte des reinen Platins,
bestimmt werden. Beim Gebrauche
schließt man eine kleine Menge der
betreffenden Legierung, die schätzungs=
weise dem zu bestimmenden Tempera=
turgrad entspricht, in kleine Thonzellen
ein und setzt dieselbe der zumessenden
Temperatur aus. Ist die Legierung

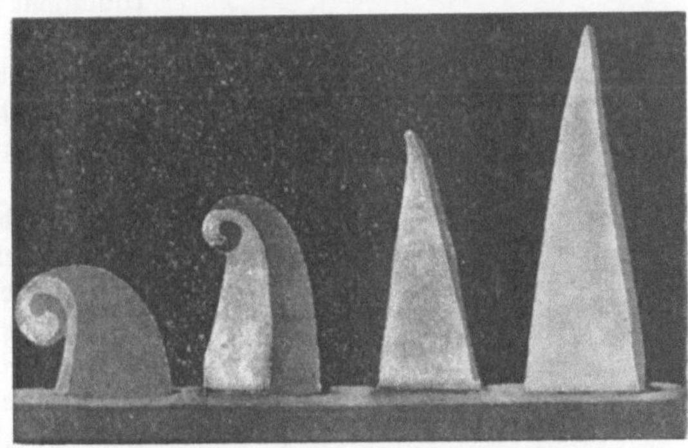

398. **Wärmemessung durch Segersche Schmelzkegel**

geschmolzen, so ist damit der Nachweis erbracht, daß die Temperatur im Feuerraum den
Schmelzpunkt der betreffenden Legierung überschreitet, und man wiederholt dann den Ver=
such mit der nächst höher schmelzenden Legierung, bis man auf eine Legierung gestoßen ist,
die in der betreffenden Temperatur nicht mehr schmilzt, und damit den Nachweis geliefert
hat, daß die Höhe der Temperatur sich innerhalb der Schmelzpunkte der geschmolzenen und
der nicht mehr geschmolzenen Prinsepschen Legierung befindet. Durch Aushämmern der ge=
schmolzenen Metallkügelchen können die Legierungen wieder gebrauchsfertig gemacht werden.

Da der Anschaffungspreis der Prinsepschen Legierungen immerhin ein sehr hoher
ist und durch Springen der Thonkapsel sehr häufig empfindliche Metallverluste eintreten
können, so hat Prof. Seger unter späterer Beihilfe von Cramer durch Mischen von Feld=
spat, Quarz, Kaolin, Marmor und Borsäureoxyd nach bestimmten Verhältnissen einen billigen
Ersatz für die Prinsepschen Legierungen geschaffen, welche in Form von spitzen dreiseitigen
Pyramiden im Handel unter dem Namen Segersche Normalkegel zu haben sind.
Dieselben gestatten die Bestimmung von Temperaturen von 960—2180° C. Abb. 398
zeigt vier Stück Segersche Normalkegel, welche zur Untersuchung einer Feuerung gedient
haben. Man kann mit Bestimmtheit sagen, daß die Temperatur im Feuerraum so hoch
war, als die Schmelztemperatur des zweiten Kegels beträgt.

Bei den bis jetzt besprochenen Vorrichtungen zum Messen höherer Temperaturen
kann nur erkannt werden, ob ein gewisser Wärmegrad erreicht worden ist, oder nicht,
nicht aber, wie viel die Temperatur diejenige überschreitet oder hinter ihr zurückbleibt, bei

welcher das Merkmal eintritt. Diejenigen Instrumente, welche bei ihrem Gebrauche die Höhe der Temperaturgrade direkt angeben, nennt man Pyrometer, zu deutsch Hitzemesser. Dieselben gründen sich auf verschiedene physikalische Erscheinungen. Die früher allgemein gebräuchlichste Methode beruht auf der verschiedenen Ausdehnung verschiedener Körper z. B. von Kupfer und Eisen, Kohle und Eisen, sie sind jedoch vollständig unvollkommen, da die Körper sowohl durch langandauernde Erhitzung bei verhältnismäßig niedriger Temperatur, als auch durch Überschreiten der Glühhitze bleibende Längenausdehnung erfahren, die Instrumente somit allmählich unbrauchbar werden. Am meisten hat sich zur Feststellung des Wärmegrads von Gasen, z. B. von heißem Winde, Ofengasen u. s. w., wenn diese Temperaturen 1000⁰ C. nicht überstiegen, das Siemenssche Kalorimeter eingebürgert, das in der Abänderung von Braubach in Abb. 399 und 400 abgebildet ist. Dasselbe besteht aus einem doppelwandigen Gefäß aus Zink, Kupfer oder Messingblech. Das innere Gefäß i dient als Wärmemesser und das äußere S als Schutz gegen Abkühlung. Der zwischen beiden Gefäßen befindliche Luftraum dient zur Isolation. Das innere Gefäß ruht auf einem Korkringe k, der auf den Boden des äußeren Gefäßes aufgeleimt ist.

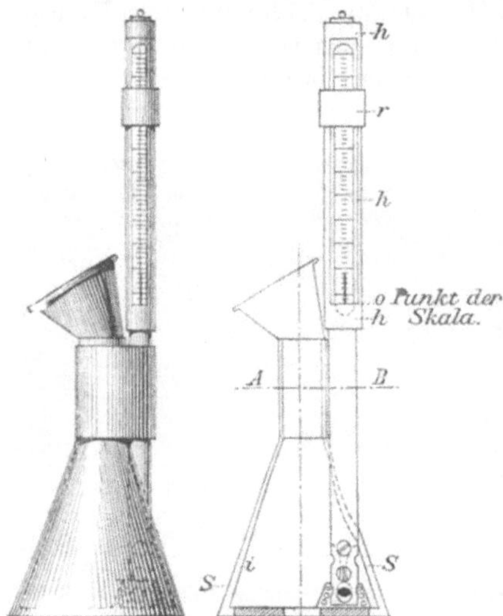

399 u. 400.
Siemens-Braubachsches Kalorimeter.

Beide Gefäße haben cylindrische Hülsen, die an einen schief stehenden Trichter angelötet sind. Längs des Halses ist eine an ihrem unteren Ende durchlochte Messingröhre angebracht, welche zur Aufnahme eines in ¹/₁₀⁰ C. eingeteilten Thermometers dient. Die Ablesung geschieht mit Hilfe einer drehbaren Hülse h, auf der die Skala eingraviert ist. Das Gefäß wird mit einer gewogenen Wassermenge gefüllt und die Temperatur desselben abgelesen. Nun wird ein ebenfalls gewogener Cylinder aus Kupfer, Eisen oder besser Nickel, nachdem er dem Gasstrom, dessen Temperatur man messen will, ausreichend lange Zeit ausgesetzt war, in das Gefäß geworfen. Aus der Temperatursteigung, welche die Wassermenge erfährt, kann man sodann die Temperatur, die im Versuchsraume herrschte, berechnen. Das Instrument ist jedoch nur bis zu 1000⁰ C. zu gebrauchen, da bei höheren Temperaturen eine Zersetzung des Wassers stattfindet, und die Wärme die hierzu gebraucht wird, nicht gemessen werden kann. Außerdem hat es den Nachteil, daß man jedesmal nur eine Messung vornehmen kann, und der Versuch für jede Messung zu wiederholen ist.

Der schwedische Metallurg Wiborgh benutzt die Ausdehnung eines in einer Porzellanröhre eingeschlossenen Luftvolumens, welche er auf eine Manometerfeder wirken läßt, so daß die Temperatur direkt abgelesen werden kann.

Der Widerstandspyrometer von Gebrüder Siemens und von Hartmann & Brauns beruht darauf, daß beim Erhitzen eines Elektrizitätsleiters sich dessen Leitungswiderstand erhöht; da die Beziehungen zwischen Temperatur und Leitungswiderstand festgestellt sind, so kann durch Messen des letzteren auf die Höhe der Temperatur geschlossen werden. Ein durch eine Trockenbatterie erzeugter Strom von unveränderlicher Stärke verzweigt sich in zwei Ströme, die gleichzeitig auf ein Galvanometer einwirken. Wenn der Widerstand in beiden Stromkreisen gleich groß ist, so werden sich die Wirkungen auf die Galvanometernadel aufheben, eine Ablenkung derselben wird demgemäß nicht erfolgen. Wird jedoch der eine Leiter erhitzt, so steigt der Widerstand mit der Höhe der Temperatur in diesem Stromkreise, es wird also ein entsprechender Ausschlag der Nadel erfolgen. Man stellt nun die Nullstellung der Galvanometernadel durch Einschalten von Widerständen in den nicht erhitzten Stromkreis wieder her und liest aus einer Tabelle die dem Widerstande entsprechende Temperatur ab.

Das Pyrometer nach Le Chatelier beruht darauf, daß in einem aus zwei Metallen bestehenden Kreise ein elektrischer Strom entsteht, wenn die beiden Verbindungsstellen verschiedene Temperaturen besitzen. Je höher die Temperaturdifferenz ist, desto größer ist die Stärke des erzeugten Stromes. Durch Messen der Stromstärke kann somit ein Rückschluß auf die Höhe der Temperatur gemacht werden, da die Beziehungen zwischen beiden bekannt sind. Die beiden Drähte bestehen aus reinem Platin und aus einer Platin-Rhodiumlegierung, die 10 % Rhodium enthält, an dem einen Ende sind dieselben zu einer Kugel zusammengeschmolzen, diese Verbindungsstelle wird mit einer Thonumhüllung versehen und der zu messenden Temperatur ausgesetzt. Die beiden nicht verschmolzenen Enden verbindet man mit einem Galvanometer, welches an einer geschützten Stelle in beliebiger Entfernung aufgestellt werden kann. An dem Galvanometer befindet sich eine Skala, so daß aus der Ablenkung der Galvanometernadel die Temperatur direkt abgelesen werden kann. Dieses Instrument ist außerordentlich bequem zu handhaben, da die Ablesungen vom Bureau aus jeden Augenblick geschehen können und selbstverständlich ein Galvanometer durch entsprechende Schaltvorrichtungen für eine große Anzahl Feuerstellen dienen kann.

Die Brennstoffe.

Brennstoffe nennen wir diejenigen von der Natur gebildeten oder künstlich erzeugten Stoffe, durch deren Verbrennen nutzbare Wärme im großen geliefert wird. Wir sehen hierbei von einigen chemischen Elementen, wie Silicium, Schwefel, Phosphor u. s. w., ab, welche wohl bei einzelnen Hüttenprozessen die erforderliche Wärme liefern, jedoch im allgemeinen nicht als Brennstoffe angesehen werden, da sie nur bei ganz bestimmten Verfahren in Betracht kommen. Alle Brennstoffe sind entweder Verbindungen des Kohlenstoffes mit Wasserstoff, Sauerstoff u. s. w., die sich in der Natur vorfinden, oder es sind dieselben durch Verkohlung aus den rohen Brennstoffen hergestellt worden. Die rohen Brennstoffe sind vorwiegend pflanzlichen Ursprungs, sie werden gebildet durch Zerlegung der beim Atmungsprozeß der Tiere und durch chemische Vorgänge entstehenden Kohlensäure unter gleichzeitiger Aufnahme von Wasser. Der Vorgang vollzieht sich nur unter der Einwirkung des Sonnenlichtes, wobei wieder Sauerstoff abgeschieden wird. Die lebenden Pflanzen speichern die Sonnenwärme unter Bildung des Zellstoffes auf, es ist jedoch diese in Zellstoff umgewandelte Sonnenwärme verschwindend klein gegenüber den ungeheuren Mengen Wärme, welche heute, umgewandelt in Kohlen verschiedenen Alters, die Wärme und die Kraft spenden für die industrielle Thätigkeit sowohl, als auch für das häusliche Leben der auf höherer Entwickelungsstufe stehenden Bewohner unseres Planeten. Die eigentliche Holzmasse, welche neben Wasser und etwa 1 % Asche die Bestandteile des Holzes ausmacht, besteht aus Zellstoff, Cellulose, welche die Elemente Kohlenstoff, Wasserstoff und Sauerstoff enthält. Lassen wir ein Stück Holz an der Luft liegen, so verschwindet es nach einem gewissen Zeitraume, es ist verwest. Verbrennen wir ein Stück Holz, so bleibt ebenfalls nichts anderes zurück als die geringe Menge Asche. Es sind diese beiden Vorgänge vom chemischen Standpunkte aus dieselben; die Endprodukte der Verwesung und der Verbrennung sind dieselben, Kohlensäure und Wasser. Nur ist bei der Verwesung der Vorgang der Oxydation der Bestandteile des Holzes durch den Sauerstoff der Luft äußerst langsam, ohne wahrnehmbare Licht- und Wärmeentwickelung vor sich gegangen, während bei der Verbrennung die Vereinigung mit dem Sauerstoff in kurzem Zeitraume unter diesen Erscheinungen sich vollzog. Man könnte deshalb die Verwesung auch eine langsame Verbrennung nennen, es hat sich bei derselben die gleiche Wärmemenge entwickelt, wie bei der Verbrennung, nur ist dieselbe auf einen sehr langen Zeitraum verteilt. Der Vorgang ist jedoch von den vorhergehend erwähnten wesentlich verschieden, wenn der Sauerstoff der Luft keinen Zutritt zu dem Holze hat, es findet alsdann keine Verwesung, sondern Vermoderung statt. Die Bildung von Wasser und Kohlensäure findet hierbei ebenfalls statt, jedoch unter solchen Umständen, daß sich die Zellsubstanz immer mehr und mehr an Kohlenstoff bereichert und zuletzt in reinen Kohlenstoff übergeht. Neben diesen beiden angeführten Gasen treten auch Kohlenwasserstoffe und zwar hauptsächlich das Sumpf= oder Grubengas bei der Vermoderung auf. Ein ganz ähnlicher Vorgang läßt sich künstlich bei der Verkohlung des Holzes vornehmen, welche ebenfalls unter Luftabschluß geschieht. Auch hier bilden sich neben Kohlensäure und Wasser Kohlen=wasserstoffe, während die kohlenstoffreiche Holzkohle zurückbleibt. Man nennt diese Ver=kohlung trockene Destillation, und derselben werden auch gewisse Sorten Steinkohlen unterworfen, um einen Brennstoff von größerer Wärmeleistung zu erhalten.

Die natürlichen Brennstoffe. Das Holz besteht aus Holzfaser, Zellstoff, Cellulose, welche bei allen Hölzern dieselbe Zusammensetzung hat, nämlich 44,44 % Kohlen=stoff, 6,17 % Wasserstoff und 49,80 % Sauerstoff, dagegen besitzen die verschiedenen Holz=arten ein verschiedenes spezifisches Gewicht, je nach Dichtigkeit, Alter, Standort und Jahreszeit. Die lufttrockenen, etwa 20 % Wasser enthaltenden Hölzer werden in harte von über 0,55 spezifischem Gewicht und in weiche von unter 0,55 spezifischem Gewicht ein=geteilt. Die massive Holzfaser ohne Poren hat ein spezifisches Gewicht von 1,5. Einfluß auf die Dichtigkeit und die Wärmeleistung haben Bodenfeuchtigkeit, rasches oder langsames Wachsen, Klima u. s. w.

Der Saft des Holzes, die sogenannten inkrustierenden Substanzen, sind mannigfach zusammengesetzte Verbindungen harziger Natur, in welchen der etwa 1 % betragende Aschengehalt seinen Sitz hat. Derselbe ist im Stamm am kleinsten, in den Zweigen da=gegen am größten. Die Asche enthält vorwiegend etwa 50—70 % kohlensauren Kalk, kohlensaure Alkalien 20—25 % und außerdem noch Kieselsäure, Phosphorsäure in ge=ringen Mengen. Der Wassergehalt ist in der Zeit des Safttriebes am größten, und die Hölzer werden daher am besten während der Stillstandsperiode der Vegetation geschlagen. Frisch gefälltes Holz enthält oft $1/3 — 2/5$ seines Gewichtes an Wasser, in lufttrockenem Zustande etwa 20 %. Durch Trocknen und Darren des Holzes wird seine Wärme=leistungsfähigkeit gesteigert, jedoch muß gedarrtes Holz direkt verbrannt werden, da es beim Liegen an der Luft wieder Wasser aufnimmt. Das Gewicht des lufttrockenen Holzes einschließlich der Zwischenräume beträgt bei weichem Holze 250—300 kg für 1 cbm, bei hartem dagegen 350—450 kg für 1 cbm. Die Wärmeleistungsfähigkeit des luft=trockenen Holzes beträgt etwa 2900 Wärmeeinheiten, die des gedarrten 3800 Wärme=einheiten. Die Bedeutung des Holzes als Brennstoff für den Hüttenmann nimmt wegen seines hohen Preises und seiner verhältnismäßig geringen Wärmeleistung von Jahr zu Jahr mehr und mehr ab.

Der Torf ist das jüngste fossile Brennmaterial, ein Produkt der Vermoderung von Sumpfpflanzen unter dem Einflusse von Luft und Wasser. Je tiefer der Torf liegt, desto weiter ist die Vermoderung vor sich gegangen, desto dunkler ist seine Farbe, desto höher jedoch auch sein Kohlenstoffgehalt. Der Torf besteht aus der eigentlichen Torfsubstanz, welche rund 59—62 % Kohlenstoff, 5—6 % Wasserstoff und 32—35 % Sauerstoff enthält. Der Torf ist demnach reicher an Kohlenstoff und ärmer an Wasserstoff und Sauerstoff, als Holz. Die oft bis zu 30 % betragende Asche rührt zum größten Teil von dem in das Torfmoor eingeschwemmten Sand und Thon her. Der Torf hat im frischen Zustande oft bis 70 % Wasser, welches sich beim Trocknen an der Luft ver=flüchtigt; doch zeigt lufttrockener Torf immer noch einen Wassergehalt von 20—25 %. Jüngere Torfsorten, die sich bei hinreichendem Zusammenhange in prismatischen Stücken, Torfziegeln, durch horizontalen oder vertikalen Stich mittels besonders geformter Spaten gewinnen lassen, nennt man Stechtorf. Erdiger, schlammiger, durch Baggern gewonnener Torf wird zum Abtrocknen am Ufer des Torfmoores ausgebreitet, durch Schlagen und Treten verdichtet und dann zu Ziegeln geformt; man nennt diesen Torf Bagger=, Brei= oder auch Strichtorf. Zur Umwandlung wasserreicher lockerer Torfsorten in eine dichte, weniger wasserhaltige Masse wird der Torf mit maschinellen Vorrichtungen gepreßt, und man nennt sodann das Produkt Preßtorf.

Besonders reich an Torf ist Deutschland, er findet sich sowohl in Süddeutschland, als auch namentlich in der norddeutschen Tiefebene in großen Mengen; infolge seiner geringen Transportfähigkeit ist seine Anwendung im Hüttenwesen nur eine beschränkte. Der Torf wird ebenso wie das Holz vor seiner Verwendung zweckmäßig gedarrt, muß jedoch noch warm in die Feuerung gelangen, da er sonst leicht wieder Wasser aus der Luft anzieht. Die Wärmeleistung des lufttrockenen, nicht sehr aschereichen Torfes beträgt etwa 3500 Wärmeeinheiten. Lufttrockener Fasertorf wiegt 250—280 kg, brauner oder schwarzer, sogenannter Pechtorf, etwa 350—400 kg für 1 cbm.

Die Braunkohle, aus Pflanzenresten der Tertiärzeit bestehend, besitzt je nach ihrem Alter entweder noch ausgeprägte Holzstruktur, Lignit, fossiles Holz, faserige Braunkohle, oder sie ist wie der Torf aus der Zersetzung niedriger Pflanzen hervorgegangen und bildet dann eine weiche, zerreibliche Masse; diese Art wird erdige Braunkohle, Moorkohle genannt. Die eigentliche Braunkohle, Glanzkohle oder Pechkohle, braun bis schwarz glänzend, zeichnet sich durch größere Festigkeit und Härte, ihren muscheligen Bruch vor den anderen Braunkohlen aus und ist oft nur schwer von der Steinkohle zu unterscheiden.

Der Feuchtigkeitsgehalt der frisch geförderten Braunkohlen ist sehr hoch, er beträgt oft bis zu 50 %, während lufttrockener Lignit 10—15 %, erdige Braunkohle 20 % und die eigentliche Braunkohle 5—10 % Wasser enthalten. Beim Trocknen und namentlich beim Darren zerfallen die Kohlen leicht und werden deshalb meist im feuchten Zustande verwandt. Die Braunkohle wird zur besseren Verwertung in Form von Briketts in den Handel gebracht, die Kohle wird zu diesem Zwecke getrocknet und heiß gepreßt. Wird das Pressen in nassem Zustande vorgenommen, so nennt man das Produkt Naßpreßsteine, welche keine so hohe Wärmeleistung wie die Briketts aufweisen.

Der Aschengehalt ist oft sehr beträchtlich, er steigt in manchen erdigen Braunkohlen oft bis zu 50 %, ist jedoch bei den Ligniten und der eigentlichen Braunkohle meist geringer.

Die aschen- und wasserfreie Kohlenmasse besteht

	Kohlenstoff	Wasserstoff	Sauerstoff und Stickstoff
beim Lignit aus	57—67 %	6—5 %	28—37 %
bei der erdigen Braunkohle aus	64—70 %	6—5 %	25—30 %
„ „ eigentlichen „ „	65—75 %	6—4 %	21—29 %

Die Wärmeleistung der reinen Kohlenmasse des Lignites beträgt etwa 5500 Wärmeeinheiten, doch wird dieselbe infolge des Wasser- und Aschegehaltes auf 3200—3500 Wärmeeinheiten heruntergedrückt. Die eigentliche Braunkohle würde im asche- und wasserfreien Zustande über 7000 Wärmeeinheiten liefern, der Wärmewert der wirklichen Kohle beträgt jedoch nur etwa 5500 Wärmeeinheiten. Das Gewicht von 1 cbm Lignit ist etwa 550—650 kg, das von 1 cbm gewöhnlicher Braunkohle etwa 700 kg.

Die Unterscheidung zwischen älterer Braunkohle und jüngerer Steinkohle ist oft schwierig, als Anhaltspunkt dient die Farbe des Pulvers, welches bei der Braunkohle stets braun, bei der Steinkohle dagegen stets schwarz ist. Kocht man gepulverte Braunkohle mit Kalilauge, so färbt sich die Lauge, was bei dem Steinkohlenpulver nicht zutrifft.

In Deutschland und Österreich hat die Braunkohle große Bedeutung, da sich dieselbe in diesen Ländern an vielen Orten in guter Qualität findet. In Deutschland sind namentlich die Provinzen Sachsen, Brandenburg und das Rheinland, Hessen-Nassau, das Königreich Sachsen und die thüringischen Staaten reich an Braunkohlen; in Österreich wird der weitaus größte Teil derselben in Böhmen gefördert, daneben kommen noch Steiermark, Oberösterreich, Krain und Mähren in Betracht.

Steinkohle und Anthracit. Keine andere Gruppe der natürlichen Brennstoffe spielt eine so hervorragende Rolle wie die Steinkohle. Sie liefert uns hauptsächlich Licht und Wärme, welche neben der Nahrung die ersten und wichtigsten Lebensbedingungen des Menschen sind. Die frei werdende Wärme der Steinkohle setzen wir mittels der Dampfmaschine und anderer Motoren in bewegende Kraft um und erhalten hiermit die Grundlagen jeglicher größeren gewerblichen Thätigkeit. Wir sehen in der Steinkohle die Grundbedingung für den Weltverkehr, für den Massentransport von Menschen und Waren. Hauptsächlich aber haben die Steinkohlen einen unmittelbaren großen Einfluß auf die Herstellung und die Verarbeitung des Eisens, dieses nützlichsten und wichtigsten aller Metalle. Die prozentische Zusammensetzung der Steinkohle ist eine sehr wechselnde: sie

unterscheidet sich von derjenigen der anderen fossilen Brennstoffe und von der der lebenden
Pflanzen zunächst durch das bedeutende Vorwiegen des Kohlenstoffs gegenüber den anderen
Elementen. Es läßt sich eine gesetzmäßige Zunahme des Kohlenstoffs von der Holzfaser
zum Torfe, zur Braunkohle, Steinkohle und dem Anthracit verfolgen bei gleichzeitiger
Abnahme des Wasserstoffs und Sauerstoffs, wie dies aus den Durchschnittszahlen folgender
Tabelle deutlich hervorgeht.

	Kohlenstoff	Wasserstoff	Sauerstoff	Stickstoff
Holzfaser	50	6	43	1
Torf	59	6	33	2
Braunkohle	69	5,5	25	0,8
Steinkohle	82	5	13	0,8
Anthracit	95	2,5	2,5	—

Es besteht demnach der Verkohlungsprozeß im wesentlichen in einer stetigen An=
reicherung mit Kohlenstoff, welche durch den gleichzeitigen Abgang von Sauerstoff und
Wasserstoff hervorgebracht wird. Im allgemeinen wächst die Verkohlung mit dem geo=
logischen Alter, obwohl diese Regel keineswegs ausnahmslose Geltung besitzt. Es ist näm=
lich auch die Mächtigkeit der überlagernden Gebirgsschichten von Einfluß auf die Zusammen=
setzung, da mit derselben der Druck und die Temperatur wachsen und der Verkohlungs=
prozeß befördert wird. Bestehen die überlagernden Gebirgsschichten aus undurchlässigem
Gestein, wird also die Kohle vollkommen abgeschlossen, so wird dadurch der Gasaustritt
erschwert oder verlangsamt, weniger dichtes Gestein und geringere Mächtigkeit der Decke
dagegen erleichtern die Entgasung. Es ist hierauf die Thatsache zurückzuführen, daß das
Ausgehende eines Flözes, also die Partien, wo dasselbe zu Tage tritt, vollständig entgast
ist, während das Flöz nach der Tiefe zu gasreiche Kohlen enthalten kann.

Die Substanz der Steinkohle ist keinesfalls, selbst da nicht, wo sie äußerlich völlig
gleichartig erscheint, als einfache chemische Verbindung aufzufassen, man hat allen Grund,
anzunehmen, daß die Steinkohle wie viele andere Natur= und Umsetzungsprodukte auch
ein Gemenge verschiedener und äußerst mannigfaltiger Kohlenverbindungen ist. Die
früher geltende Annahme, daß freier Kohlenstoff einen Bestandteil der Steinkohle aus=
mache, ist gänzlich unzulässig. Die Steinkohlen erleiden beim Erhitzen in verschlossenen
Gefäßen entweder gar keine merkliche äußerliche Veränderung, oder sie zeigen eine mehr
oder weniger vollständige Schmelzung, sie backen, welches mit einer Volumenvermehrung,
einem Aufgehen, Aufblähen des gebackenen Kuchens begleitet sein kann.

Hierauf beruht die schon ziemlich alte, 1836 von Karsten aufgestellte Einteilung in
Sand=, Sinter= und Backkohlen. Erhitzt man nämlich eine Probe Steinkohlenpulver
in einem Platintiegel unter Zuhilfenahme einer starken, mittels Bunsenbrenners erzeugten
Gasflamme, so kann der Rückstand entweder

1. noch völlig pulverig, wie das verwendete Kohlenpulver, oder
2. gesintert, aber nicht aufgebläht, wie ein nicht aufgegangenes Brot, oder
3. vollkommen geschmolzen und stark aufgebläht sein.

Nach diesem Verhalten teilt man die Kohlen, wie schon erwähnt, in Sand=, Sinter= und
Backkohlen ein und schiebt als Übergangsstufen noch die sinternde Sandkohle und die
backende Sinterkohle ein. Es bildet dieses Verhalten einen wichtigen Fingerzeig für die
Verwendung der Kohlen, denn zur Herstellung von verkohlten künstlichen Brennstoffen,
dem Koks, sind nur die Backkohlen und die backenden Sinterkohlen zu gebrauchen, während
die nicht backenden anderen Sorten zu Rostfeuerungen, als Ziegelkohlen, Hausbrand=
kohlen u. s. w. Verwendung finden.

Die Schmelzbarkeit der Kohlen wird durch längeres Liegen an der Luft stark be=
einträchtigt, einen gleichen Erfolg hat längeres schwaches Erhitzen.

Der Gehalt an flüchtigen Bestandteilen schwankt bei den verschiedenen Kohlenarten
sehr, und infolgedessen ebenfalls der verbleibende feste Rückstand, das Koksausbringen.

Eine auf die Beschaffenheit der Flamme gegründete, unter Berücksichtigung der
elementaren Zusammensetzung, sowie der Menge und Beschaffenheit der Koksrückstände
aufgestellte Klassifikation durch Gruner stellt sich, wie folgt, dar:

Art der Kohle	Name im Ruhrbecken	Kohlen=stoff	Waffer=stoff	Sauerstoff + Stickstoff	Koksaus=bringen	Aussehen der Koks	Spezifisches Gewicht
Trockene Kohlen mit langer Flamme	Kommt dort nicht vor	75—80	5,5—4,5	19,5—15,0	50—60	pulverförmig, höchstens zusammen gefrittet	1,25
Fette Kohlen mit langer Flamme (Gaskohlen)	Gas= und Flammkohlen	80—85	5,8—5,0	14,2—10,0	60—68	geschmolzen, aber stark zerklüftet	1,28—1,30
Eigentliche Fettkohle oder Schmiedekohle	Fett= oder Kokskohlen	84—89	5,5—5,0	11,0—5,5	68—74	geschmolzen, mittelmäßig kompakt	1,30
Fette Kohlen mit kurzer Flamme (Kokskohlen)	Halbfette oder Eßkohle	88—91	5,5—4,5	6,5—5,5	74—82	geschmolzen, sehr kompakt, wenig zerklüftet	1,30—1,35
Magere oder anthracitische Kohlen	Magere oder Saukkohle	90—93	4,5—4,0	5,5—3,0	82—90	gefrittet oder pulverförmig	1,35—1,40
Anthracit	Kommt dort nicht vor	93—95	4,0—2,0	3,0	790	pulverförmig	1,6

Der Heizeffekt steigt mit dem Gehalte an Kohlenstoff, er beträgt für trockene Kohlen mit langer Flamme etwa 8200—8300 Wärmeeinheiten und steigt allmählich so, daß derselbe bei den anthracitischen Kohlen etwa 9200—9500 Wärmeeinheiten ausmacht.

Beim Lagern an der Luft erleiden alle Steinkohlen eine Wertverminderung, dieselben verwittern, es findet eine Oxydation durch den Sauerstoff der Luft statt, die Backfähigkeit backender Kohlen wird vermindert, es geht diese Veränderung um so rascher vor sich, je größer die Oberfläche der Kohlen ist, bei Stückkohlen also viel rascher, als bei Förderkohlen. Bei der Oxydation der Bestandteile der Kohlen findet eine beträchtliche Wärmeentwickelung statt, welche sich bis zur Entgasung, ja bis zur Selbstentzündung der Kohlen steigern kann. Die Oxydation des in den Kohlen enthaltenen Schwefelkieses ist jedoch keineswegs als die Ursache der Selbstentzündung der Kohlen anzusehen.

Der Wassergehalt der Steinkohlen ist viel geringer, als der aller anderen Brennstoffe, er geht selten über 5 % hinaus, dagegen wechselt der Aschengehalt in weiten Grenzen.

Die Asche der Steinkohlen vermindert nicht nur den Heizwert, sondern auch die Backfähigkeit, jedoch wird durch dieselbe das Koksausbringen erhöht. Der Aschengehalt beträgt bei den besseren Kohlen 1—7 %, bei den mittleren 7—14 %, bei aschenreichen oft noch sehr viel mehr. Die Asche besteht hauptsächlich aus den in den ehemaligen Pflanzen enthaltenen Mineralsubstanzen, ferner aus eingeschlämmtem Thon und Sand und enthält oft recht beträchtliche Mengen Schwefelkies. Von der Zusammensetzung der Asche hängt es ab, ob die Asche schmelzbar ist oder nicht. Besteht dieselbe in der Hauptsache aus Thon, so schmilzt die Asche nicht, anderenfalls namentlich bei Anwesenheit großer Mengen Alkalien schmilzt die Asche, verschlackt den Rost, frißt die Roststäbe an und erschwert dem Heizer die Arbeit. Ein hoher Gehalt an Schwefelkies ist nicht erwünscht, da die bei der Verbrennung des Schwefels gebildete schweflige Säure die Kesselbleche angreift, bei der Leuchtgasfabrikation aber der Schwefel durch ausgedehnte Reinigungsvorrichtungen entfernt werden muß und, falls Koks aus den Steinkohlen erzeugt wird, dieser ebenfalls eine große Menge Schwefel enthält, so daß seine Verwendung zu manchen metallurgischen Zwecken erschwert ist.

Künstliche Brennstoffe. Erhitzt man die rohen Brennstoffe, so tritt schon bei einer Temperatur von ungefähr 150° C. eine Zersetzung derselben ein, es entweichen je nach der Beschaffenheit derselben eine Menge gasförmiger Bestandteile, Wasserdampf, Kohlenwasserstoffe, Kohlenoxyd, Ammoniak u. s. w., während ein kohlenstoffreicher Rückstand zurückbleibt, der neben der Asche nur noch wenige Prozente gasförmiger Bestandteile enthält, im übrigen aber aus reinem Kohlenstoff besteht. In größerem Maßstabe wird nur das Holz und gewisse Arten backender Steinkohlen dem Verkohlungsprozesse unter=

worfen, und wir erhalten in dem einen Fall als Produkt der Verkohlung die Holzkohle, in dem anderen Falle den Koks. Oft wird jedoch auch die Verkohlung wie bei der Leuchtgasfabrikation hauptsächlich zu dem Zwecke durchgeführt, um die entwickelten Gase oder auch die flüssigen und festen Destillate zu erhalten.

Die Gase, welche entweichen, haben in allen Fällen noch reichliche Mengen brennbarer Substanzen, es bedeutet die Verkohlung einen Wärmeverlust, zumal man manchmal die Gase unverbrannt abziehen läßt, während man in anderen Fällen die Gase benutzt, um bei ihrer Verbrennung die zur Durchführung des Prozesses nötige Wärme zu liefern. Trotzdem ist die Verkohlung ein wichtiges Verfahren zur Erlangung eines geeigneten Brennstoffes für manche Hüttenprozesse. Die verkohlten Brennstoffe verbrennen ohne Flamme, da sie bei der Verbrennung keine Gase entwickeln, durch die Entgasung der rohen Brennstoffe wird Wärme verbraucht, die an der Stelle, wo dieselbe vor sich geht, verloren geht, was oft hindernd für die Durchführung manches Verfahrens sein kann. In den Schachtöfen, bei welchen die aufsteigenden Verbrennungsgase den niederrückenden Brennstoffen ihre Wärme abgeben und dadurch die Entgasung derselben herbeiführen, würde die Entwickelung dieser großen Mengen Gase, dem Aufsteigen der Verbrennungsgase hinderlich sein. Außerdem wird durch die Entgasung Wärme verbraucht, welche dem eigentlichen Prozesse verloren geht, und diese Destillationsgase führen, da sie unbenutzt den Ofen verlassen, weiterhin Wärme, die nicht im Ofen zur Durchführung des Prozesses zur Geltung kommt, hinweg. Manche Brennstoffe verändern sich beim Erhitzen; so würden backende Steinkohlen für viele Zwecke ganz ungeeignet sein, da dieselben die Rostfugen verstopfen, oder in Schachtöfen den Durchzug der Verbrennungsgase unmöglich machen würden. Durch Verkohlen der rohen Brennstoffe erhält man einen Brennstoff, der eine viel höhere Wärmeleistungsfähigkeit besitzt und, was für manche Verwendungszwecke nicht unerheblich ins Gewicht fällt, eine große Festigkeit aufweist, also zum Betriebe hoher Schachtöfen ein geeignetes Brennmaterial abgibt.

Es werden nur solche rohe Brennstoffe verkohlt, deren Rückstände eine gewisse Stückgröße aufweisen, da pulverförmige Brennstoffe für die Zwecke, zu welchen man verkohlte Brennstoffe anwendet, nicht brauchbar sind. Holz eignet sich sehr gut zum Verkohlen, und für Zwecke des Hüttenmannes kommt nur die aus Laubholz gewonnene Holzkohle in Betracht, da die Nadelholzkohle eine niedrige Wärmeleistung aufweist. Torf, obgleich ebenfalls zum Verkohlen geeignet, wird doch nur selten hierzu angewandt. Braunkohle zerspringt beim Erhitzen und ist von dieser Verarbeitungsweise ausgeschlossen. Von den Steinkohlen sind alle backenden Steinkohlen gut verkohlungsfähig, während die trockenen Kohlen mit langer Flamme, ebenso wie die Anthracite und die ihnen nahestehenden Magerkohlen kein für die Verkohlung geeignetes Material bilden.

Die Herstellung der Holzkohle geschieht größtenteils in Meilern, das sind mit Laub und Erde bedeckte Holzhaufen, welche auf einem vorher geebneten, vor dem Winde geschützten, in der Nähe von Wasser liegenden Platz errichtet werden. Das Aufführen eines Meilers geschieht folgendermaßen. Der Boden der Kohlen= und Meilerstätte wird zunächst geebnet und durch Feststampfen von Erde oder Kohlenklein vorgerichtet. Sodann werden in der Mitte des Platzes drei sogenannte Quandelpfähle (s. Abb. 401) eingerammt, welche durch Querhölzer gegeneinander abgesteift werden und den Quandelschacht bilden. Am Fuße des Quandelschachtes häuft man aus leicht entzündlichem Materiale den Zündkegel an und stellt sodann konzentrische Reihen von Holzscheiten um denselben. Über diese untere Reihe wird noch eine zweite gestellt und durch horizontal gelegte Scheite oder Äste der Kopf, die Haube, gebildet. Nun wird der parabolische Holzhaufen mit einer Schicht Laub, Moos und Rasen bedeckt und hierauf eine zweite Lage von Sand und fetter Erde gebracht. Die anfangs nicht zum Boden reichende Decke ruht auf Querhölzern, welche durch hölzerne Gabeln gehalten werden und so die Decke vor dem Abrutschen bewahren. Nachdem an der Windseite ein Windschirm aus Reisigholz erbaut ist, wird zum Anzünden des Meilers geschritten; dasselbe geschieht durch eine zum Quandelschacht führende Zündgasse, welche nach kurzer Zeit zugeworfen wird. Die Luft tritt nun rings am Fuße gleichmäßig zur Mitte, und es tritt aus dem Quandelschacht ein dicker

Qualm und Feuchtigkeit aus. Das verdampfte Wasser kondensiert sich und sammelt sich an der Decke, so daß der Meiler nach etwa 24 Stunden feucht erscheint, schwitzt. Die entwickelten Gase treten zum Teil unterhalb des Mantels aus, mischen sich im Meiler mit eingedrungener oder noch vorhandener Luft und verursachen ein Stoßen und Werfen desselben, wobei die Decke oft abgeworfen wird. Dieselbe muß sofort wieder ausgebessert werden. In der Quandelzone werden die Kohlen mit Hilfe einer Stange fest in die ausgebrannte Höhlung hinabgestoßen und frisches Holz nachgefüllt, welche Operation unter Umständen nochmals wiederholt und immer wieder eine neue Decke gegeben wird. Entstehen durch ungleichmäßigen Gang der Verkohlung an irgend einer Stelle Einsenkungen, so räumt man die Decke weg und gibt frisches Holz in die Höhlung, worauf wieder die Decke hergestellt wird. Ist die Periode des Schwitzens vorüber, was an dem Aufhören des Auftretens der sauern Dämpfe kenntlich ist, so wirft man den Fuß des Mantels zu, verstärkt die Decke und schließt den Meiler auf etwa zwölf Stunden ganz von der Luft ab.

Nun sticht man allmählich Luftlöcher, indem von oben nach unten fortschreitend durch die zuströmende Luft der Meiler gar gebrannt wird. Sobald man mit den Raumlöchern am Fuße des Meilers angelangt ist und blauer Rauch aus demselben austritt, kann man sicher sein, daß der Inhalt gar gebrannt ist. Während des Zubrennens muß die Decke durch Rasen und Erde aus= gebessert und durch Wasser befeuchtet werden. Nach Schließen der Raumlöcher läßt man den Meiler einige Tage abkühlen und beginnt nun mit dem Kohlenziehen durch eine Öffnung der Wind= seite gegenüber, die heißen, noch glühenden Kohlen wer= den mit Wasser abgelöscht. Der Meiler wird jetzt von einer anderen Stelle ange= brochen, bis schließlich sämt= liche Kohlen gezogen und ge= löscht sind. Die Kohlen wer= den sortiert und zwar in Stückkohlen, welche noch die

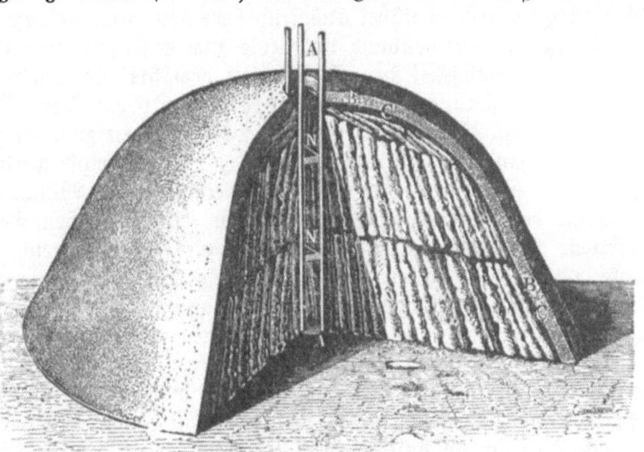

401. **Holzkohlenmeiler.**

Form des Scheitholzes haben, in Mittel= und Kleinkohlen, von kleinem Holz, Ästen, her= rührend, in Kohlenklein oder Kohlenlösche zum Planieren und Abdecken der Meiler, Rösten von Erzen, und in Brände, das sind halbverkohlte Stücke, welche bei dem nächsten Brand zum Herstellen des Zündkegels dienen. Die Größe der Meiler schwankt außer= ordentlich, dieselben enthalten oft bis zu 300 cbm Holzmasse, meist jedoch 120—150 cbm, die Brenndauer eines Meilers richtet sich nach der Größe und schwankt zwischen 15 bis 20 Tagen. Je nach der Art und dem Alter des Holzes und der Leitung des Brandes schwankt das Ausbringen an Holzkohle und beträgt etwa 21—25 % des Gewichtes des eingesetzten Holzes, während dem Volumen nach etwa 55—60 % des Holzes ausgebracht werden.

Die Meilerverkohlung geht im Walde in möglichster Nähe des Gewinnungsortes des Holzes vor sich, so daß man, da das Gewicht der Holzkohle nur $\frac{1}{4}$ von dem des Holzes beträgt, bedeutend an Fracht zur Hütte erspart. Die Eigenschaften der Meiler= kohle sind bei richtiger Leitung des Brandes vortrefflich. Die Destillationsprodukte gehen jedoch bei der Meilerverkohlung vollständig verloren, weshalb man neuerdings vielfach dazu übergegangen ist, die Verkohlung in Retorten vorzunehmen, um aus den Destillations= gasen Essigsäure, Methylalkohol nebst Teer zu gewinnen. Die Verkohlung geschieht entweder in horizontalen gußeisernen oder in vertikalen schmiedeeisernen Retorten, welche unten mit einer Klappe versehen sind, so daß sich die Retorte beim Öffnen der Klappe von selbst entleert. Es wird bei der Retortenverkohlung ein größeres Ausbringen erzielt, doch kommen die Anlagekosten nebst den Transportkosten zur Verkohlungsstätte immerhin in Betracht. Die Beschaffenheit der Retortenkohle steht jedoch der Beschaffenheit der Meilerkohle nicht nach.

Die durchschnittliche Zusammensetzung lufttrockener Holzkohle besteht aus etwa 80 % Kohlenstoff, 2 % Wasserstoff, 3 % Sauerstoff und Stickstoff, 12 % Wasser und 3 % Asche. 1 cbm Nadelholzkohle wiegt 125—180 kg, weiche Laubholzkohle 140—200 kg, harte Laubholzkohle 200—240 kg.

Die ersten Versuche, Kohle selbst zu verkohlen, wurden im Anfange des 17. Jahrhunderts in England angestellt, indem man geeignete Kohlen in Tiegeln, welche mit einem Lehmdeckel verschlossen waren, mit von außen zugeführter Wärme verkohlte. Man nannte den Vorgang Verkokung und das Erzeugnis Koks, welcher Ausdruck sich auch in der deutschen Sprache eingebürgert hat. Es war anfänglich nicht sowohl der Wunsch, völlig flammenlose Brennstoffe zu erhalten, denn diese standen ja im Anthracite und den anthracitischen Kohlen zur Verfügung, als vielmehr das Bestreben, den Gehalt an Schwefel möglichst abzumindern, um diesen derart erhaltenen Brennstoff an Stelle der immer teurer werdenden Holzkohle bei der Herstellung des Eisens verwenden zu können. Wie bei der Geschichte des Eisens näher ausgeführt werden wird, gelang es dem Engländer Dudley, ein Patent zur Verwendung von Koks zum Eisenschmelzen zu erhalten.

Die Backfähigkeit der Steinkohlen gewährt ein vortreffliches Mittel, um aus den bei der Klassifizierung der Kohlen in Nüsse von verschiedener Größe abfallenden Feinkohlen wieder Brennstoffe von grobstückiger Beschaffenheit zu erzeugen. Es ist ferner die Möglichkeit vorhanden, aschenreiche Kohlen, welche verkokt werden sollen, durch Mahlen in Feinkohlen zu verwandeln und diese Feinkohlen in Wäschen mit Hilfe der im Abschnitt Bergbau beschriebenen Setzmaschine von einem großen Teile ihres Aschengehaltes zu befreien. Zahlreiche Kohlensorten, die viel zu aschenreich sind, um einen brauchbaren Koks zu ergeben, lassen sich durch diese Aufbereitung in ein vorzügliches aschenarmes Brennmaterial verwandeln. Die vorzüglich backenden Steinkohlensorten blähen beim Verkoken stark auf, weshalb dieselben einen sehr porösen, nicht sehr festen Koks liefern; man mischt denselben magere, nicht backende Feinkohlen bei, welche ein geringes Anwendungsgebiet besitzen und deshalb meist sehr niedrig im Preise stehen. Hierdurch wird das Koksausbringen gesteigert, der Koks wird dicht und fest, erhält also Eigenschaften, die der Hüttenmann hauptsächlich am Koks schätzt, und das Rohmaterial stellt sich in den meisten Fällen viel billiger. In neuerer Zeit hat man unter Beschleunigung des Verfahrens und unter Zuhilfenahme von Druck durch Einstampfen der Kohlen vor dem Verkoken in prismatischen Kästen gelernt, auch aus schlecht backenden Kohlen brauchbaren Koks zu erzielen. Es hat dieses Verfahren namentlich für Oberschlesien, das arm an gut backenden Kohlensorten ist, Bedeutung gewonnen, und das wird unter anderen auf der königlichen Hütte in Gleiwitz, sowie auf dem österreichischen großen Hüttenwerke Witkowitz ausgeführt.

Das Verkoken in Meilern ist der Holzverkohlung nachgebildet und stellt das älteste Verfahren der Koksherstellung dar; es erfordert keine kostspieligen Apparate, hat aber den Nachteil, daß aufbereitete Feinkohlen nicht verwendet werden können, sondern daß feste Stückkohlen erforderlich sind, auch sind stark backende Kohlen nicht brauchbar, da durch das Zusammenschmelzen des Meilerinhaltes der Durchzug der erforderlichen Luft nicht möglich wäre, weil ein Teil der Kohlen, wie bei der Meilerverkohlung des Holzes, verbrannt werden muß, um die zur Verkokung erforderliche Wärme zu liefern. Das Ausbringen an Koks ist deshalb in Meilern immer niedriger als in geschlossenen Öfen, ebenso ist der Meilerkoks weniger fest und weniger gleichförmig als der Ofenkoks. Diese Art der Verkokung hat sich in Deutschland nur in Oberschlesien längere Zeit erhalten, ist aber auch dort jetzt vollständig verlassen. In Abb. 402 bezeichnet A eine gemauerte, mit Zuglöchern versehene Esse, die oben mittels Deckels verschließbar ist und um welche zunächst größere Stücke aufgestellt sind, während allmählich nach oben und dem Rande zu auch kleine Stückkohlen aufgebaut werden. Das Ganze wird sodann mit Kokslösche abgedeckt. Im Inneren des Meilers sind radiale Grundkanäle DD teils aus größeren Stückkohlen, teils aus Ziegeln gebildet. Das Anzünden des Meilers findet entweder von außen oder durch glühende Kohlen vom Schachte aus statt. In der Esse zeigt sich sodann ein dicker, grauer, mit stark rußender Flamme verbrennender Rauch, der gegen das Ende dünner wird, und sobald der Rauch eine bläuliche Farbe angenommen hat, ist der Haufen gar gebrannt. Man deckt jetzt die Esse zu, beschlägt den ganzen Meiler mit nasser Lösche, läßt denselben etwas abkühlen und beginnt mit dem Ziehen des Koks, der mit Wasser gelöscht wird. Die Meiler fassen 10000—30000 kg Kohlen bei 1,5—2 m Höhe und etwa 3 m Durchmesser und ergeben ein Koksausbringen, das zwischen 60—65 % schwankt. Die Dauer des Brandes beträgt 6—8 Tage.

Eine der ältesten Ofenformen ist der Backofen oder, wie er auch häufig genannt wird, Bienenkorbofen. Es bilden diese Öfen geschlossene, oben überwölbte Räume von kreisrundem Querschnitt, welche mit einer Thür zum Ausziehen des Koks, einer oben an der Kuppel befindlichen Füllöffnung und einer seitlichen Öffnung zum Abzug der Verbrennungsgase versehen sind. Die Wände des Ofens werden durch Verbrennen von Steinkohlen in demselben glühend gemacht, hierauf die Kokskohlen von oben eingefüllt, die Thür sowie die Chargieröffnung verschlossen, und nun wird durch die in den Wänden aufgespeicherte Wärme der Verkokungsprozeß eingeleitet; während desselben werden durch entsprechend angeordnete Luftzuführungsöffnungen die Destillationsgase, sowie ein Teil

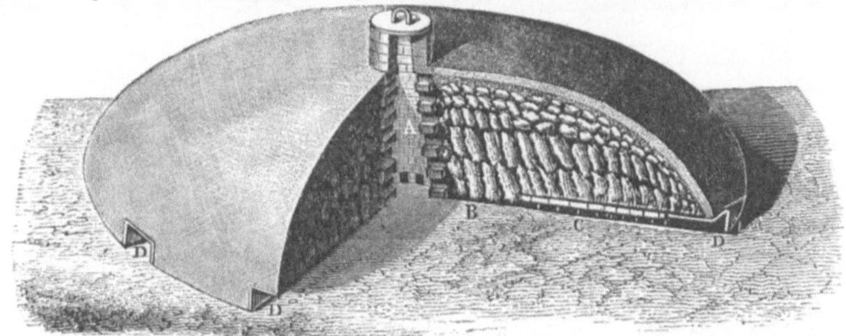

402. Meilerverkokung von Steinkohlen.

der Kohlen zur Aufrechterhaltung der Wärme verbrannt. Nach der Beendigung des Verkokens wird die Thür geöffnet, der Koks mit Krücken herausgezogen und der Ofen behufs Vornahme einer weiteren Verkokung sofort wieder gefüllt, damit er nicht von neuem angeheizt zu werden braucht.

Läßt man die Gase ohne weiteres ins Freie treten, so entwickeln dieselben einen belästigenden Rauch, man vereinigt daher eine Anzahl Öfen in einem gemeinsamen Mauerkörper und führt die Gase durch eine Esse ab. Abb. 403—405 zeigen eine solche Anordnung mit 16 Öfen, wovon je 8 in einer Reihe stehen. Über die beiden Ofenreihen führen Geleise, auf welchen die nach unten sich verjüngenden, mit einem Schieber versehenen Kohlenwagen über die Chargieröffnung gefahren werden, so daß die Kohlen bequem in die Öfen gebracht werden können. Während des Betriebes ist die Öffnung durch einen Deckel verschlossen. Seitlich am Gewölbe des Ofens gehen die Gase durch verschließbare Kanäle in den gemeinsamen, auf dem Ofen angebrachten zweiteiligen Fuchskanal, der mit der an dem einen Ende des Ofens befindlichen Esse in Verbindung steht. Die Ofensohle ist nach der Thür zu etwas geneigt, um das Ausziehen des Koks zu erleichtern.

Die Bienenkorböfen eignen sich nur zur Verkokung vorzüglich backender Kohlen und geben einen nicht sehr festen porösen Koks, der für manche Zwecke, wie zum Heizen von Tiegelschmelzöfen, gesucht ist. Sie sind jedoch in Deutschland sehr selten geworden, seit man gelernt hat, auch die weniger backenden, aber einen sehr festen und dichten Koks ergebenden Kohlen zu verkoken. In Großbritannien und namentlich in Nordamerika, wo die Koksherstellung noch nicht die Vollkommenheit erreicht hat, wie in Deutschland, sind sie dagegen immer noch sehr verbreitet.

Sobald man die Thatsache genügend erkannt und gewürdigt hatte, daß man aus weniger backenden Kohlen bei genügend hoher Temperatur während der Verkokung einen Koks von vorzüglicher Qualität erhalten kann, waren die Bestrebungen darauf gerichtet, Verkokungsöfen zu erbauen, in denen die Temperatur möglichst hoch gesteigert werden konnte. Alle diese Öfen, welche diese Bedingungen erfüllen, haben das gemeinsam, daß die Verkokung in einer verhältnismäßig engen, vertikal oder horizontal angeordneten Kammer vor sich geht, welche von außen wie eine Retorte geheizt wird. Als Heizmaterial dienen die beim Entgasen der Kohle entwickelten Kohlenwasserstoffe, welche mittels in die Heizkanäle eingeleiteter Luft verbrannt werden. Bei zweckentsprechender Konstruktion

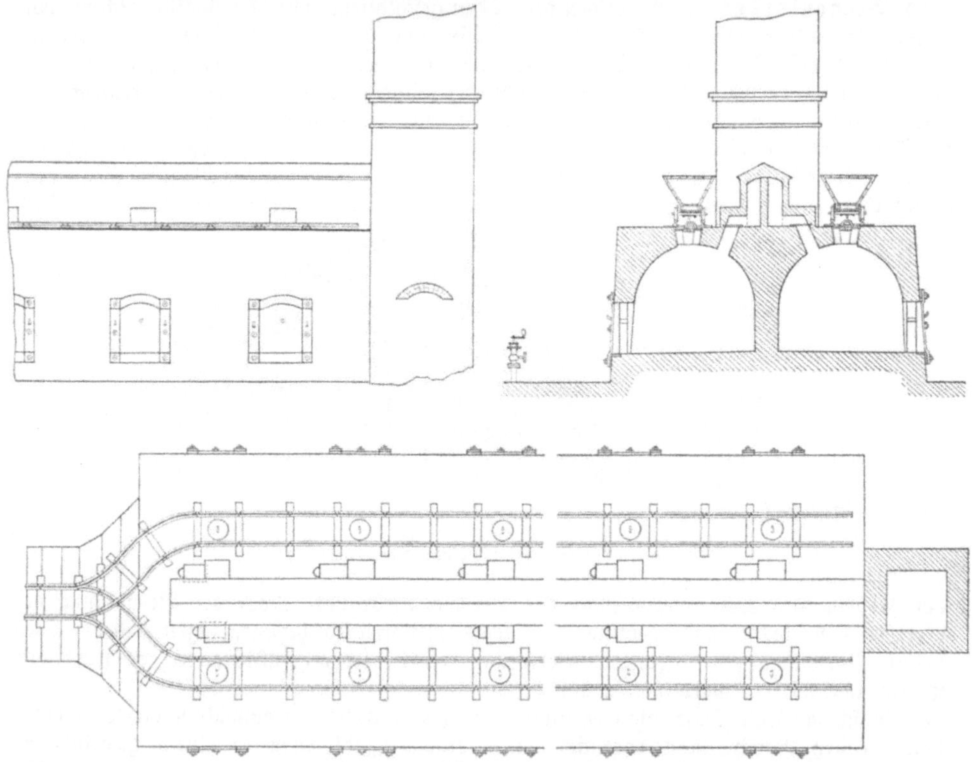

403—405. **Bienenkorbofenanlage.**
403. Seitenansicht. — 404. Schnitt durch die Esse. — 405. Geleiseanlage.

und gut geleitetem Betriebe genügt die durch die Verbrennung der Gase entwickelte Wärme nicht nur zur Durchführung des Verkokungsprozesses bei höherer Temperatur, sondern es ist sogar noch Wärme überschüssig, die zur Dampferzeugung oder sonstwie nutzbar gemacht werden kann. Die Verkokung geht bei den neueren Öfen bei vollständigem Luftabschluß vor sich; es ist eine Verbrennung von Kohlensubstanz zur Durchführung des Prozesses nicht mehr erforderlich, wodurch das Ausbringen an Koks ebenso gesteigert wird, wie durch die Möglichkeit, gasarme, nicht sehr backende Kohlen in diesen heißgehenden Öfen zu verkoken.

Die Öfen besitzen die Form eines aufrecht stehenden oder liegenden Prismas; um nun die in den Heizkanälen erzeugte Wärme bis zur Ofenachse wirksam zu machen, muß die Breite des Ofens der zu verkokenden Kohle angepaßt werden, da sonst der Ofeninhalt nicht gleichmäßig gar werden würde. Dieselbe kann bei leicht backenden Kohlen größer sein, während sie bei schwer backenden Kohlen möglichst gering sein muß, um einen recht heißen Ofengang zu bekommen.

Man vereinigt gewöhnlich eine größere Anzahl einzelner Öfen an einem gemein=
samen Mauerkörper zu einer Batterie, welche Anordnung verschiedene Vorteile mit sich
bringt. Die Anlagekosten werden geringer, und der Betrieb gestaltet sich einfacher. Ge=
wöhnlich werden die einzelnen Öfen in solcher Reihenfolge chargiert, daß immer ein frisch=
gefüllter Ofen von zwei im heißen Gange befindlichen Öfen umschlossen ist und die Ver=
kohlung durch die Wärme dieser beiden Öfen eingeleitet wird.

Von allen Öfen mit senkrechter Achse hat sich nur die Konstruktion von Apolt
einigermaßen Eingang verschafft. In einem gemeinschaftlichen Mauerkörper sind 12 oder
in manchen Fällen sogar 18 Kammern K (s. Abb. 406 u. 407) von rechteckigem Querschnitte
eingebaut, welche unten durch eiserne Klappthüren und oben durch aufgelegte Deckel ver=

schlossen werden können.
Die vollkommen frei=
stehenden Schächte sind
aus geeigneten Mauer=
steinen sorgfältig aufge=
führt und werden durch
Binder a a gegen das
übrige Mauerwerk und
gegeneinander abgestützt.
Die langen Seitenwände
der Kammern ruhen auf
eisernen Trägern, die im
Mauerwerke auf beiden
Seiten aufliegen und noch
durch gemauerte Bogen
gestützt werden. Man er=
hält so unter jeder Kam=
merreihe einen manns=
hohen Gang, von welchem
aus die Entleerung der
Öfen bewerkstelligt wird.
Man öffnet die Klappthür,
und der Koks stürzt in
unter den Rutschflächen
n n befindliche Wagen,
um sodann zum Ablöschen
beiseite geschafft zu wer=
den. Die Kammern er=
weitern sich nach unten
etwas, so daß das Her=
ausstürzen des Kokspris=

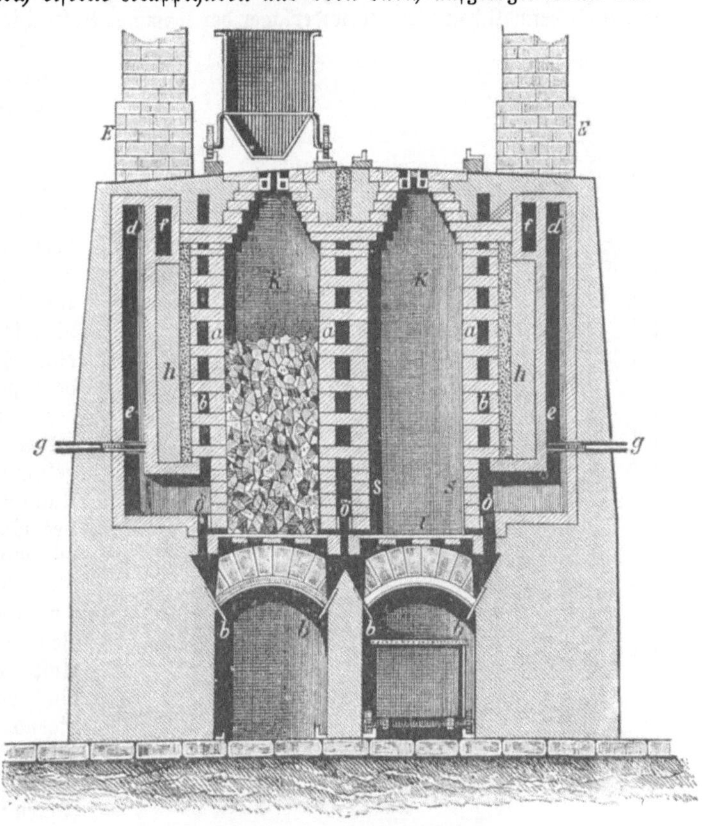

406. Apoltscher Koksofen. Aufriß.

mas befördert wird. Nach dem Füllen eines Ofens mit frischen Kohlen wird der mit
Chamotte versehene Deckel auf die Chargieröffnung aufgesetzt und die Destillation durch
die von den benachbarten Kammern entwickelte Wärme eingeleitet.

Die Gase entweichen durch Spalten S S, welche oberhalb des Bodens in mehreren
Reihen angebracht sind, und verbrennen mit der von unten durch die Öffnungen O Ö,
teils aber auch durch seitliche Öffnungen im Mauerkörper zuströmenden Luft. Nachdem
die Gase die Kammern umspült haben, ziehen dieselben durch drei senkrechte Kanäle c
und drei Kanäle h in die wagerechten Kanäle d und f und von dort aus nach den beiden
Schornsteinen E E. Durch Schieber g g wird der Zug geregelt.

Die Apoltschen Öfen haben im Verhältnis zu ihrem Ofeninhalte eine sehr große
Heizfläche, die Kohlen empfangen von allen Seiten, mit Ausnahme der wenig in Betracht
kommenden Grund= und Deckfläche, Wärme, weshalb die Temperatur im Ofen sehr hoch
gehalten werden kann. Die Kohlen verkoken unter ihrem Eigengewichte, einer immerhin

5 m hohen Kohlensäule, so daß sich die Öfen für die Verkokung wenig backender Kohlen eignen und dennoch einen guten Koks liefern. Die Anlagekosten gegenüber den liegenden Öfen sind sehr hoch, und bei Vornahme einer Reparatur an einer Kammer muß die ganze im Mauerkörper befindliche Batterie kalt gelegt werden, was zu umständlichen Betriebs= störungen Veranlassung gibt. In Westfalen sind die Öfen nicht verbreitet, dagegen erfreut sich der Ofen in Belgien häufiger und in Oberschlesien vereinzelter Anwendung.

Die ältesten Öfen mit horizontal liegenden Kammern wurden von Haldy kon= struiert, welche Konstruktion von Smet einige Abänderungen erfuhr; dieselben zählten noch vor einigen Jahren zu den verbreitetsten Öfen. Die Abb. 408 u. 409 zeigen die Ein= richtung dieses schon aus den fünfziger Jahren des 19. Jahrhunderts stammenden Ofens. An dem links befindlichen Gewölbewiderlager der Kammer treten die Gase in der Pfeilrichtung

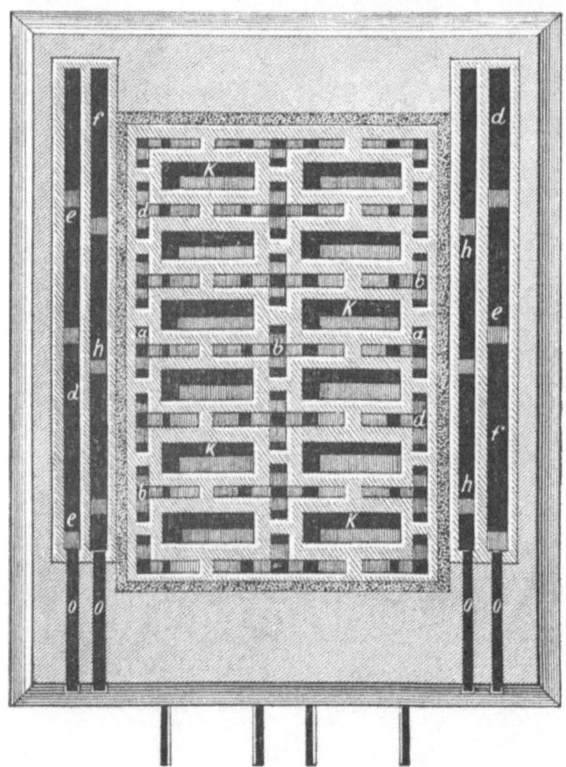

407. Apoltscher Koksofen. Grundriß.

aus und verbrennen durch zuge= führte Luft, die Wand ist durch eine Zunge in zwei Abteilungen geteilt, in der oberen Abteilung ziehen die Verbrennungsgase nach den an beiden Kopfseiten des Ofens befindlichen Thüren, ändern dort ihre Bewegungsrichtung, gehen bis zur Mitte des Ofens zurück und treten sodann unter die Ofensohle, die gleichfalls durch eine Zunge geteilt ist, um auch dort zuerst gegen die Kopfwände der Kammer, sodann wieder zurück bis zur Ofenmitte, und hier an= gekommen durch zwei senkrechte Kanäle in den auf dem Ofen liegenden Fuchskanal einzutreten, von wo dieselben zur Esse ziehen. Die Verkokung pflegt bei einem Inhalte von etwa 2500 kg eine Zeitdauer von 24 Stunden in Anspruch zu nehmen, der Koks ist dicht, das Koksausbringen befrie= digend. Die Thüren bestehen wie bei allen liegenden Koksöfen aus Gußeisen und sind mit einem nach Innen vorspringenden Rande ver= sehen, welcher zur Aufnahme eines Chamottefutters zum Schutze gegen die Hitze bestimmt ist. Die Fugen werden während des Betriebes mit Lehm ver= strichen; in der oberen Thürhälfte sind Schauöffnungen angebracht, durch welche bei Be= ginn der Entgasung Luft in den Ofen geführt werden kann, um eine vollständige Ver= brennung zu erzielen.

Der erste Ofen, welcher mit senkrechten Zügen versehen war, war der Ofen von François und Rexroth; derselbe wurde von Coppée und später von Dr. Otto ver= bessert und erlangte seit Anfang der siebziger Jahre eine große Verbreitung in Deutschland, namentlich im Ruhrbezirk, wo weitaus die meisten Öfen nach diesem System konstruiert sind. Unsere Tafel zeigt eine Batterie neuester Coppée=Otto=Öfen, welche auf der Niederrheinischen Hütte in Duisburg im Betriebe sind. Die Gase treten vom Ofen a an der einen Seite durch eine große Anzahl gleichmäßig im Gewölbewiderlager verteilter Öffnungen in senkrechte Kanäle und vereinigen sich in dem Sohlkanal b, wo sie sich mit den Gasen des Nachbarofens b, vereinigen und mit diesen gemeinsam nach vorn zur

Additional material from *Bergbau und Hüttenwesen,*
ISBN 978-3-662-30301-6 (978-3-662-30301-6_OSFO6),
is available at http://extras.springer.com

sogenannten Koksseite der Batterie ziehen. Dort angekommen, ändern sie ihre Bewegungs=
richtung und ziehen in dem Sohlkanal b des Ofens a, diesen erhitzend, nach der hinteren,
der Maschinenseite des Ofens, von wo sie durch die Verbindungskanäle v zum Fuchs=
kanal F und von da entweder zum Schornstein oder zur Ausnutzung ihrer Abhitze zu den
Kesseln geleitet werden. Die Öffnung r in dem Sohlkanal b ist durch einen feuerfesten
Stein verschlossen und wird nur geöffnet, wenn die Gase wegen Störungen nicht unter
den Ofen a, geleitet werden sollen, natürlich müssen dann auch die Verbindungskanäle c, c, c
an der Koksseite zwischen den beiden Sohlkanälen geschlossen werden.

Die Vereinigung der Gase
zweier Öfen beseitigt den Miß=
stand, der bei dem Ofen von
Smet, sowie bei allen anderen
Öfen auftritt, bei denen jede
Kammer nur durch ihre eigenen
Gase geheizt wird, daß im An=
fange der Entgasung reichliche
Gasentwickelung eintritt, also
für viel Verbrennungsluft ge=
sorgt werden muß, während am
Ende der Entgasung durch diesen
Luftüberschuß Abkühlung ver=
ursacht wird, also ungleichmäßi=
ger Gang eintritt. Man hält
den Betrieb bei den zweispänni=
gen Öfen immer derart, daß die
nebeneinanderliegenden Kam=
mern abwechselungsweise be=
schickt werden, wodurch die über=
schüssige Luft der Gase des einen
Ofens zur vollständigen Ver=
brennung der Gase des Neben=
ofens dient. Die Luft wird bei
diesen Öfen durch senkrechte, in
der Abbildung nicht sichtbare
Kanäle zugeführt und die Luft=
zuführung mittels Schiebers ge=
regelt. Durch die engen, sehr lan=
gen Kammern, durch gute Ver=
teilung und zweckentsprechende
Gasführung sowohl als auch
durch den verhältnismäßig sehr
kurzen Weg, den die Verbren=
nungsgase zu machen haben,
läßt sich im Ofen im Verein mit
dem sehr schwachen, durch geeig=

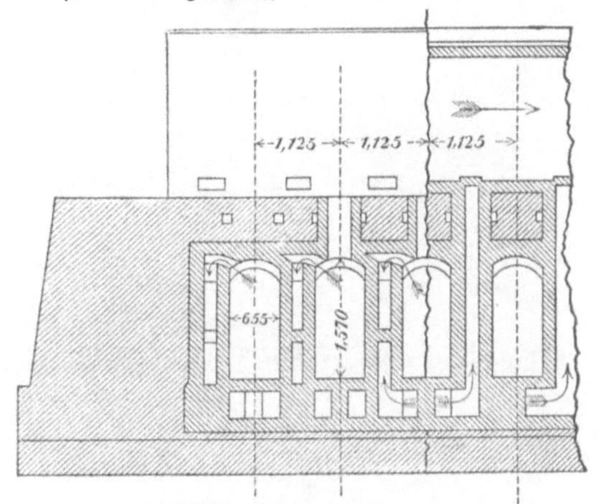

408. Querschnitt.

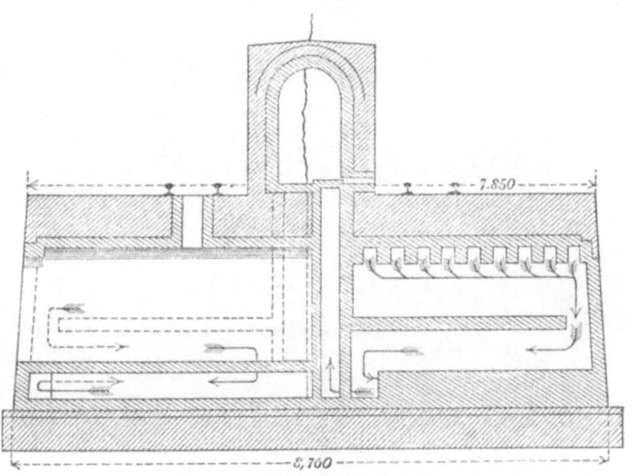

409. Längsschnitt.
408 u. 409. Koksofen von Smet.

nete Konstruktion aber doch große Standhaftigkeit besitzenden Mauerwerk eine sehr hohe
Temperatur erzielen, welche die Verkokung sehr wenig backender, aber hohes Ausbringen
liefernder Kohlen gestattet und dabei dennoch Koks von vorzüglicher Qualität liefert.

Die Abb. 410 u. 411 zeigen eine Koksausdrückmaschine von Heitzmann & Dreyer
in Bochum.

Die beim Verkoken der Steinkohle sich entwickelnden Destillationsgase bestehen in
der Hauptsache aus dem Kohlenwasserstoff Methan, Wasserstoff und Kohlenoxyd, sie haben
dieselbe Zusammensetzung wie das Leuchtgas. Sie enthalten aber auch, wie letzteres
noch die wertvollen Bestandteile Teer, Ammoniak und Benzol, welche bei der Leuchtgas=

fabrikation schon seit langer Zeit gewonnen werden und eine nicht unwesentliche Ein=
nahmequelle unserer Gasfabriken bilden. Natürlich war das Bestreben schon seit langer
Zeit vorhanden, auch bei der Koksfabrikation diese Nebenbestandteile zu gewinnen, allein
es scheiterten anfänglich die Versuche an der schlechten Qualität des Koks der auf diese
Weise betriebenen Öfen. Erst in den letzten Jahrzehnten ist es in Deutschland durch die
auf dem Gebiete des Koksofenbaues verdiente Firma Dr. C. Otto in Dahlhausen an der
Ruhr gelungen, geeignete Ofenkonstruktionen zu erfinden, welche sowohl eine vollständige

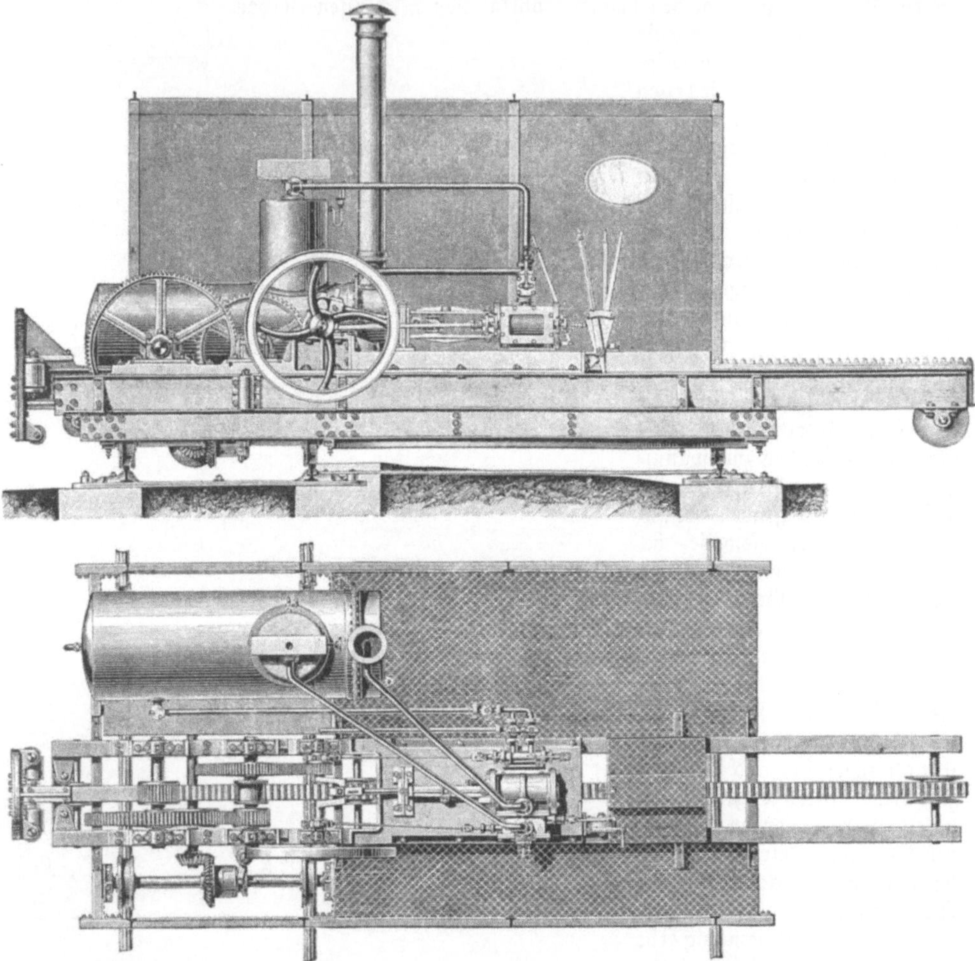

410 u. 411. **Koksausdrückmaschine von Heitzmann & Dreyer in Bochum.**

Gewinnung der Nebenprodukte, Teer, Ammoniak und Benzol, gestatten, als auch einen
guten, jeden Anforderungen gewachsenen Koks liefern.

Der ursprüngliche in Deutschland sehr verbreitete Ottosche Ofen hat eine von dem
in unserer Tafel beschriebenen etwas abweichende Einrichtung. Die Destillationsgase ent=
weichen nicht unmittelbar in die Wandkanäle, sondern werden durch Steigrohre in
zwei sich über das ganze Ofensystem erstreckende Vorlagen geführt, in denen sich bereits
ein großer Teil des Teers niederschlägt. Während des Beschickens oder der Vornahme
von Reparaturen ist es durch Zellenventile ermöglicht, jeden Ofen von der Anlage
abzusperren, damit keine Luft in die Gasleitung gelangt. Die Gase werden durch
Rohrleitungen zu den Reinigungsapparaten mittels kräftiger Ventilatoren abgesaugt
und gelangen nach Passieren derselben in einen Gasometer, von welchem aus sie den

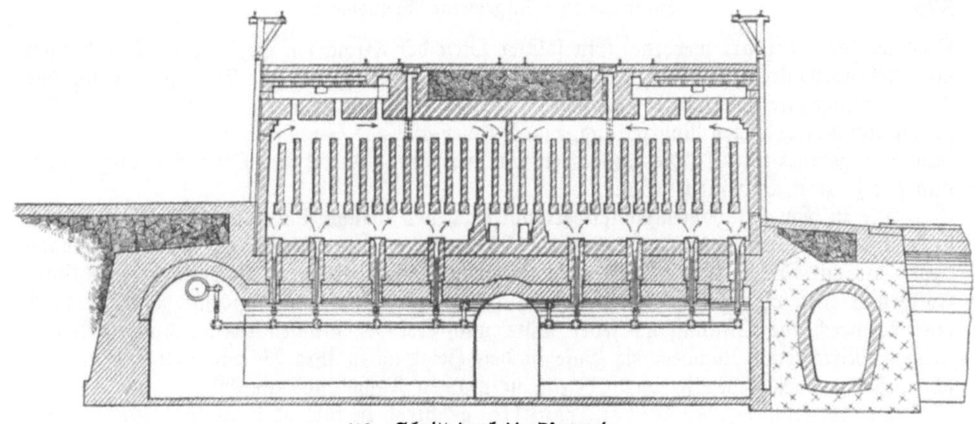

412. Schnitt durch die Ofenwand.

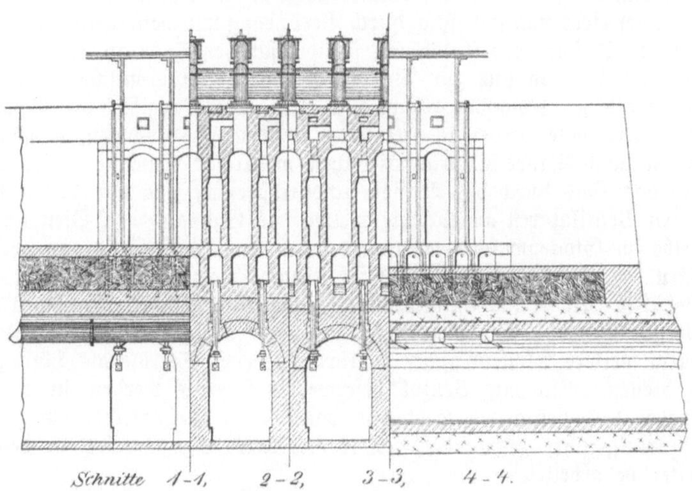

Schnitte 1–1, 2–2, 3–3, 4–4.

413. Schnitte 1—1, 2—2, 3—3, 4—4.

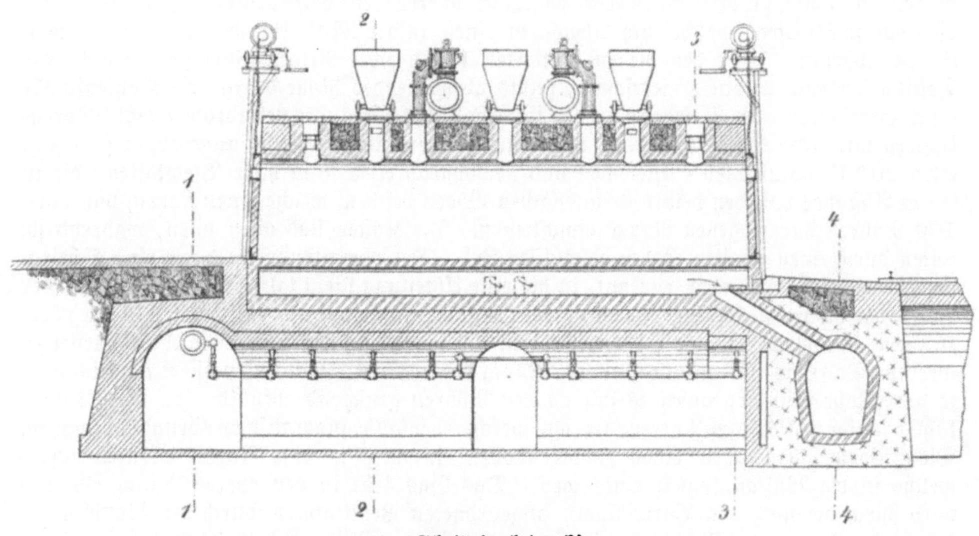

414. Schnitt durch den Ofen.

412—414. Koksofen mit Gewinnung der Nebenprodukte von Dr. Otto.

Öfen wieder zugeführt werden. Ein solcher Ofen der Firma Dr. C. Otto in Dahlhausen mit Nebenproduktengewinnung ist in Abb. 412—414 abgebildet. Die Zuführung der Verbrennungsgase geschieht bei demselben mittels einer unterhalb des Ofens in Kanälen zugänglich angeordneten Rohrleitung, von welcher aus das Gas durch Düsen in die Haupt=kanäle eingeführt wird. Die Fundamentmauern sind parallel zur Ofenachse angeordnet und für je zwei Öfen abgewölbt.

Die in dem Fundamentmauerwerk vorgesehenen Gänge sind von solcher Größe, daß sie von dem Bedienungspersonal bequem begangen werden können. In diesen Gängen liegen die mit Düsen in die Heizkanäle mündenden Gasleitungen; es versorgt jede Gas=zuführung etwa vier Wandkanäle. Die Zuführung der Verbrennungsluft geschieht durch eine entsprechende Öffnung an jeder Düse nach Art der Bunsenbrenner durch injektor=artiges Mitreißen. Nachdem die Gase in den Heizkanälen ihre Wärme zum großen Teil abgegeben haben, ziehen sie durch den gemeinsamen Fuchskanal zur Esse.

Die Gewinnung der Nebenprodukte geschieht in folgender Reihenfolge. Zuerst werden die Destillationsgase abgekühlt, welches schon in den ziemlich langen Leitungen durch die äußere Luft geschieht und schließlich durch Berührung mit wassergekühlten Flächen ver=vollständigt wird. Infolge der Abkühlung scheidet sich der Teer ab, welcher in Behälter geleitet wird, um von da aus zur Weiterverarbeitung an chemische Fabriken u. s. w. abgegeben zu werden. Nach der Abscheidung des Teers beginnt die Gewinnung des Ammoniaks. Die Gase werden in geeigneten Apparaten gezwungen, in möglichst zahl=reichen Strömen durch Wasser hindurchzustreichen, wobei das Ammoniak vom Wasser gelöst wird. Damit das Gas durch das Wasser hindurchstreicht, sind vor diesen sogenannten Glockenwaschern Ventilatoren angebracht, welche das Gas aus den Öfen absaugen und sodann dasselbe im Glockenwascher mehrmals durch eine Wassersäule von geringer Höhe hindurchdrücken. Das Ammoniakwasser wird ebenfalls gesammelt und von einem hoch=liegenden Behälter dem Ammoniakgewinnungsapparat zugeführt. Soll den Gasen noch Benzol entzogen werden, so werden dieselben, nachdem sie die Ammoniakglockenwascher verlassen, durch weitere Glockenwascher geführt, in denen Teeröle als Lösungsmittel für das Benzol dienen. Die mit Benzol beschwerten Teeröle werden in großen Blasen destilliert, wobei das Benzol übergeht und das Teeröl zurückbleibt, um wieder in die Fabrikation zurückgeführt zu werden. Das destillierte Benzol wird in den chemischen Fabriken weiter verarbeitet.

Eine solche Anlage ist in nebenstehender Tafel dargestellt. Der Grundriß ist in der oberen Abbildung zu ersehen, es befinden sich im oberen Teile derselben zwei Batterien Koks=öfen von je 30 Öfen, welche ihre Abgase in einen in der Mitte befindlichen gemeinsamen Kamin abgeben. Über den beiden Batterien liegen zwei Reihen Vorlagen, welche die Destillationsgase in ein gemeinsames, rechts abzweigendes Rohr durch drei Kohlenstaub=abscheider führen, um sie sodann in den innerhalb des Gebäudes befindlichen acht Röhren=kühlern mit rechteckigem Grundriß, von denen je vier in einer Reihe angeordnet sind, auf etwa 20° C. abzukühlen. Dieselben sind gewöhnlich etwa 7 m hohe Blechkästen, die in 0,5 m Abstande von den beiden Grundflächen Böden besitzen, welche einen hohen, von etwa 100 Röhren durchzogenen Raum einschließen. Die Kästen sind oben offen, während sie unten durch einen zweiten Boden geschlossen sind. Der obere Raum ist durch eine Scheide=wand in zwei Abteilungen getrennt, in die eine Abteilung fließt kaltes Wasser, sinkt in der Hälfte der Röhre zu Boden, um im unteren Raume in die andere Hälfte der Röhren über=zutreten, hier wieder in die Höhe zu steigen, um sodann in den nächsten Kühler geleitet zu werden. Das Gas tritt in den mittleren Raum des ersten Kühlers und passiert nacheinander je vier Röhrenkühler, wobei es sich an den Röhren genügend abkühlt. An die Röhren=kühler schließen sich drei Vorreiniger an, welche ebenfalls quadratischen Grundriß besitzen. Diese Vorwascher haben einen Zwischenboden, in welchem eine Anzahl Röhren sitzen, welche in die Waschflüssigkeit eintauchen. Das Gas tritt in den oberen Raum ein und wird durch die nach den Vorreinigern angeordneten Ventilatoren durch die Waschflüssig=keit hindurchgesaugt. Nach dem Passieren der in der Mitte des Gebäudes befindlichen Ventilatoren hat sich das Gas durch die Zusammenpressung, welche es in diesen Flügel=

Additional material from *Bergbau und Hüttenwesen,*
ISBN 978-3-662-30301-6 (978-3-662-30301-6_OSFO7),
is available at http://extras.springer.com

pumpen erleidet, erwärmt, so daß es in einem Schlußkühler wieder abgekühlt werden muß. Nun tritt das Gas in die drei in einer Linie angeordneten Glockenwascher, das sind Vorrichtungen, in denen sich der Vorgang der Teilung der Gasströme und des Durchstreichens von Lösungsflüssigkeit öfters wiederholt, um hier sämtliches Ammoniakwasser an das Waschwasser abzugeben. Von dem Ammoniakglockenwascher wird das Gas in ganz ähnliche Benzolglockenwascher geleitet; als Waschflüssigkeit dient dort, wie schon erwähnt, leichtes Teeröl. Zum Schluß gelangt das Gas in den zwischen Gebäude und Öfen befindlichen Gasometer, um von da sowohl den Öfen als auch den drei Dampfkesseln zur Erzeugung des erforderlichen Dampfes zugeleitet zu werden. Der untere Teil der Abbildung zeigt die Benzolfabrik nebst Zubehör.

Unsere Tafel zeigt den Aufriß der Anlage. Links oben ist der Schlußkühler mit den drei Glockenwaschern für Ammoniak sichtbar; rechts oben sind die Röhrenkühler und im Hintergrunde links ist ebenfalls der Schlußkühler zu erkennen, während auf der entgegengesetzten Seite die Betriebsmaschine zu sehen ist. Der untere Teil des Bildes zeigt den Längsschnitt des Gebäudes; rechts die vier Röhrenkühler, sodann der Vorreiniger, zwei Ventilatoren, Schlußkühler, Glockenwascher für Ammoniak und im Nebengebäude Glockenwascher für Benzol.

Gasförmige Brennstoffe. Die Benutzung natürlicher, dem Erdinneren entströmender Gase zu Zwecken des Haushaltes oder Gewerbes ist schon sehr alt. Ebenso wie flüssige Kohlenwasserstoffe finden sich auch gasförmige Kohlenwasserstoffe an verschiedenen Punkten der Erde, besonders aber in Pennsylvanien, wo in den Städten Pittsburg und Alleghany zahlreiche Hüttenwerke, Fabriken und Wohnhäuser mit gasförmigem Brennstoff versorgt werden können und der Wert der jährlichen Gasausbeute viele Millionen Mark beträgt.

Als erster künstlicher Gaserzeuger dürfte der Eisenhochofen anzusehen sein, dessen Gicht ein kohlenoxydreiches Gas entströmt, das, an der Luft entzündet und ohne wesentliche Ausnutzung gefunden zu haben, verbrannte. Wohl wurde diese Gichtflamme zum Trocknen von Gußformen, die rings um die Gicht aufgestellt wurden, und anderen Nebenzwecken benutzt, allein erst infolge der Bemühungen von Faber du Faur in den dreißiger Jahren des 19. Jahrhunderts ist es zu danken, daß die Gasfeuerung allgemeine Anwendung fand und man dazu überging, auf künstlichem Wege durch unvollkommene Verbrennung Gase in geeigneten Apparaten, den Generatoren, zu erzeugen, in Röhren fortzuleiten und an einem beliebigen anderen Orte zur Erzeugung von Wärme zu verbrennen. Seit dieser Zeit hat die Gasfeuerung eine stetig wachsende Bedeutung für die gesamte Industrie und namentlich für das Hüttenwesen erlangt.

Die Verwendung von Gas an Stelle der festen Brennstoffe ist in den meisten Fällen bei ununterbrochenem Betriebe vorteilhafter, als die direkte Verbrennung der festen Brennstoffe. Um eine vollständige Verbrennung zu erzielen, ist eine möglichst innige Mischung von Luft und Brennstoff erforderlich. Diese ist aber bei festen Brennstoffen viel schwieriger zu erreichen, als bei gasförmigen. Es ist bei der Verwendung fester Brennstoffe mindestens das doppelte Luftquantum erforderlich, um eine vollständige Verbrennung zu erzielen, als theoretisch notwendig ist, während man bei gasförmigen Brennstoffen mit einem geringen Überschuß an Luft auskommt. Jeder Luftüberschuß aber erniedrigt die Verbrennungstemperatur, wodurch die Wärmeabgabe an den zu erhitzenden Körper erschwert wird, und erhöht die Wärmeverluste durch Vermehrung des aus dem Ofen noch mit hoher Temperatur abziehenden Gasgemenges.

Ferner hat man bei den Gasfeuerungen in der Vorwärmung von Gas und Luft ein bequemes Mittel, um die Verbrennungstemperatur in hohem Maße zu steigern, wodurch die Wärmeabgabe gesteigert und die Ausnutzung des Brennstoffes begünstigt wird. Zur Gaserzeugung kann man minderwertige billige Brennstoffe verwenden, die in vielen Fällen wegen ihres hohen Aschen- und Wassergehaltes bei Rostfeuerungen nicht zur Erzielung hoher Temperaturen geeignet waren. Man kann den Gasen auf ihrem Wege zum Ofen durch Abkühlen einen großen Teil ihres Wassergehaltes entziehen und erhält sodann aus minderwertigen Brennstoffen Brenngas von hohem Heizwert. Alle diese Umstände haben dazu beigetragen, der Gasfeuerung im Hüttenwesen Eingang zu verschaffen.

Wie schon erwähnt, wird an verschiedenen Stellen der Erde das natürlich vorkommende Gas im Hüttenwesen benutzt, in noch häufigeren Fällen werden Gase, welche man als Nebenerzeugnisse anderer Verfahren, wie beim Hochofen- und Koksofenbetrieb, erhält, für verschiedene Zwecke, insbesondere zur Dampfkesselfeuerung, verwendet.

Von den in eigens dazu dienenden Apparaten erzeugten Gasen wird am häufigsten das Luftgas benutzt; dasselbe entsteht durch unvollständige Verbrennung fester Brennstoffe. Es enthält an brennbaren Bestandteilen vornehmlich Kohlenoxyd, ist jedoch dabei mit dem gesamten Stickstoffgehalt der zur unvollständigen Verbrennung erforderlichen Luft beladen. Benutzt man für die Darstellung verkohlte Brennstoffe, so würde unter der Voraussetzung, daß diese gar keine flüchtigen Bestandteile mehr enthielten und die Bildung von Kohlensäure ausgeschlossen wäre, das Gas nur aus Kohlenoxyd und Stickstoff bestehen.

Es werden jedoch diese Vorbedingungen niemals erfüllt. Alle verkohlten Brennstoffe enthalten immer noch gewisse Mengen Wasserstoff und Stickstoff, die erforderliche Luft enthält Wasserdampf, der bei der Berührung mit den glühenden Kohlen in Wasserstoff und Kohlenoxyd zerlegt wird. Ferner ist aber auch die Bildung geringer Mengen von Kohlensäure neben Kohlenoxyd nie ganz zu vermeiden. Die Bildung von Kohlensäure wird durch eine hohe Temperatur im Generator, eine hohe Brennstoffschüttung und geringe Dichtigkeit

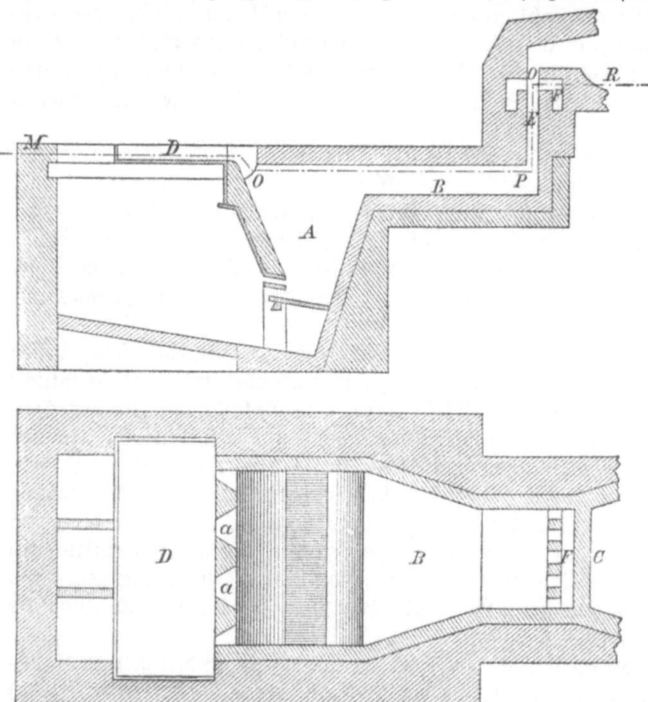

415. Bicheroux-Generator.

des Brennstoffes begünstigt. Die einströmende Luft bildet mit dem Brennstoff zuerst Kohlensäure, welche sodann beim Durchstreichen durch den Kohlenstoff der oberen Schichten des Brennstoffes zu Kohlenoxyd reduziert wird, oder mit anderen Worten, die zuerst gebildete Kohlensäure vergast den Kohlenstoff.

Nur in Ausnahmefällen, wo jene verkohlten Brennstoffe als Nebenprodukte anderer Verfahren entstehen, bedient man sich derselben zur Luftgasdarstellung. Weitaus vorteilhafter stellt sich die Benutzung roher Brennstoffe, Holz, Torf, Braunkohlen, Steinkohlen, zur Erzeugung von Luftgas. Es werden hierbei alle jene bei der Zersetzung der rohen Brennstoffe entweichenden brennbaren Gase dem Luftgas beigemischt und dadurch ihr Brennwert nicht unerheblich vermehrt. Das Gas ist wertvoller als das aus verkohlten Brennstoffen erzeugte, weil der Stickstoffgehalt in diesem Falle geringer und die Menge brennbarer Substanzen größer ist.

Bei der Bildung dieses Luftgases sind zwei vollständig voneinander verschiedene Vorgänge zu unterscheiden. Die rohen Brennstoffe werden zuerst entgast, das heißt die flüchtigen Bestandteile werden unter Zurücklassung von Kohlenstoff ausgetrieben, und nach

Beendigung dieses Vorganges wird der zurückbleibende Kohlenstoff durch die aufsteigende Kohlensäure vergast unter Bildung von Kohlenoxyd.

Läßt man mit der Luft Wasserdampf in den Gaserzeuger treten, so wird dadurch eine beachtenswerte Veränderung sowohl des mit verkohlten als auch unverkohlten Brennstoffen erzeugten Gases herbeigeführt. Der Wasserdampf zersetzt sich, wie schon erwähnt, in Wasserstoff und Kohlenoxydgas, so daß die Menge brennbarer Bestandteile eine Bereicherung erfährt, ohne daß Stickstoff zugeführt wird. Durch die Wasserzersetzung wird jedoch Wärme verbraucht, so daß die Temperatur im Gaserzeuger sinkt und der Kohlensäuregehalt des Gases sich anreichert, das Gas also wieder verschlechtert wird. Diese Temperaturerniedrigung tritt um so leichter ein, wenn der Generator mit rohen Brennstoffen beschickt wird, da durch die Zerlegung derselben Wärme verbraucht wird. Man wendet reichliche Mengen Wasserdampf nur dann an, wenn verkohlte Brennstoffe, Koks oder Anthracit, zur Gaserzeugung verwendet werden, und pflegt solches Gas Mischgas oder Dowsongas zu nennen; dasselbe wird hauptsächlich an Stelle des Leuchtgases zum Betriebe von Gasmotoren benutzt.

Einer der einfachsten Generatoren ist der von Bicheroux (s. Abb. 415), der sich in der Mitte der siebziger Jahre Eingang verschaffte. Der Gasentwickler besteht aus einem Beschickungstrichter A, in dem die oben auf D lagernde Kohle durch kleine Öffnungen a fällt. Die Öffnungen werden durch vorgelegte Kohlen verschlossen. Der Boden wird durch einen geneigten Rost gebildet. Die in dem Apparat erzeugten Gase gehen durch den horizontalen Feuerkanal B und den vertikalen Zug E, in dessen oberen Teil eine Reihe kleiner Öffnungen F münden, durch welche die im Mauerwerk vorgewärmte Luft eintritt. Die erzeugte Flamme streicht nun über den auf der Zeichnung nicht befindlichen Herd C.

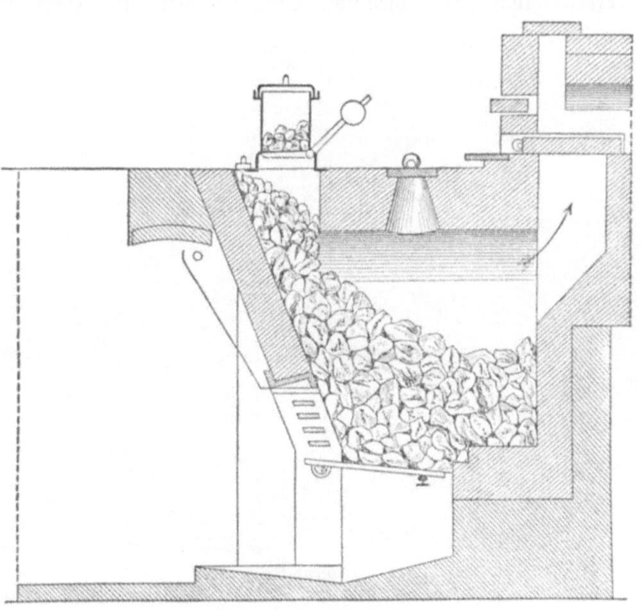

416. Ponsard-Generator.

Ein weiterer Generator ist der in Abb. 416 abgebildete von Ponsard, dessen Einrichtung aus der Abbildung verständlich ist.

Der sehr verbreitete Gruppen-Generator von Siemens ist aus Abb. 417 ersichtlich. Der Generatorschacht S wird seitlich und hinten durch senkrechte Wände begrenzt, vorn dagegen durch eine mit feuerfesten Steinen belegte Eisenplatte E, die in einem Treppenrost a endigt, während ein Planrost P die Unterlage für den Brennstoff bildet. Der Generator ist oben durch ein flach gezogenes Gewölbe überdeckt, in welchem sich vier Füllöffnungen befinden. Der Abzugskanal für die Gase wird durch A gebildet, derselbe kann durch den Schieber b verengt oder auch ganz geschlossen werden. Die Abzugskanäle für die vier in einem Mauerkörper liegenden Generatoren vereinigen sich in d und werden mittels dieses Hauptkanales zum Ofen geführt. Außer zum Füllen dienen die vier Öffnungen c auch zum Zerstoßen festgebackener Massen und Losbrechen etwaiger Ansätze von den Wänden. Das Gas ist kurz nach dem Aufgeben anders zusammengesetzt, als nach Beendigung der Destillation, weshalb man immer mindestens vier Generatoren

zusammenspannt, und durch abwechselnde Beschickung derselben erreicht man eine gleich=
mäßige Zusammensetzung des Gases. In der Leitung vom Generatorblock bis zum Ofen
kühlt sich das Gas so weit ab, daß sich ein großer Teil der Teer= und Wasserdämpfe nieder=
schlägt, wodurch ein trockenes Gas erhalten wird und Verstopfungen in den Vorwärmern
für Luft und Gas, den sogenannten Regeneratoren, vermieden werden. Anderseits wird
jedoch die Wärme verloren, welche die Wasser= und Teerdämpfe dem Generator entziehen.

Die feuerfesten Ofenbaumaterialien.

Die Öfen, in welchen die metallurgischen Prozesse ausgeführt werden, enthalten ein
sogenanntes Kernmauerwerk, welches den eigentlichen Ofen bildet und das von dem
Rauhgemäuer umschlossen wird.

Das Kernmauerwerk ist der Einwirkung der hohen Temperatur, welche im Ofen
herrscht, direkt ausgesetzt, ebenso unterliegt es den chemischen Einwirkungen der im Ofen
zum Schmelzen gebrachten Substanzen. Die Materialien, welche weder durch hohe Tem=
peratur noch durch chemische Einwirkungen ihre Form verändern, bezeichnen wir als

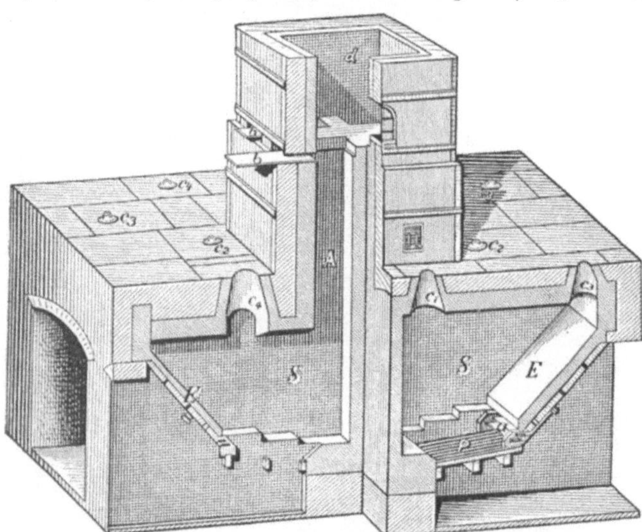

417. Siemens-Generator.

feuerfest. Es liegt auf der
Hand, daß ein Material in
dem einen Falle diese Be=
dingungen vollständig er=
füllen, im anderen Falle
jedoch nicht als feuerfest be=
zeichnet werden kann, da ja
die Temperaturen, bei wel=
chen die verschiedenen Hütten=
prozesse durchgeführt werden,
ebenso verschieden sind, wie
die chemischen Einwirkungen,
denen die Steine bei den
zahlreichen Hüttenprozessen
ausgesetzt sind. Der Begriff
der Feuerbeständigkeit ist
daher ein wechselnder, ein
und dasselbe Material kann
nicht für alle Fälle als
feuerfest gelten, sondern die
Zusammensetzung des feuer=
festen Materials muß der Natur des durchzuführenden Prozesses angepaßt sein.

An das Rauhgemäuer werden derart weitgehende Anforderungen nicht gestellt, es
soll dem Ofenbauwerk nur einen festen Halt geben, hat also ausschließlich konstruktiven
Anforderungen zu genügen. Früher hatte das Kernmauerwerk noch den Zweck, den Ofen
mit einem schlechten Wärmeleiter zu versehen und die Wärme in demselben möglichst
zusammenzuhalten. In neuerer Zeit jedoch, wo man durch die Vorwärmung der Ver=
brennungsluft und in manchen Fällen auch überdies noch durch die Vorwärmung der
gasförmigen Brennstoffe bedeutend höhere Hitzegrade in den Ofen erzeugt, legt man auf
das Zusammenhalten der Wärme wenig Wert. Man ist im Gegenteil gezwungen, soll
das Kernmauerwerk längere Zeit standhalten, dasselbe durch Luft oder in den allermeisten
Fällen noch besser durch Wasser von außen reichlich zu kühlen. Das Rauhgemäuer fällt in
diesem Falle ganz weg, und die Haltbarkeit des Ofenbaues wird durch einen Blechmantel,
eiserne Platten oder auch nur durch umgelegte Bänder bewerkstelligt. Diese Teile eines
Ofens nennt man die Armierung desselben.

Feuerfeste Rohmaterialien sind in erster Linie der Thon, man bezeichnet damit
wasserhaltige Thonerdesilikate von wechselnder Zusammensetzung, die als gewöhnliche Bei=
mengungen meist mehr oder weniger Quarzsand oder auch Bruchstücke anderer Mineralien
enthalten. Reines Thonerdesilikat besitzt die höchste Feuerbeständigkeit, fühlt sich sehr

fettig an und hat eine große Plastizität. Man bezeichnet deshalb quarzfreie Thone mit fett, während quarzreiche Thone als magere Thone bezeichnet werden. Außer Quarzsand enthalten die Thone als Verunreinigungen noch Alkalien, Erdalkalien, Eisenoxyd, welche die Feuerbeständigkeit in hohem Maße herunterdrücken, so daß ein Thon mit einem größeren Prozentsatz an diesen Verunreinigungen nicht mehr als feuerfest angesehen werden kann.

Bei der Beurteilung der Thone darf man sich nicht allein nach der chemischen Zusammensetzung richten, sondern man muß die mechanische Beschaffenheit desselben außerdem in Betracht ziehen. Ist die freie Kieselsäure in Form kleiner Körner vorhanden, so wird der Thon nicht so feuerbeständig sein, als wenn dieselbe Menge Kieselsäure in großen Stücken in der Thonmasse eingebettet liegt. Die sicherste Auskunft über das Verhalten und die Qualität eines Thones gibt der unmittelbare Vergleich mit anderen ihren Eigenschaften nach bekannten Thonen. Um diesen Vergleich zu erleichtern, hat man von den bekanntesten Fundorten sieben sogenannte Normalthone aufgestellt, welche alle Grade der Feuerbeständigkeit zeigen, so daß man Anhaltspunkte über die Angaben der Feuerbeständigkeit und das Verhalten eines Thones hierdurch besitzt.

Durch Brennen verlieren die Thone ihre Bildsamkeit, beim Trocknen schwinden dieselben und zwar fette Thone mehr als magere. Will man die Beimengung von Quarz vermeiden, um einem Thone seine große Schwindung zu nehmen, so kann dies durch vorher gebrannten Thon der Chamotte (Schamotte) geschehen, welche Bildsamkeit und Schwindungsvermögen nicht mehr besitzt. Man nennt solche Steine, welche Chamotte als Magerungsmittel enthalten, Chamottesteine.

Ein weiteres wichtiges Rohmaterial ist die Kieselsäure; dieselbe kommt in der Natur sowohl in krystallisiertem, als auch in krystallinischem und amorphem Zustande vor. Man nennt die betreffenden Mineralien und Gesteinsarten je nach ihrer Reinheit und ihrem Gefüge Quarz, Quarzit, Quarzitschiefer, Kieselschiefer u. s. w. Dieselben zerspringen nicht in der Hitze und sind auch wegen ihrer Härte nur sehr schwer zu bearbeiten. Man zerkleinert dieselben und mischt sie mit einem Bindemittel, gewöhnlich etwas gebranntem Kalk, formt Steine und brennt dieselben.

Kohlenstoff wird als Graphit und auch in Form von Koks als feuerbeständiges Material benutzt. Der Graphit wird mit Thon als Bindemittel versehen, und von diesem Gemenge werden hauptsächlich die Schmelztiegel angefertigt. Der Koks wird dagegen pulverisiert, mit wasserfreiem Thon gemischt, gepreßt und diese Steine sodann als Boden und Gestellsteine der Hochöfen benutzt.

In den letzten Jahrzehnten ist in die Reihe der feuerfesten Materialien durch die Einführung des Thomasprozesses in der Eisenindustrie gebrannter Dolomit und gebrannter Magnesit eingetreten. Der Dolomit ist eine Gesteinsart, welche aus kohlensaurem Kalk und kohlensaurer Magnesia besteht, während Magnesit nur kohlensaure Magnesia enthält. Beim Brennen entweicht die Kohlensäure und wird sodann der zerkleinerte gebrannte Dolomit oder Magnesit mit wasserfreiem Thon gemischt, unter hydraulischen Pressen zu Steinen geformt, gebrannt und ist sodann zur Verwendung fertig. Namentlich der gebrannte Magnesit hat sich als ein sehr hochfeuerfestes Material erwiesen, nur steht einer allgemeineren Anwendung der Magnesitsteine ihr hoher Preis im Wege.

Man unterscheidet nun die künstlichen feuerfesten Materialien nach der Natur der vorherrschenden Bestandteile in Quarzsteine, welche man auch saure Steine nennt, weil der Hauptbestandteil die Kieselsäure ist, ferner in Chamottesteine oder neutrale Steine, da die kieselsaure Thonerde, aus welcher dieselben bestehen, eine neutrale Verbindung ist, und endlich in basische Steine, wozu die Dolomit- und Magnesitsteine gehören. Die Dolomitsteine bestehen aus gebranntem Kalk und gebrannter Magnesia, und die Magnesitsteine nur aus letzterer, beides sind vom chemischen Gesichtspunkt basische Verbindungen. Je nach der sauren, neutralen oder basischen Natur der bei einem Hüttenprozesse erfolgten Schlacke muß auch das feuerfeste Ofenbaumaterial saurer, neutraler oder basischer Natur sein.

Die Eisenhüttenkunde.

Geschichte und Eigenschaften des Eisens.

Entwickelung des Eisenhüttenwesens.

Zu Waffen, Werkzeugen und Geräten wurde in alter Zeit sowohl Kupfer als auch Bronze und Eisen benutzt. Unwillkürlich drängt sich die Frage auf: Welches von diesen war das älteste Nutzmetall? Fast gleichlautend wird dieselbe von den Archäologen dahin beantwortet, daß auf die einen ungeheuren Zeitraum umfassende Steinzeit erst eine Bronzezeit und auf diese sodann eine Eisenzeit gefolgt sei.

Als Beweis für die Richtigkeit dieser Annahme dienen die Ergebnisse bei den Ausgrabungen alter Wohn- und Grabstätten, wobei häufig Geräte und Waffen aus Bronze, selten dagegen solche aus Eisen gefunden werden. Ferner stützt sich die Auffassung von dem Alter der Bronze gegenüber dem Eisen auf die Ansichten und Mitteilungen griechischer und römischer Dichter und Schriftsteller. Es ist in erster Linie der römische Dichter Lucretius, der die immer noch herrschende unrichtige Ansicht, daß die Herstellung der Bronze älter sei, als die des Eisens, ausspricht. Aus den Schilderungen Homers geht nur hervor, daß zu Zwecken der Bewaffnung zur Zeit des Trojanischen Krieges die Verwendung der Bronze eine allgemeinere war, als die des Eisens. Welche Metalle er für die älteren hält, darüber schweigt Homer. Dagegen hat Hesiod der Lehre von dem Aufeinanderfolgen der fünf Zeitalter, des goldenen, silberen, ehernen, des Zeitalters der Heroen und endlich des eisernen Zeitalters zuerst dichterischen Ausdruck gegeben.

Es ist die Aufeinanderfolge dieser Metalle bei Hesiod ebenso eine willkürliche Annahme, wie bei den meisten Altertumsforschern unserer Zeit. Hesiod lebte nach seiner eigenen Erklärung in der Eisenzeit, obgleich die Kunst der Bronzeverarbeitung erst lange nach Hesiod in Griechenland ihren Höhepunkt erreicht hat. Aber auch dieser Schriftsteller weiß es nicht anders, als daß man die gebräuchlichsten Werkzeuge, wie Beile und Meißel, aus Eisen anfertigt und daß die Ägypter beim Baue der Pyramiden sich eiserner Werkzeuge bedienten. Die häufigen Bronzefunde bei Ausgrabungen können ebenfalls nicht als Beweis für das höhere Alter der Bronze dienen, da das Eisen in feuchtem Zustande sich rasch vollständig oxydiert, und besondere Umstände hinzukommen müssen, um einen eisernen Gegenstand vor der Zerstörung zu schützen. Ganz anders liegt es mit dem Kupfer und der Bronze, dieselbe ist gegen chemische Agentien sehr widerstandsfähig, weshalb sich Gegenstände aus diesem Material viel leichter erhalten, als solche aus Eisen.

Es sind jedoch hauptsächlich Gründe technischer Natur, welche mit Sicherheit darauf schließen lassen, daß die Herstellung des Eisens von den Kulturvölkern des Altertums früher gekannt war, als die Herstellung des Kupfers oder gar der Bronze.

Das Kupfer war lange vor der Bronze gekannt, denn die Herstellung derselben setzt das Vorhandensein von Kupfer und Zinn voraus. Ferner fällt in Betracht, daß das Kupfer häufig in gediegenem Zustande gefunden wird. Die Indianer am Oberen See in Nordamerika lernten das dort in größeren Mengen vorkommende Kupfer zu Gebrauchsgegenständen aushämmern, die Darstellung des Kupfers aus seinen Erzen blieb ihnen dagegen unbekannt. Kupfererze sind weit seltener als Eisenerze, allerdings machen sich die ersteren durch ihre auffallende Färbung leichter bemerklich. Das Ausschmelzen des Kupfers wie auch des Eisens aus den oxydischen Erzen ist im Prinzip dasselbe. Es ist eine Reduktion mittels Kohlenstoff, wobei jedoch zu berücksichtigen ist, daß, um Kupfer aus seinen Erzen zu gewinnen, eine Temperatur von 1100—1200° C. erforderlich ist. Um dagegen Eisen aus seinen Erzen zu gewinnen, ist es durchaus nicht erforderlich, daß das gewonnene Produkt im geschmolzenen Zustande erhalten wird. Es geht die Reduktion des Metalles schon in niedriger Temperatur vor sich. Hierdurch ist es möglich, das Eisen verhältnismäßig leicht aus seinen oxydischen Erzen abzuscheiden, da man schon bei einer Temperatur von 700—800° C. einen schwammigen, lose zusammenhängenden Metallklumpen erhält, der sich durch Zusammenschweißen und wiederholtes Ausschmieden von der eingeschlossenen

Schlacke trennen und zu einem brauchbaren Produkt verarbeiten läßt. Die Haupt=
schwierigkeit lag aber früher offenbar in der Erreichung einer sehr hohen Temperatur.
Bei der Unvollkommenheit der metallurgischen Hilfsmittel war es von einschneidender
Bedeutung, ob ein Prozeß bei 800 oder bei 1000° C. durchführbar war. Die Dar=
stellung des Eisens war deshalb weit leichter als die Darstellung des Kupfers, selbst wenn
hierzu die oxydischen Erze verwendet wurden. Weit schwieriger gestaltet sich jedoch die
Darstellung des Kupfers aus seinen geschwefelten Erzen, da hierzu verschiedene Vorbe=
reitungs= und Zwischenprozesse erforderlich sind, welche lange Beobachtung und große
metallurgische Kenntnisse erfordern. Das gewonnene Schmiedeeisen, denn nur um solches
kann es sich handeln, da die Herstellung von Roheisen eine weit höhere Temperatur,
etwa 1300° C. erfordert, war natürlich äußerst ungleichmäßig und unrein. Es fiel, je

418. Eisenschmelze in Afrika.

nach der Beschaffenheit der Erze und der Durchführung des Prozesses, entweder ein
weiches schmiedeeisenartiges oder ein mehr oder weniger hartes stahlartiges Produkt.
　Wenden wir uns nun zur Darstellung der Bronze, so werden die Verhältnisse noch
schwieriger, und die Wahrscheinlichkeit, daß die Bronze älter ist, als das Eisen wird aus
weiteren technischen Gründen ganz hinfällig. Das Kupfer ist nun eines der Metalle,
welche zur Herstellung der Bronze erforderlich sind; das zweite Metall ist das Zinn. Die
Herstellung der Bronze setzt also auch das Vorhandensein von metallischem Zinn voraus,
und hierin liegt ein weiterer Anhaltspunkt für das Alter der Bronze. Zinnerze finden
sich nur an wenig Orten der Erde. Die Fundstätten, die hier in Betracht kommen, sind
Hinterindien, der indische Archipel und Britannien. Das Metall kann nur da zuerst
hergestellt worden sein, wo sein Erz sich findet. Das Zinn ist verhältnismäßig leicht
reduzierbar und sehr leicht schmelzbar. Ob das Zinn in Hinterindien zuerst dargestellt
wurde, ist noch nicht klar gestellt, wahrscheinlich ist es, daß das Zinn von den semitischen
Völkern Westasiens zuerst hergestellt wurde und von da zu den Phöniciern kam,

welche den ganzen Zinnhandel allmählich an sich brachten. Es setzt die Herstellung der Bronze also schon ganz ausgedehnte Handelsbeziehungen voraus, um das Zinn von seinen Gewinnungsorten zu den Verarbeitungsstellen auf Bronze zu bringen.

Ein weiterer Grund für das hohe Alter des Eisens liegt in den vollendeten Steinhauerarbeiten, welche die Ägypter in härtesten Silikatgesteinen ausführten. Die Bearbeitung solch harten Gesteines setzt unbedingt das Vorhandensein stählerner Werkzeuge voraus, und die Hypothese, daß die alten Kulturvölker eine verloren gegangene Kunst gekannt hätten, um den Bronzewerkzeugen die hierzu nötige Härte zu erteilen, ist durchaus unhaltbar. Das Vorhandensein stählerner Werkzeuge wird auch durch allerdings nur vereinzelte interessante Funde bewiesen. So fand beim Lossprengen einiger Steinlagen von der großen Cheopspyramide der Engländer Hill im Jahre 1837 ein Stück Eisen, das Bruchstück eines Werkzeuges, das nur während des Baues in diese Fuge fallen konnte. Es ist dies wahrscheinlich das älteste Stück Schmiedeeisen, das über 4000 Jahre alt ist, und nur dem ganz trockenen Aufbewahrungsorte ist es zu verdanken, daß dasselbe erhalten blieb. Eine eiserne Sichel, die unter den Füßen einer Sphinx zu Karnak ausgegraben wurde, gehört ebenfalls zu den ältesten Eisenfunden. Einen weiteren sehr interessanten Eisenfund verdanken wir dem leider zu früh verstorbenen Altertumsforscher Humann. Derselbe hat bei Ausgrabungen die Ruinen des Dianatempels zu Magnesia in Kleinasien freigelegt und hierbei verschiedene eiserne Klammern in Mengen gefunden. Aus einer derselben wurde ein Briefbeschwerer für den Fürsten Bismarck hergestellt. Humann schätzt die Erbauung des Tempels um das Jahr 200 v. Chr., so daß also dieses Eisen ein Alter von über 2000 Jahren besitzt.

Die Völker auf niedriger Kulturstufe im Inneren von Afrika zeigen sich, obwohl von dem Verkehr der Außenwelt vollständig abgeschlossen, doch mit der Eisengewinnung in ihrer primitivsten Art bekannt, dagegen kennen dieselben die Darstellungen des Kupfers oder der Bronze nicht (Abb. 418).

Berühmt war im Altertume der Stahl der Chalyber, eines Volksstammes, welcher am Schwarzen Meere seinen Wohnsitz hatte, und von welchen die Griechen das Material zu ihren Waffen bezogen. Zur Römerzeit war die Eisenhüttentechnik in großer Blüte, es war außer dem pontischen und spanischen damals schon der indische Stahl geschätzt, ferner stand das Eisen von der Insel Elba und das steirische in hohem Rufe.

Daß die alten Deutschen und die nordischen Völker schon frühzeitig und unabhängig von Griechen und Römern Eisen gewannen und bearbeiteten, ist mehr als wahrscheinlich; es deuten darauf schon die alten Heldengedichte und Sagen hin, in denen wunderbare Schwerter und Waffen, sowie deren Verfertiger eine bedeutende Rolle spielen. Aber auch aus uralten Halden von Eisenschlacken, die sich in manchen Wäldern des westlichen Deutschland finden, darf man schließen, daß die unmittelbare Darstellung des Eisens aus seinen Erzen auch in Deutschland bereits in vorgeschichtlicher Zeit stattgefunden hat.

Das Eisen wurde in niedrigen Öfen oder Feuern direkt aus den Erzen gewonnen, wobei man jedoch nur wenige Kilogramm als das Resultat eines einmaligen Schmelzens erhielt. Schon frühzeitig waren kleine Gebläse im Gebrauch, oder man benutzte zum Betriebe des Ofens natürlichen Luftzug. Kraftmaschinen zum Bewegen der Luft waren noch nicht in Anwendung, und dadurch war die Erzeugung eines Ofens sehr beschränkt. Das gewonnene schwammförmige Produkt wurde vom Schmiede mit dem Handhammer ausgeschmiedet und weiter in seine Gebrauchsform gebracht.

Auf diese Weise wurde bis gegen Ende des Mittelalters die Darstellung des Eisens betrieben. Man kannte in diesem ersten Zeitabschnitt des Eisenhüttenwesens nur das schmiedbare Eisen als einzige Eisengattung, welches unmittelbar aus seinen Erzen durch Handarbeit gewonnen wurde. Hierin liegen die charakteristischen Merkmale dieses ersten Zeitabschnittes, welcher bei manchen Kulturvölkern des Altertums einen Zeitraum von mehreren Jahrtausenden umfaßt.

Mit der Verwendung der Wasserkraft zum Betriebe der Gebläse waren tiefgreifende Veränderungen im damaligen Eisenhüttenwesen verbunden. Früher wurden die Erze an Ort und Stelle des Vorkommens verhüttet, die Anwendung dieser Elementarkraft legte jedoch die Bedingung auf, daß der Schmelzofen in die Nähe eines Wasserlaufes gebaut wurde. Die alten Schmelzstätten auf den Höhen und an den Abhängen der Berge mußten verlassen werden, und die Eisenhütten wurden in die Thäler verlegt, welche Veränderung jedoch zur Folge hatte, daß die Erze und Kohlen nach der Schmelzstätte transportiert werden mußten, was bei den damaligen Transportmitteln gewiß keine leichte Aufgabe war. Durch die Anwendung der Wasserkraft war man im stande, den Wind in größeren Mengen und mit höherem Drucke dem Ofen zuzuführen, wodurch eine größere Wärmeentwickelung in demselben erzielt wurde. Um dieselbe jedoch im Ofen vollständig auszunutzen und um die Produktion zu steigern, baute man größere und namentlich auch höhere Öfen. In diesen größeren und höheren Öfen fand vollständige Reduktion und Kohlung des Eisens statt, man erhielt nicht mehr teigartige, stahlartige Eisenklumpen, sondern tropfbar flüssiges Roheisen, welches von Zeit zu Zeit aus dem Schmelzofen abgelassen wurde. Das flüssige Endprodukt des Ofenbetriebes führte zum kontinuierlichen Betriebe des Ofens, während bei den alten Verfahren bei jedem einmaligen Schmelzen ein Eisenklumpen von einer gewissen Größe erhalten wurde. Der flüssige Zustand des Eisens wies bei der Verwendung dieses Materials von selbst auf den Weg des Gießverfahrens, man konnte also jetzt, im Gegensatze zu früher, dem Eisen seine Gebrauchsform durch Gießen, wie schon seit Jahrtausenden der Bronze, ebenfalls geben.

Aus diesem flüssigen Roheisen lernte man aber bald durch wiederholtes Umschmelzen schmiedbares Eisen darstellen, wozu sich zum Teil die früheren Einrichtungen benutzen ließen. Hierdurch wurde die bis dahin gebräuchliche Darstellung des schmiedbaren Eisens aus seinen Erzen verlassen und der Weg gegeben, auf welchem heute noch das Verfahren der Darstellung der verschiedenen Eisensorten erfolgt.

Es beginnt hiermit ein neuer Abschnitt in der Geschichte des Eisens, dessen Hauptmerkmale darin bestehen, daß man das Erz in hohen Öfen (Hochöfen) unter Anwendung durch Kraftmaschinen gepreßten Windes auf Roheisen verhüttet und dieses Roheisen entweder direkt zu Gußwaren verarbeitet oder dasselbe in schmiedbares Eisen umwandelt, welches in besonderen Öfen erfolgte. Das alte Verfahren der unmittelbaren Darstellung des Schmiedeeisens aus Erzen wurde hierdurch allmählich immer mehr verdrängt und wird heutigestags nur noch ganz vereinzelt ausgeführt.

Das Eisen war mit diesem Fortschritt plötzlich in die Reihe der schmelzbaren und gießbaren Metalle eingerückt und eroberte sich mit der Erfindung des Schießpulvers immer größere Gebiete.

In den nächsten fünfhundert Jahren beschränkten sich die Fortschritte im Eisenhüttenwesen hauptsächlich auf die Verbesserungen der Gebläse, die ledernen Bälge werden durch hölzerne verdrängt, jedoch erst im Jahre 1760 findet das Cylindergebläse Eingang.

Die Abnahme der Wälder führte schon frühzeitig zu Versuchen, die Holzkohle durch mineralische Kohlen beim Hochofenbetriebe zu ersetzen, und es gelang nach zahlreichen mißlungenen Versuchen zuerst in England, die bei der Anwendung der Steinkohle auftretenden Schwierigkeiten durch die Verkokung derselben zu überwinden.

Ebensolche Umwälzungen hatte die Erfindung der Dampfmaschine im Gefolge. Es stellte sich ein ungeahnter Bedarf an Eisen ein, und durch die Anwendung der Feuermaschinen wurde der Hüttenmann von der lästigen Fessel befreit, welche Jahrhunderte hindurch den Eisenhüttenbetrieb an dem Lauf fließender Gewässer festhielt. Wo sich Erze und Kohlen in genügender Menge fanden, konnten Eisenwerke angelegt werden, welcher Umstand, ebenso wie früher die Anwendung der Wasserkraft, wieder eine vollständige örtliche Verschiebung der Eisenhütten mit sich brachte.

Das Eisenhüttenwesen würde niemals jene ungeheure Ausdehnung erlangt haben, welche es heute besitzt, wenn nicht die Anwendung der Dampfkraft zum Eisenbahnbetriebe ein Netz eiserner Schienen von Jahr zu Jahr wachsend und infolge des Verschleißes einer fortwährenden Erneuerung bedürftig, solch riesige Mengen dieses Metalles erforderte. Es hat sich der Bedarf an Eisen vom Anfange dieses Jahrhunderts bis zum Jahre 1897 derart gesteigert, daß die Erzeugung gegenwärtig etwa 40 mal größer ist, als zu dem angegebenen Zeitpunkte.

Mit der Einführung des Koks zum Hochofenbetrieb zögerte die deutsche Eisenindustrie, welche infolge des Dreißigjährigen Krieges ihre erste Stelle in der Eisenerzeugung an England abgegeben hatte, bis zum Ende des 18. Jahrhunderts. Nach mehreren mißlungenen Versuchen in Sulzbach bei Saarbrücken und in Sterkrade bei Oberhausen wurde der erste Kokshochofen in Deutschland in Gleiwitz in regelmäßigen Betrieb gesetzt, und von da aus hat sich allmählich in Deutschland die Anwendung des Koks als Brennmaterial bei der Darstellung von Roheisen mehr und mehr verbreitet, so daß heutigestags nur noch vereinzelt mit Holzkohlen gehüttet wird.

Jedoch behaupteten lange nach der Einführung des Koks zum Betrieb des Hochofens die Holzkohlen ihre Anwendung bei der Herstellung des Schweißeisens. Alle in England angestellten Versuche scheiterten an der schlechten Qualität des Erzeugnisses, und erst im Jahre 1784 gelang es dem Engländer Cort, ein Verfahren zu erfinden, schmiedbares Eisen im Flammofen mit Steinkohlen herzustellen.

In den dreißiger Jahren des 19. Jahrhunderts wurde im Hochofenbetrieb eine Neuerung durch den württembergischen Bergrat Faber du Faur in Wasseralfingen eingeführt, welche den Brennstoffverbrauch zur Herstellung des Roheisens wesentlich verminderte. Die dem Hochofen entströmenden, noch eine Menge brennbarer Bestandteile enthaltenden Gase wurden zur Erhitzung des Gebläsewindes benutzt, welcher durch eiserne, von außen erhitzte Röhren geleitet wurde. Hierdurch wird ein großer Teil der Wärme, welche durch die Gase dem Hochofen entführt werden, für denselben wieder nutzbar gemacht. Nachdem die eisernen Winderhitzer mehrere Jahrzehnte hindurch gute Dienste geleistet hatten, wurden dieselben durch die von den Engländern Whitwell und Cowper anfangs der sechziger Jahre eingeführten steinernen Kammerwinderhitzer, welche eine höhere Erhitzung des Gebläsewindes ermöglichen, allmählich verdrängt.

Mit dem Auftreten des Flußeisens beginnt der dritte und letzte Abschnitt in der Geschichte des Eisens. Kleinere Mengen Flußmetall wurden schon 1770 von Huntsmann in Tiegeln erzeugt, allein erst in der Mitte dieses Jahrhunderts war es durch die Erfindung Bessemers möglich, solche Massen Flußeisen und Flußstahl zu erzeugen, daß das gesamte Eisenhüttenwesen hierdurch eine tiefgehende Umwälzung erfuhr. Die Roheisendarstellung hat ihre Bedeutung beibehalten, denn auch beim neuen Bessemerprozeß, bei welchem die Überführung des Roheisens in schmiedbares Eisen durch Einblasen von Luft in das Metallbad geschieht, muß zuerst Roheisen hergestellt werden, welches in einem zweiten Prozeß auf die eben erwähnte Weise in schmiedbares Eisen übergeführt wird. Anfangs glaubte man, daß sich sämtliches Roheisen, ohne Rücksicht auf dessen chemische Zusammensetzung, in schmiedbares Eisen überführen ließ, bald jedoch zeigte sich, daß der Prozeß nur bei ganz phosphorarmen Roheisensorten ein brauchbares Produkt lieferte. Da Deutschland arm an phosphorreinen Erzen ist, so mußte das Roheisen zum Bessemerprozeß aus England bezogen werden, oder man war auf den Bezug der reinen spanischen Erze angewiesen.

Mit der Anwendung einer geeigneten Ofenausfütterung durch den Engländer Thomas, welche es gestattet, auch den Phosphor aus dem Eisen zu entfernen, trat für Deutschland ein bedeutender Umschwung ein, da der Reichtum Deutschlands an phosphorreichen Erzen auf die Ausbildung und Anwendung dieses Verfahrens hinwies.

Die Flußeisenerzeugung auf dem Herde eines Flammofens wurde von den beiden Franzosen Martin unter Benutzung der von Siemens in die Feuerungstechnik eingeführten Wärmespeicher gezeigt, und nach der Erfindung von Thomas gelang die Übertragung des basischen Ofenfutters auf den Martinprozeß ohne Schwierigkeit.

Schon seit den fünfziger Jahren war es den rastlosen Bemühungen Mayers auf dem Bochumer Verein gelungen, auch den Stahl in die Reihe der gießbaren Metalle einzureihen. Anfangs wurde das Verfahren geheim gehalten, heutzutage ist dasselbe Gemeingut im Eisenhüttenwesen geworden, und namentlich in Deutschland werden Stahlgußstücke von derselben Größe angefertigt, wie man sie bisher nur in Gußeisen ausführen konnte.

Das Eisen ist im Laufe der Jahrhunderte zu dem unentbehrlichsten Metalle geworden. Kohle und Eisen beherrschen die Welt. Welche Bedeutung das Eisen für die

Wirtschaft der Völker besitzt, geht am deutlichsten aus dem Umstande hervor, daß der Geldwert des erzeugten Eisens, obgleich dasselbe das billigste aller Metalle ist, doch anderthalb mal so groß ist, als der Geldwert sämtlicher übrigen erzeugten Metalle, Gold und Silber eingeschlossen, zusammengenommen.

Eigenschaften.

Sämtliches technisch erzeugte und in den Handel kommende Eisen enthält mehr oder weniger fremde Bestandteile, welche teils absichtlich bei seiner Darstellung zugeführt wurden, teils unabsichtlich bei dem Hüttenprozesse in dasselbe gelangen.

Von der Natur dieser Bestandteile, sowie von der Menge derselben hängt das Verhalten der verschiedenen Eisensorten und deren Einteilung ab.

Die wichtigsten dieser Fremdkörper sind Kohlenstoff, welcher sich in gewissen Mengen in jedem Handelseisen findet, sodann Silicium, Mangan, Phosphor, Schwefel, Kupfer, sowie noch eine Anzahl in ganz geringen Mengen vorhandene Elemente.

Das Eisen des Handels stellt demgemäß kein Metall dar, sondern besteht immer aus einer Legierung desselben mit Kohlenstoff und den oben angeführten Elementen.

Je nach der Höhe des Kohlenstoffes, des wichtigsten Begleiters des Eisens, zeigt dasselbe ganz verschiedenes Gefüge und ganz verschiedenes physikalisches Verhalten, so daß man sämtliche Eisenlegierungen in zwei große Gruppen einteilt, welche wieder in Unterabteilungen zerfallen. Man unterscheidet: Roheisen mit einer reichlichen Menge fremder Bestandteile und mit einem Kohlenstoffgehalt von über 2,3 % und schmiedbares Eisen, welches weniger Fremdkörper enthält und nicht mehr wie 1,8 % Kohlenstoff besitzt. Eisensorten, deren Kohlenstoffgehalt zwischen diesen Grenzen liegt, kommen im Handel nur ganz ausnahmsweise vor. Die Unterschiede zwischen diesen beiden Eisenarten beruhen auf der Verschiedenheit der Schmelztemperatur; Roheisen schmilzt bei niedrigerer Temperatur, ohne vorher jenen plastischen, dehnbaren Zustand anzunehmen, in dem die Formgebung des schmiedbaren Eisens durch mechanische Einflüsse erfolgt. Das Roheisen geht rasch aus dem festen in den flüssigen Aggregatzustand über, wenn die Schmelztemperatur erreicht ist, und umgekehrt erstarrt es rasch, wenn es unter dieselbe abgekühlt wird. Unterhalb des Schmelzpunktes erträgt das Roheisen keine Bearbeitung durch Schmieden oder Pressen, es ist spröde, die Formgebung desselben erfolgt ausschließlich auf dem Wege des Gießverfahrens, während das schmiedbare Eisen vor dem Schmelzen einen dehnbaren plastischen Zustand annimmt, in welchem Formgebungsarbeiten auf mechanischem Wege vorgenommen werden können. Es besitzt auch im kalten Zustande einen gewissen Grad von Dehnbarkeit, seine Formgebung kann sowohl im erhitzten Zustande durch Schmieden als auch im kalten durch Pressen oder Ziehen und im flüssigen durch Gießen erfolgen. Der Schmelzpunkt des schmiedbaren Eisens liegt höher als der des Roheisens. Das Roheisen zerfällt ebenso wie das schmiedbare Eisen in mehrere Gattungen.

Infolge verschiedener später zu erörternder Einflüsse zeigt der Kohlenstoff die Eigentümlichkeit, sich während des Erstarrens der Kohleneisenlegierung in Form von Graphit als selbständiger Körper aus der Muttermasse des Eisens auszuscheiden. Dieser Graphit überdeckt auf der Bruchfläche das eigentliche Metall oft vollständig und erteilt dem Eisen eine mehr oder weniger starke graue Farbe und fein- bis grobkörniges krystallinisches Gefüge. Dieses Roheisen heißt alsdann graues Roheisen.

Bleibt dagegen der Kohlenstoff in dem Eisen beim Erstarren gelöst, verharrt er also im sogenannten gebundenen oder legierten Zustande, so ist das Eisen auf der Bruchfläche weiß, das Gefüge strahlig und dicht. Es wird dieses Roheisen demgemäß weißes Roheisen genannt.

Für besondere Zwecke stellt der Eisenhüttenmann noch besondere Legierungen zwischen Eisen und Mangan und Eisen und Silicium her. Dieselben besitzen ein ähnliches Aussehen, wie das weiße Roheisen, werden jedoch in dem ersten Falle Eisenmangan oder Ferromangan, im letzteren Falle Siliciumeisen oder Ferrosilicium genannt.

Bei der Einteilung des schmiedbaren Eisens sind zwei Gesichtspunkte in Berücksichtigung zu ziehen. Es ist einmal der Entstehungszustand zu berücksichtigen, ob das

schmiedbare Eisen bei seiner Herstellung in flüssigem oder nichtflüssigem Zustande beim Über=
führen aus dem Roheisen erfolgt ist, und ferner das physikalische Verhalten desselben,
ob es bei plötzlicher Abkühlung Härte annimmt, also härtbar ist, oder nicht.

Bei manchen Prozessen der Überführung von Roheisen in schmiedbares Eisen, des
Frischens, erfolgt die Gewinnung des letzteren bei einer Temperatur, die unterhalb
des Schmelzpunktes des schmiedbaren Eisens, aber über dem Schmelzpunkt der dabei
gebildeten Schlacken liegt. Man erhält das Metall in Form von einzelnen Eisenkörnern
oder Eisenkrystallen, die durch Zusammenschweißen vereinigt werden und welche immer
noch gewisse Mengen der Schlacke eingeschlossen enthalten. Die Entfernung der Schlacke
geschieht durch mechanische Bearbeitung in hoher Temperatur, wobei die einzelnen Eisen=
teile zusammenschweißen und die flüssige Schlacke herausgepreßt wird. Man nennt deshalb
sämtliches auf diesem Wege hergestellte Material Schweißeisen. Eine vollständige Ent=
fernung der Schlacke ist jedoch bei diesem Verfahren nicht möglich, weshalb als charak=
teristisches Merkmal des Schweißeisens geringe Schlackeneinschlüsse anzusehen sind.

Bei den neueren Frischprozessen geschieht die Überführung, die Reinigung des Roh=
eisens in einer solch hohen Temperatur, daß das Produkt, das schmiedbare Eisen, in
flüssigem Zustande erfolgt. Eine Einmengung von Schlacke ist hierdurch ausgeschlossen,
da die flüssige, spezifisch leichtere Schlacke sich von dem flüssigen Metall leicht trennen
kann. Das Material ist schlackenfrei, enthält jedoch öfters Gaseinschlüsse, die dem
Schweißeisen gewöhnlich fehlen, und wird Flußeisen genannt. Es besteht demgemäß das
erstarrte Flußeisen nicht aus einzelnen zusammengeschweißten Teilen, sondern aus einem
einzigen, im ganzen erhaltenen Stück. Sowohl die fehlenden Schlackeneinschlüsse, als
auch dieses Merkmal bilden den Unterschied in dem Verhalten dieser beiden Eisenarten.

Eine weitere Einteilung beruht auf dem physikalischen Verhalten des schmiedbaren
Eisens in Bezug auf die Festigkeit und Härte desselben. Das festere und insbesondere
deutlich härtbare, zugleich aber auch sprödere schmiedbare Eisen wird Stahl genannt,
während das weniger harte, nicht härtbare, aber dehnbare und zähere Eisen Schmiede=
eisen genannt wird.

Nachstehende Aufstellung gibt einen Überblick über die Einteilung der im Handel
vorkommenden Eisengattungen:

 I. Roheisen. Spröde, nicht schmiedbar, leicht und ohne zu erweichen schmelzbar,
   mit mindestens 2,3 % Kohlenstoff.

 II. Schmiedbares Eisen. Zähe, dehnbar, schwer schmelzbar, erweicht vor dem
   Schmelzen, schmiedbar. Kohlenstoffgehalt weniger als 1,8 %.

Das Roheisen wird weiter eingeteilt:

 a) Graues Roheisen. Der Kohlenstoff ist zum Teil als Graphit vorhanden.
   Die Bruchfläche ist grau, körnig krystallinisch.

 b) Weißes Roheisen. Der Kohlenstoff ist in legierter, gebundener Form an=
   wesend. Farbe der Bruchfläche weiß. Gefüge strahlig und dicht. Spröder,
   härter und leichter schmelzbar als graues Roheisen.

 c) Eisenmangan, Eisensilicium. Wesentlicher Bestandteil Mangan oft bis 80 %
   oder Silicium bis 15 %.

Das schmiedbare Eisen zergliedert sich weiter:

 1. Schweißeisen. In teigigem Zustande gewonnen, schlackenhaltig.
   a) Schweißstahl. Kohlenstoffgehalt über 0,5 %, deutlich härtbar, spröde.
   b) Schweißeisen. Kohlenstoffgehalt unter 0,5 %, nicht härtbar, zäher und
     besser schweißbar als Schweißstahl. Zerreißfestigkeit nicht über 40 kg
     pro Quadratmillimeter.

 2. Flußeisen. In flüssigem Zustande gewonnen, schlackenfrei mit Gaseinschlüssen.
   a) Flußstahl. Kohlenstoffgehalt über 0,15 %, deutlich härtbar, spröde. Zer=
     reißfestigkeit über 50 kg pro Quadratmillimeter.
   b) Flußeisen. Kohlenstoffgehalt unter 0,15 %, zäher und besser schweißbar
     als Flußstahl, nicht härtbar. (Nähert sich der Kohlenstoffgehalt der
     oberen Grenze, so zeigt sich deutliche Härtbarkeit.)

Die Eigenschaften des Roheisens. Das Roheisen unterscheidet sich von den anderen Eisensorten in solchem Maße, daß man ohne Kenntnis der in der Hauptsache übereinstimmenden chemischen Natur zu der Annahme kommen müßte, es liege in dem Roheisen ein ganz neues Metall mit wesentlich anderen Eigenschaften vor. Dasselbe geht beim Erhitzen vom festen Aggregatzustand plötzlich in den flüssigen über, ohne vorher den plastischen dehnbaren Zustand durchzumachen, in dem die Bearbeitung des schmied= baren Eisens erfolgt. Der Schmelzpunkt des Roheisens liegt infolge der Menge fremder Beimengungen erheblich niedriger, als derjenige der beiden anderen Eisenarten, und aus diesem Grunde ist die Herstellung von Gußwaren aus Roheisen einfacher und billiger als aus Stahl oder gar Schmiedeeisen. Die Festigkeitseigenschaften des Roheisens sind bedeutend niedriger, als die von Stahl und Schmiedeeisen.

Im weißen Roheisen ist der Kohlenstoff mit dem Eisen legiert, das Eisen ist auf der Bruchfläche weiß, das Gefüge strahlig und dicht. Es ist hart und spröde, d. h. es wird von den Arbeitswerkzeugen, Feile, Meißel und Bohrer, wenig oder gar nicht an= gegriffen, und bei geringer mechanischer Einwirkung wird die Kohäsion aufgehoben.

In dem grauen Roheisen ist die Menge des legierten Kohlenstoffes sehr gering. Der Kohlenstoff hat sich während des Erstarrens durch Zerfall der Kohleneisenlegierung in Form von Graphit selbständig ausgeschieden. Dieser Graphit überdeckt auf der Bruch= fläche das eigentliche Metall oft vollständig, erteilt dem Eisen eine mehr oder weniger starke graue Farbe und fein= bis grobkörniges krystallinisches Gefüge.

Die Ursache des Zerfalles der Kohleneisenlegierung während des Erkaltens liegt hauptsächlich in einem gleichzeitig anwesenden Siliciumgehalt. Das Sättigungsvermögen des Eisens, d. h. die Fähigkeit desselben, Kohlenstoff und Silicium zu lösen, wächst mit der Temperatur. Hat sich nun Eisen in flüssigem Zustande mit diesen beiden Bestand= teilen gesättigt, so vermindert sich beim Erstarren und dem darauf folgenden Erkalten das Lösevermögen des Eisens, dasselbe ist also nicht mehr im stande, beide Körper in Lösung zu behalten. Die Folge hiervon ist, daß der schwerlöslichere der beiden Körper dem leichtlöslicheren weichen muß. Dies ist der Kohlenstoff; er scheidet sich in Form von Graphitblättchen aus der Muttersubstanz aus.

In entgegengesetztem Sinne wie das Silicium wirkt das Mangan, dasselbe legiert sich leicht mit dem Eisen und ist ein demselben ganz ähnliches Metall, unterscheidet sich unter anderem aber dadurch, daß sein Lösevermögen für Kohlenstoff ein größeres ist, als das des Eisens. Hat demgemäß Roheisen einen Mangangehalt von einigen Pro= zenten, so wird die graphitbildende Wirkung des Siliciums je nach den gegenseitigen Gewichtsverhältnissen entweder nur erschwert oder ganz verhindert, und wir erhalten im letzteren Falle weißes Roheisen. Ist der Mangangehalt mäßig, etwa 1 % und darunter, so fällt seine Wirkung bei etwa 2 % Silicium nicht mehr in Betracht. Lang= same Abkühlung befördert ebenfalls die Graphitbildung, während rasche Abkühlung die= selbe verhindert (Hartguß).

Reines siliciumfreies Eisen kann bis zu 7 % Kohlenstoff aufnehmen, durch einen Gehalt an Silicium wird mit steigendem Siliciumgehalt die Lösefähigkeit des Eisens für Kohlenstoff vermindert, so daß die gewöhnlichen Sorten grauen Roheisens neben einem Siliciumgehalt von etwa 2—4 % einen Gehalt an Kohlenstoff aufweisen, der sich zwischen 3,2 — 4,5 % bewegt.

Die Aufnahme von Silicium wird beim Hochofenschmelzen durch eine hohe Tem= peratur und eine saure Schlacke begünstigt, während zur Aufnahme von Mangan ebenfalls eine hohe Temperatur und eine basische Schlacke erforderlich ist.

Der zum weitaus größte Teil des Phosphors der Eisenerze findet sich in dem daraus dargestellten Eisen wieder. In Gegenden wie Luxemburg und Lothringen, welche eisen= erzeugende Länder nur über phosphorhaltige Erze verfügen, ist es daher nicht möglich, mit einheimischen Erzen Roheisen mit niedrigem Phosphorgehalte zu erzeugen. Der Phosphor macht das Eisen dünnflüssig und befähigt, auch die feinsten Teile einer Guß= form scharf auszufüllen. Jedoch wirkt der Phosphor nachteilig auf die Festigkeitseigen= schaften; das Roheisen wird spröde.

Schwefel wirkt auf die Graphitbildung ähnlich wie Mangan; da jedoch der Gehalt an Schwefel im Roheisen selten über 0,1 % geht, so kommt diese Wirkung kaum zur Geltung. Außerdem macht Schwefel das Eisen dickflüssig. Sind Schwefel und Mangan im Eisen in gewissen Mengen nebeneinander vorhanden, so verbinden sich diese beiden Körper und bilden Schwefelmangan, welches im Schmelzbade nicht löslich ist und an die Oberfläche steigt. Die sogenannten „Wanzen" sind gewöhnlich auf diese Weise entstanden. Außer diesen Körpern enthält das Roheisen noch Kupfer, Arsen, Antimon u. s. w., jedoch in solch geringen Mengen, daß sie meist ohne Einfluß auf das Verhalten des Roheisens bleiben.

Die Härte des Eisens hängt von der Form ab, in welcher der Kohlenstoff im Roheisen vorhanden ist. Graues Eisen ist weich und leicht bearbeitbar; der ausgeschiedene Graphit unterbricht den Zusammenhang der Muttermasse, das Material setzt dem Eindringen der Arbeitswerkzeuge und der Abtrennung einzelner Teile wenig Widerstand entgegen. Ist dagegen der Kohlenstoff zum weitaus größten Teil in legierter Form vorhanden, das Gefüge des Eisens ein dichtes, so wird die Härte des Materials sehr gesteigert, und dasselbe ist entweder gar nicht oder schwierig mit Meißel oder Feile zu bearbeiten.

Die Schmelztemperaturen der verschiedenen Roheisensorten bewegen sich je nach dem Grade der Reinheit und je nach der Form, in welcher der Kohlenstoff vorhanden ist, zwischen 1050 und 1250° C. Graphitreiches Eisen hat den höchsten Schmelzpunkt. Der Graphit ist als selbständiger Körper aus dem Schmelzbade beim Erstarren ausgeschieden; die Muttersubstanz wurde dadurch eines beträchtlichen Teiles der Fremdkörper entledigt; dieselbe besitzt einen höheren Reinheitsgrad, also auch einen höheren Schmelzpunkt, als ein Roheisen von gleicher Zusammensetzung, das seinen sämtlichen Kohlenstoff in legierter Form enthielt.

Die Festigkeitseigenschaften des Eisens pflegen durch Aufnahme geringer Mengen Fremdkörper bis zu einem gewissen Maße auf Kosten der Elastizität außerordentlich gesteigert zu werden, um bei Erreichung eines Festigkeitsmaximums durch weitere Zufuhr von Fremdkörpern wieder zurückzugehen. So weist der Stahl eine bedeutend höhere Festigkeitsziffer auf, als das Schmiedeeisen, während dieses wieder in seinen Festigkeitseigenschaften weit über dem Roheisen steht. Die Zähigkeit, also das Maß des Widerstandes gegen das Eintreten des Bruches, ist dagegen beim reinsten Eisen, also beim Schmiedeeisen, am größten, während das Roheisen gar keine oder nur eine geringe Zähigkeit besitzt. Graphitreiches Roheisen zeigt, obgleich dasselbe in seiner Grundsubstanz ein viel reineres Material vorstellt, als halbiertes feinkörniges Roheisen, doch eine geringere Festigkeit als dieses, da der eingelagerte Graphit den Zusammenhang der Muttersubstanz unterbricht. Feinkörniges Roheisen mit dichtem Gefüge hat sowohl die größte Zerreiß= als auch Bruchfestigkeit, ebenso die größte Durchbiegung, welche Eigenschaften um so mehr hervortreten, wenn sich das Roheisen durch geringe Mengen Phosphor auszeichnet. Weißes Roheisen hat nur ein geringes Maß von Festigkeit, Elastizitäts= und Bruchgrenze liegen nahe beisammen; es ist spröde.

Die Schwindung, d. h. die Verkleinerung der Abmessungen eines Gußstückes während des Erstarrens und des darauffolgenden Erkaltens, wird durch einen Gehalt an Silicium vermindert. Der ausgeschiedene Graphit lagert sich zwischen das Muttereisen ein, und da derselbe an der Schwindung nicht teilnimmt, so verringert er die Volumverkleinerung des Eisens auf ähnliche Weise, wie dem Thon beigemengter Quarzsand die Schwindung des Thones vermindert.

Das Eisen besitzt die Fähigkeit, ähnlich wie Wasser, in flüssigem Zustande Gase aufzulösen. Die Menge der gelösten Gase hängt einesteils vom Druck, unter welchem das geschmolzene Eisen im Schmelzofen steht, anderenteils von der chemischen Zusammensetzung ab. Roheisen, welches im Hochofen geschmolzen wurde, enthält mehr Gase, als solches, welches im Kupolofen geschmolzen wurde, und dieses wieder mehr, als Roheisen, das im Flammofen verflüssigt wurde. Die gelösten Gase entweichen beim Erstarren des Eisens, unter Umständen bleiben sie auch im Eisen eingeschlossen und machen die Guß=

stücke porös und unbrauchbar. Beim Gefrieren des Wassers findet ein ähnlicher Vorgang statt, die im Wasser gelöste Luft bleibt, Hohlräume bildend, im Eise eingeschlossen.

Ein Gehalt an Silicium verringert diese das Gelingen eines Gusses hindernde Eigenschaft des Eisens in bedeutendem Maße; Mangan befördert dieselbe.

Das spezifische Gewicht des Eisens hängt hauptsächlich von dessen Reinheit ab. Sämtliche gewöhnlich im Eisen vorhandene Fremdkörper drücken infolge ihres geringen Eigengewichtes das spezifische Gewicht des Eisens herunter. Am einschneidendsten machte sich hierbei ein erheblicher Graphitgehalt bemerkbar. Da derselbe die Schwindung verringert, graphithaltiges Roheisen demgemäß ein größeres Volumen besitzt, als graphitfreies, so weist das graphitreiche Graueisen das geringste spezifische Gewicht auf. Dasselbe beträgt 7,08, während das des Weißeisens bis zu 7,5 steigt. Bei der Berechnung des Gewichtes von Gußwaren pflegt man allgemein das spezifische Gewicht des Gußeisens zu 7,2 anzunehmen.

Die Eisenmangane (Ferromangan) werden im Hochofen zu gewissen Zwecken technisch dargestellt und enthalten oft über 80% Mangan. Steigt der Mangangehalt erheblich über 80%, so zerfallen diese Legierungen an der Luft, ähnlich wie kalkreiche Hochofenschlacke zerfällt.

Das Siliciumeisen (Ferrosilicium) wird wie das Mangan zum Zwecke der Reinigung des Flußeisens im Hochofen mit einem Gehalt von 10—15% Silicium dargestellt.

Eisenerze und Zuschläge.

Die große Verwandtschaft des Eisens zu anderen Elementen ist die Ursache, daß es nicht wie verschiedene andere Metalle in metallischem Zustande, gediegen, sondern stets in Verbindungen vorkommt. Es findet sich demgemäß gediegenes Eisen nur in seltenen Ausnahmen, welche für den Eisenhüttenmann ohne praktischen Wert sind. Die Meteoriten, welche auf unseren Planeten niederfallen, bestehen sehr oft aus metallischem Eisen; auf Disco in Nordgrönland fand der schwedische Forscher Nordenskjöld 1870 größere Mengen metallischen Eisens. Die Eisenmeteoriten enthalten stets Nickel neben verschiedenen anderen Elementen. Geschliffene und nachher geätzte Flächen zeigen eigentümliche Figuren sich schneidender Linienbündel, welche nach ihrem Entdecker Widmannstätten genannt werden und die ein charakteristisches Merkmal des Meteoreisens bilden.

Um das Eisen im Großbetriebe darstellen zu können, benutzt man die Eisenerze, jedoch muß der Eisengehalt derselben ein solcher sein, daß die Verarbeitung der Erze in wirtschaftlicher Hinsicht noch lohnend erscheint. Außerdem dürfen die in der Natur vorkommenden Verbindungen des Eisens, um auf Eisen verhüttet werden zu können, keine solchen Bestandteile enthalten, welche bei ihrem Übergange in das Eisen die Brauchbarkeit des erschmolzenen Metalles in Frage stellen würden.

Wie hoch der Eisengehalt sein muß, damit die Verhüttung sich noch als lohnend erweist, hängt ganz von den Umständen ab. Es ist dies einmal von dem Preise der Erze an Ort und Stelle der Verhüttung, ferner von dem Preise der Brennstoffe daselbst und in weiterer Linie von den dort üblichen Löhnen abhängig. Selbstverständlich spielen die Verkehrswege, sowie die Absatzverhältnisse in diesem Falle, wo es sich um den Versand großer Mengen eines verhältnismäßig billigen Produktes handelt, eine weitere Rolle. Neben diesen angeführten Umständen sind die Nebenbestandteile der Erze, sowie die Beschaffenheit derselben von einschneidender Bedeutung, ob eine in der Natur vorkommende eisenhaltige Verbindung als Erz angesprochen werden kann oder nicht.

Die in höherer Temperatur nicht flüchtigen Bestandteile der Erze sind meist nicht ausreichend schmelzbar in der Temperatur des Hochofens, weshalb man in den meisten Fällen dem Erz ein Flußmittel (Zuschlag), gewöhnlich Kalkstein zusetzen muß. Der Kalk des Kalksteins bildet mit den fremden Bestandteilen die Schlacke; je mehr Kalkstein ein Erz zur Schlackenbildung erfordert, desto unwirtschaftlicher stellt sich seine Verhüttung, da durch den Kalkstein der Eisengehalt der Beschickung herabgedrückt wird. Je weniger Zuschlag ein Erz erfordert, bei desto geringerem Eisengehalte ist seine Verhüttung noch lohnend und kann demgemäß als Eisenerz angesehen werden.

Manchmal tritt der günstige Fall ein, daß mehrere Erzsorten die Nebenbestandteile in solcher Beschaffenheit gegenseitig enthalten, daß durch Vermischen derselben eine Schlacke gebildet wird, es wird also die Anwendung eigentlicher Zuschläge entbehrlich, wodurch die Wirtschaftlichkeit der Verhüttung auch bei einem niedrigen Eisengehalte noch gegeben ist.

Unter den gegenwärtigen Verhältnissen dürfte ein Eisengehalt der Mischung von Erz und Zuschlag in Höhe von etwa 30% Eisen die untere Grenze darstellen, bei welcher die Verhüttung noch lohnend erscheint. Nur in Ausnahmefällen wird dieselbe unterschritten.

Eisenhaltige Abfälle des Eisenhüttenwesens und der chemischen Großindustrie werden im Hochofen ebenfalls nutzbar gemacht. Für die Herstellung von manganreichen Eisen= legierungen werden der Beschickung eisenhaltige Manganerze beigemischt, oder man benutzt hierzu reine Manganerze je nach dem gewünschten Mangangehalte des zu erblasenden Eisenmangans.

Spateisenerz. Der Siderit, von dem griechischen Wort sideros Eisen, oder Eisenspat auch Spateisenstein benannt, findet sich oft krystallisiert in Drusenräumen, Nestern und Klüften aufgewachsen, gewöhnlich in Rhomboedern, Krystallen, welche dem hexagonalen Krystallsystem angehören. Die Härte des Minerals ist 3,5—4,5, das spezifische Gewicht 3,7—3,9, dasselbe hat gewöhnlich gelblichgraue bis gelbe und braune Farbe und Glas= bis Perlmutterglanz, mehr oder weniger durchschimmernd, hat weißen bis gelblich= weißen Strich. Der Siderit ist $FeCO_3$ mit 62,1%, Eisenoxydul 48,3%, metallischen Eisens neben 37,9% Kohlensäure. An Stelle des Eisenoxyduls sind häufig Magnesium= oxyd, Calciumoxyd und Manganoxyd vorhanden.

Beim Glühen entweicht die Kohlensäure, das Erz wird schwarz und magnetisch. Durch den Einfluß von Wasser und Luft wird der Spateisenstein im Laufe der Zeit mehr oder weniger verändert, dunkler gefärbt bis schwarz, bisweilen rot, je nachdem sich Eisenoxydhydrat (Brauneisenstein), Eisenoxyduloxyd (Magneteisenstein) oder Eisenoxyd (Roteisenstein) bildet.

Der Reinheit von Phosphor und dem nie fehlenden Mangangehalte verdankt das Erz seine Verwendung zur Fabrikation von Stahl, man nennt deshalb das Erz in manchen Gegenden auch Stahlstein.

Der Spateisenstein tritt häufig und bisweilen in großen Mengen in Lagern und Gängen in den älteren Formationen auf. Berühmt sind die Erze des Stegerlandes, welche seit Jahrhunderten die Grundlage einer blühenden Eisensteinindustrie bilden, weniger wichtige Lager finden sich bei Saalfeld in Thüringen und am Harz.

In Österreich=Ungarn ist das Vorkommen am steirischen Erzberg zwischen Vordern= berg und Eisenerz altberühmt und diente schon den Römern als Grundlage einer aus= gedehnten Eisenindustrie, ein weiteres Vorkommen ist bei Hüttenberg in Kärnten. Auch Ungarn hat im Gömörer und Zipser Komitat ausgedehnte Erzlager, welche zum Teil die oberschlesischen Hütten versorgen.

Der Thoneisenstein oder Sphärosiderit ist eine erdige, mit Thon oder Mergel vermengte Abart von dichtem, feinkörnigem Gefüge, kommt namentlich in England vor, und etwa ein Drittel der gesamten Erzförderung besteht aus diesem Materiale. In Deutschland findet sich der Thoneisenstein in Schlesien und an wenigen Orten Westfalens, jedoch spielen diese Vorkommen keine große Rolle.

Enthält das Erz beträchtliche Mengen von Kohlen, daß es schwarz gefärbt erscheint, so wird es Kohleneisenstein oder mit der englischen Bezeichnung Blackband genannt. Es hat deren Ausbeute bei Bochum und Hörde, wo dieselben mit den Kohlen gemein= schaftlich vorkommen, den gehegten Erwartungen nicht entsprochen, während in den Kohlengruben Schottlands reichliche Mengen dieses Erzes gefunden werden.

Dem Spateisen nahestehend ist der Eisenkalk, welcher in großen krystallinisch=körnigen Massen, im Aussehen dem Siderit sehr ähnlich, vorkommt. Er enthält wesentlich kohlen= saures Eisenoxydul und kohlensaure Thonerde in wechselnden Verhältnissen, oft auch etwas Magnesia oder Manganoxydul und wird, wenn billig zu haben, an Stelle des reinen Kalksteines mit Vorliebe als Flußmittel benutzt.

Additional material from *Bergbau und Hüttenwesen,*
ISBN 978-3-662-30301-6 (978-3-662-30301-6_OSFO8),
is available at http://extras.springer.com

Brauneisenerz oder Limonit. Der Name Brauneisenerz bezieht sich auf die wesentlich braune Farbe dieses Eisenerzes, während der Name Limonit, gebildet von dem griechischen Worte leimon (Wiese), sich auf den Namen Wiesenerz, Rasenerz bezieht, womit eine gewisse, später anzugebende Varietät belegt wird.

Das Brauneisenerz oder der Limonit ist bis jetzt nicht krystallisiert gefunden worden, das Erz ist aber nicht amorph, es bildet feinfaserige Aggregate, deren Fasern divergent gegeneinander gestellt und gewöhnlich fest miteinander verwachsen sind. Diese faserigen Aggregate sind kugelige, traubige, nierenförmige Gebilde mit krummschaliger Absonderung, welche an der Oberfläche gewöhnlich glatt sind und brauner Glaskopf genannt werden.

Häufiger als in dieser Varietät findet sich der Limonit dicht mit muscheligem Bruch oder erdig als brauner bis gelber Eisenocker. Der dichte Limonit erscheint meist in derben Massen, welche zum Teil in mächtigen Massen lagerförmig vorkommen. Außerdem bildet derselbe knollige, nierenförmige Gestalten, welche Eisennieren genannt werden. Bemerkenswert ist das massenhafte Vorkommen solcher Konstruktionen von geringer Größe bei kugeliger Form, welche durchschnittlich Erbsengröße haben und Bohnerz genannt werden, auch Linsenerz, wenn sie klein und flach sind. Dieses Bohnerz bildet Kluftausfüllungen oder Lager, und erstere Gebilde sind in thonigen, mergeligen und kalkigen Gesteinen einzeln, aber sehr zahlreich namentlich in der Juraformation zu finden. Die Lager zeigen derbe Aggregate von verkitteten kleinen Eisennieren, Eisenoolithen (eisteinförmig, fischrogenartig), die sich ebenfalls in großen Massen in dem unteren Teil des braunen Jura, hauptsächlich in Luxemburg und Lothringen, finden und Minette genannt werden.

Eine weitere Varietät des Limonits ist das Wiesenerz, Rasenerz genannt. Dasselbe bildet Ablagerungen von oft beträchtlicher Ausdehnung im Wasser, in sumpfigen Niederungen und findet sich in der ganzen norddeutschen Tiefebene von Holland bis Rußland. Die Seeerze, welche auf dem Boden finnländischer und schwedischer Seen gefunden werden, gehören ebenfalls hierher.

Das Brauneisenerz ist undurchsichtig, hat gelbbraunen bis ockergelben Strich, die Härte $5{,}5$—$4{,}5$ und das spezifische Gewicht $3{,}4$—$4{,}0$. Es ist eine Verbindung des Eisenoxydes mit Wasser und würde im reinen Zustande $60\,^0/_0$ Metall enthalten, während in Wirklichkeit der Gehalt an Eisen wegen der verschiedenen Beimengungen erheblich geringer ist. Außer Manganoxyd, welches oft in geringer Menge das Eisenoxyd vertritt, enthalten die Brauneisenerze meist Thon und Kieselsäure, seltener kohlensauren Kalk als Beimengung. Rasenerz und Oolithe zeichnen sich durch einen beträchtlichen Gehalt an Phosphor aus.

Das Brauneisenerz ist das wichtigste Erz Deutschlands, die großartigsten Ablagerungen bildet die Minette in Luxemburg und Lothringen, welche $2/_3$ sämtlicher Eisenerze Deutschlands liefert. Früher nur schlecht zu verwerten, da der hohe Phosphorgehalt das daraus erblasene Roheisen für die meisten Zwecke unbrauchbar machte, haben diese Erze nach der Erfindung des Thomasprozesses eine ungeahnte Bedeutung für die deutsche Eisenindustrie erlangt, und hierauf beruht die große Überlegenheit Deutschlands in der Erzeugung von Thomasflußeisen. Leider können dieselben infolge der verkehrten Tarifpolitik und der noch immer ausbleibenden Moselkanalisierung nicht in wünschenswertem Maße in den rheinisch-westfälischen Hütten zu Gute gemacht werden, sondern werden zum großen Teil nach Frankreich und Belgien ausgeführt, während die genannten Hütten ihre Erze aus Schweden beziehen müssen.

Im Siegener Bezirk finden sich ebenfalls Brauneisenerze, bedeutender ist die Förderung der südlich gelegenen Bezirke an der Lahn, am Taunus und am Westerwald. Mulmige Erze finden sich bei Osnabrück am Hüggel, ferner in Oberschlesien, welche jedoch gewöhnlich zinkhaltig sind und den Bedarf der oberschlesischen Hütten nicht decken. Bohnerze finden sich bei Ilsede, Salzgitter und Othfresen, in unbedeutenden Mengen bei Königsbronn in Württemberg. Die Fundorte der Raseneisenerze wurden bereits erwähnt. Die Vorkommen der Brauneisensteine in den übrigen Ländern sind so zahlreich, daß deren Anführung zu weit gehen würde.

Roteisenerz. Das Roteisenerz oder der Hämatit, benannt nach der roten Farbe des Strichpulvers oder nach dem griechischen Namen Hämatites, Blutstein, einer faserigen Varietät dieses Erzes, welche bisweilen noch als Schmuckstein geschliffen wird, häufiger dagegen als Polier= und Putzmittel metallener Gegenstände benutzt wird. Der Hämatit krystallisiert hexagonal, findet sich jedoch meist in derben Massen, welche krystal= linisch körnig sind und oft in dichten Hämatit übergehen und dann Roteisenstein genannt werden. Die erdige Erzart wird roter Eisenocker genannt. Bestehen die derben Massen aus krystallinisch schuppigen Lamellen, welche bezüglich der Form an die Glimmer genannten Minerale erinnern, so nennt man dieselben Eisenglimmer.

Eine besondere Varietät bildet der faserige Hämatit, dessen Fasern, fest miteinander verwachsen, divergent oder radial gegeneinander gestellt sind, und der trauben= bis nierenförmige Gestalt besitzt und roter Glaskopf genannt wird.

Das Aussehen der verschiedenen Hämatiterze ist verschieden, oft eisenschwarz bis stahlgrau, metallisch glänzend, weshalb man diese Arten Eisenglanz, Glanzeisenerz genannt

419. Abbau der Erze mit Dampfschaufel in Mesaba in Minnesota.

hat. Die Farbe des Striches ist immer rot, wenn auch bisweilen dunkel bis rötlich schwarz. Bisweilen sind sehr dünne lamellartige Krystalle rot durchscheinend, welche zu lockeren, zerreiblichen, schaumigen Partien oder derben Massen verwachsen sind und Eisenrahm genannt werden. Bei dem dichten und faserigen Hämatit geht die eisenschwarze und stahlgraue Farbe in rötlichgraue, bräunlichrote bis kirschrote über, sie sind wenig glänzend und schimmernd. Der erdige ist bräunlich= oder blutrot, matt.

Der Hämatit hat die Härte 5,5 — 6,5, welche bei den dichten, faserigen und erdigen Varietäten aber geringer ist; das spezifische Gewicht ist 5,1 — 5,3. Er ist schwach bis nicht magnetisch. Als Eisenoxyd enthält er 70 % Eisen und 30 % Sauerstoff. Fremde Beimengungen enthalten besonders die körnigen, dichten und erdigen Erze, wonach man solche als kieselige, thonige, mergelige und kalkige Roteisensteine unterscheidet.

Der Hämatit ist ein weit verbreitetes und häufig vorkommendes Erz, er findet sich auf Klüften, Gängen und Lagern in verschiedenen älteren Formationen. Einige dieser Vorkommen sind hochberühmt, so die Eisenglanze von der Insel Elba, welche schon die Römer zur Eisendarstellung benutzten, am Oberen See in Nordamerika, in Cumberland und Nord Lancashire. In Deutschland kommt in erster Linie das Gebiet der Lahn und Dill in Betracht, nicht so bedeutend sind die Vorkommen an einigen Orten Westfalens,

im Harze, im Thüringer Walde und im Erzgebirge. Bedeutende Mengen vorzüglicher
Erze finden sich in Nordspanien, welche seit Jahren in großer Menge in Deutschland,
England und Belgien verhüttet werden.

Magneteisenerz oder Magnetit. Diese Erzart erhielt diese Namen wegen des
ihr eigentümlichen Magnetismus, sie wird auch Magneteisenstein genannt. Der
Magnetit krystallisiert im regelmäßigen Krystallsystem, die einzelnen Krystalle sind bis=
weilen undeutlich ausgebildet, dieselben werden, wenn sie in losen Körnern vorkommen,
Magneteisensand genannt. Meist findet sich das Erz in derben Massen, welche oft
infolge zunehmender Kleinheit der Körner undeutlich krystallinisch bis fast dicht sind. Der
Magnetit ist eisenschwarz, zuweilen stahlgrau, körnig auch bräunlichschwarz, undurchsichtig,
hat schwarzen Strich, ist spröde, Härte 5,5 — 6,5, spezifisches Gewicht 4,9—5,2. Als
Verbindung des Eisenoxydes mit Eisenoxydul, Eisenoxydoxydul, enthält der Magnetit
31 % Eisenoxydul und 69 % Eisenoxyd mit 72,4 % Eisen und ist das eisenreichste Erz
unter den Eisenerzen. Er enthält bisweilen Titansäure, welche als titansaures Eisenoxydul

420. Trichterbau auf der Grube Auborn (Minnesota).

geringe Mengen des Eisenoxydes ersetzt. Derbe Massen des Magnetites finden sich nicht
selten, selbst in großer Ausdehnung, mächtige Lager oder Stöcke bildend, welche dem
Gneis, Glimmerschiefer, Chlorit und Thonschiefer, dem Grünsteine, dem körnigen Kalk
u. s. w. eingelagert sind.

Deutschland besitzt nur wenige unbedeutende Lager an Magneteisenerzen: in Schmiede=
berg in Schlesien, Berggießhübel im Erzgebirge, sowie bei Suhl und Elbingerode finden
sich dieselben. Beträchtlichere Mengen kommen in Spanien in der Nähe von Gibraltar
vor. Ungeheure Mengen finden sich
im nördlichen und mittleren Schwe=
den bei Gellivara und Graugesberg,
auch im Ural findet sich bedeutendes
Vorkommen.

Als Abarten vom Magneteisen=
stein können zwei andere Erze, der
Franklinit und der Chromit, an=
gesehen werden. In ersterem wird
das Eisenoxydul zum Teil durch

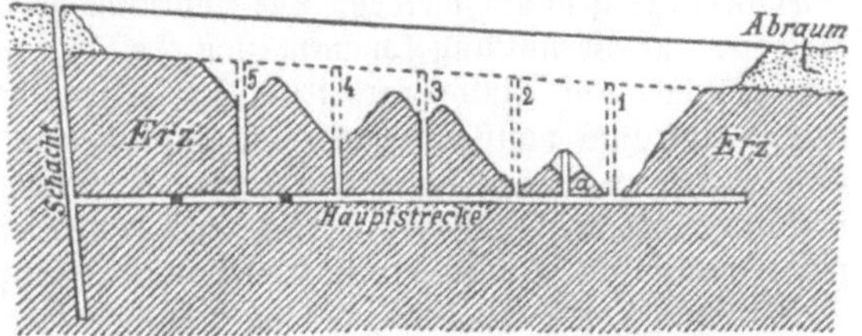

421.
Abbau der Erze mittels Trichterbau zu Mesaba in Minnesota.

50*

Zinkoxyd ersetzt, und derselbe kommt in New Jersey vor, wo er zuerst auf Zink und dann auf Eisen verhüttet wird. Im Chromit, der sich hauptsächlich in Kleinasien findet, wird das Eisenoxyd durch Chromoxyd ersetzt, derselbe wird auf Chromverbindungen und auf Chromeisen, Ferrochrom, verarbeitet, dient auch als feuerfestes Futter in der Eisenhüttentechnik.

Eisenhaltige Abfälle. Hierher gehören hauptsächlich die eisenreichen Schlacken von der Schmiedeeisen= und Stahlbereitung, namentlich kommen die Puddel= und Schweiß=schlacken in Betracht. Ebenso werden Frischfeuerschlacken, welche auf Halden verlassener Schmelzstätten gefunden werden, wieder zur Verhüttung benutzt.

Alle diese Schlacken zeichnen sich durch einen immerhin beträchtlichen Eisengehalt aus, besonders wertvoll sind jedoch die Puddelschlacken, da dieselben den für das Thomas=roheisen so wertvollen Phosphor oft in Höhe bis zu 4 % enthalten. Es sind dieselben durch das Aufkommen des Thomasprozesses außerordentlich im Preise gestiegen, so daß in Deutschland schon die meisten der alten Halden ausgebeutet sind und das früher ganz wertlose Material heute aus England und Belgien nach Deutschland eingeführt wird.

422. Eisenerzlagerplatz am Hafen von Lulea (Schweden).

Auch die Abgänge von der mechanischen Bearbeitung des Eisens, Hammerschlag und Walzsinter, sind infolge ihres außerordentlich hohen Eisengehaltes ein sehr gesuchtes Rohmaterial für den Hochofenprozeß.

Nicht minder wichtig sind für den Eisenhüttenbetrieb die Rückstände geworden, welche bei der Schwefelsäuredarstellung aus Schwefelkiesen hinterbleiben und Kiesabbrände, Purpurerze genannt werden. Die Abbrände von spanischen Kiesen werden, bevor sie im Hochofen zur Verhüttung kommen, zum Teil auf Kupfer, neuerdings auch die deutschen Kiesabbrände auf Zink verarbeitet. Der Eisengehalt dieser ausgelaugten, von Schwefel, Kupfer und Zink vollständig befreiten Purpurerze beträgt immerhin 60 % und darüber.

Manganerze. Das am häufigsten verbreitete Manganerz, welches zur Herstellung von hochmanganhaltigen Eisenlegierungen in Betracht kommt, ist der Braunstein, welcher jedoch meist mit Eisenoxyden, Kieselsäure, Kalkspat u. s. w. verunreinigt ist. Für die Verwendung zur Darstellung des sogenannten Ferromangans sind diejenigen Erze die wertvollsten, welche neben einem geringen Gehalt an Kieselsäure auch einen geringen Gehalt an Eisenoxyd aufweisen. Durch einen hohen Phosphorgehalt, welcher beim Ver=

schmelzen des Erzes im Hochofen in das Metall übergeht und die Verwendung desselben für die Zwecke des Eisenhüttenmannes ausschließt, wird der Wert des Erzes erheblich beeinträchtigt.

Die Zuschläge. Als Flußmittel bei der Verhüttung von Erzen für die ihnen beigemengten Gangarten dient gewöhnlich der Kalkstein. Meist haben die Eisenerze als Beimengungen Kieselsäure und Thon, welche für sich in der Temperatur des Hochofens beinahe unschmelzbar sind und einen ununterbrochenen Betrieb des Ofens verhindern würden, da der Ofen bald von dem Nebengestein seiner Erze angefüllt wäre. Man setzt deshalb je nach der Natur der zur Verhüttung gelangenden Erze eine größere oder geringere Menge Flußmittel hinzu; als solches Flußmittel dient entsprechend der kieseligen und thonigen Beschaffenheit der Erze in den allermeisten Fällen der Kalkstein, welcher mit diesen beiden Körpern eine schmelzbare Verbindung, eine Schlacke, eingeht, die sich auf dem flüssigen Eisen ansammelt und sich ohne Schwierigkeit aus dem Hochofen entfernen läßt.

423. Eisenverladebrücke am Hafen von Lulea (Schweden).

Ist jedoch ausnahmsweise das Erz von kalkiger Beschaffenheit, d. h. bestehen die Nebenbestandteile in der Hauptsache aus Kalk, so muß einem solchen Erze, um den Kalk zum Schmelzen zu bringen, Kieselsäure, also Sand oder Thonschiefer u. s. w., als Zuschlag gegeben werden, damit die Möglichkeit der Bildung einer flüssigen Schlacke vorhanden ist. Tritt jedoch dieser für das Verhütten der Erze sehr günstige Fall ein, so wird man viel eher dem kalkigen Erz ein solches beimischen, das als Beimengung Kieselsäure ent= hält, so daß die Gangarten der beiden Erze miteinander eine Schlacke bilden können. Es wird hierdurch die Verarbeitung beider Erze viel wirtschaftlicher, da der Eisengehalt der Beschickung hierdurch nicht erniedrigt wird, wie dies durch die Beimengung eines nicht eisenhaltigen Zuschlages stets eintritt. Wenn man erwägt, daß manchen Erzen oft mehr als 40 % ihres Eigengewichtes an Kalkstein zugesetzt werden müssen, so wird man begreifen, daß hierdurch die Erzeugung eines Hochofens in einer gewissen Zeit erheblich verringert wird, daß aber auch anderseits der Preis des Flußmittels hierbei sehr in die Wagschale fällt.

Die weite Verbreitung des Kalksteines in der Natur bildet eine nicht unwesentliche Unterstützung der Anwendung dieses Materials als Zuschlag beim Verschmelzen der

Eisenerze. Der Kalkstein, Calciumkarbonat, kohlensaurer Kalk, $CaCO_3$, enthält in ganz reinem Zustande 56 Gewichtsteile Kalkerde und 44 Gewichtsteile Kohlensäure, so daß man, um 100 Gewichtsteile Kalkerde dem Erz zuführen zu können, 178,6 Gewichtsteile Kalkstein anwenden muß. Die Kohlensäure des Kalksteins wird im Hochofen ausgetrieben und entweicht mit den sogenannten Gichtgasen, kommt also für die Schlackenbildung gar nicht in Betracht. Da die Kalkerde im Kalkstein hauptsächlich zur Herstellung eines gewissen Verhältnisses zwischen der Kieselsäure und dem Kalk in der Schlacke dienen soll, so wird ein Kalkstein um so weniger verwendbar für diesen Zweck, je mehr er selbst durch Kieselsäure verunreinigt ist, da sodann die eigene Kieselsäure desselben eine gewisse Menge Kalkerde zur Schlackenbildung erfordert, für die Kieselsäure des Erzes demgemäß diese Kalkerde zur Schlackenbildung verloren geht.

Am wertvollsten für die Zwecke des Eisenhüttenmannes ist der krystallinisch körnige Kalkstein, der sich in seinem Aussehen möglichst dem Marmor nähert und am wenigsten schädliche Bestandteile enthält. Wenn dieser nicht erhältlich ist, wird man möglichst reinen, dichten Kalkstein zu verwenden suchen. In vielen Fällen wird Dolomit, ein Gemenge von kohlensaurem Kalk und kohlensaurer Magnesia, als Zuschlag verwendet. Über den Wert eines Zuschlagsmaterials entscheidet neben dem Preis desselben am sichersten die chemische Analyse.

Die Aufbereitung der Erze.

Die Arbeiten bei der Aufbereitung der Erze sind sehr einfacher Natur, da der niedrige Preis dieser Rohstoffe umständliche Vorarbeiten für die Verhüttung von selbst verbietet. Es handelt sich bei den Eisenerzen meist darum, denselben eine der jeweiligen Größe des Hochofens angepaßte Stückgröße zu geben, in manch anderen Fällen werden dieselben einem ebenfalls sehr einfach vorzunehmenden Waschprozeß unterworfen, und wieder andere Erze erleiden vor ihrer Verschmelzung eine chemische Vorbereitungsarbeit, deren Ausführung man die Bezeichnung Rösten beigelegt hat.

Die mechanischen Vorbereitungen bestehen in der Hauptsache im Zerkleinern der gewonnenen Erze, die Größe der Erzstücke richtet sich nach der Größe des Hochofens, kleinere Hochöfen erfordern Erzstücke von etwa Hühnereigröße, während die neueren großen Hochöfen solche von der Größe der gewöhnlichen Pflastersteine vertragen können, ohne daß ein unregelmäßiger Gang des Hochofens befürchtet werden muß. Ebenso wie zu große Erzstücke, welche nicht vollständig vorbereitet im unteren Teile des Hochofen ankommen würden, einem regelmäßigen Betriebe nicht zuträglich sind, ebenso sehr vermeidet man eine zu feine pulverige Beschaffenheit der Erze, da durch den im Hochofen aufsteigenden Gasstrom die feinen Teile wieder aus dem Ofen weggeführt werden, und dieselben auch dadurch, daß sie sich in die Zwischenräume der größeren Erzstücke setzen, dem aufsteigenden Gasstrome den Weg erschweren.

Zum Zerkleinern bedient man sich der Handhämmer, Poch- und Walzwerke, hauptsächlich aber der Steinbrecher.

Das Zerkleinern mittels des Handhammers gibt die gleichmäßigsten Stücke, es kann bei dessen Vornahme auch gleichzeitig die Entfernung schädlicher Stoffe stattfinden, jedoch ist dieselbe sehr kostspielig und kann nur noch in solchen Gegenden ausgeführt werden, wo die Arbeitslöhne keine erhebliche Rolle in den Gestehungskosten des Roheisens spielen.

Poch- und Walzwerke kommen ebenfalls heutzutage kaum mehr in Anwendung, da sie viel Erzstaub liefern und ihre Arbeitsleistung gegenüber dem Steinbrecher eine geringe ist.

Die Erzquetsche oder der Steinbrecher wird hauptsächlich für sehr spröde Erze verwendet. Er verbindet den Vorzug großer Leistungsfähigkeit mit geringem Staubabfall.

Das Waschen von Erzen, welches meist bei Bohnerzen und Rasenerzen, die in Thon und Sand eingebettet sind, zur Entfernung dieser Bestandteile angewandt wird, besteht in einem Aufschwemmen dieser Verunreinigungen und Wegführen durch den Wasserstrom. Die einfachste Vorrichtung besteht aus Holzgerinnen mit einer gewissen Neigung, in welchen die Erze der Einwirkung fließenden Wassers ausgesetzt werden, wobei dieselben durch seitlich stehende Arbeiter mittels Krücken dem Strome wiederholt entgegengeführt werden. Bei hohen Arbeitslöhnen jedoch ist es jedenfalls vorteilhafter, das Waschen mit Hilfe maschineller Vorrichtung vorzunehmen, namentlich wenn es sich um größere Erzmengen handelt.

Am häufigsten benutzt man umlaufende Trommeln aus Eisenblech. Die Achse dieser Trommeln ist schwach geneigt, das Erz wird an dem einen Ende eingebracht und allmählich vorwärts geschoben, um den entgegengesetzten Weg, den der Wasserstrom hat, in der Trommel zu nehmen. Durch die stattfindende Reibung werden die Verunreinigungen gelockert, welche durch den Wasserstrom weggeführt werden. Durch die an der Innenwand der Trommel angebrachten Gänge aus Winkeleisen geschieht die Vorwärtsbewegung des Erzes. Die Stirnflächen der Trommel sind so weit geschlossen, als nötig ist, um die erforderliche Wassermenge in der Trommel zu behalten.

Die als Rösten bezeichnete chemische Vorbereitungsarbeit findet häufiger Anwendung als das Waschen der Eisenerze. Man versteht unter Rösten eine Erhitzung der Erze, ohne dieselben zu schmelzen, wobei sie der Einwirkung erhitzter Luft ausgesetzt werden. Der Zweck, der mit diesem Verfahren erreicht werden soll, ist entweder die Erhöhung der Reduktionsfähigkeit, d. h. die Erze werden im Hochofen unter Anwendung geringerer Brennstoffmengen in Eisen übergeführt, oder das Austreiben von flüchtigen, zum Teil, wie der Schwefel, schädlichen Bestandteilen.

Man kann dreierlei Wirkungen unterscheiden, welche die Erze beim Rösten erleiden.

Die erste derselben ist eine Änderung der physikalischen Beschaffenheit der Erze, dieselben werden durch die Erhitzung aufgelockert, was bei dichten und schwer schmelzbaren Rot- und Magneteisensteinen für die Reduktion im Hochofen sehr günstig ist. Da jedoch bei den neueren größeren Hochöfen dieser Vorteil keine so große Rolle mehr spielt, wie bei den kleineren Hochöfen mit Holzkohlenbetrieb, so kann das Rösten in diesem Falle immer entbehrt werden.

Hauptsächlich werden die Spateisensteine vor der Verhüttung geröstet. Die Kohlensäure muß im Hochofen erst ausgetrieben werden, ehe die Einwirkung der reduzierenden Gase auf das Erz beginnen kann. Nun findet erst in einer Temperatur bei etwa über 800° C. die Austreibung der Kohlensäure statt, die Spateisensteine durchlaufen also den Hochofen bis an die Stelle, wo diese Temperatur in demselben herrscht, ohne daß sie eine Veränderung erleiden. Ist jedoch die Kohlensäure vorher ausgetrieben, so können die Gase im Ofen sofort an die Verarbeitung des Erzes gehen, wodurch sich der Betrieb vorteilhafter gestaltet. Man röstet deshalb diese Erze vorher an Ort und Stelle der Gewinnung, wodurch dieselben etwa 30 % an Gewicht verlieren und sodann eine höhere Fracht bis an den Verhüttungsort vertragen können, was bei den hohen Frachten in Deutschland sehr ins Gewicht fällt. Beim Rösten der Spate werden dieselben durch den Luftsauerstoff höher oxydiert, wodurch ebenfalls die Reduktion wesentlich erleichtert wird. Es ist nämlich die eigentümliche Thatsache festgestellt, daß die Eisenerze ihren Sauerstoff viel leichter abgeben, wenn derselbe in Form von Oxyd als in Form von Oxydul vorhanden ist. Das heißt, ein Erz, das viel Sauerstoff enthält, ist leichter im Hochofen verschmelzbar, als ein solches, das nur wenig Sauerstoff besitzt. Es wird das Oxyd leichter zu Eisen reduziert, als das weniger Sauerstoff enthaltende Oxydul. Die Spate werden nun beim Rösten vom Oxydul in Oxydoxydul, jedenfalls aber in eine höhere Oxydationsstufe übergeführt, wodurch die folgende Verhüttung weniger Brennstoffaufwand erfordert. Beim Rösten der Spate findet ebenso, wie beim Rösten der anderen Eisenerze eine Abminderung des Schwefelgehaltes statt, derselbe verbindet sich mit dem Luftsauerstoff und entweicht als schweflige Säure.

Am vorteilhaftesten gestaltet sich das Rösten der Kohleneisensteine, da dieselben den zum Rösten nötigen Brennstoff selbst besitzen, also ein Aufwand an Brennmaterial bei der Vornahme des Röstprozesses bei dieser Erzgattung nicht erforderlich ist.

Das Rösten der Magneteisensteine erfordert, um eine vollständige Überführung des Eisenoxydoxyduls in Eisenoxyd herbeizuführen, eine längere Einwirkung der oxydierenden Gase in sehr hoher Temperatur, wobei die Gefahr einer Sinterung des Röstgutes nahe liegt, was vermieden werden soll, da gesinterte Erze infolge ihrer dichten Beschaffenheit sehr schwer im Hochofen zu verarbeiten sind, die Vorteile des Röstens demgemäß illusorisch werden würden. Wenn man die Magneteisensteine dem Röstprozeß unterwirft, so geschieht dies hauptsächlich in der Absicht, ihr oft sehr dichtes Gefüge aufzulockern und sie, falls ihr Gehalt an Schwefel erheblich ist, beim Rösten zu entschwefeln. Kokshochöfen verschmelzen die Magnetite ungeröstet, nur für kleine Holzkohlenöfen, wie sie hauptsächlich noch in Schweden und am Ural betrieben werden, ist die Auflockerung wesentlich. Auch kommt nur für den Betrieb mit Holzkohlen die Entschwefelung in Betracht, da die Schlacken

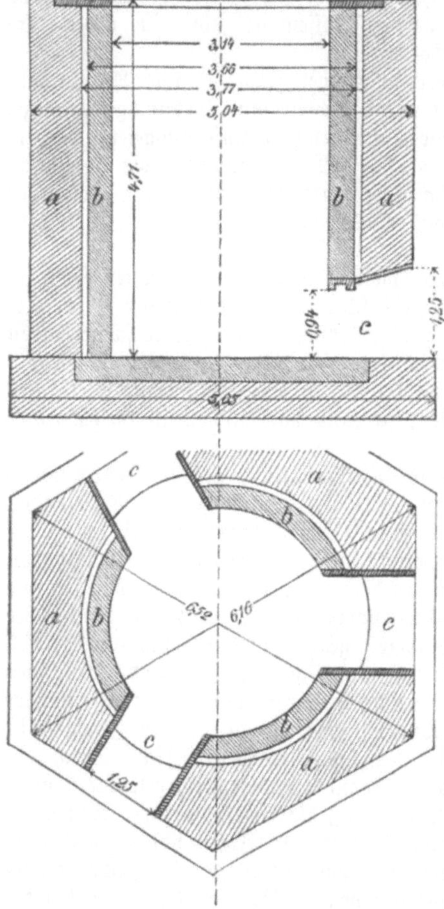

424 u. 425. **Alter Siegerländer Röstofen.**

beim Holzkohlenbetriebe saure Beschaffenheit haben, d. h. sehr reich an Kieselsäure sind, welche den Schwefel nicht binden können. Beim Kokshochofenbetrieb enthält der Koks ausnahmslos beträchtliche Mengen Schwefel, die immerhin ein Gewichtsprozent des Brennstoffes betragen, man ist also in diesem Falle gezwungen, von vornherein mit einer basischen, also kalkreichen Schlacke zu arbeiten, welche im stande ist, den Schwefelgehalt der Beschickung aufzunehmen, damit derselbe nicht ins Eisen kommt. Die Ausführung der Röstarbeit kann in Haufen, Stadeln und auf rationellere Weise in Röstöfen geschehen.

Als einfachstes und ältestes Verfahren ist die Haufenröstung zu betrachten, in welchem das Erz mit dem Brennstoffe geschichtet ist, und durch die bei der steten Berührung mit der äußeren Luft bewirkten Verbrennung des letzteren erfolgt die Röstung der Erze. Als Brennstoff benutzt man, falls nicht Kohleneisensteine geröstet werden, Holzkohlenlösche oder Steinkohlenklein. Der Haufen erhält die Form flacher abgestumpfter Pyramiden mit rechteckiger Basis. Die Höhe und die Breite der Haufen muß sich nach der Größe der zu röstenden Erzstücke richten, damit die Luft überall Zutritt finden kann, während die Längenausdehnung des Haufens beliebig ist.

Beim Rösten von Erzen, welche keine brennbaren Körper enthalten, stellt man auf einem trockenen geebneten Platze durch Aufschütten einer Schicht leicht brennbarer Körper ein sogenanntes Röstbett her, auf welches nun eine Schicht Erz kommt, hierauf wieder eine Lage Brennmaterial, sodann wieder eine Schicht Erz und so weiter, wobei man, je weiter man nach oben kommt, an Brennstoff etwas abzieht und an Erz entsprechend zugibt, da die oberen Schichten durch das Aufsteigen der überschüssigen Wärme aus den unteren Schichten ebenfalls erhitzt werden. Der ganze Haufen erhält nun einen dünnen Mantel aus Kohlenklein, worauf zum Anzünden des Röstbettes geschritten wird. Die Brennzeit richtet sich nach der Größe des Haufens und kann mehrere Wochen betragen. Da der Rösthaufen von allen Seiten frei liegt, so ist die Ausnutzung der Wärme keine allzu vorteilhafte, auch wirkt die Windrichtung oft ungünstig auf eine gleichmäßig fortschreitende Röstung ein, weshalb man dazu übergegangen ist, den Rösthaufen mit einer niedrigen Mauer zu umgeben, in welcher zahlreiche, durch Steine versetzbare Öffnungen der Luft den Zutritt zum Rösthaufen gestatten. Man erhält auf diese Weise die Röststadel. Das Rösten in Haufen sowohl, als auch das Rösten in Stadeln, welche als Vorläufer der Röstöfen anzusehen sind, ist in neuerer Zeit mehr und mehr abgekommen. Es findet, infolge der mit diesem Verfahren verknüpften schlechten Wärmeausnutzung nur noch bei den Kohleneisensteinen Anwendung, da hier ein Aufwand an Brennstoff nicht erforderlich ist, weil die Erze die zum Rösten notwendige Kohle selbst enthalten.

Das Rösten in Öfen erfolgt in Schachtöfen, wobei abwechselungsweise durch die obere Öffnung des Ofens, die Gicht, eine Lage Brennstoff und eine Schicht Erz eingebracht wird. In dem unteren Teile des Ofens sind Öffnungen angebracht, durch welche das Röstgut aus dem Ofen herausgezogen wird. Die Verbrennungsluft tritt durch diese Öffnungen ein und wird von dem noch glühenden gerösteten Erz vorgewärmt. Die Verbrennungsgase steigen in dem Schachte in die Höhe, während die Erze den entgegengesetzten Weg nehmen

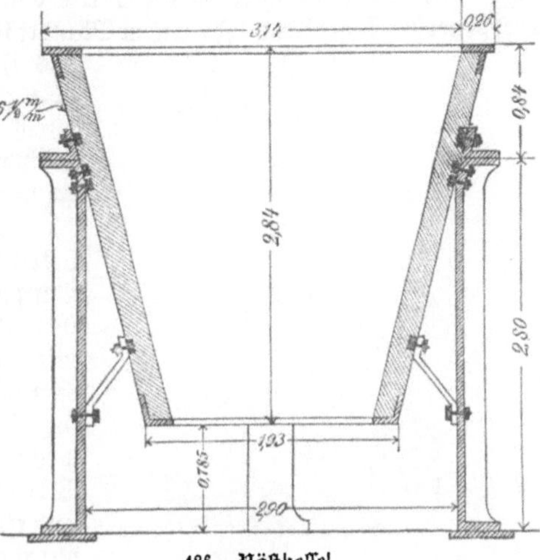

426. Röstkessel.

und durch die aufsteigenden Gase vorgewärmt werden, so daß die Wärmeausnutzung eine vollkommene ist. Da sämtliche in den Ofen eingebrachte Erze denselben Weg zurücklegen müssen, und in jedem Ofenquerschnitt bei richtiger Betriebsleitung auch die nämliche Temperatur herrscht, so ist die Röstung eine ziemlich gleichmäßige, der Betrieb ein ununterbrochener, so daß in der Gegenwart die Ofenröstung beinahe ausschließlich zur Anwendung gelangt und die Haufen- oder Stadelröstung die Ausnahme bildet. Die Form sowie die Größe der verschiedenen auf den Eisenhüttenwerken zur Anwendung gebrachten Röstöfen wechseln nach den Verhältnissen und der Beschaffenheit der Erze und sind deshalb äußerst mannigfaltig. In Abb. 424 und 425 ist ein Ofen mit drei Ziehöffnungen abgebildet, wie dieselben häufig im Siegerlande zum Rösten der Spateisensteine verwendet werden. Unter dem Namen Röstkessel ist im genannten Erzrevier, sowie in

427. Steirischer Röstofen.

Schlesien und Sachsen der in Abb. 426 abgebildete Ofen im Gebrauch. Sein Schacht hat die Form eines abgestumpften Kegels, der mit der kleinsten Basis nach unten gekehrt ist. Der Schacht ist entweder in einen Blechmantel eingebaut, oder von eisernen Bändern umgeben und wird von Säulen getragen. Da er unten ganz offen ist, so kann rings um

den ganzen Ofenumfang das Ziehen der Erze erfolgen und wird die Ofenſohle von der
zweckmäßig hier mit Gußeiſenplatten belegten Hüttenſohle gebildet.

In Steiermark ſind Öfen mit rechteckigem Querſchnitt im Gebrauch, welche Abb. 427
zeigt. Die Ofenſohle wird in der Mitte von einem Sattel S und auf beiden Seiten von
Treppenroſten R gebildet. In einem Mauerkörper befinden ſich eine ganze Anzahl Röſtöfen,
das Ziehen der Erze erfolgt unterhalb der Roſte
von einer ſeitlichen Galerie aus, die Erze fallen
durch Ladetaſchen über die ſchiefe Ebene c in die
Gichtwagen, um ſodann dem Hochofen zugeführt
zu werden.

Soll ein Ofen, der mit feſten Brennſtoffen
betrieben wird, wie das bei den bisher angeführten
Beiſpielen der Fall iſt, in Betrieb geſetzt werden,
ſo füllt man denſelben bis über die Ziehöffnungen
mit groben Erzſtücken, bringt auf dieſe ſodann leicht
entzündbare Brennſtoffe, entzündet ſie und füllt
den Ofen mit Erz= und Brennſtoffſchichten in ab=
wechſelnder Lage bis zur Gicht. Wenn ſich die
Wärme nach oben verbreitet hat, ſo werden die
unteren Erzſtücke aus dem Ofen gezogen, der hier=
durch entſtandene Raum im oberen Teile des Ofens
mit Brennſtoff und Erz nachgefüllt, und nachdem
nun die untere Erzſchicht geröſtet iſt, dieſelbe ent=
fernt, an der Gicht wieder nachgefüllt,
und der Ofen befindet ſich ſo in regel=
mäßigem Betrieb. Die regelmäßigen Be=
triebsarbeiten beſtehen im Ausziehen der
Erze, Aufgeben der Beſchickung und Be=
ſeitigung von Störungen. Tritt zu kalter
Gang ein, ſo muß mehr Brennſtoff auf=

428. Wittkowitzer Röſtofen. Durchſchnitt.

gegeben werden, und die nicht vollſtändig geröſteten Erze werden einer nochmaligen
Röſtung unterworfen. Heißer Gang bringt leicht Sinterung der Erze hervor. Die zu=
ſammengebackenen Maſſen müſſen durch Brechſtangen losgebrochen und aus dem Ofen
entfernt werden, was eine
umſtändliche und zeitrau=
ende Arbeit iſt. Treten
Verſtopfungen ein, ſo daß
die Verbrennungsgaſe keinen
genügenden Durchgang durch
die Beſchickungsſäule mehr
haben, ſo müſſen von oben
der Luftkanäle geſtochen
werden, um dem Erſticken
des Feuers vorzubeugen.

In Schweden, wo zum
Betriebe der Gebläſe meiſtens

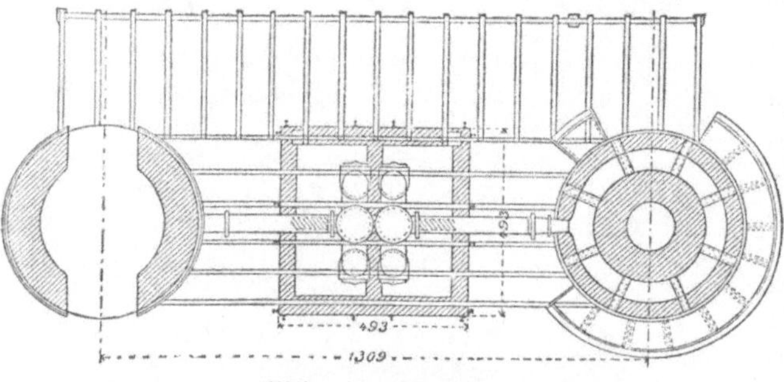

429. Wittkowitzer Röſtofen. Grundriß.

Waſſerkräfte in ausgiebiger Menge zur Verfügung ſtehen, die dem Hochofen entſtrömenden
noch brennbaren Gaſe demgemäß zur Dampferzeugung nicht notwendig ſind, iſt man dazu
übergegangen, die Gichtgaſe zum Röſten der dichten Magneteiſenſteine zu benutzen. Es ge=
ſchieht dies im genannten Lande hauptſächlich durch den in Abb. 430 abgebildeten Gas=
röſtofen von Weſtmann. Der Schacht iſt etwa 9 m hoch, hat kreisrunden Querſchnitt
und erweitert ſich etwas nach unten, damit die durch das Röſten gelockerten Erze am Nieder=
gehen nicht gehindert werden. Das Gichtgas tritt aus einem unten rings um den Ofen
laufenden Verteilungskanal durch zahlreiche Stutzen in kleine Kammern und von da durch

nach oben gerichtete Ausmündungen in den Röstofen. Über diesen Kammern sind ebenfalls um den ganzen Umfang des Ofens sogenannte Störöffnungen angebracht, welche zum Einführen der Arbeitswerkzeuge beim Losbrechen von gesinterten Ansätzen dienen. Darüber befinden sich noch einige Schauöffnungen, um den Gang des Ofens zu beobachten. Natürlicher Zug saugt die Luft durch die Ziehöffnungen ein, wobei sich dieselbe an dem fertiggerösteten Röstgut erwärmt. Die obere Öffnung des Ofens, die Gicht, ist geschlossen, der Austritt der Gase erfolgt seitlich durch vier Rohrstutzen, die in einen gemeinsamen Schornstein münden. Die Gicht hat eine Weite von 1,8 m, der untere Durchmesser des Ofens beträgt 3 m, während das Aufgeben der Beschickung selbstthätig erfolgt.

Die Gasröstöfen haben sich auch in den österreichischen Alpen zum Rösten der Spateisensteine Eingang verschafft. Da diese Erze keine so hohe Temperatur zum Rösten erfordern, wie die Magneteisensteine, so war hier eine andere Konstruktion der Röstöfen erforderlich, namentlich mußten dieselben viel niedriger gehalten werden. Der Schacht der Öfen ist vierseitig prismatisch, an den breiten Seiten wird dem Ofen das Gas zugeführt, die Sohle wird in der Mitte durch einen Sattel und seitlich durch Treppenroste, also ähnlich wie beim steirischen Röstofen gebildet. Der Ofen heißt nach seinem Erfinder Fillaferscher Röstofen.

Der Hochofen.

Gestalt und Bau des Hochofens.

Wie der Hochofen sich allmählich durch Anwendung der Wasserkraft zum Betriebe der Gebläse aus dem Stückofen entwickelte, wurde schon in der Geschichte des Eisens erwähnt. In den niedrigen Stücköfen erhielt man unmittelbar ein zu einer Luppe, einem Klumpen zusammengebackenes schmiedbares Produkt, während in dem hohen Ofen, Hochofen, flüssiges Roheisen erfolgt, welches man erst durch eine zweite Operation, das Verfrischen, in schmiedbares Eisen überführen mußte. Dieses letztere war eine neue Erfindung, deren erste Anfänge sich bis in das erste Viertel des 15. Jahrhunderts verfolgen lassen. Die zuerst zur Roheisenherstellung benutzten Öfen hießen Blauöfen oder Blaseöfen, sie hatten eine Höhe, welche 3 m kaum überschritt; erst nachdem man die Leistungsfähigkeit

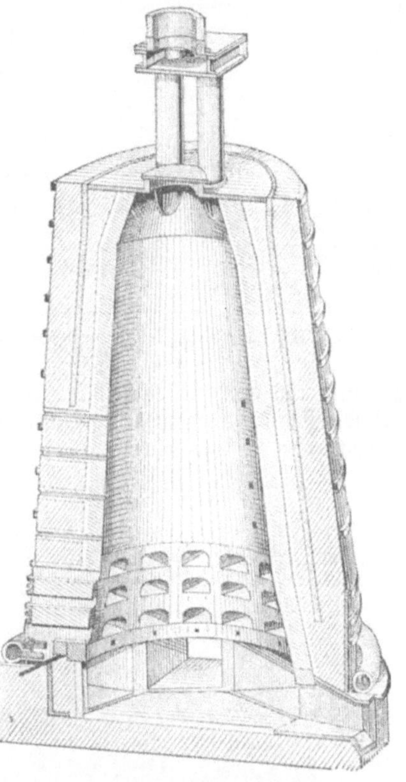

430. Gasröstofen von Westmann.

der Gebläse zu erhöhen verstanden hatte, wurden die Öfen höher gebaut und erhielten den Namen Hochöfen. Um die Schmelzhitze in dem unteren Ofenraume zu steigern, ging man dazu über, die unteren Teile des Ofens zusammenzuziehen, jedoch führte dies zu einem anderen Übelstande. Die Schlacke und das Eisen mußten zu oft abgelassen werden, wodurch der regelmäßige Verlauf der Schmelze beeinträchtigt wurde. Man machte deshalb den Sammelraum für das flüssige Eisen und die Schlacke größer, was man dadurch erreichte, daß man den Tiegelofen in einen Sumpfofen umwandelte, d. h. man erweiterte den Raum unterhalb der Form, so daß er bis vor den Ofen hervorragte. Das charakteristische Merkmal eines Hochofens, zum Unterschiede der immer noch im Betriebe befindlichen Stücköfen, war damals die offene Brust, wodurch das untere Ofeninnere von außen zugänglich war, um Ansätze und Verunreinigungen im Gestell des Ofens entfernen zu können. Dadurch daß das Gestell, der Herd, oder der Eisenkasten bis vor die Ofenwand vorgezogen wurde, entstand ein dem Hochofen eigentümlicher Vorherd, der aber während des Betriebes sorgfältig mit Kohlenlösche und Lehm bedeckt war, um eine Abkühlung des Ofens zu vermeiden.

Abb. 431—433 zeigen einen solchen Hochofen aus früherer Zeit. In einem von Bruchsteinen oder Backsteinen aufgeführten Mauerkörper, dem Rauhgemäuer H, sind zwei Öffnungen ausgespart, das vordere BB heißt das Arbeitsgewölbe und diese Seite des Ofens Brust- oder Stichseite, von hier aus wird das Gestell von Ansätzen gereinigt und hier auch das Eisen und die Schlacke aus dem Ofen abgelassen. Die gegenüberliegende Seite des Ofens wird die Rückseite genannt, während die Seite des Ofens, auf welcher sich die Blasebälge befinden, die Form- oder Blaseseite und die, gegen welche der Windstrom gerichtet ist, die Windseite genannt wird. Das Ofeninnere ist mit feuerfesten Steinen ausgemauert, der Ofen besteht aus dem Schacht EP, welcher sich nach oben verjüngt und in die Gicht E mündet, aus der Rast KP, die nach unten konisch

431. Alter Holzkohlenhochofen aus dem 17. Jahrhundert.

zuläuft, und dem Gestell K. In der Ebene, in der Schacht und Rast zusammenstoßen, befindet sich der Kohlensack, welcher sich oft zu einem cylindrischen Mittelstück zwischen Schacht und Rast erweitert. In das Gestell mündet in halber Höhe die Windform; hier-

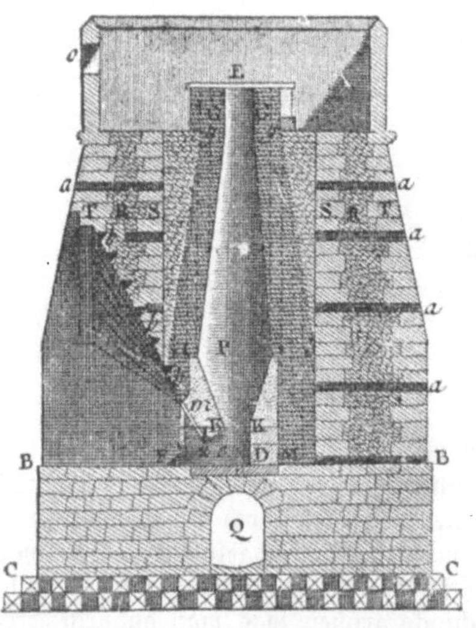
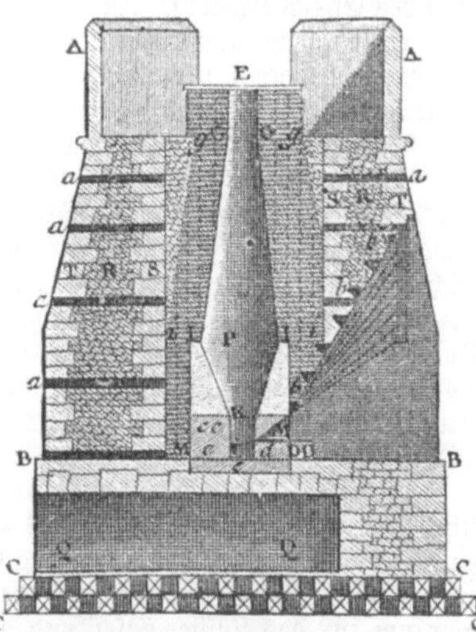

432 u. 433. Inneres des Holzkohlenhochofens aus dem 17. Jahrhundert.

durch wird dasselbe in das Obergestell und das Untergestell, oder auch Herd, Eisenkasten genannt, zerlegt. Der vor dem Ofen liegende Teil des Herdes heißt Vorherd, der über demselben befindliche, die Ofenwand tragende Stein ist der Tümpelstein, und das an seiner Unterkante sich befindliche Eisen ist das Tümpeleisen. Der Wallstein schließt den Ofen nach vorn ab, in demselben befindet sich das Stichloch, während die Schlacke über den Wallstein abfließt. In Abb. 434 ist ein Gestell aus späterer Zeit abgebildet, a a ist der Bodenstein, b die Seitensteine, d der Wallstein, c der Rückstein, e der Tümpelstein mit dem Tümpeleisen f und dem Tümpelblech g. Die Steine h und i, in denen die Öffnungen für die Formen ausgespart sind, heißen Formsteine, l sind Gestellsteine, r feuerfeste Steine der Rast.

Diese alten Öfen waren im Vergleich zur Leistungsfähigkeit unserer heutigen Öfen äußerst klein, dieselben hatten in der Mitte des sechzehnten Jahrhunderts eine Produktion, welche noch nicht viel über eine halbe Tonne per Tag betrug, während gegenwärtig die 200—400fache Menge in einem neueren Hochofen erzeugt wird. Der Betrieb der Hochöfen geschah bis zur Mitte des siebzehnten Jahrhunderts ausschließlich mit Holzkohlen; die zunehmende Ausrodung der Wälder brachte es mit sich, daß fast in allen eisenerzeugenden Staaten Gesetze erlassen wurden, um die Herstellung von Eisen in gewissen Grenzen zu halten, damit der drohenden Holzarmut gesteuert würde. Zahlreich waren damals, namentlich in England, die Versuche, Steinkohlen zum Betriebe der Öfen zu verwenden, bis es endlich Abraham Dudley gelang, die Steinkohle in Koks überzuführen und damit die Brennstofffrage einer richtigen Lösung entgegenzuführen. Das Verfahren, Eisen mit Koks zu erzeugen, führte in Deutschland am Ende des vorigen Jahrhunderts in Gleiwitz zu einem regelmäßigen Betriebe und verbreitete sich von da aus in Deutschland, so daß heutigestags nur noch äußerst selten Holzkohlenhochöfen im Betriebe angetroffen werden.

Das Roheisen, welches in den ersten Hochöfen erzeugt wurde, fand fast ausnahmslos seine Verwendung zur Herstellung von Gußwaren, wo die Jahrtausende alte Kunst des Bronzegießens den richtigen Weg zeigte. Das Eisen wurde direkt aus dem Hochofen in die Formen gegossen und nur die Abfälle auf schmiedbares Eisen verarbeitet, während die manganreichen Eisenerze, welche ein zur Gußwarendarstellung ungeeignetes Roheisen lieferten, direkt in den Stücköfen, den Vorläufern der Hochöfen, schmiedbares Eisen lieferten. Erst mit der Einführung der Dampfkraft machte sich ein solch großer Bedarf

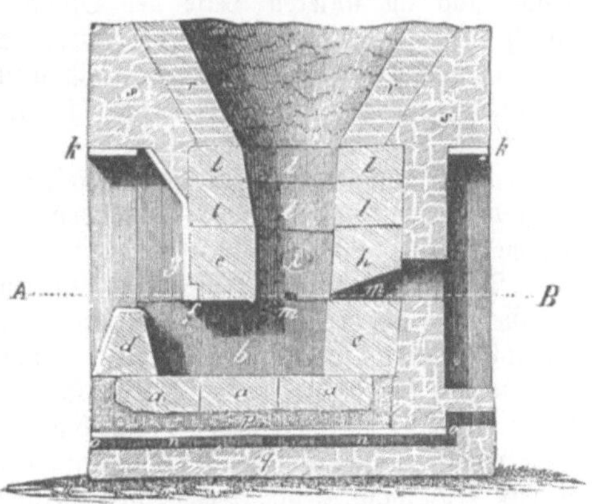

434. Gestell eines Hochofens.

an schmiedbarem Eisen geltend, daß man zur indirekten Erzeugung des schmiedbaren Eisens überging und der Hochofen allmählich den Stückofen verdrängte. Diese Betriebsweise wurde durch die in diese Zeit fallende Anwendung der Kohle zum Frischen im Flammofen wesentlich gefördert, so daß heutzutage nur in ganz geringen Mengen der direkte Weg der Schmiedeeisenerzeugung angewendet wird, die weitaus größte Masse desselben jedoch durch Überführen, Frischen des Roheisens in schmiedbares Eisen gewonnen wird. Die Hochofentechnik vervollkommnete sich aus diesem Grunde, da ja alles Eisen vorher im Hochofen gewonnen werden muß, immer mehr, die Erzeugung der Öfen, welche Anfang dieses Jahrhunderts etwa 5 t in 24 Stunden betrug, wuchs mit der Anwendung der Dampfkraft auf das Zehnfache dieses Betrages und steigerte sich von der Mitte unseres Jahrhunderts bis heute derart, daß Hochöfen mit einer Erzeugung von 100 t zu den gewöhnlichen gehören und die größten Hochöfen Deutschlands auf den rheinischen Stahlwerken und auf dem neuen Hochofenwerke Krupps in Rheinhausen 300 t pro Tag zu produzieren im stande sind. Die ersteren Hochöfen, zwei an der Zahl, haben Betriebswochen hinter sich, in denen die tägliche Erzeugung 340 t Roheisen betrug, wozu 34 Eisenbahnwagen erforderlich sind, um dieselben zu versenden. Diese großen Mengen Roheisen können nicht mehr mit Vorteil direkt aus dem Hochofen vergossen werden, weil die Menge desselben zu groß ist und das mit Koks erzeugte Roheisen sich nicht gut zum direkten Vergießen eignet. Es wurde deshalb der Eisengießereibetrieb allmählich vom Hochofen verlegt, und derselbe ist zu einem selbständigen Betriebszweig ausgewachsen.

Die anderen Roheisenarten, welche zur Überführung in schmiedbares Eisen dienen, werden je nach Umständen direkt beim Hochofen weiter verarbeitet, oder es sind hierfür besondere Werke eingerichtet. Letztere Roheisenarten überwiegen an Menge das Gießereiroheisen heutzutage bedeutend, so daß gegenwärtig in Deutschland etwa sechsmal mehr Roheisen erzeugt wird, welches zum Frischen dient, als solches, welches zu Gußwaren verarbeitet wird.

Die Gestalt des Hochofens. Das Innere des Hochofens bildet einen Schacht, das ist einen Raum, dessen senkrechte Achse dem Durchmesser an Größe bedeutend überlegen ist. Die obere Öffnung wird die Gicht genannt, durch dieselbe erfolgt die Aufgabe der Beschickung, während in dem unteren Teile der Wind eingeführt wird und die Verbrennung des Brennstoffes durch denselben erfolgt. Die Verbrennungsgase steigen der niederrückenden Schmelzsäule entgegen, so daß die Beschickung die Wärme aus denselben aufnimmt und die den Gasen entzogene Wärme wieder nach unten geführt wird. Roheisen und Schlacken, die beiden flüssigen Endprodukte des Ofenbetriebes, sammeln sich unterhalb der Windeinströmungsöffnungen, der Formen, nach Maßgabe ihres spezifischen Gewichtes, so daß die spezifisch leichtere Schlacke auf dem flüssigen Eisen schwimmt. Die Gase dienen als Wärmeträger für die Beschickung, anderenteils haben sie die Aufgabe, die Erze zu reduzieren, so daß diese Reduktionsarbeit nicht mehr durch den glühenden Kohlenstoff im unteren Teile des Ofens ausgeführt werden muß. Da die Reduktion durch das gasförmige Kohlenoxyd ökonomisch vorteilhafter ist, als die durch festen Kohlenstoff, so muß der Hochofenmann das Bestreben haben, diesen Vorgang möglichst zu begünstigen; die Erze müssen möglichst lange Zeit der Entwickelung des Gasstromes ausgesetzt werden, ohne daß vorzeitige Schmelzung derselben erfolgt, weil das reduzierende Kohlenoxyd auf geschmolzene Massen keine Einwirkung mehr besitzt. Aus diesen Gründen muß der Ofen sich nach oben erweitern, was allmählich geschehen muß, damit sich die Schmelzmassen nicht festsetzen können.

Der Durchmesser des Ofens im unteren Teile, im Gestelle, hängt von der Leistung des Gebläses ab, der eintretende Wind muß bis zur Mittelachse des Ofens vordringen können, damit im ganzen Querschnitt Verbrennung stattfindet. Bei dem Widerstande, den die Schmelzmassen dem Winde bieten, beträgt die Eindringungstiefe je nach Leistung des Gebläses gewöhnlich 1,5—1,6 m, so daß der Durchmesser des Gestelles nicht viel mehr über 3 m besitzt.

Wollte man aber jene Erweiterung oberhalb der Formebene bis zur Gicht fortsetzen, so daß der Hochofen die Form eines Trichters erhalten würde, so würde die Gicht einen zu großen Durchmesser erhalten und die gleichmäßige Verteilung der Beschickung wäre mit Schwierigkeiten verknüpft. Außerdem würde die Reibung an den Wänden eines solchen Ofens eine sehr große sein, das Niedergehen der Beschickungssäule würde dadurch sehr erschwert und unregelmäßig werden, wodurch der Betrieb Not leiden würde. Die Gase würden an den Seitenwänden des Ofens in die Höhe steigen und in der Mitte ein von denselben nicht bestrichener Kegel entstehen. Man zieht deshalb vor, den Ofen nach oben wieder zusammenzuziehen, so daß man einen geeigneten Gichtdurchmesser erhält und die Reibungswiderstände im oberen Teile des Ofens verringert werden.

Aus diesen Gründen haben sämtliche Hochöfen eine Form bekommen, die sich der Gestalt zweier abgestumpfter Kegel, welche mit der größten Basis in der Mitte zusammenstoßen, nähert, unten schließt sich gewöhnlich ein chlindrisches Endstück, das Gestell, an, und in der Ebene, wo die beiden Kegel zusammenstoßen, dem sogenannten Kohlensack, schaltet man öfters zur Vergrößerung des Ofeninhaltes noch ein chlindrisches Mittelstück ein.

Wenn wir von unten nach oben fortschreiten, so besteht ein Hochofen aus dem Gestell, welches durch die Formebene, d. i. die Ebene durch die Mitte der Windeinströmungsöffnungen, in einen oberen und einen unteren Teil zerlegt wird.

Das Gestell schließt durch den Bodenstein des Ofens ab, über welchem sich eine Öffnung befindet, durch welche das flüssige Roheisen abgestochen wird.

Nach der Anordnung des Schlackenabflusses unterscheidet man Öfen mit offener und solche mit geschlossener Brust. Ein Ofen erster Art ist schon in der Einleitung dieses Abschnittes beschrieben worden. Diese Anordnung ist nur noch vereinzelt bei Betrieben mit Holzkohle in Anwendung.

435. Hochofen der Niederrheinischen Hütte zu Duisburg-Hochfeld.

Allgemein dagegen sind die Öfen mit geschlossener Brust; das Ofeninnere ist hierbei nicht von außen zugänglich, die Schlacke wird etwa 30 cm unterhalb der Windeinströmungsöffnungen aus dem Ofen abgelassen. Die Formebene liegt etwa 0,8—1,2 m über dem Bodenstein.

An das Gestell schließt sich die Rast an, welche etwa ein Drittel der ganzen Ofenhöhe ausmacht.

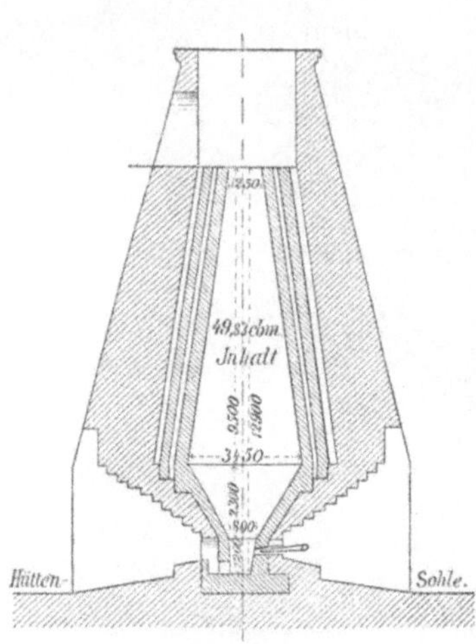

436. **Erster Kokshochofen in Deutschland zu Gleiwitz. 1796.**

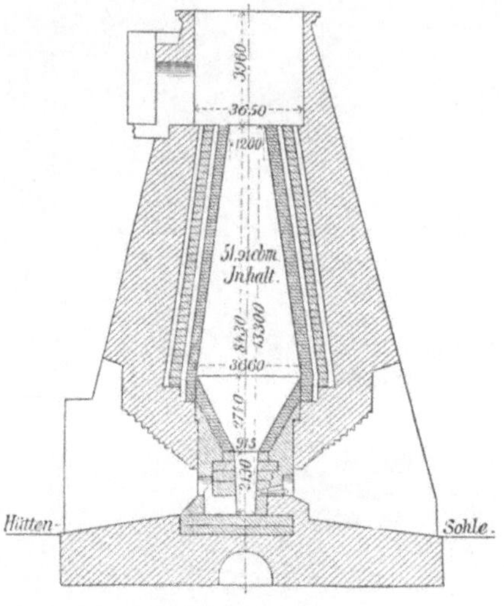

437. **Kokshochofen der Königshütte. 1804—1808.**

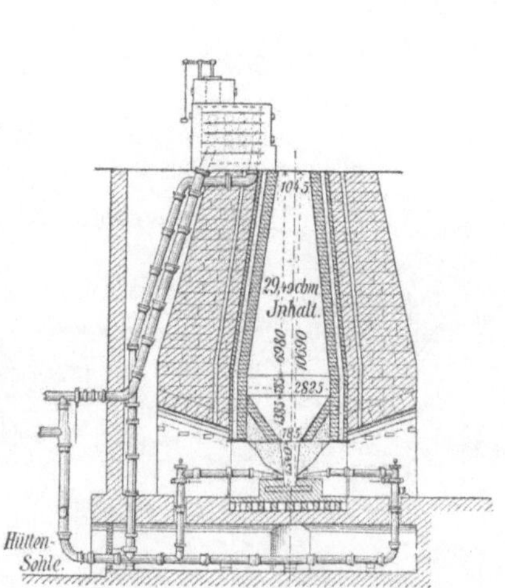

438. **Kokshochofen mit Winderhitzer der Königlichen Baynerhütte. 1834.**

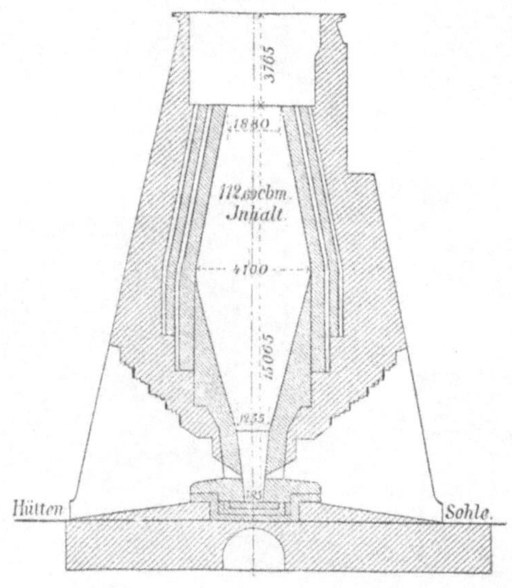

439. **Kokshochofen der Königshütte. 1850.**

Nach der Rast kommt der Kohlensack, dessen Durchmesser meist zwei Siebentel der ganzen Ofenhöhe beträgt. Der Kohlensack besteht entweder nur aus einer Ebene, oder er ist ein cylindrisches Mittelstück von unbedeutender Höhe.

Der Schacht, der Hauptteil des Ofens, welcher beinahe zwei Drittel der ganzen Ofenhöhe, in manchen Fällen noch mehr ausmacht, endigt in die etwa 3—4,5 m weite Gicht, deren Durchmesser mit der Größe des Ofens wechselt.

Der Bau des Hochofens. Die Hüttenleute früherer Jahrhunderte huldigten der Ansicht, daß behufs unnützer Wärmeverluste der Hochofen mit einer möglichst dicken Hülle von Mauerwerk umgeben sein müsse. Es war deshalb bei allen älteren Hochöfen die Anordnung getroffen, den eigentlichen Ofen in einen Mauerkörper zu setzen, der in der Gegend des Gestelles gewöhnlich vier Aussparungen trug, in welchen die Windzuführungen, Eisen= und Schlackenstich lagen. Solche Öfen älterer Bauart sind auf Abb. 436 u. 437 zur Darstellung gebracht. Da der untere Teil des Ofens hierdurch sehr unzugänglich war, so ging man später dazu über, das Gestell in dem Mauerkörper, dem sogenannten Rauhgemäuer, frei zu lagern, wie dies die Abb. 438 u. 439 zeigen.

Mit der Vergrößerung der Hochöfen in der Mitte dieses Jahrhunderts stellte sich die Notwendigkeit heraus, dem Aufbau des Hochofens eine andere Gestalt zu geben. Man ging zuerst in Schottland dazu über, das Rauhgemäuer des Hochofens allmählich

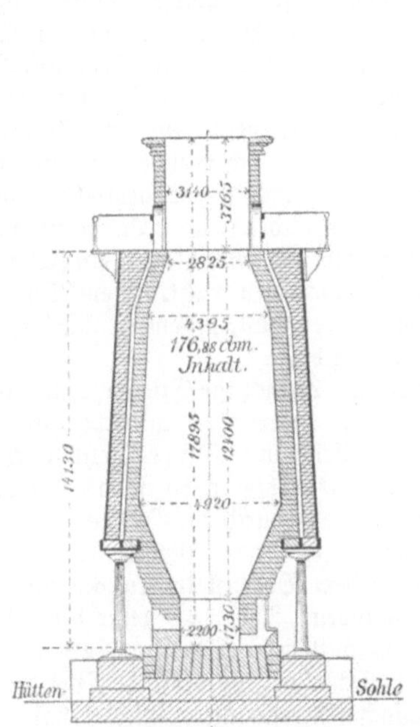

440. Erster deutscher Hochofen ohne Rauhgemäuer in Haßlinghausen bei Schwelm. 1855.

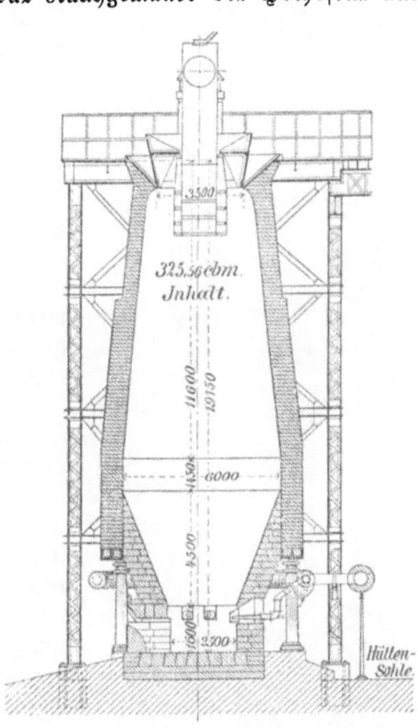

441. Kokshochofen ohne Blechmantel zu Hörde. 1886.

zu verkleinern und später ganz wegzulassen, wobei man den Schacht des Ofens auf Säulen stellte und den ganzen Ofen mit Blech ummantelte. Der erste deutsche Hochofen ohne Rauhgemäuer wurde im Jahre 1855 in Haßlinghausen an der Ruhr erbaut (s. Abb. 440). Die schottischen Hochöfen, wie man dieselben nannte, waren billiger, haltbarer, und es zeigte sich wider Erwarten, daß ein merkbarer Mehraufwand an Brennstoff durch diese Ofenbauart nicht eintrat, so daß allmählich diese praktische Neuerung sich mehr und mehr Bahn brach. Das Gichtplateau, von welchem aus die Beschickung des Ofens erfolgte, wurde bei den alten Öfen mit Rauhgemäuer von letzterem getragen, während bei den schottischen Öfen dasselbe durch an den Blechmantel befestigte Konsolen geschieht. Obgleich diese Bauart einen wesentlichen Fortschritt gegen früher bedingte, so ist dieselbe heutigestags doch schon wieder verlassen.

Bei der Vornahme von Reparaturen zeigte es sich, daß der Schacht nur sehr schwer zugänglich war, es mußten bei Auswechselung einzelner Schachtsteine die Blechtafeln entfernt werden, was immerhin umständlich war, außerdem entzog sich das Schachtmauerwerk der Beobachtung während des Betriebes. Auch war die Herstellung des Blech=

mantels eine kostspielige Sache. Man gab daher dem Mauerwerk einen Halt durch umgelegte eiserne Flacheisen, so daß man einen vollständig freistehenden Schacht erhielt, der nur durch umgelegte eiserne Anker eine Rüstung besaß. Ein solcher Hochofen ist in Abb. 441 abgebildet. Die Gichtbühne konnte nun nicht mehr durch den Schacht selbst getragen werden, es mußte dies durch ein in der Abbildung zu diesem Zwecke hergestelltes Gitterwerk geschehen. Bei den Hochöfen allerjüngsten Datums (s. Abb. 442) setzt man dieses Gitterwerk ebenfalls auf die Tragsäulen des Schachtes.

Der Bodenstein des Hochofens ist mit besonderer Sorgfalt herzustellen, namentlich hat man darauf das Augenmerk zu richten, daß die einzelnen Steine sich nicht loslösen können, da dieselben im flüssigen Eisen in die Höhe steigen würden. Man macht die einzelnen Steine keilförmig, so daß dieselben sich gegenseitig festhalten (s. Abb. 441 u. 442). Als Material für die Steine benutzt man hochfeuerfeste, thonerdereiche Chamottesteine. Burgers in Schalke verwendet Steine, welche aus gemahlenem Koks mit Teer als Bindemittel hergestellt werden, und auf den Rombacher Hüttenwerken sind Magnesitsteine zur Anwendung gelangt. Da das Eisen sich trotzdem oft unter dem Bodenstein fortfrißt und unter demselben die sogenannte Ofensau bildet, so baut Lürmann das Gestell in einen freistehenden Blechkasten ein (Abb. 442), welcher auf Eisenschienen ruht. Dem Bodenstein gibt er einen besseren Halt, indem er ihm die Form eines Gewölbes gibt.

Verhüttet man bleihaltige Eisenerze, so sammelt sich das spezifisch schwerere metallische Blei unter dem flüssigen Eisen an. Da es sehr hoch über seinen Schmelzpunkt erhitzt ist, so ist dasselbe äußerst dünnflüssig und geht durch die Fugen der Bodensteine hindurch. Um das Metall zu gewinnen, ordnet man in dem Bodenstein Kanäle an, welche nach außen münden. Abb. 443 zeigt diese Anordnung nach dem Hütteninspektor Bansen in Tarnowitz, welche in Schlesien, wo bleiische Erze verhüttet werden, vielfach Anwendung gefunden hat.

Das Stichloch des Ofens, welches direkt über dem Bodenstein liegt, wird durch eine Öffnung gebildet, die in einem Stein ausgespart ist; dasselbe wird während des Betriebes durch einen Pfropfen aus feuerfester Masse verschlossen gehalten. Der Abfluß der Schlacke geschieht bei den Öfen mit offener Brust über den Wallstein. Durch die Einrichtung der Lürmannschen Schlackenform, welche derselbe im Jahre 1867 auf der Georgs-Marienhütte bei Osnabrück zuerst einführte, ist es ermöglicht worden, den vorderen Teil des Gestelles, die Brust des Hochofens, vollständig zu schließen, womit viele Vorteile für einen regelmäßigen Betrieb verknüpft sind. Die Lürmannsche Schlackenform besteht aus einem hohlen, doppelwandigen, abgestumpften Kegel, der mit der kleinsten Basis dem Hochofeninneren zugekehrt ist. Zwischen den geschlossenen doppelten Wänden zirkuliert Wasser, um das Schmelzen der Bronzeform zu vermeiden; die Form sitzt in einem ebenfalls mit Wasser gekühlten Kasten.

Die Windformen, welche über der Schlackenform in einer Ebene liegen, besitzen in der Hauptsache dieselbe Einrichtung wie diese. In die Windformen führen die Düsen den Wind, welcher durch zwei große sogenannte Düsenstöcke von dem rings um den Ofen führenden Verteilungskanal (s. Abb. 441 u. 442) in dieselben gelangen kann.

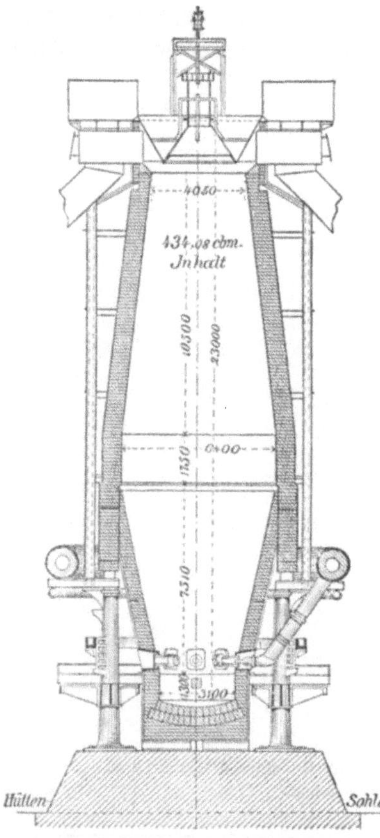

442. Erster deutscher Hochofen mit freistehendem Gestell nach Lürmann. 1888.

Die Raſt des Ofens wird ſo gebaut, daß ſie ſich frei ausdehnen kann und das Ge=
wicht des Schachtes nicht belaſtet wird. Letzterer ſitzt auf einem gußeiſernen oder ſchmiede=
eiſernen Tragring und kann ſich mittels einer am oberen Teile des Schachtes angebrachten
Stopfbüchſe ebenfalls ausdehnen und zuſammenziehen.

Bei den früheren Hochöfen, welche vor den dreißiger Jahren gebaut wurden, war
die Gicht des Ofens offen, die dem Ofen entſtrömenden brennbaren Gaſe wurden ent=
zündet und die Wärme derſelben ging nutzlos verloren. Der württembergiſche Hütten=
mann Faber du Faur benutzte die Wärme der Gichtflamme zur Erhitzung des Gebläſe=
windes; am 3. Dezember 1832 wurde der erſte Hochofen mit erwärmtem Winde betrieben.
Auf der Gichtbühne wurde ein Röhrenapparat (ſ. Abb. 438) aufgeſtellt, durch welchen der
Wind ſeinen Weg nahm. Die Röhren wurden durch die in den Apparat geleitete Gicht=
flamme von außen erhitzt. Bald wur=
den dieſe Apparate, welche noch ein=
gehender beſchrieben werden ſollen,
auf der Hüttenſohle aufgeſtellt, da ſie
auf der Gichtbühne den Raum zu ſehr
beengten, und die Gaſe wurden un=
verbrannt nach unten geleitet, um in
den Winderhitzungsapparaten mit zu=
geführter Luft verbrannt zu werden.

Um die Gaſe aus dem Ofen=
ſchachte abzuleiten, wurden anfänglich
unterhalb der Gicht Öffnungen im
Mauerwerke ausgeſpart, die in einen
gemeinſchaftlichen Sammelkanal mün=
deten, an welchen ſich das zur Hütten=
ſohle führende Gasleitungsrohr an=
ſchloß. Später hängte man eine
Glocke, die einen kleineren Durchmeſſer
als die Gicht beſaß, ſo, daß die Gaſe
unbehindert in dieſe Öffnungen ein=
treten konnten. Da dieſe Anord=
nung der ſeitlichen Gasabführung für
den Betrieb manchen Nachteil mit
ſich brachte, führte man die Gaſe
durch ein zentrales Rohr ab. Bei
all dieſen Gasfängen war die Gicht
offen, um den Niedergang der Be=
ſchickungsſäule beobachten zu können.
Später ging man dazu über, die Gicht
durch Gichtkappen zu verſchließen, und

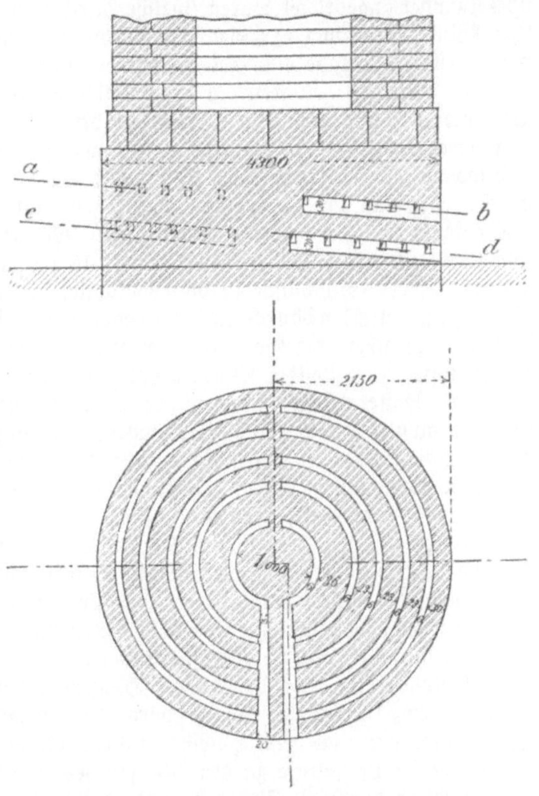

443 u. 444. **Bodenſtein zur Blei- und Silbergewinnung.**

heutigestags ſind verſchiedene Konſtruktionen von Gichtverſchlüſſen im Gebrauch. Der
Parryſche Trichter (Abb. 442), der van Hoffſche Gasfang, ſowie der Langenſche Gasfang
(Abb. 441) ſind die gebräuchlichſten derartigen Vorrichtungen. Dieſe geſchloſſenen Gasfänge
haben Fülltrichter zur Aufnahme der Beſchickung und werden nur für ſo kurze Zeit geöffnet,
als erforderlich iſt, um die Maſſen in den Ofen hinabrollen zu laſſen. Eine Beobachtung
der Beſchickungsſäule oder gar eine Verteilung der Maſſen mittels Werkzeugen über den
Querſchnitt der Gichtöffnung iſt hierdurch gänzlich ausgeſchloſſen.

An das Gasabzugsrohr ſchließt ſich unmittelbar die Gasleitung an, das Gichtgas
enthält jedoch oft ganz beträchtliche Mengen mitgeriſſenen Staub, von welchem es erſt
befreit werden muß, weil dieſer Staub die Verbrennung desſelben ſehr erſchwert, ja oft
gänzlich verhindert. Die Abſetzung des Staubes erfolgt zum Teil ſchon in den ſehr weiten
Gasleitungen, welche mit Rohrſtutzen verſehen ſind, in denen ſich der Staub anſammelt.
Hauptſächlich erfolgt die Staubabſonderung durch plötzliche Verminderung der Ge=

ſchwindigkeit des Gasſtromes oder durch Umkehrung der Richtung desſelben. Man läßt das Gas in große Blechbehälter eintreten, in welchen ſich der Staub abſetzen kann, oder man verſieht dieſelben mit Scheidewänden, damit das Gas gezwungen iſt, ſeine Bewegungsrichtung zu ändern. Die Staubteilchen werden in Waſſer, das im Boden des Kaſtens ſteht, angeſammelt und als Schlamm aus demſelben entfernt, ohne daß der Betrieb unterbrochen wird.

Die Erhitzung des Gebläſewindes. Wie ſchon im vorigen Kapitel über die Ableitung der Gichtgaſe erwähnt wurde, geſchah zuerſt auf dem Eiſenwerke Waſſeralfingen durch Faber du Faur die Anwendung der Gichtgaſe zur Erhitzung des Gebläſewindes. Anfänglich wurde dieſelbe auf der Gichtbühne durchgeführt, wo ſeitlich von der Gichtöffnung eine Kammer aufgeſtellt war, in der eine Anzahl Röhren in verſchiedenen Lagen übereinander angeordnet waren, welche durch Krümmer unter ſich in Verbindung ſtanden. Der Wind wurde von der Gebläſemaſchine zur Gicht geleitet und trat in das erſte Rohr der oberſten Rohrlage ein, um die oberen Röhren der Reihe nach zu paſſieren, worauf er die einzelnen Röhren in den aufeinander folgenden Lagen durchſtrömte, um am unteren Teile des Apparates denſelben wieder zu verlaſſen. Die Gichtgasflamme war durch Scheidewände im Apparat gezwungen, den entgegengeſetzten Weg zu nehmen, und ſodann wurden durch einen Kamin die Verbrennungsprodukte ins Freie geführt. Dadurch, daß man bei dieſer Einrichtung genötigt war, den erhitzten Wind wieder zur Hüttenſohle zu leiten, verlor derſelbe viel Wärme und kam mit einer Temperatur von höchſtens 180—200⁰ C. in den Ofen. Als fernerer Mißſtand fiel die Beſchränkung des Platzes auf der Gichtbühne in die Wagſchale, die Gichtöffnung war nicht mehr von allen Seiten zugänglich, wodurch das Eintragen der Beſchickung erſchwert wurde. Man ging deshalb dazu über, die Gaſe unverbrannt nach der Hüttenſohle zu leiten und ſie ſodann in den unten aufgeſtellten Winderhitzungsapparaten zu verbrennen.

Der Waſſeralfinger Apparat, bei dem der Windſtrom unverzweigt ſämtliche Röhren paſſieren mußte, ergab jedoch keine günſtige Ausnutzung der Wärme in den Apparaten, da die Querſchnitte der einzelnen Rohre ſehr groß gewählt werden mußten, um dem Wind in denſelben nicht eine allzugroße Geſchwindigkeit zu erteilen. Je größer jedoch der Querſchnitt eines Rohres iſt, deſto ungünſtiger iſt das Verhältnis ſeiner wärmeaufnehmenden Außenfläche zu dem Querſchnitt des Rohres, deſto ungünſtiger auch die Aufnahme der Wärme durch den zu erhitzenden Wind. Mit der zunehmenden Größe der Hochöfen traten dieſe Umſtände immer deutlicher in die Erſcheinung, weshalb der urſprüngliche Waſſeralfinger Schlangenröhrenapparat bald weſentliche Umgeſtaltungen erfuhr.

Bei den neueren Winderhitzern verteilte man den Wind deshalb in eine größere Anzahl Rohrſtränge, welche von der Hauptwindleitung abzweigen, ſo daß der Wind in mehreren einzelnen Windſtrömen durch den Apparat geführt wird, welche ſich in dem Hauptwindrohre, das zum Hochofen führt, wieder vereinigen. Je größer die Heizfläche der Rohre im Verhältnis zu den Mengen des zu erhitzenden Windes iſt und je langſamer ſich der Wind durch die Rohre bewegt, deſto günſtiger wird die entwickelte Wärme ausgenutzt werden und deſto weniger wird ein Schadhaftwerden der Rohre eintreten, da dieſelben bei günſtigen Querſchnittsverhältniſſen weniger ſtark erhitzt zu werden brauchen, ein Auswechſeln der Rohre, welches immer läſtig und zeitraubend iſt, nicht ſo oft notwendig wird. Den Röhren innerhalb des Heizraumes gibt man oblongen Querſchnitt, da dieſelben in größerer Anzahl nebeneinander angeordnet werden können und eine größere Heizfläche beſitzen, als die Röhren mit kreisrundem Querſchnitt.

Große Verbreitung, beſonders im weſtfäliſchen Induſtriebezirk, fand ein Winderhitzungsapparat, der aus 12 Lagen von je 4 Röhren, alſo insgeſamt 48 Röhren beſtand, welche in einer Kammer untergebracht waren. Da die Dichtungsſtellen der Rohrkrümmer ſehr litten, wenn ſie von den Flammen beſpült wurden, ſo legte man dieſelben außerhalb des eigentlichen Verbrennungsraumes und ſchützte ſie vor Abkühlung durch eine zwiſchen Verbrennungskammer und Umfaſſungsmauer befindliche ruhende Luftſchicht. Der Wind wurde von der Gebläſemaſchine in das oben befindliche Hauptleitungsrohr geführt, verteilte ſich in 4 Stränge, um ſodann in den 12 Röhrenlagen, die behufs

445. Niederrheinische Hütte zu Duisburg. Gesamtansicht.

besserer Erhitzung versetzt übereinanderliegend angeordnet waren, nach unten zu ziehen, wo sich die 4 Windströme wieder vereinigten, um in der Heißwindleitung zum Ofen zu ziehen. Das Gichtgas, welches vorher die Reinigungsapparate passiert hatte, wo dasselbe von dem Staub befreit wurde, und die Verbrennungsluft traten unten in die Verbrennungskammer ein.

In der ganzen Höhe des Apparates waren seitliche, während des Betriebes durch Thüren verschlossene Öffnungen angebracht, welche zur Beobachtung des Verbrennungs= vorganges sowie der Beschaffenheit der Röhren auf etwaige undichte Stellen dienten. Durch die zahlreichen, an beiden Enden der Röhren angebrachten Verbindungsstellen war viel= facher Anlaß zu Undichtwerden gegeben, man verbesserte die Konstruktion der Röhren in der Weise, daß man dieselben an einem Ende verschloß und in der Mitte eine Scheide= wand einsetzte, so daß man hierdurch Doppelröhren oder Sackröhren erhielt, in dem oberen Rohrstrang ging der Windstrom nach der hinteren Seite des Apparates, um am Ende des Rohres seine Bewegungsrichtung zu ändern, und im unteren Rohrstrange nach vorn, um von da durch einen Rohrkrümmer in die obere Abteilung der darunter liegenden Röhre zu ziehen. Durch diese Einrichtung waren nur an der einen Seite des Apparates Verbindungsstellen erforderlich, wodurch die Ursachen der Undichtheiten wesentlich ein= geschränkt wurden. Man nannte diese Apparate Sackrohr oder Lothringer Wind= erhitzer.

Die Länge der liegenden Röhren dieser Winderhitzer durfte jedoch ein gewisses Maß nicht überschreiten, da die Gefahr sonst nahe lag, daß dieselben in dem hocherhitzten Zustande unter ihrem Eigengewichte leicht brechen würden, wodurch umständliche Repara= turen erforderlich waren. Zur Erzielung der erforderlichen Heizfläche mußte daher eine möglichst große Anzahl von Röhren verwendet werden, wodurch die Verbindungsstellen und der Anlaß zu Undichtheiten wieder stiegen, auch waren solche Apparate in den An= schaffungskosten infolge der zahlreichen Rohrkrümmer ziemlich kostspielig, und durch die vielfachen Änderungen der Bewegungsrichtung des Windstromes wuchsen die Widerstände bei der Fortbewegung des Windes, wodurch ein höherer Kraftaufwand des Gebläses er= forderlich war.

Die Röhren erhielten aus diesen Gründen eine senkrechte Lage, und man benutzte Doppelröhren, die oben durch Rohrkrümmer verbunden waren und unten in einem guß= eisernen mit Scheidewänden versehenen Kasten eingesetzt waren. Der Wind stieg in dem einen Schenkel des aus einem Stück gegossenen Rohres in die Höhe und zog im anderen Schenkel nach unten, woselbst er durch den Fußkasten in den ersten Schenkel des zweiten Rohres eintrat. Die Erhitzungsröhren ragten frei in den Heizraum hinein und konnten sich demnach ungehindert ausdehnen und zusammenziehen. Diese Winderhitzer nannte man nach dem Erfinder Gjerssche oder nach der Gestalt der Röhren Hosenrohr= apparate.

An Stelle der Hosenrohre hat man zuerst in Cleveland, später auch an anderen Orten Sackrohre auf die Fußkästen gestellt. Wegen der leichteren Herstellung der Sack= rohre gegenüber den Hosenrohren, in welchen aber die losen Böden eingekittet werden, verdienen diese Apparate den Vorzug vor allen anderen, da die Leistung dieselbe ist.

Bei all diesen besprochenen Winderhitzern strömt der Wind durch eiserne Röhren hindurch, welche von außen innerhalb einer Kammer erhitzt werden, man nennt diese Winderhitzer eiserne Winderhitzer oder zweiräumige Winderhitzer, da dieselben im wesentlichen aus zwei Räumen bestehen. Sie besitzen einen Raum, in dem die Ver= brennung vor sich geht, und einen solchen, in welchem der zu erhitzende Wind zirkuliert.

Diese eisernen Winderhitzer haben alle den Mißstand gemeinsam, man mag den Rohren eine Anordnung geben, wie man will, daß sie nicht gestatten, den Wind auf eine höhere Temperatur als bis auf etwa 500° C. zu erhitzen. Das Eisen wird rasch ver= brannt, es verwandelt sich zu sogenanntem Brandeisen, wenn man die Erhitzung höher betreiben will, die Röhren bekommen Risse und Sprünge, so daß ein regelmäßiger Be= trieb durch die hierdurch verursachten häufigen Auswechselungen der Röhren sehr er= schwert wird.

Als ein wesentlicher Fortschritt in der Erhitzung des Gebläsewindes ist daher die Einführung der steinernen Winderhitzer zu betrachten. Bei denselben strömt der Wind durch eine gemauerte mit feuerfesten Steinen ausgesetzte Kammer, deren Inhalt zuvor stark erhitzt wurde. Der Wind nimmt die in den Steinen aufgespeicherte Wärme auf, und inzwischen wird eine zweite, genau auf die gleiche Weise wie die erste eingerichtete Kammer durch Verbrennen von Gichtgas erhitzt. Von Zeit zu Zeit wird umgeschaltet, der Wind nimmt seinen Weg durch die inzwischen geheizte Kammer, während die erste wieder erwärmt wird. Es beruht die Einrichtung genau auf demselben Prinzip wie bei den Siemensöfen. Man nennt diese Winderhitzer steinerne Winderhitzer oder einräumige Winderhitzer, weil dieselben nur aus einem Raum bestehen im Unterschiede zu den eisernen Winderhitzern, welche zwei Räume enthalten.

Die einräumigen Winderhitzer gestatten eine Erhitzung des Gebläsewindes auf etwa 700—900° C., sie werden deshalb mit Vorteil angewandt, weil es in den meisten Fällen beim Hochofenbetriebe darauf ankommt, mit hocherhitztem Winde zu blasen. Dieselben bestehen aus großen, winddicht genieteten Eisenblechcylindern, welche mit feuerfesten Steinen in verschiedener Anordnung ausgesetzt sind. Jeder Hochofen bedarf mindestens drei solcher Apparate, von denen zwei im Betriebe sind, während der dritte behufs Vornahme von Reparaturen und Reinigung kalt liegt. Die Windtemperatur ist unmittelbar nach Beendigung der Heizperiode am höchsten und nimmt allmählich ab. Um beträchtliche Schwankungen zu vermeiden, baut man neuerdings die Apparate sehr hoch, bis zu 30 m, so daß die Unterschiede in den Windtemperaturen kaum in Betracht kommen.

Von den beiden Konstruktionen, welche sich einer ausgedehnten Anwendung erfreuen, soll der Apparat

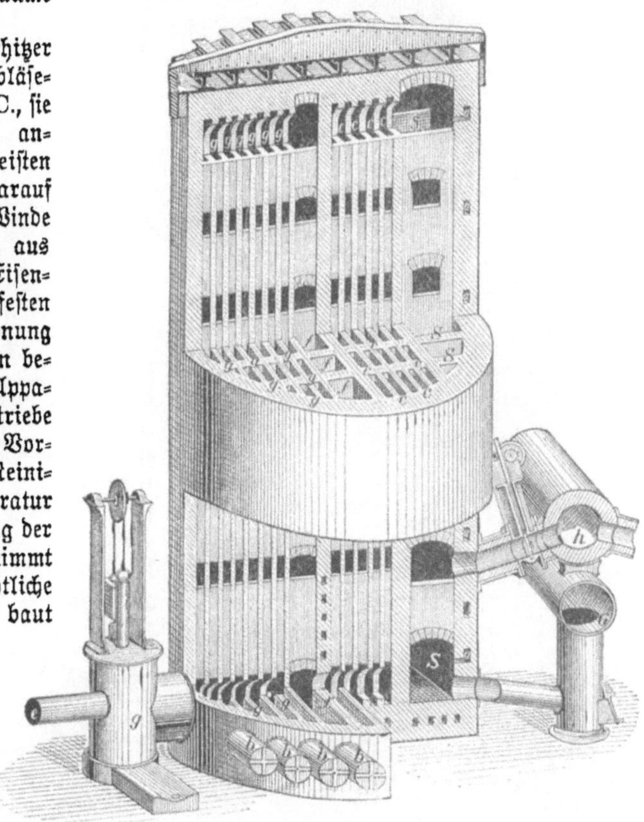

446. **Winderhitzer von Whitwell.**

von Whitwell zuerst kurz besprochen werden; er ist zwar nicht der ältere und in Deutschland sehr wenig verbreitet. In Abb. 446 ist derselbe dargestellt. Aus der Gichtgasleitung G tritt das Gas in einen Verbrennungsschacht S, welcher mit Versteifungswänden versehen ist, und erhält durch die Kanäle a und auch durch die Stutzen b die Verbrennungsluft zugeführt. Oben angekommen, ziehen die Gase in den Räumen c nach abwärts, in f wieder nach oben, um in den zahlreichen Schächten g nach unten und von da in den Fuchskanal zu gehen. Der Wind nimmt den umgekehrten Weg, er tritt bei e ein und verläßt den Apparat, indem er durch die Heißwindleitung h zum Ofen strömt. Während des Durchströmens des Windes sind die Gasleitung, die Zuführungsöffnungen der Verbrennungsluft und der Fuchs geschlossen, während anderseits, solange der Apparat auf Gas geht, der Kaltwindschieber und der Heißwindschieber geschlossen sind.

Die andere Form der steinernen Winderhitzer rührt von Cowper her. Dieselbe hat hauptsächlich in Deutschland eine sehr große Verbreitung gefunden. In Abb. 447 ist ein solcher im Schnitt abgebildet. Der ganze Apparat ist 21 m hoch und besitzt einen Durchmesser von 7,2 m. Der Innenraum des Apparates besteht aus einem ovalen Verbrennungsschacht, in welchen das Gas unten einströmt. Die Verbrennungsluft strömt zum Teil direkt über dem Gase ein, teilweise wird dieselbe im Mauerwerke vorgewärmt und

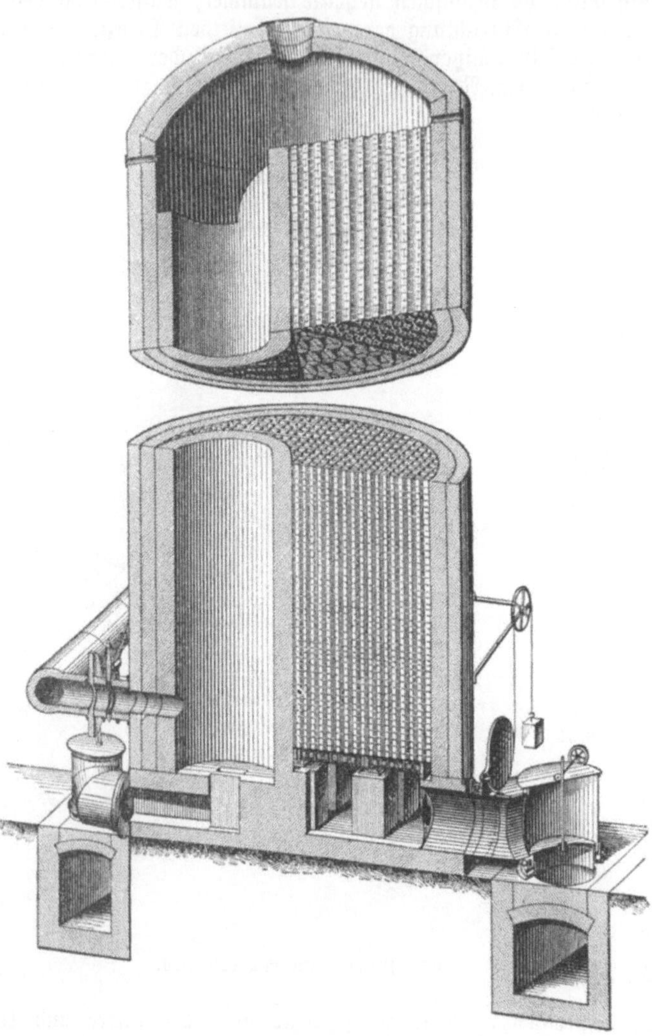

447   Cowperscher Winderhitzer.

tritt erst im oberen Teile des Schachtes in das Ofeninnere ein. An der Kuppel oben angekommen, ändern die Gase ihre Bewegungsrichtung und steigen in zahllosen Kanälen nach unten, um dann den Winderhitzer zu verlassen und in den Fuchs einzutreten. Der Wind nimmt, nachdem Umschaltung stattgefunden hat, den entgegengesetzten Weg; er tritt unter die Mauergewölbe, auf welchen schachtartige Kanäle aufgebaut sind, ein, steigt in den Kanälen in die Höhe und erhitzt sich an den glühenden Wänden derselben, um, an der Kuppel angekommen, im Verbrennungsschachte abwärts zu ziehen und durch das Heißwindventil in einer Höhe von 6,3 m über der Hüttensohle in die Heißwindleitung einzutreten, welche zum Hochofen führt. Um den Apparat zwecks Reinigung befahren zu können, sind in der Haube Mannlochverschlüsse angebracht. Nach dem Kaltlegen steigt ein Arbeiter in den Apparat, worauf die einzelnen Röhren gereinigt werden,

indem man einen Besen durch dieselben hindurchschickt, der mit einer eisernen Kugel beschwert ist. Der niedergefallene Staub wird alsdann durch besondere, am Boden des Apparates angebrachte Öffnungen entfernt.

Je größer die Heizfläche eines Winderhitzers ist, desto vorteilhafter dient derselbe dem Zwecke zur Erhitzung des Gebläsewindes. Durch die Anordnung der Steine im Innern zeigt der Cowperapparat bei denselben äußeren Abmessungen eine Heizfläche, die 1½ mal so groß ist, als beim Whitwellapparat. Der Weg, den das Gas und der Wind beim Cowperapparat zurücklegen müssen, ist kürzer als beim Whitwellapparat. Es erfordert letzterer, namentlich auch infolge der öfteren Änderung der Bewegungsrichtung des Windes innerhalb des Apparates eine leistungsfähigere Maschine als der Cowperwinderhitzer. Jedoch sind jene besser zu reinigen, und die Reinigung kann während des Betriebes geschehen, was beim Cowperapparat nicht der Fall ist.

Die Heizröhren beim Cowperapparat haben quadratischen, sechseckigen oder runden Querschnitt; der Weg, den die Gase und der Wind nehmen, wird der kürzeste sein, also vorwiegend in der Mitte zwischen dem Verbrennungsschachte und der Auslaß- und Einlaß- öffnung liegen. Die seitlich gelegenen Röhren werden nur verhältnismäßig wenig berührt. Zur Verhinderung dieses Mißstandes sind mit mehr oder weniger Erfolg verschiedene Mittel in Anwendung gebracht worden, welche alle darauf hinausgehen, dem Wind in der Mitte der Röhren einen Widerstand zu bieten, damit derselbe auch die seitlich angeordneten Kanäle durchziehen muß.

Abb. 448 zeigt einen Cowperapparat von außen, wie derselbe von der Bochumer Eisenhütte gebaut wird. A ist das Gas- ventil, B das Ventil zum Fuchs, C der Heißwindschieber, D der Kaltwindschieber, bei E schließt die Windleitung von der Gebläsemaschine an und F ist ein Ablaß- ventil, um beim Umsetzen des Apparates von Wind auf Gas den Überdruck, der sich im Apparat befindet, entweichen lassen zu können. Durch G strömt die Verbren- nungsluft zu, und H sowie I sind Mann- löcher.

In Abb. 449, 451 u. 452 ist das Burgersche Drehventil während der drei verschiedenen Perioden, in denen sich der Apparat befindet, dargestellt. Abb. 449 zeigt die Heizperiode, auf der einen Seite tritt durch das Ventil das Gichtgas in den Ofen, während dasselbe auf der zwei- ten Seite durch ein zweites Ventil in den Fuchs zieht; bei Abb. 451 ist das Ventil- gehäuse auf beiden Seiten abgedreht, der Apparat geht auf Wind, Gasleitung und Kamin sind also ganz vom Winderhitzer ausgeschaltet. Abb. 452 zeigt die Reini- gungsperiode des Apparates. Die Abb. 450, 453—456 zeigen die übrigen Ar- maturteile des Cowperwinderhitzers.

448. Cowperwinderhitzer von Heintzmann & Dreyer.

Die Gebläse. Die Hochöfen der früheren Jahrhunderte wurden durch lederne Spitbälge betrieben, welche durch Wasser- oder auch durch Menschenkraft bewegt wurden (s. Abb. 474). In der Mitte des 18. Jahrhunderts kamen die hölzernen Kastengebläse auf, die jedoch am Ende desselben durch das Cylindergebläse ersetzt wurden, dessen Ein- richtung im Prinzip in der Einleitung schon Erwähnung gethan worden ist.

Der Betrieb der Gebläse geschieht allgemein durch Dampfkraft, der Dampf wird in Kesseln erzeugt, welche mit Gichtgasen oder auch, falls sich Koksöfen auf dem Hochofen- werke befinden, mit den Abgasen dieser Öfen geheizt werden.

Die älteren Gebläsemaschinen wurden meist eincylindrisch gebaut, neuerdings stellt man jedoch beinahe ausnahmslos mehrcylindrische Gebläsemaschinen her. Ein stehendes Schwinghebelgebläse des österreichischen Hochofenwerkes Schwechat bei Wien ist in Abb. 457 dargestellt. Dasselbe besitzt zwei Dampfcylinder und einen Gebläsecylinder. Stehende Gebläse, bei welchen sich der Gebläsecylinder zu oberst befindet, mit zwei Kurbelstangen und einem zwischen beiden Cylindern auf- und abgehenden Querhaupte, an welchem die

449. Das Burgersche Drehventil (Heizperiode).

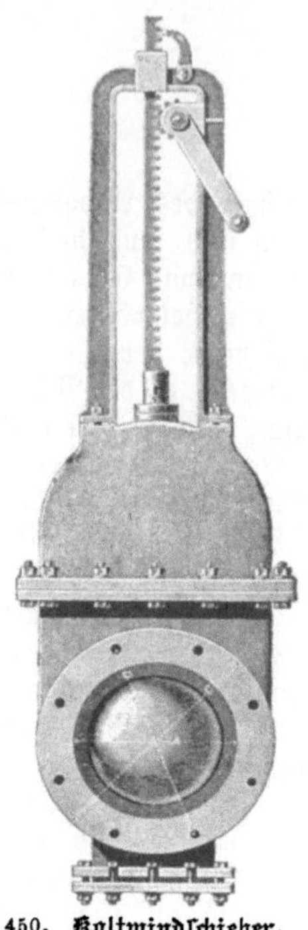

450. Kaltwindschieber.

451. Das Burgersche Drehventil (Blasperiode).

452. Das Burgersche Drehventil (Reinigungsperiode).

453. Heißwindschieber. 454. Ablaßventil. 456. Einsteige- und Reinigungsklappen.

449—456. Armaturteile der Cowperschen Winderhitzer.

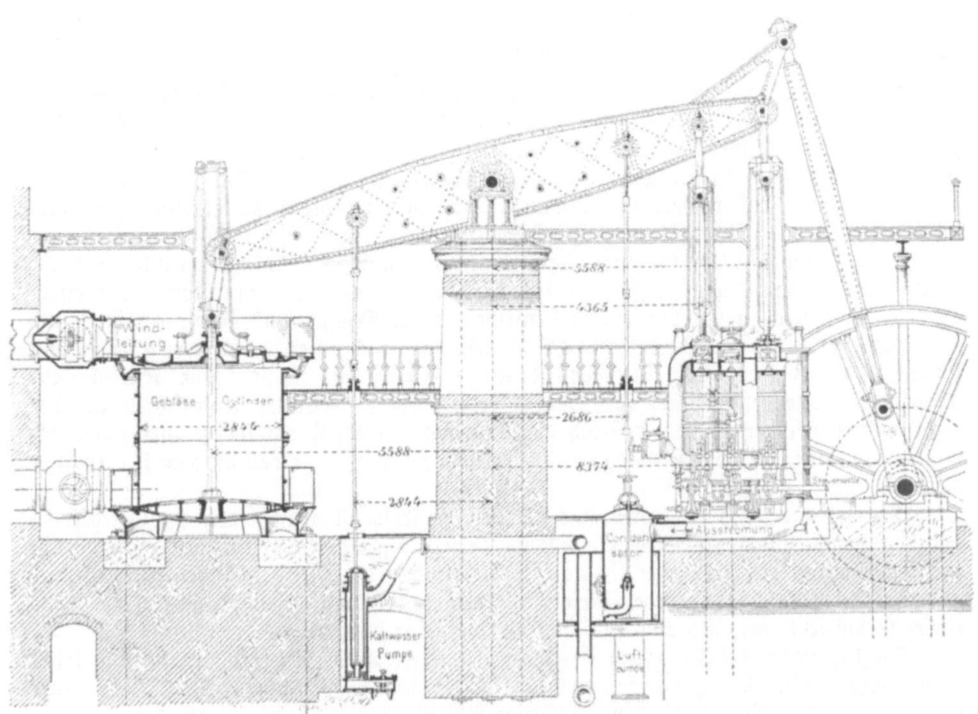

457. Hochofengebläse der Österreichisch-Alpinen-Gesellschaft zu Schwechat.

458. Gebläsemaschinen der Georgs- und Marienhütte bei Osnabrück.

53*

beiden Kurbelstangen angreifen, werden namentlich von der Firma Cockerill in Seraing, Belgien, gebaut. Dieselben erfordern ein sehr hohes Gebläsehaus, und bei dem Aufgange der beiden Kolben müssen die sämtlichen beweglichen Teile gehoben werden, während dieselben beim Niedergange der Kolben Arbeit verrichten. Man kuppelt deshalb gewöhnlich zwei solcher Gebläse zusammen, um einen Ausgleich zu erreichen; ist dies infolge der Verhältnisse nicht möglich, so müssen, um einen Ausgleich zu schaffen, am Kranze der Schwungräder Gegengewichte angebracht werden. Solche stehende Gebläse, welche nur eine Kurbelstange besitzen, nennt man Cleveland-Gebläse, nach einem eisenerzeugenden Bezirk in England. Bei denselben stehen Dampf- und Gebläsecylinder unmittelbar übereinander, während sich die Kolbenstange nach unten verlängert und in einen zwischen zwei senkrechten Führungen gleitenden Kreuzkopf endigt. Die Kurbel- und Schwungradwelle befindet sich zur ebenen Erde. Ein wesentlicher Unterschied zwischen beiden Konstruktionen ist der, daß sich der Angriffspunkt der Kurbelstange hier unter den beiden Cylindern, bei dem Serainggebläse dagegen zwischen denselben an dem Querhaupte befindet.

Die liegenden Gebläse haben eine gemeinsame Kolbenstange für den Gebläsecylinder und den Dampfcylinder, an dem einen Ende derselben greift die Kurbelstange an, welche das Schwungrad betreibt. Der Dampfcylinder liegt in der Mitte zwischen Schwungrad und Gebläsecylinder. Es werden diese Maschinen sowohl mit einem Dampfcylinder und einem Gebläsecylinder, als auch als Zwillingsmaschine ausgeführt.

Die liegenden Gebläse haben den Vorzug billiger Anschaffungskosten, sie sind leicht zu übersehen, überall zugänglich und deshalb sehr bequem instandzuhalten. Als Nachteil der liegenden Gebläse ist eine einseitige Abnutzung der unteren Cylinderwände zu verzeichnen, weshalb man zur Abhilfe dieses Mißstandes bestrebt ist, die Kolben möglichst leicht, die Kolbenstangen dagegen dick und hohl herzustellen. Man führt außerdem die Kolbenstange noch durch den hinteren Cylinderdeckel des Gebläsecylinders hindurch, damit dieselbe eine möglichst gute Führung erhält.

In Abb. 458 sind zwei Gebläsemaschinen der Georgs- und Marienhütte bei Osnabrück dargestellt. Beide sind liegende Verbundmaschinen mit Kondensation von je etwa 600 Pferdekräften. Der Durchmesser des Hochdruckcylinders beträgt 950 mm, der des Niederdruckcylinders 1040 mm, während der Durchmesser des Gebläsecylinders 1900 mm ist. Der gemeinschaftliche Hub ist 1500 mm und die Dampfspannung in den Kesseln 8 Atmosphären Überdruck. Die Maschinen liefern bei 32 Umdrehungen 500 cbm Wind in der Minute mit einem Überdrucke bis 0,8 Atmosphären. Bei geringerer Windspannung können dieselben 48 Umdrehungen machen, wodurch die Leistung der Maschinen auf 750 cbm Wind pro Minute erhöht wird. In 24 Stunden müssen die beiden Maschinen eine Windmenge durch den Hochofen hindurchpressen und auf die Gicht desselben heben, deren Gewicht ungefähr 1400 t beträgt. Diese Windmenge würde 140 Eisenbahnwagen zum Fortbewegen erfordern, und dies könnte nur durch Zuhilfenahme von zwei Lokomotiven geschehen.

Der Hochofenbetrieb.

Das Anblasen eines Hochofens. Die Feuchtigkeit, welche sich in den Poren und Fugen der Steine befindet, muß durch allmähliches Austrocknen entfernt werden, ehe man zum Anblasen eines Hochofens schreitet. Es geschieht dies durch Einhängen von gitterförmigen Körben in das Gestell, in welchen ein Koksfeuer unterhalten wird. Bei günstiger Witterung kann schon nach zwei bis drei Tagen, bei ungünstiger jedoch erst nach so viel Wochen mit dem Füllen des Ofens begonnen werden. Das Gestell wird bis etwa 1 m oberhalb der Formen mit trockenem Holz gefüllt, welches so aufgestapelt wird, daß die übereinander liegenden Schichten nicht parallele Lagen aufweisen. Zwischen den einzelnen Hölzern werden Zwischenräume gelassen, die mit leicht brennbaren Substanzen ausgefüllt werden. Auf das Holz wird Koks mit etwas Kalkstein zum Verschlacken der Koksasche aufgegeben, die Beschickung muß vorsichtig erfolgen, damit sich das Material locker lagert; die einzelnen in den Ofen gebrachten Gichten, worunter man das

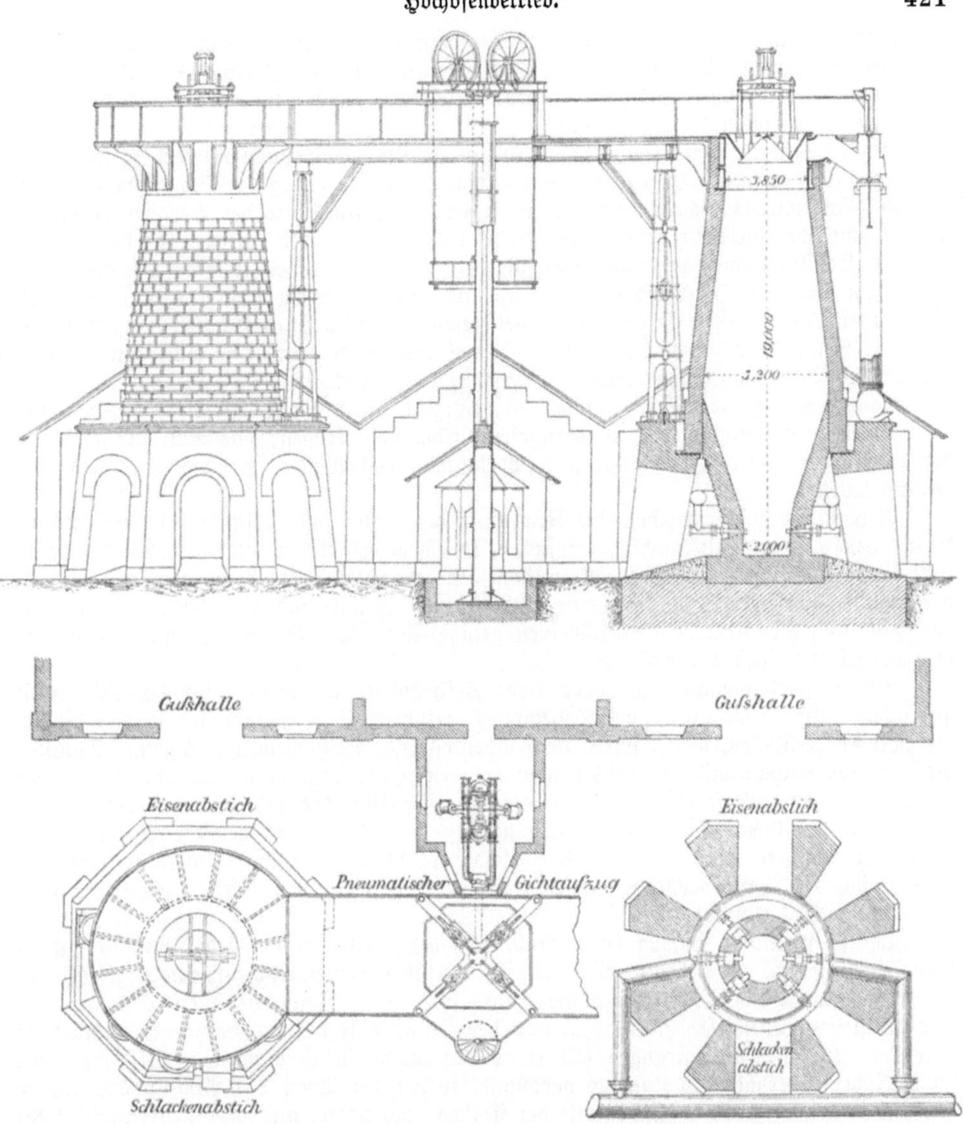

459 u. 460. **Hochofenwerk zu Schwechat.** (Durchschnitt und Grundriß.)

Gesamtgewicht der auf einmal in den Ofen kommenden Beschickung versteht, werden mit der Hand geebnet. Nun kommen eine Anzahl Gichten, die aus Koks, Kalkstein und Hochofenschlacke bestehen, worauf eine Anzahl Gichten eingetragen werden, die etwas Erz enthalten. Der Erzgehalt derselben reichert sich immer mehr an, bis schließlich eine normale Zusammensetzung der Gichten erreicht und der Ofen gefüllt ist. Dieses Füllen eines Ofens nimmt immerhin 20—30 Stunden in Anspruch. Die leicht brennbaren Bestandteile im Gestell werden nun angezündet und der Wind nach einiger Zeit ganz langsam angelassen; meist bläst man sofort mit erhitztem Wind, indem man den heißen Wind von einem zweiten Ofen benutzt oder die Winderhitzer vorher mit Koks anwärmt. Die Maschine arbeitet anfänglich ganz langsam, nur mit wenig Touren, und man läßt die Flamme durch ein in das Stichloch eingestecktes, unten mit Lehm bestrichenes Rohr austreten, damit sich der Bodenstein gut erwärmt. Im oberen Teile des Gestelles fängt die aufgegebene Schlacke an zu schmelzen, und man läßt dieselbe ebenfalls zuerst durch

das Stichloch ausfließen, weil sich durch die heißen Schlacken der Bodenstein erwärmt.
Das Stichloch wird geschlossen, das Gebläse arbeitet stärker und nach etwa 18—20 Stunden
kann man das erste Eisen abstechen, worauf allerdings noch einige Tage vergehen, bis
der Ofen in normalen Betrieb kommt.

Die Beschickung eines Hochofens muß auf die Gicht transportiert werden, wozu die
Gichtaufzüge dienen. In früherer Zeit geschah die Beförderung der Schmelzmaterialien
auf die Gicht mittels Schubkarren auf einer schiefen Ebene, mit der Vergrößerung der
Öfen konnte aber diese Beförderungsmethode nicht mehr Schritt halten. Es kamen verschiedene Konstruktionen auf, von denen die gebräuchlichsten erwähnt werden sollen.

Vom einfachen Handhaspel ausgehend, welcher mit einem um eine Trommel ge-
schlungenen Seil versehen ist, an dessen zwei freien Enden die Förderschalen hängen, wobei
das eine Gefäß gehoben wird, während das andere niedergeht, hat man mit Wasser-
rädern und Dampfmaschinen betriebene Aufzüge konstruiert.

Die Bewegung des Seils geschah ursprünglich durch ein Wasserrad, welches aus
zwei Abteilungen bestand, die entgegengesetzte Schaufeln trugen; das Rad dreht sich in
der einen oder anderen Richtung, je nachdem man das Wasser in diese oder jene Abteilung leitet.

Neuerdings geschieht jedoch die Bewegung des Seiles fast ausschließlich mit Dampfkraft. Eine auf der Hüttensohle aufgestellte, in einem besonderen Maschinenhause befindliche kleine Zwillingsmaschine treibt zunächst eine ebenfalls unten liegende Seiltrommel,
von welcher aus zwei in entgegengesetzter Richtung sich auf- und abwickelnde Seile nach
der Gicht und hier über zwei Seilscheiben geführt sind. Die Förderkörbe hängen an den
entgegengesetzten Enden der Seile.

Die Wassertonnenaufzüge haben keine Seiltrommel, auf welcher sich das Förderseil
aufwickelt. An einem über zwei Seilscheiben geführten Seil hängen an beiden Enden
die zwei Förderschalen, welche unten noch einen eisernen Wasserbehälter tragen. Solange
die eine Förderschale mit den Gichtwagen beladen wird, läßt man aus einem auf der
Gicht befindlichen Wasserreservoir Wasser in den Behälter der anderen Förderschale einfließen, bis das Gewicht des eingeflossenen Wassers das Gewicht der Beschickung überwiegt, wodurch die unten stehende Förderschale in die Höhe geht. Unten angekommen
entleert sich der Wasserbehälter, und das Wasser wird durch eine kleine Pumpe wieder
zur Gicht hinaufgepumpt.

Der pneumatische Aufzug ist in Abb. 460 dargestellt. Die Förderschale hängt in
vier Seilen, welche über ebensoviel Seilscheiben geführt werden und mit einem gleichzeitig
als Gegengewicht dienenden Kolben verbunden sind, der luftdicht in einem Cylinder auf
und ab gleitet. Dieser Cylinder reicht von der Hüttensohle bis zur Gichtbühne und steht
unten mittels eines Rohrstranges mit einer Luftpumpe in Verbindung. Wird die Luft
im Cylinder unterhalb des Kolbens verdünnt, so daß der Druck der Atmosphäre größer
wird, als die zu hebende Last, so sinkt der Kolben nach unten, und die Förderschale steigt
empor. Der Niedergang wird durch Verdichten der Luft unterhalb des Kolbens bewirkt.

Dieser Gichtaufzug eignet sich vorteilhaft nur für kleine Hochöfen, da der auf den
Kolben wirkende Luftdruck sich nur durch Vergrößerung des Durchmessers des Kolbens
vermehren läßt, mit wachsendem Durchmesser jedoch die Dichtung desselben schwierig wird,
und die Herstellung eines innen ganz glatten hohen Cylinders immer verhältnismäßig
teuer zu stehen kommen würde.

Gepreßtes Wasser sowohl, als auch gepreßte Luft werden vereinzelt zum Heben der
Beschickung angewandt, neuerdings macht der zu diesem Zwecke meist verwendeten Dampfkraft der elektrisch angetriebene Aufzug Konkurrenz.

Um im Hochofen Eisen mit Erfolg schmelzen zu können, muß die Zusammenstellung
der Erze und Zuschläge in solchen gegenseitigen Gewichtsverhältnissen erfolgen, daß die
Schlacke den erforderlichen Grad der Schmelzbarkeit besitze und die Menge derselben nicht
zu knapp und auch, was meist der Fall ist, nicht zu reichlich ausfalle. Die verschiedenen
Eisensorten erfordern beim Erblasen eine verschieden zusammengesetzte Schlacke, so daß
nicht nur der Grad der Schmelzbarkeit, sondern auch das Verhältnis der einzelnen Be-

standteile in der Schlacke zu einander von wesentlichem Einfluß auf die Zusammensetzung des erblasenen Roheisens ist.

Nach allgemeinen Erfahrungsgrundsätzen berechnet der Hochofenmann nach der Analyse seiner Erze und der Analyse des Kalksteins, wobei er die erforderliche Zusammensetzung der Schlacke zu Grunde legt, das Mischungsverhältnis der Erze untereinander und den Prozentsatz an Kalkstein, welchen das Erzgemisch zur Schlackenbildung von gewünschter Zusammensetzung erfordert. Hat es der Hochofenmann nur mit einer Sorte zu thun, so ist seine Arbeit natürlich eine leichte und die Rechnung eine sehr einfache. Jedoch kommt dieser Fall in Deutschland nur ausnahmsweise vor, während gewöhnlich eine ganze Anzahl der verschiedenen Erzsorten verschmolzen werden müssen. Es kommt nun bei dem Mischen der einzelnen Erze, dem Gattieren derselben, auch weiterhin in Betracht, daß der Eisengehalt der Mischung möglichst hoch bleibt und daß die Erze hauptsächlich in die Mischung geführt werden, deren Verschmelzen am lohnendsten ist. Der Hüttenmann hat sich also genau Rechenschaft darüber zu geben, wie hoch ihn die Einheit Eisen in seinen Erzen zu stehen kommt, und dabei noch in Berücksichtigung zu ziehen, was das Schmelzen der Nebenbestandteile

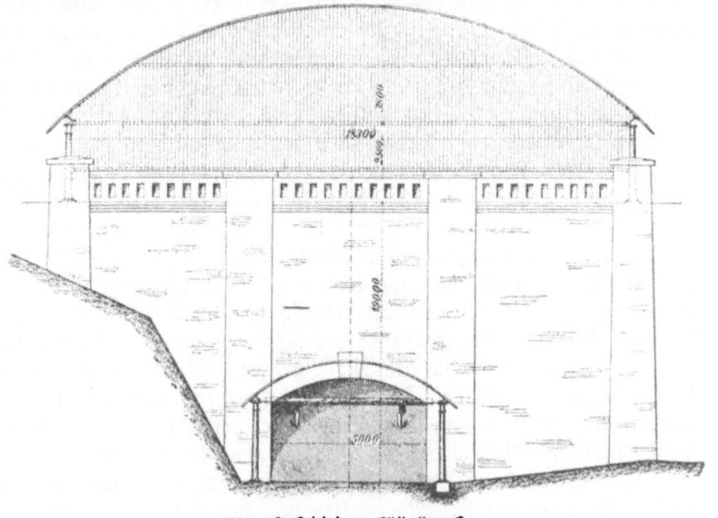

461. Ansicht der Füllrümpfe.

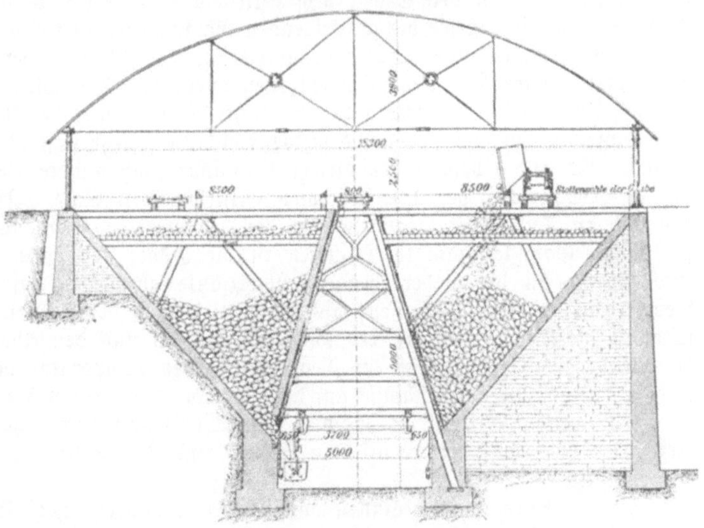

462. Querschnitt der Füllrümpfe.

Brennstoffaufwand ausmacht. Hat er seine Gattierung berechnet, so muß bestimmt werden, wie viel Kalkstein diese Mischung erfordert, um die gewünschte Schlacke zu erhalten. Er erhält auf diese Weise seinen Möller, das ist die Gesamtmenge von Erz und Zuschlag.

Um nun das Mischen der Erze und des erforderlichen Kalksteins nach den berechneten Verhältnissen anzunehmen, hat man verschiedene Wege eingeschlagen, welche teils durch die Größe der Öfen teils durch andere Verhältnisse bedingt sind.

Bei ganz kleinen Öfen schichtet man Erze und Zuschläge in flachen Schichten auf einer eisernen Platte als Unterlage auf. Man wirft nun mit der Schaufel von dem

Rande dieses flachen Kuchens beginnend nach der Mitte zu eine Pyramide auf, wodurch die Erze mit dem Kalkstein gemischt werden. Unter Umständen kann man die aufgeworfene Pyramide noch einmal auseinander ziehen und das Erz durch Umschaufeln wiederholt mischen.

Größere Mengen Erz mischt man in eigens hierzu hergestellten Möllerräumen, das sind große überdachte Räume, 3—4 m breit, 10—15 m lang und von drei Seiten mit Mauern umgeben, während die vierte Seite frei bleibt. Über diese Mauern sind Geleise angelegt, so daß in die verschiedenen Räume nach den berechneten Gewichtsverhältnissen die Erze und Kalksteine von den Geleisen aus mittels Wagen eingebracht werden. Um sie von dem Möller auf den Hochofen zu bringen, schaufelt man von der Sohle des Möller= hauses, da wo die einzelnen Möllerräume offen sind, die aufeinander liegenden Schichten in die Möllerwagen und bringt dieselben zum Gichtaufzug.

Das Möllern kann auch aus Erztaschen geschehen, in welchen die verschiedenen Erz= sorten untergebracht sind, und in welche dieselben direkt vom Eisenbahnwagen aus ein= gebracht werden. Man fährt mit den Gichtwagen unter die Taschen, öffnet den Ver= schluß und läßt die gewünschte Menge Erz in den Wagen fallen (Abb. 462). Bei großen Öfen möllert man im Hochofen selbst; die einzelnen Wagen enthalten die ver= schiedenen Erzsorten eingemischt, ebenso den Kalkstein, und man überläßt die Mischung derselben dem Hochofen während des Niedergehens der Beschickungssäule.

Der Transport von den Möllerplätzen bis zum Hochofen geschieht in eigens dazu konstruierten Gichtwagen. Man wendet meistens Kippwagen an, welche um eine Achse so weit drehbar sind, daß beim Kippen der Inhalt rasch und vollständig herausstürzt, zu welchem Behufe die Vorderwand des Wagens schräg zuläuft.

Die Vorgänge beim Hochofenschmelzen. Unterhalb der Gicht des Hochofens werden die eingebrachten Materialien von der Feuchtigkeit befreit. Es beginnt sofort die Verdampfung des in den Erzen, dem Kalkstein und dem Koks mechanisch beigemengten Wassers durch die Wärme des aufsteigenden Gasstromes, aber auch das chemisch gebundene Wasser der Brauneisensteine wird ausgetrieben. Für diese Wasserdampfung wird Wärme verbraucht, welche den Gichtgasen entzogen wird, und die Folge hiervon ist eine Ernie= drigung der Temperatur unterhalb der Gicht. Die Gichttemperatur schwankt also bei ein und demselben Hochofen, je nachdem die Beschickung sehr naß oder trocken in den Ofen kommt. Es sind jedoch außer diesem Umstande noch andere Verhältnisse von Einfluß auf die Temperatur der dem Hochofen entströmenden Gase. Ist die Wärmemenge in den unteren Teilen des Hochofens für die verschiedenen Vorgänge sehr bedeutend, und steigen die Gase langsam im Hochofen in die Höhe, so werden sie Gelegenheit haben, ihre Wärme an die niedergehende Schmelzsäule abzugeben, also mit einer niedrigeren Temperatur die Gicht verlassen, als wenn dies nicht der Fall ist. Aus diesem Grunde schwankt die Temperatur an der Gicht oft bei ein und demselben Hochofen in ziemlich bedeutenden Grenzen und ist die Beobachtung der Temperatur derselben ein Mittel für den Hochofenmann, um Schlüsse auf den Verlauf des Prozesses zu ziehen.

Der weitere Verlauf im Hochofen geschieht in drei Vorgängen, der Reduktion der Erze, der Kohlung des reduzierten Eisens und der Schmelzung des Eisens sowie der Schlacke.

Ehe die Reduktion beginnen kann, ist es erforderlich, daß die Erze auf die Reduktions= temperatur erhitzt werden, welche bei einigen leicht reduzierbaren Erzen schon bei etwa 300° C. erreicht wird. Die eingebrachten Erze gehen jedoch nicht gleichmäßig im Hochofen in wagerechten Schichten nieder, an den Wänden entsteht Reibung, und die Bewegung ist deshalb hier langsamer als in der Mitte. Aus den ursprünglich flachen Schichten werden auf diese Weise allmählich Trichter, deren Seitenwände, je weiter die Erze nach unten kommen, immer steiler werden (Abb. 463).

Die Reduktion durch die Gase beginnt schon bei einer Temperatur von etwa 300° C., sie ist in dieser Temperatur noch nicht sehr bedeutend, nimmt jedoch immer mehr zu, je weiter die Erze nach unten kommen und in je heißere Zonen dieselben gelangen. Auf dem reduzierten Eisen lagert sich in höherer Temperatur ganz fein verteilter Kohlenstoff

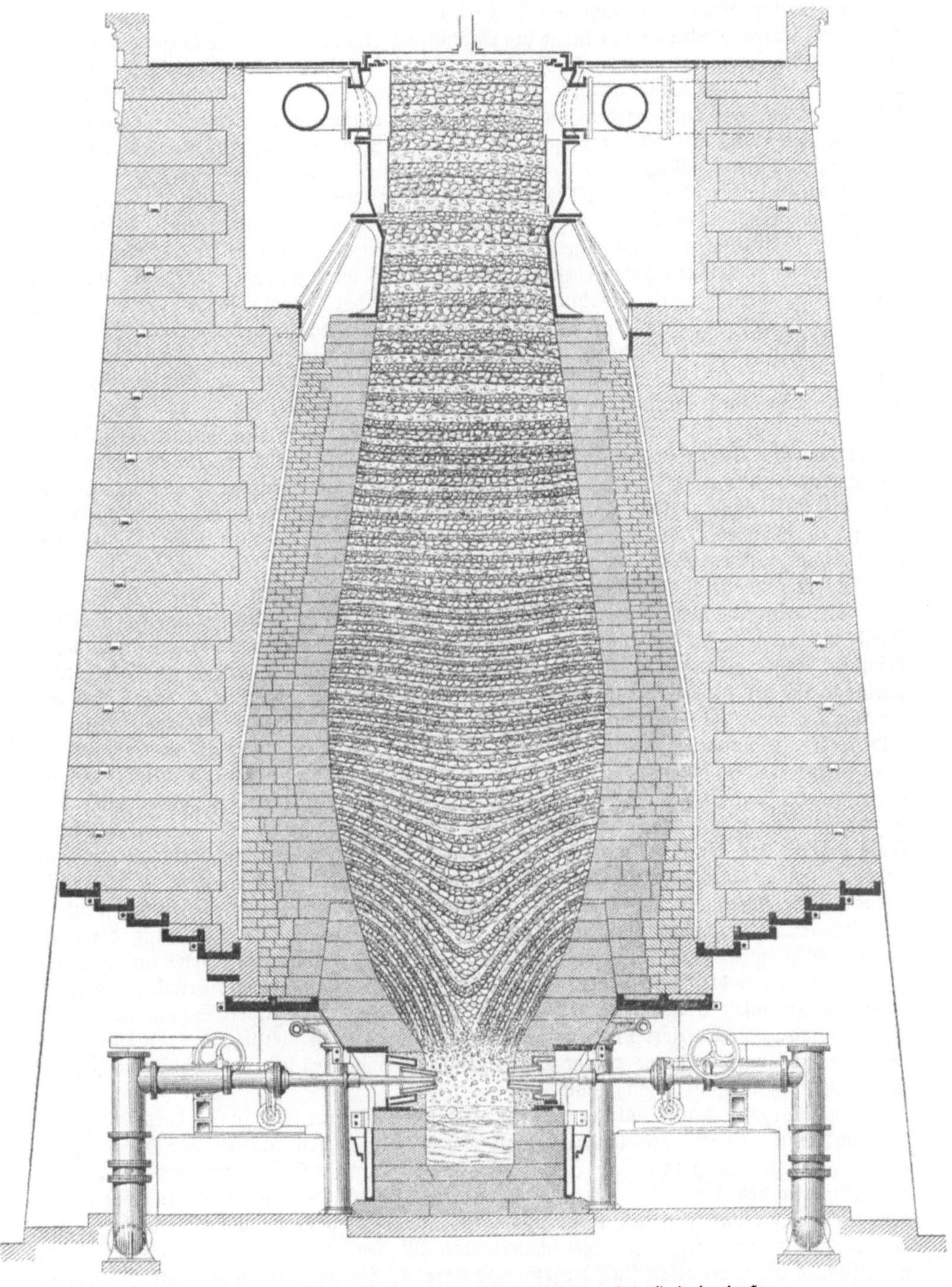

463. Darstellung des Niedergehens der Gichten im Kokshochofen.
Nach Beobachtungen des Bergrats Wepfer in Wasseralfingen.

ab, der infolge eines noch nicht mit Sicherheit erkannten Vorganges sich aus den auf=
steigenden Gasen abscheidet. Gelangt die Beschickung allmählich in eine Gegend im Hoch=
ofen, wo die Temperatur etwa 800° C. beträgt, so erleidet der Zuschlagskalkstein eine
Zersetzung. Derselbe besteht bekanntermaßen aus Kohlensäure und Kalkerde. Die Kohlen=
säure wird als Gas ausgetrieben und mischt sich den aufsteigenden Gasen bei. Eine ganz
ähnliche Zersetzung erleidet der ungeröstete Spateisenstein, welcher aus Kohlensäure und
Eisenoxydul besteht. Man röstet deshalb denselben, wie schon ausgeführt, um das Erz
in den darüber liegenden Zonen des Ofens der reduzierenden Einwirkung der Gase aus=
zusetzen, während roher Spat erst im Hochofen eine Temperatur von 800° C. annehmen
muß, um Zersetzung und nachfolgende Reduktion zu erleiden. Durch diese Zerlegung des
Kalksteines und etwaigen aufgegebenen Spateisensteines wird Wärme verbraucht, wodurch
der Ofen an dieser Stelle Abkühlung erleidet. Man hat deshalb schon öfters versucht,
den Kalkstein vor dem Aufgeben in den Ofen zu brennen und nur die bei der Schlacken=
bildung wirksame Kalkerde dem Ofen zuzuführen, allein der gebrannte Kalk nimmt bei
längerem Liegen an der Luft Wasser und Kohlensäure auf, welche ebenfalls im Hochofen
ausgetrieben werden müßte. Anderenteils ist es für den Betrieb des Ofens sehr günstig,
wenn die Wärme in den oberen Zonen nicht allzuhoch ist, damit kein sogenanntes Ober=
feuer eintritt. Es würde die Schlackenbildung zu frühzeitig beginnen, ehe die Gase ihre
reduzierende Einwirkung beendet hätten, und aus der Schlacke müßte dann, da auf die=
selbe die Gase ohne jegliche Einwirkung sind, der glühende feste Kohlenstoff das Eisen
reduzieren, welcher Vorgang infolge des höheren Wärmeaufwandes nach Thunlichkeit
eingeschränkt werden muß.

Es ist deshalb das Brennen des Kalksteines nicht erforderlich.

Die dichteren und an der Außenseite glatten Erze rollen naturgemäß an die tiefste
Stelle des Trichters, während sich die gleichzeitig aufgeschütteten Brennstoffe an den Wänden
befinden, erstere gelangen also früher nach unten als letztere. Die Anordnung der Gicht=
gasfänge ist auf diesen Vorgang von wesentlichem Einfluß. Man ist bestrebt, bei der
Beschickung, dem Aufgichten, möglichst in der Mitte der Schmelzsäule einen Kegel zu
bilden, der zu unterst das Brennmaterial und auf demselben die Erze enthält. Beim
Niedergehen rollen die Erze an die Wand und haben von hier bis zur Achse des Ofens
einen weiten Weg zu durchlaufen, wodurch das Verrollen derselben erschwert wird. Die
Trichterbildung bleibt jedoch unbeeinflußt von der Art des Aufgichtens. Die aufsteigenden
Gase nehmen den Weg, auf welchem denselben der geringste Widerstand geboten wird, sie
haben Neigung, am Rande des Ofens durch das dort befindliche Brennmaterial und nicht
in der Mitte durch die dichter liegenden Erze emporzusteigen, wodurch letztere weniger
der Einwirkung des Gasstromes ausgesetzt sind. Durch eine seitliche Abführung der Gase
an der Gicht wird diese Neigung begünstigt; ein in der Achse des Ofens angebrachtes
Abzugsrohr wirkt dieser Neigung entgegen. Man darf sich aus diesen Gründen die Vor=
gänge im Hochofen nicht so vorstellen, daß in derselben horizontalen Schicht immer die
Erze gleichmäßig reduziert und geschmolzen werden. Eine Einteilung des Ofenprozesses
in bestimmte Zonen mit wagerechter Begrenzung, wie man dies bei früheren Schriftstellern
findet, ist deshalb ganz unangebracht.

Der Vorgang der Reduktion und der Kohlung geht nun keineswegs derart vor sich,
daß ein Stück Eisenerz erst vollständig zu Eisen reduziert sein müßte, ehe die Kohlung
beginnen kann. Es gehen diese Vorgänge Hand in Hand und schreiten von außen nach
dem Inneren des Erzstückes fort. Es kann ein Erzstück äußerlich schon in Eisen um=
gewandelt sein, während sein Kern noch aus Eisenoxyd besteht. Es ist jedoch für den
Ofenprozeß vorteilhaft, wenn die schmelzenden Massen schon möglichst vollständig zu
metallischem Eisen reduziert sind, da sonst das unreduzierte Erz mit der Schlacke zusammen=
schmilzt und sodann aus derselben durch den weißglühenden Kohlenstoff reduziert werden
muß, was für den ökonomischen Betrieb von Nachteil ist. Man gibt sogar noch oft
rohen Spat mit der Beschickung auf, um das Auftreten des Oberfeuers zu vermeiden.

Der Schlackenbildung geht erst eine Sinterung der nicht reduzierten Erze und
des Kalkes voraus. Die Temperatur, bei welcher dieser Vorgang beginnt, ist wesentlich

verschieden, es spielen hierbei sowohl die chemische Beschaffenheit, als auch die Stückgröße der dem Erz mechanisch beigemengten Teile eine Rolle. Die einzelnen Bestandteile der Schlacke sind für sich unschmelzbar, sowohl der Quarz, der Thon, die Magnesia, als auch die Kalkerde sind in den Temperaturen, welche der Hochofen erzeugt, für sich allein nicht schmelzbar. Damit nun eine Sinterung dieser Bestandteile stattfinden kann, ist es erforderlich, daß sich dieselben berühren; je feinkörniger nun die dem Erz beigemengten Teile sind, desto eher wird dieselbe eintreten. Enthalten jedoch die Erze schon fertig gebildete Silikate, wie dies namentlich bei den Puddel- und Schweißschlacken der Fall ist, so tritt eine Sinterung viel früher auf, weil die Schmelztemperatur der Schlacken bedeutend niedriger liegt, als die Bildungstemperatur, d. h. die getrennten Bestandteile einer Schlacke sind in einer Temperatur noch nicht schmelzbar, bei welcher die bereits fertig gebildete Schlacke schmilzt. Das schmelzende Silikat löst die Kalkerde der Beschickung auf und bildet mit derselben eine Schlacke. Ein Erz, das die Kieselsäure in Form großer Quarzkörner enthält, wird viel höhere Temperaturen im Ofen ertragen können, also viel länger der vorteilhaften Einwirkung des reduzierenden Gasstromes ausgesetzt bleiben können, als ein solches, welches mit fein verteiltem Quarz durchwachsen ist, letzteres wird demgemäß früher schmelzen, also schwieriger zu reduzieren sein, als ersteres. Aber auch die Schmelztemperatur der verschiedenen Hochofenschlacken ist eine verschiedene: Kalkerdereiche Schlacken schmelzen bei höherer Temperatur, als solche, die reich an Kieselsäure sind. Eine basische Schlacke, also eine solche, welche viel Kalkerde enthält, hat weniger Neigung, die ebenfalls basischen unreduzierten Eisenoxyde aufzulösen, während die kieselsäurereiche saure Schlacke ein gutes Lösungsmittel für die unreduzierten Erze ist. Es tritt demgemäß eine vorzeitige Verschlackung unreduzierter Erze bei saurer Schlacke viel leichter ein, als bei basischer Schlacke.

Das reduzierte Eisen hat nun während dieser beschriebenen Vorgänge infolge seiner innigen Berührung mit dem auf demselben abgelagerten äußerst fein verteilten glühenden Kohlenstoff allmählich Kohlenstoff aufgenommen, es hat dadurch seinen Schmelzpunkt durch Übergang in Roheisen erniedrigt und beginnt gleichfalls zu schmelzen, wobei es beim Herunterfließen über den weißglühenden Brennstoff sich weiter mit Kohlenstoff sättigt, indem es aus demselben Kohlenstoff auflöst, genau so wie Wasser, welches über Zucker fließt, sich mit Zucker sättigt. Je heißer der Ofengang ist, desto mehr Kohlenstoff wird vom Eisen aufgelöst.

Die geschmolzenen Massen kommen ebenfalls mit dem glühenden Brennstoff in Berührung und unterliegen der Einwirkung desselben. Das unverschlackte Eisenoxydul wird von dem Kohlenstoff reduziert und der gesamte Eisengehalt der Schlacke allmählich in metallisches Eisen übergeführt. Dieser Vorgang erfordert sehr viel mehr Wärmeaufwand, als wenn das ungeschmolzene Erz durch die Gase reduziert wird, weshalb man im Interesse eines möglichst ökonomischen Ofenbetriebes bestrebt ist, die Erze möglichst lange der Einwirkung der Gase auszusetzen. Aus der Schlacke wird nun auch der Phosphor durch den Kohlenstoff reduziert und ins Eisen übergeführt. Weitaus der größte Teil des Phosphors der Beschickung findet sich im Eisen wieder, die Schlacke enthält nur dann in Betracht kommenden Phosphorgehalt, wenn dieselbe sehr eisenreich und der Gang des Ofens nicht sehr heiß war.

Das Mangan, sowie das Silicium werden nur durch festen Kohlenstoff, nicht aber durch das in den Hochofengasen enthaltene Kohlenoxyd reduziert. Es erfordert sowohl die Reduktion des Mangans, als auch die des Siliciums einen beträchtlichen Wärmeaufwand. Begünstigt wird außer durch eine hohe Temperatur die Reduktion des Mangans durch das Vorhandensein einer basischen Schlacke. Das Manganoxydul als Base wird bei Anwesenheit reichlicher Mengen anderer Basen, Kalk, Magnesia nicht zur Bindung der Kieselsäure gebraucht, unterliegt demgemäß viel leichter der reduzierenden Einwirkung des Kohlenstoffes, als wenn dies nicht der Fall ist.

Silicium erfordert dagegen zur Reduktion eine saure Schlacke und außerdem ebenfalls eine hohe Temperatur. Beim Vorhandensein einer sauren Schlacke ist sehr viel Kieselsäure anwesend, aus welcher das Silicium leichter reduziert werden kann, als wenn Mangel an solcher vorhanden ist.

Da das Eisen viel leichter reduzierbar ist, als diese beiden Bestandteile desselben, so folgt daraus, daß zuerst das Eisen aus der geschmolzenen Schlacke durch den glühenden Kohlenstoff reduziert werden muß, ehe Silicium und Mangan der Reduktionswirkung unterliegen. Bei einer sehr eisenhaltigen Schlacke kann demgemäß das erlangte Roheisen nur unbedeutende Mengen dieser beiden Körper enthalten.

Die geschmolzenen Massen sammeln sich im Herde an und sondern sich nach Maßgabe ihres Volumgewichtes ab, das Eisen zu unterst und auf dem Eisen die Schlacke.

Enthalten die Erze Blei, wie dies in Oberschlesien häufig der Fall ist, so wird dasselbe ebenfalls in Metall übergeführt, und da sich das Blei nicht mit dem Eisen mischt, so sammelt es sich als spezifisch schwererer Körper unter dem Eisen an und wird durch geeignete Vorrichtungen (Abb. 443 und 444) gewonnen. Das Kupfer, sowie Antimon, Nickel, Arsen u. s. w. der Erze wird zu Metall reduziert und findet sich im Roheisen wieder, wodurch dessen Eigenschaften oft in unerwünschter Weise beeinflußt werden. Enthalten die Erze Zink, so unterliegen die Zinkverbindungen ebenfalls der Reduktion, das reduzierte Zink ist jedoch in der Temperatur des Ofens flüchtig und bildet als Zinkschwamm in den oberen Teilen des Ofens Ansätze, die oft nur sehr schwer zu entfernen sind.

Der Schwefel der Beschickung ist beim Betriebe mit Holzkohlen nicht beträchtlich, da hier nur ein etwaiger Schwefelgehalt der Erze in Betracht kommt. Anders verhält es sich dagegen beim Betriebe mit Koks, welcher einen Gehalt an Schwefel besitzt, der bei rheinisch-westfälischem Koks annährend 1% beträgt. Um den Schwefel vom Eisen fernzuhalten, ist eine stark basische, kalkreiche Schlacke erforderlich; der Schwefel wird von einer solchen Schlacke als Schwefelcalcium aufgenommen. Auch ein Mangangehalt der Schlacke wirkt sehr günstig auf die Bindung des Schwefels. Es fällt dieser Umstand namentlich bei solchen Roheisensorten in Betracht, welche während ihrer nachfolgenden Weiterverarbeitung keine Schwefelabnahme erleiden.

Die Veränderungen, welche der eingeblasene Wind während seines Ganges durch den Hochofen erleidet, stehen zu den oben geschilderten Umwandlungen der festen Körper in engen Beziehungen.

Durch die Formen wird je nach der Größe des Ofens mehr oder weniger stark gepreßte Luft, bestehend aus Sauerstoff, Stickstoff, Wasserdampf und Kohlensäure, in das Gestell eingeblasen. Diese Luft ist bei den neueren Hochöfen sehr stark erhitzt; sobald dieselbe auf den während des Niedergehens durch den Ofen ebenfalls sehr stark erhitzten Kohlenstoff trifft, findet eine außerordentlich lebhafte Verbrennung des Kohlenstoffes statt. Der Sauerstoff verschwindet aus dem Gasgemenge und bildet als Endergebnis der Verbrennung mit dem Kohlenstoff Kohlenoxyd. Kohlensäure kann bei der hohen Temperatur des Ofens nicht bestehen, dieselbe wird nach der Bildung durch weiteren Kohlenstoff eines Teiles des Sauerstoffes beraubt und in Kohlenoxyd übergeführt.

Durch diese Verbrennung des Kohlenstoffes wird die zu dem Hochofenprozeß erforderliche Wärme geliefert. Die Temperatur, welche im Gestell entsteht, ist um so höher, je mehr Brennstoff im Verhältnis zum Möllergewicht aufgegeben wurde, je vollständiger die aufsteigenden Gase ihre Wärme an die niedergehende Beschickung abgegeben haben und je höher der Wind erhitzt wurde. Der Wasserdampf der Gebläseluft wird in seine Bestandteile, Wasserdampf und Sauerstoff zerlegt, welch letzterer an der Verbrennung des Kohlenstoffes teilnimmt, die Kohlensäure der Gebläseluft verliert einen Teil Sauerstoff, der mit Kohlenstoff ebenfalls Kohlenoxydgas bildet.

Der aufsteigende Gasstrom, in der Hauptsache aus Kohlenoxyd und Stickstoff bestehend, reichert sich beim Durchgang durch die unteren Teile der Rast an Kohlenoxyd an, da das Endergebnis der Einwirkung des festen Kohlenstoffes auf die Oxyde des Eisens, des Mangans und des Siliciums ebenfalls Kohlenoxyd ist. Kommen die Gase nun in eine Zone, wo die Sinterung und Schmelzung der Massen noch nicht begonnen hat, so kann das Kohlenoxyd seine reduzierende Einwirkung auf die Oxyde des Eisens beginnen. Das Kohlenoxydgas entzieht denselben den Sauerstoff, indem es diesen aufnimmt und in Kohlensäure übergeht, so daß sich der Kohlensäuregehalt des Gasstromes immer mehr anreichern müßte, während der Kohlenoxydgehalt eine Abnahme erleiden müßte, wenn nicht der niederrückende Brennstoff ebenfalls mit dem aufsteigenden Gasstrom Umsetzungen eingehen würde. Die gebildete Kohlensäure gibt an den glühenden Kohlenstoff einen Teil ihres Sauerstoffes ab, sie wird zu Kohlenoxyd rückverwandelt, während der feste Kohlenstoff mit dem Sauerstoff der Kohlensäure ebenfalls Kohlenoxyd bildet.

Dieser Vorgang, die Vergasung des festen Kohlenstoffes durch die Kohlensäure, ist gleichbedeutend mit einem Verlust an Brennstoff, da dieser Kohlenstoff in Gasform aus dem Ofen geführt wird, ohne für das Hochofenschmelzen nützlich gewesen zu sein.

Man ist deshalb bestrebt, die Bedingungen für die Vergasung des Kohlenstoffes möglichst zu erschweren und diese Umgasung so viel wie möglich zu vermeiden. Günstig für denselben ist eine rasche Abnahme der Temperatur in den oberen Teilen des Hochofens oberhalb des eigentlichen Schmelzraumes. Man sieht daraus, daß die Abkühlung,

464. Hochofenwerk der Georgs- und Marienhütte von Osten gesehen.

welche der Hochofen durch die Zersetzung des rohen Kalksteines erleidet, sehr günstig ist, da hierdurch die Temperatur so weit sinkt, daß obige Umsetzung nicht mehr in bemerkbarem Umfange vor sich geht.

Je höher der Ofen ist, desto länger bleibt der aufsteigende Gasstrom in Berührung mit den glühenden Kohlen, desto mehr ist den Gasen Gelegenheit gegeben, den Kohlenstoff zu vergasen. Es ist aus diesem Grunde nicht gut, die Höhe des Ofens über ein gewisses Maß zu vergrößern, weil hierdurch günstige Einflüsse auf die Betriebsergebnisse nicht erzielt werden können.

Je dichter die Brennstoffe sind, desto weniger Angriffsflächen finden die aufsteigenden Gase. Es kann demgemäß ein Hochofen, der mit Koks, also mit verhältnismäßig sehr dichtem, festem und wenig zerreiblichem Brennstoff betrieben wird, viel höher gebaut werden, als ein Ofen mit Holzkohlen als Brennstoff, da diese viel poröser und auch viel zerreiblicher sind als der Koks. Die Grenze des Zweckmäßigen wird um so weniger erreicht, je schwerer verbrennlich, je dichter der angewendete Brennstoff ist.

465. Georgs- und Marienhütte bei Osnabrück: Das Hochofenwerk von Westen gesehen.

466. Georgs- und Marien-Hüttenwerk bei Osnabrück von Norden gesehen.

Es ergibt sich auch hieraus, daß der Gasstrom im Hochofen sich mit einer gewissen Geschwindigkeit bewegen muß, welche ohne Nachteil für den Betrieb nicht erheblich unterschritten werden darf, da sonst die Brennstoffe zu lange der vergasenden Wirkung des Gasstromes ausgesetzt sind und dieser den Brennstoff unbenutzt aus dem Ofen entführt. Je höher demgemäß ein Ofen ist, desto größere Geschwindigkeit müssen die Gase in demselben haben. Anderseits liegt es auf der Hand, daß durch eine allzu rasche Bewegung des Gasstromes die Wärmeübertragung der Gase an die niedergehende Beschickung keine genügende ist und die Erze sodann zum großen Teil unvorbereitet in die niedriger liegenden Zonen kommen, wodurch eine Abkühlung des Ofens eintreten kann. Bei Hochöfen von gegebenen Querschnittsabmessungen ist die Geschwindigkeit des Gasstromes von der in der Zeiteinheit verbrannten Menge Brennstoff abhängig, diese aber ist wiederum von der Menge des eingeblasenen Windes abhängig. Der Hochofen besitzt demgemäß in der Regelung des schnelleren oder langsamen Ganges seiner Gebläsemaschine ein wichtiges Hilfsmittel zur Aufrechterhaltung eines vorteilhaften Betriebes.

Verläuft der Hochofenprozeß in der geschilderten regelmäßigen Weise, so bezeichnet man den Gang des Ofens als Gargang, treten Störungen ein, so zeigt sich Rohgang.

Die eigentlichen Ursachen des Rohganges sind durchweg in einer zu starken Abkühlung des Ofens zu suchen, so daß im Schmelzraum desselben ein Wärmedefizit entsteht, wodurch die Reduktions- und Schmelzvorgänge nicht mehr in der richtigen Weise durchgeführt werden können. Die Veranlassungen zu diesem Mangel an Wärme können verschiedene sein. Es können Unregelmäßigkeiten im Aufgichten vorkommen, die Arbeiter auf der Gicht haben nicht in regelmäßigen Zeitabschnitten die Beschickung eingetragen, sondern größere Mengen auf einmal, wodurch der Ofen eine zu starke Abkühlung erleidet. Die Beschickung kann bei anhaltendem Regenwetter einen außerordentlich großen Gehalt an Feuchtigkeit besitzen, die Beschaffenheit der Brennstoffe kann eine minderwertige sein, die Zusammensetzung der Beschickung entspricht unter Umständen nicht den erforderlichen Verhältnissen. Es kann aber auch durch Lecken wassergekühlter Teile Wasser in das Ofeninnere kommen, der Gebläsewind kann mit zu niedriger Temperatur in den Ofen treten und infolgedessen nicht die nötige Wärme dem Ofen zuführen. Ferner kann die Geschwindigkeit des Gasstromes keine geeignete sein, es können durch Ansätze im Ofen Ungleichmäßigkeiten im Niedergehen der Schmelzmaterialien hervorgerufen werden. Alle diese aufgezählten Ursachen können die Veranlassung des Rohganges sein.

Für den betriebleitenden Ingenieur ist es natürlich mitunter recht schwierig, sofort die wahre Ursache des Rohganges zu erkennen und Schritte zur Abhilfe des Mißstandes zu thun. Mag nun der Rohgang durch irgend einen beliebigen Umstand hervorgerufen worden sein, so gelangen reichliche Mengen unreduzierter Erze in den Schmelzraum, und die vorhandene Wärme in dem unteren Teile der Rast reicht nicht aus, um das Eisen aus der Schlacke zu reduzieren. Werden nicht rechtzeitig Gegenmittel ergriffen, so schreitet die Abkühlung des Ofens immer weiter fort, und schließlich kann es zum Erstarren des Ofeninhaltes kommen. Dieses Einfrieren eines Ofens bedingt eine vollständige Unbrauchbarkeit desselben, die Umfassungsmauern müssen niedergelegt und die erstarrten Massen mühsam aus dem Inneren losgebrochen werden.

Da bei eintretendem Rohgange die Reduktion keine vollständige ist, so zeigt sich derselbe an der Beschaffenheit der Schlacke, dieselbe ist durch einen Eisengehalt mehr oder weniger dunkel gefärbt, je nach dem Grade des Rohganges.

Das bei Rohgang erfolgte Eisen hat nicht die gewünschte Beschaffenheit. Es wird ärmer an Silicium und Mangan, ebenso sinkt der Gehalt an Kohlenstoff, so daß ein solches Eisen oft nur schwer verkäuflich ist.

Die regelmäßigen Betriebsarbeiten beim Hochofenbetrieb bestehen in dem Aufgeben der Gichten, worunter man die auf einmal in den Ofen gebrachten Mengen von Möller und Brennmaterial versteht. Es ist Regel, das Brennmaterial nach der Mitte, das Erz jedoch, welches in den meisten Fällen feiner ist, nach dem Umfange zu schütten, damit das Gas gezwungen ist, möglichst in der Mitte des Ofens nach oben zu steigen. Sobald für eine Gicht Raum ist, muß dieselbe in den Ofen gebracht werden, da sonst Veranlassung zu unregelmäßigem Gange gegeben ist. Bei den heute meist verwendeten geschlossenen Gichten hat man Gichtenzeiger, das sind Stangen, die in den Ofen hineinragen und am unteren Ende mit einer Fußplatte versehen sind, wodurch der Niedergang der Beschickungssäule angezeigt wird.

Das Entfernen der Schlacken bei den Öfen mit geschlossener Brust ist bei normalem Betriebe, bei welchem die Schlacke stets so dünnflüssig ist, daß sie durch die Lürmannsche Schlackenform läuft, sehr einfach. Die Öffnung wird nach jedem Abstich, bei welchem sich der Herd von flüssigem Eisen leert, mit einem Lehmpfropfen verstopft, bis der Inhalt des Herdes wieder bis zur Höhe der Schlackenform gestiegen ist. Wenn die Schlacke zu zähflüssig, zu kurz oder auch zu kalt ist, wird das neben der Schlackenform befindliche Notloch geöffnet oder die Form zeitweilig ganz entfernt. Die Schlacke fließt in Wagen und wird in denselben auf die Halde gefahren (Abb. 467 u. 468), oder man läßt dieselbe in Wasser fließen, granuliert sie und erhält so den Schlackensand, den man mittels Seilbahn oder anderer Transportvorrichtung beiseite schafft. Der Schlackenkies ist wohl bequem zu transportieren, erfordert aber einen bedeutend größeren Platz zum Stürzen als die Schlackenklötze.

Beim Ofen mit offener Brust stößt man, sobald die Schlacke bis in die Nähe der Windformen gestiegen ist, in die

467 u. 468. Schlackenwagen.

Vorherddecke ein Loch und läßt dieselbe über den Wallstein über die Schlackentrift in untergestellte Wagen fließen.

Das Abstechen des Hochofens wird vollzogen, sobald der Herd bis in die Höhe der Schlackenform mit flüssigem Metall gefüllt ist. Das durch einen Lehmpfropfen verteilte Stichloch wird mittels angestählter Stangen geöffnet, und das Roheisen fließt in den mit Sand ausgefütterten Abstichgraben, von welchem es in ein System von Gräben gelangt, an welche die Masselformen angeschlossen sind. Zuerst passiert der Eisenstrom das sogenannte Streicheisen, unter welchem das Eisen wegfließt, das aber Schlacken und sonstige Unreinigkeiten zurückhält. Manche Sorten grauen Roheisens, wie die Gießereiroheisen, läßt man in Masselformen laufen, die aus Sand gebildet sind, während man Weißeisen gewöhnlich in flache gußeiserne Schalen, sogenannte Kokillen, fließen läßt.

Nach dem Leeren des Gestelles bläst man mit vollem Druck bei offenem Stichloch, um den Herd nach Möglichkeit zu reinigen, sodann wird das Stichloch von anhaftenden Eisenteilchen gereinigt und durch einen Thonpfropfen verschlossen, worauf das Gebläse wieder in Thätigkeit tritt und der Betrieb wieder seinen regelmäßigen Verlauf nimmt. Bei den Öfen mit offener Brust wird nach dem Abstechen der Herd von Ansätzen gereinigt, worauf man in den Vorherd Brennstoff zieht und auf demselben die Vorherddecke wieder herstellt, worauf das Gebläse angelassen werden kann.

Das Außerbetriebsetzen eines Hochofens kann unter zweierlei Gesichts= punkten geschehen. Es können Verhältnisse eintreten, welche zur Einstellung des Be= triebes nötigen. Sind diese Verhältnisse nur vorübergehender Natur, so wird der Ofen auf eine bestimmte Zeit außer Betrieb gesetzt, er wird gedämpft. Ist eine baldige Ver= änderung dieser Umstände nicht zu erwarten, oder ist der Hochofen altersschwach und baufällig geworden, so schreitet man zur dauernden Außerbetriebsetzung, zum Ausblasen des Ofens.

Beim Dämpfen des Hochofens gibt man einige leere Koksgichten, welchen etwas Kalkstein zum Verschlacken der Brennstoffasche beigemengt ist, entfernt alles flüssige Eisen und alle Schlacken aus dem Ofen, stellt das Gebläse ab, schließt sämtliche Öffnungen durch Verstreichen mit Masse oder Thon ab und füllt nur von Zeit zu Zeit, wenn die Oberfläche der Beschickung gesunken ist, frischen Brennstoff nach. Der Hoch= ofen läßt sich auf diese Weise längere Zeit, oft ganze Wochen hindurch dämpfen und dann in verhältnismäßig kurzer Zeit wieder in Betrieb setzen. Beim Anlassen des Gebläses wird anfänglich ganz langsam geblasen, um nicht größere Mengen unredu= zierter Erze ins Gestell zu führen, bis der Ofen die erforderliche Temperatur wieder erlangt hat.

Das Ausblasen des Hochofens kann dadurch geschehen, daß man mit dem Aufgichten aufhört und so lange fort bläst, bis vor den Formen keine schmelzbaren Massen mehr erscheinen, worauf man den Ofen aufbricht, um nach dem Erkalten desselben zum Ab= brechen des Ofenmauerwerkes zu schreiten. Verfährt man auf die angegebene Weise beim Niederblasen, so entwickelt sich eine lange und heiße Flamme im Ofen, da die auf= steigenden Gase nicht mehr an den niedergehenden Materialien abgekühlt werden. Man muß die Gichtverschlüsse deshalb frühzeitig entfernen, um dieselben vor dem Zer= stören durch die Gichtflamme zu bewahren. Eine andere Methode des Ausblasens vermeidet die Bildung einer Gichtflamme, man füllt den Ofen statt mit Brennstoff und Erz nur noch mit rohem Kalkstein, welcher die entwickelte Wärme im Ofen aufnimmt und hierbei zum größten Teil in gebrannten Kalk übergeht. Immerhin ist das nach= herige Ausräumen des gebrannten, oft noch glühenden Kalkes eine äußerst lästige und gefährliche Arbeit.

Die Erzeugnisse des Hochofenbetriebes.

Das Roheisen. Die Eigenschaften des Roheisens sind bereits früher besprochen worden. Es bleibt nur noch zu erwähnen, daß man außer der Einteilung in graues und weißes Roheisen noch folgende Unterabteilungen unterscheidet.

1. Graues Roheisen; man unterscheidet grob= und feinkörniges.
2. Halbiertes Roheisen, ein Gemenge von grauem und weißem Roheisen, wobei man die Unterabteilungen schwach halbiertes und stark halbiertes unterscheidet.
3. Weißes Roheisen; man unterscheidet mattes Weißeisen, strahliges Weißeisen und kleinspiegeliges Weißeisen.
4. Spiegeleisen.

Bei der Erzeugung der Roheisensorten hat man sich nach den Forderungen zu richten, welche die verschiedenen Verwendungszwecke an das Roheisen stellen. Nach den verschiedenen hauptsächlichsten Verwendungen des Roheisens teilt man dasselbe so ein:

1. Gießereiroheisen ist durchweg graues Roheisen, enthält stets beträchtlichen Ge= halt ($1{,}5 - 3{,}5\,^0/_0$) an Silicium und infolgedessen auch ziemlichen Graphit= gehalt. Dasselbe wird nach dem Aussehen der Bruchfläche nach Nummern gehandelt, wobei Nr. I am grobkörnigsten ist und das Korn mit steigender

Nummer abnimmt. Eine besondere Sorte Gießereieisen ist das sogenannte Hämatiteisen, das sich durch einen niedrigen (unter 0,1 %) Gehalt an Phosphor auszeichnet.

2. Puddelroheisen ist meist weißes Roheisen, doch wird auch graues und halbiertes Roheisen zum Puddeln verwendet, je nach der Qualität schmiedbaren Eisens, welche man herstellen will.

3. Bessemer Roheisen ist ein graues, silicium= und manganreiches Roheisen, dasselbe muß dagegen äußerst arm an Phosphor sein, da sich derselbe beim Bessemer= prozeß nicht entfernen läßt.

4. Thomasroheisen ist ein weißes Roheisen, es soll nicht viel Silicium, dagegen Mangan enthalten. Der Hauptbestandteil ist ein Gehalt an Phosphor in Höhe von 1,5 — 2,5 %.

5. Stahlroheisen für den Martinprozeß. Für den sauren Martinprozeß darf dasselbe nur Spuren von Phosphor enthalten, während für den basischen Prozeß ein Phosphorgehalt nicht schädlich ist. Je weniger Fremdkörper das Stahleisen besitzt, desto rascher verläuft der Prozeß.

Die Schlacke. Die Mengen der im Hochofen erzeugten Schlacken sind bei den meisten Hochöfen Deutschlands ebenso groß wie die Mengen des erblasenen Roheisens. Da nun die Schlacke ein Volumgewicht besitzt, das nur etwa 1/3 des Volumgewichtes des Eisens ist, so ist es leicht zu ersehen, daß für den Absturz der Schlacke große, oft kost= spielige Grundstücke erforderlich sind, wodurch die Gestehungskosten des Roheisens oft nicht unerheblich verteuert werden. Es sind deshalb schon zahlreiche Vorschläge zur Ver= wertung dieses massenhaften Nebenproduktes des Hochofens gemacht worden, allein alle waren nur vereinzelt nach Lage der Umstände von Erfolg begleitet.

Zu Straßen= und Eisenbahnbauten eignen sich kieselige, nicht sehr kalkreiche Schlacken, welche der Zersetzung unter dem Einflusse der Atmosphärilien möglichst wenig unter= worfen sind. Man benutzt die Blöcke, zu denen die Schlacke in den Schlackenwagen erstarrt, zu Dammbauten, am Rhein finden diese Blöcke häufig Verwendung. Je lang= samer die Erkaltung der Schlacke vor sich geht, je größer also die einzelnen Blöcke sind, desto größere Festigkeit besitzen dieselben. Um dies in möglichst hohem Maße zu er= reichen, hat man die Blöcke an verschiedenen Orten einer langsamen Abkühlung unter= worfen, dieselben getempert. Die Schlacke wird häufig auf Steinbrechmaschinen zu faustgroßen Stücken zerkleinert, welche bei der Herstellung von Beton als Ersatz des Kieses dienen.

Den Schlackensand, welchen man durch Fließen der Schlacke in Wasser erhält, ver= wendet man als Material für Fußwege, als Zusatz bei der Mörtelbereitung, hauptsächlich aber zur Fabrikation der Lürmannschen Schlackensteine. Es eignet sich hierzu haupt= sächlich eine kalkreiche Schlacke, wie sie beim Betriebe von Gießereiroheisen fällt. Man mischt den Schlackensand mit einem gewissen Prozentsatz von gelöschtem Kalk oder Kalk= milch, bringt die Mischung in eine mit Stahlplatten ausgelegte Form und setzt dieselbe einem großen Druck aus. Die erhaltenen Ziegel läßt man an der Luft erhärten. Mit dem Alter der Schlackenziegel wächst ihre Festigkeit bedeutend, so daß sie eine viel größere Festigkeit aufweisen, als die Thonziegel und hierbei eine größere Durchlässigkeit besitzen als diese. In manchen Gegenden, wo die Herstellung der Thonziegel infolge des Fehlens geeigneten Rohmaterials teuer ist, finden die Schlackenziegel eine ausgedehnte Anwendung zum Bau von Wohnhäusern, Kirchen u. s. w.

Auch zur Darstellung von Zement läßt sich die Schlacke benutzen. Der Schlacken= sand wird vollständig getrocknet und sodann staubfein gemahlen, worauf demselben trocken gelöschter, ebenfalls staubfeiner Kalk beigemischt wird. Man erhält dadurch ein dem Puz= zolanzement gleichartiges Material. Zur Darstellung von Portlandzement läßt sich manche Hochofenschlacke ebenfalls benutzen. Die Schlacke wird mit dem nötigen Kalkzusatz in gemahlenem Zustande gemischt, zu Steinen geformt, in Ringöfen gebrannt und sodann wieder gemahlen. Es ist dies demnach dasselbe Verfahren wie bei der Darstellung von Portlandzement aus natürlich vorkommenden Gesteinen.

Die Darstellung des schmiedbaren Eisens.

Eigenschaften und Prüfung.

Das schmiedbare Eisen pflegt stets unter 1,8 % Kohlenstoff zu enthalten; sind jedoch, was in den meisten Fällen zutrifft, noch andere Stoffe in der Legierung vorhanden, so hört die Schmiedbarkeit schon bei einem niedrigeren Kohlenstoffgehalt auf. Es wird der Unterschied in der Einteilung der verschiedenen Arten, einesteils nach den verschiedenen Verfahren bei der Darstellung des schmiedbaren Eisens, anderenteils nach den abweichenden physikalischen Verhalten festgesetzt. Wie schon erwähnt, wird alles in teigigem, knetbarem Zustande gewonnene Eisen Schweißeisen, und das im flüssigen Zustande erfolgte Material Flußeisen genannt. Mit steigendem Kohlenstoffgehalt erhält das schmiedbare Eisen die Eigenschaft der Härtbarkeit, man nennt das deutlich härtbare Eisen Stahl und unter= scheidet auch hier wieder Schweißstahl und Flußstahl. An der Grenze zwischen Stahl und Schmiedeeisen finden sich Übergangsstufen, von denen nicht mit Sicherheit festzustellen ist, ob Stahl oder Schmiedeeisen vorliegt, es wird dies besonders dann schwierig, wenn ein Teil des Kohlenstoffes durch andere Elemente vertreten ist.

Das Gefüge des schmiedbaren Eisens ist krystallinisch körnig. Durch Bearbeitung namentlich im kalten Zustande wird das Gefüge feinkörnig, Kohlenstoff, Chrom, Wolfram und Molybdän erzeugen ein feinkörniges Gefüge, während Phosphor Grobkorn hervorruft. Das Schweißeisen, sofern es phosphorarm ist, zeigt auf der Bruchfläche sehniges Gefüge, welches durch Verschiebung, welche die einzelnen Teile bei der Verarbeitung erleiden, entstanden ist. Die Bildung des sehnigen Gefüges läßt auf ein gut schweißbares, zähes und schmiedbares Material schließen. Die Schmiedbarkeit des schmiedbaren Eisens steigt mit der Temperatur, da mit steigender Temperatur die Elastizitätsgrenze rascher zurück geht, als die Bruchgrenze, das Material demgemäß bleibende Formveränderungen annehmen kann.

Die Schmiedbarkeit und Dehnbarkeit ist beim reinsten Eisen am größten; durch Zufuhr von Fremdkörpern verringern sich diese Arbeitseigenschaften, bis sie ganz aufhören. Die Schmiedbarkeit ist bei einem Gehalte von 1,8 % Kohlenstoff beinahe ganz verschwunden, weniger kräftig ist der Einfluß des Siliciums und am geringsten scheint Phosphor zu wirken. Der gefährlichste Feind der Schmiedbarkeit ist jedoch der Schwefel, er erzeugt Rotbruch, das heißt, das Eisen ist in Rotglut bei mechanischer Bearbeitung brüchig. Beim Flußeisen kommt in dieser Beziehung auch noch ein Sauerstoffgehalt in Betracht, welcher dieselbe Einwirkung wie der Schwefel, wenn auch in weniger kräftigem Maße hat. Im Flußeisen sind einem gewissen Mangangehalt günstige Wirkungen auf die Schmiedbarkeit zuzuschreiben, da das Mangan sich mit dem Schwefel im Metalle zu Schwefelmangan vereinigt und dessen schädliche Einwirkungen auf das Eisen hierdurch behoben werden.

Die Schweißbarkeit ist ebenfalls bei dem reinsten Eisen am größten, mit steigendem Kohlenstoffgehalte nimmt dieselbe ab, so daß Stahl, der über 1 % Kohlenstoff enthält, nur noch schwierig geschweißt werden kann. Noch ungünstiger wirkt das Silicium, während Phosphor keinen erheblichen Einfluß ausübt. Mangan, Nickel, Chrom wirken ebenfalls ungünstig auf diese Arbeitseigenschaft des Metalles. Damit die Schweißung gut gelingt, ist eine richtige Behandlung des Materials von Wichtigkeit. Beim Erhitzen der beiden Schweißenden überziehen sich dieselben mit Hammerschlag, wodurch eine innige Berührung des Metalles der Schweißflächen ausgeschlossen ist. Man wendet zur Beseitigung dieses Überzuges einen in der Schweißtemperatur sich verflüssigenden Körper an, welcher den Hammerschlag auflöst und mit demselben eine Schlacke bildet, die beim Schweißen aus der Schweißfuge herausgequetscht wird. Als solche Mittel dienen die Schweißpulver, die bei den verschiedenen Eisensorten wechseln, Sand, Lehm, Borax u. s. w. werden zu diesem Zwecke angewandt.

Die Härte des Schmiedeeisens steigert sich ebenfalls mit der Zufuhr von Fremd= körpern. Am einschneidendsten wirkt hier wieder der Kohlenstoff, der bei der Operation des Härtens, Erhitzen auf Rotglut und plötzliche Abkühlung eine besondere Form im Eisen annimmt, die man als Härtungskohle bezeichnet.

Man unterscheidet verschiedene Arten von Härten. Unter Naturhärte versteht man die Härte, welche ein langsam abgekühlter Stahl besitzt; dieselbe läßt sich durch mechanische Bearbeitung steigern, durch Ausglühen wird jedoch die Naturhärte wieder hervorgerufen. Erhitzt man schmiedbares Eisen auf eine Temperatur, die über 700° C. liegt, so geht sämtlicher Kohlenstoff in Härtungskohle über, durch rasches Abkühlen verharrt der Kohlenstoff in dieser Form, und das Material nimmt die sogenannte Glashärte an. Da bei dieser Operation stets Spannungen im Material entstehen, welche auf das spätere Verhalten nachteilig wirken, so erhitzt man den Stahl, um diese Spannungen zu nehmen, nach dem Härten wieder etwas, es geht hierdurch wieder ein Teil der Härte durch Übergang der Härtungskohle in eine andere Kohlenstoffform verloren. Man nennt diese Operation das Anlassen des Stahles und die hierdurch erhaltene Härte die Anlaßhärte.

Die Festigkeitseigenschaften des schmiedbaren Eisens hängen von der chemischen Zusammensetzung, von der Bearbeitung und dem Herstellungsverfahren ab. Es kommt in erster Linie die Zerreißfestigkeit in Frage und neben derselben der Widerstand gegen bleibende Formveränderungen, welche man als Elastizitätsgrenze bezeichnet. Die Elastizitätsgrenze des Materials darf bei einer Beanspruchung nicht überschritten werden, da sonst bleibende Querschnittsverminderungen eintreten, welche allmählich bei dauernder Belastung immer größer würden, bis schließlich Bruch erfolgte. Die Fähigkeit, dauernde Formveränderung anzunehmen, nennt man Dehnbarkeit, und sieht als Maß derselben die Zähigkeit an, welche durch den Widerstand ausgedrückt wird, den ein Körper nach dem Überschreiten der Elastizitätsgrenze der Trennung seiner Teile entgegensetzt. Je größer die Zähigkeit des Eisens ist, desto sicherer ist man gegen plötzliche Brüche bei unbeabsichtigtem Überschreiten der Elastizitätsgrenze. Um diese Eigenschaften eines Materials in Zahlen ausdrücken zu können, ist es üblich geworden, die Verlängerung, Dehnung eines Stabes anzugeben, der bis zum Bruche belastet wird; gleichzeitig wird als Anhalt hierfür auch die Querschnittsverminderung, Kontraktion, gemessen, welche der Stab an der Bruchfläche aufweist.

Das Schweißeisen hat eine geringere Zerreißfestigkeit als das Flußeisen, auch ist die Zähigkeit beim Schweißeisen niedriger, als bei weichem kohlenstoffarmen Flußeisen.

Der Grund für die geringeren Festigkeitseigenschaften liegt in dem verschiedenen Herstellungsverfahren des Schweißeisens und des Flußeisens. Das Schweißeisen besteht aus einzelnen Eisenkörnern, welche durch Schweißen vereinigt werden, wobei es nicht zu vermeiden ist, daß zwischen den einzelnen Eisenkörnern noch Schlackenteilchen eingeschlossen bleiben. Durch diese eingeschlossenen Fremdkörper sowohl, als auch durch die Schweißung beim Zusammenpressen der Eisenteilchen ist eine Verminderung der Festigkeitseigenschaften bedingt. Flußeisen dagegen, das im flüssigen Zustande erfolgt, ist vollständig schlackenfrei, es besteht aus einem einzigen Stück und erweist sich daher, sachgemäße Behandlung vorausgesetzt, als das vorzüglichere Material. Es ist dieser Unterschied in den Anforderungen ausgedrückt, welche an das verschiedene Material gestellt werden. Man verlangt für Schweißeisen zu Bauzwecken eine Zugfestigkeit von mindestens 34 kg auf 1 qmm bei 12 % Dehnung, Flußeisen zu demselben Zwecke muß jedoch mindestens 37 kg Zugfestigkeit bei 20 % Dehnung aufweisen. Diese Unterschiede zeigen sich bei allen Verwendungen dieser beiden Eisensorten.

Die Verdrängung des Schweißeisens durch das Flußeisen ist nur noch eine Frage der Zeit, langsam aber sicher bricht sich das Flußeisen Bahn, und es wird im Kampfe gegen das Schweißeisen nicht nur durch seine höheren Festigkeitseigenschaften, sondern auch durch niedrigere Gestehungskosten wesentlich unterstützt. Wenn trotzdem die Verwendung des Schweißeisens sich immer noch in ganz beträchtlichem Umfange erhalten hat, so liegt der Grund nur in der bisher ungenügenden Kenntnis der Arbeitseigenschaften des Flußeisens. Schweißeisen ist im allgemeinen leichter schweißbar und leichter schmiedbar als Flußeisen, es wird durch Überhitzung nicht leicht verdorben, verlangt bei der Verarbeitung keine so große Sorgfalt wie das Flußeisen, weshalb es natürlich vom Arbeiter den Vorzug erhält. In dem Flußeisen trat nun ein ganz neues Material auf, das wesentlich andere Eigenschaften und abweichendes Verhalten bei der Verarbeitung aufwies, als das bisher gebräuchliche Material. In der Schwierigkeit der Anpassung des Konsumenten an die Eigenschaften des neuen Flußmetalles liegt noch ein großes Hindernis, das der raschen Verbreitung des Flußeisens im Wege steht. Sobald jedoch überall die Erkenntnis sich Bahn gebrochen hat, daß das Flußeisen bei vorsichtiger und abweichender Behandlung dem Schweißeisen weit überlegen ist, wird das letztere als Massenfabrikat aus den Erzeugnissen der Eiseninduftrie verschwinden.

Das reinfte Eisen besitzt nur eine mäßige Festigkeit, dagegen ist die Zähigkeit desselben höher als des mit Fremdkörpern belasteten Eisens. Im allgemeinen wird die Festigkeit des Eisens durch Zufuhr von Fremdkörpern gesteigert und wächst mit steigendem Gehalte an diesen Fremdkörpern bis zu einem gewissen Festigkeitsmaximum, um, wenn dieses erreicht ist, bei weiterer Zufuhr an Fremdkörpern wieder rapide zurückzugehen. Die Hauptrolle spielt auch hier der Kohlenstoff, welcher dem Eisen bei etwa 1 % die höchste Festigkeit erteilt, jedoch ist die Zähigkeit eines solchen Materials äußerst gering. Weniger einschneidend wirkt das Silicium und das Mangan, alle diese Fremdkörper rufen ebenso wie Chrom, Wolfram und Molybdän neben einer Steigerung der Festigkeit auch eine Abnahme der Zähigkeit hervor. Durch Zusatz von Nickel ist es jedoch neuerdings gelungen, dem Eisen einen Körper zuzuführen, der in Zusätzen von etwa 2—5 % die Festigkeitseigenschaften beträchtlich steigert, ohne zugleich das Material spröde zu machen. Es beruht hierauf die Anwendung des Nickelstahles als Material zu Schutz- und Trutzwaffen. Kupfer, Schwefel, Arsen, Antimon und Sauerstoff sind nicht gern

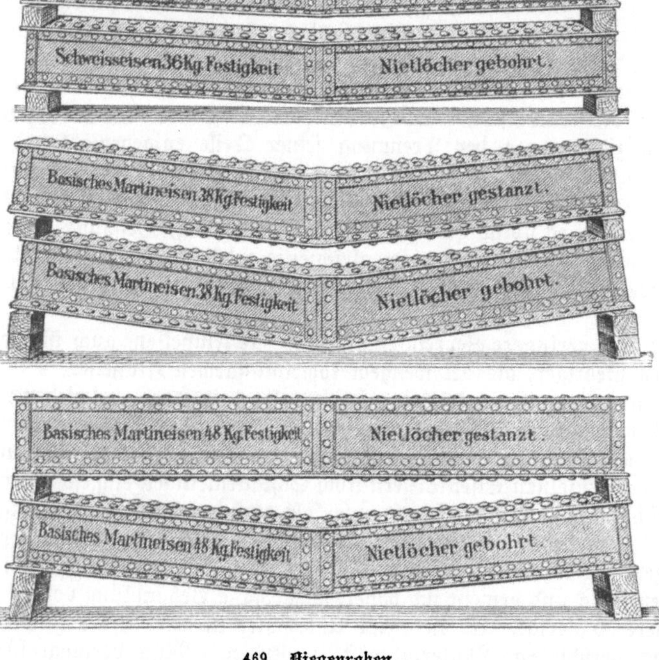

469. Biegeproben.

gesehene Begleiter des Eisens, da von denselben nur eine Verschlechterung zu erwarten ist.

Durch mechanische Bearbeitung wird immer eine Steigerung der Festigkeitseigenschaften hervorgerufen, geschieht dieselbe in niedriger Temperatur, so wird die Zähigkeit abgemindert, welche durch Ausglühen wieder hervorgerufen werden kann. Wird jedoch die Verdichtung des Materials in Rotglut vorgenommen, geschieht also die Querschnittsverminderung des Eisens durch Schmieden, Pressen oder Walzen, so hat dies eine Steigerung der Festigkeit sowohl als auch der Zähigkeit zur Folge. Hierin liegt die Thatsache begründet, daß durchschnittlich ein und dasselbe Material eine höhere Festigkeit und Zähigkeit aufweist, je kleiner der Querschnitt ist, auf welche dasselbe bei der mechanischen Verarbeitung gebracht wurde; ebenso weisen die verschiedenen Stellen des Querschnittes eine verschiedene Festigkeit auf, je nachdem dieselbe am Rande oder in der Mitte des Materials gemessen wird. An letzterer Stelle ist dieselbe immer am geringsten, da die Wirkung der Arbeitswerkzeuge hier am geringsten war und infolgedessen hier die geringste Verdichtung der Eisenmoleküle stattfindet.

Wird härtbares Eisen, also Stahl abgelöscht, so ist dies immer mit einer bedeutenden Steigerung der Festigkeit auf Kosten der Zähigkeit begleitet, das Material wird in hohem Maße spröde, ebenso können durch Ausglühen gegossener oder geschmiedeter Arbeitsstücke die Festigkeitseigenschaften geändert werden. Bei gegossenem sogenannten Stahlformgußstück wird sowohl Festigkeit, als auch Zähigkeit durch Ausglühen in Kirschrotglut gesteigert, es werden hierbei die beim Gießen entstandenen Spannungen behoben. Wird dagegen ein durch mechanische Bearbeitung in niedriger Temperatur spröde gewordenes Material dem Ausglühen unterworfen, so findet immer eine Abnahme der Festigkeit statt, während die Zähigkeit sich bedeutend steigert. Man hat früher vielfach der Meinung gehuldigt, daß durch wiederholte zahlreiche Erschütterungen das Eisen an Festigkeit und Zähigkeit Ein=

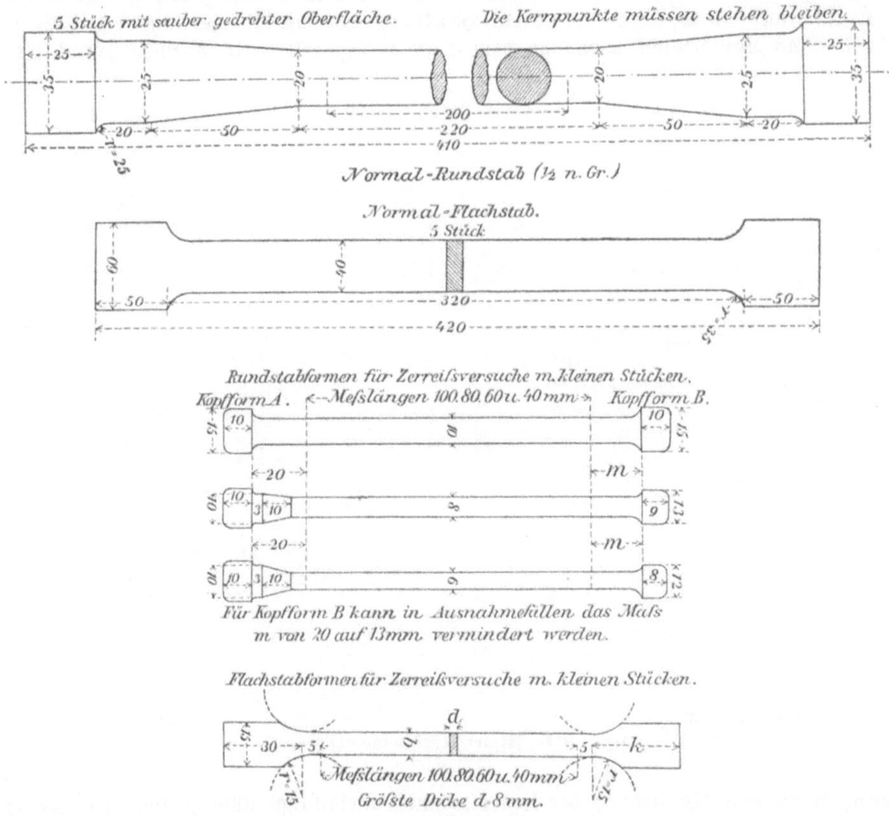

470. Probestäbe.

buße erleidet, eine Ansicht, wodurch jahrelang dem Eisen ein gewisses Mißtrauen als Konstruktionsmaterial entgegengebracht wurde. Durch neuere eingehende Versuche hat sich jedoch diese Auffassung als irrig erwiesen.

Die Prüfung des schmiedbaren Eisens. Dieselbe wird auf den Hütten un= mittelbar nach der Herstellung einer Charge vorgenommen, und dadurch werden sofort wichtige Anhaltspunkte über die Eigenschaften des vorliegenden Materials gewonnen. Ein Stück des zu prüfenden Eisens wird unter einem kleinen Schnellhammer der Schmiede= probe unterworfen, indem es in Hellrotglut teils in der Breiten= teils in der Längen= richtung gestreckt wird, ohne daß hierbei Kantenrisse auftreten dürfen. Das ausgeschmiedete Material wird bandartig übereinander gelegt, oder auch über einen Dorn um 180° ge= bogen, gelocht u. s. w. Nach dem Verhalten bei diesen Proben wird auf die Güte des Materials geschlossen (Abb. 469). Eine ausgedehntere Anwendung hat die Vornahme von Zerreißversuchen gefunden. Wollte man ganze Gebrauchsgegenstände, wie Schwellen,

Schienen, Laschen u. s. w., dem Zerreißen unterwerfen, so würden hierzu riesige Maschinen
erforderlich sein. Man begnügt sich daher damit, einen Teil solcher Gebrauchsstücke in
Gestalt von Rund- und Flachstäben (s. Abb. 470) abzutrennen und diese auf ihre Festigkeit
zu untersuchen. Eine hierzu dienende Materialprüfungsmaschine ist in Abb. 471 abgebildet. Die Mutter der aufwärtsziehenden Kraftschraube ist an dem oberen Ende des
starken Maschinengestells drehbar gelagert und bildet die Nabe eines Stirnrades, welches
durch Vorgelege mit Schneckenrad entweder von Hand- oder durch Riemenzug betrieben
werden kann. Die durch Handbetrieb zu erreichende größte Belastung beträgt 30 000 kg,
durch Riemenbetrieb kann dieselbe bis auf 50 000 kg gesteigert werden. Die erzeugten
Belastungen werden durch eine Hebelwage gemessen, welche mittels geeigneter Einspann-
vorrichtung durch den Probestab mit dem unteren, am Maschinengestell geführten Kopf
der Kraftschraube verbunden ist. Diese Hebelwage hat ein Übersetzungsverhältnis von
1 : 200. Das Laufgewicht wird von dem Ende des Hebels mittels einer Spindel ver-

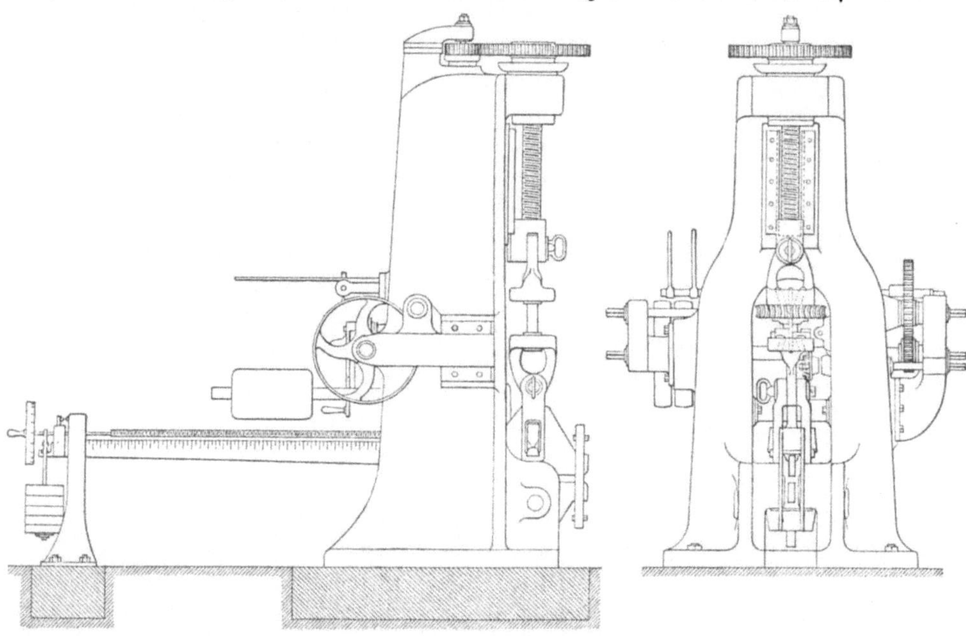

schoben, wobei eine Umdrehung der letzteren einem Belastungszuwuchs von 500 kg entspricht. Kleine Abstufungen in der Belastung bis zu 25 kg werden an einer Trommel
als Teile der Spindelumdrehung abgelesen. Nach dem Zerreißen zeigen die Probestücke
an der Zerreißstelle eine Zusammenschnürung, Kontraktion, wie die Abb. 473 zeigen. Die
erhaltenen Resultate werden auf den Quadratmillimeter als Einheit in Kilogramm angegeben, ebenso wird die stattgehabte Querschnittsverjüngung und die Längung, Dehnung
in Prozenten ausgedrückt. Bei der Dehnungsangabe legt man stets eine Länge des Ver-
suchsstabes von 200 mm zum Messen zu Grunde. Diese Versuchsergebnisse können, da
die Kräfte der Zerreißmaschine langsam wirken, nur für solche beim Gebrauche des Eisens
auftretende Beanspruchungen maßgebend sein, die gleichfalls nur allmählich auftreten. Erfolgt jedoch die Beanspruchung des Materials plötzlich, so wird an Stelle der Zerreißprobe
die Schlagprobe gesetzt, bei welcher es in den meisten Fällen möglich ist, ganze Gebrauchsstücke zum Versuche heranzuziehen. Zur Ausführung des Versuches bedient man sich der
Fallwerke, welche aus einer festen zweiteiligen Unterlage bestehen, auf der das Probestück
mit seinen beiden Enden aufruht. Zwischen Führungen ist ein Fallklotz beweglich, der
mit seiner stumpfen Schneide an der Unterseite aus einer gemessenen Höhe auf den zu

prüfenden Gegenstand fällt. Da man das Gewicht desselben kennt, so läßt sich die Ar=
beitsleistung, welche das Versuchsobjekt auszuhalten hat, leicht berechnen. Man läßt den
Fallbär von verschiedener Höhe niederfallen, bestimmt nach dem jedesmaligen Schlag die
Einbiegung des Probestückes und steigert allmählich die Fallhöhe, bis Bruch erfolgt, wobei
man sich die Anzahl der Schläge, sowie die Fallhöhe derselben notiert. Ebenso werden
Biegeversuche mit ganzen Gebrauchsgegenständen vorgenommen, wobei man den Winkel
mißt, um welchen sich das Material biegen läßt, ohne daß ein deutlicher Bruch an der
Biegestelle auftritt. Als weitere Proben dienen noch die Schweißprobe und die Härtungs=
probe. Bei der Schweißprobe werden zwei Enden des Materials zusammengeschweißt,
das Verhalten des Materials hierbei beobachtet, das zusammengeschweißte Stück auf seine
Zerreißfestigkeit geprüft und die erhaltenen Zahlen mit solchen, die mit ungeschweißtem
Materiale derselben Herkunft erhalten wurden, verglichen. Die Härtungsprobe dient
zum Nachweis, ob sich das Material überhaupt härten läßt oder nicht. Nach dem Ab=
schrecken bestimmt man den Härtegrad; ebenso wird die Naturhärte des Materiales vor dem
Versuche bestimmt.

Die chemische Untersuchung ist bei den engen Beziehungen zwischen der chemischen
Zusammensetzung und dem physikalischen Verhalten überall unbedingt erforderlich, wo
man sich ein klares Bild von den Eigen=
schaften einer bestimmten Eisensorte ver=
schaffen will. Ebenso unerläßlich ist
dieselbe zur Kontrolle des Betriebes und
zur Aufdeckung der Ursachen von Miß=
erfolgen; die chemische Untersuchung hat
sich aus diesen Gründen im Laufe der
letzten Jahrzehnte in Eisenhüttenbetrieben
immer mehr und mehr eingebürgert, und
ein Stab zahlreicher wissenschaftlich gebil=
deter Chemiker ist auf den größeren Hütten=

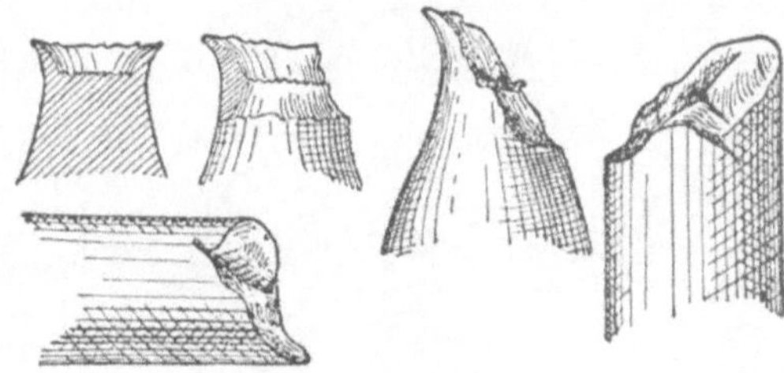

473. Zerreißproben.

werken Deutschlands thätig, um fortlaufend die Erzeugnisse des Betriebes einer eingehenden
Untersuchung zu unterziehen, so daß sich die Zahl der an einem Tage in einem Hütten=
laboratorium ausgeführten Proben oft auf mehrere Hundert beläuft.

Verfahren zur Erzeugung des schmiedbaren Eisens.

Im geschichtlichen Teile wurde bereits ausgeführt, daß die Darstellung des schmied=
baren Eisens unmittelbar aus seinen Erzen, das Rennen, das älteste und bis zur Er=
zeugung im Hochofen allein ausgeführte Verfahren war. Das Rennfeuer entstand aus
einem Haufen Holzkohlen, dessen Glut durch einen Blasebalg angefacht war und das man
zur besseren Wärmeausnutzung mit einer Umfassung umgab. Das Erz wird zwischen den
Kohlen niedergeschmolzen und dabei teilweise reduziert. Die nach Beendigung der Arbeit
vom Boden losgebrochenen Klumpen nannte man Deul oder auch Luppe, und dasselbe
bestand aus mehr oder weniger kohlenstoffhaltigem, mit Schlacken durchsetztem Material,
das während der nächsten Hitze ausgeschmiedet wurde. In Abb. 474 ist eine solche
Schmelzhütte abgebildet; A ist der Schmelzofen, welcher unter einer Esse steht, über dem
Herd des Ofens ist der Kohlenhaufen sichtbar, dessen Glut der Meister mit dem Hebel B,
welcher mit dem Schützen verbunden ist, reguliert, mit der rechten Hand schiebt derselbe
einen Luppenstab von der vorherigen Schmelzung zum Anheizen in das Feuer. Die
gebildete Schlacke fließt aus dem Schlackenloch C, während das reduzierte Eisen auf dem
Boden des tiegelartigen Ofens zusammenschweißt und die gebildete Luppe E nach dem
Wegräumen der Kohlen aus dem Feuer gehoben, mit hölzernen Hämmern abgeklopft
wird, um sodann mittels des Setzeisens I in Kolben F zerteilt zu werden. Diese Kolben
werden in der nächsten Schmelzhitze ausgeheizt und unter dem Hammer zu Luppenstäben G
ausgeschmiedet, die dann weiter verarbeitet werden.

Sobald es sich jedoch um das Ausschmelzen von schwer schmelzbaren unreinen Erzen
handelte, genügten die Rennfeuer nicht mehr, und man ging dazu über, die Wände der=

selben zur Vorwärmung und zum längeren Verweilen des Erzes zu erhöhen, woraus nach und nach aus den Rennfeuern die Stücköfen wurden. Der Betrieb geschieht in der Weise, daß der Ofen bis zu entsprechender Höhe mit Holzkohlen gefüllt wird, worauf man eine Lage Erz gibt, sodann in abwechselnden Lagen Kohlen und Erze. Das Gebläse wird angelassen und Erz aufgegeben, bis unten Schmelzung stattfindet, worauf man mit dem Aufgichten aufhört, die Beschickung niederbläst, um den entstandenen Klumpen schmiedbaren Eisens, Stück oder Wolf genannt, bei kleinen Öfen mit der Zange aus dem Ofen herauszuholen, während man bei höheren Öfen die Brust des Ofens aufbricht, um den Wolf

474. Schmelzhütte im 16. Jahrhundert. Nach Agricola.

herauszuholen, worauf derselbe unter dem Hammer weiter verarbeitet wird. Ein solcher Stückofen, von dem Agricola die in Abb. 475 reproduzierte Darstellung gibt, wird mit Kohlen und gepochtem Erz gefüllt. A ist der Ofen, B das Setzeisen, mit welchem der Wolf in einzelne Stücke gehauen wurde, welche sodann von neuem in einem besonderen Herde ausgeheizt und ausgeschmiedet wurden. Die Brust des Ofens, welche zum Herausholen des Stückes nicht mit großen Mauersteinen ausgesetzt, sondern nur mit Lehm oder Lehmsteinen verschlossen war, um am Ende jeder Schmelzung bequem aufgebrochen werden zu können, ist in der Abbildung deutlich sichtbar.

Der Stückofenbetrieb ist in Europa so ziemlich ausgestorben, nur in holzreichen Gegenden Finnlands hat derselbe neuerdings wieder eine ziemliche Anwendung durch die Einführung eines neuen Stückofens gefunden, bei welchem der Herd auswechselbar eingerichtet ist, so daß, nachdem ein möglichst großer Klumpen Eisen reduziert ist, der Herd ausgefahren und ein neuer an dessen Stelle gesetzt wird. Es ist durch diese Einrichtung ein ununterbrochener Betrieb erreicht, wodurch die Wirtschaftlichkeit des Verfahrens wesentlich gesteigert wird.

Das erfolgte schmiedbare Eisen wird jedoch nicht direkt zu Handelseisen ausgeschmiedet, sondern wandert erst in den Martinofen, wo es geschmolzen und von eingeschlossenen Schlacken befreit wird.

Der Frischprozeß.

Nach der Umwandlung des Stückofens in den Hochofen, in welchem man ein flüssiges Produkt als Resultat des Betriebes erhielt, handelte es sich darum, dieses flüssige Roheisen, welches anfänglich nur zur Gußwarendarstellung diente, während das schmiedbare Eisen noch auf die ursprüngliche Weise gewonnen wurde, in schmiedbares Eisen überzuführen. Die Darstellung des schmiedbaren Eisens durch ein oxydierendes Schmelzen des Roheisens in Herden oder der Frischprozeß entstand nun nicht auf einmal als fertige Erfindung, sondern bildete sich im Laufe der Jahre nach längst bekannten Erfahrungen heraus. Wie wir bei der Stückofenarbeit gesehen haben, wurde das erfolgte Stück in kleine Stücke (Deule) behufs bequemerer Weiterverarbeitung, zerhauen, welche in besonderen Herden angeheizt und dann unter dem Hammer weiter verarbeitet wurden. Wenn nun auch mit dieser Operation ursprünglich nur ein Ausheizen des Luppenstückes beabsichtigt war, so ergab sich hierbei doch von selbst eine Verbesserung des unreinen Produktes, die ungaren Teile wurden entkohlt, das heißt gefrischt, die ganze Masse wurde gleichmäßiger und reiner. Dabei machte man bald die Erfahrung, daß man Stahl oder Schmiedeeisen in denselben Herden aus demselben Material erhalten konnte, je nach der Auswahl der Luppe und der Art des Ausheizens. Man machte in den Alpenländern die Erfahrung, daß man einen vorzüglichen Stahl bereiten konnte, wenn man von dem beim Stückofenbetrieb oft mitfallenden Roheisen in dem Herde einschmolz und den Deul dann in diesem Bade von kohlenstoffreichem Eisen verfrischte. So vollzog sich allmählich der Übergang von dem Reinigen des Eisens durch Ausheizen in einem Herd zu der Darstellung des schmiedbaren Eisens aus Roheisen, dem Frischen. Der Vorgang wurde Frischen im Deutschen genannt, weil dieser Bezeichnung die Auffassung zu Grunde lag, daß etwas Verdorbenes — das Roheisen — wieder frisch gemacht werden mußte.

Das Wesen des Frischprozesses ist eine Reinigung durch oxydierendes Schmelzen, wobei in erster Linie der Überschuß an Kohlenstoff, außerdem aber auch die im Roheisen enthaltenen sonstigen Beimengungen wie Mangan, Silicium, Phosphor u. s. w. entfernt werden sollen. Als Oxydationsmittel dient atmosphärische Luft, sowie der Sauerstoff der gebildeten eisenoxydulreichen Schlacken.

475. Stückofen im 16. Jahrhundert. Nach Agricola.

Von den Begleitern des Eisens wird in erster Linie das Silicium oxydiert, welches mit dem entstehenden Manganoxydul und Eisenoxydul eine leicht schmelzbare Schlacke bildet. Obwohl das Eisen viel weniger leicht oxydierbar ist, als das Silicium und das Mangan, so unterliegt es doch von vornherein der Einwirkung des Sauerstoffes, weil es in überwiegendem Maße vorherrscht. Die anfänglich ziemlich saure Schlacke wird im weiteren Verlaufe des Frischprozesses durch fortschreitende Bildung von Eisenoxydul immer basischer und strengflüssiger. Gleichzeitig steigert sich aber auch die Schmelztemperatur des von Silicium und Magan gereinigten Roheisens, das Gebläse muß, um den Prozeß nicht zu unterbrechen, stärker angelassen werden, so daß der bis jetzt noch unverbrannte Kohlenstoff in kurzer Zeit fast vollständig oxydiert wird, wobei der Sauerstoff des Eisenoxyduls der Schlacke als kräftiges Oxydationsmittel wirkt, unter gleichzeitiger Reduktion des letzteren zu Eisen. Der Phosphor wird schon anfänglich im Verlaufe des Prozesses oxydiert; sobald die Schlacke durch steigende Zufuhr von Eisenoxydul basisch geworden ist, wird dieselbe befähigt, den abgeschiedenen Phosphor aufzunehmen.

Als Brennstoff können beim Frischfeuerbetrieb nur Holzkohlen Verwendung finden, Koks würde seinen Schwefelgehalt an das Eisen abgeben und dasselbe rotbrüchig machen. Die Umwandlung des Eisens erfolgt, indem man dasselbe tropfenweise vor dem Gebläse niederschmilzt, wobei der Sauerstoff der Gebläseluft die Fremdkörper des Eisens oxydiert, und man dieses Verfahren so oft wiederholt, bis ein Produkt von gewünschter Beschaffenheit erhalten wird. Von der Zusammensetzung des Einsatzes, sowie von der Natur des erhaltenen Produktes hängt es ab, wie oft vor der Form niedergeschmolzen werden muß.

Diese geschilderten Eigentümlichkeiten des Frischfeuerbetriebes haben in mancher Beziehung verschiedene Vorteile, welche es bedingen, daß man heutzutage, wo doch auf viel

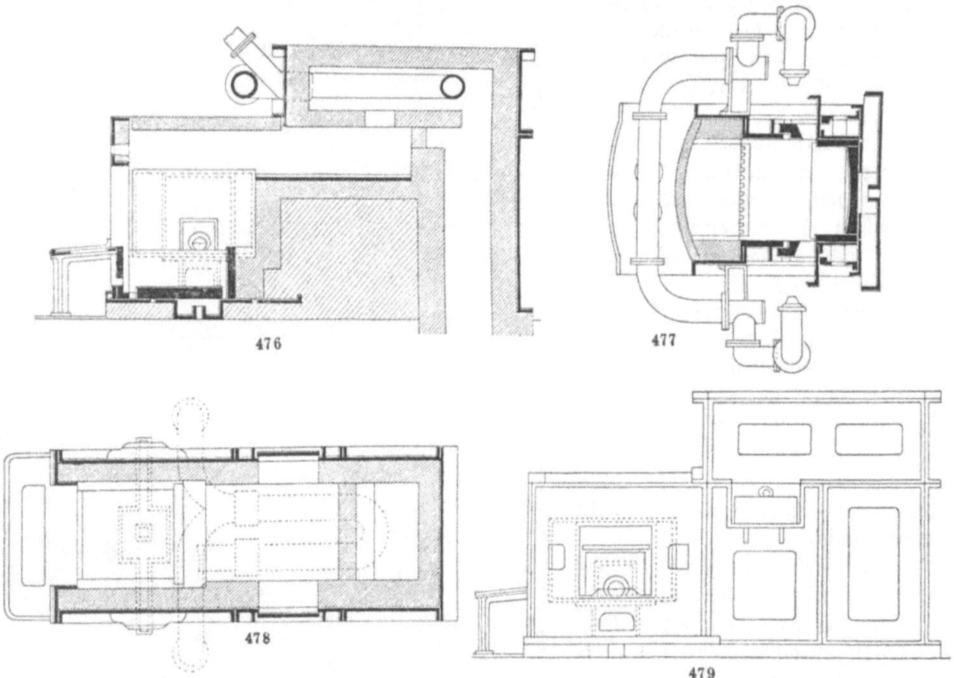

476-479. Modernes Frischfeuer.

billigere Weise bedeutende Mengen Schmiedeeisen gewonnen werden können, doch noch in manchen holzreichen Gegenden am Frischfeuerbetrieb festgehalten hat. Je kleiner die Menge des Schweißeisens ist, die auf einmal bei einem Prozesse erfolgt, desto gleichartiger ist dasselbe in seiner Beschaffenheit, desto geringer aber auch die Schlacke, welche im Materiale eingeschlossen bleibt. Außerdem kommt noch der Umstand in Betracht, daß die Temperatur bei dem Prozeß sehr hoch ist, die Schlacke demgemäß sehr leicht ausschmilzt. Das Frischfeuereisen zeichnet sich aus diesem Grunde vor dem im Puddelofen erfolgten Materiale durch vorzüglichere Arbeitseigenschaften aus, so daß namentlich Stahl sowohl, als auch das Material für feine Bleche u. s. w. noch im Frischfeuer hergestellt wird.

Das Frischfeuer besteht aus einer Grube, die am Boden und an den Wänden mit eisernen Platten eingefaßt ist. Die Seitenplatten heißen in Deutschland Zacken, und man unterschied je nach der Lage derselben den Vorder=, Arbeits= oder Schlackenzacken, der Arbeitsseite gegenüber liegt der Aschenzacken, die Eisenplatte der Formseite heißt der Formzacken, während der Gicht= oder Windzacken der Formseite gegenüber liegt. In dem Schlackenzacken ist entweder eine große Öffnung zum Abfluß der Schlacke angebracht, oder

es sind in demselben mehrere übereinander liegende Öffnungen zu diesem Zwecke vor=
handen. Die Windform bei den Frischfeuern hatte stets eine mehr oder weniger geneigte
Lage, welche man das Stechen der Form nannte, die Form oder das Eßeisen war aus
Kupfer.

Ein neueres schwedisches Frischfeuer ist in Abb. 476—479 abgebildet. Die Wände
des Feuers sind mit Eisenplatten eingefaßt, ebenso ist der Boden mit einer solchen belegt,
welche mit Wasser gekühlt werden kann. Zum Ablassen der Schlacken enthält der Vorder=
zacken eine Öffnung. Der Wind tritt über den Rand des Feuers durch zwei Düsen ein.
Es ist in der Abbildung nur die Windleitung, nicht aber die Düsen sichtbar; bei den
älteren Frischfeuern arbeitete man nur mit einer Düse, während man in Schweden zur
Beschleunigung des Prozesses deren Anzahl oft bis auf drei erhöhte. Die entweichenden
Gase werden über den Vorwärmeherd geleitet, auf welchem der nächste Einsatz vor dem
Schmelzen angewärmt wird, sodann wird die Wärme derselben ausgenutzt, um den Ge=
bläsewind vorzuwärmen. Die Einrichtung ist derart, daß man sowohl mit warmem als
auch mit kaltem Wind blasen kann. Soll letzteres geschehen, so verbindet man den Vor=
wärmeherd direkt mit dem Fuchs, worauf die Verbrennungsgase, ohne in die Wind=
erhitzungskammer einzutreten, unmittelbar nach der Esse abziehen. Ein solches Frischfeuer
liefert je nach der Größe des Einsatzes und der Qualität des Produktes wöchentlich etwa
7—10 t schmiedbares Eisen mit einem Aufwand von etwa 1000 kg Brennmaterial pro
Tonne Fertigprodukt.

Der Puddelprozeß.

Mit der Erfindung der Dampfkraft und dem Aufblühen der Industrie in England
am Ende des vorigen Jahrhunderts wurde der Bedarf an schmiedbarem Eisen immer
größer, während sich die Wälder infolge des großen Verbrauchs an Holzkohlen mehr und
mehr lichteten, so daß zahlreiche vergebliche Versuche gemacht wurden, den Frischprozeß
im Herde mit Steinkohlen als Brennmaterial durchzuführen. Alle diese Versuche scheiterten
jedoch daran, daß man die Steinkohlen im Herdfrischofen mit dem erhaltenen Eisen in
direkte Berührung brachte, wodurch dasselbe reichlich Gelegenheit hatte, den in den Stein=
kohlen immer enthaltenen Schwefel aufzunehmen, und das erfolgte schmiedbare Eisen
infolge des hierdurch verursachten Rotbruches untauglich war. Erst als im Jahre 1788
der Engländer Cort den Flammofen, welcher zum Schmelzen größerer Mengen Bronze
schon längst bekannt war, als Frischapparat in Verwendung brachte, war man dem Ziele,
Steinkohle als Brennmaterial zum Frischen zu verwenden, um ein bedeutendes Stück
näher gekommen. Bei dem Flammofen wird der Brennstoff auf einem seitlich vom Herde
befindlichen Roste verbrannt, die Heizgase ziehen über den Herd hinweg zum Fuchs und
geben hierbei ihre Wärme an das auf dem Herde des Ofens befindliche Material ab.
Eine direkte Berührung des Metalles mit dem Brennstoff ist hierbei ganz ausgeschlossen,
da der Brennstoff auf dem Roste von dem Herde, wo sich das flüssige Metall befindet,
durch die Feuerbrücke getrennt ist. Cort hatte jedoch mit seinem Ofen keinen durch=
schlagenden Erfolg erzielt, da er den Flammofen unverändert von dem Metallschmelzen
übernommen hatte. Die Ausfütterung des Herdes bestand bei seinem neuen Ofen eben=
falls aus kieselsäurereichem Materiale, es konnte sich auf demselben die zur Durchführung
des Prozesses nötige basische Schlacke nicht bilden, so daß die Entkohlung nur sehr lang=
sam vor sich ging, da die Oxydation des Kohlenstoffes hierbei von dem Sauerstoff der
Verbrennungsgase erfolgen mußte, nicht aber wie beim Herdfrischen der Sauerstoff des
Eisenoxyduls der Schlacke als Oxydationsmittel wirken konnte. Dadurch wurde der
Prozeß sehr verzögert, der Abbrand steigerte sich ungemein, und Cort suchte das Verfahren
zu beschleunigen, daß er das flüssige Eisenbad mit langen eisernen Stangen umrührte,
um dem Sauerstoff immer wieder neue Angriffsflächen zu bieten. Durch diese Manipu=
lation des Umrührens erhielt der Prozeß seine Benennung Puddelprozeß, weil im eng=
lischen to puddle umrühren bedeutet. Der Name des Prozesses ist alsdann auch mit der
englischen Bezeichnung ins Deutsche übergegangen. Jedoch war erst noch eine wesentliche
Veränderung des Herdes vorzunehmen, ehe das neue Verfahren mit Aussicht auf Erfolg

den Kampf gegen die alte mit Holzkohlen betriebene Herdfrischmethode aufnehmen konnte.
Erst nachdem der Herd des Ofens, sowie die Begrenzungen desselben, die Herdwangen,
aus Eisen hergestellt waren, welche mit einem Überzug aus Hammerschlag versehen
wurden, waren die Bedingungen erfüllt, welche zu einer raschen und vollständigen Ent=
kohlung des Eisenbades nötig waren. Es konnte sich auf diesem basischen Herde eine
saure Schlacke nicht bilden, das Herdfeuer sowie das oxydierte Eisen enthielten reichlich
Sauerstoff, welcher als Oxydationsmittel für den Kohlenstoff dienen konnte. Die Dauer
des Verfahrens wurde dadurch wesentlich abgekürzt und infolgedessen der Abbrand an
Metall auf ein Mindestmaß reduziert, so daß der Prozeß sich bald allgemein in England
verbreitete und von hier aus auf den Kontinent überging. Im Anfange verstand man
jedoch nur, welches schmiedbares Eisen auf dem Herde des Flammofens herzustellen, und
erst im Jahre 1835 gelang es dem Altmeister der österreichischen Eisenhüttenkunde

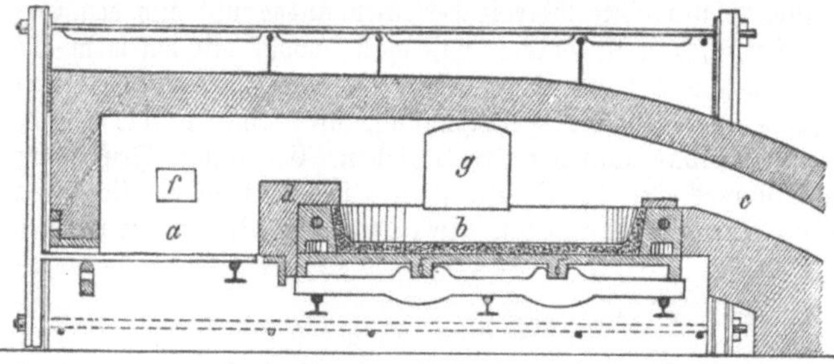

480a. **Puddelofen.** Durchschnitt.

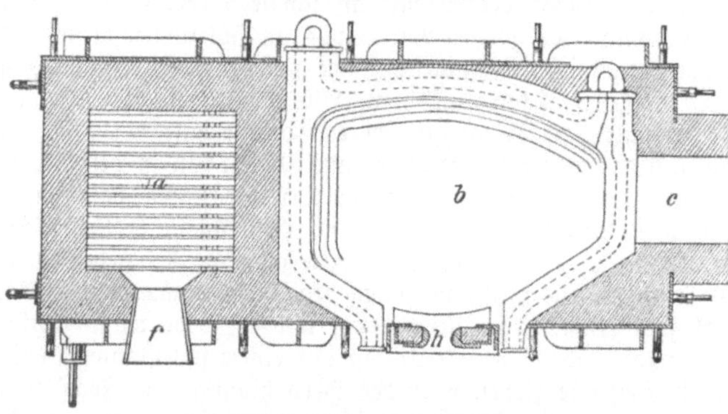

480b. **Puddelofen.** Horizontalschnitt.

Tunner in Kärnten, wo
die Bedingungen hierfür
sehr günstig lagen, auch
Stahl im Puddelofen her=
zustellen. Die eigentliche
Ausbildung dieses Ver=
fahrens geschah jedoch auf
einigen westfälischen Wer=
ken zu Limburg an der
Lenne, Haspe, Hörde
u. s. w., welche Werke auf
der im Jahre 1851 statt=
findenden Weltausstel=
lung zu London berech=
tigtes Aufsehen durch
ihren Puddelstahl er=
regten.

Der Puddelprozeß
jedoch, welcher vor 100
Jahren die Welt so in
Erstaunen setzte, ist heute
ein überlebtes Verfahren,
die Mengen, welche in
einem Puddelofen in 24
Stunden erzeugt werden
können, halten einen Ver=

gleich mit den in der Birne nach dem Bessemerverfahren erzeugten Quantitäten nicht aus.
Der Puddelofen. Der Puddelofen ist, wie schon erwähnt, ein Herdflammofen, er
gehört zu den zweiräumigen direkt wirkenden Öfen und besteht in der Hauptsache aus dem
Roste a (Abb. 480), auf welchem das flammende Brennmaterial verbrennt, und dem Herde b,
auf welchem das Eisen verflüssigt wird. Der Rost hat rechteckigen Grundriß, während der
Herd so geformt ist, daß er sich nach dem Fuchse c zu etwas verengt und überall mit den
Arbeitswerkzeugen von der Arbeitsöffnung aus bestrichen werden kann. Rost und Herd sind
durch die Fuchsbrücke d voneinander getrennt. Die Sohle des Herdes wird aus drei
Eisenplatten gebildet, welche von Pfeilern oder eisernen Balken getragen werden und
unten frei zugänglich sind, damit die Luft zwecks Kühlung dieser Platten zutreten kann.
Die Begrenzung des Herdes erfolgt durch das Herdeisen c, das im Inneren hohl ist und
aus drei Teilen besteht, welche an der Hinterseite des Ofens durch Rohrkrümmer verbunden
sind, so daß vorn an der Arbeitsseite des Ofens Wasser in das Herdeisen eintreten kann
und, nachdem es das ganze Herdeisen durchlaufen und gekühlt hat, wieder vorn aus=
treten kann. Die Feuerbrücke und der ihr gegenüber liegende Teil der Fuchsbrücke
sind gerade und parallel angeordnet, das Herdeisen ist hier durch eine Steinlage bedeckt.

481. Puddelofen und Hammer der Kruppschen Fabrikanlagen in Essen.

Hinten und vorn sind auf dem Herdeisen Mauern aus feuerfesten Steinen aufgeführt, das Ganze wird durch ein von der Arbeitsseite des Ofens nach der Hinterseite desselben etwas geneigtes Gewölbe überspannt, das sich nach der Fuchsbrücke niederzieht. Die Verengerung des Herdes zum Fuchs und das Niederziehen des Gewölbes nach dieser Seite hin hat den Zweck, den Gasen im Ofen, der durch die an der Arbeitsthür einströmende Luft abgekühlt wird, eine größere Geschwindigkeit zu geben, weil mit der Menge der Gase, welche in einem gewissen Zeitraume einen bestimmten Querschnitt durchziehen, die Wärmeabgabe an das hier befindliche flüssige Eisen wächst. Da der freie Querschnitt des Ofens sich nach dem Fuchse zu verjüngt, so wird die Gasmenge, welche schon einen Teil ihrer Wärme verloren, eine größere Geschwindigkeit annehmen, wodurch eine gleichmäßige Erhitzung des ganzen Ofeninhaltes erreicht werden soll.

In der Arbeitsthür, welche nur während der Beschickung des Ofens mit Roheisen geöffnet ist, befindet sich eine kleine Öffnung h, die zum Einführen der Arbeitswerkzeuge, des Gezähes, während der Ausführung des Prozesses dient.

Die Thür ruht auf einer eisernen Schwelle, der Schaffplatte, unter derselben befindet sich eine Öffnung zum Ablassen der Schlacke.

Vor dem Einbringen einer neuen Charge, welche bei gewöhnlichen Öfen etwa 250—300 kg beträgt, wird das Feuer im Ofen gedämpft und der Herd durch vorsichtiges Einspritzen von Wasser abgekühlt, nun werden einige Schaufeln Eisenhammerschlag und gare Puddelschlacke in den Ofen gebracht und dieses Gemenge durch Verstärkung des Feuers bei geschlossener Thür in teigigen Zustand versetzt. Die Masse wird mit dem Rührhaken auf der Sohle des Herdes und den Wänden gleichmäßig ausgebreitet, so daß der Herd eine glatte Oberfläche bekommt. Der Einsatz aus Roheisen wird jetzt eingebracht und das Einschmelzen bei starker Hitze unter möglichstem Abschluß der Luft vorgenommen. Die Arbeitsthür ist niedergelassen und die Arbeitsöffnung in derselben durch ein vorgesetztes Blech und Kohlen ebenfalls möglichst luftdicht verschlossen. Nach etwa 25 bis 30 Minuten ist der Satz zum Schmelzen gekommen, worauf mit dem Aufstechen des Eisens begonnen wird. Die unten befindlichen Teile werden nach oben gebracht, damit sie ebenfalls der verflüssigenden Wirkung der Feuergase ausgesetzt werden. Schon während des Einschmelzens üben die Feuergase, welche an oxydierenden Bestandteilen, Sauerstoff und Kohlensäure, reich sind, chemische Wirkungen auf den Einsatz aus. Das Silicium, welches namentlich dann in größeren Mengen anwesend ist, wenn graues Roheisen zur Verwendung gelangt, wird oxydiert und geht als Kieselsäure in die Schlacke. Da aber die Schlacke das geschmolzene Eisen bedeckt und der Wirkung der Feuergase entzieht, so ist es jetzt die Aufgabe des Puddlers, das Eisenbad durch Rühren mit dem Haken zu bearbeiten. Der Haken wird durch die Öffnung in der Arbeitsthür eingeführt und am Fuchs beginnend in strahlenförmigen Furchen an den Herdwänden hin und zurück gezogen (Abb. 481). Durch Erniedrigung der Temperatur und fortschreitende Oxydation des Eisens ist die Schlacke dickflüssiger geworden, so daß sie das durch das Rühren freigelegte Eisen nicht sofort wieder bedeckt, weshalb eine energische Einwirkung auf das Metall stattfinden kann. Diese erste Periode, in der hauptsächlich das Silicium und ein Teil des Mangans neben Phosphor verbrennt, nennt man die Feinperiode, welche einen um so größeren Umfang annimmt, je größer der Siliciumgehalt des Einsatzes ist. Wird ein siliciumarmes Material gefrischt, so verbrennt auch schon im Anfange ein geringer Teil des Kohlenstoffes.

Der Rührhaken ist nun mittlerweile hellglühend und weich geworden, er wird aus dem Bade genommen und in Wasser abgekühlt, während das Rühren des Bades jetzt von einem zweiten Puddler mit einem frischen Haken aufgenommen wird. Die Oxydation wird durch Einwerfen von Garschlacke (Hammerschlag) energisch befördert, der Sauerstoff derselben oxydiert das Mangan und den Kohlenstoff, wobei die Schlacke reduziert wird. Die Oxydation des Kohlenstoffes macht sich dem Auge durch das Entweichen des gebildeten Kohlenoxydgases bemerklich, welches an der Oberfläche des Bades mit bläulicher Flamme zu Kohlensäure verbrennt. Mit der nun vorzunehmenden Steigerung der Temperatur wird die Gasentwickelung immer lebhafter, so daß das ganze Bad aufkocht, der Herd sich bis zum Rande mit flüssiger Schlacke füllt, welche über die Schaffplatte abläuft. Je weiter die Oxydation fortschreitet, desto strengflüssiger wird das Bad, desto schwieriger die Arbeit beim Rühren, allmählich vollzieht sich der Übergang zum schmiedbaren Eisen, die Temperatur im Ofen reicht nicht mehr aus, um den Einsatz flüssig zu halten, die zweite Periode, die Kochperiode, ist zu Ende. Die zuerst nur vereinzelt auftretenden Krystalle von schmiedbarem Eisen vermehren sich, dieselben schweißen aneinander, so daß schließlich das Rühren sehr erschwert wird. Enthält der Einsatz viel Mangan und viel Kohlenstoff, so wird die Kochperiode verlängert, da das Mangan, welches in die Schlacke geht, die Dünnflüssigkeit derselben erhöht, wodurch das Metall beim Rühren der Einwirkung der Feuergase entzogen wird, und eine große Menge Kohlenstoff durch großen Bedarf an Sauerstoff naturgemäß den Prozeß verlängert.

Das Roheisen hat nun eine Umwandlung in schmiedbares Eisen erfahren, jedoch ist die Zusammensetzung des Eisens noch nicht gleichmäßig genug, am Boden des Herdes finden sich noch ungare Teile, welche durch die nun folgende Arbeit, das Aufbrechen und Umsetzen des Ofeninhaltes, vollends gar gemacht werden. Der Rührhaken wird mit der Spitze, einer langen Brechstange, vertauscht, mit welcher der Puddler an dem einen Ende des Herdes beginnend die teigigen Massen aufbricht, umwendet, der Einwirkung der Gase aussetzt und sie schließlich zu einem Haufen zusammenschweißt. Wenn nötig, wird der Haufen wieder zerteilt und das Material noch einmal umgesetzt. Diese Periode wird die Garperiode genannt.

Nachdem das Eisen vollständig gar ist, beginnt die Arbeit des Luppenmachens. Der Haufen wird mit der Spitzstange in 4—6 Teile zerlegt und diese nacheinander auf dem Herde hin= und hergerollt, damit dieselben Kugelgestalt bekommen und einzelne zerstreut auf dem Herde liegende Eisenteilchen mit der Masse zusammengeschweißt werden. Die fertigen Luppen werden an der Hinterseite des Ofens aufgestellt und bei geschlossener Thür stark ausgeheizt, um die eingeschlossene Schlacke zu verflüssigen und aus der schwammigen Eisenmasse auszuseigern. Mit einer großen Zange werden jetzt die Luppen bei geöffneter Einsatzthür aus dem Ofen herausgeholt, auf einen geeignet konstruierten Wagen gelegt und unter den Hammer gebracht. Ganz leicht senkt sich zuerst der Hammer, die Schlacke quillt aus seinem Inneren aus allen Poren hervor, rotglühend am Amboß niederrinnend. Allmählich formt sich ein achtkantiger Block, der Hammer verstärkt seine Schläge und die Schlackenteile spritzen gegen die aufgestellten Schirmwände. Nach dem Zängen der Luppe wird dieselbe auf einem Walzwerk zu sogenannten Rohschienen ausgewalzt. Die erhaltenen handbreiten und fingerdicken Rohbarren werden auf einer Maschine durchbrochen und nach dem Bruchaussehen ihre Qualität beurteilt und sortiert.

Zur Darstellung des sehnigen weichen Eisens bedient man sich gewöhnlich des weißen siliciumarmen Roheisens, da die Arbeit hierbei abgekürzt wird, der Prozeß also in wirtschaftlicher Hinsicht durch geringeren Brennstoffaufwand und geringeren Eisenabbrand vorteilhafter durchzuführen ist. Will man jedoch Feinkorneisen, das in seinen Eigenschaften zwischen Stahl und weichem Schmiedeeisen steht, oder gar Stahl puddeln, so setzt man dem Einsatz immer mehr oder weniger graues siliciumhaltiges Eisen zu, weil hierdurch der Prozeß verlangsamt wird und man die Durchführung desselben mehr an der Hand hat. Man darf in diesem Falle die Entkohlung nicht zu weit treiben, der letzte Teil der Arbeit des Puddelns, das Umsetzen, fällt ganz weg, und das Luppenmachen erfolgt, um den Kohlenstoff vor weiterer Verbrennung zu schützen, unter der Schlackendecke. Das Feinkorn oder Stahlpuddeln setzt geübte Arbeiter voraus, da die Erzielung des gewünschten Materials große Übung erfordert.

Der Verlust des Metalls, der Abbrand, bewegt sich zwischen 8—15 %, der Brennstoffverbrauch schwankt zwischen 800—1800 kg auf die Tonne Luppenstücke. Ein Ofen beschriebener Konstruktion macht beim Puddeln auf Feinkorn oder Stahl etwa 10 Sätze, beim Puddeln auf weiches sehniges Eisen etwa 16—18 Chargen in einer Doppelschicht.

Um die Leistungsfähigkeit der Puddelöfen zu vergrößern, hat man mit Erfolg Doppelpuddelöfen in Anwendung genommen. Da die Länge des Herdes sich über ein gewiffes Maß hinaus nicht steigern läßt, weil sonst an der Fuchsbrücke die Temperatur zur erfolgreichen Durchführung des Prozesses zu niedrig wäre, mußte man zur Vergrößerung der Breite der Öfen schreiten. Um aber den ganzen Herd mit den Arbeitswerkzeugen bestreichen zu können, mußten an beiden Wänden des Ofens Öffnungen zum Einführen derselben angebracht werden, wodurch sich die Doppelpuddelöfen von den einfachen Puddelöfen unterscheiden. Zum Heizen der Doppelpuddelöfen wendet man meist Gasfeuerungen an, wobei das Gas in dicht bei dem Ofen liegenden Gaserzeugern dem Ofen zugeführt wird. Die Abgase sind noch so heiß, daß dieselben wie beim einfachen Puddelofen noch zur Heizung eines Dampfkessels, der direkt hinter dem Ofen liegt, verwendet werden können.

Um die einzelnen Chargen rascher aufeinander folgen lassen zu können und den Brennstoffaufwand zu vermindern, ordnet man bisweilen hinter dem ersten Herd einen zweiten Herd, den sogenannten Vorwärmeherd, an, auf welchem sich das demnächst zu verarbeitende Roheisen befindet, während der eine Einsatz fertig gemacht wird. Die Abhitze des Ofens wird nunmehr, ehe sie zum Dampfkessel gelangt, für die Vorwärmung des Roheisens ausgenutzt, zum Verpuddeln schiebt man dasselbe über die Fuchsbrücke auf den eigentlichen Ofenherd. Dieses Verfahren ist immerhin umständlich; um dasselbe zu vermeiden, gibt man dem Puddelofen zwei ganz gleiche Herde, von denen jeder abwechselnd zum Puddeln und abwechselnd zum Vorwärmen gebraucht wird. Das eingesetzte Roheisen bleibt demnach bis zur Beendigung des Prozesses auf demselben Herde, jedoch muß eine Vorkehrung getroffen werden, daß die Flamme zuerst dem Herde, auf welchem der Einsatz jeweilig verpuddelt wird, zugeleitet werden kann.

Diese Aufgabe wird durch den Springerschen Puddelofen (siehe unsere Tafel) sehr einfach gelöst, indem man unter Anwendung der Siemensschen Regenerativfeuerung die Richtung der Flamme durch Umsteuerung ändert. Die Einrichtung der beiden Herde, welche durch das mit Wasser gekühlte Herdeisen voneinander getrennt sind, ist die gewöhnliche. An beiden Seiten des Ofens befinden sich die beiden Wärmespeicher, welche zwecks bequemeren Zugangs oberirdisch angeordnet sind. Das Gasventil liegt seitlich vom Ofen, während das Luftventil unterirdisch unter den Herdplatten angeordnet ist, wodurch ein lebhafter Luftwechsel und infolgedessen gute Kühlung derselben erzielt wird.

Eine Art des wendbaren Puddelofens, der Pietzkasche Ofen, besitzt genau dieselbe Anordnung der beiden Doppelherde wie der Springersche Ofen, hat jedoch einseitige Flammenrichtung. Um indessen den Herd, welcher der stärksten Erhitzung bedarf, jedesmal zuerst der Einwirkung der Flamme auszusetzen, wird der zwischen Feuerung und Fuchs liegende mittlere Teil des Ofens mit den beiden Herden durch eine hydraulische Hebevorrichtung etwas in die Höhe gehoben und hierauf mit Haken die Drehung in einer Horizontalebene ausgeführt, worauf der Herd wieder in die frühere Höhenlage gesenkt wird. Die Anschlußflächen bei der Feuerung und dem Fuchsteil des Ofens sind trichterförmig ausgebildet, so daß nur eine geringe Hubhöhe des Kolbens erforderlich ist und das Senken bequem vor sich geht. Ebenso wird durch diese Anordnung ein gasdichter Abschluß zwischen den verschiedenen Ofenteilen erzielt. Der Ofen ist mit Planrostfeuerung versehen und arbeitet mit vorgewärmtem Unter- und Oberwind. Die Erwärmung der Luft erfolgt in der Weise, daß vor dem Ofen ein Dampfstrahlgebläse unter der Hüttensohle liegt, durch welches die Luft angesaugt wird. Bevor der Luftstrom in das Gebläse eintritt, zirkuliert derselbe unter dem Boden des Ofens, sodann tritt der Wind, das Gebläse verlassend, zum Teil unter den Rost, während ein anderer Teil in den Wandungen der Feuerung hin- und hergeführt wird, um dann, an der Stirnwand in den Feuerraum eintretend, als Oberwind zur vollständigen Verbrennung der Feuergase benutzt zu werden. Die aus dem Ofen nach Bestreichung der beiden Herde austretenden Feuergase werden noch zur Erzeugung von Dampf in stehendem Dampfkessel benutzt. Neuerdings wird dieser Ofen ebenfalls wie der Springerofen mit Gasfeuerung versehen, derselbe ist hauptsächlich auf dem größten österreichischen Hüttenwerke Witkowitz in Mähren in Anwendung.

Additional material from *Bergbau und Hüttenwesen,*
ISBN 978-3-662-30301-6 (978-3-662-30301-6_OSFO9),
is available at http://extras.springer.com

Die Birnenprozesse.

Der englische Eisenhüttenmann Bessemer nahm im Jahre 1855 ein Patent, um durch Hindurchblasen von gepreßter Luft durch flüssiges Roheisen dasselbe in schmiedbares Eisen überzuführen. Es währte mehrere Jahre, bis die ersten Schwierigkeiten, welche sich der praktischen Ausbildung des Verfahrens entgegenstellten, überwunden waren. Schon mit Beginn der sechziger Jahre war dasselbe auf einigen englischen Werken in Anwendung, und von Alfred Krupp, der die Bedeutung des neuen Verfahrens frühzeitig erkannte, wurde das erste Bessemerwerk in Deutschland im Mai 1862 in Betrieb gesetzt.

Während bei den bisher betrachteten Frischprozessen der Sauerstoff der Feuergase nur von der Oberfläche und überdies durch Vermittelung der Schlacke langsam zum geschmolzenen Metall gelangt, wird nach Bessemers Verfahren stark gepreßte Luft in zahlreichen dünnen Strahlen von unten her durch eine Schicht flüssigen Metalles gewaltsam hindurch geblasen. Dadurch ist dem Sauerstoff der Luft eine große Angriffsfläche geboten, das Metallbad befindet sich in fortwährender Bewegung, so daß immer wieder neue Metallteile mit der eingeblasenen Luft in Berührung gelangen und die Wirkung des Sauerstoffes auf die Fremdkörper des Eisens eine äußerst energische ist. Die Erzeugungsfähigkeit des neuen Verfahrens ist eine ungeheure, in einem solchen birnenförmigen Behälter neuester Konstruktion befinden sich 15 Tonnen flüssiges Metall, welche etwa 350 kg Silicium, 525 kg Kohlenstoff und 350 kg Mangan enthalten. Um diese Stoffe in

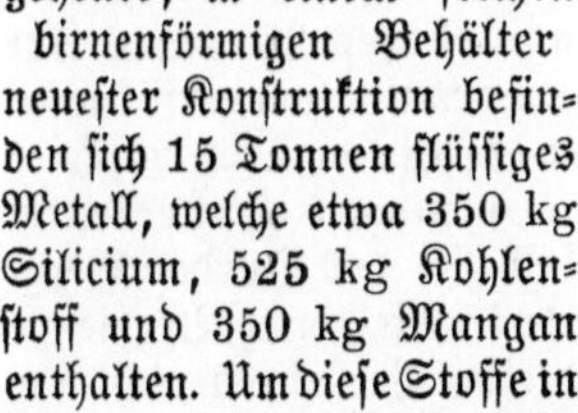
482. Henry Bessemer.

Oxydverbindungen überzuführen, sind 1140 kg Luft erforderlich, welche in rund 6000 cbm Luft enthalten sind. Es ist jedoch nicht zu verhindern, daß auch ein Teil des Eisens etwa 5—6 % der Einwirkung der Luft unterliegt, wozu etwa dieselbe Luftmenge erforderlich ist. Diese ungeheure Luftmenge muß von dem Gebläse in 12—15 Minuten geliefert werden, und alsdann läßt sich in diesem kurzen Zeitraum eine Menge Flußeisen herstellen, die die Ladung von 1 1/2 Eisenbahnwagen ausmacht. Es sind jedoch zur Durchführung des Prozesses zum Transportieren, Heben und Senken dieser Eisenmassen solch zahlreiche Hilfsapparate erforderlich, wie bei keinem anderen metallurgischen Verfahren.

Der Schwerpunkt des Prozesses liegt darin, daß die verbrennenden Elemente des Eisenbades in erster Linie das Silicium und sodann das Mangan und dann erst der Kohlenstoff selbst als Heizstoffe dienen, und da die Verbrennung dieser Körper inmitten des Eisenbades in solch kurzer Zeit geschieht, ist die Wärmeübertragung an dieselbe eine solch vollständige, die Temperatur des Bades steigt so hoch, daß das Erzeugnis flüssig ist, wogegen bei den vorher besprochenen Verfahren wegen nicht ausreichender Temperatur dasselbe nur in teigigem Zustande erhalten wird. Der Prozeß erfordert demgemäß zur Überführung von Roheisen zu schmiedbarem Eisen keine weitere Wärmezufuhr durch Brennstoffverbrauch, was auf die Wirtschaftlichkeit desselben neben der hohen Produktionsfähigkeit nicht ohne großen Einfluß ist. Infolge der bedeutenden Temperatursteigerung durch diese gewaltige in äußerst kurzer Zeit vor sich gehende Wärmeentwickelung werden an die Feuerbeständigkeit der Wandungen des Frischapparates außerordentlich hohe Ansprüche gestellt; dieselben wurden anfangs aus natürlichen Quarzsteinen, dem sogenannten Ganister, gefertigt und diese später durch künstlich hergestellte kieselsäurereiche hochfeuerfeste Steine ersetzt. Wegen des sauren Charakters der Ofenwände, welche infolge der hohen Temperatur von der gebildeten Schlacke stark angefressen wurden, konnte sich nur eine saure Schlacke bilden, bei deren Gegenwart die Abscheidung des Phosphors aus dem Eisen nicht möglich ist. Die Ursache, welche dem Verbleib des Phosphors im Eisenbade und also auch im Fertigerzeugnis zu Grunde liegt, wurde damals bei der Erfindung des Prozesses nicht erkannt; anfänglich glaubte man, daß man alle Roheisensorten, ohne Rücksicht auf deren chemische Zusammensetzung, im Bessemerapparat dem Windfrischen unterziehen und hierbei in vorzügliches schmiedbares Eisen umwandeln könnte. Bald jedoch mußte der Irrtum erkannt und dahin berichtigt werden, daß nur vorzüglich reine, fast phosphorfreie Roheisensorten als Rohmateriale zu dem Prozesse verwendbar seien. Phosphorreine Erze sind jedoch nicht so sehr zahlreich; in einigermaßen bedeutenden Mengen kommen dieselben wohl in England vor, während Deutschland arm an solchen Erzen ist. Die deutschen Hütten waren deshalb auf den Bezug englischen Bessemerroheisens angewiesen, und dadurch wurde Deutschland England und später Spanien, von welchem es phosphorreine Erze bezog und zum Teil heute noch bezieht, lange Jahre tributpflichtig.

Die Möglichkeit der Abscheidung des Phosphors während des Prozesses wurde von den Eisenhüttenleuten nach allen Seiten erwogen, auch wurden durch Versuche im kleinen die Bedingungen der Entphosphorung festgestellt. Man fand, daß die Birne mit einem basischen Futter versehen sein mußte, um eine stark basische Schlacke, wie bei den Herd- und Flammofenfrischen, zu erhalten, welche zur Aufnahme des Phosphors geeignet war. Die Ausführung im großen ließ aber lange auf sich warten, da man ein basisches Futter, welches in der hohen Temperatur der Birne haltbar ist, nicht herzustellen wußte. Erst infolge der unermüdlichen Versuche des Engländers Thomas gelang es demselben im Jahre 1878, diese Aufgabe zu lösen; er stellte ein basisches Futter aus einem Gemenge von Kalk und Magnesia, das er durch Brennen des in der Natur vorkommenden Dolomites erhielt, her und erzeugte durch Zuschlagen von Kalk während des Prozesses eine ausreichend basische Schlacke, welche die Bedingungen zur Phosphoraufnahme erfüllte.

Das Verfahren nennt man nach dem Erfinder Thomasverfahren oder basisches Verfahren. Nachdem es in England erfunden, wurde es von deutschen Hüttenleuten praktisch und wissenschaftlich ausgebildet, und hauptsächlich haben sich der Hörder Bergwerks- und Hüttenverein in Hörde und die Rheinischen Stahlwerke in Meiderich Verdienste um das Verfahren erworben. Hierbei zeigte sich, daß auch nach diesem Verfahren nicht alle phosphorhaltigen Roheisensorten gefrischt werden konnten, es verlangte dasselbe ein phosphorreiches Roheisen, da der Phosphor als Brennstoff bei dem Prozesse dient, weil ein an Silicium reiches Eisen nicht verwendet werden kann, da die durch Verbrennen des Siliciums entstehende Kieselsäure die Basicität der Schlacke beeinträchtigt, die Abscheidung des Phosphors demnach erschwert wird. Da Deutschland sehr reich an phosphorhaltigen Erzen ist, so erlangte das basische Verfahren eine große Bedeutung in unserem Vaterlande, und dasselbe ist durch immer weitere Ausbildung und vermehrte Einführung des Thomasprozesses an eine der ersten Stellen der eisenerzeugenden Länder getreten. Die Wichtigkeit dieses Prozesses für Deutschland geht aus dem Umstande hervor, daß Deutschland gegenwärtig $^2/_3$ der ganzen Erzeugung des basischen Flußeisens der Erde produziert, wobei in wirtschaftlicher Beziehung noch die Thatsache in Betracht kommt, daß die Schlacke, welche beim Thomasprozeß fällt, infolge ihres hohen Gehaltes an Phosphorsäure ein ausgezeichnetes Düngemittel für die Landwirtschaft gibt, wodurch viele Millionen Mark, die früher hierfür ins Ausland wanderten, dem Inlande erhalten bleiben.

Die Ausbildung des Verfahrens durch Bessemer. In Abb. 484—498 sind die verschiedenen Entwickelungsformen, die das Bessemerverfahren durch den Erfinder erfahren hatte, dargestellt. Zu seinen ersten Versuchen benutzte derselbe einen mit gewöhnlichem Kaminzug betriebenen Ofen (Abb. 484), in welchem ein 20 kg haltender Thontiegel eingestellt ist. Derselbe besitzt einen durchbohrten Deckel, durch dessen Mitte eine ebenfalls thönerne Röhre führt. In diesem Tiegel werden 5—6 kg Roheisen eingeschmolzen, sodann die Windröhre durch den Deckel eingeschoben und Wind in das Bad eingeblasen. Mit diesem Apparate machte Bessemer seine ersten Versuche, und in der Sammlung des Iron and Steel Institute ist noch eine Probe von Stabeisen aufbewahrt, das bei demselben erhalten wurde. Es geschah bei diesen Experimenten die Umwandlung in einem Ofen, bei welchem das Metall durch ein Koksfeuer warm gehalten wurde. Zur Lösung der großen Aufgabe, die außerordentlich hohe Temperatur ohne Verwendung von Brennmaterialien zu erzeugen und aufrecht zu halten, konstruierte Bessemer den in Abb. 485 und 486 dargestellten Apparat. Die Düse, welche in das Metall hineinragt, wurde nach dem Blasen, bei Vornahme des Gießens, aus demselben herausgezogen. In Abb. 487 ist ein weiterer feststehender Apparat abgebildet, bei dem der Wind durch zahlreiche an den Wänden befindliche Düsen seitlich in das Metall eingeführt wurde. Das fertig geblasene Metall wurde nach dem Öffnen des in der Abbildung sichtbaren, am Boden des Frischapparates befindlichen Stichloches abgelassen. Es stellte sich jedoch bald heraus, daß der Wind nicht die Kraft hatte, bis in die Mitte des Bades zu gelangen, und nur die am Mauerwerk befindlichen Teile gefrischt wurden, während sich in der Mitte noch halbgares Material vorfand, wodurch die Qualität des Erzeugnisses beeinträchtigt wurde. Bessemer

483. F. G. Thomas.

erkannte die Notwendigkeit, den Windstrom in kräftiger Weise auf den mittleren Teil des Bades einwirken zu lassen, und konstruierte die in Abb. 488 und 489 dargestellte Form des Birnenapparates, welche als Urform der heutigen Converter angesehen werden kann. Um das Herausschleudern von Metallmassen zu verhindern, setzte er auf denselben eine Haube, die mit feuerfester Masse ausgefüttert war. Trotz der großen Mängel dieser Birnenform, welche hauptsächlich darin bestanden, daß die Düse während des Gusses nicht oberhalb des Metallbades lag, gelang es, in demselben das Metall in Bewegung zu setzen und ein gutes Erzeugnis herzustellen. Das Metall wurde in Wasser gegossen, granuliert, und dann in Tiegeln unter Zusatz von Holzkohlenpulver und Manganoxyd geschmolzen, wodurch man einen ausgezeichneten Stahl erhielt.

Um die Düsenöffnungen während des Gießens freizulegen, wurde die in Abb. 490 dargestellte Converterform gebaut, der Cylinder drehte sich um eine horizontale exzentrisch zum eigentlichen Gießkörper und in Übereinstimmung mit der Gießnase angeordneten hohlen Achse, durch welche der Wind zugeleitet wurde. Die Bewegung des Converters geschah durch Schnecke und Schneckenrad. Infolge der exzentrischen Anordnung der Zapfen wird das Metallbad gehoben und in die abgebildete feststehende Gießpfanne entleert, unter welcher während des Gießens eine Reihe gußeiserner prismatischer Formen auf einem langen schmalen vierräderigen Wagen bewegt werden, welcher zwecks bequemer Wegschaffung der Blöcke zu den Erhitzungsöfen auf einem Geleise lief. In Abb. 491 ist eine ähnliche Form wiedergegeben, bei welcher die Birne in möglichster Nähe des Schwerpunktes aufgehängt ist. Abb. 492 u. 493 zeigen einen Converter, bei dem die Düsen wieder seitlich angeordnet sind; derselbe ist in zwei Schildzapfen drehbar aufgehängt, und die Düsen sind hier, wie aus der Abb. 492 zu ersehen ist, während des Gießens nicht von Metall bedeckt. Frischapparate von rechteckigem Grundriß (Abb. 494 u. 495), die im Inneren zwei bis beinahe an den Boden reichende Scheidewände tragen und in welche der Wind in die beiden äußeren Abteilungen eingepreßt wurde, um unterhalb der Scheidewände ins Metallbad einzutreten, zeigen ebenso, wie Abb. 496 mit mittlerer von oben eingeführter, aus mehreren Steinlagen bestehender Düse, die im Inneren ein schmiedeeisernes Rohr zur Windzuleitung besitzt, das Bestreben, die Düsen, welche bei den früheren Apparaten häufiger Auswechselungen bedurften, möglichst einfach zu gestalten, wodurch jedoch der Verlauf des Windfrischens nicht gefördert wurde. Nachdem Bessemer dergestalt die verschiedensten Formen für den Frischapparat durchprobiert hatte, kam er schließlich wieder zu der Kippform, welche in Abb. 497 u. 498 dargestellt ist und heute nach 39 Jahren in allen Ländern in Gebrauch ist. Der Converter ist gerade in dem Augenblick dargestellt, in welchem das Metall in die Gießpfanne geleert wird. Die Drehung des Converters geschah mit Hilfe eines Zahngetriebes von Hand. Die Gießpfanne saß an dem Ausleger eines hydraulischen Gießkrans von ganz einfacher Form. Derselbe wurde gedreht und bestrich sodann die halbkreisförmige Gießgrube, in welcher die gußeisernen Formen, die Kokillen, aufgestellt waren, welche zur Aufnahme des Stahles bestimmt sind, so daß prismatische Blöcke erhalten werden, die später einer weiteren Formgebung unterliegen. Die Gießpfanne besitzt am Boden eine Öffnung, welche mit einem Stopfenventil aus feuerfestem Thon verschlossen ist, so daß das Gießen über den Rand der Pfanne nicht zu geschehen braucht.

Das Rohmaterial für den Prozeß. Das Roheisen für den Bessemerprozeß soll möglichst arm an Phosphor und Schwefel sein, es darf nicht viel mehr als $0,1\%$ Phosphor und höchstens $0,15\%$ Schwefel enthalten. Enthält das Roheisen einen höheren Phosphorgehalt, so erfolgt bei dem Prozesse kein Erzeugnis erster Qualität, da der Phosphor Sprödigkeit, sogenannten Kaltbruch, des Flußeisens verursacht.

Der Gehalt an Silicium schwankt nach den örtlichen Verhältnissen in ziemlich weiten Grenzen. Amerikanische Hütten verblasen Roheisensorten mit $0,8—1\%$ Silicium, weil dadurch der Gang der Charge abgekürzt wird. In Deutschland findet man $1,6$ bis $2,2\%$ am häufigsten. Bei niedrigerem Siliciumgehalt geht die Charge sehr kalt, und das Roheisen muß hoch erhitzt in die Pfanne kommen, wozu beim Einschmelzen des Roheisens viel Koks gebraucht wird. Bei höherem Gehalte geht die Charge zu heiß, das Futter wird sehr stark angegriffen, es erfolgt zu viel Auswurf, das Bad muß durch Zusatz von Flußeisenabfällen gekühlt werden, auch bleibt zu viel Silicium im Erzeugnis zurück.

Der Mangangehalt beträgt am besten $2,5—3\%$. Mangan trägt zur Bildung einer dünnflüssigen Schlacke bei, höhere Gehalte erschweren den Betrieb. Der Kohlenstoffgehalt sinkt selten unter 3%, meist beträgt er über $3,5\%$. Folgende Beispiele zeigen die Zusammensetzung des Materials:

	Kohlenstoff	Silicium	Mangan	Phosphor	Schwefel
Seraing (Belgien)	—	1,66	3,50	0,039	0,09
Schwechat (Österreich)	—	1,77	4,32	0,084	0,025
Königin Marienhütte (Sachsen)	3,90	2,74	2,12	0,17	0,17
Georgs-Marienhütte (Hannover)	4,76	3,13	3,42	0,13	0,047

Das Thomaseisen. Der Phosphorgehalt darf eine untere Grenze nicht unterschreiten, da derselbe bei diesem Prozesse die wichtigste Rolle als Wärmeentwickeler spielt. Je höher der Siliciumgehalt ist, desto niedriger kann der Phosphorgehalt sein und um-

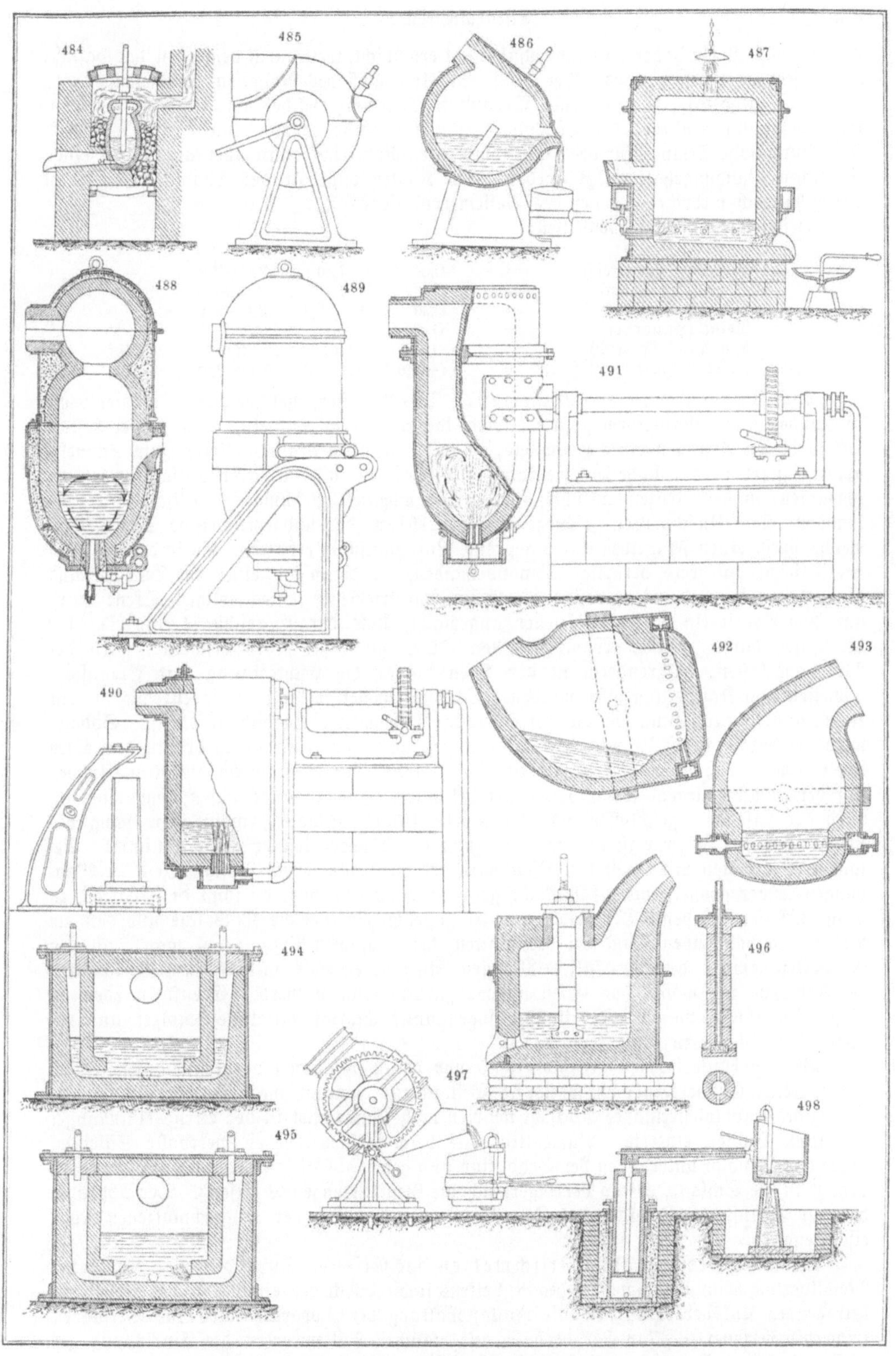

484—498. **Entwickelung der Beſſemerbirne.** (Zu S. 453 u. 454.)

gekehrt, doch ist ein hoher Siliciumgehalt nicht erwünscht, weil durch denselben das basische Futter sehr angegriffen wird. Bei 0,6% Silicium muß das Roheisen mindestens 1,5% Phosphor enthalten. Der fehlende Brennstoff Silicium, welches im Anfange des Prozesses verbrennt, während der Phosphor erst am Schlusse oxydiert wird, muß in diesem Falle durch hohe Temperatur des eingeschmolzenen Roheisens, dann aber auch durch einen ziemlichen Mangangehalt ersetzt werden. Der Kohlenstoffgehalt des Thomasroheisens ist durchschnittlich niedriger als der des Bessemerroheisens.

Beispiele von Thomasroheisen:

		Silicium	Mangan	Phosphor
Longwy (Frankreich)	=	0,35	1,80	2,0—2,25
Hörde (Westfalen)	=	0,58	1,37	2,75
Phönix (Rheinland)	=	0,20	1,8—2,3	2,0—2,4
Peine (Hannover)	=	0,60	—	2,7
Kladno (Österreich)	=	0,40	0,4	2,0
Friedenshütte (Schlesien)	=	0,4—1,0	1,5—3,5	1,5—2,25

Das Umschmelzen des Roheisens. Das Roheisen, welches vom Hochofenwerke in der bekannten Masselform geliefert wird, lagert man in Stapeln. Ein solcher besteht aus mehreren Abstichen eines Hochofens, so daß man beim Transportieren zum Schmelzapparat immer das Roheisen mehrerer Abstiche, die oft in ihrer Zusammensetzung schwanken, in den Prozeß einführt, um so eine möglichst gleichmäßige Mischung zu bekommen. Das Umschmelzen geschieht in Kupolöfen, das sind cylindrische Schachtöfen, welche durch einen Flügelventilator gepreßte Luft zugeführt erhalten. Es sind auf einem Werke immer mehrere derartige Öfen vorhanden, von denen sich einer im Betriebe und die anderen in Reparatur befinden. Beim Inbetriebsetzen eines solchen Ofens wird auf dem Boden ein starkes Holzfeuer angemacht, Koks darauf geschüttet und bis über die Düsen damit gefüllt. Wenn vor den Düsen glühender Koks erscheint, wird der Wind angelassen, währenddem ist der Ofen bis an die Gichtöffnung mit Brennstoff, Roheisen und Kalkstein gefüllt worden. Es wird immer so lange geblasen, bis die zur einmaligen Verarbeitung im Converter nötige Eisenmenge eingeschmolzen ist. Sodann wird der Wind abgestellt und das Eisen abgestochen, wobei es durch die an dem Ofen unter dem Abstich befindliche Rinne in eine Pfanne oder direkt durch die Rinne in den auf dem Rücken liegenden Converter geleitet wird. Sobald alles Eisen abgeflossen ist, wird der Eisenstich geschlossen und die zweite Charge geblasen, wobei der Gang des Ofens schon ein kürzerer ist und mit der Zahl der Chargen immer mehr abnimmt. Bei längerem Arbeiten mit demselben Ofen wird der Herdraum durch Abschmelzen der Wandungen immer größer, worauf Rücksicht genommen werden muß, da sonst die Chargen zu groß ausfallen würden. Der Kalkstein wird zugeschlagen, um die Koksasche und den am Roheisen anhängenden Sand zu verschlacken, beim basischen Prozeß setzt man auch den Converterauswurf, der beträchtliche Mengen Eisen neben Kalk enthält, zum Verschlacken der Koksasche zu, wobei das Eisen wieder zurückgewonnen wird. Ebenso werden im Kupolofen Abfälle von der Fabrikation, sogenanntes Schrott, miteingeschmolzen und auf diese Weise wieder zu Gute gemacht.

Beim Heruntertropfen des Roheisens vor den Windformen verbrennen gewisse für den späteren Converterprozeß wertvolle Bestandteile, worauf man in der Zusammensetzung des Kupolofeneinsatzes Rücksicht nehmen muß, damit nicht in der Birne ein Mangel an diesen Stoffen eintrete. Namentlich das beim Bessemerprozeß wertvolle Silicium, sowie das Mangan unterliegen der Oxydation und gehen als Kieselsäure und als Manganoxydul in die Schlacke, ebenso verringert sich die Gesamtmenge des Eisens. Der Abbrand, d. i. der Verlust am Gewichte des Eisens, beträgt etwa 2% der eingeschmolzenen Roheisenmenge.

Direkter Betrieb ohne Umschmelzen des Eisens. Durch den eben erwähnten Metallverlust beim Umschmelzen des Roheisens sowie durch den etwa 6% des Roheisens betragenden Koksverbrauch und die Instandhaltung der Apparate wird das Verfahren immerhin verteuert. Man hat deshalb auf manchen Hüttenwerken die Einrichtung getroffen, daß das Roheisen vom Hochofen in flüssigem Zustande zum Stahlwerke gebracht wird und aus der Pfanne, in welche beim Hochofen das Eisen gegeben wurde, direkt in den Converter kommt. Hierbei fällt der Kupolofen ganz weg, doch bringt das allerdings sehr ökonomische Verfahren wieder andere Nachteile mit sich. Der Hochofen liefert nicht immer gleichmäßig zusammengesetztes Roheisen, dasselbe muß, wie es vom Hochofen kommt, sofort weiter verarbeitet werden, eine Mischung ist bei dieser Ausführung des Bessemerprozesses nicht gut möglich, so daß große Aufmerksamkeit von seiten der Betriebsleiter erforderlich ist, um ein gleichmäßiges Produkt zu erhalten. Treten am Hochofen Betriebsstörungen ein, so wird das Stahlwerk, falls nicht mehrere Hochöfen vorhanden sind, was allerdings in den meisten Fällen zutrifft, ebenfalls in Mitleidenschaft gezogen.

Alle diese Mißstände des direkten Betriebes werden jedoch durch den von Hilgenstock auf dem Hörder Bergwerks- und Hüttenverein eingeführten Roheisenmischer beseitigt. Es sind dies große birnenförmige, in der Gestalt dem Converter sehr ähnliche, nur bedeutend größere Apparate, die man auch in Cylinderform anwendet, aus starkem Eisenblech, welche mit feuerfestem Mauerwerk ausgekleidet sind. Der Apparat besitzt zwei Öffnungen,

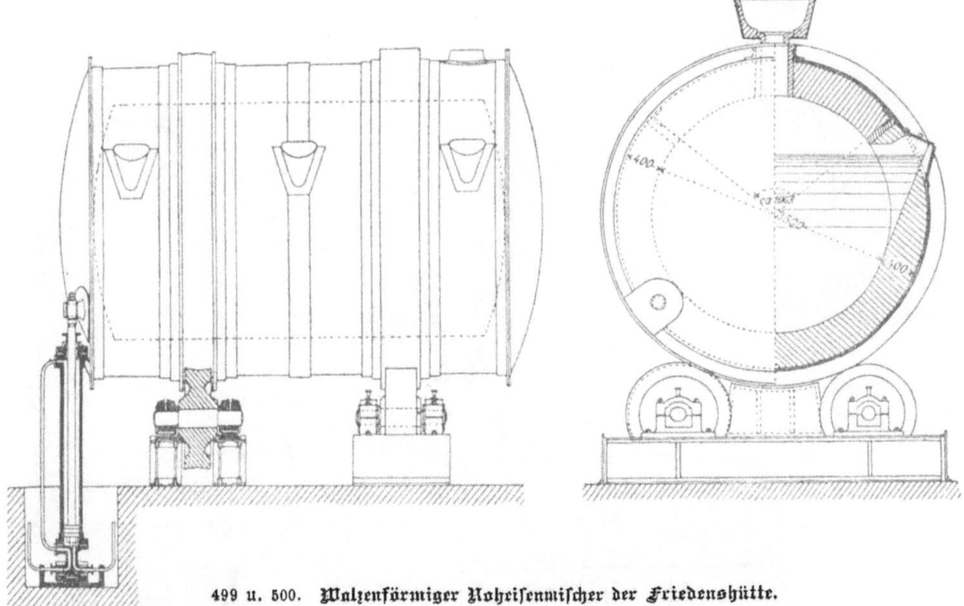

499 u. 500. Walzenförmiger Roheisenmischer der Friedenshütte.

in die eine wird das flüssige Eisen vom Hochofen eingegeben, während die andere dazu dient, das Roheisen aus dem Apparat in eine Pfanne einzubringen, welche sodann ihren Inhalt dem Converter übermittelt. Diese Apparate enthalten 100—150 t flüssiges Roheisen, sie können demgemäß 10—15 Converterchargen in sich aufnehmen.

Der ganze Apparat ruht, falls er Converterform hat, in zwei starken Schildzapfen, oder er liegt wie die cylinderförmigen Mischer in vier Rollen, das Kippen desselben erfolgt mittels hydraulischer Vorrichtungen.

Die Anwendung eines Roheisenmischers, mit welchem man eine nur in engen Grenzen wechselnde Zusammensetzung des Roheisens erzielen kann, bringt nicht nur diesen Vorteil mit sich, sondern dieselbe ist auch von wesentlich günstigem Einfluß auf den Gehalt an Schwefel, jenes gefährlichen Begleiters des Eisens, der dem erzeugten Produkt die unter dem Namen Rotbruch bekannte Beschaffenheit erteilt.

Verweilt Roheisen längere Zeit in Ruhe, welches neben einem reichlichen Schwefelgehalt auch einen beträchtlichen Gehalt an Mangan besitzt, und letzteres ist hier immer der Fall, so verbindet sich der Schwefel mit dem Mangan zu dem im Eisenbade unlöslichen Schwefelmangan, welches als spezifisch leichterer Körper sich an der Oberfläche des Eisenbades ansammelt und leicht aus dem Mischer entfernt werden kann. Man kann

deshalb beim Betriebe mit einem Miſcher ſicher ſein, daß der Schwefelgehalt im fertigen
Produkte nie eine ſolche Höhe erreicht, um die Qualität des Erzeugniſſes ungünſtig zu
beeinfluſſen. Das Roheiſen bleibt im Miſcher lange Zeit flüſſig, ſo daß der Stahlwerks=
betrieb über Sonn= oder Feſttage ruhen kann, oder daß in demſelben nur bei Tage ge=
arbeitet werden kann, ohne daß ſich hieraus irgend welche Umſtändlichkeiten für den
Betrieb ergeben.

Die Beſſemerbirne. Nachdem das flüſſige Eiſen aus dem Schmelzapparate, dem
Miſcher oder dem Hochofen entnommen iſt, wird es in einer Pfanne zum Stahlwerke
transportiert und mittels Aufzuges auf die Converterbirne gebracht. Unterwegs wird
das flüſſige Eiſen ſehr häufig gewogen, man erfährt dadurch ganz genau das Gewicht
einer Charge, und ſodann kann man auch als Differenz derſelben und des Gewichtes an
ausgebrachten Blöcken den Abbrand im Converter feſtſtellen.

Die Umwandlung des Roheiſens in Flußeiſen erfolgt im Converter, das ſind
birnenförmige, aus ſtarkem Eiſenblech gefertigte Gefäße, die aus der Haube oder dem Hals,

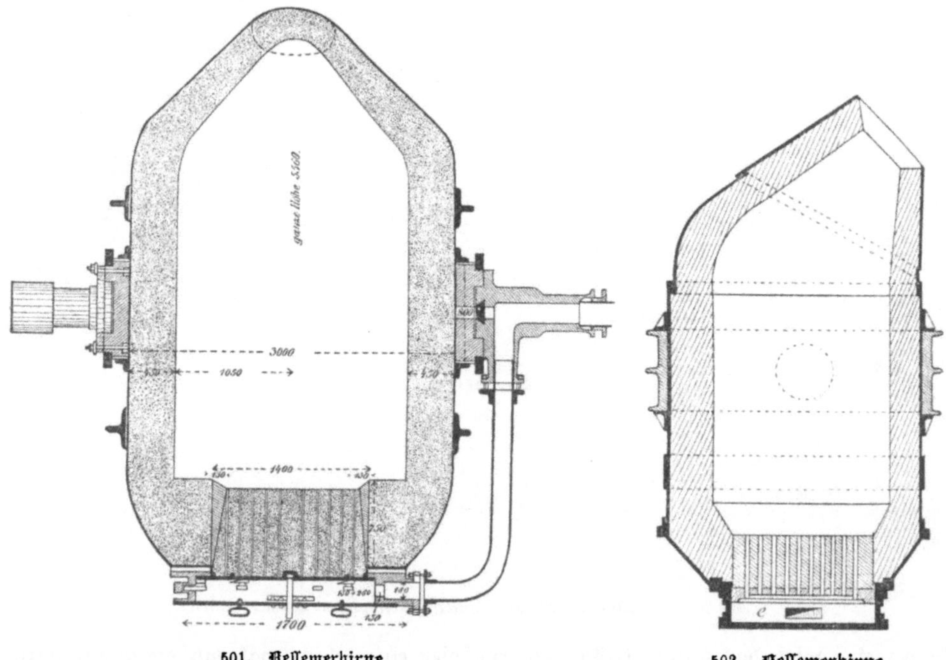

501. Beſſemerbirne.   502. Beſſemerbirne.

dem Ober= und Unterteil oder dem Rumpf und dem Bodenſtück beſtehen. Das cylindriſche
Mittelſtück der Beſſemerbirne beſteht aus zwei Teilen, welche mittels Flanſchen, Bolzen
und Splint miteinander befeſtigt werden. Auf dieſelbe Weiſe wird das ganze Mittelſtück
einerſeits mit dem koniſchen Boden, anderſeits mit der Haube befeſtigt. Die ganze Birne
ſitzt in einem aus Stahlguß beſtehenden Ring, der zwei Schildzapfen trägt, mit welchen
die Birne in Lagern, welche auf Ständern ruhen, drehbar gelagert iſt. Der Hals beſteht
aus einem faſt halbkugelförmigen Stück, das oben in einen ſchräg aufgeſetzten, ab=
geſtumpften Kegel verläuft. Der Windkaſten, welcher ſich unterhalb des Bodens befindet,
iſt ein hohler, gußeiſerner Cylinder, in den das Windrohr einmündet.

Die Herſtellung des Futters. Bei der Ausmauerung der Birne für den ſauren
Prozeß wird das cylindriſche Mittelſtück mit Chamotteſteinen ausgemauert; es wird eine
Steinlage flach an die Wand gelegt und ſodann mit dem Aufmauern der horizontal
liegenden Schichten begonnen, zwiſchen dieſen beiden Steinſchichten bleibt ein Raum von
22—25 mm frei, der mit Sägeſpänen ausgefüllt wird. Die Sägeſpäne brennen beim
Anwärmen der Beſſemerbirne weg, und das Mauerwerk kann ſich ausdehnen. Das

feuerfeste Futter hat eine Stärke von 330—340 mm, nach der Mündung zu wird das=
selbe etwas schwächer, die Wandungen der Birne halten zwei= bis dreimal so lange als
der Boden.

Die Böden können beim sauren Prozeß sowohl gestampft, als auch gemauert werden.
Die gestampften Böden werden hergestellt, indem in geeigneten gußeisernen Formen
acht Düsen regelmäßig verteilt werden und um diese herum der Boden aus einer Mischung
von Quarz und Thon mit eisernen Stampfern aufgestampft wird, bis der Boden eine
bestimmte Höhe, nämlich 550—600 mm, besitzt. Die Düsen, welche in den Boden ein=
gesetzt werden, haben eine längliche konische Form, und jede der=
selben ist mit acht oder neun konischen Längskanälen versehen, durch
welche die Gebläseluft in das Innere der Birne gedrückt wird.
Die Düsen werden aus einer Mischung von Chamotte und Thon
hergestellt und in einem Brennofen vor dem Einsetzen beim Auf=
stampfen scharf gebrannt. Nachdem der Boden auf diese Weise her=
gestellt ist, wird derselbe in Trockenöfen gebracht und langsam aber
gründlich ausgetrocknet. Da die gestampften Böden keine große
Haltbarkeit aufweisen, so werden dieselben aufgemauert, die Höhe
des gemauerten Bodens ist ebensogroß wie die des gestampften, auch
werden dieselben Düsen vor den Mauern eingesetzt wie vorher, die
Steine bestehen aus einer Mischung von gemahlenem Quarz mit
Thon. Die gemauerten Böden sind viel bequemer herzustellen, als
die gestampften.

Beim basischen Converter geschieht die Ausfütterung der Birnen
aus gebranntem Dolomit, der aus kohlensaurem Kalk und kohlen=
saurer Magnesia besteht; je mehr von letzterer darin enthalten ist,
desto besser ist im allgemeinen der Dolomit. Der rohe Dolomit,
welcher mit Kalkstein zusammen ziemlich verbreitet in der Natur
vorkommt, wird in Gebläseschachtöfen, die ähnlich wie die Kupol=
öfen eingerichtet sind, mit Koks als Brennmaterial scharf gebrannt,
wobei die Kohlensäure vollständig ausgetrieben wird. Da der ge=
brannte Dolomit aus der Luft Wasser und Kohlensäure aufnehmen
würde, so mischt man denselben sofort nach dem Mahlen mit aus=
gekochtem, von Wasser befreitem Teer und erhält so die gebrauchs=
fertige Substanz, die der Hüttenmann unter dem Namen basische
Masse verwendet. Es ist absolut notwendig, daß diese basische
Masse keine Spur von Wasser oder Kohlensäure mehr enthält, da
das Futter unter der Einwirkung des flüssigen Metalles sonst Gase
und Dämpfe entwickeln würde, wodurch dessen Haltbarkeit wesent=
lich beeinträchtigt würde. Die basische Masse wird sowohl in knet=
barem Zustande verwendet, als auch in Form von gepreßten Steinen.

Die Ausfütterung des Converters geschieht nun folgender=
maßen. Es werden im Inneren desselben cylindrische dreiteilige

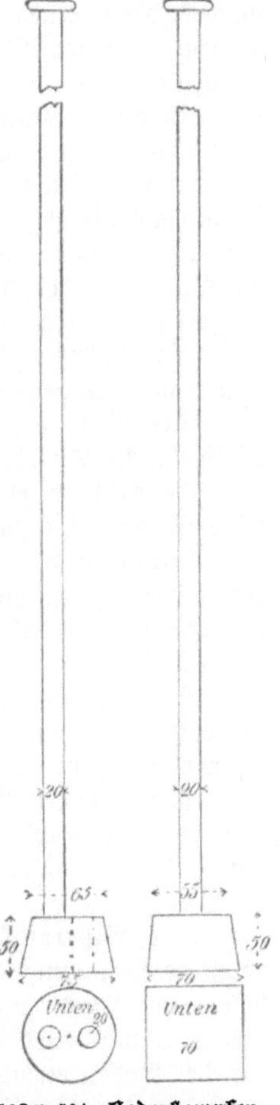

503 u. 504. **Bodenstampfer.**

Blechschablonen aufgestellt und der Zwischenraum der Schablone
und des Birnenmantels mit basischer Masse und eisernen angewärmten Stampfern aus=
gestampft. Man unterscheidet drei Schablonen, die Bodenverdichtungsschablone, die gerade
Mittelschablone und die schräge Schablone, mit welcher jedoch nur ein Teil der Haube
gestampft wird, der übrige Teil wird ausgemauert. Ein solches Converterfutter hält
120—150 Chargen aus und nach dem Überstampfen des unteren, am ehesten sich ab=
nutzenden Teiles noch etwa 100 Chargen, so daß man auf eine Converterwandung etwa
240—250 Chargen nehmen kann. Das Futter wird auch aus gemauerten basischen Steinen
hergestellt, die im allgemeinen eine größere Haltbarkeit haben, als die gestampfte Masse.

Die Herstellung der gestampften Böden hat beim basischen Prozesse mit großer
Sorgfalt zu geschehen. Als Unterlage zum Stampfen dient eine Gußeisenplatte, in der
sich 100 Löcher befinden, als Modell dient ein dreiteiliger gußeiserner, neuerdings auch

einteiliger Stahlgußmantel, welcher etwas konisch zuläuft. Zur besseren Bindung der aufgetragenen Masse wird der Boden mit Teer bestrichen, der Mantel dagegen zur Isolierung von der Masse mit Öl eingeschmiert. Darauf werden in die Windlöcher der Platten eiserne Nadeln gebracht, der Mantel auf die Platte gestellt und fest verklammert. Es wird nun mit dem Stampfen in einzelne schraubenförmige Lagen begonnen, wobei zweierlei eiserne Stampfer benutzt werden, ein Quadratstampfer (Abb. 503), der zum Feststampfen der Masse zwischen den Nadeln, und ein Lochstampfer (Abb. 504), welcher mit einem Loch versehen ist und zum Stampfen der Masse um die Nadeln herum dient. Wenn der Boden ganz gestampft ist, wird er auf zwei hölzerne Blöcke gehoben. Danach werden die eisernen Nadeln herausgezogen und durch hölzerne ersetzt, hierauf wird der Boden mit einem Deckel verklammert und kommt in den Bodenbrennofen. Das ist ein langgestreckter Ofen, der gewöhnlich für sechs Böden Raum hat; an den Seiten des Ofens sind vier Rostfeuerungen wechselweise angebracht. Die Verbrennungsgase entweichen von jeder Ecke durch Kanäle, die mit dem Schornstein in Verbindung stehen. Sobald ein solcher Ofen mittels kleiner hydraulischen Druckwagen, auf denen die Böden ruhen und sodann auf die Lager herabgelassen werden, mit sechs Böden beschickt ist, wird der Ofen langsam angeheizt, sodann die Böden bei Rotglut getrocknet. Nach dem Brennen werden die Windlöcher der Böden von der Holzasche gereinigt, darauf wird der Boden auf einen größeren Druckwagen gehoben und auf diesem zu dem Converter gefahren. Der Wagen trägt eine hydraulische Hebevorrichtung, mittels welcher der schwere Converterboden zu dem Converter gehoben und an demselben befestigt wird.

Die Bewegungsmechanismen. Das Schwenken der Birne geschieht durch Wasserdruck. An der einen Seite der Birne befindet sich der sogenannte Wanderzapfen. Derselbe ruht in einem Lager und trägt ein aufgekeiltes Zahnrad. Dieses steht im Eingriff mit einer Zahnstange, welche in einer an dem Converterständer oder dem Mauer= werk befestigten Führung verschoben werden kann. Die Vor= oder Rückwärtsbewegung der Zahnstange geschieht durch Wasserdruck, und das Schwenken der Birne wird von einem in der Converterhalle angeordneten, eine Übersicht über die ganze Halle gewährenden Steuertische, der sogenannten Klaviatur, aus geregelt.

Die Einführung der Gebläseluft. Die Gebläseluft wird von der Maschine zu dem Steuertische geleitet und von dort aus die Regulierung vorgenommen. Von dem Steuertische geht die Windleitung zum sogenannten Windzapfen der Birne, derselbe ist hohl und mit der Windleitung durch ein Zwischenstück mit zwei Scheiben verbunden. Von dem Windzapfen tritt der Wind durch eine angeschraubte Rohrleitung in den Wind= kasten, der sich unter dem Boden der Birne befindet, und alsdann durch die Kanäle in die Birne.

Das Austrocknen und Anheizen der Birne geschieht folgendermaßen. Zu= nächst werden einige Karren Holz in die Birne gebracht und angezündet, hierauf Gas= kohlen und Koks eingebracht und das Gebläse schwach angelassen. Nach ungefähr einer halben Stunde wird die Gebläseluft abgesperrt und die Bessemerbirne so weit geschwenkt, daß der Boden etwas höher zu liegen kommt, als die Achse der Birne, damit die Gase durch die Längskanäle der Düsen streichen und den Boden ebenfalls vorwärmen, dies geschieht bei geöffnetem Gebläsekasten. Der Gebläsekasten wird nun, nach guter An= wärmung des Bodens, wieder geschlossen, Koks in die Birne gegeben und wiederum Gebläseluft zugelassen, bis das Futter der Birne weißglühend geworden ist.

Der Verlauf des sauren Prozesses. In die in horizontaler Lage befindliche Birne wird das flüssige Roheisen aus der Transportpfanne vom Hochofen oder Roheisen= mischer oder aber durch eine Rinne vom Kupolofen eingelassen. Nun beginnt das Blasen, und wenn der Wind mit dem nötigen Überdrucke aus den Düsen strömt, wird die Birne aufgerichtet. Der Windstrom bewirkt ein sehr rasches Verbrennen des Siliciums, Man= gans, Kohlenstoffes und des Eisens, so daß nach etwa 15 Minuten der Prozeß zu Ende ist und ein von Fremdkörpern beinahe ganz freies Eisen mit Platinschmelzhitze sich in der Birne befindet. Die Dauer des Prozesses hängt von der Größe des Einsatzes, von der Zusammensetzung des Roheisens und der Leistungsfähigkeit der Gebläsemaschine ab.

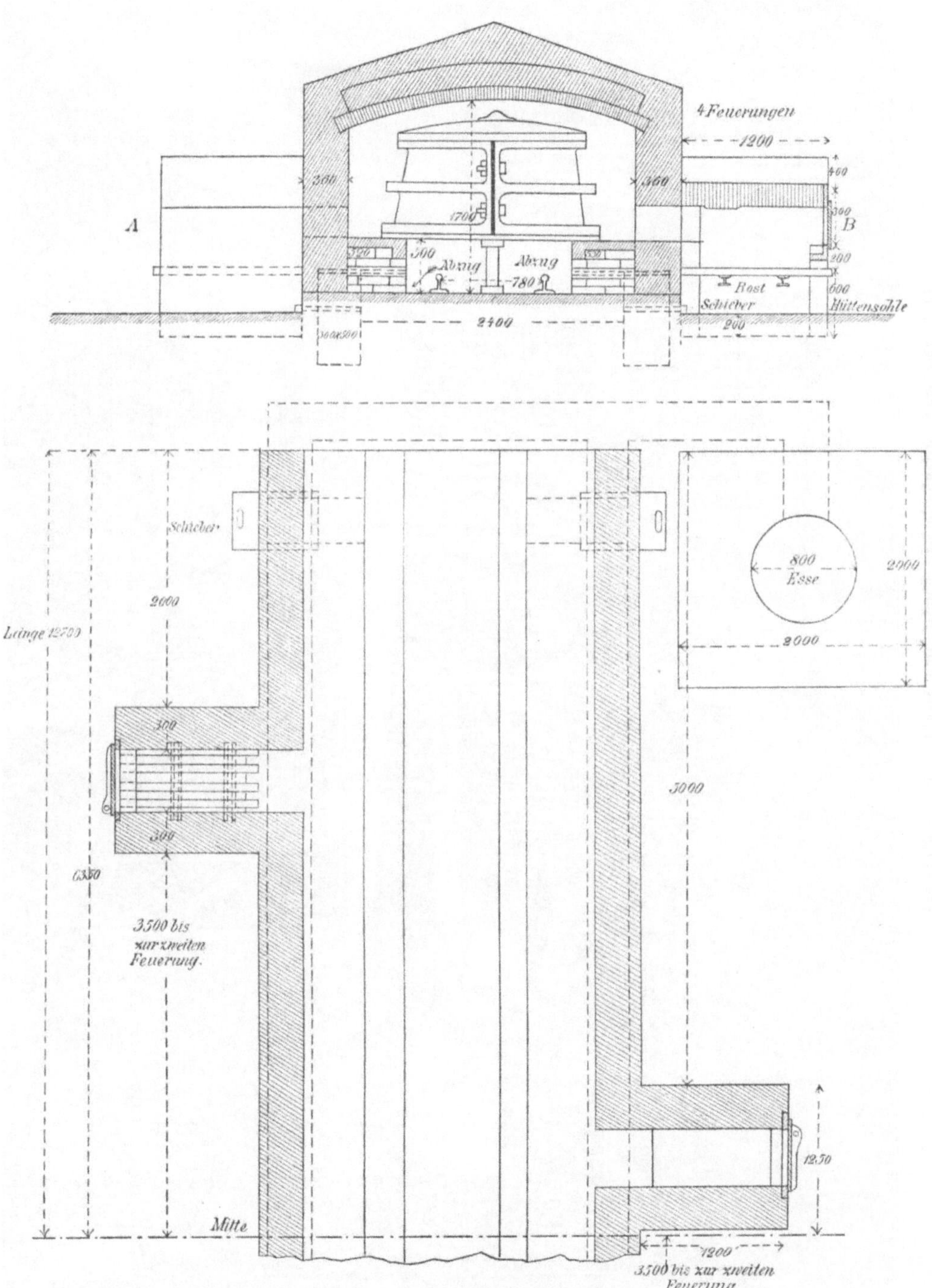

505 u. 506. **Bodenbrennofen.**

507. Bessemer Gießhalle der Rheinischen Stahlwerke in Ruhrort.

508. Gebläsemaschinen der Georgs-Marienhütte bei Osnabrück.

Man unterscheidet drei ganz verschiedene Stadien, in denen das Bessemerfrischen verläuft. In der ersten Periode ist kaum eine Flamme sichtbar, nur ein vom Metallbade hell beleuchteter Gasstrom, der mit zahlreichen Funken vermischt ist, tritt aus dem Metallbad. Nach einigen Minuten entwickelt sich eine wirkliche Flamme, und damit ist die erste Periode, in welcher hauptsächlich das Silicium und das Mangan zu nichtflüchtigen, in die Schlacke gehenden Oxyden verbrennen, vorüber. Es entspricht diese Periode der Feinperiode beim Puddeln. In der nun folgenden zweiten Periode findet hauptsächlich die Verbrennung des Kohlenstoffes statt, die Flamme, die aus dem Converter schlägt, wird heller und heller, sie nimmt allmählich Sonnenglanz an, im Converter ist ein donnerndes Geräusch, das mit Auswerfen von Schlacken begleitet ist, vernehmbar. Diese Periode entspricht der Kochperiode beim Puddelprozeß, sie hat die längste Dauer, etwa 10 bis 12 Minuten, und geht plötzlich in die Garperiode über, wobei die Flamme kleiner und kleiner wird, einen braunen, undurchsichtigen Rauch ausstößt und allmählich ganz verschwindet. Der Prozeß ist beendet, das Roheisen in schmiedbares Eisen verwandelt. Die Birne wird gekippt, um eine Probe zur Beurteilung des Erzeugnisses zu nehmen.

Der Verlauf des basischen Prozesses. Derselbe verläuft im großen und ganzen ähnlich wie der saure Prozeß, jedoch mit einigen wichtigen Abänderungen. Es wird zur Bildung einer basischen Schlacke Kalk bei passender Stellung von einer besonderen Bühne in den Converter gebracht. Der Zuschlag schwankt zwischen 12—20 % des Roheisengewichtes. Je größer der Kalkzuschlag ist, desto kühler ist auch der Chargengang. Ist der Kalk eingeschüttet, so wird der Converter in horizontale Lage gebracht und das Roheisen in denselben eingegossen. Nun wird die Gebläsemaschine in Gang gesetzt, und sobald die Windpressung über eine Atmosphäre beträgt, wird der Converter aufgerichtet, und das Blasen beginnt. Der Prozeß verläuft nun zunächst wie der saure, nur ist die erste Periode infolge des mangelnden Siliciums sehr kurz. Der Phosphor bleibt jedoch in der Hauptsache im Bade, bis der Kohlenstoff verbrannt ist; derselbe wird erst beim sogenannten Nachblasen entfernt, welches sich unmittelbar ohne Unterbrechen des Blasens an die vorhergehende Periode anschließt. Die Dauer der Nachblaseperiode ist ganz und gar von der Höhe des Phosphorgehaltes abhängig, man bläst eine gewisse erfahrungsgemäß festgesetzte Zeit, oder man bestimmt die Menge des eingeblasenen Windes nach der Anzahl der Spiele der Gebläsemaschine. Ein charakteristisches Merkmal für den Gang der Charge ist der in der Nachblaseperiode aufsteigende Rauch, dessen Farbe zur Beurteilung des Hitzegrades der Charge dient. Zeigt sich derselbe schon in der ersten oder zweiten Minute der Nachblaseperiode, und ist seine Farbe rötlich oder stark braun, so ist die Charge heiß, ist derselbe schwach braun, so ist die Charge mäßig warm. Beginnt er sich erst in der dritten oder vierten Minute sehr schwach zu zeigen, so geht die Charge kalt.

Die heißen Chargen eignen sich hauptsächlich für hartes Material zu Schienen u. s. w., während man die mäßig heißen meist für weiches Material verwendet. Ist der Chargengang wider Willen heiß, so wird der Converter umgelegt, das Blasen eingestellt und dem Bad ein entsprechendes Quantum Kalk oder Schrott zugesetzt und das Blasen fortgesetzt, oder es wird auch ohne Unterbrechung des Blasens Schrott zugesetzt. Wenn die Entphosphorung beendet zu sein scheint, wird der Converter umgelegt, das Blasen eingestellt und eine kleine Schöpfprobe des Metalles in eine zweiteilige durch eine Zange zusammengehaltene eiserne Gußform gegossen, welche in Wasser abgekühlt wird, um unter einem Dampfhammer zu einer breiten Scheibe ausgeschmiedet und mittels einer Vorrichtung durchgebrochen zu werden. Zeigt die Probe beim Brechen einige Festigkeit und ist auf der Bruchfläche ein gleichmäßiges feines mattglänzendes Korn ohne Kantenrisse, oder besitzt das Gefüge einen Anflug von Sehne, so ist die Entphosphorung beendet. Treten dagegen Kantenrisse auf, und zeigt die Gußform grobes Korn, so wird nachgeblasen, um den Rest Phosphor vollends zu entfernen. Ist die Entphosphorung vollendet, so wird die Schlacke in den unter dem Converter aufgestellten Wagen abgezogen und nun die Rückkohlung des Bades vorgenommen.

Zweck und Ausführung der Rückkohlung. In der Kindheit des Bessemerprozesses versuchte man, das Blasen, nachdem ein bestimmter Teil des Kohlenstoffgehaltes des Bades entfernt war, einzustellen, um auf diese Weise einen Stahl von gewünschter Härte und Festigkeit zu erhalten. Da der Prozeß jedoch keinen Anhaltspunkt für dieses Verfahren bietet, so waren die erhaltenen Resultate unsicher und das Produkt sehr oft von nicht gewünschter Qualität. Man ging deshalb dazu über, sämtlichen Kohlenstoff aus dem Bade beim Blasen zu entfernen und den gewünschten Gehalt an Kohlenstoff dem entkohlten Bade wieder zuzuführen. Dadurch hatte man es in der Hand, jederzeit ein Produkt von verlangter Qualität zu erhalten, was natürlich für die Lebensfähigkeit des Bessemerprozesses von großer Bedeutung war. Diese Abänderung wurde von Mieshet erfunden, und man benutzte anfänglich phosphorreines, siliciumarmes Spiegeleisen, welches jederzeit einen reichlichen Gehalt an Mangan neben einem reichlichen Gehalt an Kohlenstoff besitzt. Man fügte demgemäß bei der Herstellung harter Stahlsorten viel, bei dem weichen Stahle weniger Spiegeleisen nach dem Blasen dem Metallbade in der Birne zu.

509. Das Bessemerwerk der Georgs-Marienhütte bei Osnabrück.

Das Mangan jedoch, welches hierbei in das Bad gelangt, hat ebenso wie der Kohlenstoff eine wichtige Aufgabe zu erfüllen. Der Sauerstoff des Gebläsewindes verbindet sich nicht nur mit den Fremdkörpern des Eisens, sondern auch mit dem Eisen zu Eisenoxydul, welches zum Teil vom Metallbade gelöst wird und demselben, ähnlich wie der Schwefel, die Beschaffenheit des Rotbruches erteilt.

Das in das Metall mit dem Spiegeleisen kommende Mangan entreißt dem Eisen seinen Sauerstoff, indem es sich mit demselben zu Manganoxydul, einem im Metallbade unlöslichen, spezifisch leichteren Körper, verbindet, der an der Oberfläche des Bades sich ansammelt. Das Eisenbad wird oxydiert, und hierdurch werden die Eigenschaften des Flußeisens verbessert.

Will man jedoch weiche Stahlsorten erzeugen, so setzt man eine äußerst manganreiche Legierung, das Ferromangan, welches neben etwa 80 % Mangan 6—7 % Kohlenstoff enthält, dem Bade zu. Dadurch werden neben den nötigen Manganmengen zur Zerstörung des Eisenoxyduls verhältnismäßig nur kleine Mengen Kohlenstoff zugeführt, so daß das Erzeugnis kein harter Stahl ist, sondern weiches Flußeisen, das sich durch große Zähigkeit auszeichnet.

Da durch die erforderlichen großen Mengen Spiegeleisen das Bad zu sehr abgekühlt wird, so setzt man dasselbe meist in flüssigem Zustande dem Metallbade zu, indem man das für eine harte Charge von 10 t erforderliche Mangan von 600—700 kg in einem kleinen Kupolofen schmilzt, oder in einem kleinen Flammofen, um den Metallverlust beim Schmelzen im Kupolofen zu vermeiden, auf Rotglut erhitzt.

Die Rückkohlung nach Darby wurde auf der Hütte Phönix in Ruhrort ausgebildet, indem in die Gießpfanne durch das Trichterrohr gemahlener aschen= und schwefelreiner

510. Rückkohlung nach Darby auf der Hütte Phönix in Ruhrort.

Koks gegeben und das Metall darauf geschüttet wird, welches den Kohlen= stoff so begierig aufnimmt, wie heißes Wasser Zucker auflöst. Erfahrungsgemäß gehen etwa 75 % des in die Pfanne gebrachten Koh= lenstoffs in das Eisen, wäh= rend der Rest verbrennt. Dieses Verfahren ist na= mentlich dann sehr vorteil= haft, wenn man hartes Material herstellen will, ohne zugleich den Übelstand eines allzuhohen Mangan= gehaltes mit in den Kauf nehmen zu müssen. Aber auch für weiche Chargen eignet es sich sehr gut, da die Kohlenstoffaufnahme bei vollständiger Abwesenheit von phosphorhaltiger Schlacke vor sich geht, so daß der zugeführte Kohlen= stoff des Metalles keinen Phosphor mehr aus der Schlacke in dasselbe zurück= führen kann. Außerdem kommt die Billigkeit des Ver= fahrens noch in Betracht.

Die Schlacke. Die Schlacke des Thomaspro= zesses wird in gußeisernen Wagen nach dem zum Abstürzen bestimmten Platz gefahren. Sie wird, falls die Erze nicht genügende Mengen Phosphor enthalten, um ein gutes Thomasroheisen aus denselben herzustellen, im Hochofen wieder aufgegeben, wobei der Phosphor wieder ins Eisen übergeht und im Thomasconverter unzählige Male als Brenn= stoff dienen kann. Enthalten jedoch die Erze genügende Mengen Phosphor, so ist dies für die Wirtschaftlichkeit des Betriebes von großem Vorteil. Wegen ihres hohen Gehaltes an Phosphorsäure, der gewöhnlich 16—18 % beträgt, bildet dieselbe, nachdem sie äußerst fein gemahlen ist, ein wertvolles Düngemittel für die Landwirtschaft. Die Produktion an Thomasschlacke beträgt ungefähr 25 % von der Produktion an Flußeisen. Die Schlacke vom Bessemerconverter findet keine weitere Verwendung.

Bei der älteren Anordnung der Converter besitzen dieselben eine halbkreisförmige Gießgrube mit einem hydraulischen Gießkran in der Mitte der Grube. Die Birne gab den Stahl in die auf dem Ausleger des Krans befindliche Pfanne, welche sodann nach erfolgter Drehung und Senkung den Gußformen den Stahl zum Gießen zubrachte. Heute

ordnet man eine beliebige Anzahl Birnen in gerader Linie nebeneinander an und legt die Gießgrube vor die= selbe oder seitwärts, während ein fahrbarer Gießwagen den Stahl zur Gießgrube bringt.

Ein hydraulischer Gießkran zur Bedienung einer halbkreisförmigen Gießgrube ist in Abb. 511 abgebildet. P ist der Plunger, welcher durch Wasserdruck, der in dem Druckcylinder unter denselben tritt, gehoben und mittels Zahntriebes a gedreht wird. Die Drehung erfolgt um einen Zapfen, und die auf dem Ausleger vorhandene verschiebbare Pfanne wird durch ein Gegengewicht ausbalanciert. Einen Gießwagen mit Handbetrieb zeigt Abb. 512. In der Abbildung ist auch die unter dem Wagen befindliche pris= matische Gießform sichtbar. Die Gießpfanne besteht aus starkem Eisenblech und ist im Inneren mit feuerfesten Steinen ausgemauert. Das Entleeren der Pfanne geschieht durch eine am Boden befindliche Öffnung, welche mittels Stopfen= ventils verschlossen werden kann. Da die tiefliegenden Gießgruben nicht ohne Gefahr für die darin thätigen Arbeiter sind, so hat man die Guß= formen auch auf der Hüttensohle aufgestellt, aus welcher Anordnung die Notwendigkeit hervorgeht, die Birnen entsprechend höher zu legen. Vor dem Gießen wird die Gieß= pfanne durch ein Koksfeuer gut vor= gewärmt, damit der Stahl keine zu starke Abkühlung erleidet.

Die Gußformen bestehen aus Gußeisen, sie haben prismatische Gestalt, meist quadratischen Grund= riß auch rechteckig für Erzeugung von Brammen und sind für schwere zum Schmieden bestimmte Blöcke achteckig. Dieselben sind oben und unten offen und werden beim Gießen

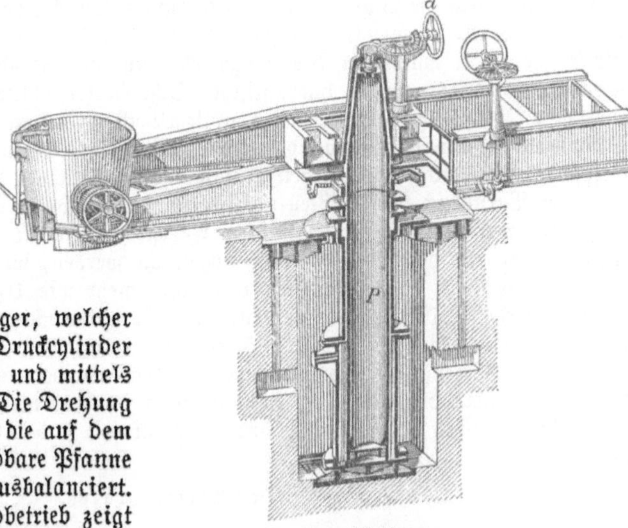

511. Gießkran.

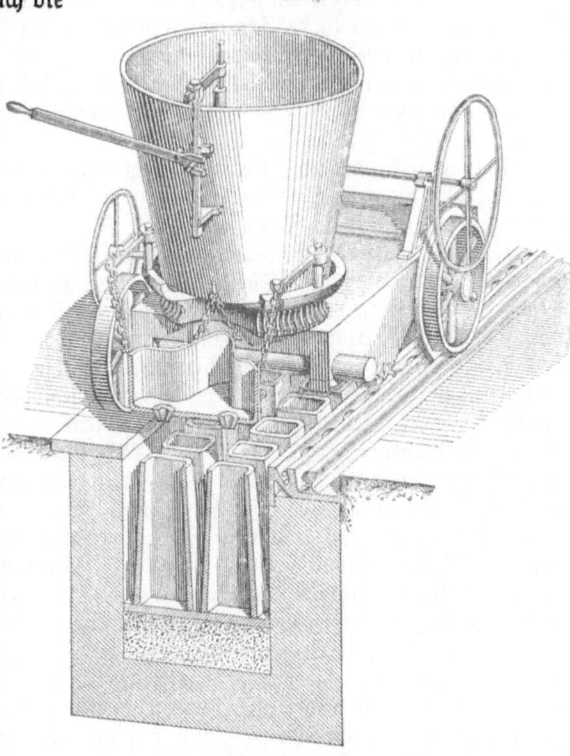

512. Gießwagen.

auf eine gußeiserne Unterlage gestellt. Bei großen Blöcken gießt man von oben. Will man jedoch kleine Blöcke gießen, so vereinigt man mehrere Gußformen auf einer gemeinschaftlichen Platte, welche unten Kanäle aus feuerfesten Steinen besitzt. Sämtliche Kanäle zweigen von einem gemeinsamen Gießtrichter ab, so daß in den Gußformen

das in Trichter gegebene Metall von unten nach oben steigt. Man nennt dieses Gieß=
verfahren.das Gießen in Gespannen. Das Gießen kleiner Blöcke ist jedoch sehr zeit=
raubend, wodurch die Blasearbeit ziemlich aufgehalten ist, da der Raum in der Gießgrube
noch nicht für die nächste Charge frei ist. Man gießt deshalb neuerdings nur noch große
Blöcke, die unter mächtigen Blockwalzwerken auf den gewünschten Querschnitt herunter=
gewalzt und mittels großer hydraulischer Scheren zerschnitten werden. Es sind hierfür
allerdings kostspielige Einrichtungen nötig, doch erleichtert dieses Verfahren eine hohe
Produktion ungemein, und bei demselben fallen die Ausgaben für die Kanalsteine beim
Gespanngießen und der vermehrte Abfall durch die kleinen Blöcke weg.

Der Verschleiß der Kokillen ist ziemlich beträchtlich, dieselben werden beim Gießen
rotglühend und müssen, da ein solcher Vorrat an Kokillen nicht gehalten werden kann,
durch Wasser für den nächsten Guß abgelöscht werden, worunter dieselben sehr leiden.
Es können deshalb im allgemeinen nicht viel mehr wie 100 Blöcke in einer Gußform
gegossen werden. Die Kokillen werden, wenn sie unbrauchbar sind, zerschlagen und in der
Eisengießerei als Brucheisen wieder verarbeitet.

Behufs Erzeugung dichter gasfreier Blöcke wendet man nicht nur das Verfahren
des kommunizierenden Gusses in Gespannen an, sondern man setzt die noch flüssige Stahl=
masse einem großen hydraulischen Druck aus, um die Blöcke möglichst dicht und porenfrei
zu erhalten.

Der Martinprozeß.

Rohmaterialien und Zuschläge. Der Martinprozeß ist der verbreitetste der
Prozesse zur Erzeugung des schmiedbaren Eisens, da die Durchführung desselben zunächst
weniger an örtliche Verhältnisse gebunden, wie die Durchführung des Bessemer= und
Thomasprozesses, dann viel billiger ist, indem sich kostspielige Gebläse erübrigen, und
hauptsächlich, weil er es ermöglicht, alle Abfälle von schmiedbarem Eisen gut zu ver=
werten.

Der Prozeß hat den Zweck, auf dem Herde eines Flammofens Flußeisen und Fluß=
stahl darzustellen. Der Gedanke, durch Zusammenschmelzen von Schmiedeeisenabfällen
mit Roheisen auf einem Flammofenherde Stahl darzustellen, rührt von den Gebrüdern
Martin her; seine Verwirklichung scheiterte indes an der Unmöglichkeit, die zur Flüssig=
erhaltung der Massen nötige hohe Temperatur zu erzeugen. Erst nachdem Siemens seine
Regenerativfeuerung erfunden hatte, gelang es, jene zu erreichen; daher wird der Prozeß
auch Siemens=Martinprozeß genannt.

Die Rohmaterialien bestehen aus Abfällen von schmiedbarem Eisen und je nach
Umständen größerem oder kleinerem Zusatz von Roheisen. Der Roheisensatz darf, da der
Einsatz auf dem offenen Herde des Flammofens der oxydierenden Einwirkung der Gase
und der Luft ausgesetzt ist, eine bestimmte Menge nicht unterschreiten und muß mindestens
so groß sein (etwa 15 %), daß die in demselben enthaltenen Fremdkörper, namentlich
Kohlenstoff, Silicium und Mangan, durch ihre Oxydation das Eisen selbst vor Ver=
brennung schützen. So erstreckt sich der Prozeß vom bloßen Umschmelzen mit dem ge=
ringsten Roheisenzusatz bis zum einfachen Frischprozeß mit nur Roheisensatz. Es ist da
Sache des Betriebsführers, die vorteilhafteste Arbeitsweise zu ermitteln. In allen Fällen
wird bei richtiger Betriebsleitung ein brauchbares Material erfolgen.

Ursprünglich fütterte man den Herd mit Quarz, also saurem Material aus; diese
Ausfütterung gestattete jedoch nur die Verarbeitung phosphorarmen Einsatzes. Nachdem
es gelungen war, in dem basisch ausgemauerten Converter das Eisen zu entphosphoren,
übertrug man diese Erfahrung gleich auf den Martinofen und stellte dessen Herd aus
Dolomit oder Magnesia oder Chromeisenerz her. So unterscheidet man auch den sauren
und den basischen Martinprozeß.

Beim sauren Martinprozeß muß also der Einsatz möglichst phosphorfrei sein. Der
Phosphorgehalt soll indessen selbst beim basischen Prozeß niedrig sein (unter 1 %), denn
die Entphosphorung verlangsamt und verteuert den Betrieb sehr, indem die in der Zeit=
einheit ausgebrachte Stahlmenge kleiner ist.

Bei beiden Arten des Prozesses darf der Einsatz solche Stoffe, welche das Material sehr in nachhaltiger Weise beeinflussen, wie z. B. Schwefel, Zinn, nicht in wirksamer Menge enthalten.

Zuschläge werden in Form von Eisenerzen, oder beim basischen Prozeß mit Kalk zu Ziegeln gepreßtem Walzsinter, Hammerschlag, gegeben, deren Sauerstoffgehalt die Oxydation der Fremdkörper befördert, während das reduzierte Eisen vom Metallbade aufgenommen wird. Beim basischen Prozeß wird zwecks Verschlackung des Phosphors Kalk zugeschlagen, und zwar erfolgt der Kalkzuschlag entweder gleich beim Einsetzen oder, je nach Beschaffenheit der Schlacken und des Metallbades, während des Schmelzens. Der Kalk wird meist als Kalkstein zugesetzt. Die entweichende Kohlensäure bewirkt ein Aufwallen des Bades und somit Beförderung der Oxydation.

Gegen Schluß des Prozesses setzt man zwecks Entziehung des gelösten Sauerstoffs und Erreichung der gewünschten Qualität Mangan als Ferromangan oder Spiegeleisen, oder auch Silicium als Ferrosilicium zu. Der Spiegeleisenzusatz wird, weil das Spiegeleisen infolge seines hohen Kohlenstoffgehaltes besonders härtend wirkt, nur gemacht, wenn hartes Material dargestellt werden soll. Handelt es sich um Erzeugung ganz harter

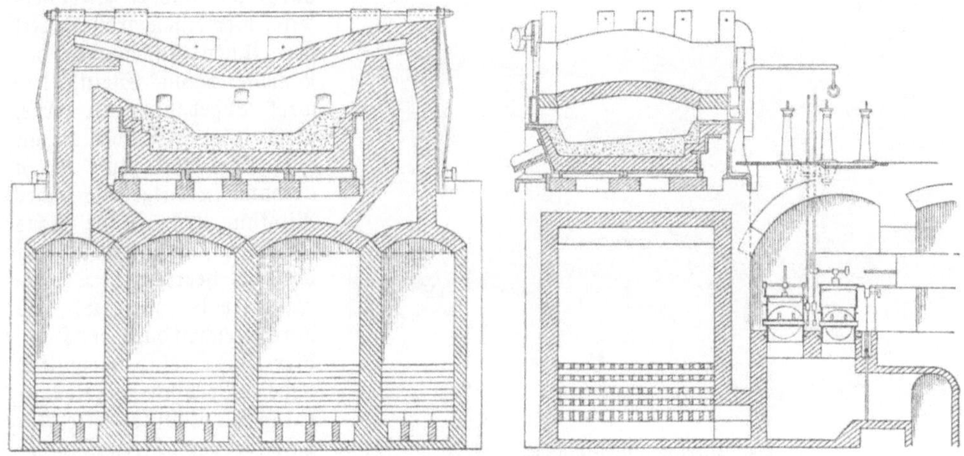

513. **Martinofen.**

Stahlsorten, so setzt man den Kohlenstoff in Form von Holzkohle= oder Kokspulver zu und zwar beim Fließen des Eisens in die Pfanne.

Ein vorzügliches Mittel zur Erreichung dichter Abgüsse ist ein geringer Aluminium= zusatz; dieser wird entweder in der Pfanne oder in den Kokillen gemacht, darf indessen nicht zu groß sein, indem ein höherer Aluminiumgehalt (über 0,1 %) das Produkt nach= teilig beeinflußt, besonders die Schweißbarkeit verhindert.

Durch Zusatz von Nickel, Chrom, Wolfram u. s. w. in metallischer oder legierter Form am Schluß des Prozesses erhält man die betreffenden Spezialstähle.

Der Martinofen. Die Größe der Öfen ist sehr verschieden; es bestehen welche von 4—40 t Einsatz. Je größer dieser ist, um so niedriger fallen die Betriebskosten aus. Meistens findet man Öfen von 10—15 t Fassung im Betriebe; bei größeren Öfen ist die Führung des Betriebes umständlich.

Wie schon erwähnt, ist jeder Martinofen mit einer Siemens=Regenerativfeuerung verbunden. Jede Martinanlage besteht demnach aus den Gaserzeugern, Generatoren, dem eigentlichen Martinofen mit den zur Vorwärmung von Gas und Luft dienenden Wärmespeichern, auch Regeneratoren oder Kammern genannt, und der Gießhalle.

Zwischen den Generatoren und Regeneratoren befindet sich ein System von Kanälen und Leitungen für Gas und Verbrennungsluft und Verbrennungsprodukte. Durch bis 40 m hohe Essen werden die letzteren abgeleitet und so der nötige Zug erreicht.

Die Wärmespeicher, welche meistens unterhalb des Herdes, zuweilen, besonders in England, seitlich vom Ofen liegen, sind zur Hälfte ihres Raumes mit feuerfesten Steinen gitterartig ausgelegt.

Liegen, wie bei dem in Abb. 513 dargestellten Ofen, die Regeneratoren unter dem Herde, so dienen die beiden äußeren kleineren zur Vorwärmung des Generatorgases, die inneren größeren zur Erhitzung der Verbrennungsluft. Die Größen der Wärmespeicher verhalten sich wie 2 : 3 oder 3 : 4.

Vor dem Ofen sind zwei Wechselventilgehäuse angeordnet und zwar je eines für das Generatorgas und für die Verbrennungsluft. Die ziemlich gleich konstruierten Ventile haben den Zweck, das Gas resp. die Verbrennungsluft je nach Bedarf in die rechten oder linken Kammern, gleichzeitig aber auch die von der anderen Ofenseite strömenden Verbrennungsgase in den Essenkanal zu leiten. Von jeder Kammer führt mindestens ein Kanal zum Herde.

Der Heizungsvorgang ist nun folgender: Gas und Verbrennungsluft gelangen durch die eine Kammerseite (bei der gezeichneten Stellung der Ventile durch die linke) in den Herd, wo die Verbrennung stattfindet, und die Verbrennungserzeugnisse entweichen durch die andere Kammerseite, hier einen großen Teil der ihnen innewohnenden Wärme an das Steingitterwerk abgebend, zur Esse. Nach einiger Zeit schaltet man um: Gas und Luft treten alsdann in entgegengesetzter Richtung erst in die rechte Kammernseite, wo sie auf die dort herrschende Temperatur erhitzt werden, und durchstreichen dann den Herd, hier schon eine wesentlich höhere Verbrennungstemperatur entwickelnd. Die Abgase speichern hierauf in der rechten Kammernseite Wärme

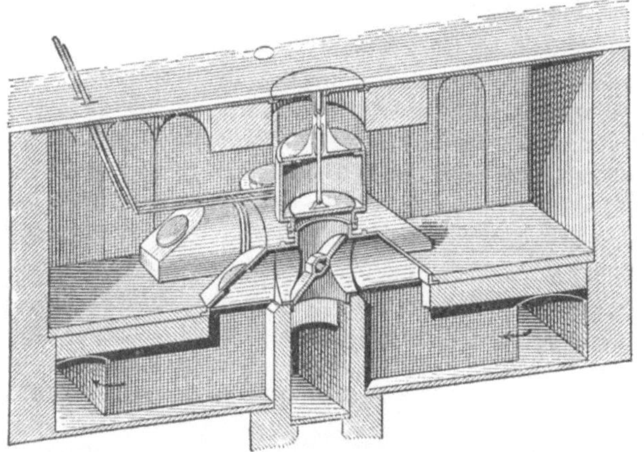

614. Siemens-Wechselklappe.

auf, bis nach einiger Zeit abermals umgeschaltet wird u. s. w., und so wiederholt sich dieser Vorgang.

Als Wechselventile sind meist die von Siemens stammenden Wechselklappen in Anwendung. Abb. 514 veranschaulicht eine Siemens-Wechselklappe. Aber auch Teller-, Glockenventile und Schieber sind gebräuchlich.

Die Herstellung des Martinofenherdes erfordert die größte Sorgfalt. Derselbe besitzt die Form einer Mulde und ist heute ausschließlich wohl mit Tonnengewölbe versehen. Er ruht auf guß- oder schmiedeeisernen Platten, welche entweder von den Umfassungsmauern der Wärmespeicher oder von besonders vorgesehenen Trägern getragen werden. Die senkrecht zur Ofenlängsachse liegenden Wände nennt man Köpfe; sie enthalten die Einströmungskanäle für Gas und Verbrennungsluft. Die Längswände führen die Bezeichnungen Vorder- und Rückwand. Durch in der Vorderwand eingebrachte Thüren wird der Ofen beschickt. In der Rückwand befindet sich an der tiefsten Stelle des Herdsumpfes der Abstich.

Zur Herstellung des Herdes benutzt man beim sauren Prozeß hochkieselsäurehaltige Materialien, meist gekörnten Quarz, dem so viel Thonmehl beigemengt wird, als eben zur Bindung nötig ist. Beim basischen Ofen stellt man den Herd aus gebranntem Dolomit oder Magnesit her. Als Bindemittel dient dann entwässerter Steinkohlenteer. Der Herd wird entweder aufgestampft oder aufgemauert. Bei den Öfen beider Prozesse benutzt man zum Bau der übrigen Ofenteile hochfeuerfeste Dinassteine.

Beim basischen Ofen muß das basische Feuermaterial vom sauren durch eine Lage neutralen Materiales getrennt werden, weil Kieselsäure und Dolomit zusammen leichtschmelzbare Schlacken bilden. Als Isolierschicht benutzt man Magnesit oder Chromeisenerz.

Die Größenverhältnisse des Herdes richten sich nach der Größe des Einsatzes. Die Tiefe des Metallbades beträgt mindestens 0,4—0,5 m; beim basischen Ofen ist sie der bedeutenderen Schlackenmenge halber größer.

Die Anordnung der Einströmungskanäle für Gas und Verbrennungsluft in den Köpfen ist von wesentlicher Bedeutung für die Haltbarkeit und Arbeitsweise des Ofens. Fast ausschließlich läßt man heute die Luft über dem Gase in den Herd eintreten und zwar aus folgenden Gründen: Zunächst vermischen sich Luft und Gas weit inniger, weil die Luft infolge ihres höheren spezifischen Gewichtes das Bestreben hat, zu sinken, und dann wird dadurch die Flamme mehr auf das Metallbad gerichtet und das Gewölbe geschont. Früher brachte man die Gas- und die Luftschlitze in einer Horizontalen an. Die Anzahl der Gas- und Luftzüge ist verschieden. Die meisten Öfen werden wohl mit zwei Gas- und zwei Luftzügen versehen sein. Die richtige Dimensionierung aller Kanäle ist von nicht zu unterschätzender Wichtigkeit.

515. **Chargiervorrichtung für den Martinofen.**

Beim Erhitzen dehnen sich die einzelnen Ofenteile sehr aus, infolgedessen muß, um Zerstörungen zu verhindern, der Ofen stark verankert werden.

Die Dauer der Schmelzreise eines Ofens ist sehr verschieden. Ein einigermaßen gut konstruierter und behandelter Ofen muß mindestens 200 Schmelzungen, Chargen, von je fünf- bis achtstündiger Dauer vertragen. Doch hielten Öfen schon 600 und mehr Chargen aus.

Verlauf des Prozesses. Die Inbetriebsetzung eines neu zugestellten Ofens muß sehr behutsam erfolgen. Eine zu rasche Steigerung der Temperatur hat zu plötzliche und ungleichmäßige Ausdehnung des Mauerwerkes zur Folge, wodurch dasselbe rissig und sogar zerstört werden kann.

Man legt im Ofen ein starkes Kohlenfeuer an und leitet, sobald der Ofen ziemlich gut durchwärmt ist (etwa nach zwölf Stunden), Gas ein. Sehr wichtig ist es, daß das Gas beim Eintritt in den Herd glühende Körper trifft, an welchen es sich entzündet, anderenfalls treten Explosionen ein, welche zuweilen recht heftig sind. Der Gaszufluß und damit die Temperatur wird dann immer gesteigert, bis nach etwa zwei Tagen der Herd auf die Schmelztemperatur des Schmiedeeisens gebracht ist. Alsdann kann das Einsetzen der Charge beginnen. Vorher wird der Abstich zugemacht.

Beim basischen Verfahren pflegt man auf den Herd vor dem Chargieren eine Kalkschicht aufzutragen, zwecks Schonung desselben.

Bei beiden Verfahren setzt man in der Regel erst das Roheisen und dann die Schmiedeeisenabfälle ein, wegen des niedrigeren Schmelzpunktes des ersteren; es wirkt dann das geschmolzene Roheisen lösend auf die Schmiedeeisenabfälle. Die schweren Stücke werden mittels einer Schaufel oder besonderer Vorrichtungen in den Ofen geschoben, die leichteren hingegen von Hand geworfen. Nachdem das bestimmte Quantum in den Ofen chargiert ist, wird bei gut verschlossenen Thüren das Einschmelzen bewirkt, was nach zwei bis drei Stunden vom Beginn des Einsetzens an erreicht ist.

Hierauf wird mittels eines schmiedeeisernen Löffels eine Probe genommen, in eine längliche Form gegossen und gebrochen, oder auch erst unter einem Dampfhammer ausgeplattet und dann gebrochen. Das Spiel des Stahles beim Gießen, das Verhalten beim Schmieden und Brechen und das Aussehen der Bruchfläche bieten genaue Anhaltspunkte für die Beschaffenheit des Metalles. Je nach Ausfall der Probe wird dem Bade Erz oder Schrott, falls die Charge noch hart, also ziemlich reich an Fremdkörpern ist, oder Roheisen zugesetzt, falls die Oxydation der fremden Bestandteile schon so weit vorgeschritten, daß ein Vergießen des Materiales nicht möglich ist. Ein Flußeisen mit $0{,}06\,\%$ Kohlenstoff hat nämlich einen so hohen Schmelzpunkt, daß es sich auf dem Herde eines Flammofens kaum flüssig erhalten, geschweige denn gut vergießen läßt.

Beim basischen Prozeß muß während des Frischens reichlich Kalk zugesetzt werden, wodurch die Schlacke basisch und damit fähig wird, den im Einsatz enthaltenen Phosphor in Form von Phosphorsäure aufzunehmen.

Die Zusätze werden in kleineren Mengen und öfter gemacht, um einer starken Abkühlung vorzubeugen. Während des Schmelzens ist es eine wichtige Aufgabe des Schmelzers, des ersten Mannes am Ofen, den Ofen, vor allem das Gewölbe und die Köpfe, zu beobachten und die Temperatur zu regeln, damit diese nicht den Schmelzpunkt der Dinassteine erreiche. Durch ein blaues Glas betrachtet der Schmelzer das Gewölbe und die Köpfe und regelt nach seinen Wahrnehmungen sowohl die Dauer der Strömung von einer Seite als auch den Gas- und Luftzufluß.

Die Probenahme wird nach Bedarf öfter wiederholt. Ist schließlich die gewünschte Beschaffenheit des Metallbades erreicht, so wird der zur Desoxydation oder Erreichung bestimmter Qualität dienende Endzuschlag gemacht, der meistens in Ferromangan oder Ferrosilicium und Spiegeleisen besteht. Kurz danach wird das Bad gehörig durchgerührt und abgestochen. Das Ferromangan wird meist kalt, Ferrosilicium und Spiegeleisen oft vorgewärmt, das letztere hin und wieder flüssig zugegeben.

Der Stahl wird in eine Pfanne mit im Boden befindlichem Ausflußventil abgestochen und entweder in Formen zu Stahlformguß oder in Kokillen zu Blöcken vergossen. Die gußeisernen Kokillen haben meist quadratischen oder rechteckigen Querschnitt; vielfach benutzt man auch Kokillen, deren Form sich der weiteren Verwendung der Blöcke anpaßt. So gießt man z. B. für Achsen und Bandagen polygonale Blöcke.

Nach jedem Abstich wird der Ofen einer genauen Besichtigung unterzogen und nötigenfalls gleich repariert. Besonders der Herd muß genau beobachtet werden, weil in demselben sehr oft während des Schmelzens Löcher entstehen. Aus diesen muß der Stahl bezw. die Schlacke durch geeignete Werkzeuge entfernt werden, worauf durch Auftragen des Materiales die Ausbesserung erfolgen kann.

Beim basischen Verfahren wird infolge der reichlichen Schlackenansätze nach jedem Abstich der Herd wohl auch zu hoch, so daß der Ofen das ursprüngliche Quantum nicht mehr faßt. Dieses Übel wird dadurch beseitigt, daß man auf den Herd Sand oder sonstiges kieselsäurereiches Material schaufelt: Kieselsäure und Dolomit geben leichtschmelzbare Schlacke, so daß der Herd rasch niedriger wird.

Hin und wieder werden auch Reparaturen am Gewölbe nötig. Kleinere Schäden bessert man ohne besondere Kühlhaltung des Ofens auf Blechschablonen aus, welche durch die reparaturbedürftigen Stellen eingelassen werden. Handelt es sich um große Reparaturen, so verfährt man in der Weise, daß man den Ofen mit geeignetem Material anfüllt und darauf wölbt. Nach Vollendung dieser Arbeit entfernt man das Füllmaterial wieder. Die Zeitersparnis bei diesem Verfahren gegenüber dem Kaltstellen eines Ofens ist eine

516. Gießen im Martinstahlwerk von Fried. Krupp in Essen.

ziemlich bedeutende. Als Füllmaterial verwendet man beim basisch zugestellten Ofen Kalksteine, beim sauren Steinbrocken.

Die Generatorleitung wird durch den Ruß, die Flugasche und durch aus dem Gase sich abscheidende Produkte, wie Teer, Asphalt, nach einiger Zeit sehr verengt und damit auch der Gaszufluß mangelhaft. Zeitweise muß deshalb die Leitung gereinigt werden. Man sperrt zu diesem Zwecke die Generatoren und den Ofen durch Schieber von der Leitung ab, öffnet die Einsteigelöcher, kühlt durch Wasserstrahlen die abgelagerten Massen ab und holt dieselben alsdann mit geeigneten Werkzeugen heraus. Während der Reinigung hält man den Ofen dicht verschlossen, oder man unterhält in demselben ein starkes Feuer.

Zur Belegschaft eines Martinofens gehören: 1 erster Schmelzer, 1 zweiter Schmelzer, 2—7 Hilfsarbeiter, je nach der Größe des Ofens, 2 Mann an den Generatoren, 3 Mann in der Gießhalle und 1 Pfannenmann.

Metallhüttenkunde.

Als der Eisengruppe in chemischer Beziehung nahestehend und in der Eisenindustrie auch fast ausschließlich verwendet, mögen zunächst die Metalle Mangan, Chrom und Wolfram Berücksichtigung finden.

Mangan.

Das Mangan findet sich in der Natur vorwiegend in Form von oxydischen Erzen: als Superoxyd im Pyrolusit oder Braunstein, MnO_2, als Oxyd im Braunit, Mn_2O_3, als Oxyduloxyd im Hausmannit, Mn_3O_4, als Hydrooxyd im Manganit, $Mn_2O_2(HO)_2$. Unter den Salzen ist der Manganspat $MnCO_3$, der Mangankiesel, aus Silikaten bestehend, und der Psilomelan, aus Manganiten des Mangans, Bariums und Kaliums bestehend, zu nennen. Ein Sulfid, der Mangankies, MnS_2, hat für die Mangangewinnung keine Bedeutung.

Bei der Verarbeitung dieser Erze gewinnt man nur Manganlegierungen, da es, abgesehen von dem unter Chrom eingehender beschriebenen Verfahren von Goldschmidt, sehr schwer ist, ein hinreichend reines und dabei haltbares Metall zu erschmelzen.

Unter den wichtigeren Manganlegierungen unterscheiden wir das Spiegeleisen, ein mangan- und kohlenstoffreiches, aber siliciumarmes Roheisen mit 5—20% Mangan, und das Ferromangan, eine manganreichere Legierung mit bis 85% Mangan. Das Verfahren der Herstellung dieser Legierungen wird im wesentlichen nach denselben Grundsätzen geleitet, wie sie schon beim Hochofenprozesse besprochen worden sind. Die Temperatur wird mit steigendem Mangangehalte der zu erschmelzenden Legierung gesteigert. Die Schlacke muß basischer gehalten werden, wie bei der Erzeugung der verschiedenen Roheisensorten; sie muß ferner ziemlich manganreich sein (8—30% MnO), da sich sonst bereits reduziertes Mangan unter Abscheidung von Eisen wieder verschlackt, indem sich eisenreichere Legierungen bilden, wie man erwartet. Der Schmelzgang muß gegenüber demjenigen der Roheisengewinnung trotz erhöhtem Brennstoffaufwande verzögert werden. Auf die Apparate, die Hochöfen, brauchen wir hier nach dem unter Eisen Gesagten nicht noch einmal einzugehen.

Ein unter Chrom beschriebenes Verfahren von Goldschmidt läßt sich auch auf Mangan anwenden; es liefert ein Metall von bisher nie erreichter Reinheit.

Die Abscheidung des Mangans aus seinen Lösungen oder geschmolzenen Salzen durch Elektrolyse hat noch keinen Eingang in die Technik gefunden.

Reines Mangan bildet ein silberweißes, stark glänzendes Metall von großer Härte und Sprödigkeit. Es schmilzt zwischen 1200 und 1500°, ist auch bei Temperaturgraden von 1500° und darüber schon ziemlich flüchtig, so daß schon bei der Herstellung des Spiegeleisens und des Ferromangans nicht unbedeutende Metallmengen durch Verdampfen verloren werden. — Wenn es sich auch an der Luft schnell mit einem anfangs messinggelben, später bräunlichen Anfluge einer Oxydhaut überzieht, so ist es doch rein sehr beständig. Die geringe Haltbarkeit des durch direkte Reduktion mit Kohle in Tiegeln oder im elektrischen Ofen hergestellten Mangans ist einem Gehalte dieses Metalles an Karbiden und Siliciden zuzuschreiben, welche die Zersetzung derartig begünstigen, daß man solches Metall, um es zu erhalten, unter Petroleum aufbewahren muß.

In geschmolzenem Zustande ist es ein kräftiges Reduktions= und Entschwefelungs= mittel, welcher Eigenschaften wegen es auch hauptsächlich in der Eisenindustrie Ver= wendung findet. Nach dem Goldschmidtschen Verfahren dargestellt, ist es allerdings für diese Zwecke zu teuer; es genügen hier die Legierungen Spiegeleisen und Ferromangan. — Spiegeleisen zeigt auf seinen Bruchflächen einen großblätterigen krystallinischen Bruch. Den glänzenden Krystallflächen, welche auf den Bruchstellen dieser Legierung zu Tage treten, verdankt sie den Namen Spiegeleisen. — Ferromangan zeigt einen feinkörnig krystallinischen Bruch. — Speziell das Spiegeleisen wird nicht nur wegen seiner redu= zierenden und entschwefelnden Wirkung dem Eisen zugeschlagen, sondern dient auch als kohlender Zuschlag, um dem entkohlten Eisen wieder ganz bestimmte Mengen Kohlenstoff zuzuführen.

Auch mit Kupfer und anderen Metallen hat man das Mangan legiert (Mangan= bronze), doch haben die übrigen Legierungen außer Spiegeleisen und Ferromangan nur sehr beschränkte Anwendung gefunden.

Chrom.

Als solches findet sich das Chrom nicht in der Natur; in Verbindung mit Sauer= stoff und anderen Metallen dagegen kommt es als Chromat (chromsaures Salz) in dem Rotbleierze (Krokoit), einem Bleichromate der Formel $PbCrO_4$, in dem es 1797 von Vauquelin entdeckt wurde, und als Chromit in dem Chromeisensteine, einem Eisen= chromite von der Zusammensetzung $FeCr_2O_4$ vor. Fast nur dieses letztere Erz, welches sich in derben, auch eingesprengten grauen bis schwarzen krystallinischen Massen in Schlesien, Steiermark, Mähren, Rußland, Norwegen, Neuseeland und den Vereinigten Staaten findet, kommt für die Gewinnung des Chroms und seiner Verbindungen in Betracht.

Die Zusammensetzung der verschiedenen Erzsorten schwankt etwa in den Grenzen der nachstehend angeführten Beispiele:

Chromoxyd (Cr_2O_3)	$39{,}60\,^0/_0$	$51{,}50\,^0/_0$	$51{,}20\,^0/_0$
Ferrioxyd (Fe_2O_3)	—	—	$1{,}45\,^0/_0$
Ferrooxyd (FeO)	$21{,}20\,^0/_0$	$14{,}80\,^0/_0$	$13{,}33\,^0/_0$
Aluminiumoxyd (Al_2O_3)	$22{,}50\,^0/_0$	$13{,}20\,^0/_0$	$12{,}80\,^0/_0$
Magnesia (MgO)	$9{,}60\,^0/_0$	$16{,}30\,^0/_0$	$12{,}55\,^0/_0$
Kalk (CaO)	$1{,}30\,^0/_0$	—	$3{,}15\,^0/_0$
Kieselsäure (SiO_2)	$4{,}50\,^0/_0$	$3{,}80\,^0/_0$	$4{,}95\,^0/_0$
Kupferoxyd (CuO)	$0{,}20\,^0/_0$	—	—

Für die Verarbeitung dieser Erze ist entscheidend, ob es genügt, das Chrom legiert mit Eisen, als sogenanntes Ferrochrom, abzuliefern, oder ob reines Chrom verlangt wird.

Verarbeitung des Chromeisensteins auf Ferrochrom.

Wird Ferrochrom verlangt, so gestaltet sich die Verarbeitung des Erzes sehr einfach. Man mischt dasselbe mit 12—15% Holzkohle, 6—7% Kolophonium, oder pulveri= siertem Pech, etwa 5% Glasscherben und 10—12% Quarzsand. Das Mischen geschieht in der Weise, daß man die verschiedenen Bestandteile der Beschickung in horizontalen Schichten zu einem runden oder eckigen Haufen aufbaut, von welchem man dann mit einer Schaufel vertikale Stiche abnimmt und diese stets auf den Mittelpunkt eines neuen Haufens aufwirft. Diesen Haufen arbeitet man in derselben Weise wieder zu einem neuen Haufen um und setzt diese Arbeit so lange fort, bis die Masse ein ganz gleichmäßiges Aussehen hat. Sie wird dann in Graphit= oder gute Thontiegel verpackt. Die nicht ganz bis zum Rande gefüllten Tiegel erhalten noch eine dünne Decke von kleinen Glas= scherben und gröberen Holzkohlestücken. Man setzt dann einen Deckel auf, der bis auf eine kleine Öffnung mit Lehm auf dem Tiegelrande abgedichtet wird. Zwar ist es möglich, in Windöfen mit gutem Zuge die Reduktionstemperatur der Oxyde zu erreichen, doch wendet man, um gut geschmolzene Metallblöcke zu erhalten, heute fast ausschließlich Regenerativgasöfen als Feuerungen an. Wo, wie in Eisenhütten, Siemensöfen für

Tiegelgußstahl vorhanden sind, kann man sich in solchen den Bedarf an Ferrochrom her=
stellen, für eine speziell mit der Herstellung von Chrom, Wolfram und Legierungen dieser
Metalle beschäftigte Fabrik hat Borchers folgenden, seit vielen Jahren mit Erfolg
arbeitenden Ofen gebaut:

Abb. 517—519 stellen diesen aus einem einfachen, für Koks als Brennmaterial
bestimmten Generator nebst zwei Heizkammern mit je zwei Wärmespeichern sich zusammen=
setzenden Ofen dar. Der Generator liefert das in ihm erzeugte Gas in einen Kanal ab,
dessen Lage aus den Abb. 518 und 519 ersichtlich ist. Von oben sind in diesen Kanal
Muffenrohre eingesetzt, von denen während des Betriebes alle bis auf eins mit Blech=
kapseln geschlossen sind. Das vierte wird durch ein U=Rohr aus Blech mit einem der
vier Muffenrohre in Verbindung gesetzt, welche in die vier oben an den Längswänden

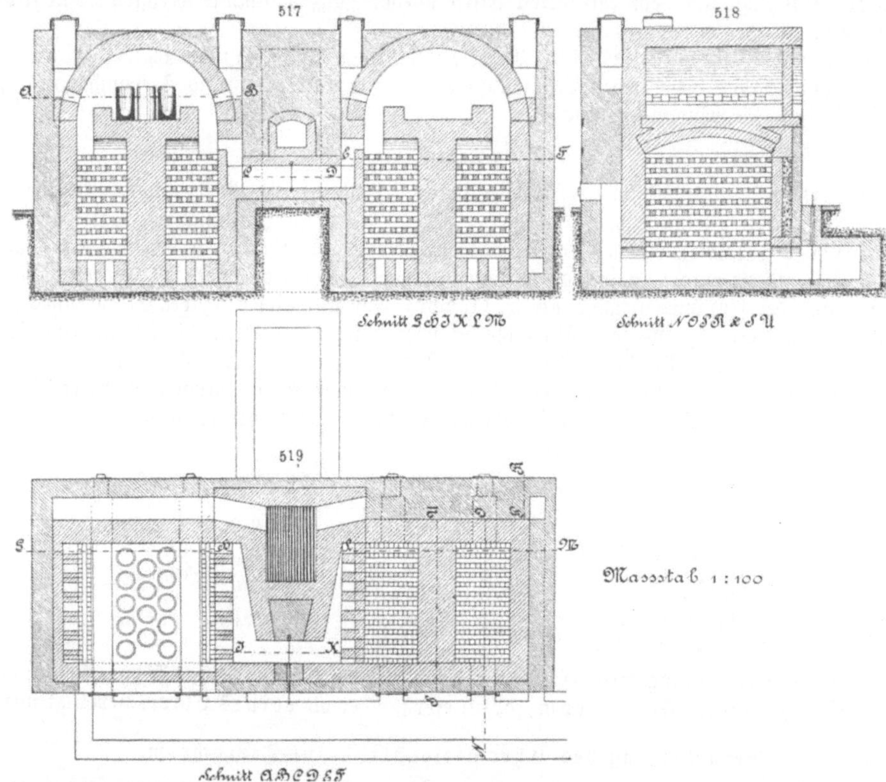

517—519. Regenerativtiegelofen zur Erschmelzung des Ferrochroms von Borchers.

der Kammern vorgesehenen Gaskanäle eingesetzt sind. Durch das U=Rohr wird also
einer dieser Gaskanäle und damit die eine Seite einer der Heizkammern mit Gas ver=
sorgt. Gleichzeitig läßt man von unten her durch den an derselben Seite liegenden
Wärmespeicher Luft zutreten, welche sich, wenn der Ofen schon einige Zeit in Betrieb
war, entsprechend vorwärmt und das durch etwa 8 kleine Öffnungen in die Kammer
tretende Gas zur Entzündung und Verbrennung bringt. Die Verbrennungsgase heizen
die Tiegel, um dann auf der anderen Seite der Kammer durch den zweiten Wärme=
speicher zu entweichen.

Wird ein Ofen frisch in Betrieb gesetzt, so ist es natürlich erforderlich, nachdem
der Ofen hinreichend trocken ist, die Heizkammer erst so weit vorzuwärmen, daß sich das
eintretende Gas auch sicher entzündet. Speziell bei dieser Ofenkonstruktion geschieht dies
dadurch, daß man anfangs im Generator eine niedrige Brennstoffschicht hält und die
Verbrennungsgase so lange nur von einer Seite aus in die Heizkammer eintreten läßt,

bis die Gaseintrittsöffnungen anfangen sich zu röten. Nun baut man die Brennstoff=
schicht im Generator allmählich höher, bis brennbares Gas entwickelt wird. Hat dieses so
lange gebrannt, bis die gegenüberliegende Ofenwand ebenfalls glüht, so schaltet man Gas=
und Luftstrom um. Man öffnet am ersten Wärmespeicher zuerst den Schieber, welcher
den Wärmespeicher vom Essenkanal abschließt, öffnet den Kaltluftkanal am anderen
Wärmespeicher, schließt den des ersten, setzt das U=Verbindungsrohr auf den gegenüber=
liegenden Gaskanal, schließt die Muffenrohre, von denen man das U=Rohr abgenommen
hat, und schließt endlich auch den Essenschieber des zweiten Wärmespeichers. Nach
einer Stunde spätestens schaltet man die Gasströme wieder in die erste Richtung, dieses
Spiel alle Stunden oder in kürzeren Pausen wiederholend. War der Ofen nicht ganz
kalt, so hat er in 6—8 Stunden die Schmelztemperatur erreicht. Da die Reduktion
der Oxyde schon früher erfolgte, so kann man dann die benachbarte Kammer in Ge=
brauch nehmen.

Ist die zweite Kammer mit Tiegeln besetzt und geschlossen, so öffnet man zuerst den
Essenschieber des äußersten Wärmespeichers, dann den in mittlerer Ofenhöhe liegenden
Verbindungskanal für die beiden Kammern, setzt oben das U=Verbindungsrohr auf den
inneren Gaskanal der neuen Kammer, schließt gleichzeitig die Muffenrohre, von denen
man das U=Rohr abgenommen hat, und den noch offenen Essenschieber der fertigen
Kammer, öffnet aber hier beide Kaltluftkanäle. Hat sich diese Kammer ein wenig abgekühlt,
so daß man sie öffnen und entleeren kann, so schließt man die Kaltluftkanäle. Es wird
dann während des Entleerens Luft an der Kammerthür eingesogen, wodurch die Arbeit
weniger lästig wird.

Ist inzwischen die neue Kammer so warm geworden, daß man die Gasströme
umschalten muß, so verfährt man wie bei der ersten Kammer, muß nun aber auch den
Verbindungsschieber wieder schließen. Bei dieser Ofenanordnung hat man Zeit, ohne
Störung des Ganges des Generators die Entleerung und Beschickung der einzelnen
Kammern vorzunehmen.

Das so erschmolzene Ferrochrom bildet dem Tiegelinneren entsprechend geformte
Metallkuchen, die allerdings selten frei von Schlackeneinschlüssen und Hohlräumen sind.
Die Bruchfläche zeigt grauen Metallglanz. Die Legierung wird fast ausschließlich als
Zusatz bei der Herstellung des Chromstahles benutzt. Für manche dieser Stahlsorten ist
sie allerdings noch zu kohlenstoffhaltig. Chrom, wie Eisen nehmen nicht unbeträchtliche
Mengen Kohlenstoff während ihrer Reduktion auf.

Verarbeitung des Chromeisensteines auf Reinmetall.

Zur Gewinnung des reinen Chromes ist vor der Reduktion der Oxyde eine Schei=
dung von Chrom und Eisen erforderlich, welche sich nur auf einem großen Umwege
gegenüber dem eben beschriebenen einfachen Verfahren erreichen läßt.

In deutschen Fabriken benutzt man zum Zerkleinern des Chromerzes Stein=
brecher zum Vorbrechen, dann Kugelmühlen, wie sie das Grusonwerk (Magdeburg=Buckau)
liefert, zum Feinmahlen. Eine Mühle dieses Systemes ist in Abb. 520 u. 521 dargestellt.
Sie hat den Vorzug vor Zerkleinerungsmaschinen ähnlicher Art, daß die im Inneren
durch Fall und Reiben der Kugeln zerkleinerten Massen in dem Trommelmantel drei Siebe
zu passieren haben, von denen das Grobe stets wieder in den Mahlraum zurückfällt,
während sich die Trommel dreht. In den Vereinigten Staaten Nordamerikas wird
nach Berichten von Lunge der sogenannte Pneumatic Pulverizer benutzt. Das auf
Steinbrechern und Walzwerken grob zerkleinerte Erz wird durch zwei kleine Trichter in
ein Rohr geführt, aus dem es durch ziemlich stark überhitzten Dampf von 12 Atmosphären
Überdruck in einen Kasten geblasen wird, in den auf der entgegengesetzten Seite, in einer
Entfernung von 100 mm ein eben solcher mit Erz beladener Dampfstrahl eintritt. Diese
Strahlen treten durch Düsen aus, bestehend aus lose aufgesetzten Schmiedeeisenscheiben,
mit Löchern von 3 mm Durchmesser. Die Löcher erweitern sich bei der Arbeit so
schnell, daß man die Scheiben alle zwei Stunden erneuern muß, worauf sich aber auch
alle Abnutzung beschränkt. Der heftige Stoß der Erzteilchen aufeinander in der engen

Kammer zerreibt sie sehr gründlich. Das Feinste wird mit dem Dampf fortgerissen und setzt sich in der Kammer ab, aus der der Dampf entweichen kann. Das Gröbere fällt schon vorher zu Boden und wird wieder von den Dampfstrahlen erfaßt, so daß nur das Feinste aus dem inneren Raume herausgelangt und ein Sieben gar nicht er= forderlich ist.

Dem Zerkleinern des Erzes folgt das Rösten. Wenn Litteraturangaben die Röstung des Erzes mit Pottasche oder Soda empfehlen, wie man noch in einzelnen Lehrbüchern lesen kann, so entspricht dies nicht der thatsächlichen Praxis. Der Zweck der Röstung ist die Umwandlung des Eisens durch Aufnahme von Sauerstoff (Oxydation) in unlösliches Oxyd und des Chromes in lösliches Chromat. Grundbedingung hierzu ist, daß das Röstgut während der ganzen Dauer der Arbeit in einem den Luftzutritt möglichst begünstigenden Zustande erhalten bleibt. Das Vorhandensein oder die Bildung leicht schmelzbarer Produkte ist also vom Anfang bis zum Ende sorgfältig zu vermeiden. Eine

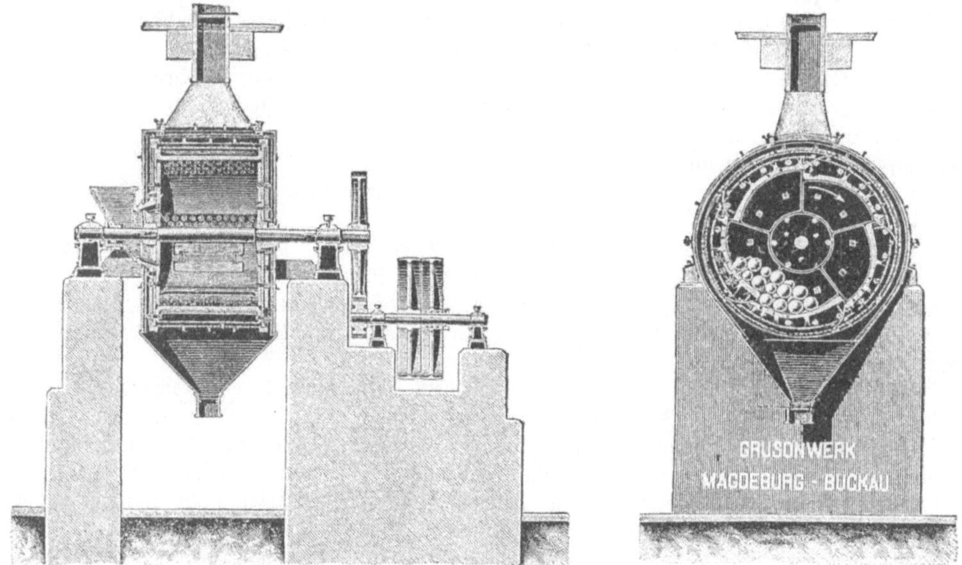

520 u. 521. Kugelmühle mit stetiger Ein= und Austragung.

schwache Sinterung der Massen unter Aufrechterhaltung der Porosität ist dagegen an= zustreben. Man wird daher, trotzdem man auf Natrium= oder Kaliumchromat hinarbeitet, wegen der leichten Schmelzbarkeit von Soda, Pottasche und der entsprechenden Alkali= chromate wenigstens ein Magerungsmittel zusetzen, wenn man nicht, wie dies nicht ohne Erfolg versucht worden ist, mit Kalk als basischem Zuschlag allein arbeiten will. Den auch bei Verwendung von Soda (Pottasche wird kaum mehr verwandt) stets zu= zuschlagenden Kalk löscht man zur bequemen Zerkleinerung zu Staub, indem man auch wohl an Stelle von Wasser Sodalösung benutzt. Dem trockenen Gemische setzt man dann den Rest der noch fehlenden Soda in Pulverform zu.

Die Röstung geschieht in Flammöfen nach Art der Fortschaufelungsöfen (vergl. Blei, S. 503) oder nach Art der in Leblanc=Sodafabriken benutzten Öfen (vergl. Abb. 522 u. 523) mit Terrassen=Herden. Die Mischung wird an dem von der Feuerung am weitesten ab= liegenden Ende in den Ofen eingebracht, und in dem Maße, wie das fertige Röstprodukt ausgezogen wird, der Feuerung entgegengearbeitet, wo sie dann, vorgewärmt ankommend, schnell fertig geröstet wird. Jeder Posten bleibt mindestens 8 Stunden im Ofen. Die Abgase zum Heizen der Herdsohle von unten zu benutzen, wie dies mehrfach empfohlen ist, verringert die Lebensdauer des Herdes. Gerade auf die Herstellung der Herdsohle ist die größte Sorgfalt zu verwenden, wenn man sich vor Betriebsstörungen sichern will. Die Herdsteine sind, nachdem die Ofenmauern hinreichend hoch geführt und verankert sind, trocken auf eine Schicht Chamottepulver zu pflastern. Auf den oberen Terrassen genügt ein halbsteiniges (125 mm dickes) Pflaster, während die untere Herdsohle aus hochkantig gesetzten ganzen Steinen besteht (250 mm). Nach Fertigstellen der Herdsohlen schlämmt

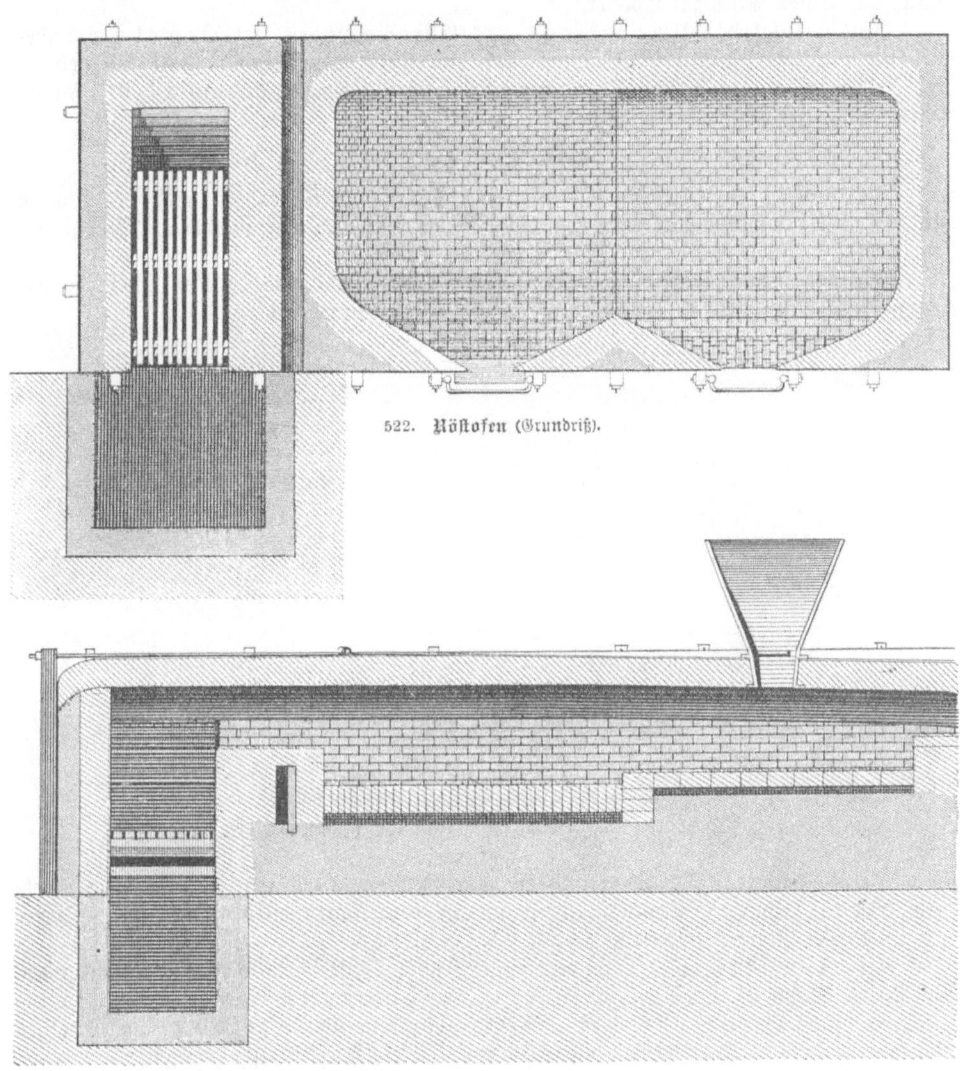

522. Röstofen (Grundriß).

523. Röstofen (Schnitt).

man die Fugen mit einem dünnen Schlamme aus feinem Chamottemehl zu. Die Temperatur sollte an der Feuerbrücke etwa bei 1200⁰ liegen.

Über die Menge der Zuschläge werden sehr abweichende Angaben gemacht. Auf das Erz bezogen beträgt die Kalk-, bezw. Kalksteinmenge 50—150%; der Alkalikarbonat-Zuschlag meist 50%.

Der Röstprozeß verläuft unter folgenden Umwandlungen:

$$2\,Fe\,Cr_2\,O_4 + 4\,Na_2\,CO_3 + 7\,O = Fe_2\,O_3 + 4\,Na_2\,CrO_4 + 4\,CO_2$$

Chromeisenstein   Soda   Sauerstoff (Luft)   Eisenoxyd   Natriumchromat   Kohlensäure.

Nunmehr schreitet man zur Scheidung des Chroms von dem Eisen und zwar durch Auslangen. Indem man die Schmelze in großen eisernen Kesseln mit heißem Wasser behandelt, dem in einigen Werken auch noch einige Prozente Soda zugesetzt werden, um Calciumchromat in Natriumchromat überzuführen, geht das Chrom als Natriumchromat in Lösung, während das Eisen als Oxyd neben dem als Magerungs= mittel zugesetzten Kalk zurückbleibt.

Hierauf folgt die Umwandlung des Chromates in Bichromat. Nachdem die klaren Laugen durch Eindampfen auf ein spezifisches Gewicht von 1,5 gebracht sind, setzt man so viel Schwefelsäure hinzu, daß alles Chromat bis auf 1—2 % in das saure Chromat übergeführt wird:

$$2\,Na_2\,CrO_4 + H_2\,SO_4 = Na_2\,Cr_2\,O_7 + H_2O + Na_2\,SO_4.$$

Die unvollständige Umwandlung des Chromates in Bichromat wird deshalb an= gestrebt, weil bei Gegenwart einer geringen Menge neutralen Chromates das Eindampfen in eisernen Gefäßen möglich wird.

Von dem bei dieser Umsetzung entstehenden Natriumsulfate scheidet sich die größte Menge sofort, der Rest während der weiteren Konzentration aus.

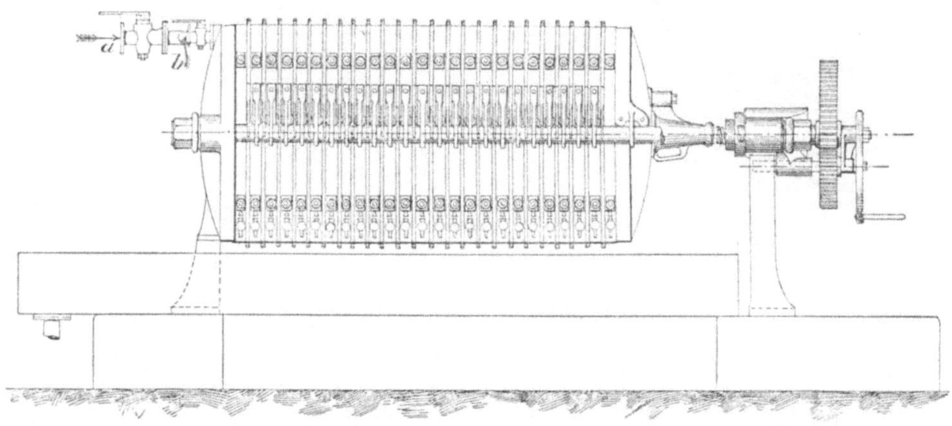

524. Rahmen-Filterpresse, nach Wegelin und Hübener.
a Eintritt der zu filtrierenden Masse, b Eintritt des Aussüßwassers.

Die Bichromatlauge wird nun so lange eingedampft, bis eine entnommene Probe beim Erkalten erstarrt. Man läßt sie dann aus den Konzentrationspfannen ausfließen und in flachen Pfannen erkalten.

Das erstarrte Bichromat mischt man unter feinster Zerkleinerung mit einer hinreichen= den Menge Schwefel, um die Überführung des Chromates in Chromoxyd durch= zuführen. Das Gemisch erhitzt man zu diesem Zwecke in kleinen gußeisernen Kesseln von ungefähr 400 mm Durchmesser und 400 mm Tiefe. Diese Kessel hängen über einer einfachen Rostfeuerung zu 6 oder 8 in einem Mauerblocke. Sie sind mit eisernen Hauben zum Abführen des während der Reaktion sich entwickelnden Schwefeldioxydes überdeckt. Es bedarf keiner großen Wärmezufuhr, um die Reaktion durchzuführen und die Massen zu schmelzen. Nach beendigter Reaktion schöpft man die Schmelze mit eisernen Kellen aus und läßt sie erkalten.

Die erstarrte Schmelze wird in fein pulverisiertem Zustande in heißes Wasser ein= gestreut, welches das Alkalisulfat löst, während das Chromoxyd ungelöst zurückbleibt und nun durch Dekantieren und Filtrieren von jenem getrennt werden kann. Letzteres geschieht mit Hilfe von Filterpressen. Eine Vorrichtung dieser Art, nach einer Konstruktion von Wegelin und Hübener, ist in Abb. 524 dargestellt. Sie besteht aus einer Anzahl von Rahmen und Filterplatten, welche vertikal wechselweise zusammengestellt auf einem horizontalen eisernen Gestelle reiten. Die Rahmen bilden die eigentlichen Filterkammern, in welchen sich die Niederschläge ablagern, während über die Filterplatten die Filtertücher gezogen, respektive gehängt werden. Die Verschlußvorrichtung für das Abdichten der sämtlichen Filterplatten und Rahmen besteht aus einer kräftigen Schraubenspindel mit Handrad und Kurbel. Die Einführung der zu filtrierenden Massen geschieht durch einen Kanal, welcher oben durch das Zusammenschrauben sämtlicher Filterplatten und Rahmen gebildet wird und von der ersten bis zur letzten Filterkammer kommuniziert. Ähnlich ge= bildete Kanäle sind für die Aussüßung in entsprechender Weise vorhanden. Die Filter= tücher, welche dieselben Öffnungen, wie die Platten und Rahmen erhalten, werden einfach über die Filterplatten gehängt.

Die aus den Filterpressen kommenden Kuchen von Chromoxyd werden getrocknet und gemahlen, um dann nach der einen oder anderen der folgenden Methoden auf Metall verarbeitet zu werden.

Eine der häufigst angewandten ist die Reduktion des Chromoxydes durch Kohle. Das mit 45% Holzkohlepulver gemischte Chromoxyd wird entweder in Tiegeln in dem schon oben beschriebenen Regenerativ=Gasofen oder in einem elektrischen Ofen erhitzt. Im ersteren Falle erhält man es als Pulver, welches aber noch durch Kohlenstoff (sowohl mechanisch beigemengt, wie chemisch gebunden) verunreinigt ist. Die Schmelztemperatur für Chrom wird auch in den besten Regenerativgasöfen nicht erreicht.

Will man das Chrom bei der Reduktion durch Kohlenstoff in geschmolzenem Zustande erhalten, so muß man auf elektrischem Wege höhere Temperaturen erzeugen. Zuerst hat Borchers das Chrom in einem Ofen nebenstehender Konstruktion in geschmolzenem Zustande her= gestellt. Zwischen zwei dicke Koh= lenstäbe ist ein dünner Kohlenstab eingespannt. Durch einen Strom, welchen die dicken Stäbe noch ohne großen Spannungsverlust zu leiten vermögen, wird der dünne Stab schnell auf die erforderliche Tem= peratur gebracht. Hat man nun um diese Heizvorrichtung durch

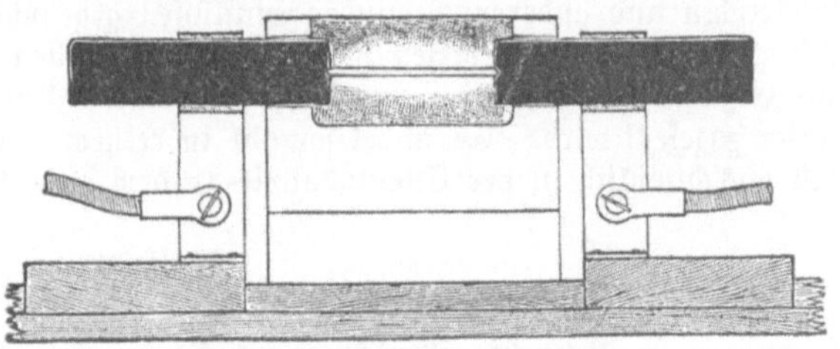

525 *Borchers' elektrischer Ofen.*

einige trocken zusammengelegte Steine eine kleine Schmelzkammer gebaut und diese mit Oxyd=Kohlemischung gefüllt, so findet man schon nach ganz kurzer Zeit beträchtliche Mengen geschmolzenen Metalles vor. Allerdings wird dasselbe auf diese Weise nicht frei von Kohlenstoff erhalten. Sollte ein Kohlenstoffgehalt unerwünscht sein, so kann man das auf die eine oder andere Weise dargestellte Metall dadurch reinigen, daß man es nach einem Vorschlage von Moissan mit so viel Chrom= oxyd oder Calciumchromit im elektrischen Ofen schmilzt, als zur Überführung des Kohlen= stoffes in Kohlenoxyd nach folgendem Vorgange erforderlich ist: $3\,Cr_4C + Cr_2O_3 = 14\,Cr + 3\,CO$. Es ist dies ganz das Prinzip des Siemens=Martin=Verfahrens, nach welchem man das Roheisen in schmiedbares Eisen überführt.

Ein sehr interessantes Verfahren, bei welchem, abgesehen vom Anzünden der Be= schickung, äußere Wärmezufuhr unnötig ist, hat Goldschmidt angegeben. Man mischt das Chromoxyd mit einer zur Reduktion ausreichenden Menge Aluminium, $Cr_2O_3 + Al_2 = Cr_2 + Al_2O_3$, bringt von dieser Mischung einen Teil in einen mit Magnesia ausgekleideten Tiegel und entzündet sie mit einer Zündmasse, welche eine sehr hohe Entzündungstemperatur liefert, nämlich mit einer Mischung von Bariumsuperoxyd und Aluminium oder Magnesium im Verhältnisse folgender Formel: $3\,BaO_2 + Al_2 = 3\,BaO + Al_2O_3$. Das Anzünden geschieht am zweckmäßigsten mit Hilfe eines Magnesiumfadens. Die Reaktion pflanzt sich nun schnell durch die ganze Masse hindurch fort, so daß man noch schnell weitere Mengen der Beschickung in den Tiegel nachgeben kann, bis er mit Schmelze gefüllt ist. Die frei werdende Wärmemenge ist ausreichend, sowohl das Chrom, wie das dabei entstehende Aluminiumoxyd vollständig zu schmelzen, so daß man nach dem Erkalten einen von dem Aluminiumoxyde scharf getrennten dichten Metallregulus am Boden des Tiegels vorfindet. Das so erhaltene Chrom ist von hervorragender Reinheit.

Ein neueres Verfahren von Aschermann beruht auf der Thatsache der Reduzierbarkeit des Chromoxydes durch den Schwefel anderer Metallsulfide, die gleichzeitig mit dem Chromoxyde zerlegt werden. Die Durchführung der Reaktion erfordert sehr schnelle Wärmeerzeugung und hohe Temperatur, so daß man am zweckmäßigsten mit elektrischen Öfen arbeitet. Benutzt man nach dem ersten Vorschlage von Aschermann Antimonoxyd, so treibt man das Antimon aus der erhaltenen Schmelze ab: $2\,Cr_2\,O_3 + Sb_2\,S_3 = 2\,Cr_2 + Sb_2 + 3\,SO_2$. Benutzt man aber Sulfide beständigerer Metalle, so erhält man Legierungen, z. B. bei Benutzung von Schwefelkies: Ferrochrom: $3\,FeS_2 + 4\,Cr_2\,O_3 = Fe\,Cr_8 + 6\,SO_3$.

Schon im Jahre 1854 hat Bunsen die elektrolytische Abscheidung des Chroms aus seinen Salzen, selbst aus wässrigen Lösungen nachgewiesen, und es fehlte auch während der letzten Jahre nicht an Vorschlägen, das Metall aus seinen Lösungen, sowie aus geschmolzenen Verbindungen elektrolytisch abzuscheiden. Doch ist bis jetzt keins dieser Verfahren in die Praxis übergegangen.

*   *   *

Das reine Chrom (Cr, Atomgewicht 52,15, spez. Gew. 7) bildet ein silberweißes, stark glänzendes, sehr hartes und sprödes Metall von hohem, noch nicht genau ermitteltem Schmelzpunkte. Bei gewöhnlicher Temperatur kommt es in seiner Beständigkeit atmosphärischen und anderen chemischen Einflüssen gegenüber den Edelmetallen nahe. Es löst sich aber sehr leicht in vielen geschmolzenen Metallen, besonders im Eisen, dem es auch zur Erzeugung sehr dichter und selbst ohne merklichen Kohlenstoffgehalt härtbarer Stahlsorten zugesetzt wird. Es findet sowohl in reinem Zustande wie in Form von Ferrochrom fast ausschließlich in der Eisenindustrie zu dem eben erwähnten Zwecke Verwendung.

Wolfram.

Für die Wolframgewinnung kommen folgende der natürlich vorkommenden Verbindungen in Betracht: Wolframocker, vorwiegend aus dem Oxyde WO_3 bestehend, Scheelit oder Tungstein, $CaWO_4$, und der Wolframit, $FeWO_4$. Letzteres Mineral ist ein sehr häufiger Begleiter des Zinnsteines, bei dessen Verschmelzen das Wolfram dadurch störend wirkt, daß es die Verschlackung großer Mengen Zinn begünstigt. Es kommen daher auch hin und wieder Schlacken von Zinnhütten zur Verarbeitung, aus denen das Wolfram sich leicht entfernen läßt.

Zur direkten Reduktion sind die vorliegenden Erze nur in dem Falle geeignet, daß man Legierungen, wie Ferrowolfram herstellen will; zur Gewinnung des reinen Wolframs ist zunächst die Herstellung reinen Oxydes erforderlich.

Sollen die Erze auf Ferrowolfram verarbeitet werden, so wird Wolframit, oder in Ermangelung dieses Erzes auch Wolframocker oder Scheelit, diese dann unter Zuschlag der gewünschten Menge Eisen in Form von Oxyd oder Eisenabfall, nach seiner Zerkleinerung mit 10—12 % Holzkohle, ein wenig Pech- oder Kolophoniumpulver (dieses nur bei sehr wolframreichem Materiale in Mengen bis 5 %), etwa 5 % Glas- und 10—12 % Quarzpulver gemischt, in Tiegeln, wie bei Chrom beschrieben, verschmolzen. Man erhält Ferrowolfram so in halbkugeligen Metallkuchen. Über die Apparate und die Arbeitsweise gilt dasselbe, was bei Chrom ausgeführt wurde.

Weit umständlicher ist die Verarbeitung der Rohstoffe auf reines Wolfram. Ähnlich wie bei der Verarbeitung des Chromeisensteines ist auch hier eine Scheidung des Wolframs von den übrigen Bestandteilen am leichtesten dadurch zu erzielen, daß man das Wolfram in eine lösliche Natriumverbindung überführt, diese durch Laugerei und Filtration von dem Nichtwolfram: Eisen, Kalk, Zinn u. dgl., welche in unlösliche Verbindungen übergeführt werden, trennt, um dann endlich reines Oxyd und aus diesem reines Metall zu erhalten.

Nach vorheriger genauer Ermittelung des Wolframgehaltes der Erze oder wolframführenden Schlacken mischt man denselben so viel Soda zu, als zur Bildung von Natriumwolframat erforderlich ist. Das Gemisch wird in Flammöfen, wie sie bei der Sodafabrikation benutzt werden, und wie sie unter Chrom beschrieben und abgebildet sind, geröstet. Die Temperatur ist so niedrig zu halten, daß eine Schmelzung der Soda nicht eintritt. Das Röstgut darf höchstens schwach sintern, damit der Luftzutritt zu etwa zu oxydierenden Bestandteilen nicht gehindert wird.

Nach beendigter Röstung zieht man am besten die heiße Masse aus dem Ofen unmittelbar in einen Behälter mit Wasser. Durch dieses Abschrecken werden zusammengeschmolzene Teile des Röstproduktes so gelockert, daß sie der Auslaugung keine Schwierigkeiten in den Weg setzen. Wenn die in diesem Behälter entstehende Lauge eine Stärke von 10—12% Wolframat erreicht hat, wird sie zum Klären und weiteren Verdampfen abgezogen und durch dünnere Lauge (Waschwasser) ersetzt. Vor dem Einbringen dieser Laugen hebt man das hier nur teilweise ausgelaugte Erz aus dem Behälter und bringt es in flache Laugegefäße, in denen es, am besten auf eisernen Siebplatten liegend, weiter ausgewaschen wird. Diese Waschwässer kommen dann zu weiterer Anreicherung in den zuerst erwähnten Abschreckbehälter.

Während des Eindampfens scheiden sich aus den Laugen mechanische Verunreinigungen und auch andere, mitgelöste Salze, z. B. Natriumsulfat, überschüssig zugesetzte Soda u. dergl. aus. Nach Beendigung dieser Ausscheidungen läßt man die Laugen klären, zieht die klare Lösung entweder zu weiterer Verdampfung in ein neues Gefäß über oder bringt sie direkt zur Fällung mit Säure.

Das weitere Verdampfen hat eigentlich nur Zweck, wenn man festes Natriumwolframat für den Verkauf herstellen will, oder wenn die Lösung noch Verunreinigungen enthält, von welchen das Wolframat nur durch Krystallisation zu trennen ist. Die hinreichend konzentrierte Lauge läßt man dann in Steinzeuggefäßen zur Krystallisation abkühlen. Es krystallisiert hier das Natriumwolframat in schweren weißen harten Krystallen aus. Die Mutterlaugen werden in der Regel noch so lange mit anderen Laugen eingedampft, wie sie gute Krystallausbeuten liefern.

Das so erhaltene Wolframat, oder unmittelbar reine konzentrierte Laugen, trägt man, ersteres Salz nach seiner Zerkleinerung, in heiße Salzsäure ein. Das Erhitzen der Salzsäure geschieht in der Weise, daß man in Steinzeugbehältern in Salzsäure durch Bleirohre direkt Wasserdampf einbläst. Die Salzsäure scheidet das Wolfram in Form des Oxydes WO_3, der so genannten Wolframsäure, als gelbes Pulver aus, das sich bei richtiger Arbeitsweise schnell zu Boden setzt und durch Dekantieren und späteres Filtrieren von der Lauge getrennt wird.

Das getrocknete Fällprodukt wird, gemischt mit 11—12% Holzkohle und bis zu 5% Pech- oder Kolophoniumpulver, in Tiegeln in Regenerativflammöfen in derselben Weise erhitzt, wie es schon bei Chrom eingehender beschrieben wurde. — Man erhält das Metall bei der durch diese Öfen erreichbaren Temperatur in gesinterten Massen. Um es in geschmolzenem Zustande zu erhalten, muß man elektrische Erhitzung anwenden. — Die Aufnahme von Kohlenstoff, wozu auch das Wolfram, wie Chrom und Mangan große Neigung hat, verhindert man durch Verwendung möglichst geringer, zur Reduktion nur knapp ausreichender Mengen von Holzkohle.

*　*　*

Je nach der Art der Herstellung bildet das Wolfram (Wo, Atomgewicht 184) ein spezifisch sehr schweres (spezifisches Gewicht 19) graues Pulver oder ein dichtes weißes, sehr hartes Metall. Es löst sich trotz seines (allerdings noch nicht genau ermittelten) hohen Schmelzpunktes leicht in geschmolzenem Eisen und anderen Metallen auf. Mit reinem Eisen legiert bildet es ein sehr dichtes und dabei hartes Metall, wirkt also ähnlich wie Chrom.

Fast alles von der chemischen Industrie lieferbare Wolfram einschließlich des Ferrowolframs findet in der Eisenindustrie, vorwiegend zur Herstellung harter Werkzeugstahlsorten Verwendung.

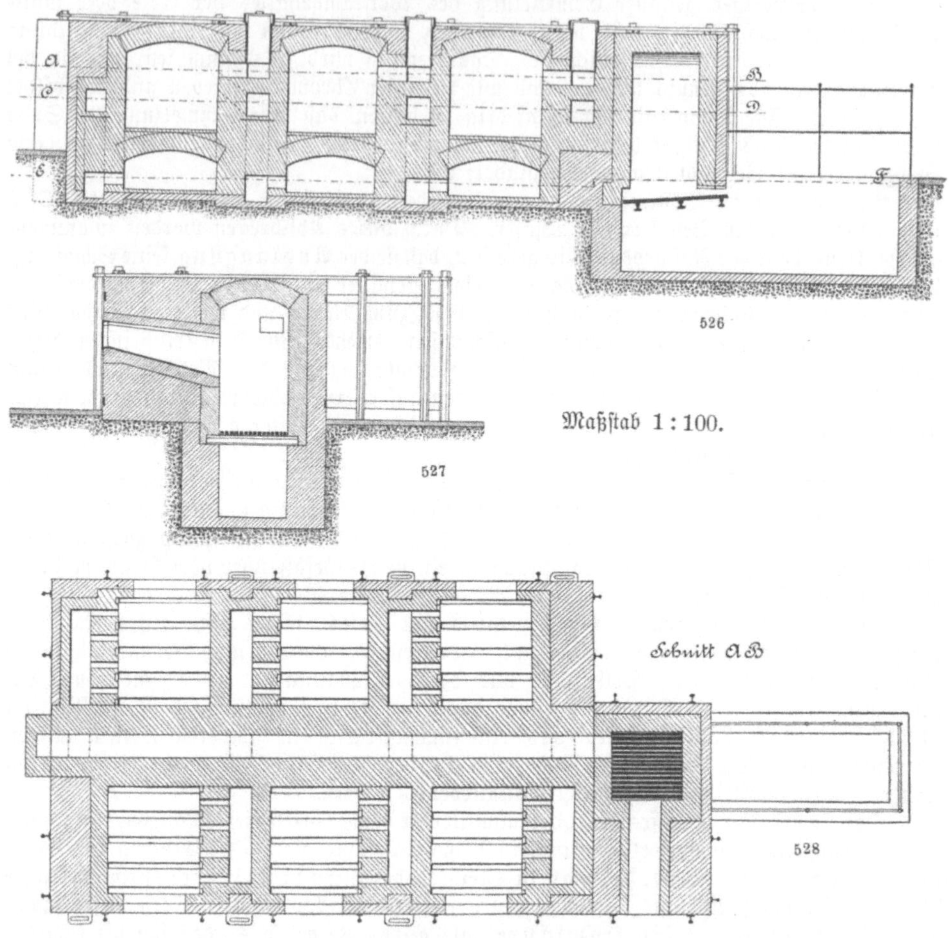

526—528. **Borchers' Kammerringofen.**

Wismut.

Das Wismut kommt gediegen vor in Form von Oxyden als sogenannter Wismut=
ocker und in Form von Sulfiden als Wismutglanz, außerdem noch in der einen oder
anderen dieser Formen verschiedenen Erzen als nebensächlicher Bestandteil beigemischt.
Von Hüttenprodukten, welche für die Wismutgewinnung in Betracht kommen, sind zu
nennen: wismuthaltiges Blei, wismuthaltige Bleiglätte, Herd, Nickel= und Kobaltspeise.

Gewinnung von Rohwismut.

Lag gediegenes Wismut vor, so pflegte man früher die Erze einem **Saigerprozesse**
zu unterwerfen; heutzutage wird dieses Verfahren nicht mehr allgemein ausgeführt. Denn
da diese wegen wismutreicher Rückstände doppelt geschmolzen werden müssen, so zieht man
vor, die Wismut führenden Erze direkt zu verschmelzen.

Zur Ausführung der Saigerarbeit benutzte man früher und vereinzelt auch heute
noch schrägliegende Muffeln, die von außen durch eine kleine Feuerung geheizt wurden.
Das Erz wurde am höher liegenden Ende der Muffel aufgegeben; das Wismut sickerte
an dem tiefer liegenden Ende heraus. Die Rückstände wurden nach dem Ablauf des
Wismutes ebenfalls an diesem Ende ausgezogen. Die Saigerarbeit erforderte einen hohen
Brennmaterial= und Arbeitsaufwand, ohne in Bezug auf Ausbringen des Wismutes

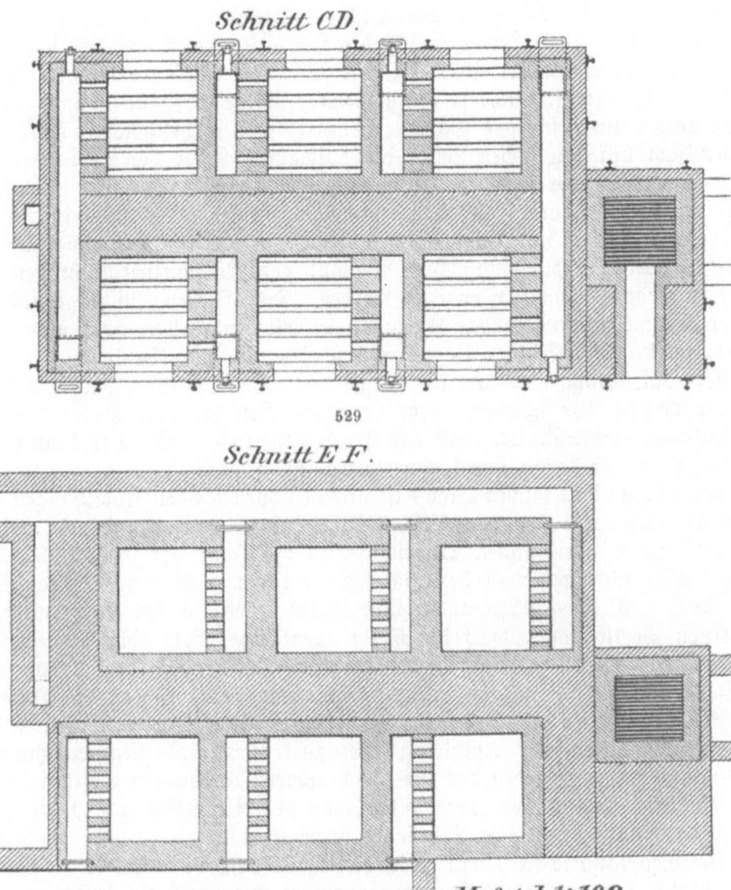

529 u. 530. **Borchers' Kammerringofen.**

Befriedigung zu bieten. So blieben z. B. bei der Verarbeitung 12prozentiger Erze 4—5 % Wismut in den Rückständen.

Die **Reduktionsarbeit** eignet sich vorwiegend für die oben erwähnten oxydischen Erze und Hüttenprodukte, einschließlich Wismutoxychlorid, für sulfidische Erze nur dann, wenn dieselben vorher einer Röstung zur Entfernung des Schwefels oder Arsens unterzogen werden. Auch das Wismutoxychlorid bedarf einer besonderen Vorbereitung, ehe man es diesem Verfahren übergibt; der Chlorgehalt dieses Produktes würde anderseits zu beträchtlichen Wismutverlusten führen. Man pflegt deswegen das Oxychlorid zunächst mit Kalkmilch zu mischen, um das Chlor zu binden, das Gemisch zu trocknen, und erst dieses, wie die übrigen Oxyde, nun mit den erforderlichen Zuschlägen zu mischen. Das Verschmelzen geschieht entweder unter Verwendung von Tiegeln in kleinen Kammerringöfen oder in Flammöfen.

Die zum ersteren Zwecke gebrauchten Tiegel stellt man sich am besten in der Fabrik selbst her. Verwendbar sind gute Thonsorten, mit etwa 60—70 % Kieselsäure auf 20—26 % Thonerde. Sehr empfehlenswert ist ein, wenn auch geringer Zusatz von Graphit oder gutentgaster Holzkohle zur Tiegelmasse. Es ist nicht erforderlich, natürlichen Graphit zu verwenden; für diese Zwecke genügt ein künstlicher Graphit, wie er durch elektrische Erhitzung von Holzkohle heutzutage schon hergestellt wird. Die Tiegel haben eine Höhe von 25—30 cm bei einem oberen Durchmesser von 38 cm. Sie laufen nach unten etwas enger zu. Der Graphitzusatz für diese Tiegel beträgt höchstens 20% vom Gewichte des plastischen Thones. Die Herstellung der Tiegel geschieht durch Handbetrieb, das Brennen erfolgt, nachdem die geformten Tiegel lufttrocken sind, in denselben Öfen, welche weiter unten für das Schmelzen des Wismutes beschrieben werden.

Mit Rücksicht auf den hohen Preis des Wismutes spielt der Preis der Zuschläge keine so große Rolle, wie bei den Hüttenprozessen der übrigen Metalle. Es kommt vielmehr in erster Linie darauf an, durch Benutzung einer möglichst leicht schmelzbaren Schlacke die Temperatur zum Schmelzen derselben so niedrig wie möglich zu halten, damit Verluste durch Verdampfung von Wismut oder Wismutverbindungen wegen zu hoher Temperatur der Schmelze vermieden werden. Die üblichen Zuschläge sind: Schlacke von früheren Schmelzungen, Soda, Kalkstein, in seltenen Fällen auch etwas Flußspat. Die Silicierungsstufe der Schlacke liegt zwischen Singulo- und Bisilikat.

Von der Einrichtung der älteren Tiegelöfen zur Ausführung des reduzierenden Verschmelzens wollen wir absehen. Am zweckmäßigsten für eine Hütte von auch nur mäßigem Umfange empfiehlt sich stets der Ringofenbetrieb, und zwar haben sich kleine Kammerringöfen für diesen Zweck ganz vorzüglich bewährt.

Die Einrichtung eines solchen Ofens ist aus den vorstehenden Abbildungen ersichtlich. Abb. 526 stellt einen vertikalen Längsschnitt durch den Generator und drei Heizkammern dar, Abb. 527 einen horizontalen Querschnitt in der Höhe der Gaskanäle, Abb. 528 einen horizontalen Querschnitt in der Höhe der Luft- und Verbindungskanäle für die Kammern, Abb. 529 einen horizontalen Querschnitt unterhalb der Verbrennungskanäle, Abb. 530 einen Vertikallängsschnitt durch den Generator. Die einzelnen Heizkammern, in welche die Tiegel einzusetzen sind, hier 6 an der Zahl, gruppieren sich, wie man sieht, um einen Gaskanal, welcher das Heizgas von dem unmittelbar neben den Kammern angeordneten Generator jeder einzelnen Kammer zuführen kann. Um die einzelnen Kammern mit diesem Hauptgaskanal in Verbindung setzen zu können, sind Muffenrohre sowohl in den Hauptgaskanal, wie in jeden der für die Kammern bestimmten Heizkanäle eingesetzt. Bis auf zwei dieser Rohrstutzen werden während des Betriebes alle geschlossen. Nur zwischen dem Gaskanale der zum Fertigbrennen bestimmten Kammern und dem benachbarten Rohre des Hauptgaskanales stellt man Verbindung her, indem man die in den Muffeln sitzenden Blechkapseln von beiden Rohrstutzen abnimmt und durch ein ⊓-förmig gebogenes Blechrohr ersetzt.

Man leitet nun den Betrieb des Ofens so, daß die zur Verbrennung erforderliche Luft nicht direkt in die Kammer einströmt, in welche man das Gas hineinschickt, sondern in die erste oder zweite vor dieser liegende Kammer. Die Luft wird also gezwungen, durch zwei bereits fertig gebrannte und zur Abkühlung bestimmte Kammern hindurch zu gehen, sich auf diesem Wege vorzuwärmen, den Inhalt der Kammern dabei abzukühlen und so die noch in diesen Kammern befindliche Wärme wieder in den Betrieb zurückzuführen. Außerdem läßt man die Verbrennungsgase aus der im Fertigbrennen begriffenen Kammer nicht direkt durch den Fuchs ab, sondern schickt durch die Verbindungskanäle die Verbrennungsgase noch durch eine oder zwei frisch beschickte Kammern, um die hier eingesetzten Tiegel ganz allmählich vorzuwärmen. Man verhütet auf diese Weise ein Zerspringen der Tiegel und die dadurch verursachten Metallverluste.

Die Flamme bildet sich, wie aus der Lage der Gas- und Luftzutrittskanäle in die Kammer ersichtlich ist, in den oberen Räumen einer jeden Kammer, umspült die Tiegel, um dann durch die zwischen den vier Brücken vorhandenen Spalte in einen darunter liegenden Sammelraum zu ziehen. Von hier aus gehen die Verbrennungsgase in Verbindungskanäle, welche in der Zwischenwand zwischen den zwei Kammern liegen, steigen hier durch einen möglichst nahe an der Vorderwand des Ofens liegenden Verbindungskanal in die Höhe, zerteilen sich dann wieder von einem horizontalliegenden, gleichzeitig auch als Luftzutrittskanal brauchbaren Kanal aus durch schrägaufwärtssteigende engere Kanäle in die zweite Kammer, um hier denselben Weg zu machen, bis sie selbst genügend abgekühlt sind und die durchstrichenen Kammern vorgewärmt haben. Sie werden dann durch einen

unten liegenden Verbindungskanal nach Öffnung des entsprechenden Schiebers in diese
Gasabzugskanäle, welche zum Schornstein hinführen, entlassen. Diese letzteren Kanäle
ziehen sich vor den Längsseiten des Ofens unterhalb des Flures des Fabrikgebäudes nach
dem Schornsteine hin. Es wird also in diesem Kammersysteme jede einzelne Kammer
zunächst besetzt, dann durch abgehende Gase vorgewärmt, fertig gebrannt, durch Hinzutreten
der Verbrennungsluft abgekühlt und endlich wieder entleert, um dann wieder frisch beschickt
zu werden, bis die Kampagne vorüber ist.

So entsteht ein ununterbrochener Kreisbetrieb, in welchem jede der Heizkammern
während eines Umlaufes als erste und letzte schließlich in der Reihe fungiert. Daß der
Brennmaterialverbrauch bei einem derartigen Betriebe wesentlich niedriger ist als bei den
alten Tiegelofenkonstruktionen, bedarf kaum einer Erwähnung. Ebenso klar ist es, daß
die Tiegel in solchen Öfen auf das vorsichtigste vorgewärmt werden, daß also die Verluste
infolge des Zerspringens der Tiegel und Auslaufens des Inhaltes auf das geringste
Maß beschränkt werden. Die Öfen haben auch den Vorzug, daß man die für den Be=
trieb erforderlichen Tiegel in derselben Kammer brennen kann.

Vor dem Einbringen in die Tiegel müssen die Zuschläge gut miteinander gemischt
sein. Man verfährt dabei so, daß man auf einem reinen Platze mit fester Unterlage,
am besten auf einer gepflasterten Stelle der Hüttensohle, zuerst Schlacken und Soda, darauf
Kohle, Erz und sonstige Zuschläge, dann wieder Schlacken und Soda in horizontaler Lage
übereinander schichtet, so daß ein langgestreckter Haufen von trapezförmigem Querschnitt
entsteht. Man fängt nun an einer Seite dieses Haufens an, mit der Schaufel senkrecht
die Massen abzustechen und einen oben spitz zulaufenden neuen Haufen aufzuwerfen, indem
man dabei beachtet, die mit der Schaufel gegriffene Masse stets auf die Spitze des Haufens
so aufzuwerfen, daß die Massen gleichmäßig nach allen Seiten hinunterrollen. Auch der
so aufgeworfene Haufen wird noch einmal in derselben Weise umgestochen. Erscheint das
Ganze als ein einigermaßen gleichmäßiges Gemisch, so bringt man in den Boden eines
jeden Tiegels zuerst ein wenig pulverisierte Schlacke von früherer Beschickung, darauf den
gut gemischten Möller und bedeckt diesen wieder mit etwas Schlacke, Soda und Kohle=
pulver. Die so gefüllten Tiegel werden in die Ringofenkammern eingesetzt und in der
beschriebenen Weise auf die erforderliche Schmelztemperatur gebracht.

Der Erfolg des Flammofenbetriebes hängt in erster Linie von der richtigen
Bauart, besonders des Herdes ab.

Mit Rücksicht auf die lösende Wirkung der stark alkali=silikathaltigen Schlacke ist es
nötig, dem Bau des Herdes ganz besondere Aufmerksamkeit zuzuwenden. In erster Linie
ist das Herdmauerwerk von der Fuchs= und Feuerungsmauer durch Luft= oder Wasser=
kanäle zu isolieren. Wenn man Fuchs und Feuerung in einen Mauerblock mit dem Herde
bringt, ohne isolierenden Zwischenraum, so sind gerade an diesen Stellen, da sie ja von
beiden Seiten geheizt werden, die Bedingungen für das Durchsickern des leicht in alle
Mauerfugen eindringenden Wismutes am allergünstigsten. — Es liegen hier die gefähr=
lichsten Verlustquellen.

In der Feuerbrücke soll also stets ein Hohlkörper liegen, welcher entweder mit Luft oder
noch besser mit Wasser gekühlt wird, so daß von dem Herde aus die in die Feuerbrücke
vordringenden, geschmolzenen Massen in der Nähe des Wasserrohres erstarren und so selbst
eine Abdichtung des Herdes gegen die Feuerung herbeiführen. Wenn an der anderen Seite
des Ofens die Abgase durch unterirdisch liegende Kanäle dem Schornstein zugeführt werden
sollen, so muß der vom Fuchsloche aus abzweigende Fuchskanal durch einen geringen
Luftraum von der Ofenmauer getrennt, als kleiner Schacht selbständig neben den Ofen ge=
baut werden. Auch nach unten sollte der Herd möglichst frei liegen. Man pflegt daher
den Herd auf etwa 500—600 mm oberhalb des Flures auf durch Pfeiler gestützte eiserne
Schienen oder andere eiserne Träger aufzumauern.

Nachdem derartige Öfen aber eine Zeitlang betrieben sind, ist der Mörtel des
Herdmauerwerkes derartig weggefressen, und es haben sich an Stelle des Mörtels in die
Mauerfugen derartige Mengen von Wismut eingesetzt, daß während des fortgesetzten
Betriebes Wismut unten durch den Ofen laufen würde. Es kommt bei lange betriebenen

derartigen Öfen vor, daß man überhaupt kein Metall mehr aus dem Stichloche erhält, sondern daß alles Metall sich seinen eigenen Weg durch die Sohle des Mauerwerkes bildet. Es ist dann Zeit, den Betrieb zu unterbrechen und das Ofenmauerwerk abzubrechen. Bei den älteren Konstruktionen nun mußte thatsächlich der ganze Ofen bis auf die Feuerung niedergerissen werden, denn die Seitenwände und das Gewölbe über dem Schmelzofen ruhten ja auf dem Herdmauerwerk. Aus dem abgetragenen Ofen mußten auch die Steine von dem daranhaftenden Wismut abgeklopft werden, um dieses nicht zu verlieren.

Das war begreiflicherweise eine kostspielige und zeitraubende Arbeit.

Um dies zu vermeiden, führte Borchers Flammöfen folgender Konstruktion ein.

Das Gewölbe und die Seitenwände des Ofens ruhten unabhängig vom Herde auf eisernen Schienen. Der Herd selbst bildete eine auf einem schräg liegenden Schienenstrange fahrbar angelegte und mit einer einfachen Steinschicht ausgelegte eiserne Wanne.

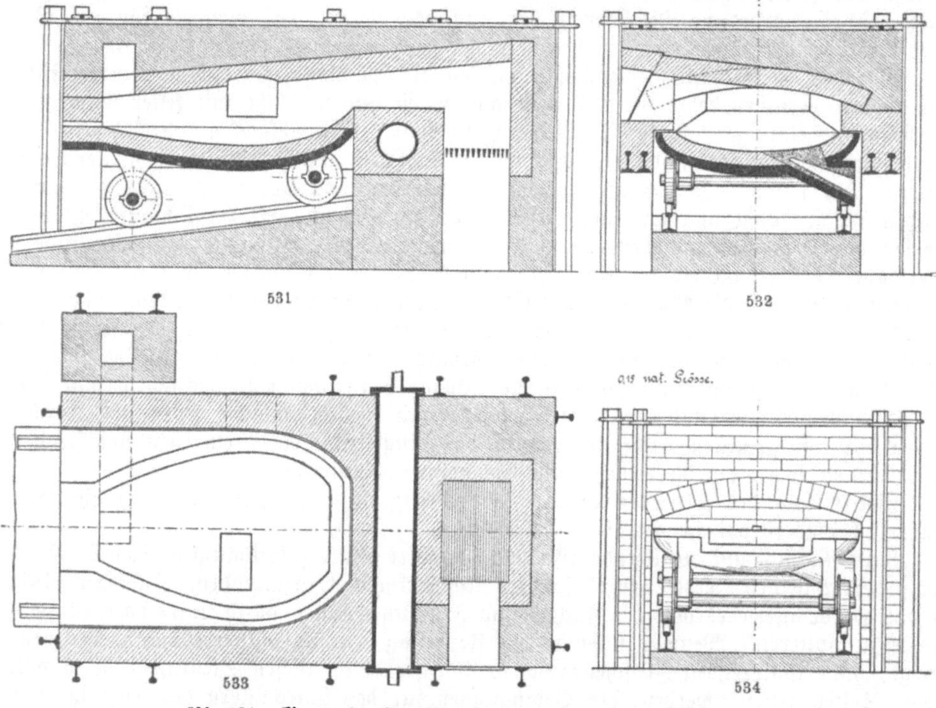

531—534. Flammöfen für Wismut und Antimon von Borchers.

Der dadurch erzielte Erfolg war die Beseitigung der auch bei den freiliegenden Herdkonstruktionen immer noch großen Steinmassen, in deren Fugen sich Wismut ansammeln konnte, ferner eine derartige Kühlung der so wesentlich vereinfachten Auskleidung des Herdes, daß thatsächlich geschmolzene Massen nicht mehr bis an das andere Ende der Steinsohle des Herdes vordringen konnten, sondern in der Nähe der Wanne noch innerhalb der Steine erstarrten. Wenn dann endlich nach Beendigung einer Kampagne das Herdmauerwerk erneuert werden sollte, so konnte dies ohne jede Störung der übrigen Ofenteile geschehen, indem man den Wagen unter dem Gewölbe wegzog und die Steinauskleidung durch eine neue ersetzte. Bei der geringen Menge der zur Auskleidung des Herdes erforderlichen Steine war natürlich die Arbeit des Abklopfens des in die Fugen eingesickerten Wismutes auf ein Minimum reduziert.

Zur Inbetriebsetzung solcher Öfen pflegt man abweichend von dem Betriebe der Zinnerzschmelzöfen zuerst einen Sumpf Schlacken auf dem Herde einzuschmelzen, da es sehr darauf ankommt, daß die durch eine seitliche Arbeitsthür eingebrachten Beschickungen möglichst schnell in einer leicht flüssigen Schlacke untersinken und so der Verdampfung entzogen werden.

Auch in diesem Falle, wie beim Tiegelofenbetrieb müssen die Beschickungen mit den Zuschlägen vor dem Einbringen in den Ofen gut gemischt werden. Es geschieht in derselben Weise, wie oben beschrieben. Der Flammofenherd ist als Tiegelofen zuzustellen, so daß das Metall aus dem Stichloche, wie es aus den Abbildungen ersichtlich ist, abgestochen werden kann. Die Schlacke läßt man durch einen in der Hinterwand des Herdes liegenden Schlackenstich von Zeit zu Zeit abfließen. Der Schlackenstich wird mit einem Steinpfropfen, der mit Lehm bestrichen wird, zugesetzt. Das Stichloch für das Metall wird natürlich ebenfalls nach Ablaufen des Metalles durch einen Thonpfropfen, den man mit Hilfe einer Holzstange einsetzt, geschlossen. Zum Abstechen stößt man den Thonpfropfen, der sich schnell festbrennt, mit einer dicken eisernen Stange durch und läßt das Metall in vorgestellte eiserne Schalen fließen, in denen es schnell erstarrt, aber doch noch lange genug flüssig bleibt, um sich von etwa mit auslaufenden anderen Produkten, wie Stein und Speise, zu scheiden. Das erstarrte Wismut läßt sich leicht durch einige Hammerschläge von etwa mit ausgelaufener Speise trennen. Es wird gröblich zerschlagen und dann zum Raffinieren abgeliefert.

Ein anderes Verfahren ist die sogenannte **Niederschlagsarbeit.** Dieses Verfahren, welches auf denselben Grundsätzen wie die gleichnamige Arbeit für Bleierze beruht, ist verwendbar hauptsächlich für sulfidische arsen- und antimonführende Erze. Außer den oben genannten Zuschlägen wird in diesem Falle zur Zerlegung der Wismutverbindungen Eisen in Form von Eisenabfällen, Drehspänen u. dergl. zugeschlagen. Die Silicierungsstufe der Schlacke liegt zwischen Singulo- und Subsilikat. Neben dem Wismut werden meistens noch Speise und Stein erhalten. Apparate, sowie die Ausführung der Schmelzarbeit, sind dieselben, wie bei der Reduktionsarbeit.

Der sogenannte **nasse Weg** der Wismutgewinnung, bestehend in chemischen Lösungs- und Trennungsprozessen, wird vorwiegend für die Zugutemachung wismuthaltiger Glätten angewandt, die im Bleihüttenbetriebe, wo viel wismuthaltige Edelmetalle verarbeitet werden, ein sehr lästiges Nebenprodukt bilden. Nachdem man durch umständliche Anreicherungsarbeiten, wiederholtes, reduzierendes und oxydierendes Verschmelzen die Glätten auf einen verarbeitungswürdigen Wismutgehalt angereichert hat, werden sie mit Salzsäure gemischt, wodurch das Bleioxyd in schwerlösliches Bleichlorid, das Wismutoxyd in leichter lösliches Wismutchlorid übergeführt wird. Indem man letzteres von dem ausgeschiedenen Bleichloride trennt und die Lösung in frisches Wasser einfließen läßt, hält man das etwa mit in die Lösung gegangene Blei in der Lösung zurück, während das Wismut größtenteils vollständig nach teilweiser Neutralisation der Lösung als Wismutoxydchlorid gefällt wird. Letzteres wird abfiltriert, ausgewaschen und soweit erforderlich als Raffinationsmittel mit benutzt, während der übrige Teil selbständig im Tiegelofenbetriebe beim Röst-Reduktionsprozesse mit verarbeitet wird.

Reinigung des Rohwismuts.

Das nach einem dieser Verfahren gewonnene Rohwismut bedarf gewöhnlich noch der Reinigung (Raffination), da es noch fremde Stoffe enthält. Zu den gewöhnlichen Verunreinigungen des Wismuts gehören: Blei, Antimon und Arsen.

Wenn Blei vorhanden ist, so muß zuerst dieses weggeschafft werden, weil es bei allen übrigen Raffinationsarbeiten sehr störend wirkt.

Die Beseitigung des Bleies ist übrigens sehr einfach. Man verschmilzt das bleihaltige Wismut in kleinen, eisernen Kesseln unter einer Decke von Kochsalz und Chlorkalium mit Zuschlag von Ätznatron und der für den Bleigehalt berechneten Menge Wismutoxychlorid. Wichtig ist das ständige Rühren, um das Metall mit der Schmelzmasse gut in Berührung zu bringen. Je nach dem Bleigehalte des in Arbeit genommenen Rohwismuts ist nach ein- bis dreistündigem Rühren alles Blei in Bleioxychlorid übergegangen, während die entsprechende Menge Wismut aus dem Oxychlorid ausgeschieden wird.

Größere Mengen Antimon kann man in ähnlichen Apparaten, aber unter Benutzung einer Schmelze von Soda, Pottasche und Schwefel, entfernen. Durch diese Zuschläge wird das Antimon leicht als Natriumsulfantimoniat in die Schlacken übergeführt.

Arsen entfernt man ebenfalls durch Schmelzen in eisernen Kesseln unter einer Decke von Ätznatron und Salpeter.

In allen diesen Fällen läßt man nach beendigter Verschmelzung in das geschmolzene Metall einen eisernen Haken ein, entfernt dann das Feuer und wartet, bis die Masse erstarrt ist. Die oben liegende, leicht lösliche Schlacke entfernt man durch Kochen mit Wasser. Sobald dieses geschehen ist, kann man an dem im Wismut eingefrorenen eisernen Haken den Metallkuchen leicht aus dem Deckel heben.

Wegen der leichten Ausführbarkeit der Raffination durch diese Schmelzprozesse hat die Elektrolyse verhältnismäßig beschränkte Anwendung zur Wismutraffination gefunden. Nach einem Verfahren von Zahorski soll das Wismut in Form von Platten als Anode in einem Elektrolyten, aus verdünnter Salpetersäure oder saurer Wismutnitratlösung, eingehängt werden. Auf den aus Metallplatten bestehenden Kathoden soll sich das Wismut bei einer Stromdichte von 150—300 Ampère per Quadratmeter pulverförmig und sehr rein ausscheiden. Das Zusammenschmelzen des pulverförmig ausgeschiedenen Wismuts macht keine Schwierigkeiten.

*　　*　　*

Das Wismut (Bi, Atomgewicht 208, spezifisches Gewicht 9,8) ist ein hellgraues, schwach rötlich schimmerndes Metall von hohem Glanze und großblätterig-krystallinischer Struktur. Bei gewöhnlicher Temperatur ist es so spröde, daß es sich sehr leicht zerschlagen und pulverisieren läßt. Trotz seines schlechten Wärmeleitungsvermögens ist es ein guter Elektrizitätsleiter. Sein Schmelzpunkt liegt bei 264—270°; der Siedepunkt ist nur sehr ungenau ermittelt, er soll zwischen 1100 und 1600° liegen.

Im geschmolzenen Zustande ist es ein sehr gutes Lösungsmittel für viele Metalle, wird auch von denselben und anderen Metallen leicht gelöst. Zu diesen Metallen gehören außer den Edelmetallen hauptsächlich Blei, Zinn, Zink, Kadmium, Kupfer, Nickel, die Alkali- und Erdalkalimetalle. Die Legierungen des Wismuts mit den erstgenannten Metallen zeichnen sich durch sehr niedrige Schmelzpunkte aus; die mit Kupfer und Nickel (Wismutbronzen) besitzen eine große Härte.

Atmosphärischen Einflüssen, also dem Sauerstoffe, Wasser und schwachen Säuren widersteht Wismut bei gewöhnlicher Temperatur sehr lange, bei höherer Temperatur oxydiert es sich in der Luft ziemlich leicht, wenn auch nicht so lebhaft wie Blei; Wasserdampf hat nur wenig Einfluß selbst auf das glühende Metall. Von den gewöhnlicheren Säuren löst Salzsäure das Wismut nur bei Gegenwart von Oxydationsmitteln, langsam auch schon bei Luftzutritt; besser wirkt Salpetersäure, wenn sie nicht zu verdünnt angewandt wird; konzentrierte heiße Schwefelsäure löst das Wismut unter Entwickelung von schwefliger Säure zu Sulfat.

Das Wismut bildet zwar mehrere Oxydationsstufen, doch sind nur das Oxyd Bi_2O_3 und die sich von diesem ableitenden Verbindungen von technischem Interesse. Die neutralen Salze gehen sehr leicht bei der Behandlung mit Wasser in die schwer oder gar nicht löslichen basischen Salze über. Aus den Lösungen seiner Salze wird Wismut durch eine große Anzahl anderer Metalle gefällt und zwar, abgesehen von den Alkali- und Erdalkalimetallen, durch Zink, Mangan, Eisen, Nickel, Kadmium, Zinn, Kupfer und Blei. Blei — und das ist für die Wismutraffination wohl zu beachten — fällt das Wismut auch aus geschmolzenen Oxyden und basischen Salzen vollständig.

Die Verwendung des Wismuts beschränkt sich fast nur auf die Herstellung leichtschmelzbarer (Woods, Roses, Lipowitz') Legierungen und sehr harter Legierungen (Wismutbronze) und einiger, als pharmazeutische und kosmetische Präparate verwandter Verbindungen (Wismutsubnitrate und Wismutoxychloride).

Zinn.

Natürlich kommt das Zinn hauptsächlich als Oxyd, SnO_2, im Zinnsteine, Kassiterit, vor. In Begleitung desselben findet sich vielfach Wolframit, FeWO_4. Sonstige Zinnverbindungen sind selten. Als wichtigere Fundorte des Zinnsteines sind bekannt: Sachsen (Altenberg, Zinnwald), Böhmen, England (Cornwall), Frankreich, Spanien, Sundainseln, indischer Archipel (Banka), Malakka, Australien (Tasmanien), Bolivia. Außerdem kommen für die Zinngewinnung in Betracht: Zinnerzschlacken und Weißblechabfälle.

Vorbereitung der Zinnerze.

Das hohe spezifische Gewicht des Zinnsteines ermöglicht eine sehr weitgehende mechanische Aufbereitung auf nassem Wege, der allerdings bei sehr harten quarzigen Erzen ein Mürbebrennen vorangehen muß. Von einem näheren Eingehen auf die Grundsätze und Vorrichtungen für die nasse Aufbereitung von Erzen können wir an dieser Stelle um so mehr absehen, als sie im ersten Teile dieses Bandes behandelt sind.

Die chemische Reinigung des Zinnsteines bezweckt die Entfernung störender Verunreinigung teils durch oxydierendes und verflüchtigendes Rösten, teils durch Röstung, nötigenfalls mit geeigneten Zuschlägen und durch anschließende Laugerei der während der Röstprozesse löslich gewordenen Verbindungen.

Aus den Sulfiden und Arseniden gehen Schwefel und Arsen zum größeren Teile als Oxyde (SO_2, As$_2$O$_3$) gas- oder dampfförmig fort, zum Teil werden sie auch in Sulfate (FeSO_4, CuSO_4) verwandelt, die sich mit Wasser und verdünnten Säuren auslaugen lassen.

Das den Zinnerz-Schmelzprozeß sehr störende Wolfram entfernt man durch oxydierendes Rösten mit basischen Zuschlägen, am besten mit Soda. Wenn neuere Lehrbücher angeben, daß sich dieses Verfahren nicht lohnt, so sei hier ausdrücklich das Gegenteil betont. Da, wo es sich nicht lohnte, lag der Fehler in der Ofenkonstruktion und der Arbeitsweise. Verfährt man so, wie unter „Wolfram" (S. 483) auseinandergesetzt wurde, so erhält man ohne Schwierigkeit, ohne merkliche Zinnverluste leicht durch Wasser auslaugbares Natriumwolframat, für welches wegen der großen Nachfrage nach Wolfram seitens der Stahlindustriellen reichlicher Absatz vorhanden ist.

Als Röstöfen benutzt man zur Entfernung der Sulfide Flammöfen mit festen oder rotierenden Herden, zur Entfernung des Wolframs Öfen, wie sie schon auf Seite 479 abgebildet sind.

Rohzinngewinnung.

Die ältesten, für das reduzierende Verschmelzen der Zinnerze benutzten Öfen waren niedrige Schachtöfen. Über die Einrichtung der alten, vielleicht wohl ältesten chinesischen und indischen Öfen und ihren Betrieb sind in Bd. V des bekannten Jahrbuches „Mineral Industries" sehr interessante Mitteilungen von H. Louis veröffentlicht worden. Mit Rücksicht darauf, daß diese Apparate auf den malaiischen Inseln und in Banka noch in Gebrauch sind, mögen sie kurz Erwähnung finden.

Die ursprünglichen Schächte der Sundainsulaner bildeten Gruben im Erdboden, etwa 500 mm tief bei 350 mm oberem Durchmesser, unten etwas enger. Als Gebläse benutzt man hohle, mit Kolben und Stange ausgerüstete Holzklötze von 2000 mm Länge und 200 mm Durchmesser, von denen zwei für jeden Ofen abwechselnd von je einem Manne bedient wurden. Vom Boden der Gebläserohre führten Bambusrohrverbindungen zum Ofen. Man warf zuerst glimmende Holzkohlen in die Öfen, blies dann an und gab nun abwechselnd Holzkohle und Erz auf. Nach 4—5 Stunden waren etwa 12 kg Zinn erschmolzen, und zwar mit einem Arbeitsaufwande von drei Mann (1 Schmelzer und 2 Bläser). Das Ausbringen betrug etwa 60 % vom Gewichte des Erzes. Das geschmolzene Zinn schöpfte man aus den Ofenherden aus, um es in Formen aus gespaltenen Bambusrohrstäben, deren Enden mit Dämmen aus Thon verschlossen waren, erkalten zu lassen. Die so erhaltenen, halbcylindrischen Zinnbarren wogen etwa 4 kg.

Ein mit natürlichem Zuge arbeitender chinesischer Ofen führt den Namen Tonga; er ist auf der malaiischen Halbinsel in den Bergen zwischen Pahang und Selangor in Gebrauch:

In eine Hülle aus Bambusstäben stampft man einen Thonblock ein, in dem man Schacht, Stich und Windform ausspart. Man überläßt das Ganze einige Monate zum Austrocknen sich selbst. Die Zwischenzeit wird benutzt, um Erz zu waschen und Holzkohle zu machen.

Den trocknen Ofen heizt man mit einem Holzfeuer an, wirft Holzkohle auf, dann folgt Erz und so abwechselnd wieder Holzkohle und Erz in dem Maße, wie die Beschickung niedergeht. Aus dem als Spurofen zugestellten Ofen läuft das reduzierte Zinn in einen Sumpf, aus dem man es ausschöpft und in Sandformen zu Barren von etwa 250 mm Länge, 120 mm Höhe und 100 mm Breite vergießt.

Bei einer Gesamthöhe dieser Öfen bis zu 2000 mm, einer Schachthöhe von 1600 mm und Schachtweite von 400 mm hat man täglich bis zu 30 Barren erschmolzen.

535. Chinesischer Zinnofen.

Ganz ähnliche Öfen betreibt man auch mit Gebläse. Die Öfen selbst sind 1750 mm hoch. Der Schacht, oben von derselben Weite wie beim oben beschriebenen Ofen, verengert sich nach unten zu auf etwa 300 mm Durchmesser. Die Gebläse, ebenfalls aus Holzstämmen hergestellt, zeigen hier insofern schon einen Fortschritt, als sie doppeltwirkend gebaut sind. An beiden Enden des Pumpencylinders sind für den Lufteintritt Klappenventile; für den Luftaustritt sind in der Nähe beider Enden des Cylinders in dem Mantel ebenfalls Klappenventile angebracht, die die Preßluft in einen Windsammelkasten abliefern, von dem aus Verbindung mit dem Ofen durch ein 60 mm weites Bambusrohr hergestellt ist, an welches sich innerhalb der Ofenwand ein ebenso weites Thonrohr anschließt.

Mit dieser Ausrüstung sollen in 24 Stunden 600—750 kg Erz verschmolzen werden können. Die neueren Schachtöfen der besser geleiteten Zinnwerke in Indien sind aus Mauerwerk aufgeführt und nähern sich ihrer Konstruktion nach europäischen Vorbildern;

fie werden auch mit Gebläſewind betrieben. Alle Zinnerz-Schachtöfen ſind mit Rückſicht auf die hochliegende Reduktionstemperatur mit engen (1 m Durchmeſſer höchſtens) unten zuſammengezogenen Schächten von geringer Höhe (bis etwa 3 m) verſehen und als Spuröfen zugeſtellt. Es wird genügen, wenn wir die Abbildung des ſächſiſchen Ofens (Altenberg) hier wiedergeben.

Die Einrichtung iſt nach Kerls „Hütten-Kunde" folgende: Abb. 536 u. 537 bezeichnen: a Rauhgemäuer aus Granit oder Gneis, b Kernſchacht aus Granit, 2,83 m hoch, oben vorn und hinten 0,96 m weit und 0,62 m tief, unten vorn 0,58 m, hinten 0,48 m weit und 0,48 m tief c, Vorwand, d Futtermauern, e Brandmauer, f Ofenſohle, eine 0,34—0,39 m dicke und 26° geneigte Granitplatte mit oder ohne Überzug von ſchwerem Geſtübbe, g Form mit 2 Düſen, h Auge in Lehm ausgeſchnitten 0,10 m hoch, 0,05 m unten und 0,03 m oben weit, i Vortiegel, 0,38 m tief und 0,5 m weit, ein aus Granitplatten k und Geſtübbe l gebildeter Vorherd, m Stichkanal von 0,09 m Weite mit 0,12 m weiter Öffnung in der Eiſenplatte p, n Stechherd, 0,5 m weit und 0,1 m tief aus mit Lehm überzogenem Granit und mit Kohlen gefüllt oder aus Gußeiſen hergeſtellt, mit Feuerung darunter, q Schlackentrift und o geneigte Eiſenplatte zum Abfluß der Schlacken ins Waſſerbaſſin s, wo dieſelben behufs der Aufbereitung abgeſchreckt werden. Über dem Ofen befinden ſich Flugſtaubkammern.

Im Schachtofenbetriebe werden Erze mit 50 % Zinn unter Zuſchlag von 25—50 % Schlacke von der eigenen Arbeit und 6—7 % Ofengekrätz und ſonſtigen Abfällen mit Holzkohle als Reduktionsund Brennſtoff verſchmolzen. Zinn und Schlacken fließen fortwährend in den Vorherd, aus welchem man das erſtere alle 8—12 Stunden in den Stechherd abſticht. In 24 Stunden verſchmilzt man auf dieſe Weiſe etwa 1600 kg Erz mit 800 kg Schlacken und anderen Metall führenden Zuſchlägen. Auf 1000 kg Erz verbraucht man 55—60 cbm Holzkohle. Die Zinnverluſte belaufen ſich auf 12—15 %, 8—9 % durch Verflüchtigung,

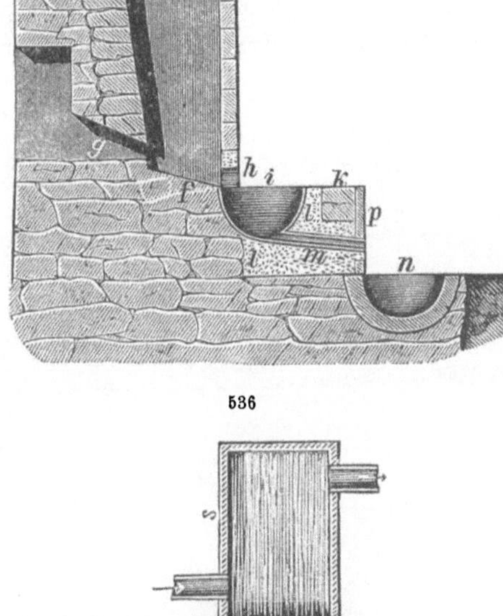

536

537

536 u. 537. Sächſiſcher Ofen.

das übrige durch Verſchlackung. Auf die Verarbeitung von Schlacken und anderen Rückſtänden komme ich am Schluſſe zurück.

Die Vorgänge im Schachtofenbetriebe ſind noch nicht in allen Punkten klar geſtellt. So ſtreitet man z. B. noch darüber, ob die Reduktion des Zinnoxyds durch Kohlenſtoff direkt oder durch zuerſt entſtehende Cyanide erfolgt. Kohlenoxyd wirkt bei der Reduktion kaum mit. Wie ſchon eingangs erwähnt, liegt die Reduktionstemperatur verhältnismäßig hoch, so daß die Reduktion anderer im Zinnsteine enthaltener Metallverbindungen wie auch derjenigen des Eisens nicht ausgeschlossen ist. Wegen der Gefahr der Bildung von Eisen= sauen im Ofen hat man daher Spurofenzustellung gewählt, so daß die Ausscheidung strengflüssiger Eisenlegierungen (Härtlinge) in den leicht zugänglichen Vorherd verlegt wird. Aus wolframhaltigen Zinnerzen wird, wenn das Wolfram nicht in der beschriebenen Weise entfernt wurde, ein Teil dieses Metalles mit in das Zinn übergehen, während sich der größere Teil verschlackt und auch die Verschlackung des Zinns begünstigt.

Während im allgemeinen der Schachtofenbetrieb, wo er überhaupt zulässig ist, eine bessere Wärmeausnutzung gestattet, wie der Flammofenbetrieb, so bringt er in dem vor= liegenden Falle insofern Nachteile mit sich, als er ein sehr reines, und daher kostspieliges Brennmaterial, Holzkohle, verlangt. Auch darf die Körnung der Erze keine zu feine sein, und besonders mit Rücksicht auf die Reduzierbarkeit anderer Metallverbindungen wird auf möglichste Reinheit des Erzes gesehen werden müssen. Für die Verarbeitung von Schlacken

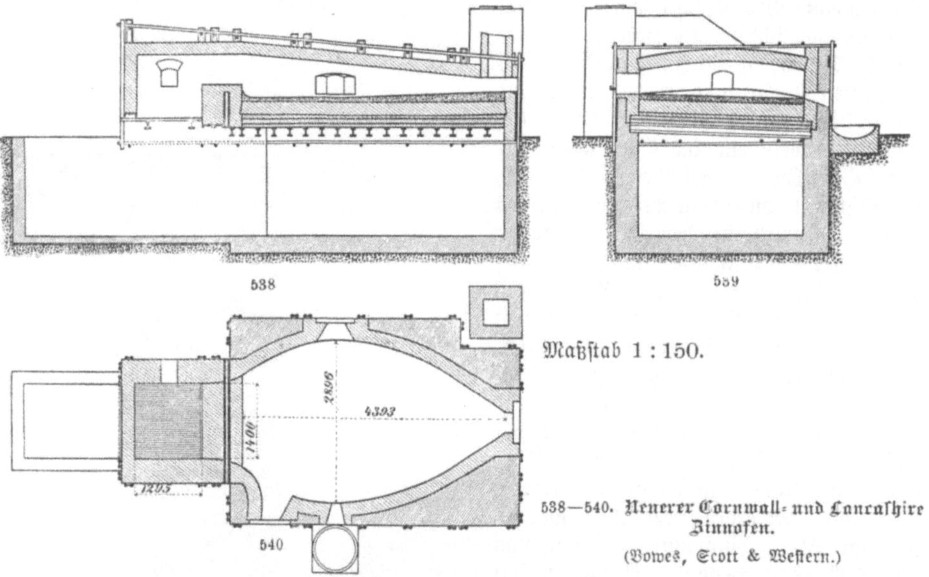

538—540. Neuerer Cornwall= und Lancashire Zinnofen.
(Bowes, Scott & Western.)

und anderen zinnhaltigen Hüttenprodukten hat sich der Schachtofenbetrieb allerdings als unvermeidlich erwiesen.

Hauptsächlich die Rücksicht auf das Brennmaterial war es, die zum Flammofen= betrieb führte. Man pflegt diese Methode, welche sich schon vor mehr als 100 Jahren in Cornwall entwickelt und bis heute fast unverändert erhalten hat, auch die Cornische zu nennen.

Von den in Cornwall und Lancashire benutzten Öfen mag nur eine neuere Konstruk= tion der Firma Bowes, Scott & Western (London) als neuerer englischer Ofentypus hier Erwähnung finden. Wie vorstehende Abb. 538—540 zeigen, liegt hier ein einfacher Flammofen vor, dessen wesentlichste Eigentümlichkeit, wie bei den für die Antimon= und Wismutgewinnung dienenden Öfen, ein möglichst freiliegender Schmelzherd ist. Derselbe ruht auf eisernen Schienen, welche so gelagert sind, daß sie bei erforderlicher Reparatur leicht verschoben und unter dem Herde weggestoßen werden können, damit dieser dann, ohne Beschädigung der Seitenmauern des Ofens in den Herdkeller stürzt. Während des Betriebes wird in dem Raume unter dem Herde so viel Wasser gehalten, daß das alle Fugen leicht durchdringende Zinn, welches durch das Herdmauerwerk sickert, unten erstarrt. Das Herdmauerwerk setzt sich aus zwei Schichten Steinplatten, einer Thonschicht, einer Steinschicht und dem zu oberst eingestampften Gestübbe zusammen.

Eine noch beſſere Konſtruktion ſtammt von Mc Killop, welcher über dieſe ſowohl wie über den durch ihn weſentlich vervollkommneten Zinnerz=Verhüttungsbetrieb der Institution of Civil Engineers eingehende Mitteilungen machte. Mc Killops Ofen iſt auf der malaiiſchen Inſel Pulo Brani in der Zinnhütte der Straits Trading Company von Selangor und Perak in Betrieb. Das Kernmauerwerk, einſchließlich Gewölbe, iſt ganz unabhängig in das Rauhgemäuer eingeſetzt. Der Herd ruht auf eiſernen Schienen, deren Länge aber nur der halben Herdbreite entſpricht. Dieſe Schienen liegen mit dem einen Ende auf den Längsmauern auf, während ſie unter der Herdmitte auf zwei eiſernen Trägern liegen, von denen jeder der halben Herdlänge entſpricht. Die anderen Enden ruhen in der Mitte des Herdes auf einem gemeinſchaftlichen Pfeiler, welcher ſomit den

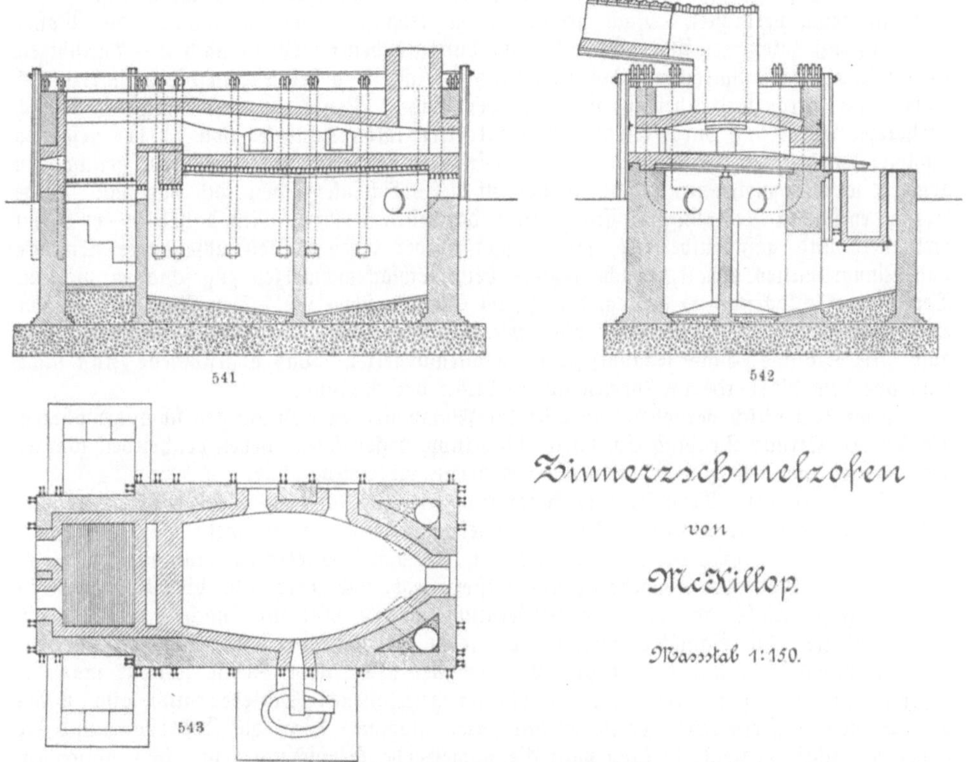

541—543. Zinnerzschmelzofen von Mc Killop.

ganzen Herd ſtützt. Wird nun nach längerer Betriebsdauer der Herd ſchadhaft, ſo braucht man nur dieſen Mittelpfeiler umzuſtoßen, um damit die Herdträger mit der darauf ruhenden Herdmaſſe in den Herdkeller fallen zu laſſen. Der Herd ſelbſt beſteht aus möglichſt eng verlegten Chamotteſteinen, welche mit Thonſchlamm noch gedichtet werden. Nachdem dieſes Herdbett getrocknet und angewärmt iſt, ſchmilzt man zunächſt einen Poſten Gußeiſen darauf ein, welches in etwa noch vorhandene Fugen eindringt und alles feſt ver= einigen ſoll. Selbſtverſtändlich haben alle Teile der Herdfläche Fall nach dem Stichloche zu. Die Feuerbrücke, welche ſich 200 mm über den Herd erhebt, iſt aus bekannten Gründen hohl gebaut und wird ebenfalls von Schienen getragen, liegt alſo nach unten ebenſo frei wie der Herd. Der Schmelzraum im Ofen hat eine Länge von 4800 mm, eine Breite von 3 m in der Mitte und 1800 mm an der Feuerbrücke, alſo eine Geſamtfläche von etwa 12 qm. Wie bei dem Corniſchen Ofen, ſo wird auch hier in dem Raume unterhalb des Herdes bis zu einer Höhe von 2500 mm Waſſer gehalten, um durchſickerndes Zinn zum Erſtarren zu bringen. Der von dieſer Waſſermenge abgegebene Dampf wird durch zwei Rohre an der Fuchsseite des Ofens abgeführt. Die Dimensionen des Rostes ändern sich je nach dem Brennmaterial, auf das man angewiesen ist. Sie schwanken zwischen 1200×1800 — 1400×2000 mm, die obere Rostfläche liegt 760 mm unter dem Mittelpunkte des Gewölbes. Der Querschnitt des Fuchses beträgt 0,375 qm, bei einer Schornsteinhöhe von 30 m.

In den englischen Werken arbeitet man im wesentlichen noch nach dem alten Cornischen Verfahren. Die Beschickung, bestehend aus Erzen mit 62—72 % Zinn, 5—6 % Eisenoxyd, geringen Mengen Wolframsäure und bis zu 6 % Silikaten, wird mit 15 bis 20 % Schlacken, einer geringen Menge gelöschtem Kalk und zinnhaltigen Hüttenprodukten, erforderlichenfalls auch noch Zuschlag von Flußspat, gut gemischt, mit Wasser angefeuchtet und gleichmäßig auf dem heißen Herde ausgebreitet. Sämtliche Thüren werden geschlossen und mit Lehm verdichtet. Nach dreistündigem, lebhaftem Feuern, wonach die Massen schon in Fluß gekommen sind, wird alles gut durchgearbeitet. Wenn nach 5—7 stündigem Feuern etwa der Schmelzpunkt des Roheisens erreicht ist, arbeitet man die Schmelze noch einmal gut durch und überläßt sie dann der Ruhe. Man zieht dann nötigenfalls nach vorheriger Abkühlung durch Einwerfen gepulverter, kalter Schlacke etwa ⅔ der gesamten Schlacke durch die Arbeitsthüren aus. Diese Schlacke ist in der Regel arm genug, um abgesetzt werden zu können. Man wiederholt dieses Schlackenziehen noch zweimal. Beide Abzüge enthalten viel eingeschlossenes Zinn, der mittlere Abzug wird daher in der Regel zerkleinert und naß aufbereitet, wobei man wieder einen Posten absetzbarer Schlacke und Zinngranalien erhält, welche letztere beim Schlackenschmelzen zugeschlagen werden. Der dritte Schlackenabzug gelangt direkt zum Schlackenschmelzen. Den Rest der noch im Ofen verbleibenden Schlacke sticht man mit dem Zinn ab. Nach dem Erstarren kommt auch diese Schlacke (Glas genannt) zum Schlackenschmelzen. Das abgestochene Zinn sticht man aus dem Vorherde in Formen ab, es bildet das Rohzinn.

Ganz wesentlich vervollkommnet ist der Flammofen-Betrieb auf den schon erwähnten Werken der Straits Trading Co. durch Mc Killop, dessen Ofen soeben beschrieben wurde. Der Betrieb hier setzt sich aus folgenden Arbeiten zusammen.

Erzschmelzen. Man setzt die Beschickung, 80 Ztr. 65—71 % Tides Erz, 10,5 Ztr. Schlacke und 2,4 Ztr. Raffiniergekrätz, oder bei reicheren Erzen von mehr als 71 % Zinngehalt 80 Ztr. mit 12 Ztr. Schlacke und 2,4 Ztr. Raffiniergekrätz so auf den Herd ein, daß sie in der Nähe der Feuerbrücke am dicksten liegt, und zwar 300 bis 350 mm dick von der Feuerbrücke ab auf eine Entfernung bis zu 600 mm nach der Mitte zu. Von da ab liegt die Schicht dünner, so daß sie in der Nähe der Arbeitsthüren und dahinter höchstens 120 mm hoch liegt. Wie bei der alten Arbeitsweise schließt man die Thüren, öffnet den während der Beschickung geschlossenen Schieber und gibt 2 bis 2¼ Stunde lang ein lebhaftes Feuer mit guter Flamme. War die Kohle gut und die Feuerung richtig bedient, so kann man die schmelzende Beschickung jetzt schon umstechen, anderenfalls muß man noch einmal 1½ Stunde weiter feuern. In der Nähe der Feuerbrücke ist die Masse jetzt geschmolzen, nach der Fuchsseite hinzu teigig weich. Nachdem alles zum erstenmal gut durchgearbeitet ist, folgt ein einstündiges Feuer, nach welchem alles gleichmäßig geschmolzen sein sollte, wenn man jetzt noch einmal durchrührt. Das Feuer wird nun wieder verstärkt. Erscheint die ganze Schmelzung gleichmäßig warm, so sticht man das Zinn so ab, daß die Gesamtmetallmenge in etwa ¾ Stunden abgeflossen ist. Während man nun das kleine Stichloch auf kurze Zeit schließt, setzt man eine Rinne unter den Stich, durch welche die späteren Abstiche nach Sandformen überfließen können. Man stößt nun den ganzen Thonpfropfen aus dem Stichloch, so daß alle Schlacke in einem dicken Strome in die Sandformen fließt. Diese Schmelzarbeit liefert demnach ein Rohzinn, welches dort mit „Erzmetall" bezeichnet wird, und sogenannte Reichschlacke.

Das Reichschlacken-Schmelzen wird hier, abweichend von allen anderen Zinnwerken, ebenfalls in Flammöfen ausgeführt. Man benutzt dazu entweder einen neugebauten oder einen reparaturbedürftigen Ofen. In beiden Fällen hat die Erfahrung gezeigt, daß man durch diese höherschmelzenden Produkte Fugen und andere Undichtigkeiten, wenn auch zeitweilig, verstopfen kann. Als Beschickung gibt man Reichschlacke 30 Ztr.,

Rohmetallgekrätz 12 Ztr., Eisenabfälle 2,75 Ztr., Anthracit=Kohlenklein 6 Ztr., Korallenstein 2,4 Ztr. Das Rohmetallgekrätz ist Nebenprodukt der Zinnraffinerie.

Man schmilzt bei lebhaftem Feuer ein, so daß man spätestens nach drei Stunden durcharbeiten kann. Nach einer weiteren Stunde ist die Schmelze in der Regel fertig zum Abstechen. Man erhält dann etwa 8—900 kg Rohmetall mit 95,5 % Zinn und 1100 kg armer Schlacke mit 60 % Kieselsäure und höchstens 2,5 % Zinn als Silikat, doch können noch bis zu 10 % Zinn in Form eingeschlossener Körner darin sein. In der Regel sitzen diese Körner in dem ersten Drittel der abgestochenen Schlacke, welches gesondert gehalten wird. Die übrigen zwei Drittel setzt man ab.

Verarbeitung der armen Schlacke. Das eben erwähnte erste Drittel der mit Zinnkörnern durchsetzten Schlacke wird nach dem Erkalten aufgebrochen, wobei schon größere Metallklumpen aussortiert werden. Das übrige schmilzt man unter Zuschlag von Kohlenklein und etwas Kalk ein. Durchschnittlich ist die Beschickung für einen Ofen folgende: 40 Ztr. armer Schlacke, 2,5 Ztr. Kohlenklein, 2,5 Ztr. gröbere Kohle. Dies wird bei lebhaftem Feuer ebenfalls im Flammofen niedergeschmolzen und gegen Ende der Schmelzarbeit, welche 5—8 Stunden dauert, mehrere Male durchgearbeitet, worauf nur die Schlacke abgeschlagen wird. Das Metall läßt man im Ofen, um es alle 24 oder 48 Stunden abzustechen. Das hier erhaltene Rohmetall besteht aus 80,5 % Zinn und 19,5 % Eisen. Das Ausbringen bei den vorhergehenden Arbeiten ist ein sehr gutes; es wird alles Zinn bis auf höchstens 2 % des in dem Erze enthaltenen Metalles gewonnen.

Wie schon erwähnt, werden in den übrigen Zinnwerken die Schlacken meist in Schachtöfen verschmolzen, wobei meist auch alle diejenigen zinnhaltigen Hüttenprodukte mit verarbeitet werden, welche nicht schon beim Verschmelzen der Erze zugeschlagen werden können. Auch hier ist das erschmolzene Zinn oder wenigstens ein Teil desselben sehr stark eisenhaltig.

Eine andere Methode der Verarbeitung zinnhaltiger Schlacken unter gleichzeitiger Zugutemachung des stark eisenhaltigen Zinns, der sogenannten Härtlinge, wird von Bohne auf den Zinnwerken von Robertson u. Bense zu Tostedt in größerem Maßstabe ver= suchsweise in den Betrieb eingeführt. Die fein granulierte und eventuell gesiebte Schlacke bringt man in mit Bleiblech ausgefütterte Holzkästen, um sie hier der Behandlung mit heißer verdünnter Schwefelsäure zu unterwerfen. Der Löseprozeß wird leicht ausgeführt unter Anwendung z. B. eines Körtingschen Rührapparates. Es wird in sehr kurzer Zeit eine Erwärmung der Schwefelsäure auf 60—70° erzielt, die zum Aufschließen der Schlacke vollkommen genügt. Nach gehörigem Verdünnen und nach dem Erkaltenlassen der Lauge, die das Zinn und Eisen aus der Schlacke aufgenommen hat, filtriert man sie oder drückt sie durch eine Filterpresse und unterwirft sie nun der Entzinnung durch den elektrischen Strom.

Behufs Gewinnung des Zinnes auf trockenem Wege aus den Schlacken vom Zinnerz= schmelzen muß denselben ein gewisser Prozentsatz metallischen Eisens zugesetzt werden. Es erfolgt metallisches Zinn und eine Legierung von Zinn und Eisen, die sogenannten Härtlinge. Letztere sind nur, wie bekannt, insofern zu verwerten, als sie an Stelle von metallischem Eisen beim Schlackenschmelzen im Flammofen zugeschlagen werden. Die übrigbleibenden Härtlinge werden sich nach und nach zu einem Haufwerke ansammeln, ohne daß das Zinn aus ihnen auf trockenem Wege gewonnen werden kann. Die Tren= nung des Zinnes und Eisens aus diesen Härtlingen kann nun mit der Entzinnung der bei der Behandlung der Zinnschlacken mit Schwefelsäure erhaltenen zinn= und eisenhaltigen Lauge auf die Weise kombiniert werden, daß man die Härtlinge in granuliertem Zustande als Anodenmaterial verwendet.

Für die elektrische Gewinnung des Rohzinnes kommen, abgesehen von dem oben erwähnten Versuche von Bohne, zur Aufarbeitung von Schlacken, nur Weißblechabfälle in Betracht; diese Abfälle werden in Körben aus Drahtgeflecht als Anoden in Lösungen von Ätznatron oder Natriumstannat Eisenblech=Kathoden gegenüber elektrolysiert. Während an den Anoden die Blechabfälle entzinnt werden, schlägt sich das Zinn auf den Kathoden in krystallischer oder schwammiger Form nieder. Die entzinnten Abfälle werden an Eisenhütten abgegeben, während das Zinn, welches sich auf den Kathoden, zum Teil auch in den Fällgefäßen, welche ebenfalls als Kathoden mitwirken können, niedergeschlagen hat, nach dem Abspülen, Pressen und Trocknen entweder auf Zinnsalze oder auf Rohzinn verschmolzen wird. Derartiges Zinn enthält in der Regel mehr oder weniger Blei, von dem Lot herrührend, welches an alten Weißblechabfällen haftet.

Gewinnung von Reinzinn.

Die Reinigung des Zinnes, welches meistens etwas Eisen, in einigen Fällen auch Blei, Kupfer und Wolfram enthält, beginnt meist schon in den Vorherden der Schacht- oder Flammöfen, in welchen die Erze verschmolzen werden, indem ein Teil eisenreicheren Zinnes, sogenannte Härtlinge, aussaigert. Auch das erste Raffinieren besteht vorwiegend in einem Saigerungsprozesse, welchem in erster Linie die eisenreicheren metallischen Produkte unterworfen werden.

Eisenreichere Rohzinnsorten, wie sie z. B. bei den verschiedenen Schlackenverarbeitungsmethoden erhalten werden, schmilzt man meist in Flammöfen bei ganz dunkler Rotglut ein, indem man, wenn möglich, Holz als Brennmaterial benutzt. Aus dem offen zu haltenden Stichloche fließt nun ein wesentlich reineres Zinn mit bis zu 99,5 % Zinngehalt aus. Dieses Metall wird mit dem reinen aus dem Erze erschmolzenen Metalle gemeinsam weiter verarbeitet, während die im Ofen zurückbleibenden und dann auszuziehenden Saigerdörner mit etwa 65 % Zinn und 25 % Eisen zum Schlackenschmelzen gehen.

Bei der Raffination des reineren Zinnes geht man entweder von flüssigem oder von festem Metalle aus. Im ersteren Falle schöpft man das Zinn aus dem Stechherde des Ofens, in welchem es erschmolzen wurde, auf ein Bett glühender Holzkohlen, welche auf einem geneigten Herde gehalten werden, an dessen unteres Ende sich ein Sammeltiegel anschließt. Mit dem unten abfließenden Metalle wird diese Arbeit so oft wiederholt, bis sich auf den Holzkohlen, auf denen die schwer schmelzbaren Bestandteile des Rohzinnes haften bleiben, keine Rückstände mehr zeigen. Man nennt diese Arbeit das „Pauschen". Die Rückstände, Saigerdörner, welche Legierungen des Zinnes mit Eisen, Wolfram und Kupfer enthalten, gehen zum Schlackenschmelzen. Das Zinn gießt man nach einiger Zeit der Ruhe entweder in Block- oder in Stangenformen, oder auf kalte polierte Kupferplatten, von welch letzteren es in 2—3 mm dicken Tafeln abgehoben und aufgerollt als Rollen- oder Ballenzinn verkauft wird.

Englische Werke benutzen Flammöfen zum saigernden Raffinieren und gehen von dem festen Zinn aus. Die 3 m langen und 1,8 m breiten Herde dieser Öfen sind mit Rieselrinnen von entsprechender Neigung versehen, durch welche das aus den eingesetzten Barren aussickernde Zinn den Stichlöchern zugeführt wird. Außerhalb der Öfen sammelt sich das Metall in geräumigen Becken, Kesseln, aus denen es in die Polkessel übergeführt wird. Der in den Öfen verbleibende Rückstand mit 65 % Zinn und fast 12 % Eisen wird beim Erzschmelzen wieder zugeschlagen. In den Polkesseln wird nun das ausgesaigerte Zinn entweder dadurch, daß man Metall ausschöpft und langsam von einiger Höhe aus wieder in die Kessel zurückfließen läßt, oder durch die Gasentwickelung eingetauchter Holzklötzescheite mit der Luft in Berührung gebracht. Durch diese Behandlung wird ein Teil der Verunreinigung oxydiert und kann von der Oberfläche nach beendigtem „Polen", wie man diese Arbeit nennt, abgezogen werden. Den übrigen Kesselinhalt überläßt man einige Zeit der Ruhe, während welcher schwerere Verunreinigung in die unteren Flüssigkeitsschichten aussaigern. Von dem dann ausgeschöpften Zinne wird das erste als raffiniertes Zinn, der zweite Aushub als Blockzinn verkauft, während der Kesselrückstand wieder zur Raffinierarbeit zurückgeht.

*   *   *

Zinn (Sn, Atomgewicht 118, spezifisches Gewicht 7,3) ist ein weißes, mit schwach gelbem Farbentone behaftetes Metall von sehr geringer Festigkeit, aber starker Dehnbarkeit und dabei sehr weich. Am dehnbarsten ist es bei etwa 100°, während es bei 200° wieder spröde wird. Es schmilzt bei 228°, soll zwischen 1450 und 1600° sieden, verflüchtet sich aber schon bei niedrigen Temperaturen.

Das geschmolzene Metall löst die meisten anderen Metalle mit großer Leichtigkeit, zum Teil wertvolle Legierungen mit denselben bildend.

Atmosphärischen Einflüssen gegenüber ist Zinn sehr widerstandsfähig, bei höherer Temperatur verbrennt es allerdings bei Luftzutritt ziemlich leicht. Mit den Haloiden vereinigt es sich bei gewöhnlicher Temperatur, mit Schwefel, Phosphor, Arsen und Antimon im flüssigen Zustande. Von den gewöhnlichen Säuren ist Salzsäure als bestes Lösungsmittel für Zinn bekannt; Schwefelsäure wirkt nur träge auf das Metall ein; Salpetersäure oxydiert es zu einem Zinnoxydhydrat der Formel $SnO(OH)_2$, welches auch wohl Zinnsäure genannt wird. In Salze tritt das Zinn in das Säureradikal und auch als Basis ein. Die ersteren Salze leiten sich von den Hydraten $Sn(OH)_4$ oder $SnO(OH)_2$ ab. Die übrigen Zinnverbindungen leiten sich entweder von dem Oxydule SnO, ab (Stanno-Verbindungen) oder von dem Oxyde SnO_2 (Stanni-Verbindungen). Auch eins der Zinnsulfide, SnS_2, bildet leicht Sulfosalze.

Die Verwendung des Zinnes ist eine sehr ausgedehnte. Als solches und als Überzug auf anderen Metallen (Weißblech, Zinn auf Eisen) wird es in großen Mengen zu Geräten, Apparaten und Apparatteilen für den Haushalt und die gesamte Technik benutzt. In wichtigen Legierungen spielt das Zinn eine hervorragende Rolle (Bronzen, Lagermetalle, Lote, Kunstguß-Legierungen, wie Britanniametall u. a.). Das Stanniol, ursprünglich dünngewalztes Zinn, wird heute durch Zusammenwalzen von Blei mit äußeren Zinnlagen als zinnplattiertes Blei hergestellt. Die meisten der Zinnverbindungen, welche teils auch als Farben (Mussivgold, Zinnoxyd u. a.) geschätzt sind, werden auch aus dem Metalle hergestellt.

Blei.

Das Blei kommt in der Natur zwar gediegen vor, doch in dieser Form nur in so geringen Mengen, daß es für die hüttenmännische Gewinnung nicht in Betracht kommt. Das verbreitetste und für die Bleigewinnung wichtigste Erz ist der Bleiglanz, in der chemischen Zusammensetzung der Formel PbS entsprechend, theoretisch 86,07% Blei enthaltend. Thatsächlich wird allerdings meist nur ein Produkt abgeliefert, welches 75 bis 80% Blei enthält. Meistens weisen die Erze mehr oder weniger hohe Silbergehalte auf, die zwischen 0,01 und 1% zu schwanken pflegen. Das nächst dem Bleiglanz wichtigste Erz ist das Weißbleierz oder der Cerussit, von der chemischen Zusammensetzung $Pb CO_3$. Theoretisch 77,52% Blei enthaltend, kommt es als Aufbereitungsprodukt verunreinigt durch verschiedene Gangarten mit 40—50% Blei zur Hütte. Es wird allgemein als Zersetzungsprodukt des Bleiglanzes angesehen, kommt in der That nur in Gemeinschaft mit diesem vor und zwar in den geringeren Teufen. Die sich außerdem noch natürlich findenden Sulfate, Phosphate, Polyphate, Chromate des Bleies werden in so geringen Mengen gefunden, daß sie für die hüttenmännische Gewinnung überhaupt nicht in Betracht kommen. Dagegen spielen sehr viele Hüttenprodukte eine wichtige Rolle bei der Verarbeitung der Bleierze, so z. B. die Bleiglätte, das Bleioxyd, der Herd, ein mit Bleioxyd vollgesogenes Gemisch aus Thon, Kalk, Knochenasche oder Mergel, ferner Schlacken, meist aus Silikaten bestehend, der sogenannte Abstrich, Bleiantimoniat, der Bleistein und Legierungen des Bleies mit Silber, Gold, Zink, Kupfer, Wismut u. s. w.

Wir können sämtliche Bleigewinnungsprozesse in folgende Gruppen einteilen:

I. Herstellung von Roh- oder Werkblei.

II. Herstellung von Rein- oder Weichblei.

Die Herstellung von Werkblei.

Die Gewinnung des Bleies geschieht im wesentlichen nach zwei Methoden: durch die Röstreaktionsarbeit, die sich nur für bleireiche und höchstens 4—5% Kieselsäure enthaltende Erze eignet, oder durch den Röstreduktionsprozeß, der der allgemeinsten Anwendung fähig ist.

Die **Röstreaktionsarbeit** erstreckt sich auf folgende Vorgänge. Das Erz wird einer Röstung unterworfen, bei welcher der Bleiglanz, Bleisulfid, zum Teil in Bleioxyd, zum Teil in Bleisulfat übergeht: $PbS + 3O = PbO + SO_2$; $PbO + SO_2 + O = PbSO_4$. Enthalten die Erze auch Bleikarbonat, so zerlegt sich dieses in Bleioxyd und Kohlensäure: $PbCO_3 = PbO + CO_2$. Der Röstung folgt eine sogenannte Reaktion, bei welcher Oxyde und Sulfate durch noch unzersetzten Bleiglanz in Blei und Schwefeldioxyde übergeführt werden: $2PbO + PbS = 3Pb + SO_2$; $PbSO_4 + PbS = Pb_2 + 2SO_2$.

Unter den verschiedenen Arbeitsbedingungen hat sich nun in verschiedenen Ländern die Ausführung des Verfahrens in verschiedener Weise entwickelt. Wir unterscheiden den Kärntner Prozeß, das englische Verfahren, das Tarnowitzer Verfahren, den französischen oder Bretagne-Prozeß und den Herdprozeß.

Kärntner Prozeß. Die Hauptmerkmale dieses Prozesses sind: Die Benutzung kleiner Öfen, also Verwendung kleiner Beschickungsmengen, das Arbeiten bei niedriger Temperatur und die getrennt liegenden Röst- und Reaktionsperioden. Als Apparate benutzt man kleine Flammöfen mit geneigter Herdsohle und einer an der ganzen Länge des Herdes entlang laufenden Feuerung. Man beginnt bei schwacher Rotglut das Erz in Mengen von etwa 150 bis 200 kg einzusetzen und schwach so weiter zu feuern, daß die Masse während der ganzen Röstperiode bröckelig-teigig bleibt. Sie wird während dieser Zeit häufig umgearbeitet. Nach etwa 3 Stunden steigert man die Hitze, ebenfalls unter gutem Umrühren der Masse, und es beginnt nun die Bleiabscheidung. Vor dem Ofen sammelt sich in Gefäßen oder Herden das Blei. Man nennt diese Erhitzungsperiode das Reaktionsschmelzen; sie dauert etwa 4 Stunden, worauf die noch im Ofen verbliebenen Rückstände ausgezogen werden. Eine neue Erzpost wird in den Ofen gebracht, ebenso behandelt wie die vorige, und nun vereinigt man den zuerst ausgezogenen Rückstand mit dem zweiten, um das darin noch enthaltene Blei aus beiden gemeinschaftlich auszubringen.

Zu diesem Zwecke bestreut man die hinreichend erwärmte Masse mit Kohlepulver und knetet sie gut durch. Man pflegt diese Arbeit das Pressen des Bleies zu nennen. Es werden durch den Kohlenstoff Oxyde reduziert zu metallischem Blei, Sulfate zu Sulfiden, und die Sulfide ihrerseits wirken wieder auf Oxyde und Sulfate ein, so daß man neue Mengen Blei erhält. Je nach der Menge der Rückstände dauert diese Arbeit 4—8 Stunden. Der Bleigehalt des noch im Ofen Verbleibenden beträgt etwa 10%. Die Masse wird ausgezogen und durch Aufbereitung auf etwa 50% angereichert; sie gelangt dann wieder in den Betrieb zurück.

Der Brennmaterialverbrauch beläuft sich auf etwa 6,5 cbm Holz per Tonne ausgebrachten Bleies. Zur Bedienung sind in 24stündigem Betriebe 2—3 Mann erforderlich. Die Gesamtbleiausbeute beträgt 95%.

In Ausführung soll dieses Verfahren noch stehen in Raibl in Kärnten, in Engis in Belgien, auch einige Bleiwerke in Missouri sollen nach diesem Verfahren arbeiten. Als Vorzüge dieser Arbeitsweise werden angegeben: geringe Bleiverluste durch Verflüchtigung, wenig Bleirückstände, reines Blei. Die Nachteile bestehen in einem hohen Brennstoff- und Arbeitsverbrauch.

Das englische Verfahren. Als Gegensatz zum Kärntner Verfahren ist das englische Verfahren zu bezeichnen. Man arbeitet dort mit großen Öfen, verwendet also große Beschickungsmengen, wählt von vornherein hohe Temperaturen, so daß Röst- und Reaktionsperiode zusammenfallen.

Als Apparate benutzt man ebenfalls Flammöfen und zwar sogenannte Herdflammöfen mit unten freiliegender Herdsohle, einem Bleisumpf und einem Vorsumpf vor einer der Längsseiten. An jeder der Längsseiten befinden sich 2—3 Arbeitsthüren. Die ganze Herdlänge beträgt 3 m bei etwa 2,5 m Breite. Der Einsatz in Mengen von 5000 kg wird in einer Schichthöhe von etwa 150 mm auf dem Herde gehalten. Wie schon erwähnt, verwendet man von vornherein eine höhere Temperatur, wie beim Kärntner Verfahren, so daß thatsächlich die Bleiabscheidung mit dem Rösten beginnt. Wenn die Bleiabscheidung nachläßt, so schließt man die Arbeitsthüren, welche mit Rücksicht darauf, daß man die Massen während der Röstperiode gut durchzuarbeiten hatte, offen zu halten waren. Die Oxydationsprodukte und unzersetzten Sulfide werden bei gesteigerter Temperatur jetzt eine Zeitlang sich selbst überlassen. Dann läßt man die Oxy=dationsprodukte, welche wegen ihrer Leichtschmelzbarkeit die übrigen Massen einhüllen und der Luft den Zutritt abschließen, auf die darunterliegenden Oxyde wirken, so daß sich nach denselben Reaktionen, wie sie eben erwähnt waren, die Oxyde und Sulfate mit den unzersetzten Sulfiden umsetzen. Nach dieser Pause magert man die Masse durch Ein=arbeiten von ungelöschtem Kalk auf, um nun noch einmal zu rösten. Nun endlich zieht man die nicht unbeträchtlichen Mengen von Rückständen aus dem Ofen. Für die Ver=arbeitung der großen Mengen dieser bleireichen Rückstände müssen besondere Schachtöfen vorhanden sein. Außerdem ist das erhaltene Blei verhältnismäßig unrein.

Die Gesamtdauer dieses Prozesses beläuft sich auf 5—9 Stunden. Der gesamte Brennmaterialverbrauch beträgt 50—80 Gewichtsprozente des Bleies an Steinkohlen. Als Vorzüge werden gerühmt: geringer Arbeits= und Brennmaterialverbrauch. Die Nachteile bestehen in größeren Bleiverlusten durch Verflüchtigung, zu deren Vermeidung kostspielige Kondensationsanlagen erforderlich sind.

Tarnowitzer Verfahren. In dem Tarnowitzer Prozeß versuchte man die Vorteile des englischen Verfahrens dadurch auf den Kärntner Prozeß zu übertragen, daß man die Arbeitsweise der kleinen Kärntner Öfen in Öfen größerer Dimensionen auszuführen versuchte. Man verwendet Flammöfen von 5 m Länge und etwa 3,5 m Breite des Herdes.

Die Einsätze belaufen sich auf 2—3,5 t, welche in einer Schichthöhe bis zu etwa 100 mm auf dem Herde gehalten werden. Bei einer Temperatur von beinahe 600° röstet man etwa 4—6 Stunden lang bei 8—10 maligem Durcharbeiten, worauf man dann das Reaktionsschmelzen, ungefähr 7—8 Stunden dauernd, folgen läßt. Man pflegt etwa alle $1^1/_2$ Stunde, später jede Stunde abzustechen. Der erste Abstich, das so=genannte Jungfernblei, unterscheidet sich von dem übrigen durch einen sehr hohen Gehalt an Silber, dann durch Abwesenheit der übrigen Bestandteile des Erzes. Es läßt sich nicht vermeiden, daß noch beträchtliche und bleireiche Rückstände in dem Ofen ver=bleiben, welche nach beendigtem Reaktionsschmelzen für sich verarbeitet werden müssen. Sie betragen etwa 3% der Beschickung und enthalten noch über 50% Blei. Sie be=stehen aus Bleioxyd, Bleisulfat, Bleisilikaten, Zinkoxyd, Kalk u. s. w.

Das Ausbringen des Bleies in diesen Flammöfen beträgt höchstens 50% des Ge=samtgehaltes. Das übrige muß also durch Verarbeitung der Rückstände in besonderen, zu diesem Zwecke vorgesehenen Schachtöfen, in welchen dieselben Zuschläge von Kalk=stein, eisenhaltigen Schlacken und Bleischlacken erhalten, gewonnen werden. Die Ge=samtbleiausbeute bringt man auf 95—96% des in dem Blei jetzt noch vorhanden gewesenen Metalles. Der Brennmaterialverbrauch beträgt etwa 40% Steinkohle auf 100 kg Erz. Das Verfahren ist in der Friedrichshütte zu Tarnowitz in Oberschlesien und in den Bleiberger Hütten in Belgien in Betrieb. Gegenüber dem englischen Verfahren werden folgende Vorteile erzielt: Geringer Bleiverlust durch Verflüchtigung, geringer Arbeits= und Brennmaterialverbrauch, reines Blei. — Die Nachteile des englischen Pro=zesses, große Mengen bleireicher Rückstände, wurden nicht beseitigt durch dieses Verfahren.

Der französische oder Bretagne=Prozeß. Durch veränderte Arbeitsweise des Kärntner Prozesses hoffte man kieselsäurereiche Erze zur Verarbeitung nach dem Röst=reaktionsverfahren tauglich zu machen. Man benutzte große Öfen, arbeitete mit großen Einsätzen und verlängerte die Röstdauer, wodurch viel Bleioxyd und Bleisulfat gebildet wurde. Durch Zuschlag von Kohle wurde ein Teil des Bleioxydes direkt reduziert.

Das Bleisulfat wurde teilweise zu Bleisulfid reduziert, dieses wieder wirkte dann auf Bleioxyd und Bleisulfat nach den schon eingangs erwähnten Reaktionen ein. Der fran=
zösische Prozeß hat sich aber nirgends bewährt. Die zur Durchführung der Reaktionen erforderliche hohe Temperatur veranlaßte große Verluste von Blei durch Verflüchtigung. Die Öfen litten sehr, und es ist der Prozeß daher überall aufgegeben und durch das Röstreduktionsverfahren ersetzt worden.

Herdschmelzen. Die Herdprozesse endlich bilden den Übergang zu den Röst= und Reduktionsverfahren. Als Apparate dienen sogenannte Herde, unter welchen wir uns vergrößerte Schmiedefeuer vorstellen können. Das Erz mit Zuschlägen und Brenn=
material, als welches Holzkohle benutzt wurde, schwimmt auf dem Blei in dem Tiegel=
herde. In die Beschickung wird durch die Rückwand des Herdes Luft eingeblasen. Neben den Röstreaktionsvorgängen, wie sie bei den übrigen Arbeiten stattfanden, fand auch direkte Reduktion von Bleioxyd durch Kohlenstoff zu Blei statt. Die Herdprozesse sind noch in Betrieb auf einzelnen schottischen Werken und einigen Bleiwerken in den Vereinigten Staaten Nordamerikas.

Die **Reduktionsarbeit** ist die verbreitetste, was sich daraus erklärt, daß dieselbe fast für alle Erze geeignet ist. Die Vorgänge bei der Röstung sind dieselben wie bei den Röst=
prozessen des Röstreaktionsverfahrens, nur gegen Ende der Röstung werden die bei der Röstung gebildeten Sulfate durch Kieselsäure, welche entweder bereits in den Erzen vorhanden ist oder besonders zu diesem Zwecke zugeschlagen wird, zerlegt. Der Zweck der Zersetzung der Sulfate durch Kieselsäure ist die Beseitigung sämtlicher Schwefel=
verbindungen; das zurückbleibende Sulfat würde während des sich anschließenden Reduk=
tionsprozesses wieder zu Sulfid reduziert werden. In einigen Ausnahmefällen ist aller=
dings diese Sulfatzersetzung unzulässig; und zwar einmal bei Gegenwart von vielem Kupfer und Silber, anderseits auch bei sehr armen unreinen Bleierzen. Etwa vor=
handenes Kupfer muß nämlich beim reduzierenden Verschmelzen in dem sogenannten Steine angesammelt werden, wozu Schwefelverbindungen unbedingt erforderlich sind. Ferner würde sich Silber bei Temperaturen, bei welchen die Zersetzung der Sulfate durch Kiesel=
säure ausgeführt wird, in zu großen Mengen verflüchtigen. Die armen Bleierze, welche vielfach durch Zinkblende und Schwefelkies verunreinigt sind, müssen einer Vorröstung unterworfen werden, damit besonders das Zink als schwefelsaures Zink entfernt wird. Würde man das Zink in diesen Erzen lassen, so würde es den Ofenbetrieb durch Bildung von Ansätzen und schwerschmelzenden Silikaten stören.

Röstung und Reduktion werden stets in getrennten Apparaten ausgeführt. Die Wahl der Apparate zum Rösten richtet sich ganz nach der Natur der Bleierze. Sehr arme Erze pflegt man in Haufen oder Stadeln zu rösten, Röstvorrichtungen, auf welche beim Kupfer näher eingegangen werden wird.

Die Röstdauer erstreckt sich mit Rücksicht auf die Aufrechterhaltung einer sehr niedrigen, die Bildung von Zinksulfat begünstigenden Temperatur auf sehr lange Zeit hinaus. Sie dauert 6—10 Monate im ganzen und zerfällt in 2—3 Röstperioden, auch wohl Feuer genannt, von welchen das erste Feuer 6—7 Monate, das zweite 6—8 Wochen, das dritte 4—6 Wochen dauert. Nach jeder Röstung wird der Haufen umgearbeitet und nach den Schlußröstungen mit Wasser oder verdünnten Säuren ausgelaugt.

Die reineren Bleierze werden stets in Flammöfen und zwar sogenannten Fort=
schaufelungsöfen geröstet. Es sind Flammöfen mit sehr langen Herden, bis etwa 18 m Länge bei einer Breite von 2,5—4 m. Je nach der Länge des Ofens befinden sich an einer oder an beiden der Längsseiten 5—8 Arbeitsthüren. An Stelle dieser Flammöfen mit langen Herden hat man auch kürzere Öfen, der Ersparnis wegen mit 2 übereinander=
liegenden Etagen vorgeschlagen, die sich aber weniger gut bewährt haben. Die Be=
schickung bringt man an dem der Feuerung entfernten Ende, also in der Nähe der Fuchsbrücke ein. Die eingesetzte Erzpost beträgt je nach der Größe des Ofens $\frac{1}{2}$—$1\frac{1}{2}$ t. Nach dem Gegenstromprinzip arbeitet man nun die Erzpost allmählich der Feuerbrücke entgegen. Auf diesem Wege findet zuerst eine Vorwärmung, dann die Röstung und schließlich, wenn erforderlich, die Sulfatzersetzung statt. In der Nähe der Feuerbrücke,

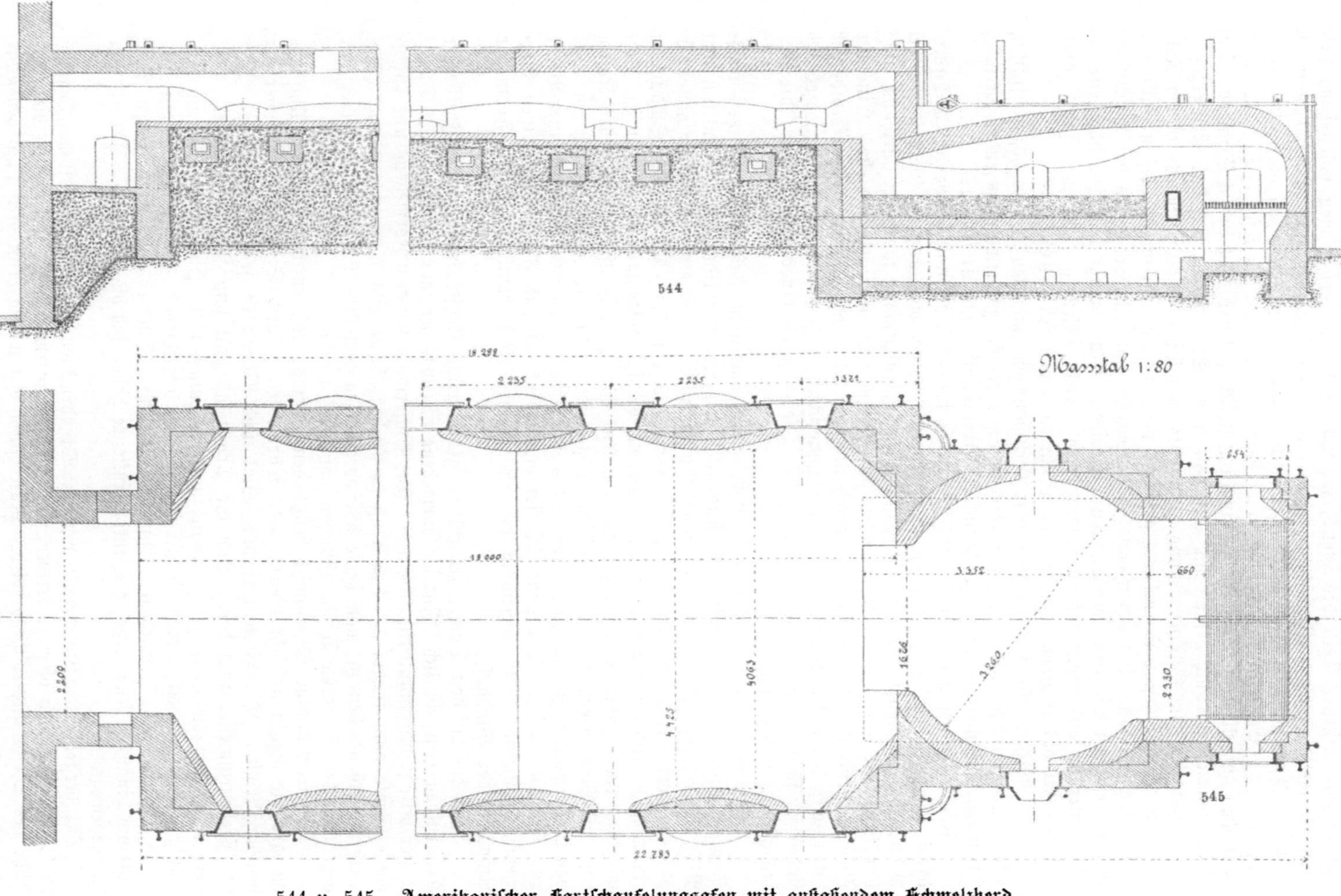

544 u. 545. Amerikanischer Fortschaufelungsofen mit anstoßendem Schmelzherd.

also in dem heißesten Teile des Ofens, wo sich die letzten Zersetzungen vollziehen, zieht man die fertig geröstete Beschickung, etwa alle 3—6 Stunden, aus, arbeitet dann die folgenden Einsätze schrittweise wieder der Feuerbrücke entgegen und setzt oben eine frische Erzpost nach. Es befinden sich zu gleicher Zeit 5—7 Einsätze im Ofen. Das Durchsetz=quantum schwankt je nach der Ofenkonstruktion zwischen 4 und 15 t in 24 Stunden. Der Brennmaterialverbrauch beläuft sich auf 15—38 % Steinkohlen, auf das Erz bezogen.

Macht sich eine Sulfatzersetzung notwendig, so müssen die Röstprodukte in der Nähe der Feuerbrücke bis zur Schmelzung gebracht werden; man spricht in diesem Falle von Schlackenröstung. Bei Erzen ohne Sulfatzersetzung ist ein Schmelzen der Beschickung in dem heißesten Ofenteile durchaus zu vermeiden. Man bringt das Erz höchstens bis zur Sinterung und nennt das Verfahren dann Sinterröstung, oder man sorgt dafür, daß das Erz pulverigtrocken bleibt und spricht dann von Staubröstung.

Die Röstprodukte sind in folgenden Verbindungen enthalten: Bleioxyd, Bleisilikat, Bleisulfat, Bleisulfid und analog von Verbindungen der übrigen etwa anwesenden Metalle, Arseniate, Antimoniate unzersetzte Gangart, Bariumsulfat und Kieselsäure.

Für die Ausführung der Reduktionsarbeit benutzte man von alters her Schacht=öfen. Unter diesen haben sich solche mit natürlichem Zuge oder auch die Gebläseöfen, bei welchen die Gichtgase durch ein Dampfstrahlgebläse abgesaugt wurden, durchaus nicht bewährt. Die alten Harzer Krummöfen sind längst nicht mehr im Betriebe. Eine der ältesten Ofenkonstruktionen hat sich jedoch noch in Stolberg erhalten. Der Stolberger Bleierzofen besitzt trapezförmigen Horizontalquerschnitt. In der Basis des Trapezes be=finden sich fünf Formen. Die Zustellung des Ofens ist die eines Sumpfofens; die Ge=samthöhe desselben etwa 6 m.

Die neueren in europäischen Bleiwerken gebräuchlichen Schachtöfen besitzen kreis=förmigen Horizontalquerschnitt. Sie sind alle nach dem Vorbilde der Konstruktion von Pilz in Freiberg gebaut. Die Pilzschen Rundschachtöfen besitzen eine Gesamthöhe von 5—9 m, bei einem Durchmesser in der Formebene von 1,4—1,5 m. Der Schacht, in einem nach unten sich verengernden, eisernen Mantel aufgemauert, ruht unter Ver=mittelung eines gußeisernen Ringes auf Säulen. Der Herd ist in einem eisernen Kasten teils mit Mauerwerk, teils mit Gestübbe ausgekleidet. Auf den Herd setzt sich ein Ring von Wassermantelsegmenten, von denen jedes eine Höhe von 4—500 mm, bei einer Breite von 400 mm, besitzt. Der ganze Wassermantel setzt sich aus 8—12 derartigen Seg=menten zusammen. Annähernd in der Mitte eines jeden befindet sich die Form zur Aufnahme der Winddüsen.

Auch die auf den Oberharzer Hütten gebräuchliche Konstruktion ist der Freiberger Konstruktion ganz ähnlich. Nur die Formebene ist etwas geringer gewählt. Der Durch=messer beträgt durchschnittlich 900 mm. Die Entfernung zwischen Formebene und Gicht=ebene pflegte man früher 3—4 m groß zu machen, heute gibt man bis zu 5 m Höhe. Dementsprechend benutzt man heute Windpressungen von 50—63 mm Quecksilbersäule gegenüber den früheren Windpressungen von 24—40 mm.

Der kreisförmige Querschnitt besitzt den Vorzug, daß er bei kleinstem Umfange die größte Reaktionsfläche bietet. Der Wärmeverlust durch Strahlung ist daher der denkbar kleinste. Die Verteilung von Wind und Wärme ist sehr gleichmäßig. Aber der Ofendurchmesser und damit auch die Arbeitskapazität sind sehr beschränkte. Weit über 1 m über die Entfernung hinauszugehen, halten viele Hüttenleute für unzweck=mäßig. Doch arbeitet man in Freiberg sehr befriedigend mit Durchmessern von 1500 mm in der Formebene. In amerikanischen Hütten geht man selten über 900 mm hinaus. Nur einzelne Ofenkonstrukteure haben sich bis zu (42 " =) 1060 mm hinausgewagt.

Mit vergrößertem Durchmesser muß der Winddruck wachsen, und da läuft man Gefahr, die Schmelzzone nach oben zu treiben, so daß das Mauerwerk sehr leidet und die bisherige Höhe des Ofens unzureichend wird. Man macht den weiten Rundöfen auch den Vor=wurf, daß sie, wenn sie bei 1,5 m auch ganz befriedigende Resultate ergeben, zuviel Blei für die einfache Belegschaft, zu wenig dagegen für die doppelte Belegschaft liefern.

Um daher die Ofenkapazität zu vergrößern, ist man in Amerika, wo die Ausgabe für die Arbeit wesentlich mehr ins Gewicht fällt wie bei uns, zu den auch in europäischen Hütten längst bekannten Rachette-Öfen übergegangen, rechteckigen oder oblongen Öfen, in denen die Formen in den langen Seitenwänden im Durchschnitt in Entfernungen von (36″ =) 900 mm einander gegenüberstehen. In der Länge des horizontalen Ofen-querschnitts geht man bis zu 3 m in der Formebene. Die Höhe beträgt 4—5 m oberhalb der Formebene. Mit derartigen Öfen schmilzt man bei einem Winddrucke von 25—40 mm Quecksilbersäule, bei etwa 80 mm Mündungsweite der Düsen, etwa 60 t Gesamtbeschickung, entsprechend 45 t Erz in 12 Stunden. Auf dem Fun-damente dieser Bauart, die sich nach der Bodenbeschaffenheit richtet, errich-tet man zunächst 4 gußeiserne Säulen als Träger für den Schacht, legt auf diese, untereinander gut vernietet, Doppel-**T**-Träger, lose auf die Trä-ger eine gußeiserne Platte und baut auf dieser nun den Schacht auf.

Abweichend von den Schachtöfen des Eisenhüttenbetriebes wird die Gicht nicht mit einem Verschlusse versehen, sondern in der Regel nur mit einer Eisenplatte, in der die zur Beschickung nötige Öffnung ausgespart ist, be-ziehungsweise mit entsprechendem Trich-ter versehen. Während man als Gas-fänge bei den deutschen Öfen meist zentral in die Gicht eingehängte Rohre benutzt, pflegt man bei den langgestreck-ten amerikanischen Öfen die Gase durch unterhalb der Gichtbühne angelegte Kanäle in die Flugstaubkammern ab-zuführen und regelt durch Schieber den Zug so, daß aus der Gicht keine Gase und Dämpfe entweichen, daß aber auch möglichst wenig Luft oben eingesaugt wird. Nach Aufbau des Schachtes be-ginnt man mit der Einrichtung des Herdes, welcher sich abweichend von den älteren deutschen Konstruktionen, deren Fundamentplatte tief unter die Hüttensohle gelegt wurde, jetzt auf die Hüttensohle aufsetzt; und zwar legt man zunächst eine Eisenplatte als Boden auf, um auf diese die ebenfalls aus Eisen-

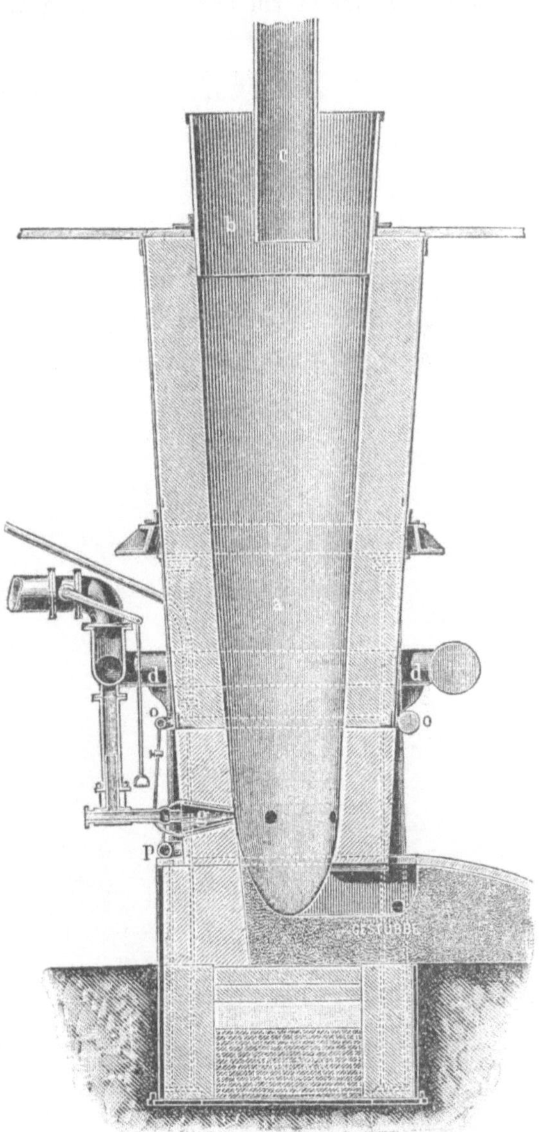

546. **Oberharzer Bleierzschmelzofen ohne Wassermantel.**
Schnitt. (Maßstab 1 : 60.)

platten bestehenden und mit feuerfesten Steinen ausgekleideten Seitenwände aufzubauen.

Die deutschen Öfen sind meist als Tiegel- oder Sumpföfen zugestellt, während die Herde der amerikanischen Öfen mit Syphonstichen, sogenannten Arentschen Stichen ver-sehen sind. Auf den Herd setzen sich die Wassermäntel auf, welche meist aus ebenso vielen Segmenten bestehen, wie der Ofen Formen haben soll. Die kurzen Seiten der amerikanischen Öfen besitzen keine Wind= sondern nur Schlackenformen. Es sind also hier zwei Wassermantelsegmente mehr wie Windformen vorhanden. Nach dem Einsetzen der Wassermäntel, oben teilweise offene eiserne Hohlkörper, mauert man die noch offene Strecke bis zu dem bereits fertig gestellten Schachte mit Steinen zu.

Von sonstigen aus den Skizzen ersichtlichen Ofenteilen wären noch zu nennen die **Hauptwindleitung** mit ihren Abzweigungen, den sogenannten **Düsenstöcken**, deren Mündungen, die **Düsen**, in die **Formen** eingeführt werden. Ferner die **Wasser= Zu= und Ableitungen**. Die Wasserzweigrohre müssen so angeschlossen sein, daß sie sich leicht abnehmen las= sen, um beim Auswechseln schadhaft gewordener Was= sermantelsegmente nicht zu hindern.

Aus den als Tiegel= und Sumpföfen zugestell= ten deutschen Öfen pflegt man das Blei aus einem an der tiefsten Stelle des Herdes liegenden Stich= loche in den sogenannten **Stechherd** abzustechen. Aus den mit Arentschem Stiche versehenen Öfen schöpft man meist das Blei aus dem oben sich erwei= ternden, an dieser Stelle „**Bleibrunnen**" genann= ten Rohre aus.

Die **Schlackenfor= men**, ebenfalls durch Was= ser kühlbare Metallhohl= körper mit zentralem Stich= loche sind meist so gelegt, daß die Schlacke ein wenig oberhalb des Herdniveaus ausfließen kann. Sie läuft dann entweder über einen geneigten Damm, die so= genannte **Schlackentrift**, oder durch ein mit Ge= stübbe ausgestampftes eisernes Gerinne ab, und zwar in diesem Falle in sogenannte **Schlacken=**

547. Amerikanischer Wassermantelofen für Bleierze.

töpfe, mit Hilfe derer sich die Schlacke leicht transportieren läßt, in denen auch bei Anwesenheit von Speise und Stein diese Produkte sich voneinander und von der Schlacke scheiden sollen.

Die erstarrte Masse wird dann zerschlagen. Stein und Speise liest man nach Möglich= keit aus, mit Stein und Speise durchsetzte Schlacke geht wieder in den Betrieb zurück, klare Schlacke wird abgesetzt.

Ein drittes Verfahren, das in einer einzigen Operation Werkblei liefert, aber sich nur für Erze mit nicht zu großen Mengen von fremden Schwefelmetallen eignet, ist die **Niederschlagsarbeit.** Dieses Verfahren stützt sich auf folgenden Vorgang: $PbS + Fe = Pb + FeS$. Der Bleiglanz — und nur für solchen ist dieses Verfahren verwendbar — wird durch Eisen, in Form von metallischen Abfällen oder von oxydischen Produkten, letztere mit den nötigen reduzierenden Zuschlägen, zersetzt, indem sich Blei ausscheidet und der Schwefel von dem Eisen gebunden wird. Das hierbei entstehende Schwefeleisen hat nun die Eigenschaft, mehr oder weniger große Mengen Bleiglanz aufzulösen, so daß ein Teil derselben der Zersetzung entzogen würde. Man verwendet daher einen größeren Teil von Bleiglanz, als das Eisen zu zersetzen im stande ist, absichtlich auf die Bildung von Bleistein, einer Verbindung von Blei= und Eisensulfiden, hinarbeitend. Diese röstet man in besonderen kleinen Schachtöfen, sogenannten Kilns, ab und kann so den Schwefel der Erze als Schwefelsäure gewinnen, den Röstrückstand aber, welcher das anfangs zugeschlagene Eisen als Oxyd, gemischt mit Bleioxyd enthält, in den Betrieb zurückführen.

Die Nutzbarmachung des Schwefels ist bei keinem der übrigen Prozesse möglich, da reiner Bleiglanz sehr leicht zusammenschmilzt, auch das Oxydationsprodukt des Bleierzes, nämlich die Bleiglätte, ebenfalls einen sehr leicht schmelzbaren Körper bildet. Wenn dagegen, wie hier beim Bleistein, während der Röstung neben Bleioxyd, eine mehr oder weniger große Menge Eisenoxyd sich bildet, so verhindert dieses das Schmelzen. Man kann also den erhaltenen Bleistein, ohne daß er während der Röstung zusammenschmilzt, in niedrigen Schachtöfen, den sogenannten Kilns, abrösten. Und zwar entgegen den Röstapparaten, wie sie für das Reduktionsverfahren angewandt werden, nur mit einem so geringen Luftüberschusse, daß die Röstgase sich zum Bleikammerbetriebe der Schwefelfabrikation eignen. Verwendung findet dieses Verfahren für Bleiglanz mit wenig anderen Sulfiden. Es ist ganz besonders gut brauchbar für kupferhaltige Bleiglanze, weil sich das Kupfer in dem Steine anreichert und so selbst bei kupferarmen Bleierzen mit geringen Verlusten zu gute gemacht werden kann. Als Apparate benutzt man Schachtöfen, welche in ihrer Konstruktion von den eben beschriebenen Schachtöfen nicht abweichen.

Als Vorteile dieses Verfahrens werden gerühmt: Direkte hohe Blei= und Silberausbeute, Gewinnung des Kupfers der Erze, die Wiedergewinnung der eisenhaltigen Zuschläge und die Nutzbarmachung des sämtlichen Schwefels der Erze. Ein Nachteil dieses Verfahrens liegt in der zur Umsetzung nötigen hohen Temperatur, wodurch ein hoher Aufwand an Brennmaterial bedingt, die Bleiverflüchtigung begünstigt und die Haltbarkeit der Öfen sehr beeinträchtigt wird.

Alle diese Prozesse liefern ein unreines Blei, welches außer Blei noch folgende Substanzen enthält: Kupfer, Silber, Gold, Eisen, Nickel, Kobalt, Zink, Wismut, Arsen, Antimon u. s. w. Da der Bleiglanz und auch die übrigen Bleierze meist silberhaltig sind, und die meisten Bleihütten außerdem, zur besseren Ausnutzung ihres Betriebes, noch silberhaltige Erze zur Scheidung des Silbers ankaufen, so muß bei der Reinigung des Werkbleies stets auch auf die Silbergewinnung Rücksicht genommen werden. Es wird daher zweckmäßig sein, die Besprechung der Bleiraffination bis auf die des Silbers zu verschieben, und so sei also bezüglich näherer Angaben über die Weichbleigewinnung auf den Abschnitt „Silber" verwiesen. Vorläufig mag nur vorausgeschickt sein, daß sich das Kupfer durch Saigern, Gold und Silber nach dem Anreichern durch oxydierendes Verschmelzen, die Nichtedelmetalle Eisen, Nickel, Kobalt, Zink durch oxydierendes Schmelzen mit Hilfe von Wasserdampf, Arsen, Antimon durch oxydierendes Schmelzen mit Luft, Wismut durch wiederholtes oxydierendes und reduzierendes Schmelzen scheiden lassen.

*　*　*

Das Blei (Pb, Atomgewicht 206, spezifisches Gewicht 11,4) ist ein blaugraues, glänzendes Metall von sehr geringer Festigkeit, aber ausgeprägtester Dehnbarkeit; es läßt sich leicht mit dem Messer schneiden, zu Blech auswalzen und zu Draht auspressen. Sein Schmelzpunkt liegt bei 330°, der Siedepunkt bei starker Weißglut, wenn auch schon bei Rotglut eine nicht unbeträchtliche Verdampfung eintritt. Im geschmolzenen Zustande ist es ein vorzügliches Lösungsmittel für andere, besonders für die edlen Metalle.

Bei gewöhnlicher Temperatur ist das Blei chemischen Einflüssen gegenüber sehr widerstandsfähig. Es oxydiert sich an der Luft und im Wasser zwar oberflächlich, die Oxyd- bezw. Karbonatschicht (Kohlensäure fehlt ja nie in Luft und Wasser) schützen aber das darunterliegende Metall vor weiterem Angriffe. Auch die Einwirkung von Schwefel- und Salzsäure beschränkt sich wegen Bildung unlöslicher Salze nur auf die Oberfläche des Metalles. Salpetersäure löst Blei leicht zu in Wasser löslichem Bleinitrat. Viele organische Säuren, z. B. Essigsäure bilden bei Gegenwart von Sauerstoff (Luft) mit dem Blei ebenfalls sehr leicht lösliche Salze. — Das Blei bildet zwei einfache Oxyde, das Bleioxyd (PbO) und das Bleisuperoxyd (PbO_2). Von ersterem ist auch ein Hydrat bekannt. — Ein zusammengesetztes Oxyd ist die Mennige: $Pb_3 O_4$ ($= 2 PbO + PbO_2$). Mit Schwefel verbindet sich das Blei nur zu einer bemerkenswerten Verbindung, dem Bleisulfide, welche leicht mit anderen Sulfiden Doppelsulfide (Bleistein) bildet. Bleisalze, in denen das Blei als Basis vorkommt, leiten sich vom Oxyde, solche, in denen es im Säureradikale enthalten ist (Plumbate), vom Superoxyde bezw. dessen hypothetischem Hydrate, der Bleisäure ($H_4 PbO_4$), ab. Zu diesen Salzen ist auch die Mennige zu rechnen.

Verwendung des Bleies. Seinen physikalischen Eigenschaften verdankt das Blei die Verwendung beim Kunstguß, für Geschosse, zu Kabeln, Sicherungen u. s. w. bei elektrischen Anlagen, als Dichtungsmaterial für Rohrverbindungen. Als vorzügliches Lösungsmittel für Metalle wird es zur Gewinnung und Raffination der Edelmetalle benutzt, dient auch zur Herstellung einer großen Anzahl wertvoller Legierungen. Seiner chemischen Eigenschaften wegen hat das Blei ausgedehnte Anwendung zu Wasser-, Säure- und Gasleitungsröhren, zur Herstellung und Auskleidung chemischer Apparate, sowie zur Konstruktion von Elektrizitätsakkumulatoren gefunden.

Antimon.

Von den natürlich vorkommenden Antimonverbindungen dient in erster Linie das als Grauspießglanz oder Antimonglanz bekannte Sulfid $Sb_2 S_3$, weniger oft das als Weißspießglanz oder Antimonblüte bekannte Oxyd, $Sb_2 O_3$ zur Antimongewinnung. Je nach der Natur der Erze wird man die eine oder andere der nachstehenden Arbeitsmethoden (Reduktionsarbeit, Niederschlagsverfahren, Elektrolyse) wählen.

Früher allgemeiner als jetzt wurden die sulfidischen Antimonerze einer Anreicherungsarbeit durch Saigern unterworfen. Es geschah dies in großen Thongefäßen mit offenem oder teilweise geschlossenem Boden und ausgebauchten oder geraden cylindrischen Wandungen, welche innerhalb einer Feuerung, oft sehr primitiver Art, entweder direkt auf, oder oberhalb von Sammelgefäßen standen, in welche das leicht schmelzbare Antimontrisulfid, im Handel unter Antimonium crudum bekannt, einfloß. Wo es darauf abgesehen war, dieses unter dem Namen Antimonium crudum in den Handel eingeführte Produkt, welches für viele chemische Präparate Verwendung findet, für den Verkauf herzustellen, war und ist gewiß noch heute der Saigerprozeß am Platze. Wo es aber auf die Gewinnung des Antimonmetalles abgesehen ist, muß diese Arbeitsweise unter allen Umständen verworfen werden; denn die Rückstände enthalten noch sehr große Mengen (bis 20 % Antimonsulfid), dessen Verwertung nun meist noch schwieriger ist, wie die des ursprünglichen Erzes.

Die Gewinnung von Rohantimon.

Reduktionsarbeit. Direkt verwendbar ist dieses Verfahren für oxydische Erze und Hüttenprodukte. Liegen sulfidische Erze vor, so müssen diese durch oxydierende Röstung zuerst in Oxyde, übergeführt werden. Die Röstung wird nach zwei verschiedenen Gesichtspunkten ausgeführt, indem es einmal darauf ankommen kann, als Oxydationsprodukt ein solches zu erhalten, das möglichst viel reines Oxyd, $Sb_2 O_3$ enthält. Auch dieses Produkt nämlich wird in großen Mengen von chemischen Fabriken für die Herstellung von Färbereipräparaten gekauft. Die Arbeit aber, durch vorsichtiges Rösten direkt das Antimonoxyd zu erhalten, erfordert sehr viel Erfahrung, Geschicklichkeit und Aufmerksamkeit. Es ist daher viel zweckmäßiger, zunächst ohne Rücksicht auf die Gewinnung reinen Antimonoxydes hinzuarbeiten, wie dies auch von vornherein immer da geschieht, wo man das Röstprodukt auf Metall verarbeiten will. Man röstet daher in Flammöfen oder Muffeln, bei reichlicher Luftzufuhr, oxydierend, erhält dann einen Teil des Antimons als Oxyd, welches man wegen seiner leichten Flüchtigkeit in Flugstaubkammern auffangen muß, außerdem einen Röstrückstand von sogenanntem antimonsauren Antimonoxyd. Soll nun eine größere Menge Antimonoxyd, als man ohnehin schon als Verflüchtigungsprodukt hat, zum Verkauf hergestellt werden, so kann man auch den Röstrückstand durch Zusatz von Kohlenpulver, Antimon oder Antimonsulfiden in Sublimationsgefäßen bei vollständigem Luftabschluß zu Antimonoxyd reduzieren und in dieser Form sublimieren.

Zur Ausführung des reduzierenden Verschmelzens sind nach dem unter Wismut Ausgeführten nur noch wenige Ergänzungen nötig. Als Apparate dienen Flammöfen, wie sie dort beschrieben worden sind; als Zuschläge finden Schlacken aus dem gleichen Betriebe, Soda, Kochsalz, Natriumsulfat und Kohle Verwendung, deren Auswahl und Mengenverhältnisse natürlich sehr nach der Natur der Erze sich zu richten haben. Das Verfahren ist besonders auch für ärmere Erze, Röst- und Abfallprodukte verwendbar.

Das **Niederschlagsverfahren** stützt sich auf folgende Umsetzung: $Sb_2 S_3 + 3 Fe = Sb_2 + 3 FeS$: Das Antimonsulfid setzt sich mit Eisen zu Antimon und Eisensulfid um.

Die zum direkten Verschmelzen geeigneten Erzsorten (Grauspießglanz mit 50 bis 90 Proz. $Sb_2 Sb_3$, oder das durch Aussaigern von Grauspießglanz gewonnene, als Antimonium crudum bekannte reichere Sulfid) werden mit Eisenabfällen und basischen Zuschlägen in Tiegeln oder Flammöfen verschmolzen. Als basischer Zuschlag wird vorwiegend ein Gemisch von Natriumsulfat und Kohle benutzt, welches während des Verschmelzens zu Natriumsulfid reduziert wird.

Als Schmelzapparate zur Ausführung dieses Verfahrens benutzt man entweder Flammöfen oder Graphittiegel. Die Flammöfen und ihr Betrieb wurden schon unter Wismut besprochen. Über den Tiegelofenbetrieb, welcher besonders in England noch in ausgedehnter Anwendung steht, berichtete im Jahre 1892 Rodgers der Society of Chemical Industry:

Das Erz ist ein blei- und arsenfreies Sulfid mit etwa 52 Proz. Antimon und quarziger Gangart. Es kommt in kleinen Brocken, in Säcke von durchschnittlich 50 kg Inhalt verpackt, nach England und wird auf Kollergängen zerkleinert. Der Ofen ist 16,5 m lang und 2,25 m breit (Lichtenmaße einschließlich Feuerungen). Die Ofensohle liegt etwas tiefer als die Hüttensohle, so daß das flache Gewölbe, welches Feuerungen und Heizraum bedeckt, sich nur wenig über das Pflaster des Arbeitsraumes erhebt. An jedem Ende dieses langen kanalartigen Ofens befindet sich eine Feuerung, deren Heizgase nach Umspülung der Tiegel durch Öffnungen in der kurzen Mittellinie der Ofensohle in den unterirdischen Fuchs entweichen. Seitenwände und Gewölbe des Ofens sind mit 25 mm dicken Gußeisenplatten bedeckt und in geeigneter Weise verankert; auch ist die Hüttensohle, welche im übrigen mit Steinpflaster versehen ist, an beiden Längsseiten in einer Breite von 1 m mit Gußeisenplatten belegt. In dem Ofengewölbe und natürlich auch in der Gußeisenbedeckung sind 42 Öffnungen (360 mm weit) ausgespart, welche zum Einsetzen der Schmelztiegel dienen sollen. Diese „Topflöcher" sind gewöhnlich mit in Eisenreifen eingeklemmten Chamottedeckeln verschlossen.

Die Tiegel haben eine Höhe von 300 mm und einen oberen Durchmesser von 280 mm (Außenmaße); sie bestehen aus einer Mischung von Stourbridge= oder Hexham=Thon und Graphit. Von den 42 Tiegelplätzen werden die den Feuerungen zunächst ge= legenen Paare zum „Sternen", dem Raffinieren des Rohmetalles benutzt, während an den anderen Stellen das erste und zweite Schmelzen vorgenommen wird. Die erste Beschickung besteht für jeden Tiegel aus 19 kg Erz, 7,2 kg Schmiedeeisenabfällen, 1,8 kg Salz und 0,5 kg Gekrätz von der zweiten Schmelzung. Diese Zahlen gelten natürlich nur für ein Erz von 52 % Metallgehalt, für alle anderen Verhältnisse müssen sie entsprechend geändert werden. Wie eben bemerkt, sollte das Eisen der Be= schickung Schmiedeeisen sein; Gußeisen eignet sich weniger gut als Zuschlag. Man be= nutzt sogar mit Vorliebe Weißblechabfälle, durch welche ein weißeres Antimonmetall erzielt werden soll. Die Weißblechabfälle werden zu Bällen zusammengehämmert, welche natür= lich nur so groß sein dürfen, daß sie noch bequem in die Tiegel, und zwar oben auf die Beschickung gelegt werden können. Solch ein Ball wiegt aber höchstens 6 kg; das fehlende Eisen wird dann in Form von Dreh= oder Bohrspänen der Beschickung zu= gemischt. Die gemischte Beschickung wird durch einen eisernen Trichter in den Tiegel eingeschüttet; ist Weißblech zur Hand, so wird der Ball oben auf die Mischung gedrückt und während der Schmelzoperation, wenn nötig, mittels eines eisernen Stabes hinunter= gestoßen. Durchschnittlich kann man in 12 Stunden in einem Tiegel 4 Schmelzen fertig bringen. Nach Beendigung einer jeden Schmelze wird der Tiegel gehoben und sein In= halt in eine bereit stehende Form ausgekippt. Der entleerte Tiegel wird, wenn er noch brauchbar ist, sofort wieder in den Ofen eingestellt und erhält eine frische Beschickung. Das in bedeckter Form abgekühlte und nach dem Erstarren von Schlacke befreite Metall enthält: 91,63 % Sb, 7,24 % Fe, 0,82 % S.

Laugerei und Elektrolyse. Die direkte Verarbeitung von Grauspießglanz auf elektrolytischem Wege ist ausgeschlossen. Wenn also an eine elektrolytische Antimongewinnung aus Erzen überhaupt gedacht werden kann, so ist der Gang der Arbeit insofern vorgeschrieben, als das Antimon zunächst in Lösung zu bringen ist, um aus einer solchen elektrolytisch gefällt zu werden, denn auch die elektrolytische Antimonraffination hat sich nicht bewährt, weil die hierzu geeigneten Elektrolyte entweder zu teuer sind oder das Metall in einem technisch nicht brauchbaren Zu= stande abgeben.

Von den ältesten der zur elektrolytischen Antimonabscheidung bekannt gewordenen Verfahren eignet sich die von Gore angegebene, auch von Böttcher empfohlene Elektrolyse von Antimontrichloridlösungen deshalb nicht, weil das abgeschiedene, durch Chlor, bezw. Chlorverbindungen oft stark verunreinigte Antimon wegen seiner explosiven Eigenschaften keinerlei Verwendung finden konnte. Erst die von Luckow, Classen und Ludwig für analytische Zwecke ausgearbeitete Elektrolyse von Antimonsulfosalzen gestattete eine Übertragung in die metallurgische Technik, zu welchem Zwecke Borchers durch ein= gehende Versuche die Bedingungen ermittelt hat, nicht nur das Antimon zu fällen, son= dern auch den damit verbunden gewesenen Schwefel und die angewandten Lösungsmittel in verwertbarer Form wiederzugewinnen.

Die Erze werden mit einer verdünnten Schwefelnatriumlösung so ausgelaugt, daß eine Lösung von Natriumsulfantimoniit entsteht, welche bei ihrer Elektrolyse (Anoden: Blei; Kathoden: Eisen) Antimon und eine vorwiegend Natriumdisulfid zum Teil schon Natriumhyposulfid enthaltende Lösung liefert, welche sich durch Behandlung mit Luft und durch Eindampfen leicht auf Natriumhyposulfid, oder durch Behandlung mit Säuren leicht auf Schwefel verarbeiten läßt.

In den Großbetrieb ist dieses Verfahren so wenig, wie die später von Siemens & Halske ausgearbeitete Modifikation desselben, bis jetzt übergegangen.

Gewinnung von Reinantimon.

Das nach vorstehend beschriebenen Methoden erhaltene Antimon ist noch nicht rein genug, um in diesem Zustande Abnehmer zu finden. Es folgt daher noch ein reinigendes Schmelzen, welches sowohl in den schon mehrfach erwähnten Flammöfen, wie auch in Tiegeln ausgeführt werden kann. Die Grundsätze der Raffination sind in beiden Fällen dieselben; es wird also genügen, wenn wir auf einen dieser Betriebe hier näher eingehen, und daher setzen wir den oben unterbrochenen Bericht über die Arbeit mit Tiegeln fort.

Das Rohantimon wird zur Verschlackung des Eisens mit ausgesaigertem Antimon= sulfid geschmolzen. Die Tiegelfüllung beträgt: 38 kg gröblich zerkleinertes Rohmetall, 3—4 kg Antimontrisulfid, 1,8 kg Kochsalz (kann auch Kelpsalz sein). Diese Operation muß sorgsam überwacht werden, damit die Umsetzung zwischen dem Eisen des Rohmetalles und dem Schwefelantimon eine möglichst vollständige sei. Zum Umrühren, was man übrigens möglichst einschränkt, bedient man sich allerdings eiserner Rührer; diese Geräte dürfen aber immer nur ganz kurze Zeit mit der Schmelze in Berührung bleiben, da sonst der Zweck dieser Operation verfehlt werden würde. Auch das Abschöpfen der Schlacke nach beendigter Schmelzung, wozu man sich gußeiserner Löffel bedient, muß aus diesem Grunde sehr schnell ausgeführt werden. Der Abhub von dieser Operation wird, wie bereits erwähnt, der ersten Beschickung wieder zugesetzt. Das zweite Schmelzresultat ist ein Metall folgender Zusammensetzung: 99,62 % Sb, 0,18 % Fe, 0,16 % S.

Um nun noch die letzten Verunreinigungen zu entfernen und besonders, um zu erreichen, daß das Metall beim Erkalten „sternt", d. h. die charakteristisch krystalli= nische Oberfläche zeigt, ist noch ein drittes Schmelzen mit dem sogenannten Antimon= fluß erforderlich. Die Herstellung dieses Flusses geschieht in ganz empirischer Weise. Man schmilzt zunächst 3 T. amerikanischer Pottasche mit 2 T. gemahlenen, aus= gesaigerten Antimonsulfurets zusammen. Nachdem die Masse in ruhigen Fluß ge= kommen ist, führt man in kleinem Maßstabe eine Probeschmelze damit aus. Gibt das mit diesem Flusse behandelte Metall noch keinen guten Stern, so setzt man je nach dem Aussehen des erhaltenen Metalles von dem einen oder anderen der genannten Stoffe dem Flusse noch zu, bis dieser eine Metallprobe in gewünschter Weise zum Sternen bringt.

Das Metall der zweiten Schmelzung muß sehr gründlich von anhängenden Schlacken= teilen und unrein erscheinenden Metallstücken, wenn nötig unter Zuhilfenahme scharfer Hämmer, befreit werden, anderenfalls würde das dritte Schmelzen vollständig resultatlos verlaufen. Die bei diesem Reinigungsverfahren abfallenden Metallspäne und Stücke werden natürlich bei dem zweiten Schmelzen wieder zugesetzt.

Die Beschickung für einen Tiegel besteht wieder, wie vorher, aus 38 kg Metall. Die Menge des Antimonflusses richtet sich nach der Form der in die Tiegel eingepackten Metallbarren; jedenfalls müssen diese von dem Flusse vollständig eingehüllt sein. Man kann auf durchschnittlich 4 kg des Flußmittels rechnen. Das Metall wird zuerst in die Tiegel eingestellt, und erst, wenn man den Beginn des Schmelzens bemerkt, wird der Fluß zugesetzt. Sobald alles gut eingeschmolzen ist, rührt der Arbeiter nur einmal mit einem eisernen Stabe schnell um und gießt dann den Tiegelinhalt sofort in die bereit stehenden Formen. Das Gießen muß in der Weise ausgeführt werden, daß jeder Metall= kuchen von einer Schlackenschicht förmlich eingehüllt ist. Auf der Oberfläche der Kuchen sollte eine mindestens 5 mm dicke Schlackenkruste stehen. Von dem erkalteten Metalle springt die Schlacke sehr leicht ab; die letzten Spuren derselben werden durch Scheuern mit Wasser und Sand entfernt. Dieser Antimonfluß wird stets nach Zusatz von etwas Pottasche wieder benutzt.

⁂

Antimon (Sb, Atomgewicht 120, spezifisches Gewicht 6,7), das metallähnlichste Nicht=
metall, besitzt eine weiße Farbe mit hohem Metallglanz. Die Bruchflächen des reinen
Antimons zeigen ein großblätteriges krystallinisches Gefüge, während auf der Oberfläche
des sogenannten Antimonregulus sternförmige Gebilde (Krystallgerippe) hervortreten. Es
ist sehr spröde, läßt sich daher leicht zu Pulver zerstoßen. Der Schmelzpunkt liegt bei
etwa 440°, der Siedepunkt zwischen 1100° und 1400°. In der thermoelektrischen
Spannungsreihe gilt es als negativstes Element, bildet daher ein wichtiges Material für
den Bau von Thermosäulen.

Sauerstoff und Wasser wirken bei gewöhnlicher Temperatur kaum auf reines Anti=
mon ein. Von den Säuren wirkt Salzsäure nur schwach; Salpetersäure oxydiert das
Antimon zu Antimonpentoxyd; konzentrierte Schwefelsäure wirkt ebenfalls zunächst oxy=
dierend, das entstehende Oxyd bildet aber mit überschüssiger Säure ein Sulfat. Chlor
vereinigt sich direkt mit Antimon. Von dieser Reaktion macht man bei der Herstellung
der wasserfreien Chloride des Antimons Anwendung. Mit den meisten Metallen geht
das Antimon chemische Verbindungen ein (Speisen und Antimonlegierungen), welche sich
durch große Widerstandsfähigkeit gegen chemische Einflüsse auszeichnen. Diesen Eigen=
schaften verdankt es seine Anwendung als Zusatz zu Legierungen, bei der Herstellung von
schützenden Metallüberzügen und in der Metallfärberei.

Antimon bildet zwei einfache, technisch bemerkenswerte Oxyde, das Trioxyd, $Sb_2 O_3$,
und das Pentoxyd, $Sb_2 O_5$, von denen ersteres vorwiegend basischen, letzteres mehr sauren
Charakter besitzt. Alkalien und anderen stark basischen Substanzen gegenüber wirken beide
sauer. Von technischer Wichtigkeit sind von denjenigen Salzen, in denen Antimon als
Basis fungiert, fast nur die Haloidsalze, $Sb Cl_3$, $Sb F_3$, $Sb Cl_5$, einige Doppelverbin=
dungen derselben mit Alkalisalzen und der Brechweinstein. Von den Salzen, in denen
Antimonoxyde die Säureradikale bilden, sind die vom Trioxyde sich ableitenden Salze
als antimonigsaure oder Antimoniite, die vom Pentoxyde sich ableitenden als antimon=
saure oder Antimoniate bekannt. Auch die den Oxyden entsprechenden Sulfide $Sb_2 S_3$ und
$Sb_2 S_5$ bilden mit den letztgenannten Sauerstoffsalzen ähnliche Sulfosalze, die als Sulfanti=
moniite und Sulfantimoniate bezeichnet werden. Alle diese Salze werden meist nur als
Zwischenprodukte bei der Gewinnung von Antimonpräparaten und Antimon selbst hergestellt.

Die Anwendungen des Antimons, welche zum Teil schon unter den eben besprochenen
Eigenschaften des Antimons erwähnt wurden, sind also: Herstellung von Legierungen,
Metallüberzügen, thermoelektrischen Säulen, Antimonsalzen für die Zeug= und Metallfärberei.

Platin.

Platin findet sich fast ausschließlich in gediegenem Zustande, und zwar legiert mit
den übrigen Metallen der Platingruppe (Palladium, Osmium, Iridium, Ruthenium und
Rhodium), sowie mit Gold, Kupfer und Eisen. Der bekannteste und wichtigste Fundort
ist das Uralgebirge. In geringeren Mengen ist es auch in verschiedenen Teilen von
Amerika und in Ostindien gefunden worden.

Für die Gewinnung des Platins kommt weniger das auf ursprünglichen Lagerstätten
in Quarzgängen auftretende Platin, wie das in den Seifen enthaltene Metall in Betracht.
Diese werden zunächst, und zwar meist in verhältnismäßig roher Weise verwaschen, wobei
man freies Gold auch wohl durch Quecksilber aufnimmt. Das so erhaltene, sogenannte
Platinerz wird fast ausschließlich zunächst auf nassem Wege verarbeitet. Als Lösungs=
mittel für das Platin dient Königswasser, welches in der Regel in nicht zu starker Kon=
zentration angewandt wird. Die erhaltene Lösung dampft man zur Trockene, um dann
in dem Rückstande, durch Erhitzen auf 125° C. Iridium und Palladiumchlorid zu Chlo=
rüren zu reduzieren und so ihre Ausfällung mit dem Platin, nach abermaliger Lösung
des Rückstandes in verdünnter Salzsäure und Zusatz von Salmiak, zu verhindern. Durch
Salmiak wird das Platin als Doppelsalz von der Formel: $Pt Cl_4$ $2NH_4 Cl$ in Form eines
gelben Niederschlages gefällt. Letzterer wird filtriert, gewaschen, getrocknet und geglüht.
Ammonium und Chlor verflüchtigen sich, das Platin dagegen bleibt als grauschwarze
Masse (Platinschwamm) zurück. Dieser Platinschwamm kann zwar durch Pressen und

Hämmern in der Hitze zusammengeschweißt werden, man pflegt ihn aber meist in Kalk=
tiegeln mit Hilfe des Knallgasgebläses zusammenzuschmelzen und zu Barren oder Platten
zu vergießen, um diese dann auszuwalzen, oder zu Draht auszuziehen. Enthielt die
Platinlösung Gold, so ist die Verarbeitung derselben die gleiche, wie sie unter Gold bei
der Goldplatinscheidung besprochen wird.

Liegt in einer zu verarbeitenden Legierung das Gold wesentlich vor, wie dies beim
Verschmelzen platinhaltiger Golderze häufig vorkommt, so wählt man das ebenfalls unter
Gold beschriebene elektrolytische Verfahren.

Begreiflicherweise sind dies nicht die einzigen Methoden der Verarbeitung des
Platins und seiner Legierung, doch ist hier nicht der Platz, alle Möglichkeiten zu
besprechen.

Auf die übrigen, in geringeren Mengen vorkommenden und weniger Verwendung
findenden Platinmetalle müssen wir verzichten hier einzugehen.

Platin (Pt, Atomgewicht 195, spezifisches Gewicht 21,5) ist ein grauweißes, stark
glänzendes, weich dehnbares Metall von sehr hoher Zugfestigkeit, welches sich zu den
feinsten Drähten und dünnsten Blechen (Platinfolie) ausarbeiten läßt. Seine Wärme=
und Elektrizitätsleitfähigkeit sind nur ungefähr 0,08 derjenigen des Silbers. Das Platin
schmilzt in der Nähe von 1800°. In geschmolzenem Zustande, wie auch weit unterhalb
des Schmelzpunktes legiert es sich mit den meisten Metallen, besonders mit den leichter
schmelzbaren, schon bei deren Schmelzpunkten. Auch von einigen Gasen, wie z. B.
Wasserstoff, Sauerstoff und Kohlenoxyd, nimmt das Platin schon bei niedrigen Tem=
peraturen ganz beträchtliche Mengen auf. Ganz besonders stark tritt dieses Gasauf=
nahmevermögen bei Platin in fein verteiltem Zustande hervor, wie es z. B. beim
Erhitzen des Platinsalmiaks und anderer Platinverbindungen zurückbleibt (Platin=
schwamm), oder wie es bei der Fällung seiner Lösungen mit Hilfe von Magnesium, Zink,
Eisen, oder organischen Reduktionsmitteln, z. B. Formaldehyde erhält (Platinmohr
oder Platinschwarz).

Chemisch ist Platin sehr widerstandsfähig. Als Lösungsmittel sind fast ausschließlich
das Chlor und chlorentwickelnde Flüssigkeiten wie z. B. Königswasser anzusehen. In=
folge seines hohen Gasaufnahmevermögens veranlaßt es jedoch auf seiner Oberfläche,
und soweit diese Gase in den Metallkörper eindringen, oft Reaktionen, durch welche seine
Eigenschaften sehr leiden, so z. B. wird aus kohlenoxydhaltigen Karbiden und kohlenwasser=
stoffhaltigen Flammen leicht Kohlenstoff auf und in dem Platin niedergeschlagen, wobei
möglicherweise Karbide, vielleicht auch nur Kohlenstofflegierungen entstehen, welche das
Platin sehr spröde und brüchig machen. Beim Einschmelzen des Platins, sowie auch bei
Erhitzen von Platingegenständen sind daher Flammen, welche freien Kohlenstoff, Kohlen=
oxyd oder Kohlenwasserstoffe enthalten, zu vermeiden. Selbst aus schmelzenden Cyan=
verbindungen nimmt es leicht Kohlenstoff auf; auch diese sind daher aus Platingeräten
(Schmelztiegel) fern zu halten.

Ebenfalls wirken bei höheren Temperaturen Schwefel, Arsen und Antimon nach=
teilig auf das Platin.

Wegen der genannten Eigenschaften, besonders wegen der gleichzeitigen Widerstands=
fähigkeit gegen hohe Temperaturen und chemische Einflüsse findet das Platin für chemische
Versuche in wissenschaftlichen Laboratorien, wie auch für die Herstellung von Gerätschaften
für die chemische Technik ausgedehnte Anwendung und zwar in Form von Draht, Blech,
Tiegeln, Destilliergefäßen, Elektroden u. dergl. Wegen der Eigenschaft, Gase auf der
Oberfläche zu verdichten, hat besonders der Platinschwamm und das Platinmohr mehrfach
zur Einleitung und Durchführung von Reaktionen Verwendung gefunden, welche unter
gewöhnlichem Druck und Temperatur verhältnismäßig schwieriger durchführbar waren
(Döbereiners Zündmaschine, Grobes Gaselemente, Darstellung von Essigsäure, von Schwefel=
säure, Anhydrit, Apparate zur Gasanalyse u. s. w.). Von der Verwendung des Platins
zu Münzzwecken ist man, nachdem eine Zeitlang in Rußland Platinmünzen geprägt
waren, heute ganz abgekommen.

Silber.

Das Silber findet sich gediegen; legiert mit Gold, Kupfer und Quecksilber; als Chlorid: im Hornsilber, Ag Cl, als Bromid und Jodid in den Brom= und Jodargyriten Ag Br und Ag J; als Sulfid: im Silberglanz, $Ag_2 S$, frei und in Verbindung mit anderen Sulfiden, von denen die Rotgültigerze und die Fahlerze als Sulfantimonite und Sulfarsenit zu betrachten sind. Als Sulfid findet es sich in mehr oder weniger beachtenswerten Mengen in fast allen sulfidischen Erzen.

Von Hüttenprodukten sind für die Silbergewinnung zu beachten: Kiesabbrände, Steine, Schlacken, Krätzen und viele Legierungen. Von letzteren haben besonders die edelmetallführenden, aus Kupfer= und Bleierzen gewonnenen Legierungen: Schwarz= kupfer, Werkblei und die aus dem Werkblei durch Anreicherungsprozesse erhaltenen Blei= zink=Edelmetall=Legierungen, besondere Bedeutung.

Für die Wahl des Verfahrens zum Ausbringen des Silbers aus Erzen, Hütten= produkten und Abfällen ist entscheidend einmal der Silbergehalt der Erze, dann die Natur des in den Erzen enthaltenen Nichtsilbers, ferner die Möglichkeit der gemein= schaftlichen Verarbeitung der edelmetallführenden Erze mit anderen, z. B. Blei= oder Kupfererzen, und endlich der Umstand, ob ein geeignetes Brennmaterial an dem zur Ver= arbeitung der Erze vorgesehenen Platze zu haben ist oder nicht. Vorwiegend unter Berück= sichtigung dieser Punkte haben sich nun folgende Verfahren der Silbergewinnung entwickelt.

Gewinnung des Rohsilbers.

1. Lösen des Silbers in Metallen. Die ältesten Verfahren der Silbergewinnung sind die durch **Verbleien und Abtreiben**, die bereits im Altertum geübt, bis ins 16. Jahr= hundert allein üblich waren und noch gegenwärtig von großer Bedeutung sind. Unter Verbleiung edelmetallführender Erze versteht man das Lösen des Silbers in geschmol= zenem Blei. Je nach der Natur der Silbererze nun führt man dies entweder so aus, daß man die letzteren gemeinschaftlich mit Bleierzen auf Werkblei verschmilzt, oder, und das findet besonders bei hohem Silbergehalt statt, indem man das Silbererz direkt in geschmolzenes Blei „eintränkt".

Um im Anschluß an die eben beschriebenen Bleihüttenprozesse zunächst den ersten Fall zu betrachten, so ist zu berücksichtigen, daß auch die ärmeren Erze nicht unter allen Umständen direkt zur Verarbeitung mit Bleierzen geeignet sind. Erze, welche unter den metallischen Verbindungen vorwiegend solche des Bleies enthalten, werden natürlich immer auf Werkblei verarbeitet. Bei sehr armen Bleierzen oder bleifreien Erzen, bei denen Schmelzprozesse aus anderen Gründen nicht ausgeschlossen sind, pflegt man, nötigenfalls unter Zuschlag von Pyriten, auf einen Stein hinzuarbeiten. Ent= halten solche Erze aber große Mengen von Pyriten, so sind dieselben vor dem Stein= schmelzen zu rösten. Bleifreie, edelmetallhaltige Kupfererze werden selbstverständlich' nicht verbleit (vergl. Artikel „Kupfer").

Enthalten silberführende Erze außer Blei noch Zinkverbindungen in nicht zu großen Mengen, so kann sich eine Verarbeitung derselben nach dem Röstreduktionsverfahren (vergl. „Blei") unter teilweiser Auslaugung des Zinks als Sulfat nach den Röstarbeiten empfehlen. Bei hohem Gehalt solcher Erze an Zinkblende behilft man sich vorläufig mit einer möglichst weitgehenden Aufbereitung. Bleifreie, aber zinkreiche silberführende Erze verarbeitet man zunächst auf Zink (vergl. dieses), um dann die Retortenrückstände zu verbleien.

Das Verschmelzen silberhaltiger Erze zum Zwecke der Verbleiung geschieht vor= wiegend bei der Röstreduktionsarbeit und bei der Niederschlagsarbeit des Bleihütten= betriebes (vergl. „Blei"); nur ausnahmsweise schlägt man das edelmetallhaltige Material in den Fortschaufelungsöfen zu, sonst stets wie beim Niederschlagsschmelzen in den Schacht= öfen. Diese Arbeiten wurden unter „Blei" hinreichend erörtert.

Die Menge des den Bleierzen zuzuschlagenden Silbererzes hält man so, daß das erhaltene Werkblei höchstens 1% Silber enthält. Der Grund, den Silbergehalt nicht höher zu bringen, was man ja leicht in der Hand hätte, liegt darin, daß mit höherem Silbergehalt des Werkbleies die Verluste an Silber während des Schmelzprozesses durch Verschlackung und Verflüchtigung empfindlich wachsen. Wenn man daher in einzelnen Hütten Werkblei bis zu 2% Silbergehalt erschmilzt, wie z. B. in Andreasberg im Harz, so gehört dies zu den Ausnahmen. Sind silberhaltige Schlacken mit den Erzen zu verarbeiten, so arbeitet man auf ein noch ärmeres Werkblei hin, indem man dessen Silbergehalt auf höchstens 0,5% kommen läßt.

Silber- und kupferhaltige Steine pflegt man so lange durch Abrösten und Zuschlagen bei der Schachtofenarbeit wieder in den Betrieb zurückzuschicken, bis der Kupfergehalt des Steines sich bis auf 15% angereichert hat. Solche Steine liefert man dann an die nächste Kupferhütte ab.

Werkbleisorten mit so geringem Silbergehalt, wie oben angegeben, unmittelbar zur Scheidung des Silbers und Bleies durch den Treibprozeß, auf welchen wir gleich zurückkommen werden, zu verarbeiten, ist unter heutigen Arbeitsverhältnissen nicht mehr lohnend. Man ist daher gezwungen, das Silber in einem Teile des Werkbleies anzureichern, indem man gleichzeitig darauf hinarbeitet, einen möglichst großen Teil des ersten, sogenannten Urwerkbleies, wie es durch die ebengenannten Schmelzprozesse geliefert wird, so weit zu entsilbern, daß es nach Entfernung der übrigen Verunreinigungen als reines, sogenanntes Weichblei auf den Markt gebracht werden kann.

Unter den Anreicherungs- oder, auf das Blei bezogen, Entsilberungsprozessen haben sich die folgenden Arbeiten teils einzeln, teils in Verbindung miteinander in der Praxis erhalten.

Das Pattinson-Verfahren. Wenn man Blei mit mäßigem Silbergehalt schmilzt und dann erkalten läßt, so krystallisiert zuerst reines Blei aus, indem eine silberreichere Legierung in flüssigem Zustande zurückbleibt. Dies ist der einfache Grundgedanke des 1833 von Pattinson erfundenen Krystallisationsprozesses, der für die Entsilberung des Werkbleies von größter Tragweite wurde.

Je nach der Ausführung dieser Arbeit unterscheidet man das Aushebe- und das Abzapfverfahren.

Beim Aushebeverfahren wird das silberhaltige Blei in eisernen, halbkugeligen Kesseln von 1500—2200 mm Durchmesser und einer Tiefe von 900—950 mm eingeschmolzen. Schwer schmelzbare Verunreinigungen, bestehend in mechanischen Einschlüssen und Kupferblei-Goldlegierungen zieht man von der Oberfläche ab (Abzug). Das Feuer unter dem Kessel wird nun herausgezogen und in der Regel unter einen Nachbarkessel gebracht, in welchem Blei eingeschmolzen werden soll. Während des Abkühlens nun, das man durch Besprengen der Bleioberfläche mit Wasser beschleunigt, werden die zuerst an der Oberfläche und an den Kesselwandungen entstehenden Krusten von erstarrtem Metalle abgestoßen und mit der Schmelze verrührt. Nach einiger Zeit wird die bis dahin blanke Oberfläche uneben, woran man erkennt, daß nun die Temperatur des Auskrystallisierens des Bleies erreicht ist. Mit Hilfe einer durchlochten Kelle hebt ein Mann nun diese Bleikrystalle aus, um sie so lange in einen benachbarten Kessel überzuschöpfen, bis zwei Drittel des ursprünglichen Kesselinhaltes auskrystallisiert sind. Aus den Werkbleivorräten, welche ihrem Silbergehalte nach gesondert aufgespeichert werden, setzt man nun dem letzten meist auch in einen Nachbarkessel übergeschöpften Drittel wieder eine seinem Silbergehalte entsprechende Menge Blei zu. Auch der zweite Kessel, welcher das auskrystallisierte Blei aufgenommen hat, wird mit Blei gefüllt, welches den gleichen Silbergehalt besitzt. Die Arbeit wiederholt sich nun bei beiden Kesseln, so daß man nach der einen Seite einer Kesselreihe hin silberärmer werdendes Blei überarbeitet, während die andere Seite ein silberreiches Material liefert. An dem einen Ende der Kesselreihe erhält man also schließlich ein, nötigenfalls nach vorheriger Raffination, verkäufliches Weichblei, während am anderen Ende der Kesselreihe ein in seinem Silbergehalte so weit angereichertes Blei geliefert wird, daß sich dasselbe zur Scheidung durch den Treibprozeß eignet.

Daß diese Art der Ausführung des Pattinson-Verfahrens eine sehr anstrengende Arbeit ist (der Inhalt eines Kessels beträgt 10—15 Tonnen Blei), braucht nicht besonders

betont zu werden. Sie ist aber auch infolge des häufigen Umschöpfens kleiner Blei=
mengen und des dadurch verursachten Verdampfens und Verstäubens von Blei und
Bleiverbindungen nicht ungefährlich für die Gesundheit der Arbeiter. Diese Rücksichten
führten daher zu einer Veränderung von Apparat und Arbeitsweise, dem Abzapf=
verfahren, auch Luce= und Roßan=Prozeß genannt. Das Blei wird hier in
flachen eisernen Pfannen eingeschmolzen. Jede dieser Pfannen faßt etwa ein Drittel
des Inhaltes eines etwas tiefer angeordneten cylinderischen Krystallisierkessels, in welchen
der Inhalt der Schmelzpfannen durch Kippen derselben, unter Vermittelung eines
Gerinnes übergeführt werden kann. Wenn der Krystallisierkessel gefüllt ist, so setzt man
eine mit Abzug versehene Haube auf denselben und bläst in das geschmolzene Blei möglichst
trockenen Dampf, von mindestens drei Atmosphären Spannung so lange ein, bis derselbe
den Widerstand der allmählich breiig werdenden Schmelze nicht mehr überwinden kann.
Man wird dann finden, daß etwa zwei Drittel des Kesselinhaltes auskrystallisiert sind.
Der Dampf wird nun abgeschlossen und die noch flüssige silberreiche Legierung durch einen
Stutzen am Boden des Kessels abgezapft, worauf man die im Kessel zurückbleibende Masse
wieder zum Schmelzen bringt und ihr so viel Blei gleichen Silbergehaltes aus einer der
Schmelzpfannen zusetzt, daß der Kessel wieder gefüllt ist. Man fährt so lange mit dieser
Arbeit fort, bis der Gesamtkesselinhalt so arm an Silber ist, daß man ihn als Weichblei
absetzen kann. Die abgesetzten, silberreicheren Legierungen werden ihrem Silbergehalte
nach sortiert, um dann entweder bei einer späteren Operation wieder zugesetzt, oder bei
ausreichendem Silbergehalte durch den Treibprozeß geschieden zu werden.

Die Vorzüge dieser Arbeitsweise gegenüber dem Aushebe=Verfahren in Bezug auf
Arbeitsersparnis, gleichmäßigere Krystallisation des Bleies, Zeitersparnis und geringere
Gefährlichkeit für die Arbeitenden liegen auf der Hand. Infolge des lebhaften Rührens
durch den anfangs glatt durchgehenden Dampf und der dadurch erhöhten Einwirkung von
Luft auf die Verunreinigungen des Bleies findet eine derartige Reinigung des Metalles
statt, daß man viel unreineres Werkblei wie bei dem ersten Verfahren in Arbeit
nehmen kann.

Die Zinkentsilberung. Blei löst bekanntlich nur eine beschränkte Menge Zink,
bei 650° z. B. 3%, während es bei 350° nur 0,6 % Zink zurückhalten kann. Bringt
man nun in ein auf ganz schwache Rotglut erwärmtes Bleibad 1,5—2 % Zink ein, so
wird dieses sehr leicht vollständig gelöst. Es entsteht innerhalb der Schmelze eine Legie=
rung von Zink, Silber und Blei, welche während der Abkühlung bis auf unter 400° in
erstarrtem Zustande an die Oberfläche tritt und von dort mit durchlochter Kelle aus=
geschöpft werden kann. Die abgehobene Masse nennt man Zinkschaum. Mit dem
Silber gehen auch Gold, Nickel und Kobalt in den Zinkschaum über, während in dem
mit Zink behandelten Bleie Antimon, Arsen, Zinn und Wismut zurückbleiben.

Für dieses Verfahren sind unreinere Werkbleisorten nicht direkt geeignet. Man
läßt der Entsilberung in diesem Falle ein oxydierendes Schmelzen, zur Entfernung von
Schwefel, Zinn, Arsen und Antimon, oder ein Saigern, bei Gegenwart von Kupfer,
vorangehen. Die Flammöfen, welche zum Saigern benutzt werden, bedürfen nur einer
verhältnismäßig kleinen Feuerung, an welche sich hinter der Feuerbrücke ein von hier
aus bis zur gegenüberliegenden Wand abfallender, am Ende in einen Sumpf sich ver=
tiefender Herd anschließt. Flammöfen für oxydierendes Verschmelzen des Bleies besitzen
hinter der hohlen kühlbaren Feuerbrücke einen tiefen, fast horizontal liegenden Herd,
welcher zweckmäßig ganz in einen Eisenmantel eingebaut ist, der auf Trägern und Pfeilern
frei über der Hüttensohle liegt. Diese zur Reinigung des Bleies bestimmten Öfen legt
man, wenn irgend möglich, so hoch an, daß das aus ihnen abgestochene, gereinigte Blei
direkt in die Verzinkungskessel einfließen kann.

Beim Einschmelzen des Bleies in den Saiger= oder Raffinierofen bleiben mechanische
Verunreinigungen und schwerer schmelzbare Legierungen, besonders solche des Kupfers,
entweder auf dem Herde der Saigeröfen oder auf dem geschmolzenen Metalle des
Raffinierofens in festem Zustande zurück; sie werden ausgezogen, und nun beginnt im
letzteren Falle das oxydierende Schmelzen, bei welchem sich vorwiegend Antimoniate der

verunreinigenden Metalloxyde bilden. Man kann dieses Schmelzen durch Zusatz von Glätte aus dem Treibofen bei sehr antimonreichen Werkbleisorten wesentlich abkürzen. Die Antimoniate, Abstrich genannt, werden in Form einer schwarzen, lederartigen Masse von der Bleioberfläche abgezogen. Erscheint nach Entfernung dieses Abstriches die leicht schmelzbare Bleiglätte als Oxydationsprodukt, so sticht man das Blei in die Verzinkungskessel ab. Nachdem man hier das Metall auf die erforderliche Temperatur gebracht hat, beginnt man mit dem Eintragen des Zinkes. In den meisten Fällen wird die Gesamtzinkmenge, welche zur Entsilberung erforderlich ist, nicht auf einmal zugesetzt, sondern in zwei oder drei Posten. Den ersten Zinkzusatz hält man verhältnismäßig klein, wenn die Schmelze noch kupferhaltig ist. Man erhält dann das Kupfer und das Gold, welches sich noch leichter als Silber mit Zink legieren läßt, getrennt von der Hauptsilbermasse. Nachdem während der Abkühlung sogenannter Kupferschaum ausgehoben ist, heizt man das Bleibad wieder stärker an und gibt den zweiten Zinkzusatz, welcher nun während des Abkühlens die Hauptsilbermenge mit sich an die Oberfläche bringt; kristallisiert nichts mehr aus, so folgt der dritte Zusatz. Dieser bringt nur noch wenig Silber aus.

Der daraus entstehende arme Zinkschaum wird auch meistens wieder dazu benutzt, in einem frischen Kessel an Stelle von Zink zugeschlagen zu werden.

Den nach dem zweiten Zinkzusatze abgehobenen Zinkschaum bringt man nun in einen benachbarten Kessel, um ihn hier durch mäßiges Erwärmen von aussaigerndem Blei zu scheiden. Den aus diesem Kessel abgehobenen Zinkschaum nennt man Reichschaum. In seinem

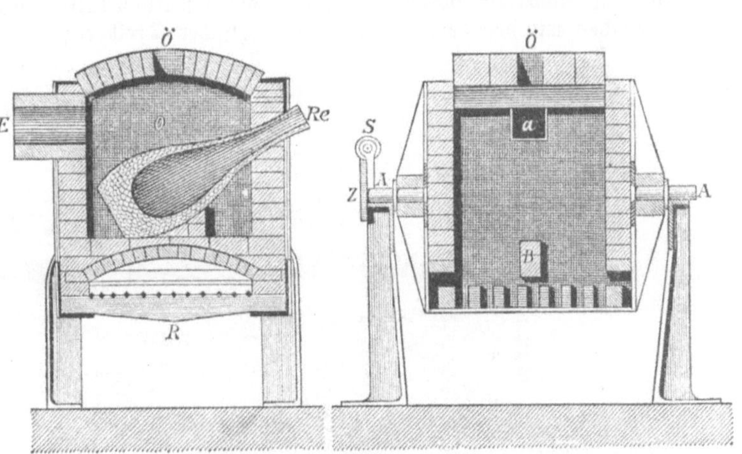

548 u. 549. **Destillierofen zur Wiedergewinnung des Zinks aus dem „Reichschaum".**

O Mit Gewölbe überdeckter Ofen, A Achsen, an denen der Ofen auf einem Gerüst aufgehängt ist, Z Zahnrad, S Schnecke, Re Retorte, B gemauerter Bogen, auf dem die Retorte ruht, Ö Öffnung zum Einfüllen von Koks, E Esse, R Rost, a Öffnung für den Retortenhals.

Silbergehalte ist dieses Anreicherungsprodukt auf 2—10 % gekommen, während das ursprüngliche Werkblei in der Regel nur mit 0,1—0,2 % Silber in Arbeit genommen wird.

Für die weitere Verarbeitung des Reichschaumes ist in erster Linie eine Entfernung des Zinks erforderlich: es geschieht dies heute fast ausschließlich durch Destillation in einfachen Retorten- oder Tiegelöfen, von denen einer in den Figuren 548 und 549 dargestellt ist. Eine andere Methode bestand darin, daß man in den geschmolzenen und bis auf beginnende Rotglut erhitzten Reichschaum möglichst trockenen Wasserdampf einblies. Das in dem Metallbade enthaltene Zink setzt sich mit dem Wasserdampf um, indem sich Zinkoxyd bildet und das Wasser zu Wasserstoff reduziert wird. Das so gebildete Zinkoxyd findet sich nach Beendigung des Prozesses auf der Oberfläche des Metallbades als ein gelbliches Pulver wieder. Es wurde mit durchlochten Kellen abgehoben und zur Wiedergewinnung der eingeschlossenen silberreichen Bleikörnchen mit Schwefelsäure behandelt, welche das Zink zu Sulfat löst und die silberreichen Bleikörnchen nebst Bleioxyd und Bleisulfat zurückläßt. Dieser Rückstand wird nach dem Auswaschen und Trocknen beim Treibprozeß eingetränkt, während die Lösung durch Eindampfen und Krystallisation auf Zinkvitriol verarbeitet wurde. Das nach der Destillation oder dem Verblasen mit Wasserdampf zurückbleibende silberreiche Blei wird durch oxydierendes Schmelzen (Abtreiben) zunächst auf Bleioxyd, Glätte und rohes Silber, das sogenannte Blicksilber, verarbeitet.

Wenn nach diesem Verfahren das Anreicherungsprodukt nur bis auf etwa 10% Silber gebracht werden konnte, so lag das, wie Rößler und Edelmann nachgewiesen haben, zum Teil an der leichten Oxydierbarkeit des Zinks, infolgederen nicht die gesamte Zink= menge in Wirksamkeit treten konnte. Setzt man dagegen dem zur Entsilberung bestimmten Zinke geringe Mengen Aluminium zu, so erhält man mit geringeren Zinkzuschlägen einen weit reicheren Zinkschaum, welcher Silbergehalte von über 30% aufweist. Außer durch Destillation hat man das Zink aus dieser Legierung auch elektrolytisch ausgeschieden. (Näheres darüber vergl. „Zink".)

Der Treibprozeß, der, wie oben erwähnt, früher allein zur Entsilberung des Werkbleis angewendet wurde, besteht, wie erwähnt, in einem oxydierenden Schmelzen, bei welchem es darauf abgesehen ist, sowohl das Blei, wie etwa noch darin enthaltene andere Metalle zu oxydieren und als Oxyde in geschmolzenem Zustande so lange aus dem Ofen abzuführen, bis im wesentlichen nur noch Silber als Rückstand im Ofen ver= bleibt. Je nach der vorwiegend durch die Ofenkonstruktion bestimmten Arbeitsweise unterscheiden wir den deutschen und den englischen Treibprozeß.

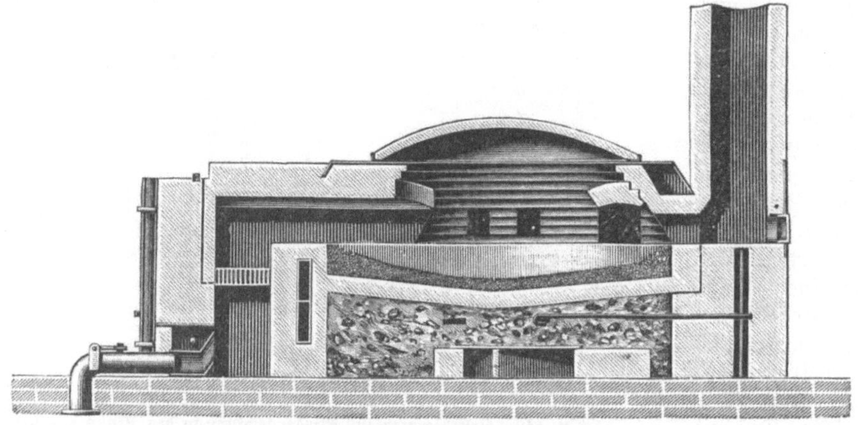

550. **Deutscher Treibofen** (¹/₆₅ natürl. Größe).

In dem deutschen Treibofen, wie er aus Abb. 550 ersichtlich ist, wird das silber= reiche Blei in Mengen bis zu 10000 kg auf einer meist aus Mergel in die Herdmauer eingestampften Herdsohle eingeschmolzen. Alle in dem Bleie enthaltenen mechanischen Ver= unreinigungen sowie eine schwerer als Blei schmelzbare Blei=Kupfer=Legierung treten an die Oberfläche des Metallbades. Sie werden vermittelst eines in einen langen Feuerhaken eingeschlagenen Holzes durch die Arbeitsthür von der Schmelze abgezogen (Abzug). Man verstärkt nun das Feuer durch lebhaftere Luftzufuhr zu der Feuerung (Unterwind), bläst aber auch gleichzeitig durch die oberhalb des Herdes in der Ofenwand vorgesehenen Öffnungen Luft direkt auf die Metallfläche. Es beginnt sofortige Oxydation. Als erstes Oxydations= produkt tritt das im Blei vorhandene Antimon als antimonsaures Blei, $Pb_3 (SbO_4)_2$, Abstrich genannt, an die Oberfläche. Es wird in gleicher Weise wie der Abzug von dem Metallbade entfernt. Als nächstes Oxydationsprodukt erscheint reinere Glätte auf der Ober= fläche des Metallbades. Liegen nun noch silberreichere Materialien zur Verarbeitung vor, so werden dieselben jetzt in das Metallbad eingetränkt. Während die an der Oberfläche befindliche und entstehende Glätte zur Verschlackung der Nichtedelmetalle eingetränkter Erze oder Hüttenprodukte beiträgt, löst das Blei die Edelmetalle aus den letzteren auf. Nach erfolgtem Eintränken werden die ersten Oxydationsprodukte noch ziemlich viel Un= reinigkeiten aufweisen, so daß dann erst nach einiger Zeit wieder reinere Glätte sich bildet. Die durch den eingeblasenen Wind der Arbeitsthür zugetriebene verschmolzene Glätte läßt man durch eine in dem in der Arbeitsthür aufgeworfenen Damme eingegrabene

Rinne (Glättegasse) fortwährend abfließen, so daß dieselbe vor dem Ofen zu fortwährend wachsenden Blöcken erstarrt. Diese Blöcke werden von Zeit zu Zeit beiseite geworfen, um beim Bleierzverschmelzen wieder als Vorschlag Verwendung zu finden. Ein Teil Bleioxyd verdampft, wird aber größtenteils in Kondensationskammern wieder verdichtet, ein anderer Teil saugt sich in die Mergelschicht der Herdsohle ein, welche nach Beendigung eines Treibens aus dem Ofen entfernt werden muß und ebenfalls beim Bleierzschmelzen ihres Bleigehaltes wegen zu Gute gemacht wird. Wenn die letzten Reste Blei in Glätte übergeführt sind und sich von der Oberfläche des Silberspiegels zurückziehen, entstehen eigenartige Farbenerscheinungen, da sich diese Glätteteile in Form farbiger Ringe über die Oberfläche hinziehen; man nennt dieses das „Blumen" des Silbers. Tritt endlich, nach dem Verschwinden dieser Glättehäute, der bläuliche Silberglanz hervor, der sogenannte Silberblick, so hat der Treibprozeß sein Ende erreicht. Das jetzt im Ofen verbliebene, noch durch geringe Mengen von Blei und Wismut verunreinigte, meist auch goldhaltige sogenannte Blicksilber bringt man durch Eingießen von etwas Wasser in den Schmelz= herd, nachdem auch das Feuer im Ofen gelöscht ist, zum Erstarren. Bei großen Silber= kuchen setzt man auch wohl vor dem Erstarren einen eisernen Rahmen in das geschmolzene Metall ein, durch welchen das Silber in kleinere, leicht voneinander zu trennende Barren geteilt wird, so daß es nach dem Herausheben aus dem Ofen, dessen Gewölbe sich, wie aus der Skizze ersichtlich ist, leicht abheben läßt, ohne Schwierigkeit leicht zerkleinert werden kann.

Wenn auch die Verarbeitung silberhaltigen Werkbleies in den deutschen Öfen meist mit dem ersten Einsatze zu Ende geführt wird, so arbeitete man, besonders ehe die An= reicherungsprozesse allgemeiner eingeführt waren, vielfach unter Nachsetzen von Werkblei während des Betriebes und reicherte das Blei beim ersten Treiben bis auf höchstens 80 % Silber an. Dieses so angereicherte Blei wurde dann in kleinen Treiböfen direkt auf Feinsilber verschmolzen. Diese Arbeitsweise gehört zu den Seltenheiten und wird heute vielleicht überhaupt nicht mehr ausgeführt.

Das englische Treibverfahren, für welches man kleine Flammöfen mit aus= wechselbaren Herden benutzt, ist natürlich schon mit Rücksicht auf die geringen Dimensionen der Öfen auf ein Nachsetzen von Blei angewiesen. Auch hier hat sich vielfach die Gewohnheit eingebürgert, zuerst ein hochsilberhaltiges Blei herzustellen, um dieses dann in einem besonderen Ofen auf Feinsilber zu verschmelzen. Der Herd des englischen Ofens, früher fast ausschließlich aus Knochenasche, jetzt aus Kalkstein und Thon oder Zement bestehend, wird in einen ovalen Eisenrahmen eingestampft, welcher sich leicht in den Herdraum ein= schieben und herausnehmen läßt. Auf amerikanischen Werken zieht man vielfach statt der ovalen rechteckige Herde vor und verhindert die Zerstörung der Herdmasse durch die geschmolzene Glätte, durch Benutzung hohler, mit Wasser kühlbarer Eisenkasten als Herd= rahmen. Abweichend von dem deutschen Treibverfahren setzt man hier verhältnismäßig kleine Mengen Blei ein und setzt in dem Maße, wie das Blei oxydiert wird, frisches Blei nach. Die Entfernung der Glätte geschieht hier nicht durch die Arbeitsthüren, sondern durch Löcher, welche man durch den Herdrand an einer seiner schmalen Seiten getrieben hat, und denen die Glätte durch Glättegassen, welche vom Herde ausgehend in den oberen Herdrand eingegraben sind, zufließt. Man muß also das Metallbad durch fort= währenden Zusatz frischen Bleies immer auf solcher Höhe halten, daß die Oxydations= produkte den Abflußlöchern durch die Glättegasse zufließen können.

*　　*　　*

Auf die Reinigung und Scheidung des Silbers komme ich am Schlusse wieder zurück. Es wird aber vielleicht zweckmäßig sein, hier auf die weitere Reinigung des Bleies, soweit sie nicht schon eingangs erörtert wurde, näher einzugehen. Die Verunreinigungen, mag man es nun mit silberhaltigem, entsilbertem oder von vornherein mit silberfreiem Werkblei zu thun gehabt haben, können bestehen in Schwefel, Arsen, Antimon, Zinn, Zink, Nickel, Eisen, Kupfer, Kobalt.

Daß sich das Kupfer verhältnismäßig leicht durch Saigerung entfernen läßt, wurde schon erwähnt. Auch der Saigeröfen wurde schon gedacht, wenn es sich um die

Entfernung größerer Mengen Kupfer aus den unreinen Bleisorten handelt, es wird daher nicht nötig sein, auf diese noch einmal einzugehen. Bei der Verarbeitung kupferärmerer Werkbleisorten findet sich das Kupfer stets in dem sogenannten Abzuge, also demjenigen Produkte, welches beim Einschmelzen des Bleies, auf der Oberfläche schwimmend, oder sich in Form von Häuten dort ansammelnd, in festem Zustande zurückbleibt.

Die übrige Raffination des Bleies besteht durchgängig in einem oxydierenden Verschmelzen, bei welchem das Nichtblei entweder durch den Sauerstoff der Luft, oder durch den Sauerstoff eingeblasenen Wasserdampfes oxydiert wird. Im ersteren Falle verwendet man die bereits beschriebenen Flammöfen, im zweiten Falle dieselben eisernen Kessel, in welchen man die Zinkentsilberung vornimmt. Es schließt sich daher die Reinigung des Bleies durch Wasserdampf in den meisten Fällen der Entsilberung an. Wie schon bei der Verarbeitung des Reichschaumes erwähnt wurde, bläst man in erster Linie zum Zwecke der Entfernung des Zinkes Wasserdampf in das bis auf beginnende Rotglut erhitzte Blei ein, wodurch sich das Zink oxydiert und in Form eines gelblichen Pulvers (Zinkoxyd und Bleioxyd) an die Oberfläche des Metallbades tritt. Liegt nun entsilbertes zinkhaltiges Werkblei zur Verarbeitung vor, so werden die mit durchlochten Kellen abgehobenen Oxyde durch Schlämmprozesse von eingeschlossenen Körnchen befreit, getrocknet und als Bleifarbe verkauft. Wenn dieselben trotz des vorherrschenden Zinkoxydgehaltes nicht als Zinkfarbe verkauft werden, so hat das darin seinen Grund, daß Zinkfarben nicht bleihaltig sein dürfen.

Gleichzeitig mit dem Zink werden die folgenden etwa vorhandenen Metalle: Eisen, Kobalt, Nickel, ebenfalls durch Wasserdampf oxydiert.

Ist das auf diese Weise von Zink, Eisen, Kobalt, Nickel befreite Blei nun noch antimonhaltig, so fährt man mit dem Einblasen von Wasserdampf fort, sorgt aber gleichzeitig für Luftzutritt, den man während des Entzinkens abschließen mußte. Antimon wird nicht durch Wasserdampf, sondern durch den Sauerstoff der Luft oxydiert. Der eingeblasene Wasserdampf dient also in diesem Falle nur zum Aufrühren des Metalles.

Außer dem Antimon werden auch Schwefel, Arsen, Zinn durch den Luftsauerstoff oxydiert. Wenn geringere Mengen dieser Verunreinigungen, besonders des nie fehlenden Antimons, auch nach dem Entsilbern und Entzinken in der eben beschriebenen Weise in eisernen Kesseln entfernt werden können, so empfiehlt es sich doch bei höherem Antimongehalt, wie ja auch schon bei der Besprechung der Entsilberungsprozesse erwähnt wurde, das Blei in Flammöfen oxydierend zu verschmelzen.

Amalgamation. Dieses Verfahren, bei welchem Silber mit und ohne Zuhilfenahme anderer Reagentien in Quecksilber gelöst und aus diesem durch Abdestillieren und Wiedergewinnung des Quecksilbers zurückerhalten wird, ist, 1557 von Bartholomäus Medina entdeckt und seit 1566 im großen ausgeführt, für die Produktion Amerikas von größter Bedeutung geworden — noch heute werden $3/4$ des auf der Erde gewonnenen Silbers dadurch geliefert; in Europa fand es erst 1780 (zu Schemnitz in Ungarn) Anwendung. Es wurde hauptsächlich zur Entsilberung von Hüttenprodukten verwendet, ist jetzt aber fast ganz durch vollkommenere Verfahren verdrängt worden. Es soll, um Wiederholungen zu vermeiden, gemeinschaftlich mit den vielfach ganz gleichen Amalgamationsapparaten und Verfahren für die Goldgewinnung unter „Gold" besprochen werden.

2. Chemische Lösung und Fällung des Silbers. Nach einem, um die Mitte des 19. Jahrhunderts auf den Mansfelder Werken zuerst ausgeführten Verfahren von Ziervogel verarbeitet man Kupferstein, welcher nicht zu große Mengen von Eisensulfiden mehr enthalten darf, in der Weise, daß man ihn zuerst bei mäßiger Temperatur vorröstet, bei welcher Arbeit sich vorwiegend Ferrosulfat bildet, um dann nach vorgängiger Zerkleinerung des Röstgutes, bei gesteigerter Temperatur die anfangs gebildeten Sulfate wieder zu zerlegen, die unter Mitwirkung des dabei freiwerdenden Schwefeltrioxyds das Silbersulfid in Sulfat umwandeln. Für das Vorrösten benutzt man zweietagige Öfen mit mechanischen Rührwerken. Das Gutrösten führt man in Flammöfen mit zwei hintereinanderliegenden Terrassen aus, ähnlich denjenigen, wie sie bei Wolfram und Chrom beschrieben wurden. Aus dem so behandelten Röstgut wird nun das Silber durch heißes, mit

Schwefelsäure angesäuertes Wasser in Lösung gebracht. Der Laugereirückstand wird nun in der Regel noch einmal nachgeröstet, ausgelaugt und endlich auf Kupfer verschmolzen. Die Lösung wird, da sie meist kupferhaltig ist, zuerst mit Kupfer behandelt, um damit das Silber zu fällen, und nach der Entfernung des Silbers durch Eisen, welches das Kupfer niederschlägt, gefällt.

Der Augustin-, Patera- und der Kißprozeß haben das miteinander gemein, daß die Erze für ihre weitere Behandlung zuerst einer chlorierenden Röstung unterworfen werden. Man benutzt hierzu Flammöfen mit festem Herde, auch solche mit drehbarem Herde (Brücneröfen, vergl. „Kupfer") und auch Rostöfen, ähnlich denen von Maletra (siehe ebenfalls „Kupfer").

Beim Augustinprozeß nun wird das Röstgut durch eine konzentrierte Kochsalzlösung ausgelaugt. Aus der Lösung fällt man das Silber wie bei dem vorher beschriebenen Verfahren durch Kupfer, und das Kupfer wieder durch Eisen.

Patera verwandte als Lösungsmittel eine Natriumthiosulfatlauge, aus welcher das Silber mit Hilfe von Natriumsulfid als Schwefelsilber niedergeschlagen wurde.

Nach Kiß wurde statt des Natriumthiosulfat Calciumthiosulfat als Lösungsmittel verwandt, als Fällungsmittel ebenfalls an Stelle des Natriumsulfids Calciumhydrosulfid.

Nach dem Verfahren von Russel bedürfen schwefel-, arsen- und antimonhaltige Silbererze keiner vorgängigen Röstung, wenn man sie mit einer Lösung von Natriumkupferthiosulfid auslaugt. Die Fällung des gelösten Silbers geschieht auch hier wie beim Pateraverfahren durch Natriumsulfid.

Zur Verarbeitung des nach dem Patera-, Kiß- und Russelverfahren erhaltenen Niederschlags von meist kupferhaltigen Silbersulfiden werden folgende Wege eingeschlagen:

Man verschmilzt die Sulfide mit so viel Kupferabfällen, daß ein Stein mit gleichen Mengen Silber und Kupfer entsteht. Wird derselbe nach vorheriger Zerkleinerung geröstet, so geht das Kupfersulfid in Kupferoxyd über, während vom Silbersulfide nur das Silber zurückbleibt. Beim darauf folgenden Auslaugen mit verdünnter Schwefelsäure bringt man dann das Kupferoxyd als Sulfat in Lösung, während das Silber zurückbleibt und nach dem Auswaschen, Pressen und Trocknen raffinierend verschmolzen wird. Ein anderer Weg der Verarbeitung der Sulfide besteht darin, daß man die letzteren röstet und nach Entfernung des Schwefels beim Treibprozesse in das Blei einträngt.

Die Schwefelsäure-Laugerei ist verwendbar für die Scheidung silberhaltigen Kupfers. Zu diesem Zwecke granuliert man das Kupfer und setzt es in mit Blei ausgeschlagenen Bottichen, wo es von Zeit zu Zeit mit verdünnter Schwefelsäure berieselt wird, der Einwirkung der Luft aus. Bei Gegenwart von Säure oxydiert sich bekanntlich das Kupfer durch den Sauerstoff der Luft sehr schnell. Die an der Oberfläche der Kupfergranalien entstehende Oxydschicht wird dann durch die herabrieselnde Schwefelsäure zu Kupfersulfat gelöst, während die Edelmetalle sich als Schlamm in den Abflußrinnen und Klärsümpfen der sauren Kupferlauge niederschlagen. Sie werden von Zeit zu Zeit gesammelt, gewaschen, getrocknet und dann beim Treibprozeß in das Blei eingeträngt, während die Lauge nach hinreichender Absättigung mit Kupfer auf Vitriol verarbeitet wird.

Gewinnung des reinen Silbers.

Schmelzprozesse. Das sogenannte Blicksilber, wie es durch den Treibprozeß erhalten wird, enthält noch mehrere Prozente verschiedener Verunreinigungen besonders Blei und Wismut. Diese in den großen Treiböfen zu entfernen, ist nicht zweckmäßig. Man hat daher, um das Metall besser beobachten zu können, da, wo man nicht ohnehin schon mit den kleinen Öfen englischen Systemes arbeitet, noch besondere kleine Flammöfen vorgesehen, auf deren Herden man das Blicksilber nochmals oxydierend verschmilzt. Man nennt diese Arbeit das Feinbrennen des Silbers. Nach beendigtem Schmelzen bestreut man das Metall mit Holzkohlenpulver, schöpft es dann entweder in Formen aus oder granuliert es durch Einfließenlassen in Wasser.

Nach einem Verfahren von Rößler schmilzt man das Silber in Graphittiegeln ein und entfernt die verunreinigenden Metalle, Blei und Wismut, durch Zuschlag von

Silberfulfat, welches man auf das Metallbad bringt. Dieses setzt sich mit dem Blei und dem Wismut des Blicksilbers unter Ausscheidung des reinen Silbers um.

Stark kupferhaltiges Silber wird nach einem ebenfalls von Rößler angegebenen Verfahren mit Schwefel in einem Tiegel verschmolzen. Wenn auch hierbei ein Teil des Silbers mit dem Kupfer in Sulfid übergeführt wird, so läßt sich dasselbe doch durch darauffolgendes oxydierendes Schmelzen leicht wiedergewinnen.

Scheidung durch flüssige Lösungsmittel. Für goldhaltiges Silber war früher fast ausschließlich die sogenannte Scheidung durch die Quart oder Quartation in Anwendung. Das Verfahren stützt sich auf die Löslichkeit des Silbers in Salpetersäure. Es wird auch heute noch da ausgeführt, wo man für Silbernitrat (Höllenstein) Verwendung hat. Zur Lösung benutzt man Glas-, Porzellan-, oder Platin-Gefäße. Salpetersäure vom spezifischen Gewichte 1,4 wird mit etwa der gleichen Menge Wasser verdünnt und auf das granu-

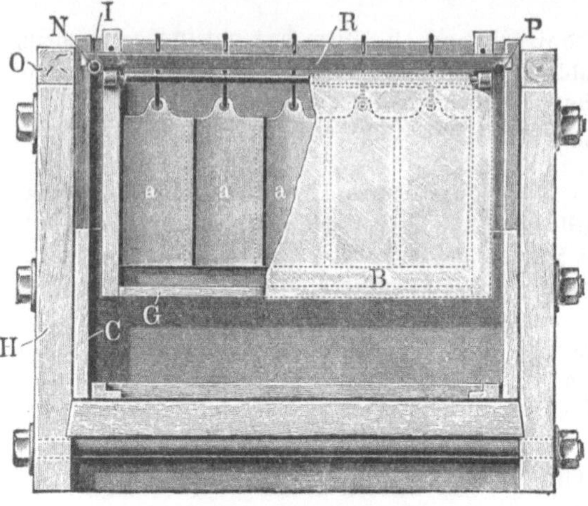

551. Schnitt und Ansicht eines Anodenraumes im Möbius-Apparate.

lierte Silber gegossen, bei schwachem Erwärmen tritt bald eine lebhafte Reaktion ein, nach deren Beendigung die Lösung noch bis zum Sieden gebracht wird. Man gießt die Silberlösung ab und kocht noch zweimal mit Salpetersäure aus. Das zurückbleibende Gold ist in der Regel rein genug, um direkt zu Feingold in Graphittiegeln eingeschmolzen zu werden. Früher pflegte man die Silbernitratlösung zur Trockne zu dampfen und durch Glühen zu Silber zu reduzieren. Heute, wie gesagt, verarbeitet man die Lösung durch Eindampfen nur auf festes Nitrat.

An die Stelle dieses Verfahrens trat schon im Anfange dieses Jahrhunderts die sogenannte Schwefelsäure-Scheidung. Man kocht das granulierte Metall mit konzentrierter 66 grädiger Schwefelsäure. Es verwandelt sich dabei das Silber in Sulfat, indem ein Teil der Schwefelsäure zu schwefliger Säure reduziert wird. Das in dem Überschusse zugesetzter Schwefelsäure sich lösende Silberfulfat fällt man dann in mit Blei ausgeschlagenen Bottichen durch Eisenblechabfälle als Metall wieder aus, wäscht den erhaltenen Silberschlamm mit

552. Ansicht von Kathode und Abstreichern im Möbius-Apparate.

Wasser, preßt und trocknet denselben, um ihn dann unter Zusatz von etwas Salpeter in Graphittiegeln einzuschmelzen und von da aus in Barren zu vergießen.

Elektrolytische Silberscheidung. Dieses Verfahren wurde zuerst von Möbius in Mexiko ausgearbeitet und später auch in die bedeutendsten Scheideanstalten Amerikas und Deutschlands eingeführt. Nach der jetzigen Anordnung, wie sie z. B. in der deutschen Gold= und Silberscheideanstalt vormals Rößler ausgeführt wurde, sind die Apparate folgende: die Zersetzungsgefäße bestehen heute aus langen, innen geteerten Pitch=Pine=

Holzbottichen von etwa 0,600 m lichter Weite und etwa 3,75 m Länge. Jeder dieser Bottiche ist durch Querwände in sieben Ab=teilungen geteilt. Jede Abteilung wieder enthält drei Anodenreihen und vier Kathoden. Die Anoden hängen in Leinwandsäcken, die Kathoden frei in den Bädern. An einem auf den Badrändern hin und her fahrbaren Rahmen sind hölzerne Abstreicher aufgehängt, welche die auf den Kathoden an=wachsenden Silberkrystalle ab=brechen, um während des Betriebes Kurzschlüsse zu verhüten. Unter den Elektroden, fast den ganzen Bodenraum des Zersetzungsabteiles bedeckend, steht ein mit Leinwand=boden versehener Kasten. Hier sammelt sich die Hauptmenge der durch die Abstreicher zu Boden ge=worfenen Silberkrystalle an. Alle diese in die Zersetzungströge ein=hängenden Vorrichtungen lassen sich durch einen Rahmen heben. Die Anoden a bestehen aus Blick=silberplatten nebenstehender Form (Abb. 551); sie werden in einer Dicke von etwa 6 bis 10 mm her=gestellt. Unter Vermittelung von Doppelhaken h, wie sie in Abb. 553 dargestellt sind, werden diese Plat=ten in einen Metallrahmen R ein=gehängt (Abb. 551, 553 u. 554). Derselbe dient einmal als Halter für die Anoden, vermittelt aber auch gleichzeitig die Stromzulei=tung zu denselben. Zu diesem Zwecke steht er an der einen Seite mit der Leitung P direkt in Be=rührung. Gegen die negative Lei=tung N ist er durch eine Isolier=schicht I geschützt. Um das nach Auflösung des Silbers als braunes Pulver zurückbleibende Gold von dem von den Kathoden abfallenden Silber getrennt zu halten, sind die

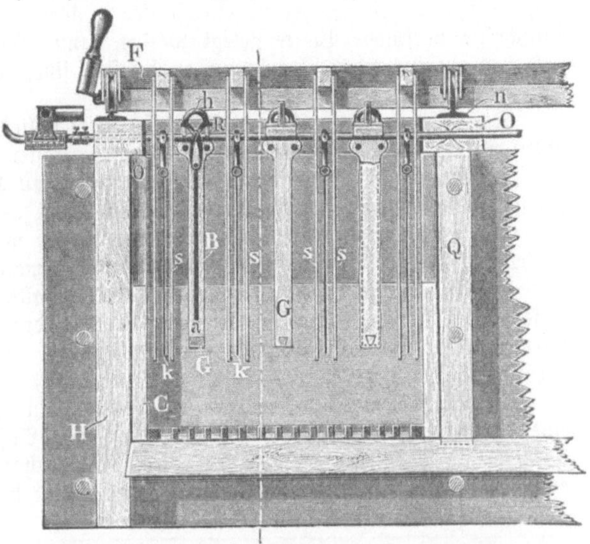

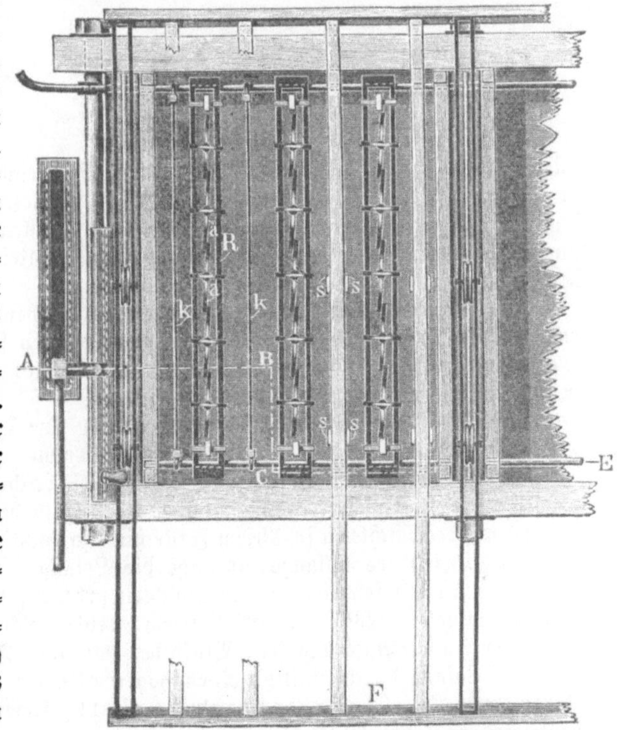

553 u. 554. Anordnung der Elektroden im Möbius=Apparate.

Anoden mit dichten Beuteln B aus Filtertuch umgeben. Letztere sind auf ein in Abb. 551 u. 553 dargestelltes Holzgestell G aufgespannt, das seinerseits wieder an den Rahmen R aufgehängt ist.

Dieser fährt auf dem Gleise n, das wieder auf Querleisten des auf die oberen Badränder aufgelegten Rahmens O befestigt ist. Den Antrieb erhalten diese Rahmen von einer an den kurzen Seitenstäben desselben durch Excenter hin= und hergehenden Gleit= schiene. Auf dieser befindet sich ein Zapfen z, über welchen eine mit einem entsprechenden Einschnitte versehene Platte gelegt werden kann. Der Rahmen O, an welchem alle in das Bad eintauchenden Vorrichtungen befestigt sind, läßt sich durch eine Zugvorrichtung leicht heben.

Der Sammelkasten für den Silberschlamm schließlich ist ein flacher, in jedes Trog= abteil mit einigem Spielraum eingepaßter Holzkasten C. Von seinen Seitenwandungen aus führen einige Leisten nach oben, so daß er mit Hilfe derselben an dem Elektroden= rahmen befestigt und mit diesem aus dem Bade gezogen werden kann. Den Boden bildet ein aus Leisten zusammengefügter Rost; er wird durch einige Holzdübel in dem Kasten gehalten. Vor Inbetriebsetzung überzieht man diesen Boden mit grobem Filter= tuche (Sack= oder Packleinen), das die Silberkrystalle beim Herausheben des Kastens in diesem zurückhalten soll. Durch Herausklopfen der Dübel läßt sich der Boden leicht lösen: er fällt thatsächlich sofort aus dem Kasten, sobald die Last des Silberschlammes darauf ruht.

Die Kathoden k bestehen aus dünn gewalzten Silberblechen. Diese hat man mit einem horizontal hängenden Kupferstabe verlötet. Auf beiden über die Seitenkanten der Silberbleche vorspringenden Enden dieser Stäbe hat man die Aufhänge= und Verbin= dungsklemmen v befestigt und zwar so, daß je eine derselben isoliert auf den Kupferstab

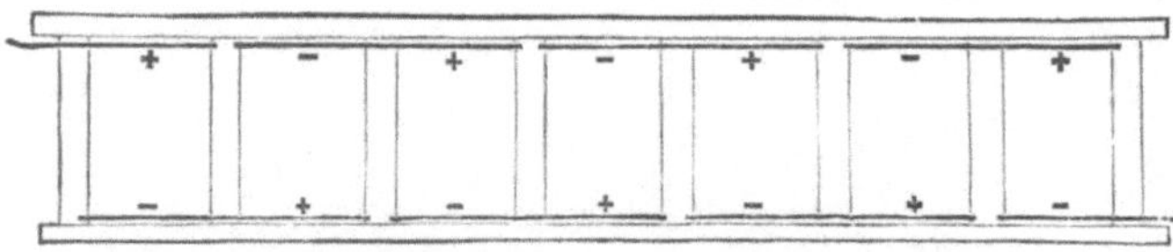
555. Schaltungsschema des Möbius-Apparates.

aufgesetzt ist. Diese An= ordnung gestattet es, auch die Leitung P, mit welcher die Kathoden nicht leitend verbunden sein dürfen, zum Festklammern der letzteren mit zu benutzen. Die Lei= tungen P (+) und N (—)

bestehen aus kräftigen Kupfer=, Messing= oder Bronzestäben. Ganz abgesehen von ihrem für die Stromleitung ausreichenden Querschnitte ist letzterer so groß gewählt, daß diese Stangen im stande sind, Elektroden und deren Hüllen zu tragen. — Die Einzelabtei= lungen des meist siebenkammerigen Troges sind hintereinander geschaltet, wie es das Schaltungsschema, Abb. 555, zeigt.

Die Abstreichvorrichtungen bestehen aus Holzstäben s (Abb. 552, 553 u. 554), von denen für jedes Kathodenblech zwei Paare vorgesehen sind. Sie greifen nach Art einer Zeugklammer von oben über die Kathoden. Als Halter und Bewegungsvorrichtung dient ein rostähnlich geformter Rahmen F.

Der Betrieb geschieht in folgender Weise. Die Bäder werden mit einer schwachen Lösung von angesäuertem Silbernitrat als Elektrolyten gefüllt. Man beginnt die Arbeit mit einer stark verdünnten Salpetersäure. Sind die beschriebenen Apparatteile in die Bäder eingesenkt, so stellt man Verbindung mit der Stromquelle her. Die genaue Innehaltung einer bestimmten Stromdichte ist in diesem Falle nicht so wichtig, wie bei anderen elektrolytischen Prozessen. Besonders anfangs, solange die Lösungen noch verhältnismäßig kupferarm sind, kann man mit sehr hohen Stromdichten arbeiten; man geht bis über 300 Ampères per Quadratmeter. Während des Betriebes reichert sich im Elektrolyten allmählich das Kupfer des Anodenmaterials (das Blicksilber hat einen Feingehalt von etwa 950 $^0/_0$) an, so daß die Lösung durchschnittlich einen höheren Kupfer= als Silbergehalt zeigt. Ersterer beträgt etwa 4 $^0/_0$, letzterer 0,5 $^0/_0$ neben 0,1—1 $^0/_0$ freier Salpetersäure. Es ist wichtig, mit steigendem Kupfergehalt den Salpetersäurezusatz zu vermehren und die Stromdichte bis auf etwa 200 Ampère per Quadratmeter herabzumindern. Der Verbrauch an elektro= motorischer Kraft beläuft sich auf 1,4—1,5 Volt für jede Zelle. In jeder der in Abb. 553 bis 555 dargestellten Abteilungen würden sich bei einer Stromstärke von 150 Ampère (wirksame Kathodenfläche 6,75 qm), in 36 Stunden 21,6 kg Silber von der Anode auf

die Kathode transportieren lassen. Hängt man nun drei Reihen à 5 Platten der oben=
genannten Dimension in die Bäder, so wird man, die lösliche Silbermenge zu etwa 1,5 kg
in jeder Platte angenommen, fast das ganze in den Betrieb eingebrachte Silber während
dieser Zeit auf die Kathoden übergeführt haben. Man kann hier also in kleinen Räumen
ganz beträchtliche Metallmengen bewältigen. Sie bleiben nur kurze Zeit im Betriebe,
was für Edelmetalle sehr wichtig ist. Die Kosten sind, wie man aus den angegebenen
Daten leicht berechnen kann, keine hohen; die Goldgewinnung ist eine sehr hohe vollständige,
und schließlich geht die Arbeit ganz ohne Gasentwickelung vor sich. Trotz hoher Strom=
dichte ist die Erwärmung der Laugen, wegen der vorzüglichen Leitungsfähigkeit der
Elektroden und des Elektrolyten, wie besonders auch wegen der guten Bewegung der
Lösung durch die Abstreicher eine geringe.

Alle 24 Stunden pflegt man die in die Bäder eingehängten Apparatteile an ihren
Rahmen zu heben und mit ihnen auch die Sammelkästen für den Silberschlamm. Letztere
werden, nachdem über den Bädern die Lauge abgetropft ist, von dem Elektrodenrahmen
abgehoben, um in die Waschvorrichtung für den Silberschlamm entleert zu werden. Das
Entleeren der Kästen geschieht, wie schon oben angedeutet, durch Ausstoßen einiger Holz=
dübel, welche den mit Filtertuch bedeckten Lattenboden in dem Sammelkasten festhalten.
Das abgespülte Silber wird hydraulisch gepreßt, getrocknet und wie üblich eingeschmolzen.

Je nach dem Goldgehalte des verarbeiteten Silbers werden wöchentlich ein= oder
zweimal auch die Anodenkästen entleert. Die Verarbeitung dieses Schlammes richtet sich
nach der Zusammensetzung desselben (s. „Gold").

*　　*　　*

Das Silber (Ag, Atomgewicht 106; spezifisches Gewicht 10,5) ist ein weißes, stark
glänzendes zähes, dehnbares Metall, von krystallinischer (regulär) Struktur und geringer,
zwischen Kupfer und Gold liegenden Härte. Sein Schmelzpunkt liegt ganz bei oder ganz
in der Nähe von 1000°. Unter allen Metallen besitzt es die größte Leitungsfähigkeit für
Wärme und Elektrizität. Bei höheren Temperaturen ist es flüchtig; im elektrischen Licht=
bogen und im Knallgasgebläse läßt es sich destillieren. Eine besonders bei der Silber=
raffination und bei der Ausführung von Silberproben beachtenswerte Eigenschaft ist seine
Lösungsfähigkeit für Sauerstoff im geschmolzenen Zustande. Der bei Beginn des Erstarrens
aus dem innen noch flüssigen Metalle austretende, die erstarrten Krusten durchbrechende
Sauerstoff gibt Veranlassung zu beträchtlichen Silberverlusten, durch Verspritzen kleiner
Silberkügelchen (das Spratzen des Metalles).

Von Metallen, welche sich im Silber lösen oder welche das Silber lösen, sind
besonders Blei, Quecksilber, Kupfer und Zink zu nennen.

Das Silber gehört zu denjenigen Metallen, welche sich weder bei niedriger, noch
bei hoher Temperatur, weder in feuchter, noch in trockener Luft oxydieren. Von den
übrigen Metalloiden sind vorwiegend die Halogene und unter diesen besonders das Chlor
im stande, sich direkt mit diesem Metalle zu verbinden. Auch mit Schwefel läßt es sich
direkt durch Zusammenschmelzen vereinigen. Von den Verbindungen des Schwefels
greift auch der Schwefelwasserstoff das Silber energisch an. Als chemische Lösungsmittel
dienen Salpetersäure und konzentrierte Schwefelsäure. Von mehreren Metallchloriden
($CuCl_2$, $HgCl_2$, Fe_2Cl_6) wird es leicht chloriert und dadurch in anderen Salzen lös=
lich gemacht; auch Cyanide bilden direkt mit metallischem Silber, den Haloydsalzen und
dem Sulfide in Wasser lösliche Doppelsalze.

Die Verwendung des Silbers in reinem Zustande ist nicht sehr ausgedehnt. Ab=
gesehen von der Herstellung reiner Silberverbindungen, die besonders in der Photographie
sehr ausgedehnte Anwendung finden, ferner wissenschaftlicher Instrumente, chemischer
Apparate und versilberter Gegenstände, wird es wegen seiner geringen Festigkeit zu
weiterem Gebrauche meist mit Kupfer legiert. Diese Legierungen, welche bis zu etwa
90 % Silber enthalten, finden nun ausgedehnteste Anwendung zu Münzzwecken, zur
Herstellung von Hausgeräten und kunstgewerblichen Erzeugnissen, besonders Schmuck=
gegenständen.

Gold.

Das natürliche Vorkommen des Goldes ist zwar bezüglich der Verbreitung kein sehr spärliches, wohl aber rücksichtlich der Mengenverhältnisse. In zahlreichen Erzlagerstätten, Gesteinen und Gesteinstrümmern ist es nachgewiesen, aber nur wenige Fundorte enthalten es in ausgiebigen Mengen. Es kommt fast ausschließlich gediegen, wenn auch legiert mit anderen Metallen vor; vererzt ist es mit Sicherheit fast nur in Telluriden bekannt. Spurenweise findet es sich fast in allen Kupfer=, Blei= und Silbererzen. Das an ursprünglicher Lagerstätte in älteren Gesteinen sich findende Gold pflegt man als Berggold zu bezeichnen, das in Gesteinstrümmern (Sand) auftretende Metall führt die Namen Wasch=gold, Seifengold und Alluvialgold.

Zur Gewinnung des Goldes aus Erzen, Hüttenprodukten und Abfällen hat man folgende Wege eingeschlagen:

1. mechanische Aufbereitung (Verwaschen);
2. Lösen in anderen Metallen (Amalgamieren und Verbleien);
3. rein chemische Lösungs= und Fällungsarbeiten;
4. Elektrolyse.

Goldgewinnung durch mechanische Aufbereitung.

Wenn auch infolge des hohen spezifischen Gewichtes eine Scheidung des Goldes von den Gangarten der Erze sehr wohl denkbar ist und hier und da auch zur Ausführung kommt, so wird diese Methode wegen der unvermeidlichen hohen Goldverluste doch nur im Notfalle angewandt, dort also, wo in unkultivierten Ländern neue Goldlager auf=gefunden werden und die Goldsucher ohne Rücksicht auf die beim Schlämmen entstehenden Goldverluste darauf angewiesen sind, aus den aufgefundenen Lagerstätten möglichst schnell und viel Gold zu gewinnen; es haben sich daher die lediglich für nasse Aufbereitung bestimmten Apparate auf keine sehr hohe Stufe der Vollkommenheit entwickelt.

Bei allen nassen Aufbereitungsarbeiten ist es bekanntlich Grundsatz, das hinreichend zerkleinerte Material durch in Bewegung befindliches Wasser, dem spezifischen Gewichte der Gemengteile nach, zu trennen, indem man die spezifisch leichteren Teile entweder während der ganzen Dauer des Waschprozesses oder wenigstens so lange in der Schwebe hält, bis die spezifisch schwereren Teile Zeit gefunden haben, sich an den Böden der Apparate abzusondern.

Die einfachsten, von amerikanischen Goldsuchern angewandten Geräte sind kleine Blech= oder Holzschüsseln, welche entweder ganz spitz nach unten zulaufen, oder flache Böden mit nach oben sich erweiterndem Rande besitzen (s. Abb. 185). Der obere Durchmesser einer solchen Schüssel beträgt bis 400 mm, die Höhe etwa 50 mm; der goldführende Sand wird in diesen Schüsseln mit Wasser angerührt und so lange geschüttelt, bis die schweren Goldteile sich im Boden angesetzt haben. Der Sand wird dann abgeschlämmt; die mit Gold angereicherten Rückstände werden gesammelt und getrocknet.

An Stelle dieser Pfannen hat man sich dort, wo das Wasser nicht so sparsam und die Goldausbeute lohnender zu werden versprach, auch lange Gerinne aus Holz kon=struiert, welche mit einer mäßigen Neigung auf Holzgestellen so angebracht wurden, daß sie sich nach Art einer Wiege schaukeln ließen, während der Schlamm hindurchfloß.

Da, wo ein rationeller Dauerbetrieb Aussicht auf Erfolg versprach und eine Auf=bereitung der Erze am Platze war, hat man diese gleichzeitig mit der Amalgamation verbunden. Die hierzu erforderlichen Apparate werden weiter unten besprochen werden.

Lösung des Goldes in anderen Metallen.

Verbleiung. Über dieses Verfahren gilt da, wo es überhaupt für Golderze Aussicht auf Erfolg bietet, also besonders bei der Verarbeitung silberhaltiger Golderze, dasselbe, was unter „Silber" ausgeführt wurde.

Wenn sich an das Verschmelzen edelmetallhaltiger Erze die Raffinations= und An=reicherungsprozesse des Werkbleies anschließen, so ist zu berücksichtigen, daß das Gold zum

Teil schon mit dem Kupfer in dem ersten Saigerungsprodukte aus dem Blei austritt, bei der Zinkentsilberung sich außerdem vorwiegend in dem Schaume befindet, welcher auf den ersten kleinen Zinkzusatz aussaigert.

Die Amalgamation. Der Zweck dieses Verfahrens ist eine Lösung des Goldes und Silbers in Quecksilber, mit welchem sich diese Edelmetalle sehr leicht legieren, und aus welchem sie durch Abdestillieren und Wiedergewinnung des Quecksilbers zurückerhalten werden.

Sind die Edelmetalle vorwiegend in metallischem Zustande enthalten, wenn auch geringe Mengen von Chloriden und Sulfiden des Silbers nicht schaden, so pflegt man ohne Zusatz von Chemikalien die Amalgamation mit der mechanischen, nassen Aufbereitung zu vereinigen. Von den Aufbereitungsapparaten kommen vorwiegend in Betracht: die Schlammgerinne, Zerkleinerungsapparate und Mischer.

Für die direkte Amalgamation ohne Mitwirkung von Chemikalien haben sich nun die folgenden Methoden ausgebildet:

Der hydraulische Abbau von Goldseifen in Verbindung mit Schlammgerinnen, auf deren Böden Quecksilber gehalten wurde, fand früher in Kalifornien Verwendung (vgl. Seite 140 Text u. Abb. 189). Von hochliegenden Wasserteichen führte man Rohrleitungen bis in die Nähe der Abhänge, welche die Goldseifen führten, und richtete gegen diese kräftige Wasserstrahlen, welche mit einem Drucke von 8—15 Atmosphären aus den Rohrleitungen austraten. Dieselben spülten das Erdreich ab, und der so entstehende

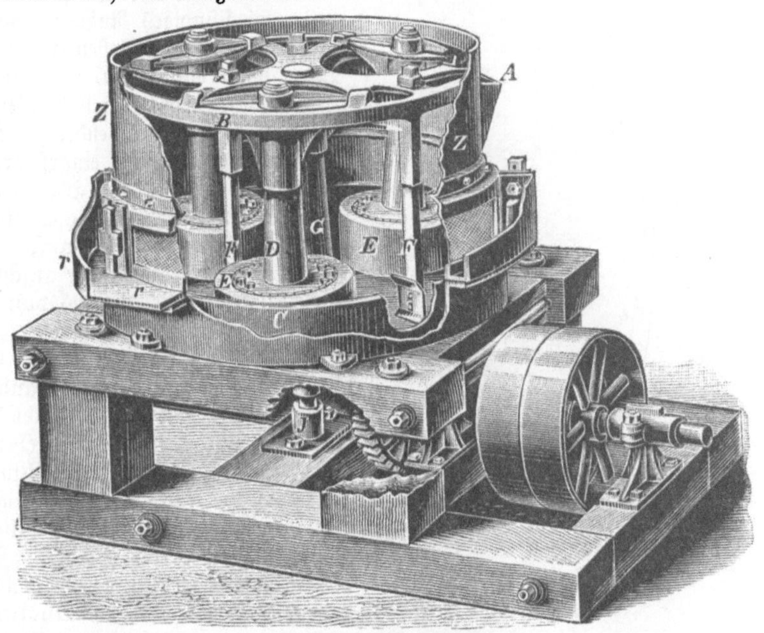

556. **Huntington-Mühle.**

Schlamm wurde durch etwa 1 m weite und ebenso tiefe Holzgerinne geführt, deren Böden mit Steinen oder Holzklötzen so gepflastert waren, daß sich die Goldteilchen in freibleibenden Fugen des Pflasters, in denen Quecksilber gehalten wurde, sammelte. Für die feineren Goldteilchen, welche der verhältnismäßig schnellen Strömung wegen nicht zu Boden sanken, waren auf einigen Stellen die Gerinne zu breiteren Kästen erweitert, so daß sich bei der hier eintretenden Verlangsamung des Schlammstromes, auch feineres Material sammeln konnte. Auch hier wurde Quecksilber auf dem Boden des Kastens gehalten.

Daß sich in den ersten Teilen des Gerinnes die Hauptgoldmenge ansammelt, ist leicht verständlich; dieselben müssen daher auch öfter gereinigt werden, wie die übrigen Teile des Gerinnes. Nachdem man an dem unteren Ende des zu reinigenden Teiles des Gerinnes Querleisten zum Auffangen des Amalgams angebracht hat, entfernt man, von oben beginnend, das Pflaster und spült das Amalgam durch frisches Quecksilber zusammen. Auf die Verarbeitung des Amalgams komme ich nach Besprechung der übrigen Amalgamationsverfahren zurück.

Vereinigte Zerkleinerungs- und Amalgamationsarbeit. Da für eine gute Durchführung der Amalgamation in vielen Fällen ein inniges Zusammenreiben des

Quecksilbers mit dem zerkleinerten Erze unumgänglich ist, so hat man es schon vor langer Zeit als zweckmäßig erkannt, die Amalgamation während der Zerkleinerung des Erzes einzuleiten. In solchen Fällen wird naturgemäß die Zerkleinerung unter Wasser vorgenommen. Wir finden daher hier Apparate in Anwendung, welche als sogenannte Naßmühlen oder Massemühlen schon in alten Industrien (Porzellan=Industrie) gebräuchlich gewesen sind.

Ganz an die Porzellan= und Naßmühlen erinnert z. B. die Einrichtung der in Mexiko früher allgemein angewandten Arrastra. Auf dem aus Steinen aufgebauten Boden eines flachen Bottichs schleifen, an Querarmen befestigt, die Mahlsteine auf dem mit der nötigen Menge Quecksilber versetzten Erzschlamme, diesen noch weiter zerkleinernd und gleichzeitig auf das innigste mit dem Quecksilber mischend. Das Amalgam wird aus diesen Mühlen nicht nach jeder Beschickung, sondern nach mehrtägigem Betriebe aus den Mühlen entfernt, wenn man dieselben auch dadurch, daß man das Nichthaltige bei Beginn des Betriebes jeden Morgen durch Zufluß von Wasser und mehrstündiges Rühren und darauffolgendes Ein=setzen eines frischen Posten Erzes mit der nötigen Menge Quecksilber täglich frisch beschickt.

Wo man in neueren Werken dieses Zerkleinerungs= und Mischsystem anwendet, haben sich wesentlich ver=vollkommnete Mühlen eingeführt, unter diesen ist eine der verbreitetsten die Huntington=Mühle. Der Mahlbottich Z setzt sich aus einer flachen gußeisernen Pfanne, einem auf diese aufgesetzten Siebcylinder und einem oben an diesen sich anschließenden, lediglich zur Verhütung des Verspritzens von Schlamm vorgesehenen massiven Cylinder zusammen. Durch die Mitte des Bodens ist eine Antriebswelle G hindurchgeführt, an welche sich oben ein mit daranhängenden Läufern D E und Rührern F besetzter Rahmen B ansetzt. Die Läufer D sind mit Stahlpanzern E umgeben, welche dazu bestimmt sind, den in der unteren Pfanne befindlichen Erz=schlamm an einem in diese eingesetzten Stahlringe C zu zerdrücken, während die Läufer durch die Welle G in Bewegung versetzt werden. Zur Zuführung des mit Wasser und Quecksilber versetzten Erzes ist ein Trichter A vorgesehen, während das Austragen des Nichthaltigen, während der Zerkleinerung in die oberen Flüssigkeits=teile gesammelten Erzes durch den Siebring und eine diese umgebende Rinne R geschieht.

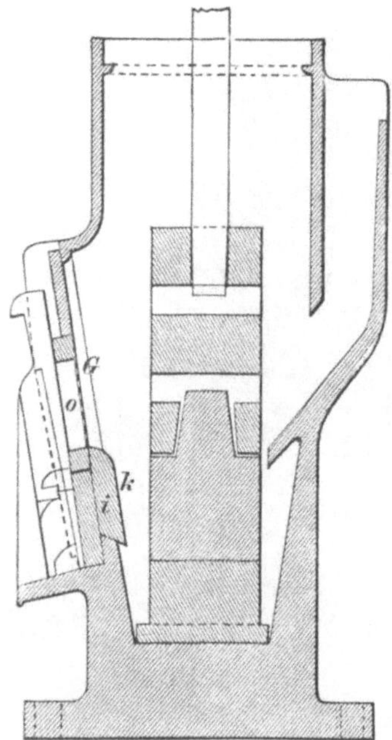
557. Pochtrog.

Auch Kugelmühlen, nach dem Prinzip der bekannten Indigo=Mühlen, hat man für das Naßmahlen und die Amalgamation eingeführt.

Die gebräuchlichste Zerkleinerungsvorrichtung mit Amalgamation ist das Naßpoch=werk. In Pochtröge bekannten Prinzips werden amalgamierte Kupferplatten an den Seiten=wandungen aufgestellt, und es wird, durch Einsetzen von Siebplatten in die Abflußöffnungen für die Pochtrübe nur das allerfeinste von dem Wasser aufgeschlämmte Material aus dem Troge ausgetragen. An der dieser Austragsöffnung gegenüberliegenden Seite befindet sich in der Regel der Zuflußtrichter für das Pochwasser. Abgesehen von dem auf der amalgamierten Kupferplatte befindlichen Quecksilber wird in der Regel auch eine weitere Menge Quecksilber von Zeit zu Zeit in den Trog eingespritzt. Die Einrichtung eines Pochtroges ist aus nebenstehender Abbildung leicht ersichtlich. Der in der Mitte hergestellte Pochstempel mit auswechselbarem Pochschuh arbeitet gegen einen in den Boden des Troges eingesetzten Amboß, die amalgamierte Kupferplatte K ist auf einer Holzleiste i in der Nähe der Austragsöffnung o, vor welche das Sieb G gespannt ist, angeordnet. An der gegen=überliegenden Seite befindet sich der Wassereinlauf.

Amalgamation nach vollendeter Zerkleinerung. Schon bei einigen der oben erwähnten Amalgamationsapparate zeigte es sich, daß mit der ausfließenden Erztrübe noch beträchtliche Mengen fein verteilter Goldteilchen mitgeführt wurden; man hat deswegen ohne Rücksicht darauf, ob in den Zerkleinerungsapparaten bereits eine Amalgamation stattfindet oder nicht, an alle diese Mühlen mehr oder weniger einfache Amalgamationsvorrichtungen angeschlossen. Unter den einfachsten derselben haben die mit Kupferplatten ausgelegten Gerinne die verbreitetste Anwendung gefunden. Die amalgamierten

Kupferplatten halten noch mehr wie das freie Quecksilber Goldteilchen, welche mit ihrer Oberfläche in Berührung kommen, zurück. Auf ihre Anwendung wurde ja schon bei den eben beschriebenen Pochwerken hingewiesen und speziell im Anschluß an die Pochtröge ist die Verwendung solcher Amalgamplatten ganz allgemein. Die für solche Gerinne bestimmten Kupferplatten werden entweder nach sorgfältiger Reinigung mechanisch mit Quecksilber überzogen, oder da Amalgame von vornherein wirksamer im Zurückhalten der Goldteilchen sind, wie das noch reine Quecksilber auf der Kupferoberfläche, so pflegt man die Kupferplatten auch wohl mit Silberamalgam zu überziehen, oder sie erst nach galvanischer Versilberung zu amalgamieren. Auch Natriumamalgam, kurz vor der Inbetriebsetzung aufgetragen, soll die Wirksamkeit der Platten wesentlich verstärken.

Nachdem sich die

558. Pochstempelbatterie des Grusonwerkes.

Amalgamschicht mit Gold gesättigt hat, wird dieselbe (und zwar geschieht dies täglich mindestens einmal) abgekratzt und mit frischem Quecksilber wieder amalgamiert, nachdem vor dem Einreiben des Quecksilbers die Oberfläche der Platte mit Cyankaliumlösung abgerieben ist. Die Gesamtanordnung einer Pochstempelbatterie mit vorgelegten Amalgamierrinnen, wie sie von dem Grusonwerke ausgeführt worden ist, zeigt die vorstehende Abb. 558. Vgl. auch Abb. 194 auf S. 145.

Andere Konstruktionen von Amalgamiergerinnen sind mit quer zur Stromrichtung in den Boden des Gerinnes eingelassenen Quecksilbertrögen und Rillen versehen. Amalgamatoren dieser Art bedürfen keiner so häufigen Reinigung wie diejenigen mit glatten

Platten. Die größte Menge des Amalgams sammelt sich in den zu oberst liegenden Trögen, aus denen es je nach der Größe derselben und dem Gehalte der Erze, alle 3—6 Tage, nach Abschöpfen des goldarmen, flüssigen Quecksilbers ausgehoben wird.

Unter den mühlenähnlichen, aber nicht zerkleinernd wirkenden Quecksilber-Erz-mischern ist einer der ältesten die sogenannte Schemnitzer-Quickmühle. In einem gußeisernen Gefäße bewegt sich ein außen der Form des Gefäßes entsprechender, in der Mitte trichterförmig ausgearbeiteter hölzerner Läufer, welcher, an eisernen Armen und einer Traverse drehbar, auf einem zentralen Lager ruht; der Zwischenraum zwischen Gefäßboden und Läufer wird so weit mit Quecksilber gefüllt, daß unten am Läufer ausgearbeitete Zähne noch in Quecksilber tauchen; fließt nun während des Betriebes aus einem Gerinne die Erztrübe der Mühle durch den Trichter dem Läufer zu, so wird sie durch die Zähne während der Drehung des Läufers gut mit dem Queck-silber verrührt, fließt vom Müh-lenrande zunächst in einen zwei-ten Amalgamator über, um von hier aus dann abgeführt zu werden.

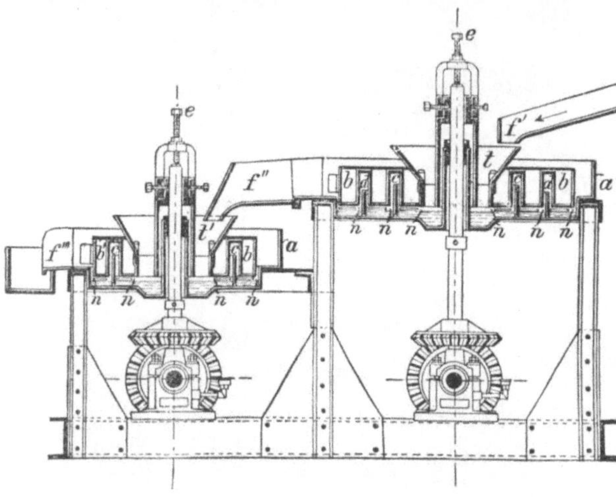

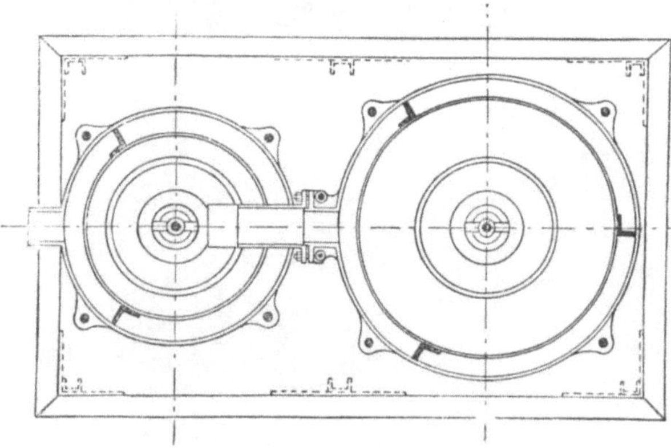

559 u. 560. Laßlo-Amalgamator.

Eine wesentliche Verbesse-rung der Mischer ist der so-genannte Laßlo-Amalga-mator, dessen Einrichtung aus den Abb. 559 u. 560 ersicht-lich ist. Vom Boden des flachen gußeisernen Bottichs a springen konzentrisch Scheidewände c d vor, über welche entsprechende ringförmige Nuten des eben-falls aus Gußeisen bestehenden Läufers b passen. Ähnlich wie bei der vorher beschriebenen Quickmühle fließt die Trübe dem Amalgamator durch einen in der Mitte des Läufers vor-gesehenen Trichter t von einem Gerinne F zu. Von der unteren Fläche des Läufers, welcher sich durch eine Stellschraube E auf der richtigen Entfernung vom Quecksilber im Boden des Gefäßes A setzen läßt, springen durch Winkeleisen gebildete Rührer vor, welche in derselben Weise, wie bei der Schemnitzer Mühle, Schlamm und Quecksilber verrühren. Da der Erzschlamm auf seinem Wege vom Trichter bis zu dem Austragsgerinne F'' über die Wände C D ausfließen muß, so ist es klar, daß die mechanische Aufbereitung dieses Schlammes hierdurch wesentlich gefördert wird. Auch in diesem Falle muß der Erzschlamm noch einen zweiten Amalgamator durchlaufen.

Fässeramalgamatoren finden für die direkte Amalgamation wenig Verwendung.

Auf die Amalgamation in Mörsern, wie sie für den Siebenbürgener Klein-betrieb Verwendung finden, brauchen wir hier nicht einzugehen.

* * *

Bei silberreichen Erzen führen die eben beschriebenen Arbeitsmethoden zu beträchtlichen Verlusten, wenn das Silber zum größten Teile als Sulfid, Arsenid und Antimonid oder Haloid vererzt ist. Enthalten die Erze nun außerdem noch größere Mengen von Kiesen, so hat sich als zweckmäßig erwiesen, vor der mit Zusatz von Reagentien auszuführenden Amalgamation eine chlorierende Röstung einzuschalten.

Als Apparate für diesen Röstprozeß dienen dieselben Öfen, welche für das chlorie= rende Rösten von Kupfererzen benutzt werden; es sei daher auf den Abschnitt Kupfer verwiesen.

An die chlorierende Röstung schließt sich in der Regel die sogenannte Fässer= amalgamation. Horizontal gelagerte hölzerne Fässer aus dicken, eichenen oder Tannen= holzdauben sind so auf einem gemeinschaftlichen Gestelle, unter Beschickungstrichtern und über den Ablaufrinnen, angeordnet, daß sie sich nach erfolgter Füllung mit Erzen, Wasser und den übrigen noch zu erwähnenden Zuschlägen von einer gemeinschaftlichen Welle aus, durch Zahnradbetriebe, in langsame Drehung versetzen lassen. Der erste Zusatz in diesen Fässern besteht aus Eisenabfällen, welche das durch überschüssiges Kochsalz in Lösung gebrachte Chlorsilber, unter Abscheidung von metallischem Silber fällen sollen, außerdem aber auch die durch Lösung von Quecksilber nachteilig wirkenden Verbindungen, wie Ferrichlorid und Kupferchlorid, zu den entsprechenden Chlorüren reduziert hat. Der Quecksilberzusatz erfolgt also erst nach einigen Stunden des Umlaufes der Fässer. Nach dem Quecksilberzusatz wird das Faß noch 15—20 Stunden lang gedreht. Während der ersten Zeit vor dem Quecksilberzusatz läuft das Faß mit etwa 10 Umdrehungen in der Minute, nachdem Quecksilberzusatze mit etwa 20 Umdrehungen. Vor dem Entleeren der Fässer werden dieselben ganz mit Wasser gefüllt und noch zwei Stunden langsam gedreht. Man läßt dann zuerst das Amalgam, dann den Erzschlamm abfließen.

An Stelle der Fässeramalgamation war auf südamerikanischen Werken ein Amal= gamationsverfahren in Holzbottichen mit kupfernen Böden sehr verbreitet, welches dort unter dem Namen Francke=Tina=Prozeß bekannt ist. Die Kupferteile, welche den Boden des Bottichs bilden, haben den Zweck, wie bei dem vorerwähnten Prozesse das Eisen, das in den Salzlaugen gelöste Silber als Metall zu fällen und die genannten Chloride in Chlorüre überzuführen. Um die Reaktion zu beschleunigen, sind wie bei Naß= mühlen bewegliche, aus Kupfer bestehende Läufer vorgesehen; auch sind zur Vergrößerung der Kupferoberfläche die Seitenwände des Holzbottichs teilweise noch mit Kupferplatten belegt. Die chemischen Vorgänge sind dieselben wie bei dem eben beschriebenen Prozesse.

Ohne vorherige chlorierende Röstung arbeiten die folgenden Apparate und Verfahren:

Die Kessel= oder Caldronamalgamation benutzt ebenfalls Kupfer als Reagens für die in siedender Kochsalzlösung durchzuführenden Reaktionen; sie ist anwendbar für Erze, welche das Edelmetall in gediegenem Zustande und das Silber in Haloidsalzen enthalten. Die aufgebrochenen, gestampften und auf Naßmühlen (Arrastras) zerkleinerten, nötigenfalls auf Herden konzentrierten Erze wurden in den älteren und kleineren An= lagen in kupfernen Kesseln, in neueren Anlagen in Holzbottichen mit schalenförmig ein= gerichtetem Kupferboden erhitzt, bis das Wasser des Erzschlammes siedete. Dann setzte man Kochsalz hinzu, und nachdem sich dieses gelöst hatte, setzte man in Pausen von 1—1½ Stunden die erforderliche Quecksilbermenge in vier Posten zu. Wenn auch die Zersetzung der Silbersalze durch das Kupfer des Kessels oder des Bodens der größeren Amalgamierbottiche bewirkt werden soll, so nimmt doch auch ein Teil des Quecksilbers an der Zerlegung des Chlorsilbers teil, indem es als Chlorür in Lösung geht. Nach beendigter Amalgamation wird die mit Wasser verdünnte Flüssigkeit aus dem Kessel ausgeschöpft, während die schlammigen Massen, die man vom Boden des Kessels aushebt, in Holzbottichen oder Trögen mit weiterem Quecksilber versetzt werden, um das Amalgam zu lösen.

Nach einem Vorschlage von Kröhnke soll bei Erzen, welche außer den gediegenen Edelmetallen und Silberhaloidsalzen noch Silbersulfid enthalten, eine heiße Lösung von Kupferchlorür in Kochsalz die Zerlegung der Silberverbindungen beschleunigen, indem z. B. aus dem Silbersulfide Silberchlorid entsteht, während das Kupferchlorür in Kupfer=

sulfid übergeht. Zur Ausscheidung des Silbers aus seinem so entstandenen Chloride sollen dann noch Zusätze von Zink oder Blei in Form von Amalgam nützlich wirken, indem dieselben nicht nur die Fällung des Silbers bewirken, sondern auch die Umsetzung von Quecksilber mit Silberchlorid verhindern. Die auf Walzwerken aufgebrochenen Erze werden auf Kollergängen unter Zufluß von Wasser und beständigem Abschlämmen des feinen Materials fein zerkleinert. Der in Setzkästen sich abscheidende Schlamm wird getrocknet und in Fässern mit den erwähnten Reagentien amalgamiert. Der Zusatz von Quecksilber und Blei- oder Zinkamalgam erfolgt aber erst, nachdem die Fässer mit der Kupferchlorür-Chlornatriumlösung etwa eine halbe Stunde gedreht sind. Das hierbei entstehende Amalgam ist meist mehr oder weniger kupferhaltig; da jedoch das Kupfer als Oxyd vorhanden ist, so kann es entweder mit Kupferchloridlösung oder mit Ammoniumkarbonatlösung ausgelaugt werden.

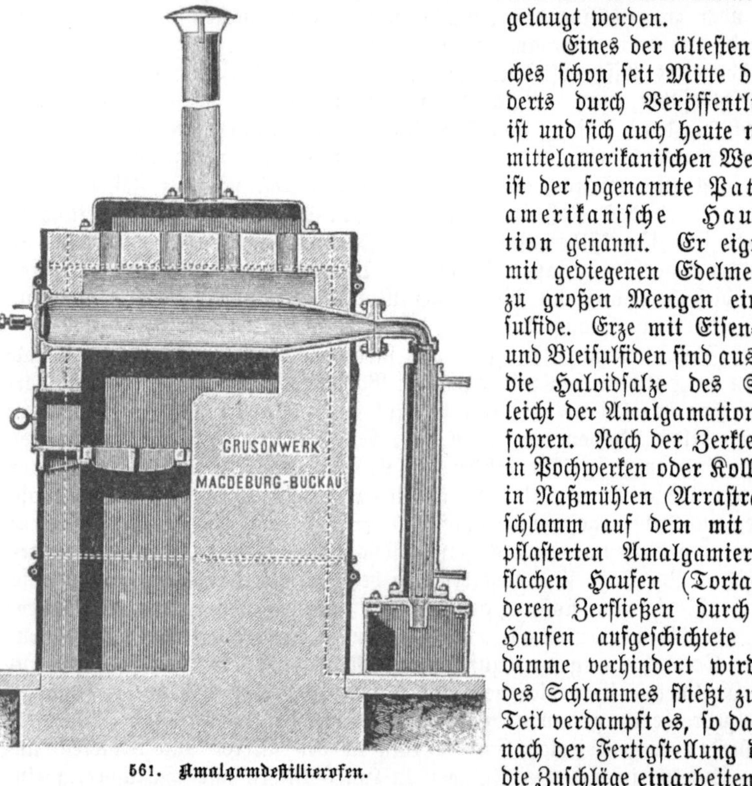

661. **Amalgamdestillierofen.**

Eines der ältesten Verfahren, welches schon seit Mitte des 16. Jahrhunderts durch Veröffentlichungen bekannt ist und sich auch heute noch auf süd- und mittelamerikanischen Werken erhalten hat, ist der sogenannte **Patioprozeß**, auch **amerikanische Haufenamalgamation** genannt. Er eignet sich für Erze mit gediegenen Edelmetallen und nicht zu großen Mengen einfacherer Silbersulfide. Erze mit Eisen-, Kupfer-, Zink- und Bleisulfiden sind ausgeschlossen. Auch die Haloidsalze des Silbers entgehen leicht der Amalgamation bei diesem Verfahren. Nach der Zerkleinerung der Erze in Pochwerken oder Kollermühlen, darauf in Naßmühlen (Arrastra) wird der Erzschlamm auf dem mit Steinplatten gepflasterten Amalgamierhofe (Patio) zu flachen Haufen (Tortas) aufgeschichtet, deren Zerfließen durch rings um den Haufen aufgeschichtete niedrige Sanddämme verhindert wird. Das Wasser des Schlammes fließt zum Teil ab, zum Teil verdampft es, so daß man am Tage nach der Fertigstellung der Haufen schon die Zuschläge einarbeiten kann. Der erste Zusatz besteht aus Chlornatrium, welches in Form von Kochsalz oder meistens in Form von roheren Seesalzen in Mengen von 4—5 % vom Erze aufgestreut, durch Spaten eingestochen und durch Maultiere eingetreten wird. In ähnlicher Weise erfolgt nun ein Zusatz von Kupfervitriol oder von Kupfersulfat enthaltenden Röstprodukten geeigneter Kiese. Entweder gleichzeitig oder unmittelbar nach dem Einarbeiten dieses Zusatzes wird Quecksilber in feiner Verteilung auf den Schlamm aufgestreut und wieder durchgetreten. Es folgt dann meist ein nochmaliger Kupfersulfatzusatz und täglich mehrmaliges Durchtreten durch Tiere. Während der drei- bis sechswöchigen Behandlung des Haufens in dieser Weise entsteht aus dem Kupfersulfat durch Einwirkung des Chlornatriums Kupferchlorid, welches zum Teil durch Quecksilber, zum Teil durch Silber zu Chlorür reduziert wird. Diese verschiedenen Chloride nun zerlegen die Sulfide zum Teil unter direkter Abscheidung von Silber. Auch das Quecksilber selbst nimmt an der Zerlegung des Silbersulfides und des Chlorides teil. Gediegenes Silber und Gold werden natürlich direkt vom Quecksilber aufgenommen.

Nach beendigter Amalgamation wird der Schlamm in mit Rührwerken versehenen Bottichen mit Wasser verwaschen, wobei sich das schwere Amalgam leicht von dem leichteren Erzschlamm scheidet.

Schließlich sei noch ein unter dem Namen Washoe=Prozeß bekanntes Verfahren der Pfannen=Amalgamation erwähnt. Die Zerkleinerung der Erze erfolgt auf Stein= brechern und in Naßpochwerken, während das Zusammenreiben des Erzschlammes mit den Reagentien in eisernen Pfannen erfolgt, welche mit Mahlvorrichtungen nach dem Prinzip der Naßmühlen versehen sind. Die Böden der Pfannen sind in der Regel so mit eisernen Platten belegt, daß zwischen denselben ähnliche Rillen frei bleiben, wie sie bei steinernen Naßmühlen durch Einhauen vorgesehen werden; auch die sogenannte Läuferplatte ist in ähnlicher Weise mit leicht auswechselbaren Eisenplatten besetzt. Außer dem Quecksilber sind auch hier die Reagentien Kochsalz und Kupfersulfat, deren Wirkung ja schon erörtert wurde. Man beschleunigt die Reaktion durch Erhitzen der Pfannen, für welchen Zweck in den Böden derselben Hohlräume zur Dampfzirkulation vorgesehen sind.

Das aus den verschiedenen Apparaten durch Abschlämmen des Erzschlammes erhaltene Amalgam wird in der Regel in mit Rührwerken versehenen Pfannen unter Zusatz von Quecksilber mit Wasser verrührt, um so mechanische Einschlüsse herauszuarbeiten. Es folgt dann eine Filtration durch Beutel aus kräftigem Segeltuch, deren Durchmesser oben etwa 250 mm, bei einer Länge von 600—800 mm, beträgt. Diese Beutel sind in der Regel in vollständig verdeckbare, zum Teil aus Gußeisen, zum Teil aus Schmiedeeisen bestehende Behälter eingehängt, deren untere Teile zum Sammeln des Quecksilbers dienen, während die oberen einem Verspritzen der feinen Quecksilberkügelchen vorbeugen sollen. Während ein edelmetallarmes Quecksilber durch die Beutel hindurchläuft, bleibt in den Beuteln ein edelmetallreicheres Amalgam in knetbar weichem Zustande zurück. Die Ver= arbeitung desselben geschieht entweder so, daß das in Kugel= oder Ziegelform gebrachte Amalgam unter Glocken aufgeschichtet wird, aus welchen durch außen aufgeschichtetes Feuer das Quecksilber in unten liegende Wasserbehälter abdestilliert wird, oder indem man das Amalgam in eine horizontal in einer Feuerung liegende Retorte bringt, um aus dieser ebenfalls das Quecksilber unter Zurücklassung der Edelmetalle abzudestillieren und wieder zu gewinnen. Einen Amalgamdestillierofen der letzteren Art, wie er vom Grusonwerk geliefert wird, zeigt nebenstehende Abbildung.

Goldgewinnung durch chemische Lösungs= und Fällungsarbeit.

Chloration. Von den für die Lösung des Goldes in Betracht kommenden Chemi= kalien spielt das Chlor eine sehr wichtige Rolle. Natürlich kommen für die Chloration nur solche Erze in Betracht, welche frei von Stoffen sind, die nicht zu viel Chlor zu wert= loser Arbeit verbrauchen. Nachteiligen Chlorverbrauch verursachen unter anderen Kupfer, Blei, Zink, Eisen, Arsen, Antimon, Tellur, Schwefel, Kalk und Magnesia. Einige dieser Substanzen lassen sich durch Röstung entweder direkt entfernen, oder doch in einen für die Chloration geeigneten Zustand überführen.

Unter den Chlorationsmethoden, welche sich hauptsächlich dadurch unterscheiden, daß in dem einen Falle das meist vorgeröstete Erz in ruhendem Zustande bei Gegenwart von Wasser=, Salz= oder Säurelösungen mit freiem Chlor oder Chlor entwickelnden Chemikalien behandelt wird, während im anderen Falle die Einwirkung des Chlores durch lebhafte Bewegung des Erzschlammes unterstützt wird, hat sich besonders die letztgenannte Arbeitsweise in der sogenannten Fässerchloration zu größter Vollkommen= heit ausgebildet.

Das erste Aufbrechen der Erze geschieht durch Steinbrecher, und zwar auf eine Korngröße von 25 mm im Maximum, in der Regel schließt sich an diese Arbeit das Probenehmen, welches auf größeren Werken durch maschinelle Vorrichtungen geschieht. In den meisten Fällen wird dann ein Trocknen der zerkleinerten Erze am Platze sein, für welchen Zweck in neueren Werken Öfen mit rotierenden Zylinderherden verwendet werden. Die weitere Zerkleinerung geschieht dann in Walzwerken, an welche sich

Siebvorrichtungen anschließen, wie sie zuerst in Zementfabriken mit Erfolg angewandt wurden, schräg verstellbare Stoßsiebe mit etwa 12 Maschen auf den laufenden Zentimeter, mit denen man bei einem Böschungswinkel von 45° Korngrößen erhalten kann, wie sie ein horizontal gestelltes Sieb von 20 Maschen auf den laufenden Zentimeter liefert.

Wo nötig, erfolgt nun eine Röstung, welche auf den zuletzt gebauten Werken in Pearce=Öfen (s. Kupfer) ausgeführt wird. Von diesen Öfen aus gelangt das Erz durch Kühlvorrichtungen mit Hilfe von Becherwerken in Sammelbehälter, von denen es trichterförmig zulaufende Taschen zu den Chlorierungsfässern führen. Die Chlorierungsfässer neuerer Konstruktion haben eine Kapazität von 5—10 t Erz. Die Dimensionen der kleinsten dieser Fässer sind: 2750 mm Länge bei 1530 mm Durchmesser im Lichten. Bei Einzelchargen von 5 t verarbeiten sie in 24 Stunden 35—40 t. Sie bestehen aus 15 mm starkem Kesselblech, welches mit 8—10 mm starkem Blei innen ausgelegt ist. Die Auskleidung der Faßböden ist 15 mm stark. Die Bleiauskleidung wird gehalten durch flachköpfige, im Inneren der Fässer verbleite Bolzen. In den Fässern selbst befindet sich ein Filter, welches, bei nach oben gestelltem Beschickungsloche horizontal steht. Um dieses Filter anzubringen, werden zwei Holzleisten von trapezförmigem Querschnitt von 65 mm Basis, 40 mm kurzer Seite und 150 mm Höhe der Länge nach durch die Fässer gelegt und durch die Böden hindurch festgeschraubt. Unter diese Leisten werden Platten eingebaut von 40 mm Dicke und 125 mm Breite, auf diese endlich kommen die 75 mm dicken Filterunterlagen zu liegen, eine derselben an jedem Faßboden und zwischen fünf andere in gleichen Entfernungen, so daß sie in Zwischenräumen von 330 mm liegen; auf diesen Rost legt man Holzgitter von 50 mm Dicke, in welche, in Entfernungen von 10 mm, Rillen von 8 mm Breite und 10 mm Tiefe eingearbeitet sind, in diesen Rillen befinden sich, in Entfernungen von 75 mm, Löcher von 10 mm Weite. Auf diese Platten kommt nun eine Lage von Asbestfiltertuch, über dieses wieder ein Holzgitter aus Stäben von 25 . 40 mm, die in Zwischenräumen von 90—230 mm liegen. Dieses, und damit das ganze Filter, wird durch fünf schwere Holzquerstäbe von 75 . 75 mm niedergehalten. Die Enden dieser Querstäbe sind unter Holzleisten geschoben, welche an die Mantelwand innen angelegt und durch Bolzen von außen gehalten werden. Alles Holzwerk im Inneren des Fasses wird in Teer und Asphalt gekocht.

Unterhalb dieses Filters befindet sich das Abflußrohr für die Laugen, oberhalb desselben ein Wasserzulauf.

Unterhalb der Chlorierungsfässer sind die Sammelbottiche und Filter für die Laugen angeordnet, letztere direkt unter den Laugenventilen der Fässer, durch etwa 50 mm weite Schläuche verbunden. Diese Schlammfilter sind gußeiserne Cylinder von 760 mm Durchmesser und 460 mm Höhe, mit gußeisernen Deckeln, Zu= und Ablaufrohren mit Bleiauskleidung und ähnlichen Filtervorrichtungen wie in den Chlorationsfässern, nur mit dem Unterschiede, daß auf dem Asbesttuche eine 150 mm hohe Quarzschicht liegt, die oben wieder mit Asbest gedeckt ist. Die letztere Asbestlage kann zum Zwecke der Reinigung leicht abgenommen werden, wenn sie durch Schlamm u. dergl. zu sehr verunreinigt ist.

Vor den Schlammfiltern stehen Fällgefäße von etwa 2000 mm Durchmesser und 3200 mm Höhe, aus 10 mm starkem Kesselblech. Durch die Mitte der Böden dieser Gefäße geht ein 75 mm starker eiserner Bolzen. Der Deckel hat ein Mannloch und drei 50 mm weite Öffnungen. Durch zwei dieser Öffnungen gehen Bleirohre bis auf den Boden. Im Boden, 230 mm vom Mittelpunkte, ist eine 50 mm weite Öffnung vorgesehen; außerdem befindet sich eine zweite gleichweite Öffnung in dem Cylindermantel, möglichst dicht über dem Flansch, welcher die Bodenplatte hält. Etwa 1200 mm vom Boden sind Stützen auf die Außenwand genietet, mittels deren der Cylinder so auf einem Holzgestelle ruht, daß der Cylinderboden etwa 1400 mm über dem Arbeitsflur hängt. An sonstigen Apparaten erfordert die Chlorierungsanlage noch Entwickelungsgefäße für schweflige Säure und Schwefelwasserstoff. Die schweflige Säure hat den Zweck, überschüssiges Chlor zu Salzsäure zu reduzieren. Der Schwefelwasserstoff bildet dann das eigentliche

Goldfällungsmittel, obwohl das Niederschlagen des Goldes schon durch die schweflige Säure eingeleitet wird.

Nachdem das Erz nun aus den Sammeltaschen in das Chlorierungsfaß eingebracht worden ist, läßt man pro Tonne Erz etwa 600 cbm Wasser zu. Die Gesamtchlorkalk= menge zur Durchführung der Chlorierung schwankt zwischen 8 und 18 kg; die entsprechende Menge 66 grädiger Schwefelsäure zwischen 9 und 23 kg per Tonne Erz; Chlorkalk und Schwefelsäure werden nicht auf einmal, sondern in zwei Posten eingesetzt, die erste Hälfte bei der Beschickung, nach welcher das geschlossene Faß mit etwa 12 Umdrehungen in der Minute gedreht wird, die zweite nach 2—4 Stunden, worauf nochmals 2—4 Stunden gedreht wird. Nun stellt man die Fässer still, das Beschickungsloch nach oben, und drückt Wasser in dieselben mit einem Drucke von fast 3 Atmosphären. Die Gold= lösung fließt nun aus dem unten befindlichen geöffneten Entleerungsventile in die oben erwähnten Klärbottiche und von hier aus in die Fällgefäße. Die im Fasse ver= bliebenen Erzrückstände werden durch Umdrehung des Fasses bei geöffnetem Beschickungs= loch in einen Trichter und durch diesen in Transportvorrichtungen entleert, welche sie zur Halde bringen.

Die in den Fällgefäßen angelangte Lösung wird dort, wie schon angedeutet, mit schwefliger Säure reduziert und mit Schwefelwasserstoff vollständig gefällt.

Der Gesamtinhalt der Fällgefäße wird unter Vermittelung von Druckfässern in hölzerne Filterpressen gedrückt, welche das Gold zurückhalten. Das Filtrat aus den Pressen läuft noch durch ein Sandfilter, von welchem die obere Sandschicht von Zeit zu Zeit abgeräumt und, da sie verhältnismäßig sehr goldreich ist, bei der Chloration mit ver= arbeitet wird.

Filterkuchen mitsamt den Filtertüchern werden in Eisenblechtrögen getrocknet und in Muffelöfen geschoben, in denen der Schwefel abröstet und das Filtertuch verbrennt.

Bei richtig durchgeführter Röstung und Fällung enthält das Röstprodukt 75 bis 80 % Gold.

Noch in dem Blechtroge wird zum Röstprodukte Borax, Soda und Salpeter beigemischt, worauf die Mischung in Graphittiegeln in Tiegelöfen verschmolzen wird. Aus den Tiegeln gießt man dann das Metall in Formen.

Auf anderen Werken, wo die Goldfällung durch Holzkohle geschieht, wird die in den Sammelbottichen geklärte und durch Sandfilter filtrierte Lösung durch eine Batterie Kohlefilter geschickt.

Das einzelne Filter besteht aus mit Blei überzogenem Eisenblech, hat einen Durch= messer von etwa 1 m und eine Tiefe von 1,5 m. Auf der aus staubfreiem Holzkohlenklein von 8 mm Korngröße bestehenden Füllung liegt zur gleichmäßigen Verteilung der Flüssig= keit eine gelochte Bleiplatte. Sämtliche Filter sind in zwei Reihen angeordnet. Die ein= zelnen Filter der ersten Reihe sind parallel, die beiden Reihen hintereinander geschaltet. Man schickt die Lösung so lange durch diese Filterbatterie, bis die Holzkohle der einen Reihe mit Gold gesättigt ist. Die erste Reihe wird dann nach Ablauf der Lauge entleert, um nach frischer Füllung als zweite Filterreihe eingeschaltet zu werden. Die mit Gold gesättigte, aus den Filtern in Eisenblechtröge abgezogene Holzkohle verascht man in Muffelöfen und verarbeitet den Veraschungsrückstand, wie oben angegeben.

Cyanidlaugerei. Daß sich Gold, und zwar um so leichter, je feiner dasselbe zerteilt ist, in wässerigen Lösungen von Chankalium verhältnismäßig leicht löst, ist eine schon seit Jahrhunderten bekannte Thatsache. Elsner hat im Jahre 1845 nach= gewiesen, daß diese Lösung unter Mitwirkung des Sauerstoffes der Luft vor sich geht, und zwar nach folgender Formel:

$$Au_2 + 4\,KCy + H_2O + O = 2\,AuKCy_2 + 2\,KHO$$

Lange Zeit haben diese bekannten Thatsachen keine Beachtung gefunden, bis sich ein augenscheinlich für die Cyanidlaugerei ganz besonders geeignetes Erz in den Lagerstätten des sogenannten Witwatersrand vorfand, in welchem ein großer Teil Goldes in äußerst feiner Verteilung vorkommt. Selbst die Gegenwart von Pyriten, in denen das Gold jedoch ebenfalls frei enthalten ist, beeinträchtigte den Lösungsvorgang nicht, da diese Pyrite auf das Cyankalium nicht von nachteiliger Wirkung waren. Da gröbere Goldteilchen sich nur äußerst langsam in den dünnen Cyanidlaugen lösen, so wurde die beste Goldausbeute dadurch erzielt, daß man die zerkleinerten Erze zuerst amalgamierte, dann der Cyanid=laugerei unterwarf. Die Abgänge von der Amalgamation bringt man in große Holzbottiche von 6—12 m Durchmesser und 2,5—4,5 m Höhe, auf deren Böden ein aus Latten und Kokosmatten zusammengesetztes Filter eingebaut ist. Da die Schlämme organische saure Substanzen, auch saure Salze enthalten, welche die Wirkung des Cyankaliums beeinträchtigen, so läßt man der eigentlichen Laugerei zuerst eine Neu=tralisation vorangehen, indem man dieselben mit einer Lösung behandelt, welche im Kubikmeter etwa 120 g Ätznatron neben einer geringen Menge Cyankalium ent=hielt (0,15 %).

Nach Ablauf der ersten Lösung läßt man einen Teil stärkerer Lösung auflaufen, und dieselbe zwei Stunden lang abtropfen. Erst dann fällt man mit einer Cyankalium=lösung von 0,3—0,5 % KCy auf. Nach weiteren drei Stunden beginnt das Abziehen dieser Lösung, welches nach etwa vier Stunden beendigt ist. Der absickernden Lauge dringt Luft in den Schlamm nach und begünstigt so die oben angegebene Reaktion. Man wäscht dann wieder mit schwacher Cyankaliumlauge (0,15 % KCy) nach und spült endlich mit Wasser die letzten Reste goldhaltiger Laugen aus dem Schlamme aus.

Die verschiedenen Laugen werden für sich aufgefangen und je nach ihrem Cyanid= oder Goldgehalt entweder wieder in den Betrieb aufgenommen oder zur Ausfällung gebracht.

Die Ausfällung des Goldes aus den reicheren Laugen geschah anfangs durch Zink; ein Verfahren, welches mit so vielen Übelständen verknüpft war, daß die rationelle Durch=führung der Cyanidlaugerei wohl erst durch das elektrische Verfahren von Siemens & Halske gesichert wurde. Nach diesem Verfahren fließt die goldhaltige Lauge durch Be=hälter, in denen als Elektroden abwechselnd Eisenplatten als Anoden und Bleiplatten als Kathoden so aufgehängt sind, daß die Lauge in Schlangenlinien von unten nach oben und umgekehrt um sämtliche Elektroden herumfließt. An den Eisenanoden wird ein Teil des Cyans in nutzbarer Form als Cyanid niedergeschlagen, während das Gold auf den Bleiplatten haften bleibt. Diese werden von Zeit zu Zeit aus den Elektrolysierbehältern herausgehoben, getrocknet und in kleinen Flammöfen oxydierend auf Glätte= und Rohgold verschmolzen.

Säurescheidung. Durch Säuren, als Lösungsmittel, Gold von anderen Metallen, besonders von Silber zu scheiden, ist eine für Goldlegierungen sehr alte Praxis. Zwei dieser Verfahren sind schon unter Silber besprochen: Die Scheidung durch die Quart und die Schwefelsäurescheidung; ein drittes Verfahren: Die Schwefelsäurelaugerei edel=metallhaltigen Kupfers wird unter „Kupfer“ Erwähnung finden.

Das besonders bei den ersten beiden Prozessen der Silber = Goldscheidung zurück=bleibende Gold ist vielfach nicht rein genug, um direkt verschmolzen zu werden. Nach der älteren Praxis, die sich in vielen Scheideanstalten noch heute erhalten hat, löste man dieses Gold in Königswasser auf, um es aus der geklärten Lösung dann in reinem Zustande durch Eisenchlorür oder Eisenvitriol zu fällen. Die Fällung mit Eisenchlorür wendet man hauptsächlich dann an, wenn das Gold noch Platinmetalle enthält, welche sich eben=falls in Königswasser lösen, aber durch Eisenchlorürlösung nicht gefällt werden. Die während der Fällung zum größten Teile zu Eisenchlorid oxydierte Lösung wird nach ihrer Trennung von dem Goldniederschlage, durch Dekantieren und Filtrieren mit so viel Eisen=blechabfällen versetzt, daß alles Eisenchlorid wieder zu Chlorür reduziert wird. Es scheiden sich dann auch die Platinmetalle aus, während die Chlorürlösung wieder zur Goldfällung benutzt werden kann.

Das aus seinen Lösungen durch Ferrisalze gefällte Gold bildet ein schweres braunes Pulver, welches nach erfolgtem Auswaschen und Trocknen in kleinen Graphit=tiegeln unter Zusatz von Glaspulver eingeschmolzen und dann zu kleinen Barren ver=gossen wird.

Elektrolytische Goldgewinnung.

Die Gewinnung des Goldes direkt aus Erzen mit Hilfe von Elektrizität hat sich bisher wenig bewährt. Bei den geringen Mengen des selbst in reichen Erzen vorhandenen Goldes übersteigen die Stromverluste die Grenzen des zulässigen Kostenaufwandes. Es ist die Mitwirkung des elektrischen Stromes bisher nur für die Scheidung von Legierungen in den Betrieb übernommen. Einer dieser Fälle wurde bereits unter Silber besprochen. Die elektrolytische Kupferraffination, bei welcher es ja ebenfalls auf eine Scheidung des Kupfers von den Edelmetallen ankommt, wird eingehender unter Kupfer Berücksichtigung finden. In beiden Fällen nimmt auch das Gold insofern nicht an der Elektrolyse teil, als es nicht in Lösung gebracht wird an den Anoden; es bleibt hier vielmehr als Rückstand (Anodenschlamm) zurück. Das einzige Verfahren, bei welchem Gold elektrolytisch in Lösung gebracht und wieder gefällt wird, ist die Wohlwillsche Gold-Platinscheidung. Durch eine sehr interessante Untersuchung hat Wohlwill die Bedingungen ermittelt, unter welchen Gold elektrolytisch am besten in Lösung zu bringen ist: Wenn wir eine neutrale Goldlösung mit einer Goldplatte als Anode und einer ebensolchen als Kathode elektrolysieren, so wird die Anode fast gar nicht angegriffen, es wird sich hier vielmehr eine Chlorentwickelung bemerkbar machen; fügt man dagegen Salzsäure zu einer solchen Lösung, so hört die Chlorentwickelung bei einem bestimmten Punkte auf, und es tritt nun Gold in Lösung, besonders wenn man gleichzeitig die Lösung auf eine Temperatur von etwa 60—70° erwärmt. Mit Rücksicht darauf nun, daß man bei den hohen Goldpreisen keine zu großen Metallmengen, also keine so hohen Werte lange Zeit in dem Betriebe zurücklassen darf, also mit möglichster Geschwindigkeit elektrolysieren muß, ist die höchstzulässige Stromdichte zu dieser Arbeit zu verwenden. Wohlwill arbeitet daher mit Stromdichten von mindestens 400 Ampère per Quadratmeter, kann aber bei entsprechend zu erhöhendem Säuregehalt der Lösung bis 1000 Ampère per Quadratmeter gehen. Der Elektrolyt muß unter diesen Bedingungen 20—25 g Gold und 20—25 ccm Salzsäure von 1,19 spez. Gewicht im Liter enthalten und bei einer Temperatur von 60—70° elektrolysiert werden. Unter diesen Bedingungen geht das Gold ohne Stromverlust in Lösung und schlägt sich in zusammenhängendem Zustande auf das als Kathode in die Bäder eingehängte Feingoldblech nieder. Das Platin bleibt zum Teil an der Anode, von welcher es während der Lösung des Goldes abfällt, zum Teil tritt es aber auch in die Lösung über, wird aber erst niedergeschlagen, wenn die Stromdichte 4—500 Ampère per Quadratmeter Elektrodenfläche übersteigt und gleichzeitig die Menge der in Lösung befindlichen Platinmetalle doppelt so groß ist, wie die des in Lösung befindlichen Goldes. Hat sich der Elektrolyt zu sehr mit Platin angereichert, so muß derselbe abgesetzt werden, und man gewinnt dann das Gold aus demselben durch Fällung mit Eisenchlorür, die Platinmetalle durch Fällung mit Eisen.

*   *
*

Das Gold (Au, Atomgewicht 197, spezifisches Gewicht 19,3) ist ein gelbes, stark glänzendes, sehr zähes, höchst dehnbares Metall (das dehnbarste aller Metalle). Wegen der geringen Härte und der eben genannten Eigenschaften des Metalles zeigt der Bruch kaum erkennbare krystallinische Struktur; er wird von den Metallurgen als hackig bezeichnet. Der Schmelzpunkt des Goldes liegt bei 1035°. Bei Temperaturen in der Nähe von oder über 2000° beginnt die Verflüchtigung. Sein Wärme- und Elektrizitätsleitungsvermögen ist ein sehr hohes (0,6 bezw. 0,7 auf Silber = 1 bezogen). Gegenüber dem Silber ist die Fähigkeit des Goldes, im geschmolzenen Zustande Gase zu absorbieren, eine geringe. Im festen Zustande dagegen verdichtet das fein verteilte Metall bis zu 0,7 % der elektropositiveren Gase (H, CO u. s. w.). Bezüglich der Lösungsfähigkeit für andere Metalle oder in solchen zeigt es große Übereinstimmung mit dem Silber. Von den Legierungen dieser beiden Metalle verdienen besonders die mit Blei, Quecksilber, Kupfer und Zink, natürlich auch die Gold-Silberlegierungen selbst, für den Hüttenmann besondere Beachtung. Eine sehr geringe Menge fremder Bestandteile (0,05 % Pb, Bi oder Sn, 0,₀₀₀₀₃ °/₀ Sb) nehmen dem Golde seine Dehnbarkeit und machen es spröde und brüchig.

Chemisch ist das Gold eines der widerstandsfähigsten Metalle. Seine Oxyde und Sulfide sind nur auf Umwegen darstellbar, zersetzen sich dagegen sehr leicht. Halogene, besonders Chlor und Brom, und Gemische, welche diese Halogene entwickeln, also Königs=wasser z. B., lösen Gold sehr leicht. Einige Salze, wie Thiosulfate und Cyanide, letztere nur bei Gegenwart von Sauerstoff, bilden mit metallischem Golde ebenfalls direkt in Wasser lösliche Doppelsalze ($3 Na_2 S_2 O_3 + Au S_2 O_2 + 4 F_2 O$ und $Au Cy K Cy$). Benutzt man diese Salze als Elektrolyte, so löst sich Gold an der Anode, um an der Kathode wieder abgeschieden zu werden. Außer jenem Hyposulfid tritt Gold als Basis in Sauerstoffsalze nicht ein, wohl aber sind goldsaure Salze, Aurate, dargestellt. Gold=sulfid ist in Lösungen der Alkalisulfide unter Bildung von Sulfosalzen leicht löslich.

Durch die schwächsten Reduktionsmittel wird Gold aus seinen Lösungen abgeschieden, so durch Wasserstoff, Phosphor, Arsen, Antimon, Kohlenstoff, durch fast sämtliche Metall=sulfide, durch Oxydulsalze des Eisens, Zinnes u. s. w., Hypophosphite, Sulfide, Schwefel=dioxyd, niedrige Stickoxyde, Arsenik, Oxalsäure und andere organische Stoffe.

Kupfer.

Von den zahlreichen natürlich vorkommenden, kupferführenden Erzen mögen nur folgende erwähnt sein: Gediegenes Kupfer; Rotkupfererz, $Cu_2 O$; Schwarzkupfererz, CuO; Kupferkies, $Cu_2 S . Fe_2 S_3$; Buntkupfererz, $(Cu_2 S)_3 . Fe_2 S_3$; Kupferglanz, CuS; Kupfer=vitriol, $CuSO_4 . 5 H_2 O$; Malachit, $(HO)_2 Cu_2 CO_3$; Kupferlasur (Bergblau), $(HO)_2 Cu_3 (CO_2)_2$. — Für die Kupfergewinnung kommen in erster Linie die sulfidischen Erze in Betracht; sie sind die verbreitetsten. Gediegenes Kupfer, die Oxyde und Salze bilden nur ganz vereinzelt die Rohstoffe eines selbständigen Hüttenbetriebes.

Außer diesen Erzen sind für die Kupfergewinnung zu beachten: kupferhaltige Steine, aus dem Blei= und Nickel=Hüttenbetriebe, Speisen, Schlacken und Legierungen, unter den letzteren besonders Saigerdörner und die Abzüge, welche bei der Bleiraffination erhalten werden.

Herstellung von Rohkupfer.

Anreicherung armer Kupfererze. Da der mechanischen Aufbereitung der meisten Kupfererze vorwiegend der sulfidischen, wegen der geringen Dichtigkeitsunterschiede, innigen Verwachsungen, Legierungen und chemischen Bindungen des Nichtkupfers mit den Kupferverbindungen, Grenzen gesteckt sind, welche die vorteilhafte Herstellung direkt verschmelzbarer mechanischer Konzentrationsprodukte unmöglich machen, da also an die Hütten so kupferarme Produkte abgeliefert werden, daß ihre direkte Verschmelzung auf Kupfer, ganz abgesehen von Verlusten in zahllosen Nebenprodukten, ein für die meisten Zwecke kaum brauchbares Metall liefern oder ganz unerschwingliche Raffinationskosten verursachen würden, so hat man, in dem hohen Vereinigungsbestreben zwischen Kupfer und Schwefel im schmelzflüssigen Zustande ein Mittel gefunden, Kupfer in Form von sulfidischen Hüttenprodukten (Kupferstein) auf chemischem Wege anzureichern. Es ist eine schon sehr alte Erfahrung der Kupferhüttenleute, daß von allen in den Kupfererzen vor=kommenden Metallen, einschließlich Arsen und Antimon das Vereinigungsbestreben des Kupfers zum Schwefel das größte ist. Fournet fand durch Versuche, daß in der folgen=den Reihe von Metallen jedes das nach ihm aufgeführte Metall aus seinen geschmolzenen Sulfiden auszuscheiden vermag: Kupfer, Eisen, Kobalt, Nickel, Zinn, Zink, Blei, Silber, Quecksilber, Gold, Arsen, Antimon. Liegt nun ein Gemisch von Sulfiden solcher Metalle vor, so ist es klar, daß, wenn man dem Erze einen Teil seines Schwefels, z. B. durch oxydierende Röstung entzieht und das Röstprodukt nun einer Schmelzung unterwirft, das Kupfer sich in erster Linie mit dem noch vorhandenen Schwefel vereinigen wird, und zwar bis zur Bildung der Verbindung: $Cu_2 S$. Ist außerdem nun noch Schwefel vorhanden, so wird als nächstes in Kupfererzen fast nie fehlendes Metall das Eisen den übrigen Schwefel nehmen, und so folgen dann die übrigen Metalle. Reicht aber, was schon nach der ersten Röstung meist der Fall ist, der Schwefel nicht mehr aus für das Eisen und die übrigen Verbindungen, so werden diese verschlackt werden, für welchen Zweck man beim sogenannten Steinschmelzen für entsprechende Zuschläge, Kieselsäure oder saure Silikate, sorgen muß. Allerdings wird, wie man auf den ersten Blick aus der Fournetschen Reihe schließen könnte, der Fall niemals eintreten, daß die Hauptmenge von Silber und Gold sich mit verschlacken würde. Diese Metalle werden vorwiegend von den erschmolzenen Sulfiden gelöst, als Sulfide sowohl wie als Metalle selbst. Auch Kobalt und Nickel werden, wenn nicht entsprechende Mengen von Arsen und Antimon vorhanden sind, sich der Hauptmenge nach im Steine ansammeln. Der Kupferstein, auch Lech oder Matte genannt, hat eine der allgemeinen Formel: $Cu_2 S \cdot xFeS$ entsprechende Zusammensetzung, wenn wir nur die Hauptbestandteile berücksichtigen, dazu kommt dann noch besonders in dem zuerst erschmolzenen Rohsteine, eine mehr oder weniger große Menge von Sulfiden der übrigen Metalle.

Die Kupferanreicherung nach diesem Prinzip zerfällt nun in folgende Arbeiten:

1. Erzrösten. Je nach der Natur der Erze und nach anderen für den Gesamtbetrieb maßgebenden Umständen erfolgt das Rösten in Haufen, Stadeln, Flammöfen mit feststehenden oder rotierenden Herden, oder endlich in niedrigen Schachtöfen, den sogenannten Stückkies= oder Feinkiesöfen.

Haufenröstung. Diese Röstmethode, eine der ältesten, hat sich trotz der Konstruktion guter Röstöfen noch bis auf den heutigen Tag erhalten. Sie erfordert wenig Anlagekapital, sie liefert ein für den Schachtofenbetrieb vorzüglich geeignetes Material und ist als Vor= oder Nacharbeit auch in Verbindung mit anderen Röstmethoden aus dem einen oder anderen Grunde oft unentbehrlich. Allerdings ist sie nur anwendbar in Gegenden, wo keine Vegetation zu vernichten ist, oder wo die Vernichtung einer solchen keine Schadenersatzansprüche nach sich zieht. Aber auch in diesen Fällen ist zu berücksichtigen, daß in der herrschenden Windrichtung hinter der Röstanlage keine Wohn= oder Arbeitsgebäude oder beackertes Land liegen. Abgesehen von diesen Rücksichten müssen die Haufen auf möglichst trockenem, sich leicht entwässerndem Grunde liegen, so daß dieselben auch durch die Wirkung starker Regengüsse nicht zu sehr leiden. Ist der Boden für den Haufen entsprechend vorbereitet, besonders durch Abräumen der Humusschicht, etwaiger Baumwurzeln u. dgl., Aufschichten einer Deckschicht von Lehm oder Feinkies, so daß er den umliegenden Boden um etwa einen halben Meter überragt, so kann mit dem Aufbau der Haufen begonnen werden; als Unterlagen gibt man eine Schicht armen Erzkleines, darauf kommt eine durchschnittlich 300 mm dicke Schicht aus Scheitholz, Reisig oder Kohlen, in welchen Luftkanäle ausgespart werden. Dann führt man Bretterkamine auf, um dann endlich auf dem hölzernen Röstbett und um die Kamine herum den Erzhaufen aufzubauen. Zu unterst legt man die gröberen Erzstücke (Stufen), auf diese feineres Material (Graupen), zu oberst dann eine aus Erzklein bestehende Decke. Der eigentliche Erzhaufen wird so auf das hölzerne Röstbett geschichtet, daß letzteres rings herum etwa 300 mm weit vorspringt. Die Höhe der Haufen richtet sich nach der Beschaffenheit der Erze, besonders nach dem Schwefelgehalte; sie schwankt zwischen 2 und 3 m. Das Gewicht beträgt 100—500 Tonnen an Erz. Auf je 100 Tonnen Erz rechnet man 18 bis 24 cbm Holz. Die Brenndauer der Haufen, welche außer von klimatischen Verhältnissen natürlich auch von der Natur des Erzes und der Größe des Haufens abhängt, liegt zwischen 40—90 Tagen.

Eine abweichende Bauart für Haufen ist auf den spanischen Riotinto=Werken üblich. Man baut dieselben dort in der Form, wie bei uns die Heustaken aufgeschichtet werden, etwa 4—5 m hoch, über 10 m Durchmesser, und ein Gesamtgewicht von rund 400 Tonnen enthaltend. Radial von dem Umfange etwa 1,25 m, nach innen verlaufend, sind zwölf Feuerungen um den Haufen angeordnet, in denen während der Röstperiode eine ungewöhnlich geringe Menge Brennstoff verbraucht wird. Man wählt die Temperatur möglichst niedrig, erzielt aber, trotzdem in dem Kerne des Haufens Erzstücke von 100—150 mm Durchmesser liegen, eine höchst vollkommene Durchröstung, die allerdings 6—9 Monate dauert.

Bei sehr schwefelkiesreichen Erzen kann ein Teil des Schwefels auch durch Anlage kleiner halbkugeliger Gruben von 300—400 mm Durchmesser in der Decke des Röst= haufens gewonnen werden.

Die größte Aufmerksamkeit erfordert die Bedienung des Haufens während der ersten Tage des Anzündens. Während der ganzen Dauer der Röstung wird der Brand haupt= sächlich durch Aufwerfen von Erzklein oben auf den Haufen oder an den unteren vom Erzklein freibleiben= den Rand reguliert.

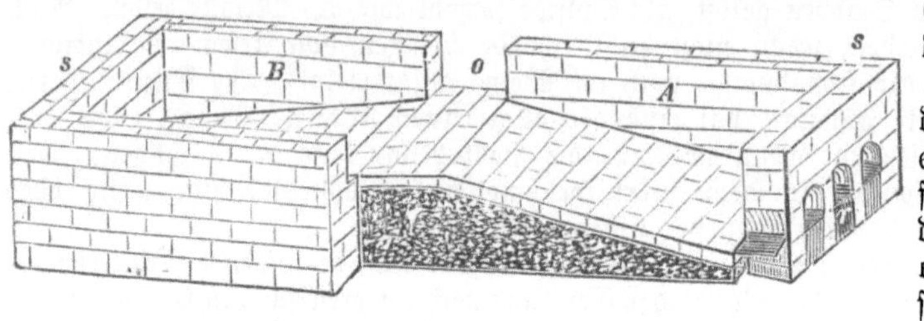

562. Stadel nach der Konstruktion von Wellner.

Beim Abtragen der Haufen nach be= endigter Röstung er= folgt ein Aussortieren der für den Schmelz= ofen geeigneten Mas= sen von den einer nochmaligen Röstung bedürftigen Produk= ten. Je nach der Beschaffenheit der Erze selbst, oder nach der an die Röstung sich an= schließenden Arbeit folgt dem ersten noch nötigenfalls ein zweites, auch drittes Rösten.

Eine besondere Art der Röstung, in welcher gewissermaßen das Erzrösten mit dem Rohsteinschmelzen (vergl. unten) vereinigt wird, ist die sogenannte Kernröstung,

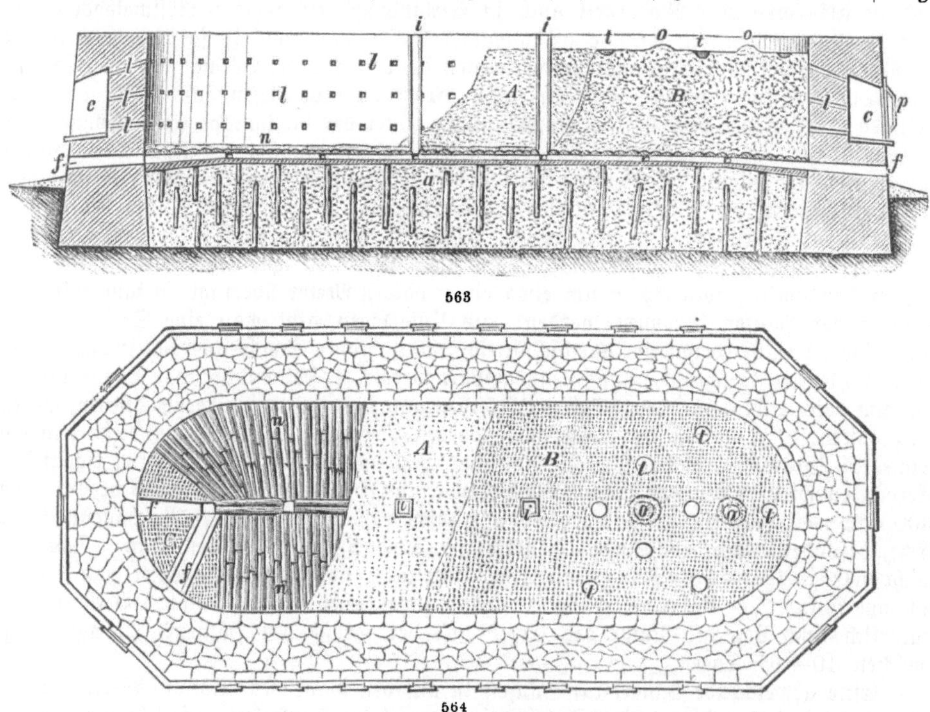

563

564

563 u. 564. Steyrische Röststadel.

welche allerdings vorwiegend in weniger kultivierten Ländern, und auch dort nur bei sehr billiger Arbeit, für kupferhaltige Schwefelkiese durchführbar ist. Sie besteht in einer verlangsamten Haufenröstung, bei welcher vorwiegend das Eisen der Pyrite oxydiert wird, während ein kupferreicher Stein in den Kern der Erzstücke hineinsaigert. Nach be= endigter Röstung müssen die gerösteten Rinden von den Kupfersteinkernen mit der Hand abgeklopft werden.

Stadelröstung. Mancherlei Übelstände, bestehend in der Wirkung andauernder Winde und anderer Witterungseinflüsse, welche die Bedienung der Rösthaufen erschweren, haben schon im 16. Jahrhundert dazu geführt, um die Rösthaufen kleinere oder größere Erdwälle, schließlich auch Mauern herumzuführen, durch welche mittels ausgesparter Öffnungen die Luftzufuhr besser geregelt werden konnte, als durch die Erzkleindecke. Um den Übergang der Haufenröstung zur Stadelröstung deutlicher zu zeigen, lassen wir hier die Abbildung einiger dieser Röstvorrichtungen folgen.

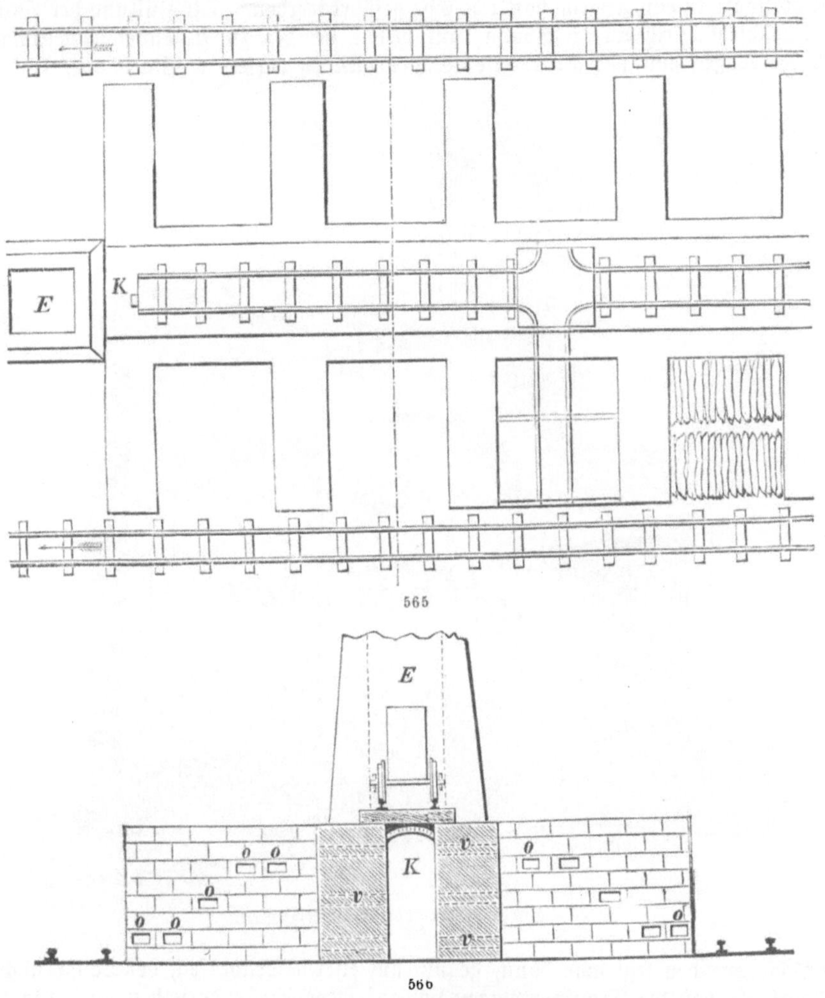

565 u. 566. Stadelbatterie.

Abb. 562 stellt eine der älteren von Wellner konstruierte Stadel dar, welche in Längen von etwa 10 m und Breiten von etwa 5 m mit 2 m hohen Umfassungsmauern gebaut wird. Die Sohle ist sattelförmig aufgebaut und fällt nach den beiden kurzen Seiten, an denen kleine Feuerungen liegen, ab. Von diesen Feuerungen aus baut man beim Einsetzen des Röstgutes aus gröberen Erzstücken kleine Längskanäle, so daß der Brand gleichmäßig von der ganzen unteren Fläche des in die Stadel aufgebauten Rösthaufens eingeleitet und durchgeführt werden kann.

Eine besonders zum Kernrösten dienende Stadel ist in den Abb. 563 u. 564 abgebildet. Diese sogenannten steyrischen Röststadeln werden in Länge bis etwa 17 m, Breite bis über 4 m mit 2,5 m hohen und etwa 1,5 m starken Umfassungsmauern gebaut, in

den letzteren sind Kammern c zum Auffangen des durch die Kanäle e abdestillierenden
Schwefels ausgespart, innerhalb der Stadel wird das Erz in derselben Weise wie bei
der Haufenröstung aufgebaut, nachdem man eine Sohle a aus ausgelaugten Rinden
früherer Röstprodukte und auf derselben Luftzuführungskanäle f mit Hilfe von Stein=
platten hergestellt hat; i bezeichnen Zugkanäle, k Gruben zum Aufsammeln von Schwefel
in der Decke.

Die Abb. 565 u. 566 zeigen eine neuere Stadelbatterie, in welcher dafür gesorgt ist,
daß die Röstgase in eine gemeinschaftliche Esse geführt werden. Die Füllung der einzelnen
Stadeln geschieht durch eine Hochbahn, auf welche bei der zu füllenden Abteilung zum
Drehen der Wagen eine mit gekrümmten Schienenstücken versehene Platte aufgelegt wird.

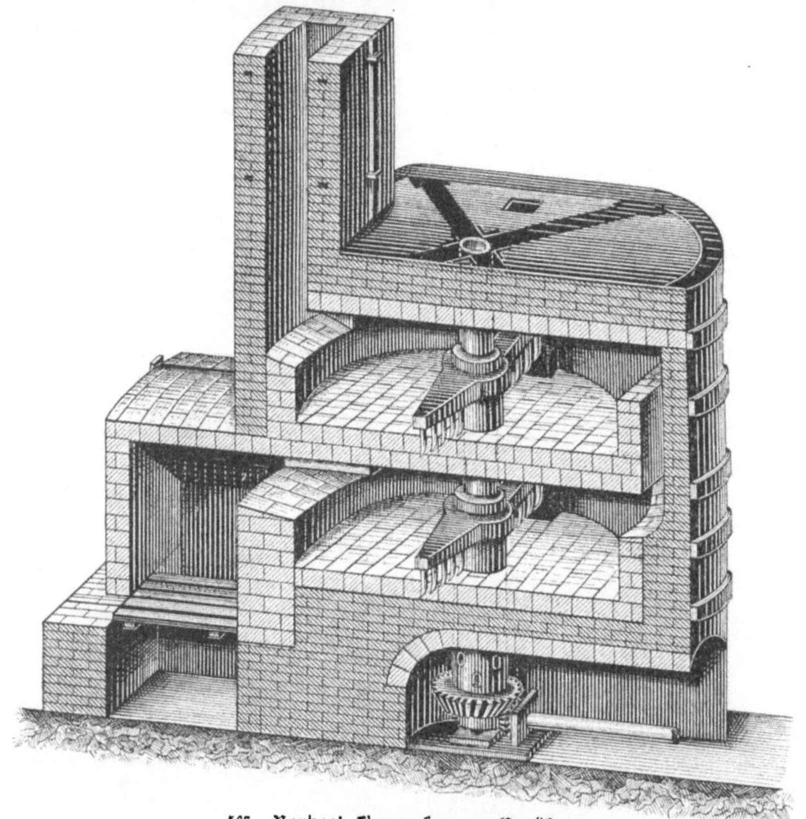

567. Parkes' Flammofen zum Erzrösten.

Kurze Schienenenden legt man dann, gestützt auf eiserne Traversen, der Länge nach über
die Stadel, so daß die Transportwagen sich auf jeder Stelle derselben entleeren lassen;
die Luftzufuhr geschieht einmal von der Vorderseite aus, dann aber auch durch kleine
Kanäle o in den Seitenwandungen, während die Röstgase durch Kanäle v in den Gas=
abzugskanal K und von hier aus in die Esse E entweichen, an beiden Seiten der Stadel=
batterie laufen wieder Schienenstränge für die Beförderung des Erzes nach den Schmelzöfen.

Flammofenrösten. Die Flammöfen mit feststehenden Herden werden in der Regel
nach denselben Grundsätzen gebaut, wie die unter Blei besprochenen Fortschaufelungsöfen.
Ein nochmaliges Eingehen auf diese Ofenkonstruktionen ist also nicht nötig, wenn sie auch
in mehreren Einzelheiten von den für Bleierze bestimmten Fortschaufelungsöfen abweichen.

Die sehr großen Arbeitsaufwand erfordernde Bedienung dieser Fortschaufelungsöfen hat
zur Konstruktion mechanischer Vorrichtungen geführt, mit Hilfe deren das Erz während der
Röstung durchgerührt und den Feuerungen entgegengeschaufelt wird. Während man anfangs

auch für Öfen dieser Art die langgestreckte Form der Fortschaufelungsöfen wählte, ist man neuerdings mit Erfolg zur Konstruktion ringförmiger Röstherde übergegangen. Die ersten Anfänge für Konstruktionen dieser Art können wir in dem Ofen von Parkes erblicken. In demselben lagen zwei kreisförmige Herde übereinander. Durch die Mitte derselben führte eine vertikale Welle mit horizontalen Querarmen, an denen sich wieder vertikal an die Herde herabhängende Rührer befanden; das auf den obersten Herd aufgegebene Erz gelangte nach einiger Zeit auf den unteren Herd, an den sich eine Feuerung, außerdem auch der Austragskanal anschloß. Die Heiz= und Röstgase auf dem unteren Herde bestrichen auch noch den oberen Herd, ehe sie aus dem Ofen abzogen.

Am besten ist dieses System in dem Ofen von Pearce durchgeführt, von welchem wir in der beigefügten Tafel einen Grundriß und drei Querschnitte wiedergeben.

Im Mittelpunkte des den Röstherd bildenden Ringes bewegt sich eine vertikalstehende Welle, an deren radial verlaufenden horizontalen Armen die Rührschaufeln angeordnet sind. Um den Ofen herum sind bei festen

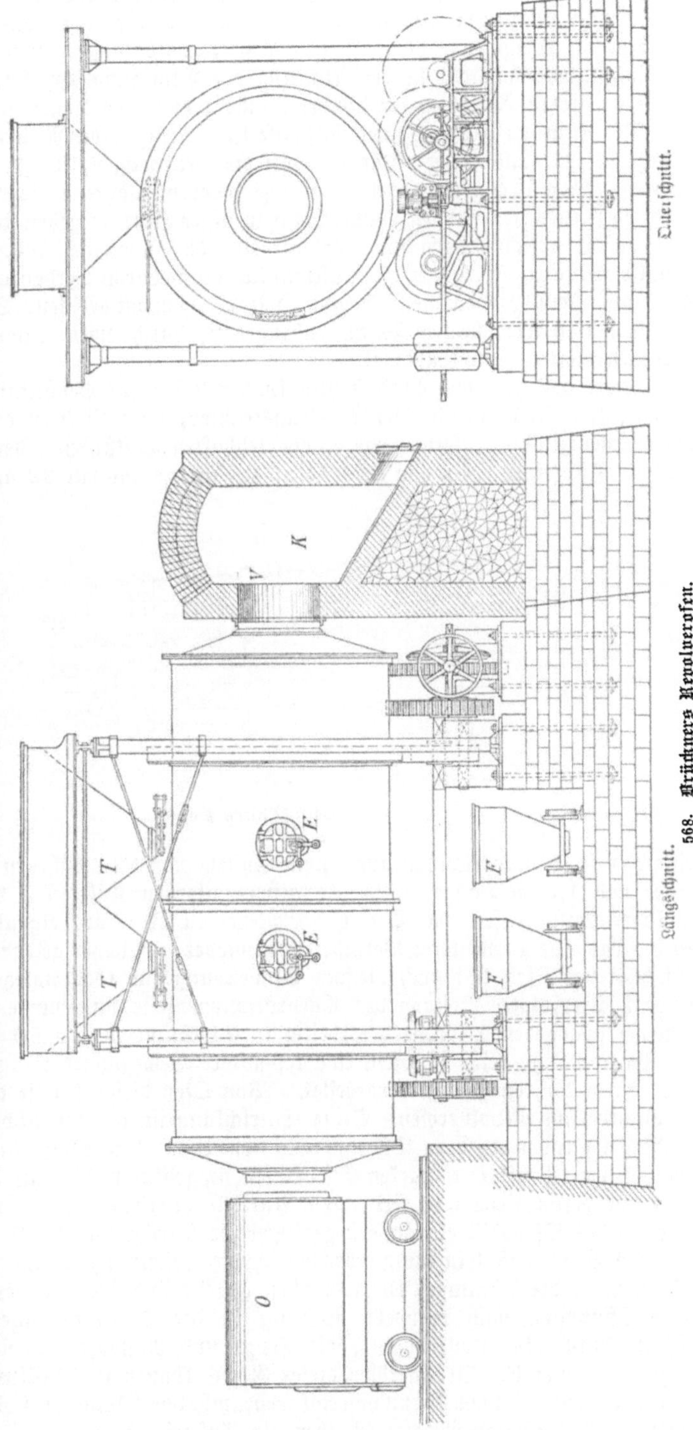

Brennstoffen Feuerungen angeordnet, wie sie aus den Abb. 1 u. 5 ersichtlich sind. In einer kürzlich gebauten Hütte zu Florence in Colorado sind die für flüssige Brennstoffe bestimmten Feuerungen unmittelbar auf dem Gewölbe angeordnet.

Für die Beschickung dient ein auf dem Gewölbe angeordneter Trichter. Innerhalb des Röstraumes hängen, in der Richtung der Bewegung der Rührer, zwei schwingende Bleche in kurzen Entfernungen hintereinander; dieselben dienen als Gasverschlüsse.

Die Richtung der Heiz= und Röstgase ist derjenigen der Rührer, also auch des Erzes, entgegengesetzt, und es ist erklärlich, daß die Feuerungen, welche am nächsten den Aus= tragsöffnungen liegen, am stärksten geheizt werden, während die dem Beschickungstrichter näher liegenden Feuerungen entsprechend weniger Hitze zu geben brauchen, da einmal die Röstgase die frische Beschickung vorwärmen, da anderseits aber auch viele Erze, um Metallverluste zu vermeiden, ganz allmählich vorgewärmt werden müssen. Vor dem Ver= lassen des Ofens ziehen die Röst= und Heizgase, um mitgerissene Staubteile abzuscheiden, und auch noch überschüssige Wärme abzugeben, durch einen unterhalb des Herdes vor= gesehenen weiten Flugstaubkanal.

Wenn das geröstete Produkt nun in der Nähe des Beschickungstrichters wieder an= gelangt ist, fällt es durch einen Austragstrichter, oder direkt in einen Kühler, bestehend aus eisernen Röhren, welche von einem lebhaften Luftstrome oder von Wasser umspült werden. Für einen Ofen von etwa 2,5 m Herdbreite und mit 22 m äußerem Durchmesser

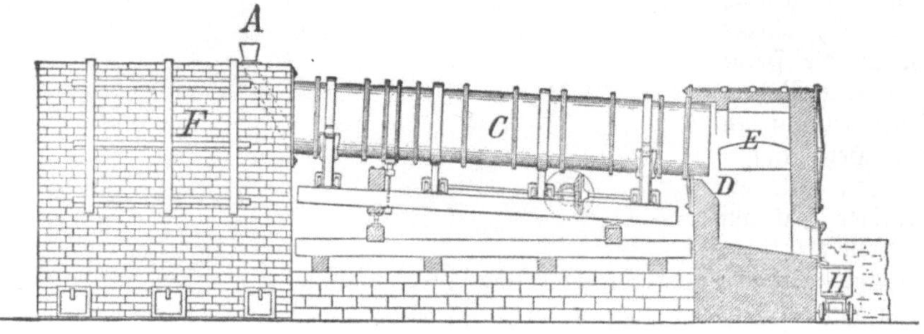

569. **Whites Röstofen.**

bestand diese Kühlvorrichtung aus einem System von 120 Rührern von je 75 mm Durch= messer und 1,25 m Länge, welche in einem eisernen Kühlkasten vereinigt waren. Die Kühlvorrichtung liefert das Erz in der Regel in die Sammelgrube eines Becherwerks, welches dasselbe zu weiterer Verarbeitung wieder auf höher gelegene Punkte der Anlage hebt. Dieser Ofen hat auch vielfach Anwendung für edelmetallhaltige Erze gefunden, welche nach erfolgter Röstung dem Chlorationsprozesse unterworfen werden sollen. Ein Ofen der angegebenen Größe verarbeitet in 24 Stunden etwa 50 Tonnen Erz.

Erze, welche beim Abrösten eine lebhaftere Bewegung vertragen können, werden in Öfen mit drehbaren Herden verarbeitet. Von Öfen dieser Art ist einer der verbreitetsten der Brücknersche Revolverofen. Seine Einrichtung ist aus der Abb. 568 ersichtlich. Der drehbare Cylinder wird in Dimensionen von etwa 7 m Länge und 2,5 m Durchmesser gebaut. Er ist mit zwei starken Eisenreifen umgeben, welche auf Laufrollen ruhen, die durch ein Zahnradgetriebe GH ihren Antrieb erhalten. Der Kraftverbrauch für die Drehung des Ofens ist ein äußerst geringer, er beträgt nur 1—2 PS.

Der Betrieb ist kein ununterbrochener, die Beschickung erfolgt von den Trichtern TT aus, nachdem die Öffnungen EE nach oben gestellt sind, die Entleerung erfolgt durch die= selben Öffnungen nach beendeter Röstung in die Transportwagen FF, das Anheizen geschieht durch eine Feuerung O; die Heiz= und Röstgase entweichen bei V durch die Flugstaubkammer K. Brücneröfen dieser Größe können in 14 Stunden etwa 24 Tonnen Erz verarbeiten, bei einem Brennmaterialverbrauche von 10 cbm Holz oder 1,6 bis 2,6 Tonnen Kohle. Der Arbeitsverbrauch ist aber ein äußerst geringer, da ein Mann drei Öfen bedienen kann.

Additional material from *Bergbau und Hüttenwesen,*
ISBN 978-3-662-30301-6 (978-3-662-30301-6_OSFO10),
is available at http://extras.springer.com

Von Öfen mit drehbarem Herde und ununterbrochenem Betriebe mag noch derjenige von White (Abb. 569) Erwähnung finden. Ein Beschickungstrichter A liefert das Erz in das höher liegende Ende des drehbaren Cylinders C, an dessen tiefer liegendes Ende sich ein Sammelraum D für das Röstgut anschließt, welches von hier aus in den Transportwagen H abgezogen werden kann. Neben D ist eine Feuerung E vorgesehen, die Röstgase ziehen durch die Flugstaubkammer F ab. Entsprechend der Korngröße des zu röstenden Erzes kann die Neigung des Cylinders verstellt werden. Die Drehung erfolgt in ähnlicher Weise wie bei dem vorher beschriebenen Brücknerofen.

Ein ganz ähnlicher Ofen ist von Hocking Oxland konstruiert.

Rösten in Schachtöfen. Die einfachsten der Schachtöfen, die sogenannten Kilns, finden weniger zum Rösten der Erze, wie zum Rösten von Kupferstein Verwendung; sie mögen jedoch hier gleich erwähnt werden. Wie aus der Abb. 570 ersichtlich ist, besitzt der zur Aufnahme des Erzes bestimmte Schachtraum zwei mit übereinanderliegenden Öffnungen versehene Seitenwände, eine sattelförmige Herdsohle und oben eine in den für eine ganze Reihe solcher Öfen bestimmten Kanal mündende Öffnung für die Röstgase. Bei denjenigen Öfen, bei denen im Gewölbe keine Beschickungstrichter vorhanden sind, erfolgt das Aufgeben des Steines durch die obersten Arbeitsthüren, während die tiefer liegenden Thüren zum Schüren und Entleeren dienen. Aus den untersten Thüren wird das abgeröstete Material in Transportwagen eingezogen, welche es dann den Schmelzöfen zuführen. Man pflegt in der Regel eine größere Anzahl solcher Öfen nebeneinander anzuordnen.

An Stelle der sattelförmigen Herdsohle, welche in erster Linie das Ausziehen der Röstprodukte erleichtern soll, hat man, besonders für die zum Abrösten von Stückkiesen bestimmten Öfen, Roste eingelegt. Diese Roste bestehen in der Regel aus drehbar gelagerten quadratischen Stäben, auf denen die Kiese in Körnungen von 12—75 mm Durchmesser und zwar in einer Schichthöhe von 600—700 mm nach hinreichendem Anwärmen des Ofens ohne weiteren Brennstoffaufwand abgeröstet werden. Die Beschickung der Öfen erfolgt durch die obere der aus Abb. 571 u. 572 ersichtlichen Arbeitsthüren v y, während die unteren Arbeitsthüren x y zum Schüren benutzt wird. Die Gase entweichen, wie bei den oben beschriebenen Kilns, durch eine Öffnung z im Gewölbe in einen für eine größere Anzahl von Kiesbrennern gemeinschaftlichen Abzugskanal k.

Für Kiese feinerer Körnung sind naturgemäß weder die Kilns noch die für gröbere Erze brauchbaren Kiesbrenner verwendbar, da sich der Feinkies zu dicht lagern würde, um der Luft während des Röstens Durchzug zu gestatten. In dem Bestreben, trotzdem die Schachtofenkonstruktion beizubehalten, sind verschiedene Öfen entstanden, welche sich mehr oder weniger lange im Betriebe gehalten, zum Teil auch gar nicht bewährt haben. So ordnete Gerstenhöfer in einem Schachtofen Querstäbe an, über welche das Erzklein während der Röstung hinunterzurieseln gezwungen wurde. In einem Ofen von Hasenclever und Hellbig ließ man das Erzklein in zickzackförmigen Wegen auf schrägen Platten hinuntergleiten, welche von je zwei sich gegenüberstehenden Wänden vorsprangen, während der Luftstrom ebenfalls in Schlangenwindungen über das hinabrieselnde Erz hinweggeführt wurde. Die Ergebnisse dieser Öfen scheinen aber durchaus nicht allgemein

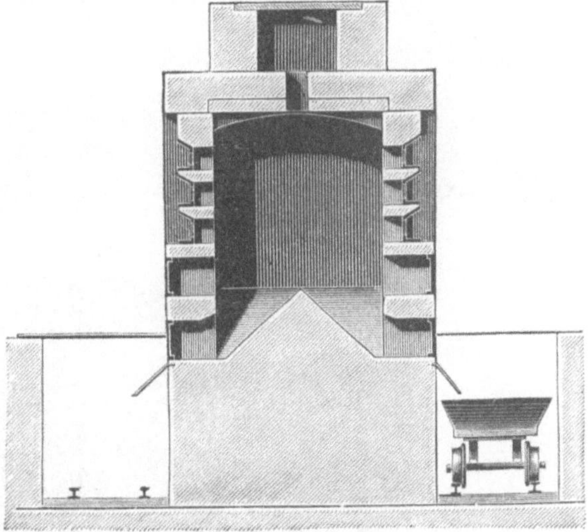

570. **Stein-Röst-Schachtofen** ($^1/_{75}$ natürl. Größe).

befriedigt zu haben, wenigstens ist man in Deutschland bei der Feinkiesröstung meist zu einer Konstruktion übergegangen, welche von Maletra aus einem Ofen von Olivier und Perret ausgebildet worden ist. Das Erz wird zunächst durch einen Trichter auf die oberste einer Reihe von Platten aufgegeben, welche abwechselnd von zwei einander gegenüberliegenden Ofenwänden vorspringen. Sind alle diese Platten während des Betriebes mit brennendem Kiese bedeckt, und ist die unterste Erzpost, zu welcher die frische Luft zuerst zutritt, vollständig abgeröstet, so wird das Röstprodukt von hier abgezogen. Man arbeitet dann das Erz von der nächst höher liegenden Platte nach unten, ebnet wieder ab und fährt so fort, bis die oberste Platte wieder frei ist und dann von dem

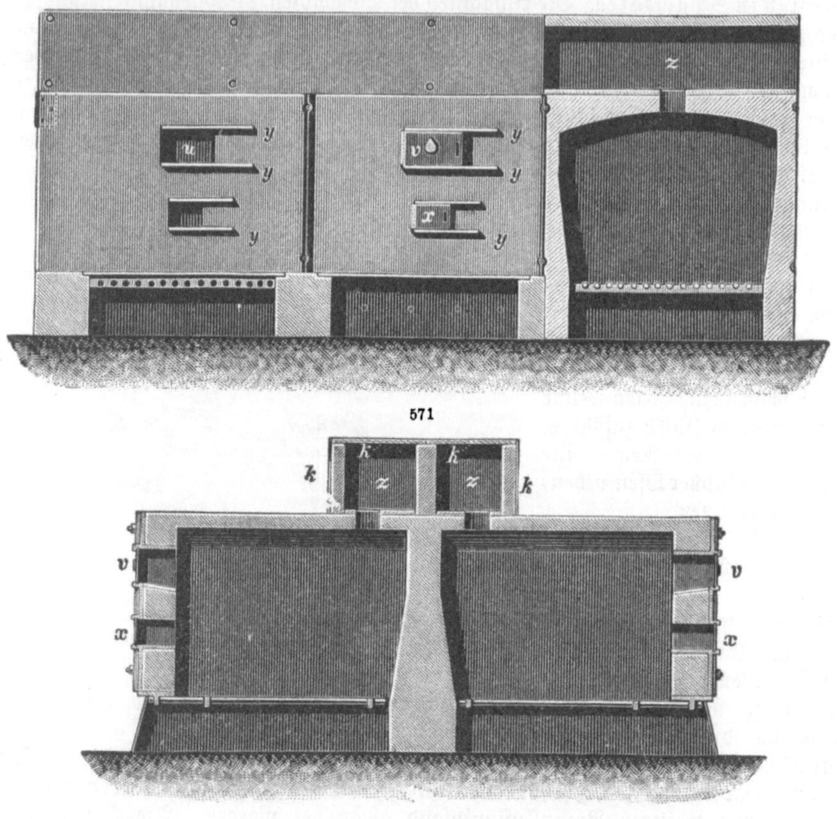

571

572

571 u. 572. **Ofen zum Abrösten von Stückkiesen.**

Trichter aus wieder frisch beschickt werden kann. Auch bei dieser Art von Kiesbrennern ordnet man, wie die beistehenden Abbildungen zeigen, eine größere Anzahl nebeneinander an und läßt auch hier die Röstgase der einzelnen Brenner in gemeinschaftlichen Kanälen übertreten. Da bei dieser Art des Röstens von den Gasen sehr viel Staub mitgeführt wird, so führt man zum Niederschlagen des letzteren den Gasstrom durch eine weitere Kammer, um ihn von hier aus in Schwefelsäureanlagen überzuführen. Man hat versucht, auch diese Öfen mit mechanischen Rührwerken zu versehen, doch haben sich dieselben bis jetzt noch wenig eingebürgert.

 2. **Das Rohsteinschmelzen.** Nachdem durch die vorstehend erwähnten Röstprozesse den Kupfererzen ein großer Teil des Schwefels entzogen ist, erfolgt nun, wie schon kurz angedeutet, ein Schmelzprozeß, dessen Zweck der ist, das Kupfer mit dem noch vorhandenen Schwefel in Form eines mit mehr oder weniger Eisen- und anderen Sulfiden

Additional material from *Bergbau und Hüttenwesen,*
ISBN 978-3-662-30301-6 (978-3-662-30301-6_OSFO11),
is available at http://extras.springer.com

legierten Steines zu erhalten, gleichzeitig aber auch die während der Röstung in Oxyde
übergeführten anderen Metalle, besonders einen großen Teil des vorhandenen Eisens zu
verschlacken. Zu diesem Zwecke erhalten Röstprodukte aus Erzen mit quarzigen und
thonigen Gangarten Zuschläge von eisen= und kalkhaltigen Erzen, auch von basischen
Schlacken, wie sie bei der Stein= und Rohkupferarbeit abfallen. Stammte das Röstgut
aus Erzen mit basischen Gangarten, so erhalten dieselben quarzige und thonige Erze,
saure Schlacken, Thon oder Thonschiefer als Zuschläge. Zu weit abgeröstete Erze erhalten
Zuschläge von ungeröstetem Erz. Unvollständig geröstete Erze erhalten Zuschläge von
oxydischen Kupfererzen und Raffinierschlacken. Bezüglich der Mengenverhältnisse solcher
Zuschläge richtet man sich so ein, daß eine zwischen
Singulo= und Bisilikat liegende Schlacke erhalten
wird, deren vorherrschende Basis FeO ist. Nur bei
sehr hohem Kieselsäuregehalt der Erze kann die
Siliciterungsstufe der Schlacke auch zwischen Bi-
und Trisilikat liegen.

In den älteren deutschen und schwedischen
Kupferhütten dienten zum Steinschmelzen enge
Schachtöfen von quadratischem oder trapezförmigem
Querschnitte. Später ging man zu Rundöfen über
und zog den kreisförmigen Querschnitt schließlich
bis zu einem langgestreckten Oval aus, baut auch
heute Öfen von langgestrecktem rechteckigen Quer=
schnitte, von denen wir ein Vorbild im Bleihütten=
betriebe schon lange in dem Rachetteofen besitzen.

Von den älteren Öfen mag hier der Mans=
felder erwähnt sein. Der eigentliche Ofenschacht s
ist von einem sehr weiten Rauhgemäuer r umgeben,
und der Zwischenraum zwischen beiden ist mit ge=
branntem Thon f ausgefüllt. Das Gestell ist mit
Spurofenzustellung versehen, eine Zustellungsart,
wie sie für die Kupferschmelzöfen fast ausschließlich
gewählt wird. Die
geschmolzenen Massen
fließen von dem schräg=
liegenden Sohlensteine
o in einen der beiden
Spurtiegel v, von wo
aus die Schlacke in
fahrbare Schlackentöpfe
z überläuft. (Es sind
zwei Augen, Abfluß=
öffnungen für die ge=
schmolzenen Massen,

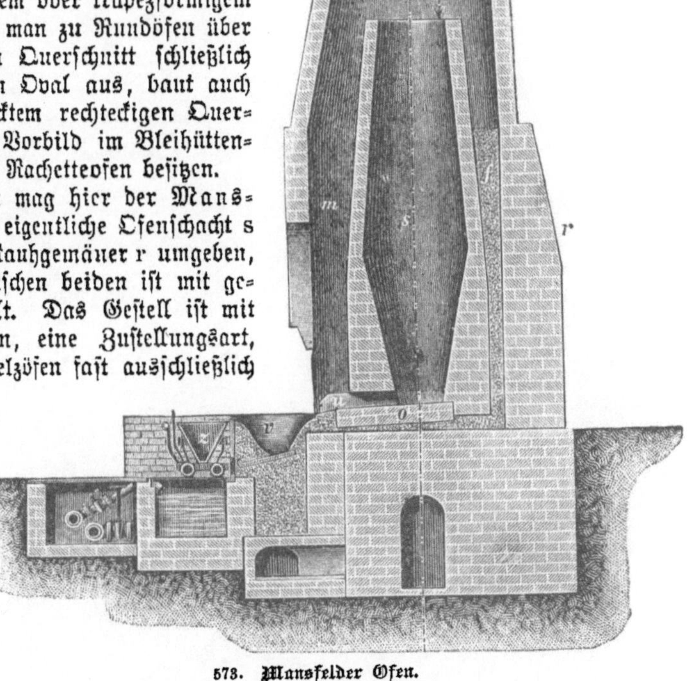

573. **Mansfelder Ofen.**

und ebenso zwei Spurtiegel v vorhanden. Die beiden Augen sind durch die Querwand u,
den sogenannten Augenstein voneinander getrennt. Derartige Öfen, vor welchen sich zwei
Spurtiegel befinden, bezeichnet man auch als Brillenöfen.)

Heute arbeitet man in Deutschland meist mit Rundöfen, deren Konstruktion in den
Hauptteilen mit den unter Blei beschriebenen Pilzöfen übereinstimmt. Sie besitzen eine
Höhe von 6 bis 9 m, in der Formebene einen Durchmesser von 1300 bis 1880 mm bei
4 bis 6 Formen, und an der Gichthöhe einen Durchmesser von 1750 bis 2200 mm.

Während man, wie auch im Bleihüttenbetriebe, die Wände dieser Öfen zum größten
Teil aus Mauerwerk aufführt und nur in der Nähe der Formen mit Wasser gekühlte
Körper anfügt, ist man bei den neueren schmal oval oder rechteckig im horizontalen
Querschnitt ausgeführten Öfen in der Verwendung von Wasserkühlkörpern viel weiter

gegangen. So stellen z. B. die Abb. 574 einen der größten, kürzlich in den Vereinigten Staaten gebauten Kupferschmelzofen dar, bei welchem Gestell und Rost ganz wie bei den bereits beschriebenen Rachetteöfen als Wassermantel ausgeführt sind.

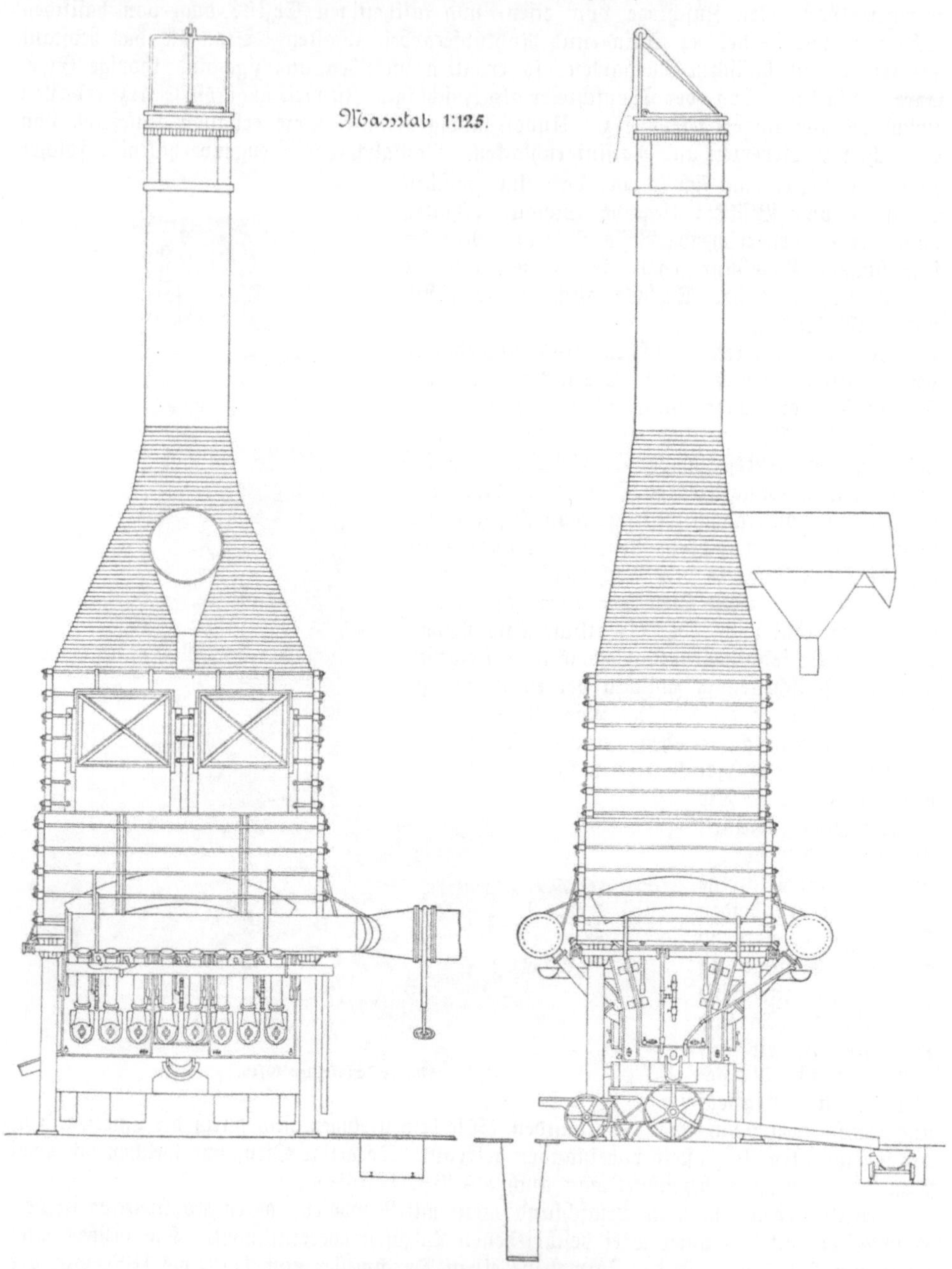

574. Johnsons Kupfersteinschmelzofen.

Der Ofen, Abb. 575, auch auf einem amerikanischen Werke aufgeführt, setzt sich, ganz ohne Mauerwerk, nur aus Wassermantelkühlkörpern zusammen.

Die Kühlkörper für Kupferschmelzöfen sollten nur aus Schmiedeeisen ausgeführt werden, wie man dies ja auch im Bleihüttenbetriebe vielfach schon thut. Die nach dem

Ofeninneren zugekehrten Platten der Wassermäntel werden auch wohl aus Kupfer ausge=
führt. Die üblichste Bauart für die Wassermäntel ist die der Segmente, aus denen dann
der ganze Ofenumfang zusammengesetzt wird. Bei Beschädigungen lassen sich dieselben
ohne große Schwierigkeit auswechseln.

Von den Anhängern der aus Stein aufgeführten Öfen, in denen also höchstens die
Formen oder ihre allernächste Umgebung mit Wasser gekühlt werden, sind ja den Wasser=
mantelöfen mancherlei Vorwürfe gemacht worden. Nachdem aber heute auch mit diesen
Ofensystemen langjährige Erfahrungen gesammelt worden sind, unterliegt es kaum mehr
einem Zweifel, daß sich dieselben mindestens ebensogut, in den meisten Fällen sogar viel
besser bewährt haben, als die steinernen Öfen. Bei wirklich guter Ausführung in beiden
Fällen sind die Kosten fast die gleichen. Die Ausführung der steinernen Öfen erfordert
jedoch schon bei der Auswahl der Steine und des Mörtels sehr viel Erfahrung und
große Sorgfalt, während sich die Wassermantelöfen viel leichter und schneller aufbauen
lassen. Das Anblasen, bei welchem für die steinernen Öfen bei fehlerhafter Wartung
schon sehr viel Schaden angerichtet werden kann, erfordert bei den Wassermantelöfen
kaum irgend welche Erfahrung. Auch die Instandhaltung dieser verschiedenen Ofensysteme

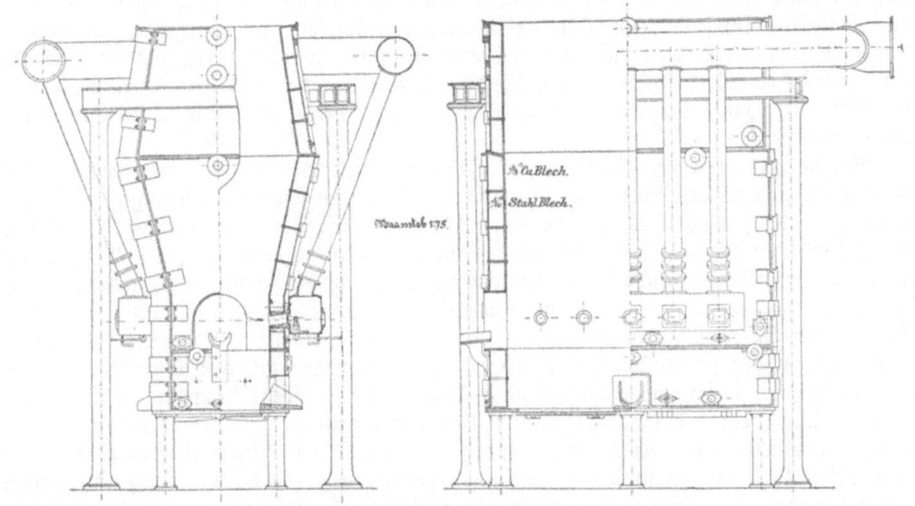

575. **Wassermantel-Ofen.**

spricht sehr zu gunsten der Wassermantelöfen. Ganz abgesehen von sonstigen Unannehm=
lichkeiten stehen die Reparaturkosten bei steinernen und bei Wassermantelöfen fast in dem
Verhältnisse von 2 zu 1. Wie beim Anblasen, so sind auch bei etwaigen Betriebsstörungen
die steinernen Öfen weit größeren Gefahren ausgesetzt. Muß man z. B. beim Fortschaffen
von Ansätzen die Beschickung niederbrennen lassen, so werden die oberen Schachtwände
der steinernen Öfen in der Regel so heiß, daß die zu beseitigenden Ansätze fester schmelzen.
Bei Wasserkühlung bleiben die freiwerdenden Wände stets kalt, die Ansätze demnach ent=
sprechend spröde; sie lassen sich also viel leichter entfernen.

Was endlich die Gefahren beim Wassermantelofen betrifft, so werden dieselben meist
überschätzt. Es ist richtig, daß derselbe ausreichende Wasservorräte verlangt. Wo dieselben
nicht stets verfügbar sind, da sollte eben kein Wassermantel gebaut werden. Tritt aber
infolge von Zufälligkeiten, Nachlässigkeit u. s. w. Wassermangel ein, so zeigt dieses der Ofen
selbst durch Ausblasen von Dampf in so geräuschvoller Weise und so zeitig an, daß selten
eine Abhilfe des Mangels unmöglich ist. Wird in solchen Fällen der Wind dann abgestellt,
bis das Hindernis beseitigt ist, so ist damit in der Regel auch die ganze Störung beseitigt.

Wie schon erwähnt wurde, stellt man die Schmelzöfen des Kupferhüttenbetriebes meist
als Spuröfen zu, man veranlaßt also die geschmolzenen Produkte, sofort nach ihrer

Entstehung aus dem Ofen abzufließen, während wir bei der Erörterung der Bleihüttenprozesse gesehen hatten, daß man dort die geschmolzenen Massen in den als Tiegel- oder Sumpföfen zugestellten Schachtöfen sich ansammeln und scheiden läßt. Die Wirkung des Kupfersteines auf das Ofenbaumaterial, die Wirkung der verhältnismäßig heißen Schlacke, die Möglichkeit des Zersetzens von Eisen- und Nickelverbindungen, durch welche schwer schmelzbare Metallklumpen (Ofensauen) innerhalb des Ofens sich abscheiden und den Betrieb stören können, alle diese Übelstände haben dazu geführt, die Scheidung von Schlacke, Stein oder anderen etwa vorhandenen Schmelzprodukten in Vorherde zu verlegen, welche leicht zugänglich sind, bei schweren Störungen sich leicht auswechseln lassen. Diese Vorherde, welche sich aus den alten Spurtiegeln entwickelt haben, bestehen bei den heutigen Öfen meist aus fahrbaren eisernen Kästen, welche innen mit einer nach der Natur der Schlacke sich richtenden Auskleidung versehen werden. Diese Vorherde besitzen außer der Einlaufsöffnung, mit welcher sie gegen die Ofenspur gesetzt werden, eine Schlackenrinne, die näher dem oberen Rande des Vorherdes liegt, und ein Stichloch für den Stein, welcher an dem unteren Teile des Herdes und zwar je nach der Größe desselben und nach der Arbeitsweise in dem dazu gehörigen Schmelzofen mehr oder weniger in der Nähe der Spur des letzteren liegt. Meistens sind die Vorherde auch noch mit Deckeln versehen. Auch hier macht sich noch immer der Übelstand der Auflösung der Auskleidung bemerkbar. Diesem zu begegnen, ist man in einigen Werken zur Anwendung von Wasserkühlung der Wände übergegangen, während man in anderen Werken durch Vergrößerung des Vorherdes bis auf Durchmesser von 3 m, bei einer etwa 1/2 Stein starken Auskleidung, durch natürliche Luftkühlung dasselbe erreicht hat.

Bei der Aufgabe der Vorherde, für den weiteren Betrieb das erforderliche Rohmaterial zu liefern, also eine von dem sich anschließenden Betriebe abhängige Zwischenstation zu bilden, machen sich gerade hier Betriebsstörungen in den übrigen Abteilungen ganz besonders unangenehm bemerkbar. Werden also zuzeiten größere Mengen von Stein für die weiteren Schmelzarbeiten verlangt, so übt dies seine Rückwirkung auf die Schachtöfen dadurch aus, daß man sie, um diesem Verlangen nachzukommen, heißer gehen läßt, als für die erwünschten Reaktionen und für ihre eigene Haltbarkeit dienlich ist. Stockt dagegen der sich anschließende Betrieb, so ist man geneigt, den Schachtofen matter gehen zu lassen. Dazu kommt endlich noch, daß jeder Ofen seine kleinen Krankheiten hat, die bald einen heißen bald einen matten Gang verursachen. Ist nun überdies der sich anschließende Betrieb eine Konverteranlage, für welche es vorteilhaft ist, den Stein, ohne ihn erkalten zu lassen, in flüssigem Zustande abzuliefern, so ist es klar, daß eine größere Vorratskammer für geschmolzenen Stein ein wichtiger Regulator für den Gesamtbetrieb der Hütte ist. Da es aber unrichtig sein würde, so heiß gehen zu lassen, daß sich der erschmolzene Stein in üblicher Weise, wie in Stahlwerken das Roheisen in den ungeheizten Mischpfannen, aufbewahren ließe, so hat man die großen Vorherde mit Feuerungen versehen, damit also einen Flammofen in den Betrieb eingeschaltet. Für größere Anlagen werden damit ganz beträchtliche Vorteile erzielt. Man erspart an Umschmelzkosten für den Stein. Man schont den Schachtofen, weil man ihn bei der denkbar niedrigsten Temperatur betreiben kann, da er sich nun nicht mehr so sehr nach dem übrigen Betriebe zu richten braucht, und zuzeiten, wo wenig Stein verbraucht wird, bei richtiger Bemessung genug Vorrat sammeln kann, um den Schachtofen bei stärkerem Verbrauch an Stein nicht unnötig anzustrengen. Man kann zuzeiten, wo in den folgenden Betrieben ein geringerer Verbrauch stattfindet, die Gelegenheit benutzen, von besonders reichem oder besonders armem Steine kleine Vorräte zu erschmelzen, um sie beiseite zu legen und später mit denselben den Gehalt des Steines auszugleichen. Für die Scheidung von Stein und Schlacke selbst ist es von großer Wichtigkeit, daß in einem Flammofenvorherde die Temperatur nicht abnimmt, wie dies in den ungeheizten Vorherden der Fall ist. Die Scheidung ist also naturgemäß eine viel reinere.

Über das Steinschmelzen in Flammöfen siehe weiter unter: „KonzentrationsSteinschmelzen".

Unter ganz besonders günstigen Bedingungen hat sich ein Verfahren ausgebildet, das sogenannte Kies-Steinschmelzen, welches die getrennte Röstung der Erze vermeidet, indem nach theoretisch durchaus richtigem Grundsatze ein Teil des Schwefels der Erze als Brennstoff herangezogen wird. Man hat auch in solchen Fällen noch gute Resultate erzielt, wo man die Wärmeerzeugung noch durch einen geringen Koakszuschlag (1,5 bis 5 %) unterstützen mußte.

Für diese Arbeitsweise haben sich einige edelmetall- und kupferhaltige Schwefelkiese, Magnetkies, selbst arsen- und antimonhaltige Kiese geeignet erwiesen, da auch die Edelmetalle gut ausgebracht werden. Für zink- und bleihaltige Erze ist dieses Verfahren allerdings nicht durchführbar.

Man schmilzt natürlich zu diesem Zwecke oxydierend. Als Öfen dienen ebenfalls Schachtöfen, für deren Bau es aber wichtig ist, daß von der Gicht bis zum Herde keine Querschnittverengerung stattfindet, da sonst die Temperatur in der Schmelzzone zu sehr

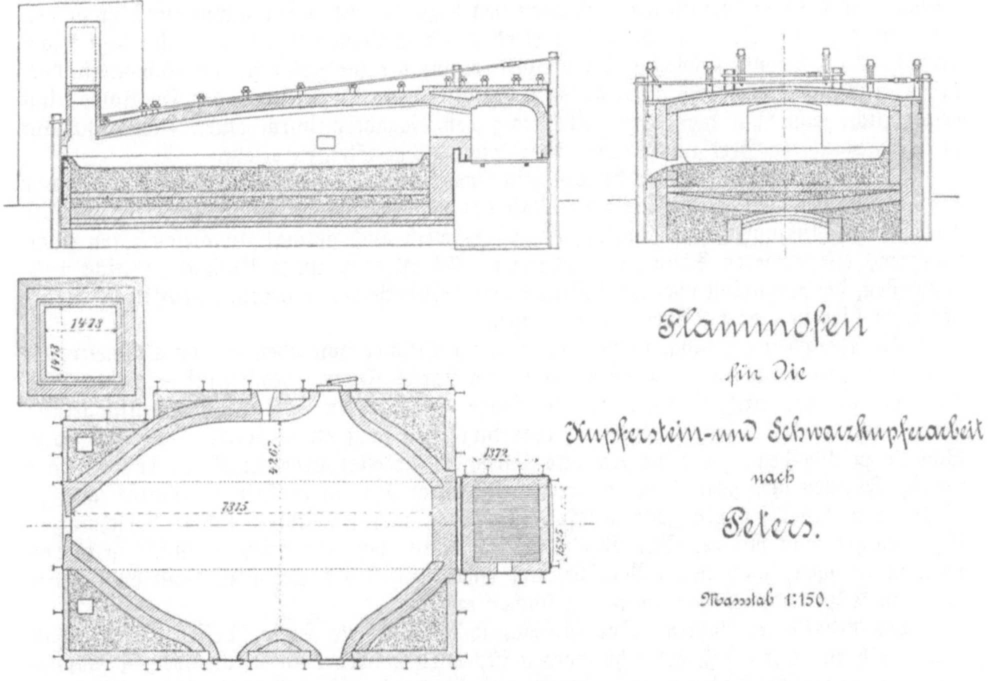

576. **Flammofen für Kupferstein und Schwarzkupferarbeit.**

steigen und Reduktionsvorgänge begünstigt werden würden, durch welche man einen eisenreichen Stein erzielt. Man arbeitet also mit großen weiten Öfen bei hohen Beschickungsschichten. Wo Brennstoff noch nötig ist, setzt man ihn in möglichst großen Stücken zu. Es hat sich sowohl das vertikale wie das horizontale Aufgichten für diese Öfen als anwendbar erwiesen; nur ist zu berücksichtigen, daß bei vertikalem Aufgichten das Erz mitten, die Zuschläge außen liegen, und daß man mit heißem Winde von hoher Pressung aus zahlreichen aber kleinen Düsen blasen muß, während bei horizontalem Aufgichten, mit Wind von niedrigem Druck geblasen werden muß, für welchen eine Erwärmung nicht erforderlich ist. Man ist im stande, durch diese Schmelzverfahren einen Rohstein von 15 bis 25 % Kupfer zu erblasen.

3. Das Steinrösten. Wo das Steinrösten als getrennte Operation ausgeführt wird, pflegt man meist als Apparate die schon eingangs erwähnten Kilns anzuwenden, doch kommen auch Flammöfen mit in Anwendung, und auch die Haufen- oder Stadel-

röstung ist besonders da angebracht, wo ein vollständiges Totrösten des Steines be=
absichtigt ist.

4. **Das Konzentrations=Steinschmelzen.** Vom chemischen Standpunkte aus
bietet dieses Verfahren nichts wesentlich anderes, als das Rohsteinschmelzen, und hat sich
stellenweise auch so entwickelt, daß man direkt aus dem Erze einen hinreichend konzen=
trierten Stein erhält.

Wenn schon für das Erschmelzen von Rohstein besonders in englischen Werken sich
der Flammofen als Schmelzapparat bewährt hat, so ist derselbe für das Konzentrations=
Steinschmelzen noch allgemeiner in Anwendung. Es gilt für den Bau dieser Öfen zum
Teil dasselbe, was auch für den Bau der Zinnerzschmelzöfen verlangt wurde. Der Herd
sollte nach unten möglichst frei liegen; Feuerung und Fuchs sollten durch Luftschichten
von der Herdummauerung isoliert sein; das Kernmauerwerk soll so angelegt sein, daß es
sich, ohne die übrigen Ofenwände zu beschädigen, leicht entfernen läßt. Nachdem die Ofen=
mauern, auch das zum Tragen des Herdes bestimmte Gewölbe, fertig sind, pflegt man den
eigentlichen Herd so herzustellen, daß man den dazu erforderlichen Sand zunächst in den
Ofen bringt, ihn calciniert, dann den Herd aus dem Sande formt und ihn nun scharf
brennt. Ganz besonders wichtig ist die Vorbereitung der Herdsohle für die Schwarzkupfer=
arbeit; für die Steinarbeit ist so große Sorgfalt in der Herstellung der Herdsohle nicht
erforderlich; man hat hier auch mit Erfolg den Sandherd durch einen etwa 230 mm
starken gemauerten Herd aus Dinas= oder Stourbridge=Steinen ersetzt.

Die Flammöfen, besonders bei den jetzt ausgeführten großen Dimensionen, bieten vor
den Schachtöfen mancherlei Vorteile. Man hat es besser in der Hand, oxydierende oder
reduzierende Atmosphäre zu erhalten, so daß es meist auch gelingt, in diesen Öfen einen
reicheren, eisenärmeren Stein zu erschmelzen. Es ist auch unter Umständen nicht aus=
geschlossen, die Röstarbeit oder wenigstens einen Teil derselben mit dem eigentlichen Stein=
schmelzen hier in einem Raume zu vereinigen.

Die Beschickung gelangt in der Regel durch Trichter von oben in den Schmelzraum
und erhält bei geschlossenen Thüren sofort ein starkes Feuer. Nach fünf Stunden etwa
wird die Masse durchgearbeitet und so lange verschmolzen, bis die Gasentwickelung
(SO_2) nachläßt; man feuert dann noch eine kurze Zeit lang etwas stärker, um Stein und
Schlacke zu scheiden, zieht die Schlacke durch die Arbeitsthüren in Schlackentöpfe oder
sonstige Formen ab, granuliert sie auch wohl durch Einlaufenlassen in Wasser und be=
schickt dann den Ofen ein zweites Mal. Nachdem auch der zweite Posten verschmolzen
ist, verfährt man mit der Schlacke ebenso, um dann noch eine dritte Beschickung in den
Ofen zu bringen, nach deren Verarbeitung wieder zuerst die Schlacke, dann endlich der
Stein in Töpfe oder Sandformen abgestochen wird.

Das Reduktionsverfahren. Der hinreichend konzentrierte Stein, dessen Kupfergehalt
nun annähernd auf 60% gebracht worden ist, wird entweder in Kilns oder in Flamm=
öfen und im Anschluß hieran nötigenfalls noch in Haufen oder Stadeln totgeröstet, um
dann endlich unter Zuschlag von sauren Schlacken, meist auch gemeinschaftlich mit Raffina=
tionsschlacken und anderen kupferreicheren Abfällen reduzierend verschmolzen zu werden.
Als Apparate dienen wieder Schachtöfen, von denen ja Beispiele genug besprochen worden
sind. Das Ergebnis dieser Arbeit ist ein noch mehr oder weniger stark verunreinigtes
Kupfer, Schwarzkupfer, auf dessen Zusammensetzung und Reinigung unten eingegangen
werden wird.

Man richtet hierbei den Betrieb so ein, daß außer Kupfer und der Schlacke noch
eine ganz geringe Menge Stein entsteht. Es soll hierdurch die Verschlackung des Kupfers
wesentlich vermindert werden. Dieser unter dem Namen Dünnstein, Dünnlech oder
Oberlech bekannte Stein ist außerordentlich kupferreich, derselbe wird wieder in den
Betrieb zu den Röstarbeiten zurückgeschickt.

Zur Verarbeitung nach diesem Verfahren eignen sich in erster Linie sulfidische Erze,
die angereicherten Steine und zur direkten Verarbeitung ohne vorherige Röstung oxydische
Erze und Hüttenprodukte.

Das Röstreaktionsschmelzen. Diese Arbeit geschah früher fast ausschließlich in Flamm=
öfen, heute wird dieselbe auch vielfach in Konvertern ausgeführt. In beiden Fällen
arbeitet man dahin, die Sulfide so zu rösten, daß die entstehenden Oxyde sich mit den noch
unzersetzten Sulfiden unter Entwickelung von schwefeliger Säure und Verschlackung des
Eisens zu Silikat, zu metallischem Kupfer, umsetzen.

Die Einrichtung der für den Flammofenbetrieb benutzten Öfen ist schon unter dem
Konzentrations=Steinschmelzen angegeben worden. Man pflegt bei Flammöfen, die für
das Reaktionsschmelzen bestimmt sind, etwas größere Sorgfalt auf das Einbrennen des
Herdes zu legen, welcher, wie schon erwähnt, meist aus Sand hergestellt wird. Um zu
verhindern, daß sich während des Einschmelzens Kupferstein in die Herdsohle einzieht,

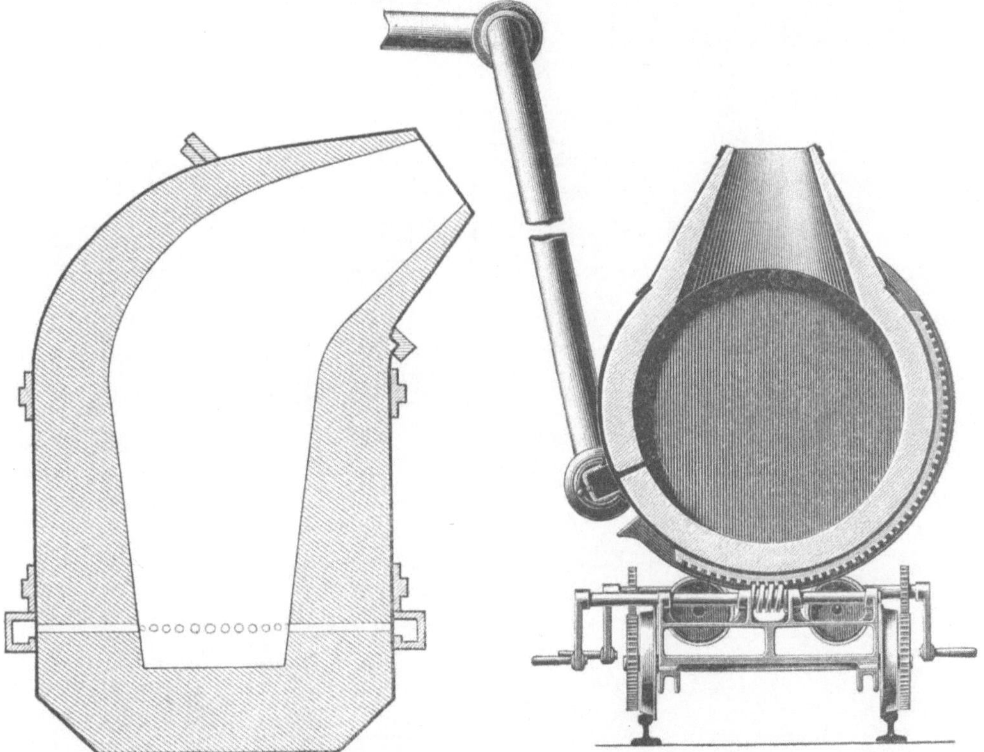

577. Konverter älteren Systems zum Verblasen
von Kupferstein.

578. Manhès' Konverter zum Verblasen
von Kupferstein.

pflegt man erst etwas metallisches Kupfer auf demselben einzuschmelzen. Den Stein setzt
man in Form von Barren in den Ofen ein, und zwar, um eine Beschädigung der Herd=
sohle zu vermeiden, nicht durch Trichter vom Gewölbe aus, sondern durch die Arbeits=
thüren in den Seitenwandungen. Man schmilzt von vornherein bei Luftzutritt ein, so daß
schon bei dem Niederschmelzen eine nicht unbeträchtliche Oxydation eintritt. Indem man
nun abwechselnd stärker heizt und wieder erkalten läßt, wird die Röstung und die darauf
folgende Einwirkung der Oxyde auf die noch unzersetzten Sulfide bei Einsätzen von
etwa 3 bis 4 Tonnen Stein in ungefähr 24 Stunden zu Ende geführt sein. Das
erhaltene Rohkupfer enthält durchschnittlich 98% Kupfer. Die abfallende Schlacke ist
ebenfalls noch sehr kupferreich und geht wieder in den Betrieb zurück.

Nach dem Vorbilde des Bessemer Prozesses hat man seit einiger Zeit auch das
Röstreaktionsschmelzen in Konvertern mit Erfolg durchgeführt. Nur bedurfte der
ursprüngliche Bessemer=Konverter einer Abänderung, da das auf dem Boden sich

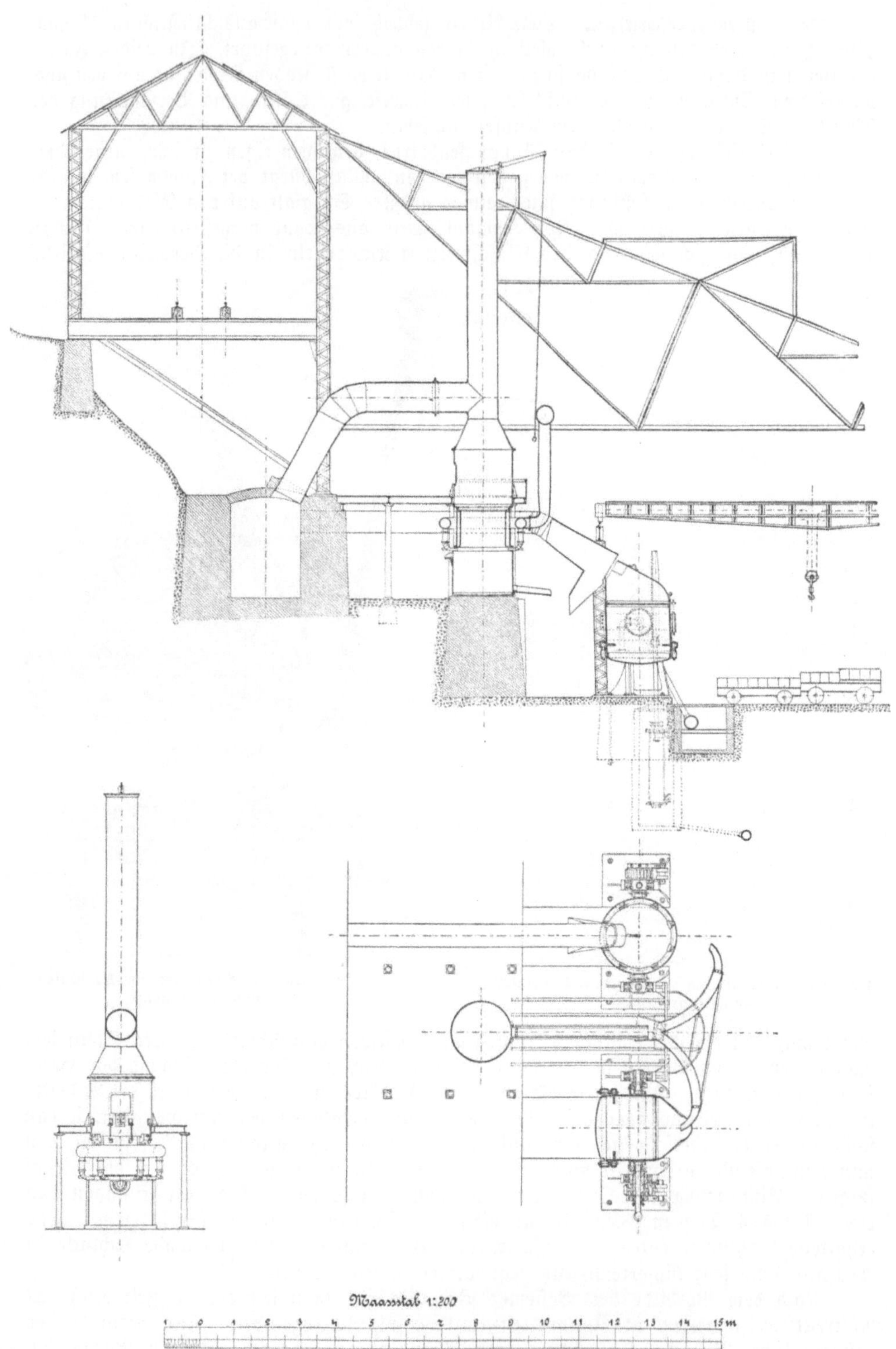

579. Konverteranlage zum Verblasen von Kupferstein.

anfammelnbe Kupfer wegen feiner hohen Wärmeleitfähigkeit zu leicht bis zu feinem Erftarrungspunkte abgekühlt wird. Man verlegte deswegen die Düfen von dem Boden in die Seitenwandungen, fo daß diefelben oberhalb des fich abfcheidenden Kupfers den Wind in den Stein einbliefen. Einen Konverter diefer Art zeigt Abb. 577.

Nach einer neueren Konftruktion von Manhès ift der Konverter als eine horizon= talliegende Trommel gebaut, in deren Mantel die Düfen ebenfalls in einer Horizontalen liegen. Der über den Düfen angebrachte Windkaften ift fo durch mehrere Gelenke mit einer Windleitung in Verbindung gebracht, daß fich durch Drehen der Trommel um ihre horizontale Achfe die Düfenlinie nach Belieben tiefer oder höher fchrauben läßt. Im übrigen befitzt der Konverter, wie auch der entfprechende Beffemer=Konverter, nur eine zum Befchicken, Entweichen der Gafe und Entleeren dienende Öffnung, die fich ebenfalls durch Drehen des Konverters in die für diefe Zwecke erforderlichen Stellungen bringen läßt. Die Abb. 578 zeigt einen Konverter der letzteren Art. Die Abb. 579 zeigt die ganze Anordnung eines Konverters in Verbindung mit einem dazu gehörigen Kupferftein= fchmelzofen. Die Konverter vertikaler Anordnung werden in Höhen von 2,5 bis 4 m und Durchmeffern von 1,5 bis 2 m (Außenmaße) ausgeführt. Die horizontal angeordneten Konverter find in Durchmeffern von 1 bis 1,5 m und Längen bis zu 2 m (Lichtenmaße) ausgeführt.

Für die Röftreaktionsarbeit werden faft ausfchließlich fulfidifche Erze bezw. deren Anreicherungsprodukte verarbeitet, doch kommen hin und wieder auch arfenidifche Pro= dukte zur Verwendung.

Laugerei und Fällung. Liegen Erze vor, welche das Kupfer in Form wafferlöslicher Salze (Kupfervitriol) enthalten, fo ift der Löfungsvorgang ein fehr einfacher. Auch Oxyde und Karbonate eignen fich unter Umftänden für diefe Arbeit. Als Löfungsmittel dienen dann Salzfäure, Chloridlöfungen oder Schwefelfäure. Aber felbft Erze mit weniger leicht löslichen Kupferverbindungen wird man dann ftets auf dem fogenannten naffen Wege zu Gute zu machen fuchen, wenn wegen zu geringen Kupfergehaltes Schmelzprozeffe aus= gefchloffen find. Durch Verwitterung, oxydierendes oder chlorierendes Röften, Behandeln mit als Oxydations=, bezw. Chlorierungsmittel bekannten Ferrifalzen (Hunt= und Douglas= Prozeß), Cuprichlorid 2c. müffen dann Sulfate oder Chloride (Dötfch= oder Dutch=Prozeß) erzeugt werden, die fich nun durch Waffer oder verdünnte Säuren leicht in Löfung bringen laffen.

Für die Röftarbeiten werden auf deutfchen Werken meift einfache Flammöfen an= gewandt; auf amerikanifchen Werken hat fich befonders zum Röften gleichzeitig auch edelmetallführender Erze der Ofen von Pearce allgemein bewährt; er ift, wie fchon unter Gold erwähnt wurde, gerade während der letzten Jahre in Konftruktionen von beträchtlichen Größen zur Ausführung gekommen. Als Löfegefäße für die fulfatifierten oder chlorierten Metalle werden meift innen geteerte oder asphaltierte Holzbottiche benutzt.

Aus allen diefen Löfungen fällt man das Kupfer meift durch Eifenabfälle als Metall, (Zementkupfer); enthielten die Erze jedoch gleichzeitig Edelmetalle, fo werden die Laugen entweder nach den unter Silber und Gold bereits erwähnten Methoden behandelt, oder indem man zunächft eine zur Fällung des vorhandenen Kupfers un= zureichende Menge von Eifenabfällen zubringt, fchlägt man die Edelmetalle nebft einer geringen Menge Kupfer vor der Hauptmaffe des Kupfers nieder.

Das mit Eifen gefällte Kupfer ift keineswegs rein, da es noch mit Eifen und Eifen= verbindungen, Arfeniden und Antimoniden und auch mit den aus dem Eifen ftammenden Karbiden und Siliciden gemifcht ift. Es muß daher gleich dem übrigen Rohkupfer noch einem raffinierenden Schmelzen unterworfen werden.

Laugerei und Elektrolyfe. Verfuche zur direkten Verarbeitung von Kupfererzen und Hüttenprodukten auf elektrifchem Wege find mehrfach angeftellt worden, fie find aber zum Teil an praktifchen Schwierigkeiten vollftändig gefcheitert (Marchefe), oder haben diefelben noch nicht überwunden (Siemens & Halske und Höpfner).

70*

Kupferraffination.

Raffinationsschmelzen. Wenn auch vereinzelt, so kommt doch gediegenes Kupfer in solchen Massen und von solcher Reinheit vor, daß ein einfaches Einschmelzen ein direkt zur Raffination geeignetes Metall liefert. Auch die bisher beschriebenen Hüttenprozesse ergeben, wie schon erwähnt, nur ein Rohmetall, das Schwarz= bezw. Zementkupfer, das direkt nur selten verwendbar ist. Die Verunreinigungen aller dieser Kupfersorten können bestehen aus Silber, Gold, Zink, Blei, Wismut, Kobalt, Nickel, Eisen, Sulfiden, Arseniden, Antimoniden, 2c. In erster Linie ist die Gegenwart oder Abwesenheit von Edelmetallen von Einfluß auf die Wahl der Raffinierarbeit.

In den meisten Fällen wird man mit einem oxydierenden Schmelzen (Spleißen) auf der sauren Sohle eines Herdofens oder eines Gebläseflammofens (Garherd, Spleißofen) beginnen. Auch Regenerativgasöfen hat man in neuerer Zeit für dieses Verfahren benutzt. Auf die Herstellung des Herdes muß für diese Arbeit ganz besondere Sorgfalt verwandt werden; es wurde schon unter (Seite 551) darauf hingewiesen. Wichtig ist ferner, daß der fertige Herd vor Beginn der Arbeit mit gutem Kupfer gesättigt wird, damit nicht während der Raffination aus dem zu Beginn des Betriebes etwa aufgesaugten Kupfer von der Herdmasse aus fortwährend neue Verunreinigungen in das bereits raffinierte Metall eintreten.

Zur Schonung des Herdes empfiehlt es sich, das in Barren einzubringende Kupfer nicht direkt auf den Herd zu werfen, sondern zuerst Bretter auf die Sand= sohle zu legen. Dieselben brennen ja schnell weg und wiegen ihre Kosten reichlich auf. Das Einschmelzen dauert etwa 6—7 Stunden, während welcher Zeit die Thüren geschlossen gehalten werden. Die während dieser Zeit aufrecht zu erhaltende redu= zierende Flamme wird nun unter Zuhilfenahme von Gebläsewind in eine oxydierende verwandelt. Während der ersten 2 bis $2\frac{1}{2}$ Stunden dieses oxydierenden Verblasens werden Zink, Blei, Arsen, Antimon teilweise verflüchtigt, teilweise verschlackt, Eisen, Nickel, Zinn und ein Teil Kupfer verschlacken sich ebenfalls. Die hartnäckigsten Verunreinigungen werden zum Schluß durch das besonders gegen Schluß des Verblasens sich in größeren Mengen bildende Kupferoxydul zerlegt. Diese Verbindung ist für die Kupferraffination ein wichtiger Vermittler der Oxydation der Verunreinigungen, da es sich mit dem Kupfer in fast allen Verhältnissen legieren kann und so den Sauerstoff der Luft in alle Teile der Schmelze hineinträgt. Sobald diese Einwirkung beginnt, entsteht eine lebhafte Gas= entwickelung, welche 3 bis 4 Stunden dauert (das Braten). Um gegen Ende dieses Bratens das Austreiben der Gase zu beschleunigen, pflegt man einen kleinen Stamm frischen Holzes in die Schmelze einzustecken. Durch die Destillationsprodukte des Holzes wird das Metall aufgerührt, eingeschlossenes Schwefeldioxyd ausgetrieben, das Umher= spritzende oxydiert sich noch weiter, und schon nach 2 bis 3 Stunden pflegt das Dicht= polen, wie man diese Arbeit nennt, beendet zu sein. Das jetzt erhaltene stark oxydul= haltige und daher ziemlich leicht brüchige Kupfer nennt man Garkupfer.

Eine besondere Art von Garkupfer ist das Rosettenkupfer, dadurch erhalten, daß man auf das noch in der Herdgrube befindliche, eben gar geblasene flüssige Kupfer ein wenig Wasser gießt und die an der Oberfläche erstarrten Platten (Rosetten) abhebt. Diese bei einem Nickelgehalte des Kupfers früher sehr gebräuchliche Arbeit nennt man das Rosettieren oder Scheibenreißen.

Um das für mechanische Verarbeitung absolut ungeeignete Garkupfer hammergar, d. h. zum Schmieden und Walzen geeignet zu machen, muß das Kupferoxydul entfernt werden. Dies geschieht natürlich am einfachsten durch ein dem Oxydieren folgendes redu= zierendes Schmelzen, welches man in den Garungsöfen ähnlichen Herd= oder Flammöfen ausführt. Meistens ist für das Gar= und das Hammergarmachen nur ein einziger Ofen vorhanden; man pflegt dann die vereinigten Arbeiten als Raffination, das er= haltene Metall als raffiniertes Kupfer oder Raffinad zu bezeichnen.

Auch in diesem Falle werden zur Beschleunigung der Arbeit, nun aber unter mög= lichster Zurückhaltung der Luft durch Bedecken der Metalloberfläche mit Holzkohlenpulver,

ebenfalls Baumstämme zu Hilfe genommen. Die beim Verkohlen des Holzes sich ent=
wickelnden Gase bewirken einesteils ein lebhaftes Aufrühren der Schmelze, anderenteils
eine schnelle Reduktion des in dem Metalle enthaltenen Kupferoxyduls. Man pflegt diese
Arbeit auch das Zähpolen zu nennen, dessen Beendigung man daran erkennt, daß ein
aus einer Schöpfprobe geschmiedeter Stab oder Blechstreifen beim Umbiegen um 180°
keine Risse zeigt, beim gewaltsamen Zerreißen durch mehrfaches Hin= und Herbiegen auf
der Bruchfläche ein atlasglänzendes, lachsfarbiges Gefüge zeigt.

Schwefelsäurelaugerei. Auch edelmetallhaltiges Schwarz= und Garkupfer wurde
früher allgemein, jetzt wird es nur durch Auslaugen verarbeitet, wo die Nachfrage nach
Kupfervitriol den Betrieb noch bezahlt. Man granuliert das Kupfer, füllt die Granalien
in einen mit Blei ausgelegten Holzbottich, in den unten Luft eintritt, während die
Granalien von oben von Zeit zu Zeit mit mäßig verdünnter Schwefelsäure bespült werden,
um die sich durch Einwirkung der Luft bildende Oxydschicht zu lösen und mit dem zurück=
bleibenden Schlamme von Edelmetallen, Bleioxyden und anderen unlöslichen Substanzen
abzuspülen. Letztere setzen sich am Boden eines die Kupfersulfatlauge ableitenden Gerinnes
ab, werden gesammelt, gewaschen, getrocknet und dann beim Treibprozeß (s. Silber)
eingetränkt. Die Kupfersulfatlauge wird auf Vitriol verarbeitet. Früher pflegte man
dieselbe durch Eisen wieder zu fällen, hat aber heute da, wo man für Kupfervitriol keinen
Absatz findet, diese Schwefelsäurelaugerei, auch Affination oder Affinerie genannt, durch
die Elektrolyse (s. unten) ersetzt.

Elektrolytische Raffination. An Stelle der Affination von edelmetallhaltigem
Kupfer ist in allen größeren Werken die Elektrolyse getreten. In mit Blei ausgelegte
oder sonstwie wasserdicht gemachte Holzbottiche hängt man das von den Edelmetallen und
von anderen metallischen Verunreinigungen zu scheidende Kupfer in Plattenform ein.
Zwischen diese Platten, auch vor und hinter die Endplatten der Reihe, aber isoliert von
denselben, hängt man in gleichmäßigen Entfernungen Feinkupferbleche auf; als Elektrolyt
hält man eine saure, nicht zu verdünnte Kupfervitriollösung in den Bottichen. Ver=
bindet man nun alle die zu raffinierenden Kupferplatten und alle Feinkupferbleche so
mit einer Stromquelle (Dynamo), daß erstere als Anoden, letztere als Kathoden in dem
Elektrolysierbottiche fungieren, so muß das Kupfer der Anoden in die Lösung übertreten,
um an den Kathoden wieder zur Abscheidung zu gelangen.

Mit dem Kupfer gehen nun zwar verschiedene Verunreinigungen aus den Anoden=
platten in Lösung, z. B. Eisen, Nickel, Kobalt, werden aber bei den für Kupfer zu
wählenden Stromdichten und Stromspannungen nicht eher mitgefällt, als bis ihre Mengen
in dem Elektrolyten eine bestimmte Grenze überschritten haben, in welchem Falle der Elek=
trolyt zu reinigen bezw. auf Kupfervitriol oder Zementkupfer zu verarbeiten ist. Andere
Bestandteile des für die Anoden benutzten Kupfers, wie z. B. Gold, Silber, Blei (dieses
als Bleisuperoxyd und Sulfat), Kupferoxydul u. s. w., fallen, da sie mit der Auflösung
des Kupfers ihren Zusammenhang verlieren, in Pulverform unlöslich zu Boden. Sie
bilden den sogenannten Anodenschlamm, der wie der von der Affinerie fallende edelmetall=
haltige Schlamm verarbeitet wird.

Die Abb. 580, 581, 582 u. 583 zeigen verschiedene Einrichtungen von Kupferelektro=
lysierzellen. In allen diesen Skizzen bezeichnet a die Anoden, k die Kathoden, s den aus
einer Bleiplatte gebildeten Schlammteller, t einen zur Unterstützung dieser Bleiplatten
dienenden Holzrahmen, H Holzbottiche, welche mit Blei ausgelegt sind. Das Bleifutter
wird in der Regel über den Rand des Bottichs gebogen; auf diesen wird dann ein mit
Öl oder anderen, das Ansaugen von Wasser hindernden Substanzen getränkter Holz=
rahmen R aufgelegt. Auf diesem endlich ruhen die Stromleitungen +—, zwei Kupfer=
blechstreifen, welche somit über die Längsseiten der Bäder isoliert voneinander verlaufen.
Abb. 580 zeigt nun besonders die Aufhängung einer Anode, an welcher oben zwei Arme,
selbstverständlich aus gleichem Material bestehend, angegossen sind. In dem vorliegenden
Falle liegt der linke Arm auf der + Leitung, der rechte Arm ist vor der Berührung mit
der — Leitung durch eine nichtleitende Platte i geschützt. Abb. 581 zeigt die Aufhängung
einer Kathodenplatte. Sie hängt an Kupferblechstreifen auf einer quer über das Bad

gelegten Holzleiste. Der Kupferblechstreifen a der rechten Seite ist mehrere Male um die Holzleisten gewickelt, so daß sein Ende auf der — Leitung liegt. Abb. 582 zeigt die Anordnung der Anoden und Kathoden zu einander.

Abb. 580 zeigt ferner eine alte Vorrichtung zur Bewegung des Elektrolyten, während die Abb. 582 u. 583 die neuere Vorrichtung für den gleichen Zweck zeigen. Nach der ersteren Anordnung wurde von einer (in der Abb. links gezeichneten) an den Bottichen entlang laufenden Bleirohrleitung der Elektrolyt jenem Bottich durch das mit zahlreichen nach unten führenden Ansatzrohren versehene Bleirohr V zugeführt. Die Verbindung nach V konnte durch eine Klammer q abgesperrt werden. Durch diese Vorrichtung lief der Elektrolyt in so vielen Strahlen dem Bottich zu, wie Elektrodenzwischenräume vorhanden waren. Die zulaufende Flüssigkeit wurde durch einen auf das gewünschte Niveau eingestellten Heber X und das Gerinne Z ständig abgeführt.

Weit besser hat sich die in den Abb. 582 u. 583 dargestellte Anordnung bewährt. In ein an beiden Seiten offenes Bleirohr D ist ein Glasrohr g eingeführt. Letzteres wird durch einen Stöpsel in der die Mündung des Rohres b überdachenden Bleihaube d gehalten und kann leicht gehoben oder gesenkt werden. Durch dieses Glasrohr nun führt man Luft in die Flüssigkeitssäule in Rohr b ein. Der feine Luftstrahl verteilt sich in der Flüssigkeit in Form feiner Luftbläschen, das spezifische Gewicht der so mit Luft durchsetzten Flüssigkeitssäule verringert sich und die Flüssigkeit steigt in dem Rohre b nach oben, läuft über den Rand desselben und verteilt sich oben in dem Elektrolysiergefäße. An der unteren Mündung des Rohres b

580. Kupferelektrolysierzelle mit Ansicht der Anode und mit Laugenzirkulation alten Systems.

581. Kupferelektrolysierzelle mit Ansicht der Kathode.

wird begreiflicherweise fortdauernd Flüssigkeit angesogen werden. Diese Art der Lufteinführung in die Laugen geht äußerst ruhig und gleichmäßig vor sich; sie ist eine der wirksamsten und billigsten Laugenzirkulationsmethoden.

Das Füllen und Entleeren der Bäder geschieht nur von einer einzigen Rohrleitung R aus, und zwar nicht, wie bei der früheren Arbeitsweise, durch einen während der ganzen

Betriebsdauer zu= und abfließenden Flüssigkeitsstrom, sondern einmal vor Beginn des Betriebes erfolgt das Füllen, und wieder einmal zum Absetzen der Laugen, also zur Be=

triebsunterbrechung, erfolgt das Entleeren der Bottiche. Jedes einzelne Gefäß ist zu diesem Zwecke mit der Hauptflüssigkeitsleitung R durch einen Heber N verbunden. Der Anschluß des Hebers an die entsprechenden Stutzen der Hauptleitung erfolgt durch einen mittels Schraubenklemme verschließbaren Gummischlauch S. Während des Betriebes bleibt diese Klemme geschlossen; die Bildung unerwünschter elektrischer Zweigleitungen durch die Bäder verbindende Flüssigkeitsströme ist damit vermieden.

* * *

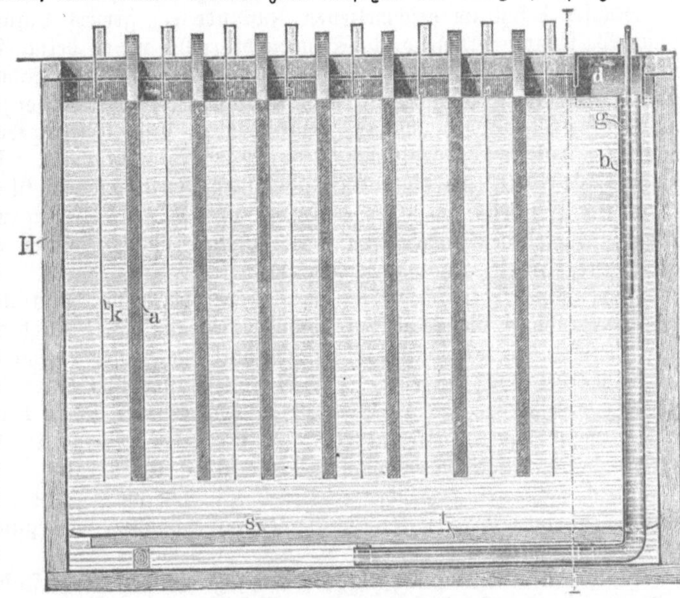

582. Kupferelektrolysierzelle mit sämtlichen Elektroden und mit neuer Laugenzirkulationsvorrichtung.

Das Kupfer (Cu″ und Cu′, Atomgewicht 63,4, spezifisches Gewicht 8,94) zeigt in reinem Zustande auf frischen Bruchflächen eine gelbrote Farbe. Seine Struktur ist körnig (Kupferguß) bis faserig und sehnig (Schmiede= und Walzkupfer). Es zeichnet sich bei nicht unbedeutender Härte und Festigkeit durch eine große Dehnbarkeit aus. Durch mechanische Bearbeitung oder plötzlichen Temperaturwechsel hart gewordenes Kupfer läßt sich durch mäßiges Erhitzen (200—300°) wieder geschmeidig erhalten. Seine Leitungsfähigkeit für Wärme und Elektrizität ist eine sehr hohe. Besonders der letzteren Eigenschaft wegen wird es in der Elektrotechnik allgemein als Stromleitungsmaterial benutzt. Bei lebhafter Rotglut ist es, wenn auch schwierig schweißbar, kurz vor dem Schmelzen wird es beim Erhitzen

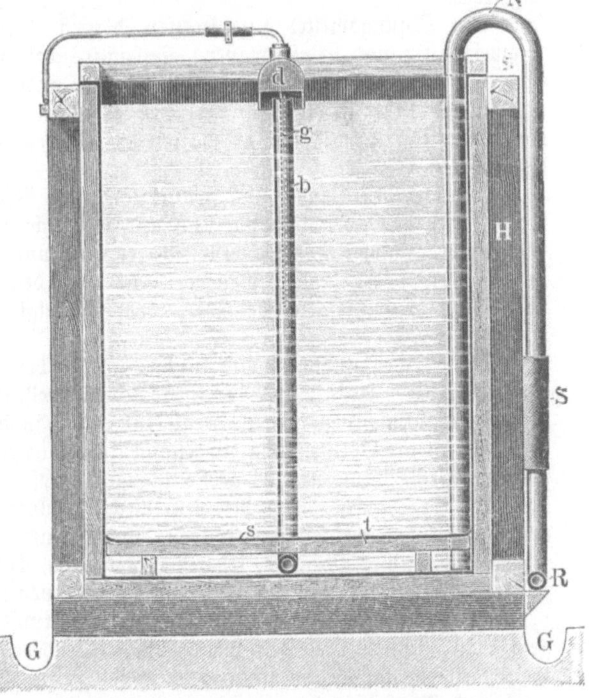

583. Laugenzirkulation mit Luft für Kupferelektrolysierzellen.

so spröde, daß es sich pulverisieren läßt. Sein Schmelzpunkt liegt zwischen 1050 und 1100°. Im flüssigen Zustande zeigt es einen grünen Farbenton, färbt auch oxydierend heiße Flammen grün. Der Siedepunkt des Metalles liegt bei den Temperaturen des Knallgasgebläses und des elektrischen Lichtbogens, also in der Nähe von 3000°.

Kupfer besitzt im geschmolzenen Zustande ein großes Lösungsvermögen für einige Gase (Wasserstoff, Kohlenoxyd, Schwefeldioxyd), die es beim Erstarren wieder abgibt, ferner für viele Metalle (Aluminium, Nickel, Kobalt, Zink, Kadmium, Zinn, Blei, Wismut, Edelmetalle, Mangan, Chrom, Wolfram, Molybdän, Eisen) und schließlich auch für verschiedene Metallverbindungen (Kupferoxydul, Kupfersulfür, Kupferphosphid, Arsenide, Arseniate, Antimonide, Antimoniate von Blei, Wismut u. a.). Die Lösungsfähigkeit des Kupfers für Gase und die zuletzt genannten Verbindungen ist bei dem raffinierenden Schmelzen und beim Gießen von Kupfer und Kupferlegierungen zu beachten. Von der Lösungsfähigkeit des Kupfers für andere Metalle oder in solchen wird in der Legierungstechnik ausgedehnte Anwendung gemacht.

Von seinen chemischen Eigenschaften verdienen mit Rücksicht auf seine Gewinnung und Verwendung die folgenden besondere Beachtung. In dichten geschmiedeten oder gewalzten Stücken mit glatter Oberfläche hält sich Kupfer an der Luft lange unverändert; es ist aber bei gleichzeitiger Gegenwart von Wasser und sauer wirkenden Stoffen unter Bildung basischer Salze (Grünspan) leicht oxydierbar. Schon bei schwacher Rotglut, weit unter seinem Schmelzpunkte überzieht es sich mit Oxydschichten, die aus Gemischen von Oxyd und Oxydul bestehen (Kupferhammerschlag, Glühspan).

Dem Schwefel gegenüber entwickelt es eine weit größere chemische Energie, als sämtliche übrigen Erzmetalle: für die Kupfergewinnung eine ganz besonders bemerkenswerte Eigenschaft.

Auch mit den übrigen Metalloiden, ausgenommen Wasserstoff, Stickstoff und Kohlenstoff, vereinigt sich Kupfer leicht direkt. Ein Vereinigungsprodukt von Kupfer und Wasserstoff ist zwar bekannt, doch wird es nicht von allen Chemikern als chemische Verbindung angesehen.

Als Lösungsmittel für Kupfer dienen besonders Salpetersäure, konzentrierte Schwefelsäure und Königswasser. Salzsäure und verdünnte Schwefelsäure lösen Kupfer nur bei Luftzutritt oder bei Gegenwart anderer Oxydationsmittel. Beim Lösen von Kupfer in Säuren kann sich, der geringen Lösungstension dieses Metalles wegen, nie Wasserstoff entwickeln; es müssen aus diesem Grunde stets Oxydationsmittel vorhanden sein.

Obwohl das Kupfer mit Sauerstoff zwei Verbindungen eingeht: Cu_2O, Kupferoxydul, und CuO, Kupferoxyd, auch mit dem Schwefel ein Sulfür Cu_2S und ein Sulfid CuS bildet, kann es mit Sauerstoffsäuren doch nur eine Reihe von Salzen eingehen, wie sie sich von dem Oxyde ableiten. Nur von den Haloidsäuren sind Oxydul- : Cupro- und Oxyd- : Cuprisalze bekannt. Kupfer zeigt eine große Neigung zur Bildung basischer Salze.

Die Verwendungsarten des Kupfers sind bei den wertvollen Eigenschaften des Metalles sehr zahlreich. Als solches dient es zur Herstellung einer großen Zahl von Geräten, Apparaten, Maschinenteilen u. dergl. für den Haushalt, sowie für die gesamte Technik; besonders ist die Verwendung des Kupferdrahtes in der Elektrotechnik hervorzuheben. Auch das Kunstgewerbe verbraucht große Mengen Kupfer für Kunstschmiedearbeit und galvanoplastische Erzeugnisse. In der Legiertechnik bildet Kupfer die Grundsubstanz für eine große Anzahl wichtiger Legierungen, unter denen die Bronzen (Kupfer-Zinn, Kupfer-Zinn-Zink, Kupfer-Mangan, Kupfer-Aluminium, Kupfer-Silicium), das Messing (Kupfer-Zink), das Neusilber (Kupfer-Nickel) die bekanntesten sind. Zur Herstellung einiger Kupferverbindungen, z. B. des Kupfervitrioles, des Kupferoxydes, des Phosphorkupfers u. a., geht man, soweit dieselben nicht, wie z. B. der Kupfervitriol, als Nebenprodukte im Hüttenbetriebe fallen, ebenfalls von metallischem Kupfer und Abfällen der Kupferwalzwerke und Kupferschmiede aus.

Nickel.

Das Vorkommen des Nickels beschränkt sich auf Sulfide, Arsenide und deren Verwitterungsprodukte und auf Silikate. Die beiden ersten finden sich meist in Begleitung der entsprechenden Kupfer= und Eisenverbindungen; sie waren bis vor kurzem die wichtigsten Nickelerze; in neuerer Zeit gewinnen aber auch die Silikate und unter diesen wieder der Garnierit an Bedeutung.

Abgesehen von wenigen neuen Arbeitsmethoden, können wir bezüglich der Grundsätze und Ausführungen der verschiedenen Nickelhüttenprozesse, sowie bezüglich der dazu dienenden Öfen und sonstigen Apparate ganz auf den Kupfer= und Eisenhüttenbetrieb verweisen. Auch einer der unter Chrom und Wolfram beschriebenen Tiegelschmelzöfen kann für den unten angegebenen Zweck Verwendung finden. Bis auf die wesentlich von Kupfer= und Eisenhüttenprozessen abweichenden Arbeiten wollen wir uns daher auf eine möglichst kurze Übersicht über die mit jenen Betrieben übereinstimmenden Methoden beschränken.

Den entscheidendsten Einfluß auf die Wahl der Arbeitsweise übt der Kupfergehalt der Erze aus.

Verarbeitung kupferfreier Erze.

Sulfide.

Das Prinzip der Verarbeitung solcher Erze besteht in einer Oxydation und Verschlackung der Eisenverbindungen vor dem Nickelsulfide, eine Arbeit, welche man auch schon im Kupferhüttenbetriebe ausführte und von hier aus in den Nickelbetrieb verpflanzte. Sie setzt sich aus folgenden Operationen zusammen:

Rösten in Haufen, Stadeln, Kilns oder Flammöfen.

Rohsteinschmelzen in Schachtöfen mit Spurofenzustellung auf einen Nickelstein mit bis 25 % Ni.

Rösten des Rohsteines in Apparaten wie oben.

Konzentrationssteinschmelzen und Raffinieren in Schachtöfen, Flammöfen oder Konvertern auf einen Stein mit bis 75 % Ni.

Totrösten in Flammöfen.

Reduzierendes Verschmelzen in Tiegeln oder Schachtöfen.

Raffination des Rohnickels in Tiegeln, selten in Flammöfen (Puddelöfen) mit Hilfe von Mangan und Magnesium.

Arsenide.

Die Arbeiten sind ähnlich den vorigen:

Rösten in Stadeln unter Gewinnung von Arsenik.

Speiseschmelzen in Schachtöfen.

Diese Arbeiten werden nötigenfalls wiederholt.

Oxydierendes Schmelzen in Flammöfen unter Verschlackung des sich vorwiegend oxydierenden Eisens durch Quarzsand.

Totrösten, bestehend in wiederholten Röstungen, schließlich unter Zuschlag von Soda und Salpeter.

Reduzierendes, dann raffinierendes Verschmelzen in Tiegeln.

Silikate.

Anreichern des Nickels der meist armen Erze durch sulfierendes Verschmelzen mit Schwefelkies, Sodarückständen oder Sulfaten und Kohle. Der dann erfolgende Stein wird wie der bei Sulfiden fallende Stein weiter verarbeitet.

Oxydische Erze und Hüttenprodukte.

Nach Mond:

Reduzierendes Rösten bis zur vollendeten Reduktion, bei welcher das Metall nicht schmelzen darf.

Überleiten von Kohlenoxyd bei 150°.

Zersetzen des sich hierbei verflüchtigenden Ni (CO)$_4$ durch Hitzen auf über 180°.

Verarbeitung kupferhaltiger Erze.

Auf Nickellegierungen.

Soweit Absatz für Kupfernickellegierungen vorhanden ist, gestaltet sich die Arbeits=
weise sehr einfach; sie setzt sich zusammen aus:

Steinschmelzen in Schachtöfen bis auf etwa 40% Cu + Ni.

Konzentrieren des Steines in Schacht=, Flammöfen oder Konvertern bis auf etwa
80% Cu + Ni; Totrösten.

Reduzierendes Verschmelzen. Apparate wie unter „Verarbeitung kupferfreier Erze,
Sulfide".

Auf Reinnickel.

Schmelzprozesse. Auf amerikanischen Werken ist nach Ulke (Zeitschrift f. Elektro=
chemie 3. S. 519) ein Verfahren mit Erfolg durchgeführt, auf welches wir etwas näher
eingehen müssen, da es von den übrigen Arbeiten wesentlich abweicht. Es handelt sich
um das sogenannte „Tops and Bottoms"=Schmelzen, welches wir ebenso kurz als
„Kopf=Boden=Schmelzen" bezeichnen können.

Der auf bekanntem Wege erhaltene Nickelrohstein wird zuerst mit Natriumsulfat
(salt cake) und Koks in einem Kupolofen verschmolzen. Die folgenden Umsetzungen
finden dabei statt: Natriumsulfat wird zu Natriumsulfid reduziert; letzteres verbindet sich
nun mit dem größeren Teil des Eisens und des Kupfers zu sogenannten „Tops" und
setzt sich oberhalb der spezifisch schwereren und nickelreicheren „Bottoms" ab, sobald man
die aus dem Ofen fließende Mischung in Töpfen erstarren läßt. Die Trennung der
beiden Teile wird dann durch Abschlagen bewirkt.

Die der Witterung ausgesetzten Tops von dem obigen Konzentrationsschmelzen
werden nun mit etwas Rohstein und genügend Koks in einem zweiten Kupolofen ver=
schmolzen, um wiederum Tops und Bottoms zu erhalten. In diesem Ofen entzieht das
Natrium in den Tops dem Nickel den Schwefel und bildet Schwefelnatrium, welches sich
mit einem Teile des Kupfers und Eisens zu neuen Tops verbindet. Der Prozeß wird
Topsschmelzen genannt.

In dem Bottomschmelzprozeß werden die vom ersten und zweiten Kupolofen kom=
menden Bottoms mit Natriumsulfat und Koks in einem dritten Kupolofen verschmolzen,
wobei Tops und an Schwefelnickel reichhaltige Bottoms sich bilden. Dieses unreine
Schwefelnickel röstet man jetzt mit Salz in einem Flammofen und erhitzt es auf eine so
hohe Temperatur, daß man das Nickel möglichst als Nickeloxyd und die edlen Metalle
und das Kupfer als Chloride und Sulfate erhält. Die Kupfer=, Platin=, Palladium=
und Silbersalze werden nun aus der gerösteten Masse ausgelaugt, unter Zurücklassung
von Nickeloxydul. In die Lösung brachte man früher Eisenabfälle und erhielt so ein
Zementkupfer, welches 80% Cu enthielt, und 60 Unzen Platin mit 40 Unzen Palladium
per Tonne. Jetzt fällt man aus der Lösung die edlen Metalle (Platin, Palladium und
ein wenig Silber und Rhodium), hebt die kupferhaltige Lösung ab und gießt sie auf heiße
Tops, oder schlägt mit Eisen das darin enthaltene Kupfer nieder.

In der Orford=Hütte zu Constables Hook, New Jersey, reduziert man das ausge=
laugte Nickeloxydul und stellt daraus Anoden her von der folgenden Zusammensetzung:
95—96% Nickel, 0,2—0,6% Kupfer, 0,75% Eisen, 0,25% Silicium, 0,45% Kohlen=
stoff, 3,0% Schwefel und 0,5 Unzen Platin per Tonne.

Die Anoden werden nun an die Balbach=Hütte zu Newark abgeliefert, wo man
durch elektrolytische Raffination — wahrscheinlich in Cyanidbädern — Reinnickel erhält.
Letzteres besteht aus 99,5—99,7% Nickel, 0,1—0,2% Kupfer, 0,03% Arsenik, 0,02%
Schwefel, 0,1% Eisen und Spuren von Platin. Die Anodenbruchstücke verschmilzt man
wieder auf Anoden; die platinhaltigen Schlämme verarbeitet man auf Platin.

Die Tops, welche hauptsächlich aus den Doppelsulfiden des Kupfers und des Natriums
bestehen, werden ausgelaugt und liefern so unlösliches Schwefelkupfer und eine Sulfid=
lösung, aus Schwefelnatrium, Natriumhyposulfid, Karbonat u. dgl. mehr bestehend. Die

Lösung wird abgedampft und die erhaltenen Natriumsalze der Charge beim „Tops and Bottoms"-Schmelzen zugesetzt.

Das Schwefelkupfer, welches neben Spuren von Platin und Nickel fast alles ursprünglich im Rohstein vorhandene Gold und Silber enthält, reduziert man im Kupferofen zu Metall und gießt es in Anodenformen. Die Anoden werden dann in parallel geschalteten schwefelsauren Bädern in der gewöhnlichen Weise elektrolytisch raffiniert. Man erhält so Reinkupfer und einen Schlamm, den man einem Bleibade zugibt, um ihn auf güldische Barren abzutreiben. Durch Scheidung der letzteren erhält man schließlich Reingold und Reinsilber. Auf die Einzelheiten der Elektrolyse kommen wir noch zurück.

Ein anderer Schmelzprozeß bezweckt die Scheidung des Kupfers und Nickels in ihre Sulfide mit Hilfe von Mangan (U. S. A. Pat. Nr. 579111 Hybinette und Ledour). Wie bei dem eben erörterten Verfahren mit Sulfat und Kohle, so schmilzt man hier den Stein mit Manganoxyden ein. Aus der Schmelze scheiden sich Mangan-, Kupfer- und Eisensulfide oben, Nickel- mit Eisen- und geringen Mengen Kupfersulfiden am Boden eines Scheidegefäßes ab. Von den auseinander gehauenen Blöcken werden die Böden noch einmal mit Manganzuschlägen verschmolzen, und nun wird alles Kupfer und auch fast der ganze Rest Eisen vom Nickelsulfide entfernt, welches letztere sich dann leicht auf Reinnickel verarbeiten läßt. Nach neueren Nachrichten soll dieses Scheidungsverfahren aber nicht so glatt arbeiten, wie die Patentbeschreibung vermuten läßt.

Laugereiprozesse. Von den nassen Scheidungen haben nur zwei Verfahren befriedigende Resultate gegeben. Die eine, schon länger bekannte Methode ist die folgende: Ärmere Materialien werden nach den schon beschriebenen Röst- und Schmelzprozessen zunächst auf Konzentrationsstein oder Speise angereichert, welche nun nach vollständigem Totrösten in Salzsäure gelöst wird. Die Metalle der sogenannten Schwefelwasserstoffgruppe fällt man dann aus der sauren Lösung mit wasserlöslichen Sulfiden, filtriert, neutralisiert, fällt das Eisen mit Chlorkalk, filtriert wieder, fällt dann Kobalt ebenfalls mit Chlorkalk und endlich nach nochmaliger Filtration das Nickel mit gelöschtem Kalk. Das Nickelhydrat kann dann nach dem Auswaschen und Trocknen direkt auf Metall verschmolzen werden.

Die zweite Methode wurde von Borchers zur Scheidung von Salzgemischen angewandt, welche vorwiegend aus den Sulfaten von Kupfer, Nickel und Eisen (Ferrosulfat) bestanden und durch sulfatisierendes Rösten von Stein und darauf folgendes Auslaugen mit Schwefelsäure erhalten waren. Zunächst wurde das Kupfer in saurer Lösung mit Eisen gefällt. In Ermangelung anderer Eisenabfälle kann man Kiesabbrände benutzen, welche reduzierend zu Eisenschwamm geröstet sind. Die nun aus Nickel- und Ferrosulfat bestehende Lösung wird mit einer dem vorhandenen, natürlich genau zu ermittelnden Nickelsulfate äquivalenten Menge von Ammoniumsulfat versetzt und zur Krystallisation gebracht. Es scheidet sich das bekannte Nickeldoppelsalz, mit nur ganz geringen Mengen Eisen verunreinigt, aus. Man löst die Krystalle, fällt das wenige Eisen nach bekannten Methoden als Ferrihydrat und hat nun eine reine Nickel-Ammoniumsulfatlösung, aus der man das Nickel als Hydrat oder elektrolytisch als Metall fällen kann.

Elektrochemische Nickelgewinnung. Wie man aus dem Vorstehenden sieht, ist der Elektrochemie die Wahl unter den folgenden Arbeiten gelassen:

1. Die Raffination von Rohnickel.
2. Die Verarbeitung von Nickelstein.
3. Die elektrolytische Fällung von Nickellösungen.

Die erste Möglichkeit ist thatsächlich schon in die Wirklichkeit übertragen, so daß ihre Durchführbarkeit gesichert erscheint. So verarbeitet die Balbach Smelting & Refining Company zu Newark, New Jersey, Rohnickel der Orford Copper Company, und zwar nach neueren Angaben von Ulke wahrscheinlich unter Benutzung von Cyaniden als Elektrolyten. Durch die Erfahrungen auf dem Gebiete der Galvanotechnik und Elektroanalyse (Classen), sowie durch neuere Veröffentlichungen von Ulke und von Förster sind folgende Bedingungen für die Nickelraffination festgestellt:

In dem für die Herstellung der Anoden zu verwendenden Rohmateriale braucht man

mäßige Mengen Kupfer weniger zu fürchten, als gleich große Mengen Eisen. So be=
nutzte die genannte Balbach=Hütte: und erhielt daraus:

	Anoden aus: %	Kathoden mit: %
Nickel	95—96	99,5—99,7
Kupfer	0,2—0,6	0,1—0,2
Eisen	0,75	0,1
Silicium	0,25	—
Kohlenstoff	0,45	—
Schwefel	3,00	0,02.

Als Elektrolyte kommen in Betracht Nickelsulfat, Nickelammoniumsulfat, Cyanide
und Chloride. Die Chloride sind jedenfalls nicht zu empfehlen, wenn die Möglichkeit
der Verwendung anderer Lösungen vorliegt.

Stromdichten nicht unter 50, nicht über 250 Amp. per qm; bei Chloridlösungen
von 70—100 Amp. per qm.

E. M. K.: bei 150 Amp. per qm etwa 1 Volt, bei 200 Amp. per qm 1,8 Volt in
Sulfatlösungen; in Cyanidlösungen nur wenig niedriger.

Temperatur 50—90°.

Lebhafte Laugenzirkulation (vergl. auch Zink).

Vermeidet man saure Reaktion des Elektrolyten, so gehen unter diesen Bedingungen
Kohlenstoff, Silicium, Kupfer und Mangan fast gar nicht zur Kathode über; Eisen und
Kobalt aber lösen sich leicht und werden auch in erster Linie wieder gefällt.

Um Nickelkupferstein direkt elektrolytisch zu verarbeiten, empfiehlt Ulke, welcher
viel über Nickelelektrolyse gearbeitet hat, folgenden Weg:

Gegossene Anoden aus einem Nickelkupfersteine werden in einer sauren Lösung aus
Sulfaten, wie sie durch Auslaugen von geröstetem Steine erhalten werden kann, Kupfer=
kathoden gegenüber elektrolysiert. Bei lebhafter Zirkulation der Lauge und mäßiger
Stromdichte fällt von den in Lösung gehenden Metallen nur das Kupfer. Reichert sich
nun Nickel zu sehr in der Lösung an, so fällt man das noch in Lösung befindliche Kupfer
durch Natriumsulfid, oder indem man sie über ein Filter von Nickelstein laufen läßt. Die
geringen Mengen Eisen werden nach bekannten Methoden, oder nach dem neueren Vor=
schlage von Whitehead mit frisch gefälltem Nickelhydrat niedergeschlagen. Aus der
zurückgebliebenen Lösung erhält man je nach Bedarf 1. durch Konzentration Nickelvitriol,
oder 2. durch Fällung Nickeloxydul, oder endlich 3. durch Elektrolyse Nickel.

*
*		*

Das Nickel (Ni, Atomgewicht 58,88, spezifisches Gewicht 9) ist ein sehr hellgraues,
stark glänzendes Metall, welches sich durch einen hohen Grad von Dehnbarkeit und Festigkeit
auszeichnet, so daß es sich wie Eisen zu Blech und Draht auswalzen läßt. Auch bezüglich
seiner magnetischen und elektrischen Eigenschaften verhält es sich dem Eisen sehr ähnlich.
Der Schmelzpunkt des Nickels liegt in der Nähe von 1400°. Es legiert sich leicht mit
den meisten Metallen (Kupfer=Nickel: Münzmetall; Kupfer=Zink=Nickel: Argentan und
Neusilber; Eisen=Nickel: Nickelstahl). Wie Kupfer und Eisen, löst es auch einige seiner
Verbindungen, wie z. B. das Oxydul. Bei gewöhnlicher, wie auch bei ziemlich hoher
Temperatur oxydiert sich Nickel an der Luft nur wenig, so daß der Abfall (Hammerschlag)
beim Schmieden und Walzen viel geringer ist, als beim Eisen. Mit den übrigen Metalloiden
vereinigt sich Nickel ziemlich leicht. Für den Nickelhüttenbetrieb sind von diesen Verbin=
dungen besonders die Sulfide und die Arsenide von Wichtigkeit. Alle technisch wichtigen
Nickelverbindungen leiten sich von dem Oxydule, NiO, ab; das Oxyd ist sehr unbeständig.
Nickel löst sich leicht in Salpetersäure, langsamer in Salzsäure und Schwefelsäure. Bei
der Lösung entstehen immer Oxydulsalze.

Verwendung des Nickels. Reines Metall dient heute in großen Mengen zur
Herstellung von Koch= und Tischgerät. Auch durch Aufschweißen auf Eisenblech erhaltene
nickelplattierte Bleche dienen denselben Zwecken. Zahlreiche Gebrauchs= und Luxus=
gegenstände aus minderwertigen Metallen werden galvanisch mit Nickel überzogen. Von
Legierungen werden verwandt: Nickel=Kupfer als Münzmetall; Nickel=Kupfer=Zink als
Neusilber, Argentan u. s. w.; Nickel=Eisen als Nickelstahl zu Panzerplatten.

Quecksilber.

Das Quecksilber kommt gediegen in dem als Zinnober bekannten Sulfide (HgS) und seltener in verschiedenen anderen Verbindungen vor.

Für die Verarbeitung auf Metall kommt fast ausschließlich das Sulfid in Betracht, dessen Zerlegung weniger Schwierigkeiten verursacht, wie die Kondensation des daraus entstehenden leicht flüchtigen Quecksilbers.

Gewinnung des Quecksilbers.

Oxydierendes Rösten. Beim oxydierenden Rösten der Sulfid führenden Erze wird schon bei mäßigen Temperaturen der Schwefel des Zinnobers verbrennen, und da die Dissoziationstemperatur des Quecksilberoxydes sehr niedrig liegt, so ist die Bildung dieser Verbindung bei der Verbrennung des Schwefels fast ausgeschlossen. Abweichend von dem Verhalten der Sulfide der übrigen sogenannten unedlen Erzmetalle, welche beim oxydierenden Rösten zunächst in schweflige Säure und Metalloxyd übergehen, liefert das Quecksilberoxyd direkt Metalle neben der schwefligen Säure.

Als Apparate haben sich am besten die in verschiedenen Modifikationen ausgeführten Schachtflammöfen bewährt, von denen einer der ältesten der nach den Kondensationsflaschen (Alludeln) benannte Alludelofen ist. Der eigentliche Ofen bildet einen 1,25 bis 2,00 m weiten, 6 bis 8 m hohen Schacht.

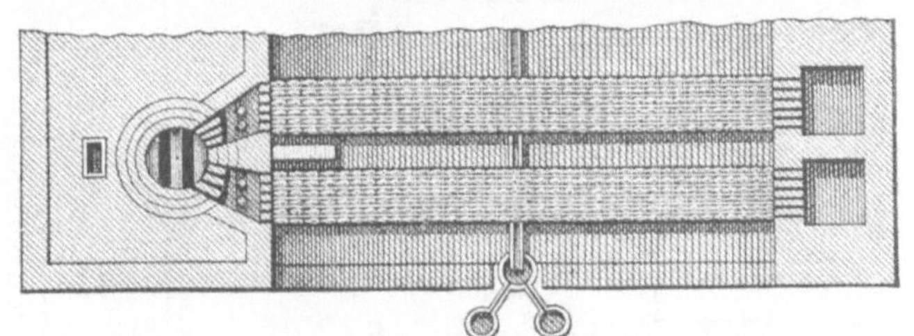

584 u. 585. Alludelofen.

Ein Steinrost teilt denselben in zwei Teile, von denen der obere das Erz, der untere das Brennmaterial aufnimmt. Der obere Teil ist mit Füll=, Schür=, Entleerungs= und Gasabführungsöffnungen versehen, an welch letztere sich bis zu 12 Reihen (à 40 Stück) nach Art von Perlenschnüren aneinander gereihten Kondensationsflaschen (Alludeln, bis 450 mm lang, bis 250 mm mittlerer Bauchweite, bis 140 mm Mündungsweite an dem einen und bis 100 mm am anderen Ende) nebenstehend skizzierter Art anreihen. Um das Quecksilber abzuführen, besitzen die vom Ofen bis zur tiefsten Stelle der V=förmig angeordneten Reihen liegenden Alludeln in der Wand kleine nach unten gelegte Öffnungen, aus denen

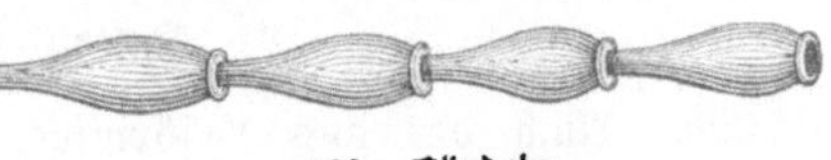

586. Alludeln.

das Quecksilber in eine Rinne und von dieser aus in Sammelbehälter einfließt. Innerhalb eines an die Endflaschen sich anschließenden Kondensationsturmes werden die Gase zuerst nach unten geführt, um dann aufsteigend oben zu entweichen.

Diesem in Almaden sehr gebräuchlichen Kondensationssystem gegenüber hatten sich in Idria bei ähnlichem Ofensysteme gemauerte Kondensationskammern eingebürgert, in denen die Röstgase in Schlangenlinien auf= und abziehen mußten. Man hat dort heute bessere Öfen und rationellere Verdichtungsanlagen eingeführt.

Die Einrichtung eines von Exeli in Idria konstruierten, mit drei Seitenfeuerungen versehenen Schachtofens ist aus den beigefügten Abb. 587 und 588 ohne weitere Erklärung

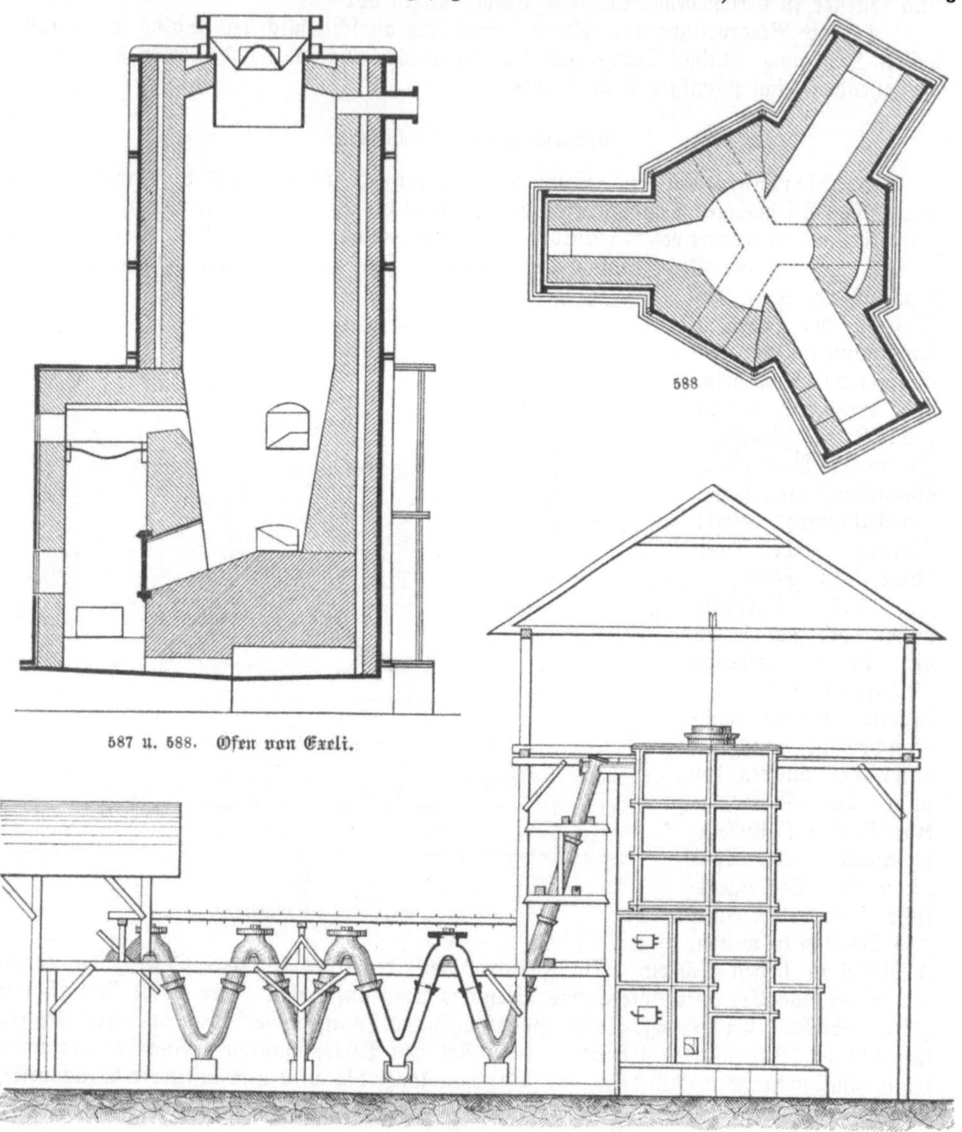

587 u. 588. Ofen von Exeli.

589. Exeliofen mit Kondensationsanlage.

ersichtlich. Auch das aus V=förmigen Rohren zusammengesetzte Kondensationssystem (Abb. 589) bedarf keiner weiteren Erklärung.

Während die vorstehend angeführten Öfen Erze gröberer Körnung bezw. briquettiertes Erzklein verlangen, ist eine Anzahl von Öfen für lockeres Erzklein entstanden, in welchen die Konstrukteure die Grundsätze der für Feinkies gebauten Röstöfen (Gerstenhöfer u. a.) zum Teil mit recht gutem Erfolge zu verwerten gesucht haben. Für Erzklein, leicht zer= fallende oder leicht sinternde Erze und Rückstände stehen auch Flammöfen (Fortschaufelungs= system) in Anwendung.

Einfache Schachtöfen endlich, in denen für Erz und Brennstoff nur ein Raum, eben der Ofenschacht, vorgesehen ist, werden dort für Stückerze oder briquettiertes Erzklein verwandt, wo Koks oder Holzkohle hinreichend billig zu haben sind.

Destillation mit entschwefelnden Zuschlägen. Die Zerlegung des Quecksilbersulfides durch Erhitzen mit Kalk oder Eisenabfällen kommt nur ausnahmsweise da zur Anwendung, wo reiche Rohmaterialien in nicht zu großen Mengen zur Verarbeitung vorliegen; denn da man zur Durchführung dieses Verfahrens gezwungen ist, die zerkleinerte gut gemischte Beschickung in Gefäßöfen (gußeisernen Retorten) zu verarbeiten, so ist es erklärlich, daß die Ausgaben für Arbeit, Brennmaterial, Ersatz der Retorten, kurz die ganzen Betriebskosten ärmere Erze von dieser Arbeit ausschließen.

Die Verarbeitung der Kondensationsprodukte. Das in den Kondensationsanlagen sich sammelnde, zusammengeflossene Quecksilber ist in der Regel nach vorgängiger Filtration durch dichtes Segeltuch oder Leder versandfähig. Als Packung dienen eiserne Flaschen von 34,5 kg Inhalt.

Ein Teil des Quecksilbers wird in Form feiner Kugeln durch unvollkommene Verbrennungsprodukte der Brennstoffe, durch Quecksilberverbindungen und andere den Erzen entstammende Sublimationsprodukte umhüllt und so am Zusammenfließen gehindert. Dieses, unter dem Namen Stupp (Soot) bekannte, besonders an den Wänden der Kondensationsröhren sich ansetzende Gemisch, welches bis zu 80% Quecksilber enthalten kann, wird durch Pressen und Destillation mit den Erzen verarbeitet.

Elektrolyse. Die direkte Elektrolyse der Erze würde dieselben Schwierigkeiten haben, wie die der Kupfer-, Zink- und Bleierze. Wenn Elektrizität hier Anwendung finden soll, kann nur die chemische Lösung mit darauffolgender elektrolytischer Fällung des Quecksilbers in Betracht kommen. Es liegen aber bis jetzt noch nicht viele Versuchsresultate vor. — Thatsache ist jedoch, daß Zinnober sehr leicht in Alkalihydrat haltigen Alkalisulfidlösungen löslich ist und daß aus diesen Lösungen das Quecksilber quantitativ elektrolytisch gefällt werden kann.

*   *   *

Quecksilber (Hg, Atomgewicht 200, spezifisches Gewicht 13,5) ist ein bläulich weißes, bei gewöhnlicher Temperatur flüssiges Metall. Erstarrungspunkt —39,4, Siedepunkt +360°. Das Quecksilber ist ein vorzügliches Lösungsmittel für die meisten Metalle (Gold, Silber, Blei, Wismut, Zinn, Zink, Kadmium, Erdalkali- und Alkalimetalle); die Legierungen des Quecksilbers heißen Amalgame.

Reines Quecksilber hält sich an der Luft bei niedriger Temperatur unverändert, auf etwa 300° erhitzt, oxydiert es sich zu rotem Oxyd. Ozon und die Halogene vereinigen sich schon bei gewöhnlicher Temperatur mit Quecksilber. Von den gewöhnlicheren Säuren lösen nur Salpetersäure und Königswasser das Metall leicht auf.

Vom Quecksilber sind zwei Reihen von Verbindungen bekannt: die Oxydul- oder Merkuro-Verbindungen, Typus Hg_2O; und die Oxyd- oder Merkuri-Verbindungen, Typus HgO; das Sulfid bildet auch Sulfosalze, in denen das Quecksilber im Säureradikale steht.

Anwendung des Quecksilbers. Als solches findet es zur Herstellung von Thermometern, Barometern und anderen wissenschaftlichen Instrumenten ausgedehnte Anwendung. Als Lösungsmittel für Metalle findet es bei der Gold- und Silbergewinnung (Amalgamationsverfahren) Anwendung, bei der elektrolytischen Gewinnung der Alkalihydrate dient es zur vorübergehenden Bildung von Amalgamen. Letztere werden auch bei anderen chemischen Prozessen viel benutzt. Für die als „Antifriktionsmetalle" bekannten Legierungen ist auch vielfach ein Quecksilberzusatz empfohlen. Andere Amalgame finden als Spiegelbelege, Zahnplomben u. s. w. Verwendung. Schließlich ist das Metall als Ausgangsprodukt für die Herstellung fast aller Quecksilberverbindungen in der chemischen Technik unentbehrlich. Zinnober und Quecksilberoxyd sind geschätzte Farben; das Chlorid ist ein sehr wirksames Desinfektionsmittel; Knallquecksilber spielt als Zündmasse in der Sprengtechnik und für Schußwaffen eine wichtige Rolle.

Zink.

Die für den Zinkhüttenbetrieb beachtenswerteren der natürlich vorkommenden Ver= bindungen sind: das Sulfid Zinkblende (ZnS); das Karbonat: Galmei (Zn CO_3); ein basisches Karbonat, die Zinkblüte; einige Sulfate, Kieselzinkerz ($Zn_2SiO_4 . H_2O$) und der Wilimit (Zn_2SiO_4); unter den rein oxydischen Erzen kommt nur in sehr geringen Mengen Rotzink= erz (ZnO) vor, dagegen sind besonders für ostamerikanische Zinkwerke die Franklinit=Erze bemerkenswert, enthaltend Oxyde des Zinks, Eisens, Mangans und Aluminiums.

Von Hüttenprodukten kommen zur Verarbeitung: Zinkstaub, zinkhaltiger Flugstaub, sogenannter Ofengalmei (Ansätze, welche sich in Schachtöfen bei der Gewinnung anderer Metalle aus zinkhaltigen Erzen bilden, zinkhaltiges Gekrätz und Zink=Silber=Legierungen aus dem Blei= und Silberhüttenbetriebe).

Da das Zink bei der Reduktionstemperatur seines Oxydes dampfförmig ist, wird es, wie das Quecksilber, während der Reduktion auch durch Destillation gewonnen.

Röstreduktionsarbeit.

Die sulfidischen Erze sowohl wie das Karbonat erfordern eine Überführung in das Oxyd. Zinkoxyd läßt sich zwar durch Kohlenstoff zerlegen, doch würde die praktische Ausführung eines derartigen Verfahrens so viele Übelstände mit sich bringen, daß man

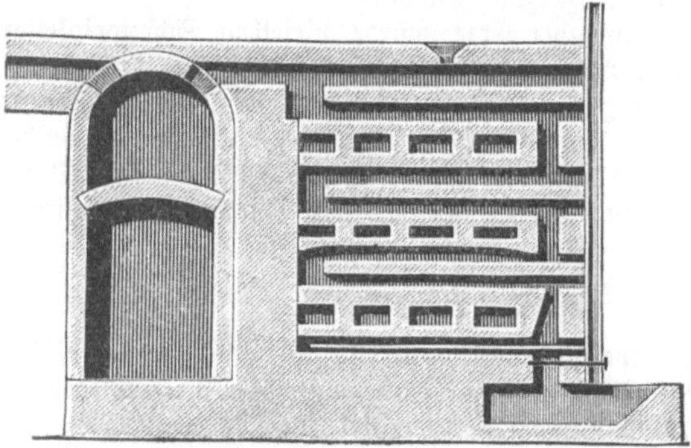

590 Liebig=Eichhorn=Ofen.

vorzieht, das Sulfid durch oxydie= rendes Rösten in Oxyd überzu= führen. Das Rösten des Galmeis ist aus dem Grunde geboten, weil man bei dem reduzierend=verflüch= tigenden Rösten des Zinkoxydes die Entstehung von Kohlensäure innerhalb der Destillationsgefäße nach Möglichkeit vermeiden muß. In Kohlensäure verbrennt etwa schon fertig gebildetes Zink bei den in den Destilliergefäßen herr= schenden Temperaturen leicht zu Zinkoxyd.

Das Rösten des Galmeis bietet die wenigsten Schwierigkeiten; man hat es sowohl in Haufen, Stadeln, Schacht= und Flammöfen mit Erfolg durchgeführt.

Das Rösten der Zinkblenden ist, da der Schwefel so gut wie vollständig entfernt werden muß, nur unter Zuhilfenahme äußerer Wärmezufuhr möglich; da gegen Ende des Röstens die aus den letzten Resten noch oxydierbarer Bestandteile sich entwickelnde Ver= brennungswärme nicht reichen würde, eine vollständige Entfernung des Schwefels zu sichern; dies muß aber angestrebt werden, da ein Gehalt an Schwefel einmal zu Zinkverlusten führen würde wegen schwierigerer Zersetzbarkeit des Sulfides, anderseits zur Bildung von Schwefel=Eisen und Sulfiden anderer Metalle, welche in den Zinkerzen vorhanden sein können, und dadurch zu einer schnellen Zerstörung der Retortenwände Veranlassung geben würde.

Einer der ersten Öfen, in welchem die Röstung der Zinkblenden zuerst mit besserem Erfolge wie in den einfachen Flammöfen und gleichzeitig unter Gewinnung der Röstgase durchgeführt wurde, ist der Ofen von Eichhorn und Liebig. Er erinnert sehr an die Konstruktion des Feinkiesofens von Maletra=Schaffner (vgl. Tafel zu Seite 546), wenn wir einen Blick auf den Querschnitt des Ofens in Abb. 590 werfen. Er unterscheidet sich von diesem in der That nur dadurch, daß einige der Röstplatten geheizt wurden durch Kanäle, welche mit einer seitlichen Feuerung in Verbindung standen. In den jetzigen Ofenkonstruktionen dieses Systemes hat man die Heizung hauptsächlich auf die unten liegenden Röstplatten beschränkt.

Sehr gut hat sich auch der Hasencleversche Röstofen bewährt: mindestens drei übereinander liegende, gemauerte lange Muffeln, welche so durch Kanäle miteinander verbunden sind, daß das in die oberste Muffel, an einem Ende derselben, aufgegebene Erz am anderen Ende, nachdem es durch die ganze Muffel geschaufelt ist, in die zweite gestürzt werden kann, um von hier aus wieder am entgegengesetzten Ende in die dritte zu fallen und von dieser wieder am entgegengesetzten Ende ausgezogen zu werden.

Die Muffeln sind so von Heizkanälen umgeben, daß die von einer seitlich angeordneten Feuerung kommenden Heizgase zuerst die unterste Muffel, dann die darüber liegenden der Reihe nach umspülend den entgegengesetzten Weg nehmen, wie das Erz innerhalb der Muffel.

Vom chemischen Standpunkte aus gibt es nur ein „trockenes" Verfahren der Zink-gewinnung, wenn man auch von einem schlesischen, belgischen, rheinischen und

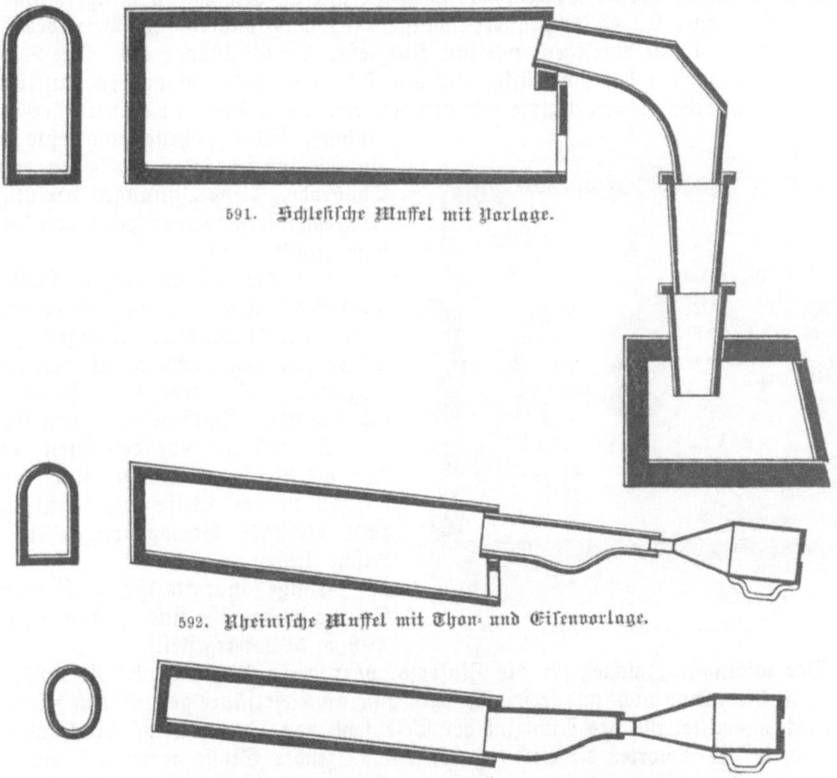

591. Schlesische Muffel mit Vorlage.

592. Rheinische Muffel mit Thon- und Eisenvorlage.

593. Belgisches Destillierrohr mit Thon- und Eisenvorlage.

englischen Prozesse spricht. Die Verschiedenheiten in der Arbeitsweise liegen in den angewandten Apparaten, und diese sind oder vielmehr waren früher bedingt durch die Verschiedenheit der Brennmaterialen, besonders deren Heizkraft und Flammenbildungs-fähigkeit. Bei der heute ganz allgemein eingeführten Gasfeuerung für die Destillations-gefäße sind diese Gründe hinfällig geworden.

Mit Rücksicht auf diese, früher zwingenden Gründe hat man in den schlesischen Zink-erzdistrikten große, meist nur in einer Reihe in den Heizkammern angeordnete Retorten gewählt; während in Belgien eine große Zahl in mehreren Reihen übereinander ange-ordnete Röhren als Destillationsgefäße vorgezogen wurden. Aus diesen beiden Systemen hat sich dann die rheinische Arbeitsweise mit großen in zwei bis drei Reihen übereinander-gelegten Retorten entwickelt. Der englische Tiegelbetrieb ist ganz verlassen worden.

Die belgischen Destillierröhren besitzen eine lichte Breite von 150 bis 250 mm lichter Weite bei einer Länge von 1000 bis 1300 mm, zu welchen Abmessungen dann noch auf eine Wandstärke von 20 bis 40 mm zu rechnen ist; auch von elliptischem Querschnitt (150 bis 180 mm Breite bei 200 bis 225 mm großer Achse und bis zu 1500 mm Länge) werden dieselben hergestellt. Sie ruhen in 6 bis 9 Horizontalreihen und bis zu 8 Vertikalreihen mit dem offenen Ende durch die Vorderwand gesteckt, mit dem hinteren Ende auf Vorsprüngen in der Hinterwand in einer gemeinschaftlichen Heizkammer.

Der Querschnitt der belgischen und rheinischen Muffeln stellt ein Halboval dar: Höhe 500 bis 650 mm; Breite 150 bis 200 mm; Länge 750 bis 2150 mm. Zu diesen Lichtmaßen rechnet man je nach der Art und Weise der Einmauerung und der Länge der Muffel 20 bis 65 mm für den Boden und durchschnittlich 25 mm für die übrigen Wandteile. Die Länge selbst richtet sich nach der Art der Einmauerung: Liegen die Retorten mit der ganzen Bodenfläche auf der Sohle der Heizkammer auf, so kann man die Länge natürlich größer wählen, wie wenn sie nur an den Enden gelagert sind.

In die offenen Enden der größeren Muffeln setzt man während des Betriebes Platten mit Öffnungen für die Vorlagen und zum Ausziehen der Rückstände ein. Die Vorlagen, welche zum Sammeln des sich flüssig aus den Dämpfen niederschlagenden Zinkes dienen sollen, sind entweder Kästen, welche mit den Retorten durch kurze Krümmerrohre in Verbindung stehen, schräg eingesetzte gerade, einseitig konische oder am besten gebauchte Thonrohre. Die Öffnungen der belgischen Röhrenmuffeln werden ganz von der Vorlage gefüllt.

Vor die Thonvorlagen steckt man, wenigstens zu Beginn des Betriebes, noch kleine Eisentrommeln, Allongen genannt, welche zum Aufsammeln des besonders zu Beginn des Betriebes in größerer Menge sich bildenden Zinkstaubes dienen sollen.

Die Räume vor den Öfen, in welchen die Vorlagen liegen, sind meist zu Nischen in der Weise ausgebaut, daß je zwei vertikale Vorlagenreihen in einer Nische liegen.

Einige charakteristische Formen der Destillationsgefäße sind in den Abb. 591, 592 u. 593 dargestellt.

594. Zinkmuffelofen.

Der wichtigste Zuschlag für die Zinkerze, oder deren Röstprodukte ist Kohle. Sie bewirkt die Reduktion nicht nur freien, sondern auch an Kieselsäure gebundenen Zinkoxydes. Verschlackungsmittel für das Nichtzink der Erze setzt man, da man mit Rücksicht auf die Lebensdauer der Retorten die Bildung leicht schmelzender Stoffe vermeiden muß, nicht zu. In der Auswahl der Erze zur Zusammensetzung (Gattierung) der Beschickung geht man nur von dem Grundsatze aus, möglichst schwer schmelzbare Verbindungen aus dem Nichtzink zu bilden; man findet also, wenn man unter solchen Umständen von „Schlacken" überhaupt sprechen darf, die Gattierungen auf stark basische oder stark saure Silicierungsstufen berechnet. Unter den basischen Oxyden sind überdies aber noch die des Bleies, Eisens und Mangans zu vermeiden, oder durch Beigattieren von Erzen, welche diese Stoffe nicht enthalten, zu verdünnen.

Läßt sich thatsächlich die Entstehung leicht schmelzender Verbindungen während des Betriebes nicht vermeiden, so erhöht man den Zuschlag an Kohle, um flüssige Massen aufzusaugen.

Die Beschickung wird mit Hilfe einer schmalen, halbcylindrisch gebogenen Schaufel durch die Vorlagen hindurch (bei den belgischen Röhren nach Abnahme der Vorlagen) in die Retorten eingetragen. Die schlesischen und die rheinischen Retorten erhalten alle 24 Stunden eine neue Beschickung. Die belgischen Röhren werden je nach ihrer Lage im Ofen und je nach der Reduzierbarkeit der Beschickung in kürzeren, zwischen 12 und 24 Stunden liegenden Zwischenräumen beschickt.

Während der ersten zwei bis drei Stunden sind die aus den Retorten entweichen=
den Gase noch nicht kohlensäurefrei; es werden daher die kleinen Zinktröpfchen durch die
Einwirkung der Kohlensäure ($Zn + CO_2 = ZnO + CO$) oberflächlich oxydiert; sie können
deshalb nicht zusammenschmelzen und setzen sich als „Zinkstaub“ vorwiegend in den Blech=
vorlagen ab. Später, wenn die Gase kohlensäurefrei werden, sammelt sich das Zink in
flüssigem Zustande in den Vorlagen. In den schlesischen Vorlagen der in Abb. 591 dar=
gestellten Art erstarrt es; aus den Rohrvorlagen kann es in flüssigem Zustande mit Hilfe
einer kleinen Krücke ausgezogen werden.

Die Gesamtdauer der Destillation erfordert 12 bis 20 Stunden.

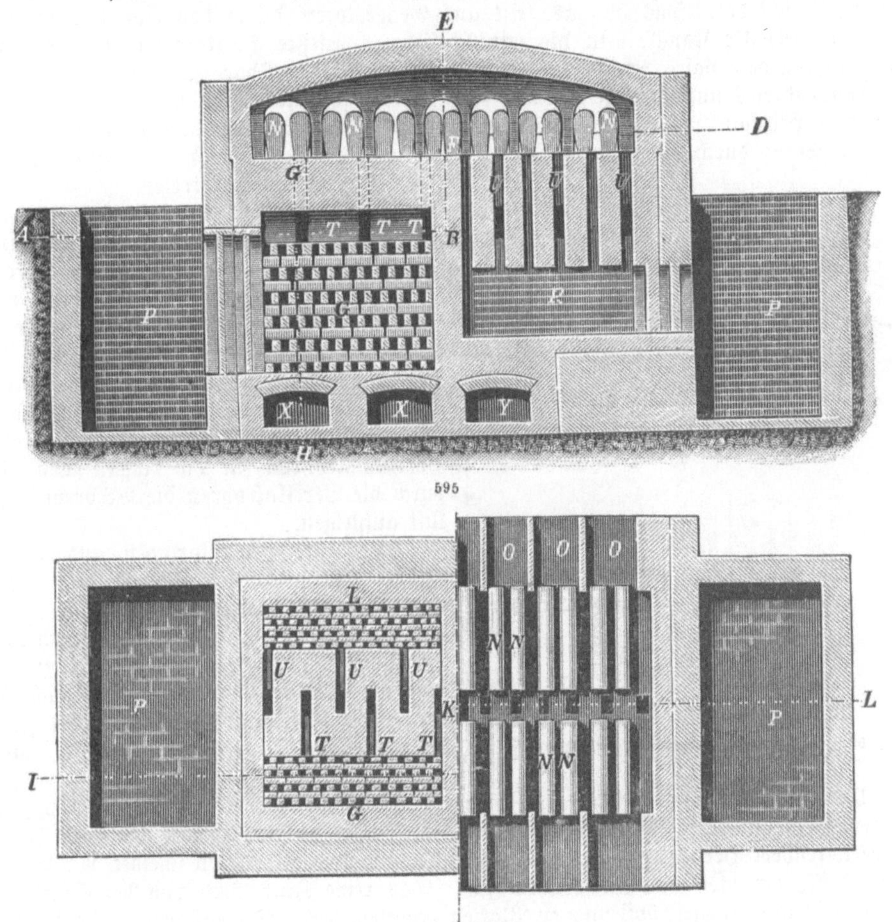

595 u. 596. **Zinkmuffelofen.**

Als Feuerungen dienen für die Zinköfen heute meist Regenerativ= oder Rekuperativ=
Gasfeuerungen; letztere werden in neueren Anlagen vorgezogen.

Mit Rücksicht darauf, daß das Siemenssche Regenerativsystem schon mehrfach (unter
Glasindustrie, Eisen 2c.) besprochen worden ist, beschränken wir uns auf die Wiedergabe
einer für schlesische Muffeln ausgeführten Feuerung nach Ledeburs Gasfeuerungen für
metallurgische Zwecke.

Abb. 594 ist ein Schnitt nach der Linie IKL in Abb. 595, Abb. 595 ein Grund=
riß nach ABFD in 594, Abb. 596 Querschnitt nach GH in Abb. 594. aa sind die
Muffeln, bb die Luftkanäle aus den Wärmespeichern nach dem Heizraume, $b_1 b_1$ die

Gaskanäle, cc die Wärmespeicher für Lufterhitzung, ee diejenigen für Gaserhitzung, l sind sogenannte Taschen, d. h. Räume unter den Luft= und Gaskanälen zur Ansammlung von Flugstaub. Gas und Luft kommen abwechselnd von links (Abb. 594 und 595), um sich im Heizraume zu vereinigen und durch die rechts gelegenen Wärmespeicher ihren Abzug zu nehmen; und von rechts, nachdem umgesteuert worden ist, wobei sie nach links ent= weichen. kk sind die bei allen solchen unterirdisch angelegten Wärmespeichern erforder= lichen Einsteigschächte, durch welche die Wärmespeicher zugänglich sind, wenn Ausbesserungen vorgenommen werden sollen.

Einen Ofen mit Rekuperativ=Heizsystem stellt Abb. 597 zum Teil in Schnitt, zum Teil in Ansicht dar. Das Heizgas tritt aus Generatoren durch den Kanal a und ent= sprechend verteilte Kanäle b in die mit Muffeln m besetzte Heizkammer ein. Die zur Verbrennung des Gases erforderliche Luft wird durch verstellbare Öffnungen k zunächst den Thonrohren l und von diesen aus dem Kanale c zugeführt, von wo sie durch Kanäle d zu dem Heizgase tritt. Die Flamme umspült die Retorten, um dann durch die Kanäle e, f, g, ferner durch die Kammer h, hier die Luftvorwärmungsrohre l umspülend, bei i aus dem Ofen auszutreten.

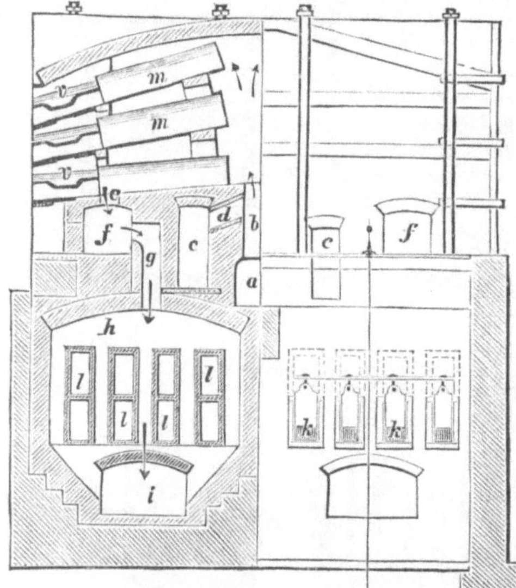

597. Ofen mit Rekuperativ=Heizsystem.

An Stelle dieser Thonrohre l benutzt man zur Herstellung der Rekuperatoren auch Formsteine, welche mit Vertikal= und Hori= zontalröhren durchsetzt sind, und leitet nun entweder die heißen Abgase durch die Verti= kalrohre nach abwärts, während durch die Horizontalrohre die erforderliche Verbren= nungsluft in schlangenförmigen Wegen dem Ofen zugeführt wird, oder man benutzt die Horizontalröhren für die Abgase und läßt durch die Vertikalröhren die Verbrennungs= luft aufsteigen.

Das aus den Vorlagen ausgezogene flüssige Zink wird mit Löffeln aufgefangen und gleich in Platten gegossen. Für ver= schiedene Zwecke ist dieses, wenn auch noch unreine Zink nach dem Erstarren direkt ver= käuflich. Einige Erze liefern ja auch bei der ersten Destillation ein so reines Zink, daß es einer zweiten Reinigung nicht bedarf.

Unreines, besonders bleihaltiges Zink wird jedoch noch einer Saigerung unterworfen. Es dienen hierzu einfache Flammöfen mit tiefem, von der Feuerbrücke bis zum Fuchse sich vertiefendem Herde, in welchem sich das Blei von dem Zink leicht scheidet. Am Boden sammelt sich ein blei= und eisenreiches Zink. Das reine Zink wird von der Oberfläche des Metallbades ausgeschöpft und zu Platten gegossen, deren Dimensionen gleich für das Verwalzen des Zinks berechnet sind.

Besondere Öfen zum Aussaigern des Zinks aus Zinkstaub, in welchen stehende Retorten mit Preßkolben angebracht sind, findet man wenig in Anwendung, da man es bei guter Konstruktion und Bedienung der Öfen sehr wohl vermeiden kann, unnötig große Mengen von Zinkstaub zu erhalten.

Für die Destillation der im Blei=Silberhüttenbetriebe gewonnenen Blei=Silber= Zinklegierungen dienen flaschenartige Retorten aus Thon mit innerer Kohleauskleidung oder auch cylindrische Röhren, welche in einfache Flammöfen eingesetzt und mit ähnlichen Vorlagen versehen sind, wie die Zinkretorten selbst. Bei kleineren Zinkentsilberungs= Anlagen begnügt man sich auch wohl mit großen Graphittiegeln, auf welche eine mit Ab= zugsrohr versehene, ebenfalls aus Graphit hergestellte Haube mit Thon dicht aufgesetzt ist; ein eiserner Kasten dient hier meist als Vorlage.

Zinkgewinnung durch Elektrolyse. Die Vorschläge, Zink auf diesem Wege sowohl direkt aus Erzen, wie auch durch Vereinigung mit Laugereiprozessen zu gewinnen, sind sehr zahlreich. Man hat auch Versuchsanlagen in verhältnismäßig großem Maßstabe in Duisburg und in Fürfurth in Betrieb gehabt und in beiden Anlagen recht gutes Zink gewonnen. Zu einem dauernd erfolgreichen Betriebe ist man bis jetzt aber noch nicht gekommen.

Nach den bisher aufgeführten Versuchen unterliegt es keinem Zweifel, daß sich die Aufgabe der Verarbeitung zinkarmer Erze und Hüttenprodukte sehr wohl mit Hilfe der Elektrolyse lösen läßt. Man hat bis jetzt jedoch den Fehler gemacht, den Schwerpunkt der Fabrikation fast ausschließlich auf das Zink zu legen und die Anodenarbeit entweder gar nicht, oder für zu geringwertige Produkte auszunutzen.

Die einzige Anlage, über deren erfolgreichen Betrieb noch vor kurzem Hasse in der preußischen Zeitschrift für Berg=, Hütten= und Salinenwesen berichtete, verarbeitet einen silberreichen Zinkschaum mit ungefähr 81 % Zink und 6 bis 11 % Silber. Dieser wurde in 20 bis 30 kg schweren, 10 mm dicken Platten zu Anoden in einem aus Zinksulfat= lösung bestehenden Elektrolyten benutzt und bei Stromdichten von 80 bis 90 Ampère auf den qm mit einer elektromotorischen Kraft von 1,25 bis 1,45 Volt elektrolytisiert.

* * *

Das Zink (Zn, Atomgewicht 65, spezifisches Gewicht 6,9 bis 7,2) ist ein bläulich= weißes, glänzendes, bei gewöhnlicher Temperatur sprödes Metall von krystallinischer Struktur (hexagonale Krystallformen). Zwischen 100° und 150° wird es dehnbar, läßt sich zu Blech und Draht auswalzen, hämmern und pressen. Bei stärkerem Erhitzen wird es in der Nähe von 200° wieder so spröde, daß es sich pulverisieren läßt. Es schmilzt bei 415° und siedet zwischen 930 und 950°. Sein elektrisches Leitungsvermögen bei gewöhnlicher Temperatur ist etwa 0,27 des Silbers. Sein Lösungsvermögen für Metalle, und seine Löslichkeit in solchen erstreckt sich auf die meisten Metalle; bei vielen ist das Mischungsverhältnis ein ganz unbegrenztes; Blei löst nur wenig Zink (bis 1,5 %); ebenso Zink nur wenig Blei (bis 2,5 %).

Sauerstoff und anderen Bestandteilen der Luft gegenüber ist Zink ziemlich widerstands= fähig. Zwar bedeckt es sich an feuchter Luft schnell mit einem mattgrauen Überzuge von basischem Karbonat; letzteres ist aber sehr dicht, haftet fest auf dem Metalle und bildet so einen wirksamen Schutz vor tiefer gehender Oxydation. Oberhalb seines Siedepunktes verbrennt es sowohl in Luft, wie in Kohlensäure. Wasser hat bei gewöhnlicher Tem= peratur wenig Einfluß auf Zink, bei Rotglut setzen sich beide in Zinkoxyd und Wasserstoff um (s. Bleiraffination).

Auch in Chlorgas verbrennt Zink zu Chlorzink; mit Schwefel ist es direkt nicht leicht zu vereinigen, dagegen entsteht ein Phosphorzink schon bei Aufwerfen von Phosphor= stücken auf flüssiges Zink.

In verdünnten Säuren ist Zink wegen seines stark elektropositiven Charakters und der meist leichten Löslichkeit seiner Salze leicht löslich, allerdings geht die Lösung um so träger vor sich, je reiner das Metall ist. Sein elektrochemischer Charakter erklärt es auch, daß Zink die meisten der Schwermetalle aus ihren Salzen abscheidet; auch in Lösungen der Alkalihydrate ist es unter Wasserstoffentwickelung löslich. Die hohe elektrolytische Lösungstension des Zinkes macht es zu einer beliebten Anodensubstanz in galvanischen Elementen.

Mit Säuren bildet das Zink nur eine Reihe von Salzen, die sich von dem Oxyde $Zn O$ ableiten; den Alkalien gegenüber zeigt das Zinkoxyd oder Hydroxyd sauren Charakter, es bildet Salze, Zinkate, die sich von dem Hydroxyde ($Zn OHo_2$) ableiten, wenn man sich dieses als zweibasische Säure vorstellt.

Verwendungsarten des Zinks. So wie es von den Hüttenwerken in Platten oder Staubform geliefert wird, findet das Metall in Blei= oder Silberhütten zur Entsilberung

von Werkblei, in chemischen Fabriken als Reduktionsmittel, in der Metallgießerei zur Her=
stellung von Hausgeräten, Bauornamenten, von Legierungen, in der Elektrotechnik zur
Herstellung von Elektroden galvanischer Elemente Verwendung. In sehr ausgedehntem
Maße dient es zum Überziehen von Eisen (galvanisiertes Eisen). Das zu Blechen und
Draht ausgewalzte Zink dient als Bedachungsmaterial zur Herstellung von Hausgeräten,
Baukonstruktionsteilen, Druckplatten, Photozinkographie 2c.

Die Zinkverbindungen werden zum größten Teile als Nebenprodukte bei der Ver=
arbeitung zinkhaltiger Erze und Hütteuprodukte anderer Metalle erhalten; nur bei der
Zinkweißfabrikation geht man auch wohl von dem Metalle aus.

Kadmium.

Das Kadmium kommt fast immer als Begleiter des Zinkes vor. Besonders die
schlesischen Galmeie und Zinkblenden sind reich an Kadmiumkarbonat, oder Kadmium=
sulfid. Allein wird letzteres nur selten gefunden (Greenochit).

Seine Darstellung bildet nirgends einen selbständigen Hüttenbetrieb. Kadmium wird
stets als Nebenprodukt der Zinkgewinnung erhalten. Bei der Reduktion der Zinkerz=Röst=
produkte findet es sich als erstes Destillationsprodukt mit wechselnden Mengen Zink in
den zweiten (eisernen) Vorlagen. Dieser durch Kadmiumoxyd meist bräunlich gefärbte „Zink=
rauch" wird wiederholt reduzierend und verflüchtigend geröstet. Die ersten Destillations=
produkte enthalten immer das meiste Kadmium. Sind dieselben zinkfrei, oder zinkarm
genug, so werden sie in Stangenform gegossen in den Handel gebracht. Die Apparate sind
annähernd dieselben, wie die bei der Zinkgewinnung gebräuchlichen; nur pflegt man die
Retorten kleiner und aus Gußeisen herzustellen, da Thon zu porös für die Kadmium=
dämpfe ist.

Die elektrolytische Darstellung und Reinigung des Kadmiums bedarf kaum einer
Erörterung; sie ist fast unter denselben Bedingungen wie die des Zinks ansführbar und
gestaltet sich einfacher als die Zinkgewinnung, denn bei Stromdichten, bei denen Zink
nur unsicher dicht zu erhalten ist, fällt Kadmium schon in brauchbarer Form aus 60 bis
150 Ampère per Quadratmeter.

*   *   *

Kadmium (Cd, Atomgewicht 112, spezifisches Gewicht 8,6 bis 8,7) ist ein sehr weißes,
stark glänzendes, weiches, dehnbares Metall von krystallinischer (regulär) Struktur; es
schmilzt bei 320° und siedet bei 800°.

In geschmolzenem Zustande legiert es sich sehr leicht mit den meisten an=
deren Metallen. Von den Legierungen sind besonders diejenigen mit Wismut, Blei
und Zinn wegen ihrer niedrigen Schmelzpunkte die geschätzesten (Woods, Roses
Metall u. a.).

Das Kadmium hält sich an trockener Luft von gewöhnlicher Temperatur lange un=
verändert; bei höherer Temperatur verbrennt es leichter als Zink, mit welchem Metalle
es chemisch sehr große Übereinstimmung zeigt. Es löst sich leicht in den wichtigeren an=
organischen Säuren (Schwefelsäure, Salzsäure und Salpetersäure) und bildet mit den=
selben leicht in Wasser lösliche Salze, welche sich alle von dem Oxyde ableiten. Das
Oxyd oder Hydroxyd ist auch in Lösungen der Alkalihydrate löslich unter Bildung von
Salzen, die sich von dem Hydrate ableiten, in denen aber das Kadmium im Säure=
radikale steht. Aus seinen Salzen wird Kadmium durch Zink und elektropositivere Me=
talle gefällt.

Das Kadmium findet in erster Linie zur Herstellung leicht schmelzbarer Legierungen
Anwendung. Auch Kadmiumverbindungen, von denen die Haloidsalze in der Photographie,
das Sulfid als Farbe benutzt werden, werden direkt oder nach vorgängiger Lösung
aus dem Metalle gewonnen.

Aluminium.

Das Aluminium findet sich in der Natur nur chemisch gebunden, nie gediegen. Von den natürlich vorkommenden Verbindungen ist das Oxyd im Korund, Saphir, Schmirgel, das Oxydhydrat im Diaspor, Beauxit, Hydrargillit enthalten; Salze finden sich: als Fluoride im Kryolith, als Sulfide in den Alaunen, im Alunit und Alaunschiefer, als Silikate in den besonders wichtigen Feldspaten und deren Zersetzungsprodukten, den Thonarten (Kaolin u. a.). Für die direkte Gewinnung des reinen Aluminiums eignet sich keines der Mineralien.

Die Niederschlagsarbeit.

Abgesehen von Oersteds Versuchen im Jahre 1824, müssen die Arbeiten von Wöhler aus dem Jahre 1827 als die ersten angesehen werden, welche uns den Weg zu einem Verfahren der Gewinnung reinen Aluminiums zeigten. Wöhler zersetzte das wasserfreie Aluminiumchlorid mit Kalium. Die Herstellung des wasserfreien Aluminiumchlorides und des Kaliums sind mit nicht unbedeutenden Schwierigkeiten verbunden, welche zum Teil durch den Vorschlag von Deville aus dem Jahre 1854 beseitigt wurden, das Aluminiumchlorid durch Aluminium-Natriumchlorid und das Kalium durch Natrium zu ersetzen. Thatsächlich wurde nach diesem Verfahren in den Fabriken zu Nanterre und Salindres 30 Jahre lang gearbeitet, obwohl ein Verfahren von Rose aus dem Jahre 1855, Kryolith durch Natrium zu zersetzen, mindestens ebenso leicht durchführbar gewesen wäre. Nach einem Vorschlage von Beketoff aus dem Jahre 1865, Kryolith mit Magnesium zu zersetzen, wurde, nach dem Mißerfolge des Grätzelschen Verfahrens, während der achtziger Jahre in der Aluminium- und Magnesiumfabrik zu Hemelingen eine Zeit lang gearbeitet.

Ein theoretisch sehr interessantes und praktisch vorzüglich durchgearbeitetes Verfahren von Grabau konnte bei den Erfolgen des elektrolytischen Verfahrens von Héroult nur kurze Zeit in fabrikmäßigem Maßstabe betrieben werden:

Aluminiumsulfatlösungen werden zunächst durch Behandlung mit Kryolith zu Aluminiumfluorid umgesetzt: $Al_2 (SO_4)_3 + Al_2 F_6 6NaF = 2Al_2 F_6 + 3Na_2 SO_4$.

Das in Wasser unlösliche, abfiltrierte, gewaschene, getrocknete und auf beginnende Rotglut erhitzte Fluorid wird nun in ein mit reinem Kryolith ausgefüttertes kaltes Gefäß geschüttet. Auf das heiße Pulver setzt man die berechnete Menge reinen trockenen Natriums in Form eines Würfels oder Cylinders und bedeckt nun das Gefäß. Unter starker Wärmeentwickelung, im übrigen aber ganz ruhig verlaufend, findet folgende Umsetzung statt: $2Al_2 F_6 + 3Na_2 = Al_2 + Al_2 F_6 6NaF$.

Man findet nach dem Erkalten der Masse das Aluminium als Regulus am Boden des Gefäßes, bedeckt von einer Schlacke von Kryolith, welche während der Reaktion vollständig zum Schmelzen gekommen war. Dieses Nebenprodukt wird wieder zur Herstellung frischer Mengen Aluminiumfluorids in den Betrieb zurückgeführt. Von allen chemischen Verfahren ist dieses das einzige, welches bei billiger Natriumgewinnung Aussicht hat, mit den elektrochemischen in Konkurrenz zu treten. Das so erhaltene Metall besitzt den Vorzug hervorragender Reinheit.

Reduktionsarbeit.

Entgegen der in vielen, selbst neueren chemischen Lehrbüchern vertretenen Ansicht, Aluminiumoxyd sei durch Kohlenstoff nicht reduzierbar, mag zunächst festgestellt sein, daß es durch elektrisch erhitzten Kohlenstoff äußerst leicht reduzierbar ist, für die erfolgreiche Metallgewinnung auf diesem Wege leider zu leicht reduzierbar. Schon im Jahre 1862 machte Monkton den Vorschlag, ein Gemisch von Aluminiumoxyd und Kohle in einer Retorte durch einen elektrischen Strom auf die Reduktionstemperatur des Oxydes zu erhitzen. Bei der leichten Flüchtigkeit des Aluminiums während der Reduktion und bei seiner leichten Oxydierbarkeit war es nicht zu erwarten, das Metall, selbst wenn man die Dämpfe desselben mit größter Vorsicht aufgefangen hätte, in zusammenhängender technisch verwertbarer Form zu gewinnen. Der oberflächlich stark oxydierte Metallstaub hätte sich niemals zusammenschmelzen lassen. Da man aber außerdem schon, um die Oxydation des entstandenen Metalles zu verhüten, bei derartigen Versuchen stets mit einem Überschusse von Kohle arbeitete, so erhielt man überhaupt kein Metall, sondern fand unter den Erhitzungsrückständen im besten Falle Aluminiumkarbide.

Um die Karbidbildung zu verhindern, wählten die Gebrüder Cowles im Jahre 1887 den Ausweg, während der Reduktion des Oxydes andere Metalle, wie Kupfer oder Eisen, bezw. deren Oxyde in solchen Mengen zuzuschlagen, daß das frei werdende Aluminium von jenen Metallen aufgenommen wurde. Sie verhinderten auf diese Weise die Karbidbildung, erhielten allerdings das Aluminium nur in legierter Form, als Aluminiumbronze (Kupfer mit bis zu 10 % Aluminium) und als Ferroaluminium.

Wenn auch das Verfahren heute nicht mehr in Betrieb ist, so besitzen doch die Einrichtungen der damals benutzten Öfen, ihre Anordnung und ihr Betrieb ein derartiges Interesse, wegen ihrer allgemeineren Verwendbarkeit, daß die Beschreibung einer Schmelzanlage, welche in England in Betrieb stand, hier kurz folgen möge.

598. **Schmelzraum mit Cowles-Öfen für Aluminiumbronze.**

Eine 400 pferdige Cromptonsche Dynamomaschine lieferte einen Strom von 60 Volt und 5—6000 Ampère.

Die Schmelzöfen selbst bestanden aus Gruben von rechteckigem Querschnitt, deren Wände aus Chamotte ausgeführt waren. Sie lagen in einer langen Reihe nebeneinander, doch war immer nur ein Ofen im Betriebe, während die anderen abkühlten, frisch gefüllt oder entleert wurden.

Zur Leitung des Stromes dienten zwei kräftige Kupferstäbe, deren einer oberhalb der Vorderseite, der andere oberhalb der Rückseite der Ofenreihe durch den ganzen Schmelzraum lief. Dieselben dienten gleichzeitig als Laufschienen für zwei mit Rollen versehene kupferne Klammern. In letztere wurden biegsame Kupferdrahtkabel eingeklemmt, welche an ihren unteren Enden ebenfalls mittels einer Klammer zusammengehalten wurden. Eine passende Öffnung in den unteren Klammern gestattete das Aufhängen derselben auf entsprechend geformte Kupferstäbe, und damit war die Verbindung mit den Elektroden hergestellt. Jede Elektrode bestand aus einem Bündel von 7—9 Kohlenstäben von je 64 mm Durchmesser, um welche ein cylindrisches Kopfstück gegossen wurde — aus Eisen, wenn Ferroaluminium, aus Kupfer, wenn Aluminiumbronze hergestellt werden sollte. In der Mitte des Kopfstückes war einer der bereits erwähnten Kupferstäbe angebracht. Die

Einführung der Elektroden geschah durch geneigt liegende gußeiserne Rohre in einander gegenüberliegenden Wänden der Öfen. Durch eine einfache Schraube ließen sich die Elektroden vor= und rückwärts bewegen, wie es zur Stromregulierung erforderlich war. Auf die Sohle des Ofens kam eine Schicht gekalkter Holzkohle, dann wurden die Elektroden eingeführt, und nach Einsetzen eines Rahmens aus Eisenblech in den Ofen wurde der Raum innerhalb dieses Rahmens mit Erz, Metall und Holzkohle, der Raum zwischen diesem und den Ofenwandungen mit gekalkter Holzkohle gefüllt und der Rahmen dann herausgezogen. Man warf nun einige Stücke Retortenkohle in den Ofen, um eine Brücke für den Strom herzu= stellen, bedeckte den noch leeren Raum mit Holz= kohle und setzte schließ= lich einen in der Mitte durchlochten gußeiser= nen Deckel auf. Die aus der Öffnung im Deckel entweichenden Gase wurden angezün= det und durch ein Rohr in eine Kammer ge= leitet, in welcher sich mitgerissene Thonerde absetzte. Durch eine

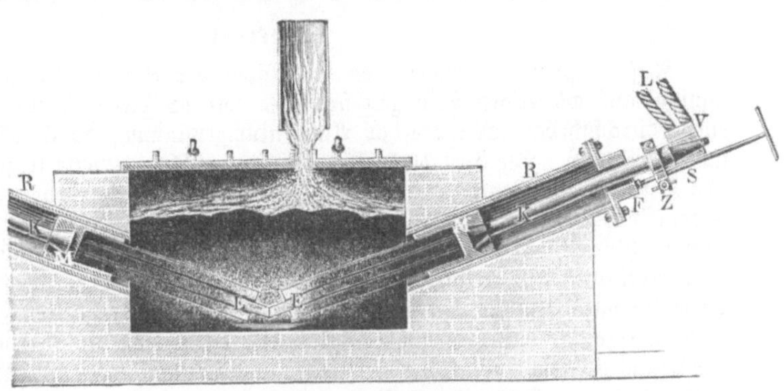

599. Längsschnitt des Cowles-Ofens.

Abstichöffnung in der Ofensohle wurde die sich dort ansammelnde Legierung abgelassen. Die Schlacke, welche aus einem sehr innigen Gemische von Legierung und Kohle besteht, wurde zerkleinert und von der Kohle durch Waschen getrennt. Die so gewonnene Legie= rung setzte man einer neuen Beschickung zu.

In den Öfen dieser Anlage wurden täglich 750—1000 kg Ferroaluminium oder Aluminiumbronze mit 15—17 % Aluminium hergestellt. Die Bronze wurde durch Um= schmelzen unter Zusatz von Kupfer auf die zum Verkauf bestimmten Sorten von 1,25, 2,5, 5, 7,5 und 10 % Aluminium gebracht und in Barren von 5—6 kg gegossen. Der elektrische Kraftaufwand für 1 kg Aluminium betrug durchschnittlich 50 Stundenpferdekräfte.

Abb. 598 zeigt die Ansicht eines Schmelzrau= mes, Abb. 599 stellt den Längs=, Abb. 600 den Quer= schnitt eines Einzelofens dar. Hierin sind EE Elek= troden, bestehend aus je 9, etwa 30 mm dicken Kohlenstäben, um welche die cylindrischen Metall= blöcke M gegossen sind. In jeden dieser Metall= blöcke ist an der den Kohlen entgegengesetzten Seite ein Kupferstab K eingelassen. Die ganze Vorrich= tung bewegt sich in dem Rohre R, in welchem sie durch die Schraube S vorwärts oder rückwärts ge= schoben werden kann. Die Stromzuleitung ver=

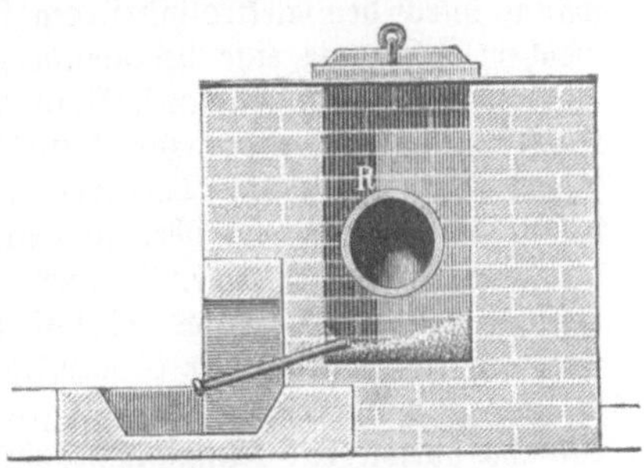

600. Querschnitt des Cowles-Ofens.

mitteln die Kupferdrahtkabeln L, welche in die ebenfalls aus Kupfer bestehenden Ver= bindungsstücke V eingeklammert und mit diesen auf die aus den Rohren R hervor= ragenden konischen Enden der Stäbe K aufgehängt werden können. Zur Führung der Stäbe K dienen die eisernen Formstücke F. Die Schraubenmutter liegt in an K be= festigtem Kragen Z.

Aus Abb. 599, welche die zuletzt gebräuchliche Anordnung der Kohlenstäbe inner= halb des Ofens während des Betriebes zeigt, ist klar ersichtlich, daß diese Kohlenstäbe, welche in den Beschreibungen eigentlich fälschlich als Elektroden bezeichnet werden, nur Widerstände in dem Schließungskreise einer kräftigen Stromquelle bilden. Sie sind es, welche zunächst erhitzt werden und ihre Wärme der um sie herum gepackten Mischung mitteilen. Nach und nach werden auch die in der Mischung befindlichen Kohlenteile als Widerstände mit in den Stromkreis eingeschaltet, während die Stäbe E zum Teil durch den Sauerstoff des Metalloxydes verbrannt werden.

Daß sich dieses Verfahren nicht halten konnte, hat seinen Grund nicht etwa in dem Mangel einer Verwendbarkeit der erhaltenen Produkte, sondern in dem Erfolge, mit welchem Héroult die elektrolytische Gewinnung des Aluminiums durchgearbeitet hat. Thatsächlich ist es heute zweckmäßiger, sich die Aluminiumbronze durch Zusammenschmelzen von Kupfer mit reinem Aluminium herzustellen, als das Cowlessche Verfahren zu benutzen.

Elektrolyse.

Auf die praktisch unmöglichen Verfahren der elektrolytischen Abscheidung von Aluminium aus wässerigen Lösungen brauchen wir an dieser Stelle nicht einzugehen. Die einzig durchführbare Methode der Aluminiumgewinnung durch Elektrolyse ist die Arbeit im Schmelzfluß. Die Grundlage für die heutige Arbeitsweise liegt schon in den Versuchen von Bunsen aus dem Jahre 1854. Nach demselben Verfahren, nach welchem er das Magnesium herstellte, erhielt er auch aus einem analogen Aluminiumsalze, dem Aluminiumnatriumchloride, das Aluminiummetall. In demselben Jahre machte St. Claire-Deville auch Versuche, den während der Elektrolyse sich verringernden Aluminiumgehalt der Schmelze durch Zufuhr von Aluminiumoxyd wieder zu ergänzen. Allerdings erkannte er auch gleichzeitig, daß dies nicht möglich sei, wenn man die Anoden aus einem Gemische von Aluminiumoxyd und Kohle herstellte, da diese infolge der Auslaugung von Aluminiumoxyd leicht zerfielen und das Bad verunreinigten. Immerhin waren durch die Untersuchungen dieser beiden Forscher schon die heute noch anerkannten Thatsachen festgestellt, daß sich Aluminium durch Elektrolyse seiner geschmolzenen wasserfreien Verbindungen, unter beständigem Ersatz des ausscheidenden Aluminiums durch Aluminiumoxyd herstellen ließen. Zu damaliger Zeit jedoch, und das ist zum Teil wohl der derzeitigen kostspieligen Erzeugung der elektrischen Energie zuzuschreiben, hielt man es für notwendig, die Schmelze noch durch Erwärmung der Schmelzgefäße von außen flüssig zu erhalten. Unter diesen Umständen aber ein Material zu finden, welches der gleichzeitigen Mitwirkung der Heizgase von außen und der Schmelzprodukte von innen hätte standhalten können, ist noch heute unmöglich. Erst durch den glücklichen Gedanken Héroults, die erforderliche Schmelzwärme durch den Elektrolysierstrom selbst zu erreichen, wurde ein Verfahren möglich, aus welchem sich heute eine bedeutende Industrie entwickelt hat. Sein erster Apparat war ein mit Kohlenstoffstein ausgekleideter eiserner Tiegel, auf dessen Boden geschmolzenes Kupfer gehalten wurde, zur Aufnahme des Aluminiums, welches sich aus einem geschmolzenen Boden von Thonerde mit Kryolith als Flußmittel ausschied. Das Kupfer bildete die Kathode, ein oben in den Tiegel eingehängtes Paket von Kohleplatten bildete die Anode. Bei der hohen Temperatur, welche während der ersten Zeit des Betriebes des Héroultschen Ofens infolge des hohen Thonerdegehaltes der Schmelze in dem Bade aufrecht erhalten wurde, war es nämlich wegen des großen Vereinigungsbestrebens von Aluminium und Kohlenstoff nicht möglich, ohne Kupferzuschlag Aluminium zu erhalten. Es entstand vorwiegend Aluminiumkarbid. Erst später lernte man, diesen Übelstand zu beseitigen. Der ursprüngliche Apparat Héroults ist in nebenstehender Skizze dargestellt.

Nach den Abb. 601 und 602 wird auf dem Boden ein isoliert aufliegender, oben offener Kasten a aus Eisen oder anderen Metallen mit einer starken Ausfütterung A von Kohlenplatten versehen, welche unter sich durch einen Kohlenkitt verbunden werden. Dieser Verbindungskitt kann beispielsweise Teer, Zuckersirup oder Fruchtzucker sein. Der das Bassin A umschlossen haltende Kasten a soll auch gut leitend sein. Will man eine sehr günstige Leitungsfähigkeit erzielen durch innigste Berührung der äußeren Bassin-Kohlenwände mit der Innenwand des Kastens a, so wird derselbe um den Kohlentiegel A herum gegossen, um durch das Erkalten die innigste Berührung mit der Kohle zu erzielen.

Im Kasten a befinden sich eine Anzahl Stifte a aus Kupfer, welche den negativen elektrischen Strom mit geringstem Widerstande nach innen zum Bassin A führen. In dieses taucht die genannte positive Elektrode B, deren einzelne Kohlenstäbe entweder auf einander gelegt oder mit Zwischenräumen versehen sind, welche dann mit leitendem Materiale (Kupfer oder weiche Kohle) ausgefüllt sein müssen.

Am oberen Ende sind die Kohlenplatten b durch das Rahmenstück g zusammengefaßt, dessen Öse e zum Einhängen in eine Kette dient, mittels welcher das Kohlenbündel B eingestellt (d. h. in seine Stellung gebracht) und höher oder tiefer gestellt werden kann. Das die Peripherie des Kohlenbündels umschließende Rahmenstück h ist mit den nötigen Klemmvorrichtungen, wie Schrauben und dergleichen zur Fixierung des positiven Kabels versehen.

Mit Ausnahme eines für die senkrechte Bewegung des Kohlenbündels nötigen Spielraumes i wird die Öffnung des Bassins B durch Graphitplatten k überdeckt, worin einige Öffnungen n zur Materialeinführung vorgesehen sind. Entsprechend diesen Öffnungen n sind an den Seitenwänden des Bassins nötigenfalls auch die Aussparungen m vorgesehen. Diese Kanäle mn dienen auch für die Ableitung der im Bade sich entwickelnden Gase. Die mit einer Einfassung o' samt Griff o" versehenen beweglichen Platten o dienen zum Zudecken der Löcher n während der verschiedenen Phasen des Schmelzprozesses. Zwischen der Graphitplatte k und dem Rande des Kastens a ist eine Ausfüllung k von Holzkohlenpulver.

Zum Beginn der Operation brachte man zuerst Kupfer und zwar vorteilhafterweise in zerkleinertem Zustande in das Bassin A; das Kohlenbündel B wurde hierauf dem Kupfer entgegengebracht, der Strom ging durch das Kupfer und brachte dasselbe zum Schmelzen. Sobald das als negativer Pol dienende Bad aus flüssigem Kupfer vorhanden war, brachte man auch Thonerde in das Bad und hob das Bündel B noch etwas höher. Nun ging der Strom durch die Thonerde, welche schmolz und sich zersetzte. Der Sauerstoff ging an die Kohle b und verbrannte dieselbe, so daß Kohlenoxydgas aus dem Bade entwich. Das Aluminium schied sich aus seiner Sauerstoffverbindung ab und legierte sich mit dem Kupfer, so daß direkt Aluminiumbronze erzeugt wurde, welche man in eine Blockform abstach.

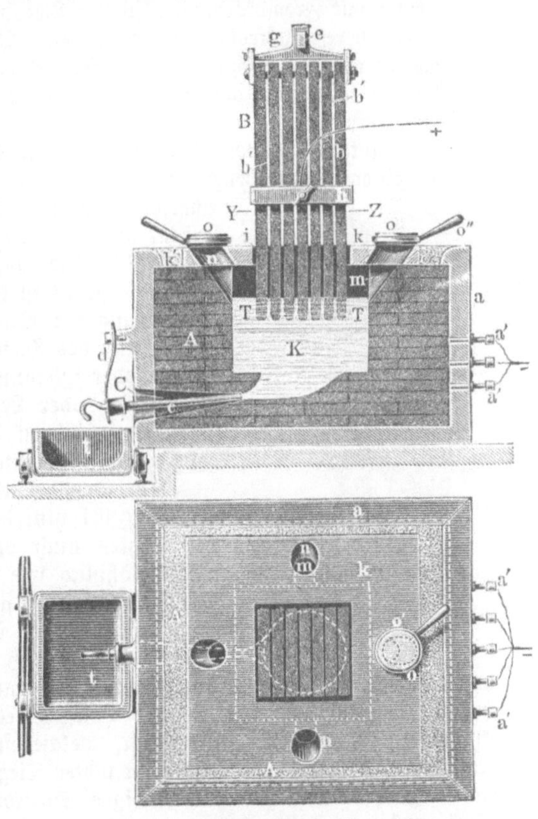

601 u. 602. Héroults elektrischer Ofen.

Wenn verschiedene Lehrbücher schreiben, daß man in französischen Aluminiumwerken nach einem Verfahren von Minet, in amerikanischen Werken nach einem Verfahren von Hall arbeitet, so hat man sich durch die Veröffentlichungen dieser beiden Erfinder irreleiten lassen. Wer sich für diese Streitfragen interessiert, kann sich aus den betreffenden Patentschriften, welche zur Klärung der Prioritätsansprüche in Borchers Elektro-Metallurgie 2. Auflage 1886 ausführlich wiedergegeben sind, leicht überzeugen, daß weder Minet noch Hall zur Zeit der Einreichung ihrer Patente verstanden haben, worauf es bei der Gewinnung von Aluminium thatsächlich ankommt. In allen Aluminiumwerken wird heute nach Héroults Verfahren gearbeitet. Halls verschiedene Rezepte auf leichter schmelzbare Flußmittel oder Elektrolyse kann man kaum als Erfindungen ansehen. Die Héroultschen Patentansprüche sind in den Vereinigten Staaten zwar auf gesetzmäßigem Wege, jedoch in einer kaum zu billigenden Weise durch Halls Patentanmeldung verdrängt worden.

Ehe die Einzelheiten über die jetzige auf Héroults System beruhende Arbeitsweise bekannt wurden, konstruierte Borchers einen Apparat, welcher auch bei Versuchen im kleinsten Maßstabe durchaus befriedigende Resultate in Bezug auf die Reinheit des Aluminiums gegeben hat.

Der Schmelzraum befindet sich innerhalb eines Eisenblechkastens. Dieser trägt eine in der Mitte gelochte Chamotteplatte, durch welche die untere Elektrode eingeführt werden kann. Auf die Bodenplatte setzt man einen aus Kupferblech hergestellten Kühlkasten, so daß an den Wänden desselben ein Teil der Beschickung, mit welcher man das Ofeninnere ausfüttert, im festen Zustande erhalten bleibt. Man schafft so, wie im Bergbau durch das Gefrierverfahren, eine feste Wand, welche hier im Ofen die Schmelzprodukte vor der Berührung mit Fremdkörpern, also vor Verunreinigungen schützt.

Die obere Elektrode wird durch eine Öffnung im Deckel eingeführt. Man heizt zweckmäßig mit dem Lichtbogen vor. Hat sich dann eine hinreichend dicke Schicht Schmelze gebildet, so läßt man die obere Elektrode in die nun als Widerstand sich einschaltende Flüssigkeit eintauchen.

Als untere Elektrode benutzt man entweder einen Metall= oder einen Kohleblock, der mit einem Schraubengewinde versehen ist, um in einen kühlbaren, kupfernen Halter eingesetzt werden zu können. Der Halter steht auf beweglichen Füßen, die sich leicht in jeder Höhe feststellen lassen.

Als Auskleidung für den Ofen hat sich am besten Kryolith bewährt, und es ist klar, daß bei dieser Konstruktion eine Verunreinigung der Schmelze, welche ja ebenfalls aus Kryolith besteht, und des Metalles, welches mit einem so weit gekühlten Kohle= oder Metallpole in Berührung ist, um eine chemische Verbindung oder Legierung zwischen Polsubstanz und Aluminium zu verhindern, ein absolut reines Aluminium bei Anwendung reiner Rohmaterialien zu erwarten ist.

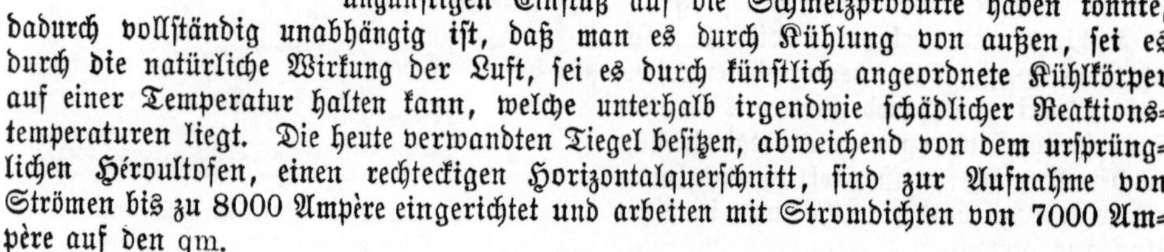

603. **Borchers' elektrischer Ofen.**

Im Großbetriebe hat sich nun inzwischen herausgestellt, daß man bei hinreichend niedrig gehaltener Temperatur des Elektrolyten auch ohne Gefahr mit Tiegeln arbeiten kann, welche, ähnlich wie der ursprüngliche Héroultofen, ganz mit Kohle ausgekleidet sind. Es ist eben der Vorzug elektrischer Öfen, daß man vom Ofenbaumaterial, welches unter Umständen ungünstigen Einfluß auf die Schmelzprodukte haben könnte, dadurch vollständig unabhängig ist, daß man es durch Kühlung von außen, sei es durch die natürliche Wirkung der Luft, sei es durch künstlich angeordnete Kühlkörper auf einer Temperatur halten kann, welche unterhalb irgendwie schädlicher Reaktionstemperaturen liegt. Die heute verwandten Tiegel besitzen, abweichend von dem ursprünglichen Héroultofen, einen rechteckigen Horizontalquerschnitt, sind zur Aufnahme von Strömen bis zu 8000 Ampère eingerichtet und arbeiten mit Stromdichten von 7000 Ampère auf den qm.

Um die heutigen Bedingungen der Aluminiumgewinnung kurz zusammenzufassen, kommen wir zu folgenden zu beachtenden Punkten:

1. Als Elektrolyt dient eine Lösung von Aluminiumoxyd in geschmolzenen Haloidsalzen (Chloriden und Fluoriden) der Alkali=, Erdalkalimetalle und des Aluminiums selbst.

2. Der Aluminiumgehalt der Schmelze wird während der Elektrolyse durch Zusätze von Aluminiumoxyd konstant erhalten.

3. Als Anoden benutzt man aus Platten zusammengefügte Kohleblöcke, als Kathoden kühlbare, durch den Boden der Schmelzgefäße eingeführte Metall= oder Kohlekörper oder auch mit Kohle so ausgekleidete Metallgefäße, daß die Kohleauskleidung sich hinreichend kühl erhalten läßt.

4. Sofern nicht die Schmelzgefäße gleichzeitig als Kathoden dienen sollen, bestehen dieselben am zweckmäßigsten aus flachen eisernen, oben offenen Cylindern, welche innen mit schwer schmelzbaren reinen Aluminiumverbindungen ausgefüttert sind.

5. Die erforderliche Schmelzwärme wird durch den zur Elektrolyse dienenden Strom dadurch erzeugt, daß man die Stromdichte sehr hoch wählt (etwa 7000 Ampère auf 1 qm Kathodenfläche, oder Badquerschnitt).

6. Die Wandungen des Schmelzgefäßes müssen so kühl gehalten werden, daß das Futter derselben nicht von der Schmelze gelöst werden kann.

7. Die Temperatur des Elektrolyten ist so niedrig wie möglich zu halten, da, abge=sehen von unnötiger Wärmeerzeugung bei hohen Temperaturen, durch Lösung von Metall im Elektrolyten wahrscheinlich unter Bildung von Oxydulverbindungen Rückoxydation von Metall an der Anode stattfinden kann. Die Möglichkeit der Abscheidung und Ver=flüchtigung von Alkalimetallen bei höheren Temperaturen führt ebenfalls zu Strom= also Kraftverlusten.

* * *

Aluminium (Al, Atomgewicht 27, spezifisches Gewicht 2,6 bis 2,74) ist das wichtigste der Erdmetalle. Es besitzt eine weiße Farbe und hohen Glanz. Die Bruchflächen zeigen krystallinische Struktur. Der Schmelzpunkt liegt bei etwa 650°. Sein niedriges spezifisches Gewicht ist für viele Verbrauchszwecke von größter Bedeutung. Gegen atmosphärische Einflüsse ist es bei gewöhnlicher Temperatur merkwürdig widerstandsfähig. Schon eine kaum wahrnehmbare Oxydschicht auf der Oberfläche schützt das Metall auch bei höherer Temperatur, so z. B. beim Schmelzen und Gießen, vor weiterer Oxydation. Wasser und verdünnte organische Säuren wirken fast gar nicht, letztere erst beim Kochen langsam, ein. Salpetersäure ist fast ganz unwirksam auf Aluminium; Schwefelsäure löst es träge, dagegen Salzsäure und Natronlauge sehr lebhaft. Es fällt die meisten Metalle aus den Lösungen ihrer Salze aus, reduziert im geschmolzenen Zustande die meisten Oxyde, sogar die des Kohlenstoffs, des Siliciums und des Bors, indem überschüssig vorhandenes Aluminium sich mit den reduzierten Stoffen legiert.

Auf die Verwendung des Aluminiums und auf seine Verwendbarkeit müssen wir mit Rücksicht darauf, daß das Metall erst seit verhältnismäßig wenig Jahren zu un=gemein niedrigem Preise (heute 2,10 Mark per kg) geliefert wird, etwas näher eingehen, und wir entnehmen einer Broschüre der Aluminiumindustrie=Aktiengesellschaft zu Neuhausen und einem Vortrage von A. F. Hunt, dem Direktor der amerikanischen Aluminium=gesellschaft, folgende beachtenswerte Angaben:

Die größte Bedeutung hat die Verwendung des Aluminiums in der Stahlgießerei gewonnen. Wenn auch die Versuche der Herstellung und Nutzbarmachung von Eisen=legierungen nicht befriedigende Ergebnisse geliefert haben, so hat es sich doch in anderer Beziehung dieser Industrie sehr nützlich erwiesen.

Aluminium vereinigt sich mit Eisen in allen Verhältnissen, aber wenn sich auch z. B. eine Legierung von 50% Aluminium und 50% Eisen noch zu einem massiven Blocke ausgießen läßt, so zerbröckelt sie doch schon in kurzer Zeit zu Pulver.

Beim Siemens=Martin=Stahl beträgt der Zusatz von Aluminium (entweder in der Gießpfanne oder während man denselben in die Blockformen ausfließen läßt) 60—120 höchstens 150 g per Tonne. Mit der Feststellung des erforderlichen Zusatzes geht man in der Regel ganz empirisch vor, beginnt mit 120 g und steigt bis 150 g höchstens.

Bessemer=Stahl erfordert in der Regel 20 bis 90 g Aluminium mehr, wie Martin=Stahl.

Überblasener, also überoxydierter Stahl, der sich in der Gießpfanne oder nach dem Ausgießen in der Form noch sehr unruhig zeigt, braucht beträchtlich größere Zusätze von Aluminium.

Die Wirkungen des Aluminiums sollen folgende sein:

1. Es verringert die Trichterbildung in den Blockköpfen, also auch den Abfall.

2. Es beruhigt das Aufwallen der geschmolzenen Masse und ermöglicht so die Her=stellung brauchbarer Güsse selbst aus überblasenen Chargen.

3. Es erhöht die Homogenität der Gußstücke

a) durch Desoxydation,

b) durch die hohe Diffusionsgeschwindigkeit des Aluminiums in geschmolzenem Eisen, wodurch ersteres die Legierfähigkeit des letzteren Metalles mit anderen Metallen erhöht.

c) durch Abkürzung der Erstarrungszeit, wodurch auch die Gelegenheit zu Entmischungen verringert wird.

4. Es erhöht die Zugfestigkeit des Stahles, ohne seine Dehnbarkeit zu beeinträchtigen.

5. Es reduziert etwa gelöste Oxyde.

6. Es vermindert die Oxydierbarkeit des Stahles während des Vergießens.

7. Es verleiht den Gußstücken eine sehr gleichmäßige Oberfläche.

Ein zu hoher Aluminiumzusatz vergrößert das Schwinden der erkaltenden Blöcke; es bilden sich tiefe Trichter; die Blöcke müssen also tiefer abgeschnitten werden. Bei der Herstellung von Stahlfaçonguß ist diese Gefahr nicht so groß; man kann ihr wenigstens leicht durch Anwendung eines verlorenen Kopfes entgegenwirken.

Soweit die Ursache der Wirkung des Aluminiums auf die Erhöhung der Homogenität der Gußstücke in der Beseitigung von Gaseinschlüssen zu suchen ist, hat man zwei Erklärungen aufgestellt. Die eine sagt, daß das Aluminium sauerstoffhaltige Gase oder die zu ihrer Bildung beitragenden Oxyde reduziert; die andere behauptet, daß das Aluminium die Löslichkeit der vom Eisen aufgenommenen Gase erhöht, so daß dieselben nicht im Momente des Erstarrens an irgend einer Stelle des Gußstückes in Form größerer Blasen vorhanden sind.

Aluminium ist im stande, Kohlenstoff aus Eisen zum Teil auszuscheiden. Nach Versuchen von Hadfield wurde Spiegeleisen mit 12 und 25% Mangan durch Zusätze von 3 und 4% Aluminium derart verändert, daß es den Spiegelbruch vollständig verlor und ganz die Struktur von grauem Rohmaterial annahm.

Was die Reduktionswirkung des Aluminiums gegenüber anderen bekannten Mitteln betrifft, so ist ja bekannt, daß 100 Teile Sauerstoff 114 Teile Aluminium, 140 Teile Silicium oder 35 Teile Mangan erfordern, aber diese Zahlen geben keinen richtigen Ausdruck für den wirklichen Reduktionswert des Aluminiums, denn während jede Spur vom Aluminium verbraucht wird, solange noch die geringste Menge von Sauerstoff vorhanden ist, können beträchtliche Mengen von Silicium und Mangan neben Sauerstoff im Eisen existieren, ohne aufeinander einzuwirken. Unter Zugrundelegung amerikanischer Preise vermehren sich die Kosten einer Tonne Stahl beim Gebrauche von Silicium um 3,65 bis 4,70 Mark, während sie sich bei der Verwendung von Aluminium um etwa 0,25 Mark erhöhen.

In den meisten Fällen wird das Aluminium heute als reines Metall zugesetzt; nur einzelne Fabrikanten ziehen noch Ferroaluminium vor, stellen sich dieses aber selbst her. Das Ferroaluminium wird zuerst in die Gießpfanne gebracht, in welche man dann das flüssige Metall einfließen läßt.

Dem Gußeisen gibt man von 0,5 bis 0,1% Aluminium zu, während es aus dem Kupolofen abgestochen wird. Bei grauem Gießerei-Roheisen Nr. 1 ist dieser Zusatz kaum angebracht, aber wo schwierige Gußstücke herzustellen sind, wo bisher viel Ausschuß durch poröse Gußstücke entstand, wo das Eisen nicht gut fließen will, wird das Aluminium in vielen Fällen gute Dienste leisten.

Nickelaluminium ist der im Handel übliche Name für Aluminium, welches mit einigen Prozenten härtender Zusätze legiert ist. Zu diesem Zwecke finden Kupfer, Nickel, Zink, Mangan, Zinn, Chrom, Titan, Wolfram und Vanadium Anwendung.

In den übrigen Zweigen der Metallgießerei und Legierkunst hat das Aluminium eine beachtenswerte Verwendung beim Verzinken und in der Messinggießerei gefunden, wo seine Wirkung ja leicht erklärlich ist. Im ersten Falle genügt ein Zusatz von etwa 0,05% Aluminium zu dem Zinkbade. Man hat für diesen Zweck auch Aluminium-Zink-Legierungen in den Handel gebracht, welche meist mit Aluminiumgehalten von 5 und 10% verkauft werden. Als Zusatz zu Messing in geringen Mengen von 0,1% dient es natürlich nur als Desoxydationsmittel. Man steigert aber den Zusatz auch bis zu 10%, da bis zu dieser Grenze nicht nur die Dichtigkeit der Gußwaren, sondern auch die Zugfestigkeit gewalzter Stücke ganz wesentlich erhöht wird. Besonders die für elektrotechnische Zwecke hergestellten Messingwaren erhalten meist Zusätze von Aluminium in den angegebenen Grenzen. — Zu beachten ist, daß beim Vergießen dieser Legierungen die Temperatur möglichst niedrig gehalten wird.

Auch in Amerika, wo sich das Cowles-Verfahren am längsten gehalten hat, geschieht jetzt die Herstellung der Aluminiumbronze allgemein durch direkte Legierung des Aluminiums mit Kupfer. Das Kupfer wird zu diesem Zwecke in einem Graphittiegel über einem Holzkohle-, Koks- oder Gasfeuer geschmolzen (Kohlenfeuer ist zu vermeiden), indem man das Kupfer durch eine Holzkohledecke schützt. Sobald es nun Zeit wird, das Aluminium einzusetzen, muß man den Tiegel mit einer Zange fassen, um ihn entweder sofort oder nach erfolgter Verflüssigung des Aluminiums aus dem Feuer zu nehmen; denn nach der anfänglichen schwachen Abkühlung folgt eine starke Erwärmung und muß das Metall dann bald vergossen, bis zum Vergießen aber lebhaft gerührt werden.

Um Aluminium für Gießereizwecke tauglich zu machen, müssen ihm einige Prozent der schon erwähnten Härtungsmittel beilegiert werden. Dann aber hat das Gießen keine Schwierigkeit. Die Temperatur ist dabei möglichst niedrig zu halten. Wegen verhältnismäßig starken Schwindens sind große Trichter und starke verlorene Köpfe vorzusehen. Eine eigentümliche Praxis der Aluminiumgießerei besteht in dem Zusatz von etwas Salpeter kurz vor dem Ausgießen. Der Salpeter wird zu diesem Zwecke in ein Stück angefeuchtetes Schreibpapier eingewickelt, auf das aus dem Ofen genommene Metall geworfen und schnell zu Boden gestoßen, so daß der Salpeter durch das ganze Metall in die Höhe steigen muß. Nach Abziehen der Schlacke kann das Metall dann gegossen werden.

Zur Heizung der Schmelzöfen sollte, wenn irgend möglich, Holzkohle benutzt werden, wenn man sich auch guten Kokses und des Naturgases jetzt schon ziemlich viel als Brennmaterialien bedient.

Der Schmelzpunkt des Aluminiums liegt bei 625 bis 650°. Es verliert aber schon beträchtlich unterhalb dieser Temperatur derartig an Festigkeit, daß es sich zu Apparaten, die gleichzeitig Wärme und Druck auszuhalten haben, absolut nicht eignet. Bei 520° wird es vollständig bröckelig. Für Gußwaren, von denen man vorwiegend ein sehr geringes Gewicht, weniger aber Festigkeit beansprucht, findet Aluminium schon sehr ausgedehnte Anwendung.

Das Löten des Aluminiums ist immer noch eine schwierige Aufgabe. Die meisten Lote enthalten Phosphorzinn als wirksamsten Bestandteil. Das Reinhalten der zu verlötenden Stellen geschieht nach mechanischer Behandlung durch Stearin oder Paraffin. Sehr dauerhaft sind auch die besten Lötstellen nicht.

Ebenso schwierig ist das Überziehen des Aluminiums mit anderen Metallen, sowie das Überziehen anderer Metalle mit Aluminium. Für den ersteren Zweck empfiehlt Hunt Eintauchen der Gegenstände in Alkalilaugen oder in ein Gemisch von verdünnter Salpetersäure mit etwas Flußsäure, Waschen, nochmaliges Beizen in heißer Salzsäure, Abspülen in reinem Wasser, Eintauchen in eine 0,3 proz. Kupfersulfatlösung, in welcher sich nach 3 bis 4 Minuten ein hinreichend dichter Niederschlag gebildet haben wird, und endlich galvanische Verkupferung, Versilberung, Vergoldung oder andere Vermetallisierung nach den üblichen Methoden. Für öffentliche Gebäude Philadelphias bestimmte eiserne Säulen wurden zuerst gereinigt, dann in einem alkalischen Bade verkupfert (1,5 mm dick) dann wurde in einem aus 25 Teilen Natriumstannat, 75 Teilen Natriumaluminat, Cyankalium und Wasser bestehenden Bade bei einer Temperatur von etwa 55° und einer Stromdichte von 80 Amp. per qm elektrolysiert. Unter diesen Bedingungen soll sich eine Legierung von 25% Aluminium und 75% Zinn niedergeschlagen haben, die sich aber leider nicht sehr haltbar erwiesen hat. (Unser Urteil, daß die Fällung von Aluminium aus wässeriger Lösung praktisch unmöglich ist, dürfen wir also trotz der Philadelphiaer Versuche, oder noch verstärkt durch dieselben, aufrecht erhalten. Der Verf.)

Reines Aluminium läßt sich leicht zu Blech auswalzen, verliert dabei allerdings einen Teil seiner Duktilität, die ihm aber durch Anlassen wiedergegeben werden kann.

Das Anlassen des Aluminiums geschieht bei gleichmäßiger dunkler Rotglut. Als Anzeichen für die richtige Temperatur sieht man die Verkohlungstemperatur eines Tannen= holzstabes an. Letzterer muß, wenn man damit über die Metallplatte streicht, einen schwarzen Strich hinterlassen. Heißer aber darf das Metall nicht werden, als bis diese Probe eben eintritt.

Bei einer Temperatur von etwa 500° läßt sich Aluminium bis auf jede gewünschte Dimension auspressen.

Eine der aussichtsreichsten Verwendungsarten für Aluminium ist die für Küchen= geräte. Das geringe Gewicht, die Widerstandsfähigkeit, die Leichtigkeit, das Geschirr blank zu erhalten, die hohe Wärmeleitfähigkeit und spezifische Wärme machen es für Kochgeschirr ganz besonders geeignet.

Aluminium=Kochgeschirr wird sowohl durch Guß wie durch Stanzen und Schmieden hergestellt. Lötarbeit hat sich für diese Zwecke nicht bewährt, da mit den beim Kochen entstehenden Lösungen als Elektrolyten zwischen dem stark elektropositiven Aluminium und den Metallen des Lotes galvanische Vorgänge auf Kosten des Aluminiums unver= meidlich sind.

In den Vereinigten Staaten greift der Gebrauch von Aluminium=Küchengeräten mit einer erstaunlichen Geschwindigkeit um sich, wie dem Berichterstatter schon von mehreren Seiten versichert worden ist. In Deutschland kann man Aluminiumgefäße nur in den wenigsten Läden für Haushaltungsgegenstände finden.

In chemischen Laboratorien wird Aluminium für Wasserbäder, Luftbäder, Bunsen= brenner, Wassertrichter und Wasserverdichtungsröhren benutzt.

Von den sonstigen Verwendungsarten sind zu nennen:

Handgriffe chirurgischer Instrumente; Fahrradteile; Ersatz für lithographische Steine (die Aluminiumplatten werden zu diesem Zwecke mit dem Sandstrahlgebläse vorbereitet); Buchstaben und Thürschilder (sind auch in Deutschland stellenweise in Gebrauch); an Stelle mancher Holzrahmen und Verkleidungen in Eisenbahnwagen; an Stelle von Messingausrüstungen in Eisenbahnwagen; Badewannen; im Schiffbau zum Ersatz schwerer Metall= und Holzteile bei Trägern, Bedachungen, Auskleidungen und dergl.; auch Möbel, besonders Bücherschränke hat man zum Schutze der Bücher gegen Nagetiere und anderes Ungeziefer mit Erfolg aus Aluminium gebaut; in der Buchbinderei zu Bücherdeckeln; Theebüchsen und Hüllen für andere gepreßte Nahrungs= und Genußmittel, welche nötigen= falls erst in Ölpapier eingepackt werden, die Büchsen und ihre Deckel können bei Ex= peditionen, in Kriegszeiten und bei anderen Gelegenheiten als Koch= und Tischgeräte dienen; Kämme und Bürsten; Militäreffekten; Särge; Aluminiumbronze und Blatt= Aluminium als Ersatz der Silberbronze und des Blattsilbers.

Auf die Verwendung des Aluminiums für chemische Zwecke, besonders als Reduktions= mittel und sehr wirksame Wärmequelle für schwer durchführbare Reaktion wurde schon unter dem Artikel Chrom hingewiesen. Goldschmidt, welcher dieses Verfahren ausgearbeitet hat, empfiehlt ferner Mischungen aus Eisenoxyd und Aluminium zur Erzeugung von Löt= und Schweißwärme für Installations= und Apparatebauzwecke. Um die, nach der Entzündung der Mischung entstehende Wärme dem jeweiligen Arbeitszwecke anzupassen, werden dem Reaktionsgemische indifferente Verdünnungsmittel, z. B. Sand, oder ein Überschuß der betreffenden Metalloxyde zugemischt.

Sehr interessant ist eine Übersicht der Preise des Aluminiums seit dessen erster fabrikmäßiger Herstellung, worüber wir zum Teil aus einem Berichte der Frank= furter Metallgesellschaft, zum Teil aus neueren Marktberichten folgende Tabelle mitteilen:

Jahr	Fabrikant	Ungefährer Preis per Kilo Mark
1855	Deville in Glacière	1000.—
1856		300.—
1857	Morin in Nanterre	240.—
1857—1886	Merle & Co., Salindres	100.—
1886	Hemelingen	70.—
1888	Alliance Alum. Comp.	47.50
1890, Februar	Neuhausen	27.60
1890, September	"	15.20
1891, Februar	"	12.—
1891, Juli	"	8.—
1891, November	"	5.—
1892		5.—
1893		5.—
1894		4.—
1895		3.—
1896		2.60
1897		2.25
1898		1.80
1899		2.10

Erdalkali- und Alkali-Metalle.

Der Metall=Hüttenmann pflegte sich bis vor kurzem um die Erdalkali= und Alkali=
metalle als solche wenig zu kümmern. Er hatte weder Verwendung, noch ausreichenden
Absatz dafür, um einen größeren Betrieb lohnend zu machen, und so blieben auch die
Methoden der Herstellung dieser Metalle meist auf dem Maßstabe der Apothekerarbeiten
stehen. Das hat sich seit einigen Jahren geändert. Magnesium z. B. hat eine hinreichende
Verwendung gefunden, um eine ganze Fabrik ausreichend zu beschäftigen. Von den
Alkalimetallen wird besonders das Natrium als solches in Form von Legierungen
(Natrium=Amalgam) zur Fällung der Edelmetalle benutzt, ferner braucht man große
Mengen Natrium zur Herstellung von Cyaniden nach dem Verfahren von Erlenmeyer,
und diese Cyanide wieder zur Extraktion der Edelmetalle aus Erzen, welche sich bisher
nur schwierig zu Gute machen ließen.

Metalle wie Calcium, Strontium, Baryum haben allerdings auch heute als solche
noch keine Verwendung gefunden. Große Wichtigkeit dagegen hat eine Verbindung des
Calciums mit Kohlenstoff, das Calciumkarbid gefunden.

Es wird, mit Rücksicht auf die Übereinstimmung der Darstellungsmethoden der üb=
rigen Erdalkali= und Alkalimetalle, genügen, wenn ich im folgenden nur das Magnesium
und das Natrium berücksichtige.

Magnesium.

Das Magnesium findet sich in der Natur ausschließlich in Salzen und zwar als
Haloidsalz im Carnallit $MgCl_2 . KCl . 6 H_2O$ und Kainit, $MgCl_2 . MgSO_4 . 6 H_2O$; als
Sulfat im Kieserit, $MgSO_4 . H_2O$; als Karbonat im Magnesit, $MgCO_3$ und Dolomit
$MgCO_3 CaCO_3$ als Silikat stets in Verbindung mit anderen Silikaten im Asbest, Speck=
stein, Serpentin, Talk, Meerschaum und anderen Mineralien.

Für die Darstellung des Metalles kommt ausschließlich der natürliche oder der künstlich
hergestellte Carnallit in Betracht. Der natürliche Carnallit ist nicht immer rein genug für
die Herstellung des Metalls, und da bei der Fabrikation der großen Mengen von Chlor=
kalium hinreichend Chlormagnesium gewonnen wird, so wird man besser thun, das letztere
Salz zu beziehen und es mit der nötigen Menge von Chlorkalium zu verschmelzen.

Die ältesten Versuche, Magnesium zu erhalten, sind von Davy beschrieben. Er will
das Metall durch Zersetzung weißglühender Magnesia durch Kalium erhalten haben, was
aber nach der Beschreibung der Eigenschaften des erhaltenen Metalls sehr unwahrscheinlich

ist. Busse, Buff und Liebig haben ohne Zweifel zuerst das Metall in reinem Zustande erhalten, indem sie nach dem Vorbilde des Wöhlerschen Aluminium=Verfahrens das Chlorid durch Kalium zersetzen.

Von der größten Wichtigkeit für die elektrochemische Zerlegung geschmolzener Metall= verbindungen ist das Verfahren von Bunsen, nach welchem er bereits im Jahre 1852 durch Elektrolyse von geschmolzenem Magnesiumchlorid das Metall rein darstellte. Aus der in Liebigs Annalen, Band 82, 1852, Seite 137 veröffentlichten klassischen Arbeit gebe ich folgendes in seinen eigenen Worten wieder:

„Geschmolzenes Chlormagnesium wird so leicht durch den Strom zersetzt, daß man daraus in kurzer Zeit mit wenigen Kohlenzinkelementen einen mehrere Gramm schweren Metallregulus erhalten kann.

„Zur Darstellung des Chlormagnesiums wendet man am besten die bekannte, von Liebig vorgeschlagene Methode an. Als Zersetzungszelle dient ein ungefähr $3\frac{1}{2}$ Zoll hoher und 2 Zoll weiter Porzellantiegel (Abb. 604 u. 605), der durch ein bis zu seiner halben Tiefe hinabreichendes Diaphragma in zwei Hälften geteilt ist, in deren einer das abgeschiedene Chlor aufsteigt und von dem in der anderen abgesetzten Magnesium fern gehalten wird. Das Diaphragma läßt sich aus einem dünnen Porzellandeckel herstellen, den man vermittelst eines Schlüsseleinschnittes wie Glas leicht brechen und in die passende Gestalt leicht bringen kann. Der Tiegel wird mit dem aus einem gewöhnlichen Ziegel= stein gefeilten, doppelt durchbohrten Deckel (Abb. 605) bedeckt, durch welchen die beiden

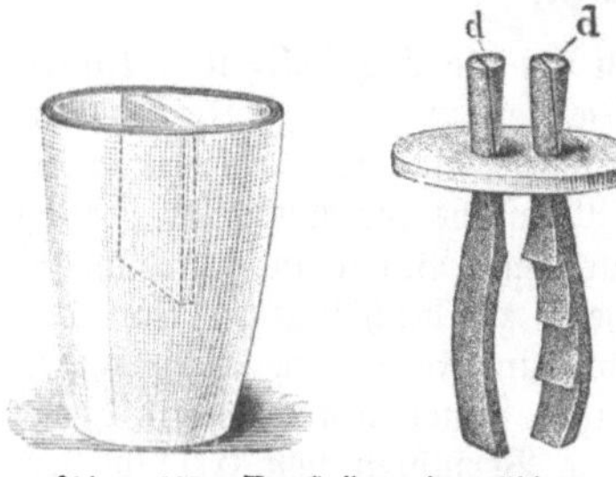

604 u. 605. Darstellung des Chlor= magnesiums.

Pole gesteckt sind. Man feilt diese Pole aus der= selben Masse, woraus die Cylinder der Zinkkohlen= ketten gefertigt werden; dies gelingt ohne Schwierig= keit, da diese Kohlenmasse eine solche Beschaffenheit besitzt, daß sie sich bohren, drechseln, feilen und selbst mit Schraubengewinden versehen läßt. Zur Befestigung der Kohlenpole im Deckel dienen die Kohlenkeile d d, zwischen welche man auch die beiden Platinstreifen zur Zu= und Ableitung des Stromes einklemmt. Die sägeförmigen Einschnitte am negativen Pole sind zur Aufnahme des reduzierten Metalles bestimmt, welches in Gestalt eines Regulus darin haften bleibt. Ohne diese Vorrichtung würde dasselbe in der spezifisch schwereren Flüssigkeit aufsteigen und an der Oberfläche teilweise wieder verbrennen. Man beginnt den Versuch damit, daß man den Tiegel samt seinem Deckel und den darin befestigten Polen bis zum Rotglühen er= hitzt, mit geschmolzenem Chlormagnesium bis an den Rand vollgießt und dann die Kette in dem soeben angedeuteten Sinne schließt.“

Von späteren Vorschlägen für die Herstellung des Magnesiums ist zunächst der von Mathießen aus dem Jahre 1860 zu erwähnen, nach welchem an Stelle des schwer dar= stellbaren Magnesiumchlorides der natürlich vorkommende Carnallit empfohlen wurde.

Apparat und Verfahren von Fischer aus dem Jahre 1882 und von Grätzel aus dem Jahre 1883 haben keinen Eingang in den Großbetrieb gefunden.

Das Prinzip des Apparates und der Arbeitsweise, wie sie heute praktische Ver= wendung finden, wird am besten durch die nachstehende Abbildung aus Borchers Elektro= metallurgie, 2. Auflage 1895, ersichtlich sein.

Der in Abb. 606 dargestellte Apparat ist für Versuchszwecke bestimmt.

In den als Kathode dienenden eisernen Tiegel K ist als Anode ein von dem Por= zellanrohre C umhüllter Kohlestab A eingehängt. Letzterer wird in die mit dem Leitungs= drahte verschrobene Klammer V eingeklemmt, durch den ringförmigen Porzellandeckel L gehalten, das Porzellanrohr wird wieder durch einen Wulst von dem ebenfalls ring= förmigen Porzellandeckel d getragen, während der Tiegel vermittelst des Flansches F auf dem aus einer oder zwei Chamotteplatten gebildeten Deckel D einer Perrotfeuerung ruht. Letztere besteht aus einem weiteren in den mit Füßen versehenen oder an einem Stativ verstellbar befestigten Eisenblechmantel M eingesetzten Chamotterohr O, welches auf der mit einer neutralen Öffnung versehenen Chamotteplatte B ruht. Der Einsatz W aus feuerfester Thonmasse soll die Heizgase eines beliebigen kräftigen Gasbrenners zunächst um die Tiegelwandungen nach oben führen, von wo aus sie dann in dem Zwischenraume zwischen W und O abwärts fallen, um schließlich durch den Fuchs Z zu entweichen. Ein nach oben gebogener Fortsatz des Flansches F ist durch Verschraubung mit der Leitung N verbunden.

Während man den vollständig zusammengesetzten leeren Tiegel eine Zeit lang anwärmt, schmilzt man am besten in einem zweiten Tiegel den Carnallit ein. Um während des Anwärmens eine Oxydation des besonders innen vorher gut gereinigten Tiegels K und ein zu starkes Verbrennen der Anode zu verhüten, kann man eine Holzkohle im ersteren einlegen, die natürlich herausgenommen werden muß, sobald die Schmelze fertig zum Eingießen ist.

Während der Elektrolyse setzt sich das Magnesium bei Dunkelrotglut (ca. 700°) in fortwährend wachsenden Kugeln an die Gefäßwandungen, während das Chlor, in C emporsteigend, durch das Rohr R entweicht.

Arbeitet man mit einer Stromdichte von mindestens 1000 Ampère auf 1 qm Kathodenfläche, so wird die Stromdichte an der Anode, wenn man die Dimension des Kohlenstabes für die Stromzuleitung gerade ausreichend wählt, etwa das Zehnfache betragen. Trotzdem werden nur 7—8 Volt Spannung gebraucht, welche sich, wo es sich um sparsamen Betrieb handelt, natürlich durch Vergrößerung der Anoden noch um 1 bis 2 Volt reduzieren läßt.

Nach hinreichend lange fortgesetzter Elektrolyse wird man durch die klare Schmelze hindurch beobachten können, wann sich eine dem Verbrauchszwecke entsprechende Menge Metall im Tiegel angesammelt hat. Man unterbricht dann die Stromzuleitung, löst die Verschraubungen an den Elektroden und hebt zunächst den Deckel d mit allem, was darauf ruht, aus dem Schmelzgefäße. Indem

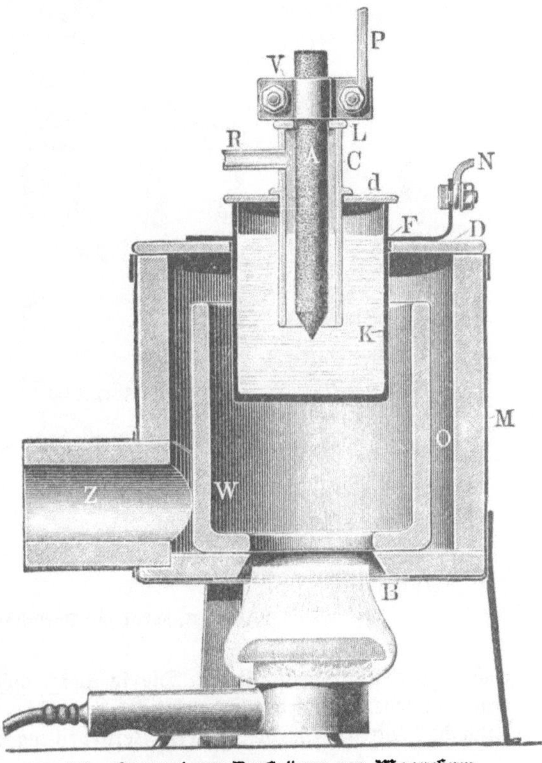

606. **Apparat zur Darstellung von Magnesium.**

man dann das Feuer bei bedecktem Tiegel etwas verstärkt, stößt man die an den Wandungen haftenden Metallmassen mit einem dem Tiegelinneren entsprechend geformten eisernen Meißel ab und gießt dann Schmelze und Metall in einen flachen kalten und trockenen Eisenblechkasten, etwa hängen bleibendes Metall schnell aus dem Tiegel kratzend. Die erkaltete und erstarrte Schmelze wird zerklopft; die Metallkugeln liest man aus. Größere reinere Kugeln lassen sich direkt in Graphittiegeln ohne Flußmittel zusammenschmelzen. Weniger reines Metall muß raffinierend verschmolzen werden.

Es ist klar, daß sich ein Apparat dieser Art in beträchtlich größeren Dimensionen ausführen läßt. Die Anordnung eines solchen, in einer zweckentsprechenden Feuerung, ist aus Abb. 607 ersichtlich. Der Betrieb auch dieses Apparates weicht kaum von dem des Versuchsapparates ab.

Zum Zusammenschmelzen gröberer und reinerer Stücke genügen einzelne in ähnliche Feuerungen eingesetzte Tiegel. Unreineres und feinkörnigeres Material muß stets einem reinigenden Schmelzen unterworfen werden. Zu diesem Zwecke schmilzt man in eisernen

Tiegeln Carnallit ein und wirft dann das Rohmetall in die Schmelze. Bei mäßiger Rotglut, und indem man mit eisernen Stempeln die am Boden liegenden Metallmassen zusammendrückt, sucht man zunächst eine Vereinigung der letzteren herbeizuführen. Steigert man nun die Temperatur auf lebhaftere Rotglut, so tritt ein Punkt ein, bei welchem das spezifische Gewicht des Magnesiums geringer wird als das der Schmelze. Indem ersteres aus den Verunreinigungen aussaigert, steigt es in Form von mehr oder weniger großen Kugeln an die Oberfläche. Von hier aus schöpft man das reine Metall mit siebartig durchlochten Löffeln aus. Die Oberflächenspannung des geschmolzenen Magnesiums ist so groß, daß es nicht durch die Sieböffnungen des Löffels hindurchläuft, während die

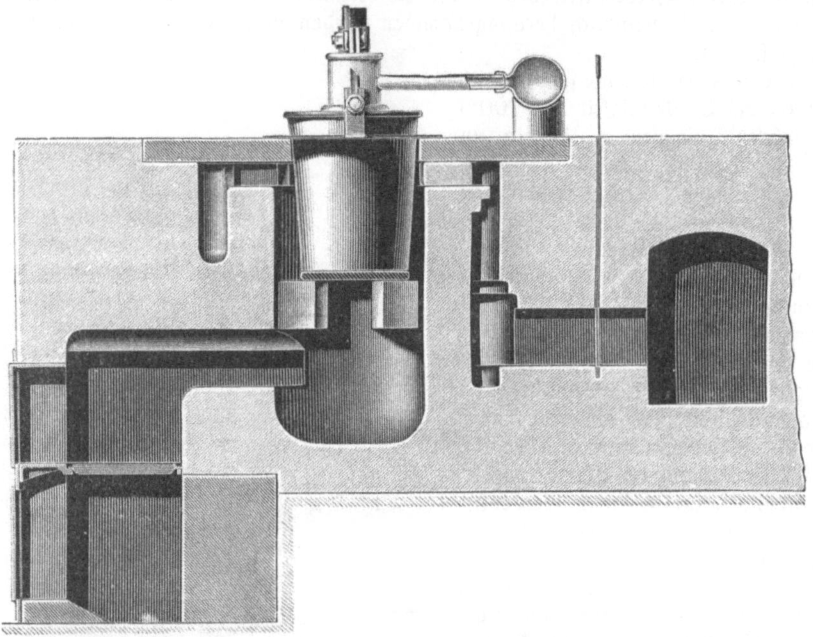

607. Apparat zur Darstellung von Magnesium.

Schmelze vollständig abfließt. Die so ausgeschöpften Metallmassen vereinigt man nun in einem eisernen geheizten Schmelztiegel, um hier die letzten Schlackenreste abzusaigern und dann das Metall für die weitere Verarbeitung in Barren oder Stäbe zu gießen.

* * *

Magnesium (Mg'', Atomgewicht 24, spezifisches Gewicht 1,75) besitzt eine weiße Farbe von hohem Glanze und eine faserig kryftallinische Struktur, ist hämmerbar und geschmeidig genug, um sich zu Draht und Band auswalzen zu lassen, läßt sich aber wegen verhältnismäßig geringer Zähigkeit durch Feilen und Fräsen zu ziemlich feinem Pulver zerkleinern, was für seine Verwendung in der Pyrotechnik von Bedeutung ist. Es schmilzt zwischen 500 und 600°, verdampft bei Temperaturen über 1100°. In dichten festen Stücken ist es an der Luft wenig veränderlich, wenn es sich auch oberflächlich besonders in feuchter Luft oxydiert. Gröbere Stücke lassen sich auch ohne Gefahr des Verbrennens in offenen Tiegeln umschmelzen. Feines Pulver und dünnes Blech oxydieren sich dagegen sehr leicht, verbrennen auch bei höherer Temperatur mit lebhaftem, auch chemisch sehr wirksamem Lichte. Feuchtes Metallpulver läßt sich nicht ohne vollständige Oxydation trocknen. Wasser, welches nur geringe Mengen von Salzen gelöst enthält, wird von pulverförmigem Magnesium schon bei gewöhnlicher Temperatur zersetzt; reines Wasser wirkt weniger leicht oxydierend. In überhitztem Wasserdampfe verbrennen feine Metallteile mit größter

Lebhaftigkeit, ebenso in Schwefel und den Halogenen. Das Metall löst sich leicht in den meisten Säuren und Salzen, indem es aus letzteren entweder die Metalle abscheidet oder mit denselben basische Salze bildet. Seine Lösungstension ist eine so große, daß es nicht nur Metalle, sondern auch Nichtmetalle aus ihren Verbindungen abzuscheiden im stande ist. So werden z. B. Kohlenoxyd, Kohlendioxyd, Siliciumdioxyd, Bortrioxyd unter Ab= scheidung von Kohlenstoff, Silicium und Bor reduziert.

Die Verwendung des Magnesiums ist eine beschränkte geblieben, trotzdem sich bei der hohen potentiellen Energie desselben erwarten ließ, daß es auch in der Metallurgie eine ausgedehnte Anwendung finden würde. So benutzte man z. B. das Magnesium eine kurze Zeit lang zur Herstellung von Aluminium nach einem Vorschlage von Beketoff (1865), nach welchem geschmolzener Kryolith mittels Magnesium zerlegt wurde. Die Entwickelung des Héroult=Prozesses hat aber dieses Absatzgebiet gänzlich verschlossen. Eine ausgedehnte Verwendung hat sich für das Magnesium bei der Erzeugung starker Lichtwirkungen in der Feuerwerkerei und für photographische Zwecke erhalten. In der chemischen Industrie benutzt man Magnesiumpulver zum Entwässern von Alkoholen, Äthern und Ölen, wozu es sich deswegen ganz besonders eignet, da das durch Wasser= zersetzung entstehende Hydrat in den meisten dieser Stoffe unlöslich ist. Bei der Nickel= raffination nach einem Verfahren von Fleitmann dient es zur Reduktion geringer Mengen im Nickel gelösten Nickeloxydules. In chemischen Laboratorien ist es als kräftiges und nicht leicht zersetzbares Reduktionsmittel sehr geschätzt.

Natrium.

In der Natur kommt es nur in Salzen vor, und zwar als Chlorid im Stein= oder Kochsalze, NaCl, als Fluorid im Kryolith, $Al_2F_6 \cdot 6\,NaF$, als Sulfat im Glaubersalze, $Na_2SO_4\,10\,H_2O$, als Nitrat im Chilisalpeter, $NaNO_3$, als Borat im Borax, $Na_2B_4O_7 \cdot 10\,H_2O$, und anderen Boraten, als Karbonat in der Soda, $Na_2CO_3 \cdot H_2O$, und der Trona $(NaHCO_3)_2 \cdot Na_2CO_3 \cdot 2\,H_2O$, als Silikat in Feldspaten u. s. w.

Das Reduktionsverfahren. In fabrikmäßigem Maßstabe ist das Natrium zuerst durch verflüchtigendes Erhitzen eines Gemisches von wasserfreiem Karbonat (calcinierter Soda) und Kohle dargestellt worden, während bis vor kurzem die Hauptmenge des Metalles nach Castner durch Reduktion des Hydrates mit durch Eisen beschwerter Kohle erhalten ward:

$$3\,NaOH + Fe \cdot C_2 = 3\,Na + Fe + CO + CO_2 + 3\,H.$$

Netto hat die Anwendung von Eisen dadurch umgangen, daß er geschmolzenes Ätz= natron auf eine Schicht in einer stehenden Retorte oder einem Flammofen erhitzten Koks tropfen läßt.

Elektrolyse. Die elektrolytische Zersetzung der Hydroxyde des Kaliums und des Natriums führte bekanntlich zur Entdeckung dieser Metalle. Davy beschreibt die zur Ausführung seiner diesbezüglichen Versuche benutzte Vorrichtung, wie folgt: „Durch einen aus einem Gasometer einer Spiritusflamme zugeführten und mit dieser gegen einen Platinlöffel gerichteten Sauerstoff=Gasstrom wurde etwas Ätzkali in jenem Löffel mehrere Minuten lang auf starker Rotglut und in gutem Flusse erhalten. Der Löffel stand mit der positiven Seite einer Batterie von 100 sechszölligen Platten in Ver= bindung, von der negativen Seite durch einen in das geschmolzene Ätzkali hineinreichenden Platindraht."

Naturgemäß richtete sich später die Aufmerksamkeit der Elektrochemiker auf die Lösung der Frage der Elektrolyse geschmolzenen Chlornatriums. Von der großen Zahl der für diesen Zweck vorgeschlagenen, zum Teil auch patentierten Apparate ließ sich thatsächlich nur mit denjenigen von Grabau und Borchers Natrium erhalten. Beide erfordern aber eine so große Sorgfalt bei der Inbetriebsetzung und Betriebsleitung und ergeben eine durch die hohe Lösungstension des Natriums in geschmolzenen Chloriden bedingte schlechte Ausbeute, daß man heute wieder zu dem Davyschen Verfahren zurückgekehrt ist und dieses in einem von Castner angegebenen Apparate ausführt.

Caſtners Apparat beſteht aus dem eiſernen Schmelzgefäße A, in welches die Kathode H durch den Boden eingeführt iſt. Zur Abdichtung und Befeſtigung der Kathode iſt der

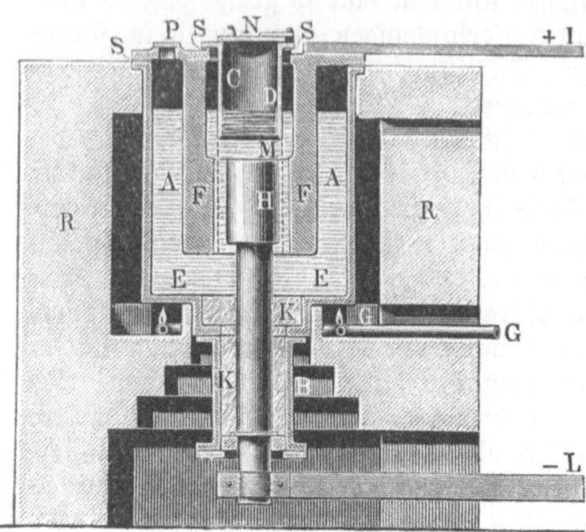

608. Caſtners Apparat.

untere, ſich etwas verengende Teil des Ge= fäßes und ein darangefügtes Rohr B vor Inbetriebſetzung mit Ätzkali K ausgefüllt, das nach kurzer Zeit erſtarrt. In das ge= ſchmolzene Ätzkali E, welches durch eine Gas= feuerung G flüſſig erhalten wird, tauchen die am Deckel befeſtigten Anoden F ein, welche in ſolchen Elektrolyten natürlich auch aus Metall beſtehen können. Zwiſchen H und F hängt ein Drahtgewebecylinder M als Dia= phragma. An dieſes ſchließt ſich nach oben das Sammelrohr C, in welchem Waſſerſtoff und Metall D getrennt vom Sauerſtoffe auf= gefangen werden, der ſeinerſeits durch die Öffnung P im Deckel entweicht. Das Rohr C iſt durch den Deckel N verſchloſſen; der= ſelbe liegt loſe genug auf, um den Waſſer= ſtoff durchzulaſſen. Zum Ausſchöpfen des Natriums bedient ſich Caſtner durchlochter Löffel, in welchen das Metall infolge ſeiner Oberflächenſpannung liegen bleibt, während Ätznatron durchläuft. Sämtliche Apparatteile ſind durch Asbeſtplatten S voneinander iſoliert. I und L bezeichnen die Stromleitungen.

*　*　*

Das Natrium (Na, Atomgewicht 23, ſpezifiſches Gewicht 0,974) iſt ein weißes, auf friſchen Schnittflächen ſilberähnlich glänzendes, bei gewöhnlicher Temperatur knetbar weiches Metall. Schmelzpunkt 95,6°. Bei deutlicher Rotglut, alſo in der Nähe von 900°, fängt es an zu verdampfen. Es legiert ſich mit den übrigen Alkalimetallen und auch mit einigen der Schwermetalle. Von dieſen Legierungen finden das Amalgam, die Blei= und die Zinnlegierung techniſche Verwendung. Außerdem iſt als einfaches Löſungs= mittel das waſſerfreie flüſſige Ammoniak zu erwähnen, worin ſich Natrium mit blauer Farbe löſt. An der Luft oxydiert es ſich ſehr ſchnell; man kann es jedoch ohne Ge= fahr in trockenen Gefäßen auf freier Flamme umſchmelzen, wenn man es nicht zu weit über den Schmelzpunkt erhitzt. Entzündet, verbrennt es unter ſtarker Wärmeentwickelung mit gelbem Lichte und zwar in trockener kohlenſäurefreier Luft zu Superoxyd (Na_2O_2). Auch mit den übrigen Nichtmetallen vereinigt es ſich unter hoher Energieentwickelung. Es zerſetzt Waſſer ſchon bei gewöhnlicher Temperatur unter Bildung von Natriumhydroxyd. Man bewahrt es daher unter ſauerſtofffreien Flüſſigkeiten, Petroleum, auf. Als waſſer= zerſetzendes Metall wird es naturgemäß von Säuren mit großer Heftigkeit gelöſt, zumal faſt alle ſeine Salze in Waſſer leicht löslich ſind. Es iſt als kräftiges Reduktionsmittel geſchätzt, da es aus Verbindungen der Metalle und auch vieler Nichtmetalle (CO_2, SiO_2, R_2O_2 u. a.) die betreffenden Stoffe abſcheidet.

Die Ausſichten auf Verwendung des Natriums zur Aluminiumfabrikation ſind heute nur noch ſehr geringe. Doch haben ſich in neuerer Zeit außer den bekannten zwei neue Abſatzquellen für das Metall eröffnet, die eine iſt die Natriumſuperoxyd=, die andere die Cyankaliumfabrikation. Erſteres hat als Erſatz des Baryum= und Waſſerſtoffſuperoxydes bereits ausgedehnte Anwendung gefunden; während gleichzeitig die Nachfrage nach Cyan= kalium zur Goldextraktion in letzter Zeit ganz bedeutend gewachſen iſt. Von den älteren Verwendungsarten des Natriums ſind zu erwähnen: Herſtellung von chemiſch reinem Ätznatron, Reduktion organiſcher Subſtanzen für die Anilinfarbenfabrikation und Reduktion der Verbindungen ſeltener oder ſchwer reduzierbarer Elemente.

Boronatrocalcit 288.
Borsäure 282.
Bort (unreine Diamanten) 311, 314.
Boryslaw, Erdwachsgewinnung zu 254; — unregelmäßige Gänge von Erdwachs A 254.
Bothriolepis Canadensis (Panzerfisch) A 46.
Böttcher (Antimongew.) 510.
Bottomschmelzprozeß (Nickel) 562.
Bournonit 192.
Bouteillenstein 342.
Braganza, Diamant 320, 326, A 319.
Brände (Holzkohle) 367.
Brandeisen (Hochofen) 414.
Brandgase (Bergbau) 230.
Brandtsche Bohrmaschine 95.
Brasilien, Amethystgewinnung 333; — Aquamaringewinnung 325; — Diamantenproduktion 314 f.
Braubach s. Siemens-B.
Braunau, die Adersbacher Felsen bei 72, A 70.
Braunbleierz 191.
Brauneisenerz 182, 393.
Brauneisenstein 392.
Braunit 474.
Braunkohle, Bestandteile 216; — als Brennstoff 363.
Braunkohlenbergbau 233; — Tagebau vor und nach der Sprengung; Richard Hartmann-Schächte zu Ladowitz 236, A 234 f.; — Abbau in Nordböhmen A 237; — Abbauplan in Förderung auf den Richard Hartmann-Schächten zu Ladowitz A 238; — Einsturz der Bergdirektion in Brüx A 289; — Schurrbau A 240; — Brikettierung: Dampftellerofen A 241; — Pressenraum der Grube Treue bei Helmstedt A 242; — Schleifraum zum Herrichten der Futter für die Formen der Brikettpresse 243, A 244.
Braunkohlenkok (Grube) 236.
Braunkohlenstaub 243.
Braunspat 54.
Braunspatformation 151.
Braunstein 196, 396, 474.
Breccien (Trümmergesteine) 31; — Kalksteinbreccie, durch Braunspat verkittet A 30.
Breccienmarmor 292.
Brechstange für Gesteinsarbeit 93, A 92.
Brechweinstein 512.
Breitenbrunn i. S., Quarzvorkommen bei 335.
Breitorf 362.
Bremsberge (Bergbau) 107.
Brennstoffe 361; — gasförmige 377; — künstliche 365; — natürliche 362; — Bergbau auf fossile B. s. Fossile Brennstoffe.
Bretagne-Prozeß (Blei) 501.
Brevirostris (Ichthyosaurus) 49, A 50.
Briketts 363; — aus Braunkohlen 241; — Dampftellerofen A 241; — Pressenraum der Grube Treue bei Helmstedt A 242; — Schleifraum zum Herrichten der Futter für die Formen der Brikettpresse 243, A 244; — aus Steinkohlen 233; — Brikettpresse mit doppelter Pressung A 233.
Brillanten 308.

Brillantschliff der Edelsteine 308, A 308 f.
Brille, Entstehung des Wortes 323.
Brillenöfen 547.
Britisch-Kolumbien, Platin in 147.
Broach, Achatschleifereien in 338.
Brokenhill, Silber- und Bleigruben zu 20, 165; — Zimmerung in den Abbauen A 165.
Bromargyrit 514.
Bronze, Alter der 382 f.
Bronzewerkzeuge 8, A 7.
Bronzezeit 8.
Bruch, muscheliger 24; — des Obsidians A 25.
Bruchbau (Bergbau) 86, 194.
Bruchfeld (Bergbau) 221, 238, A 222.
Bruchsteinmauerung, trockene (Bergbau) A 101.
Brückeröfen 521.
Brückners Revolverofen 544, A 543.
Brüsterort, Bernsteingewinnung zu 344.
Brüx, Einsturz der Bergwerksdirektion zu (1895) A 239.
Bucht, Mansfelder 174.
Buff (Hüttenw.) 586.
Bühnloch (Bergbau) 101.
Bunsen (Hüttenw.) 482, 578, 586.
Buntkupfererz 167, 538.
Buntsandstein 42.
Burgers (Hochofenbau) 410.
Burma, Petroleumindustrie von 246; — s. a. Birma.
Busse (Hüttenw.) 586.
Butte (Montana), Silber- u. Kupfergruben zu 20; — Kupferbergbau bei 167.
Buxières-la-Grue, Schieferölindustrie zu 253.

Cabochon-Form der Edelsteine 308 f.
Cairngorm, Rauchquarzgewinnung zu 332.
Calait (Türkis) 327.
Calamin (Galmei) 195.
Calciumkarbid 288, 585.
Calciumkarbonat 398.
Caldronamalgamation 531.
Caliche (Salpeter) 281.
Callais (Türkis) 327.
Calumet- und Heclagrube am Oberen See 168.
Cambay, Achatschleifereien in 338.
Cambrische Formation 42, 44, 46; — Krebse (Trilobiten, Paradoxides bohemicus) 46, A 45.
Cannelkohle 218.
Caprubin 330.
Caput mortuum, Farberde 304.
Caracoles, Kupferbergbau von 159; — Silbererzgänge 20; — Salpeterlager 281.
Carbonados (schwarze Diamanten) 311, 314.
Carbonformation 42, 49.
Carnallit 259.
Carrarischer Marmor 287, 292; — Bergkrystalle im C. M. 331.
Carthagena, Bleigruben zu 192.
Castners Apparat f. Natriumgewinnung 589, A 590.
Castrovirreyna, Bergbau in 159.
Caub, Schieferbrüche bei 294.
Cenoman (Geol.) 42, 45.

Ceratites nodosus 48, A 47.
Ceresin 254.
Cerro de las Navajas, Obsidianvorkommen auf dem 341.
Cerro de Pasco, Silberbergbau bei 158.
Cerussit 191, 499.
Ceylon, Almandingewinnung auf 330; — Amethystgewinnung 333; — Chrysolithe 328; — Granatgewinnung 329; — Graphitgewinnung 216; — Korundgewinnung 322.
Chalcedon 335; — Mandel von Chalcedon, durchschnitten, mit Infiltrationskanal A 336; — Kamee aus C. A 338.
Chalkantit 280.
Chalyber, Stahl der 384.
Chamottesteine 381.
Chatoyieren des Quarzes 334.
Chaudron, Ingenieur 117.
Chemische Sedimente (Geol.) 22.
Cheopspyramide 299.
Chile, Kupferbergbau in 168.
Chili bars 168.
Chilisalpeter 281.
China, Kohlenfelder in 220; — Aufholen des Gestänges eines Seilbohrers 76, A 75.
Chinesischer Zinnofen (Tonga) 491, A 492.
Chlorargyrit 148.
Chloration (Goldgew.) 533.
Chlorblei 191.
Chlorinationsprozeß (Goldgewinnung) 144.
Chlorit 26.
Chlorkalium 267.
Chlormagnesium, Apparat zur Darstellung von A 586.
Chlorsilber 148.
Cholos, Mischrasse 161.
Chrom, Gewinnung 475; — Regenerativtiegelofen zur Erschmelzung des Ferrochroms von Borchers A 476; — Kugelmühle mit stetiger Ein- und Austragung 477, A 478; — Röstofen 478, A 479; — Rahmen-Filterpresse nach Wegelin und Hübener A 480; — elektrischer Ofen von Borchers A 481.
Chromat 475, 480.
Chromeisenstein 196, 475 f.
Chromerze 196.
Chromit 196, 395, 475.
Chrysoberyll 323, 334.
Chrysolith 26, 324, 328.
Chrysopras 6, 335.
Chrysotil 302.
Cincora, Diamantenproduktion von 315.
Cinnamomum prototypum A 345.
Citrin 326, 333.
Claßen (Antimongew.) 510.
Clausthal, Bergakademie zu 19; — Profil durch den Hauptgang der Grube Bergmannstrost in A 58.
Clevelandgebläse s. Hochofenwerke 420.
Cloanthit 197.
Clydebecken (Schottland) 218.
Cockerillsche Gebläsemaschinen für Hochofenwerke 420.
Colemanit 283.
Cölestin 304.
Colorado, Aquamaringewinnung 325; — Bleibergbau 192, 194; — Goldbergbau 188.
Colorado-Rubine 330.
Colorados (Erze) 161, 167.

Columbien, Smaragdproduktion 324.
Commern, Bleibergbau bei 17; — Knottensandstein 193.
Comstockgang in Nevada s. u. Nevada.
Converter (Bessemerprozeß) 453, 458, A 455; — s. a. Konverter.
Coolgardie, Goldbergbau zu 20, 141; — trockene Verarbeitung des Goldsandes A 215.
Copiapit 280.
Coppée-Otto-Koksofen 372, T 372.
Coquimbit 280.
Cordierit 323.
Cornwall- und LancashireZinnofen, neuerer A 494.
Corocoro, Kupferwerk zu 168, A 169.
Coronel, Kupfererzeugung von 168.
Cort (Eisenind.) 386, 445.
Corundum Hill, Korundgewinnung zu 322.
Corvey, Salzgewinnung zu 17.
Couffinhall-Presse für Steinkohlenbrikettierung A 233.
Covellin 167.
Cowles-Öfen f. Aluminiumbronze A 576 f.
Cowper (Eisenfabr.) 386.
Cowperwinderhitzer (Hochofen) 416; A 416 f.; — Armaturteile 417, A 418.
Cripple Creek, Goldbergbau zu 20, 141.
Ctenistodes claviger A 345.
Culm (Geol.) 42.
Cuprein 167.
Cuprit 166.
Cuvelage (Bergb.) 117.
Cyanidlaugerei in der Goldverhüttung 535.
Cyanit 323.
Cyathophyllum 46, A 45.
Cyklon (Staubkammer, Kohlenaufbereitung) 214.
Cymophan 323, 334.
Cyrtoceras 48.

Dach im Grubenbau (Firste) 86.
Dachschiefer 294.
Dahmenit 230.
Damm, wasserdichter, in einem Bergwerk A 116.
Dampfschaufel, Abbau der Erze mit, in Mesaba A 394.
Dampftellerofen für Brikettierung A 241.
Darby (Rückkohlung) 446.
Darwin 40.
Davy (Metallhüttenk.) 586, 589.
Davysche Sicherheitslampe A 228.
Death-Valley, Boraxvorkommen im 283.
De Beers Consolidated Mines 317.
Deister, Steinkohlengewinnung am 60.
De Kaap, Goldbergbau von 143.
Deklinatorien für Grubenvermessung 89.
Delémont, Eisensteinbergbau bei 182.
Delhi, eiserne Säule in 14.
Deltoid-Vierundzwanzigflächner des Granats A 329.
Demantoid 325, 330.
Demidoff (Platingew.) 147.
Denaturieren des Salzes 265, 278.
Dendriten (Geol.) 45, A 44.
Denkmünze aus Tellur A 132.

— Fröbels Unterläufer-
mühle A 208; — Kugel-
mühle des Grusonwerkes
A 209; — Rittingers Spitzkästen 210, A 209 f.; —
Kehrherd 212, A 210; —
Steinsche Herde 213, A 211;
— Freiburger, Salzburger
Sichertrog A 213: — Auf-
bereitung durch Wind- und
Zentrifugalkraft 214; —
magnetische Aufbereitung
215; — chemische Aufbereitung 215; — trockene Ver-
arbeitung des Goldsandes
zu Coolgardie A 215.
Erzaufbereitung (Hüttenw.)
398; — alter Siegerländer
Röstofen A 400 f.; — Lin-
kenbachscher Schlammrund-
herd 213, A 212; — Röst-
kessel A 401; — steirischer
Röstofen 402, A 401; —
Wittkowitzer Röstofen A 402;
— Gasröstofen von West-
mann 402, A 403.
Erzberg in Steiermark 182;
— Profil A 184; — Etagen-
tagebau 186, A 185.
Erzgänge (Bergb.) 53.
Erzgebirge, Zinnerzbergbau
im 60.
Erzgrube, Grund- und Saiger-
riß einer 89, T 90.
Erzmittel (Bergb.) 56.
Erzquetsche(Erzaufbereit.)398.
Erztaschen (Hochofen) 424.
Esti-Schehr, Meerschaumge-
winnung bei 342.
Essen, Kruppsche Fabrikanla-
gen in: Puddelofen und
Hammer A 447; — Gießerei
im Martinstahlwerk A 473.
Eßkohlen 365.
Estremadura, Apatitgewin-
nung in 297.
Etagentagebau (Bergb.) 88;
— am Erzberg in Steier-
mark 184, A 185.
Ethnologie, Begriff der 5.
Evigtok, Kryolithgewinnung
zu 197.
Excelsior, Diamant 320, A 320.
Exeliofen A 566; — mit
Kondensationsanlage A 566.
Extersche Presse 241 f., A 243;
— Pressenraum der Grube
Treue bei Helmstedt A 242.

Faber du Faur (Hochofen)
377, 386, 411 f.
Facettenform der Edelsteine
308.
Fahlbänder (Bergb.) 58.
Fahlerze 148, 167.
Fahrkünste (Bergb.) 113.
Fahrstrecke (Bergb.) 86.
Fahrten (Bergb.) 113.
Fahrung (Bergb.) 113, A 114;
— Rutsche 113, A 114; —
Anfahrt im Förderkorbe 114,
A 115; — Stellung der
Fahrten im Schacht A 114.
Falkenauge (Quarz) 334.
Fallen einer Schicht 36.
Fällung des Goldes 533; —
des Kupfers 554; — des
Silbers 520.
Fällwerke zur Prüfung des
Eisens 440.
Faltung von Schichten 38.
Falun, Kupfergewinnung zu
198.
Farben, Mineral-, Rohstoffe
für natürliche 304.
Farberden 304; — in vor-
geschichtlicher Zeit 6.
Farnkraut (Pecopteris) aus
der Steinkohlenformation
44, A 42.

Fasergips 299.
Faserkohle 218.
Fasertorf 363.
Fässeramalgamation (Gold-
verhütt.) 530.
Fässerchloration (Goldver-
hütt.) 533.
Fassung der Edelsteine 310;
— im Kasten 310.
Fäustel (Hammer) 93, A 95.
Feinbrennen des Silbers 521.
Feinkiesöfen 539, 545, A 546.
Feinkorneisen 449.
Feinperiode(Puddelproz.)448.
Feldspat 25, 284, 302, 338.
Feldsteine 33.
Felsblöcken, Transport von,
auf dem Aargletscher 30,
A 28.
Felsenmeere. 23, 31, A 29.
Felsöbánya, Goldbergbau bei
134.
Ferrochrom 475; — Regenera-
tivtiegelofen zur Erschmel-
zung des F. von Borchers
A 476.
Ferromangan 387 f., 391, 896,
474 f.
Ferrosilicium s. Siliciumeisen.
Ferrowolfram 482.
Feste, bergmännische 64.
Festungsschacht 337.
Fettkohlen 217, 365
Feueranbeter, Tempel der, in
Sabuntschy 252, A 251.
Feuererzeugung mittels Stei-
nen 5.
Feueropal 327.
Feuersetzen (Bergb.) 8.
Feuerstein in vorgeschichtlicher
Zeit 5.
Fillaferscher Röstofen 403.
Findlinge (Feldsteine) 33.
Finnland, Eiseninduftrie 186;
Baggern der Seeerze 186,
A 188; — Labradorvorkom-
men 339.
Firste (Bergb.) 86; — Ver-
unglückung durch Zusam-
menbruch einer, Gemälde
66, A 65.
Firstenbau(Bergb.)86, A 154 f.
Firstenkasten (Bergb.) 155,
A 156.
Firstenstöße (Bergb.) 154,
A 157.
Firstenverzug aus eisernen
Schienen (Bergb.) 101,
A 100.
Fischer (Metallhüttenk.) 586.
Flachkeil (Bergb.) A 92.
Flammkohlen 365.
Flammöfen für Bleiverhüt-
tung 500; — für Wismut
und Antimon von Borchers
487, A 488; — für Kupfer-
stein- und Schwarzkupfer-
arbeit A 551; — für Zinn-
verhüttung 494, A 494 f.
Flammofenröften der Kupfer-
erze 542; — Parkes'
Flammofen 543, A 542;
— Pearce-Ofen 543, 554,
T 544; — Whites Röst-
ofen 545, A 544.
Flêches d'amour (Haarstein)
334, A 334.
Flechschiefer 35.
Fleitmann (Metallhüttenk.)
589.
Flockengraphit 217.
Florentiner, Diamant 318,
A 319.
Florida, Apatitgewinnung auf
297.
Flöz (Bergb.) 52.
Flügeleisen (Doppelkeilhaue)
92.

Fluorit s. Flußspat.
Flußeisen 386, 388, 436 f.
Flußmittel (Hüttenw.) 391.
Flußspat 54, 284, 303, 341.
Flußstahl 388, 436.
Flußwasser, feste Stoffe im 30.
Fontänen, Erdöl- 246; — bei
Baku 249 A 250; — bren-
nende 249, A 250.
Fördergestell für Mannschafts-
fahrung(Bergb.)114,A115.
Förderkorb(Bergb.)114,A115.
Fördermaschine und eiserner
Seilscheibenstuhl (Bergb.)
A 111.
Förderstrecke (Bergb.) 86.
Förderstrecke in Eisenausbau
(Bergb.) 103, A 104.
Fördertrümer (Bergb.) 84.
Förderung in Bergwerken 107;
— im Kohlenbergwerk 224;
— Fördermann mit unga-
rischem Hund A 108; —
zweitrümiger Lufthaspel
108, A 107; — Pferdestall
unter Tage 110, A 109; —
Prinzip der Förderung
mit Seil oder Kette ohne
Ende A 110; — Ketten-
förderung 111, A 109; —
Pferdegöpel 111, A 110;
— eiserner Seilscheibenstuhl
und Fördermaschine A 111;
— Schachtfördergestell für
vier Hunde 111, A 112; —
Fördermaschine mit Bobi-
nen und Bandseilen 112,
A 113; — Prinzip der
Förderung mit Unterseil A
112; — Umladen aus dem
Schleppkasten in den Hund
A 145.
Formationen, geologische,
Übersicht 42.
Forrest (Goldextraktion) 144.
Fortschaufelungsofen, ameri-
kanischer, mit Schmelzherd
(Blei) 502, A 503.
Fossile Brennstoffe, Bergbau
auf 215; — Anthracit 217;
— Asphalt 255; — Braun-
kohle 233; — Erdgas 244;
— Erdwachs (Ozokerit) 254;
— Graphit 216; — Naphtha
244; — Schieferöl 253; —
Steinkohle 217; — Torf 243.
Fournet (Kupferverhütt.) 538.
Francke-Tina-Prozeß (Amal-
gamation) 531.
François, Koksofen von 372.
Frankenstein, Magnesitgewin-
nung 302.
Franklinit 395.
Franklinit-Erze 568.
Französischer Prozeß (Blei)
501.
Frauenglas (Gipsspat) 299.
Freiberg i. S., Bergakademie
zu 19, 150; — Bergrecht
149; — Silberbergbau zu
17, 149; — Bergparade 64,
A 59; — Obersteiger, Häuer
und Schmied in Parade-
uniform 64, A 60 f.; —
Ausbeutemedaille der Fundgrube St. Anna 67, A 68; —
Füllort am Abraham-
schachte der Grube Himmelfahrt 84, A 85; — Über-
sichtskarte mit wichtigsten
Erzgänge und Gruben in
der Umgebung von T 150;
— Abrahamschacht, Zentralwäsche und David-Richt-
schacht der Königl. Grube
Himmelfahrt 151, A 152 f.;
— Firstenstoß 154, A 157;
— mehrteilige Setzmaschi-
nen in der Zentralwäsche
der Grube Himmelfahrt 206,

A 205; — Steinsche Herde
in der Zentralwäsche der
Grube Himmelfahrt 213,
A 211.
Freiberger Blende A 123.
Freiberger Sichertrog (Erz-
aufbereitung) A 213.
Freifallbohrer (Tiefbohrung)
75, A 74.
Freigold 132.
Frémy, Chemiker 313.
Friedrichshall, Salzgewin-
nung zu 265.
Friedrichssegen, Erzaufberei-
tung zu 215.
Frischfeuerschlacke 396.
Frischprozeß 442; — modernes
Frischfeuer 445, A 444.
Fröbels Unterläufermühle
(Erzaufbereitung) A 208.
Froschlampe A 123.
Fruchtschiefer 33, A 35.
Fruchtstück aus Schmuckstei-
nen. Jekaterinburger Ar-
beit A 311.
Fuctiner See, Entwässerungs-
kanal 15.
Füllort (Bergb.) 83; — am
Abrahamschachte der Grube
Himmelfahrt zu Freiberg
84, A 85.
Füllrümpfe (Hochofenbetrieb)
424, A 423.
Fumarolen (Dampfquellen)
282.

Gabbro 24, 26.
Gagat 342, 344, 352.
Galenit 191.
Galizien, Erdölgewinnung in
245.
Gallien, römischer Bergbau
in 15.
Galmei 12, 195, 568.
Gangarten (Bergb.) 54.
Gänge (Bergb.) 53; — lagen-
förmige Gangfüllung 54,
A 53: — konzentrisch lagen-
förmige Gangfüllung A 54;
— zertrümmerter Gang
A 55; — Veredelung des
Ganges 56; — Verteilung
der Erze auf einem Gange
A 56; — Profil durch den
Hauptgang der Grube Berg-
mannstrost in Clausthal
A 57; — taube G. 55, 151.
Gangförmige Gesteinsmassen
24.
Gangkreuze (Bergb.) 56.
Gangzug (Bergb.) 56.
Ganister 452.
Garbenschiefer 36.
Gargang (Hochofen) 432.
Garkupfer 556.
Garnierit 197.
Garperiode (Puddelproz.) 449.
Garrer (Vorsäuregew.) 282.
Gasfang (Hochofen), van Hoff-
scher 411; — Langenscher
411, A 409.
Gasgenerator s. Generator.
Gaskohle 217, 365.
Gasolin aus Naphtha 252.
Gasröstofen von Westmann
(Erzaufbereit.) 402, A 403.
Gattieren der Erze 423.
Gault (Geol.) 42.
Gaylüssit 280.
Gebläse an Hochöfen 417; —
der Österreichisch-Alpinen-
Gesellschaft zu Schwechat
417, A 419; — Gebläse-
maschinen der Georgs- und
Marienhütte bei Osnabrück
420, A 419, 463.
Gebläsewinderhitzer am Hoch-
ofen 412.
Gefrierverfahren von Poetsch
(Bergb.) 119, A 119 f.

Habfeld (Hüttenw.) 582.
Halbedelsteine 330, 339.
Halde (Bergb.) 83.
Halbscher Koksofen 372.
Hall (Metallhüttent.) 579.
Hall in Tirol, Salzgewinnung zu 265, 274.
Halle a. S., Braunkohlen- werke bei 236, 240; — Salz- gewinnung 17, 265; — Gemälde im Sitzungssaal des Oberbergamtes: das Kupferhüttenwesen 67, A 355; die Salzgewinnung 66, A 3.
Hallein, Salzgewinnung zu 265, 274.
Halloren, Salzwirkerschaft 265.
Hallstatt, Salzgewinnung zu 265, 274.
Hallstattkultur 14.
Haloidsalze 512.
Halsbach, Achatgänge bei 338.
Halsbrückner Spatgang 151.
Halysites catenularia 46, A 45.
Hämatit 181, 341, 394, A 181.
Hämmer, steinerne A 6 f.
Hammergarmachen d. Kupfers 556.
Hammerschlag 396.
Hanau, Edelsteinschleifereien in 311.
Handbohrmaschinen, Lisbeth- sche 95, A 94.
Handsetzsieb für Erzaufberei- tung A 203.
Hängebank (Bergb.) 83.
Hängekompaß für Grubenver- messung 88, A 89.
Hangende, das (Bergb.) 36.
Hängezeug für Grubenver- messung 88, A 89.
Hartblei 192, 199.
Härteskala, Mohssche 306.
Härtlinge 494, 497 f.
Hartmanganerz 196.
Hartmann & Brauns: Wider- standspyrometer 360.
Härtungskohle 486.
Harzer Krummöfen (Blei) 504.
Hasenclever (Metallhüttent.) 545, 569.
Haspelberge (Bergb.) 108.
Haßlinghausen, erster deut- scher Hochofen ohne Rauh- gemäuer zu A 409.
Häuer im Abbau (Einmänni- sches Bohren), Relief 94, A 95; — Kohlenhäuer vor Ort (Zweimännisches Boh- ren), Relief 94, A 95; — Freiberger H. in Parade- uniform 64, A 61; — Häuer- arbeit beim Mansfelder Kupferschieferbergbau 175, A 176.
Haufenamalgamation, ameri- kanische 532.
Haufenröstung der Erze 400, 539.
Hausbrandkohlen 364.
Hausmannit 474.
Hautefeuille, Chemiker 324.
Haüyn, Mineral 340.
Heinzenkunst, Tretrad mit (Bergb.) 120, A 121.
Heißwindschieber (Hochofen) A 418.
Heizmann u. Dreyer, Koks- ausdrückmaschine von 373, A 374.
Heliotrop, Mineral 335.
Hellbig (Hüttenw.) 545.
Herdarbeit (Erzaufber.) 202, 210, 212.
Herdschmelzen (Blei) 502.
Hermannshöhle bei Rübe- land a. H., Tropfsteinbil- dung in der 30, A 27.

Héroults elektr. Ofen f. Alu- miniumgewinn. 578 A 579.
Hessonit 329.
Hessonit-Granat 325.
Hettstedt, Kupferschieferberg- bau bei 174.
Heuchler, E., Maler 64, 67.
Hiddenit 324.
Hilbersdorfer Porphyr 297.
Hirschgeweihen, bergmännische Werkzeuge aus A 7.
Hochfeld b. Duisburg, Nieder- rheinische Hütte (Gesamt- ansicht) A 413; — Hochofen A 407.
Hochofen, Gestalt u. Bau 403; — Holzkohlen-H. aus dem 17. Jahrh. A 404; — Ge- stell eines alten H. 404, A 405; — erster Koks-H. in Deutschland zu Gleiwitz 409, A 408; — Koks-H. der Kö- nigshütte (1808 und 1850) 409, A 408; — Koks-H. mit Winderhitzer der Königl. Saynerhütte 409, A 408; — schottische H. 409; — erster südischer H. ohne Rauhgemäuer in Haßling- hausen A 409; — Koks-H. ohne Blechmantel zu Hörde 410, A 409; — erster süd- scher H. mit freistehendem Gestell nach Lürmann A 410; — Bodenstein zur Blei- und Silbergewinnung 410, A 411; — Erhitzung des Gebläsewindes 412; — Nie- derrheinische Hütte zu Duis- burg A413; — H. der Nieder- rheinischen Hütte zu Duis- burg-Hochfeld A 407; — Winderhitzer von Whitwell A 415; — Cowperwind- erhitzer A 416 f.; — Arma- turteile 417, A 418; — Hochofengebläse der Öster- reichisch-Alpinen-Gesellschaft zu Schwechat 417, A 419; — Gebläsemaschinen der Georgs- u. Marienhütte bei Osnabrück 420, A 419; — Hochofenbetrieb 420; — Füllrümpfe 424, A 423; — Darstellung des Nieder- gehens der Gichten im Koks- H. 424, A 425; — Schlacken- wagen A 433; — Erzeug- nisse des Hochofenbetriebes 434.
Hofffscher Gasfang, van (Hoch- ofen) 411.
Hohen Goldberg i. d. R., Gold- bergbau am 184.
Holz als Brennstoff 362.
Holzfaser, Bestandteile der 216.
Holzkohle, Herstellung der 366; — Meiler 366, A 367.
Holzkohlenhochofen aus dem 17. Jahrh. A 404.
Hope, Diamant 320.
Hörde, Kokshochofen ohne Blechmantel zu 410, A 409.
Hornblende 25.
Hornblendeasbest 302.
Hornblendedabase 294.
Hornsilber 514.
Hosenrohrapparate (Hochofen) 414.
Höxter, Salzgewinnung bei 17.
Hrubschütz, Meerschaumgewin- nung bei 342.
Huancavelica, Quecksilber- bergbau von 159, 189.
Huanchaca, Silberbergbau von 159.
Huaraz, Erzbergbau bei 159.
Hubpumpe für Grubenwasser- hebung 120, A 122.

Huelva, Kupferbergbau in 172.
Huitzuco, Quecksilbergewin- nung zu 190.
Humann, Altertumsforscher 384.
Humus (Ackererde) 29.
Hund (Bergb.) 86, 107; — Fördermann mit ungari- schem H. A 108; — Um- laden aus dem Schlepp- kasten in den H. A 108.
Huntington-Mühle 528, A 527.
Hunt-Prozeß (Kupfer) 554.
Huntsmann (Eisenfabr.) 386.
Hut (Bergb.) 132; — eiserner 57.
Hüttenberg, Münzfunde zu 15.
Hüttenmann, Bronzefigur A 67.
Hüttenwesen 353; — allge- meine Grundlagen der Hüt- tenkunde 355; — Wärme- erzeugung 355; — Brenn- stoffe 361; — feuerfeste Ofenbaumaterialien 380; — Eisenhüttenkunde 382; — Metallhüttenkunde 474.
Hyazinth, Edelstein 321, 325.
Hydraulischer Betrieb im Gold- bergbau 140, 527.

Ichthyosaurus (Brevirostris) 49, A 50.
Idar, Edelsteinschleifereien zu 311, 335, 338.
Idria, Quecksilberbergwerk zu 190; — Profil durch die Erzlagerstätte A 189; — Querbau A 191.
Illinois, Kohlenbecken von 220.
Imperatrice Euaenie, Dia- mant 320, A 319.
Imprägnationen (Bergb.) 58, A 52.
Indianer, Metallbearbeitung der 9; — Steinhämmer aus Bolivia 7.
Indigolith 328.
Indios, Bewohner Perus 161.
Indischer Stahl 384.
Indium 195.
Infusorienerde 300.
Inkareich, Metallbearbeitung im 9.
Inkrustierende Substanzen 362.
Inoceramus (Geol.) 49.
Intaglie (Gemme) 311.
Iodargyrit 514.
Iridium 147.
Ischl, Salzgewinnung zu 274.
Island, Obsidianvorkommen auf 341; — Doppelspat A 287.
Istrien, Seesalinen von 261.
Itacolumit 315.
Ivigtut, Kryolithgewinnung zu 197.

Jadeit 5, 339.
Jais (Gagat) 352.
Japan, Kohlenproduktion in 220; — Kupfererzeugung 168; — Kupfergewinnung zu Besschi: Häuer vor Ort und Fördermann A 170; — Waschen des Kupfererzes in Schalen zu Besschi A 171; — Petroleumindustrie 246.
Jargon, Edelstein 325.
Jason, Zug des, nach Kolchis 13.
Jaspis 335.
Jauli, Bergbaudistrikt von 158.
Jekaterinburg, Edelsteinschlei- fereien zu 311; — Frucht-

stück aus Schmucksteinen A 311; — Aquamaringewin- nung bei 325.
Jet (Gagat) 342, 352.
Joachimsthal, Nickel und Ko- balterze zu 196.
Johannesburg, Goldbergbau zu 20, 143; — Profil durch die Hauptflözgruppe A 144; — Pochwerk 144, A 145; — Seilscheibenstuhl eines Schachtes 146, A 145.
Johnsons Kupfersteinschmelz- ofen A 548.
Jordansmühl, Nephritgang bei 339; — Türkisfunde 327.
Josephsbrunnen in Kairo 13.
Jukonfluß, Goldbergbau am 20, 146.
Jungfernblei 501.
Juraformation 42, 48 f., 69; — Profil 69, A 72; — Ammonites Murchisonae 48, A 47; — Archäopterix 49; — weißer, brauner, schwarzer Jura 42.
Juwelen 306.

Kadmium 195; — Verhüttung 574.
Kainit 258, 259.
Kairo, Josephsbrunnen zu 13.
Kalette am geschliffenen Edel- stein 309.
Kalgoorli, Goldbergbau in 132. 142.
Kalifornien, Boraxgewinnung in 283; — Goldbergbau 20, 138; — Profil durch den Muttergang A 139; — ältere Seifenablagerung A 139; — mit Steinpflaster versehenes Gerinne zum Auffangen des Seifengoldes A 140; — Mundstück für den Spritzbetrieb A 140; — Goldsucher in voller Aus- rüstung A 137; — Pochwerk A 206; — Quecksilbergewin- nung 189.
Kaliglimmer 301.
Kalisalpeter 281.
Kalisalz 258 f., 280; — bei Eisleben 181.
Kaliumalaun 279.
Kalkfeldspat 25.
Kalisalpeter 281.
Kalkspat 54; — Spaltungs- Rhomboeder von A 287.
Kalkstein 33; — in der Eisen- fabrikation 391, 397 f.; — Karrenbildungen im 30, A 28; — Kalksteinbreccie 31, A 30.
Kalksteinbrüche 287; — Spal- tungs-Rhomboeder von Kalkspat A 287; — isländi- scher Doppelspat A 287; — Tiefbau der Rüdersdorfer K. 288, A 290; — Förderung aus dem Tiefbau der Rü- dersdorfer K. 288, A 289.
Kalksteinhöhlen 30.
Kallochrom 192.
Kalorimeter, Siemens-Brau- bachsches A 360.
Kaltbruch des Flußeisens 454.
Kältemischungen mittels Salz 278.
Kaltwindschieber (Hochofen) A 418.
Kalucz, Salzwerk zu 258.
Kameen 311, 338; — aus Chalcedon A 338.
Kammerringofen f. Wismut- fabrikation 486, A 484 f.
Kamsdorf, Hämatitgewinnung zu 341.

Kanada, Glimmerexport 301; — Goldfelder 146; — Naphthaproduktion 245.
Kaneelstein 329.
Kännelkohle 352.
Känozoische Periode der Erde 42.
Kantengeschiebe (Geol.) 34, A 33.
Kaolin 296.
Kaolinisieren der Gesteine 28.
Kaolinthon 296.
Kappe (Streckenausbau) 103.
Kaprubin 306.
Karabugasbucht, Mirabilit-bildung in der 281.
Karat, Gewichtseinheit 312.
Karbonados (Diamanten) 77.
Karfunkel 311.
Karlikscher Pendelrätter und Kreiselwipper 232, A 231.
Karneol 336 f.
Karneolonyx 338.
Kärntner Prozeß (Blei) 500.
Karrenbildungen im Kalkstein 30, A 28.
Karthager, Bergbau der 14.
Kaspischen Meer, Mirabilit-lager am 281.
Kasselerbraun 304.
Kassiterit 490.
Kasten, Fassung der Edelsteine im 310.
Kastengebläse (Hochofen) 417.
Katakomben 283.
Katzenauge (Quarz) 333 f.; — orientalisches 334.
Kaukasus, Naphthaindustrie am 245, 248.
Kehrherd (Erzaufbereit.) 212, A 210.
Kehrsalpeter 281.
Keilarbeit (Bergb.) 92.
Keilhaue 91, A 92; — römische, gefunden zu Ville-franche 15, A 14.
Keilkränze (Bergb.) 116.
Kelt aus Bronze 8, A 7.
Keramohalit 280.
Kernbohrung 77; — in vor-geschichtl. Zeit 6; — an-gefangene K. in einem Stein-hammer A 6.
Kernmauerwerk 380.
Kernröstung (Kupferverhütt.) 540.
Kerosin 252.
Keicher, Fischen des Bern-steins mit dem 348, A 346.
Kesselamalgamation 531.
Kettenförderung in Bergwerken 110; — Schema A 110; — zu Leopoldshall 111, A 109.
Kettenkoralle (Halysites ca-tenularia) 46, A 45.
Keuper (Geol.) 42.
Kiesabbrände 396.
Kieselguhr 300.
Kieselkupfererz 167.
Kieselsäure 381; — als Fluß-mittel 397.
Kies-Steinschmelzen (Kupfer-verhüttung) 551.
Kieselzinkerz 195, 568.
Kieserit 259.
Kiew, Labradorvorkommen bei 339.
Killopscher Zinnerzschmelzofen A 495.
Kilns (Schachtöfen) 507, 545.
Kimberley, Diamantenproduk-tion zu 20, 317; — Dia-mantenwäsche 317, A 316; — ideeller Schnitt durch die Kimberley-Grube (1890) 317, A 318; — Tagebau 1872 u. 1880 A 316, T 316.
Kimberlit 317.
Kind, Bohrmeister 117; — Freifallbohrer 75, A 74.

Kirunavaara, Eisengewin-nung zu 181.
Kißprozeß (Silber) 521.
Kittstöcke (Edelsteinschleiferei) 309.
Klastische Gesteine 31.
Kleinasien, Boraxproduktion von 283.
Klein-Chevalier, Maler 66.
Kleinkohlen 367.
Klondikeflusse, Goldfelder am 146.
Klüfte (Bergb.) 53.
Klüftige Gesteine 91.
Knallquecksilber 98.
Knottensandstein 193.
Kobalt 196.
Kobaltin 197.
Köbrich, Bergrat 78; — Dia-mantbohrer 79, A 78; — Tiefbohranlage 82, A 81.
Kochperiode (Puddelprozeß) 449.
Kochsalz 257.
Kochsalzlaugerei des Silbers 522.
Kohinur, Diamant 318, A 319.
Kohle, Entstehung der 22; — fette 217; — kurz-, lang-flammige 217; — magere 217; — f. a. Steinkohle.
Kohlendestillationsanlage von 60 Otto-Hoffmann-Koks-öfen mit Gewinnung der Nebenprodukte 376, T 374.
Kohleneisenstein 182, 392; — Rösten des K. 399.
Kohlenhäuer vor Ort (Zwei-männisches Bohren), Relief 94, A 95.
Kohlenkalk 42.
Kohlenkarbonit 230.
Kohlenkipper, selbstthätiger, für Eisenbahnwagen A 232.
Kohlenklein 218, 367.
Kohlenlösche 367.
Kohlenoxydgas, Bildung von, im Bergbau 122.
Kohlensack am Hochofen 406, 408.
Kohlensäure, Bildung von, im Bergbau 122.
Kohlenstaub im Bergbau 224, 227; — Benetzung des K. 228, A 227.
Kohlenvorräte in den alten Kulturländern 220.
Kohlenwasserstoffgas, leichtes 227.
Kohlung des Eisens 426.
Koka, Pflanze 160.
Kokardenerz 54.
Kokillen, gußeiserne Schalen 433, 468.
Koks, Herstellung von 368; — Meilerverkokung von Steinkohlen 368, A 369; — Bienenkorbofenanlage 369, A 370; — Koksöfen: von Apolt 371, A 371 f.; — von Coppée-Otto 372, T 372; — von Smet 372, A 373; — mit Gewinnung der Nebenprodukte von Otto 376, A 375; — Koksaus-drückmaschine von Heiß-mann u. Dreher 373, A 374; — Kohlendestillations-Anlage von 60 Otto-Hoff-mann-Koksöfen mit Gewin-nung der Nebenprodukte 376, T 374; — Koks als Ofenbaumaterial 381.
Kokshochofen, erster in Deutsch-land zu Gleiwitz 409, A 408; — mit Winderhitzer der Königl. Saynerhütte 409, A 408; — der Königs-hütte (1804 u. 1850) 409,

A 408; — ohne Blech-mantel zu Hörde 410, A 409.
Kokskohlen 365.
Kolbensetzmaschine, dreiteilige (Erzaufbereit.) A 204.
Kolchis, Zug des Jason nach 13.
Köln, Braunkohlengewinnung bei 236.
Kompaß f. Grubenvermessung 88, A 89.
Konglomerat, angeschliffen (Puddingstein) 31, A 30.
Königshütte, Kokshochöfen der (1804 u. 1850) 409, A 408.
Konkretionen in eruptivem Gestein 23; — in Kugel-diorit (Napoleonit) A 23.
Kontaktgesteine 36.
Kontaktlagerstätten (Bergb.) 52.
Konverter für Röstreaktions-schmelzen in der Kupfer-verhüttung 553, 554; — f. a. Converter.
Konzentration (Erzaufbereit.) 200.
Konzentrationssteinschmelzen in der Kupferverhütt. 551.
Koralle (Halysites catenu-laria) 46, A 45.
Korallenachat 337.
Kordilleren, Bergbau in den 157.
Körnige Gesteine 22.
Korund 299, 321; — faßähn-licher Krystall 321, A 322.
Kosseir, Smaragdgruben bei 324.
Krabbenfassung der Edelsteine 310.
Krakatoa, Inselvulkan 26.
Kranz, Bernsteinvorkommen bei 344.
Kratze (Bergb.) 91, A 92.
Krätzer (Tiefbohr.) 80, 94, A 79.
Krebse (Trilobiten, Paradoxi-des bohemicus) 46, A 45.
Kreide als Farbenrohstoff 304.
Kreideformation 42, 45, 48 f.; — Baculites ovalatus 48, A 47.
Kreisachat 337.
Kreiselwipper u. Pendelrätter von Karlik 232, A 231.
Kreta, Steinbrüche auf 284.
Kreuzlinien der Erzgänge 56.
Kroatien, Goldwaschen in 134.
Kröhnke (Amalgam.) 531.
Krokoit 475.
Krubsich, Magnesitgewin-nung zu 302.
Krummöfen, Harzer (Blei) 504.
Krupp, Alfred 451; — Fried-rich 232; — selbstthätiger Kohlenkipper f. Eisenbahn-wagen A 232; — Fabrik-anlagen in Essen: Puddel-ofen und Hammer A 447; — Gießen im Martinstahl-werk A 478.
Kryolith 197, 279.
Krystallinischer Schiefer 35, 42.
Krystallkeller 381.
Kuban, Naphthaindustrie in 248.
Kugeldiorit, Konkretionen in A 23.
Kugelmühle f. Erzaufbereitung A 209; — mit stetiger Ein-u. Austragung 477, A 478.
Kumsitfarbiger Bernstein 344.
Künste (Bergb.) 84.
Kunstgezeuge (Bergb.) 84.
Kunsttrum (Bergb.) 18.
Kupfer in vorgeschichtlicher Zeit 5, 10.
Kupferbergbau 166; — Alter der Kupfergewinnung 382;

— gediegen Kupfer, zweig-förmiger Aufbau aus kleinen Krystallen A 166; — Ma-lachit, angeschliffen A 167; — Kupferwerk zu Corocoro 168, A 169; — zu Beßschi in Japan: Häuer vor Ort u. Fördermann 168, A 170; — Waschen des Kupfererzes in Schalen zu Beßschi 168, A 171; — geologisches Profil durch den Rammelsberg 178, A 172; — Fischabdruck (Platysomus gibbosus) aus dem Kupferschiefer der Zech-steinformation von S.-Mei-ningen 174, A 172; — über-höhtes Profil durch das Mansfelder Kupferschiefer-gebirge 174, A 173; — Karte des Mansfelder Kupferschie-ferflözes A 174; — Häuer-arbeit beim Mansfelder Kupferschieferbergbau 176, A 175; — Mansfelder Strebbau A 176; — Schramführung A 176; — Ottoschächte bei Eisleben A 177; — Teufe nach Trocken-legung des Oberröblinger Sees 180, A 178; — Pump-station am Oberröblinger See 180, A 179.
Kupferblau 304.
Kupfererze 166.
Kupferglanz 167, 538.
Kupfergrün 304.
Kupferguß 559.
Kupferhüttenwesen. Gemälde von Klein-Chevalier A 855.
Kupferindig 167.
Kupferkies 167, 538.
Kupferlasur 167, 304, 340, 538.
Kupferpecherz 167.
Kupferschaum 517.
Kupfersmaragd 324.
Kupferstein 539.
Kupfersteinschmelzofen von Johnson A 548.
Kupferverhüttung 538; — Stadel nach Wellner 541, A 540; — Steirische Röst-stadel 541, A 540; — Stabelbatterie 542, A 541; — Parkes' Flammofen zum Erzrösten 542, A 542; — Pearce-Ofen 543, 554, T 544; — Brückners Revolver-ofen 544, A 543; — Whites Röstofen 545, A 544; — Stein-Röst-Schachtofen A 545; — Ofen zum Abrösten von Stückkiesen 545, A 546; — Maletraofen zum Rösten von Feinkies T 546; — Mansfelder Ofen A 547; — Johnsons Kupferstein-schmelzofen A 548; — Was-sermantelofen A 549; — Flammofen für Kupferstein- und Schwarzkupferarbeit A 551; — Konverter A 553; — Manhès' Konverter 553, A 554; — Konverteranlage 553, A 555; — Elektroly-sierzellen 557, A 558 f.
Kupfervitriol 280, 538.
Kupolöfen 456.
Kuttenberg, Bergbau zu 18.

Laacher-See, Mühlsteinlava am 300.
Labrador, Gesteinsart 339.
Labradorit 25.
Ladowitz, Richard Hartmann-schächte: Braunkohlentage-bau vor und nach der Sprengung 236, A 234; — Abbauplan in Förderung A 238.

Kärnten A 58; — Abbau-
würdigkeit der Lagerstät-
ten 60.
Mineralien, gesteinbildende 25.
Minet (Metallhüttenk.) 579.
Minette (Erz) 182, 393.
Miocän (Geol.) 42.
Mirabilit 280.
Mischgas 379.
Missouri, Feuersteinlager in 5.
Mittelkohlen 367.
Möbius, elektrolytische Sil-
berscheidung nach 522; —
Apparate A 522 f., 524.
Mohssche Härteskala 306.
Moissan (Chromfabr.) 481.
Mokasteine 337.
Moldavit 342.
Moller, Möllerräume (Hoch-
öfenbetrieb) 423 f.
Molybdän 197.
Molybdänglanz 192, 197.
Monazit 197.
Mondstein 338.
Monkton (Metallurgie) 575.
Montana, Kupferbergbau in
167.
Monte Altissimo (Ital.), Mar-
morbruch am 292, A 291.
Monte Antero (Colorado),
Phenakitgewinnung am 321.
Montreal, Asbestproduktion
zu 302.
Moorkohle 236, 363.
Moosachat 337.
Moräne (Geol.) 30.
Morococha, Grubendistrikt von
158.
Mörsern, Amalgamation in
530.
Mörtel 288.
Mount-Morgan (Australien),
Goldgewinnung am 20, 141.
Mount Remarquable (Austr.),
Opalgewinnung am 327.
Muffeln, belgische, rheinische,
schlesische (Zinkverh.) A 569.
Muffelöfen s. Zinkverhütt.)
571, A 570 f., 572.
Mugeliger Schliff der Edel-
steine 308 f.
Mühle für Erzaufbereitung
202.
Mühlsteinlava 300.
Mulatten, Mischrasse 161.
Mulde (Bergb.) 39.
Mundloch (Bergb.) 84, A 88.
Münzner (Bergb.) 114.
Murano, Avanturinglasfabri-
kation bei 334.
Mursinsk, Amethystgewin-
nung 333; — Aquamarin-
gewinnung 325; — Topas-
erzeugung 326.
Muscheliger Bruch 24; — des
Obsidians A 25.
Muschelkalk 42.
Muschelkalkstein, Versteine-
rungen in A 34.
Muscovit 26, 301.
Müseler, Grubenlampe A 228.
Musivgold 499.
Mustard gold 132.
Muttergang in Kalifornien
A 189.
Muttergestein 305.
Mutterlauge (Salzgewinn.)
261, 264.
Muzo, Smaragdgewinnung
bei 324.

Nachschwaden (Kohlenbergb.)
225.
Nadelhölzer in der devoni-
schen Formation 45.
Nadelstein 334.
Nagasaki, Kohlengrube bei
220.
Nagyag, Goldbergbau bei 134.
Nagyagit 131.

Nagybanya, Bleigruben zu
192; — Goldbergbau 134.
Nagy-Kanizsa, Goldwäscherei
von 134.
Naphtha, Gewinnung 245; —
Bohrtürme bei Baku 248,
A 247; — geologisches Pro-
fil durch den Öldistrikt A 249;
— Springquelle bei Baku
249, A 250; — brennende
Springquelle bei Baku 249,
A 250; — Destillations-
apparat in Baku 252, A 251;
— Kokorewsche Fabrik und
Tempel der Feueranbeter in
Sabuntschy 252, A 251.
Napoleonit, Konkretionen in
A 23.
Nassak, Diamant 320, A 319.
Nassau, Apatitgewinnung in
297.
Naßdienst (Briketts) 241.
Nasser Weg in der Wismut-
gewinnung 489.
Naßmühlen (Erzzerklein.) 528.
Naßpochen (Erzaufbereit.) 206.
Naßpochwerke 18, 528.
Naßpreßsteine 241, 363.
Natrium, Gewinnung 589;
— Castners Apparat 589,
A 590.
Natronfeldspat 25.
Natronsalpeter 281.
Natronseen 280.
Nautilus a. d. Silur A 46.
Naxos, Schmirgel von 322.
Neger, Metallbearbeitung der
9, 384, A 383.
Neocom (Geol.) 42.
Nephelin 25 f.
Nephrit 5, 339.
Nertschinsk, Aquamaringewin-
nung bei 325.
Netzgänge (Bergb.) 56.
Neualmaden, Quecksilberge-
winnung zu 189.
Neubraunschweig, Asphalt-
gang bei A 255.
Neufundland, Asbestgewin-
nung zu 302.
Neugranada, Platin in 146.
Neuidria, Quecksilbergewin-
nung von 189.
Neuschottland, Boraxgewin-
nung in 283.
Neuseeland, Bergbau von:
Gold 20, 141; — Nephrit
339.
Neusüdwales, Bergbau in:
Diamanten 314 f.; — Gold
141; — Platin 147.
Neutrale Steine 381.
Nevada, Comstockgang 20, 133,
163; — Querprofil A 163.
Newcastle, Kohlenbecken von
218.
New Jersey, Zinkerzeugung
in 195.
Nickel 196; — Verhüttung 561.
Nickelaluminium 582.
Nickelin 197.
Nickelstahl 196.
Niedermendiger Mühlstein-
lava 300.
Niederschlagsarbeit in der Me-
tallhüttenkunde: Alumi-
nium 575; — Antimon
509; — Blei 507; — Wis-
mut 489.
Nikitowka, Quecksilberbergbau
zu 190; — Steinhämmer 7.
Ninive, Eisenfunde in den
Ruinen von 10.
Nischapur, Türkisgewinnung
zu 327.
Nishnij Tagilsk, Eisengewin-
nung zu 181; — Tagebau
auf Magneteisenerz 186,
A 187; — Platinproduktion
147.

Nitroglycerin 98.
Nobel, Chemiker 98.
Nordcarolina, Aquamarin-
gewinnung in 325; — Ko-
rundgewinnung 322; —
Monazitvorkommen 197.
Noricum, Bergbau in 15.
Norwegen, Apatitgewinnung
in 297.
Nosean, Mineral 340.
Novorofisk, Naphthaindustrie
bei 248.
Nuclei (Bohrkerne) 6.
Nuggets (Goldklumpen) 131 f.,
141.
Numea, Nickel- und Kobalt-
erzlager zu 20; — Nickel-
produktion 197.
Numeait 197.

Oberbank (Bergb.) 92.
Oberbayern, Braunkohlenge-
winnung in 236.
Oberen See, Erzgewinnung
am 187; — Kupfergewin-
nung 5, 20, 168.
Obergruna, Erzgrube bei 150.
Oberharzer Bergbau 17, 156;
— geolog. Karte des Ober-
harzes mit den Gangzügen
156, T 158.
Oberharzer Bleierzschmelzofen
A 505.
Oberhausen, Gutehoffnungs-
hütte zu T 392.
Oberlech 552.
Oberröblinger See, die Teufe
nach Trockenlegung des 180,
A 178; — Pumpstation 180,
A 179; — Kalisalzlager
181, 258.
Oberschlesien, Industriegebiet
von 193; — Steinkohlen-
bergbau 219.
Obersteiger, Freiberger, in
Paradeuniform 64, A 60.
Oberstein, Edelsteinschleife-
reien in 311, 335, 338;
— Amethystvorkommen bei
338; — Mandelsteinvor-
kommen 336.
Obsidian 5, 24, 341; — mu-
scheliger Bruch A 25.
Ocker 304.
Oersted (Metallhüttenk.) 575.
Ofenbaumaterialien, feuer-
feste 380.
Ofengalmei 568.
Ofensau (Hochofen) 410.
Ölheim, Erdölindustrie von
245.
Ölhorn (Bergb.) 123, A 124.
Oligocän (Geol.) 42.
Oligoklas 25.
Olivin 25 f., 324.
Ölschiefer 253.
Ölsnitz, Türkiserzeugung zu
327.
Onyx 338.
Oolithe, Eisen- 393.
Opale 326; — schwarze, orien-
talische 327.
Opalisieren des Edelopals 326.
Oranje-Freistaat, Diaman-
tenfunde in 317.
Orenburg, Goldbergbau von
135; — Topasgewinnung
326.
Organogene Gesteine 22.
Orijärvi, Cordieritgewinnung
zu 323.
Orloff, Diamant 318, A 319.
Ort (Bergb.) 86.
Orthoceratiten 46, A 47.
Orthoklas 25.
Osmium, Metall 147.
Osnabrück, Hochofenwerk bei
A 429 f., 431; — Gebläse-
maschinen 420, A 419; —
Bessemerwerk der Georgs-

Marienhütte A 465; — Ge-
bläsemaschinen der Georgs-
Marienhütte A 463.
Österreich, Bleiproduktion 192;
— Graphitgewinnung von
216; — Naphthaproduktion
245.
Ostindien, Diamantengewinnung 314.
Ottoscher Koksofen mit Gewinnung der Nebenprodukte
376, A 375.
Otto-Hoffmann-Koksöfen, Kohlendestillationsanlage von
376, T 376.
Ouro Preto, Topasgruben zu
326.
Owens Lake, Sodagewinnung
am 280.
Oxusgebiet, Lasursteingewin-
nung im 340.
Oxydation, Oxydationsstufen
355.
Ozokerit s. Erdwachs.

Pacos (Erze) 161.
Paläontologie, Begriff der 40.
Paläozoische Periode der Erde
42.
Palladium, Metall 147.
Palmen in der Steinkohlen-
formation 45.
Palmnicken, Bernsteingewin-
nung 344, 350, A 349; —
neue Schachtanlage A 350.
Panzerfisch (Bothriolepis Ca-
nadensis) A 46.
Pape-Hennebergscher Apparat
für Goldaufbereitung 214.
Paradoxides bohemicus
(Trilobiten) 46, A 45.
Parischer Marmor 287, 292.
Parkes' Flammofen zum Erz-
rösten 543, A 542.
Parryscher Trichter (Hochofen)
411, A 410.
Paruchowitz, Tiefbohrung zu
73.
Pascha, Diamant 320, A 319.
Passauer Graphit 217.
Pateraprozeß (Silber) 521.
Pattoprozeß (Amalgam.) 532.
Pattinson-Verfahren (Silber)
515.
Pauschen des Zinns 498.
Pearce-Öfen 534, 543, 554,
T 544.
Pechelborn, Erdölindustrie von
245.
Pechkohle 218, 236, 363.
Pechsteine 24.
Pechtorf 363.
Peckham, Geolog 256.
Pecopteris (Farnkraut) 44,
A 42.
Peine, Brauneisensteingruben
bei 182, 186.
Peñarroya, Bleigewinnung zu
192.
Pendelrätter und Kreiselwip-
per von Karlik 232, A 231.
Pentacrinus (Seelilie) 48,
A 49.
Pentelischer Marmor 287, 292.
Pentoxyd 512.
Perm, Goldbergbau von 135.
Permanentweiß 303.
Permische Formation 42, 172.
Peru, Bergbau im alten 9;
— Metallbearbeitung im
alten 9; — Guanolager
299; — Silberbergbau 156.
Petersburg, Bergakademie zu
19.
Petrographie 23.
Petroleumindustrie s. unter
Naphtha.
Pfannenamalgamation 533.
Pfannenstein (Salzgew.) 264.
Pfänner (Salzwirker) 265.

Pfeilerbau, Pfeilerbruchbau, Pfeilerrückbau (Bergb.) 86, 221, A 220.
Pferdegöpel für Schachtförderung 18, 111, A 110.
Pferdestall in einem Bergwerk 110, A 109.
Pflastersteine 294.
Phenakit 321.
Phlogopit 301.
Phonolith 24.
Phosphate 298.
Phosphor in der Eisenfabrikation 389.
Phosphorit 298.
Phyllitformation 42 f.
Pic von Teneriffa, Bimssteingewinnung am 300.
Pickeringit 279.
Pielersche Grubenlampe 229.
Pietzkascher Ofen 450.
Pikes Peak in Colorado, Amazonensteinvorkommen am 338; — Rauchquarzfunde 332.
Pilotieren (Bergb.) 116.
Pilzsche Rundschachtöfen (Blei) 504.
Pilzwucherungen in Grubenstrecken 103.
Pingenbau (Bergb.) 88.
Pingos d'agoa (Topas) 326.
Pinus Reichiana A 345.
Pirna, Elbsandsteinbruch zu: gestürzte Wand 286, A 285; — P.scher Sandstein 286.
Pisco, Hafenstadt 159.
Pilek, Goldgewinnung bei 134.
Pitt-Diamant 318, A 319.
Pittsburg, Erdgasquellen bei 245.
Piura, Erdölindustrie von 246.
Plagioklas 25.
Plasma (Quarz) 335.
Platin, Bergbau 146; — Verhüttung 512.
Platinfolie 513.
Platingruppe, Metalle der 146.
Platinmohr (=schwarz) 513.
Platinschwamm 512.
Plattnerprozeß (Goldbergb.) 144.
Platysomus gibbosus 174, A 172.
Pleochroismus 308.
Pliocän (Geol.) 42.
Plungerdruckpumpe 120, A 122.
Plutonische Gesteine 22.
Pneumatic Pulverizer 477.
Pochstempelbatterie A 529.
Pochtrog (Naßpochwerk) A 528.
Pochtrübe (Erzaufbereit.) 207.
Pochwerk (Erzaufbereit.) 202, 206, 398; — kalifornisches A 206; — Trockenpochwerk A 207; — eines Goldbergwerkes 144, A 145.
Poetschs Gefrierverfahren (Bergb.) 119, A 119 f.
Polarstern, Diamant 320, A 319.
Polen des Zinns 498.
Pollaksche elektrische Grubenlampe 229, A 230.
Polyhalit 259.
Ponsard-Generator A 379.
Pontiánat, Diamantengewinnung bei 314.
Popocatepetl, Schwefelgewinnung am 199.
Porphyr 24, 26; — als Straßenbaumaterial 294; — Hilbersdorfer 297; — Rochlitzer 296; — mit Einsprenglingen A 24.
Porphyrartige Gesteine 24.
Porphyrgänge (Bergb.) 151.
Porphyrit 24, 26.
Porphyrtuff 296.

Portor (Marmor) 293.
Potosi, Silberbergbau bei 147, 158.
Prähistorie, Begriff der 5.
Prasem (Quarz) 335.
Preßbernstein 344.
Presse, Couffinhall-A 233; — Ertersche 241 f., A 243.
Pressenraum der Grube Treue bei Helmstedt A 242.
Preßnitz, Gneisgebirge bei 72 A 71.
Preßtorf 244, 362.
Pribram, Bleigruben zu 192.
Prinsepsche Legierungen 359.
Probestäbe (Eisenprüf.) 440, A 439.
Progressit 230.
Psaronius (Baumfarn) 44.
Pseudochrysolith 342.
Psilomelan 196, 474.
Puddelofen 446, A 446; — Pietzkascher 450; — Springerscher 450, T 450; — P. u. Hammer der Kruppschen Fabrikanlagen in Essen A 447.
Puddelprozeß 445.
Puddelroheisen 435.
Puddelschlacke 396.
Puddelstahl 446.
Puddingstein, angeschliffenes Konglomerat 31, A 30.
Pulo Brani, Zinnhütte zu 196.
Pulsometer im Bergbau 120.
Purple ore 173.
Purpurerze 396.
Pütte (Salzbergb.) 275.
Puzzolan 300.
Pyrit 198.
Pyrolusit 196, 474.
Pyrometer 360; — von Le Chatelier 361.
Pyromorphit 191.
Pyrop (Granat) 297, 309, 330.
Pyropissit (Schwelkohle) 236.
Pyroxen 26.

Quadratstampfer (Bessemerbirne) 460, A 459.
Quandelschacht im Holzmeiler 366.
Quart (Quartation), Scheidung des Silbers durch die 522.
Quartärformation 42.
Quarz 25, 54, 330; — als Schleifmittel 299; — durchsichtiger kristallisierter 331; — farbiger undurchsichtiger 335; — mit Einschlüssen 333; — allseitig ausgebildeter Quarzkrystall A 330; — die große Rauchquarz-Gruppe im Berner Museum A 332; — Zepterkrystall (Amethyst) A 333; — Haarstein A 334.
Quarzformation, edle 150.
Quarzit 35.
Quarzitfels 330.
Quarzsteine 381.
Quecksilber (Bergb.) 189; — Profil durch die Erzlagerstätte von Idria A 189; — Querbau A 191; — Verhüttung 565; — Alludelofen A 565; — Exeliofen A 565.
Queensland, Goldgruben in 20, 141.
Querbau (Bergb.) 86, A 191.
Querschläge (Bergb.) 90.
Querschlägige Linie in einem Schichtensystem 37.
Quickmühle, Schemnitzer 530.

Rachette-Öfen (Blei) 505.
Rädelerz 192.

Radhausberg i. T., Goldbergbau am 134.
Raffinad (Kupfer) 556.
Raffination in der Metallhüttenkunde: Antimon 511; — Blei 519; — Kupfer 556; — Nickel 563; — Silber 521; — Wismut 489; — Zinn 498.
Ragusa (Siz.), Asphaltsteingewinnung zu 256.
Rahmenfilterpresse in der Chromfabrikation A 480.
Raibl, Bleigruben zu 192; — Profil durch die Erzstöcke A 58.
Ramany, Naphthaindustrie von 248.
Rammelsberg b. Goslar, Erzbergbau am 17, 173; — geologisches Profil A 172.
Rammelsbergit 197.
Rapakiwi (Granit) 295.
Raseneisenerz 182.
Rasenerz 393.
Rast am Hochofen 408.
Ratampur, Achatgewinnung bei 338.
Rauben des Holzes im Abbau (Kohlenbergb.) 222, A 221.
Rauchquarz 332; — die große R.-Gruppe im Museum in Bern A 332.
Rauchtopas 332.
Rauhgemäuer 380, 409.
Rauschgelb 199.
Raute (Edelsteinschliff) 309, A 308.
Reaktionsverfahren in der Metallhüttenkunde: Blei 500; — Kupfer 552.
Realgar 199.
Recuay, Bergbau bei 159.
Reduktion in der Metallhüttenkunde 356 f., 424; — Aluminium 575; — Antimon 509; — Blei 502; — Chrom 481; — Kupfer 552; — Natrium 589; — Wismut 485; — Zink 568; — Zinn 491.
Reefs (Goldbergb.) 143.
Regenerativtiegelofen zur Erschmelzung des Ferrochroms von Borchers A 476.
Regent, Diamant 318, A 319.
Reichenhall, Salzgewinnung in 277.
Reichschaum (Zinkentsilb.) 517.
Reichschlacke (Zinnverhüttung) 496.
Rennfeuer (Eisenerzeug.) 441.
Reptilien, erstes Auftreten der 49.
Retortenkohle 367.
Reusch, Bildhauer 67.
Revolverofen von Brückne 544, A 543.
Rexroth, Rotzofen von 372.
Rhät (Geol.) 42.
Rhein, römischer Bergbau am 15, 17; — Goldwaschen im 17.
Rheingolddukaten 67.
Rheinkiesel 331.
Rhodium 147.
Rhodonit 339.
Rhombendodekaeder des Granats A 329.
Rhone, Anschwemmungen der 30.
Richtschacht (Bergb.) 83.
Ringelerz 54.
Ringofen für Wismutfabrik. 486, A 484 f.
Rio Belmonte, Topasgewinnung am 326.
Rio das Americanas, Chrysoberyllproduktion am 323.
RioLoa, Salpeterlager am 281.

Rio Tinto, Kupfergewinnung bei 172, 198; — Schwefel- u. Kupferkieslager 52; — Steinhämmer aus 7.
Risse, Grubenrisse 88; — Grund- u. Saigerriß einer Erzgrube T 90.
Rittingers Spitzkästen (Erzaufbereitung) 210, A 209 f.
River diggings (Diamantengewinnung) 315.
Roburit 230.
Rochlitzer Porphyr 296.
Rogensteine 33.
Roheisen 387 f., 389; — graues, weißes 387 f., 389, 434; — halbiertes 434.
Roheisenmischer (Hüttenw.) 457, A 457.
Rohgang (Hochofen) 432.
Röhrerbühl, Gruben der Fugger am 18.
Rohschienen 449.
Rohsteinschmelzen (Kupferverhüttung) 546; — Mansfelder Ofen A 547; — Johnsons Kupfersteinschmelzofen A 548; — Wassermantelofen A 549.
Rollen (Grubenförderung) 107.
Rollenzinn 498.
Rollquetschen f. Erzaufbereitung 209.
Römer, Bergbau der 14; — Abbaue zu Verespatak 15, A 13; — eiserne Keilhaue 15, A 14; — Grubenlampen 15, A 14 f.
Röschen (Bergb.) 86.
Rosenheim, Salzgewinnung zu 277.
Rosenquarz 335.
Rosette (Edelsteinschliff) 309, A 308.
Rosettenkupfer 556.
Roßberg in der Schweiz, Bergsturz am 29.
Rößler (Silberherst.) 518, 521.
Rosso antico (Marmor) 292.
Rösten der Erze (Aufbereit.) 215, 399; — Röstbett 400; — Röstkessel A 401; — Röstofen 478, A 479; — Fillaferscher 403; — Siegerländer A 400 f.; — Steirischer 402, A 401; — Wittkowitzer A 402; — Gasröstofen von Westmann; 402, A 403; — Röststadel für Erze 401.
Röstreaktionsarbeit (Blei) 500; — (Kupfer) 552.
Röstreduktionsarbeit (Blei) 502; — in der Zinkverhüttung 568.
Röstsaigerprozeß (Blei) 501.
Rotbleierz 192, 475.
Roteisenerz 181, 394, A 181.
Roteisenstein 341, 392.
Rötel (Erz) 182, A 181.
Rotgültigerz 147; — Krystall von lichtem R. A 148.
Rothschönberger Stollen 150.
Rotkupfererz 166, 538.
Rotliegendes (Geol.) 42.
Rotnickelkies 197.
Rotzinkerz 195, 568.
Royalstone, Aquamaringewinnung zu 325.
Rozan-Prozeß (Silber) 516.
Rübeland a. H., Tropfsteinbildungen in der Hermannshöhle bei 30, A 27.
Rubellit 323, 328.
Rubin 321 f.; — brasilianischer 323, 326; — sibirischer 323, 328.
Rubin-Spinell 306, 322.

Schwefelsäure 198.
Schwefelsäure-Laugerei des Silbers 521.
Schwefelsäure-Scheidung des Silbers 522.
Schwefelwasserstoffgas, Bildung von, im Bergwerk 123.
Schweißeisen 388, 436f.
Schweißpulver (Eisenfabrik.) 436.
Schweißschlacke 396.
Schweißstahl 388, 436.
Schweltohle 236.
Schwemmstein 300.
Schwerspat 54, 284, 303; — in garbenförmig gruppierten Krystallen A 55; — als Farbenrohstoff 304.
Schwimmsand (Bergb.) 91, 117.
Schwindung des Eisens 390.
Schwingsieb für Erzaufbereitung A 203.
Securit 229.
Sedimentäre Gesteine s. geschichtete G.
Sedimente, chemische (Geol.) 22.
Seeerz 182, 393; — Baggern der S. in Finnland 186, A 188.
Seeigel 49.
Seelilie (Encrinus, Pentacrinus) 48, A 34, 48f.
Seesalinen 260.
Segersche Schmelzkegel A 359.
Seifen (Bergb.) 58, 305; — ältere kalifornische Seifenablagerung A 139; — hydraulischer Abbau von Goldseifen 528.
Seifengold 131f., 526.
Seilbohrer in China; Aufholen des Gestänges (Tiefbohrung) 76, A 75.
Seilförderung in Bergwerken 110; — Schema A 110.
Seilscheibenstuhl bei Johannesburg 146, A 145; — eiserner S. und Fördermaschine A 111.
Selfkleß, Steinbruch bei 12, A 11.
Senkrechtanstecken (Bergbau) 117, A 117f.
Senkschacht, eiserner (Bergb.) A 118.
Senon (Geol.) 42.
Separation (Erzaufber.) 200.
Serpentin 297; — edler 339.
Serpentinasbest 302.
Serravezza, Marmorindustrie zu 292.
Setzarbeit in der Erzaufbereitung 201f., 204.
Setzmaschinen für Erzaufbereitung 202, A 204f.; — f. Steinkohlenaufbereitung 232.
Seyssel, Asphaltsteingew. zu 256.
Sherman-Bill 129.
Shonaifluß, Erdspalte am Steilufer des A 39.
Sibirien, Aquamaringewinnung in 325; — Goldbergbau 135f.
Sicherheitslampen für Bergleute 228, A 228, 230; — Bildung der Aureole A 229.
Sicherheitspfeiler (Kohlenbergbau) 222.
Sicherheits-Sprengstoffe 229.
Sichertröge (Erzaufbereitung) 213; — Freiberger A 213; — Salzburger A 213.
Siderit 182, 328, 334, 392.
Siebenbürgen, Goldbergbau in 134.

Siebtrommeln für Erzaufbereitung 203, A 202.
Siedehäuser (Salzgew.) 264.
Siedepfanne (Salzgew.) A 264.
Siedesalz 263.
Siegel (Marmorbrüche) 292.
Siegeländer Röstofen f. Erze A 400f.
Siemensscher Gruppengenerator 379, A 380; — Widerstandspyrometer 360.
Siemens-Braubachsches Kalorimeter A 360.
Siemens & Halske: Gesteinsbohrmaschine 97; — Chanidlaugerei in der Goldverhüttung 535.
Siemens-Martinprozeß f. Martinprozeß.
Sierra Almagrera, Bleigewinnung in der 192.
Sigillarienstämme aus der Steinkohlenformation 44, A 43.
Silberbergbau 147; — gediegen Silber, drahtförmig A 147; — gediegen Silber in Federform A 147; — Silberglanz, gestrickt, eingewachsen in Braunspat A 148; — Krystall von lichtem Rotgültigerz A 148; — Übersichtskarte der wichtigsten Erzgänge und Gruben in der Umgebung von Freiberg T 150; — Abrahamschacht der Königl. Grube Himmelfahrt bei Freiberg 151, A 152; — Zentralwäsche und David-Richtschacht der Kgl. Grube Himmelfahrt bei Freiberg 151, A 153; — Firstenbau A 154f.; — Firstenstoß 154, A 157; — Hinablassen der Pferde in den Schacht 155, A 158; — Firstenkasten 155, A 156; — geol. Karte des Oberharzes 156, T 158; — südamerikanischer S. 156; — Comstockgang in Nevada 163, A 163; — Zimmerung in den Abbauen von Broken Hill A 165.
Silberblick 519.
Silberfahlerz 148.
Silberglanz 147, 514.
Silbergruben 149.
Silberhornerz 148.
Silberverhüttung 514; — Destillierofen zur Wiedergewinnung des Zinks aus dem Reichschaum A 517; — deutscher Treibofen A 518; — Apparate für elektrolytische Scheidung A 522f., 524.
Silicium i. d. Eisenfabr. 389.
Siliciumeisen 387f., 391.
Silikate 25.
Silurformation 42, 44, 46, 49; — Nautilus A 46; — Koralle (Halysites catenularia) 46, A 45; — Orthoceratites 48, A 47.
Silbercity, Stadt in Nevada 164.
Simbirsk, Asphaltproduktion in 257.
Simili-Brillanten 321.
Sinai, Türkisgewinnung auf 327.
Sinkwerksbau (Bergb.) 86, 274, A 275.
Sinterkohle 217, 364.
Sinterröstung (Blei) 504.
Sinterung der Erze 426.
Sizilien, Bernsteingewinnung auf 343; — Schwefelgewinnung 198.

Smalte (Glas) 196.
Smaltin 197.
Smaragd 323f.; — brasilianischer 325, 328.
Smaragdgrün 304.
Smetscher Koksofen 372, A 373.
Smithsonit 195.
Smyrna-Schmirgel 322.
Snarum, Magnesitgewinnung zu 302.
Soda, natürliche 280; — Herstellung aus Steinsalz 279f.
Sodalith 340.
Soffioni (Dampfquellen) 282.
Soggen der Salzsole 264.
Sohle (Bergb.) 86.
Solenoidmaschinen f. Gesteinsarbeiten 96.
Solfataren (Dampfquellen) 282.
Solnhofener Kalksteine 287.
Solquellen 260, 263.
Sondrio, Asbestgewinnung zu 302.
Sonnenstein 339.
Soot (Quecksilber) 567.
Spanien: Bleigewinnung 192; — Goldbergbau 133; im Altertum 15; — Kupferbergbau 172; — Quecksilbergewinnung 189.
Spannsäule f. Bohrmaschinen A 96.
Spateisenerz 392.
Spateisenstein 182, 392; — Rösten des S. 399.
Speerkies 198.
Speisesalz 260.
Speiskobalt 197.
Spekularit 181.
Sperenberg, Tiefbohrung zu 73.
Spezifisches Gewicht der Edelsteine 307; — des Eisens 391.
Sphagnum, Torfpflanze 243.
Sphärosiderit 182, 392.
Spiegeleisen 434, 474f.
Spinell, Edelstein 322.
Spiralbohrer f. Sprengarbeit 93, A 94.
Spitzbälge (Hochofen) 417.
Spitzkästen von Rittinger (Erzaufbereitung) 210, A 209f.
Spitzkeil (Bergb.) A 92.
Spizasalz 268.
Spleißofen 556.
Spratzen des Silbers 525.
Sprengarbeiten im Bergbau 18, 93, 229; — Besetzen eines Sprengloches mit Pulverladung 97, A 98; — Ansetzen der Sprenglöcher vor einem Streckenorte 99, A 98.
Sprengöl 98.
Sprengstoffe für Gesteinsarbeiten 97; — Sicherheitssprengstoffe 229.
Springerscher Puddelofen 450, T 450.
Springquellen, Erdöl- 246; — bei Baku 249, A 250; — brennende 249, A 250.
Spritzbetrieb im Goldbergbau 140; — Mundstück A 140.
Sprödglaserz 148.
Sprudelstein 33, A 31.
Spulenmaschinen f. Gesteinsarbeiten 96.
Staarstein 44.
Stadelröstung in der Kupferverhüttung 540; — Stadel nach Wellner A 540; — Steirische Röststadel A 540; — Stadelbatterie A 541.
Stahl 181, 436f.
Stahlmeißel mit Ohrenschneiden (Tiefbohr.) 74, A 73.

Stahlroheisen 435.
Stahlstein 392.
Stangenhaken (Tiefbohr.) 80, A 79.
Stanniol 499.
Stanniverbindungen 499.
Stannoverbindungen 499.
Staßfurt, Steinsalzwerke zu 20, 258, 266f.; — Schichtenbiegung der Abraumsalze A 260.
Statuario di Carrara (Marmor) 292.
Staubkammern, -sammler (Kohlenaufber.) 214.
Staubröstung (Blei) 504.
Stechherd (Blei) 506.
Stechtorf 362.
Steiermark, Braunkohlenproduktion in 236; — Eisenbergbau 182; — Erzberg 184; — Profil A 184; — Etagentagebau 186, A 185; — Steirischer Röstofen f. Erzaufbereitung 402, A 401.
Steigerhäckchen 64, A 62.
Stein der Weisen 311.
Steinach, Schieferbruch bei 294.
Steinbrecher für Erzzerkleinerung 398; — von Blake 200, A 201.
Steinbruchbetrieb 283; — Apatit 298; — Asbest 301f.; — Basalt 295; — Bimsstein 300; — Erdfarben 304; — Feldspat 302; — Flußspat (Fluorit) 303; — Gips 299; — Glimmer 301; — Granit 295; — Guano, Guanophosphat 298; — Infusorienerde 300; — Kalkstein 287; — Kaolinthon 296; — Marmor 292; — Phosphate 298; — Phosphorit 298; — Porphyr 296; — Sandstein 286; — Schwerspat (Baryt) 303; — Serpentin 297; — Strontianit 304; — Thonschiefer 294.
Steine, basische 381; — neutrale 381.
Steinhammer A 7; — angefangene Kernbohrung in einem St. A 6.
Steinkerne 49.
Steinkohle, Bestandteile 216; — als Brennstoff 363 (s. a. Koks).
Steinkohlenaufbereitung 232; — Karlits Pendelrätter und Kreiselwipper 232, A 231.
Steinkohlenbergbau 217; — Anfänge 17, 19; — Pfeilerbruchbau 221, A 220; — Bruchfeld 221, A 222; — Rauben des Holzes im Abbau 222, A 221; — strossweiser Abbau A 223; — Wiederaufbau einer verdrückten Strecke 223, A 224; — fortgeschrittener Abbaubetrieb 223, A 225; — Eisenausbau einer zweitrümigen Strecke, durch den Gebirgsdruck verschoben A 226; — Sicherheitslampen A 288f., 230; — Benetzung des Kohlenstaubes A 227; — Karlits Pendelrätter und Kreiselwipper 232, A 231; — selbsttätige Kohlenkipper f. Eisenbahnwagen A 232; — Steinkohlenbergwerk „Königin Luise" bei Zabrze 219, T 218.
Steinkohlenbrikettierung 233; — Presse A 233.